PFEIFER

Seil- und Hebetechnik – jahrzehntelange Erfahrung [...]!

D1672860

Seiltechnik
☎ 0208-4290135 ◄

Seilherstellung

Wir fertigen Seile für
Aufzugindustrie
Bauindustrie
Kran- und Windenbau
Metallindustrie
Baumaschinenindustrie
Autoindustrie
Erdölindustrie
Bergbau
Schachtbau
Seilbahnen und Lifte

DRAKO

Seiltechnik
☎ 08331-937235 ◄

Anwendungstechnik

Wir verarbeiten und
konfektionieren
alle Seilkonstruktionen
entsprechend ihrer
Bestimmung als stehende
oder laufende Seile.

Dieser Anruf wird sich für Sie lohnen!

Seiltechnik
☎ 08331-937275 ◄

Erstausrüster Baugeräte:
LIEBHERR - SENNEBOGEN - BAUER
Erstausrüster Aufzüge:
SCHINDLER - THYSSEN - OTIS

PFEIFER – für die Branche der Maßstab!

Hebetechnik
☎ 08331-937274 ◄

Lastaufnahme-mittel

Klemmen, Greifer, Zangen,
Traversen, Coilhaken, Magnet-
heber, Vakuumheber usw. –
bei uns finden Sie einfach alles.

Hebetechnik
☎ 08331-937253 ◄

Anschlag-, Zurr-technik und Service

Seile, Ketten,
textile Anschlagmittel –
Zurrsysteme für die
Ladungssicherung –
Prüfservice und
Fachseminare –
nutzen Sie unsere
Erfahrung zu Ihrem
Vorteil – unser Komplett-
Katalog informiert Sie!

PFEIFER SEIL- UND HEBETECHNIK GMBH & CO
Dr.-Karl-Lenz-Straße 66
D-87700 MEMMINGEN
Telefon +49-(0)8331-937-0
Telefax +49-(0)8331-937-294

TÜV CERT
DIN EN ISO 9001

DRAHTSEILEREI GUSTAV KOCKS GMBH & CO
Mühlenberg 20
D-45479 MÜLHEIM AN DER RUHR
Telefon +49-(0)208-429010
Telefax +49-(0)208-4290143

Zertifiziert nach DIN EN ISO 9001/9002

Weitere PFEIFER-Niederlassungen und Tochterunternehmen

Hamburg	Nürnberg
Berlin	Straubing
Dresden	München
Ludwigshafen	Püttlingen
Freiburg	
Salzburg	Österreich
Rotterdam	Niederlande
Schifflange	Luxemburg
Crewe	Großbritannien
Budapest	Ungarn

Fordern Sie noch heute die für Sie interessanten Produktunterlagen an – wir reagieren prompt

Specialists at work – Cable Cranes from Krupp

Loads up to 30 t with a span width of more than 1.6 km

Extraordinary building projects require extraordinary transport equipment. This applies especially to concrete dam construction of water power stations. For this purpose the construction material has to be transported in great height over long distances.

Krupp heavy duty cable cranes transport the load exactly to the intended destination – without restraining the working area – during day and night and every weather condition. They lift, drive and slope with high speeds and move loads up to 30 t over a span width of more than 1.600 m. For dam construction there is no economic alternative. Krupp Fördertechnik (formerly PWH Anlagen + Systeme) builds cable cranes for more than 75 years. Worldwide. A reliable experience.

Krupp Fördertechnik GmbH
Bulk Materials Handling
Ernst-Heckel-Str. 1
D-66386 St. Ingbert-Rohrbach
Tel.: +49 (6894) 599-0
Fax: +49 (6894) 599468
http://www.krupp-ag.com

 KRUPP

Krupp Robins Inc., Englewood, Colorado, USA, Fax 303-770-8233 · Krupp Canada Inc., Calgary, Alberta, Fax 403-245-5625
Krupp Engineering (Australia) Pty. Ltd., Belmont, W.A., Fax 9-277 4400 · Krupp Engineering (Pty.), Ltd., Ferndale, Randburg, South Africa, Fax 11-789 2553

Martin Scheffler
Klaus Feyrer
Karl Matthias

Fördermaschinen
Hebezeuge, Aufzüge, Flurförderzeuge

**Aus dem Programm
Konstruktion und Fördertechnik**

Handbuch Wälzlagertechnik
von H. Dalke

Konstruieren und Gestalten
von H. Hintzen, H. Laufenberg u.a.

Leichtbau-Konstruktion
von B. Klein

Materialflußlehre
von D. Arnold

Grundlagen der Fördertechnik
von M. Scheffler

Fördermaschinen
von M. Scheffler, K. Feyrer und K. Matthias

Roloff/Matek Maschinenelemente
von W. Matek, D. Muhs, H. Wittel und M. Becker

Transport- und Lagerlogistik
von H. Martin

Förder- und Lagertechnik
von H. Pfeifer, G. Kabisch und H. Lautner

Vieweg

FÖRDERTECHNIK UND BAUMASCHINEN

herausgegeben von Martin Scheffler

Martin Scheffler   Klaus Feyrer   Karl Matthias

Fördermaschinen
Hebezeuge, Aufzüge, Flurförderzeuge

Mit 708 Abbildungen und 94 Tafeln

Alle Rechte vorbehalten
© Friedr. Vieweg & Sohn Verlagsgesellschaft mbH, Braunschweig/Wiesbaden, 1998

Der Verlag Vieweg ist ein Unternehmen der Bertelsmann Fachinformation GmbH.

 Das Werk einschließlich aller seiner Teile ist urheberrechtlich geschützt. Jede Verwertung außerhalb der engen Grenzen des Urheberrechtsgesetzes ist ohne Zustimmung des Verlags unzulässig und strafbar. Das gilt insbesondere für Vervielfältigungen, Übersetzungen, Mikroverfilmungen und die Einspeicherung und Verarbeitung in elektronischen Systemen.

http://www.vieweg.de

Technische Redaktion und Layout: Hartmut Kühn von Burgsdorff
Druck und buchbinderische Verarbeitung: Lengericher Handelsdruckerei, Lengerich
Gedruckt auf säurefreiem Papier
Printed in Germany

ISBN 3-528-06626-1

Vorwort

Die Maschinen und Geräte der Fördertechnik, deren Aufgabe die Bewegung von Gütern und Personen ist, haben im Zug ihrer vieljährigen Entwicklung eine große Anzahl verschiedener funktioneller Lösungen und Formen erhalten. Dabei sind bestimmte Bauarten allmählich zurückgetreten oder verschwunden, dafür immer wieder neue, leistungsfähigere hinzugetreten.

Dieses Buch will den derzeitigen technischen Stand der großen Gruppe dieser Maschinen wiedergeben, die im Aussetzbetrieb arbeiten. Dargelegt werden die Hebezeuge in ihrem breiten Erscheinungsbild, die Aufzüge, Flurförderzeuge und Regalförderer, außer acht gelassen die Seilbahnen. Es sollen konzentrierte Informationen über Aufgaben, Bauweisen, Funktionsprinzipe, Belastungen, Beanspruchungen und Sicherheitsaspekte vermittelt werden. Neben neuen Erkenntnissen wurde auch lange Bekanntes und Bewährtes aufgenommen, wobei die vom Umfang gegebenen Schranken Kompromisse verlangten.

Die zahlreichen Abbildungen sind eine wesentliche Stütze dieser Informationen; bei der Auswahl spielte die technische Reife, aber auch die verfügbare geeignete Darstellung der jeweiligen Maschine eine große Rolle. Die fördertechnische Industrie hat das Vorhaben durch die Bereitstellung zahlreicher Zeichnungen bereitwillig unterstützt und ein großes Maß an Verständnis für die gewünschte buchgerechte Form aufgebracht. Dies muß mit besonderem Dank hervorgehoben werden.

Die nationale und internationale Normung ist in vollem Fluß. Auch die Veröffentlichungen im Fachgebiet haben einen nur schwierig zu überschauenden Umfang angenommen. Im Buch sind die technischen Regeln, wo dies geboten erschien, in den Text einbezogen, ohne sie direkt wiederzugeben. Ein Verzeichnis ist beigefügt, das für einen ersten Überblick reichen kann. Sehr umfassend wird die vorliegende Literatur zitiert und genutzt, um sie auszuwerten bzw. zu ihr hinzuführen.

Die Autoren der einzelnen Kapitel und Abschnitte sind:
Prof. em. Dr.-Ing. habil. Martin Scheffler; Kapitel 1, Kapitel 2 (Abschnitte 2.1 bis 2.5), Kapitel 4 und 5
Prof. Dr.-Ing. Klaus Feyrer; Kapitel 3
Prof. Dr.-Ing. habil. Karl Matthias; Kapitel 2 (Abschnitt 2.6).

Ihr gemeinsames Bestreben und Bemühen war es, in diesem neuen Fachbuch den hohen Entwicklungsstand der Fördertechnik auszuweisen, die maßgebenden wissenschaftlichen Grundlagen der Fördermaschinen zu behandeln, Probleme und anzustrebende Ziele zu nennen und damit einem großen Kreis möglicher Nutzer an Universitäten, Hochschulen, in der Industrie und im Bereich der Verwaltungen und Behörden Unterstützung zu geben.

Martin Scheffler   Leipzig
im Dezember 1997

Inhaltsverzeichnis

1	**Einführung**	1
2	**Hebezeuge**	3
2.1	Allgemeines und Gliederung	3
2.2	Lastaufnahmemittel	3
2.2.1	Lasthaken und Schäkel	3
2.2.1.1	Bauformen	4
2.2.1.2	Spannungen in stark gekrümmten Trägern	5
2.2.1.3	Berechnungsansätze und zulässige Spannungen	7
2.2.2	Hakenvorläufer und Unterflaschen	8
2.2.3	Anschlagmittel	10
2.2.3.1	Anschlagseile, -ketten, -bänder	10
2.2.3.2	Tragfähigkeit von Anschlagmitteln	12
2.2.3.3	Gehänge und Traversen	13
2.2.4	Zangen	15
2.2.4.1	Funktionsprinzip und Kräfte	15
2.2.4.2	Kraftschlußbeiwert und Tragfähigkeit	16
2.2.4.3	Bauformen	17
2.2.5	Klemmen	19
2.2.5.1	Funktionsprinzip und Kräfte	19
2.2.5.2	Bauformen	20
2.2.6	Schüttgutgreifer	21
2.2.6.1	Arbeitsweise und Gliederung	22
2.2.6.2	Bauformen	23
2.2.6.3	Kinematik der Seilgreifer	26
2.2.6.4	Kräfte an Seilgreifern	28
2.2.6.5	Füllvolumen und Eigenmasse	31
2.2.6.6	Konstruktive Ausführung	33
2.2.7	Haftgeräte	39
2.2.7.1	Lasthebemagnete	39
2.2.7.2	Vakuumheber	43
2.2.8	Lastaufnahmemittel für Ladeeinheiten	48
2.2.8.1	Krangabeln	48
2.2.8.2	Containergeschirre (Spreader)	49
2.2.8.3	Schwerpunktausgleicher	55
2.3	Serienhebezeuge	57
2.3.1	Kurzhubhebezeuge	57
2.3.2	Ketten- und Seilzüge	59
2.3.3	Ketten- und Seilwinden	61
2.3.3.1	Bauformen	61
2.3.3.2	Bemessung und Standardisierung	64
2.3.3.3	Explosionsschutz	67
2.3.4	Hebebühnen	67
2.3.4.1	Hebebühnen für Güter (Lasten-Hebebühnen)	67
2.3.4.2	Hubarbeitsbühnen	70
2.3.5	Waggonkipper	73
2.4	Schienengebundene Hebezeuge	76
2.4.1	Allgemeines und Gliederung	76
2.4.1.1	Bauarten und Arbeitsräume	76
2.4.1.2	Durchsatz und Arbeitsgeschwindigkeiten	77
2.4.2	Laufkatzen	78
2.4.2.1	Einschienenlaufkatzen	78
2.4.2.2	Zweischienenlaufkatzen	81
2.4.2.3	Laufkatzen für Einträgerkrane	83
2.4.2.4	Drehlaufkatzen	85
2.4.2.5	Seilzugkatzen	87
2.4.3	Brückenkrane	90
2.4.3.1	Grundbauformen und Allgemeines	90
2.4.3.2	Brückenkrane mit Schienenfahrwerk	93
2.4.3.3	Fahrmechanik von Brückenkranen	96
2.4.3.4	Brückenhängekrane	112
2.4.3.5	Einschienenhängebahnen	112
2.4.3.6	Sonderbauarten von Brückenkranen	116
2.4.4	Portalkrane	120
2.4.4.1	Bauweise und Einsatzgebiete	121
2.4.4.2	Stand- und Abtriebssicherheit	122
2.4.4.3	Fahrmechanik von Portalkranen	124
2.4.4.4	Bauformen von Portalkranen	125
2.4.4.5	Schiffsentlader	130
2.4.5	Auslegerkrane (Drehkrane)	134
2.4.5.1	Bauweise und Bauformen	134
2.4.5.2	Standsicherheit und Tragfähigkeit	136
2.4.5.3	Schwenkkrane	137
2.4.5.4	Drehkrane mit Einziehausleger	138
2.4.5.5	Bauarten von Wippdrehkranen	141
2.4.5.6	Auslegung und Optimierung von Wippsystemen	144
2.4.5.7	Bordkrane (Schiffskrane)	147
2.4.5.8	Turmdrehkrane (Untendreher)	150
2.4.5.9	Turmdrehkrane (Obendreher)	154
2.4.6	Kabelkrane	159
2.4.6.1	Bauformen und Baugruppen	159
2.4.6.2	Seilstatik	163
2.4.6.3	Berechnung der Tragseile	168
2.4.6.4	Berechnung der Arbeitsseile	169
2.5	Fahrzeugkrane	170
2.5.1	Allgemeines	170
2.5.2	Antriebe	170
2.5.2.1	Triebwerkarten und Besonderheiten	170
2.5.2.2	Grundelemente und -schaltungen	171
2.5.2.3	Mehrkreissysteme von Fahrzeugkranen	174
2.5.3	Straßenkrane	177
2.5.3.1	Bauarten und Hauptparameter	178
2.5.3.2	Gemeinsame Baugruppen	180
2.5.3.3	Gitterauslegerkrane	184
2.5.3.4	Teleskopauslegerkrane	187
2.5.3.5	Sonderbauarten	196
2.5.3.6	Standsicherheit und Tragfähigkeit	197
2.5.4	Raupenkrane	202
2.5.5	Ladekrane	204
2.5.6	Eisenbahnkrane	208
2.5.7	Schwimmkrane	212
2.5.7.1	Einsatz und Bauformen	212
2.5.7.2	Konstruktive Ausführung	213
2.5.7.3	Neigung und Stabilität	216
2.5.7.4	Zusatzdrehmoment des Drehwerks	219
2.6	Dynamik der Krane	220
2.6.1	Vorbemerkungen	220
2.6.1.1	Beteiligte Fachgebiete	220
2.6.1.2	Technische Regeln	220
2.6.1.3	Einführung	220
2.6.2	Antriebskraft-Funktionen	221
2.6.2.1	Rechteck	221
2.6.2.2	Sinoide	222
2.6.2.3	Hutform	223
2.6.2.4	Regressionsfunktion	223
2.6.2.5	Komplette Bewegung	224

2.6.3	Berechnungsmodell der starren Maschine		224
2.6.3.1	Rotatorische Bewegungen		224
2.6.3.2	Bewegungen in der Ebene		231
2.6.4	Ungefesselter Zweimassenschwinger		239
2.6.4.1	Zurückführung der Antriebs-Bewegungsvorgänge auf das Berechnungsmodell		239
2.6.4.2	Bewegungs-Differentialgleichungen		241
2.6.4.3	Beschleunigen des Antriebs		243
2.6.4.4	Abgeschlossener Beschleunigungsvorgang		247
2.6.4.5	Bremsen des Antriebs		249
2.6.4.6	Modellierung von Kranen als Zweimassenschwinger		251
2.6.5	Modellierung als Dreimassenschwinger		253
2.6.6	Automatisierungstechnische Gesichtspunkte		254
2.6.7	Literaturübersicht		254
2.6.7.1	Dynamik		255
2.6.7.2	Automatisierungstechnik		255
3	**Aufzüge**		**257**
3.1	Aufzugarten		257
3.1.1	Einteilung der Aufzüge nach den Vorschriften		257
3.1.2	Einteilung der Aufzüge nach der Bauart		259
3.2	Planung und Bemessung		261
3.2.1	Baulicher Teil		261
3.2.2	Bemessung der Aufzüge		262
3.3	Mechanische Ausrüstung		267
3.3.1	Tragmittel		267
3.3.2	Treibscheiben, Seilscheiben, Treibfähigkeit		273
3.3.3	Winden		278
3.3.4	Hydraulische Triebwerke		281
3.3.5	Fahrkörbe und Gegengewichte		283
3.3.6	Führungsschienen		286
3.3.7	Türen		288
3.3.8	Fangvorrichtungen und Geschwindigkeitsbegrenzer		293
3.3.9	Puffer		299
3.4	Elektrische Ausrüstung		306
3.4.1	Antriebe		306
3.4.2	Kopierung, Fahrkurvenrechner		310
3.4.3	Sicherheit		312
3.4.4	Steuerungen		314
4	**Flurförderzeuge**		**319**
4.1	Abgrenzung und Gliederung		319
4.2	Hilfsmittel zur Ladungsbildung		319
4.2.1	Paletten		320
4.2.1.1	Flachpaletten		320
4.2.1.2	Box- und Rungenpaletten		322
4.2.1.3	Ladungssicherung		323
4.2.2	Behälter		325
4.2.2.1	Kleinbehälter		325
4.2.2.2	Großbehälter (Container)		325
4.3	Baugruppen von Flurförderzeugen		331
4.3.1	Fahrzeugbatterien		331
4.3.1.1	Bleibatterien		331
4.3.1.2	Nickel-Cadmium-Batterien		334
4.3.2	Elektrische Fahrantriebe		335
4.3.2.1	Stufensteuerungen		335
4.3.2.2	Impulssteuerungen		336
4.3.2.3	Bauformen		337
4.3.2.4	Auslegung		338
4.3.3	Verbrennungsmotorische Fahrantriebe		340
4.3.3.1	Hydrodynamische Fahrantriebe		340
4.3.3.2	Hydrostatische Fahrantriebe		343
4.3.3.3	Vergleich der hydraulischen Fahrantriebe		345
4.3.4	Bereifung		346
4.3.4.1	Reifen von Flurförderzeugen		346
4.3.4.2	Tragfähigkeit und Fahrwiderstand		348
4.3.5	Auswahl der Antriebsart		352
4.3.5.1	Abgase von Verbrennungsmotoren		353
4.3.5.2	Explosionsschutz		355
4.3.5.3	Auswahlkriterien		357
4.3.6	Lenkungen		359
4.3.6.1	Lenksysteme		359
4.3.6.2	Mechanische Lenkungen		359
4.3.6.3	Hydrostatische Lenkungen		361
4.4	Handfahrgeräte		362
4.5	Schlepper und Schleppzüge		365
4.5.1	Bauformen von Schleppern und Anhängern		365
4.5.2	Auflaufbremsen für Anhänger		367
4.5.3	Fahrmechanik von Schleppzügen		369
4.5.4	Kurvenfahrt von Schleppzügen		372
4.6	Wagen und Hubwagen		373
4.6.1	Wagen mit Fahrantrieb		373
4.6.2	Hubwagen		374
4.7	Stapler		378
4.7.1	Hauptmerkmal und Gliederung		378
4.7.2	Gabelstapler		378
4.7.2.1	Bauweise und Bauarten		378
4.7.2.2	Hubgerüste		382
4.7.2.3	Gabeln		389
4.7.2.4	Anbaugeräte		391
4.7.2.5	Arbeitsplatzgestaltung		396
4.7.2.6	Fahrzeugtechnische Bestimmungen		397
4.7.3	Stapler ohne Gegenmasse		397
4.7.4	Quer- und Mehrwegestapler		399
4.7.5	Sonderformen von Staplern		401
4.7.6	Standsicherheit		402
4.8	Flurfahrbare Containerumschlagmittel		406
4.8.1	Stapler		406
4.8.2	Hubeinrichtungen		409
4.9	Fahrerlose Transportsysteme		411
4.9.1	Definition und Einsatzgebiete		411
4.9.2	Fahrzeugführung		412
4.9.2.1	Reelle Leitlinien		413
4.9.2.2	Virtuelle Leitlinien		415
4.9.3	Fahrzeuge		416
4.9.3.1	Bauformen		416
4.9.3.2	Fahrwerkausbildung		418
4.9.3.3	Sicherheitseinrichtungen		412
4.9.4	Steuerung und Datenübertragung		421
5	**Regalförderer**		**423**
5.1	Allgemeines und Gliederung		423
5.2	Flurförderzeuge für Regalbedienung		424
5.3	Schienengebundene Regalförderzeuge		427
5.3.1	Bauformen		427
5.3.2	Baugruppen		429
5.3.3	Gangwechsel		430
5.4	Sicherheitseinrichtungen		431
5.5	Durchsatzbestimmende Parameter		433
5.5.1	Bewegungsgeschwindigkeiten und Weglängen		433
5.5.2	Spieldauer		435
Technische Regeln			439
Literaturverzeichnis			451
Sachwortverzeichnis			473

1 Einführung

Nach zwei Grundlagenbänden der Buchreihe Fördertechnik und Baumaschinen, in denen die Elemente, Trieb- und Tragwerke behandelt werden, beginnt mit diesem Band die Darstellung der Maschinen selbst. Es ist somit ratsam, einige einführende Bemerkungen zu diesen Maschinen voranzustellen.

Während die Fördertechnik und in ihrem Rahmen die Fördermaschinen eine bis in die Anfänge der Technik reichende Entwicklungsgeschichte durchlaufen haben, begannen die Mechanisierung des Bauwesens und damit die Begründung eines eigenen Fachgebiets Baumaschinen erst in der Mitte dieses Jahrhunderts. Seine Ausprägung, Abgrenzung und Strukturierung gingen dabei eigene Wege. Die gemeinsame oder vorherrschende Aufgabe beider Fachgebiete sind technische Lösungen für die Bewegung stofflicher Güter, dagegen nicht deren substantielle oder geometrische Veränderung. Bei den Baumaschinen gibt es einige Kombinationen beider Aufgabenbereiche.

Wenn beide verwandte Fachgebiete hier zusammenfassend abgehandelt werden, sind Besonderheiten zu bedenken, die für die gemeinsame Darlegung sprechen, deren Art und Form jedoch beeinflussen müssen:

- Beide Fachgebiete beruhen auf den gleichen maschinen- und stahlbautechnischen Grundlagen
- Die Fördermaschinen bzw. Fördermittel sind in ihrer Gliederung, Benennung und Weiterentwicklung immer auf den von ihnen ausgeführten speziellen Arbeitsprozeß bezogen, die Baumaschinen bereits in ihrer Definition, folgerichtig auch in ihrer Aufteilung dagegen auf das jeweilige Einsatzgebiet ausgerichtet
- Es gibt wegen der unterschiedlichen Definitionen der Fachgebiete zahlreiche Überschneidungen, Bild 1-1 zeigt dies an einigen Beispielen.

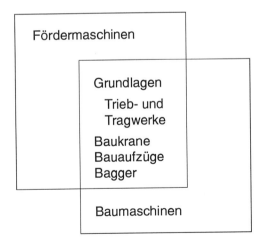

Bild 1-1 Überschneidungen zwischen Förder- und Baumaschinen

Die Betriebsweise der Triebwerke, entweder im ständigen Wechsel zwischen nichtstationären und stationären Betriebsphasen, d.h. im Aussetzbetrieb, oder im stationären Dauerbetrieb, ist ein wichtiges Merkmal einer Maschine. Es bestimmt Gestaltung, Berechnung, Konstruktion, Einsatzgebiet und Wirtschaftlichkeit entscheidend, siehe hierzu [0.1, Abschn. 3.1.2]. Wesentliche Unterschiede bestehen zudem im Bedienungsaufwand. Während stetig arbeitende Maschinen fast stets nur beobachtet werden müssen, sind die Arbeitsspiele der unstetig arbeitenden immer wieder vom Bedienenden oder einem Prozeßrechner zu steuern.

Diesen Gedankengängen folgend, gruppiert die in [0.1, Kap. 1] gegebene Übersicht die Fördermaschinen in

- Unstetigförderer
- Stetigförderer
- Gewinnungsmaschinen.

Wenn diese grobe Aufteilung verfeinert werden soll, ergeben sich Schwierigkeiten, weil bestimmte Maschinengruppen, z.B. Seilbahnen, Aufzüge, Bagger, Bauformen mit unstetig arbeitenden Triebwerken, aber auch solche mit stetig arbeitenden haben. Es ist deshalb besser, pragmatisch vorzugehen und die Grundbauformen für Fördermaschinen vom Hauptmerkmal ihrer Funktion abzuleiten. Dieser Band behandelt die nachstehenden Maschinengruppen:

- Hebezeuge
- Aufzüge
- Flurförderzeuge
- Regalförderzeuge.

Wichtiges gemeinsames Merkmal dieser Maschinen ist die Fähigkeit, Lasten zu heben bzw. anzuheben und linienförmig oder räumlich zu bewegen, wobei Arbeitsspiele in periodischer oder stochastischer Folge ausgeführt werden.

Die Baumaschinen kann man grob in Maschinen für Erdbau, Tiefbau, Hochbau und Verkehrswegebau gliedern. Sie verlangen eine gesonderte Behandlung. Allerdings werden in diesen fördertechnischen Band bereits die Baukrane aufgenommen und den Hebezeugen zugeordnet, die Bauaufzüge in das Kapitel Aufzüge einbezogen.

Alle Gruppen der im folgenden aufgeführten Maschinen haben in den letzten Jahrzehnten einen ausgereiften technischen Stand erreicht. Dies betrifft sowohl die Vielfalt des Angebots, um sich allen auftretenden Anforderungskomplexen anzupassen, als auch die konstruktive und fertigungstechnische Qualität. Seit Anfang dieses Jahrhunderts weltweit und in zunehmender Breite durchgeführte wissenschaftliche Untersuchungen haben die Voraussetzungen geschaffen, diese Maschinen funktions- und beanspruchungsgerecht auszulegen. Neben hochentwickelten Berechnungsverfahren sind genau gefaßte Vorschriften zur Unfallverhütung entstanden.

In der künftigen Entwicklung wird somit die Suche nach völlig neuen maschinentechnischen Lösungen hinter dem Bestreben zurücktreten, diese Maschinen zu vervollkommnen und menschengerechter auszuführen. [1.1] [1.2] nennen die nachstehenden Haupttendenzen:

- rechnergestützte Projektierung und Konstruktion
- einerseits zunehmende Standardisierung von Maschinenteilen und Baugruppen, andererseits flexible Anpassung an die engere Einsatzaufgabe
- feinfühlige Steuerung und Regelung der Antriebe

- Automatisierung durch Einsatz speicherprogrammierbarer Steuerungen, Prozeßrechner o.ä.
- durchgängige Gestaltung ganzer Materialflußsysteme unter Einbeziehung der Informationverarbeitung anstelle einer bloßen Kombination von Einzelmaschinen
- Erhöhung der Verfügbarkeit und Zuverlässigkeit durch betriebsfeste Auslegung für eine gewährleistete Nutzungsdauer sowie eine wartungsarme und instandhaltungsgerechte Bauweise
- Berücksichtigung ergonomischer Kriterien bei der Arbeitsplatzgestaltung, z.B. durch Bedienungserleichterung, Geräuschdämmung, Schwingungsdämpfung
- Vergrößerung der Arbeitssicherheit über die Erhöhung der technischen Sicherheit und die Weiterentwicklung der Regelwerke.

Derartige Kriterien gelten für alle in diesem Band behandelten Gruppen von Fördermaschinen. Durchsetzen werden sie sich besonders dort, wo sie dem Rationalisierungsbestreben entgegenkommen und das allgemeine Ziel, eine menschlichere Arbeitswelt zu schaffen, unterstützen.

Die Bezeichnungen in den nachstehenden Ausführungen werden dem herrschenden Sprachgebrauch entnommen. Dabei werden Abweichungen von älteren Regelwerken, z.B. den VDI-Richtlinien 2366 und 2411, bewußt herbeigeführt, sobald sie sachlich, sprachlich oder historisch gerechtfertigt erscheinen.

2 Hebezeuge

Hebezeuge sind Fördermittel für vorwiegend senkrechte Hubbewegungen. In Abgrenzung zu den Aufzügen muß als zweite Eigenschaft genannt werden, daß die Last nicht in festen Führungen, sondern freischwebend bzw. in mitbewegten Führungen gehoben wird. Der Hubbewegung können andere Bewegungen überlagert werden, wodurch ein räumlicher Arbeitsbereich entsteht. Als älteste Bauart der Fördermaschinen haben die Hebezeuge wegen ihrer Universalität eine große Verbreitung erfahren und in der gesamten Fördertechnik eine führende Rolle bei der Entwicklung der Bemessungs- und Gestaltungsregeln gespielt.

2.1 Allgemeines und Gliederung

Die ersten technischen Hebezeuge waren handbetriebene Drehkrane mit starrem Ausleger. Die Fortschritte in der Elektrotechnik, Kraftfahrzeugtechnik und Hydraulik haben nacheinander zu neuen, leistungsfähigen und sehr vielfältigen Bauformen geführt und den Hebezeugen ständig neue Einsatzgebiete erschlossen. Heute gibt es nebeneinander folgende Hauptbauarten:

- Einzel- bzw. Serienhebezeuge, die – mit Ausnahmen – nur die Hubbewegung ausüben,
- schienengebundene Krane, die auf festen Fahrbahnen auch horizontal bewegt werden,
- Fahrzeugkrane, die an die entsprechenden Verkehrsmittel angelehnt oder von ihnen abgeleitet sind und sich freizügig auf Verkehrsflächen oder im Gelände bewegen können.

Seit einiger Zeit existieren Ansätze, die Hebezeuge nach der Intensität ihrer zeitlichen Nutzung und der Schwere ihrer Belastung zu klassifizieren und damit besser vergleichbar zu machen. In [0.1, Abschn. 3.4.3.1] wird die Klassifizierung nach dem Standard ISO 4301/1-1980 erläutert. Sie wurde auch in die Regel FEM 1.001 der Fédération Européenne de la Manutention für Krane übernommen. Aus 10 nach der Anzahl der Arbeitsspiele während der gesamten Nutzungsdauer gebildeten Betriebsklassen bzw. Nutzungsklassen und 4 nach dem Kollektivbeiwert als Maßstab der Belastungsschwere gestaffelten Belastungsklassen werden 8 Krangruppen zusammengestellt. Zur Definition der Arbeitsspiele von Maschinen bzw. Triebwerken und deren Überlagerung siehe [0.1, Abschn. 3.4.3.2].
Eine in diesen Vorschriften aufgeführte zweite Gruppierung betrifft die Triebwerke. Auch hier stimmen die beiden genannten Regelwerke darin überein, daß durch Zuordnung von 10 entsprechend der Gesamtbetriebsdauer voneinander unterschiedenen Nutzungsklassen und 4 Beanspruchungsklassen 8 Triebwerkgruppen gebildet werden. Verschieden ist lediglich die obere Grenze der Gesamtbetriebsdauer mit 10^6 Betriebsstunden (ISO) bzw. $5 \cdot 10^4$ Gesamtstunden (FEM). Der DIN-Fachbericht 1 gruppiert die Triebwerke in 10 Nutzungsklassen zwischen $2 \cdot 10^2$ und 10^5 Gesamtbetriebsstunden und ordnet diesen Klassen 3 normalverteilte Standardkollektive mit unterschiedlicher Völligkeit zu. Auf die in [0.1, Abschn. 1.8.3.2] behandelte Abhängigkeit derartiger Kenngrößen für Belastungs- bzw. Beanspruchungskollektive von deren Definition wird hingewiesen.

Die quantitative Weiterführung dieser Gruppierung von Hebezeugen in Richtung einer Differenzierung der Belastungsannahmen, Sicherheitsbeiwerte o.ä. ist bisher lediglich in den Regelwerken FEM 9.511 und 9.661 für Serienhebezeuge vorgenommen worden, indem 5 Gruppen dieser Maschinen mit unterschiedlicher bezogener Nutzungsdauer gebildet werden. FEM 9.755 ergänzt diese Festlegungen dadurch, daß ein ständiger Vergleich der tatsächlichen und theoretischen Nutzung vorgeschrieben wird, um sogenannte „sichere Betriebsperioden" zwischen zwei aufeinanderfolgenden Generalüberholungen zu gewährleisten, siehe Abschnitt 2.3.3.2.
Eine andere Verallgemeinerung liegt beispielsweise darin, die Seiltriebgruppen nach DIN 15020 Teil 1 zu nutzen, um auch die Trag- und Lastaufnahmemittel, wie Ketten, Lasthaken, nach dieser Einteilung auszuwählen. Erst mit der jetzt im Entwurf vorliegenden europäischen Norm CEN/TC 147/WG 2 N 23 (Cranes Safety; Design General) sind vereinheitlichte technische Regeln für das gesamte Hebezeug zu erwarten.

2.2 Lastaufnahmemittel

Entsprechend ihrer Aufgabe, Güter zu bewegen, haben Fördermittel immer ein besonderes, eigens ausgebildetes Bauteil, mit dem das Gut sicher getragen bzw. gehalten wird, ohne es zu beschädigen. Als Lastaufnahmemittel im engeren Sinn werden dagegen allgemein nur die Elemente verstanden, mit denen Lasten an Hebezeugen angeschlagen werden. Sie bilden das notwendige Bindeglied zwischen dem Tragmittel des Hebezeugs und der Last. Entgegen der Definition in DIN 15003 werden hier auch die fest mit dem Tragmittel verbundenen Bauelemente zur Lastaufnahme diesen Lastaufnahmemitteln zugeordnet. In grober Gliederung trennt man in Lastaufnahmemittel für Stückgüter, solche für Schüttgüter und nicht direkt mit dem Hebezeug verbundene Anschlagmittel.
Lastaufnahmemittel können bei der Gutaufnahme passiv oder aktiv wirken. Im erstgenannten Fall bedarf es in der Regel einer zusätzlichen Bedienperson, um die Verbindung zwischen Last und Hebezeug herzustellen, im zweiten meist einer speziellen Anpassung des Lastaufnahmemittels an das Gut. Weil diese Elemente unmittelbar an der Einleitungsstelle der Hubkraft angeordnet sind und häufig in die Arbeitsebene hineingeführt werden müssen, verlangen Konstruktion, Herstellung und ständige Überwachung eine besondere Sorgfalt. Die Normen und die Arbeitsschutzbestimmungen geben hierfür einen Rahmen vor, z.B. GUV 4.6 und VBG 9a. Eine gute Übersicht über die speziellen Eigenschaften und Probleme der Lastaufnahmemittel verschafft [2.1].

2.2.1 Lasthaken und Schäkel

Ein Haken ist das einfachste Mittel, einen Gegenstand in der Schwebe zu halten. Die Ausrüstung eines Hebezeugs mit einem Lasthaken ist somit auch die am häufigsten gewählte Variante für die Lastaufnahme, fast immer unter Zwischenschaltung eines Anschlagmittels. Dem Vorzug großer Universalität, d.h. Eignung zur Aufnahme nahezu aller Stückgüter, steht der Nachteil gegenüber, daß deren Anschlagen und Lösen eine meist von Hand auszuführende zusätzliche Arbeit erfordern.

2.2.1.1 Bauformen

Die Lasthaken als wohl ältestes Lastaufnahmemittel sind früh durch Normen vereinheitlicht und sicherheitstechnisch überprüfbar gemacht worden. Die *Einfach- und Doppelhaken* nach Bild 2-1 werden in ihrer Tragfähigkeit nach den Hakengrößen 006 bis 250, der Festigkeitsklasse des Werkstoffs und der Triebwerkgruppe gemäß DIN 15020 Teil 1, d.h. nach groben Kriterien der Betriebsfestigkeit, gestaffelt. Die Nenntragfähigkeit entspricht der Lasthakennummer in t und ist auf die Festigkeitsklasse M und die Triebwerkgruppe 3_m bezogen.

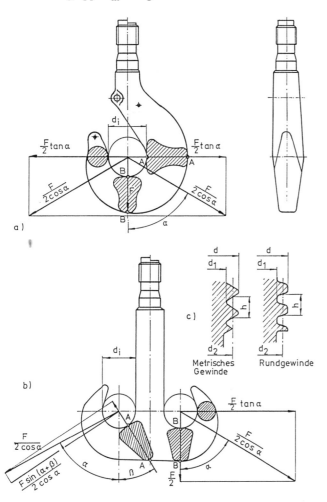

Bild 2-1 Lasthaken
a) Einfachhaken DIN 15401 mit Nocken, Rohling gesenkgeschmiedet
b) Doppelhaken DIN 15402, Rohteil freiformgeschmiedet
c) Hakenwinde

Die Rohlinge der genormten Lasthaken werden bis zur Nenngröße 40 gesenkgeschmiedet, im Bereich 10 bis 250 freiformgeschmiedet. Das Gesenkschmieden erlaubt eine günstigere Querschnittsausbildung (Bild 2-1a) und damit eine Verringerung der Eigenmasse um rd. 15 % im Vergleich mit dem Freiformschmieden (Bild 2-1b). Am Schaft kann ein Nocken angeschmiedet werden, an dem eine Maulsperre anzubringen ist, die das Herausgleiten des Anschlagmittels bei Entlastung verhindert. Schweißungen an Lasthaken sind, mit wenigen Ausnahmen für sehr kleine Ausführungen, nicht gestattet (DIN 15404 Teil 1).

Die Stähle für Lasthaken müssen alterungsbeständig und unempfindlich für Sprödbruch, auch bei niedrigen Außentemperaturen, sein. Zur Verfügung stehen die für Schmiedestücke geeigneten Feinkornstähle nach DIN 17103 und die niedrig legierten Vergütungsstähle nach DIN 17200. Tafel 2-1 zeigt die in DIN 15400 getroffene Zuordnung von Hakengröße, Festigkeitsklasse und Werkstoff. Für die in DIN 15401 und DIN 15402 genormten Einfach- und Doppelhaken sind vornehmlich die Festigkeitsklassen M und P vorgesehen.

Tafel 2-1 Werkstoffe für Lasthaken nach DIN 17103 bzw. DIN 17200

Festig-keits-klasse	$\sigma_{0,2}$ N/mm²	Lasthakennummer	
		bis 40	über 40
M	235	StE 285	StE 355
P	315	StE 355	StE 420
(S)	390	StE 420	StE 500
			34 CrMo 4
T	490	StE 500,	34 CrNiMo 6
		34 CrMo 4	
(V)	620	34 CrMo 4,	30 CrNiMo 8
		34 CrNiMo 6	

eingeklammerte Festigkeitsklassen möglichst vermeiden

Größere Lasthaken werden auch aus Stahlguß hergestellt. Bei ihrer Bemessung muß berücksichtigt werden, daß gegossene Werkstoffe im Vergleich zu geschmiedeten eine geringere Dauerfestigkeit, eine höhere Mittelspannungsempfindlichkeit und eine stärkere Streuung der Festigkeitswerte haben. Über derartige Haken mit einer Tragfähigkeit von 1000 t und mehr berichtet u.a. [2.2].

Um den Lasthaken über eine Hakenmutter drehbar zu lagern, erhält der Schaft am oberen Ende ein Gewinde, das bis zur Hakengröße 5 als Metrisches Gewinde (DIN 13), ab Hakengröße 6 als Rundgewinde (DIN 15403) auszuführen ist (Bild 2-1c).

Große Lasthaken ab Nr. 6 erhalten am Hakendorn einen in eine Bohrung eingepreßten kleinen Stahlstift. Im Zusammenwirken mit einer durch Körnerschlag am Schaft hergestellten zweiten Marke läßt sich dadurch die Maulweite y eines Lasthakens reproduzierbar meßtechnisch überprüfen. Wenn sie sich infolge Verformung um $\Delta y/y = 0,1$ vergrößert hat, ist der Lasthaken auszuwechseln. Das gleiche gilt, sobald die Querschnittshöhe in Belastungsrichtung durch Verschleiß um 5 % abgenommen hat.

Für besonders große Lasten von 500 t und darüber, u.U. vorzugsweise zur Ausschaltung von Gefahren durch das Herausspringen der Anschlagseile, werden gern auch geschlossene *Schäkel* verwendet. Sie erfordern zwar ein Durchziehen der Anschlagmittel, weisen aber einen günstigeren Kraftfluß und kleinere Abmessungen auf als entsprechende Haken. Die einteilige Ausführung (Bild 2-2a) wird als geschlossener Rahmen auch an den Bügelseiten auf Biegung beansprucht, die dreiteilige (Bild 2-2b) besteht aus einem mittleren Biegeträger und paarweise angeordneten Zuglaschen.

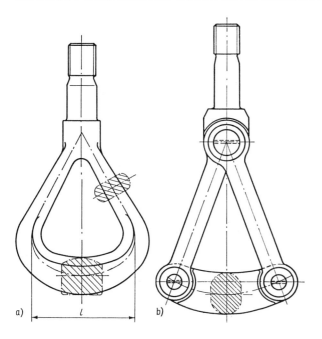

Bild 2-2 Schäkel
a) einteilig (Tragöse)
b) Dreigelenkschäkel

Krane, die feuerflüssige Massen zu bewegen haben, werden wegen der großen thermischen Beanspruchung durch die Strahlungswärme mit *Lamellenhaken* (Bild 2-3) zur Aufnahme der Pfannen ausgerüstet. Ihre 5 bis 7 aus Blech gebrannten, parallelliegenden und durch Niete verbundenen Lamellen verleihen ihnen eine große Redundanz beim Versagen einzelner Lamellen. Luftspalte von 2...4 mm zwischen den Blechlamellen verbessern die Wärmeabfuhr. An den Seiten angebrachte Schutzbleche halten als zusätzlicher Strahlungsschutz die Beharrungstemperatur unterhalb des Bereichs hoher Alterungsgeschwindigkeit (< 100 °C). Eine schwenkbare Maulschale nimmt den Bolzen des Transportgefäßes auf, ein bei Bedarf anzubringender Schlagschutz am Hakenschaft verhindert Einkerbungen während der Gutaufnahme bzw. -abgabe.

2.2.1.2 Spannungen in stark gekrümmten Trägern

Die Lasthaken, aber auch andere Lastaufnahmemittel, wie Gabeln, Pratzen, Zangen, weisen Stellen mit starker Krümmung auf, die vorrangig durch Zugkräfte und Biegemomente beansprucht werden. Wenn der Krümmungsradius kleiner als etwa die 10fache Trägerhöhe ist, müssen die Spannungen an diesen meist hochbeanspruchten Stellen unter Berücksichtigung der Stabkrümmung ermittelt werden. Die theoretischen Grundlagen, die auf *v. Bach* zurückgehen, sind in den Taschenbüchern [2.3] bis [2.5] sowie in der fördertechnischen Literatur, z.B. [2.6] bis [2.10], aufgeführt, wobei Unterschiede im Grad der Allgemeingültigkeit und Vollständigkeit festzustellen sind.
Die voneinander abweichenden Längen der Außen- und Innenfasern im gekrümmten Bereich des Trägers führen zu einem hyperbolischen statt linearen Verlauf der Verformungen und Spannungen. Unter der Voraussetzung, daß die wirkende Kraft F senkrecht zur Querschnittsfläche steht (Bild 2-4) und die verformten Querschnitte eben bleiben, können Schubkräfte vernachlässigt werden, und es gilt der nachstehende Ansatz für den Spannungsverlauf

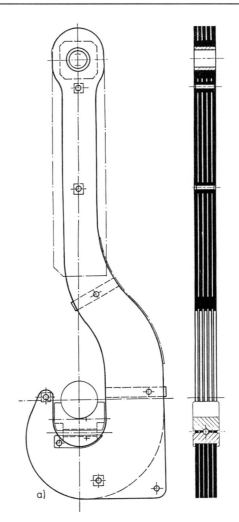

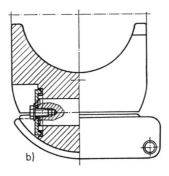 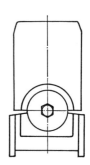

Bild 2-3 Lamellenhaken
1 Hakenlamelle
2 Niet
3 Strahlungsschutzblech
4 Maulschale

$$\sigma(y) = \sigma_z + \sigma_b = \frac{F}{A} + \frac{M_b}{Ar} + \frac{M_b r}{I_0}\frac{y}{r+y} \qquad (2.1)$$

mit dem scheinbaren Flächenträgheitsmoment

$$I_0 = r \int_A \frac{y^2}{r+y} dA \qquad (2.2)$$

Weil das Biegemoment in der im Bild 2-4 erkennbaren Anordnung die Krümmung verkleinert, muß es negativ angesetzt werden, d.h. $M_b = -Fc$.

Der Krümmungsradius r ist auf die Schwerelinie des Trägers bezogen. Mit den vom linken Querschnittsrand ausgehenden Koordinaten u, v gilt (s. Bild 2-4)

$$r = r_i + \frac{1}{A}\int_A v\,dA = r_i + \frac{1}{A}\int_A uv\,dv\,. \qquad (2.3)$$

Die Nullinie der Spannung, d.h. die neutrale Faser des Querschnitts, weicht im allgemeinen Belastungsfall ($c \neq r$) davon ab. Für $\sigma(y) = 0$ ergibt sich der Abstand vom Schwerpunkt

$$y_0 = -\frac{\left(1+\dfrac{Fr}{M_b}\right)r}{1+\dfrac{Fr}{M_b}+\dfrac{Ar^2}{I_0}} = -\frac{\left(1-\dfrac{r}{c}\right)r}{1-\dfrac{r}{c}+\dfrac{Ar^2}{I_0}}\,. \qquad (2.4)$$

Beim Lasthaken gilt überwiegend $c = r$, da die Wirkungslinie von F durch den Krümmungsmittelpunkt M des Trägers geht. Die Spannungsgleichung (2.1) vereinfacht sich in diesem Sonderfall infolge Wegfalls der ersten beiden Summanden. Für sehr kleine Biegeradien $r_i \to 0$ der Innenkante ist sie wegen $\sigma(y_i) \to \infty$ nicht geeignet.

An Stelle der Größe I_0 verwendet man gern einen Formbeiwert κ, der ebenfalls von der Querschnittsform und dem Krümmungsradius r abhängt und wie folgt definiert ist

$$\kappa = \frac{I_0}{r^2 A} = \frac{1}{rA}\int_A \frac{y^2}{r+y}dA = -\frac{1}{A}\int_A \frac{y}{r+y}dA. \qquad (2.5)$$

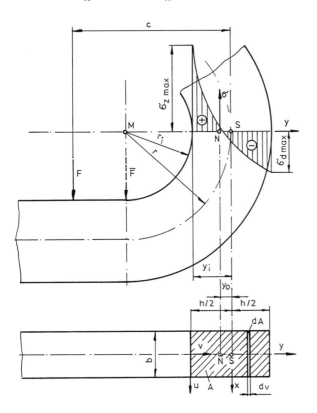

Bild 2-4 Gekrümmter Träger, Berechnungsskizze

Wenn geometrisch einfache Querschnitte vorliegen, können die Gln. (2.2) bzw. (2.5) geschlossen integriert oder näherungsweise in Form geometrischer Reihen angegeben werden. Mit $\psi = e/r$ gelten nach [2.3] [2.4] für die Querschnittsformen

Rechteck ($e = h/2$; h Höhe in Krümmungsebene)

$$\kappa = \frac{1}{2\psi}\ln\frac{1+\psi}{1-\psi} - 1 \approx \frac{\psi^2}{3} + \frac{\psi^4}{5} + \frac{\psi^6}{7}\ldots;$$

Kreis, Ellipse (Kreis: $e = r_K$ Kreisradius; Ellipse: $e = a$ Halbachse in Krümmungsebene)

$$\kappa = \frac{1-\sqrt{1-\psi^2}}{1+\sqrt{1-\psi^2}} \approx \frac{\psi^2}{4} + \frac{\psi^4}{8} + \frac{5\psi^6}{64}\ldots. \qquad (2.6)$$

In [2.4] ist für die Ellipse eine modifizierte Gleichung mit der Halbachse a als Parameter angegeben. Formbeiwerte κ bzw. scheinbare Flächenträgheitsmomente I_0 für weitere Querschnitte führen [2.10] bis [2.12] auf.

Für kompliziertere Querschnittsformen, wie sie beispielsweise beim Lasthaken vorliegen, sind einfache grafisch-analytische Verfahren zur Bestimmung von I_0 entwickelt worden. Das von *Tolle* [2.13] ist sehr ungenau, weil es auf der Differenz von zwei zeichnerisch zu bestimmenden Flächen beruht, das von *Rötscher* [2.14] eignet sich dagegen in mehrfacher Hinsicht. Ausgangsgröße ist eine maßstäbliche, möglichst genau gezeichnete Querschnittsfläche. Die Koordinaten ihrer Begrenzungslinien werden punktweise ausgemessen und daraus die Integranden der Gl. (2.2) bzw. (2.5), ebenfalls punktweise, berechnet. Zur Zeit der Begründung dieses Verfahrens mußte man die Funktion des Integranden noch zeichnen und die Integration durch Ausmessen seiner Funktionsfläche ausführen. Heute läßt sich dies alles mit einem geeigneten Rechenprogramm bewerkstelligen. Das Verfahren wird in [2.3] und auch in DIN 15400 erwähnt bzw. empfohlen.

Als gut geeignete Näherung ersetzen [2.10] und [2.12] die Begrenzungslinien der Querschnittsfläche durch Treppenkurven und die Integrale der Gln. (2.2), (2.3) und (2.5) durch Summen endlicher Differenzen.

Wenn es sich um einen aus m Teilflächen A_n zusammengesetzten Querschnitt handelt, ist zunächst der Schwerpunkt S und damit der Krümmungsradius r der Gesamtfläche A zu berechnen. Der Formbeiwert beträgt dann

$$\kappa = \frac{1}{A}\sum_{n=1}^m \kappa_n \cdot A_n\,, \qquad (2.7)$$

wobei die Werte von κ_n mit dem Krümmungsradius r der Gesamtfläche zu ermitteln sind und somit einzelne Querschnittsanteile auch negative Werte annehmen können.

Die Maximalspannung tritt stets am Innenrand des gekrümmten Trägers auf; im Belastungsfall von Bild 2-4 ist es eine Zugspannung. In der Literatur [2.3] bis [2.5] wird eine Formzahl α_k für den gekrümmten Träger definiert, die das Verhältnis der maximalen Biegespannung σ_{bmax} im gekrümmten Träger zu der eines geraden Trägers gleicher Abmessungen ausdrückt

$$\alpha_k = \sigma_{bmax}\frac{W_x}{M_b}; \qquad (2.8)$$

W_x Widerstandsmoment um x-Achse
M_b Biegemoment.

Die Formzahl α_k ist stark vom Krümmungsradius, dagegen nur wenig von der Querschnittsform abhängig. Sie liegt tabelliert vor [2.3] [2.4] und ist für sehr kleine Werte von r nicht definiert.

2.2 Lastaufnahmemittel

Die Krümmung des belasteten gekrümmten Trägers verändert sich nach [2.4] näherungsweise auf

$$\frac{1}{\rho} = \frac{1}{r} + \frac{M_b}{EI_0}; \qquad (2.9)$$

E Elastizitätsmodul des Werkstoffs.

Für die Schubspannungen in einem gekrümmten Träger, der abweichend vom Belastungsschema nach Bild 2-4 durch eine Querkraft beansprucht wird, gibt [2.15] eine Gleichung analog zu Gl. (2.1) an. [2.10] verwendet diesen Ansatz zur Berechnung der Schweißnähte und Stege in zusammengesetzten Querschnitten geschweißter gekrümmter Träger.

2.2.1.3 Berechnungsansätze und zulässige Spannungen

Wenn die Last am Einfachhaken einsträngig angeschlagen wird, tritt nur die Vertikalkraft F auf; bei mehrsträngigem Anschlagen wirken dagegen zwei Kräfte $F/(2\cos\alpha)$ am Einfach- sowie Doppelhaken (s. Bild 2-1). Für den zulässigen Spreizwinkel wird vornehmlich $\alpha = \pi/3$ angesetzt. Eine ausnahmsweise auftretende größere Spreizung des Anschlagmittels verlangt eine Herabsetzung der Tragfähigkeit auf

$$F_{zul} \leq F \frac{\tan\frac{\pi}{3}}{\tan\alpha} (\alpha > \pi/3). \qquad (2.10)$$

Zu untersuchen ist die Beanspruchung der gefährdeten Querschnitte des Lasthakens:

A-A durch F (Einfachhaken) bzw. $F\sin(\alpha+\beta)/(2\cos\alpha)$ (Doppelhaken) auf Zug und Biegung;
B-B durch $F/(2\tan\alpha)$ auf Zug und Biegung;
C-C durch F auf Zug.

In DIN 15 400 werden lediglich die Beanspruchungen der Querschnitte A-A und C-C angegeben. Die maximalen Zugspannungen im Querschnitt A-A betragen bei einem durch die der Nennträgfähigkeit entsprechende Vertikalkraft belasteten Einfachhaken, d.h. für die Festigkeitsklasse M und die Triebwerkgruppe 3_m:

Haken gesenkgeschmiedet $\sigma_{z\,max} = 23...72$ N/mm^2
(Nr. 006 bis 4);
Haken freiformgeschmiedet $\sigma_{z\,max} = 63$ N/mm^2 = konst.
(Nr. 6 bis 250).
Beim Doppelhaken liegen die Beanspruchungen etwas niedriger.

Gegenüber der 0,2 %-Dehngrenze $\sigma_{0,2}$ als Bezugsgröße ergeben sich mit größer werdendem Hakenquerschnitt abnehmende Sicherheitsbeiwerte. Sie betragen für die Nenntragfähigkeit (Triebwerkklasse 3_m) $S_{0,2} = 10...3,3$; höchste Tragfähigkeit (Triebwerkklasse $1B_m$) $S_{0,2} = 5...1,67$. Diese Werte in der Festigkeitsklasse M gelten näherungsweise auch für die übrigen Festigkeitsklassen, s. Tafel 2-1. Der Sicherheitsbeiwert $S_{0,2}$ erfaßt innerhalb einer Triebwerkklasse

– die Streuung der Festigkeitswerte
– die dynamische Steigerung der Hubkraft
– die mögliche Überschreitung der statischen Hubkraft.

Seine Staffelung nach der Triebwerkklasse, d.h. nach Form des Belastungskollektivs und Häufigkeit der Belastung, differenziert ihn zusätzlich grob vereinfachend nach Kriterien der Betriebsfestigkeit. Die Grundtendenz, kleineren Lasthaken eine größere Sicherheit gegen plastische Verformung zu geben, berücksichtigt die Erkenntnis, daß bei ihnen Größe und Häufigkeit von Überlastungen höher liegen. Die Unfallverhütungsvorschrift VBG 9a fordert für Lasthaken, die nicht den DIN-Normen entsprechen, den Nachweis, daß sie sich bei der 2fachen Nennbelastung nicht, bei der 4fachen nur so weit verformen, daß sie funktionsfähig bleiben.

Alle diese Festlegungen und Werte gründen sich vorrangig auf Erfahrungen. Die Streckgrenze σ_s oder 0,2 %-Dehngrenze $\sigma_{0,2}$ drücken an zugbelasteten Stäben gewonnene Größen aus; die Biegestreckgrenze liegt bei ungleicher Spannungsverteilung im Querschnitt höher [2.16]. Eine zweite Reserve der Tragfähigkeit besteht darin, daß die Zugspannung vom Maximalwert am Rand zur neutralen Faser hin sehr schnell abnimmt. Eine plastische Verformung durch Erreichen der Dehngrenze erfaßt deshalb zunächst allein den sehr kleinen Randbereich des Querschnitts, und sie ist als partielle Plastifizierung vom Grundsatz her unbedenklich [2.17].

Gezielte Untersuchungen zur Betriebsfestigkeit der Lasthaken und anderer stark gekrümmter Bauteile von Lastaufnahmemitteln fehlen bisher. Spannungsoptische Analysen im elastischen Bereich der Verformung [2.16] [2.18] bestätigen nur die grundsätzliche Gültigkeit des Ansatzes von Gl. (2.1). Erste von Loos [2.19] vorgestellte Prüfstandsversuche mit rechteckigen Probekörpern erbrachten Wöhlerlinien in Abhängigkeit vom Innenradius r_i der gekrümmten Träger, die des geringen Versuchsumfangs wegen nur hinweisende Bedeutung haben können. Ein wichtiges Ergebnis dieser Untersuchungen wird jedoch im Bild 2-5 sichtbar. Die tatsächliche Formzahl α_k, die wenig von der Form des Querschnitts abhängt, weicht beträchtlich von der Formzahl nach Gl. (2.8) ab und nimmt auch für $r_i = 0$ einen endlichen Wert $\alpha_k = 2$ an. Ergänzt wird dies in der zitierten Arbeit durch ein ausführliches Literaturverzeichnis. Weitere wissenschaftliche Untersuchungen zur Betriebsfestigkeit gekrümmter Träger erscheinen angebracht.

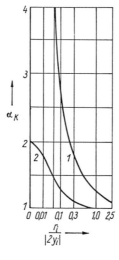

Bild 2-5
Formzahl α_k
1 theoretischer Wert nach Gl. (2.8)
2 Versuchsergebnisse

Die Schäkel werden sinngemäß wie die Lasthaken berechnet. Beim einteiligen Schäkel muß lediglich die Bestimmung von Längskraft und Biegemoment wegen der Symmetrie als zweifach statisch unbestimmtes Problem behandelt werden. Unold [2.20] gibt hierfür einfache Näherungssätze wie folgt an:

Biegemoment in Mitte Querbalken $\quad M_1 \approx Fl/5$;
Druckkraft in Mitte Querbalken $\quad F_1 \approx F/10$;

Biegemoment an Stelle der
stärksten Krümmung $\quad M_2 \approx Fl / 13;$
Zugkraft in Schenkeln $\quad F_3 \approx F / 2.\quad$ (2.11)

Die rechnerische Länge l ist die größte Breite des Schäkels, sie ist auf die Schwerachse bezogen (s. Bild 2-2). Für die Spannungen im stark gekrümmten Teil ist Gl. (2.1) zu verwenden.

2.2.2 Hakenvorläufer und Unterflaschen

Nur eine einsträngige Kette als Tragmittel des Hebezeugs läßt sich direkt und damit einfach mit einem hierfür ausgebildeten Lasthaken verbinden. Bei Seilen als Tragmittel und mehrsträngiger Aufhängung bedarf es hierfür eines besonderen Bauelements, meist als Hakenvorläufer oder Unterflasche.

Der für den Hafenumschlag mit Wippdrehkranen bestimmte *Hakenvorläufer* im Bild 2-6 läßt wichtige konstruktive Gesichtspunkte für ein solches handhabungsgerecht auszubildendes Lastaufnahmemittel erkennen. Die Verbindung des in einer Kausche endenden Drahtseils *1* mit dem Gabelstück *2* über einen Bolzen läßt sich bei Bedarf lösen.

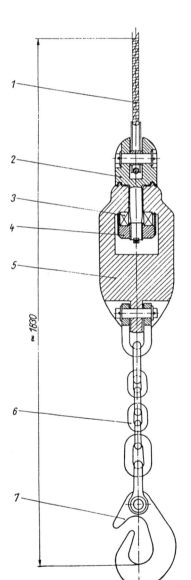

Bild 2-6
Hakenvorläufer,
Tragfähigkeit 3,2 t,
Kranbau Eberswalde
GmbH
1 Seil mit Kausche
2 Gabelstück
3 Axial-Rillenkugellager
4 Mutter
5 Belastungsgewicht
6 Zwischenkette
7 Ösenhaken mit Abweisdorn

Die drehbare Stützung über ein Axial-Rillenkugellager *3* verhindert, daß eine drehende Last das Seil verwindet und läßt gleichzeitig dessen freie Drehung während einer Änderung seiner Beanspruchung zu. Ein Belastungsgewicht *5* vergrößert die Seilkraft ohne Last auf das für einwandfreies Senken erforderliche Maß [0.1. Abschn. 2.2.2]. Die Beweglichkeit der Zwischenkette *6* erleichtert die Handhabung des Ösenhakens *7* beim An- und Abschlagen der Last. Ein Abweisdorn an diesem Haken verringert die Gefahr, daß er sich an vorspringenden Lukenrändern verhaken kann.

Wenn die Seilführung mehrsträngig ausgeführt ist, verbindet eine *Unterflasche* das Tragmittel mit dem Lasthaken. Bild 2-7 zeigt die gebäuchliche Form dieser Baugruppe als Element eines achtsträngigen Seilflaschenzugs. Die Seilrollenachse *3* verbindet die Seilrollen *2* über die Zuglaschen *5* mit der Hakentraverse *6*, die den Lasthaken *7* trägt. Ein sorgfältig ausgeführter Seilschutz *1* verhindert Handverletzungen durch die bewegten Teile der Unterflasche; er ist bindend vorgeschrieben. Aussparungen für die Seilstränge gewährleisten deren zulässigen Ablenkungen in zwei Ebenen.

Der Lasthaken wird im allgemeinen frei drehbar auf einer Hakentraverse als Bestandteil der Unterflasche gelagert (Bild 2-8). Während bei kleineren Lasthaken ein Verschweißen oder eine Stiftverbindung zur Sicherung gegen das Aufdrehen des Hakengewindes ausreicht, ist bei größeren Lasthaken ab Nr. 5 bzw. 6 ein aufgeschraubtes Flacheisen als Sicherungsstück vorgeschrieben, das Formschluß mit dem seitlich ausgeklinkten oberen Teil des Hakenschafts herstellt.

Das Gewinde der Lasthakenmutter erfährt unter der Annahme gleichmäßiger Belastungsverteilung auf alle beanspruchten Gewindegänge eine mittlere Pressung von

$$p_m = \frac{F}{A_{ges}} = \frac{F}{z d_2 \pi H_1};\quad (2.12)$$

z Anzahl tragender Gewindegänge
d_2 Flankendurchmesser des Gewindes
H_1 Flankenüberdeckung des Gewindes.

Als Richtwert für die zulässige Flächenpressung kann aus Sicherheitsgründen nur der für Bewegungsgewinde geltende Bereich $p_{zul} = 10....15$ N/mm² verwendet werden. Der erste Gang des Gewindes ist zu seiner Entlastung etwas zurückgesetzt bzw. flacher gehalten, s. Bild 2-1c, er sollte deshalb nicht als tragend angesetzt werden [2.21].

Auf andere Weise wird in DIN 15400 die Scherpannung τ_G im ersten tragenden Gewindegang als Orientierungswert mit einem einfachen Ansatz bestimmt

$$\tau_G = \frac{F}{d_1 \pi h}\quad (2.13)$$

d_1 Durchmesser des Gewindegrunds
h Gewindesteigung.

Als zulässige Werte nennt diese Norm $\tau_{Gzul} = 12,5...63$ N/mm², bezogen auf die Triebwerkgruppe 4_m und innerhalb des angegebenen Bereichs mit wachsender Hakengröße zunehmend.

Die in DIN 15408 und DIN 15409 genormten Unterflaschen ordnen den Lasthakengrößen für die Festigkeitsklasse M die für die Triebwerksgruppe 4_m nach DIN 15020 Teil 1 vorgeschriebenen Seil- und Seilrollendurchmesser zu. Zur besseren Vereinheitlichung wird darüber hinaus eine Vorzugsreihe für Produktionskrane angegeben. Wenn die Unterflaschen in Seiltrieben der Triebwerkgruppen $1B_m$

2.2 Lastaufnahmemittel

bis 3_m eingesetzt werden, können die Durchmesser von Seil und Seilrolle verringert werden. Im Gegensatz dazu werden die ein- bis zweirolligen Unterflaschen für Elektrozüge in DIN 15410, von der geforderten Tragfähigkeit ausgehend, stark verfeinert nach den Triebwerkgruppen $1B_m$ bis 3_m mit gestaffelten Seil- und Seilrollendurchmessern vorgesehen.

Sonderformen von zweirolligen Unterflaschen in besonders kurzer oder schmaler Bauweise (Bild 2-9) haben nur dort ihre Berechtigung behalten, wo ihre Vorzüge, die geringere Bauhöhe bzw. kleinere seitliche Ausdehnung, benötigt werden. Im erstgenannten Fall muß der Lasthaken einen verlängerten Schaft aufweisen; die Seilrollenachse ist zugleich als Hakentraverse auszubilden.

Eine Erleichterung des An- und Abschlagens der Last läßt sich bei geeigneter Ausführung der Aufnahmeeinrichtung am vom Lasthaken aufzunehmenden Gut u.U. dadurch erreichen, daß die freie Drehung des Lasthakens durch eine lösbare mechanische Verriegelung aufgehoben und ein mechanischer Antrieb für eine gesteuerte Drehbewegung des Hakens in die Unterflasche eingebaut wird (Bild 2-10). Der Antrieb besteht aus einem Getriebemotor, der den Hakenschaft über eine elastische Kupplung antreibt. Endschalter und feste Anschläge begrenzen den Drehwinkel. Die elektrische Energie muß über ein gesondertes, beim Heben und Senken von einer Kabeltrommel gewickeltes Stromkabel zugeführt werden. Dies vergrößert den Aufwand in den Fällen nur wenig, wo am Lasthaken ohnehin ein gesteuertes, elektrisch betätigtes oder getriebenes weiteres Lastaufnahmemittel, z.B. ein Vakuum-Haftgerät, eingehängt werden soll.

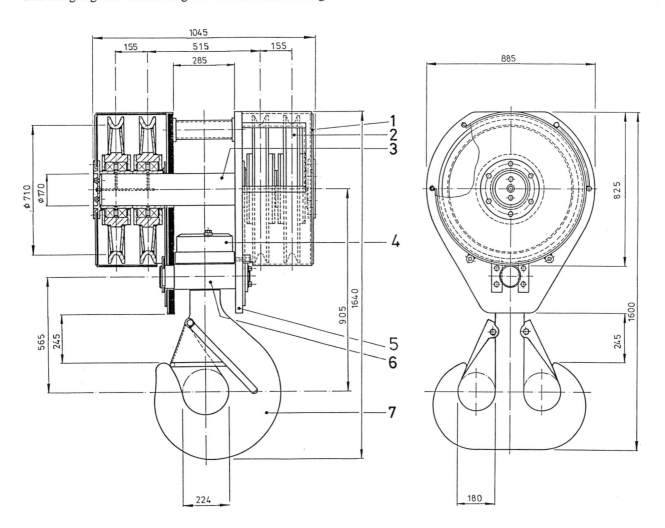

Bild 2-7 Unterflasche, vierrollig, für Lasthaken Nr. 40 nach DIN 15 409; RIW-Maschinenbau GmbH, Duisburg
1 Schutzkasten
2 Seilrolle mit Wälzlagerung
3 Seilrollenachse
4 Hakenmutter
5 Zuglasche
6 Hakentraverse
7 Lasthaken (links: Einfachhaken mit gewichtskraftbetätigter Maulsperre;
rechts: Doppelhaken mit federbetätigter Maulsperre)

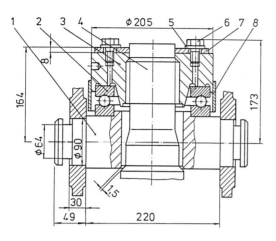

Bild 2-8 Lasthaken-Aufhängung für Krane nach DIN 15411
(Maße für Lasthaken Nr. 25)
1 Traverse   5 Sicherungsring
2 Axial-Rillenkugellager 6 Sicherungsschraube
3 Hakenmutter   7 Sicherungsstück
4 Hakenschaft   8 Schutzring

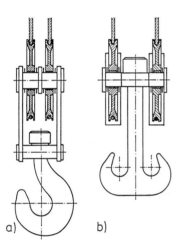

Bild 2-9 Sonderbauarten von zweirolligen Unterflaschen nach DIN 15002
a) lange Unterflasche mit innenliegenden Seilrollen
b) kurze Unterflasche mit Seilrollenachse als Hakentraverse

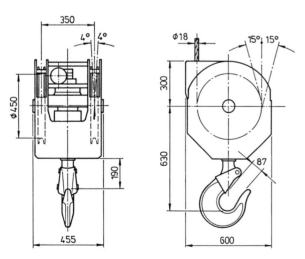

Bild 2-10 Unterflasche mit elektromechanischem Drehantrieb
(Maße für Lasthaken Nr. 10)
Pfeifer Seil- und Hebetechnik GmbH & Co, Memmingen

Besonders bei solchen Seiltrieben, deren zulaufendes Seil auf eine Seilrolle der Oberflasche aufläuft (s. Bild 2-34 in [0.1]), kann der Senkvorgang der Unterflasche gestört werden, wenn diese nicht eine bestimmte Mindestmasse aufweist. Werden lediglich die Verluste durch Reibungskräfte berücksichtigt, gilt nach [2.22] für die Mindestmasse der Unterflasche

$$m_U > \frac{1}{g}\left[F_{S2}(z-1)+(F_{S2}-F_{S1})(z-2)\right] \quad (2.14)$$

mit den Seilkräften an dieser ersten oberen Seilrolle

$$F_{S2} = F_{S1} + \Delta F_S \ ;$$

ΔF_S zusätzliche Seilkraft zur Überwindung der Reibungskräfte in Seil und Seilrollenlagerung, siehe [0.1, Abschn. 2.2.2],
z Anzahl der die Unterflasche tragenden Seilstränge.

Dieser aus den Reibungskräften hergeleitete Mindestwert für die Masse der Unterflasche muß noch vergrößert werden, um auch die Beschleunigungskräfte während der Einleitung der Senkbewegung zu berücksichtigen. Im Temperaturbereich unterhalb etwa -10 °C sind darüber hinaus besondere Maßnahmen in Bezug auf Lagerluft und Schmierstoff erforderlich, siehe [2.22].

Unterberg [2.23] weist auf eine andere Gefahr hin, das mögliche Verdrillen der Seilstränge bei einrolligen Unterflaschen mit nur einem eingescherten Seilstrang, wie sie häufig in Serienhebezeugen verwendet werden. Es tritt nur bei größeren Hakenhöhen auf und entsteht aus der Wirkung von Rückstellmomenten des drallbehafteten Seils infolge dessen Verdrehung. Es wird vorgeschlagen, derartige Seiltriebe anläßlich der regelmäßigen Kontrollen auch auf eine verdrehte Lage der Unterflasche zu überprüfen und gegebenenfalls die Befestigung des Seilendes nachzujustieren.

2.2.3 Anschlagmittel

Weil Lasthaken nur dann direkt an der Last eingehängt werden können und und dürfen, wenn diese eine eigens hierfür ausgebildete Aufnahmeeinrichtung hat, bedarf es zur Verbindung von Lasthaken und Last fast immer eines besonderen Anschlagmittels. Die wichtigsten Vertreter dieser Verbindungselemente sind Anschlagseile, -ketten, -bänder und, für sperrigere Güter, Gehänge und Traversen.

2.2.3.1 Anschlagseile, -ketten, -bänder

Kurze, beiderseitig mit Schlaufen, Kauschen, Ösen oder Lasthaken ausgestattete *Anschlagseile* sind die einfachsten und am meisten verbreiteten Anschlagmittel für Stückgüter aller Art (Bild 2-11). Vorzugsweise verwendet werden Rundlitzenseile mit Faser- oder Stahlseileinlage in Kreuzschlag sowie, wegen der größeren Biegsamkeit, dreifach verseilte Kabelschlagseile. Mit Hilfe eines verschiebbaren Gleithakens kann ein umschnürendes Anschlagseil auf die Querschnittsfläche des Guts eingestellt werden (Bild 2-11d). Endlose Seilschlingen, auch Grummets genannt (Bild 2-11e), werden durch Spleißen oder mit Preßklemmen geschlossen.

Die Nennfestigkeit der Seildrähte beträgt nach DIN 3088 $\sigma_B = 1770$ N/mm². Diese Norm schreibt als Mindestwerte 8 mm für den Seildurchmesser und dessen 20fachen Wert für die Länge des ungestörten Seilstücks bei Preßverbindungen bzw. 15fachen bei Spleißverbindungen vor. Die Prüfkraft ist nach einem neuen Entwurf dieser Norm gleich dem doppelten Betrag der zulässigen Betriebskraft (DIN 3088E). Wie bei den Seiltrieben wird auch bei Anschlagseilen die Ablegereife über die Anzahl sichtbarer Drahtbrüche bestimmt; für eine Meßlänge gleich dem dreifachen Seildurchmesser sind es nach VBG 9a bei Rundlitzenseilen 4, bei Kabelschlagseilen 10.

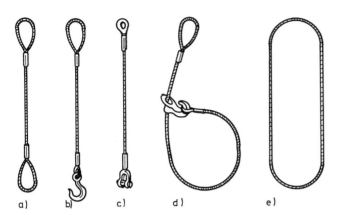

Bild 2-11 Anschlagseile (Auswahl), Brugg Drahtseil AG, Birr (Schweiz)
a) bis c) für Direktanschlag
d) für Schnürung
e) Endlosseil, gespleißt (Grummet)

Anschlagseile für sehr schwere Lasten von 50 t und mehr überschreiten den in DIN 3088 enthaltenen Bereich der Seildurchmesser, der nur bis 60 mm reicht. Nach [2.24] werden für Anschlagseile im Schwerlastbetrieb Seildurchmesser bis 350 mm benötigt; man benutzt vorzugsweise Kabelschlagseile in Form von Grummets. Prüstandversuche wiesen aus, daß die geforderte Mindestsicherheit $S \geqq 6$ nur dann gewährleistet ist, wenn der Durchmesser des die Schlaufe tragenden Bolzens, je nach Seilkonstruktion, den 2...4fachen Betrag des Seildurchmessers erhält.

In wenigen Sonderfällen, z.B. für Güter mit feinbearbeiteten Oberflächen, werden noch Anschlagseile aus Chemie- oder Naturfasern hergestellt und angewendet. Die gebräuchlichen Faserwerkstoffe sind Polyamid, Polyester, Polypropylen, Manila-Hanf und Sisal. Die daraus geschlagenen Seile unterscheiden sich in der Beständigkeit gegen Verrottung sowie gegen den Angriff von Säuren, Laugen, Lösungsmitteln, vor allem aber in der Dehnung. Unter Betriebsbelastung erreicht sie rd. 3 % in Naturfaserseilen, rd. 5 % in Polyesterseilen und rd. 10 % in Polyamid- und Polypropylenseilen. Da Polyamid Wasser aufnimmt, hat ein daraus gefertigtes Seil eine verminderte Tragfähigkeit im nassen Zustand. VBG 9a setzt den kleinsten Durchmesser von Anschlagseilen aus Faserstoffen auf 16 mm fest.

Aus nicht lehrenhaltigen, geprüften Rundstahlketten der Güteklassen 2, 5 und 8 werden, den Anschlagseilen in Form und Vielfalt der Ausführungen vergleichbar, *Anschlagketten* hergestellt. Bei gleicher Nenndicke entsprechen den Güteklassen Tragfähigkeiten im Verhältnis 1:2:3,2. Erlaubt sind allein kurzgliedrige Ketten mit einer Nennteilung nicht größer als die dreifache Nenndicke der Kette. Vorgezogen werden heute wegen ihrer geringeren Abmessungen und Eigenmassen Anschlagketten der Güteklasse 8 (DIN 5688 Teil 3). Die Kettenstränge sind mit der 2,5fachen Betriebskraft zu prüfen.

Anschlagketten sind leicht zu bewegen, passen sich kantigen Gütern gut an, ertragen kleinere Umlenkradien als Anschlagseile und lassen sich relativ einfach in der tragenden Länge verkürzen. Daß sie eine ausreichende Tragfähigkeit bzw. Sicherheit auch bei scharfem Umlenken und der damit verbundenen Biegebeanspruchung einzelner Kettenglieder nicht verlieren, wurde experimentell bestätigt, u.a. von [2.25]. Empfindlicher sind Anschlagseile [2.26]. Häufig werden Anschlagketten als mehrsträngige Kettengehänge ausgeführt, siehe Abschnitt 2.2.3.3.

Von der Entwicklung synthetischer Faserstoffe mit großer Reißkraft begünstigt, erlangen *Anschlagbänder*, meist *Hebebänder* genannt, wachsende Verbreitung. Die Gurte dieser Hebebänder (Bild 2-12) werden durch Weben, Flechten oder Legen von, wegen der höheren Reißkraft, wenig oder überhaupt nicht gedrehten Kettgarnen aus Polyester-, seltener Polyamidfasern gefertigt. DIN 61360 erlaubt nur zwei Gurtlagen.

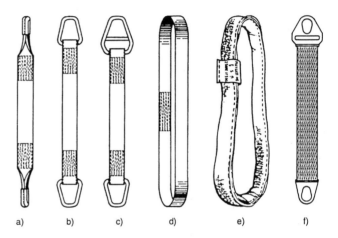

Bild 2-12 Hebebänder (Auswahl), Rhein-Ruhr GmbH, Düsseldorf
a) mit Endschlaufen
b) und c) mit Endbeschlägen
d) Bandschlinge
e) Rundschlinge
f) Liftgurt aus Spiral-Drahtgliedern

Die Endschlaufen werden mit oder ohne Verstärkung ausgebildet, die Verbindungsstellen durch Nähen mit Garnen aus dem gleichen Werkstoff geschlossen. Nach [2.27] vermindert die Nahtverbindung die Reiß- bzw. Bruchkraft des Gurts um rd. 20 %. Eine häufig genutzte Sonderform sind die Rundschlingen (Bild 2-12d) aus parallelliegenden, ummantelten Faserseilen. Alle diese Hebebänder haben wegen der geringen Werkstoffdichte eine kleine Eigenmasse, bleiben drehungsfrei und weisen ein begrenztes, aber erwünschtes Dehnvermögen und gute Dämpfungseigenschaften auf.

Alle Hebebänder unterliegen einer Typprüfung durch einen Zugversuch, mit dem die tatsächliche Bruchkraft festgestellt wird. Sie erreichen ihre Ablegereife, sobald im Querschnitt mehr als 10 % des Gewebes oder tragende Nähte geschädigt sind, aber auch dann, wenn andere Schäden, z.B. infolge Wärmeeinwirkung oder Angriffs aggressiver Medien, auftreten.

Zum Schutz vor Verletzungen und Verschleiß der Oberfläche können die Hebebänder mit PVC oder Polyurethan beschichtet werden. Eine andere Lösung ist die Ummantelung mit einem Schutzschlauch als selbständigem Bauteil (Bild 2-13), der auch eine Stahlarmierung haben kann. Ein solcher Schlauch ist bequem überzustülpen, liegt fest am Gurt an und gestattet Relativbewegungen des Hebebands zum Schlauch. Vorteilhaft sind diese Schutzeinrichtungen beim Anschlagen rauher Beton-, kantiger Metallteile sowie bei druckempfindlichen Gütern.

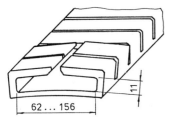

Bild 2-13 Bandschutz Polytex-Flexoclip, Hans Heidkamp KG, Velbert

Für grobe, rauhe Güter eignen sich auch Hebebänder mit Stahlgurten. Der Liftgurt im Bild 2-12f wird zum Heben langer Güter im Schnürgang empfohlen. Daneben gibt es besonders widerstandsfähige, mit nebeneinanderliegenden Gelenkketten oder ummantelten Flachseilen gebildete Hebebänder.

2.2.3.2 Tragfähigkeit von Anschlagmitteln

Jeder Einzelstrang eines der im vorigen Abschnitt behandelten Anschlagmittel hat eine nach Art, Größe und Ausführung zugeordnete Nenn-Tragfähigkeit, die in einem vorgeschriebenen Abstand von der Bruchkraft liegen muß. Dieser Abstand wird als Gebrauchszahl oder auch Sicherheitsbeiwert definiert; Tafel 2-2 gibt die unterschiedlichen Werte dieses Verhältnisses an, in dem sich konstruktive, herstellungsbedingte und vom Einsatzverhalten abhängige Einflüsse niederschlagen. Bei den Anschlagseilen hatte DIN 3088 bisher die Seilverbindung Flämisches Auge wegen ihrer höheren Betriebsfestigkeit begünstigt; im neuen Entwurf DIN 3088E fällt dies weg. Der große Sicherheitsbeiwert 7 bzw. 8 für Hebebänder aus synthetischen Fasern bzw. Faserseile berücksichtigt die Notwendigkeit, wegen der verhältnismäßig größeren Dehnung stets in einem niedrigen Belastungsbereich zu verbleiben.

Tafel 2-2 Sicherheitsbeiwerte S_B von Anschlagmitteln (auf Bruchkraft bezogen)

Anschlagmittel	S_B	Norm
Anschlagseile		
Stahldrahtseile		
bisher: Preß- oder Spleiß-verbindung	6	DIN 3088
Flämisches Auge	5	DIN 3088
künftig: Preßverbindung	5,56	DIN 3088 E
Spleißverbindung	6,25	DIN 3088 E
Faserseile	≈ 8	DIN 83302
Anschlagketten (Rundstahl)	4	DIN 5688
Anschlagbänder (Hebebänder)		
Gurt: Stahldrähte	6	VBG 9a
Gelenkketten	5	VBG 9a
Synthetische Fasern	7	DIN 61360 Teil 2 A2

Das Maß, mit dem diese Nenn-Tragfähigkeit auszunutzen ist, hängt von der Anschlagart ab, Bild 2-14 zeigt hierfür Beispiele. Der direkt belastete senkrechte Einzelstrang kann mit einer der vollen Tragfähigkeit ensprechenden Gutmasse belastet werden. Wird das Gut umschnürt (Bild 2-14b), vermindert sich diese durch den Faktor 0,8. Bei mehrsträngigem Anschlagen werden in die Zugelemente höhere Kräfte als die anteiligen Gewichtskräfte des Guts eingeleitet. Dies bedingt eine Korrektur der Nenn-Tragfähigkeit mit dem Faktor $\cos\beta$ (Bild 2-14c). Auf ein umschnürtes oder schräg angeschlagenes Gut wirken zusätzliche Umlenkkräfte, im Beispiel von Bild 2-14d sind es

$$F_o = 2F_S \sin\frac{\beta}{2}; F_u = F_S\sqrt{2} \text{ mit } F_S = \frac{F}{2\cos\beta}. \quad (2.15)$$

Sie dürfen nicht zu unerwünschten Verformungen oder sonstigen Schäden am Gut führen.

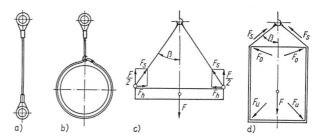

Bild 2-14 Anschlagarten (Beispiele)
a) Einzelstrang, direkt
b) Einzelstrang, geschnürt
c) Zweistrang, direkt
d) Einzelstrang, umgelegt

Eine weitere Voraussetzung, die volle oder eingeschränkte Tragfähigkeit eines Anschlagmittels auszunutzen, ist das Einhalten eines Mindestwerts des Kantenradius am umschlungenen Gut. Dieser Radius darf nicht kleiner als der Seildurchmesser, die Nenndicke der Rundstahlkette oder die Dicke des Hebebands sein. Um ihn zu vergrößern, werden Kantenschützer am Gut angebracht. In der einfachsten Form sind dies halbierte Rohrstücke (Bild 2-15a) oder Kanthölzer. Speziell für diese Aufgabe entwickelte Kantenschützer haben teils an das Profil der Last angepaßte Formen [2.28], teils – universeller im Anwendungsbereich – gelenkig miteinander verbundene Anlageflächen (Bild 2-15b), die mit Permanentmagneten ausgerüstet werden können.

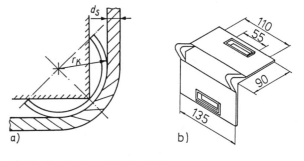

Bild 2-15 Kantenschutzeinrichtungen
a) Rohrhälfte
b) Kantenschutz

Eine Einschränkung der Verwendung oder Tragfähigkeit eines Anschlagmittels kann sich zudem aus der Umgebungstemperatur ergeben. Die in Tafel 2-3 genannten Temperaturbereiche, für welche die Nenn-Tragfähigkeit gilt, lassen deren Abhängigkeit von der konstruktiven Ausführung des jeweiligen Anschlagmittels erkennen. Eine Sprödbruchgefahr schließt z.B. Temperaturen unterhalb 0 °C bei Anschlagketten der Güteklasse 2 aus, die Verwendung organischer oder synthetischer Fasern verwehrt Temperaturen oberhalb 80 °C bzw. 100 °C. Für Rundstahlketten und Stahldrahtseile mit Stahlseileinlage erlaubt VBG 9a den Einsatz bis zu Temperaturen von +400 °C, wobei die Tragfähigkeit auf 50 % (Rundstahlkette, Güteklasse 5) bzw. 75 % (Rundstahlkette, Güteklasse 8, Stahldrahtseil mit Stahlseileinlage) abzumindern ist.

Tafel 2-3 Temperaturbereiche in °C für die Ausnutzung der Nenn-Tragfähigkeit von Anschlagmitteln (nach VBG 9a)

Anschlagseile	
Stahldrahtseile	
Fasereinlage	−60 ... 100
Stahlseileinlage, Alu-Preßklemme	−60 ... 150
Stahlseileinlage, Spleiß	−60 ... 250
Faserseile	−40 ... 80
Anschlagketten (Rundstahl)	
Güteklasse 2	0 ... 100
Güteklassen 5 und 8	−40 ... 200
Anschlagbänder (Hebebänder) aus synthetischen Fasern	−40 ... 80

Alle diese Angaben und Festlegungen zur Tragfähigkeit von Anschlagmitteln beruhen auf einem statischen Ansatz der Belastung. Durch Messungen und Erfahrungen ist nachgewiesen, daß diese Baugruppen auch die notwendige Betriebsfestigkeit unter normaler dynamischer Belastung durch den Hubvorgang aufweisen. Dies gilt jedoch nicht für Stoßbelastungen, beispielsweise durch das Herabfallen oder plötzliche Verlagern der Last, ruckartige Einleitung der Hubbewegung, Anreißen festsitzender Lasten o.ä. Über die dabei auftretenden Beanspruchungen liegen nur wenige Erkenntnisse vor. Maßgebend ist hierbei das Arbeitsvermögen, d.h. die vom Anschlagmittel bis zum Bruch aufzunehmende Verformungsarbeit. [2.24] weist auf dieses Problem hin, das in den Normen bisher nicht erfaßt ist.

2.2.3.3 Gehänge und Traversen

Durch Kombination von zwei oder mehr Tragelementen (Seile, Ketten, Bänder, Stäbe), die mit Schäkeln, Ösen, Haken o.ä. ausgerüstet sind und in einem Aufhängeglied zusammenlaufen, lassen sich *Gehänge* bilden. Sie werden zur Aufnahme großer, flächig ausgedehnter, aber auch zum gleichzeitigen Anheben mehrerer gleichartiger Güter genutzt.
Wenn, wie es häufig zutrifft, das Gut biege- und drehsteif ist, wird das System der Aufhängung statisch unbestimmt, sobald mehr als zwei Tragelemente in der Ebene bzw. mehr als drei Elemente im Raum angeordnet sind (Bild 2-16). Die Verteilung der Kräfte auf die Zugglieder hängt dann von den Längendifferenzen der Teilglieder und deren Verformung ab. Liegt bei einem symmetrischen Vierstrang-Gehänge der Schwerpunkt der Last genau unterhalb des Aufhängepunkts, tragen theoretisch lediglich zwei Stränge, die beiden anderen wirken stabilisierend gegen Kippen. Die einschlägigen Vorschriften schreiben deshalb vor, bei statisch unbestimmter Aufhängung nur zwei Stränge als tragend anzusetzen. Durch einen Belastungsausgleich, im Beispiel von Bild 2-16e mit Hilfe einer Zwischenwippe, läßt sich eine statisch bestimmte Belastungs-

verteilung auch bei viersträngiger Aufhängung herstellen. Horizontalspreizen können die Tragelemente nach außen abwinkeln und damit kastenförmigen Lastkonturen anpassen. Rahmenspreizen (Bild 2-16f) entlasten darüber hinaus das Gut von horizontalen Kräften.

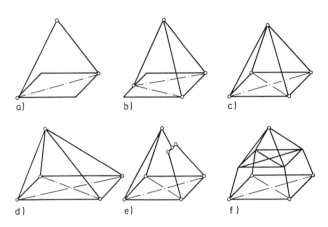

Bild 2-16 Ausführungsformen von Gehängen [2.10]
a) zweisträngig, eben
b) dreisträngig, räumlich
c) viersträngig, symmetrisch
d) viersträngig, asymmetrisch
e) viersträngig, mit einseitigem Belastungsausgleich
f) viersträngig, mit Rahmenspreize

Ist das aufzunehmende Gut nachgiebig oder sind die Tragelemente nach Anordnung und Länge unsymmetrisch, können Verformungsrechnungen notwendig werden, siehe hierzu [2.10] [2.29]. Sobald der Massenschwerpunkt des Guts nicht unterhalb des Aufhängepunkts liegt, tritt Schiefhang auf. [2.30] gibt für einige elementare Fälle Gleichungen zur Berechnung des Winkels der Schrägstellung und Hinweise auf geeignete Maßnahmen an, diesem Schiefhang zu begegnen. Durch Schwerpunktausgleicher (s. Abschn. 2.2.8.3) kann ein Schiefhang während des Anhebens des Guts aufgehoben werden.
In der konstruktiven Ausführung der Gehänge dürfen nur zwei Einzelstränge direkt im Aufhängeglied gelagert werden; bei drei oder mehr Strängen sind Zwischenglieder einzufügen (Bild 2-17). Für mehrsträngige Anschlagseile sind laut DIN 3088 maximale Längendifferenzen der Einzelstränge von ± 1 % der Nennlänge oder dem zweifachen Seildurchmesser zugelassen, wobei der größere Wert gilt. Der neue Entwurf DIN 3088E nennt diese Maßdifferenzen nur für gespleißte Seile, für Anschlagseile mit Preßverbindungen werden sie auf den jeweils halben Betrag reduziert. Die größte Mannigfaltigkeit der Gehängeausführung ist mit Kettenbauteilen zu erzielen. Alle Einzelteile müssen die gleiche Sicherheit gegenüber der Bruchkraft wie die Kette selbst aufweisen, sie unterliegen auch der gleichen Prüfkraft. Für die Berechnung des Biegemomentenverlaufs in den häufig unsymmetrisch belasteten Ösen bzw. Aufhängegliedern gibt [2.31] Algorithmen an. Gußwerkstoffe sind nicht zugelassen. DIN 5691 verlangt darüber hinaus eine Typprüfung der Einzelelemente im Dauerschwingversuch mit einer schwellenden Prüfkraft bis zum 1,5fachen der Betriebskraft und 20 000 Belastungswechseln.
Diese Voraussetzungen erfüllen die von den Herstellern angebotenen Baukastensysteme. Bild 2-18 stellt als Auswahl 6 von insgesamt 44 Bauteilen eines solchen Systems vor. Eines gesonderten Hinweises bedarf der Drallfänger

(Bild 2-18f). Ober- und Unterteil sind über ein Axial-Kugellager drehbar verbunden, so daß sich Last und Hubseil unabhängig voneinander frei drehen können. Wird dieses Bauelement isolierend ausgeführt, ist die Gefahr beseitigt, daß beispielsweise bei Schweißarbeiten gefährliche Rückströme über Gehänge und Hebezeug zur Erde geleitet werden können, wenn der Rückleiter zum Schweißaggregat unterbrochen wird.

Fläche verteilten Einzelmagneten, Kipptraversen von Pratzenkranen. Sie eignen sich auch gut, wenn zwei Hebezeuge zusammenarbeiten sollen. Die Traverse im Bild 2-19 verteilt wegen der gelenkigen Lagerung der Querträger die Belastung statisch bestimmt auf die vier Lasthaken. Die Gestaltung und Bemessung derartiger Traversen folgt den üblichen Regeln für Tragwerke. Hilfreich hierfür können die Ausführungen in [2.10, Abschn. 4.5] sein.

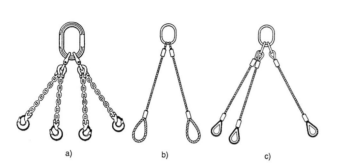

Bild 2-17 Anschlaggehänge
a) Kettengehänge, viersträngig
b) Seilgehänge, zweisträngig
c) Seilgehänge, dreisträngig

Sehr stabile Anschlagmittel für sperrige, längere Güter sind ebene oder räumliche *Traversen*, an die Güter in Mehrfachaufhängung angeschlagen werden, z.B. in Form von Magnettraversen mit zahlreichen, über eine horizontale

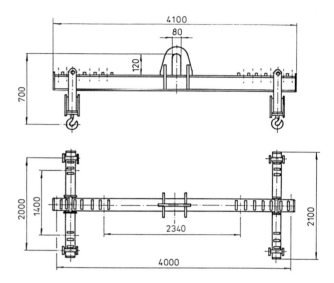

Bild 2-19 H-Traverse mit verstellbaren Lasthaken-Aufhängungen
Helmut Schellenberg GmbH, Sinsheim

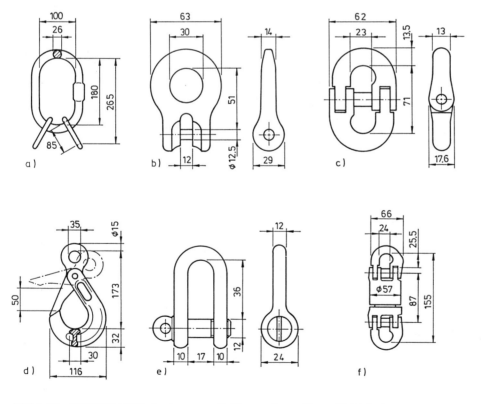

Bild 2-18 NICROMAN-Baukastensystem für Kettengehänge (Auswahl; Maße für Kettendicke 10 mm)
Pfeifer Seil- und Hebetechnik GmbH & Co, Memmingen
a) Aufhängeglied V mit Zwischengliedern
b) Übergangsglied KR
c) Verbindungsglied C
d) Sicherheitslasthaken SL
e) Schäkel SCH
f) Drallfänger BS-SKL

2.2.4 Zangen

Zangen, bisweilen auch Greifer genannte Lastaufnahmemittel für Stückgüter sind mehrgliedrige, spiegelbildlich symmetrische oder unsymmetrische, ebene, seltener räumliche kinematische Ketten. Sie übertragen die Hubkraft mit einer festgelegten Übersetzung auf zwei, bei räumlicher Ausbildung drei seitlich an der Last angreifende Backen. Die Verbindung Backe - Gut wird vorwiegend durch Kraftschluß, bisweilen auch durch Formschluß oder eine Kombination beider Übertragungsarten hergestellt. Das aufzunehmende Gut muß die große Druckbeanspruchung aushalten können [2.32], dies beschränkt den Einsatz der Zangen auf kompakte Güter, wie Blöcke, Brammen, Träger, Steine, Betonteile, Rollen, Fässer, Säcke, Kisten o.ä. Die Form und Tragfähigkeit der Zange sind der jeweiligen Gutgruppe anzupassen, Universalgeräte gibt es nicht.

2.2.4.1 Funktionsprinzip und Kräfte

In ungesteuerten Zangen führt die auf Hebelwirkung beruhende Kraftübertragung zu den Normalkräften F_n an beiden Backen, die bei Vernachlässigung der Eigenmasse der Zange der Hubkraft, im statischen Belastungsfall ist diese gleich der Gewichtskraft F des Guts, direkt proportional ist. Dagegen werden die Kräfte F_n an den Backen in gesteuerten Zangen von einer mechanisch, hydraulich oder pneumatisch aufgebrachten zusätzlichen inneren Kraft erzeugt und bleiben damit unabhängig von der Gewichtskraft des aufzunehmenden Guts.

Die einfachste Form der ungesteuerten ebenen Zange, die Zweihebelzange nach Bild 2-20a, hat nur ein Gelenk zwischen den beiden Zangenhebeln. Über zwei Zugglieder als weitere Elemente der kinematischen Kette wird die Hubkraft F in die Zangenhebel eingeleitet. Die resultierende Backenkraft F_{res} steht im Gleichgewicht mit der waagerechten Gelenkkraft F_G und der Kraft F_Z im Zugglied. Die Richtung von F_{res} und damit auch der für die Funktion der Zange erforderliche Kraftschlußwinkel ρ bzw. der zugehörige Kraftschlußbeiwert $\mu = \tan\rho$ werden somit mit der konstruktiven Ausführung der Zange festgelegt.

Wenn neben der Gewichtskraft der Zange auch die Reibungskräfte in den Gelenken vernachlässigt werden, ergeben sich die nachstehenden Gleichungen für die beiden Komponenten der Backenkraft

$$F_n = \frac{F}{2}\left(\cot\varphi + \frac{a}{r}\cdot\frac{\sin\gamma + \cos\gamma\tan\alpha}{\sin\varphi}\right); \quad F_t = \frac{F}{2}. \quad (2.16)$$

Der in Klammern stehende Ausdruck dieser Gleichung wird auch als Übersetzung der Zange bezeichnet. Eine größere Übersetzung bzw. Normalkraft läßt sich erzielen durch eine

- Vergrößerung der Hebelabmessungen
- Vergrößerung der Greifweite
- tiefere Lage des Gelenks.

Im Bild 2.20b ist das Gelenk G durch eine tieferliegende Koppelstange ersetzt. Eine noch größere Übersetzung bei gleichen Grundabmessungen haben Vierhebelzangen (Bild 2-20d), deren idealer Gelenkpunkt G_i auch in dem Gutkonturen vorbehaltenen Gebiet liegen kann. Allerdings verringert sich bei solchen Zangen die Greifweite, siehe hierzu [2.33]. Der Kraftverlauf in komplizierteren, z.B. unsymmetrisch ausgebildeten Zangen läßt sich grafisch, analytisch oder mit kinematischen Gesetzmäßigkeiten berechnen; [2.10] erläutert alle Verfahren, auf das spezielle Problem bezogen.

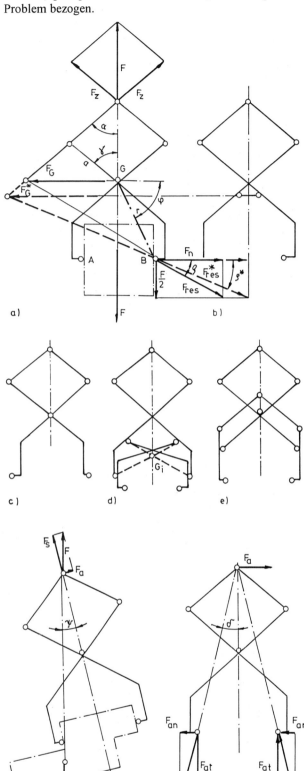

Bild 2-20 Prinzipe ungesteuerter symmetrischer Zangen
a) Zweihebelzange mit echtem Gelenk
b) Zweihebelzange mit Koppelstange
c) Zweihebelzange mit Spreizwirkung
d) Vierhebelzange
e) Parallelzange
f) Schräghang der unsymmetrisch belasteten Zange
g) antimetrischer Belastungsfall

Wenn der Schwerpunkt der aufgenommenen Last nicht auf der Symmetrieachse der Zange liegt, stellt sie sich schräg (Bild 2-20f). Die Hubkraft F teilt sich dadurch in einen symmetrischen Anteil $F_s = F\cos\psi$ und einen antimetrischen Anteil $F_a = F\sin\psi$ auf. Für den symmetrischen Belastungsfall gilt Gleichung (2.16), für den antimetrischen nach Bild 2-20g

$$F_{an} = \pm \frac{F_a}{2}; \quad F_{at} = \pm \frac{F_a}{2}\cot\delta . \qquad (2.17)$$

Beide Anteile an den Normal- bzw. Tangentialkräften sind zu überlagern. Dies führt zu unterschiedlichen Kräften an den beiden Backen der schrägstehenden Zange, was beim Nachweis der Sicherheit der Lastaufnahme zu beachten ist. Die Normalkraft an einer Backe kann dabei im Grenzfall Null werden oder sogar negative Werte annehmen. Dieser Fall wurde bisher nicht untersucht, sollte aber ausgeschlossen werden.

Für den Kraftschluß zwischen den Zangenbacken und der gehobenen Last ergeben sich bei symmetrischer Zangenform einfache Ansätze (Bild 2-21a)

$$F = F_{At} + F_{Bt} = F_n(\mu_A + \mu_B);$$

$$F_n = \frac{F}{\mu_A + \mu_B} \leq \frac{F}{\mu_{A0} + \mu_{B0}} = \frac{F}{2\mu_0} \text{ (für } \mu_{A0} = \mu_{B0} = \mu_0\text{)}; (2.18)$$

$\mu_{A,B}$ ausgenutzter Kraftschlußbeiwert
$\mu_{A0,B0}$ Grenzwert des Kraftschlußbeiwerts.

In den Fällen, in denen die Backen der Zange schräg zur Vertikalachse stehen (Bild 2-21b) oder, bei unsymmetrischen Zangen, unterschiedliche Neigungswinkel haben, muß die Lagesicherheit des Guts in der Zange überprüft werden. Die gehobene Last darf sich weder nach unten, noch nach oben relativ zu den Backen bewegen; in einer symmetrischen Zange sind dazu die folgenden Ungleichungen zu erfüllen

$$F_n \geq \frac{F}{2} \frac{1}{\cos\alpha + \mu_0 \sin\alpha} \text{ (Ausschluß der Gutbewegung nach unten);}$$

$$(2.19)$$

$$F_n \leq \frac{F}{2} \frac{1}{\cos\alpha - \mu_0 \sin\alpha} \text{ (Ausschluß der Gutbewegung nach oben).}$$

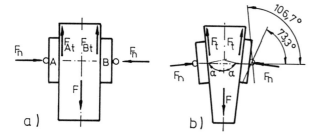

Bild 2-21 Kraftschluß an den Zangenbacken
a) Backen senkrecht stehend
b) Backen schrägstehend

Für $\mu_0 = 0{,}3$ ergibt sich in diesem speziellen Fall für den Winkel der Backenstellung der Bereich $\alpha = 73{,}3\ldots106{,}7°$, in dem F_n beliebig groß werden darf, ohne daß eine Relativbewegung des Guts zur Backe auftreten kann. Dieser Bereich ist im Bild 2-21b an der rechten Backe angedeutet. *Voge* [2.34] führt darüber hinaus Gleichungen und Beispiele für den allgemeinen Fall der Backenneigung und -stellung an.

Die vorstehend erläuterten Gleichungen für die Normalkraft einer symmetrischen Zange vernachlässigen den Einfluß der Gelenkreibung. Bei Ausbildung der Gelenke mit Wälzlagerung oder geschmierter Gleitlagerung ist der Reibungseinfluß zu vernachlässigen, nicht jedoch bei der üblichen trockenen Stahl-Stahl-Paarung mit ihren großen Reibungskräften. Weil die Reibmomente in den Gelenken belastungsabhängig sind, müssen sie für jedes Gelenk einzeln bestimmt werden; [2.10] stellt hierfür eine Beispielrechnung mit einer Reibungszahl $\mu = 0{,}2$ vor. Näherungsweise kann aber der Wirkungsgrad η_Z der Zange auch mit einem angenommenen Gelenkwirkungsgrad berechnet werden

$$\eta_Z = \eta_G^{z_G}; \qquad (2.20)$$

$\eta_G = 0{,}96\ldots0{,}97$ Gelenkwirkungsgrad
z_G Anzahl der Gelenke.

Zu beachten ist, daß bei i in einem Gelenk zusammenlaufenden Zangengliedern $i-1$ bewegte Gelenke auftreten können. Die Zweihebelzange im Bild 2-20a hätte somit 5 rechnerische Gelenke und einen Gesamtwirkungsgrad von $\eta_Z = 0{,}86\ldots0{,}82$. Um diesen Faktor vermindert sich die Normalkraft der reibungsbehafteten Zange gegenüber der einer reibungsfreien. [2.35] empfiehlt im Gegensatz dazu, die Reibung der Backengelenke nicht in die Rechnung einzubeziehen, weil ihre Drehung die Normalkraft nicht beeinflußt.

2.2.4.2 Kraftschlußbeiwert und Tragfähigkeit

Die Funktionsfähigkeit einer Zange bedingt Mindestwerte des Kraftschlußbeiwertes μ an beiden Backen, die durch die Zangenkonstruktion vorgegeben sind, siehe Bild 2-20a. Der Kraftschluß zwischen Backe und Gut wird durch Reibung und, bei sehr elastischen oder geriffelten, gehärteten Backen, durch Mikroformschluß hergestellt. Das als Kraftschlußbeiwert μ definierte Verhältnis der übertragenen Tangentialkraft F_t zur erzeugten Normalkraft F_n ist eine von der Kraftschlußpaarung abhängige, keinesfalls konstante Größe. Es folgt vielmehr mit zunehmender Tangentialkraft bei gleichbleibender Normalkraft einer Kraftschluß-Schlupf-Funktion (Bild 2-22).

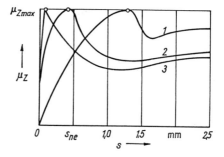

Bild 2-22 Kraftschluß-Schlupf-Funktion von drei unterschiedlich verzahnten Klemmbacken [2.36]

Im Funktionsverlauf wird nach einem kleineren oder größeren durchlaufenen Schlupfweg s das Maximum des Kraftschlußbeiwerts erreicht, von dem aus er mit weiterer Vergrößerung des Schlupfs auf den für Gleiten geltenden

Betrag abfällt. Die Kraftschluß-Schlupf-Funktionen einer bestimmten Paarung sind Zufallsgrößen, die in einem Streufeld liegen. Diese für alle Reibungsprozesse geltenden Gesetzmäßigkeiten wurden bereits bei den mechanischen Bremsen in [0.1, Abschn. 2.4.3.2] erläutert. Weil sich ein solches Funktionsfeld keinesfalls direkt zur Dimensionierung von Reibungs- bzw. Kraftschlußpaarungen eignet, müssen Vereinfachungen und Verallgemeinerungen vorgenommen werden.

Größere Versuchsreihen zum Kraftschlußbeiwert von Zangen sind in jüngerer Zeit von *Fischer/Kabisch* [2.36] bis [2.38] mit gehärteten, geriffelten Backen und Stahlkörpern und von *Loos* [2.35] mit Backen aus verschiedenen Werkstoffen und Betonteilen als Gegenkörper durchgeführt und veröffentlicht worden. Die erstgenannten Autoren definieren als Kraftschlußbeiwert den größten im Funktionsverlauf bis zu Schlupf s_{ne} = 0,5 mm erreichten Betrag, siehe Bild 2-22. Im zweitgenannten Versuchsprogramm wird dagegen der Kraftschlußbeiwert für Gleiten, d.h. der niedrigste nach Durchlaufen des Maximums, als sicherheitstechnisch vertretbar angesetzt. Dies zeigt die Schwierigkeiten und unterschiedlichen Auffassungen bereits bei der Definition eines solchen Beiwerts.

Das Übertragungsverhalten geriffelter, gehärteter Backen hängt nach [2.38] signifikant von den Einflußgrößen Bakkenfläche und -härte, Festigkeit und Rauhtiefe des Gegenkörpers, Zahnform, Normalkraft und mögliche Zwischenschicht ab. Mit Festwerten für die nicht aufgenommenen Einflußgrößen ergab sich der nachstehende, vereinfachte Regressionsansatz für die auf einen Stahlkörper mit der Festigkeit σ_B = 420 N/mm² übertragene Tangentialkraft

$$F_t = \frac{F_n}{1000}\left[F_n\left(2{,}0854 - 0{,}8958\frac{HV}{100}\right) + 2{,}839 HV - 213{,}77\right]; \quad (2.21)$$

F_t, F_n Tangential- bzw. Normalkraft in kN
HV Vickershärte.

Die Gleichung gilt für den sehr kleinen Zahnkopfradius r = 0,1 mm. Wenn dieser sich durch Verschleiß allmählich vergrößert, folgt der Kraftschlußbeiwert einer Exponentialfunktion

$$\mu(r) = e^{a_0 + \frac{a_1}{r}}; \quad (2.22)$$

a_0, a_1 Konstante, die von den sonstigen Parametern der Kraftschlußpaarung abhängen.

Beispielsweise fällt μ auf 50 % des Ausgangswerts, wenn der Zahnkopfradius r von 0,1 auf 1 mm zunimmt.

Tafel 2-4 Kraftschlußbeiwerte für Zangen [2.35]

Kraftschlußpaarung		
Gut	Zangenbacke	Kraftschlußbeiwert μ
Schwerbeton	Holz	0,30
	Gummi	0,50
	Reibbelag	0,45
	Stahl, geriffelt	0,45
Leichtbeton	Gummi	0,60
	Stahl, geriffelt	0,55
Stahl[1]	Stahl, geriffelt	0,30

[1] $\sigma_{0,2}$ = 360 N/mm²

Die in Tafel 2-4 verzeichneten Werte des Kraftschlußbeiwerts sind die verdichteten Ergebnisse von insgesamt 29 Versuchsreihen mit Gütern aus verschiedenen Arten von Beton und aus Stahl [2.35]. Sie liegen etwas unterhalb der im Versuch ermittelten Kraftschlußbeiwerte für Gleiten. In der Literatur werden weniger differenzierende, teils auch niedrigere Zahlen genannt; [2.8] empfiehlt μ = 0,25...0,30 für geriffelte Stahlbacken, [2.7] führt den Bereich μ = 0,15...0,50 an, ohne Einzelheiten anzufügen.

Auf das Problem der statistischen Sicherung des gewählten Kraftschlußbeiwerts geht [2.10] ein. Bild 2-23 zeigt die Häufigkeitsdichte $h(\mu)$ eines Kraftschluß- oder Reibungsbeiwerts unter Annahme einer Normalverteilung. Wird eine bestimmte Versagenswahrscheinlichkeit als zulässig erachtet, beispielsweise P_{zul} gleich 5 oder 10 %, kann anhand dieser Funktion der zugehörige Wert μ_{zul} des Kraftschlußbeiwerts berechnet werden. Es gilt allgemein

$$P(\mu)_{zul} = \int_0^{\mu_{zul}} h(\mu) d\mu. \quad (2.23)$$

Derartige Überlegungen, die Sicherheit des Kraftschlusses mit statistischen Größen zu belegen, haben vorerst lediglich hinweisende Bedeutung. Überdies müssen noch andere den Kraftschluß beeinflussende Kriterien, z.B. dynamische Erscheinungen, Imperfektionen, Umgebungsbedingungen, Verschleiß, berücksichtigt werden, um die Tragfähigkeit und -sicherheit einer Zange zu beurteilen.

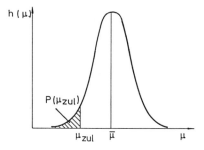

Bild 2-23 Häufigkeitsverteilung eines Kraftschluß- bzw. Reibungsbeiwerts

Die Unfallverhütungsvorschrift VBG 9a umgeht diese Schwierigkeiten dadurch, daß sie die Auslegung und Prüfung einer Zange für die zweifache Nutzmasse, d.h. mit einem Sicherheitsbeiwert S = 2 für den Kraftschluß, verlangt. Ob der Kraftschlußbeiwert bei dieser Belastung ganz oder nur zum Teil ausgenutzt wird, bleibt unerheblich; maßgebend ist, daß er die geforderte Größe nicht unterschreitet.

2.2.4.3 Bauformen

Zangen gibt es in sehr vielfältigen, der Umschlagaufgabe und im besonderen den zu hebenden Gütern angepaßten Bauformen. Sie unterscheiden sich in der Ausbildung der kinematischen Kette und der Backen, der Greifweite und der Tragfähigkeit.

Ungesteuerte Zangen schließen sich unter der Wirkung der Gewichtskräfte ihrer Bauteile und übertragen nach dem Anlegen der Backen durch Kraftschluß die Hubkraft auf das aufzunehmende Gut. Die Backenkraft ist der Hubkraft direkt proportional. Bild 2-24 zeigt einige Beispiele. Die Blockzange im Bild 2-24a hat als Vierhebelsystem eine sehr kompakte Bauweise mit gegenüber einer Zweihebelzange gleicher Tragfähigkeit kleinerer Gesamtbreite. Innenzangen mit Spreizwirkung eignen sich für Güter, die einen inneren Hohlraum haben. In der Ausführung von Bild 2-24b sorgen zwei zusätzliche Koppelstangen dafür, daß die Backen, unabhängig von der Greifweite, gleichbleibend senkrecht stehen. Das Bild 2-24c dient schließlich als Beispiel für eine unsymmetrische Zange zur Aufnahme von Blechcoils. Hierbei gibt es Ausführungen mit zwei beweglichen und solche mit je einer festen und beweglichen Backe.

Die Backen der Zangen bestehen, wenn sie für Güter mit unempfindlichen Oberflächen bestimmt sind, aus geriffeltem, gehärtetem Stahl, oder sie sind als Dorne geformt. Sind die Oberflächen des Guts eben, möglicherweise vor Kratzern zu bewahren, werden glatte, auch mit Reibungsbelägen oder Gummibeschichtung versehene Backen verwendet. Um die Lagestabilität der aufgenommenen Last zu erhöhen, kann eine Backe durch ein gelenkig angeschlossenes Backenpaar ersetzt und somit eine räumliche Stützung erzielt werden.

Um zu verhindern, daß sich eine solche ungesteuerte Zange nach dem Abheben vom aufgesetzten Gut von selbst schließt, werden handbetätigte Verriegelungen als Offenhalteeinrichtungen angebracht. Entweder ist dies ein einfacher Hebel (Bild 2-24b) oder ein Dorn, der durch Absenken der Zangenhebel nach dem Aufsetzen der Leerzange in eine Klinke einrastet. Derartige Verriegelungen müssen, sobald die Zange auf das nächste Gutstück aufgelegt ist, wieder gelöst werden, meist von Hand. Es gibt allerdings auch mit Federn ausgerüstete, selbsttätig wirkende Einrichtungen zum Ver- und Entriegeln von Zangen.

Gesteuerte Zangen erzeugen die Normalkräfte an ihren Backen in von der Hubkraft unabhängiger fester oder stellbarer Größe mit Hilfe von Fremdenergie, die elektrisch, hydraulisch, in Sonderfällen pneumatisch zugeführt werden muß. Elektromechanische Zangentriebe arbeiten mit Zahnstangen- oder Spindeltrieben (Bild 2-25a,b). Dabei können Zusatzantriebe weitere Bewegungen, z.B. zum Drehen der Backen um ihre Horizontalachse, angebracht werden (Bild 2-25a). Die hydraulisch betätigte Hebelbewegung der Zangen (Bild 2-25c) ist immer dann von Vorteil, wenn das Hebezeug oder der Bagger ohnehin hydraulisch angetrieben ist.

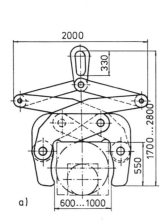 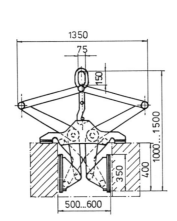 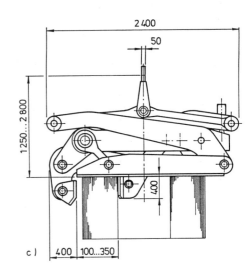

Bild 2-24 Ungesteuerte Zangen
a) Blockzange 4-BLZ 150/100, Tragfähigkeit 15 t   b) Coilinnenzange CSIP 25/60, Tragfähigkeit 2,5 t
c) Vertikal-Coilzange, Tragfähigkeit 10 t; (a, b – Siegert & Co, Hamburg; c – Pfeifer Seil- und Hebetechnik GmbH, Memmingen)

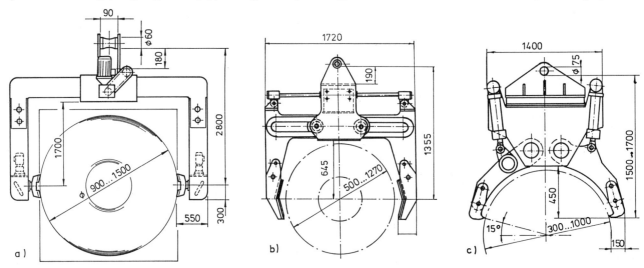

Bild 2-25 Gesteuerte Zangen
a) Papierrollen-Wendezange, Tragfähigkeit 3,5 t   b) Elektromotorische Langlochspindelzange EMLSPZ, Tragfähigkeit 3 t
c) Elektrohydraulischer Baumstammgreifer HY-H 50/100, Tragfähigkeit 5 t;
(a – Pfeifer Seil- und Hebetechnik GmbH, Memmingen; b, c – Siegert & Co, Hamburg)

2.2.5 Klemmen

Klemmen haben im Unterschied zu den Zangen nur eine bewegliche Backe, die mit einem festen Anschlag zusammenwirkt. Beide Teile sind über einen Tragbügel oder ein entsprechend gestaltetes Gehäuse miteinander verbunden. Die geringe Öffnungsweite der Klemmen beschränkt ihre Verwendung auf den Transport flacher, tafelartiger Stückgüter, wie Bleche oder Walzprofile mit Flanschen. Exzenterklemmen schließen sich selbsttätig, wenn die Hubbewegung eingeleitet wird; es gibt aber auch von Hand festzuziehende Keil- und Schraubklemmen. Eine Übersicht und Bewertung der verschiedenen Bauformen enthält u.a. [2.39].

2.2.5.1 Funktionsprinzip und Kräfte

In der häufigsten Bauform der Klemmen ist die bewegliche Backe als Exzenter ausgebildet, damit sie sich ohne Verlust der Funktionsfähigkeit wechselnden Gutdicken anpassen kann. Exzenter und feste Backen arbeiten wie ein Reibgesperre nach dem Prinzip der Selbstverstärkung oder Selbsthemmung. Klemmen mit Selbstverstärkung haben eine Hebelübersetzung zwischen dem Tragteil und der beweglichen Klemmbacke, solche mit Selbsthemmung brauchen diese kinematische Verbindung nicht, ihr Wirkmechanismus wird von der Gewichtskraft der Backe ausgelöst.

Bild 2-26 zeigt die an den Klemmteilen wirkenden Kräfte für eine Klemme mit Hebelübersetzung. In ihr tritt am Exzenter das von der Gewichtskraft F des Guts erzeugte Drehmoment M_G auf. Bei einer Exzenterklemme mit Selbsthemmung kann es entfallen.

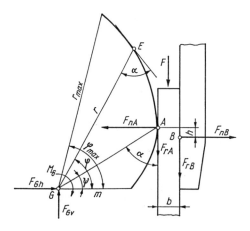

Bild 2-26 Kräfte an der Exzenterklemme für Vertikaltransport

Unabhängig von der Bauart ist dem im Bild 2-26 angegebenen Gleichgewichtszustand eine Belastungsphase vorgeschaltet, während der sich der Kraftschluß in der Klemme aufbaut. Dabei verformt, insbesondere weitet sich die Klemme, der Exzenter führt eine kleine Drehbewegung um sein Gelenk G aus, und das Blech gleitet eine ebenfalls sehr kleine Strecke an der festen Backe B nach unten. Dies hat zur Folge, daß sich an dieser Backe stets der Größtwert μ_{B0} des Kraftschlußbeiwerts einstellt. Die bei den symmetrischen Zangen übliche Annahme gleicher Reibungskräfte $F_{rA} = F_{rB}$ ist deshalb bei Exzenterklemmen nicht gerechtfertigt. Die Wirkungslinien der Normalkräfte F_{nA} bzw. F_{nB} sind aus diesem Grund im Bild 2-26 um die Strecke h versetzt, damit das durch ungleiche Reibungskräfte eingeleitete Drehmoment kompensiert wird.

Das Gleichgewicht der Kräfte am Gut und der Momente am Exzenter führt zu folgenden drei Gleichgewichtsbedingungen

$$F_{nA} - F_{nB} = 0; \text{ d. h., } F_{nA} = F_{nB} = F_n;$$
$$F - F_{rA} - F_{rB} = 0; \quad (2.24)$$
$$M_G + F_{rA} r_\psi \cos\psi - F_{nA} r_\psi \sin\psi = 0$$

mit den vier unbekannten Kräften F_{nA}, F_{nB}, F_{rA} und F_{rB}. Die benötigte vierte Bestimmungsgleichung des Systems ergibt sich aus der Vorüberlegung über die Reibungskraft an der Backe B:

$$F_{rB} = \mu_{B0} F_n. \quad (2.25)$$

Aus der 2. und 3. Gleichgewichtsbedingung entsteht damit eine Gleichung für die Normalkraft

$$F_n = \frac{\dfrac{M_G}{r_\psi \cos\psi} + F}{\tan\psi + \mu_{B0}}. \quad (2.26)$$

Je nachdem, ob der Exzenter im Bereich der Selbstverstärkung oder dem der Selbsthemmung arbeitet, gelten unterschiedliche Ansätze für den Nachweis der Tragfähigkeit.

Fall A: Klemme mit Selbstverstärkung
$$(M_G > 0; \tan\psi > \mu_{A0})$$

Maßgebend ist die Sicherheit gegen das Herausrutschen des Guts aus der Klemme. Der Maximalwert der Kraft F beträgt, wenn Gl. (2.26) in die dritte Gleichung von (2.24) eingesetzt wird,

$$F_{max} = F_{n\,max}(\mu_{A0} + \mu_{B0})$$
$$= \frac{M_G}{r_\psi \cos\psi} \cdot \frac{\mu_{A0} + \mu_{B0}}{\tan\psi - \mu_{A0}}. \quad (2.27)$$

Der Sicherheitsbeiwert ist der Quotient von maximaler und zulässiger Belastungskraft

$$S_A = \frac{F_{max}}{F} = \frac{M_G}{F r_\psi \cos\psi} \cdot \frac{\mu_{A0} + \mu_{B0}}{\tan\psi - \mu_{A0}}. \quad (2.28)$$

Eine Klemme mit Selbstverstärkung braucht somit immer eine Hebelübersetzung, die das Moment M_G am Exzenter erzeugt.

Unter Verwendung von Gl. (2.26) läßt sich aus der dritten Bedingung von Gl. (2.24) auch eine Gleichung für die Reibungskraft an der Backe A herleiten

$$F_{rA} = \frac{F r_\psi \sin\psi - M_G \mu_{B0}}{r_\psi (\sin\psi + \mu_{B0} \cos\psi)}. \quad (2.29)$$

Für $M_G \geq F r_\psi \sin\psi / \mu_{B0}$ wird diese Reibkraft $F_{rA} \leq 0$. Dies wurde meßtechnisch bestätigt [2.40]. Physikalisch ist dies damit zu erklären, daß nach dem Festhalten des Guts durch Backe B der Exzenter vom Drehmoment M_G noch etwas gegen das stillstehende Gut gedreht wird, wodurch eine nach oben gerichtete Reibungskraft F_{rA} entstehen kann.

Fall B: Klemme mit Selbsthemmung
$$(M_G = 0; \tan\psi < \mu_{A0})$$

Mit $M_G = 0$ lautet Gl. (2.26)

$$F_\text{n} = \frac{F}{\tan\psi + \mu_{B0}}. \qquad (2.30)$$

Die Kraft F ist somit beliebig zu steigern, es wächst allerdings proportional auch die Normalkraft F_n. Die Sicherheit kann deshalb nicht in der üblichen Weise als Quotient zweier Kräfte eingeführt, sondern muß als Festlegung gegen das Umschlagen des Zustands der Selbsthemmung in eine andere Qualität, die der bloßen Selbstverstärkung (Fall A), definiert werden. Dies drücken die Winkel aus:

$$S_\text{B} = \frac{\psi_\text{g}}{\psi} \quad \text{mit } \tan\psi_\text{g} = \mu_{A0}. \qquad (2.30)$$

Für ein tieferes Eindringen in die physikalischen Vorgänge bei der Kraftwirkung von Klemmen wird die Lektüre von [2.41] empfohlen.

Die Begrenzungskurve eines Exzenters muß so festgelegt werden, daß der funktionell wichtige Winkel ψ unabhängig von der Klemmbreite b bleibt. Dies ist gleichbedeutend mit der Forderung, den Winkel α zwischen dem beliebigen Ortsvektor r und der Tangente im zugehörigen Kurvenpunkt E konstant zu halten (Bild 2-26). Diese Besonderheit weist die logarithmische Spirale auf, sie hat die Gleichung

$$r = m e^{\varphi \cot\alpha} \text{ bzw.}$$

$$r = m e^{\varphi \tan\psi} \text{ (mit } \cot\alpha = \tan\psi \text{).} \qquad (2.31)$$

Mit einer derartig ausgebildeten Begrenzungskurve berührt und klemmt der Exzenter innerhalb der konstruktiv gegebenen Grenzwerte jedes Gut beliebiger Dicke unter dem gleichen Winkel ψ. Bei Klemmen mit zusätzlicher Klemmkraftverstärkung ergeben sich andere Exzenterkurven, welche die Stellung des angreifenden Zughebels berücksichtigen. [2.10, S. 144] empfiehlt, die Begrenzungskurve des Exzenters durch eine Kreisevolvente anzunähern.

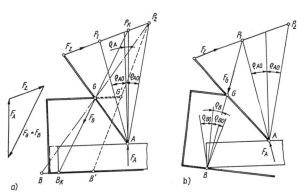

Bild 2-27 Kräfte an der Exzenterklemme für Horizontaltransport
a) Normallage b) stabile gekippte Lage

In einer Exzenterklemme für Horizontaltransport der Last ist der Bereich, in dem die Wirkungslinie der Stützkraft F_A liegen kann, durch den Kraftschlußwinkel ρ_{A0} markiert (Bild 2-27a). Dagegen läßt sich wegen der statisch unbestimmten Stützung die Kraft F_B nur über Formänderungsbetrachtungen bestimmen. Nach [2.42] hat die Formänderungsarbeit ihren Kleinstwert, wenn F_A durch P_2 geht. Der zugehörige Punkt B der Wirkungslinie der Gelenkkraft $F_G = F_B$ liegt allerdings außerhalb der Stützfläche. Folgerichtig ergibt sich eine Kantenstützung im Punkt B_K mit einem zwischen P_1 und P_2 gelegenen Punkt P_K auf der Wirkungslinie von F_Z. Der Stützwinkel ρ_A bleibt dabei im physikalisch möglichen Ausschnitt.

Entsteht bei dieser Konstruktion ein Schnittpunkt P_K links von P_1, d.h. außerhalb der Strecke $\overline{P_1 P_2}$, verdreht sich die Klemme, bis der im Bild 2.27b dargestellte Gleichgewichtszustand erreicht ist, bei dem die Wirkungslinie der Gelenkkraft F_G durch den Punkt P_1 geht. Der Winkel ρ_B muß kleiner als der Grenzwert ρ_{B0} sein, sonst rutscht das aufgenommene Gut, je nach Richtung der Reibungskraft, weiter in die Klemme hinein oder aus ihr heraus. Diese instabilen Gleichgewichtslagen sowie der Belastungsfall, bei dem die Last an der Innenkante der Klemme anliegt (strichpunktierte Gutkanten im Bild 2-27a), werden in [2.42] [2.43] ausführlich behandelt.

Zum Kraftschluß und zur Gewährleistung der Tragfähigkeit gelten im übrigen die gleichen Grundsätze wie bei den Zange, siehe Abschnitt 2.2.4.2.

2.2.5.2 Bauformen

Klemmen werden einzeln, bei längeren bzw. sperrigen Lasten auch paarweise oder in räumlicher Mehrfachanordnung eingesetzt. Im letztgenannten Fall muß das Seil- oder Kettengehänge unbedingt eine statisch bestimmte Mehrpunktstützung gewährleisten, um an jeder Einzelklemme den Kraftschluß sicherzustellen. Die Lasten können nicht nur gehoben, sondern mit entsprechend ausgebildeten Klemmen zudem gewendet oder gezogen werden.

Die Bauformen, die von den verschiedenen Herstellern angeboten werden, ähneln einander, Bild 2-28 zeigt einige Beispiele. Alle dargestellten Klemmen arbeiten selbstverstärkend mit fester innerer Übersetzung; Einfachklemmen mit selbsthemmendem Exzenter haben heute keine Bedeutung mehr. Die der Hubkraft F proportionale Klemm- bzw. Normalkraft F_n an der Klemmbacke wird vom Trag- bzw. Aufhängeglied über eine Zuglasche (Bild 2-28a), eine Kette (Bild 2-28b) oder direkt (Bild 2-28c) aufgebracht. In allen Fällen bildet diese Backe als Hebel das letzte Glied der kinematischen Kette.

Weil Klemmen noch häufiger als Zangen im unmittelbaren Arbeitsbereich des Bedienenden verbleiben, spielt die Sicherung gegen eine Störung des normalen Belastungszustands, z.B. infolge Anstoßens oder Aufsetzens der Last, eine zunehmende Rolle. Neben Verriegelungen, die wie bei den Zangen die offene Stellung im unbelasteten Zustand gewährleisten, werden Klemmen in anspruchsvolleren Bauformen im belasteten Zustand so verriegelt, daß sie auch dann geschlossen bleiben, wenn die Wirkung der Gewichtskraft des Guts wegfällt. Von den in [2.44] erwähnten zwei Prinzipen für derartige Verriegelungen, der starren Arretierung des verformten Systems und dem Aufbringen einer zusätzlichen Federkraft nach dem Anschlagen der Last, hat sich das zweitgenannte allgemein durchgesetzt.

Die Blechklemme im Bild 2-28a weist beide Arten der Verriegelung auf. In ihrer offenen Stellung wird die Zuglasche 4 durch Umlegen des mit einem Hebel verbundenen Sicherungsriegels 2 formschlüssig in der unteren Stellung festgehalten. Erst nach Freigabe dieser Verriegelung durch Drehen des Sicherungsriegels in die gezeichnete Stellung kann sich die Zuglasche nach oben bewegen und dadurch die Klemmbacke zur Last hin drehen. Gleichzeitig ist der Anlenkpunkt der Zugfeder 5 nach oben gerückt, so daß diese Feder eine Zugkraft auf die Zuglasche und damit ein Drehmoment auf die Klemmbacke überträgt. Dies schließt ein Verschwinden der Normalkraft bei Wegfall der Hubkraft aus.

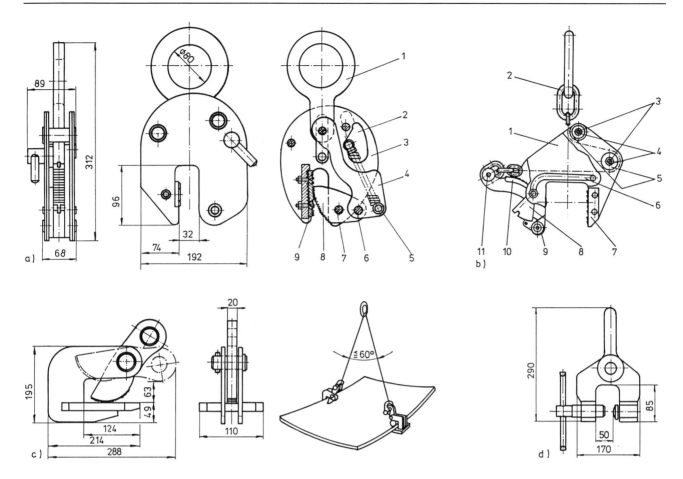

Bild 2-28 TIGRIP-Klemmen (Greifer), Schmidt, Kranz & Co, Velbert
a) Blechgreifer SK-TBL 2, Tragfähigkeit 2 t
1 Aufhängeöse
2 Sicherheitsriegel mit Hebel
3 Gehäuse
4 Zuglasche
5 Zugfeder
6 Bolzen
7 Achse mit Mutter
8 Klemmbacke
9 Festbacke mit Befestigungsschrauben

b) Allzweckgreifer mit Sperröffner, Tragfähigkeit 0,35 ... 10 t, Maulweite 90 ... 200 mm
1 Seitenblech
2 Kette mit Aufhängeglied
3 Zylinderschraube
4 Stahlbuchse
5 Umlenkrolle
6 Hebel
7 Festbacke
8 Gleitstück
9 Drehfeder
10 Klemmbacke
11 Bolzen

c) Hebeklemme THK 6,0, Tragfähigkeit 6 t   d) Schraubklemme TSh 3,0, Tragfähigkeit 3 t

Wenn eine derartige Klemme mit einer kardanisch angeschlossenen Schwenköse ausgestattet ist, erlaubt sie das Anschlagen des Guts auch in horizontaler Lage sowie das Drehen von Bauteilen um eine waagerechte Achse. Ein Schrägzug quer zur Klemme ist allerdings ohne Abminderung der Tragfähigkeit nur bis zu einem vorgegebenen Neigungswinkel, im Beispiel von Bild 2-28a bis 22°, erlaubt. Bei Klemmen ohne Schwenköse soll dieser Winkel 10° nicht übersteigen.

Der Allzweckgreifer im Bild 2-28b mit einer Rundstahlkette, bei größerer Tragfähigkeit auch Flyerkette, zur Verbindung von Aufhängeöse und Klemmbackenhebel erzeugt die gewünschte Vorspannung der Klemmbacke mit einer Drehfeder 9. Um die Klemme dennoch offenhalten zu können, bewegt der Hebel 6 ein Gleitstück 8, das die Klemmbacke 10 im unbelasteten Zustand in der zurückgedrehten, offenen Stellung festhält.

Klemmen für den Horizontaltransport dünner, biegsamer Bleche o.ä. verlangen mindestens eine Doppelanordnung (Bild 2-28c). Der Neigungswinkel des Seil- bzw. Kettenstrangs zur Senkrechten darf 30° nicht überschreiten, weil sonst die Klemmkraft zu stark absinken würde. Statt einer Exzenterbacke läßt sich auch ein mit einer Rolle oder Platte bestückter Hebel anbringen.

Einen Festsitz mit kontrollierbarer Haltekraft erzeugt die Schraubklemme (Bild 2-28d), die sich für abgekantete oder Wulstprofile eignet. Daneben gibt es zahlreiche weitere Bauformen von Klemmen mit einem jeweils engeren Einsatzfeld.

2.2.6 Schüttgutgreifer

Schüttgüter müssen i. allg. in Behälter gefüllt werden, wenn sie mit Hebezeugen umgeschlagen oder transportiert werden sollen. Eine erste Gruppe dieser Behälter sind die

Klapp- und Kippkübel, die in einen Kranhaken eingehängt, von oben von Hand oder über einen Schüttrumpf gefüllt und durch Entriegelung eines Klapp- bzw. Kippmechnismus wieder entleert werden. Wegen der umständlichen Handhabung verwendet man sie allerdings nur noch in Sonderfällen; folgerichtig werden sie vorzugsweise in der älteren Literatur behandelt, siehe gegebenenfalls [2.45] [2.6].

Die weitverbreiteten Lastaufnahmemittel der Hebezeuge für Schüttgüter sind die Schüttgutgreifer, die das Gut mit Hilfe der Triebwerke dieser Hebezeuge, vom Bedienenden gesteuert, aufnehmen, transportieren und wieder abgeben können. Sie ähneln im kinematischen Aufbau den im vorigen Abschnitt behandelten Zangen zur Aufnahme von Stückgütern, die oft ebenfalls als Greifer bezeichnet werden. Das Unterscheidungsmerkmal des Schüttgutgreifers ist die zwei- oder mehrteilige Schaufel als gutaufnehmendes Getriebeglied.

Naturgemäß haften der Betriebsweise von mit Schüttgutgreifern arbeitenden Hebezeugen alle Nachteile der unstetigen Förderung mit dem ständigen Wechsel von Last- und Leerspiel an. Deshalb wird dieses Lastaufnahmemittel nur noch dort eingesetzt, wo stetig arbeitende Umschlagmaschinen ungeeignet oder unwirtschaftlich sind, z.B. auf kleineren oder kompliziert angelegten Lagerplätzen, zur Entladung von Schiffen und Eisenbahnwagen, soweit letztere nicht gekippt werden können, oder für besonders schwierig zu greifende Güter.

2.2.6.1 Arbeitsweise und Gliederung

Im Gegensatz zum Kübel wird der Schüttgutgreifer nicht von oben beschickt, sondern er füllt sich durch Zusammenziehen der auf das Schüttgut aufgesetzten, zwei- oder mehrteiligen Schaufel. Der hohe Eindringwiderstand bedingt eine große Schließkraft, die konstruktiv durch Hebel-, Flaschenzug-, seltener mit Ketten- bzw. Zahnradübersetzung erreicht wird.

Die Wirkungsweise eines solchen Greifers soll an seinem Prototyp, dem Stangengreifer nach Bild 2-29, erläutert werden. Das Schaufelpaar *10* ist am unteren Querträger *7* und an den vier seitlichen Druckstangen *9* gelenkig gelagert. Das zweite Lager dieser Druckstangen liegt am Greiferkopf *5*. Der Greifer wird von zwei Seiltrieben in seiner Höhen- und Relativlage bewegt, was zwei getrennte Triebwerke am Hebezeug erforderlich macht. Das Halteseil *2* ist am Greiferkopf befestigt, das Schließseil *1* wird auf einen Flaschenzug zwischen unterem Querträger und Greiferkopf geführt.

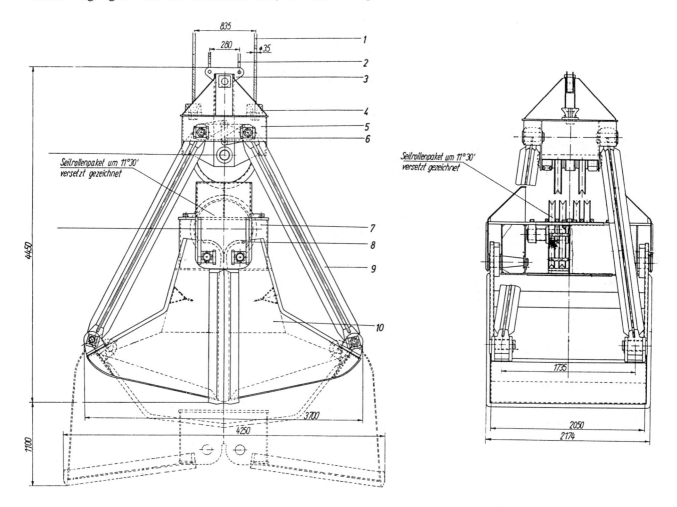

Bild 2-29 Zweischalen-Stangengreifer (Quergreifer), Förderanlagen- und Kranbau Köthen GmbH
Nennvolumen 6 m³, Eigenmasse 9,24 t, Schüttdichte des Förderguts 1,8 t/m³

1 Schließseil	6 Verbindungslasche
2 Halteseil	7 Querträger
3 Ausgleichswippe	8 Zahnsegment
4 Seildüse	9 Druckstange
5 Greiferkopf	10 Schaufel (Schale)

Die zwei Seiltriebe verleihen dem Greifer zwei ausgezeichnete Betriebszustände. Laufen beide Windwerke gleichsinnig und mit gleicher Seilgeschwindigkeit, hebt oder senkt sich der Greifer ohne Änderung der Relativlage seiner Bestandteile. Wird dagegen das Halteseil vom Triebwerk festgehalten und das Schließseil allein geschaltet, schließt oder öffnet sich der Greifer, je nach Bewegungsrichtung dieses Seils. Bewegen sich beide Triebwerke mit unterschiedlicher Richtung und/oder Seilgeschwindigkeit, überlagern sich Absolut- und Relativbewegung des Greifers.

Der Durchsatz eines Hebezeugs im Greiferbetrieb hängt von der aufgenommenen Nutzmasse und der Dauer des Arbeitsspiels ab. Die gegriffene Nutzmasse wird bei gegebener Tragfähigkeit des Hebezeugs vom Verhältnis der theoretischen Nutzmasse zur Eigenmasse des leeren Greifers und von seiner tatsächlichen Füllung, d.h. der relativen Ausnutzung der möglichen Nutzmasse, bestimmt. Die Eigenmasse eines Schüttgutgreifers kann jedoch nicht wie die eines anderen Lastaufnahmemittels zugunsten einer größeren Nutzmasse beliebig verringert werden, da sie – dies ist eine Besonderheit des Schüttgutgreifers – entscheidend die Füllung, d.h. die relative Ausnutzung des vorhandenen Greifervolumens, beeinflußt.

Der zweite Faktor des Durchsatzes, die Spieldauer, kann durch Erhöhung der Arbeitsgeschwindigkeiten oder Verkürzung der Arbeitswege günstig beeinflußt werden. Es werden heute beide Wege beschritten.

Die für den Umschlag mit Greifern geeigneten Schüttgüter haben stark voneinander abweichende Eigenschaften in mannigfaltiger Koppelung. Sie reichen vom Kreideschlamm über alle Formen, Arten und Korngrößen von Kohlen, Salzen, Kiesen, Erzen, Steinen bis zu Schrott, Müll und Stroh und zeigen wesentliche Unterschiede in der Struktur, der Dichte, der Korngröße und -form, der Härte, der inneren Reibung, dem Böschungswinkel und dem Adhäsionsverhalten, um nur einige der für den Eindringwiderstand und das Füllverhalten eines Schüttgutgreifers wichtige Einflußgrößen zu nennen. Die Greifer müssen diesen unterschiedlichen Schüttgütern, darüber hinaus dem jeweiligen Hebezeugtyp angepaßt werden. Das Hauptanliegen ist stets die möglichst vollständige Ausnutzung der vorhandenen Tragfähigkeit ohne Überlastung durch richtige Wahl von Nutz- und Eigenmasse und eine gleichmäßig gute Füllung.

Hauptkriterien für die Eignung bzw. Anpassung eines Schüttgutgreifers an eine bestimmte Aufgabe sind:

– Bauhöhe, Schwerpunktlage und Schaufelform
– Verhältnis Nutzmasse zu Eigenmasse
– Schließkraftübersetzung und Schließkraftverlauf
– Schließ- und Öffnungsdauer
– Anforderungen an Art und Ausstattung des Hebezeugs.

Im Verlauf der langen Entwicklungsgeschichte dieses Greifers hat man zahlreiche unterschiedliche kinematische und konstruktive Lösungen herangezogen. Die derzeit verwendeten Hauptformen lassen sich nach dem Mechanismus der Relativbewegung wie folgt gliedern (Tafel 2-5):

– Seilgreifer mit 1 oder 2 Seiltrieben
– Motorgreifer mit einem eingebauten Elektromotor
– pneumatische oder hydraulische Greifer mit Energiezuführung über Druckleitungen.

Andere Gliederungen, z.B. nach der Form der Schaufeln oder nach der Aufgabe, für die sich der jeweilige Greifer eignet, haben eine geringere Bedeutung, siehe hierzu beispielsweise DIN 15002.

Tafel 2-5 Gliederung der Schüttgutgreifer

A. Nach dem Funktionsprinzip des Schließsystems	B. Nach der Schaufelform und -anordnung

– Seilgreifer
  Zweiseilgreifer
    mit vertikalem
    Schließflaschenzug
    mit horizontalem
    Schließflaschenzug
    mit Ketten- oder
    Zahnradübersetzung
  Einseilgreifer
– Motorgreifer
  mit elektromechanischem Antrieb
  mit elektrohydraulischem Antrieb
– Hydraulische und pneumatische Greifer
	– Schüttgutgreifer
	  Zweischalengreifer
	  Längsgreifer
	  Quergreifer
	  Mehrschalengreifer
	  Sondergreifer
	– Grabgreifer
	  Zweischalengreifer
	  Mehrschalengreifer

2.2.6.2 Bauformen

Zweiseilgreifer

Im Bild 2-30 sind schematisch die wichtigsten Bauarten der Zweiseilgreifer dargestellt. Der Begriff Zweiseilgreifer bezieht sich auf die Anzahl der benötigten Seiltriebe. Um eine bessere Symmetrie der Aufhängung zu erreichen, die Drehneigung des Greifers um die Vertikalachse einzuschränken und kleinere Seildurchmesser zu erhalten, werden beide Seiltriebe meist mit parallelliegenden Doppelseilen ausgeführt; man spricht dann auch von einem Vierseil- oder Mehrseilgreifer.

Der *Stangengreifer* ist am meisten verbreitet. Wenn der Schließseilflaschenzug in der gleichen Ebene wie die Halteseile liegt, handelt es sich um einen sogenannten Quergreifer (Bild 2-30a), bei einem Längsgreifer ist er um 90° zu den Halteseilen versetzt angeordnet. Eine größere innere Übersetzung läßt sich durch zwei Kniehebel als zusätzliche Glieder der kinematischen Ketten erzielen (Bild 2-30b), diese Bauform ist jedoch veraltet.

Im Wettbewerb mit dem Stangengreifer hat lange Zeit der *Rahmen- oder Glockengreifer* gestanden, dessen äußeren Schaufelgelenke fest in einem starren, das gesamte Greiferoberteil bildenden Rahmen gelagert sind (Bild 2-30c). Die inneren Drehpunkte der Schaufel sind aus kinematischen Gründen mit Doppelgelenken an der unteren Traverse angeschlossen. Die Schaufelschneide beschreibt beim Schließen eine Kreiskurve. *Kammerer* [2.46] hat nachgewiesen, daß Greifer dieser Bauart gegenüber dem Stangengreifer im Nachteil sind, weil sich dieser infolge der Pendelbewegung der äußeren Gelenkpunkte beim Schließen besser füllt. Der Rahmengreifer wird jedoch wegen seiner stabilen Bauweise und seiner großen Schließkraft immer noch gelegentlich bevorzugt und hat mannigfaltige Variationen erfahren.

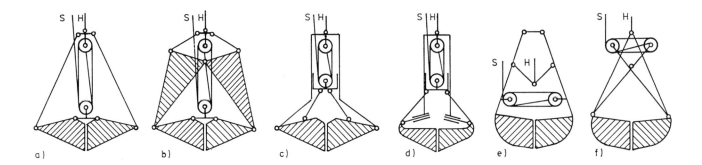

Bild 2-30 Zweiseilgreifer, schematisch
a) Stangengreifer
b) Kniehebel-Stangengreifer
c) Rahmen- (Glocken-)Greifer
d) Flußtrimmgreifer
e) Trimmgreifer
f) Scherengreifer

Eine ähnlich günstige Lage der Wirkungslinie der Kraft am äußeren Schaufelgelenk tritt beim sogenannten *Flußtrimmgreifer* auf, weil dessen Führungsstangen nur Kräfte senkrecht zu ihrer Längsachse übertragen können (Bild 2-30d). Der Hauptgrund für die Entwicklung dieses Greifertyps war seine im Verhältnis zu anderen Rahmengreifern größere Greifweite und etwas gestrecktere Schließkurve. Durchgesetzt hat sich dieser Greifer nicht. Er ist schwer und aufwendig, hat in den Führungsstangen schwierig zu wartende, schnell verschleißende Bauteile und eine in der Mitte ungeführte Schaufel mit hoher Torsionsbeanspruchung.

Allen Greifern mit einem senkrecht liegenden Seilflaschenzug haftet der Nachteil an, daß die Horizontalkomponente der Schneidenkraft während des Schließens steil abfällt, siehe Abschnitt 2.2.6.4. Einen im Gegensatz dazu steigenden Verlauf dieser Kraft während der Schließbewegung läßt sich damit erzielen, daß der Schließseilflaschenzug waagerecht im Greifer angebracht wird. Derartige Greifer gibt es in zwei Bauformen.

Die Lagerung der Schaufel unmittelbar an der oberen Traverse verleiht dem *Trimmgreifer* eine besonders große Greifweite (Bild 2-30e). Deshalb eignet sich dieser Greifer vor allem für die Schüttgutaufnahme aus Schiffen mit verhältnismäßig kleinen Lukenöffnungen und, wie es der Name ausdrückt, für eine zusammenscharende Füllbewegung. Allerdings wächst der Greifer während des Schließens, wird schmal und hoch, was seine Seitenstabilität ungünstig beeinflußt. Der tiefliegende Flaschenzug kann leicht mit Schüttgut in Berührung kommen, verschmutzen und dadurch schneller verschleißen.

Das von den Halteseilen betätigte Öffnungssystem wird unterschiedlich ausgeführt. Dieses Halteseil wird

– am Gelenkpunkt zwischen den beiden Druckstangen befestigt (s. Bild 2-30c)
– oder über eine Umlenkrolle in diesem Gelenk zum Greiferkopf geführt (s. Bild 2-38)
– bzw. an einer als Kurvensegment ausgebildeten Druckstange festgelegt (s. Bild 2-40).

Diese Ausführungen unterscheiden sich im Öffnungsmoment und haben voneinander abweichende Schließkurven zur Folge.

Wie der Trimmgreifer bildet auch der *Scherengreifer* ein einfaches Hebelsystem, allerdings mit einem Drehpunkt etwa in Schaufelmitte, einer Schere vergleichbar (Bild 2-30f). Der Schließseilflaschenzug liegt waagerecht, jedoch – besser gegen Verschmutzung durch das Gut geschützt – im oberen Teil des Greifers. Das Halteseil hält den Greifer über 2 bzw. 4 an der Schaufel außen befestigte Ketten bzw. Seile.

Einseilgreifer

Einseilgreifer werden in den Lasthaken eines beliebigen Hebezeugs eingehängt und von dessen Seiltrieb gehoben und gesenkt. Sie bedürfen daher einer ergänzenden Einrichtung für ihre Relativbewegung zum Schließen und Öffnen. Beim seilbetätigten Einseilgreifer sorgt ein Verriegelungs- bzw. Auslösemechanismus dafür, daß das Hubseil bzw. Hubwerk nacheinander beide Bewegungsfunktionen übernehmen kann, beim Motorgreifer ist ein elektrischer Schließantrieb im Greiferkorb installiert.

Der Aufbau eines seilbetätigten Einseilgreifers entspricht dem eines normalen Stangengreifers. Zum Öffnen muß entweder der Zusammenhang zwischen Greiferkopf und unterer Quertraverse gelöst oder das Hubseil gleichzeitig als Halte- und Schließseil genutzt werden. Hierfür gibt es viele Variationen.

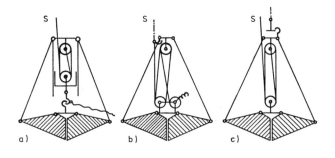

Bild 2-31 Einseilgreifer, schematisch
a) mit Klinkenverriegelung
b) mit Federtrommelspeicher
c) mit Auslöseglocke

Der Einseilgreifer mit *Klinkenverriegelung* (Bild 2-31a) hat eine zusätzliche, in Führungen vertikal bewegliche mittlere Traverse, in der die untere Flasche des Seilflaschenzugs gelagert ist. Diese Traverse wird nach dem Aufsetzen des geöffneten Greifers auf das zu greifende Gut durch weiteres Nachlassen des Seils auf die untere Quertraverse gesenkt und mit ihr verriegelt. Die anschließende Seilbewegung im Hubsinn schließt den Greifer und hebt ihn in die gewünschte Entleerungshöhe. Dort muß die Verriegelung gelöst werden, häufig mit Hilfe einer Reißleine. Dadurch fällt die untere Quertraverse, durch Feder- oder Ölbremsung gedämpft, nach unten, und der Greifer öffnet sich.

Bei einer anderen Lösung [2.47] besorgt die Drehung einer in der mittleren Traverse angeordneten Treibscheibe die Entriegelung, wozu allerdings der gefüllte Greifer kurz nach unten abgesenkt werden muß. Dies bedeutet, daß der gefüllte Greifer in diesem Zustand nur gehoben, nicht jedoch gesenkt werden darf.

Am Einseilgreifer mit *Federtrommel* (Bild 2-31b) bleibt die Verbindung von Greiferkopf und unterer Traverse durch den Flaschenzug stets gewährleistet. Zum Öffnen muß der Greifer auf das bereits geschüttete Gut aufgesetzt werden (Aufsetzentleerung). Das Hubseil wird dann weiter nachgelassen und wickelt die zusätzliche Seillänge auf die Federtrommel an der unteren Traverse auf. Sobald die gesamte Schließlänge aufgewickelt ist, verklinkt sich ein im Seilstrang zwischengeschaltetes Kettenstück am Greiferkopf. Läuft dann das Seil im Hubsinn, wird der Greiferkopf angehoben, während die Federtrommel das aufgespulte Seilstück freigibt. Der Greifer öffnet sich. Nach der Entleerung wird die Verriegelung des Seils gelöst und der Greifer durch dessen Einziehen wieder geschlossen.

Als dritte Bauart zeigt Bild 2-31c das Schema eines Einseilgreifers mit Auslöseglocke. Diese Vorrichtung ist an dem Seil oder der Kette eines Hilfstriebs des Hebezeugs befestigt und kann damit auf die gewünschte Entleerungshöhe des Greifers eingestellt werden. Der gehobene gefüllte Greifer rastet mit einem am Greiferkopf gelagerten Haken in die Auslöseglocke ein und kann dann durch Nachlassen des Hubseils geöffnet werden. Ein Verriegelungsmechanismus sorgt dafür, daß er anschließend in geöffneter Stellung von der Glocke gehoben und wieder auf das aufzunehmende Schüttgut abgesenkt werden kann. Nach dessen Entriegelung beginnt der Füllvorgang. Für den gesamten Verriegelungsmechanismus dieses Einseilgreifers gibt es verschiedene konstruktive Ausführungen.

Weitere Einzelheiten zu diesen Greifertypen können der Literatur entnommen werden [2.48] bis [2.51]. Ihnen allen ist zu eigen, daß sie schwierig zu bedienen sind, eine längere Spieldauer und Einschränkungen im Anwendungsbereich haben. Angesichts des gegenwärtigen Entwicklungsstands der Motorgreifer haben sie ihre Bedeutung verloren.

Motorgreifer

Ein Motorgreifer weist ein eingebautes elektromotorisches Schließwerk auf, bedarf somit weder eines zweiten Triebwerks im Hebezeug, noch einer besonderen Verriegelungseinrichtung. Allerdings muß ihm elektrische Energie über ein Kabel zugeführt werden, das von einer am Hebezeug befestigten Federkabeltrommel auf- und abgewickelt wird. Bisweilen verbindet man Hebezeug und Greifer zusätzlich durch ein dünnes, schrägliegendes Beruhigungsseil, um unerwünschte Drehungen des Greifers auszuschließen. Eine gesteuerte Drehung des in den Lasthaken eingehängten Motorgreifers läßt sich vorteilhaft mit einer Unterflasche verwirklichen, deren Lasthaken motorisch zu drehen ist, siehe Bild 2-10.

Neben dem Vorzug, kein spezielles Triebwerk zu verlangen, liegt ein Hauptvorteil des Motorgreifers darin, daß bei ihm wegen des Wegfalls des Schließseils keine die vertikale Komponente der Eindringkraft vermindernde Schließseilkraft auftritt. Somit kann ein solcher Greifer grundsätzlich leichter ausgeführt werden als ein Seilgreifer, dies gelingt jedoch nicht immer. Als Nachteile der Motorgreifer galten vielmehr lange Zeit die größere Eigenmasse, höhere Schwerpunktlage und die wegen der unumgänglichen Begrenzung der Motorgröße unter Umständen kleinere Schließkraft. Verbesserte neue konstruktive Lösungen haben diese Parameter aber entscheidend verbessert.

Die ersten Motorgreifer hatten Schließantriebe mit mechanischer Übersetzung über Zahnradvorgelegte oder Spindeltriebe. Eine sehr frühe Bauform wird u.a. in [2.52] beschrieben. Derartige Geräte werden heute nicht mehr hergestellt, es herrscht vielmehr der hydrostatische Antrieb vor. Je nach Anordnung der hydraulischen Arbeitszylinder und Aufbau der kinematischen Ketten unterscheidet man die im Bild 2-32 sichtbaren drei Hauptbauarten.

Der *Motor-Stangengreifer* (Bild 2-32a) gleicht im Aufbau dem seilbetriebenen Stangengreifer, es ist lediglich der Seilflaschenzug durch einen mittig angebrachten Hydraulikzylinder ersetzt. Auch der *Motor-Taschengreifer* (Bild 2-32b) entspricht dieser Grundform, die zwei Schalen sind jedoch drehbar am Gehäuse des Greifers gelagert, während die mit hydraulischen Zylindern ausgerüsteten Druckstangen die zum Schließen bzw. Öffnen notwendige Relativbewegung ausführen. Eine Gleichlaufstange sorgt für die synchrone Bewegung beider Schalen. Wegen deren Lagerung am Gehäuse beschreiben die Schaufelschneiden keine Koppelkurven, sondern Kreise. Diese Form der Schließkurve erzeugt auch der *Motor-Koffergreifer* (Bild 2-32c). Seine zwei Arbeitszylinder liegen waagerecht, was eine geringe Bauhöhe begünstigt.

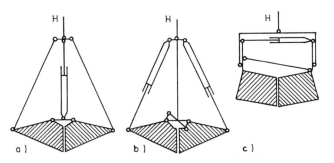

Bild 2-32 Motorgreifer, schematisch
a) Motor-Stangengreifer   c) Motor-Koffergreifer
b) Motor-Taschengreifer

Ein hydraulischer Antrieb erlaubt es, die Öffnungsdauer des Motorgreifers ohne besonderen Aufwand gegenüber der Schließdauer zu verkürzen. Außerdem gewährleistet er mit einfachen Mitteln einen funktionssicheren Überlastungsschutz.

Die Grundform des hydraulischen Motorgreifers läßt sich weiter vereinfachen, wenn das Hebezeug selbst hydraulisch arbeitet. In solchen Fällen braucht nur der Ölstrom über Druckleitungen zum Greifer geführt und gesteuert zu werden, ein eigener Schließantrieb entfällt. Gleiche Überlegungen gelten für den seltener verwendeten pneumatischen Greifer.

Der Zweiseil-Stangengreifer (s. Bild 2-30a) und die entsprechenden Motorgreifer (s. Bild 2-32a,b) können statt mit 2 auch mit 5 bis 8 Schalen ausgestattet werden, die sternförmig um die Mittelachse verteilt liegen. Derartige *Mehrschalengreifer* eignen sich für sperrige Güter, wie Schrott, Stroh, Müll, Kurzholz. Auf Sondergreifer für spezielle Einsatzgebiete, z.B. für den Aushub von Brunnen, die Aufnahme von gestapeltem Rundholz, wird nur verwiesen; der Übergang zwischen Schüttgutgreifern und Zangen ist fließend.

2.2.6.3 Kinematik der Seilgreifer

Greifer sind einfache, ebene kinematische Ketten, meist doppelte Viergelenkketten mit einer Symmetrieachse. Der *Stangengreifer* (s. Bild 2-29) kann als Schubkurbeltrieb aufgefaßt werden, bei dem die Lage des oberen Anlenkpunkts D der Druckstangen durch die Bewegung des Halteseils, die Lage des inneren Anlenkpunkts B der Schale im Querträger von der Bewegung des Schließseils bestimmt wird (Bild 2-33a). Zur kinematischen Untersuchung kann die gemeinsame translatorische Bewegung beider Seiltriebe zum Heben und Senken des Greifers außer acht gelassen und Punkt D als festgehalten angesehen werden. Es verbleibt dann nur ein Freiheitsgrad der Bewegung; die Grüblersche Laufbedingung lautet in diesem Spezialfall $\dot{y}_D = 0$ bei $n = 4$ Gliedern und $g = 4$ niederen Elementepaaren [2.3]

$$F = 3(n-1) - 2g = 3(4-1) - 2 \cdot 4 = 1. \qquad (2.32.)$$

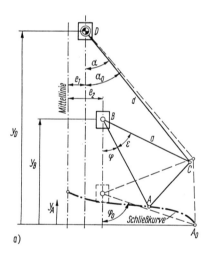

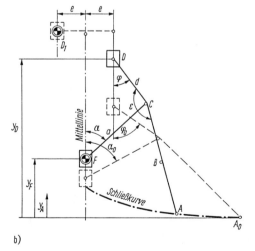

Bild 2-33 Kinematische Ketten der Seilgreifer
a) Stangengreifer   b) Trimmgreifer

Das Getriebe ist zwangsläufig; alle Punkte der Koppel (Schale) beschreiben feste Koppelkurven. Die von der Schneide des Greifers, d.h. dem Punkt A der Koppel, beschriebene Kurve soll Schließkurve genannt werden. Wenn der Greifer – wie es im betrieblichen Einsatz stets geschieht – während des Schließens nicht vom Halteseil festgehalten wird, überlagert sich dem zwangsläufigen Schließvorgang eine freie translatorische Bewegung des gesamten Greifers, die kinematisch durch die Koordinate y_D ausgedrückt wird. Die Überlagerung der Schließkurve mit der translatorischen Bewegung des Greifers ergibt für den Punkt A einen anderen Kurvenverlauf, die sogenannte Grabkurve. Diese beiden Bezeichnungen für den Schneidenweg müssen immer auseinandergehalten werden

Zu den zwei Arbeitsfreiheitsgraden treten weitere Bewegungen bzw. Freiheitsgrade hinzu, die unerwünscht sind. Zunächst kann sich der gesamte Greifer um drei Achsen drehen und seitliche Bewegungen nach den verbleibenden zwei Kordinatenrichtungen ausführen. Diese den Betriebsablauf störenden Einflüsse sind durch den kinematischen Aufbau nicht zu beeinflussen.

Die Ausführung des Greifers als doppelte Viergelenkkette macht jedoch noch Kippbewegungen der verbindenden Traversen (Greiferkopf und unterer Querträger) möglich, wenn die Punkte D und B nicht mit den entsprechenden Gelenken der zweiten Greiferhälfte zusammenfallen. Diese inneren Drehbewegungen erschweren ebenfalls die Steuerung und verringern die Füllung des Greifers; sie werden daher durch konstruktive Maßnahmen beseitigt. Im Bild 2-29 ist sichtbar, daß sich die beiden Schalen während der Schließbewegung in Zahnsegmenten zwangsläufig gegeneinander abwälzen. Außerdem sind die Druckstangen über eine Verbindungslasche zum Gleichlauf gezwungen, wodurch Kippbewegungen des Greiferkopfs ausgeschaltet werden. Die Anzahl der tatsächlich vorhandenen Getriebeglieder und Elementepaare ist somit in Wirklichkeit größer, als das stark vereinfachte Bild der Viergelenkkette ausweist; das Getriebe muß dennoch zwangsläufig bleiben. Eine ausführliche Darstellung der kinematischen Systeme von Schüttgutgreifern ist in [2.53] zu finden.

Die Schließkurven der Stangengreifer sind von den Abmessungen der kinematischen Kette abhängig; im Bereich gebräuchlicher Werte für die Längen d und a wird y_A stets positiv, wie Bild 2-34a zeigt. Die Kurven beweisen, daß sich ein Stangengreifer bei festgehaltenem, gestrafftem Halteseil nicht befriedigend füllen kann; das Halteseil muß vielmehr stets im Senksinn (negatives y_D) nachgegeben werden. Die Schließkurven zeigen überdies den starken Einfluß, den der Konstrukteur auf die Grabeigenschaften des Greifers nehmen kann.

Die im Abschnitt 2.2.6.2 aufgeführten Führungsarten des Halteseils im *Trimmgreifer* haben, wie dies bereits erwähnt wurde, unterschiedliche Schließkurven zu Folge. Das kinematische Ersatzschema kann wiederum auf eine Viergelenkkette zurückgeführt werden (Bild 2-33b). Der Punkt F ist bei festgehaltenem, dort unmittelbar befestigtem Halteseil Festpunkt; im Punkt B greift die horizontale Schließkraft an. Der Greiferkopf (Punkt D) schiebt sich während des Schließens nach oben, während die Schneide (Punkt A) die gezeichnete Schließkurve durchläuft. Gestrichelt sind im Bild 2-33b noch die zusätzlichen Getriebeglieder eingezeichnet, die bei einer Führung des Halteseils über einen zweisträngigen Flaschenzug hinzuzufügen sind. Der ideelle Festpunkt D_1 entspricht hier dem festgehaltenen Halte-

2.2 Lastaufnahmemittel

seil. Beim Schließen des Greifers führen in diesem Fall beide Punkte F und D senkrechte Bewegungen durch, deren Geschwindigkeiten sich wie $\dot{y}_F / \dot{y}_D = 1{:}2$ verhalten. Im Getriebeschema ist dies durch den im Verhältnis 1:2 geteilten oberen Hebel verwirklicht.

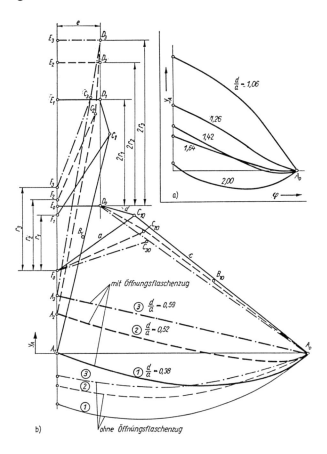

Bild 2-34 Schließkurven der Seilgreifer bei unterschiedlichen Anlenkpunkten der Druckstange
a) Stangengreifer   b) Trimmgreifer

Mit vier niederen Elementepaaren und vier Gliedern weist nach der Laufbedingung in Gleichung (2.32) das einfache Getriebe (ausgezogene Linien), mit zehn Elementepaaren und acht Gliedern auch das kompliziertere Getriebe (gestrichelte Linien) den Freiheitsgrad 1 auf; beide sind also zwangsläufig unter der Voraussetzung, daß das Halteseil festgehalten wird. Für die zusätzlichen, unerwünschten Freiheitsgrade sowie für den Übergang der Schließkurve in die Grabkurve gelten die gleichen Bedingungen und Bemerkungen wie beim Stangengreifer.

Die Schließkurven des Trimmgreifers mit Öffnungsflaschenzug (dick gezeichnet) und ohne Öffnungsflaschenzug (dünn gezeichnet) sind im Bild 2-34b mit drei verschiedenen Verhältnissen der Längen d und a dargestellt. Durch Angabe der Getriebestellungen im geöffneten und geschlossenen Zustand des Greifers ist gleichzeitig die Verschiebung der Punkte F und D gut zu erkennen. Der Trimmgreifer hat, verglichen mit dem Stangengreifer, wesentliche flachere, gestreckte Schließkurven, die durch die Wahl des Anlenkpunkts der Druckstange an die Schale in ihrer Form und Lage stark beeinflußt werden können. Der Greifer ist damit an seine spezielle Aufgabe gut anzupassen. Ohne Öffnungsflaschenzug verlaufen die Schließkurven nach unten in das zu greifende Material hinein. Eine genau horizontal liegende gerade Schließkurve ist jedoch entgegen vielen Behauptungen in der Fachliteratur auch mit einem Greifer dieses Typs nicht zu erreichen, sondern nur anzunähern.

Die Greiferschneiden während des Schließens zumindest näherungsweise horizontal zu führen, hat immer dann Bedeutung, wenn es gilt, Restmengen aus Eisenbahnwagen oder von Lagerplätzen aufzunehmen, ohne daß die Schneiden die Bodenfläche verschleißen oder in anderer Weise beschädigen. Die Patentliteratur verzeichnet Lösungen mit mechanischen oder hydraulischen Zusatzeinrichtungen im Greifer selbst; sie haben sich bisher nicht durchgesetzt.

Mit regelbaren Antrieben sind dagegen ohne besonderen Aufwand beliebige und somit auch waagerechte Schließ- bzw. Grabkurven zu erzielen. [2.54] schlägt darüber hinaus vor, die Horizontalführung der Bodenschneiden auch bei gesteuerten Antrieben durch die Überlagerung von Kurzhüben des Halteseiltriebwerks während des Schließens zu verwirklichen.

Eine weitere, wichtige kinematische Größe des Greifers ist der Schließweg, d.h. die aus dem Greifer beim Schließen herauszuziehende Seillänge. Sie wird mit den geometrischen Abmessungen festgelegt, kann somit vom Konstrukteur beim Entwurf beeinflußt werden. Der Stangengreifer soll als Beispiel der Berechnung dienen. Vereinfachend wird die Exzentrizität der Gelenkpunkte D und B gleichgesetzt: $e_1 = e_2 = e$. Ihr vertikaler Abstand $y_D - y_B$ entspricht nach Bild 2-33a der Spannweite des Flaschenzugs. Die Differenz der kinematisch möglichen Extremwerte dieses Abstands ist gleich dem Schließweg

$$\Delta(y_D - y_B) = (y_D - y_B)_{max} - (y_D - y_B)_{min}$$
$$= d\cos\alpha_0 - a\cos(\varphi_0 + \varepsilon) - [d\cos\alpha_1 - a\cos(\varphi_1 + \varepsilon)]$$
$$= d(\cos\alpha_0 - \cos\alpha_1) - a[\cos(\varphi_0 + \varepsilon) - \cos(\varphi_1 + \varepsilon)]$$

bzw. nach Ersatz von $\cos\alpha$ durch $\sin\alpha$ und Anwendung des Sinussatzes im Dreieck BCD

$$\Delta(y_D - y_B) = d\left[\sqrt{1-\left(\frac{a}{d}\right)^2 \sin^2(\varphi_0+\varepsilon)} - \sqrt{1-\left(\frac{a}{d}\right)^2 \sin^2(\varphi_1+\varepsilon)}\right] + a[\cos(\varphi_1+\varepsilon) - \cos(\varphi_0+\varepsilon)]. \quad (2.33)$$

In dieser Gleichung bezeichnet der Index 1 die Winkel α und φ bei geschlossenem Greifer. Der Schließweg ist nur von festen konstruktiven Größen und vom Schließwinkel φ abhängig.

Aus dem Schließweg wird die Schließdauer bestimmt, die i. allg. gleich der Öffnungsdauer des Greifers ist. Für die Geschwindigkeiten der translatorischen Bewegung der Punkte D und B gelten bei konstanten Geschwindigkeiten des Halteseils v_H und des Schließseils v_S, wenn positive Vorzeichen die Bewegung eines Seils im Hubsinn bezeichnen, die Gleichungen

$$v_S = \dot{y}_D$$
$$v_S = \dot{y}_B + (\dot{y}_B - \dot{y}_D)(z-1) = \dot{y}_B z - \dot{y}_D(z-1);$$

z Anzahl der Seilstränge des Flaschenzugs.

Die Absolutgeschwindigkeit des Punkts B wird damit

$$\dot{y}_B = v_H\left(1-\frac{1}{z}\right) + \frac{v_S}{z}$$

und die Schließdauer des Greifers

$$t_S = \frac{\Delta(y_D - y_B)}{\dot{y}_B - \dot{y}_D} = \frac{\Delta(y_D - y_B)}{v_H\left(1 - \frac{1}{z}\right) + \frac{v_S}{z} - v_H} = \frac{z\Delta(y_D - y_B)}{v_S - v_H}$$

$$= \frac{\Delta s}{\Delta v} = \frac{\text{Schließseillänge}}{\text{relative Seilgeschwindigkeit}}. \quad (2.34)$$

Setzt man den Stangengreifer zum Greifen mit schlaffen Halteseilen auf, wird er sich während des Schließens stets etwas nach unten, d.h. im Senksinn des Halteseils, bewegen. v_H erhält dadurch einen geringen negativen Wert, der die Schließdauer günstig beeinflußt.

Weil die Schließdauer jedes Seilgreifers, unabhängig von seiner Bauart, laut Gl. (2.34) als Quotient von Schließseillänge und relativer Seilgeschwindigkeit berechnet werden kann, muß auch bei horizontalliegendem Flaschenzug nur dieser Schließseilhub ermittelt werden.

2.2.6.4 Kräfte an Seilgreifern

Die Beanspruchung des Greifers beim Schließen ist erheblich größer als während des anschließenden Transports des aufgenommenen Guts. Für die Bemessung sind daher die Maximalkräfte maßgebend, die von den Schalen zur Überwindung des Eindringwiderstands des Schüttguts aufgenommen und von den anderen Bauteilen des Greifers übertragen werden müssen. Über Angriffspunkt, Größe und Richtung der resultierenden Schürfkraft während des Schließens können allerdings meist keine genauen Angaben gemacht werden. Man setzt vielmehr üblicherweise eine an der Schneide angreifende Kraft beliebiger Richtung an, die mit der Zugkraft des Schließseils und der Gewichtskraft des Greifers im Gleichgewicht stehen muß. Aufgabe der Untersuchung ist es dann, den Zusammenhang zwischen den Seilkräften und der Schneidenkraft herzustellen und daraus Rückschlüsse für eine günstige Gestaltung des Greifers zu ziehen.

Am *Stangengreifer* wird wegen seiner Symmetrie nur eine Hälfte betrachtet, die schematisch mit den eingeprägten Kräften im Bild 2-35 gezeichnet ist. Die Exzentrizitäten der Gelenkpunkte sind zur Vereinfachung wieder gleich groß angenommen worden. Die Gewichtskräfte der oberen Greiferteile werden anteilig den Gelenkpunkten zugeordnet, die der Schale F_{eS} und des bereits geschürften Guts F_g mit ihren Hebelarmen x_S bzw. x_g zum Schalendrehpunkt B direkt eingetragen. Die Schneidenkraft F greift unter dem Winkel φ am Punkt A an und wird in die beiden Komponenten F_h und F_v zerlegt. Die Seilkräfte werden an der oberen und unteren Rollenbatterie zusammengefaßt und in Abhängigkeit von der Seilkraft F_S und dem Wirkungsgrad η der Seilrollen dargestellt:

$$F_{So} = F_S \frac{\eta - \eta^z}{1 - \eta}; \quad F_{Su} = F_S \frac{1 - \eta^z}{1 - \eta}.$$

z bezeichnet die Anzahl der Seilstränge, die an der unteren Flasche angreifen. Die Seilzugkraft des Halteseils ist gleich Null gesetzt worden, weil dies dem üblichen Betriebszustand des Stangengreifers beim Schließen entspricht.

Vor dem Ansatz der Gleichgewichtsbedingungen wird vorbereitend der Winkel α durch die bereits im Abschnitt 2.2.6.3 benutzten Größen ersetzt

$$\tan\alpha = \frac{a\sin(\varphi + \varepsilon)}{\sqrt{d^2 - a^2\sin^2(\varphi + \varepsilon)}} = \frac{1}{\sqrt{\left[\frac{d}{a\sin(\varphi + \varepsilon)}\right]^2 - 1}}$$

und die Stangenkraft bei C berechnet (für zwei Druckstangen)

$$F_t = (F_{So} + F_{e0} + F_{et})\frac{1}{\cos\alpha}.$$

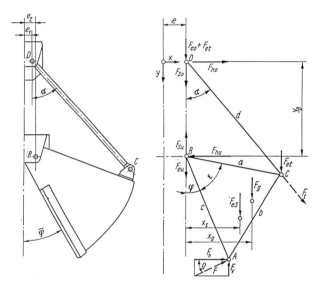

Bild 2-35 Kräfte am Stangengreifer (Halteseile schlaff)
Gewichtskräfte:
F_{eo} halbe obere Traverse
F_{eu} halbe untere Traverse
F_{eS} eine Schale (insgesamt 2)
F_{et} eine Druckstange (insgesamt 4)
F_g Füllung einer Schale

Die Gleichgewichtsbedingungen lauten:

$$F_{ho} - F_{hu} + F_h = 0$$

$$(F_{eo} + F_{eu} + F_{eS} + 2F_{et}) + F_g - F_v - F_S = 0$$

bzw., nach F_v aufgelöst,

$$F_v = F_e + F_g - F_S, \quad (2.35)$$

wobei der Klammerausdruck zur gesamten Gewichtskraft F_e der Greiferhälfte zusammengezogen worden ist,

$$(F_t\cos\alpha + F_{et})a\sin(\varphi + \varepsilon) - F_t\sin\alpha\cos(\varphi + \varepsilon) - \\ F_h c\cos\varphi - F_v c\sin\varphi + F_{eS}x_S + F_g x_g = 0. \quad (2.36)$$

Nach Einsetzen der hergeleiteten Ausdrücke für F_t und F_v und Eliminierung der gesuchten Größe entsteht aus der Momentengleichung eine Gleichung für die Horizontalkomponente der Schneidenkraft

$$F_h = F_S\left[\tan\varphi + \frac{\eta - \eta^z}{1 - \eta}\frac{a}{c}\frac{\sin(\varphi + \varepsilon) - \tan\alpha\cos(\varphi + \varepsilon)}{\cos\varphi}\right]$$

$$- F_{eo}\left[\tan\varphi - \frac{a}{c}\frac{\sin(\varphi + \varepsilon) - \tan\alpha\cos(\varphi + \varepsilon)}{\cos\varphi}\right]$$

$$- F_{et}\left[2\tan\varphi\frac{a}{c} - \frac{2\sin(\varphi + \varepsilon) - \tan\alpha\cos(\varphi + \varepsilon)}{\cos\varphi}\right]$$

$$-F_{eS}\left[\tan\varphi - \frac{x_S}{c\cos\varphi}\right] - F_g\left[\tan\varphi - \frac{x_g}{c\cos\varphi}\right] - F_{eu}\tan\varphi$$

$$= K_1(\varphi)F_S + K_2(\varphi). \qquad (2.37)$$

Beide Komponenten der Schließkraft sind mit den Gln. (2.35) und (2.37) in Abhängigkeit von unveränderlichen geometrischen und Kraftgrößen, vom veränderlichen Schließwinkel φ und von der Seilkraft F_S dargestellt. Für eine bestimmte Greiferstellung, d.h. für einen festen Winkel φ sind F und F_S direkt proportional; das Verhältnis der beiden Kräfte drückt die Kraftübersetzung des Greifers als Funktion des Schließwinkels aus. Auf die komplizierte analytische Darstellung soll verzichtet werden. Wichtig ist die Erkenntnis, daß die Komponenten der Schneidenkraft aus einem von der Schließseilkraft und einem von den Gewichtskräften abhängigen Anteil zusammengesetzt sind. Beide Anteile der Horizontalkomponente dieser Kraft sind darüber hinaus Funktionen des Schließwinkels φ, während die Vertikalkomponente diese Abhängigkeit nicht aufweist.

Gl. (2.35) stellt jedoch eine zusätzliche Grenzbedingung dar. Die Vertikalkomponente F_v der Schneidenkraft des Greifers ist die Summe aller Gewichtskräfte abzüglich der Schließseilkraft. Diese Seilkraft beeinträchtigt daher die Grabeigenschaften des Greifers um so mehr, je größer sie werden muß. Im Grenzfall $F_S = F_e + F_g$ verschwindet F_v; der Greifer hebt sich vom Schüttgut ab. Für jede Greiferstellung ist damit auch der Maximalwert F_{Smax} der Seilkraft festgelegt, der mit steigender Füllung wächst und den Größtwert in Höhe der gesamten Gewichtskraft des Greifers einschließlich der Nutzmasse im geschlossenen Zustand erhält.

Die Maximalwerte der horizontalen Schneidenkraft F_h für $F_S = F_{Smax}$ und $F_v = 0$ sind im Bild 2-36 für einen Stangengreifer mittlerer Größe mit 4facher Flaschenzugübersetzung aufgeführt. Dabei ist das Verhältnis der Längen d und a variiert worden. Die maximale Schneidenkraft nimmt während des Schließens stark ab und erreicht ihren Minimalwert, wenn sich die Schneiden berühren. Da gerade am Schließende die größten Schneidenkräfte gebraucht werden, um das gegriffene Gut nach oben zu schieben oder gröbere Gutstücke zwischen den Schneiden zu zerdrücken, ist dieser steile Abfall ein bemerkenswerter Nachteil aller Stangengreifer.

Gemildert wird diese Erscheinung durch ein größeres Verhältnis d/a oder, anders ausgedrückt, durch eine Verkleinerung der Anlenkweite a bei konstanter Druckstangenlänge d. Dies beeinflußt die Form der Schließkurve günstig, wie Bild 2-34 beweist. Zwangsläufig vermindert sich dabei auch die erzielbare Greifweite, dies beeinträchtigt das Füllverhalten aber nur wenig, siehe Abschnitt 2.2.6.5.

Die grafische Darstellung der Greiferkräfte in einem Krafteck nach Bild 2-37 verschafft für eine bestimmte Greiferstellung mit gegebenem Öffnungswinkel φ eine schnelle Übersicht über diese Kräfte. Allerdings muß zuvor eine Annahme über den Winkel ρ bzw. die Vertikalkomponente F_v getroffen werden. Der Sonderfall $F_S = F_{Smax}$ für $F_v = 0$ kann dagegen geschlossen gezeichnet werden, siehe z.B. [2.55].

Im Krafteck des Stangengreifers ist deutlich der ausschlaggebende Einfluß der Richtung der Druckstangenkraft F_t auf die erzielbare Kraftübersetzung des Greifers zu erkennen. Es liegt somit nahe, konstruktive Lösungen zu suchen, die eine steilere Wirkungslinie der Gelenkkraft am äußeren Schalengelenk (Punkt C) erzeugen. Dies wird beispielsweise bei den im Abschnitt 2.2.6.2 behandelten Rahmen- und Flußtrimmgreifern (s. Bild 2-30) verwirklicht, wobei die angegebenen Nachteile in Kauf zu nehmen sind.

Die Kräfteverteilung am *Trimmgreifer* mit Öffnungsflaschenzug ist im Bild 2-38 für den Betriebsfall Trimmen, d.h. mit straffen Halteseilen, gezeichnet. Der einfachere Belastungsfall Greifen aus dem Vollen läßt sich daraus ableiten, indem die Halteseilkraft F_H gleich Null gesetzt wird. Die Gleichungen für die Komponenten der Schneidenkraft lauten unter Verzicht auf die Herleitung

$$F_v = F_e + F_g - F_S - F_H; \qquad (2.38)$$

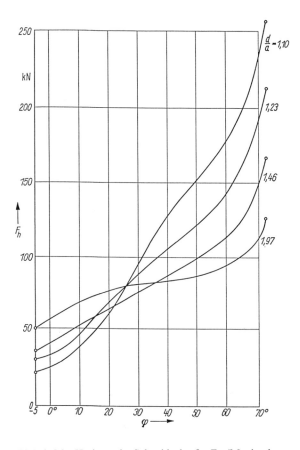

Bild 2-36 Horizontale Schneidenkräfte F_h (Maximalwerte für $F_v = 0$) an einem Stangengreifer mit 4facher Flaschenzugübersetzung; Verhältnis d/a nach Bild 2-35

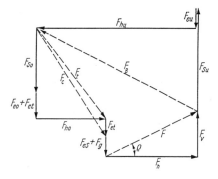

Bild 2-37 Krafteck des Stangengreifers (Halteseile schlaff)

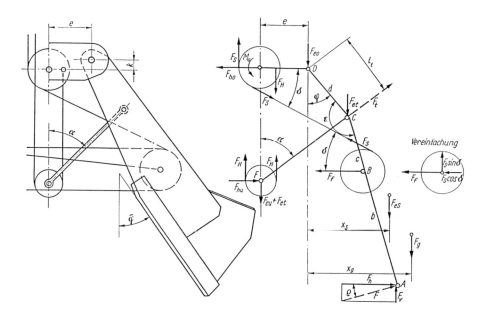

Bild 2-38 Kräfte am Trimmgreifer (Halteseile schlaff)
Gewichtskräfte:
F_{eo} halbe obere Traverse
F_{eu} halbe Unterflasche des Halteseils
F_{eS} eine Schale (insgesamt 2)
F_{et} eine Druckstange (insgesamt 4)
F_g Füllung einer Schale

$$F_h = \frac{1}{u_1+w_1}\left\{F_S\left[\left(\frac{\eta-\eta^z}{1-\eta}+\cos\delta\right)(u_1+v_1)\right.\right.$$
$$\left.-\sin\delta(u_2+v_2)+(u_2+w_2)\right]-F_H(u_2+2u_3-w_2)$$
$$-F_{eo}(u_2+w_2)+F_{eu}(u_3-w_2)+F_{et}(u_3-2w_2)$$
$$\left.+F_{eS}(x_S-u_2-w_2)+F_g(x_g-u_2-w_2)\right\}$$
$$=K_1(\varphi)F_S+K_2(\varphi)F_H+K_3(\varphi) \qquad (2.39)$$

mit den Substitutionen

$u_1 = d\cos\varphi$ $v_1 = c\cos(\varphi+\varepsilon-\pi)$
$u_2 = d\sin\varphi$ $v_2 = c\sin(\varphi+\varepsilon-\pi)$
$u_3 = d\cos\varphi\tan\alpha$ $w_1 = (c+b)\cos(\varphi+\varepsilon-\pi)$
                              $w_2 = (c+b)\sin(\varphi+\varepsilon-\pi)$

Die Vertikalkraft F_v des Trimmgreifers gehorcht den gleichen Gesetzmäßigkeiten wie die des Stangengreifers; wegen des gestrafften Halteseils beim Trimmen ist in Gl. (2.38) lediglich zusätzlich die Halteseilkraft F_H enthalten. Der Ausdruck für die Horizontalkraft F_h ist überaus kompliziert und ließe sich nur über eine numerische Auswertung analysieren.

Einen Einblick in den gegenüber dem Stangengreifer unterschiedlichen Verlauf der Schneidenkraft während des Schließens erhält man jedoch mit $F_H = 0$, d.h. für Greifen aus dem Vollen. Hierbei muß ein theoretischer Füllungsverlauf mit einer entsprechenden Grabkurve angenommen werden. Bild 2-39 zeigt als Ergebnis der Rechnung das Verhältnis der Schneidenkraft F sowie ihrer Komponenten F_h bzw. F_v zur Schließseilkraft F_S. Die Übersetzung der vertikalen Komponente F_v zur Seilkraft F_S steigt infolge der zunehmenden Füllung des Greifers an. Die Größenordnung wird, ähnlich der beim Stangengreifer, eindeutig von der Gewichtskraft F_e des Greifers bestimmt.

Die horizontale Komponente F_h ist dagegen wegen des horizontalen Flaschenzugs mit der Eigenmasse nur wenig zu beeinflussen und hat auch nur eine geringe Änderungstendenz bei variablem Schließwinkel. Addiert man beide Komponenten geometrisch zur resultierenden Schneidenkraft F, erhält deren Verhältnis zur Seilkraft F_S einen stark steigenden Verlauf mit abnehmendem Öffnungswinkel φ des Greifers. Dies ist der entscheidende Unterschied und Vorzug des Trimmgreifers gegenüber dem Stangengreifer. Der horizontal liegende Flaschenzug gibt ihm – und natürlich auch dem Scherengreifer – eine hohe Schließkraftreserve gerade für den wichtigen Abschluß der Schließbewegung bis zur Berührung der Schneiden.

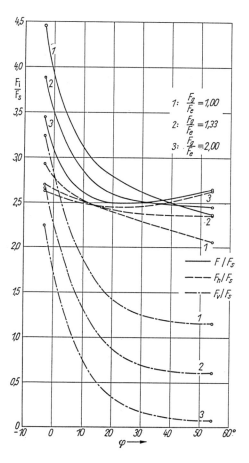

Bild 2-39 Kraftübersetzung eines Trimmgreifers, Nennvolumen 5 m³, bei verschiedenen Eigenmassen

Da beim Trimmgreifer der Flaschenzug horizontal angeordnet ist und die Schalendrehpunkte in der oberen Traverse angebracht sind, erzeugt die Druckstangenkraft unter Umständen ein zu kleines Drehmoment an der Schaufel, um den Greifer zu öffnen. Zur Kontrolle wird die Momentengleichung um den Drehpunkt D benutzt, wobei die Gewichtskräfte von Druckstange und Halteseilflaschenzug vernachlässigt werden können. Mit diesen Vereinfachungen gelten nach Bild 2-38 die Gleichungen

$$F_H = F_e + F_g$$

$$F_t = \frac{2 F_H}{\cos\alpha} = 2\frac{F_e + F_g}{\cos\alpha}$$

$$2\frac{F_e + F_g}{\cos\alpha} l_t - F_{eS} x_S - F_g x_g = 0.$$

Aus der Momentengleichung ergibt sich die Grenzbedingung für die Richtung und den Hebelarm der Druckstangenkraft

$$\frac{l_t}{\cos\alpha} \geq \frac{F_g}{2(F_e + F_g)} x_g + \frac{F_{eS}}{2(F_e + F_g)} x_S. \qquad (2.40)$$

Sie gilt für den Trimmgreifer mit Öffnungsflaschenzug. Wenn das Halteseil direkt am Gelenkpunkt zwischen den beiden Druckstangen befestigt wird, fällt der Faktor 2 im Nenner der Summanden von Gl. (2.40) weg, und $l_t/\cos\alpha$ muß doppelt so groß werden. Aus diesem Grund sind Trimmgreifer dieser Konstruktion bisher nicht gebaut worden.

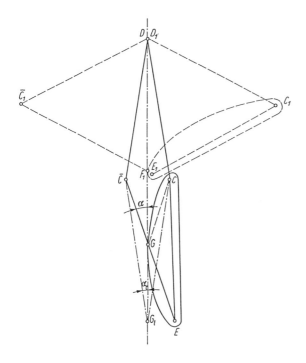

Bild 2-40 Prinzip der Kurvenführung des Halteseils beim Trimmgreifer

Es ist jedoch eine Vergrößerung des Öffnungsmoments auch ohne Halteseilflaschenzug möglich, indem der Winkel α durch Führung des Halteseils über ein Kurvensegment verändert wird. Bild 2-40 zeigt, wie der wirksame Gelenkpunkt zwischen den beiden Druckstangen, von denen eine mit dem Kurvensegment identisch ist, von G_t nach G verschoben und der Winkel α dadurch wesentlich vergrößert wird. Das Öffnungsmoment des Greifers liegt etwa in der Mitte zwischen dem von Systemen mit und ohne Halteseilflaschenzug. Weil ein solcher nach Gl. (2.39) die Schneidenkraft verringert und den Verlauf der Schließkurven verändert, liegt unter Umständen in der Halteseilführung über Kurvensegment ein zweckmäßiger Kompromiß zwischen verschiedenen gewünschten Eigenschaften vor.

2.2.6.5 Füllvolumen und Eigenmasse

Das rechnerische Füllvolumen V_g des geschlossenen Greifers, oft als Nennvolumen bezeichnet, setzt sich aus dem sogenannten Wasservolumen V_1, das von den hinteren bzw. seitlichen Überlaufkanten der Schalen nach oben begrenzt wird, und einem Schüttkegel bzw. -prisma V_2 zusammen (Bild 2-41). Allgemein nimmt man einen Böschungswinkel des Schüttguts von 30° an, dieser Wert kann allerdings, je nach Art des Schüttguts, in einem weiten Bereich von 10 bis 60° schwanken. Elastische Güter, wie Müll, Lumpen, werden im Greifer verdichtet, miteinander verflochtene, wie Müll, Metallspäne, oder sperrige, wie Holz, Schrott, reichen über die Greiferschaufel hinaus. Dies ist bei der Auslegung der Greifer zu beachten, siehe hierzu auch [2.56].

Damit der Greifer die dem Füllvolumen entsprechende Schüttgutmasse m_g tatsächlich aufnimmt, muß er in seiner Eigenmasse m_e auf das ihm zugeordnete Schüttgut abgestimmt und konstruktiv für die herrschenden Betriebsverhältnisse ausgelegt werden. Bei dieser Abstimmung sind besonders folgende Einflüsse zu berücksichtigen:

Einflüsse des Schüttguts
  Schüttdichte
  Korngröße und Kornform
  Reibungszahlen (innere und äußere Reibung);

Einflüsse des Greifers
  Füllvolumen und Eigenmasse
  Schaufelform und Schneidenwinkel
  Greifweite und Greiferbreite
  Schließkraft (Größe und Verlauf)
  Schließgeschwindigkeit.

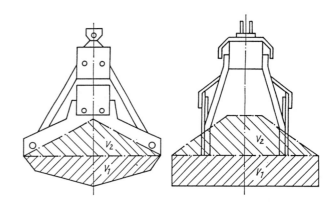

Bild 2-41 Theoretisches Füllvolumen von Zweischalengreifern

Auf theoretischem Weg lassen sich diese Einflüsse auf die Füllmasse eines Greifers nicht erfassen. Die seit über 80 Jahren zum Füllverhalten von Schüttgutgreifern ausgeführten wissenschaftlichen Arbeiten stützen sich vielmehr überwiegend auf Versuche.

Ihre Aussagekraft hat im Verlauf der Zeit mit der Verbesserung der Meßeinrichtungen und der Versuchsmethodik zugenommen. Teils wurden Originalgreifer verwendet [2.52] [2.53] [2.57] [2.58], teils proportional verkleinerte Modellgreifer [2.53] [2.59] bis [2.61]. Die Ergebnisse bestätigen die oben genannten Einflußgrößen und quantifizieren sie in gewissem Umfang. Eine knapp gefaßte Übersicht über diese Untersuchungen enthält [2.62].

Einen wesentlichen Fortschritt brachte die Arbeit von *Dietrich* [2.63] bis [2.65], der einen Mehrseilgreifer mit variabler Schaufelform sowie Massenverteilung in unterschiedlichen Schüttgütern bis zu einer mittleren Korngröße von 200 mm einsetzte. Es gelang der Nachweis, daß die Füllmasse eines Greifers in erster Linie von der mittleren Korngröße des Schüttguts, nur vernachlässigbar wenig von dessen Schüttdichte abhängt. Die empirisch gefundene Beziehung für die Zuordnung von Gutmasse m_g und Eigenmasse m_e des Greifers lautet

$$\frac{m_g}{m_e} = K_1 e^{-K_2 \sqrt{a_r}} \qquad (2.41)$$

mit der aus der Siebanalyse gewonnenen rechnerischen Korngröße

$$a_r = \frac{1}{m}\sum_{i=1}^{z} a_{mi} m_i; \qquad (2.42)$$

a_r rechnerische Korngröße
z Anzahl der Kornklassen
a_{mi} arithmetisches Mittel der Grenzgrößen der Kornklasse i
m_i Masse der Kornklasse i
m Gesamtmasse der Probe.
K_1 und K_2 sind Funktionen des Aufsetzverhältnisses $\psi = b/l$;
b Breite der Greiferschaufel
l Greifweite des geöffneten Greifers.

Es wird ein Gütegrad η_G des Greifers für den Anteil der Nutzmasse an der Gesamtmasse formuliert und unter Verwendung von Gl. (2.41) auf die Korngröße des Schüttguts bezogen

$$\eta_G = \frac{m_g}{m_{ges}} = \frac{m_g}{m_g + m_e} = \frac{1}{1 + \dfrac{e^{K_2\sqrt{a_r}}}{K_1}} \cdot \qquad (2.43)$$

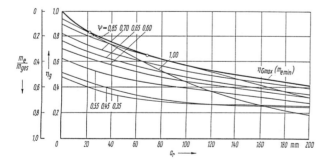

Bild 2-42 Greifergütegrad η_G in Abhängigkeit von der rechnerischen Korngröße a_r bei unterschiedlichem Aufsetzverhältnis $\psi = b/l$ [2.64]

Ein wichtiges zweites Ergebnis dieser Untersuchungen war die Korrektur der vor allem auf die Versuche von *Niemann* [2.59] gegründeten Vorstellung, die Füllmasse könne vornehmlich durch eine größere Greifweite günstig beeinflußt werden. Dies hatte zu Baureihen verhältnismäßig schmaler Greifer geführt. In Übereinstimmung mit Erkenntnissen von *Wilkinson* [2.61] ergab sich vielmehr die im Bild 2-42 dargestellte Abhängigkeit des Gütegrads vom Aufsetzverhältnis ψ. Anstelle der ursprünglich häufig anzutreffenden Werte $\psi = 0{,}45...0{,}55$ werden deshalb heute bei der Konstruktion von Greifern zunehmend größere Werte im Bereich $\psi = 0{,}65...0{,}75$ gewählt.

Gebhardt [2.66] [2.67] hat ergänzend in praktischen Laborversuchen nachgewiesen, welchen Einfluß neben der Korngröße die Kornform auf die Eindringkraft einer Greiferschneide hat. Er definiert fünf nach der Kornform gestaffelte Kornformgruppen mit Gestaltfaktoren $k_2 = 1{,}0...2{,}5$ (Tafel 2-6). Bild 2-43 stellt diesen Zusammenhang grafisch dar. Ein weiterer geometrischer Faktor k_1 wird als Mittelwert der bezogenen mittleren Hauptabmessungen der Schüttgutkörner wie folgt eingeführt

$$k_1 = \frac{1}{3z}\sum_{i=1}^{z}\left(\frac{l_{Ki}}{b_{Ki}} + \frac{h_{Ki}}{b_{Ki}} + \frac{l_{Ki}}{h_{Ki}}\right); \qquad (2.44)$$

l_{Ki}, h_{Ki}, b_{Ki} Länge, Höhe und Breite des Einzelkorns
z Anzahl der Körner.

Tafel 2-6 Kornformgruppen nach [2.67]

Kornform	Kantenform	Oberfläche	Kornformgruppe	Gestaltfaktor k_2
rund	ohne Kanten	glatt	I	1,0
kubisch	abgerundet	glatt	II	1,2 ... 1,3
kubisch	abgerundet und kantig	glatt und rauh	III	1,4
eckig	kantig	rauh	IV	1,5 ... 1,6
eckig	scharfkantig	rauh	V	1,7 ... 2,5

Das Produkt beider Faktoren ist der Kornformfaktor

$$k_f = k_1 k_2. \qquad (2.45)$$

Über eine Regressionsrechnung entstand als empirische Gleichung für die Eindringkraft F_S der Greiferschneide

$$F_S = 1{,}4\cdot 10^{-2} e^{0{,}019 a_r} k_f \cdot 1{,}26 \rho_S - 1$$
$$+ 2{,}1\cdot 10^{-5} e^{0{,}0175 a_r}(b - 900)$$
$$+ 1{,}21\cdot 10^{-4} e^{0{,}0145 a_r}(h - 300); \qquad (2.46)$$

F_S Eindringkraft der Schneide in kN
a_r rechnerische Korngröße nach Gl. (2.42) in mm
k_f Kornformfaktor nach Gl. (2.45)
ρ_S Schüttdichte in t/m³
b Schneidenbreite in mm
h Eindringtiefe in mm.

Für den Geltungsbereich werden die Werte $a_r = 20...200$ mm, $b \leq 2000$ mm und $h \leq 400$ mm genannt.

Wegen fehlender darauf bezogener Untersuchungen ist es derzeit noch nicht möglich, den Kornformfaktor k_f in den Gütegrad η_G nach Gl. (2.43) einzubeziehen. Er kann vorerst nur zur Abschätzung der für das Eindringen erforderlichen Eigenmasse und der benötigten Schließkraft eines Greifers in solchen Fällen verwendet werden, in denen die Kraft an der Schneide überwiegt, d.h. bei sehr grobkörnigem Gut.

2.2 Lastaufnahmemittel

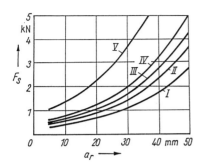

Bild 2-43 Maximale Schneidenkraft F_S in Abhängigkeit von rechnerischer Korngröße a_r und Kornformgruppe nach Tafel 2-6 [2.67]

Mit Bezug auf den Motorgreifer gibt *Bauerschlag* [2.62] zusätzlich Gleichungen für die weiteren, an der Greiferschale angreifenden Eindringkräfte an; dies sind Kräfte aus dem Erdwiderstand, Hubkräfte und Reibungskräfte an den Innen- und Außenflächen. Das an der Schaufel angreifende Schließmoment muß groß genug sein, diese Kräfte zu überwinden. Maßgebend hängt es von der inneren Übersetzung des Greifers ab, beim Seilgreifer in erster Linie von der Strangzahl des Flaschenzugs (Bild 2-44), beim Motorgreifer von der Übersetzung des Schließantriebs. Üblicherweise werden Flaschenzugübersetzungen von 4 bis 6 gewählt, für sehr feinkörnige, leichte Schüttgüter reicht auch 2 aus.

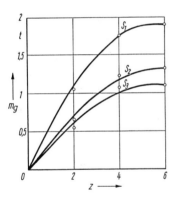

Bild 2-44 Greiferfüllmasse m_g in Abhängigkeit von der Strangzahl z des Flaschenzugs [2.64], Schüttgüter: Chromerze unterschiedlicher Korngröße

Der in seiner Nutzmasse auf die rechnerische Korngröße a_r abgestimmte Greifer muß in seinem Füllvolumen V_g zusätzlich auf die Schüttdichte des Guts ausgelegt werden. Es gilt allgemein

$$\frac{V_g}{m_{ges}} = \frac{m_g}{\rho_S(m_g + m_e)} = \frac{\eta_G(a_r, \varphi)}{\rho_S}. \quad (2.47)$$

Baureihen von Schüttgutgreifern wurden lange Zeit nur nach der Tragfähigkeit des Hebezeugs, d.h. der zulässigen Gesamtmasse m_{ges} des gefüllten Greifers, und der Schüttdichte ρ_S des Guts gestaffelt. Der Gütegrad η_G laut Gl. (2.43) bezieht als wesentlichen Parameter die mittlere Korngröße a_r des Schüttguts ein. Der dreidimensionale Bemessungsraum im Bild 2-45 stellt diesen Zusammenhang dar. In der Ebene konstanter Eigenmassen m_e der Greifer liegen die Geraden konstanter Füllvolumina V_g. Naturgemäß erschwert die Einbeziehung der Korngröße in die Auslegung von Schüttgutgreifern die Bildung von technisch und wirtschaftlich vertretbaren Greiferbaureihen, sie hat sich jedoch inzwischen durchgesetzt. [2.68] enthält z.B. ein Nomogramm, mit dem die Eigenmasse m_e des Greifers über die Parameter Schüttdichte ρ_S, Korngröße a_r und Gesamtmasse m_{ges} zu bestimmen ist.

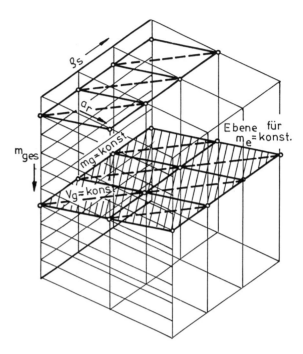

Bild 2-45 Bemessungsraum für die Auslegung von Schüttgutgreifern [2.65]

2.2.6.6 Konstruktive Ausführung

Schüttgutgreifer sind statisch und dynamisch hochbelastete, zudem stark auf Verschleiß beanspruchte Baugruppen der Hebezeuge. Ihre Auslegung und Bemessung wird zunehmend auch davon geprägt, daß eine auf Schüttgut und Füllungsverhalten abgestimmte, kleinstmögliche Eigenmasse erzielt wird. Wartungsfreiheit und einfache Instandhaltung sind ergänzende Gesichtspunkte zeitgemäßer Konstruktionen. Über neuere Entwicklungen in dieser Richtung berichten u.a. [2.69] bis [2.71].

Seilgreifer mit senkrechtem Schließseilflaschenzug

Der *Stangengreifer* im Bild 2-46 ist für feinkörniges, gut greiffähiges Schüttgut bestimmt und beansprucht nur rd. 30% der Tragfähigkeit des Hebezeugs mit seiner Eigenmasse. Seine vier aus Rohren bestehenden Druckstangen können in einer anderen Ausführung auch durch lediglich zwei mittig an den Schalen angeordnete, dann jedoch als Kastenträger ausgebildete Stangen ersetzt werden. Um Rieselverluste und Abwehungen des Guts während der Bewegung des gefüllten Greifers einzuschränken, sind die Schalen nach oben abgedeckt. Das Aufsetzverhältnis (s. Abschn. 2.2.6.5) erreicht den günstigen Wert $\psi = 0,7$. Der untere Seilrollenblock steht frei, um ihn leicht zugänglich zu machen. Der Vergleich mit einer älteren Bauform des Stangengreifers (s. Bild 2-29) zeigt die erzielten konstruktiven Fortschritte. Dieser ältere Greifer ist allerdings für ein grobkörnigeres Schüttgut eingerichtet, weshalb er statt der gewölbten Schalenform einen flachen, geraden Schalenboden hat.

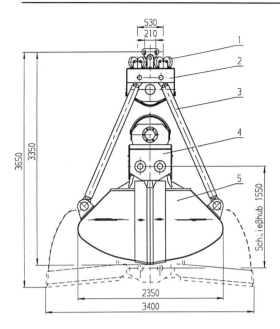 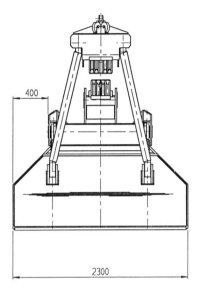

Bild 2-46
Stahlleichtbaugreifer 4500 STLBG-4 für Schüttgut mit einer Dichte von 2 t/m³; Kröger GmbH, Sonsbeck
Nennvolumen 4,5 m³, Eigenmasse 4 t
1 Seilführungsrolle
2 Greiferkopf
3 Druckstange
4 Traverse
5 Schale

Die Schneiden eines solchen Greifers werden besonders kräftig gestaltet und durch Schweißen, seltener Nieten mit den Schalen verbunden. Wenn normale Baustähle in ihrer Verschleißfestigkeit nicht ausreichen, können die Schneiden durch Aufschweißen einer Hartmetallschicht oder eines Runddrahts aus Hartmetall an der Schneidenspitze gegen zu schnelle Abnutzung geschützt werden. Eine Ausstattung mit Zähnen vergrößert die spezifische Grabkraft und verbessert die Grabeigenschaften bei dichter Lagerung des Guts, ist jedoch bei grobkörnigem Schüttgut nicht angebracht.

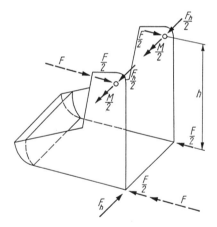

Bild 2-47 Kräfte an einer Greiferschale, vereinfacht

Alle tragenden Teile des Greifers sind anhand der berechneten Kräfte relativ einfach zu berechnen mit Ausnahme der Schalen, deren Form sich nur als Flächentragwerk erfassen läßt. Für einen Greifer, der allein feinkörniges Schüttgut aufzunehmen hat, kann die im Bild 2-47 gezeichnete, symmetrische Verteilung der Schneidenkräfte auf beide Seitenbleche angenommen werden. Die vom Seilflaschenzug und von den Druckstangen eingeleitete Schließkraft ist durch das Moment M ausgedrückt, um die Übersicht zu erleichtern. In grobkörnigem Gut kann dagegen die volle Schneidenkraft örtlich konzentriert an beliebiger Stelle der Schneide wirken, im gestrichelt gezeichneten ungünstigsten Fall an nur einer Außenkante. Das anteilige Grabmoment der zweiten Greiferseite wird vom Schalenkörper als Torsionsmoment übertragen und bedingt wegen der offenen Schalenform den zusätzlichen Einbau eines torsionssteifen Kastens [2.72]. Dies entlastet die Druckstangen und verhindert deren Deformation.

Während des Schließens können grobkörnige Schüttgutteile auch zwischen die Seitenschneiden gelangen und die durch die Kraft F_h im Bild 2-47 angedeutete horizontale Zusatzbeanspruchung der Schale verursachen. Wenn Querverformungen auftreten, klaffen die Schalen seitlich, eine Gefahr, die besonders bei zu gering gewählter Schneidendicke auftritt. Beanspruchung und Bemessung von Schalen, Schneiden und Druckstangen stehen somit in einem engen Zusammenhang.

Als Werkstoffe verwendet man vorzugsweise:

– St 52-3 bzw. St 42-2 für die Traversen, Druckstangen und Schalen
– C 60, St 70-2 bzw. Mn-Hartstahl für die Schneiden
– C 60 V bzw. einen niedriglegierten Vergütungsstahl nach DIN 17200 für die Zähne.

Greifer aus Leichtmetall, wie AlZnMg 1, haben nach [2.73], verglichen mit dem Stahlgreifer, eine bis 50 % verminderte Eigenmasse und eine bis 30 % vergrößerte Füllmasse. [2.74] nennt als weitere Vorteile das elastischere Verhalten bei Stoßbeanspruchung und die geringere Adhäsion des Schüttguts. Derartige Greifer sind vereinzelt gebaut und eingesetzt worden, besonders haben sie sich im Kohleumschlag bewährt. Ein breiteres Einsatzfeld wurde jedoch wegen des höheren Fertigungsaufwands und Preises nicht gewonnen.

Wenn sehr feinkörnige Güter umzuschlagen sind, können auch ohne Verformung der Schalen beträchtliche Rieselverluste auftreten, wodurch nicht nur die Füllmasse verkleinert, sondern auch der gesamte Förderweg verschmutzt wird. Deshalb sind verschiedene Formen zusätzlicher Abdichtungen an den Schneiden geschaffen worden, zwei gebräuchliche stellt Bild 2-48 dar; siehe auch [2.76] [2.77].

Die Gelenke der Stangengreifer werden vorrangig als Gleitlager mit nicht zu kleinem Spiel ausgeführt. Statt der üblichen Rotguß- oder Bronzelegierungen bewähren sich mehr und mehr Paarungen aus einem oberflächengehärteten, bisweilen auch geschliffenen Bolzen und einer einsatzgehärteten Stahlbuchse, die alternativ einfach aus Mn-

Hartstahl bestehen kann. Polyamidbuchsen haben sich nur in kleineren Greifern bewährt [2.78]. Die Tendenz geht zum wartungsarmen bzw. -freien, selbstschmierenden, nach außen völlig abgedichteten Greifergelenk hin.

Die in Greifern verwendeten Seilrollen haben häufig einen kleineren Durchmesser als die in den Flaschenzügen der Kranhubwerke. Dies führt zu einer größeren Beanspruchung des Schließseils im Greifer, die durch dessen ungünstigeres Belastungskollektiv noch verschärft wird. Bei größeren Hubhöhen des Greifers ist es somit zweckmäßig, den im Greifer liegenden Teil des Schließseils durch ein Seilschloß vom sonstigen Seilstrang zu trennen, um ihn bequem auswechseln zu können.

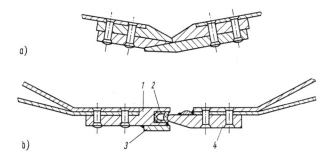

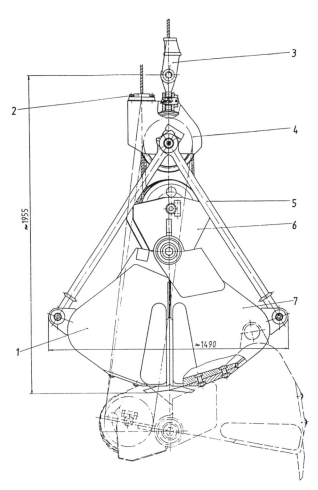

Bild 2-48 Schneidenabdichtungen [2.75]
a) Getreidegreifer   b) Phosphatgreifer
1 Greiferschneide   3 Schneidenverstärkung
2 Gummischlauch   4 Gegenschneide

Während die zwei Halteseile zum Ausgleich von Längendifferenzen an einer Wippe befestigt sind, werden die Schließseile durch eine entsprechend geformte Seildüse in den Greifer eingeführt. Sie übernimmt die Führung der unter Umständen gegenüber der Senkrechten abgewinkelten Seile und besteht aus Grauguß, besser aus gehärtetem Stahlguß, um den Verschleiß von Seil und Düse zu vermindern [2.75]. Walzenpaare haben sich bei dieser Aufgabe wegen ihres zu kleinen Durchmessers nicht bewährt. Die aufwendige Führung des einlaufenden Schließseils in vier sternförmig angeordneten Rollen (s. Bild 2-46) schont die Seile weitgehend vor zu starker Biegebeanspruchung.

Ist ein Stangengreifer für den Aushub gewachsenen Bodens bestimmt, wird er etwas abgewandelt und dadurch dem Grabvorgang eigens angepaßt (Bild 2-49). Die Schaufel hat runde Schalenböden und kräftige, mit Zähnen versehene Schneiden. Druckstangen und Schalen sind in je einem Mittelgelenk zusammengeführt, um Kippbewegungen zwischengelagerter Traversen auszuschließen. Der wichtigste Unterschied zum normalen Stangengreifer besteht bei der im Bild 2-49 vorgestellten konstruktiven Lösung jedoch darin, daß die Unterflasche des Schließseilflaschenzugs starr mit einer der beiden Schalen verbunden ist, wodurch sie beim Öffnen des Greifers seitlich ausschwingt. Die Schließseilkraft erzeugt so beim Schließen ein zusätzliches, direkt an der Schale eingeleitetes Drehmoment, das den Grabvorgang unterstützt.

Eine andere Variation des Grundprinzips Stangengreifer liegt in seiner Ausstattung mit 5 bis 8 statt nur 2 Schalen. Die kinematischen Ketten dieser *Mehrschalengreifer* (Bild 2-50) sind sternförmig um die Mittelachse verteilt. Die Schalen lassen sich so ausführen, daß sie sich zu einer dichtschließenden Schaufel zusammenfügen, es könne jedoch auch, beispielsweise zur Aufnahme von Schüttgütern mit sehr grober Struktur, schmalere Greiferarme sein.

Bild 2-49 Grabgreifer, Nobas AG, Nordhausen
Nennvolumen 0,4 m³, Eigenmasse 1,1 t
1 Greiferschale, gelenkig mit unterer Traverse verbunden
2 Düse für Schließseil
3 Halteseilbefestigung
4 obere Traverse mit Seilrollen
5 Druckstange
6 untere Traverse mit Seilrollen
7 Greiferschale, starr mit unterer Traverse verbunden

Seilgreifer mit waagerechtem Schließseilflaschenzug

Alle vorstehenden Überlegungen und Regeln gelten sinngemäß auch für die Greifer mit waagerecht liegendem Schließseilflaschenzug. Beim *Trimmgreifer* (Bild 2-51) verlangt der größere Abstand des Mittelgelenks zwischen beiden Schalen zum Angriffspunkt der möglicherweise unsymmetrisch wirkenden Schneidenkraft eine besonders verwindungssteife Ausführung dieser Schalen. Gegenüber älteren Ausführungen mit einer oberen Traverse und zwei getrennten Gelenkpunkten für die beiden Schalen verbessert die gezeichnete Ausbildung mit nur einem Gelenk die genaue Führung während der Drehbewegung und das dichte Schließen der Schalen des Greifers, wobei sich allerdings dessen Greifweite etwas verringert. Ein derartiges Mittelgelenk erhält bei neueren Greifern eine Wälzlagerung; bisweilen gilt dies auch für die Gelenke der Druckstangen.

Der Schließseilflaschenzug soll möglichst tief liegen, um eine ausreichende Schließkraft zu erzeugen. Die Führung des Schließseils im Flaschenzug gewinnt durch Kreuzen der Seile etwas freien Raum in Greifermitte und vermindert die Gefahr der Seilverschmutzung, wenn der geöffnete Greifer auf das Schüttgut aufgesetzt wird.

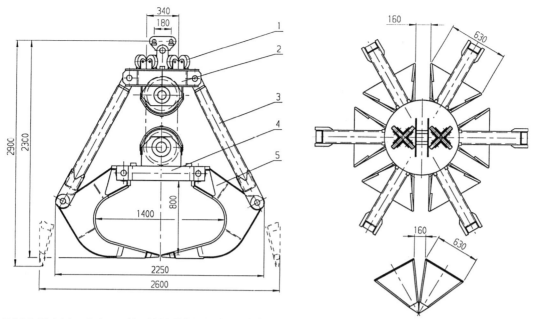

Bild 2-50 Mehrschalengreifer 800 MSGK-4 mit 6 Schalen; Kröger GmbH, Sonsbeck; Nennvolumen 0,8 m³, Eigenmasse 2,8 t
1 Seilführungsrolle 2 Greiferkopf 3 Druckstange
4 Unterblock 5 Schale

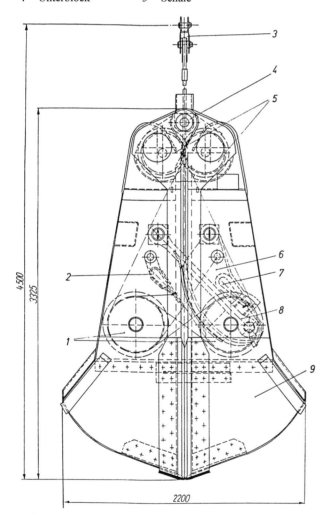

Bild 2-51 Trimmgreifer für Erz, Kranbau Eberswalde GmbH
Nennvolumen 1,6 m³, Eigenmasse 4,8 t
1 Schließseilflaschenzug 6 Kurvenhebel für Halteseil
2 Schließseilbefestigung 7 Halteseilbefestigung
3 Ausgleichshebel für Halteseil 8 Druckstange
4 Traverse 9 Schaufel
5 Umlenkrollen für Schließseile

Der Halteseilflaschenzug hat zwei getrennte Stränge, was die Drehneigung des Greifers um seine Mittelachse vermindert.

In Trimmgreifern mit Führung des Halteseils über ein Kurvensegment (s. Bild 2-40) muß dagegen der an diesem anliegende Teil des Halteseils einsträngig bleiben, wodurch die Gefahr des Drehens erhöht wird.

In einem Trimmgreifer stehen die Seilebene oberhalb des Greifers und die Ebene seiner Relativbewegung meist senkrecht zueinander, d.h., es handelt sich um einen Längsgreifer. Die Probleme einer Ausführung als Quergreifer werden in [2.75] behandelt.

Der *Scherengreifer* (Bild 2-52) erfüllt die gleichen Aufgaben wie der Trimmgreifer. Seine Vorteile sind die größere Öffnungsweite und die Aufhängung an den Halteseilen weit oberhalb des Greiferschwerpunkts. Das Zweihebelsystem hat nur ein drehmomentfreies, hochbelastetes Gelenk, das eine Wälzlagerung erhält. Das Schließseil 4 wird über eine Umlenkseilrolle zur Seilrolle 3 am inneren Schalenträger 10, von dort direkt zur Seilrolle 7 am äußeren Schalenträger 1 und dann über eine zweite Umlenkrolle zur Seilbefestigung 9 geführt. Dieser Hebel gleicht Längendifferenzen bis 350 mm der beiden Schließseile aus. Der Schließseilhub ist verhältnismäßig klein.

Die Einsatzgebiete und technischen Parameter der Trimm- und Scherengreifer entsprechen sich. Der gezeichnete, patentierte Scherengreifer wird für Nennvolumina zwischen 3,4 und 50 m³ gebaut und ist einsetzbar für Schüttgüter mit Dichten von 0,8...3,2 t/m³. Weil sich das Schüttgut im Greifer ungestört nach oben aufböschen kann, entsteht ein sehr günstiges Verhältnis von aufgenommener Schüttgutmasse zu Greifereigenmasse, das 2:1 erreichen kann. Dieses besonderes günstige Verhältnis erzielt der Trimmgreifer nicht.

Motorgreifer

Motorgreifer nach dem Prinzip des Stangengreifers (s. Bild 2-32a), d.h. mit Druckstangen und Ersatz des Schließseilflaschenzugs durch einen senkrecht und mittig angeordneten Hydraulikzylinder, werden kaum noch gebaut.

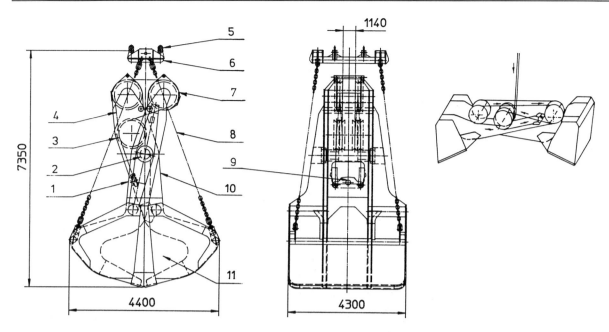

Bild 2-52 Peiner Scherengreifer Lobster; SMAG Salzgitter Maschinenbau GmbH, Salzgitter
Nennvolumen 36,2 m³, Eigenmasse 21 t

1	Schalenträger, außen	7	Schließseilrolle
2	Achse mit Pendelrollenlager	8	Öffnungskette
3	Umlenkrolle	9	Seilbefestigung mit Längenausgleich
4	Schließseil	10	Schalenträger, innen
5	Halteseilbefestigung	11	Schale (Schaufel)
6	Traverse		

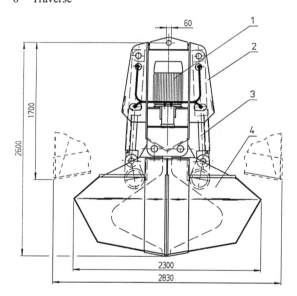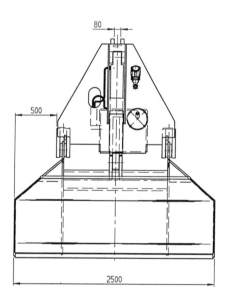

Bild 2-53 Motor-Zweischalengreifer 4000 MZGG; Kröger GmbH, Sonsbeck
Nennvolumen 4 m³, Eigenmasse 3,5 t
1 Hydraulikantrieb   3 Hydraulikzylinder
2 Greiferkopf   4 Schale

Der Grund ist einleuchtend, denn es ist einfacher und führt zu einer Verminderung der Eigenmasse, wenn die Druckstangen entfallen und die hydraulischen Zylinder einfach ihre Funktion und Stelle einnehmen. Die Umsetzung dieses Grundgedankens hat zu neuen Formen der Motorgreifer geführt.

Der *Motor-Zweischalengreifer* im Bild 2-53 wandelt das Prinzip des Stangengreifers in mehrfacher Hinsicht ab. Eine verschiebbare untere Traverse, an der die Schalendrehpunkte höhenbeweglich gelagert sind, fehlt; die Schalen sind direkt am Greiferkopf 2 angelenkt. Die Grabkurve wird eine Kreisbahn, keine Koppelkurve. Die beiden Hydraulikzylinder 3, welche die Aufgaben der Druckstangen übernehmen, sind nahezu senkrecht gestellt, haben somit einen relativ kleinen Hebelarm und bedingen große Zylinderkräfte, um eine ausreichende Schließkraft zu erzeugen. Der Hydraulikantrieb 1 steht senkrecht.

Eine andere, besonders niedrige Bauform zeigt Bild 2-54, siehe auch [2.70]. Die beiden Arbeitszylinder 2 liegen schräg, der Hydraulikantrieb in der Traverse 1 waagerecht. Um die Beanspruchung der Schalen zu verringern, verbinden zwei Kraftlenker 3 je Schale als zusätzliche Getriebeglieder die Anlenkpunkte der Zylinder an der Schale mit den Anlenkpunkten der Schalen an der Traverse. Dieses

Getriebeglied übernimmt die große, in Richtung des Schalendrehpunkts wirkende Komponente der Zylinderdruckkraft und leitet sie ohne Umweg über den Schalenkörper unmittelbar in diesen Drehpunkt ein. Um die an exponierter Stelle liegenden Zylinderkolben gegen Beschädigung infolge Anschlagens an vorspringende Kanten zu schützen, werden feste oder klappbare Schutzbleche *4* angebracht.

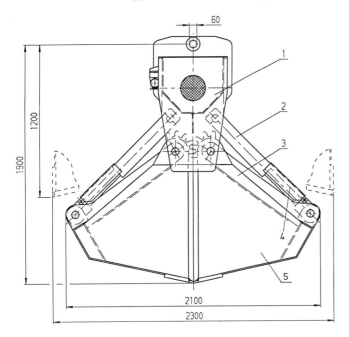

Bild 2-54 Motor-Taschengreifer 1600 MZGK,
Kröger GmbH, Sonsbeck
Nennvolumen 1,6 m³, Eigenmasse 2 t
1 Traverse   4 Kolbenschutz
2 Hydraulikzylinder 5 Schale
3 Kraftlenker

Der hydraulische Antrieb eines Motorgreifers besteht aus Elektromotor, Ölpumpe, Ölbehälter, Ölleitungen, einem Steuerblock und Ventilen. Im Aufbau ist er einfach, weil auf ein Stellen oder gar Regeln der Geschwindigkeit verzichtet werden kann. Der Motor, meist ein Drehstrom-Asynchronmotor mit Käfigläufer, arbeitet bei neueren Greifern nicht im Dauerbetrieb, sondern wird in der sogenannten Wendesteuerung für das Schließen und Öffnen des Greifers jeweils in der erforderlichen Drehrichtung zu- und abgeschaltet. In den Endstellungen der Kolben geben Überdruckventile den bequemen Überlastungsschutz hydraulischer Antriebe. Infolge der geringen relativen Einschaltdauer von höchstens 30 % erwärmen sich Motor und Hydraulikflüssigkeit nur wenig, auf einen Ölkühler kann verzichtet werden. Die Arbeitsdrücke erreichen heute 160...200 bar.

Die Arbeitszylinder haben doppeltwirkende Scheibenkolben mit einseitiger Kolbenstange. Wegen der unterschiedlich großen wirksamen Kolbenflächen wird zum Schließen zweckmäßig die Kolbenstange herausgedrückt, um mit konstantem Öldruck die größte Kraft, mit konstanter Ölmenge gleichzeitig die kleinste Geschwindigkeit zu erzeugen. Das Öffnen, bei dem die durch die Kolbenstange verkleinerte Fläche beaufschlagt wird, braucht dagegen geringere Kräfte und geht infolge der kleineren wirksamen Kolbenfläche mit größerer Geschwindigkeit vor sich.

In Motor-Stangengreifern mit mittig angeordnetem Zentralzylinder würde sich dieser erwünschte Unterschied in den Arbeitsgeschwindigkeiten in ungünstiger Weise umkehren. Deshalb muß hier ein drosselgesteuertes Rückschlagventil in den hydraulischen Kreislauf eingefügt werden, über das während des Öffnens des Greifers das zurückströmende Öl direkt unter den Kolben fließt, wodurch die Öffnungsgeschwindigkeit erhöht wird.

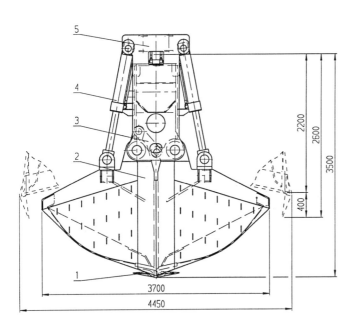
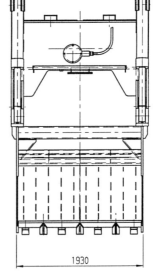

Bild 2-55 Motor-Unterwassergreifer 6002 MUG
Kröger GmbH, Sonsbeck
Nennvolumen 6 m³, Eigenmasse 8 t
1 Schneidenzahn   4 Hydraulikzylinder
2 Schale mit Schneide 5 Traverse
3 Ausgleichslasche

2.2 Lastaufnahmemittel

Für die Kiesgewinnung unter Wasser wurde der im Bild 2-55 dargestellte Spezialgreifer entwickelt. Im Aufbau ähnelt er dem Greifer nach Bild 2-53. Allerdings ist er, seiner größeren Füll- und Eigenmasse entsprechend, mit vier Arbeitszylindern ausgerüstet. Ausgleichslaschen auf beiden Seiten der Schalen erzwingen als Koppelglieder den Gleichlauf beider Schalen beim Öffnen und Schließen des Greifers. Zur Anpassung an den Unterwassereinsatz weisen die Schalen Entwässerungsschlitze auf. Die Antriebsteile und die Greifergelenke sind wasserdicht gekapselt. Es sind besondere, auf die Überwachung der Stromaufnahme gegründete elektronische Einrichtungen geschaffen worden, die den Aufsetz- und Schließvorgang unter Wasser, d.h. ohne Sicht des Kranfahrers, steuern.

Bei hydraulischen Greifern entfällt der hydraulische Antrieb im Greifer selbst; der Ölstrom wird vom Hebezeug zugeführt. Bild 2-56 zeigt die zu einer Lademaschine gehörende Ausführung eines *hydraulischen Mehrschalengreifers*. An einem steifen Mittelteil 4 sind sternförmig fünf Zangen 5 angeordnet, die von je einem Arbeitszylinder 3 um ihren Drehpunkt bewegt werden. Der innere Ausgleich im hydraulischen Kraftfluß gibt jeder Zange eine freie, von der örtlichen Kraft bestimmte Einstellung zum gegriffenen Gut, wodurch sperrige, ungleichmäßige Güter besser gegriffen und sicherer gehalten werden als bei den kinematisch zwangsläufig geführten Mehrschalengreifern nach dem Prinzip des Stangengreifers, siehe Bild 2-50.

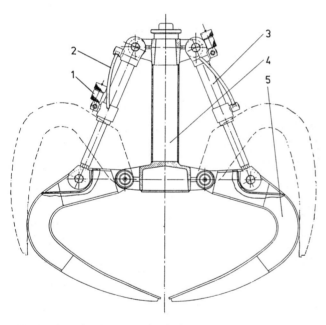

Bild 2-56 Hydraulischer Mehrschalengreifer
Weimar-Werk GmbH, Weimar
Eigenmasse 0,35 t
1 Schlauchkupplung   4 Greiferkörper
2 Schlauch   5 Schale (Zange)
3 Arbeitszylinder

Abschließend ist noch das gewichtige Problem der Staubentwicklung beim Greiferumschlag aufzuführen. Die TA-Luft vom März 1986 schreibt vor, daß Übergabestellen Greifer - Bunker zu entstauben sind. Gerade bei dieser Art des Umschlags entsteht eine besonders große Fallhöhe des Schüttguts. Wenn das mit Luft vermischte Gut auftrifft, entweicht der mitgeführte Luftanteil schlagartig und setzt zusätzlich nochmals die etwa gleiche äußere Luftmenge in Bewegung. Absaugeinrichtungen oder vollständiges Einhausen von Greifer und Bunkeröffnung vor dem Entleeren erfordern beträchtliche Aufwendungen. [2.79] stellt als neue Lösung einen klappbaren Ablegerost am oberen Bunkerteil vor, auf den das Schüttgut zunächst fast staubfrei abgelegt wird. Dieser Rost wird erst geöffnet, nachdem der Bunker mit zwei fahrbaren Deckeln geschlossen worden ist. Andere Entwicklungen, auch in der Konstruktion der Greifer, müssen und werden folgen.

2.2.7 Haftgeräte

Alle bisher behandelten Lastaufnahmemittel stellen Form- oder Kraftschluß über mechanische Kräfte her. Die Haftgeräte nutzen andere Kräfte zum Aufnehmen und Halten von Lasten: magnetische in Lasthebemagneten, pneumatische in Vakuumhebern. Sie werden selten von Hand, überwiegend ferngesteuert betrieben, brauchen keine Anschläger, stellen jedoch besondere Anforderungen an den Werkstoff und/oder die Oberfläche der Güter. Trotz ihrer Vorzüge sind sie deshalb nur für eine jeweils besondere, eingeschränkte Gutgruppe geeignet.

2.2.7.1 Lasthebemagnete

Magnete sind Körper, die ein Magnetfeld aufweisen oder erzeugen, das ferromagnetische Werkstoffe anzieht. Diese Stoffe, es sind vor allem Fe, Ni, Co, haben eine wesentlich größere Leitfähigkeit für den magnetischen Fluß als das Vakuum bzw. die Luft. Legierungselemente, wie C, Cr, Mn, Si, vergrößern den magnetischen Widerstand; bei höherem Gehalt, z.B. mehr als 5 % Mn, oder einer Temperatur oberhalb des Curiepunkts ($\approx$ 800 °C) wird Stahl unmagnetisch.

Lasthebemagnete eignen sich deshalb vorwiegend zur Aufnahme von Eisen- und Stahlteilen in Form von Spänen, Schrott, Blöcken, Brammen, Blechen, Walzprofilen mit Temperaturen bis 600 °C. Sie arbeiten nach zwei Grundprinzipen. Im Elektro-Lastmagnet erzeugt eine stromdurchflossene Spule im weichmagnetischen Eisenkern ein magnetisches Feld. Nach dem Abschalten der Stromzufuhr verliert dieser Kern seinen Magnetismus bis auf einen geringen Rest. Der Dauer- bzw. Permanent-Lasthebemagnet besteht dagegen aus einem ferromagnetischen Werkstoff mit hoher Koerzitivkraft. Er läßt sich in einem äußeren Magnetfeld stark magnetisieren und behält sein Magnetfeld auch in Gegenfeldern über längere Zeit. Als Lasthebemagnet muß er schaltbar ausgeführt werden. Art und Größe dieser Lastaufnahmemittel sind stets auf Art und Größe des Guts abzustimmen.

Elektro-Lasthebemagnete

Der Lasthebemagnet mit Stromzufuhr wird in zwei Bauformen hergestellt:

– Rundmagnet, vorzugsweise für unregelmäßig geformte, auch aufgeschüttete Güter
– Rechteckmagnet mit spezieller Eignung für geordnet gelagerte, flächige Güter.

Der *Rundmagnet* (Bild 2-57a) hat als Grundkörper ein rundes gegossenes oder geschweißtes Gehäuse 3 aus Dynamostahl, einem Werkstoff mit hoher Permeabilität. Das Gehäuse umschließt die Spule 4, schützt sie mechanisch und leitet die entstehende Stromwärme ab. Durch Kühlrippen läßt sich die Wärmeabgabefähigkeit des Magneten an die umgebende Luft vergrößern.

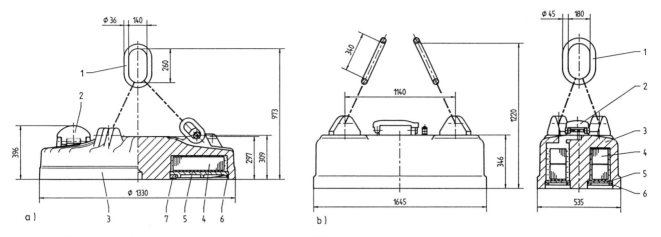

Bild 2-57 Elektro-Lasthebemagnete; Steinert Elektromagnetbau, Köln
a) Rundmagnet LRH 13, Eigenmasse 1,84 t, Leistungsaufnahme im kalten Zustand 7,77 kW, Abreißkraft nach VDE 0580 32,5 kN (Luftspalt $d/300 = 4,4$ mm)
b) Rechteckmagnet LMG 50/160, Eigenmasse 1,62 t, Leistungsaufnahme im kalten Zustand 7,5 kW, Abreißkraft nach VDE 0580 48,1 kN (Luftspalt $b/300 = 1,8$ mm)

1 Kettengehänge	5 Abdeckplatte
2 Kabelanschlußkasten	6 Schweißring (-band)
3 Magnetgehäuse	7 Schrumpfring
4 Erregerspule	

Die Erregerspule ist aus Aluminium-Profildrähten oder -Bändern gewickelt, die durch Eloxieren, d.h. anodische Oxydation, isoliert sind. Um Lufträume mit geringer magnetischer und Wärmeleitfähigkeit zu beseitigen, wird die Spule mit einer isolierenden, wärmebeständigen Masse vergossen.

Damit der Lasthebemagnet nur einen äußeren Rückschluß für das Magnetfeld hat, den ja gerade die Last übernehmen soll, wird die Spule nach unten von einer Abdeckplatte 5 aus verschleißfestem, unmagnetischem Mn-Stahl verschlossen. Die kreisförmigen Pole innen und außen können durch Aufschrauben von Blechen vor einer mechanischen Beschädigung geschützt werden. Ein dreisträngiges Kettengehänge 1 und ein Kabelanschlußkasten 2 mit einer Fest- oder Steckverbindung für das Stromkabel vervollständigen den Aufbau des Lasthebemagneten.

Der Betrieb eines solchen Lasthebemagneten verlangt die Installation einer umfangreichen elektrischen Anlage im Hebezeug, die aus den Hauptgruppen Gleichrichter, Steuerung, Federkabeltrommel mit Stromkabel, Stützbatterie mit Ladegerät besteht. In Kleinmagnete können Dioden als Gleichrichter auch dezentral eingebaut werden. Die erzeugte Gleichspannung liegt im Bereich 110...500 V mit 110 und 220 V als Vorzugsgrößen.

Stelltransformatoren oder Thyristoren in der Steuerung stellen die Spannung und damit den magnetischen Fluß stufenlos. Obligatorisch ist die sogenannte Tippschaltung, eine durch kurzes Tippen einer Bedienungstaste ausgelöste kurzzeitige Unterbrechung der Stromzufuhr, die zu einer Schwächung des Magnetfelds führt. Damit lassen sich lose hängende Teile oder zu viel angehobene Bleche abwerfen. Beim Abschalten bewirkt eine Schnellentregung mit Hilfe eines kurzzeitigen Stromstoßes in entgegengesetzter Richtung, daß die Last sofort abfällt. In ähnlicher Weise läßt sich durch ein solches Gegenfeld ein möglicher Restmagnetismus im aufgenommenen Gut beseitigen, der sich störend während einer unmittelbar anschließenden Bearbeitung durch Spanen oder Brennen auswirken könnte. Ein Schutzwiderstand begrenzt die Überspannung infolge Selbstinduktion beim Abschalten der Spule.

Die Stützbatterie soll das sofortige Versagen des Lasthebemagneten bei Stromausfall verhindern. Sie wird zwar nicht bindend von den Unfallverhütungsvorschriften verlangt, wird aber in der Regel vorgehalten. Verwendet werden im allgemeinen Ni-Cd-Batterien mit einer Kapazität, die für 20 min Entladedauer ausreicht. Ein Ladegerät sorgt dafür, daß diese Kapazität ständig erhalten bleibt. Das Stromkabel, das die elektrische Anlage auf dem Hebezeug mit dem Lasthebemagneten verbindet, wird von einer Federkabeltrommel auf- und abgewickelt.

Batterie-Lasthebemagnete sind mit ein oder zwei gewöhnlichen 12-V-Starterbatterien ausgerüstet, deren Kapazität für eine Arbeitsschicht ausreichen soll. Sie vereinfachen die elektrische Ausrüstung erheblich, weil Gleichrichter, Stromkabel mit Kabeltrommel und Stützbatterie wegfallen. Wegen der Zusatzmasse am Magneten und der begrenzten Stromstärke eignen sich für eine solche Lösung nur Kleinmagnete.

Ein *Rechteckmagnet* (Bild 2-57b) weist 3 oder 2 Pole auf [2.80]. Der 3-Pol-Magnet entspricht einem in eine rechteckige Form gebrachten Rundmagneten mit einem langen statt runden Innenpol und zwei langen Außenpolen anstelle des einen ringförmigen. Die Wickelebene der Spule liegt wie beim Rundmagneten waagerecht., die Kraftlinien des Magnetfelds verlaufen quer zu ihm. Dieser Querfluß wird bevorzugt. Lange, gebündelte Profile o.ä. lassen sich dagegen besser mit Längsflußmagneten aufnehmen, deren drei Pole statt in der Breite in der Länge aufeinanderfolgen. Auf die sogenannte Quadratpoltechnik mit vier im Quadrat angeordneten Polen soll hier nur verwiesen werden, für Lasthebemagnete hat sie bisher keine größere Bedeutung erlangt.

Ein 2-Pol-Magnet ist mit einem Hufeisenmagneten zu vergleichen, der allerdings im die beiden Pole verbindenden Steg eine Spule mit senkrechter Wickelebene besitzt. Die Pole lassen sich der Form des Guts anpassen, sie können gerade, runde, abgewinkelte Oberflächen haben. Eine für besonders schmale Gutangriffsflächen eingerichtete Ausführung zeigt Bild 2-58. Alle diese Rechteckmagnete befestigt man wegen ihrer Länge meist mit zwei zwei-

2.2 Lastaufnahmemittel

strängigen Ketten am Tragmittel des Hebezeugs oder an einer Traverse.
Für die Zuordnung der Magnetarten zu den Gutformen gibt es Hinweise in der Literatur [2.80] [2.81]. Einsatzbeispiele führt [2.82] auf. Schwierige Aufgaben sind das Abheben einzelner dünner Bleche oder dicht nebeneinanderliegender Einzelprofile vom Stapel. Die Tippschaltung verlangt Geschick und Erfahrung, weil der veränderliche Oberflächenzustand der Gutteile eine Beurteilung der erforderlichen Haltekraft erschwert. Bleche mit einer Dicke unter 5 mm lassen sich einzeln mit Lasthebemagneten nicht sicher transportieren.

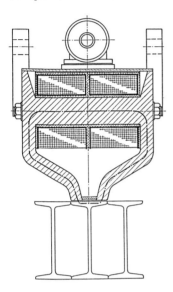

Bild 2-58 2-Pol-Rechteckmagnet für Einzelprofile
Pintsch Bamag, Berlin

Für die Auslegung und Optimierung der Lasthebemagnete gibt es eine ausreichende elektrotechnische Grundlagenliteratur. Die wohl älteste, sehr ausführliche Darstellung liegt in [2.83] vor. Von den Varianten der Steuerung berichtet [2.84]. Allerdings hat [2.85] nachgewiesen, daß diese berechneten Werte für die Grenzen der Tragfähigkeit erheblich von den tatsächlich erreichten, praktischen Werten abweichen können, vor allem, weil die Magnetisierungsfunktionen theoretisch nur näherungsweise zu bestimmen sind. VDE 0580 schreibt deshalb vor, die Abreißkraft als Grenzwert der Magnettragfähigkeit durch Versuche unter festgelegten Bedingungen zu ermitteln. Dabei muß der Lasthebemagnet seinen betriebswarmen Zustand erlangt haben, für den ein 5stündiger Betrieb mit einer relativen Einschaltdauer von 50 % und eine Guttemperatur von 20 °C vorgeschrieben sind.
Mit diesen Festlegungen wird berücksichtigt, daß die Stromwärme während des Magnetbetriebs die Temperatur und damit den Ohmschen Widerstand der Spule vergrößert, wodurch sich die Stromstärke bei anliegender konstanter Gleichspannung vermindert. Lasthebemagnete werden deshalb stets für eine maximale relative Einschaltdauer im Bereich $ED = 40...60$ % ausgelegt und zugelassen. Ihre Nenntragfähigkeiten reichen bei Batteriemagneten bis etwa 5 t, bei Magneten mit Stromzufuhr bis 45 t.
Derartige Abreißversuche führen zu Kennlinien, welche die Abreißkraft oder die Tragfähigkeit als Funktion der Materialdicke der Last angeben., wobei die Größe des Luftspalts Parameter ist. Diese Kennlinien steigen, wenn kompakte Güter durchflutet werden, nahezu linear mit der Materialdicke bis zur Sättigung des Systems an und verlaufen anschließend etwa horizontal. Sie sind nach der Größe des Luftspalts gestaffelt (Bild 2-59a). Zu bedenken ist, daß den effektiven Luftspalt δ nicht nur die Abstände zwischen Magnet- und Lastoberfläche, sondern auch Unebenheiten, Verschmutzungen, Beschichtungen usw. beeinflussen.

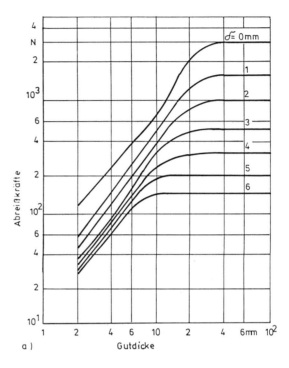

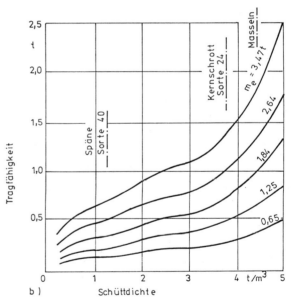

Bild 2-59 Kennlinien für Lasthebemagnete
Steinert Elektromaschinenbau, Köln
a) Abreißkraft des Kleinmagneten LR 250 in Abhängigkeit vom Luftspalt δ
b) Tragfähigkeit des Rundmagneten LRH 13 für Schüttgüter

Für metallische Schüttgüter, wie Späne, Masseln, Schrott, lassen sich Materialdicke und Luftspalt auch nicht angenähert angeben. Umfangreichen Versuchen entstammen die für ein Rundmagneten (s. Bild 2-57a) geltenden Kennlinien der Tragfähigkeit im Bild 2-59b. Bedenkswert ist, daß dieser Magnet an kurzen Spänen lediglich 2 % der Gutmasse aufnehmen kann, die ein kompakter Metallblock haben dürfte.

In gewissem Umfang kann das Verhältnis Eigenmasse zu Spulenmasse eines Lasthebemagneten variiert werden. Bei kleinen Stahlquerschnitten wird die Sättigungsgrenze der Magnetisierung schneller erreicht, weshalb sich diese leichteren Magnete vor allem zur Aufnahme von Schrott oder Spänen eignen, die einen großen magnetischen Widerstand aufweisen und ohnehin nur einen kleinen magnetischen Fluß entstehen lassen. Eine Vergrößerung der aufgenommenen Schrottmengen um 50...120 % ist nach [2.86] dadurch zu erzielen, daß der Mittelpol des Rundmagneten durch das Aufsetzen einer kegeligen Spitze nach unten verlängert und so das Ausbreitungsfeld der Magnetlinien erweitert wird.

Hellkötter [2.81] faßt alle wesentlichen Einflußgrößen auf die Tragfähigkeit eines Lasthebemagneten in einer Gleichung zusammen, an der die Breite der möglichen Streuung sichtbar wird,

$$F_n = F_a \frac{k_1 k_2 k_3 k_4}{S_1 S_2}; \qquad (2.48)$$

F_n	Nutzkraft
F_a	Abreißkraft nach VDE 0580
$k_1 = 0,5...1,2$	Luftspaltfaktor ($k_1 = 1$ für Luftspalt bei Abreißversuch)
$k_2 = 0,8...1,0$	Gutdickefaktor ($k_2 = 1$ für Gutdicke gleich oder größer als Polwanddicke)
$k_3 = 0,8...1,1$	Einschaltdauerfaktor ($k_3 = 1$ für die der Auslegung entsprechende relative Einschaltdauer)
$k_4 = 0,7...1,0$	Guttemperaturfaktor ($k_4 = 1$ für 20 °C)
$S_1 = 1,2...2,5$	Sicherheitsbeiwert für dynamische Zusatzbelastungen
$S_2 \approx 2$	Sicherheitsbeiwert für Tragfähigkeitsreserve.

Diese Gleichung gilt, wie die Schwankungsbreite des Luftspaltfaktors belegt, nur für kompakte, dichte Güter; sie läßt den unter Umständen großen Abstand zwischen der zulässigen übertragbaren Nutzkraft und der Abreißkraft erkennen.

Permanent-Lasthebemagnete

Als Lasthebemagnete kommen Permanentmagnete nur in schaltbarer Ausführung in Frage. Sie bilden eine Kombination eines Dauermagneten mit der Spule eines Elektromagneten, die durch Zuschalten einer Stromquelle ein magnetisches Gegenfeld erzeugen und damit die Magnetwirkung an beiden Polen aufheben kann. Das Funktionsprinzip wird in [2.87] erläutert. Durch den Effekt der sogenannten Halbhysterese bewirkt ein kurzzeitig von der Spule erzeugtes, starkes elektromagnetisches Feld eine Umpolung des von ihr umschlossenen Permanentmagneten in der jeweils gewünschten Richtung. Die beiden im Bild 2-60 angegebenen Zustände für die Magnetwirkung sind daher stabil und von einer äußeren Energiezufuhr unabhängig. Nennenswerte Erwärmungen wie beim Elektromagneten mit ihren negativen Auswirkungen auf die Tragfähigkeit treten nicht auf. Auf eine Stützbatterie kann verzichtet werden. Die Sicherheit der Lastaufnahme kann noch dadurch erhöht werden, daß über einen von der Hubeinrichtung betätigter Schalter die Stromzufuhr oder Steuerung beim Anheben abgeschaltet wird. In [2.88] wird darauf verwiesen, daß bei geeigneter Steuerung beide Magnetfelder so überlagert werden können, daß ein stufenlos steuerbares resultierendes Magnetfeld und damit eine stellbare Haltekraft entsteht. Dies bedingt allerdings eine kontinuierliche Energiezufuhr.

Die Kerne der Grunderregung werden beim Permanent-Lasthebemagneten aus hartmagnetischen Ferriten, die für die Schalterregung wegen der günstigeren magnetischen Charakteristik meist aus einer AlNiCo-Legierung hergestellt [2.89]. Außer 2-Pol- werden auch 4-Pol-Permanentmagnete mit erhöhter Dichte des Magnetflusses angeboten [2.87].

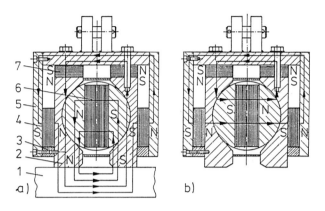

Bild 2-60 Permanent-Lasthebemagnet, schaltbar
Pfeifer Seil- und Hebetechnik GmbH & Co, Memmingen
a) Magnetfluß durch Transportgut
b) Magnetkreis im Innern des Magneten geschlossen
1 Transportgut
2 Polstück
3 unmagnetische Abdeckleiste
4 statischer Permanentmagnet
5 Gehäuse
6 umpolbarer Permanentmagnet
7 statischer Permanentmagnet

In [2.90] wird nachgewiesen, daß Permantent-Lasthebemagnete, verglichen mit einer Elektro-Ausführung gleicher Auslegung, einen größeren Abfall der Tragfähigkeit verzeichnen, wenn die Größe des Luftspalts zunimmt. Höhenbewegliche Fingerpole können Unebenheiten der Lastoberfläche ausgleichen, sie müssen jedoch vor den Anheben des Guts arretiert werden, um die volle Haltekraft übertragen zu können.

Magnettraversen

Wenn großflächige oder längere Güter, wie Brammen, Bleche, Profile, anzuschlagen sind, werden mehrere Lasthebemagnete in einer oder mehreren Reihen an einer Traverse angeordnet und an ihr, bei kleineren Traversen über Federn, sonst über Ketten bzw. Seile oder über Ausgleichswippen befestigt. Zusätzliche Führungsketten begrenzen bei Bedarf das Lastpendeln. Die Traversen lassen sich für Dreh-, Schwenk- und Kippbewegungen einrichten. Je nach Aufwand und Größe beanspruchen sie 20...50 % der Tragfähigkeit des Hebezeugs, den Hauptanteil davon für die Magnete selbst.

Der Randabstand l_1 und der Zwischenabstand l_2 der in Reihe liegenden Einzelmagnete darf Höchstwerte nicht überschreiten, um die Biegebeanspruchung der Bleche, den zusätzlichen Luftspalt infolge Verformung und die auftretenden Biegeschwingungen zu begrenzen. Nach verschiedenen Kriterien errechnete und für die praktische Auslegung abgeminderte, empfohlene Werte sind in [2.81] aufgeführt, siehe Bild 2-61. Für die erforderliche Breite b_M des Magneten bei gegebener Breite b_B des Blechs gilt als Maßstab $b_M/b_B = 0,5...0,8$. Innerhalb dieses Bereichs nehmen die zulässigen Werte mit abnehmender Blechdicke zu. Weitere Einzelheiten, z. B. zur Zuordnung der Magnetarten zu den Stahlteilen, Aufhängungen und Bewegungsarten, gibt [2.81] an.

2.2 Lastaufnahmemittel

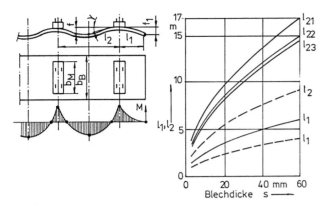

Bild 2-61 Magnetabstände in Magnettraversen [2.81]
l_{21} gleiche maximale Biegebeanspruchungen
l_{22} gleiche maximale Durchbiegungen
l_{23} waagerechte Tangente unter Magnet-Mittelpolen
ausgezogene Linien: berechnete Werte;
gestrichelte Linien: praktisch nutzbare Werte

2.2.7.2 Vakuumheber

Als Vakuum bezeichnet man den Zustand eines Gases, wenn dessen Druck geringer als der Atmosphärendruck ist. Vakuum-Lastaufnahmemittel erzeugen in auf das aufzunehmende Gut gesetzten, abgedichteten Kammern einen verminderten Luftdruck, durch den diese an die Oberfläche des Guts gepreßt werden. Die Anpreßkraft F_a ist dem Unterdruck Δp und der wirksamen Fläche A_k der Unterdruckkammer proportional

$$F_a = A_k \Delta p = A_K(p_a - p_i); \qquad (2.49)$$

p_a Außendruck
p_i Innendruck in der Kammer.

Diese Gleichung begrenzt die Tragfähigkeit einer Unterdruckkammer wegen der physikalischen Schranken objektiv. Sie erreicht im günstigsten Fall für Kammern mit Innendurchmessern zwischen 100 und 500 mm rd. 60...1500 kg, wenn ein Vakuum von 80 %, d.h. ein Unterdruck von etwa 0,8 bar, angesetzt wird.

Für technisch ausgeführte Unterdruckkammern gibt es viele Bezeichnungen, wie Saugplatten, Saugteller, Saugschalen, Saugnäpfe, Sauger, und zahlreiche unterschiedliche Bauformen; Bild 2-62 zeigt einige Beispiele. Die Saugplatten bestehen aus einem der Aufgabe entsprechend gestalteten Plattenkörper und einer der Gutoberfläche angepaßten Plattendichtung. Wegen der gleichmäßigeren Kraftverteilung, auch bei einer Abbiegung des Guts, wird die runde Form bevorzugt. Für runde Lasten, wie Rohre, verwendet man auch kreisförmig gewölbte, rechteckige Saugplatten.

Die Plattendichtung ist fast immer ein Dichtungsring, auch Dichtprofil, Bodendichtring oder einfach Dichtung genannt, aus Naturkautschuk für normale Betriebsbedingungen, Perbunan wegen dessen Ölbeständigkeit oder Silikonkautschuk, der hitzebeständig bis etwa 180 °C ist. Dieser Dichtungsring wird an die Grundplatte anvulkanisiert, angeklebt oder angeschraubt. Im universellen Einsatz für Werkstücke mit glatter Oberfläche reicht eine einfache Lippendichtung aus (Bild 2-62a). Eine Verbesserung der Dichtwirkung ist mit Doppellippen zu erzielen (Bild 2-62c), bei denen die äußere Dichtlippe die Vorabdichtung während des Aufsetzens und der innere Dichtring die für die Bemessung maßgebende, eigentliche Dichtfunktion übernimmt. Ein steil angeordnetes Dichtprofil (Bild 2-62b) gleicht Unebenheiten von rauhen, strukturierten Oberflächen aus. In solchen Fällen werden auch quadratische Moos- bzw. Zellgummiringe benutzt.

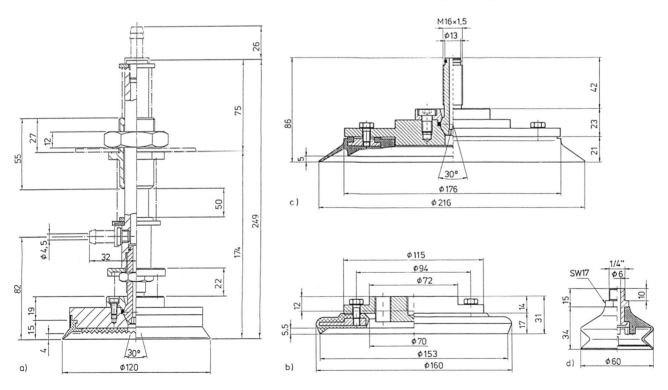

Bild 2-62 Saugplatten für Vakuumheber; J. Schmalz, Glatten
a) Flachsauggreifer PFSB 120-50 B, Aufhängung gefedert und gelenkig
b) Flachsauggreifer SPM 160, Aufhängung starr
c) Flachsauggreifer PFB 215 mit zusätzlichem inneren Dichtungsprofil, Aufhängung gelenkig
d) Faltenbalgsauggreifer FSGA 60 mit Außengewinde

Die Grundplatte wird starr oder mit Hilfe eines Kugelgelenks kardanisch drehbar am Tragkörper des Vakuumhebers befestigt. Saugplatten für Mehrkammer-Vakuumheber erhalten eine oder zwei Druckfedern, um sie höhenbeweglich zu machen (Bild 2-62a).

Das Vakuum in Vakuum-Lastaufnahmemitteln kann auf verschiedenen Wegen hergestellt werden [2.91]:
- Aufsetzen und Lösen von Saugnäpfen, ohne oder mit Ventil, von Hand
- selbsttätige Erzeugung des Vakuums durch die Hubkraft des Hebezeugs
- motorische Herstellung des Vakuums durch einen Vakuumerzeuger.

Die erstgenannte Art hat nur Bedeutung im Handhabungsbereich oder zur Führung gehobener Lasten. Das selbstansaugende Gerät im Bild 2-63 läßt das Prinzip seiner Wirkungsweise erkennen. Es besteht im Grundaufbau aus einem vom Tragmittel des Hebezeugs vertikal bewegten Kolben.

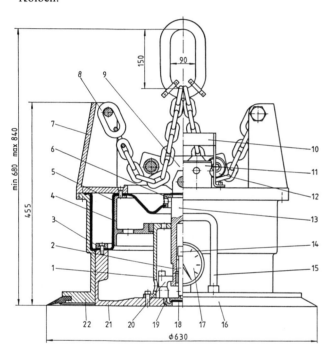

Bild 2-63 Selbstansaugendes Vakuumgerät VAC 0/125
VACU-LIFT Maschinenbau GmbH, Emsdetten
Tragfähigkeit 1250 kg, Mindestlast 65 kg. Eigenmasse 130 kg

1	Führung	12	Kettenrolle
2	Ventilumschaltung	13	Zugstange
3	Kolbenflansch	14	Umschaltstößel
4	Manschettenführung	15	Manipulier- bzw. Schutzbügel
5	Rollmanschette	16	Bodendichtring
6	Entlüftungsring	17	Vakuummeter
7	Gehäusedeckel	18	Ventilteller
8	Kette	19	Dichtung
9	Zuglasche	20	Mitnehmerring
10	Schutzbügel	21	Kolben
11	Belüftungsventil	22	Gehäuse (Zylinder)

Während der Senkbewegung trifft zunächst der Zylinder 22 mit dem Bodendichtring 16 auf die Lastoberfläche auf; danach sinkt der Kolben 21 unter Verdrängung der unter ihm vorhandenen Luft bis auf diese Oberfläche ab. Die Luft entweicht durch das bei obenstehendem Ventilteller 18 freie Bodenventil. Um es zu schließen, wird das Tragmittel des Hebezeugs weiter abgesenkt, was zur Lockerung der Kettenstränge 8 und zur Umschaltung des Ventiltellers in die geschlossene Stellung führt. Wird nunmehr das Kettengehänge und damit der Kolben nach oben bewegt, entsteht unter diesem das benötigte Vakuum, das nach oben durch die Rollmanschette 5, nach außen durch den Bodendichtring 16 abgeschlossen ist.

Die Höhe des erzeugten Vakuums ist aus Gleichgewichtsgründen von der Gewichtskraft des aufgenommenen Guts abhängig. Ein möglicher Druckanstieg infolge über Undichtigkeiten einströmende Fremdluft muß über eine Vergrößerung des Kolbenhubs ausgeglichen werden. Während der polytropen Zustandsänderung folgen Druck p und Volumen V der eingeschlossenen Luft der Gleichung $pV^n =$ konst. Diese exponentielle Abhängigkeit beider Größen führt dazu, daß das Vakuum mit wachsendem Kolbenhub unterproportional zunimmt.

Es ergeben sich aus diesen Funktionsmerkmalen zwei Konsequenzen:

- selbstansaugende Vakuumheber eignen sich allein für luftundurchlässige Güter, wie blanke Bleche, geschliffene Steine, beschichtete Kunststoffplatten, Glastafeln
- die Funktion ist nur gewährleistet, wenn eine Mindestbelastung von rd. 15 % der Nennbelastung vorliegt.

Diesen Einschränkungen stehen als Hauptvorzüge die selbsttätige Arbeitsweise mit Arbeitstaktschaltung und die einfache Bauweise ohne Zufuhr von Fremdenergie gegenüber. Das erzeugte Vakuum liegt meist im Bereich 0,2...0,97 bar, es läßt sich wegen seiner Abhängigkeit von der Belastung sicherheitstechnisch nicht direkt überwachen. Es sind jedoch elektronische Warneinrichtungen entwickelt worden, die nicht die absolute Höhe des Innendrucks, sondern dessen zeitliche Änderung erfassen.

Bei *Vakuumhebern mit Vakuumerzeuger* reicht ein Grobvakuum von maximal 0,98 bar aus. Als Vakuumerzeuger dienen Vakuumpumpen, Vakuumgebläse und Ejektoren. Am häufigsten verwendet werden *Vakuumpumpen* in Vielzellenbauart (Flügelzellenpumpen), die nach dem Verdrängerprinzip arbeiten. Ihre ölgeschmierte Bauart ist verschleißarm, bedingt aber eine vorgeschriebene Einbaulage. Dreh- und Schwenkbewegungen sind nicht erlaubt. Dieser Einschränkung unterliegen Flügelzellenpumpen mit Trockenläufer nicht. Tafel 2-7 enthält die für die Anwendung bei Vakuumhebern gültigen Bereiche der technischen Daten.

Vakuumgebläse nutzen nach Art der Ventilatoren die kinetische Energie eines rotierenden Zellenrads zur Druckänderung eines Gases. Sie eignen sich für große Volumenströme bei geringer Druckdifferenz und damit beim Vakuumheber zum Ausgleich großer Leckluftmengen, z.B. während des Transports von Gütern mit poröser Oberfläche, wie Kartons, Säcken, grobporigem Beton.

Ejektoren sind Strahlpumpen nach dem Venturi-Prinzip. In ihnen durchströmt Luft eine Düse mit hoher Geschwindigkeit und erzeugt dabei in einer Kammer um die Treibdüse Unterdruck. Es gibt ein- und mehrstufige Ausführungen, mit und ohne Schalldämpfer. Solche Geräte sind einfach im Aufbau, wartungs- und verschleißarm, sie gestatten eine beliebige Einbaulage und gewährleisten ohne zusätzlichen Aufwand einen möglicherweise erforderlichen Explosionsschutz. Allerdings sind die erzielbaren Volumenströme begrenzt, siehe Tafel 2-7. Sinnvoll sind Ejektoren aber lediglich dann einzusetzen, wenn ein staionäres Druckluftnetz mit Betriebsdrücken von 4...7 bar vorhanden ist. Dies schränkt die Anwendung auf den unmittelbaren Bereich dieses Netzes ein.

2.2 Lastaufnahmemittel

Tafel 2-7 Vakuumerzeuger für Vakuumheber, technische Daten nach Firmenprospekten

Vakuumerzeuger	max. Unterdruck in bar	max. Volumenstrom[1] in Nm³/h	Motorleistung in kW	Schalldruckpegel in dB (A)
Vakuumpumpe				
Trockenläufer	0,85 ... 0,90	3 ... 150	0,1 ... 4	56 ... 75
ölgeschmiert	0,93 ... 0,99	4 ... 400	0,4 ... 11	66 ... 75
Vakuumgebläse	0,2 ... 0,4	120 ... 500	0,5 ... 8	72 ... 75
Ejektor	0,6 ... 0,9	0,4 ... 35	–[2]	68 ... 80

[1] auch Saugvermögen, Saugleistung benannt
[2] Luftverbrauch 0,8 ... 25 Nm³/h bei Betriebsdruck 5 bar

Vakuumheber mit Vakuumerzeugern haben ein breites Einsatzfeld als Lastaufnahmemittel für sehr unterschiedliche Güter mit entsprechend gestalteten, ebenen, nur wenig luftdurchlässigen Oberflächen. Das Schaltbild im Bild 2-64 zeigt ihre wesentlichen Baugruppen. Die Vakuumpumpe *1* läuft während der Betriebsbereitschaft ständig und stellt das Betriebsvakuum im Speicherbehälter *3* innerhalb vorgegebener Grenzen sicher. Mit dem Steuerventil *8* lassen sich die beiden Betriebszustände „Saugen" und „Lösen" einstellen; der Schaltbefehl wird von Hand, über Kabel oder selbsttätig, z.B. durch das Aufsetzen auf das Gut, erteilt.

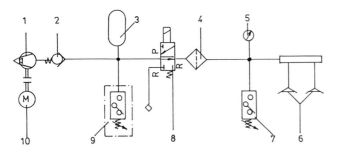

Bild 2-64 Schaltplan eines Vakuumhebers mit Vakuumpumpe
1 Vakuumpumpe   6 Saugplatte
2 Rückschlagventil   7 Vakuumschalter
3 Speicherbehälter   8 Steuerventil 3/2 WV
4 Filter   9 Motorregelung
5 Druckmesser   10 Elektromotor

Der Speicherbehälter, auch als Reservebehälter, Vakuumspeicher bezeichnet, hat als Reserveraum für das Vakuum zwei Funktionen:

– Begrenzung des schlagartigen Druckanstiegs bzw. Erhaltung des sicherheitstechnisch notwendigen Vakuums nach dem Zuschalten der Saugplatten
– Gewährleistung einer Überbrückungsdauer bei plötzlichem Energieausfall.

Die Unfallverhütungsvorschrift VBG 9a für Lastaufnahmemittel enthält keine Forderung nach einer bestimmten Haltedauer für die gehobene Last bei Energieausfall; die Önorm M 9608 schreibt 5 min als Mindestwert vor. Der Verzicht auf eine derartige Festlegung ist erklärbar, weil die Nothaltedauer nicht nur vom Gerät, sondern vorzugsweise von der Luftdurchlässigkeit des gehobenen Guts abhängt. Praktische Werte sind:

– > 180 min für luftundurchlässige Güter (Glas, geschliffene Steine, Kunststoffplatten)
– 5...60 min für Güter mittlerer Porosität (Beton, Bleche im Rohzustand, Sandstein)
– 0...5 min für Güter höherer Porosität (Holzbohlen, Magerbeton, unbeschichtete Spanplatten).

Die Bemessung von Pumpe und Speicherbehälter steht im Zusammenhang. Der Systemdruck p_{sy} im Gerät nach dem Zuschalten der Verlusträume beträgt

$$p_{sy} = \frac{p_v V_v + p_B V_B}{V_v + V_B}; \qquad (2.50)$$

p_v, p_B Drücke im Verlustraum bzw. Behälter
V_v, V_B Volumina des Verlustraums bzw. Behälters.

Zum Verlustraum gehören nicht nur die Hohlräume der Saugplatten, sondern auch die Innenräume der Verbindungsleitungen. Das Volumen V_B des Speicherbehälters wird wie folgt bestimmt

$$V_B = \frac{Q_p t_e}{l_n \dfrac{p_a}{p_i}}; \qquad (2.51)$$

Q_p Förderstrom (Volumenstrom) der Pumpe bei $p = 1000$ bar
t_e Evakuierungsdauer des Speicherbehälters
p_a Außendruck (atmosphärischer Druck)
p_i erwünschter Innendruck im Behälter nach der Evakuierungsdauer t_e.

t_e wird üblicherweise in der Größenordnung von 1 min angesetzt. Größere Werte [2.92] deuten auf einen zu großen Speicher und eine zu kleine Pumpe hin. Förderstrom Q_p und Behältervolumen V_B sind bei gegebenen Werten für das Verlustvolumen V_v und den Innendruck p_i aufeinander abzustimmen.

Mit Vakuumgebläsen ausgerüstete Vakuumheber können naturgemäß keinen Vakuumspeicher erhalten. Es werden dafür Schwungmassen oder eine Stützbatterie installiert, um zumindest die Nothaltefunktion sicherzustellen.

Die Verbindung zwischen den Saugplatten und der Vakuumanlage stellen flexible, formstabile, alterungsbeständige Schläuche her. Am Speicherbehälter ist ein Druckmesser angebracht, der mit einer optischen, eventuell auch akustischen Warneinrichtung verbunden ist, die anspricht, sobald der untere Grenzwert des Unterdrucks erreicht wird. Ein zweiter Druckmesser im Bereich der Saugplatten, d.h. hinter dem Filter *4*, erhöht die Sicherheit, weil er eine mögliche Verschmutzung dieses Filters anzeigt.

Vakuumheber mit nur einer Saugplatte eignen sich lediglich für kompakte Lasten. Großflächige Güter müssen mit Mehrkammergeräten angeschlagen werden, bei größerer Gutbreite sind die Saugplatten in zwei Reihen angeordnet (Bild 2-65). Die Anzahl der Saugplatten und ihr Abstand sind auf die Abmessungen der Last abzustimmen. Der Lastüberhang an den Außenplatten muß in vertretbarer Größe bleiben, bei dünnen Tafeln dürfen keine unzulässig großen Durchbiegungen auftreten. Sonst besteht die Gefahr, daß Saugplatten abreißen, besonders die am stärksten belasteten Außenplatten. Der notwendige Schiefhang einzelner Saugplatten zum Angleichen an Wölbungen des Guts wird durch Kardangelenke ermöglicht, siehe Bild 2-62a.

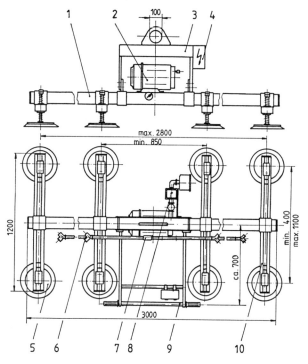

Bild 2-65 Vakuumtraverse Vacuboy VIII/T
Albert Fezer Maschinenfabrik GmbH, Esslingen a.N.-Zell
Tragfähigkeit 1,5 t, Eigenmasse 300 kg
1 Längsträger
2 Vakuumpumpe
3 Einhängebügel
4 Elektrokasten mit Warnanlage
5 Saugplatte
6 Verteilerrohr
7 Vakuummeter
8 Elektromagnetventil
9 Manipuliergriff
10 Querträger

Wenn drei oder mehr Platten in einer Reihe liegen, wird in einem starren System die Aufteilung der Kräfte statisch unbestimmt. Federn zwischen dem Aufhängebolzen der Platte und dem Tragkörper des Vakuumhebers stellen den erforderlichen Höhenausgleich und damit eine gleichmäßige Kraftverteilung her. Meist wird ein zweiter Federsatz unterhalb der Aufhängung angebracht, um Stöße beim Aufsetzen zu mildern.

Bei Vakuumhebern, die Güter unterschiedlicher Flächenabmessungen aufzunehmen haben, lassen sich die äußeren Saugplatten von Hand abschalten. Ein anderer Weg ist das Umhängen der Saugplatten auf verringerte Abstände. Die Anzahl der an einem Mehrkammergerät anzubringenden Saugplatten ist an sich nicht begrenzt; [2.93] berichtet über Geräte mit über hundert Saugtellern für Bleche bis 30 m Länge. Parkstützen schützen die empfindlichen Dichtungen, wenn ein Vakuumheber im Außerbetriebszustand abgestellt wird.

Sollte es die Technologie verlangen, werden Vakuumheber auch mit einer Schwenkvorrichtung ausgerüstet (Bild 2-66). Außer den Haltekräften senkrecht zur Ebene der Dichtringe müssen dann zusätzlich Kräfte in dieser Ebene übertragen werden. Dies kann die Festigkeit dünner Dichtringe überfordern; es werden dann in der Fläche des Plattenkörpers ebenfalls elastische Beläge angebracht, siehe Bild 2-62a.

Bei der Ermittlung der beiden Kraftkomponenten muß im allgemeinen Fall eine exzentrische Lage des Schwerpunkts S der Last und damit deren Gewichtskraft F angenommen werden (Bild 2-67). Das notwendige Kippmoment hat die Größe

$$M_k = F(h\sin\alpha - e\cos\alpha).$$

Der Dichtring wird dagegen nur von dem Moment

$$M = F(e\cos\alpha + f\sin\alpha)$$

und den Komponenten $F\cos\alpha$ und $F\sin\alpha$ der Gewichtskraft beansprucht.

Es soll angenommen werden, daß Saugteller und Last absolut starr sind und am Dichtring eine lineare Abhängigkeit zwischen Belastung und Verformung besteht. Durch die Anpreßkraft F_a nach Gl. (2.49) wird eine konstante längenbezogene Kraft

$$q_a = \frac{F_a}{2\pi r} \qquad (2.52)$$

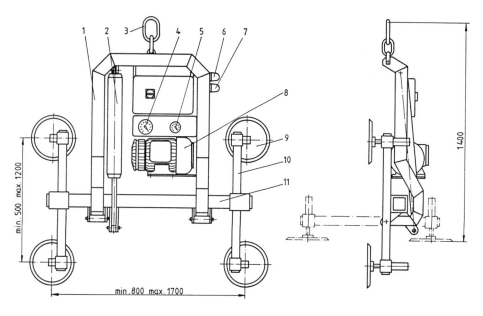

Bild 2-66
Vakuumtraverse für horizontalen und vertikalen Lasttransport
VACU-LIFT Maschinenbau GmbH, Emsdetten
Tragfähigkeit 800 kg,
Eigenmasse 260 kg
1 Überbau
2 Schwenktrieb
3 Aufhängung
4 Hauptvakuummeter
5 Kontrollvakuummeter
6 Rote Warnleucht
7 Grüne Kontrolleuchte
8 Vakuumpumpe
9 Saugschale, verschiebbar
10 Quertraverse, verschiebbar
11 Haupttraverse

2.2 Lastaufnahmemittel

erzeugt. Die Extremwerte q_1 und q_2 der längenbezogenen Nutzkraft müssen stets kleiner als diese längenbezogene Anpreßkraft bleiben, um Leckverluste auszuschließen. Zunächst wird nach Bild 2-67 die längenbezogene Belastungskraft als Funktion des Winkels φ eingeführt

$$q_\varphi = q_m + q_0 \sin\varphi.$$

Die Gleichgewichtsbedingungen am Dichtungsring führen zu den Gleichungen

$$F\cos\alpha - q_m \cdot 2\pi r = 0$$

$$M - 4r^2 q_0 \int_0^{\pi/2} \sin^2\varphi \, d\varphi = M - \pi r^2 q_0 = 0.$$

Daraus werden berechnet

$$q_m = \frac{F\cos\alpha}{2\pi r}; \quad q_0 = \frac{M}{r^2 \pi}.$$

Die Extremwerte der längenbezogenen Nutzkraft sind Funktionen des Schwenkwinkels α

$$q_1 = q_m - q_0 = \frac{F}{2\pi r}\left[\left(1 - \frac{2e}{r}\right)\cos\alpha + \frac{2f}{r}\sin\alpha\right]$$

$$q_2 = q_m + q_0 = \frac{F}{2\pi r}\left[\left(1 + \frac{2e}{r}\right)\cos\alpha - \frac{2f}{r}\sin\alpha\right]. \quad (2.53)$$

Zweimalige Differentiation dieser Werte nach α zeigt, daß für q_1 im Bereich $0 \leq \alpha \leq \pi/2$ bei

$$\bar\alpha = \arctan\frac{2f}{r - 2e}$$

ein Maximum auftritt von

$$q_{1\max} = \frac{F}{2\pi r^2}\sqrt{(r-2e)^2 + 4f^2}, \quad (2.54)$$

während q_2 im untersuchten Bereich keinen Extremwert durchläuft. Der Größtwert dieser längenbezogenen Kraft liegt bei $\alpha = 0$ mit

$$q_{2\max} = \frac{F}{2\pi r^2}(r + 2e). \quad (2.55)$$

Die Querbeanspruchung des Dichtungsrings ist schwieriger zu erfassen. Praktisch ist eine Verschiebung in radialer Richtung nahezu kräftefrei möglich, so daß nur die eine tangentiale Verschiebung verursachenden Komponenten der Reibungskräfte angesetzt werden können, d.h.

$$F\sin\alpha < 2\mu_0 r \int_{-\pi/2}^{+\pi/2}(q_a - q_\varphi)\cos\varphi \, d\varphi = 4\mu_0 r(q_q - q_m). \quad (2.56)$$

Der Maximalwert der benötigten Reibungszahl tritt bei $\alpha = \pi/2$ auf

$$\mu_{0\max} = \frac{F}{4r(q_a - q_m)}. \quad (2.57)$$

Hat der Dichtungsring nach jeder Richtung den gleichen Verformungswiderstand bzw. die gleiche Federkonstante, wie es bei eingelegten Reibbelägen der Fall ist, gilt die einfache Ungleichung

$$F\sin\alpha < \mu_0(q_a - q_m)2\pi r. \quad (2.58)$$

Aus den vorstehenden Untersuchungen ist der günstige Einfluß einer geringen Schwerpunkthöhe gegenüber der Berührungsebene und einer Lastaufnahme mit kleiner Exzentrizität zu erkennen

Der Arbeitsbereich motorisch betriebener Vakuumheber, auch Arbeitsvakuum genannt, wird definiert als Bereich des Unterdrucks, in dem das Gerät arbeiten darf. Wird bei der Vakuumpumpe eine eventuelle Leistungsminderung durch Verschleiß und eine größere Höhenlage bis 1000 m über Normalnull berücksichtigt, läßt sich ein Höchstvakuum von 0,88...0,98 bar erzielen. Angesetzt wird stets ein niedrigerer Wert von 0,6...0,8 bar als Grenzdruck des Ar-

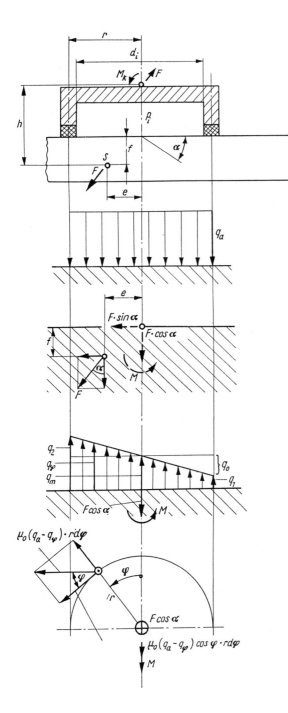

Bild 2-67 Kräfte an der Saugplatte

beitsbereichs. Die Anzeige- und Warneinrichtungen sind entsprechend eingestellt.

Das tatsächliche Vakuum bei Nennbelastung liegt naturgemäß höher. Die Unfallverhütungsvorschrift VBG 9a schreibt Sicherheitsbeiwerte, bezogen auf die Nennbelastung, von 1,5 für die vertikale Komponente (Abreißkraft) und 2,0 für die horizontale Komponente (Abgleitkraft) vor. Dabei sind dynamische Kräfte, Exzentrizitäten o.ä. nicht berücksichtigt, weshalb verschiedene Hersteller wesentlich höhere Sicherheitsbeiwerte anwenden.

Mit wachsender geografischer Höhe sinkt der atmosphärische Luftdruck. Für konstante Temperatur gilt die vereinfachte barometrische Höhenformel

$$\frac{p}{p_0} = e^{-(h-h_0)/18400} ; \qquad (2.59)$$

p, p_0 Druckwerte in der Höhe h bzw. h_0
h, h_0 tatsächliche und Bezugshöhe (NN) in m.

Die Hersteller führen Diagramme für die bei $h > 1000$ m niedrigere Tragfähigkeit der Vakuumheber an, in denen zusätzlich die verminderte Pumpenleistung erfaßt ist. Danach sinkt die Tragfähigkeit bis zu einer geografischen Höhe von 3000 m auf rd. 60 % des Werts unter Normalbedingungen.

Im Winterbetrieb besteht die Gefahr, daß das Öl in der Vakuumpumpe dickflüssig wird und Wasser im Leitungssystem einfriert. Es sind dann besondere Vorkehrungen zu treffen, z.B. die Pumpe mit Winteröl auszustatten oder zu beheizen und das gesamte Vakuumgerät vor dem Einsatz zu trocknen.

Stapler und Fahrzeugkrane verfügen meist über keine elektrische Energie. Dies bedingt die Installation eines Verbrennungsmotors auf dem Vakuumheber, so weit er nicht unter Nutzung einer vorhandenen Hydraulikanlage hydraulisch betrieben werden kann [2.94].

2.2.8 Lastaufnahmemittel für Ladeeinheiten

Als Ladungsträger für Ladeeinheiten dienen vorzugsweise Paletten und Behälter (Container). Paletten werden überwiegend mit Flurförderzeugen, nur gelegentlich mit Hebezeugen umgeschlagen; bei Containern verhält es sich meist umgekehrt.

Universell einsetzbare Lastaufnahmemittel für den Umschlag von Ladeeinheiten mit Hebezeugen sind die Krangabeln und die Containergeschirre bzw. Spreader. Daneben gibt es Sonderentwicklungen für bestimmte Aufgaben. Zusatzeinrichtungen zum Ausgleich unterschiedlicher Schwerpunktlage der Last haben bei all diesen Lastaufnahmemitteln eine besondere Bedeutung.

2.2.8.1 Krangabeln

Normale Paletten sind stets für den Umschlag mit der zweiteiligen Gabel eines Staplers ausgebildet, nur die größeren und schwereren Hafenpaletten haben ein an beiden Seiten vorspringendes Deck, um das Anschlagseile zu schlingen sind, siehe Abschnitt 4.2.1.

Die einfachste Krangabel nach Bild 2-68a besteht aus der Gabel mit ihren zwei Zinken und einem in der jeweils passenden Stellung zu verschraubenden Schäkel für den Kranhaken. Die Last kann deshalb nur mit Unterstützung durch einen Anschläger aufgenommen werden.

Bei der im Bild 2-68b dargestellten Krangabel mit Ausgleich der unterschiedlichen Lage des Gesamtschwerpunkts durch eine als Druckfeder ausgebildete Zugfeder neigt sich die leere Gabel etwas nach unten, um das Einführen in die Palette zu erleichtern. Beim Anheben stellt sich der Aufhängepunkt näherungsweise auf die Schwerachse ein, so daß die Gabel waagerecht bleibt.

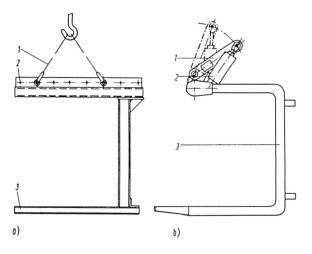
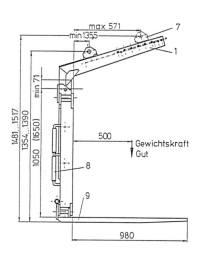

Bild 2-68 Krangabeln für Einheitsladungen
a) mit manueller Änderung des Aufhängepunkts
   1 Traggeschirr
   2 Winkel für Schäkelbefestigung
   3 Gabel

b) mit Schwerpunktausgleich durch Zugfeder
   1 Zuglasche
   2 Zugfeder
   3 Gabel

c) Krangabel KM 401 - SA 500
   Kinshofer Greiftechnik GmbH, Marienstein
   1 Gabelkopf   6 Zinke, links
   2 Steckbolzen   7 Schlitten
   3 Käfig   8 Handgriff, geteilt
   4 Holm   9 Zinke, rechts
   5 Zinkenverstellung

2.2 Lastaufnahmemittel

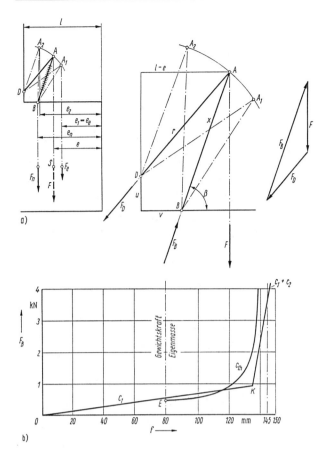

Bild 2-69 Wirkungsweise der Krangabel mit Schwerpunktausgleich
a) Kräfte und Maße
b) Federkennlinien

Die Wirkungsweise des Schwerpunktausgleichers ist an Hand des Bilds 2-69a zu erkennen. Der Angriffspunkt A des Lasthakens ist durch die Feder mit dem Punkt B und durch das Kurbelglied mit dem Punkt D der Krangabel verbunden. Er kann in Abhängigkeit von der Lage des Schwerpunkts S kreisförmig um D schwenken. A_1 kennzeichnet die Lage des Aufhängepunkts, wenn allein die Gewichtskraft F_e der Eigenmasse der Krangabel angreift; am Punkt A_2 wirkt eine mechanische Begrenzung als Schutz gegen eine Überlastung der Feder.

Die aus den Gewichtskräften F_n der Nutzmasse und F_e der Eigenmasse zusammengesetzte Gesamtkraft F steht im Gleichgewicht mit der Federkraft F_B und der Druckkraft F_D der Aufhängung. Zur Berechnung der Federkraft wird zunächst die Schwerpunktkoordinate bestimmt

$$e = \frac{1}{F}(F_n e_n + F_e e_e). \quad (2.60)$$

Geometrische Zusammenhänge führen zu

$$x = \sqrt{\left[u + \sqrt{r^2 - (l-e)^2}\right]^2 + (l-e-v)^2} = x(e)$$

$$\sin\beta = \frac{u + \sqrt{r^2 - (l-e)^2}}{x}; \quad \cos\beta = \frac{l-e-v}{x}. \quad (2.61)$$

Aus dem Gleichgewicht der Momente um D gewinnt man schließlich die Beziehung für die Federkraft

$$F(l-e) - F_B(v\sin\beta + u\cos\beta) = 0$$

bzw. mit den Gln. (2.61)

$$\frac{F_B}{F} = \frac{x(l-e)}{v\left[u + \sqrt{r^2 - (l-e)^2}\right] + u(l-e-v)}. \quad (2.62)$$

Die numerische Auswertung der Gln. (2.61) und (2.62) ergibt die benötigten Federkennlinien (Bild 2-69b). Die theoretische Federsteife c_{th} hat eine so starke Progression, daß sie sich mit einfachen Mitteln nicht verwirklichen läßt. Sie wird deshalb durch Parallelschaltung von zwei Federn mit linearen Kennlinien und unterschiedlicher Steife angenähert, wobei erst vom Punkt K an beide Federn zusammenwirken. Um die leere Krangabel nach vorn zu neigen, liegt c_1 über dem Punkt E der theoretischen Kennlinie. Die gemeinsame Kennlinie beider Federn vom Punkt K ab hat dagegen eine geringere Steife als erforderlich, damit sich die Zinken der Gabel mit Last etwas nach oben neigen.

Bei der Krangabel im Bild 2-68c sind Ladehöhe und Zinkenabstand stellbar. Für den Schwerpunktausgleich sorgt ein verschiebbarer Schlitten im Zusammenwirken mit einer Druckfeder. Es wird damit nur der im Bild 2-69b erkennbare vordere Teil der Federkennlinie ausgenutzt. Über eine Krangabel mit Schwerpunktausgleich durch zwei Gewichte unterschiedlicher Masse, die über eine Viergelenkkette an die Gabel angeschlossen sind, berichtet [2.95].

Krangabeln mit Federausgleich werden für Tragfähigkeiten von 0,63...8 t gebaut. Ihre Nutzhöhen liegen zwischen 600 und 1700 mm, die Gabellängen im Bereich 800 ... 1200 mm. Sie müssen so gewählt werden, daß der Schwerpunktabstand e_n auf der Gabel mit der halben Palettenlänge bzw. -breite übereinstimmt.

2.2.8.2 Containergeschirre (Spreader)

Die Besonderheit der in DIN ISO 668 und DIN 15190 Teil 1 genormten Container sind ihre ebenfalls genormten 8 Eckbeschläge nach DIN ISO 1161 mit hoher Maßgenauigkeit, siehe Abschnitt 4.2.2. In diese Eckbeschläge greifen die Lastaufnahmemittel mit angepaßten Anschlagelementen ein. An den oberen Eckbeschlägen der 20'- bis 40'-Container dürfen nur senkrecht nach oben wirkende Hubkräfte eingeleitet werden, an den unteren Eckbeschlägen dieser Container und an allen kleineren Typen ist auch Schrägzug durch das Lastaufnahmemittel erlaubt. Zu beachten ist, daß der Schwerpunkt eines beladenen Containers bis zu 10 % der Breite bzw. Länge von der Mittelachse abweichen darf. Leercontainer können ebenso eine außermittige Schwerpunktlage haben, beispielsweise wenn sie an der Stirnseite mit einem Kühlaggregat ausgerüstet sind.

In die Systeme des Transports und Umschlags von Containern sind bisweilen auch andere Transportbehälter einbezogen:

– englische Sea-Land-Container 35', deren Eckbeschläge von denen nach DIN ISO 1161 abweichen
– Wechselbehälter der Eisenbahn nach UIC 592, die keine oberen Eckbeschläge aufweisen
– Sattelanhänger mit 2 oder 3 Achsen.

Die Wechselbehälter und umschlagfähigen Sattelanhänger verfügen über Greifkanten, seitliche Einsprünge mit genormten Abmessungen, in die Greifarme des Lastaufnahmemittels eingelegt werden können.

Hebezeuge benutzen Containergeschirre als Lastaufnahmemittel, die den Container von oben aufnehmen. Flurfahrbare Umschlaggeräte für Container haben bisweilen andere Anschlagweisen, siehe Abschnitt 4. Nach der Art, wie der Formschluß zwischen dem Containergeschirr und den Eckbeschlägen des Containers hergestellt wird, unterscheidet man zwei Hauptgruppen dieser Lastaufnahmemittel:

- Seilgeschirre mit von Hand in die Eckbeschläge einzuhängenden Anschlagelementen
- Spreader (Greifrahmen) mit ferngesteuert in die Eckbeschläge einzuführenden und mit ihnen zu verriegelnden Drehzapfen.

Eine Übersicht über Besonderheiten und Bauarten vermitteln die VDI-Richtlinie VDI 2687 und [2.96].

Wegen der zeitaufwendigen Anschlagarbeiten sind *Seilgeschirre* nur dann wirtschaftlich einzusetzen, wenn es sich um kleine Durchsätze oder gelegentlichen Umschlag von Containern handelt. Beim *Rahmengeschirr* (Bild 2-70a) sorgt der an vier Seilsträngen hängende Rahmen dafür, daß die an ihm über kurze Seil- oder Kettenstücke befestigten Anschlagelemente nur vertikale Hubkräfte auf den Container übertragen können. Diese Anschlagelemente, es sind Lasthaken, Schäkel mit Bolzen oder hammerähnlichen Köpfen, müssen von einem Anschläger in einer Arbeitshöhe von rd. 2,5 m mit dem Container verbunden werden.

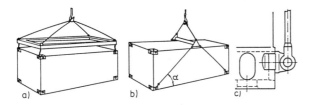

Bild 2-70 Seilgeschirre für Containerumschlag
a) Rahmengeschirr
b) Ladegeschirr
c) Anschlagbolzen

Einfacher ist das Anschlagen an den unteren Eckbeschlägen mit Hilfe eines *Ladegeschirrs* (Bild 2-70b), das aus vier Anschlagseilen und einer oder zwei Quertraversen besteht. Je nach Containergröße liegt der Winkel α zwischen 30° und 45°. Die an den Anschlagseilen angebrachten Anschlagbolzen nach Bild 2-70c haben einen Hammerkopf und werden nach dem Einstecken in die Eckbeschläge durch eine Drehbewegung mit ihnen verriegelt.

Alle derartigen Seilgeschirre sind in den Lasthaken eines Hebezeugs einzuhängen. Dies führt dazu, daß sich die Container schiefstellen, wenn ihr Massenschwerpunkt exzentrisch liegt. Bisweilen rüstet man diese Geschirre deshalb mit einem Takler aus, siehe Abschnitt 2.2.8.3, der einen Schwerpunktausgleich zumindest in Längsrichtung bewirken kann.

Die *Spreader* bestehen im Grundaufbau aus einem auf Biegung und Torsion beanspruchten Rahmen, an dessen vier Ecken Drehzapfen gelagert sind. Diese Zapfen werden in die Eckbeschläge des Containers eingeführt und handbetätigt, vorwiegend jedoch ferngesteuert mechanisch oder hydraulisch mit ihnen verriegelt. Die äußeren Abmessungen der Spreader dürfen die Außenmaße der Container nicht überschreiten. Ihre Bauformen unterscheiden sich darin, ob sie sich für mehrere Containergrößen eignen bzw. wie sie an sie anzupassen sind, und in den Anforderungen, die sie an die Tragmittel des Hebezeugs stellen. Grob strukturiert sind es

- Festspreader
- Wechselspreader
    Grundrahmen mit austauschbaren Festspreadern
    Tochter-Mutter-Spreader mit 20'-Spreader als Grundrahmen
    Festspreader mit schwenkbaren Drehzapfenträgern
- Teleskopspreader (Universalspreader)
    Normalbauweise
    Ausstattung mit Greifarmen
    Ausstattung mit Drehwerk.

An Auslegerkranen sowie Brücken- und Portalkranen mit nur einem Hubseilflaschenzug können Spreader nur 1- bzw. 2strängig eingehängt werden, was zu dem bereits genannten Problem des möglichen Schiefhangs nach dem Anheben führt. Spezialkrane für den Containerumschlag (s. Abschn. 2.4.4.4) haben dagegen ein Hubwerk mit 4 in größeren Abständen angeordneten, parallelliegenden Seilsträngen. Diese Abstände betragen 3,5...5 m in Längsrichtung und 1,5...2,0 m in Querrichtung der Container.

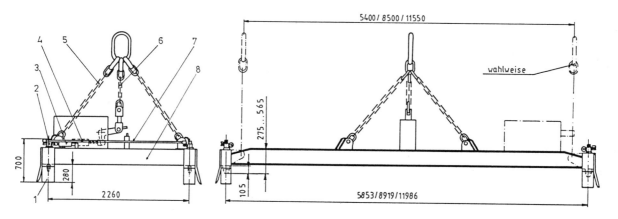

Bild 2-71 Containerrahmen (Festspreader) T 191 KM mit selbsttätiger Verriegelung; Kaup GmbH & Co., Aschaffenburg
Tragfähigkeit 4 ... 33 t, Eigenmasse 1,5 ... 4,3 t

1 Leitblech, fest
2 Drehzapfen
3 hydraulischer Zylinder
4 hydraulischer Hubkolben
5 Kettengehänge, vierstrangig
6 Hubkette
7 Gestänge
8 Rahmen

2.2 Lastaufnahmemittel

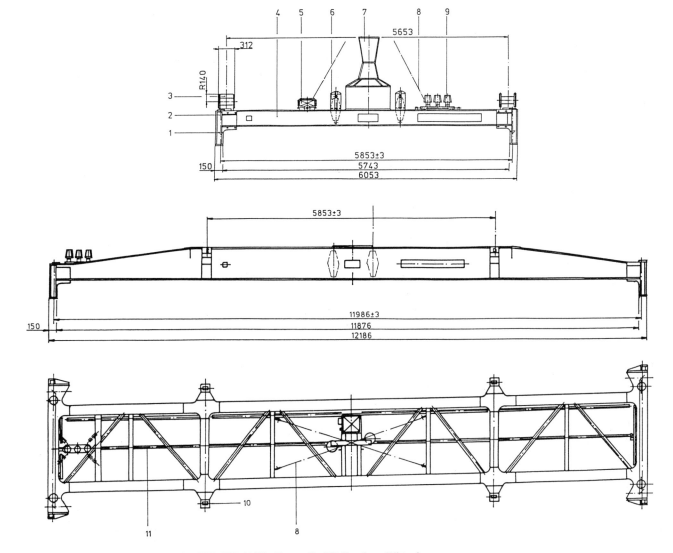

Bild 2-72 Tochter-Mutter-Spreader SEB-VC-40/20; Gresse GmbH Kranbau, Wittenberg; Tragfähigkeit 36 bzw. 40 t, Eigenmasse 3,9 bzw. 1,8 t

1 Drehzapfen
2 Leitblech, starr
3 Aufnahme für Unterflasche
4 Rahmen
5 Kupplungssteckdose
6 Hydraulisches Betätigungsgerät
7 Fangvorrichtung für Stromkabel
8 Transportgeschirr
9 Signalleuchte
10 Eckbeschlag
11 Gestänge

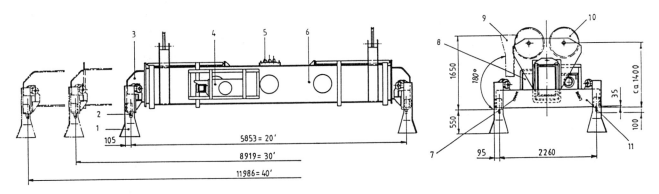

Bild 2-73 Teleskopspreader 30 T 191 K; Kaup GmbH & Co, Aschaffenburg; Tragfähigkeit 35 t, Eigenmasse 7,2 t

1 Leitblech, Arbeitsstellung
2 Drehzapfen
3 Teleskopträger
4 Hydraulikaggregat
5 Signallampe
6 Zentralrahmen
7 Notgeschirrhaken
8 Elektro-Schaltschrank
9 Leitblech, hochgeklappt
10 Hubseilrolle
11 Kopfträger, teleskopierbar

Ein *Festspreader* ist einfach und leicht, kann allerdings lediglich Container einer bestimmten Größe anschlagen. In der Bauart von Bild 2-71 macht zudem eine selbsttätige Betätigung der Drehzapfenbewegung einen zusätzlichen Antrieb und damit die Stromzufuhr über Kabel entbehrlich. Die funktionsbedingten Hauptbaugruppen sind Aufhängung *5*, Rahmen *8*, Drehzapfen *2* und Leitbleche *1*. Die beiden Drehzapfen jedes Kopfträgers sind durch ein Gestänge *7* miteinander verbunden und werden von je einem Hubzylinder *3* um ± 90° um ihre senkrechte Achse gedreht. Wenn sich während des Anhebens das Kettengehänge strafft, wird über die Hubkette *6* mechanisch der hydraulische Hubkolben *4* als Pumpe hereingedrückt; er ist über ein Leitungssystem mit den beiden Drehzapfenzylindern verbunden.

Die beiden häufigsten Arten von *Wechselspreadern* unterscheiden sich darin, ob ein eigener Grundrahmen über Bolzenverbindungen mit verschiedenen Festspreadern zusammenzufügen oder ob dieser Grundrahmen selbst ein Festspreader ist. Der 20'-Mutterspreader und der 40'-Tochterspreader eines *Tochter-Mutter-Systems* (Bild 2-72) sind mit jeweils 4 Drehzapfen ausgerüstet, die über ein Gestänge von zentral angeordneten hydraulischen Betätigungsgeräten gedreht werden. Der Tochterspreader hat darüber hinaus 4 Eckbeschläge wie ein 20'-Container, in die nach dem Aufsetzen die Drehzapfen des Mutterspreaders eingreifen. Der elektrische Anschluß wird durch Umstecken hergestellt. Das Spreader-System ist wahlweise für Einpunkt- oder Vierpunktaufhängung einzurichten.

Das Standardgerät der Containerumschlags ist der *Teleskopspreader*, auch Universalspreader genannt (Bild 2-73). Er ist schwerer als ein Festspreader, kann jedoch ohne zusätzliche Bedienungskräfte für alle Containergrößen eingestellt und in allen Bewegungen zentral vom Bedienungsstand des Hebezeug aus gesteuert werden. Dies ist eine Voraussetzung für große Umschlagzahlen. Im kastenförmigen Mittelteil bzw. Zentralrahmen *6* dieses Spreaders sind verschiebbare Teleskop- bzw. Verstellträger *3* gelagert, an deren Enden die Kopfträger *11* befestigt sind. Diese Verstellträger sind entweder ineinanderliegende Kastenträger oder nebeneinanderliegende I-Träger in einfacher oder doppelter Ausführung. An den Kopfträgern sind die Drehzapfen *2* und die Leitbleche *1* gelagert. Notgeschirrhaken *7* erlauben bei Bedarf das Einhängen eines Seilgeschirrs, um beispielsweise verformte Container anzuschlagen.

Die 4 Hubseile sind paarweise über je 2 Seilrollen *10* mit relativ großem Durchmesser miteinander verbunden. Eine außermittige Lage des Schwerpunkts der Last beeinflußt nur die Verteilung der Seilkräfte, Schiefhang kann nicht auftreten, solange die zulässige Exzentrizität des Schwerpunkts eingehalten wird. Häufig befestigt man die Seilrollen bzw. Seilrollenflaschen mit leicht lösbaren Bolzenverbindungen am Spreader, um den Austausch für Wartungs- oder Instandsetzungsarbeiten zu erleichtern. Die elektrische Zuleitung ist ohnehin steckbar.

Die Verstellträger werden mechanisch, z.B. über Zahnstangen, oder hydraulisch mit doppeltwirkenden Zylindern verfahren. Anschläge und Endschalter gewährleisten das genaue Ansteuern der Normlängen 5853, 8919 und 11986 mm als Festwerte, wobei der Längenabstand der Drehzapfen stufenlos stellbar bleibt.

Die Drehzapfen der Spreader sind Bolzen mit einem hammerähnlichen Kopf, dessen Seitenflächen nach dem Drehen Formschluß mit den Eckbeschlägen herstellen. Diese hochbeanspruchten Zapfen werden aus einem niedriglegierten Vergütungsstahl, meist 42 CrMo 4V, hergestellt und auf eine Zugfestigkeit von mindestens 800 N/mm^2 vergütet. In Teleskopspreadern erhalten sie vorzugsweise einen Einzelantrieb (Bild 2-74), für dessen Auslegung nach [2.96] ein Drehmoment am Drehzapfen von 1 kN·m angesetzt werden soll.

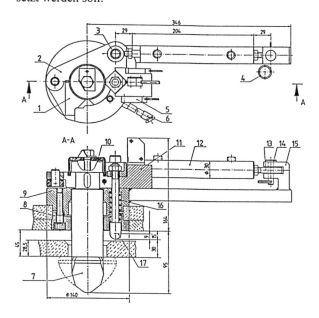

Bild 2-74 Drehzapfenantrieb, Hilgers AG, Rheinbrohl
1	Kragen, zweiteilig	10	Sicherungsring
2	Kragen, zweiteilig	11	Endschalterkonsol
3	Augenschraube	12	Hydrozylinder
4	Federstecker	13	Gelenklager
5	Näherungsschalter	14	Bolzen
6	Schmierleitung	15	Zylinderhalterung
7	Drehzapfen	16	Druckfeder
8	Steuerhals	17	Taststift
9	Drehzapfengehäuse		

Um Fehlstellungen der Drehzapfen auszuschließen, geben federnd gelagerte Taststifte *17* die Drehbewegung der Zapfen erst frei, wenn sie nach dem Aufsetzen des Spreaders auf den Container um einen bestimmten Betrag nach oben gedrückt worden sind und den Endschalter *5* ausgelöst haben. Wird der Spreader dann angehoben, schieben sich die Taststifte wieder nach unten und verriegeln die Drehbewegung erneut. Es gibt auch Drehzapfen mit einem Vierkant unmittelbar oberhalb der tragenden Schulter des Kopfs, die beim Anheben Formschluß mit dem Langloch des Eckbeschlags herstellen.

Sind auch Sea-Land-Container mit einem solchen Spreader umzuschlagen, muß die Differenz von 27 mm in der Breitendistanz der Eckbeschläge und deren abweichende Form berücksichtigt werden. Üblich sind schwenk- oder verschiebbare Drehzapfenlagerungen, beim Spreader im Bild 2-73 ist hierfür der Kopfträger teleskopierbar. [2.96] und VDI 2687 stellen einen Universal-Drehzapfen mit einer besonderen, unsymmetrischen Ausbildung des Kopfs vor, der die Differenz des Abstands und den Unterschied in der Lochform ausgleicht. Allerdings verkleinert sich dadurch die tragende Fläche des Kopfs, was zu größeren Pressungen führt. Von einem 40'-Spreader können auch zwei 20'-Container gleichzeitig aufgenommen werden, wenn in der Mitte 4 zusätzliche, höhenbewegliche oder klappbare Drehzapfen angebracht sind.

2.2 Lastaufnahmemittel

An den Kopfträgern der Teleskopspreader sind entweder je zwei winkelförmige *Eck-Leitbleche* (s. Bild 2-73) oder zwei in Seitenrichtung und ein in Längsrichtung führendes *Flach-Leitblech* befestigt. Damit der Spreader auch in Räume zwischen gestapelten Containern eingebracht werden kann, sind diese Leitbleche hochzuklappen und überragen in dieser Stellung die Konturen des Spreaders nicht. Die Drehbewegung führen hydraulische Zylinder, heute häufig Hydromotoren aus (Bild 2-75).

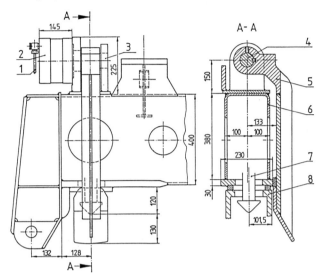

Bild 2-75 Leitblech, hochklappbar, Hilgers AG, Rheinbrohl
1 Ölzuführung
2 Hydromotor
3 Leitblechlagerung
4 Welle
5 Leitblech
6 Kopfträger
7 Drehzapfen
8 Eckbeschlag Container

Die Antriebe für die Leitbleche sind so ausgeführt, daß diese Führungen beim Anstoßen an die Container keine größeren Horizontalkräfte als 3 kN übertragen können, sondern federnd nachgeben [2.96].

Richtwerte für die Bewegungsdauer der einzelnen Antriebe gibt die Literatur wie folgt an: Teleskopieren 30 s, Drehzapfendrehung 1...2 s, Klappen der Leitbleche 3...8 s.

Daß man einen Universalspreader auch mit wesentlich geringerem Aufwand anfertigen kann, zeigt Bild 2-76. Alle für die Funktion erforderlichen Bewegungen werden von Hand ausgeführt. Die Kopfträger *4* werden auf dem Tragbalken *3* verschoben, um den benötigten Abstand einzustellen, der Schwerpunktausgleich *8* und die Verriegelung der Drehzapfen *1* über Kettenräder *7* bzw. *9* mit Zugketten betätigt.

Im Gegensatz dazu enthält der *Teleskopspreader mit Greifarmen* im Bild 2-77 als ergänzende Ausrüstung zwei Greifarme, um außer Containern auch Wechselbehälter und Sattelschlepper heben zu können. Diese Greifarme werden hydraulisch quer zum Behälter angestellt. Wenn sie nicht gebraucht werden, sind sie hochzuklappen und seitlich am Zentralrahmen zu lagern. Fühler und zugehörige Schalteinrichtungen überwachen die Grenzstellungen dieser Greifarme und verriegeln die Antriebe, wo Gefahrensituationen auftreten können. Als Mindestmaße gelten 3300 mm nutzbare Höhe und 3000 mm lichte Weite für die Greifarme. Der Längenabstand beider Paare entspricht dem für die Greifkantenmitten der Wechselbehälter genormten Maß von 4876 mm. Es gibt Bauarten mit veränderlichem Mittenabstand.

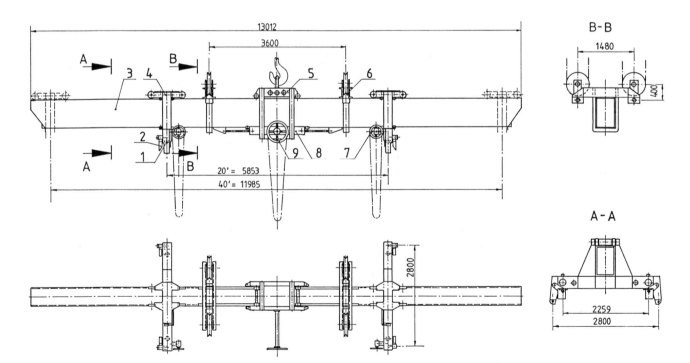

Bild 2-76 Universalspreader US 83 mit Handbetätigung; Hilgers AG, Rheinbrohl
Tragfähigkeit 30,5 t, Eigenmasse 7,5 t
1 Drehzapfen
2 Leitblech
3 Tragbalken
4 Kopfträger, verschiebbar
5 Aufhängetraverse mit Schäkel
6 Seilrollentraverse
7 Kettenrad mit Zugkette
8 Schieflastausgleich
9 Kettenrad mit Zugkette

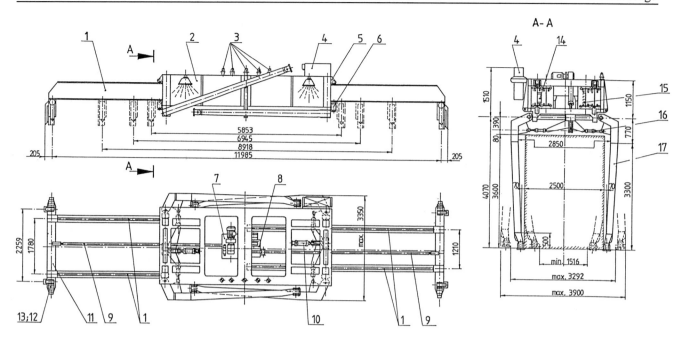

Bild 2-77 Teleskopspreader GTS 80 mit Greifarmen; Hilgers AG, Rheinbrohl
Tragfähigkeiten: Drehzapfen 36 t, Greifarme 41 t, Eigenmasse 10,5 t

1 Teleskopträger
2 Führungsschachtel
3 Kontrolleuchten
4 Schaltschrank
5 feste Rollen
6 federnde Rollen
7 Hydraulikaggregat
8 Teleskopantrieb
9 Triebstock
10 Schwenkzylinder
11 Kopfträger
12 Leitblechantrieb
13 Drehzapfenantrieb
14 Energieführungskette
15 Endschalterordnung
16 Spreizzylinder
17 Greifarm

Eine andere Sonderausführung, der *Drehspreader* (Bild 2-78), kann Spreader und Container um mindestens 180°, meist sogar endlos um die vertikale Achse drehen. Das Drehwerk besteht aus einer Kugeldrehverbindung und einem elektromechanischen, bisweilen auch hydraulischen Antrieb *10*. Im gezeichneten Beispiel ist es hängend an einer oberen Traverse *2* gelagert. Erforderlich ist eine Vierpunktaufhängung dieser Traverse. Wenn der Drehwerkantrieb eingeschalten wird, verdreht und verspannt sich zunächst die Seilaufhängung im gegenläufigen Sinn und überträgt anschließend das eingeleitete Drehmoment auf den Spreader mit Container. Die Last dreht sich, bis die Bremse angelegt und dadurch der umgekehrte Verspannungsvorgang erneut eingeleitet wird. Zusätzliche Schrägseile in der Seilaufhängung verbessern deren Drehsteife. Unabdingbar ist die ergänzende Ausstattung eines solchen Drehspreaders mit einer Schieflastausgleichsvorrichtung, weil sonst in der Querstellung des Spreaders wegen der kleineren Stützbasis in dieser Richtung eine Instabilität auftreten könnte.

Erschwert wird das Drehen eines Spreaders mit Last, wenn eine Ein- oder Zweipunktaufhängung vorliegt. [2.97] stellt für diesen Zweck eine gesonderte Drehvorrichtung vor, an der der Spreader mit vier verhältnismäßig langen Seilen aufgehängt ist. Eine kontrollierte Drehbewegung nach diesem System erscheint schwierig. Die völlig andere Lösung dieses Problems bedeutet der sogenannte *Schubgondelspreader* [2.98] [2.99], der das notwendige Drehmoment mit zwei von Motoren getriebenen, auf dem Spreader gelagerten Gebläsen erzeugt.

Teleskopspreader haben eine große Belastungsdichte und unterliegen beträchtlichen Stoß- und Schwingbeanspruchungen. VDI 2687 empfiehlt, die Stahlbaunorm DIN 15018 mit den Hubklassen H2 (H1) und den Beanspruchungsgruppen B4 (B2...B3) heranzuziehen, wobei die in Klammern stehenden Angaben für Handbetrieb gelten. Diese Richtlinie enthält auch Werte für die anzusetzenden Horizontalkräfte und Exzentrizitäten der Schwerpunkts. Die Maschinenbauteile sollten für 30 Arbeitsspiele je Stunde ausgelegt werden. Gestaltungsrichtlinien für Spreader steuert [2.100] bei.

Die Vierpunktaufhängung des Containers am Spreader ist einfach statisch unbestimmt. Der Rahmen muß deshalb, um die Spitzenbelastungen zu mildern, so verformungsweich ausgebildet werden, daß die Annahme einer statisch bestimmten Verteilung der Kräfte auf die vier Drehzapfen annähernd mit der wirklichen Belastung übereinstimmt. Eine Dreipunktaufhängung, die bei einem verformten Container auftreten kann, wäre als Sonderbelastung zu behandeln.

Für die Kräfte am Drehzapfen gelten die im Bild 2-79 erkennbaren geometrischen Zusammenhänge. Berücksichtigt sind die zulässige Schwerpunktabweichung um je 1/10 der Breite und Länge sowie eine Neigung in Quer- und Längsrichtung von 2,5°, die zum Be- und Entladen schrägstehender Fahrzeuge vom Containerkran eingestellt werden kann. Bild 2-79 führt zu den Gleichungen

$$\frac{F_{1,2}}{F} = \frac{x}{b_1} = \frac{1}{2} + \frac{1}{10}\frac{b}{b_1}$$

$$w = \left(\frac{l_1}{2} + \frac{l}{10} + \frac{h}{2}\tan\alpha\right)\cos\alpha$$

2.2 Lastaufnahmemittel

$$\frac{F_1}{F_{1,2}} = \frac{w}{l_1 \cos\alpha} = \frac{1}{2} + \frac{1}{10}\frac{l}{l_1} + \frac{h}{2l_1}\tan\alpha$$

$$\frac{F_1}{F} = \left(\frac{1}{2} + \frac{1}{10}\frac{l}{l_1} + \frac{h}{2l_1}\tan\alpha\right)\left(\frac{1}{2} + \frac{1}{10}\frac{b}{b_1}\right). \quad (2.63)$$

Einsetzen der Daten für 10'- bis 40'-Container zeigt, daß bei Längsneigung etwas größere Maximalkräfte am Drehzapfen *1* auftreten als bei Querneigung, die Unterschiede sind allerdings klein. Als Näherungsansatz für die maximale Zapfenkraft sind 35 % der Gewichtskraft des Containers angebracht.

Eigene sicherheitstechnische Vorschriften für Spreader bestehen nicht; es gilt die allgemeine Unfallverhütungsvorschrift VBG 9a für Lastaufnahmemittel. Die Taststifte mit Verriegelungsautomatik für die Drehzapfenbewegung wurden bereits erwähnt. Die Stellung der Drehzapfen wird dem Kranführer angezeigt. Zusätzlich zu den elektrischen und mechanischen Sicherheitsschaltungen kennzeichnen verschiedenfarbige Leuchten die vollständige Auflage des Spreaders auf dem Container, seine Verriegelung mit ihm bzw. den entriegelten Zustand.

2.2.8.3 Schwerpunktausgleicher

Willkürliche Neigungen langer, großer oder sperriger Lasten beim Kranbetrieb sind allgemein unzulässig und müssen durch geeignete Anschlagmittel ausgeschlossen werden. Die genormten Container sind besonders empfindlich gegen Stöße und konzentrierte, einseitige Beanspruchungen. Außerdem sind sie waagerecht liegend von Fahrzeugen abzuheben bzw. auf sie abzusetzen, um die Befestigungseinrichtungen nicht zu beschädigen. Das gilt auch für die Stapelung der Container.

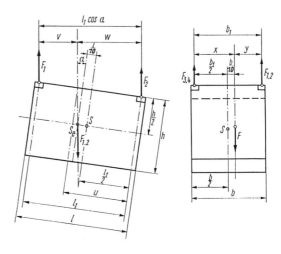

Bild 2-79 Kräfte an den Drehzapfen eines Spreaders

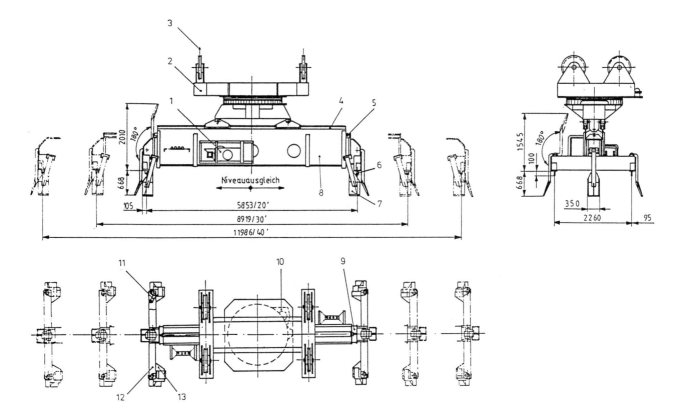

Bild 2-78 Teleskopspreader 30 T 191 KND mit Drehwerk; Kaup GmbH & Co, Aschaffenburg
Tragfähigkeit 35 t, Eigenmasse 10 t

1 Hydraulikaggregat
2 obere Traverse
3 Hubseil
4 Hydraulikzylinder für Niveauausgleich
5 Hydraulikzylinder für Teleskopieren
6 Drehzapfen
7 Leitblech an Quertraverse
8 Zentralrahmen
9 Teleskopträger
10 Drehwerkantrieb
11 Leitblech an Kopfträger
12 Kopfträger
13 Quertraverse

Werden solche Lasten nur an einem Seilstrang eines Hebezeugs angeschlagen, muß der Aufhängepunkt genau über dem Schwerpunkt der Last liegen. Anschlaggeschirre oder Tragtraversen brauchen dazu besondere Verstellvorrichtungen, Bild 2-80 enthält einige gebräuchliche konstruktive Lösungen für den Schwerpunktausgleich in einer Ebene. Mit größerem Aufwand ist auch ein räumlicher Ausgleich zu erzielen.

Der *Takler* ist sei langem als geeignetes Mittel für ein solchen Ausgleich bekannt. Das Anschlagseil wird bei ihm über eine kurze Seiltrommel mit einer durch Federn gelüfteten Haltebremse geführt. Damit ist es möglich, unterschiedliche Seillängen am Anschlaggeschirr einzustellen und unabhängig von der Schwerpunktlage beizubehalten. Das gleiche Prinzip kann in der im Bild 2-80a gezeichneten Weise zur Gewährleistung der waagerechten Lage einer Lasttraverse angewendet werden.

Der Schwerpunktausgleich durch Neigen eines Hängestabs mit mechanischer Verriegelung in einem Zahnsegment (Bild 2-80b) muß von Hand über das Entriegelungsseil eingestellt bzw. aufgehoben werden. Der Spindeltrieb im Bild 2-80c wird dagegen elektromechanisch angetrieben. In ähnlicher Weise kann die Traversenaufhängung auch als Wagen ausgebildet werden, der durch Schrägzug des Hebezeugs horizontal verschoben und beim Anheben der Traverse in dieser Stellung verriegelt wird.

Eine hand- oder selbstbetätigte Einstellung erlaubt der hydraulische Schwerpunktausgleicher über zwei Arbeitszylinder (Bild 2-80d), die über Ölleitungen und Ventile miteinander verbunden sind. Mit 3 oder 4 räumlich angeordneten Zylindern ist auch ein räumlicher Ausgleich zu erzielen; [2.101] beschreibt eine solche Vorrichtung. Alle diese Einrichtungen für den Ausgleich exzentrisch liegender Schwerpunkte, es gibt weitere Ausführungen, unterscheiden sich im technischen Aufwand, in der Genauigkeit der Anpassung und in der Handhabbarkeit, z.B. nicht freistehenden Gütern.

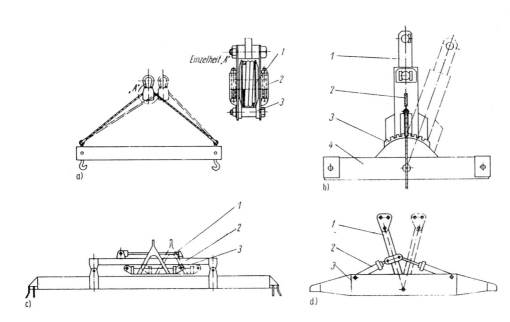

Bild 2-80 Schwerpunktausgleicher
a) Takler
  1 Seiltrommel; 2 Druckfedern;
  3 Haltebremse
b) Hängestab
  1 Hängestab; 2 Feder mit Entriegelungsseil;
  3 Zahnsegment; 4 Traverse
c) Spindeltrieb
  1 Spindel, angetrieben; 2 Rahmen;
  3 Aufhängetraverse
d) Hydraulikzylinder
  1 Hängestab; 2 Hydraulikzylinder
  3 Rahmen

2.3 Serienhebezeuge

In der Regel in Serie hergestellte Hebezeuge, diese hier etwas knapper gefaßte, unscharfe Definition einer großen Gruppe von Fördermaschinen nach DIN 15100, zeigt die Schwierigkeit, sie eindeutig in einen Begriff zusammenzufassen. Gemeint sind reine Hubgeräte bzw. -maschinen mit der senkrechten Bewegung als alleiniger Arbeitsbewegung in der Abgrenzung zu den Kranen, die mehrere Bewegungen überlagern können.

Diese Geräte bzw. Maschinen treten in großer Vielfalt auf, werden in allen Bereichen der Wirtschaft verwendet und tragen teils voneinander abweichende Bezeichnungen. Unterscheidungsmerkmale sind:

- die Art der zugeführten Energie (Muskel-, Elektro-, Druckluftenergie)
- der Mechanismus der Energieübertragung
    Zugmittel (Kette, Seil)
    mechanisches Getriebe (Zahnstangen-, Spindeltrieb)
    Kolbenzylinder (Druckluft-, Hydraulikzylinder)
- die Wirkungsrichtung der Abtriebskraft (Ziehen, Drücken)
- die Größe des Hubwegs (Kurzhub, Langhub).

Wegen der vielen Überschneidungen innerhalb dieser Kriterien läßt sich aus ihnen kein logisches Gliederungsschema ableiten; DIN 15100 nennt pragmatisch 15 gleichberechtigt nebeneinanderstehende Grundtypen. Die nachstehend behandelte Auswahl bildet wenige überschaubare Gruppen und benutzt gebräuchliche, aber diesen Gruppen eigens angepaßte Bezeichnungen. Weiterführende Ausführungen enthält die Literatur, z.B. [2.102], besonders die jährlichen Messeberichte.

2.3.1 Kurzhubhebezeuge

Der Hubweg von Kurzhubhebezeugen bleibt klein und überschreitet die Größenordnung von 1,5 m nicht. Zusammengefaßt werden unter diesem Begriff die Getriebewinden, Hydraulikheber und Druckluftthebezeuge. Die *Zahnstangenwinde* als einfachste Bauform der Getriebewinden führt eine Relativbewegung zwischen einer Zahnstange und einem Gehäuse mit darin gelagertem Ritzel aus. Nach dem bewegten Teil unterscheidet man zwei Bauarten, mit höhenbeweglichem Gehäuse (Bild 2-81) bzw. mit hebender Zahnstange. Die Tragfähigkeit solchen Zahnstangenwinden liegt im Bereich 1,5...20 t, die Hubwege betragen in der Regel 0,35...0,4 m, mit bewegter Zahnstange bis 1,5 m. Eine am Gehäuse fest angebrachte oder in unterschiedlicher Höhe steckbare Klaue verkleinert die Einschubhöhe der Winde bei einer verringerten Tragfähigkeit von rd. 50 % des Nennwerts.

Die Hubbewegung einer Zahnstangenwinde wird mit einer Handkurbel erzeugt, deren Drehung über eine Stirnradübersetzung auf das Ritzel des Zahnstangentriebs übertragen wird. Die Zähnezahl dieses Ritzels wird mit $z = 4$ bzw. 5 sehr klein gewählt; der Wirkungsgrad einer solchen Winde erreicht daher nur $\eta = 0{,}65...0{,}70$. Die an der Kurbel aufzubringende Kraft F_K beträgt

$$F_K = F \frac{r_R}{r_K} \frac{1}{i \eta} \qquad (2.64)$$

F erzeugte Hubkraft
r_R Teilkreisradius des Ritzels
r_K Kurbelradius
i Übersetzung des Stirnradtriebs
η Wirkungsgrad.

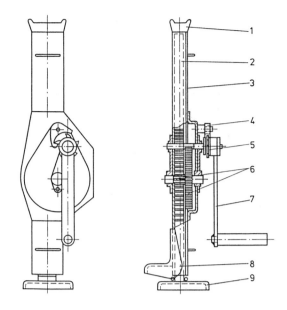

Bild 2-81 Zahnstangenwinde mit hebbarem Gehäuse, Tragfähigkeit 3,2 t
1 Auflager
2 Zahnstange, feststehend
3 Gehäuse, hebbar
4 Sperrklinke
5 Sperrad mit Bremsscheibe
6 Stirnrad mit Zahnstangenritzel
7 Handkurbel
8 Klaue
9 Fuß

Um der Gefahr zu begegnen, daß eine durchziehende Last die Kurbel unkontrolliert zurückschlagen kann, enthält die Zahnstangenwinde, wie auch andere Handhebezeuge, eine *Lastdruckbremse*. In ihr wird die Gewichtskraft der Last, meistens über einen Schraubentrieb, in die Betätigungskraft einer Axialbremse umgewandelt. Eine Gesperre, im allgemeinen als Klinkengesperre ausgeführt, gibt die Drehbewegung der Kurbel in Hubrichtung frei, in Senkrichtung muß dagegen mit der Kurbel das Reibungsmoment der Bremse überwunden werden. Ein bekanntes Beispiel einer solchen Lastdruckbremse ist die Sicherheitskurbel, siehe [0.1, Abschn. 2.4.8].

Wegen des notwendigen Axialspiels zur Auslösung der Bremsfunktion schlägt beim Übergang Heben - Senken die Kurbel zurück, wobei nicht mehr als 18° Kurbeldrehung zulässig sind. Als bessere Lösung haben sich deshalb federbelastete Lastdruckbremsen durchgesetzt. Sie werden in den Kurbeltrieb integriert oder als Sonderbaugruppe mit der Kurbel verbunden. Die Bremsmomente in beiden Drehrichtungen unterscheiden sich, weshalb die maximalen Kurbelmomente in Hubrichtung von den Herstellern nur mit rd. 50 % der Momente in Senkrichtung angegeben werden, die meist die Größenordnung 100...120 N·m haben.

Die Gleichungen, nach denen Lastdruckbremsen zu bemessen sind, werden in der Literatur verschieden angegeben [2.103] [2.104]. *Bergmann* [2.105] stellt sie kritisch gegenüber, führt eigene Versuche durch und gibt damit in Übereinstimmung stehende Gleichungen für die Drehmomente an der Kurbel und die Bremsmomente an.

Eine *Schraubenwinde*, bisweilen auch Schneckenwinde genannt, erzeugt die Vertikalbewegung einer Spindel durch Drehung einer unverschiebbar gelagerten Mutter. Das Bewegungsgewinde ist meist ein Trapezgewinde. Im Beispiel von Bild 2-82 ist die Spindel selbst fest im Fußstück gelagert. Die Drehung der Kurbel wird über einen Schneckentrieb in die Drehung des Schneckenrads *3* umgewandelt, das durch ein Axial-Wälzlager *5* gestützt ist. Die Drehung des Schneckenrads verschiebt das Gehäuse *4* mit Fußrohr *2* und Kopfrohr *7* in senkrechter Richtung.

Die Tragfähigkeiten gebräuchlicher Schraubenwinden liegen zwischen 15 und 50 t, der Hubweg erreicht nur 0,15...0,20 m. Eine größere Hubhöhe läßt sich mit einer Zweispindelausführung erzielen. In ihr ist die feststehende Innenspindel durch die Paarung einer drehbaren Mittelspindel und einer zusätzlichen Innenspindel ersetzt. Diese Innenspindel wird von der aufliegenden Last am Drehen gehindert.

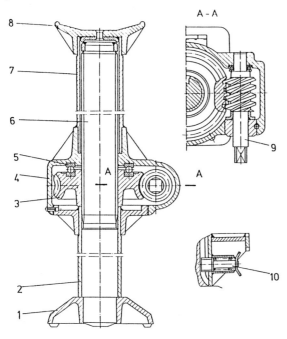

Bild 2-82 Schraubenwinde, Tragfähigkeit 8 t
1 Fußstück 6 Spindel
2 Fußrohr 7 Kopfrohr
3 Schneckenrad 8 Auflager
4 Getriebegehäuse 9 Schneckenwelle
5 Axial-Wälzlager 10 Verdrehsicherung

Weil der Schneckentrieb einer Schraubenwinde selbsthemmend ausgelegt wird, erübrigt sich eine Senkbremse. Der Hubwirkungsgrad bleibt deshalb bei $\eta \approx 0{,}5$. Um die bei einer gegebenen Belastung benötigte Kurbelkraft zu bestimmen, müssen die Übertragungsbedingungen des Schnecken- und Schraubentriebs sowie die Reibungskräfte berücksichtigt werden. Gleichsetzen der Drehmomente aus Kurbelwirkung und Auflagerkraft führt unter Vernachlässigung der Reibung in der Schneckenlagerung und in der Gehäuseführung zur nachstehenden Gleichung für die Kurbelkraft F_K während des Hebens

$$F_K = F \frac{d_{mS}}{2 r_K} \tan(\gamma_{mS} + \rho_S) \left[\frac{d_{mG}}{d_{mR}} \tan(\gamma_{mG} + \rho_G) + \frac{d_L}{d_{mR}} \mu_L \right]; \quad (2.65)$$

F Gewichtskraft der Last
r_K Kurbelradius
d_m mittlerer Durchmesser
γ_m mittlerer Steigungswinkel
ρ Reibungswinkel
d_L Durchmesser Axiallager
μ_L Reibungszahl Axiallager
Indizes: S Schnecke, R Schneckenrad, G Trapezgewinde.

Handelt es sich um eine Zweispindelausführung, dann erweitert sich diese Gleichung um einen Faktor. Die Kurbelkraft beim Senken der Last erhält man, indem die Reibungswinkel ρ_S und ρ_G sowie die Reibungszahl μ_L negativ angesetzt werden. Die Bedingung für Selbsthemmung des Schneckentriebs lautet $\rho_S \geq \gamma_{mS}$. Selbsthemmung im Schraubentrieb tritt nicht auf, weil es sich hier um ein Bewegungsgewinde handelt.

Als Achssenken, Theaterbühnenwinden o. ä. werden auch größere, motorisch angetriebene Schraubenwinden eingesetzt, auf die hier nur verwiesen werden soll.

Ein *Hydraulikheber* ist die kompakte Kombination einer hydraulischen Handpumpe und eines Hydraulikzylinders. Wiederum können beide Funktionsteile, Zylinder oder Kolben, als bewegtes Teil ausgebildet werden. In der Ausführung von Bild 2-83 bewegt der Schwenkhebel *6* den Plungerkolben *8* periodisch nach unten. Dabei wird die beim Heben des Kolbens über das Saugventil *12* aus dem Ölbehälter *9* angesaugte Flüssigkeit über das Druckventil *13* in den Raum zwischen dem hebbaren Hubzylinder *2* und dem feststehenden Kolben *3* gedrückt. Um die Last wieder zu senken, wird das Senkventil *14* mit dem Handrad *15* so weit geöffnet, wie es die gewünschte Senkgeschwindigkeit erfordert.

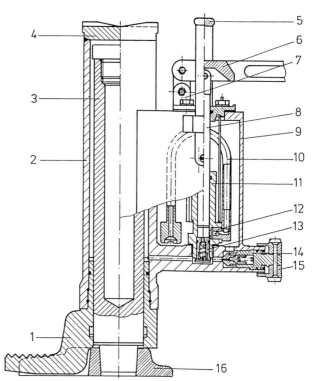

Bild 2-83 Hydraulikheber, Hubkraft 100 kN
Pfeifer Seil- und Hebetechnik GmbH & Co, Memmingen
1 Führungszylinder 8 Plungerkolben
  mit Hebefuß 9 Ölbehälter
2 Hubzylinder, hebbar 10 Ölzuführung
3 Kolben, feststehend 11 Ventilgehäuse
4 Hebekopf 12 Saugventil
5 Tragegriff 13 Druckventil
6 Schwenkhebel 14 Senkventil
7 Hebellagerung 15 Handrad

Derartige Hydraulikheber werden für Tragfähigkeiten bis etwa 100 t gebaut. Die seitlich angebrachte Klaue darf nur einem Teil der Nennbelastung ausgesetzt werden. Die Hubhöhe solcher Geräte bleibt mit 120...200 mm sehr klein. Sonderausführungen, u. U. mit einem Teleskopzylinder, erreichen etwas höhere Werte. Ein Sicherheitsventil begrenzt den Hubweg nach oben und verhindert ein Heraustreten des Zylinders aus der Führung. Wegen der unvermeidlichen Leckverluste sinkt eine stehende Last allmählich nach unten; eine zusätzliche Sicherungsmutter unterhalb des Auflagers kann dies verhindern.

Die Übersetzungen von Weg und Kraft in einem Hydraulikkörper hängen von den Kolbendurchmessern und Hebelradien ab. Gleichsetzen der Drücke in beiden Zylindern führt zur Gleichung für die Hebelkraft F_H bei gegebener Auflagerkraft F

$$F_H = F \frac{l_2}{l_1 \lambda \eta} \left(\frac{d_P}{d_Z} \right)^2 ; \qquad (2.66)$$

$l_{1,2}$ Hebelradien
$\lambda \approx 0{,}9$ Faktor für Leckverluste
$\eta \approx 0{,}8$ mechanischer Wirkungsgrad
$d_{P,Z}$ Durchmesser von Plungerkolben bzw. Hubzylinder.

Weil viele Betriebe über ein stationäres Druckluftnetz verfügen, um Druckluftwerkzeuge zu betreiben, werden gelegentlich sehr einfache, billige *Druckluft-Zylinderhebezeuge* eingesetzt (Bild 2-84). Sie eignen sich vor allem für explosions- und feuergefährdete Räume, z.B. in der chemischen Industrie, bei der Holzverarbeitung, in Lackierereien, Raffinerien.

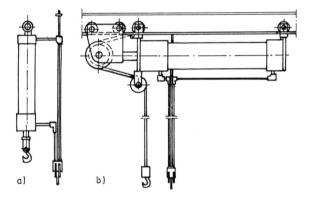

Bild 2-84 Druckluft-Zylinderhebezeuge [2.106]
a) stehender Zylinder
b) liegender Zylinder

Druckluftzylinder als Hebezeuge sind wenig störanfällig, bequem zu warten, und sie haben einen vom anliegenden Druck gegebenen, systemeigenen Überlastungsschutz. Zudem läßt sich die Geschwindigkeit über die Steuerung des Luftdrucks mit wenig Aufwand steuern. Die Tragfähigkeit hängt vom Luftdruck, meist 6 bar, und vom Kolbendurchmesser ab, der üblicherweise zwischen 50 und 260 mm liegt; sie übersteigt 6 t nicht. Von Nachteil kann die Bauhöhe des senkrecht stehenden Zylinders sein, die stets größer als der Hubweg von maximal 1,6 m sein muß. Durch horizontale Anordnung des Zylinders ist auch die Bauhöhe wesentlich zu verringern und außerdem über den Einbau eines Flaschenzuges eine größere Übersetzung und damit Tragfähigkeit zu erzielen (Bild 2-84 b).

Die Druckluftzufuhr wird über ein Wegeventil gesteuert. Gebräuchlich sind zwei unterschiedliche Schaltungsvarianten

- doppeltwirkend, wobei im Wechsel eine Seite des Kolbens beaufschlagt, die andere entlüftet wird

- einfachwirkend (Differenzsteuerung), wobei die Druckluft ständig im Raum unterhalb des Kolbens anliegt. Zum Heben wird die Luft des oberen Raums ins Freie abgelassen, zum Senken die Luft des unteren Raumes in den oberen übergeleitet, dessen wirksame Kolbenfläche wegen des Fehlens der Kolbenstange größer ist.

Nach [2.106] können in der zweiten Variante bis 40 % an Druckluft eingespart werden.

2.3.2 Ketten- und Seilzüge

Unter dem Begriff Züge werden hier lediglich handbetriebene Geräte mit Kette bzw. Seil als Zugmittel verstanden. Im Sprachgebrauch bezeichnet man dagegen häufig auch motorisch angetriebene Hubwinden als Züge. Die Kraft wird auf das Zugmittel über Kettennüsse, Treibscheiben oder Klemmbacken übertragen. Das Zugmittel ist in seiner Länge theoretisch unbegrenzt, weil es im allgemeinen durch Aufhebung des Form- bzw. Kraftschlusses unbelastet durchgezogen werden kann.

Im *Kettenzug* treibt eine Haspelkette *1* die Lastkette *10* über ein Untersetzungsgetriebe an; im Beispiel von Bild 2-85 ist dies ein Umlaufrädergetriebe. Das Haspelrad *4* ist über ein Bewegungsgewinde auf der Welle gelagert und betätigt auf diese Weise die Lastdruckbremse *3*. Die Hubbewegung eines *Hebelzugs* (Bild 2-86) wird durch das Hin- und Herschwenken eines Hebels erzeugt, die jeweilige Bewegungsrichtung dabei von Hand eingestellt. Die im Bild nicht sichtbare Lastdruckbremse steht in Verbindung mit einem Klinkengesperre, das eine kräftefreie Rückführung des Hebels in der Gegenrichtung der Arbeitsbewegung möglich macht. Beide Bauarten, Ketten- und Hebelzug, können die Kette zum Durchziehen freistellen, meist durch Betätigung eines Handrads oder Hebels.

Universeller für beliebige Seillängen und Wirkungsrichtungen der Zugkraft einzusetzen ist der *Universal-Seilzug*; Bild 2.87 zeigt eine sehr verbreitete Ausführung. Die beiden Skizzen links oben verdeutlichen das Wirkprinzip. Zwei im Wechsel eingreifende Klemmbackenpaare bewegen beim Hin- und Herschwenken des Rückzughebels das Seil um 40...50 mm je Doppelhub in Zugrichtung. Der Getriebemechanismus ist so ausgebildet, daß nach dem Erreichen der Endstellung des Hebels zunächst das vorher nicht am Kraftschluß beteiligte Klemmbackenpaar angreift, sich anschließend das andere löst und das neu im Eingriff stehende dann beim Zurückschwenken des Hebels den erneuten Vorschub übernimmt. Eine Bremseinrichtung wird somit überflüssig, den Überlastungsschutz stellen Scherstifte her. Die Klemmwirkung der Klemmbacken wird dadurch erzeugt, daß die oberen Klemmbacken *6* von Exzenterwellen in die U-förmig gebogenen unteren Klemmbacken *11* nach unten gedreht und dadurch an das Seil gepreßt werden. Mit dem Schalthebel *1* kann das Gerät freigeschaltet werden; in dieser Stellung ist das Seil durchzuziehen. Derartige Seilzuggeräte bringen Zugkräfte im Bereich 8...60 kN auf. Die am Hebel zu erzeugenden Handkräfte liegen mit 250...500 N relativ hoch, sind aber zumutbar.

Durch Ausstattung mit einem außenliegenden, doppeltwirkenden hydraulischen Zylinder läßt sich ein solcher Seilzug zur Seilzugmaschine abwandeln. Selbstverständlich bedarf es dazu eines zusätzlichen hydraulischen Antriebs mit Ölbehälter, Pumpe, Ventilen usw. Die Zugkräfte können Werte bis 300 kN erreichen.

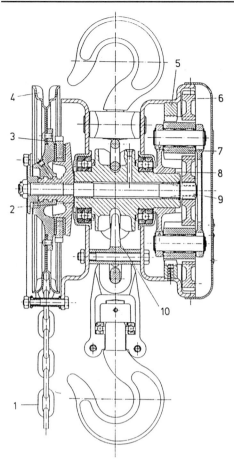

Bild 2-85 Kettenzug mit Haspelkette, Tragfähigkeit 3 t,
BKS GmbH, Velbert
1 Haspelkette
2 Kettennuß
3 Lastdruckbremse
4 Haspelrad
5 Zahnkranz, feststehend
6 großes Planetenrad
7 kleines Planetenrad
8 Stegwelle
9 Zentralrad
10 Kettenaufhängung

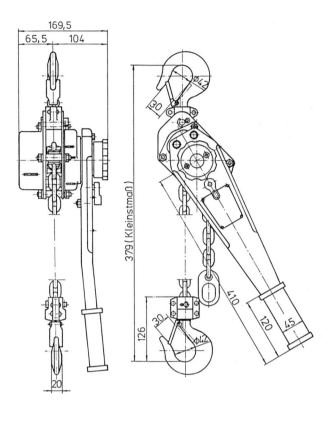

Bild 2-86 Hebelzug mit Ratschenhebel
Pfaff-silberblau Hebezeugfabrik GmbH, Friedberg
Tragfähigkeit 1,5 t, Eigenmasse 9,75 kg

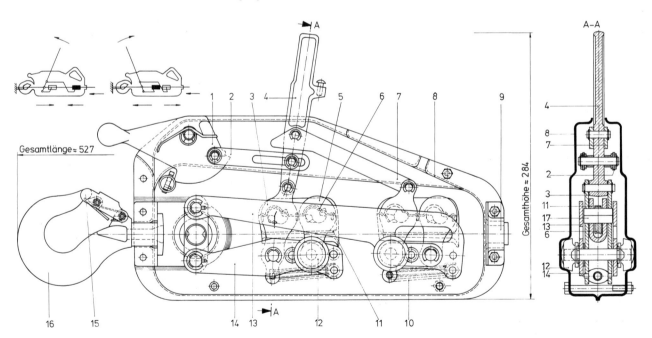

Bild 2-87 Seilzuggerät Greifzug TU 8, Seilzugkraft 8 kN, Greifzug Hebezeugbau GmbH, Bergisch-Gladbach
1 Schalthebel
2 Schaltblech
3 Antriebsklemmbacke
4 Rückzughebel
5 loser Klemmhebel
6 obere Klemmbacke
7 Rückzugstange
8 Gehäuse
9 Seileinführungsdüse
10 Druckfeder
11 untere Klemmbacke
12 Führungsrolle
13 Aufschloßkörper
14 Abschloßkörper
15 Maulsicherung
16 Stifthaken
17 Klemmachse

2.3 Serienhebezeuge

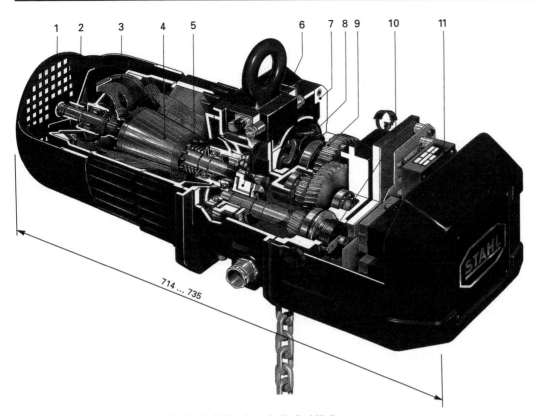

Bild 2-88 Elektrokettenzug T 510, R. Stahl Fördertechnik GmbH, Stuttgart
Tragfähigkeit 1000 kg, Eigenmasse 57...78 kg, Hubhöhe 3 m, Hubgeschwindigkeit 8...14 m/min
1 Anzeige für Bremsnachstellung
2 Lüfter
3 Konusbremse
4 Verschiebeläufermotor
5 Bremsfeder
6 Rutschkupplung
7 Kettenführung
8 Kettenrad
9 Stirnradgetriebe
10 Einstellung für Rutschkupplung
11 Steuerung

2.3.3 Ketten- und Seilwinden

Motorisch betriebene, in Serie gefertigte Ketten- und Seilwinden haben im Verlauf dieses Jahrhunderts eine bemerkenswerte Weiterentwicklung erfahren und ein breites Anwendungsfeld in der Materialbewegung erlangt. Sie werden teils als Winden, teils als Züge oder, eindeutiger und einfacher, als Hebezeuge bezeichnet. Mit den von der FEM (Fédération Européenne de la Manutention), Sektion IX, erarbeiteten Regeln zur Gruppierung und Bemessung haben sie einen hohen Grad an Wirtschaftlichkeit, Betriebssicherheit und Vereinheitlichung erreicht.

2.3.3.1 Bauformen

Durch einen Motor angetriebene *Kettenwinden* sind sehr kompakte Maschinen in konsequentem Leichtbau. Ihre Nutzmassen liegen im allgemeinen zwischen 0,125 und 3,2 t, die Hubhöhen zwischen 3 und 8 m mit 3 m als Vorzugsgröße und die Hubgeschwindigkeiten bei einsträngiger Führung der Kette im Bereich 2,5...25 m/min.
Der *Elektrokettenzug* im Bild 2-88 ist für die Triebwerkgruppe 1 A_m ausgelegt. Angetrieben wird er von einem Verschiebeläufermotor *4* in der Schutzart IP 54 mit gekapselter, nachstellbarer Kegelbremse *3*. Wegen des motorischen Antriebs hat das Kettenrad *8* gefräste, oberflächengehärtete Mitnehmer. Ein zweistufiges, fettgeschmiertes Stirnradgetriebe *9* übersetzt Drehzahl und Drehmoment zwischen Motor und Ketttenrad. Die Rutschkupplung *6* dient gleicherweise als Überlastungsschutz und als Notendbegrenzung der Hubhöhe. Es kann auch ein Getriebegrenzschalter zur Begrenzung des Hubwegs in beiden Richtungen eingebaut werden. Bei Bedarf wird der Kettenzug mit einem kastenförmigen Kettenspeicher ausgerüstet, der bis 25 m Kette aufnehmen kann. In einer Sonderausführung werden zwei parallelliegende Ketten mit gleicher Geschwindigkeit angetrieben (Bild 2-89).

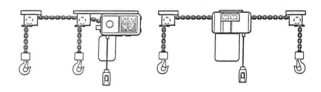

Bild 2-89 Elektrokettenzüge mit 2 Hubketten
R. Stahl Fördertechnik GmbH, Stuttgart

Für explosionsgefährdete Bereiche oder besonders feinfühlige Hubbewegungen mit stellbarer Hubgeschwindigkeit eignet sich besonders der *Druckluftkettenzug* (Bild 2-90). Derartige Hebezeuge werden in einer Bauart mit viersträngiger Kettenführung bis zu einer Tragfähigkeit von 100 t angeboten. Die gezeichnete Ausführung weist ein Umlaufrädergetriebe und einen Schalldämpfer auf. Als Antrieb wird vorzugsweise ein Lamellenmotor verwendet, der zwischen benachbarten, im Rotor radial verschiebbaren Lamellen Kammern bildet. Er ähnelt der hydraulischen

Flügelzellenmaschine, siehe [0.1, Abschn. 3.2.3.1]. Ein solcher Motor ist leichter und billiger als ein Axialkolbenmotor, dessen Vorzüge der geringere Luftverbrauch und der niedrigere Schallpegel sind. Der Luftverbrauch der Lamellenmotoren beträgt, je nach Tragfähigkeit des Hebezeugs, 1,2...12 m³/min. Die Luft wird über Schläuche zugeführt.

Die Luftzufuhr wird entweder durch Betätigung von zwei herabhängenden Steuerseilen bzw. Knotenketten oder über einen am Kettenzug angebrachten Drehgriff gesteuert. Es ist aber auch die indirekte Steuerung der Ventile über elektrisch oder pneumatisch betätigte Stellglieder möglich. Die Drucklufthebezeuge sind bereits in ihrer Standardausführung für Bereiche geeignet, in denen explosionsfähige Gemische nur selten auftreten. Sie können durch konstruktive Anpassung auch für Zonen mit höherem Gefährdungsgrad eingerichtet werden, siehe Abschnitt 2.3.3.3.

Bei den *Seilwinden* kann man grob trennen:

- die Hubwerke als Einzweckmaschinen bzw. Baugruppen von Kranen mit senkrecht nach unten ablaufendem Seil
- die Seilwinden für unterschiedliche Einsatzzwecke, bei denen das Seil meist in beliebiger Richtung ablaufen kann.

Die Entwicklung des *Elektroseilzugs* reicht weit zurück und hat verschiedene Stufen durchlaufen; eine kurze Übersicht gibt [2.107]. Recht bald setzte sich eine integrierte, kompakte Bauweise durch, in der Motor, Getriebe und Trommel koaxial angeordnet sind und auch der Innenraum der Seiltrommel zur Aufnahme des Getriebes oder des Motors genutzt wird. Zunächst wurden derartige Elektrozüge allerdings lediglich für leichte bis mittlere Betriebsbelastungen angeboten. Dies änderte sich erst mit der eingangs dieses Abschnitts erwähnten Einführung neuer Technischer Regeln der FEM, nach denen diese Hebezeuge unter Gewährleistung einer vorgegebenen Nutzungsdauer auch für Triebwerkgruppen mit einer höheren zeitlichen Ausnutzung einzustufen sind.

Der Elektromotor eines Elektrozugs hat vorwiegend einen Käfigläufer, bei größerer Tragfähigkeit mit Rücksicht auf die Netzbelastung auch einen Schleifringläufer. Als Drehmomentwandler dienen mehrstufige Stirnrad- und Umlaufrädergetriebe. Die Seiltrommel wird ein- oder zweirillig für einlagige Wicklung des Seils ausgeführt, die Trommellänge nach der geforderten Hubhöhe festgelegt. Sehr leichte Elektroseilzüge erhalten bisweilen auch eine 3- bis 4lagige Wicklung des Seils. Eine Seilwickeleinrichtung sorgt für den einwandfreien Zu- und Ablauf des Seils, auch wenn es eine größere Ablenkung erfährt. Das Drahtseil ist vorzugsweise ein achtlitziges, drehungsarmes Rundlitzenseil.

Die Hubgeschwindigkeiten bei einsträngiger Führung des Hubseils liegen, mit zunehmender Tragfähigkeit abnehmend, im Bereich 12,5...50 m/min. Eine Feinhubstufe von $1/4$ bis $1/8$ dieser Werte läßt sich mit polumschaltbaren Motoren, eine noch niedrigere zwischen $1/10$ und $1/12$ der Haupthubgeschwindigkeit mit einem mechanischen Feinhubtrieb, bestehend aus Zusatzmotor und -getriebe, einstellen. Die Hubhöhen überdecken, bezogen auf die einsträngige Aufhängung der Last, den großen Bereich von 2...40 m mit Spitzenwerten bis 100 m. Auch die Tragfähigkeiten der Elektrozüge sind von der Einscherung des Hubseils abhängig (Bild 2-91); sie können in achtsträngiger Seilaufhängung bis 100 t reichen.

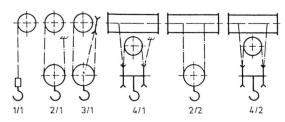

Bild 2-91 Vorzugsweise genutzte Einscherungsarten in Serienhubwerken

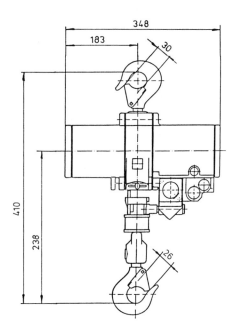

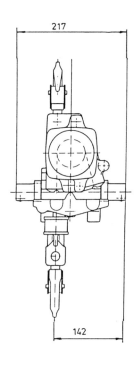

Bild 2-90
Drucklufthebezeug Profi 1 TS
J. D. Neuhaus Hebezeuge GmbH & Co, Witten
Tragfähigkeit 1000 kg, Eigenmasse 24 kg,
Hubhöhe 3 m, Hubgeschwindigkeit 5 m/min,
Luftdruck 6 bar

2.3 Serienhebezeuge

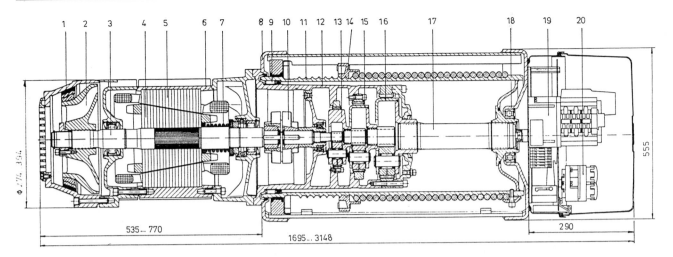

Bild 2-92 Hubwerk DH 1000, Mannesmann Demag Fördertechnik, Wetter
1 Kegelbremse
2 Motorlüfter
3 Motorwelle
4 Motorläufer
5 Motorständer
6 Motorgehäuse
7 Druckfeder
8 Hubwerkgehäuse
9 Trommellagerung, links
10 Wellenkupplung
11 Seiltrommel
12 Getriebegehäuse
13,15,16 Umlaufrädergetriebe 1 bis 3
14 Seilführung
17 Trommelwelle
18 Trommellagerung, links
19 Getriebegrenzschalter
20 elektrische Steuerung

Die Lagerung des Motors innerhalb der umschließenden Seiltrommel verkürzt die Baulänge eines Elektrozugs, verschlechtert aber die Bedingungen für die Kühlung. Die Erwärmungsunterschiede sind allerdings wegen des Aussetzbetriebs dieser Hebezeuge gering. Wichtiger für die heute vorherrschende Außenanordnung des Motors ist die einfache Variation der Motorart und -größe innerhalb einer Baureihe. In Deutschland herrscht der Verschiebeläufermotor mit vom Läufer betätigter Kegelbremse vor, in anderen Ländern verwendet man häufig auch normale Drehstrommotoren in Verbindung mit einer Doppelbacken- oder Scheibenbremse, die von einem Bremsluftgerät betätigt wird.

Das hier als Beispiel aufgenommene Hubwerk im Bild 2-92 verkörpert den heutigen hohen technischen Stand dieser kompakten Windwerke; seine Entwicklungsgrundsätze werden in [2.108] beschrieben. Außer den bereits genannten Hauptbauelementen Verschiebeläufermotor *4* mit Kegelbremse *1*, drei in Reihe geschalteten Umlaufrädergetrieben *13*, *15* und *16* innerhalb der Seiltrommel *11* besitzt es ein aus Tiefziehblech gefertigtes Gehäuse *8* und eine aus einem zweigeteilten Kunststoffring bestehende, von den Rillen der Seiltrommel mitgenommene Seilführung *14*. Die Wellenkupplung *10* erleichtert den An- und Ausbau des Motors. Alle Steuerelemente sowie der Getriebegrenzschalter *19* sind zusammengefaßt in einem gut zugänglichen Schaltgehäuse angeordnet. Der Grenzschalter mit Doppelnockenantrieb ist ein Arbeitsschalter und erlaubt das Einstellen einer vorzugebenden Hubhöhe mit einer Schaltgenauigkeit von ±2° Trommelumdrehung. Eine mechanische oder elektrische Messung der Belastung dient als Überlastungsschutz, kann durch Kombination mit dem Hubwegzähler aber auch zur Bestimmung und Speicherung der Daten des Belastungskollektivs genutzt werden.

Auch Serienhebezeuge lassen sich mit redundanten Elementen ausrüsten, um beim Ausfall eines Elements den Absturz der Last zu verhindern. [2.109] stellt Lösungen mit Anordnung einer zweiten kinematischen Antriebskette und redundantem Seiltrieb vor, die den Bedingungen der Serienfertigung genügen.

Seilwinden mit Hand- oder Elektroantrieb werden als Wandwinden, Bockwinden, Montagewinden, Rangierwinden o.ä. in großer Vielfalt hergestellt und zum Heben und Senken, Ziehen und Verschieben von Lasten aller Art verwendet. Die *Elektrowinde* im Bild 2-93 hat einen in der Trommel gelagerten Einbau-Bremsmotor *9* mit Käfigläufer, dessen Wicklung für eine Umgebungstemperatur von 60°C, eine relative Einschaltdauer $ED = 40\%$ und 120 Schaltungen je Stunde ausgelegt ist. Temperaturfühler in der Wicklung schützen diese vor thermischer Überlastung. Zwei in Reihe geschaltete Umlaufrädergetriebe *2* und *12* sind in und neben der Seiltrommel *3* gelagert. Auf der anderen Trommelseite liegen in einem Schaltgehäuse die Steuerteile und der mechanische Hubbegrenzer *7*.

Das Grundprinzip dieser Seilwinde ist in mannigfacher Weise zu variieren. Die Trommellänge kann nahezu verdoppelt, durch Mehrfachwicklung bis zu 15 Lagen die speicherbare Seillänge auf mehrere hundert Meter vergrößert werden. Als Zusatzeinrichtungen sind Seilandrückrollen bzw. Seilwickeleinrichtungen, ein Trommelfreilauf, eine Handbetätigung der Bremse oder des gesamten Antriebs verfügbar, ohne daß der Grundaufbau der Winde verändert werden müßte.

Eine *Seilwinde mit Treibscheibe*, d.h. ohne Seilspeicherung und damit Begrenzung der einzuziehenden Länge des Seils, stellt Bild 2-94 dar. Eine hohe übertragbare Nutzkraft wird dadurch gewährleistet, daß das Seil über zwei Treibscheiben mit Umschlingungsbogen von fast 270° je Scheibe geführt und dabei über die Klemmringe *3* von je 12 Druckfedern *7* an die Seilscheiben *2* gepreßt wird. Spreizrollen *1* drücken die Klemmringe an den Einlauf- und Auslaufstellen des Seils etwas hoch und sorgen für ein allmähliches Ansteigen und Abfallen des Klemmdrucks. Zu erzielen sind Seilgeschwindigkeiten von 9...18 m/min. Die große Querbeanspruchung bedingt ein für diese Beanspruchung eigens eingerichtetes Spezialseil, das nur vier Litzen hat. Auch bei dieser Winde sind Veränderungen und zusätzliche Ausrüstungsteile erhältlich, z.B. Trommelfreilauf, Schlaffseilschalter, Handbetrieb. Einfachere Ausführungen weisen nur eine Treibscheibe auf.

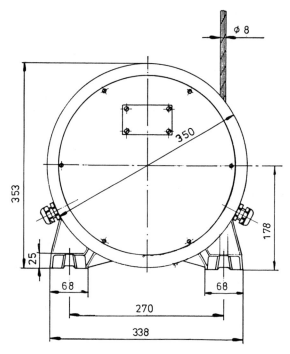

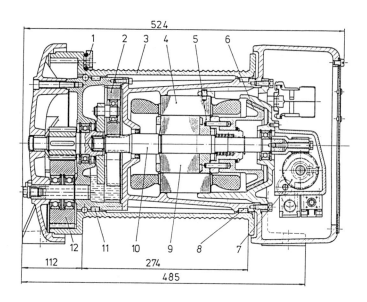

Bild 2-93 Adler-Elektrowinde WE 5/10
Köster Maschinenfabrik und Eisengießerei, Heide
Seilzugkraft 5000 kN, Seilgeschwindigkeit 9...18 m/min, Motorleistung $P_{ne} = 0{,}88...1{,}9$ kW bei 40 % ED

1 Seilbefestigung
2 erstes Planetengetriebe
3 Seiltrommel
4 Bremsmagnet
5 Bremslüfteinrichtung
6 Konusbremse
7 Hubbegrenzung
8 Trommellagerung, radial
9 Motorläufer
10 Motorwelle
11 Trommellagerung, axial und radial
12 zweites Planetengetriebe

2.3.3.2 Bemessung und Standardisierung

In der Einführung zum Kapitel 2 wurde bereits darauf hingewiesen, daß für die Serienhebezeuge sehr detaillierte Berechnungsregeln der FEM, Sektion IX, vorliegen. In Anlehnung an den Standard ISO 4301/1 [2.110] gruppieren sie die Triebwerke dieser Hebezeuge nach der Schwere und Häufigkeit der Belastung und geben, über den ISO-Standard hinausreichend, genaue Kriterien für deren Bemessung an. In der ersten Fassung aus dem Jahr 1968 beschränkten sich diese Regeln auf Elektrozüge, in der Neufassung ab 1986 wurde die Gültigkeit auf alle Serienhebezeuge erweitert.

Die Hauptziele, die mit diesem Regelwerk verfolgt werden, sind

– Gewährleistung der Serienherstellung auch bei unterschiedlichen betrieblichen Anforderungen an das Hebezeug

– Auslegung aller Bauteile für eine gewährleistete Nutzungsdauer von rd. 10 Jahren

– Vorgabe quantitativer statt der früheren, nur qualitativen Kriterien für die Einordnung dieser Hebezeuge in Triebwerkgruppen, d.h. nach der Betriebsweise.

Der Grundansatz für die Gliederung der Triebwerkgruppen nach FEM 9.511 lautet

$k^3 t =$ konst.;

k kubischer Mittelwert der auf die Tragfähigkeit bezogenen Hubmassen

t mittlere Laufzeit (Betriebsdauer) je Stunde.

Von den 9 Triebwerkgruppen in DIN 15020 werden 8 übernommen; sie werden jedoch nicht, wie in dieser Norm, lediglich auf ein unbestimmt angegebenes mittleres Belastungskollektiv bezogen, sondern zusätzlich nach vier unterschiedlichen Belastungskollektiven differenziert (Bild 2-95 und Tafel 2-8).

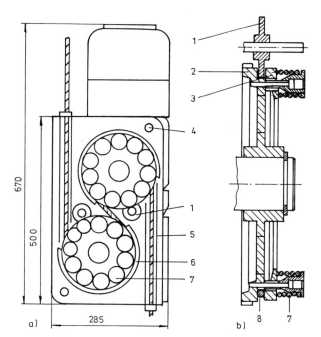

Bild 2-94 Motorseilzug Tirak T 800
Greifzug Hebezeugbau GmbH, Bergisch-Gladbach,
Nutzkraft 8 kN, Eigenmasse 60 kg
a) Klemmprinzip
b) Schnitt durch Treibscheibe

1 Spreizrolle
2 Seilscheibe
3 Klemmring
4 Gehäuse
5 Seilführung, gerade
6 Seilführung, kreisförmig
7 Druckfeder
8 Seil

2.3 Serienhebezeuge

Tafel 2-8 Einstufung der Triebwerke von Serienhebezeugen in Triebwerkgruppen nach FEM 9.511

Belastungs-kollektiv		Kubischer Mittelwert	Laufzeitklasse								
			V 0,06	V 0,12	V 0,25	V 0,5	V 1	V 2	V 3	V 4	V 5
			Mittlere tägliche Laufzeit in Stunden								
			≤ 0,12	≤ 0,25	≤ 0,5	≤ 1	≤ 2	≤ 4	≤ 8	≤ 16	> 16
			Rechnerische Gesamtlaufzeit in Stunden								
			200	400	800	1600	3200	6300	12 500	25 000	50 000
1	L1	$k \leq 0{,}50$				$1\,D_m$	$1\,C_m$	$1\,B_m$	$1\,A_m$	2_m	3_m	4_m
2	L2	$0{,}50 < k \leq 0{,}63$		$1\,D_m$	$1\,C_m$	$1\,B_m$	$1\,A_m$	2_m	3_m	4_m	5_m
3	L3	$0{,}63 < k \leq 0{,}80$	$1\,D_m$	$1\,C_m$	$1\,B_m$	$1\,A_m$	2_m	3_m	4_m	5_m	
4	L4	$0{,}80 < k \leq 1{,}00$	$1\,C_m$	$1\,B_m$	$1\,A_m$	2_m	3_m	4_m	5_m		

Der kubische Mittelwert k entspricht dem Äquivalentfaktor des Belastungskollektivs für den Fall, daß die Schadensakkumulationshypothese von *Corten/Dolan* und, als abgewogener Kompromiß, ein konstanter Wöhlerlinienexponent $\kappa = 3$ für alle Bauteile des Serienhebezeugs angenommen wird, siehe [0.1, Abschn. 1.8.5.2]. Für ihn gilt der Ansatz

$$k = \sqrt[3]{\sum_i \frac{m_i}{m_{ne}} \frac{t_i}{\sum_i t_i}} \; ; \qquad (2.67)$$

m_i Hubmasse während der Betriebsdauer t_i
m_{ne} Tragfähigkeit des Hebezeugs
t_i Dauer des Betriebsabschnitts.

In FEM 9.511 ist Gl. (2.67) mit bezogenen Größen aufgeführt.

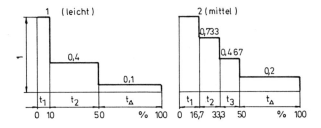
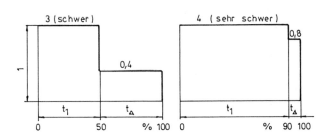

Bild 2-95 Standard-Belastungskollektive für Serienhubwerke nach FEM 9.511
Abszisse: bezogene Betriebsdauer (Laufzeit)
Ordinate: auf Tragfähigkeit bezogene Hubmasse

Die Besonderheit der Gruppierung in Triebwerkklassen liegt darin, daß sich die Betriebsdauer t in den 8 Laufzeitklassen mit dem Faktor 2, der kubische Mittelwert k in den 4 Belastungskollektiven mit dem Faktor 1,25 erhöht bzw. erniedrigt. Wegen $1{,}25^3 \approx 2$ lassen sich deshalb bei gleicher Betriebsfestigkeit und Nutzungsdauer Serienhebezeuge einer Triebwerkgruppe und Tragfähigkeit in eine andere einordnen, indem z.B. die Betriebsdauer um den Faktor 2 erhöht, gleichzeitig die Tragfähigkeit um den Faktor 1,25 erniedrigt wird. Gleiches gilt für die Umkehrung dieser Zuordnung.

Ein wichtiges Ergebnis dieser Gruppierung nach dem Kriterium gleicher Betriebsfestigkeit liegt darin, daß Serienhebezeuge damit auch für schwere Einsatzbedingungen zu nutzen sind. Der stark vereinfachte Ansatz für die Äquivalenz der Beanspruchung ist hierfür Bedingung und Einschränkung zugleich. Bild 2-96 verdeutlicht, wie sich einige Parameter der Triebwerkauslegung bei der Einordnung in eine andere Triebwerkgruppe ändern.

Ein Beispiel für die Zuordnung der Baureihen von Serienhebezeugen zu Tragfähigkeit und Triebwerkgruppe im Erzeugnisprogramm eines Herstellers zeigt Tafel 2-9.

Tafel 2-9 Zuordnung von Tragfähigkeit, Baureihe und Baugröße für Serienhubwerke (etwas vereinfacht), Mannesmann Demag Fördertechnik, Wetter

Belastungsart	Mittlere Laufzeit je Arbeitstag in Stunden				
1 leicht	bis 2	2-4	4-8	8-16	über 16
2 mittel	bis 1	1-2	2-4	4-8	8-16
3 schwer	bis 0,5	0,5-1	1-2	2-4	4-8
4 sehr schwer	bis 0,25	0,25-0,5	0,5-1	1-2	2-4
Triebwerksgruppe	$1B_m$	$1A_m$	2_m	3_m	4_m

Einscherungsart	Baureihe, Baugröße
2/2 4/2 8/2	
1/1 2/1 4/1	

Tragfähigkeit in kg			$1B_m$	$1A_m$	2_m	3_m	4_m
250	500	1000	–	–	–	82	–
320	630	1250	–	–	83	–	–
400	800	1600	–	84	–	–	–
500	1000	2000	–	–	–	165	–
630	1250	2500	–	–	166	–	–
800	1600	3200	–	168	–	–	308
1000	2000	4000	–	–	–	310	–
1250	2500	5000	–	–	312	–	512
1600	3200	6300	–	316	–	516	–
2000	4000	8000	320	–	520	–	–
2500	5000	10000	–	525	–	–	1025
3200	6300	12500	532	–	–	1032	–
4000	8000	16000	–	–	1040	–	–
5000	10000	20000	–	1050	–	–	2050
6300	12500	25000	1063	–	–	2063	–
8000	16000	32000	–	–	2080	–	–
10000	20000	40000	–	2100	–	–	–
12500	25000	50000	2125	–	–	–	–

Die Hauptbauteile einer Baureihe, Gehäuse, Lager, Getriebe usw., bleiben gleich, die Baugrößen dieser Reihe unterscheiden sich lediglich durch Variation der Hubgeschwindigkeit und Hubhöhe, d.h. durch Wahl des Hubmotors und der Trommellänge. Ein solches Angebot überdeckt nahezu alle Einsatzfälle normaler Hubwerke. Es ist deshalb verständlich, daß Serienhubwerke mit wachsender Häufigkeit auch in Krane eingebaut werden.

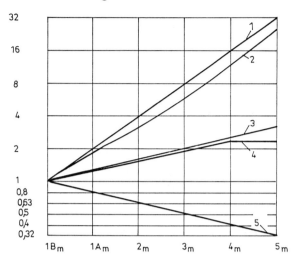

Bild 2-96 Auf die Triebwerkgruppe 1B$_m$ bezogene Betriebsfestigkeits- und Funktionsparameter anderer Triebwerkgruppen nach FEM 9.511 [2.111]
1 Nutzungsdauer der Lager und Zahnräder
2 Nutzungsdauer der Seile
3 Bruchsicherheit aller Bauteile
4 Einschaltdauer und Schalthäufigkeit der Hubmotoren
5 Pressungen und Spannungen

Die Seile, Seilrollen und -trommeln sind nach FEM 9.661 auszulegen. Die Berechnung entspricht, mit einigen Vereinfachungen, der nach DIN 15020. Für den Mindestdurchmesser d_S des Seils gilt

$$d_S \geq c\sqrt{F_{Smax}} \quad \text{mit} \quad c = \sqrt{\frac{4S}{\gamma \kappa \sigma_B \pi}} \tag{2.68}$$

F_{Smax} maximale Seilkraft
S praktischer Sicherheitsbeiwert nach Tafel 2-10
γ Verseilfaktor, Quotient von wirklicher (Mindest-) und rechnerischer Bruchkraft des Seils, siehe [0.1, Abschn. 2.1.4.1]
κ Füllgrad
σ_B Nennfestigkeit des Einzeldrahts.

Tafel 2-10 Beiwerte für die Berechnung der Seile und Seilführungselemente nach FEM 9.661

Triebwerkgruppe	S[1]	h_1 Seiltrommel	Seilrolle	Ausgleichsrolle
1 D$_m$	3,15	11,2	12,5	11,2
1 C$_m$	3,3,5	12,5	14	12,5
1 B$_m$	3,55	14	16	12,5
1 A$_m$	4	16	18	14
2$_m$	4,5 (5,6)	18	20	14
3$_m$	5,6 (7,1)	20	22,4	16
4$_m$	7,1 (9)	22,4	25	16
5$_m$	9 (9)	25	28	18

[1] in Klammern: gefährliche Transporte

Die Mindestdurchmesser $d_{R,T}$ der Seilführungselemente erhält man mit dem Ansatz

$$d_{R,T} \geq h_1 d_S \tag{2.69}$$

mit h_1 nach Tafel 2-10. Auch darin liegt eine Vereinfachung gegenüber DIN 15020.

Eine eigenständige Berechnungsregel für die Bemessung der Rundstahlketten enthält FEM 9.671. Als Ausgangsgröße werden, nach Triebwerkgruppen gestaffelt, Grenzspannungen σ_{Lmin} von $1/3...1/5$ der minimalen Bruchspannung σ_{Bmin} des Kettenglieds festgelegt, die durch Korrekturfaktoren von $0,8...1,8$ auf andere Triebwerkgruppen umgerechnet werden können. Der Ansatz für den erforderlichen Nenndurchmesser d_1 der Rundstahlkette bei der Nennzugkraft F lautet

$$d_1 \geq c_1 \sqrt{\left(1 + 0,015\frac{c_3 c_4}{c_2}\right) c_7 F}$$
$$\text{mit} \left(1 + 0,015\frac{c_3 c_4}{c_2}\right) c_7 \geq c_6; \tag{2.70}$$

$c_1 = \sqrt{2/(\sigma_{Lmin}\pi)} = 0,05...0,08$ Faktor für Güteklasse der Kette und Triebwerkgruppe
$c_2 = z^2/10 = 1...10$ Faktor für Zähnezahl (Taschenzahl) z des angetriebenen Kettenrads
$c_3 = 100\,v^2 = 1...110$ Faktor für Kettengeschwindigkeit v in m/s
$c_4 = 22,36/d_1$ Faktor für Durchmesser d_1 der Kette in mm
$c_6 = 1,25$ bzw. $2,00$ Faktor für Spannungsausschlag entsprechend Güteklasse der Kette
$c_7 = 1/\cos(\pi/z)$ Faktor für Polygoneffekt, siehe [0.1, Abschn. 2.3.4].

Zusätzlich sind die Stoßbeanspruchung der Kette für den Belastungsfall Anheben mit Schlaffseil und die statische sowie dynamische Sicherheit zu überprüfen.

Für die Wahl der Fahr- und Hubmotoren gelten nach FEM 9.681 und 9.682 die nachstehenden, sehr formalen Richtlinien, jeweils in Abhängigkeit von der Triebwerkgruppe festgelegt,

– Anzahl der Arbeitsspiele je Stunde 10 (15)...60
– Anzahl der Schaltungen je Stunde 60 (90)...360
– relative Einschaltdauer 10 (15)...60 %.

Die in Klammern stehenden Werte entsprechen denen von Hubmotoren.

Eine richtungsweisende neue Regel FEM 9.755 verstärkt den Sicherheitsaspekt des gesamten Regelwerks durch Empfehlungen für Maßnahmen, mit denen sichere, d.h. ausfallfreie Betriebsperioden dieser Serienhebezeuge sichergestellt werden sollen. Der Betreiber wird aufgefordert, die bis zu einem bestimmten Zeitpunkt aufgetretene tatsächliche Belastung und Betriebsdauer zu protokollieren und zu dokumentieren. Anhand des gemessenen Belastungskollektivs ist die Einstufung in die Triebwerkgruppe zu überprüfen. Die ermittelte Betriebsdauer wird mit der vom Hersteller für die Triebwerkgruppe anzugebenden theoretischen Nutzungsdauer verglichen. Für eine sichere Betriebsperiode gilt dann

$$\frac{S}{D} \leq 1$$

S tatsächliche Gesamtbetriebsdauer (tatsächliche Nutzung)
D theoretische Gesamtbetriebsdauer (theoretische Nutzung).

2.3 Serienhebezeuge

Wenn sich der ermittelte Quotient dem Wert 1 nähert, ist das Hebezeug einer Generalüberholung zu unterziehen. [2.112] erläutert die Gedankengänge und Festlegungen dieser Richtlinie und betont ihren besonderen Charakter.

2.3.3.3 Explosionsschutz

Durch geeignete konstruktive Maßnahmen lassen sich Hebezeuge, dies gilt vor allem für Serienhebezeuge, so ausbilden, daß sie in explosionsgefährdeten Räumen eingesetzt werden können. Noch höhere Bedeutung hat der Explosionsschutz der Flurförderzeuge, weshalb seine Grundlagen ausführlich im Zusammenhang mit ihnen behandelt werden, siehe Abschnitt 4.3.5.2. Wenn diese Grundlagen nach sicherheitstechnischen Kriterien zusammengefaßt werden, sind nach der Wahrscheinlichkeit des Auftretens eyplosibler Gemische die Gefährdungszonen 0 bis 2, nach dem Zünddurchschlagsvermögen durch Spalte die Explosionsgruppen I bis II C und nach der Zündtemperatur brennbarer Stoffe die Temperaturklassen T 1 bis T 6 zu bilden.

Ein Betriebsmittel, d.h. auch ein Serienhebezeug, muß für den Einsatz in einem explosionsgefährdeten Bereich in explosionsgeschützter Ausführung gebaut und für die jeweilige Zone, Explosionsgruppe und Temperaturklasse zugelassen sein. Dies bedeutet, daß alle möglichen Zündquellen ausgeschlossen sind, wobei sich der Aufwand mit abnehmender Zonennummer und damit größerer Wahrscheinlichkeit des Auftretens brennbarer Gemische erhöht. Praktische Hinweise für die Einteilung explosionsgefährdeter Bereiche können [2.113] entnommen werden.

Von den Zündschutzarten für elektrische Betriebsmittel kommen in Serienhebezeugen besonders die Schutzarten druckfeste Kapselung „d" und erhöhte Sicherheit „e" in Frage. Bei einer druckfesten Kapselung werden alle wichtigen Teile des Betriebsmittels von einem Gehäuse umschlossen, das so auszubilden ist, daß es bei einer Explosion im Innern deren Druck standhält. Dies betrifft Bauelemente, die unmittelbar eine Zündquelle darstellen, z.B. Schütze durch Schaltfunken, und solche, die durch eine zu große Erwärmung eine Zündquelle werden können, z.B. Motoren, Bremsen.

Unter erhöhter Sicherheit werden andere Maßnahmen verstanden, die eine Funkenbildung und unzulässig hohe Oberflächentemperaturen ausschließen. [2.114] führt einige konstruktive Vorkehrungen auf, um elektrische Kettenbzw. Seilzüge so auszurüsten, daß sie nach den europäischen Normen als explosionsgeschützte Ausführungen EEx de II B T 4 bzw. EEx de II C T 4 klassifiziert werden können. Sie werden für die Zonen 2 und 1 der explosionsgefährdeten Bereiche zugelassen. Die Verwendung druckluftbetriebener Hebezeuge in ihnen, die lange Zeit unabdingbar gewesen ist [2.115], ist heute aus technischen Gründen nicht mehr erforderlich.

Um den Schutz gegen Funkenbildung durch Anschlagen zu erhöhen, können Bauteile, wie Ketten, Kettenräder, Lasthaken, Steuergriffe usw., verzinkt bzw. verkupfert oder ganz aus einem Nichteisenmetall hergestellt werden. In jedem Einsatzfall muß zwischen dem Gefährdungsgrad und den konstruktiven Maßnahmen des Explosionsschutzes ein enger Zusammenhang hergestellt werden. In bestimmten Einsatzfällen, wie auf Schiffen, Bohrplattformen, werden Maßnahmen des Explosionsschutzes häufig mit denen eines erhöhten Korrosionsschutzes gekoppelt, siehe auch hierzu [2.114].

2.3.4 Hebebühnen

Hebebühnen sind Maschinen, die eine waagerechte Plattform unter Belastung in eine bestimmte Höhe heben und wieder absenken können. Zu unterscheiden sind die Hebebühnen für die Vertikalbewegung von Gütern aller Art und die Arbeitsbühnen, mit deren Hilfe Montage-, Wartungs- oder Instandhaltungsarbeiten an hochgelegenen Geräten und Anlagen durchgeführt werden. Für die Hebebühnen gilt eine eigene Unfallverhütungsvorschrift VBG 14 mit einer Durchführungsanweisung.

2.3.4.1 Hebebühnen für Güter (Lasten-Hebebühnen)

Hebebühnen, bisweilen auch Hubtische oder Hebetische genannt, haben die Aufgaben,

- Werkstücke, Kisten, Paletten oder sonstige Güter auf die technisch oder ergonomisch richtige Höhe zu bringen
- Höhenunterschiede in integrierten Fertigungsabschnitten, Lagern usw. auszugleichen
- als ortsveränderliche Rampen das Be- und Entladen von Straßenfahrzeugen zu ermöglichen.

Schwere Ausführungen (Großbühnen) werden darüber hinaus in Stahl- und Walzwerken, beim Umschlag von Luftfracht, zur senkrechten Bewegung beladener Lastkraftwagen in Ro-Ro-Schiffen eingesetzt. Sie erreichen Tragfähigkeiten bis 200 t und Hubhöhen bis 12 m.

Allgemein hat sich bei den *Hebebühnen* die Scherenbauweise durchgesetzt; andere Übertragungsmittel für die Hubbewegung, wie Zahnstangen, Spindeln, Ketten, haben keine Bedeutung mehr. Neben den Einfachscheren gibt es deren Verdoppelung in Hintereinanderschaltung (Doppel- bzw. Mehrfachscheren) oder Parallelschaltung (Tandem-Einfachscheren), siehe Bild 2-97.

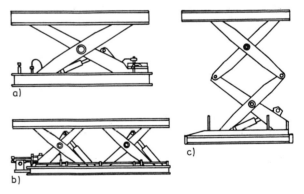

Bild 2-97 Bauformen von Scherenhebebühnen
a) Einfachscherenbühne
b) Tandem-Scherenbühne
c) Doppelscherenbühne

Hebebühnen in Normalbauart mit einem Scherenpaar werden als Hubeinrichtungen mit einer Tragfähigkeit von 0,5...3,0 t, als Verladebühnen mit einer Tragfähigkeit von 3...10 t gebaut. Die Hubhöhen liegen im Bereich 0,8...1,6 m, die Plattformen haben Breiten zwischen 0,6 und 1,9 m und Längen zwischen 1,2 und 4,0 m. Doppelscherenbühnen erzielen größere Hubhöhen bis etwa 3,2 m, haben allerdings kleinere Plattformen. Die Tandembühne eignet sich dagegen besonders für sperrige, größere Lasten.

Das kinematische System der Hebebühne im Bild 2-98 besteht aus einem profilverstärkten, geschweißten Oberrahmen *6*, einem Unterrahmen *10* und zwei in der Mitte miteinander verbundenen, zweiteiligen Scheren 2 und 5. Die Scherenarme, bei leichten Bühnen aus Flachstahl, bei schweren aus Rechteckprofilen, sind als Träger gleicher Festigkeit geformt. Querholme 9 an beiden zugehörigen Scherenarmpaaren und eine biege- und torsionssteife Mittelverbindung 3 der inneren Scherenarme sorgen dafür, daß bei exzentrischer Krafteinteilung oder beim Auftreten von Seitenkräften nur geringe, vertretbare Verformungen der Hebebühne entstehen können. Die vier Festpunkte 1 der Scherenarme und die Mittelgelenke haben Gleitlager, vorwiegend in selbstschmierender Ausführung. Die an den losen Scherenseiten gelagerten vier Stützrollen sind wälzgelagert.

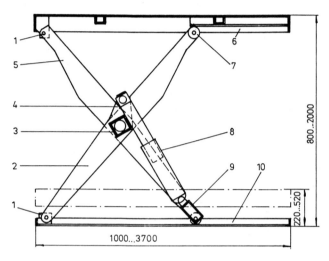

Bild 2-98 E-Hebetisch, Trepel Hebe- und Fördertechnik GmbH, Wiesbaden (ohne Hydraulikaggregat gezeichnet)
Tragfähigkeit 0,5...10 t, Plattformbreite 0,8...2,1 m
1 Lager
2 Tragschere
3 Verbindungsjoch
4 Schwenkhebel
5 Mitlaufschere
6 Oberrahmen
7 Stützrolle
8 Hydraulikzylinder
9 Torsionsjoch
10 Unterrahmen

Angetrieben wird das Scherensystem von einem oder zwei Einwegzylindern (Plungerzylindern) 8. Die Anlenkpunkte dieser Zylinder an den Scherenarmen sind so gewählt, daß der Druck im Hydrauliksystem während der Hub- und Senkbewegung möglichst gleich bleibt. Die maximale Neigung der Scheren beträgt meist 45°.

Das Hydraulikaggregat, bestehend aus Motor, Pumpe, Ölbehälter und Ventilen, wird auf dem Unterrahmen, in anderen Bauweisen auch direkt neben dem Zylinder am Scherenarm gelagert, um hierdurch Schlauchverbindungen entbehrlich zu machen. Gesteuert wird der Antrieb über Steuertaster oder Fußschalter. Die Hubgeschwindigkeit von Lasten-Hebebühnen soll nach VBG 14 0,15 m/s nicht überschreiten. Ein Überdruckventil sorgt für den geforderten Überlastungsschutz. Außerdem ist eine mechanische Endbegrenzung der Hubhöhe vorgeschrieben. Die wichtige Sicherung gegen das Einklemmen von Füßen während des Senkens ist die unterhalb des Oberrahmens angebrachte, allseitig umgreifende, bewegliche Fußschutz-Kontaktleiste, die bei Berührung hydraulische Kugelsitzventile betätigt und über sie die Bewegung sofort abschaltet.

Die gegenläufige Anordnung von zwei Hydraulikzylindern bzw. Zylinderpaaren in der Hebebühne des Bilds 2-99 macht sie besonders für außermittig angreifende, einseitige Belastung geeignet. Statt eines Kräftepaars erzeugt diese Zylinderanordnung ein nahezu kräftefreies Moment im Scherensystem. Hebebühnen können schienengebunden oder freizügig verfahrbar ausgerüstet werden, um ihren Arbeitsort wechseln zu können.

Damit Paletten oder sonstige Transportbehälter ohne zusätzliche Hubbewegung von Hebebühnen aufgenommen werden können, wurde der *Flach-Hubtisch* mit einer Bauhöhe von nur 70...100 mm im eingefahrenen Zustand für Tragfähigkeiten von 0,5...2,0 t entwickelt. Das im Bild 2-100 dargestellte Beispiel hat einen U-förmigen Bodenrahmen 12 und einen rechteckigen oder E-förmigen oberen Rahmen 4. Jeder Arm des Armpaares 5 ist an einem Rahmen gelenkig gelagert, daß andere Ende kann sich über Laufrollen am anderen Arm verschieben.

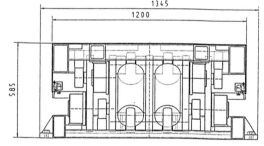

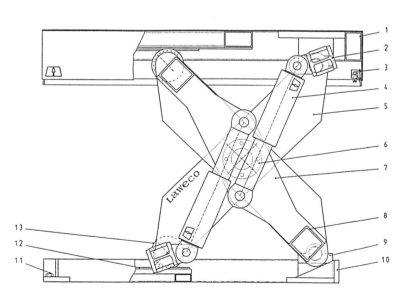

Bild 2-99
Hebebühne mit gegenläufigen Arbeitszylindern
Laweco Maschinen- und Apparatebau GmbH, Espelkamp
Tragfähigkeit 17 t, Hubweg 950 mm
1 Oberrahmen
2 Zylinderaufhängung
3 Sicherheitsschaltleiste
4 Hydraulikzylinder
5 Scherblatt
6 Mittenlager
7 Scherenversteifung
8 Scherentraverse
9 Festlager
10 Grundrahmen
11 Befestigung
12 Lauffläche
13 Loslager

2.3 Serienhebezeuge

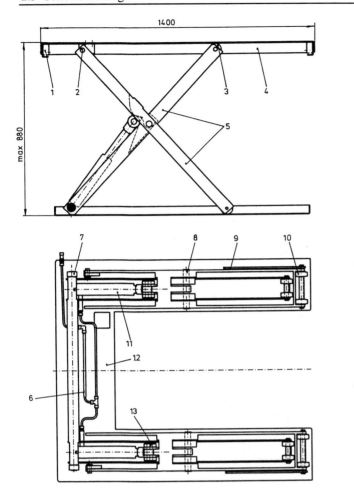

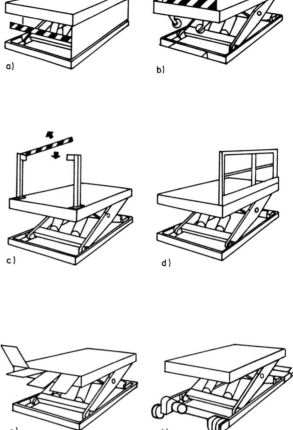

Bild 2-100 Ultraflacher Hubtisch MX 12-9
Hymo, Aby (Schweden)
Tragfähigkeit 1,2 t, Bauhöhe (eingefahren) 80 mm
1 Schalter
2 Armbefestigung, oben
3 Armrad, oben
4 Rahmen
5 Armpaar
6 Hydraulikleitung
7 Armbefestigung, unten
8 Armzentrumlager
9 Sicherheitssperren
10 Armrad, unten, mit Schließvorrichtung
11 Hydraulikzylinder
12 Bodenrahmen
13 Druckrad

Bild 2-101 Zubehör von Hebebühnen (Auswahl)
Trepel Hebe- und Fördertechnik GmbH, Wiesbaden
a) Kettenvorhang und Unterlaufschutz
b) Abrollsicherung für Flurförderfahrzeuge
c) Sicherheitsschranke
d) Sicherheitsgeländer
e) Überfahrbleche, schwenkbar
f) Schienenfahrwerk

Die zwei Hydraulikzylinder *11* liegen in je einem Arm und drücken in einer Kombination von Keil- und Hebelwirkung die Arme auseinander, siehe auch [2.116]. Das Hydraulikaggregat ist als tragbare, getrennte Baugruppe über Schläuche an die Hebebühne angeschlossen und kann auch in explosionsgeschützter Ausführung geliefert werden. Bei anderen Bauformen fehlt der untere Rahmen. Die Arme sind beide am oberen Rand gelagert und stützen sich über Laufrollen direkt auf dem Boden ab.

Die Plattform einer Hebebühne läßt sich variieren, indem z.B. ein Drehtisch, eine Rollenbahn, eine Neigungseinrichtung eingebaut werden. Um das Einfahren der Gabel eines Staplers o.ä. zu erleichtern, erhält die Plattform eine U- oder E-förmige Aussparung. Bild 2-101 zeigt darüber hinaus Zusatzeinrichtungen, mit denen die Sicherheit am Arbeitsplatz erhöht wird.

Eine stark abgewandelte Ausführung verlangen die *Hubladebühnen* für LKW, die an diese zu montieren sind und auf der Fahrt mitgenommen werden. Sie werden in anklappbarer, faltbarer und unterziehbarer Bauweise hergestellt. Die anklappbare Hubladebühne (Bild 2-102a) ersetzt die hintere Tür des Lastkraftwagens und ist immer dann vorzuziehen, wenn sie regelmäßig zum Be- und Entladen des Fahrzeugs benutzt wird. Ihre Tragfähigkeit kann zwischen 0,5 und 2,0 t gewählt werden, die Hubhöhe liegt im Bereich 1,2...1,6 m. Die Plattform besteht aus Stahl, Aluminium oder, für Kühlfahrzeuge, auch aus einem mit glasfaserverstärktem Polyester umkleideten PVC-Schaumkern. Vier hydraulische Zylinder führen die Hubbewegung der waagerecht gestellten Plattform aus. Dabei neigt sich die Plattform in Bodennähe etwas nach vorn, um das Auffahren von Wagen o.ä. zu erleichtern. Das Hydraulikaggregat ist als einschiebbare bzw. anzubauende kompakte Baugruppe ausgebildet. An der Plattform sind Warnleuchten angebracht.

Eine faltbare Hubladebühne (Bild 2-102b) hat zwar eine geringere Tragfähigkeit bis lediglich 1 t, ist aber immer dann angebracht, wenn das Fahrzeug auch an Rampen heranfahren oder bisweilen von Hand be- bzw. entladen werden soll. So können auch schwerere Flurförderzeuge, deren Gewichtskraft die Hubladebühne überfordern würde, direkt auf die Ladefläche des LKW fahren. Die Bühne wird nur dann ausgefaltet, wenn sie gebraucht wird.

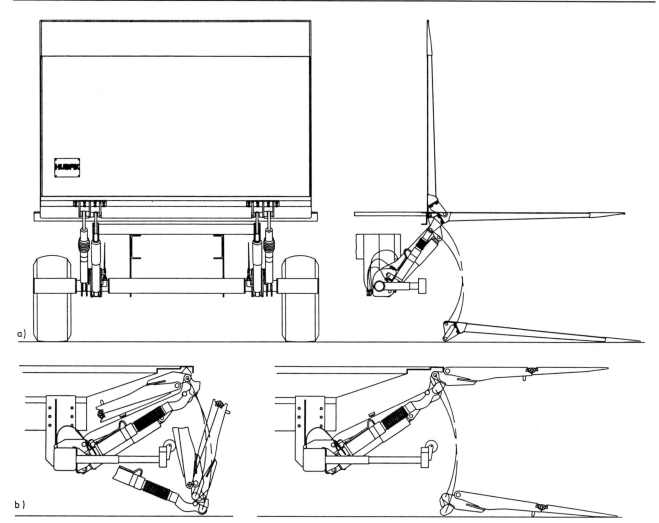

Bild 2-102 Hubladebühnen für Lastkraftwagen
MBB Förder- und Hebesysteme, Delmenhorst
a) anklappbar
b) faltbar

Mit vier Zylindern ausgerüstet, stellt sie die Bodenneigung selbsttätig ein, bei Ausstattung mit nur zwei Zylindern muß dies von Hand ausgeführt werden. Die universeller einsetzbare unterziehbare Hubladebühne verlangt Überhänge der LKW-Ladefläche von mindestens 1,7 m bei Einfachfaltung und 1,4 m bei Doppelfaltung der Plattform. Das untergezogene Plattformpaket dient gleichzeitig als Unterfahrschutz.

2.3.4.2 Hubarbeitsbühnen

Unter Hubarbeitsbühnen versteht man verfahrbare Arbeitsbühnen für Personen, die hydraulische Antriebe zur geführten Bewegung eines Arbeitskorbs oder eine Arbeitsplattform haben. Sie werden vollständig ausgerüstet zum Einsatzort verfahren und sind dort ohne vorherige Montage in kurzer Zeit funktionsfähig. Das bevorzugte Anwendungsfeld ist das punktuelle Ansteuern hochgelegener Arbeitsobjekte, um dort vom Arbeitskorb aus Wartungs-, Instandhaltungs-, Montage-, Reinigungsarbeiten usw. zu verrichten. Häufige Ansätze für derartige Arbeiten finden sich an Beleuchtungs- und Verkehrssicherungseinrichtungen, Fenster- und Gebäudefronten, Bauwerken aller Art, auf Werften und Flughäfen, an Brücken.

Solche Hubarbeitsbühnen haben innerhalb weniger Jahrzehnte eine schnelle Entwicklung und Verbreitung erfahren. Sie machen Einrüstungen entbehrlich und lösen häufig auch die stationären Gerüste für Bau- und Montagearbeiten ab. Mit ihrer Hilfe lassen sich Personen, Werkzeuge und sonstige Materialien ohne Benutzung von Leitern, Treppen, Aufzügen o.ä. in kurzer Zeit in die gewünschte, d.h. günstigste Arbeitsstellung bringen. Einige nützliche Informationen zu Bauarten und Einsatzfeldern dieser Bühnen enthalten [2.117] [2.118].

Die Vielfalt der gegenwärtig vorzufindenden Bauarten deutet Tafel 2-11 an; Bild 2-103 zeigt Beispiele. Ist die Arbeitsbühne mit einem Mast ausgerüstet, liegt die Arbeitsfläche immer oberhalb der Standfläche, wenn nicht zusätzlich ein Ausleger angebracht ist. In manchen Bauformen ist dieser Mast um die senkrechte Achse zu drehen. Die mit einem Ausleger bestückten Hubarbeitsbühnen haben dagegen stets einen drehbaren Oberwagen und damit einen von kreisförmigen Konturen gebildeten Arbeitsraum. Über die speziell für Arbeiten unter Flur eingerichteten Brücken-Untersichtgeräte informiert [2.119].

Die Hydraulikaggregate der Hubarbeitsbühnen werden von einem batterie- oder netzgespeisten Elektromotor bzw. einem Dieselmotor angetrieben. Die Verwendung von Proportionalventilen in der Steuerung sorgt für die unabdingbare Feinfühligkeit aller Bewegungsabläufe. Die Hydraulikzylinder haben Endlagendämpfungen. Teils können bestimmte, einmal eingenommene Positionen für ein erneutes Ansteuern gespeichert werden.

2.3 Serienhebezeuge

Um aus dem großen Angebot an Bauformen und Größen die bestgeeignete Hubarbeitsbühne auszuwählen, muß zunächst die Arbeitsaufgabe bedacht werden. Zu berücksichtigen sind Lage und Zugänglichkeit, Art und Ausdehnung des Arbeitsobjekts, die Anzahl der benötigten Arbeitskräfte und die mitzuführenden Arbeitsmittel. Daraus abzuleiten sind Tragfähigkeit, Bühnengröße, Arbeitshöhe und Reichweite, in bestimmten Fällen auch die Kinematik des Hubsystems. Ein weiterer Gesichtspunkt ist die richtige Mobilität der Arbeitsbühne, d.h. die Häufigkeit eines Arbeitsplatzwechsels, die u.U. unabdingbare Verfahrbarkeit im Arbeitsbereich, die Art des Geländes. Dies alles ist bei der Wahl des Fahrwerks von Bedeutung.

Die im Bild 2-104 dargestellte Hubarbeitsbühne hat einen ummantelten, 5teiligen Telekopmast und erreicht eine für diese Bauart beträchtliche Hubhöhe der Plattform von mehr als 12 m. Die Bühne ist für eine Tragfähigkeit von 300 kg ausgelegt und bietet 3 Personen samt Werkzeug Platz. Ein Bühnenteil 2 kann seitlich ausgeschoben, die gesamte Plattform manuell auf der Drehverbindung 6 gedreht werden. Die vier Stützspindeln 11 werden von Hand nach unten geschraubt und heben dabei die Bühne in die gezeichnete Arbeitsstellung.

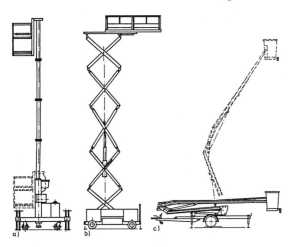

Bild 2-103 Bauarten von Hubarbeitsbühnen
a) Teleskopmastbühne
b) Scherenmastbühne
c) Gelenkauslegerbühne

Tafel 2-11 Gliederung der Hubarbeitsbühnen

Nach Kinematik des Hubsystems
- Mastausführung (Bühne: nur Vertikalbewegung)
  - Teleskopmast (2- bis 7fach teleskopierbar)
      Hydraulik-Teleskopzylinder, selbsttragend
      Kastenträger, ineinanderliegend
      Hubrahmen, nebeneinanderliegend
  - Scherenmast
      X-Form (2 bis 5 Scheren in Reihenschaltung)
      Z-Form (2 Parallelkurbeltriebe, spiegelbildlich aufeinanderfolgend
- Auslegerausführung (Bühne: Bewegung in Vertikalfläche)
  - Teleskopausleger (1- bis 3fach teleskopierbar)
  - Gelenkausleger (1 bis 3 Gelenkarme)
  - Kombinierter Ausleger
  - Spezialausleger (Untersichtgeräte)

Nach Fahrwerk
- ohne Fahrbewegung in Arbeitsstellung[1]
  - Lenk- und Bockrollen, mit Deichsel
  - Drehschemel-Fahrwerk, mit Deichsel
  - Anhänger-Fahrwerk, 1- oder 2achsig
- mit Fahrbewegung in Arbeitsstellung
  - Eigenfahrwerk, motorisch betrieben
  - LKW-Fahrgestell

[1] bisweilen erlaubt: Verstellbewegungen, vom Boden aus betätigt

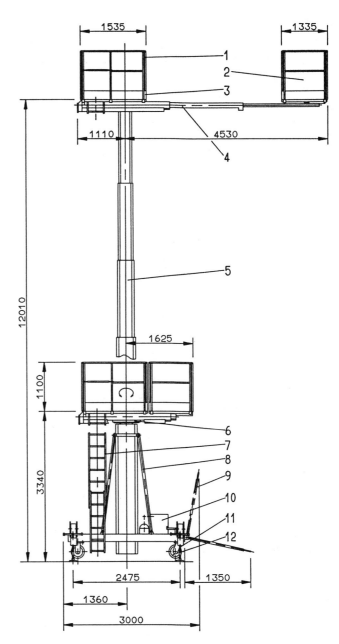

Bild 2-104 Arbeitsbühne MM-14 Kr
MBB Förder- und Hebesysteme GmbH, Delmenhorst
Tragfähigkeit: Plattform 300 kg, Schiebeplattform 150 kg, Eigenmasse 2875 kg

1 Steckgeländer
2 Schiebeplattform
3 Plattform
4 Schiebeträger, teleskopierbar
5 Mantelmast teleskopierbar
6 Kugeldrehverbindung
7 Leiter
8 Grundgestell
9 Zugdeichsel
10 Antriebsaggregat
11 Stützspindel
12 Laufrolle

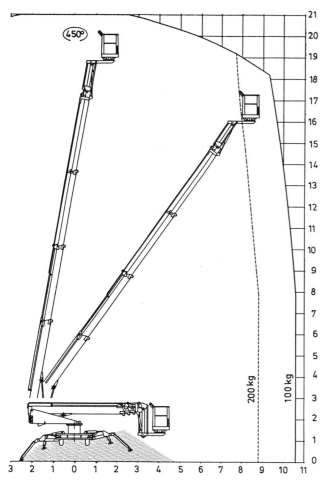

Bild 2-105 Hubarbeitsbühne TL 20 H
Teupen Maschinenbau GmbH, Gronau-Epe
Tragfähigkeit des Korbs 200 kg

Das einfache Rollenfahrwerk gestattet nur manuelles Verfahren; bei Ausrüstung mit einem Drehschemel-Fahrwerk kann die Arbeitsbühne dagegen, bei eingefahrenem Hubmast, mit Geschwindigkeiten bis 25 km/h geschleppt werden. In dieser Transportstellung sind die Steckgeländer abgenommen und am Grundgestell aufgehängt.

Eine völlig andere, voll drehbare Bauart mit einem 3fach ausfahrbaren, neigbaren Teleskopausleger gibt Bild 2-105 wieder. Der Arbeitskorb ist über eine Doppelkurbelschwinge so an den letzten Auslegerschuß angelenkt, daß er unabhängig von der Auslegerneigung immer in horizontaler Lage bleibt. Er kann bis 90° um die senkrechte Achse gedreht werden. Die Auslegerteile bestehen aus selbstzentrierenden Achteckprofilen mit Rollenlagerung. In der Arbeitsstellung stützt sich die Arbeitsbühne auf vier hydraulisch zustellbaren Stützbeinen ab, die ein Gefälle bis 15° ausgleichen können. Die Funktion dieser Abstützung wird elektronisch überwacht. In der Transportstellung steht die Bühne auf einem einachsigen Anhänger, so daß sie von einem LKW geschleppt werden kann.

Die selbstfahrende Hubarbeitsbühne im Bild 2-106 ist dagegen auf ein LKW-Fahrgestell montiert. Der mit dem Oberwagen drehbare Gelenkausleger besteht aus zwei durch je einen Hydraulikzylinder zu schwenkenden Armen. Das Drehwerk hat ein Schneckengetriebe und damit eine unbegrenzte Drehfähigkeit. An den beiden Seiten des Fahrzeugrahmens ist je eine schräg nach unten ausfahrbare hydraulische Stütze angebracht, was eine kleine Stützweite zur Folge hat, die den möglichen Gegenverkehr auf einer Straße nicht behindert. Der aus Kunststoff hergestellte Arbeitskorb ist isoliert und an einem Parallelführungsgestänge gelagert, das von einem Faltenbalg gegen Berührung und Witterungseinflüsse geschützt ist. Alle Bewegungen einschließlich der Fahrbewegung im Kriechgang können vom Boden und vom Korb aus gesteuert werden.

Eine bessere Anpassung an räumliche Gegebenheiten und Hindernisse läßt sich beispielsweise durch Kombination eines 2teiligen Gelenkauslegers mit einem einfach auszufahrenden Teleskopausleger erreichen (Bild 2-107). Die dargestellte Hubarbeitsbühne eignet sich vor allem für Innenarbeiten in Hallen aller Art. Sie ist so ausgelegt, daß sie ohne Abstützungen auskommt; die vier Laufräder sind vollgummibereift. Der Oberwagen ist um 350°, der Korb getrennt davon um 130° zu drehen. In der Transportstellung verfährt das hydraulische Fahrwerk mit einer Geschwindigkeit bis 5 km/h, was für Überführungsfahrten die Nutzung eines LKW-Aufliegerfahrzeuges bedingt. Wenn das Auslegersystem angehoben wird, schaltet sich zwangsläufig eine Langsamfahrgeschwindigkeit von lediglich 0,75 km/h ein. Das Gerät wird in all seinen Bewegungen vom Boden oder vom Korb aus gesteuert. Die elektrische Energie spendet eine Hochleistungsbatterie mit eingebautem Ladegerät.

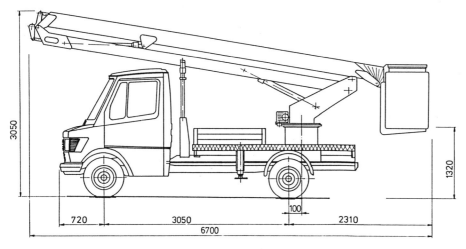
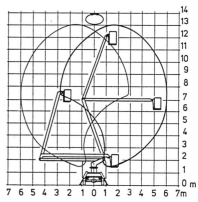

Bild 2-106 Ruthmann-Gelenksteiger G 115
Anton Ruthmann GmbH & Co, Gescher-Hochmoor
Tragfähigkeit des Korbs 175 kg

2.3 Serienhebezeuge

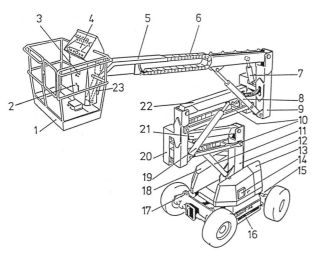

Bild 2-107 Hubarbeitsbühne Boxer 140 NE
Simon-Lift GmbH, Hirschberg

1 Korb
2 Schloß
3 Drehgriff
4 Bedienungshebel
5 Vorschubausleger
6 Kabelkette
7 Korbnivellierzylinder, hinten
8 dritter Hubzylinder
9 zweiter Pfosten
10 Schienen
11 erster Hubzylinder
12 erster Pfosten
13 Hydraulikmodul
14 Bodenbedienung
15 Abschleppstange
16 Batterie
17 Huböse
18 Elektromodul
19 zweiter Hubzylinder
20 versetzter Pfosten
21 erster Ausleger
22 zweiter Ausleger
23 Korbnivellierzylinder, vorn

Für Hubarbeitsbühnen gilt eine selbständige Norm DIN 15120. In Anlehnung an DIN 15018 und DIN 15019 gibt sie Regeln für den Festigkeits- und Standsicherheitsnachweis dieser Hebezeuge vor. Als Belastungsannahmen sind folgende Kräfte aufgeführt:

Hauptkräfte (Gewichtskräfte von Eigen- und Nutzmassen, Massenkräfte aus Bewegungen);

Zusatzkräfte (Seitenkräfte, Windkräfte, Kräfte aus Aufstellungsungenauigkeiten, Kräfte aus Sonderbelastungen).

Bei den Gewichtskräften aus Nutzmassen werden 75 kg je Person und 150 kg/m² als flächenbezogene, auf die Plattformfläche verteilte Kräfte aus der Zuladung angesetzt. Die Seitenkräfte haben den statischen Maximalwert $F_s = 200$ N für die erste Person; sie können aber auch genauer unter Einbeziehung der Federsteife der Arbeitsbühne berechnet werden. Der statische Ansatz lautet

$$F_s = 1{,}705 \cdot 70 c^{0{,}2} K \text{ mit } K = \sum_{i=1}^{z} \frac{1}{i} \qquad (2.71)$$

F_s Seitenkraft in N
c Federsteife der Arbeitsbühne in N/mm
z Anzahl der Personen auf der Plattform.

Die Norm enthält weitere Angaben zur Ermittlung der Federsteife und zur Abminderung des genannten Maximalwerts bei entsprechendem Nachweis.
Die Windkraft ist mit einem auf die gesamte Windfläche einwirkenden quasistatischen Staudruck $q = 100$ N/m² zu ermitteln. In ihm ist ein 50%iger instationärer Anteil aus der Böenstruktur des Winds enthalten. Die diesem Staudruck entsprechende maximale Windgeschwindigkeit beträgt $v_{max} = 10$ m/s, der Mittelwert liegt bei $v_m \approx 6$ m/s.

Kräfte aus Aufstellungsungenauigkeiten sind von der möglichen Schrägstellung abzuleiten; ihre Mindestwerte sind 0,3°, wenn die Aufstellgenauigkeit meßtechnisch, z.B. mit Dosenlibellen, kontrolliert wird, und 5°, wenn diese Einrichtungen fehlen. Eine der Sonderbelastungen ist das Entweichen von Luft aus einem der Lufttreifen.

Im Spannungs- und Stabilitätsnachweis sind zwei Belastungsfälle zu prüfen; die Belastungsannahmen mit Steigerungsfaktoren und die zulässigen Spannungen sind in Tabellen aufgeführt. Der Standsicherheitsnachweis besteht aus einem Ansatz für das Kippmoment mit Belastungen, die durch vorgeschriebene Steigerungsfaktoren erhöht sind. Dabei sind Lage und Richtung der anzusetzenden Kräfte in ihrer für die Standsicherheit ungünstigsten Kombination zu wählen. Der Standsicherheitsbeiwert ist $S_k \geq 1$, weil die notwendige Sicherheit in den Belastungsannahmen liegt.

Kärnä [2.120] unterzieht die Belastungsannahmen dieser Norm für die Wind- und Seitenkräfte einer kritischen Prüfung. Er vertritt die These, daß die in DIN 15120 angesetzten Windkräfte zu klein sind, um einen sicheren Betrieb von Hubarbeitsbühnen zu gewährleisten. Seine Kritik stützt sich auf nachstehende Überlegungen:

– Hubarbeitsbühnen verfügen über keine Windmeßanlagen
– Arbeiter empfinden Wind bis zu einer mittleren Windgeschwindigkeit $v_m = 8$ m/s nicht als unbequem, bis $v_m = 10$ m/s höchstens als erschwerend
– bei Ganztagsbetrieb wird die Anzahl der notwendigen Unterbrechungen zu groß, wenn eine mittlere Windgeschwindigkeit $v_m = 6$ m/s als Schranke vorgegeben ist.

In Anlehnung an die Vorschriften für die Krane begründet er einen in die Rechnung einzusetzenden Staudruck von $q = 250$ N/m² im finnischen Standard SFS 4461.
Um die Größe der auftretenden Seitenkräfte zu bestimmen, wurden in einem finnischen Forschungszentrum Messungen bei Bohr- und Schraubarbeiten auf Arbeitsbühnen ausgeführt. Sie ergaben statistisch gesicherte Mittelwerte von 250...380 N und Standardabweichungen von 80 N. Die zitierte finnische Norm legt deshalb Seitenkräfte $F_s = 400$ N fest. Der Korrekturfaktor K für mehrere Personen wird jedoch abgemindert, indem die Summanden $(1/i)^2$ statt $1/i$ gesetzt werden. Die Seitenkräfte gehen allerdings nur mit ihrem halben Wert in die Berechnung ein, wenn sie mit den Windkräften überlagert werden.
In einer wenige Jahre später erschienenen Veröffentlichung [2.121] werden sicherheitstechnische Erfahrungen aus einem 20jährigen Umgang mit Hubarbeitsbühnen erläutert. Als Schlußfolgerung ergab sich daraus, daß Sach- und Personenschäden an solchen Hebezeugen bisher nur in geringem Umfang aufgetreten sind. Als wichtigste Ursache wurden Abweichungen von den in VBG 14 und DIN 15120 formulierten technischen Regeln erkannt. Dagegen fehlten Anhalte, diese technischen Regeln, besonders die Belastungsannahmen, in Frage zu stellen.

2.3.5 Waggonkipper

Der Transport von Schüttgütern über die Streckennetze der Eisenbahnen hat eine beträchtliche Ausdehnung und wirtschaftliche Bedeutung. Während das Beladen der oben offenen oder zu öffnenden Eisenbahnwagen keine besonderen Probleme bereitet, erfordert das Entladen meist einen größeren technischen Aufwand. Die wichtigsten Umschlagverfahren sind dabei.

- die Entleerung von Spezialgüterwagen mit Öffnungsklappen durch die Gewichtskraft des Guts
- das Kippen von Universalgüterwagen mit Waggonkippern
- das Entladen nach oben mit Schüttgutgreifern oder seitwärts mit Schrappern bzw. von Hand.

Die verschiedenen Bauformen von Selbstentladewagen der Deutschen Bahn sind im Verzeichnis der Schienenfahrzeuge [2.122] aufgeführt. Sie sind teils für ein spezielles Schüttgut eingerichtet, wie die Trichterwagen Tdgs und Tadgs für Getreide, deren Dach zu öffnen ist, oder sie können unterschiedliche Güter laden, wie die Großraumsattelwagen Fal und Tal mit Seitenklappen [2.123]. Derartige Spezialwagen werden entweder nur in Ganzzügen für feste Relationen oder für regelmäßige Transporte zwischen ausgewählten Zielpunkten eingesetzt. Die Seitenklappen dieser Selbstentladewagen werden von Hand oder, in modernen Ausführungen, hydraulisch bzw. pneumatisch geöffnet und geschlossen. Es gibt jedoch bereits Manipulatoren zur Betätigung mechanischer Verriegelungen.

Mit Waggonkippern können dagegen alle in Frage kommenden Schüttgüter, z.B. Kohle, Koks, Erz, Schotter, Sand, durch Kippen normaler offener Güterwagen der Bauart E entladen werden, wenn diese Wagen kippfähig sind. Die Aufwendungen für die Kippanlage einschließlich Tiefbunker sind höher als die für Einrichtungen zum Entladen von Selbstentladewagen. Nach [2.124] sind Waggonkipper einfacher Bauart jedoch bereits dann wirtschaftlich, wenn täglich mindestens 5 Eisenbahnwagen zu kippen sind. Bleibt der Durchsatz darunter, sollten Schüttgutgreifer oder sonstige einfache Umschlageinrichtungen vorgezogen werden.

Über eine Querachse kippen lassen sich offene Güterwagen, wenn eine oder beide Wagenstirnwände nach dem Lösen einer Verriegelung nach oben zu klappen sind. Übergangsstege mit Handbremse o.ä. können die Kippfähigkeit auf eine Stirnseite begrenzen. Bei der Eignung des Wagens für das Kippen zur Seite, d.h. um eine Längsachse, spielt die Festigkeit der Seitenwände die maßgebende Rolle; klappbare Wände werden nicht gebraucht. Einschränkungen der Kippfähigkeit aus der konstruktiven Ausführung der Radlager bestehen heute kaum noch.

Nebeneinander bestehen gegenwärtig drei Hauptarten von Waggonkippern: Stirn-, Seiten- und Kreiselkipper. Sie werden für Wagenmassen zwischen 40 und 80 t angeboten. Alle diese Kipper schütten das Gut in einen oder zwei Tiefbunker unterhalb der Gleisebene, aus denen es von einem Stetigförderer abgezogen wird. Wegen der großen Druckbelastung durch das schlagartig aufgeschüttete Gut ist dies vorzugsweise ein Plattenband-, Panzer- oder Trogkettenförderer, dessen Durchsatz groß genug sein muß, um den Bunker zwischen zwei Kippvorgängen vollständig zu entleeren.

Der *Stirnkipper* ist die einfachste, am meisten verbreitete Bauart der Waggonkipper. Als Einfachkipper (Bild 2-108) kann er bis 20 Wagen/h entladen, verlangt aber die stets gleiche Lage der Stirnwandklappe dieser Wagen an der Kippseite bzw. deren Anordnung auf beiden Stirnseiten. Andernfalls ist dem Kippvorgang ein umständliches Rangieren voranzustellen. Die Wagen werden von einer Rangiereinrichtung, z.B. einer Rangierseilwinde, auf die mit Fahrschienen ausgestattete Kipperbühne 3 gezogen bzw. geschoben. Eine Rücklaufsperre mit Federrückzug (nicht gekennzeichnet) verhindert das ungewollte Zurückrollen des Wagens. Die beiden Pufferhalter 4 stützen den Wagen nach vorn ab. Sobald die Bühne wieder in die Ausgangsstellung abgesenkt ist, werden die Puffer nach außen geschwenkt, wobei sich auch die Rücklaufsperre löst.

Die Hubwerke der Stirnkipper waren früher mechanische Seiltriebe mit Winkelhebeln oder Verdrängerwagen [2.124]. Heute sind es durchweg hydraulische Antriebe, die aus einem Hydraulikaggregat 1 und zwei parallelliegenden Teleskopzylindern 2 bestehen und auf einem Grundrahmen 6 gelagert sind. Der Kippwinkel beträgt etwa 65°. Er reicht im allgemeinen aus, um ein sicheres Ausfließen des gesamten Schüttguts in den Tiefbunker zu gewährleisten, wobei es infolge Kohäsion und Adhäsion zu Ungleichmäßigkeiten kommen kann.

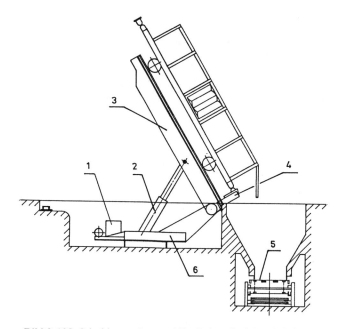

Bild 2-108 Stirnkipper, Aumund Förderbau GmbH, Rheinberg
1 Hydraulikaggregat   4 Pufferhalter
2 Teleskopzylinder   5 Bunkerabzugsband
3 Kipperbühne   6 Grundrahmen

Die Hintereinanderschaltung von zwei Stirnkippern mit spiegelbildlich versetzt angeordneten Kippeinrichtungen vergrößert den Durchsatz bis zu 35 Wagen/h und erlaubt die Anpassung an unterschiedliche Lagen der Wagenstirnklappen. Eine andere Lösung bildet der Zweiseitenkipper mit nur einer Kipperbühne, aber zwei wiederum spiegelbildlich angeordneten Hubwerken und Tiefbunkern an beiden Enden der Kipperbühne. Die vielseitigsten Möglichkeiten bietet der Drehscheibenkipper, eine Waggondrehscheibe mit eingebautem Stirnkipper. Mit ihm lassen sich Güterwagen von mehreren ankommenden Gleisen aufnehmen und in möglicherweise mehrere, kreisförmig um die Drehscheibe verteilte Tiefbunker für unterschiedliche Güter abkippen. Der Durchsatz entspricht dem eines Einfachstirnkippers. Darüber hinaus gibt es Umschlaganlagen mit Einrichtungen sowohl zum Entleeren von Selbstentladewagen wie zum Kippen normaler Güterwagen.

Ein *Seitenkipper* (Bild 2-109) eignet sich für alle oben offenen Güterwagen, wenn sie steife Seitenwände haben. Der Tiefbunker reicht, seitlich versetzt, etwas über die Schienenebene heraus, was zu einer geringeren Bautiefe und dem Wegfall von Gleisverschmutzungen führt. Beim

2.3 Serienhebezeuge

Kippen des Waggons um den exzentrisch angeordneten Drehpunkt der Kipperbühne *4* mit Drehscheibe *1* wird dieser Wagen auf seiner gesamten Länge von seitlich angebrachten Längsbalken *3* gehalten. Sobald der Kippwinkel 45° erreicht ist, legen sich die oberen Halterungen *2* auf die Kanten der Seitenwände und drücken den Wagen auf die Schiene. Das hydraulische Hubwerk ist für eine größere Leistung auszulegen, weil es gegen die volle Gewichtskraft des Wagens wirkt. Als Kippwinkel genügen 150°; der Durchsatz beträgt maximal 20 Wagen/h.

Mit Hilfe eines *Kreiselkippers* (Bild 2-110) werden Universalgüterwagen bis 360° um die Längsachse gedreht und in einen unter dem Gleis liegenden Tiefbunker entleert. Zuvor wird der Wagen auf die Tragbühne *7* geschoben und betätigt dabei die Rücklaufsperre *9*. Anschließend legen sich die oberen und seitlichen Längsbalken *3* und *10* mit kontrollierten Druckkräften auf den Wagenkasten. Nach dem Lösen der Verriegelung *12* kann der Drehvorgang eingeleitet werden. Die zwei Tragringe *2*, von denen die Tragbühne mit dem Waggon gestützt wird, drehen sich dabei auf den in Doppelschwingen gelagerten Tragrollen *13*. Die Tragringe werden über Triebstockkränze von einem mechanischen Drehwerk *1* angetrieben.

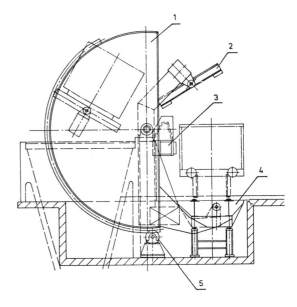

Bild 2-109 Stirnkipper, Aumund Förderbau GmbH, Rheinberg
1 Drehscheibe
2 obere Halterung
3 Längsträger
4 Kipperbühne
5 Tragrolle

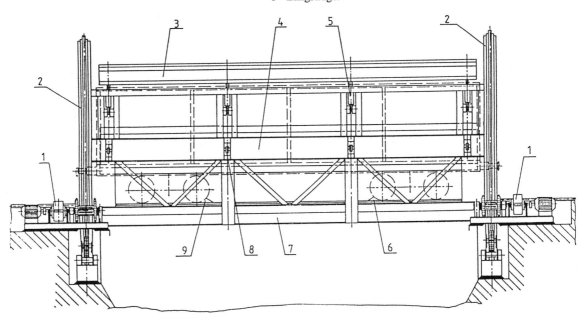

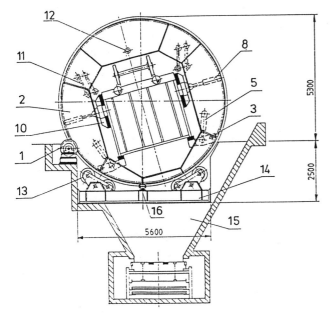

Bild 2-110
Kreiselkipper, Aumund Förderbau GmbH, Rheinberg
1 Drehantrieb
2 Tragring
3 oberer Längsbalken
4 Verbindungsträger
5 Hydraulikzylinder
6 Anschlag
7 Tragbühne
8 Hydraulikzylinder
9 Klinke, federbetätigt
10 seitlicher Längsbalken
11 Führungsstange
12 Tragbühnenverriegelung
13 Tragrolle
14 Grundrahmen
15 Einfülltrichter
16 Führungsrolle

Kreiselkipper erzielen große Durchsätze bis 30 Wagen/h, wenn die Güterwagen normale Kupplungen haben, und bis 50 Wagen/h, wenn sie mit Mittelpufferkupplungen ausgerüstet sind. Der Zugverband muß nicht aufgelöst werden, die Lokomotive darf die Kipperbühne überfahren. Weil die Klemmbalken große Verstellwege aufweisen, können Wagen unterschiedlicher Breite und Höhe gehalten werden.

2.4 Schienengebundene Hebezeuge

Auf Schienen verfahrbare Hebezeuge verfügen außer dem Hubwerk über mindestens ein weiteres Triebwerk für die Fahrbewegung. Ihre Hauptgruppe, die Krane, besitzen wenigstens drei Antriebe und bedienen damit einen dreidimensionalen Arbeitsraum. Es gibt auch einige ortsfeste Ausführungen von Kranen, wie Schwenkkrane, Kletterkrane, die nicht mit einem Kranfahrwerk ausgerüstet sind.

2.4.1 Allgemeines und Gliederung

Die Bauarten der schienengebundenen Hebezeuge unterscheiden sich in der Struktur und damit in der Arbeitsweise und Eignung für bestimmte Aufgaben. Dies gilt auch für die Leistungsdaten und Auslegungsparameter, die nach technischen, technologischen und wirtschaftlichen Überlegungen festgelegt werden.

2.4.1.1 Bauarten und Arbeitsräume

In grober Gliederung trennt man die auf Schienen verfahrbaren Hebezeuge nach dem Hauptmerkmal ihres Tragwerks wie folgt (Bild 2-111):
– Laufkatzen
– Brückenkrane
– Portalkrane
– Kabelkrane
– Auslegerkrane (Drehkrane).

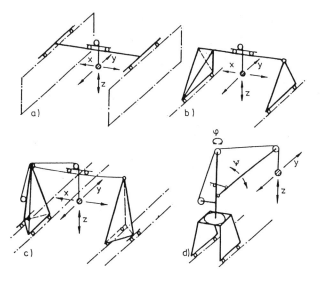

Bild 2-111 Hauptbauarten von Kranen
a) Brückenkran
b) Portalkran
c) Kabelkran
d) Ausleger-(Dreh-)kran

Den Brückenkranen werden hier auch die Hängebahnen bzw. Elektrohängebahnen zugeordnet, die wegen des Vorherrschens der Fahrbewegung eine Sondergruppe bilden. Die aufgeführten Bauformen haben ihre jeweils spezifischen Funktionsmerkmale und Bewegungsparameter. Für jede Bewegungskoordinate ist ein eigenes Triebwerk erforderlich.

In einer *Laufkatze* ist das Hubwerk mit einem Fahrwerk kombiniert. Als Arbeitsraum ergibt sich ein senkrecht stehendes, dünnes Band (Bild 2-112a). Wenn das Fahrwerk Kurven durchfahren kann, enthält dieses Band gekrümmte Teile. Laufkatzen als selbständige Hebezeuge werden auf kurzen Stichbahnen oder, mit weiterer erstreckter, nötigenfalls verzweigter Linienführung, als Fahrzeuge von Elektrohängebahnen verwendet. Häufiger findet man sie jedoch als Baugruppen von Kranen in eigens daran angepaßter Bauweise.

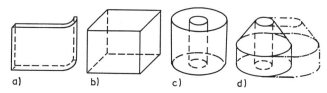

Bild 2-112 Arbeitsräume von Kranen
a) Laufkatze allein
b) Brücken- und Portalkran
c) Drehkran mit Katzausleger
d) Drehkran mit neigbarem Ausleger
 (gestrichelt: zusätzliche Kranfahrbewegung)

Das brückenartige Tragwerk hat dem *Brückenkran* seinen Namen verliehen (Bild 2-111a); die Bezeichnung Laufkran ist veraltet. Auf dieser Kranbrücke verfährt eine Laufkatze quer zu der Eigenbewegungsrichtung der Brücke. Ein solcher Kran bewegt sein Lastaufnahmemittel in drei kartesischen Bewegungskoordinaten x, y, z und bestreicht damit einen quaderförmigen Arbeitsraum (Bild 2-112b), der stets kleiner als der von Kran und Kranfahrbahn überdeckte Raum ist. Dieser Arbeitsraum ist jedoch frei, d.h. ohne Beeinträchtigung durch das Hebezeug, verfügbar.

Ein *Portalkran* (Bild 2-111b) hat die gleichen Bewegungskoordinaten und damit prinzipiell denselben Arbeitsraum wie ein Brückenkran, nur liegt seine Fahrbahn zu ebener Erde. Die zusätzlich benötigten zwei Stützen vergrößern die Eigenmasse beträchtlich, wogegen der Aufwand für die Fahrbahn kleiner wird. Der Arbeitsraum läßt sich durch ein- oder beiderseitig angebrachte Ausleger über den von der Fahrbahn eingegrenzten Bereich hinaus erweitern. Wie ein Portalkran geformt ist auch der *Kabelkran* (Bild 2-111c); allerdings ist bei ihm der Brückenträger durch ein zwischen den beiden Stützen gespanntes Tragseil ersetzt. Die Form und Größe des Arbeitsraums hängen von der Art des Kabelkrans ab.

Die Besonderheit des *Auslegerkrans* (Bild 2-111d) ist der starre oder neigbare Ausleger. Meist kann der gesamte Oberbau eines solchen Krans um eine vertikale Achse gedreht werden, üblicherweise benennt man ihn dann *Drehkran*. Die Bewegungskoordinaten eines Drehkrans sind Polarkoordinaten φ, ψ, z, wobei die Koordinate ψ für den Auslegerneigungswinkel auch durch die Radialkomponente r, den Radius zwischen Auslegerspitze und Drehachse, ersetzt werden kann. Der Arbeitsraum des Drehkrans hängt von seinem Auslegersystem ab. Wenn an einem horizontalliegenden Ausleger eine Laufkatze verfährt, entsteht ein Hohlzylinder (Bild 2-112c). Ist dagegen der Ausleger neigbar und wird das Zugmittel des Hubwerks über die Auslegerspitze geführt, bildet sich die von einem kegelförmigen Oberteil geprägte Form nach Bild 2-112d aus. In beiden Fällen läßt sich der von der Krankontur selbst eingenommene Raum nicht vom Lastaufnahmemittel bestreichen. Überwiegend wird das Gut außerhalb der Standfläche des Krans aufgenommen und abgegeben, was die Frage der Kippgefährdung aufwirft. Um einen geschlossenen sowie größeren Arbeitsraum zu gewinnen, erhalten Drehkrane oft ein Kranfahrwerk als vierten Antrieb (punktgestrichelter Arbeitsraum im Bild 2-112d).

Die Bezeichnungen der Triebwerke sind den ausgeführten Arbeitsbewegungen entnommen: Hubwerk, Katzfahrwerk, Kranfahrwerk, Drehwerk, Einzieh- bzw. Wippwerk. Diese Grundformen fördertechnischer Antriebe werden in [0.1, Abschn. 3.5] ausführlich behandelt. Allen Kranen haftet der Nachteil des Aussetzbetriebs mit einem relativ hohen Bedienungs- und Investitionsaufwand an. Ihre Bedeutung wurde deshalb mit dem Vordringen der Stetigförderer und Flurförderzeuge eingeschränkt. Heute kehrt sich diese Entwicklung etwas um, weil unter Nutzung von Innovationen der Elektronik und Informationstechnik gegenwärtig moderne Krane mit feinfühliger Steuerung bis hin zur vollständigen Automatisierung zur Verfügung stehen und ihr Vorzug, der freie Arbeitsraum, dadurch wieder mehr in den Vordergrund rückt. Nach [2.125] werden neue bzw. wieder erschlossene Einsatzgebiete in all den Wirtschaftszweigen liegen, die hinsichtlich Arbeitsteilung, Technik und Technologie der Stoffbereitstellung eine bevorzugte Rolle spielen, d.h. in den verarbeitenden Gewerken, Dienstleistungen, dem Handel und Verkehr. Ökologische und energiepolitische Faktoren können diese Tendenz verstärken. [2.126] zeigt darüber hinaus Wege zur Modernisierung vorhandener Krane auf.

2.4.1.2 Durchsatz und Arbeitsgeschwindigkeiten

Ein Kran führt Arbeitsspiele zwischen einer Quelle und einer Senke sowie wieder zurück zu einer neuen Quelle des Materialflusses aus. Zeitpunkt, Arbeitsweg, Spieldauer und transportierte Gutmenge sind meist zufällig verteilt, bisweilen auch periodisch zumindest näherungsweise gleichbleibend. Für den Durchsatz im Aussetzbetrieb läßt sich allgemein ansetzen

$$Q = Z_{sp} m_n ; \qquad (2.72)$$

Q Durchsatz in t/h
Z_{sp} Anzahl der Arbeitsspiele der Maschine je Stunde
m_n Nutzmasse in t.

Die zulässige Spieldauer der Maschine hängt von der geforderten Anzahl Z_{sp} der Arbeitsspiele ab

$$T_{sp} = \frac{3600}{Z_{sp}} = k_m T_{spn} ; \qquad (2.73)$$

T_{sp} Dauer eines vollständigen Arbeitsspiels der Maschine in s
k_m = 1...2 Faktor für die Häufigkeit der Leerbewegung
T_{spn} Dauer eines Teilspiels der Maschine mit Nutzmasse in s.

Für die Größen Q, Z_{sp}, T_{sp}, m_n können sowohl Extremwerte, als auch Mittelwerte zu überprüfen sein. Der Faktor k_m wird gleich 2, wenn Nutz- und Leerbewegung periodisch aufeinanderfolgen, bei einer Zufallsverteilung der Häufigkeit von Leerbewegungen liegt er im Bereich 1...2. Über die unterschiedlichen Weglängen während der beiden Bewegungsabläufe sagt er nichts aus.
Für ein Triebwerk des Krans gelten die nachstehenden Grundgleichungen

Spieldauer
$t_{sp} = t_{be} + t_P$ mit der Betriebsdauer
$t_{be} = t_A + t_H + t_B;$

Arbeitsweg
$$s = s_A + s_H + s_B = v\left(\frac{t_A}{2} + t_H + \frac{t_B}{2}\right)$$
$$= v\left(t_{be} - \frac{t_A + t_B}{2}\right) ; \qquad (2.74)$$

t Dauer einer Betriebsphase
s während der Betriebsdauer zurückgelegter Weg
v Beharrungsgeschwindigkeit;
Indizes: sp Spieldauer; be Betriebsdauer; A Anfahren; H Beharrung; B Bremsen.

Üblichen Gepflogenheiten entsprechend, wird über die Annahme a = konst. ein linearer Verlauf der Bewegungsgeschwindigkeiten während der nichtstationären Betriebsphasen angenommen. Tiefere Einblicke in den Bewegungsverlauf der Triebwerke im Aussetzbetrieb vermittelt [0.1, Abschn. 3.3]. Wenn rotatorische statt translatorische Bewegungen vorliegen, treten ε, ω und φ an die Stelle von a, v und s.

Die Spieldauer t_{sp} des Antriebs und die Spieldauer T_{spn} des Krans stimmen nur dann überein, wenn lediglich ein Triebwerk benutzt wird. Sind dagegen mehrere Antriebe nacheinander oder überlagert in ein Arbeitsspiel einbezogen, gilt für die Dauer eines Teilspiels der Maschine, z.B. mit Nutzmasse,

$$T_{spn} = \sum_{i=1}^{k}(t_{Ai} + t_{Hi} + t_{Bi} \pm t_{üi})$$
$$= \sum_{i=1}^{k}\left(\frac{s_i}{v_i} + \frac{t_{Ai}}{2} + \frac{t_{Bi}}{2} \pm t_{üi}\right) . \qquad (2.75)$$

Die Überlagerungsdauer $t_{üi}$ kann negativ oder positiv sein; sie entspricht deshalb nur teilweise der Pausendauer t_P der Triebwerke. An einem einfachen Beispiel mit nur zwei Triebwerken wird dies anschaulich im Bild 2-113 verdeutlicht. In ihm wird das Triebwerk 1 während eines Teilspiels der Maschine zweimal geschaltet.

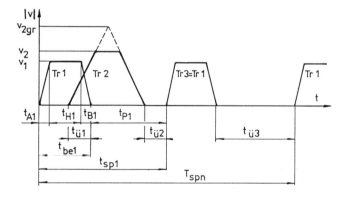

Bild 2-113 Überlagerung von Triebwerkspielen während eines Teilarbeitsspiels der Maschine

Bei vorgegebener Länge des im Mittel zurückzulegenden Wegs s muß die Geschwindigkeit nach technischen und wirtschaftlichen Kriterien gewählt werden. Ein oberer, beschleunigungsabhängiger Grenzwert ergibt sich daraus, daß bei seinem Überschreiten die vorgegebene Beharrungsgeschwindigkeit gar nicht erreicht wird; im Bild 2.113 ist dieser Grenzwert v_{gr} für das Triebwerk 2 gestrichelt eingezeichnet. Er beträgt

$$v_{gr} = \frac{2s}{t_A + t_B} = \sqrt{2s\frac{a_A a_B}{a_A + a_B}} \approx \sqrt{s a_m} ; \qquad (2.76)$$

$a_{A,B}$ Anfahr- bzw. Bremsbeschleunigung.

Der arithmetische Mittelwert a_m liegt etwas über dem harmonischen Mittel der beiden Beschleunigungen, für das die angegebene Gleichung exakt gilt.
Ein von der Weglänge s abhängiger zweiter Grenzwert für die Geschwindigkeit v läßt sich nach *Schlemminger* [2.127] daraus ableiten, daß unterhalb v_{gr} bei gegebenem Wert s die Betriebsdauer t_{be} unterproportional mit wachsendem v sinkt, die benötigte Motorleistung dagegen mindestens proportional ansteigt. Differenzieren des Ansatzes

$$t_{Be} = \frac{s}{v} + \frac{v}{a_m}$$ nach der Geschwindigkeit v führt zu

$$\frac{\partial t}{\partial v} = -\frac{s}{v^2} + \frac{1}{a_m} \quad \text{und}$$

$$v_{max} = \sqrt{\frac{sa_m}{1 - \frac{\partial t}{\partial v} a_m}} = \sqrt{\frac{sa_m}{1{,}5a_m + 1}} \ . \tag{2.77}$$

Der gewählte Wert der Kurvensteigung $\partial t/\partial v = -1{,}5$ gilt laut [2.127] für Extremwerte der Parameter ($v = 4$ m/s; $a_m = 1$ m/s²; $s = 40$ m), wie sie bei Schiffsentladern auftreten. Bild 2-114 zeigt den Kurvenverlauf für die wirtschaftlich vertretbare kleinste Weglänge s_{min} bei gegebener Geschwindigkeit v.

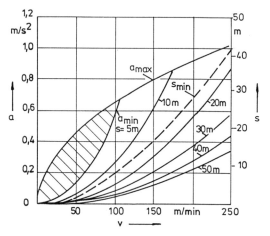

Bild 2-114 Grenzwerte von Beschleunigung a und Weglänge s in Abhängigkeit von der Bewegungsgeschwindigkeit v, nach [2.127]

Ähnliche Überlegungen führen zu Gleichungen für die Grenzwerte der Beschleunigung:

$a_{min} = \frac{v^2}{s}$ (Minimalwert, um unterhalb der Grenzgeschwindigkeit v_{gr} gemäß Gl. (2.76) zu bleiben)

$a_{max} = 0{,}5\sqrt{v}$ (Maximalwert aus dem Verlauf der Kurvensteigung [2.127]). \hfill (2.78)

Im Bild 2-114 sind die Grenzwerte in Abhängigkeit von der Geschwindigkeit v und der Weglänge s grafisch dargestellt. Innerhalb des für $s = 5$ m als Beispiel schraffierten Bereichs sollte die gewählte mittlere Beschleunigung liegen. Darüber hinaus sind natürlich auch andere Gesichtspunkte, z.B. Festigkeit, Kraftschluß, Eigenmasse und Kosten des Triebwerks, zu berücksichtigen. Die VDI-Richtlinien 2397 und 3573 enthalten empfohlene Zuordnungen von v, s und a_m für die Triebwerke der Brücken- und Umschlagkrane, die mit Ausnahme der Hubbeschleunigung in den im Bild 2-114 ausgewiesenen Bereichen liegen.

2.4.2 Laufkatzen

Eine Laufkatze besteht aus einem oder mehreren Hubwerken und einem oder mehreren Fahrwerken, die auf einem gemeinsamen Rahmen gelagert oder, in Blockbauweise, direkt miteinander verbunden sind. Als Hubwerke dienen vorzugsweise Seilwinden, bisweilen auch Kettenwinden; die Fahrwerke übertragen die Antriebskräfte meist über den Kraftschluß zwischen Laufrad und Schiene, seltener durch Seile oder Getriebeglieder. Zusatzbewegungen, wie Drehen, Klemmen, Kippen für die Last, erfordern weitere Antriebe.

Die gewählte Gliederung der Laufkatzen geht vom Fahrwerk, aber auch von der Anordnung und Art anderer Triebwerke aus:

– Einschienenlaufkatzen
– Zweischienenlaufkatzen
– Laufkatzen für Einträgerkrane
– Drehlaufkatzen
– Seilzugkatzen.

Laufkatzen in Sonderbauart für spezielle technologische Aufgaben, z.B. von Kranen für die metallurgische Industrie, werden im Zusammenhang mit diesen Kranen behandelt.

2.4.2.1 Einschienenlaufkatzen

Die Verwendung nur einer Fahrbahn für die Katzfahrt erlaubt eine sehr kompakte, aus Gleichgewichtsgründen allerdings stets am Fahrwerk hängende Bauweise der Laufkatze. Neben gekrümmten Fahrbahnteilen können auch Kreuzungen, Weichen o.ä. in der Schienenführung angeordnet werden, wie es in Hängebahnsystemen notwendig ist, siehe Abschitt 2.4.3.5. Nach dem Stützprinzip unterscheidet man Laufkatzen für Unterflansch- und für Kopfschienenfahrt (Bild 2-115), wobei die letztgenannte Art heute kaum noch Bedeutung hat.

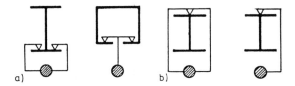

Bild 2-115 Abstützprinzipe von Einschienenfahrwerken
a) Unterflanschfahrt
b) Kopfschienenfahrt

Der Gesamtschwerpunkt der hängenden Laufkatze sollte auch bei unterschiedlicher Größe und Lage der Nutzmasse immer nahe der Schwerebene der Fahrbahn bleiben. Die an sich zweisträngige Fahrbahn eines Unterflanschs, die streng genommen eine Doppelschiene bildet, gestattet zwar etwas größere Abweichungen vom vollständigen Massenausgleich, dies führt jedoch zu einer ungleichen Belastung der Laufräder. Bei einem Kopfschienenfahrwerk hat dagegen jede seitliche Schwerpunktwanderung Schieflage zur Folge.

Einschienenlaufkatzen für Unterflanschfahrt haben fast immer serienmäßig hergestellte Hubwerke in Blockbauweise, siehe Abschnitt 2.3.3.1. Die große örtliche Biegebeanspruchung des Flanschs und die gegenüber Schienen ungünstigeren Abrollbedingungen der Laufräder begrenzen die Tragfähigkeit auf den Bereich 0,125...16 t. Zudem betragen die Laufraddurchmesser i.allg. nur 100...160 mm;

2.4 Schienengebundene Hebezeuge

dies bedingt Mindesthöhen der Fahrbahnträger von 225 ...310 mm. Die Laufkatze stützt sich üblicherweise auf 4, bei größerer Belastung auch auf 8 paarweise in Schwingen gelagerte Laufräder mit balliger oder zylindrischer Lauffläche ab. Es gibt Sonderausführungen der Fahrbahn mit als Schiene ausgebildeten Unterflanschen und der Laufkatze mit einer größeren Anzahl von Laufrädern.

Das Fahrwerk kann ohne Antrieb als Roll- bzw. Verschiebefahrwerk, mit Handantrieb über eine Haspelkette oder mit einem elektrischen Antrieb ausgeführt werden. Die beiden erstgenannten Arten eignen sich nur für kleine Tragfähigkeiten bis etwa 2 t und für kurze Fahrstrecken. Der Elektroantrieb mit einem häufig polumschaltbaren Käfigläufer-, seltener Schleifringläufermotor herrscht vor. Bild 2-116a zeigt als Beispiel eine Einschienenlaufkatze in normaler Bauart, Bild 2-116b in der sogenannten kurzen Bauweise, d.h. mit einer kleineren Bauhöhe. Hier sorgt eine auskragende Gegenmasse für die mittige Schwerpunktlage.

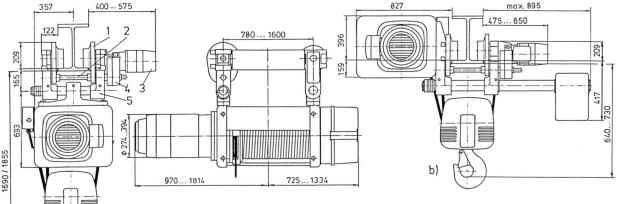

Bild 2-116 Einschienenlaufkatzen für Unterflanschfahrt, Fahrwerkgröße 10;
Mannesmann Demag Fördertechnik, Wetter
Tragfähigkeit 5...12,5 t, Triebwerkgruppe 2_m, Hubhöhe 8...40 m, Eigenmasse 890...1470 kg, Hubgeschwindigkeit 4...18 m/min, Fahrgeschwindigkeit 12,5...40 m/min, Motorleistungen: Hubwerk 3,6...28,5 kW bei 50% ED, Fahrwerk 0,3...0,65 kW bei 40 % ED
a) normale Bauhöhe UDH 1000
b) kurze Bauhöhe KDH 1000
1 Laufrad Dmr. 160
2 Übertriebswelle
3 Fahrwerkmotor
4 Fahrwerkgetriebe
5 Hubwerkhalterung
6 Hubwerk DH 1000
7 Unterflasche

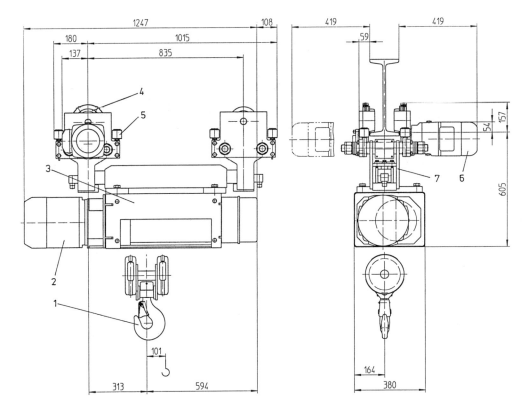

Bild 2-117
Einschienenlaufkatze AS 3010-18 mit Drehgestellfahrwerk
R. Stahl Fördertechnik GmbH, Künzelsau
Tragfähigkeit 4 t,
Triebwerkgruppe 3_m,
Einscherung 4/1,
Hubhöhe 6...10 m,
Eigenmasse 470 kg,
Hubgeschwindigkeit 4,5 m/min,
Fahrgeschwindigkeit 5/20 m/min,
Motorleistungen: Hubwerk 3,5 kW bei 50% ED,
Fahrwerk 0,32 kW bei 40 % ED
1 Lasthaken
2 Hubwerkmotor
3 Seiltrommel
4 Laufrad
5 Führungsrolle
6 Fahrwerkmotor
7 Drehgestell

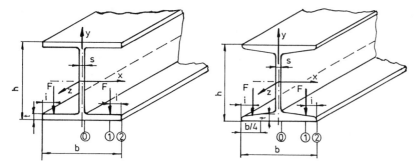

Bild 2-118
Krafteinleitung und Geometrie von Unterflanschen [2.131]
a) IEP-Profil nach DIN 1025 Blatt 5
b) I-Profil nach DIN 1025 Blatt 1

Von den vier Laufrädern oder Laufradschwingen sollten mindestens zwei angetrieben werden. Vorgeschaltet ist ein selbsthemmendes Schneckengetriebe oder ein Stirnradgetriebe in Verbindung mit einem Bremsmotor. Das Abtriebsritzel dieses Getriebes greift in an den Laufrädern angebrachte Zahnkränze ein. Werden zwei parallelliegende Laufräder, d.h. je eines je Fahrbahn, angetrieben, bedingt dies eine Übertriebswelle. Wenn dagegen die beiden Laufradpaare enger beieinander liegen, können zwei auf der gleichen Fahrbahn aufeinanderfolgende Laufräder von einem mittig zwischen ihnen angeordneten Ritzel angetrieben werden. Die Fahrgeschwindigkeit beträgt 12,5...40 m/min mit einer Feinfahrstufe von rd. ¼ dieses Werts.

Fahrwerke mit sehr kurzem Radstand, wie in Laufkatzen mit Kettenwinden, können in Abhängigkeit von der Tragfähigkeit und damit Größe Kurven mit Kleinstradien zwischen 1 und 3,5 m durchfahren. Laufkatzen mit Seilwinden müssen dagegen wegen der längeren Seiltrommel einen größeren Abstand zwischen den Laufradpaaren einhalten und vertragen deshalb keine größeren Krümmungen der Fahrbahn in der horizontalen Ebene. Eine kurvenfahrbare Ausführung (Bild 2-117) weist um die vertikale Achse drehbare Fahrgestelle auf und eignet sich für Schienenführungen mit Kurvenradien von 2,5 m als Kleinstwert. Werden beide Fahrgestelle angetrieben, lassen sich noch engere Kurven befahren. An die Stelle der Spurkränze treten in derartigen Drehgestellfahrwerken seitliche Führungsrollen, um den Fahrwiderstand zu verkleinern und einem hohen Verschleiß der Spurkränze zu begegnen.

In den sogenannten langen Einschienenlaufkatzen liegen Hubwerk und damit Seiltrommel quer zur Fahrbahn. Das ablaufende Seil wird über eine im Katzrahmen gelagerte Umlenkseilrolle geführt, wobei der Katzrahmen sozusagen als Ausleger wirkt, dessen Länge von der zulässigen Seilablenkung und damit indirekt von der maximalen Hubhöhe abhängt. Solche lange Laufkatzen eignen sich besonders dann, wenn eine sehr geringe Bauhöhe gefordert werden muß, aber auch für die Ausstattung der Laufkatze mit zwei Seiltrieben, z.B. zum Betrieb von Schüttgutgreifern. Einzelheiten sind [2.128] zu entnehmen.

Eine Besonderheit der Unterflanschfahrt besteht darin, daß die von einem Laufrad übertragene Radkraft nicht nur von der Pressung (s. [0.1, Abschn. 2.5.3.2.]), sondern auch von der lokalen Biegebeanspruchung des Unterflanschs in unmittelbarer Nähe der Krafteinleitungsstelle aus örtlichen Verformungen in Längs- und Querrichtung begrenzt wird. Die Definitionsgleichungen für diese Biegespannungen gehen auf *Klöppel/Lie* [2.129] zurück; sie lauten:

$$\sigma_{xi} = c_{xi}\frac{F}{t_i^2}; \quad \sigma_{zi} = c_{zi}\frac{F}{t_i^2}; \qquad (2.79)$$

c_{xi}, c_{zi} Beiwerte
F Radkraft
t_i Solldicke des Flanschs an der Krafteinleitungsstelle.

i bezeichnet den Randabstand der Wirkungslinie der eingeleiteten Radkraft F. Für die rechnerische Solldicke t_i gilt mit den Bezeichnungen von Bild 2-118.

$t_i = t$ für IEP-Träger mit Parallelflanschen
(DIN 1025 Blatt 5)
$= 4\,ti/b$ für I-Träger mit geneigten Flanschen
(DIN 1025 Blatt 1).

Um die Beiwerte c_{xi} und c_{zi} zu bestimmen, sind zahlreiche experimentelle und rechnerische Untersuchungen durchgeführt worden; [2.130] und [2.131] enthalten ausführliche Literaturhinweise hierzu. Den neuesten Stand verdeutlichen *Hannover/Reichwald* [2.131]. Sie fassen die Meßergebnisse von *Becker* [2.132], *Mendel* [2.130] sowie eigener Experimente zusammen, bestimmen durch Ausgleichsrechnung Gleichungen für die Funktionen c_{xi} und c_{zi} und überprüfen diese durch Vergleich mit Rechnungen nach der Plattentheorie [2.130] sowie nach der Methode der Finiten Elemente. Dieser in die FEM-Regel 9.341 unverändert übernommene Ansatz lautet:

$$c_{x,y(i)} = k_1 + k_2\lambda_i + k_3 e^{k_4\lambda_i} \text{ mit}$$

$$\lambda_i = \frac{2i}{b-s}; \qquad (2.80)$$

k_1 bis k_4 Koeffizienten
i Randabstand der Krafteinleitung
b Flanschbreite des Trägers
s Stegdicke des Trägers.

Im Bild 2-119 sind die Funktionen c_{zi} und c_{xi} in Abhängigkeit vom Verhältnis λ_i für die im Bild 2-118 bezeichneten Bezugspunkte 0 bis 2 dargestellt. Der Wert c_{x2} ist gleich Null, weil die zugehörige Spannung σ_x an dieser Stelle verschwindet. Der Ansatz gilt sinngemäß auch für einen Kastenträgerquerschnitt. In den zitierten Orginalarbeiten sind auch die Koeffizienten k_1 bis k_4 für eine numerische Berechnung der Beiwerte angegeben.

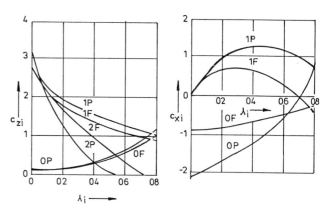

Bild 2-119 Funktionsverlauf der Beiwerte c_{zi} und c_{xi} für Gl. (2.79) nach [2.131]
Indizes: 0, 1, 2 für Randabstand i, F geneigtes Flanschprofil, P Parallelflanschprofil

2.4 Schienengebundene Hebezeuge

Aus dem Kurvenverlauf ist abzulesen, daß ein I-Träger durch die Radkraft F eine geringere Beanspruchung erfährt als ein IEP-Träger. [2.130] gibt den Hinweis, daß sich die Biegebeanspruchungen infolge mehrerer in Längsrichtung des Trägers aufeinanderfolgender Laufräder nicht spürbar beeinflussen, wenn deren Abstand größer als die 3fache halbe Flanschbreite $b/2$ bleibt.

Als Gesamtspannungen $\sigma_{x,z\,ges}$ sind die Primärspannungen σ_{Hz} aus der vertikalen und horizontalen Belastung des gesamten Trägers und die Sekundärspannungen $\sigma_{x,z(i)}$ aus örtlicher Verformung durch das Laufrad zu überlagern. Im Belastungsfall Hz nach DIN 15018 ist anzusetzen

$\sigma_{x\,ges} = 0{,}75\,\sigma_{xi}$
$\sigma_{z\,ges} = \sigma_{Hz} + 0{,}75\,\sigma_{zi}$.

Der Abminderungsfaktor 0,75 entstammt einem empirischen Vergleich des neuen Berechnungsverfahrens mit früheren Berechnungen an ausgeführten, lange Zeit ohne Störung betriebenen Anlagen. *Warkenthin* [2.133] behandelt die Möglichkeiten der Flanschverstärkung, um entweder eine größere Tragfähigkeit zu erreichen oder abgefahrene Träger instandzusetzen.

2.4.2.2 Zweischienenlaufkatzen

Die breitere Stützbasis und die besseren Fahrbedingungen verschaffen der Zweischienenlaufkatze die Eignung für große Hubmassen und Arbeitsgeschwindigkeiten. Sie kann in ihrer Gestaltung und Auslegung optimal an unterschiedliche technologische Forderungen angepaßt werden und erreicht als Hauptbaugruppe der Brücken- und Portalkrane eine große Variationsbreite. In der normalen Ausführung verfügt sie über ein Hubwerk als Seilwinde und ein Zweischienenfahrwerk. Diese Triebwerke sind auf einem Katzrahmen gelagert; sie müssen so ausgewählt, bemessen und angeordnet werden, daß kleine äußere Abmessungen und eine möglichst gleichmäßige Verteilung der Vertikalkräfte auf die stützenden Laufräder erzielt werden.

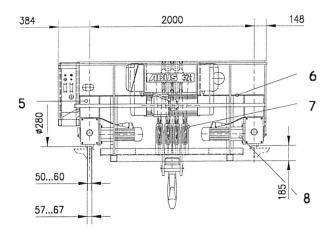

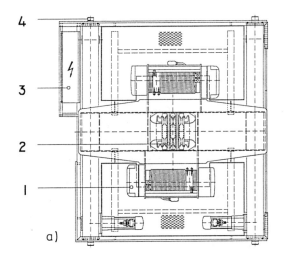

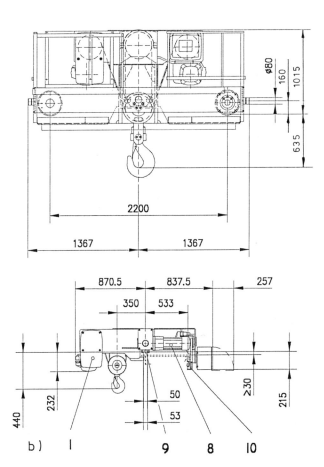

Bild 2-120 Laufkatzen mit Schienenfahrwerk; ABUS Kransysteme GmbH & Co. KG, Gummersbach
a) Zweischienenlaufkatze 8/2, Bauart S, Modellgröße GM 6320, Tragfähigkeit 32 t, Triebwerkgruppe 2_m, Eigenmasse 3,1...3,9 t, Hubhöhe 6...15 m, Hubgeschwindigkeit 4...6,3 m/min, Fahrgeschwindigkeit 5/20 m/min, Motorleistungen: Hubwerk 18,8 kW bei 40% ED, Fahrwerk 0,8 kW bei 40 % ED
b) Seitenlaufkatze 4/1, Bauart ZB, Modellgröße GM 1000.5, Tragfähigkeit 2,0...3,2 t, Triebwerkgruppe 3_m, Eigenmasse 500...532 kg, Hubhöhe 6...9 m, Hubgeschwindigkeit 4...8 m/min, Fahrgeschwindigkeit 5/20...7,5/30 m/min, Motorleistungen: Hubwerk 3,0...4,9 kW bei 50% ED, Fahrwerk 0,65 kW bei 40 % ED

1 Hubwerk
2 Ausgleichsseilrollen
3 Schaltschrank
4 Puffer
5 Katzrahmen
6 Katzlaufbühne
7 Unterflasche
8 Katzfahrwerk
9 Laufrad
10 Gegenrad

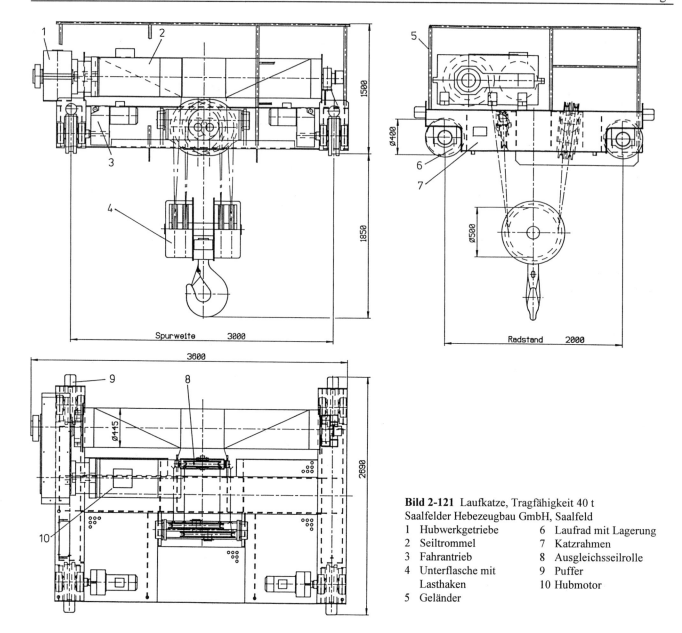

Bild 2-121 Laufkatze, Tragfähigkeit 40 t
Saalfelder Hebezeugbau GmbH, Saalfeld
1 Hubwerkgetriebe
2 Seiltrommel
3 Fahrantrieb
4 Unterflasche mit Lasthaken
5 Geländer
6 Laufrad mit Lagerung
7 Katzrahmen
8 Ausgleichsseilrolle
9 Puffer
10 Hubmotor

Das Hubwerk, besonders Seiltrommel und Getriebe, bestimmt die Eigenmasse und die Abmessungen der Laufkatze maßgebend. Inzwischen haben sich die kompakten Serienhubwerke in Blockbauweise, die heute auch für größere Tragfähigkeiten und höhere Triebwerkgruppen verfügbar sind (s. Abschn. 2.3.3.1), auch als Baugruppen der Zweischienenlaufkatzen und damit der Krane durchgesetzt. Die im Bild 2-120a dargestellte Bauform erschließt Tragfähigkeiten bis 50 t. Dies bedingt zwei symmetrisch zur Mittelachse des Rahmens gelagerte Hubwinden *1*. Die Ausgleichsrollen *2* des 8strängigen Zwillingsflaschenzuges sind sehr weit oben angebracht. Beide konstruktive Maßnahmen führen dazu, daß die Laufkatze eine sehr geringe Bauhöhe und einen ebenfalls beachtlich kleinen Abstand des hochgezogenen Lasthakens zur Schienenoberkante hat. Höhere Tragfähigkeiten, völligere Belastungskollektive, größere Arbeitsgeschwindigkeiten verlangen jedoch schwerere Seilwinden als Hubwerke in aufgelöster Bauweise, wobei die Baugruppen, wie Motor, Getriebe, Seiltrommel, einzeln auf dem Katzrahmen gelagert sind. Diese Notwendigkeit besteht auch dann, wenn mehrere Hubwerke vorzusehen sind, z.B. zwei miteinander kinematisch verbundene Hubwerke, um Redundanz herzustellen, zwei Seilwinden für den Betrieb von Schüttgutgreifern oder für den Containerumschlag. Laufkatzen höherer Tragfähigkeit ab etwa 32 t erhalten neben dem Haupthubwerk oft ein weiteres Hilfshubwerk geringerer Tragfähigkeit, aber größerer Hubgeschwindigkeit. Genauere Informationen zur Ausbildung und Bemessung der Hubwerke sind [0.1, Abschn. 3.5.1] zu entnehmen.

Bild 2-121 zeigt ein Beispiel für eine Laufkatze, die diesem Gesichtspunkt entspricht. Es ist die klassische Kombination von Hubwerk und Fahrwerk; beide sind in aufgelöster Bauweise auf dem Katzrahmen gelagert.

Eine Zweischienenlaufkatze stützt sich mit vier, bei größerer Vertikalbelastung auch mit acht oder mehr in Schwingen gelagerten Laufrädern an den vier Stützpunkten ab. Das Fahrwerk besteht immer aus mindestens zwei Teilfahrwerken, d.h. einem je Schiene mit mindestens einem Laufrad. Diese Teilfahrwerke sind als Zentralantrieb durch eine Welle verbunden, oder sie werden als getrennte Antriebe einzeln gesteuert. Die Vor- und Nachteile dieser beiden Antriebsarten wirken sich bei Laufkatzen kaum aus, Einzelheiten werden in [0.1, Abschn. 3.5.3] behandelt.

Anstelle der aufwendigen Eck- bzw. Korblagerung der Laufräder tritt, besonders bei leichten Laufkatzen, die direkte Lagerung der Laufradachse bzw. -welle in den Längsträgern des Katzrahmens in den Vordergrund. Die heute erreichte Fertigungsqualität sichert ein genaues Fluchten aller Lagerbohrungen und damit die Parallelität der Laufräder. Fahrwerke in Blockbauweise, horizontal oder vertikal zur Laufradwelle liegend, stützen sich auf dieser Welle ab. Das rückwirkende Drehmoment wird von einer Drehmomentstütze aufgenommen. Aber auch beim Fahrwerk verlangen größere Leistungen die aufgelöste Bauweise.

Der Katzrahmen ist eine Schweißkonstruktion aus zwei Längsträgern und einem oder mehreren Verbindungsträgern. Wegen der einfach statisch unbestimmten Vierpunktstützung sollte sie in der Vertikalebene ausreichend nachgiebig, in der Horizontalebene dagegen steif genug sein, um die Parallelität der Laufradachsen und damit ein einwandfreies Fahrverhalten sicherzustellen. Damit die Laufkatze zur Durchführung von Wartungsarbeiten begehbar wird, erhält der Rahmen Abdeckungen und Geländer.

Die Radkräfte ergeben sich aus der statischen Berechnung des Katzrahmen; dies setzt allerdings die Kenntnis der konstruktiven Details voraus. Unabhängig von der konstruktiven Ausführung lassen sich die Stütz- bzw. Radkräfte überschläglich mit dem Modell der starren, auf vier Federn gleicher Federsteife gestützten Platte bestimmen (Bild 2-122). Aus den Gleichgewichtsbedingungen ergeben sich bei exzentrischer Lage der resultierenden Vertikalkraft F die Stützkräfte

$$F_{1,3} = F\left(\frac{1}{4} \pm \frac{e_1}{2l_1} - \frac{e_2}{2l_2}\right)$$
$$F_{2,4} = F\left(\frac{1}{4} \pm \frac{e_1}{2l_1} + \frac{e_2}{2l_2}\right). \quad (2.81)$$

Die oberen Vorzeichen in Gl. (2.81) gelten für F_1 bzw. F_2, die unteren für F_3 bzw. F_4. Mit den gleichen Modellannahmen errechnete Stützkräfte bei überlagerter Drehbewegung der Vertikalkraft um die senkrechte Achse führt [0.1, Abschn. 3.5.3.3] auf.

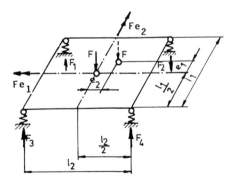

Bild 2-122 Modell für Näherungsansatz der Vierpunktstützung

2.4.2.3 Laufkatzen für Einträgerkrane

Im Zusammenhang mit der Entwicklung von Kranen mit nur einem Brückenträger sind neue, an diese Krane angepaßte Bauformen von Laufkatzen entstanden. Nach der Art der Stützung bilden sie zwei Gruppen
- mit nicht kippsicherer Stützung, wobei die Kippgefahr durch Massenausgleich ausgeschlossen werden muß
- mit kippsicherer Stützung bei exzentrischer Lage der Resultierenden aller äußeren Kräfte.

Beispiele für die erstgenannte Gruppe enthält Bild 2-123. Die beiden Schienen liegen in einer Horizontalebene, die Laufkatze überdeckt stets den Obergurt des Trägers, Laufbühnen können nicht an ihm angebracht werden. Wenn die Seilkräfte beiderseitig, d.h.symmetrisch zur Mittelachse des Trägers, eingeleitet werden (Bild 2-123a), verlangt dies nur eine etwas veränderte Anordnung der Baugruppen mit seitlich auskragender Lage des Seilablaufpunkts von der Seiltrommel und der Seilbefestigung. Eine solche Bauweise verkleinert die auszunutzende Hubhöhe beträchtlich. Mit zunehmender Trägerhöhe wird sie immer unwirtschaftlicher und begrenzt diese Ausführung auf Tragfähigkeiten bis 12 t bei niedriger Triebwerkgruppe.

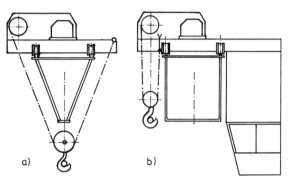

Bild 2-123 Zwischenschienenlaufkatzen für Einträgerkrane mit ausgeglichener Masseverteilung
a) symmetrische Einleitung der Seilkräfte
b) seitliche Einleitung der Seilkräfte

In der Laufkatze von Bild 2-123b ist im Gegensatz dazu der Seiltrieb an einer Trägerseite angebracht. Das Fahrerhaus und dessen Verbindungsteil zum Katzrahmen sind ausgleichend auf der Gegenseite gelagert, im Zwischenstück werden die Schalt- und Steuergeräte untergebracht. Nachzuweisen ist, daß die resultierende äußere Kraft einschließlich der Hubkraft in allen möglichen Betriebszuständen, z.B. auch bei Anheben mit Schlaffseil oder bei sonstiger starker Überlastung des Seiltriebs, nicht aus der von den Laufrädern gebildeten Stützbasis herauswandern kann. Meist bedingt dies einen verhältnismäßig breiten Träger.

In kippsicherer Ausführung von Laufkatzen für Einträgerkrane dürfen die Stützpunkte bzw. Laufradachsen nicht mehr nur in einer Ebene liegen. Nach der Anzahl der im Träger zu lagernden Schienen und der Richtung der Stützkräfte für das Eintragen des Kippmoments unterscheidet man:

Zweischienenlaufkatzen (Seitenlaufkatzen)
- mit 1 Tragschiene am Obergurt und 1 Gegenschiene als Vertikalstützung am Untergurt (Bild 2-124a)
- mit 1 Tragschiene und 1 Gegenschiene als Vertikalstützung, beide am Obergurt (Bild 2-124a, strichpunktierte Form)
- mit 1 schrägstehenden Tragschiene am Obergurt und 1 Gegenschiene als Horizontalstützung am Untergurt (Bild 2-124b)

Dreischienenlaufkatzen (Winkellaufkatzen)
- mit 1 Tragschiene am Obergurt und 2 Gegenschienen als Horizontalstützung an Ober- und Untergurt (Bild 2-124c)
- mit 1 Tragschiene, die zugleich die obere Gegenschiene bildet, am Obergurt und 1 Gegenschiene als Horizontalstützung am Untergurt.

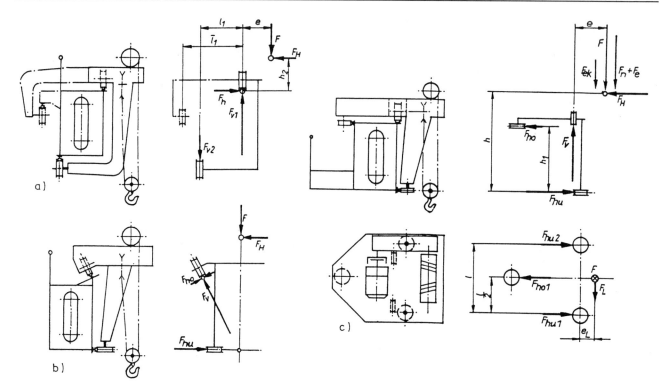

Bild 2-124 Seitenlauf- und Winkellaufkatzen
a) Zweischienenbauart, Schienen diagonal angeordnet
b) Zweischienenbauart, Tragschiene schräggestellt
c) Dreischienenbauart mit 2 horizontal liegenden Gegenschienen

Weitere Varianten dieser Grundformen gibt *Kos* [2.134] [2.135] an.
Allen kippsicher zu stützenden Laufkatzen gemeinsam ist das Einleiten der Vertikalkräfte in nur eine Tragschiene. Unterschiedlich werden dagegen die Horizontalkräfte und das Kippmoment aufgenommen. Die an der Laufkatze im Bild 2-124a angreifende Vertikalkraft F und Horizontalkraft F_H stehen im Gleichgewicht mit den Reaktionskräften an den Schienen

$$F_h = F_H$$
$$F_{v1} = \frac{1}{l_1}[F(e+l_1) - F_H h_2] \qquad (2.82)$$
$$F_{v2} = \frac{1}{l_1}(Fe - F_H h_2).$$

Maßgebend für die Größe des Kippmoments ist vor allem die Exzentrizität der wirkenden Vertikalkraft F. Die Horizontalkraft F_H muß, wie bei den normalen Zweischienenlaufkatzen, vollständig von den Spurkränzen der oberen Laufräder übertragen werden. Die Radkraft F_{v1} der Tragschiene ist relativ groß, weil sie einen zusätzlichen Anteil aus dem Kippmoment enthält. Als Laufbühne steht der Obergurt des Trägers zur Verfügung. Dies ändert sich, wenn auch die Gegenschiene am Obergurt angebracht wird (strichpunktierte Form im Bild 2-124a). Hier muß man eine geforderte Laufbühne mit zusätzlichem Aufwand seitlich des Trägers anbauen. Der Vorzug dieser Laufkatze besteht jedoch darin, daß sie als einzige kippsichere Form für unterschiedliche Trägerhöhen eingesetzt werden kann, während alle anderen hierfür konstruktiv verändert werden müssen. Die Seitenlaufkatze im Bild 2-120b entspricht dem genannten Prinzip der Unabhängigkeit von der Trägerhöhe; sie ist aus Serienbauteilen zusammengesetzt.

Die wegen des erhöhten fertigungstechnischen Aufwands nur vereinzelt gebaute Zweischienenlaufkatze mit schrägstehender Tragschiene (Bild 2-124b) wird so ausgelegt, daß beim Erwartungswert der Nutzmasse, d.h. dem wahrscheinlichsten Betriebsfall, die resultierende Vertikalkraft

$$F = F_{ek} + F_e + kF_n;$$

F_{ek} Gewichtskraft der Laufkatze
F_e Gewichtskraft des Lastaufnahmemittels
F_n Gewichtskraft der zulässigen größten Nutzmasse
$k < 1$ Faktor für den wahrscheinlichsten Wert der Nutzmasse;

mit den Kräften F_v und F_{hu} im Gleichgewicht steht. Weichen Nutzmasse und damit auch Betrag und Wirkungslinie der Vertikalkraft F hiervon ab, müssen die Spurkränze oder seitliche Führungsrollen die aus dem Kippmoment herrührende Axialkraft F_{ho} übertragen. F_H wurde bei diesen einfachen Überlegungen nicht berücksichtigt.
Die Dreischienen- bzw. Winkellaufkatze (Bild 2-124c) teilt die in den Träger einzuleitenden Kräfte in drei nur senkrecht auf die Schienenoberflächen wirkende Radkräfte auf

$$F_v = F$$
$$F_{ho} = \frac{1}{h_1}(Fe - F_H h) \qquad (2.83)$$
$$F_{hu} = \frac{1}{h_1}[Fe - F_h(h-h_1)].$$

Spurkränze an den Laufrädern werden nicht gebraucht. Eine Längskraft F_L, z.B. infolge Beschleunigens oder Verzögerns der Fahrbewegung, verändert bei gleichzeitiger Wirkung einer Horizontalkraft F_H nur das Verhältnis der unteren Führungskräfte F_{hu1} und F_{hu2}. Bei einem bestimmten Betrag von F_L verschwindet F_{hu2}; vergrößert er sich weiter, übernimmt die obere Führungsrolle die Stützkraft $F_{ho1} = 2 F_L e_L / l$.
Bei dieser Winkellaufkatze bringt der Ersatz der oberen Stützräder und Stützschienen durch an der Tragschiene horizontal angreifende Führungsrollen erhebliche Vorteile, weil er den Aufwand für die Laufkatze senkt und den

2.4 Schienengebundene Hebezeuge

Obergurt des Trägers als Laufbühne freimacht. Allerdings können die bekannten Probleme aus der Überlagerung von Horizontal- und Vertikalüberrollungen an der Schiene auftreten, wenn Verschleißpartikel der einen Rollbahn auf die andere gelangen.

Außer den Beträgen und Wirkungslinien der äußeren Kräfte müssen somit auch die Fahreigenschaften, die Beanspruchung der Spurkränze und die Zugänglichkeit der Laufkatze bedacht werden. Weitere Kriterien sind die Größe und Masse von Kranbrücke und Laufkatze, die notwendigen Abstände zwischen Decke sowie Lastaufnahmemittel in dessen oberster Stellung zur Schienenoberkante, Anfahrmaße quer und längs zur Fahrbahn, fertigungstechnische Gesichtspunkte, siehe auch [2.134] [2.135]. Die vom gleichen Autor in [2.136] [2.137] beschriebenen Hüll- und Rohrkatzen sind bisher nicht verwirklicht worden.

2.4.2.4 Drehlaufkatzen

Es gibt zahlreiche Krane für besondere Aufgaben, deren Laufkatzen Zusatzbewegungen, wie Drehen, Neigen, des Lastaufnahmemittels und damit der Last erzeugen. In vielen Fällen erfordert dies außer dem zusätzlichen Triebwerk auch Einrichtungen, um die Last während oder nach der Hubbewegung quer zur Hubrichtung zu führen. Bei den Drehlaufkatzen unterscheidet man

– Drehlaufkatzen mit Ausleger
– Drehlaufkatzen mit drehbarem Katzrahmenteil
– Drehlaufkatzen mit drehbarem Lastaufnahmemittel.

Die Drehverbindungen und die Drehwerke selbst werden ausführlich in [0.1, Abschn. 3.5.4] behandelt.

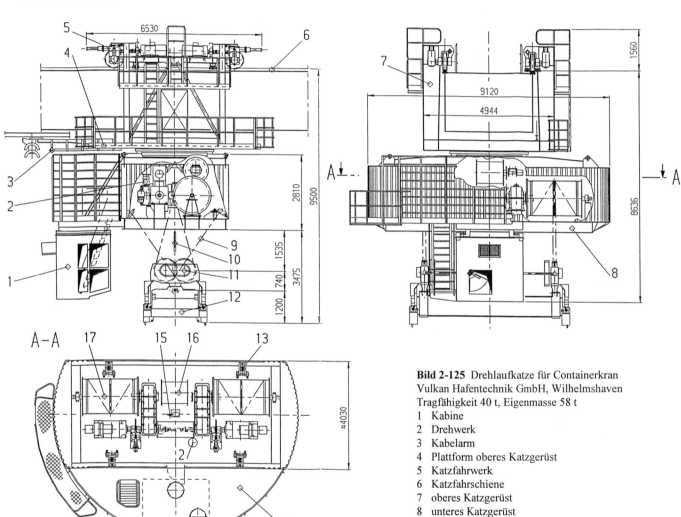

Bild 2-125 Drehlaufkatze für Containerkran
Vulkan Hafentechnik GmbH, Wilhelmshaven
Tragfähigkeit 40 t, Eigenmasse 58 t
1 Kabine
2 Drehwerk
3 Kabelarm
4 Plattform oberes Katzgerüst
5 Katzfahrwerk
6 Katzfahrschiene
7 oberes Katzgerüst
8 unteres Katzgerüst
9 Hubseil
10 Gewicht Hubwerkendschaltung
11 Unterflasche
12 Teleskopspreader
13 Seilaufhängung
14 Plattform unteres Katzgerüst
15 Hubwerkendschaltung
16 Kabeltrommel
17 Hubwerk

Die Drehlaufkatze mit Ausleger hat einen über eine Drehverbindung auf dem fahrbaren Katzrahmen gelagerten oberen Rahmen mit einer nach unten hängenden Säule. Diese trägt einen Ausleger, über dessen Spitze das Hubseil abläuft. Das Hubwerk samt einer u. U. für den Massenausgleich benötigten Gegenmasse sind am anderen Ende auskragend gelagert. Aufgabe einer solchen Drehlaufkatze ist nicht primär das Drehen der Last; vielmehr hat sie die Fähigkeit, ein größeres Arbeitsfeld zu bestreichen, das über die von Katzfahr- und Kranfahrbahn eingenommene Fläche hinausreicht und damit beispielsweise auch in den Arbeitsraum benachbarter Krane führt.

Bei einer echten Drehlaufkatze besteht der Katzrahmen aus zwei über eine Drehverbindung miteinander verbundenen Rahmenteilen. Das oder die Hubwerke sind auf dem um eine vertikale Achse drehbaren Oberrahmen angebracht, der von einem zusätzlichen Antrieb, dem Drehwerk, relativ zum translatorisch verfahrbaren Unterrahmen gedreht werden kann. Das Drehwerk selbst läßt sich sowohl im Oberrahmen, als auch im Unterrahmen anbringen.

Bild 2-125 zeigt eine Drehlaufkatze für den Umschlag von Containern. Weil der zugehörige Containerkran nur eine Kranbrücke hat, umschließt das obere Katzgerüst *7* diesen Träger und hängt an den Lagerungen der vier stützenden Laufräder. Um größere Beschleunigungskräfte zu übertragen, sind alle vier Laufräder mit Fahrantrieben *5* ausgerüstet. Die Plattform *4* des oberen Katzgerüsts trägt unten eine Kugeldrehverbindung, an der das untere Katzgerüst *8* drehbar befestigt ist. Auf der Plattform *14* dieses Tragwerkteils sind zwei über eine Welle kinematisch verbundene Hubwerke *17*, der Drehwerkantrieb *2* und eine Kabeltrommel *16* für das Kabel zur Stromversorgung des Spreaders gelagert. Eine Einhausung um alle Triebwerke vermindert die an das Umfeld abgegebenen Triebwerkgeräusche. Das Fahrerhaus *1* hängt seitlich unterhalb der unteren Plattform und bietet damit freie Sicht ins gesamte Arbeitsfeld der Laufkatze.

Den Spreader halten vier schräg zur Seiltrommel bzw. Seilbefestigung liegende Hubseile. Diese Spreizung der Seile verstärkt den Effekt der Pendeldämpfung einer Vierpunktstützung, weil zusätzlich stabilisierende horizontale Seilkraftkomponenten und größere Energieverluste aus Verformung und Reibung in der Seilführung entstehen. [2.138] weist darauf hin, daß sich Schwingbewegungen und Schwingungsperioden einer solchen Stützung erheblich vom einfachen Ansatz des mathematischen Pendels unterscheiden, den man bei Einpunktaufhängung der Last anwenden kann.

Eine 8strängige Seilführung für das Lastaufnahmemittel mit einer Spreizung der Seile in vier Ebenen verdeutlicht Bild 2-126. Die beiden Seiltrommeln der Hubwerke sind doppelwandig bewickelt. Man bezeichnet derartige Seilführungen auch als Seilpyramide und bevorzugt sie heute bei allen Drehlaufkatzen von schweren Containerkranen. Sie dämpfen Pendelschwingungen sowohl beim Drehen des Spreaders, als auch während der Katzfahr- und Kranfahrbewegung.

Das Problem des Lastpendelns tritt naturgemäß nicht nur beim Containerumschlag auf. An leichten, schnellaufenden Kranen hat es häufig eine periodische Änderung der Fahrgeschwindigkeit zur Folge. Störender sind meist die Pendelbewegungen der Last nach dem Erreichen des Zielpunkts der Fahrbewegung, die an allen Kranen mit frei hängenden Laufaufnahmemitteln auftreten können und ein zeitraubendes, die Beanspruchung erhöhendes Nachsteuern der Triebwerke nötig machen. Auszuschließen ist dies entweder durch eine Regelung der Antriebe, siehe hierzu Abschnitt 2.6, oder durch eine vertikale Führung der Last.

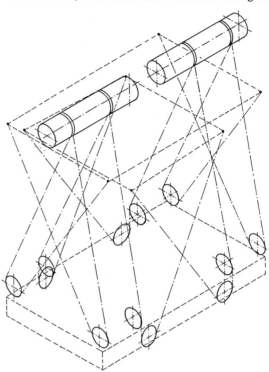

Bild 2-126 8strängige Seilpyramide zur Pendeldämpfung

Die gebräuchlichen Systeme zur Führung des Lastaufnahmemittels (Bild 2-127) unterscheiden sich in der Eignung für bestimmte Aufgaben, dem Platzbedarf und dem technischen Aufwand. Die vorstehend erläuterte Seilpyramide (s. Bild 2-126) enthält keine starren Führungselemente, braucht jedoch ein großflächiges Lastaufnahmemittel und besonders ausgebildete Hubwerke. Dagegen entsteht ein verhältnismäßig geringer Aufwand, wenn die Last nur in der obersten Stellung pendelfrei geführt werden muß (Bild 2-127a und b), beispielsweise um das Reaktionsmoment einer Drehbewegung der Last aufzunehmen. Derartige Führungen sollten ein großes Spiel in ihren Einführungen und ein kleineres in der Führung selbst haben. Die Führung in zwei Rohren muß, um Klemmen auszuschließen, so ausgeführt werden, daß die Führungsrollen des einen Rohrs allseitig, die des zweiten nur in einer Richtung führen.

Eine starre Führung der Last über die gesamte Hubhöhe deutet Bild 2-127c an. Seitlich am Lastaufnahmemittel angebrachte Führungselemente wirken in zwei Ebenen, wobei wiederum ein Kompromiß zwischen der Forderung nach genauer Positionierung und dem notwendigen Spiel zum Ausgleich von Verformungen und Fertigungstoleranzen gefunden werden muß. Unabhängig von der Höhenlage der Last beansprucht eine solche starre Führung jedoch stets den gesamten während der Fahrbewegung eingenommenen Raum, was ein erheblicher Nachteil sein kann.

Eine Führung über die gesamte Hubhöhe, ohne daß Konstruktionsteile ständig herabhängen, läßt sich mit am Katzrahmen befestigten Teleskopsäulen erzielen. Sie bestehen entweder aus ineinanderschiebbaren Rohrschüssen oder aus einer Reihung trägerartiger Säulenteile (Bild 2-127d und e). Eine Doppelschere (Bild 2-127f) erfüllt denselben Zweck, die räumliche Ausdehnung ist allerdings beträchtlich größer. Ergänzend zu den Ausführungen über die Spreizung der Hubseile zeigt Bild 2-127e eine derartige Anordnung mit nur einer Seiltrommel.

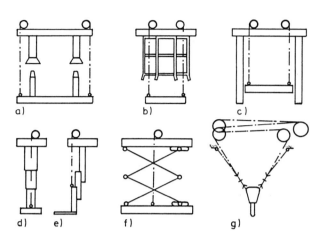

Bild 2-127 Mechanische Vertikalführungen der Hublast, nach [2.139]
a) b) Führung in Rohren bzw. Korbrahmen, nur in oberster Stellung
c) seitliche Führungen
d) e) Teleskopführungen
f) Scherensystem
g) Spreizung der Hubseile

Der Übergang von der pendelnden Aufhängung zur starren Führung der Last hat Auswirkungen auf die Verteilung der Stütz- bzw. Radkräfte (Bild 2-128) und vergrößert die Gefahr des Kippens erheblich. Bei ungeführter pendelnder Last wirkt im quasistatischen Zustand die resultierende Seilkraft F_{res} direkt an der Seiltrommel und damit vorwiegend oberhalb der Stützebene der Laufräder. Die Stützkräfte für jeweils zwei koaxial liegende Laufräder sind:

$$F_1 = F_v \left(1 - \frac{e}{l_1}\right) + F_h \frac{h_1}{l_1}$$
$$F_2 = F_v \frac{e}{l_1} - F_h \frac{h_1}{l_1} .$$
(2.84)

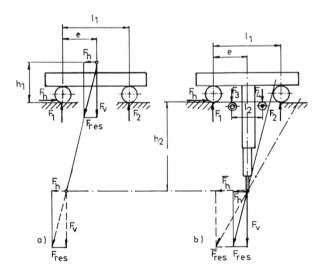

Bild 2-128 Kräfte an der Laufkatze
a) ungeführte Last
b) geführte Last

Wenn bei geführter Last die Wirkungslinie der resultierenden Kraft F_{res} innerhalb der Stützbasis verbleibt, gilt mit $F_3 = F_4 = 0$

$$F_1 = F_v \left(1 - \frac{e}{l_1}\right) - F_h \frac{h_2}{l_1}$$
$$F_2 = F_v \frac{e}{l_1} + F_h \frac{h_2}{l_1} .$$
(2.85)

Das Moment aus der Horizontalkraft F_h erhält somit eine andere Drehrichtung und einen wegen $h_2 > h_1$ größeren Betrag. Wird die Kraft $\overline{F}_h$ so groß, daß die Wirkungslinie der resultierenden Kraft $\overline{F}_{res}$ die Stützbasis verläßt, müssen Führungsrollen oder andere Kippsicherungen zur Wirkung kommen. Die größte Gefahr für ein Kippen bzw. eine zu große Biegebelastung der Vertikalführung entsteht dann, wenn die geführte Last gegen ein Hindernis stößt. Dies zwingt zu besonderen Maßnahmen, z.B. Einbau von Grenzschaltern, elastischen Zwischengliedern.

Die im Bild 2-129 dargestellte Drehlaufkatze enthält keine drehbaren Teile des Katzrahmens, sondern führt die Drehbewegung allein des Lastaufnahmemittels aus. Wegen des großen Trägheitsmoments der zu transportierenden langen Aluminiumbarren wird das Lastaufnahmemittel, bevor die Drehbewegung eingeleitet werden kann, in die oberste Stellung gehoben. Hier wirkt die aus zwei Rohrverbindungen bestehende Vertikalführung und nimmt die Gegenmomente des Drehwerks auf, das in der rahmenartigen Unterflasche gelagert ist. Die Kabel für die Stromzufuhr zum Lastaufnahmemittel werden nicht von einer Kabeltrommel auf- und abgewickelt, wie es bei der Drehlaufkatze im Bild 2-125 der Fall ist, sondern legen sich in Kabelfangkörben ab. Weitere Einzelheiten der Konstruktion sind der Zeichnung zu entnehmen.

2.4.2.5 Seilzugkatzen

Die Gewichtskräfte aus den Eigenmassen der Laufkatze beeinflussen die Dimensionierung und damit die Abmessungen der tragenden Brücken bzw. Ausleger. Ihr Anteil an der Belastung wird besonders groß, wenn

– lange Ausleger oder große Spannfelder vorliegen, z.B. bei Turmdreh- oder Kabelkranen

– sehr hohe Durchsätze schwere Triebwerke mit großen Eigenmassen verlangen, wie bei den Schiffsentladern.

Für derartige Bedingungen eignen sich leichte, fernbediente Seilzugkatzen, deren stationär auf dem Tragwerk gelagerte Triebwerke die Bewegungsabläufe für Heben und Fahren über Seiltriebe erzeugen. Die Laufkatze trägt nur die Seilrollen zur Umlenkung der Hubseile und wird vom Fahrseil horizontal verfahren. Ihre Eigenmasse kann deshalb um 60 ...70 % gegenüber der einer Maschinenlaufkatze verringert werden. Ein zweiter wichtiger Vorzug liegt darin, daß die zulässige Beschleunigung nicht vom Kraftschluß zwischen Laufrädern und Schienen begrenzt wird. Die besonders bei Schiffsentladern benötigten hohen Katzfahrgeschwindigkeiten bis 4 m/s verlangen hohe Beschleunigungen, damit auf den relativ kurzen Fahrstrecken die Beharrungsgeschwindigkeit tatsächlich ausgenutzt werden kann. Die dritte günstige Eigenschaft der Seilzugkatzen liegt darin, daß sie keine Stromzuführungen längs des Fahrwegs brauchen.

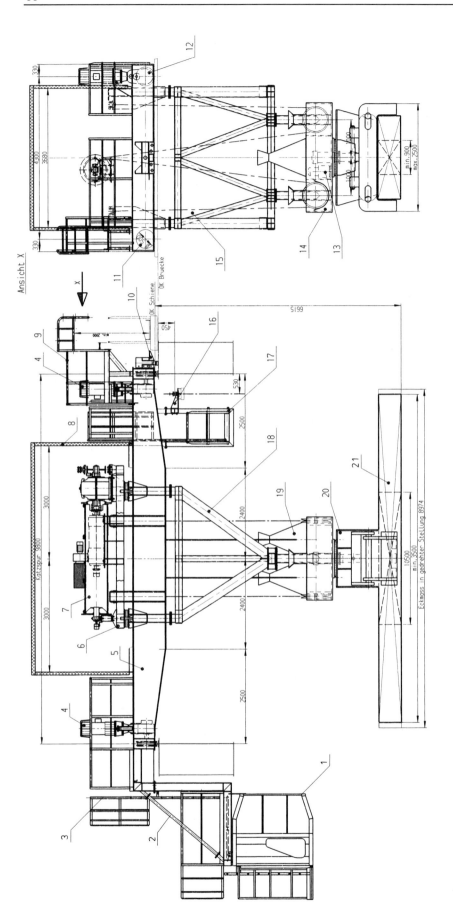

Bild 2-129 Zweischienenlaufkatze mit in oberster Stellung geführtem, drehbarem Lastaufnahmemittel
Kransysteme Rheinberg GmbH, Rheinberg
Tragfähigkeit 45 t, Eigenmasse 38 t

1 Führerhaus	8 Dach (Einhausung)	15 Hubseil	
2 Führerhausaufhängung	9 Podest	16 Mitnehmerarm	
3 Leiter	10 Wegmessung	17 Hängekabelpodest	
4 Fahrantrieb	11 Laufrad, nicht angetrieben	18 Rahmen Greiferzentrierung	
5 Katzrahmen	12 Laufrad, angetrieben	19 Kabelkorb	
6 Rahmen Hubwerk	13 Greiferdrehwerk	20 Greifer	
7 Hubwerk	14 Unterflasche	21 Aluminiumbarren	

2.4 Schienengebundene Hebezeuge

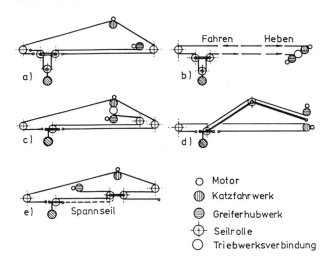

Bild 2-130 Antriebssysteme von Seilzugkatzen nach [2.140]
a) unabhängiges Seilzug-Katzfahrwerk mit durchlaufendem Hubseil
b) um- und durchlaufendes Seil, dessen gleichsinnige Bewegung Heben bzw. Senken und dessen gegenläufige Bewegung Katzfahren bewirkt
c) unabhängige Hub- und Katzfahrseile mit mechanischer oder elektrischer Verbindung der Triebwerke
d) unabhängiges Seilzug-Katzfahrwerk mit Lenkerführung des Hubseils
e) unabhängiges Seilzug-Katzfahrwerk mit Führung des Hubseils über Zwischenwagen

Die Größe und Beanspruchung der Triebwerke, der Durchhang und die Anzahl der Biegewechsel der Seile, die Eignung auch für einen zusätzlichen Seiltrieb zur Bewegung von Mehrseilgreifern, schließlich der erforderliche Gesamtaufwand sind die Kriterien für die Wahl eines bestimmten Seilsystems. In der Literatur werden diese Fragen behandelt, siehe [2.140] [2.141].
Bild 2-130 stellt fünf Antriebssysteme mit je einem Fahr- und Hubseil vor. Eine Zwischenlösung, bei der nur das Fahrwerk als Seiltrieb ausgebildet ist, das Hubwerk dagegen auf dem Katzrahmen angeordnet bleibt, ist zu erwähnen. Das System a) trennt Hub- und Fahrwerk vollständig und hat normale Antriebe für die beiden, beliebig zu überlagernden Arbeitsbewegungen. Das Hubseil ist über Umlenkrollen der Laufkatze und der Unterflasche geführt und am Ende der Katzfahrbahn am Kranträger, bisweilen auch an einer Trommel befestigt, die eine Seilreserve zum Austausch verschlissener Seilstücke vorhält. Während der Katzfahrbewegung wird das feststehende Hubseil über die Umlenkrollen gezogen, was die Anzahl der Biegewechsel beträchtlich erhöht. Man begegnet dieser Mehrbeanspruchung meist durch die Wahl eines größeren Seilrollendurchmessers. Bevorzugt wird dieses einfache System einer Seilzugkatze in Turmdreh- und Kabelkranen. Für Greiferbetrieb ist sie weniger geeignet.
Im System b) sind Hub- und Fahrseil zusammengefaßt. Die Seiltrommeln der beiden Seilstränge werden zum Fahren gegenläufig, zum Heben und Senken gleichsinnig angetrieben. Die Überlagerung beider Bewegungen ist möglich, bedingt jedoch eine Verdoppelung der Trommeldrehzahlen. Der Vereinfachung der Seilführung steht die Komplizierung im Antrieb gegenüber, der eine mechanische oder elektrische Verbindung zwischen beiden Seilsträngen braucht.
In der Bauform c) wird das Hubseil an der Laufkatze lediglich von der horizontalen in die vertikale Richtung umgelenkt. Wegen der nicht ausgeglichenen Horizontalkomponenten der Hubseilkräfte, wie z.B. im System a), verändert sich die Belastung der Fahrseile, weil sie diese Horizontalkomponente zusätzlich aufnehmen müssen. Nach Bild 2-131a werden die Fahrseilkräfte unter Vernachlässigung der Seilrollenverluste ($\eta_R = 1$)

bei Linksfahrt (v_1)
$$F_{F1} = F_{F2} + F + F_f = F_{F2} + F(1 + \mu_f)$$

bei Rechtsfahrt (v_2)
$$F_{F2} = F_{F1} - F + F_f = F_{F1} - F(1 - \mu_f); \quad (2.86)$$

μ_f spezifischer Fahrwiderstand, siehe [0.1, Abschn. 3.5.3.2].

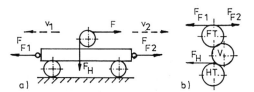

Bild 2-131 Fahrseilkräfte
a) Kräfte an der Seilzugkatze
b) Triebwerkverbindung

$F_{F1,2}$	Fahrseilkraft	FT	Fahrseiltrommel
F_H	Hubseilkraft	HT	Hubseiltrommel
$v_{1,2}$	Fahrgeschwindigkeit	V	Verbindungselement

Der die Zugkraft im Fahrseil vergrößernde Anteil aus der Hubseilkraft ist deutlich zu erkennen. Er beträgt ein Mehrfaches des Anteils aus dem Fahrwiderstand. Welche Triebwerkteile außer den Seilen von dieser Mehrbelastung betroffen werden, hängt davon ab, ob eine mechanische bzw. elektrische Verbindung zwischen den Antrieben hergestellt wird oder nicht.
Ohne Triebwerkverbindung muß während des Fahrens zusätzlich der Hubmotor geschaltet werden, damit das Hubseil synchron zum Fahrseil läuft. An den Seiltrommeln treten unter Vernachlässigung der Reibungsverluste die Drehmomente auf:

Hubseiltrommel $\quad M_H = \pm F \dfrac{d_T}{2}$

Fahrseiltrommel

Linksfahrt (v_1) $\quad M_{F1} = (F_{F1} - F_{F2})\dfrac{d_T}{2} = F\dfrac{d_T}{2}(1+\mu_f)$

Rechtsfahrt (v_2) $\quad M_{F2} = (F_{F2} - F_{F1})\dfrac{d_T}{2} = F\dfrac{d_T}{2}(1-\mu_f)$.
(2.87)

Das Effektivmoment als quadratischer Mittelwert während eines Arbeitsspiels (s. [0.1, Abschn. 3.2.1.4], das eine Vorstellung von der thermischen Belastung des Fahrmotors gibt, wird unter Beschränkung auf die Beharrungsdauer t_H des Antriebs

$$M_{eff} = \sqrt{\frac{M_{F1}^2 t_H + M_{F2}^2 t_H}{t_H}} = F\frac{d_T}{2}\sqrt{1+\mu_f^2} > M_H.$$

Der Fahrmotor und damit der Fahrantrieb wird somit noch stärker beansprucht als das Hubwerk und muß entsprechend ausgelegt sein. Weil i.allg. die Bremsenergie des Hubmotors während der Linksfahrt nicht ins Netz zurückgespeist werden kann, entsteht ein hoher Energieverbrauch.

Wenn zwischen den beiden Seiltrieben eine mechanische Verbindung beseht, bleibt der Hubmotor während der Fahrbewegung stromlos; es ist lediglich die Hubwerkbremse zu lüften, so daß der Motor leer mitlaufen kann. Die Drehmomente an der Fahrseiltrommel verändern sich infolge der direkten Einleitung der Hubseilkraft F über die Triebwerkverbindung (Bild 2-131b) auf die Werte

Linksfahrt (v_1)

$$M_{F1} = \left(F_{F1} - F_{F2} - F\right)\frac{d_T}{2} = F_f \frac{d_T}{2}$$

Rechtsfahrt (v_2)

$$M_{F2} = \left(F_{F2} - F_{F1} + F\right)\frac{d_T}{2} = F_f \frac{d_T}{2} \; ; \quad (2.88)$$

F_f Fahrwiderstand.

Sind die beiden Triebwerke in einem Umlaufrädergetriebe miteinander verbunden, können beide Bewegungen überlagert werden. Auch die Koppelung mit einem weiteren Triebwerk zum Schließen und Öffnen eines Greifers ist möglich. *Severin* [2.141] weist darauf hin, daß zwar die Motoren nur für die jeweils benötigte Normalbelastung auszulegen sind, im Getriebe aber eine der Hubleistung entsprechende Blindleistung von der Wälzpaarung übertragen werden muß, die i.allg. die Auslegung der Verzahnung bestimmt. Die Hubseiltrommel muß außer der Seillänge für den Hubweg auch die für den Fahrweg übernehmen; sie wird dadurch länger.

Die Führung der Hubseile über einen von der Seilzugkatze mitbewegten Lenker in der Bauform d) verkleinert die von den Fahrseilen zu übertragende Horizontalkomponente der Hubseilkraft. Der Hubmotor bleibt während der Fahrbewegung stehen und wird dadurch mechanisch bzw. thermisch weniger beansprucht. Trotz der notwendigen stärkeren Dimensionierung des Fahrantriebs bietet diese Bauform Vorteile, weil sie keine Verbindung zwischen den beiden Triebwerken braucht und die Hubseile, die während des Fahrens stillstehen, weniger belastet. Die Fahrbewegung durch den Antrieb des Lenkers selbst zu betätigen, hat bisher wenig Anwendung erfahren.

Im System e) sorgt eine Zwischenkatze, deren Horizontalgeschwindigkeit stets halb so groß wie die Fahrgeschwindigkeit der Laufkatze ist, für die horizontale Bewegung des Lastaufnahmemittels durch Bildung einer Seilschleife, ohne daß das Hubwerk geschaltet werden muß. Das Hubseil ist zugleich Hilfsfahrseil, wenn die Laufkatze zur Zwischenkatze hin bewegt wird. Ein Spannseil, das direkt an der Laufkatze befestigt ist, unterstützt nötigenfalls diese Funktion, sobald die Vorspannkraft im Hubseil aus der Gewichtskraft des Lastaufnahmemittels kleiner als die benötigte Seilkraft zum Verfahren wird. Dieses System wird häufig angewendet, wenn Schüttgutgreifer zu steuern sind. Eine Sonderform, die sogenannte Satelittenkatze mit einem langen Katzrahmen, auf dem der Zwischenwagen verfährt, wird in [2.140] beschrieben.

2.4.3 Brückenkrane

Der Brückenkran, dessen gesamtes Tragwerk oberhalb des Arbeitsraums seines Lastaufnahmemittels liegt, ist eine der ältesten Fördermaschinen. Nach [2.142] wurde in Deutschland ein erster derartiger Kran 1840 gebaut; 1890 folgte dann bereits eine Ausführung mit getrennten Antrieben für Heben und Fahren. Auch nach der Anzahl der hergestellten und betriebenen Anlagen nimmt der Brückenkran eine bedeutende Stellung ein. Die Grundsätze seiner Entwicklung und Bemessung haben die gesamte Fördertechnik geprägt. Seine zahlreichen Bauarten passen sich einem breiten Einsatzfeld an und überdecken einen großen Bereich der Tragfähigkeiten zwischen 2 und 500 t, in Sonderfällen auch darüber hinaus sowie der Spannweiten zwischen 5 und 80 m.

2.4.3.1 Grundbauformen und Allgemeines

Brückenkrane bzw. Krananlagen mit Brückenkranen müssen den Gebäuden, in denen sie arbeiten sollen, und darüber hinaus allen geometrischen Gegebenheiten des Umfelds, aber auch dem Fertigungs- oder Umschlagprozeß, den sie unterstützen oder ausführen, angepaßt werden. Zu koordinieren ist dabei oft auch das Zusammenarbeiten mehrerer Krane auf der gleichen oder auf unterschiedlichen Kranfahrbahnen. Bild 2-132 zeigt Beispiele solcher Krananlagen. Besonders bei schweren Gütern können auch Überdeckungen bzw. Querverbindungen parallelliegender Arbeitsräume mehrerer Krane zu fordern sein (Bild 2-132b).

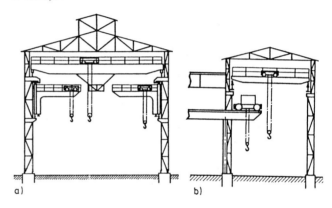

Bild 2-132 Krananlagen, Beispiele
a) Brücken- und Wandschwenkkrane
b) Brückenkrane in Quer- und Längshalle

Die Grundbauformen der Brückenkrane unterscheiden sich darin, ob die Kranbrücke aus einem oder zwei Trägern besteht und ob die Laufkatze und der Kran selbst auf Schienen oder an Unterflanschen hängend verfahren werden. Im Bild 2-133 sind drei dieser Grundbauformen dargestellt. Die Standardbauweise mit Schienenfahrwerken für Laufkatze und Kranbrücke (Bild 2-133a) läßt sich mit geringerer Eigenmasse als Einträgerkran ausbilden. [2.143] bezeichnet dies als günstigste Lösung, wenn kleine bis mittlere Tragfähigkeiten bis etwa 50 t vorliegen und die Spannweite 20 m übersteigt. Die Bauart, in der durchweg Unterflanschfahrwerke verwendet werden (Bild 2-133c), bezeichnet man als Brückenhängekran; sie hat einige besondere Eigenschaften, siehe Abschnitt 2.4.3.4.

Brückenkrane müssen wie andere Krane, wenn sie nicht automatisch arbeiten, von einem Kranführer bzw. -fahrer gesteuert werden. Bei Flurbedienung (Bild 2-134a) ist dies meist nicht eine bestimmte, allein mit dieser Aufgabe betraute Person, sondern es sind im Arbeitsraum des Krans Beschäftigte, die im Wechsel mit anderen Arbeitsverrichtungen auch den Kran bedienen. Das An- und Abschlagen der Last kann auf diese Weise mit der Kranbedienung kombiniert werden. Es müssen gefahrlos begehbare Wege vorhanden sein, die Fahrgeschwindigkeit des Krans darf nach VBG 9 einen Wert von 63 m/min nicht überschreiten.

2.4 Schienengebundene Hebezeuge

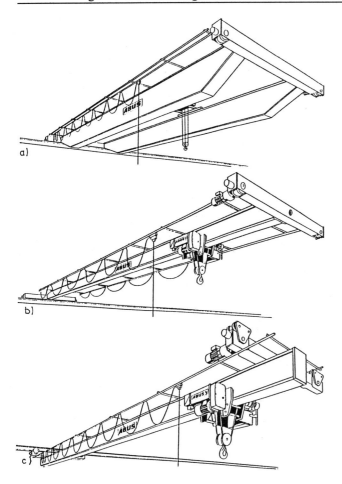

Bild 2-133 Grundbauformen von Brückenkranen
ABUS Kransysteme GmbH & Co. KG, Gummersbach
a) Schienenfahrwerke Kranbrücke und Laufkatze
b) Schienenfahrwerk Kranbrücke, Unterflanschfahrwerk Laufkatze
c) Unterflanschfahrwerke Kranbrücke und Laufkatze

Ob das herabhängende Steuerkabel fest am Brückenträger, mit der Laufkatze verfahrbar oder, getrennt vom eigentlichen Kran, an einem verschiebbaren Schleppkabelwagen befestigt wird, hängt von den technischen und technologischen Gegebenheiten und vom als notwendig angesehenen Aufwand ab.

Die im Bild 2-134a unten skizzenhaft angedeutete Funkfernsteuerung eines flurbedienten Krans verbreitet sich mehr und mehr, seit eine digitale Codierung und Signalübermittlung die Übertragungssicherheit maßgebend erhöht haben. Für die Auslegung gelten die einschlägigen VDE-Vorschriften; die Deutsche Bundespost muß die Einrichtung genehmigen. Außer der für jedes Hebezeug vorgeschriebenen aktiven Notabschaltung wirkt bei der Funkfernsteuerung ein passiver, alle Triebwerke stillsetzender Nothalteschutz, sobald die Signalverbindung über $2s$ hinaus unterbrochen wird. Einzelheiten der Auslegung und der Sicherheitsaspekte können u.a. [2.144] entnommen werden.

Ähnliche Überlegungen wie bei der Flurbedienung gelten auch für die Anordnung eines Fahrerhauses, auch Kabine genannt, für einen allein mit dieser Funktion beschäftigten Kranfahrer. Wenn die Kabine fest am Brückenträger angebracht ist, bevorzugt man die Lage an einer Brückenseite, nur bei großen Spannweiten auch in Brückenmitte. Die andere Lösung, diese Kabine mit der Laufkatze zu verbinden, verschafft dem Kranfahrer steht gute Sicht zum Lastaufnahmemittel und zur Last und wird vor allem bei Greiferbetrieb, Containerumschlag o.ä. bevorzugt. Nur in Sonderfällen wird das Fahrerhaus getrennt am Brückenträger verfahrbar gelagert.

Maßgebend für die Wahl der Bedienungsart und der Anordnung der Bedienungsmittel sind stets die Ausdehnung des Arbeitsraums, die Sichtbedingungen im Arbeitsfeld, die Anzahl der Arbeitsspiele in der Stunde, die Leistungsparameter des Krans und, nicht zuletzt, die Sicherung eines gefahrlosen Kranbetriebs.

Aus den primitiven Steuerständen früherer Krane sind heute geschlossene Kabinen als ergonomisch durchgebildete Arbeitsplätze für Kranfahrer geworden (Bild 2-135). Eine Rundumverglasung bietet Sicht nach vorn und zur Seite, nach unten und oben. Der Fahrersitz ist gepolstert, verstellbar, häufig schwingungsgedämpft. Die Bedienungshebel der neben dem Fahrersitz angeordneten Steuerkonsole sind in ungezwungener Armhaltung zu betätigen. Lüftung und Heizung, Scheibenwischer, Ablagen, Klapptische usw. vervollständigen die technische und arbeitshygienische Ausstattung.

Die in [2.145] vorgestellte Neuentwicklung einer Krankabine verfügt darüber hinaus über einen Drehsitz und ein spezielles System zur Schwingungsdämpfung, das aus einer Kombination von Tellerfedern, hydraulischem Schwingungsdämpfer und einem zusätzlichen hydropneumatischen Feder-Dämpfungselement besteht. Es dämpft Schwingungen bis zu 2 Hz herab. Schwingungsdämpfung und der gesamte Bedienungskomfort zielen auf bestmögliche Bedingungen für das Wohlbefinden des Kranfahrers.

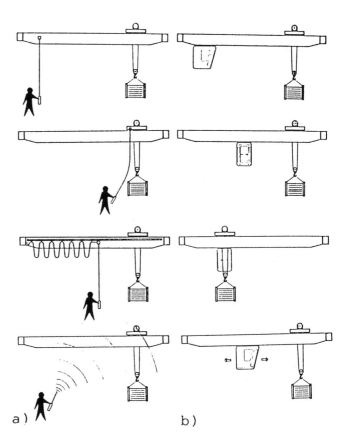

Bild 2-134 Bedienungsarten von Brückenkranen
Mannesmann Demag Fördertechnik, Wetter
a) Flurbedienung
b) Führerhausbedienung

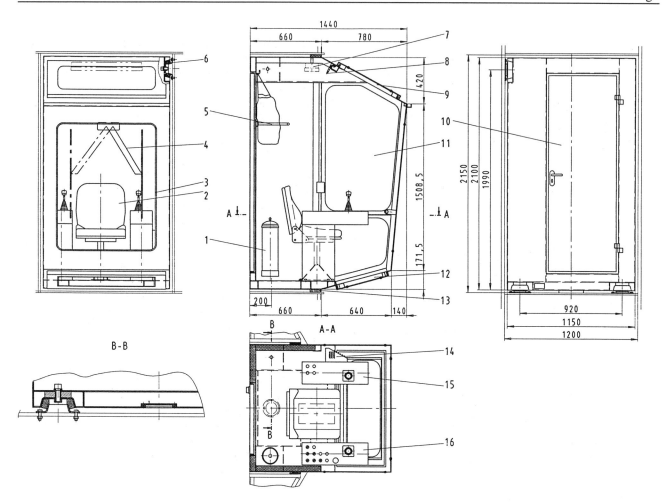

Bild 2-135 Führerhaus, Krupp Industrietechnik GmbH, Duisburg-Rheinhausen

1 Feuerlöscher	9 Abseilhaken
2 Fahrersitz	10 Tür
3 vordere Scheibe	11 Seitenscheibe
4 Scheibenwischer	12 untere Scheibe
5 Ablage	13 untere Lagerung
6 seitliche Lagerung	14 Lautsprecher
7 Leuchte	15 linkes Steuerpult
8 obere Scheibe	16 rechtes Steuerpult

Die Organe des Menschen haben Eigenfrequenzen im Bereich 1...15 Hz mit einer maximalen Empfindlichkeit im Gebiet 4...8 Hz für vertikale und 1...2 Hz für horizontale Schwingungserregung [2.145]. In diesen niederfrequenten Bereichen liegen auch die Grundschwingungen der Brückenkrane, vor allem die Vertikalschwingungen infolge der Durchbiegung der Kranbrücke beim Anheben der Last und die Horizontalschwingungen aus dem Lastpendeln. Wegen der geringen Strukturdämpfung der Tragwerke wird die Abklingdauer dieser Schwingungen mit, in ungünstigen Fällen, bis 50 s sehr groß. Außer der Beeinträchtigung des Kranfahrers hat diese lange Dauer der Schwingungsvorgänge Auswirkungen auf die zeitliche Länge der Lastaufnahme und -abgabe und damit auf die Leistungsfähigkeit, insbesondere den Durchsatz des Krans.

Kos [2.146] [2.147] gibt mit Zweimassenmodellen gewonnene Gleichungen für die Eigenfrequenzen der vertikalen und horizontalen Kranschwingungen an. Die erste Eigenfrequenz der Vertikalschwingung nimmt mit zunehmender statischer Durchbiegung der Kranbrücke ab. Um diese Verformung zu verkleinern, sollten die tragenden Teile steifer ausgebildet und keine zusätzlichen Massen, wie Fahrantriebe, Steuerschränke, in Kranmitte angeordnet werden. Den größten Effekt, die Eigenfrequenz der Vertikalschwingungen zu erhöhen, erzielt man durch die Wahl dickerer und damit steiferer Drahtseile. Es wird vorgeschlagen [2.147], die Abklingdauer der Kranschwingungen stärker zu beachten und die zulässigen Werte nach der Genauigkeit der Zielansteuerung zu differenzieren.

In der Literatur werden Maßnahmen zur Dämpfung dieser unerwünschten Kranschwingungen vorgeschlagen. Eine Gummifederung der Laufräder [2.148] dämpft Stöße beim Durchfahren von Schienenimperfektionen, hat aber wenig Auswirkung auf die niederfrequenten Schwingungen. Ein an beiden Brückenträgern angebrachter Schwingungstilger in Form eines gedämpften Drehschwingers soll die Abklingdauer auf etwa $1/3$ reduzieren [2.149]. Die größte Verkürzung erzeugen nach [2.150] gekoppelte Feder-Dämpfungselemente in den Laufradaufhängungen der Brückenkrane; mit ihnen läßt sich die Abklingdauer auf 10 % der Werts ohne Dämpfer senken. Zu weiteren Fragen der Krandynamik siehe Abschnitt 2.6.

Allgemeine Grundsätze für die Gestaltung der Brückenkrane sind die Normen, sonstigen technischen Regeln und die Unfallverhütungsvorschriften. Nach der Unfallverhütungsvorschrift VBG 9 ist beispielsweise technische Vorsorge zu treffen, daß der Kran nicht entgleisen, umstürzen, nicht überlastet werden oder ungewollte Kranbewegungen ausführen kann. Genaue Vorschriften gelten auch für den gefahrlosen Zugang zu den Steuerständen bzw. Kabinen und für Laufstege und Bühnen, von denen aus Wartungsarbeiten auszuführen sind. Die wichtigsten Mindestmaße betragen:

2.4 Schienengebundene Hebezeuge

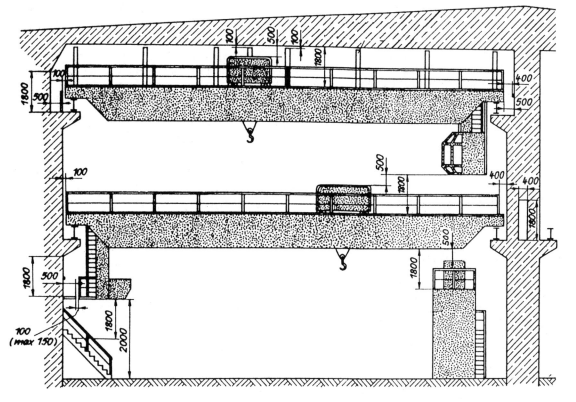

Bild 2-136 Sicherheitsabstände bei Krananlagen

- 1,8 m x 0,4 m für den freien Durchgang auf Laufstegen und Bühnen
- 0,5 m Abstand aller bewegten Teile des Krans nach allen Richtungen mit Ausnahme des seitlichen Abstands außerhalb des Verkehrs- und Arbeitsbereichs.
- 0,1 m Abstand von Geländern zu bewegten Teilen des Krans oder festen Anlageteilen.

Bild 2-136 stellt diese Forderungen an einer Krananlage bildlich dar. Es gibt zahlreiche Sonderregelungen für bestimmte Kranarten und Zugangslösungen. Um Verschiebungen und Toleranzen zu berücksichtigen, sollten in der Auslegung etwas größere Maße gewählt werden. Sehr detailliert behandelt [2.151] den gesamten Komplex dieser Vorschrift zur Unfallverhütung.

Zunehmendes Augenmerk erlangt auch bei Brückenkranen die Verminderung der Geräuschentwicklung. Die für Industriebetriebe gültige Unfallverhütungsvorschrift Lärm VBG 121 verlangt entsprechende Entwicklungsarbeiten. [1.1] nennt, bezogen auf Brückenkrane, die Verminderung der Triebwerkdrehzahlen, den Ersatz der Stahllauf- durch Kunststoffräder, die elastische Bettung der Schienen und, mit der größten Wirkung, die vollständige Einhausung der Triebwerke als geeignete Maßnahmen, die besonders beim Kranfahren mit 59...82 db(A) sehr hoch liegenden Schalldruckpegel zu senken.

2.4.3.2 Brückenkrane mit Schienenfahrwerk

Parallellaufend mit der Entwicklung der Serienhebezeuge zu größerer Tragfähigkeit und Beanspruchungsdichte haben sich Bauarten von Brückenkranen aus serienmäßig hergestellten Tragwerk- und Triebwerkkomponenten durchgesetzt (Bild 2-137). Sie beherrschen heute die Bereiche der Tragfähigkeiten 1...20 t in Einträger- und 2...50 t in Zweiträgerbauweise sowie der bei Brückenkranen häufigsten Spannweiten 10...30 m.

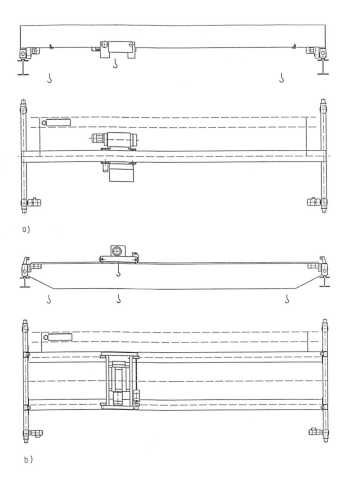

Bild 2-137 Serien-Brückenkrane, R. Stahl Fördertechnik GmbH, Künzelsau
a) Einträger-Brückenkran
b) Zweiträger-Brückenkran

Während man für die Einträgerbauart meist Laufkatzen für Unterflanschfahrt einsetzt, bevorzugt man beim Zweiträgerkran Laufkatzen mit normalem Schienenfahrwerk. Die Serienfertigung gestattet es, die Laufradlagerungen der Kopfträger sowie deren Anschlüsse an die Brückenträger mechanisch mit hoher Genauigkeit zu bearbeiten und die vollständig montierten Kopfträger durch HV-Schraubverbindungen an die Brückenträger anzuschließen. Diese Montagebauweise hat wegen ihrer höheren Qualität und Wirtschaftlichkeit die klassische Bauweise der Brückenkrane mit voll geschweißtem Tragwerk in den genannten Tragfähigkeitsbereichen fast vollständig verdrängt.

Die Form des Brückenträgers und sein Anschluß an den Kopfträger können variiert werden, um den Brückenkran den baulichen Gegebenheiten, der geforderten Hubhöhe und den Abmessungen der Laufkatze anzupassen (Bild 2-138). Dies gilt für alle Bauarten; die gezeichneten Beispiele erfassen lediglich die häufigsten Formen.

Brückenkrane für besondere Aufgaben, für größere Tragfähigkeiten und Spannweiten, mit Laufkatzen, die mehrere Hubwerke haben, o.ä. werden nach wie vor in Einzelfertigung und spezieller Ausbildung für den künftigen Einsatz konstruiert und hergestellt. Bild 2-139 zeigt eine Ausführung, die für den Müllumschlag in einer Verbrennungsanlage eingerichtet ist. Der durchgängige Tag- und Nachtbetrieb und die Schlüsselfunktion dieses Krans für die gesamte Anlage verlangten eine darauf abgestimmte Ausführung für höchste Beanspruchungen und größte Zuverlässigkeit. Alle Triebwerke sind mit Frequenzumrichtern ausgerüstet, die Arbeitsabläufe werden entweder automatisch vom Leitrechner oder manuell von einem zentral im Gebäude angelegten Fahrerstand aus gesteuert. Die Automatisierung des Kranbetriebs ist übrigens eine der beiden gegenwärtigen Hauptlinien von Forschung und Entwicklung der Brückenkrane, siehe Abschnitt 2.6. Die bei dem vorgestellten Kran sichtbare Energiezufuhr für Kran und Laufkatze über Schleppkabel ersetzt häufiger als früher die von Stromabnehmern abgegriffenen offenen Schleifleitungen.

Mit dieser Krananlage sind weitere Entwicklungstrends von Brückenkranen angesprochen, der Einsatz von leistungsfähigen, feiner zu steuernden Antrieben, siehe hierzu beispielsweise [1.1] [2.152]. Umlaufrädergetriebe, Scheibenbremsen, Kompaktbauweise der Triebwerke sowie Werkstoffe höherer Festigkeit verbessern die Gebrauchseigenschaften und verringern die Eigenmassen. Durch den Übergang zu geregelten Antrieben können auch die Beanspruchungen von Trieb- und Tragwerken erheblich gesenkt werden [2.153].

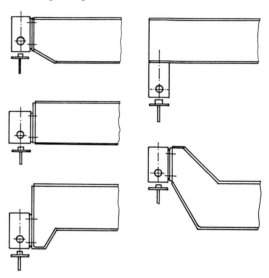

Bild 2-138 Brückenkrane, Zuordnung von Brückenträger und Kopfträger

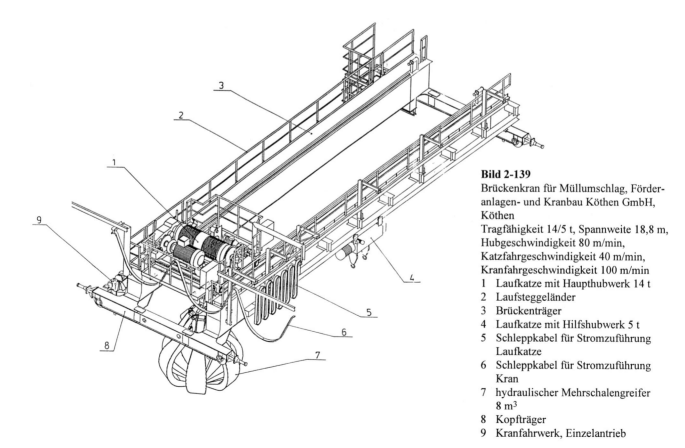

Bild 2-139
Brückenkran für Müllumschlag, Förderanlagen- und Kranbau Köthen GmbH, Köthen
Tragfähigkeit 14/5 t, Spannweite 18,8 m,
Hubgeschwindigkeit 80 m/min,
Katzfahrgeschwindigkeit 40 m/min,
Kranfahrgeschwindigkeit 100 m/min
1 Laufkatze mit Haupthubwerk 14 t
2 Laufsteggeländer
3 Brückenträger
4 Laufkatze mit Hilfshubwerk 5 t
5 Schleppkabel für Stromzuführung Laufkatze
6 Schleppkabel für Stromzuführung Kran
7 hydraulischer Mehrschalengreifer 8 m³
8 Kopfträger
9 Kranfahrwerk, Einzelantrieb

2.4 Schienengebundene Hebezeuge

Der elektromotorische Antrieb behält seine Vormachtstellung wegen seiner Wirtschaftlichkeit und hohen Zuverlässigkeit. Hydrostatische Antriebe werden dagegen in Brückenkranen trotz ihrer Vorzüge, wie geringe Eigenmasse, gutes Regelverhalten, nicht eingesetzt, wobei wahrscheinlich auch traditionelles Verhalten und betriebliche Strukturen eine Rolle spielen [2.154]. Tragwerke aus Leichtmetall findet man nur in wenigen Ausführungen für Sonderfälle [2.155]; maßgebend hierfür sind die hohen Werkstoffkosten und die schwierigere Fertigung. Auf eine neue konstruktive Idee, die Umkehrung des Kranfahrprinzips [2.156], soll hingewiesen werden. Die Laufräder sind auf Stützen längs der Fahrstrecke gelagert, die Kopfträger dafür mit kurzen Schienenstücken ausgerüstet. Der kraftschlüssige Kranfahrbetrieb wird durch einen Seil- oder Kettentrieb ersetzt.

Der Kranfahrantrieb als besonder Baugruppe der schienenfahrbaren Krane wird in Abhängigkeit von der Kranbahnlänge und der Anzahl geforderter Arbeitsspiele je Stunde für Fahrgeschwindigkeiten zwischen 10 und 150 m/min ausgelegt. Je nach der daraus abzuleitenden Beschleunigung werden für die Kraftübertragung ein oder mehr angetriebene Laufräder je Schiene gebraucht. Im Bild 2-140 sind die bevorzugten Antriebskombinationen dargestellt. Der Einzelantrieb in einfacher oder doppelter Anordnung herrscht heute eindeutig vor und verdrängt den Zentralantrieb, der die Trieb- und Tragwerke höher beansprucht. Die Drehzahlkopplung aller vier Laufradantriebe durch mechanische und/oder elektrische Wellen (Variante rechts unten im Bild 2-140) tritt bei Brückenkranen nur in Sonderfällen auf.

Die Führung des Brückenkrans entlang der Kranschiene übernehmen die Spurkränze der Laufräder oder, in zunehmendem Maße, Führungsrollen, deren Rollebene quer zur Fahrschiene liegt. Sie laufen entweder an den Seiten des Schienenkopfs oder, wegen der klareren Berührungsverhältnisse auch nach einem Verschleiß der Schiene, besser an einer besonderen Führungsschiene. Bild 2-141 stellt Bauformen von Kranantrieben in beiden Führungsarten vor. Außer einer höheren Genauigkeit in der Stellung der Laufräder geht die Tendenz zu einem kleineren Führungsverhältnis durch Vorziehen der Führungsrollen und zu einseitiger Führung des Brückenkrans, bei der die unabdingbare Querverschiebung der Laufräder auf der ungeführten Seite in die reibungsärmeren Laufradlager verlegt wird. Die Gesetzmäßigkeiten des Fahrverhaltens und eine gezielte Einflußnahme auf dessen Verbesserung sind die zweite Hauptlinie der gegenwärtigen wissenschaftlichen Arbeiten auf dem Gebiet der Brückenkrane, siehe hierzu Abschnitt 2.4.3.3.

Eine eigene Arbeitsrichtung zielt auf ein formschlußfreies Fahren [2.157] [2.158]. Regelgrößen sind der Schräglaufwinkel und die Querverschiebung des Krans, die mechanisch oder elektrisch kontinuierlich gemessen werden. Der Rechner vergleicht die tatsächliche Fahrlinie mit einer im Rechner gespeicherten Sollinie und regelt die beiden Fahrantriebe. Ein Geschwindigkeitsregler erzeugt die symmetrischen, ein Spurführungsregler die zu überlagernden antimetrischen Fahrkräfte. Mit Hilfe einer Vorsteuerung wird die relativ große Anfangsdrehung des Krans beim Anfahren und Bremsen infolge außermittiger Schwerpunktlage unterdrückt. Es ist zu erwarten, daß sich mit dem Vordringen geregelter Fahrantriebe auch die formschlußfreie Führung des Brückenkrans durchsetzen wird, besonders bei automatischem Betrieb oder großer zu gewährleistender Anfahrgenauigkeit.

Besonderen Auflagen unterliegen Hebezeuge in kerntechnischen Anlagen. Sie werden durch die Vorschrift KTA 3902 vorgegeben, siehe auch [2.159]. Durch angepaßte Bemessung und Konstruktion aller Elemente und Baugruppen ist grundsätzlich eine besonders geringe Ausfallwahrscheinlichkeit zu gewährleisten. Nach zwei Einsatzgruppen gestuft, werden weitere Vorgaben gemacht. In der ersten Gruppe werden u.a. Forderungen nach Überlastungssicherungen, Betriebsstundenzählern sowie zwei Bremsen im Hubwerk gestellt. Bei erhöhten Anforderungen sind z.B. eine doppelte Triebwerkkette oder die Ausrüstung des Hubwerks mit einer Sicherheitsbremse sowie ein redundanter Seiltrieb vorgeschrieben. Lastaufnahmemittel dürfen nur formschlüssig wirken.

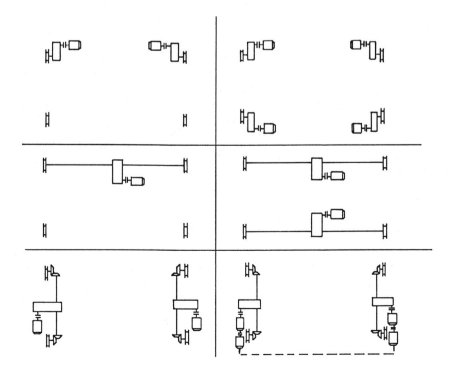

Bild 2-140
Kranfahrantriebe, Anzahl und Drehzahlkopplung

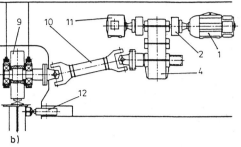

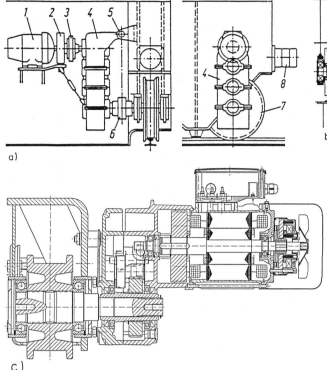

Bild 2-141
Kranfahrwerke
a) Direktantrieb Laufrad, aufgelöste Bauweise
b) Antrieb von 1 oder 2 Laufrädern über Gelenkwellen [2.152]
c) Direktantrieb Laufrad, Kompaktbauweise
R. Stahl Fördertechnik GmbH, Künzelsau

1	Elektromotor	7	Laufrad mit Spurkranz
2	Bremstrommel	8	Puffer
3	elastische Kupplung	9	Laufrad ohne Spurkranz
4	Untersetzungsgetriebe	10	Gelenkwelle
5	Drehmomentstütze	11	Wirbelstrombremse
6	starre Kupplung	12	Führungsrolle

Als Beispiel für die große Variationsbreite und Anpassungsfähigkeit der Brückenkrankonstruktionen soll der Schwerlast-Brückenkran im Bild 2-142 gelten.Er hat zwei Laufkatzen mit je einem Haupt- und Hilfshubwerk für 360 bzw. 50 t Tragfähigkeit. Die beiden Brückenträger tragen nur je zwei konsolartige Kopfträger für die Laufradlagerung, bilden damit je eine Fahreinheit und sind über zwei Koppelstangen miteinander verbunden. Das Kranfahrwerk besteht aus vier Einzelantrieben.

2.4.3.3 Fahrmechanik von Brückenkranen

In etwas weiter Fassung des Begriffs können gleisgebundene Krane, speziell Brückenkrane, als Fahrzeuge mit Eigenantrieb durch das Kranfahrwerk bezeichnet und behandelt werden. Von den klassischen Gleisfahrzeugen, z.B. den Eisenbahnwagen, unterscheiden sie sich allerdings nahezu alle technischen Parameter. Ein Kran weist beträchtlich höhere Radkräfte, andere Berührungsverhältnisse in der Aufstandsfläche der Räder, dafür eine wesentlich niedrigere Fahrgeschwindigkeit auf, als in der Eisenbahntechnik üblich sind. Der wichtigste, das Fahrverhalten entscheidend beeinflussende Unterschied liegt jedoch im Führungsverhältnis, dem Quotienten von Spurweite zu Radstand. Es liegt beim Brückenkran mit 2...8 um mehr als eine Zehnerpotenz über dem von Eisenbahnfahrzeugen. Wenn der Brückenkran als Fahrzeug benannt wird, ist er vom Prinzip her wegen seiner Breite ein schlechtes Fahrzeug.

Der translatorischen Fahrbewegung des Krans überlagern sich wegen des ungünstigen Führungsverhältnisses merkliche Drehungen um die senkrechte Achse und Querbewegungen im Bereich des durch die Führungselemente begrenzten Spurspiels. Die Bewegungen und die dabei in der horizontalen Ebene auftretenden Kräfte zur Führung des Krans werden nicht nur durch äußere Kräfte infolge außermittiger Schwerpunktlage, Horizontalkräfte aus Beschleunigung und Wind, sondern auch von Imperfektionen des Kranantriebs und der Schienen hervorgerufen.

Um das Fahrverhalten der Brückenkrane zu erfassen, sind die Gesetzmäßigkeiten für den Kraftschluß zwischen Laufrad und Schiene, die Bedingungen für den Bewegungsverlauf und die Führung sowie die auftretenden Horizontalkräfte zu behandeln.

Kraftschlußfunktion

Ein Rad-Schiene-System ist vom Grundsatz her ein inholonomes System, weil für das Zusammenwirken der beiden Wälzkörper keine geometrischen Zwangsbedingungen, sondern zeitveränderliche Reibungsgesetze gelten. Die Wälzreibung besteht aus Rollreibung mit überlagerter Gleitreibung; im Berührungsgebiet der Wälzkörper treten aufeinanderfolgend Haft- und Gleitzonen und somit elastischer und Gleitschlupf auf. Ähnliche Gesetzmäßigkeiten bestehen für Relativbewegungen der Wälzkörper quer zur Rollrichtung.

Die wichtigsten Voraussetzungen einer strengen Lösung für den Zusammenhang von Horizontalkraft und Schlupf sind rein elastische Verformungen, homogene, isotrope Körper, ebene und kleine Kontaktflächen und ein von der Pressung unabhängiger Reibungsbeiwert. Unter diesen Voraussetzungen können Gleichungen für die formalen Abhängigkeiten zwischen Schlupf und wirkenden Vertikal- und Horizontalkräften hergeleitet werden. Diese Verformungstheorie der Rollreibung wird in zahlreichen Abhandlungen dargelegt. Einen genauen Einblick und eine Übersicht über die Literatur geben [2.160] [2.161]; für die erste Information könnten [0.1, Abschn. 2.5.1.2] bzw. [2.162] ausreichen.

Der Schlupf σ drückt als bezogene Größe das Verhältnis der Translationsbewegung zur Rollbewegung aus. Er wird mit Hilfe der Geschwindigkeiten oder der zurückgelegten Wege, getrennt für Längs- und Querschlüpfen, definiert (Bild 2-143).

nach [2.163] $\quad \sigma_x = \dfrac{v_l}{v_u}; \quad \sigma_y = \dfrac{v_q}{v_u}$

2.4 Schienengebundene Hebezeuge

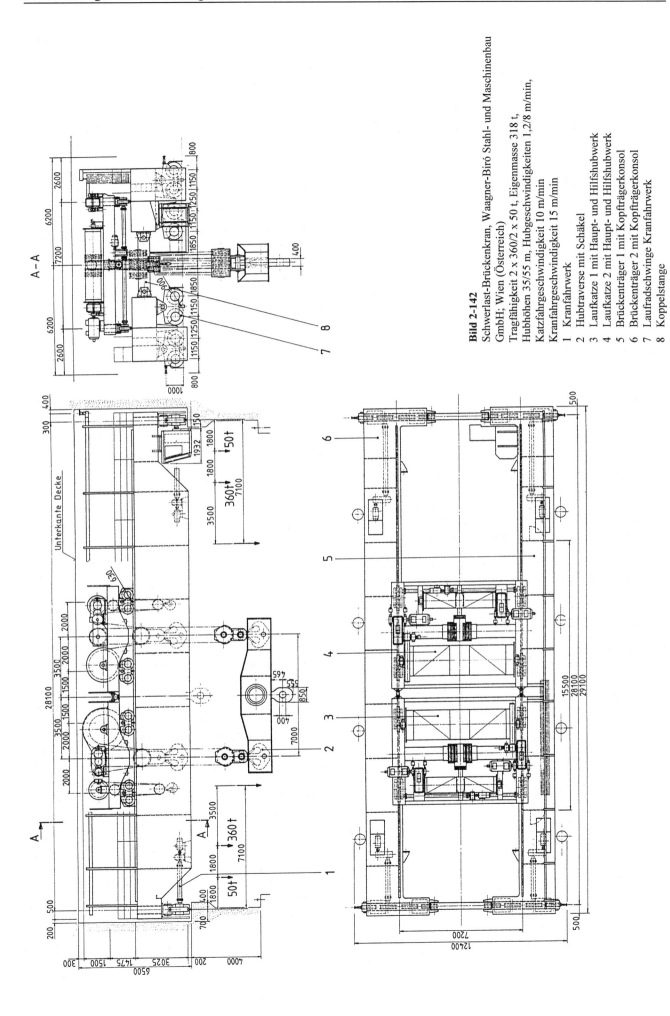

Bild 2-142
Schwerlast-Brückenkran, Waagner-Biró Stahl- und Maschinenbau GmbH; Wien (Österreich)
Tragfähigkeit 2 x 360/2 x 50 t, Eigenmasse 318 t,
Hubhöhen 35/55 m, Hubgeschwindigkeiten 1,2/8 m/min,
Katzfahrgeschwindigkeit 10 m/min
Kranfahrgeschwindigkeit 15 m/min

1 Kranfahrwerk
2 Hubtraverse mit Schäkel
3 Laufkatze 1 mit Haupt- und Hilfshubwerk
4 Laufkatze 2 mit Haupt- und Hilfshubwerk
5 Brückenträger 1 mit Kopfträgerkonsol
6 Brückenträger 2 mit Kopfträgerkonsol
7 Laufradschwinge Kranfahrwerk
8 Koppelstange

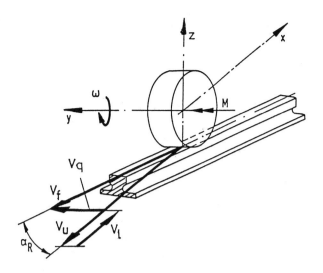

Bild 2-143 Auf die Berührungsebene projizierte Geschwindigkeiten am angetriebenen schrägrollenden Laufrad, nach [2.163]
v_f Fahrgeschwindigkeit in Schienenlängsrichtung
v_u Umfangsgeschwindigkeit des Laufrads
v_l Längsschlupfgeschwindigkeit
v_q Querschlupfgeschwindigkeit

nach [2.164] $\sigma_x = 1 - \dfrac{dx}{r d\varphi}; \sigma_y = -\dfrac{dy}{r d\varphi} \approx -\dfrac{dy}{dx}$

nach [0.1, Abschn. 2.5.1.2] $\sigma_x = \dfrac{s_l}{s_0}; \sigma_y = \dfrac{s_q}{s_0}$.   (2.89)

In technischen, d.h. realen Systemen haben die Wälzkörper inhomogene, anisotrope Oberflächenbereiche infolge von Walztexturen, Verformungsgefügen, Rauhigkeitsunterschieden. Es treten plastische Verformungen auf, zwischen den Wälzkörpern liegen Zwischenstoffe in Form von Reaktions- und Adsorptionsschichten, Verschleißpartikeln, Verschmutzungen, Nässe o.ä. Für die Beziehung zwischen Relativbewegung und Horizontalkraft, d.h. das Kraftschlußgesetz, konnten angesichts der Komplexität dieser Einflüsse bisher keine physikalisch begründeten mathematischen Ansätze gefunden werden. In Anlehnung an Untersuchungen der Eisenbahntechnik formuliert man daher auch für die Wälzpaarungen der Krane ein empirisches, exponentielles Kraftschlußgesetz in der allgemeinen Form

$$f(\sigma) = f_{max}\left(1 - e^{-k\sigma}\right)$$ (2.90)

$f(\sigma)$ schlupfabhängiger Kraftschlußkoeffizient
f_{max} Kraftschlußbeiwert
k Steigungsfaktor
σ Schlupf.

Als weitere Größen werden definiert:

Kraftschlußbeanspruchung $f = \dfrac{F_h}{F_v}$

Kraftschlußausnutzung $\eta = \dfrac{f}{f_{max}}$

Anfangs-(Ursprungs-)Steigung $m_0 = k f_{max}$.   (2.191)

Das Maximalwert f_{max} der Kraftschlußfunktion entspricht dem Reibungsbeiwert μ_0 als Grenzwert für den Übergang vom Haften zum Gleiten in der Berührzone der Wälzkörper.

Die Kraftschluß-Schlupf-Funktion wird durch Messungen an Rollprüfständen [2.160] [2.161] [2.165] [2.166] [2.167] [2.168] oder Brückenkranen [2.163] [2.169] [2.170] [2.171], getrennt für die beiden Komponenten längs und quer zur Rollrichtung des Rads bestimmt. Bild 2-144 zeigt in dieser Weise gewonnene Funktionsverläufe für den Querkraftschluß. Entsprechend der Definition des Schlupfs in Gl. (2.89) mit Bild 2-143 ist der Querschlupf gleich dem Schräglaufwinkel, d.h. $\sigma_y = \alpha_R$. Die Länge der Kurvenzüge entspricht dem untersuchten Bereich des Winkels. Die Hertzschen Pressungen in der Berührungsfläche der Laufräder lagen bei diesen Messungen im Bereich $p_H = 430...640$ N/mm²; zu ihrer Berechnung siehe [0.1, Abschn. 2.5.1.1].

Die beschrittenen Wege, um zu den für die beiden ausgezeichneten Richtungen gültigen Kraftschlußfunktionen zu gelangen, sind unterschiedlich. *Schmidt* [2.173] unterstellt eine Übereinstimmung der Richtungen von Kraft- und Schlupfvektoren und geht beim Ansatz der Kraftschlußfunktion vom resultierenden Schlupf aus

$$\sigma = \sqrt{\sigma_x^2 + \sigma_y^2}$$
$$f_x = \frac{\sigma_x}{\sigma}f(\sigma); f_y = \frac{\sigma_y}{\sigma}f(\sigma)$$ (2.92)

mit $f(\sigma)$ nach Gl. (2.90).

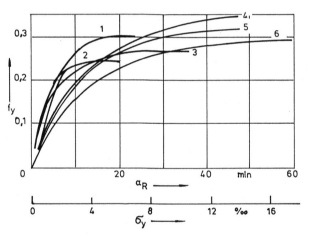

Bild 2-144 Meßtechnisch ermittelte Querkraft-Querschlupf-Funktionen für Stahl-Wälzpaarungen von Kranen [2.170]
1 [2.172]; 2 [2.166]; 3 [2.165]; 4,5 [2.169]; 6 DIN 15018

Tatsächlich beeinflussen sich die beiden Komponenten des Kraftschlusses wechselseitig. Dies gilt bereits für homogene, isotrope Wälzkörper, wie Bild 2-145 ausweist. Der Parameter α^* ist ein dimensionsloser, bezogener Schräglaufwinkel, der dem Schrägstellungswinkel α_R des Laufrads direkt proportional ist. Aus Bild 2-145 sind zwei wichtige Gesetzmäßigkeiten abzulesen. Im Bereich kleiner Schrägstellungswinkel α_R und damit kleiner Werte des Querkraftschlusses f_y wirkt sich erst eine größere Längskraftausnutzung f_x/μ_0 auf den Querkraftschluß aus. Umgekehrt können schon kleine Werte der Kraftschlußbeanspruchung in Querrichtung den verfügbaren Kraftschluß in Längsrichtung und damit die übertragbare Umfangskraft des Laufrads erheblich einschränken. *Sting* [2.168] stellt diese Abhängigkeit des Kraftschlusses von beiden Schlupfkomponenten räumlich dar.

Töpfer [2.147] nähert die gekrümmten Kurven $\alpha^* = $ konst. durch Gerade an und verwendet unterschiedliche Steigungsfaktoren für die Kraftschlußfunktionen in Längs- und

2.4 Schienengebundene Hebezeuge

Querrichtung. Die Gleichungen für die beiden Komponenten lauten

$$f_x = 0{,}3\left(1-e^{-100\sigma_x}\right) \text{ mit}$$
$$\sigma_x = \sigma_{x0}\left[1+\left(\frac{f_y}{\mu_0}\right)^2\right]; \quad (2.93)$$
$$f_y = 0{,}3\left(1-e^{-250\sigma_y}\right)\left(1-0{,}2\frac{f_x}{\mu_0}\right);$$

σ_{x0} Längsschlupf ohne Querbeanspruchung
$\mu_0 = 0{,}3$ Reibungsbeiwert.

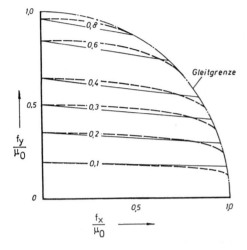

Bild 2-145 Elastizitätstheoretischer Zusammenhang zwischen auf den Reibungsbeiwert μ_0 bezogenem Längs- und Querschlupf in der Berührungsfläche einer Wälzpaarung nach [2.172]
– – – – bezogener Schrägstellungswinkel $\alpha^* =$ konst.
——— Näherung für $\sigma_y/\sigma_{ymax} =$ konst. nach [2.174]

Neugebauer [2.164] verwendet diesen Ansatz im Berechnungsmodell eines Brückenkrans, setzt allerdings in die Korrekturfaktoren die Schlüpfe σ_x und σ_y an die Stelle der Kraftschlußgrößen f_x und f_y und begrenzt den Gültigkeitsbereich auf Schlüpfe $\sigma_{x,y} \leq 0{,}015$.

Weil der Querkraftschluß das Fahrverhalten der Brückenkrane und die dabei auftretenden Horizontalkräfte in erster Linie bestimmt, beschränken sich weiterführende Untersuchungen vorrangig auf diese Funktion. DIN 15018 gibt Gl. (2.90) mit festen Koeffizienten $f_{max} = 0{,}3$ und $k = 250$ vor. In Wirklichkeit hängt diese Funktion von mehreren Konstruktions- und Betriebsparametern ab. Bisherige Untersuchungen ergaben einen
– geringen Einfluß der Fahrgeschwindigkeit (bis 2 m/s) und der Temperatur
– mittleren Einfluß der Pressung in der Berührungsfläche
– großen Einfluß der Werkstoffpaarung, des Oberflächenzustands und der Umgebungs- und Betriebsbedingungen.

Poll [2.161] weist darauf hin, daß die elastische Verformung auch unter diesen Bedingungen die Hauptursache für das Kraftschlußverhalten bleibt. Insbesondere hängt die Ursprungssteigung der Kraftschlußfunktion vorrangig vom elastischen Verhalten der beiden Wälzkörper ab.

Relativ frühzeitig wurde der Einfluß der Pressung in der Berührungsfläche auf den Kraftschlußbeiwert f_{max} untersucht (Bild 2-146). Die Tendenz ist eindeutig, mit wachsender mittlerer Pressung p_{Hm} nimmt der Grenzwert ab.

Beim Längskraftschluß bedeutet dies eine geringere Übertragungsfähigkeit für die Umfangskraft, beim Querkraftschluß kleinere Horizontalkräfte.

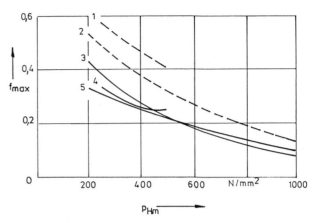

Bild 2-146 Durch Messungen ermittelte Abhängigkeit des Kraftschlußbeiwerts f_{max} von der mittleren Pressung p_{Hm} der Wälzkörper [2.166]
– – – – Längskraftschluß
——— Querkraftschluß
1,4 [2.160]; 2,5 [2.166]; 3 [2.165]

Jüngere Untersuchungen an Prüfständen und Brückenkranen widmen sich vorzugsweise dem Querkraftschluß in seiner Abhängigkeit von Konstruktions- und Betriebsparametern. Bild 2-147 zeigt den beträchtlichen Einfluß der Schienenoberfläche auf die Kraftschlußfunktion. Der Kurvenverlauf für die blanke, trockene, saubere Schiene und Lauffläche des Rads entspricht in guter Näherung dem, der mit Hilfe der Verformungstheorie bestimmt wird. Dies wird von Messungen mehrerer Autoren bestätigt [2.161] [2.166] [2.168]. Jeglicher Zwischenstoff hat, unabhängig von seiner Art, einen Abfall des Kraftschlußbeiwerts und einen flacheren Kurvenverlauf der Kraftschlußfunktion zur Folge. Der Grad der Absenkung hängt davon ab, welche Auswirkungen Art und Menge des Zwischenstoffs auf die Reibungsvorgänge haben.

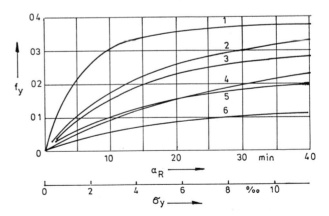

Bild 2-147 Querkraftschlußfunktionen bei unterschiedlichen Oberflächen der Wälzkörper [2.175]
1 blank, trocken [2.176]; 2 geschliffen, trocken [2.169];
3 DIN 15018; 4 blank, naß [2.176]; 5 stark rostig [2.169];
6 mit Metallfarbe überzogen [2.169]

Stosnach [2.175] verknüpft die zum Einfluß der Pressung und der Oberfläche der Wälzkörper verfügbaren Daten zu einem Vorschlag für eine differenzierende Festsetzung des

Kraftschlußbeiwerts f_{max} (Tafel 2-12). Unter normalen Umständen sollten die Werte der 2. und 3. Spalte für Außenkranbahnen, die der 4. und 5. Spalte für Innenkranbahnen verwendet werden. Richtungsabhängige Unterschiede für Längs- und Querkraftschluß bleiben dabei unberücksichtigt.

Den Konstruktionsparameter Laufradwerkstoff haben *Muntel* [2.170] und *Stein* [2.163] an einem Versuchskran variiert. Bild 2-148 stellt den in [2.170] angegebenen Streubereich mehrerer Versuchsserien dar, bei denen 800 Kranfahrten auf einer Innenkranbahn durchgeführt wurden. Die Schienen wurden dabei durch regelmäßiges Bürsten blank gehalten. Die Koeffizienten der Kraftschlußfunktionen, welche die erfaßte Wahrscheinlichkeit von 95 % begrenzen, sind in der Bildunterschrift aufgeführt. Je nach Werkstoffpaarung übt die Anzahl der Überrollungen einen unterschiedlichen Einfluß auf den Querkraftschluß aus. Erkennbar ist, daß die Ursprungssteigung der Funktionen offensichtlich vom Laufradwerkstoff abhängt, weil sie primär die elastischen Eigenschaften der Wälzkörper widerspiegelt, siehe [2.161].

bleibt im Rahmen der Meßwertstreuung nahezu konstant. Auch dies bestätigt frühere Aussagen.

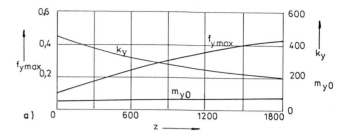

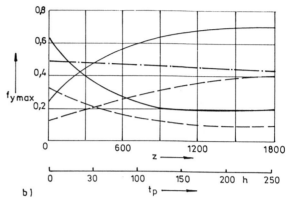

Bild 2-149 Abhängigkeit der Funktionen des Querkraftschlusses von der Überrollungszahl bzw. Pausendauer, Schiene angerostet [2.163]
a) Koeffizienten der Kraftschlußfunktioin nach den Gln. (2.90) und (2.91) in Abhängigkeit von der Überrollungszahl für den Laufradwerkstoff St-50
b) Verlauf des Maximalwerts f_{ymax} des Querkraftschlusses mit zunehmender Überrollungszahl z (steigender Kurvenverlauf) bzw. Pausendauer t_p (fallender Kurvenverlauf) bei unterschiedlichen Laufradwerkstoffen
– – – – St 50-2   ——— GGG 70   –·–·– PA 6 G

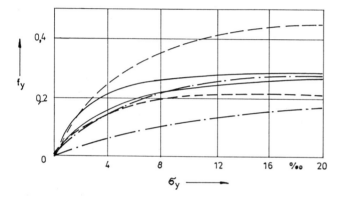

Bild 2-148 Querkraftschlußfunktion für unterschiedliche Laufradwerkstoffe mit Angabe des Streubereichs während 850 Versuchsfahrten, Schiene blank, gebürstet, Pressung $p_H = 373$ N/mm² [2.170]
– – – – St 50-2 ($f_{maxo} = 0{,}46$, $k_o = 190$; $f_{maxu} = 0{,}32$, $k_u = 230$)
——— GGG 70 ($f_{maxo} = 0{,}28$, $k_o = 380$; $f_{maxu} = 0{,}26$, $k_u = 260$)
–·–·– PA 6 G ($f_{maxo} = 0{,}29$, $k_o = 160$; $f_{maxu} = 0{,}19$, $k_u = 100$)

Stein [2.163] erfaßt zusätzlich den Einfluß der Überrollungszahl auf die Kraftschlußfunktion bei Querbeanspruchung, wenn zu Beginn der Versuchsfahrten ein Zwischenmittel vorhanden ist. Bild 2-149a gibt die zu erwartenden Tendenzen an. Die im Anfangszustand etwas angerostete Schiene wird mit zunehmender Anzahl von Überrollungen blank gefahren. Dabei steigt der Kraftschlußbeiwert f_{max} stetig, während der Steigungsfaktor k_y der Funktion gleichfalls stetig abfällt. Die Ursprungssteigung m_{y0}

Die unter vergleichbaren Bedingungen durchgeführten Versuchsfahrten mit unterschiedlichen Laufradwerkstoffen unterstreichen dieses Ergebnis; Bild 2-149b führt steigende Kurvenverläufe für den Maximalwert f_{ymax} des Kraftschlusses mit wachsender Überrollungszahl auf. Feuchtigkeit und Art des Schienenbelags bestimmen diesen Beiwert maßgeblich mit. Tritt zwischen aufeinanderfolgenden Kranspielen eine längere Pause auf (fallende Kurvenverläufe im Bild 2-149b), verändert sich die Oberfläche insbesondere der Schiene durch Korrosion, Verstaubung usw., und der Kraftschlußbeiwert fällt wieder ab. Vor allem betrifft dies Krane, die im Freien arbeiten.

Tafel 2-12 Vorschlag für Kraftschlußbeiwerte f_{max} in Abhängigkeit von Oberflächenzustand und Hertzscher Pressung [2.175]

Pressung p_H in N/mm²	Oberfläche			
	stark verschmutzt, rostig, naß	verschmutzt, rostig, naß	blank, naß	blank, trocken
< 330	0,20 ... 0,25	0,25 ... 0,35	0,35 ... 0,40	0,40
330 ... 470	0,18 ... 0,23	0,23 ... 0,30	0,30 ... 0,35	0,35
470 ... 605	0,15 ... 0,20	0,20 ... 0,25	0,25 ... 0,30	0,30
605 ... 690	0,12 ... 0,15	0,15 ... 0,20	0,20 ... 0,25	0,25
> 690	0,10 ... 0,13	0,13 ... 0,17	0,17 ... 0,20	0,20

2.4 Schienengebundene Hebezeuge

Auffällig ist die relative Unabhängigkeit der Kunststofflaufräder aus PA 6 G gegenüber Veränderungen der Schienenoberfläche. Unabhängig von Überrollungszahl und Pausendauer bleibt der Querkraftschlußbeiwert nahezu konstant.

Unter Annahme eines oberen und unteren Kraftschlußbeiwerts für einen solchen Vorgang hat *Stein* [2.163] periodisch schwankende Verläufe des Kraftschlußbeiwerts für vorgegebene Abfolgen von Kranfahrten berechnet; Bild 2-150 zeigt ein Beispiel. Er empfiehlt eine Gliederung der Kraftschlußfunktionen nach drei entsprechend der Häufigkeit der Kranfahrbewegungen gestaffelten Fahrklassen.

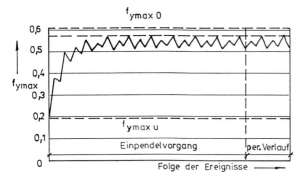

Bild 2-150 Rechnerisch ermittelter periodischer Verlauf des Querkraftschlußbeiwerts f_{ymax} während der Arbeitsspiele eines Brückenkrans

Zusammenfassend ist in den 20 Jahren seit der Festlegung einer Kraftschlußfunktion in DIN 15018 eine Fülle neuer Erkenntnisse geschaffen worden. Die Abhängigkeit der Koeffizienten dieser Funktion von wichtigen Einflußgrößen wird qualitativ und quantitativ ausreichend beschrieben, die Funktion selbst in ihrer exponentiellen Form nicht in Frage gestellt. Die DIN-Funktion bildet einen vertretbaren Mittelwert innerhalb eines großen Streufelds. Es wird zu prüfen sein, ob sie in dieser Stellung weiterhin ausreicht, oder ob sie künftig besser nach wenigen Hauptparametern differenziert angegeben werden sollte.

Horizontalkräfte

Auf den Brückenkran, wie auf andere schienengebundene Krane, wirken äußere und über Reib- bzw. Formschluß zwischen Kran und Kranbahn zu übertragende innere Kräfte in der horizontalen Ebene. Die äußeren Kräfte treten vor allem auf durch

- Beschleunigen und Verzögern der Fahrbewegung von Laufkatze und Kranbrücke
- Pendeln der Last
- Windeinfluß längs und quer zur Fahrtrichtung.

Die inneren Kräfte entstehen durch Schräglauf des Krans, d.h. durch Abweichungen von der Ideallinie der Fahrbewegung. Eine erste Ursache bilden Unterschiede zwischen den Vertikalkräften und damit Fahrwiderständen der Laufräder, die ungleiche Motormomente und -drehzahlen zur Folge haben. Dies führt zu einem durch die Führungselemente begrenzten Voreilen des einen Kopfträgers relativ zum anderen und damit zu Horizontalkäften und Verformungen des Krantragwerks [2.177]. Die zweite Ursache sind Imperfektionen als Schwankungen der die Fahrtrichtung bestimmenden Fahrwerkparameter im Rahmen von Toleranzfeldern und Verschleißbereichen. Die maßgebenden Einflußgrößen sind Schrägstellungen der Laufräder bzw. Laufradachsen, Unterschiede im Laufraddurchmesser und in der Neigung der Motorkennlinien, Abweichungen der Kranschiene von der Sollage. Die durch sie in Kran und Kranbahn eingeleiteten Horizontalkräfte wirken vorwiegend quer zur Fahrtrichtung und haben eine für die Auslegung maßgebende Größe. Bild 2-151 gibt die dargelegten Kräfte und Verformungen prinzipiell an.

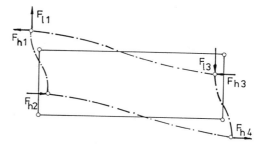

Bild 2-151 Kräfte und Verformungen eines Brückenkrans in der Horizontalebene, Prinzipdarstellung

Bei Zentralantrieb wirken sich Laufräder mit kegeliger Lauffläche im Zusammenwirken mit Schienen, die einen gewölbten Kopf haben, günstig auf das Fahrverhalten und die Schräglaufkräfte aus [2.178] [2.179]. Damit die Spurkränze trotz der Richtwirkung der Kegelflächen nicht anlaufen, muß eine ausreichend breite Lauffläche vorhanden sein, die auch Schienenverlagerungen ausgleicht. Günstig ist die Drehzahlkopplung aller Laufräder durch relativ steife Wellen. Als Neigungswinkel der Kegelfläche werden 3...4° empfohlen.

Führungskräfte, Spurführungsmodelle

Während der Fahrbewegung wird ein Brückenkran durch Führungselemente in seiner Querbewegung und Drehung innerhalb des Spurspiels eingeschränkt. Dabei entstehen Führungskräfte an diesen Elementen, die auf den Kran und die Kranbahn übertragen werden; sie werden auch als Richtkräfte bezeichnet. *Hennies* [2.180] hat als erster Gesetzmäßigkeiten der Spurführungsmechanik von Gleisfahrzeugen auf den Brückenkran übertragen. Je nachdem, welche Führungselemente von der Schiene geführt werden, treten vier unterschiedliche Fahrzustände auf (Bild 2-152), der vordere Freilauf als fünfter Fahrzustand ist von untergeordneter Bedeutung. Eine Spießgangstellung durch Anlaufen je eines Führungselements an beide Schienen kann vereinfachend auf die gleiche Stellung bei einseitiger Führung zurückgeführt werden.

Die Freilaufstellungen des Brückenkrans sind instabil, die Sehnen- und Spießgangstellung stabile Fahrzustände. Beim Anlaufen nur eines Führungselements und dem dadurch verursachten Übergang aus dem Freilauf zum hinteren Freilauf entstehen die größten Führungskräfte. Auf diesen Fahrzustand beziehen sich vorrangig alle der Spurführungsmechanik entlehnten Brückenkran-Fahrmodelle. Sie überlagern der translatorischen Fahrbewegung als Hauptbewegung eine Drehung des Krans als Nebenbewegung, bei der die Laufräder zusätzlich zur Rollbewegung eine Verschiebung quer zur Rollrichtung erfahren. Die Ursachen für das Schräglaufen bleiben zunächst unberücksichtigt.

Der Drehpunkt als kräftefreier Reibungsmittelpunkt, auch als Gleitpol bezeichnet, stellt sich so ein, daß die Richtkraft ein Minimum wird, das der für die Drehung erforderlichen Mindestkraft entspricht. Für die Horizontalkräfte, d.h. die

Richtkraft und die Querkräfte der Laufräder, während der Drehbewegung im hinteren Freilauf ergeben sich identische Lösungen, wenn sie über den Gleitpol nach der Theorie von *Heumann* oder mit Hilfe der drei Gleichgewichtsbedingungen ermittelt werden [2.181].

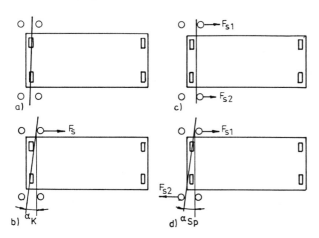

Bild 2-152 Fahrzustände von Brückenkranen mit einseitiger Rollenführung
a) Freilauf
b) hinterer Freilauf
c) Sehnenstellung
d) Spießgangstellung

Den eigentlichen Grundstein für das Brückenkranmodell im hinteren Freilauf hat *Hannover* [2.169] [2.182] [2.183] in einer umfangreichen Arbeit gelegt. Seine Gleichungen für die Richtkraft gleich Führungskraft quer zur Fahrtrichtung beziehen sich zunächst auf den idealen Kran einschließlich Kranbahn mit gleichen Radkräften und ohne Imperfektionen. Nicht berücksichtigt werden ferner die Elastizitäten von Kran und Kranbahn, Massenkräfte, Fahrwiderstände und Antriebskräfte. Das exponentielle Kraftschlußgesetz wird linearisiert. Messungen an zwei Versuchskranen bestätigen die theoretischen Ergebnisse. In dieser Form ist der Ansatz in DIN 15018 Blatt 1 (Abschn. 4.2.2 Kräfte aus Schräglauf) übernommen worden. Der Entwurf der Europäischen Norm CEN/TC 147/WG 2 N 23 vom Oktober 1992 führt ihn im Abschnitt 5.3.E als Beispiel auf. Bild 2-153 zeigt die Ausgangsstellung für die Drehbewegung im hinteren Freilauf.

Der mit der Fahrgeschwindigkeit v_f fahrende Kran läuft mit einem Führungselement im Punkt D unter dem Schräglaufwinkel α an die Schiene an und dreht sich anschließend um den Reibungsmittelpunkt M. Die dadurch an den Laufrädern aus deren Verschiebung entstehenden Horizontalkräfte längs und quer zur Rollrichtung werden nach der Art des Antriebs und der Lagerung wie folgt differenziert:

- Längskraft F_x nur bei Drehzahlkopplung (W), nicht bei Einzelantrieb (E)
- Querkraft F_y nur bei Festlagerung (F), nicht bei Loslagerung (L).

Im Bild 2-153 sind die Kräfte bei den möglichen Kombinationen von Antrieb und Lagerung beispielhaft angegeben.
Es gelten folgende Gleichungen:

$$F_s = \lambda f F_G$$
$$F_{xij} = \lambda_{xij} f F_G \qquad (2.94)$$

$$F_{yij} = \lambda_{yij} f F_G;$$

F_s Führungskraft (Richtkraft)
$F_{x,y}$ Horizontalkräfte an den Laufrädern längs und quer zur Schiene
λ tabellierter Faktor
f Kraftschlußkoeffizient in Abhängigkeit vom Schräglaufwinkel
F_G Gewichtskraft des Krans einschließlich Hubmasse;
Indizes: x Längskraft, y Querkraft, i = 1,2 Fahrwerkseite (Schiene), j = 1...n Achse (Laufradpaar), n Anzahl der Achsen (Laufradpaare), m Anzahl drehzahlgekoppelter Laufradpaare.

Der Schräglaufwinkel wird wie folgt ermittelt:

$$\alpha = \alpha_F + \alpha_V + \alpha_0 \leq 0{,}015; \qquad (2.95)$$

α_F Winkel aus 75 % des Spurspiels (Mindestwerte: Führungsrollen 5 mm, Spurkränze 10 mm)
α_V Zusatzwinkel aus Verschleiß (Mindestwerte: Führungsrolle 5 %, Spurkränze 10 % der Schienenkopfbreite)
$\alpha_0 =$ 0,001 Zusatzwinkel aus Toleranzen von Kran und Kranbahn.

Das Kraftschlußgesetz lautet unabhängig von der Wirkungsrichtung der Kraft

$$f = 0{,}3 \left(1 - e^{-250\alpha}\right). \qquad (2.96)$$

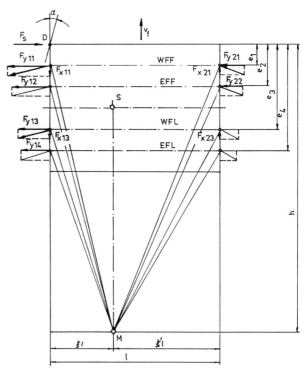

Bild 2-153 Horizontalkräfte aus Schräglauf nach DIN 15018 Blatt 1

Tafel 2-13 führt die Gleichungen für den Gleitpolabstand h und den Faktor λ zur Bestimmung der Richtkraft F_s auf. Die Faktoren λ_{xij} und λ_{yij}, die zur Ermittlung der Horizontalkräfte an den Laufrädern gebraucht werden, sind DIN 15018 zu entnehmen.

Alle Abweichungen der realen Krananlage von der Idealform werden von *Hannover* [2.169] als Störgrößen bezeichnet und behandelt. Die Linearisierung des Kraftschlußgesetzes läßt es zu, aus diesen Einflußgrößen Zusatzkräfte für die Richtkraft zu bestimmen. Dies gilt in diesem Grundansatz sowohl für die Konstruktions- und Betriebsparameter, wie Antriebsart, Schwerpunktlage, Radkraftverteilung, als auch für Abweichungen infolge von Fertigungs- und Montagetoleranzen, Verformungen, Verschleiß, Umgebungseinflüssen.

Tafel 2-13 Koordinate h des Reibungsmittelpunkts M (Bild 2-153) und Faktor λ in Gl. (2.94) für die Richtkraft F_s

System	h	λ
FF	$\dfrac{m \cdot \xi \cdot \xi' \cdot l^2 + \sum e_i^2}{\sum e_i}$	$1 - \dfrac{\sum e_i}{n \cdot h}$
FL	$\dfrac{m \cdot \xi \cdot l^2 + \sum e_i^2}{\sum e_i}$	$\xi'\left(1 - \dfrac{\sum e_i}{n \cdot h}\right)$

Mehrere weiterführende Arbeiten in den Jahrzehnten seit den Festlegungen in DIN 15018 sind darauf gerichtet, die einschränkenden Annahmen und Schwächen dieses Modellansatzes aufzuheben. *Pajer* [2.184] benutzt ein Dreiebenenmodell des hinteren Freilaufs und bezieht Radschrägstellungen, Fahrwiderstände, Massenkräfte aus Anfahren und Bremsen sowie Windkräfte ein. Als Ergebnis erweisen sich die Führungskräfte bei Einzelantrieb bis 70 % größer, als nach DIN berechnet wird. Außerdem bezweifelt der Autor, daß größere äußere Querkräfte noch unter Ausnutzung des Kraftschlusses übertragen werden können, wenn dieser zum großen Teil durch den Querschlupf aus Verschiebung in Anspruch genommen wird.

In den fast gleichzeitig entstandenen Arbeiten von *Feldmann* [2.185] und *Töpfer* [2.174] werden die elastischen Eigenschaften der Krananlage, die Massenverteilung im Brückenkran, die unterschiedlichen Radkräfte und vor allem die Radschrägstellungen sowie die Federwirkung der Antriebe in die Berechnung der Führungskraft während des hinteren Freilaufs einbezogen. Vereinfachend wird dabei lediglich der Brückenkran mit vier Laufrädern behandelt.

Feldmann [2.185] berücksichtigt die unterschiedlichen Fahrwiderstände bei Rollen- und Spurkranzführung. Weil die Spurkranzreibung vom Antriebsmoment direkt übernommen wird, ergaben sich, im Gegensatz zu *Pajer* [2.186], höhere Führungskräfte bei mit Führungsrollen neben den Laufrädern ausgerüsteten Kranen als bei solchen mit Spurkränzen. *Töpfer* [2.174] verwendet ein anisotropes Kraftschlußgesetz, führt die horizontale Federsteife des Krans und die Torsionssteife der Verbindungswelle drehzahlgekoppelter Laufräder sowie die Kennliniennneigung der Motoren bei Einzelantrieb ein. Als Haupteinflußgröße der Richtkraft erweist sich der Anlaufwinkel, der von der Schrägstellung der Laufräder beeinflußt wird. Etwas geringere Auswirkungen haben Federsteife, Massenkräfte und Fahrwiderstände. Im Bild 2-154 ist ein mit einem Analogrechner berechnetes Ergebnis, der zeitliche Verlauf der Richtkraft bei unterschiedlichen Fahrwiderständen und Antriebsarten, dargestellt. Die Grundtendenz, daß Drehzahlkoppelung die Führungskräfte erhöht und ihren Abbau verlangsamt, ist zu erkennen; Gleitlagerung der Laufräder vergrößert diese Kräfte.

An einer Versuchskrananlage hat *Goesmann* [2.187] durch keilförmige seitliche Auflagerungen künstliche Schienenknicke erzeugt, dabei Ablenkwinkel bis $\alpha = 0{,}015$ hergestellt und 200 Fahrversuche ausgeführt. Bei dem größten Winkel ergab sich eine Übereinstimmung zwischen seinen auf [2.185] beruhenden Berechnungen und den Meßergebnissen. Die Maximalwerte der Führungskräfte überschritten die nach DIN 15018 berechneten um 50 %. Als Hauptursache hierfür wird ein wesentlich höherer Kraftschlußbeiwert bis $f_{\max} = 0{,}48$ angegeben.

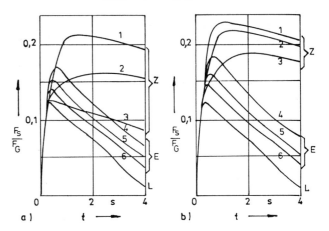

Bild 2-154 Berechneter zeitlicher Verlauf der Führungskräfte eines Vierrad-Brückenkrans aus Schräglauf im hinteren Freilauf [2.174]
a) Wälzlagerung der Laufräder
b) Gleitlagerung der Laufräder
Antriebsräder: Z mit Drehzahlkoppelung; E mit Einzelantrieben; L ohne Antrieb (Vergleichsgröße)
Parameter: 1 $d_R/l = 0{,}02$, $i_V = 3{,}5$; 2 $d_R/l = 0{,}02$, $i_V = 1$; 3 $d_R/l = 0{,}05$, $i_V = 1$; 4 $s_{ne} = 0{,}03$; 5 $s_{ne} = 0{,}06$; 6 $s_{ne} = 0{,}12$ (d_R Laufraddurchmesser; l Kranspannweite; i_V Übersetzung Laufradvorlege; s_{ne} Nennschlupf des Motors)

Stosnach [2.175] erweitert den genormten Berechnungssatz für die Schräglaufkräfte auf Portalkrane mit ihrer größeren Querelastizität (Bild 2-155). Auch er ermittelt nur die Schräglaufkräfte im hinteren Freilauf, übernimmt in Anlehnung an [2.165] ein pressungsbezogenes Kraftschlußgesetz und gibt Korrekturfaktoren als Vorschlag für eine Anpassung von DIN 15018 an die besonderen Bedingungen bei Portalkranen an.

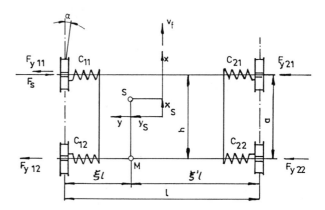

Bild 2-155 Berechnungsmodell für Portalkrane [2.175]

Auch *Abel* [2.188] stützt sich in seinen Berechnungen auf [2.185], führt allerdings ein nichtlineares Kraftschlußgesetz ein. Wichtig ist sein Hinweis, daß die stationären Fahrzustände Sehnen- und Spießgangstellung nicht zu vernachlässigen sind, weil sie hohen Verschleiß verursachen und nur durch Fahrtrichtungsumkehr zu korrigieren sind. Die Radschrägstellungen werden als einzige, aber bei Einzelantrieben maßgebende Störgröße herausgestellt. Mit einem einfachen Berechnungsansatz wird der zeitliche Verlauf der wichtigsten fahrmechanischen Größen für verschiedene Kombinationen von Radschrägstellungen berechnet (Bild 2-156). Der Schrägstellungswinkel der Laufräder beträgt dabei einheitlich $\alpha_R = 0{,}003$. Je nach der von den Laufrädern erzeugten Schräglauftendenz treten positive oder negative Änderungen des Schräglaufwinkels auf. Die größten, auf den Wert bei einem Kran ohne Schrägstellung der Laufräder bezogenen Führungskräfte sind dann zu verzeichnen, wenn die beiden vorderen Räder positiv schräggestellt sind (Fall 1).

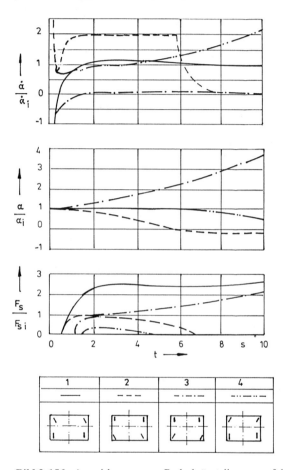

Bild 2-156 Auswirkungen von Radschrägstellungen auf das Bewegungsverhalten eines Brückenkrans [2.188]
$\dot{\alpha}$ Winkelgeschwindigkeit der Krandrehung,
α Schräglaufwinkel des Krans, F_s Führungskraft
Index i: idealer Kran ohne Schrägstellung der Laufräder

Zusammenfassend wird von den nachfolgenden Forschungsarbeiten der Grundansatz für die Schräglaufkräfte in DIN 15018 Blatt 1, der auf dem Spurführungsmodell hinterer Freilauf beruht, quantitativ und in gewissem Umfang auch qualitativ in Frage gestellt. Dieser Fahrzustand tritt nur dann auf, wenn die Imperfektionen von Kran und Kranbahn klein bleiben. Die anderen Schräglaufstellungen, d.h. Sehnen- und Spießgang, dürfen nicht unbeachtet bleiben.

Allgemeine fahrmechansiche Modelle

In Ergänzung zu den Arbeiten an Programmen zur Berechnung von Kranen wurden fahrmechanische Modelle entwickelt, die alle wesentlichen Einflüsse auf das Fahrverhalten und die wirkenden Kräfte erfassen können. Der gesteigerten Genauigkeit stehen der erforderliche Aufwand und die Notwendigkeit gegenüber, eine große Anzahl das System Kran-Kranbahn bestimmender Parameter zu kennen bzw. festzulegen. Wegen des Umfangs der mathematischen Ansätze muß auf deren Darlegung verzichtet werden; es können nur einige die zitierte Literatur begleitende Ausführungen gemacht werden.

In dem von *Wagner* [2.189] erarbeiteten Modell werden die Starrkörperbewegung und die elastischen Verschiebungen von Kran und Kranbahn überlagert, und es wird ein anisotropes Kraftschlußgesetz eingeführt. Das nichtlineare Gleichungssystem wird numerisch mit einem modifizierten Newton-Verfahren gelöst. Abschließend wird das Berechnungsverfahren so aufbereitet, daß es in das allgemeine Programm KRASTA einzufügen ist.

Der Ansatz von *Ma* [2.190] bildet zusätzlich die Triebwerke im Modell ab, erfaßt auch die Fahrwiderstände und Motorkennlinien. Damit läßt sich der dynamische Verlauf der interessierenden Größen berechnen. Bild 2-157 zeigt als Beispiel den berechneten Verlauf der Querkräfte F_{yi} und der Führungskraft F_s eines rollengeführten, vierrädrigen Brückenkrans bei außermittiger Katzstellung und pendelnder Last. Während der ersten Bewegungsphase im ungeführten Freilauf sorgt die ungleiche Antriebswirkung für einen periodisch schwankenden Verlauf der Querbeanspruchung der Laufräder. Nach dem Anlaufen des Führungselements steigt die Führungskraft F_s steil an; gleichzeitig rücken die Querkräfte F_{yi} an den Laufrädern alle in den positiven Bereich. Derartige Einblicke in das Fahrverhalten sind nur durch Messung oder mit solchen aufwendigen Modellen zu erhalten.

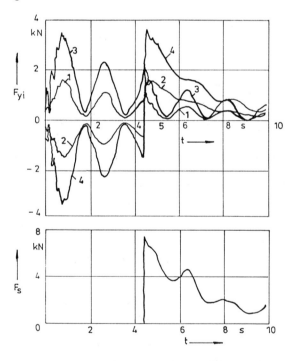

Bild 2-157 Berechneter zeitlicher Verlauf der Querkräfte F_{yi} an den vier Laufrädern und der Führungskraft F_s an der Führungsrolle eines Brückenkrans [2.190]

Im Gegensatz, aber auch in Ergänzung zu den beschriebenen Modellen erfaßt *Marquardt* [2.165] in seinem umfangreichen Rechenprogramm den Vierrad-Brückenkran im stationären Fahrzustand mit zwei wirksamen Führungselementen. Das Modell bezieht wechselnde Stellungen der Laufkatze, Antriebskräfte, Windkräfte, elastische Verformungen und Montagetoleranzen der Laufräder ein, geht jedoch von einer starr gelagerten Schiene in Ideallage aus. Berechnet werden die Führungskräfte an Rollen bzw. Spurkränzen und die infolge Verschiebungen auf die Laufräder wirkenden Querkräfte. Damit können diese Kräfte in Abhängigkeit vom Spurspiel y_{Sp} bzw. dem diesem proportionalen Schräglaufwinkel α_{Sp} berechnet und dargestellt werden (Bild 2-158). In diesem Beispiel wurden relativ große Werte für die Montagetoleranzen der Laufräder mit Schrägstellungswinkeln von $\alpha_R = 0,0026$, d.h. dem über Vierfachen des nach VDI 3571 zulässigen Größtwerts 0,0006, angesetzt. Die Führungskräfte erreichen hohe Werte bis 25 % der Gewichtskraft des Krans. Die bereits behandelten günstigen Einflüsse eines kleinen Führungsverhältnisses und einer Führung durch vorgezogene Führungsrollen bestätigen sich auch in dieser Rechnung.

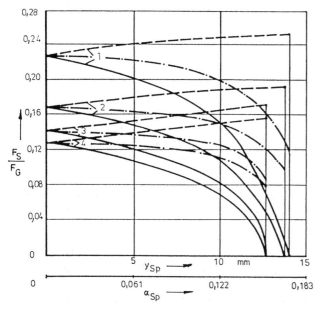

Bild 2-158 Auf die Gewichtskraft F_G bezogene Führungskraft F_s bei Spießgangstellung eines einseitig geführten Brückenkrans [2.165]
1 Zentralantrieb, Spurkranzführung, Führungsverhältnis s/a = 8
2 Zentralantrieb, Spurkranzführung, Führungsverhältnis 3,4
3 Zentralantrieb, Rollenführung, Führungsverhältnis 3,4
4 Einzelantrieb, Rollenführung, Führungsverhältnis 3,4

Vereinfachte Modelle für den nichtlinearen Brückenkran in der Fahrbewegung gehen wieder auf den starren Kran zurück und vernachlässigen die Massenkräfte. Ihr Ziel sind überschaubare Berechnungsalgorithmen, mit denen sich die wichtigsten fahrmechanischen Größen genauer als nach der Norm bestimmen lassen und in die nur wenige, i.allg. schnell verfügbare Krandaten eingehen.
Das Fahrmodell von *Neugebauer* [2.164] führt die tatsächlichen Vertikal- bzw. Auflagerkräfte der Laufräder aus der elastostatischen Berechnung ein und verwendet ein anisotropes Kraftschlußgesetz. Berechnet werden die Horizontalkräfte in Längs- und Querrichtung bei nichtidealer Stellung der Laufräder. Es wird dabei nur zwischen Losrädern und starr gekoppelten Laufrädern unterschieden. Das Modell soll sich erweitern lassen, um Fahrwiderstände, Wind- und Massenkräfte einzubeziehen.
Schmidt [2.191] geht davon aus, daß höherwertige fahrmechanische Modelle angesichts der Unsicherheit im Ansatz des Kraftschlußgesetzes nicht gerechtfertigt sind, und entwickelt ein vereinfachtes Modell für einen Vierradkran mit Einzelantrieben gemäß DIN 15018, in dem allerdings zwei Vereinfachungen beseitigt sind: die Vernachlässigung der tatsächlichen Laufradstellung und die Annahme einer Gleichverteilung der Radkräfte auf jeder Fahrwerkseite. Der Faktor f für die Kraftschlußbeanspruchung wird als konstante Größe eingeführt, die allerdings nach dem größten auftretenden Schlupf aus einem exponentiellen Kraftschlußgesetz abgelesen wird. Berechnet werden das Verhältnis von Winkel- und Translationsgeschwindigkeit, die Querschlüpfe und -kräfte und die Führungskraft im Fahrzustand hinterer Freilauf.
Weiterentwickelt wird dieser einfache Ansatz von *Sanders* [2.192] dadurch, daß die unterschiedliche Drehzahlkopplung der angetriebenen Räder berücksichtigt wird. Ohne Koppelung, d.h. in der Behandlung der Antriebsräder als Losräder, entsprechen die Rechenergebnisse den DIN-Werten. Bei nachgiebiger Koppelung gehen die Motorkennlinien ein. Bild 2-159 stellt an einem Beispiel dar, daß bei einem Kranfahrwerk mit zwei parallelgeschalteten Gleichstrommotoren beträchtlich höhere Führungskräfte bis zum 1,7fachen des Werts nach DIN 15018 auftreten können, wenn Fahrgeschwindigkeiten bis 2 m/s angenommen werden. Die Drehzahlkopplung durch eine elektrische oder mechanische Welle wird ohne Berücksichtigung des elastischen Verhaltens dieser Welle behandelt, damit ist auch hier Übereinstimmung mit der Norm gegeben.

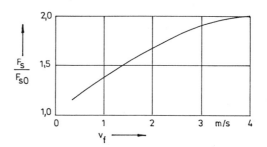

Bild 2-159 Berechnete Führungskraft F_s in Abhängigkeit von der Fahrgeschwindigkeit v_f bei Antrieb des Brückenkrans durch parallelgeschaltete Gleichstrommotoren, bezogen auf die Führungskraft F_{s0} ohne Drehzahlkopplung [2.192]

Meßergebnisse

Durch Messung geeigneter fahrmechanischer Größen lassen sich Entsprechungen zwischen Modellen und realen Systemen bewerten, Berechnungsansätze überprüfen und Werte von Einflußgrößen ermitteln. Eine Krananlage, deren Fahrverhalten meßtechnisch erfaßt wird, hat stets die ihr eigenen Konstruktions- und Betriebsparameter, insbesondere Imperfektionen. Dies erzeugt einen typischen Bewegungsverlauf, der meist reproduzierbar ist. Genauere Einblicke können Versuchskrane mit besonders kleinen Toleranzen verschaffen, die einige gezielt zu verändernde Parameter aufweisen.
Bild 2-160 stellt ein Meßergebnis an einem solchen Versuchskran vor, das mit anderen der Überprüfung eines Berechnungsansatzes diente. Bei dieser Messung hatte der Kran sorgfältig ausgerichtete Laufräder und eine exzentrisch liegende, nicht pendelnde Hubmasse. Weil die stärker belastete Kranseite während des Anfahrens zurückbleibt, vollzieht der Kran in dieser Betriebsphase eine Linksdrehung, durch die Querkräfte an den Laufrädern entstehen. Diese Drehung regt die erste Eigenfrequenz der Kranschwingung an. Nach etwa 8 s läuft die Führungsrolle *1* an, das in ihrer Nähe befindliche Laufrad *1* überträgt die

größte Querkraft. Diese Bewegung im hinteren Freilauf klingt schnell ab und geht in den freien Lauf über. Höhenunterschiede zwischen beiden Schienen führen zu einer erneuten Drehung und zum Wiederanlaufen der Führungsrolle *1* kurz vor dem Ende der Meßdauer. Spürbare Auswirkungen können solche Höhendifferenzen der Schienen nur dann haben, wenn sie nicht von anderen, stärkeren Einflüssen, wie Schrägstellung der Laufräder, überdeckt werden.

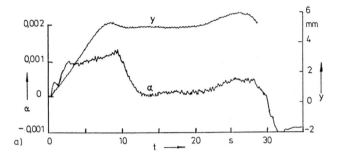

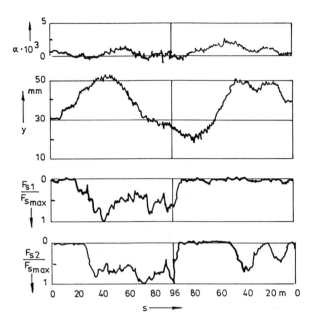

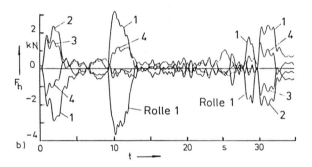

Bild 2-160 Meßtechnisch ermittelte fahrmechanische Größen eines rollengeführten Versuchskrans [2.158]
Spannweite 10 m, Führungsverhältnis 7,4,
Fahrgeschwindigkeit 0,6 m/s
a) Schräglaufwinkel α und Querverschiebung y
b) Führungskräfte und Querkräfte an den Laufrädern 1 bis 4

Bild 2-161 Gemessene fahrmechanische Größen eines rollengeführten Brammentransportkrans [2.188]
Tragfähigkeit 125 t, Spannweite 38 m, Führungsverhältnis 2,1,
Fahrgeschwindigkeit 2,1 m/s
α Schräglaufwinkel, y Querverschiebung, F_s Führungskräfte an der inneren vorderen (1) und hinteren (2) Führungsrolle

Ein solches Fahrverhalten von Brückenkranen in überwiegender oder ausschließlicher Freilaufstellung mit nur einem wirksamen Führungselement konnte meßtechnisch bisher nur an Versuchskranen nachgwiesen werden. Die zahlreichen Messungen an Betriebskranen, wie sie u.a. in [2.162] [2.193] [2.165] [2.194] [2.188] beschrieben werden, zeigen nahezu ausschließlich Fahrzustände mit zwei anliegenden Führungselementen. Gemessen wurden vorwiegend die Führungskräfte, weshalb wegen der unklaren Kraftübertragung bei Spurkranzführung in erster Linie Krane mit Rollenführung gewählt wurden.

Bei in jüngerer Zeit von *Abel* [2.188] ausgeführten Messungen an drei Produktionskranen konnten mit Hilfe einer modernen Laser-Meßeinrichtung die Querverschiebung y und der Schräglaufwinkel α der Krane aufgenommen werden. Bild 2-161 zeigt ein Beispiel für die Meßergebnisse, die an einem Brammentransportkran mit 16 Laufrädern und 8 Fahrantrieben gewonnen wurden. Die gemessenen Schrägstellungswinkel der Laufräder lagen im Bereich $\alpha_R = -0{,}00015 \ldots +0{,}0043$, die maximalen Fluchtungsfehler der führenden Kranschiene reichten bis 20 mm. Der Umlenkpunkt 96 m trennt die Hin- und Rückfahrt des Krans. Aus meßtechnischen Gründen konnten die Führungskräfte F_s nur in relativer, nicht absoluter Größe bestimmt werden.

Auffällig ist die erhebliche Querverschiebung des Krans mit Extremwerten von rd. 40 mm. Der Kurvenverlauf ähnelt dem der Fluchtungsabweichungen der Führungsschiene deutlich. Dies ist darauf zurückzuführen, daß der Kran während der Hinfahrt ständig von zwei Führungsrollen an dieser Schiene geführt wird. Der maximale Schräglaufwinkel erreicht $\alpha = 0{,}003$. Auf der Rückfahrt läuft die in Fahrtrichtung liegende Führungsrolle nur sporadisch an, es wird keine Sehnenstellung erzielt. Der Kran fährt nahezu in die gleiche Ausgangsposition wie vor der Hinfahrt zurück.

An einem dritten Beispiel (Bild 2-162) sollen die Auswirkungen schrägstehender Laufräder auf die Führungskräfte eines Brückenkrans belegt werden. Der Kran wurde meßtechnisch untersucht, weil Schäden aufgetreten waren. Die mit einfachen Mitteln durchgeführte Vermessung der Laufradlage ergab große Differenzen in den Stichmaßen in der ungünstigsten Kombination positiver vorderer und negativer hinterer Schrägstellungswinkel. Der Kran fuhr deshalb ständig in Sehnenstellung, bei der Hinfahrt mit Anliegen des äußeren, bei der Rückfahrt mit Anliegen des inneren Rollenpaars. Das Ausrichten der Laufräder konnte an dem konstruktiv festgelegten Kran nur in begrenztem Rahmen durchgeführt werden. Dennoch verbesserte sich dadurch das Fahrverhalten entscheidend. Die Sehnenstellung während der Hinfahrt blieb zwar erhalten, bei der Rückfahrt traten dagegen wechselnde Fahrzustände auf. Die maximale Führungskraft, die vor dem Ausrichten 40 % der Gewichtskraft des Krans erreicht hatte, sank auf 16 % dieser Bezugsgröße.

Diese hier kurz dargelegten wie weitere Messungen bestätigen prinzipiell die Aussagen zur Fahrmechanik von Brückenkranen, weisen aber auch auf noch bestehende Diskrepanzen zwischen theoretischem Ansatz und realem Kran hin.

2.4 Schienengebundene Hebezeuge

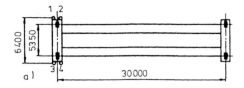

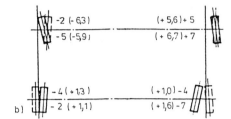

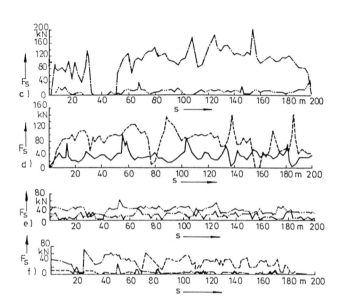

Bild 2-162 Gemessene Führungskräfte eines rollengeführten Brückenkrans [2.162]
Tragfähigkeit 10 t, Führungsverhältnis 4,68, Fahrgeschwindigkeit 2,67 m/s
a) Anordnung und Abmessungen
b) Laufradstellungen (Stichmaße), ausgezogen: vor dem Ausrichten, gestrichelt: nach dem Ausrichten
c) d) Führungskräfte vor dem Ausrichten der Laufräder
e) f) Führungskräfte nach dem Ausrichten der Laufräder
c) e) Hinfahrt;   d) f) Rückfahrt
—··—··— Rolle 1   ———— Rolle 2
—·—·— Rolle 3   ——————— Rolle 4

Zufallsverteilung der Horizontalkräfte

Die mit den bisher behandelten Modellen bestimmten Horizontalkräfte aus Schräglauf gelten jeweils für feste Parameter. Die Einflußgrößen für das Fahrverhalten der Krane unterliegen jedoch Zufallsverteilungen. In ihnen überlagern sich

– die Fertigungs- und Montagetoleranzen, die bei einem gegebenen Kran zwar diskrete Werte annehmen, bei einer Gruppe von Kranen aber zufällig verteilt sind und sich auch bei einem bestimmten Kran durch Verschleiß und Instandhaltungsmaßnahmen verändern können

– die bei einem gegebenen Kran zufällig schwankenden fahrmechanischen Größen, z.B. Veränderung der Schwerpunktlage, unterschiedliche Verformungen, wechselnde Stellung im Spurkanal.

Über die Verteilungsfunktionen dieser Einflußgrößen gibt es bisher nur sporadische Erkenntnisse. Viele Parameter, wie Fluchtungsfehler der Kranschienen, Schrägstellungswinkel der Laufräder, Kennlinien von Motoren, möglicherweise auch Kraftschlußbeiwerte, können als normalverteilt angesehen werden, weil bei ihnen die Sollwerte die größte Wahrscheinlichkeit haben. Andere Parameter, z.B. die Abweichungen der Laufraddurchmesser vom Sollwert, weisen eine unsymmetrische Verteilungsfunktion auf.

Ein instruktives Beispiel für die Überlagerung mehrerer Einflüsse in einem wichtigen Parameter der Horizontalbeanspruchung eines Brückenkrans während seiner Fahrbewegung ist die meßtechnisch erhaltene Verteilungsdichte des momentanen Schräglaufwinkels α_B der Laufräder im Bild 2-163. Dieser Winkel stellt die Summe des bautechnischen Schrägstellungswinkels α_R der Laufräder und des Schräglaufwinkels α des Krans dar. Die Kurvenform zeigt deutlich eine Überlagerung von zwei Verteilungsfunktionen. Das Maximum liegt jeweils in der Klasse, in der auch der Schrägstellungswinkel α_R des Rads einzuordnen ist. Die Ausgleichskurve verbindet die Mittelwerte der in die einzelnen Klassen fallenden Meßpunkte. Ein Einfluß von Katzstellung und Hubmassenverteilung war nicht festzustellen, die Lage der Schiene wirkte sich auf die Verteilungsfunktion des Schräglaufwinkels α_B der Laufräder nur dann aus, wenn der Kran von ihr geführt wird.

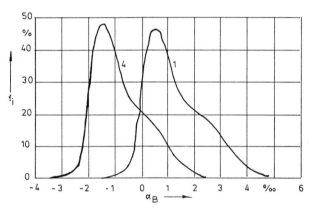

Bild 2-163 Verteilungsdichte f_i des tatsächlichen Schräglaufwinkels α_B von zwei Laufrädern eines Brammentransportkrans [2.188]
Schrägstellungswinkel der Laufräder:
1 $\alpha_R = +0,79$ ‰, 4 $\alpha_R = -1,41$ ‰

Es gibt auch statistische Angaben zur Verteilung der Führungskräfte von Kranen; Bild 2-164 zeigt die von *Engel* [2.193] an einem Stripperkran gemessene Summenhäufigkeit der Führungskräfte und der Querkräfte am vorderen Laufrad in einem Wahrscheinlichkeitsnetz mit Normalverteilung der Ordinate. Während sich die Verteilungsfunktion für die Querkraft noch durch eine Gerade und damit als Normalverteilung annähern läßt, weisen die Führungskräfte wiederum die Überlagerung mehrerer Einflüsse auf, möglicherweise die der Imperfektionen von Kran und Kranbahn. Durch Extrapolation der Verteilungsfunktion der stärker beanspruchten Führungsrolle *1* auf die Überschreitungshäufigkeit 10^{-4} ergäbe sich ein Extremwert von 0,55 MN, der während einer Nutzungsdauer von 25 Jahren 2770 mal erreicht bzw. überschritten würde [2.193]. Dies sind 17 % der Gewichtskraft des Krans.

Janz und *Maas* [2.195] haben für 95 Krane auf der Grundlage von DIN 15018 die Horizontalkräfte berechnet und statistisch ausgewertet. Dabei wurden eine exzentrische Schwerpunktlage und Massenkräfte aus Bremswirkung einbezogen. Für den Zusammenhang zwischen Führungskraft und Gleitpolabstand konnte eine ausreichend gesicherte Ausgleichsfunktion gefunden werden. Die Mittelwerte der nach dieser Norm ermittelten rechnerischen Führungskräfte bei einem Vierradkran mit Einzelantrieben schwankten zwischen 9 und 12 % der Gewichtskraft des Krans, bei Zentralantrieb betrugen sie 18 %.

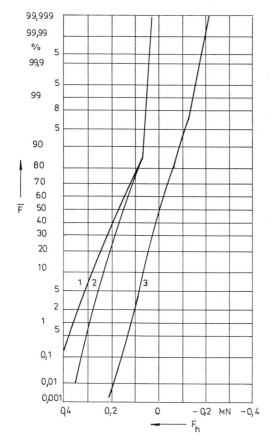

Bild 2-164 Verteilungsfunktionen der an einem Stripperkran gemessenen Horizontalkräfte in Querrichtung im normalverteilten Wahrscheinlichkeitsnetz [2.193]
1 äußere Führungsrolle; 2 innere Führungsrolle;
3 vorderes Laufrad

Einen Berechnungsalgorithmus für ein statistisches Modell der Fahrmechanik von Brückenkranen hat *Pasternak* [2.196] entwickelt. Er enthält geschlossene Lösungen mit einer Überlagerung von drei Teilbelastungen aus Kranbahn- und Kranimperfektionen sowie Katzbremsen. Um dies zu ermöglichen, wird ein lineares Kraftschlußgesetz eingeführt, Antriebskräfte bleiben unberücksichtigt. Als Fahrzustand wird der hintere Freilauf vorausgesetzt. Für die Ungeradlinigkeit der Schiene [2.197] und die Schrägstellungswinkel der Laufräder werden Normalverteilungen, für Katzbremsen eine Poisson-Verteilung verwendet. Damit konnten die Wahrscheinlichkeit des Auftretens und die mittlere Dauer von nur 0.5...2 s dieser Bremskraft erfaßt werden.
Wichtig sind die berechneten Funktionen für die Wahrscheinlichkeit des Auftretens von Extremwerten. Bild 2-165 enthält ein Zahlenbeispiel für einen Brückenkran mit 10 t Tragfähigkeit. Als Grundzeitraum für das Fahren der Kranbrücke werden nach Messungen [2.193] 10 000 s = 2,77 h innerhalb einer 8stündigen Arbeitsschicht angesetzt. Nach 25 Grundzeiträumen, d.h. nach 200 Einsatzstunden,

hat sich die statistische Verteilung der Horizontalkräfte weitgehend stabilisiert. Die Punkte in den Kurven von Bild 2-165 bezeichnen die auf diese 25 Grundzeiträume bezogene 99%-Fraktile, d.h. eine Wahrscheinlichkeit von 1 %, daß während einer Einsatzdauer von 200 h die entsprechende Horizontalkraft überschritten wird. Die mit Kreisen angegebenen Werte werden in diesem Zeitraum einmal erreicht oder überschritten. Nach der Wahrscheinlichkeit des Auftretens können die Horizontalkräfte für statische oder Betriebsfestigkeitsrechnungen angesetzt oder als Nenn- und Teilsicherheitswerte bei der Methode der Grenzzustände festgelegt werden.

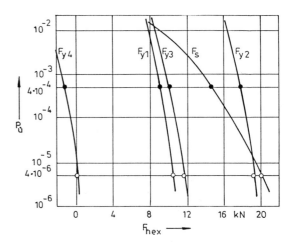

Bild 2-165 Auf einen Grundzeitraum von 10000 s bezogene Überschreitungswahrscheinlichkeit $P_ü$ der maximalen Horizontalkräfte [2.196]

Die geschlossene Lösung bei der Einführung von Parametern mit einer Zufallsverteilung verlangt ein einfaches, lineares Modell. Ein Simulationsmodell unterliegt dieser Einschränkung nicht. *Marquardt* [2.165] [2.198] erweitert sein nichtlineares deterministisches Modell zu einem stochastischen, indem er dem Rechenprogramm ein Zufallsexperiment nach der Monte-Carlo-Methode voranstellt. Für die geometrischen und maschinentechnischen Parameter werden 5 Toleranzgruppen mit wachsender Größe der Toleranzfelder gebildet und eine Normalverteilung innerhalb dieser Bereiche angenommen. Mit Hilfe von Zufallszahlen werden aus diesen Verteilungsfunktionen diskrete Werte abgerufen und daraus die Horizontalkräfte berechnet. Anhand des Verlaufs der Streuung war nachzuweisen, daß nach etwa 400 Realisierungen eine befriedigende Konvergenz erzielt wird. Um den Kollektivumfang festzulegen, wurden unter Verwendung von Meßergebnissen [2.193] nach der jährlichen Betriebsdauer gestufte Nutzungsklassen gebildet.
Ein Ergebnis dieser Berechnungen sind die im Bild 2-166 dargestellten Verteilungsfunktionen für die Führungskräfte F_s bei Zentralantrieb. Die maximalen Führungskräfte als obere Grenzwerte der Verteilungsfunktionen werden je nach Toleranzgruppe und Nutzungsklasse mit unterschiedlicher Häufigkeit erreicht. Eine Regressionsanalyse ergab, daß im Mittel 70 % dieser Führungskräfte aus Querkräften der vorderen, 8 % aus Querkräften der hinteren Laufräder, 16 % aus der Drehzahlkopplung der Antriebsräder stammen.
Derartige zufallsorientierte Berechnungsansätze sind deshalb besonders wichtig, weil die Horizontalkräfte einer diskreten Kranstellung und Parameterkombination nicht

2.4 Schienengebundene Hebezeuge

repräsentativ für die Beanspruchung während der gesamten Fahrbewegung und damit der Nutzungsdauer eines Krans sind, selbst wenn diese Belastung scheinbar den Größtwert darstellt.

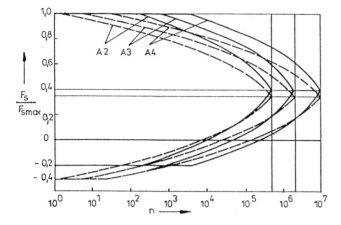

Bild 2-166 Verteilungsfunktionen für die Führungskräfte F_s bei Zentralantrieb [2.165] [2.198]
Krantoleranzen: sehr groß (ausgezogene Linien), mittelgroß (gestrichelte Linien); mittlere Betriebsdauer: A2 500 h/a, A3 1650 h/a, A4 5000 h/a

Toleranzen und Meßverfahren

Für die Imperfektionen von Kranbahn und Kran müssen Toleranzen festgelegt und eingehalten werden, um gutes Fahrverhalten, vertretbare Horizontalkräfte und niedrigen Verschleiß zu gewährleisten. Wenn Toleranzbereiche für die Genauigkeit von Laufrad- und Schienenlage vorzugeben oder zu beurteilen sind, muß dies unter den nachstehenden Blickwinkeln geschehen:

- erwünschte Toleranzen, welche die Funktionsfähigkeit der Krane garantieren
- fertigungstechnische Bedingungen und Möglichkeiten, um diese Toleranzen sicherzustellen
- Aufwand für Meßverfahren und deren Genauigkeit
- betriebliche Einflüsse auf die Veränderung der Toleranzen während der Nutzungsdauer der Krane.

Die in den einschlägigen Technischen Regeln (VDI 3571, VDI 3576, FEM 1.001, ISO-Standard 8306) verzeichneten Toleranzen für Kranbahn und Kran stimmen zu einem großen Teil überein. Sie basieren im Grundansatz auf den Arbeiten und Überlegungen von *Hannover* [2.169]. Ausgehend von einem Erwartungswert $\bar{\alpha} = 15' = 4,36$ ‰ für den Schräglaufwinkel des Krans wird festgelegt, daß jede Störgröße die bei diesem Schräglaufwinkel auftretende Richtkraft um höchstens 6...7 % erhöhen darf. Dies ist gleichbedeutend mit einem fiktiven zusätzlichen Schräglaufwinkel von $1' = 0,3$ ‰, der bei drei überlagert wirkenden Störgrößen nicht über 1,1 ‰ hinausgehen soll. Krane, die nach diesen engen Toleranzen hergestellt und betrieben werden, sollen sich vorzugsweise in den Fahrzuständen Freilauf bzw. hinterer Freilauf bewegen. Bild 2-167 stellt die für das Fahrverhalten wichtigsten Imperfektionen, Tafel 2-14 einen darauf bezogenen Auszug aus den Angaben zu den Toleranzen dar.

Tafel 2-14 Das Fahrverhalten von Kranen maßgebend bestimmende Toleranzen (Symbole nach Bild 2-167)

Einflußgröße	Toleranzen nach *Hannover* [2.169]	Toleranzen nach VDI 3571 und VDI 3576 Toleranzklasse 1	Toleranzklasse 2	Toleranzen nach FEM 1.001
Kranbahn (Schiene) Spurmittenmaß Querabweichung Krümmungswinkel		$l \leq 15$ m, $\Delta l = \pm 3$ mm $l > 15$ m, $\Delta l = \pm [3 + 0,25(l - 15)]$ mm $B = \pm 5$ mm $\alpha_S = 0,25$‰	$l \leq 15$ m, $\Delta l = \pm 5$ mm $l > 15$ m, $\Delta l = \pm [5 + 0,25(l - 15)]$ mm $B = \pm 10$ mm $\alpha_S = 0,25$‰	$l \leq 15$ m, $\Delta l = \pm 3$ mm [1)] $l > 15$ m, $\Delta l = \pm [3 + 0,25(l - 15)]$ mm [1)5)] $B = \pm 10$ mm $\alpha_S = 1,0$‰
Kran Spurmittenmaß Kranfahrwerk Spurmittenmaß Katzschienen Krümmungswinkel Katzschienen Fluchtungsfehler Laufräder		$l \leq 10$ m, $\Delta l = \pm 2$ mm [2)] $l > 10$ m, $\Delta l = \pm [2 + 0,1(l - 10)]$ mm [2)] $\Delta l = \pm 3$ mm $\alpha_S = 1,0$‰ Einzelradantrieb: $\Delta F = 6$ mm Zentralantrieb: $l \leq 20$ m, $\Delta F = 2$ mm $l > 20$ m, $\Delta F = \pm [2 + 0,2(l - 20)]$ mm	$l \leq 15$ m, $\Delta l = \pm 2$ mm $l > 15$ m, $\Delta l = \pm [2 + 0,15(l - 15)]$ mm [6)] $\Delta l = \pm 3$ mm $\alpha_S = 1,0$‰ $\Delta F = \pm 1$ mm	
Fluchtungsfehler Spurführungselemente Schrägstellungswinkel Laufradachsen Schrägstellungswinkel Laufräder Durchmesserdifferenzen Laufräder	$\Delta F = 0,4a$ $\varphi_A = \pm\sqrt{2} \cdot 0,3 = \pm 0,42$‰ $\Delta d_R = \sqrt{2} \cdot 1,6\dfrac{a}{l} d_R =$ $= 2,3\dfrac{a}{l} d_R$ [7)]	$\Delta F = 0,4a$ $\varphi_A = \pm 0,3$‰ $\varphi_R = \pm 0,4$‰ $\Delta d_R = 1,6\dfrac{a}{l} d_R$ [4)7)]	$\Delta F = 0,6a$ $\varphi_A = \pm 0,4$‰ [3)] $\varphi_R = \pm 0,6$‰ [3)] $\Delta d_R = 2,2\dfrac{a}{l} d_R$ [4)7)]	$\Delta F = \pm 1$ mm $\varphi_A = \pm 0,4$‰

[1)] 3facher Wert bei einseitiger Führung durch Führungsrollen, [2)] 1,5facher Wert bei einseitiger Spurführung, [3)] 1,5facher Wert bei geringer Betriebsbeanspruchung und relativ elastischem Tragwerk, [4)] 0,71facher Wert bei 2 Zentralantrieben, [5)] $\Delta l_{max} = 25$ mm, [6)] $\Delta l_{max} = 15$ mm, [7)] für drehzahlgekoppelte Räder; (Maße: l, a, d_R in m; $\Delta F, \Delta d_R$ in mm)

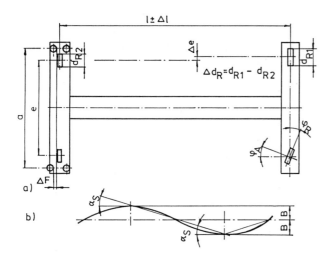

Bild 2-167 Wichtige Funktionsgrößen (Imperfektionen) eines Brückenkrans in der Horizontalebene
a) Kranbrücke
b) Kranschiene

Trotz der Übereinstimmung in der Grundtendenz bestehen zwischen den zitierten Technischen Regeln auch Unterschiede. Bild 2-168 verdeutlicht dies anhand der Toleranzen für die Spurmittenmaße. Grundsätzlich sind sie bei der Kranbahn größer als beim Kran. Sehr bedenklich erscheint die Erlaubnis in FEM 1.001, bei einseitiger Rollenführung für die Kranbahn den 3fachen Wert der Normaltoleranz zuzulassen (Kurve 1). Auffällig ist ferner der recht kleine Wert $\alpha_S = 0{,}25$ ‰ des Krümmungswinkels der Schiene in VDI 3576. Der Faktor $\sqrt{2}$ in den Angaben nach *Hannover* [2.169] zu den Schrägstellungswinkeln φ_A der Laufradachse und zur Durchmesserdifferenz Δd_R erfaßt den wahrscheinlichen Mittelwert von zwei Laufrädern.

Die Toleranzklasse soll nach der Beanspruchungsgruppe, d.h. nach der Anzahl der Belastungswechsel, wie folgt gewählt werden: Toleranzklasse 2 für Beanspruchungsgruppen B 1 bis B 3, Toleranzklasse 1 für Beanspruchungsgruppen B 4 bis B 6. Daß bei höherer zeitlicher Beanspruchung infolge Verschleiß in relativ kurzer Zeit gröbere Toleranzen auftreten können, bleibt unberücksichtigt.

Die Toleranzen sind Vorgaben für die zulässigen meßtechnischen und fertigungstechnischen Unsicherheiten. Bei gegebener Toleranz T und Meßunsicherheit $|U|$ verbleibt als Resttoleranz T_R für die Unsicherheit des Fertigungsverfahrens [2.199].

linearer Ansatz $\quad T_R = T - 2|U|$

quadratischer Ansatz $\quad T_R = \sqrt{T^2 - (2U)^2}$. (2.97)

Der quadratische Ansatz führt zu größeren Resttoleranzen und gilt vor allem für sehr kleine Toleranzen T, wie sie bei den Einflußgrößen für die Fahrbewegung der Krane vorliegen. Anstelle der Einhaltung einer größtmöglichen Toleranz sichert er diese nur mit einer vorgegebenen statistischen Sicherheit von beispielsweise 95 %. Dies ist technisch vertretbar und wirtschaftlich notwendig. Als Größtwert der Meßunsicherheit $|U|$ kann nach [2.199] ¼ der Toleranz T hingenommen werden. Dies ergibt bei linearem Ansatz die Resttoleranz $T_R = 0{,}5\,T$, bei quadratischem Ansatz $T_R = 0{,}87\,T$. In Tafel 2-15 sind die Toleranzen für die Achsparallelität und Laufradschrägstellung nach VDI 3571 entsprechend diesen Vereinbarungen aufgeteilt angegeben. Eine größere Meßunsicherheit in Größe der halben Toleranz, wie sie in [2.200] und VDI 3571 empfohlen wird, erscheint unrealistisch, weil sich bei ihr nach beiden Ansätzen der Gl. (2.97) die Resttoleranz $T_R = 0$ ergibt. Eine wiederholte, d.h. n-fache Messung setzt die Meßunsicherheit um den Faktor $1/\sqrt{n}$ herab.

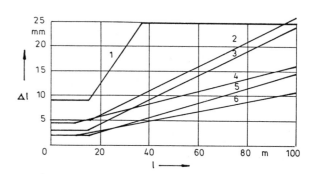

Bild 2-168 Toleranzen für Spurmittenmaße
1 Kranbahn, 3facher Wert bei einseitiger Rollenführung nach FEM 1.001
2 Kranbahn, Toleranzklasse 2 nach VDI 3576 und FEM 1.001
3 Kranbahn, Toleranzklasse 1 nach VDI 3576
4 Kran, 1,5facher Wert bei einseitiger Spurführung nach VDI 3571
5 Kran, nach FEM 1.001
6 Kran, nach VDI 3571

Tafel 2-15 Aufteilung der in VDI 3571 vorgegebenen Toleranzen für die Schrägstellungswinkel der Achsen (φ_A) und Laufräder (φ_R) nach dem quadratischen Ansatz in Gl. (2.97)

Toleranzklasse	Toleranz T in ‰		Meßunsicherheit $|U|$ in ‰		Resttoleranz T_R in ‰	
	φ_A	φ_R	φ_A	φ_R	φ_A	φ_R
1	0,3	0,4	0,08	0,10	0,26	0,35
2	0,4	0,6	0,10	0,15	0,35	0,52
2_{erw}[1]	0,6	0,9	0,15	0,23	0,52	0,78

[1] geringe Betriebsbeanspruchungen, relativ elastisches Tragwerk, z.B. Beanspruchungsgruppe B 1 nach DIN 15018

Die Technologie der Fertigung und Montage eines Krans muß von dieser geforderten Genauigkeit der Stellung der Laufradachsen ausgehen, eine dem Stahlbau an sich wesensfremde Aufgabe. Sie verlangt die unmittelbare Eingliederung geeigneter Meß- und Prüfverfahren in die Montage.

Koch [2.201] hat die Herstellung von Brückenkranen daraufhin untersucht, welche Bedingungen und Unsicherheiten für eine Ausrichtung der Laufradlagerungen bestehen. Der Fertigungsaufwand steigt überproportional mit abnehmender Breite der Toleranzfelder für Relativlage und Parallelität dieser Baugruppen. Die verfahrensbedingten Größtwerte φ_R des Schrägstellungswinkels der Laufräder (Bild 2-169) wachsen mit abnehmendem Laufraddurch-

2.4 Schienengebundene Hebezeuge

messer d_R und hängen von der konstruktiven Gestaltung der Laufradlagerungen (s. [0.1, Abschn. 2.5.2]) ab. Für einen Brückenkran mit Laufrädern vom Durchmesser d_R = 500 mm ergaben sich als Verfahrensunsicherheiten für Fertigung und Montage

– Ecklager, komplett montiert $\quad U_F = \pm 0{,}36$ ‰
– Korblager, komplett montiert $\quad U_F = \pm 0{,}27$ ‰
– Bohrungen für Laufradlagerungen $\quad U_F = \pm 0{,}18$ ‰.

Für die Korblagerung kommt *Röder* [2.202] zu ähnlichen Ergebnissen. Bei den Ecklagern ergeben sich Schwierigkeiten für die Verwendung in Toleranzklasse 1, bei den Korblagern und anderen Laufradlagerungen mit spanend bearbeiteten Achsbohrungen dagegen nicht. In der gesamten Fertigungskette einschließlich Montage müssen kleine fertigungstechnische Toleranzen vorausgesetzt werden. Möglichkeiten, solche Bedingungen einzuhalten, sieht [2.201] darin, die Laufradbohrungen auf NC-Großbohrwerken hoher Genauigkeit herzustellen oder die Kopfträger allein in dieser Weise zu bearbeiten und die Trägeranschlüsse als kraft- und formschlüssige Schraubverbindungen zu gestalten, wobei die Anschlußflächen vorher mechanisch zu bearbeiten sind.

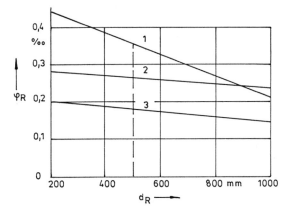

Bild 2-169 Beträge der verfahrensbedingten Größwerte des Schrägstellungswinkel φ_R der Laufräder in Abhängigkeit vom Laufraddurchmesser d_R, nach [2.201]
1 Laufräder mit Ecklager; 2 Laufräder mit Korblager;
3 Bohrungen für Laufradlagerungen

Die Meßverfahren, mit denen die Beträge der Einflußgrößen im Bild 2-167 überprüft werden, bestehen aus einer Kombination optischer und mechanischer Geräte. Verwendet werden Theodolit, Fluchtungsfernrohr, Spanndraht, um die Bezugslinien zu markieren, Stahlmeßband oder optischer Entfernungsmesser für Längenmessungen, Mikrometer für Abstandsmessungen. Dazu kommen Stative, Befestigungsteile usw. In [2.203] wird nachgewiesen, daß die Standardausrüstung eines gutes Vermessungsbüros mit elektronischem Theodolit und Entfernungsmesser ausreicht, die horizontalen Abweichungen einer Kranbahnschiene von der Sollage mit einer mittleren Meßunsicherheit von ± 0,6 mm zu bestimmen.
Die Einzelfehler der miteinander kombinierten Meßgeräte addieren sich nach dem Fehlerfortpflanzungsgesetz zur Gesamtunsicherheit des Meßverfahrens

$$|U| = \sqrt{U_1^2 + U_2^2 + \ldots + U_n^2}. \qquad (2.98)$$

Tafel 2-16 nennt einige in der Literatur angegebene Richtwerte für $|U|$. Der Unterschied bei den Meßverfahren mit stromführenden Spanndrähten ist darauf zurückzuführen, daß zur Herstellung des elektrischen Kontakts für eine Glühlampe ein größerer Anpreßdruck und damit eine größere seitliche Auslenkung des Drahts notwendig ist als bei einem Ohmmeter [2.204].

Eine wesentlich höhere Genauigkeit haben die gegenwärtig verfügbaren Meßverfahren auf der Basis von Lasern. *Hannover* [2.200] beschreibt die Kombination eines Helium-Neon-Lasers, der eine Ausgangsstrahldicke von 9 mm und eine Reichweite von 100 m hat, mit Pentagonprismen zur rechtwinkligen Strahlablenkung und einem Quadranten-Detektor als Empfänger, der auf einem Gleitmaßstab ruht. Bild 2-170 enthält die Anordnung, die im Prinzip auch für die anderen Meßverfahren gilt. Angaben zur Meßunsicherheit dieses Systems werden nicht gemacht.

Tafel 2-16 Richtwerte für Meßunsicherheiten von Meßverfahren zur Bestimmung der Laufradschrägstellung

Verfahrensmerkmale	Gesamtmeßunsicherheit $|U|$ in ‰	Quelle
Theodolit, Stahlmeßband	28	[2.201]
zusätzlich: Fluchtungsfernrohr, Zielmarke	18	[2.201]
Spanndrähte, Glühlampe	30	VDI 3571
Spanndrähte, Ohmmeter	16	[2.204]
Rotationslaser, Umlenkprisma	11	[2.201]

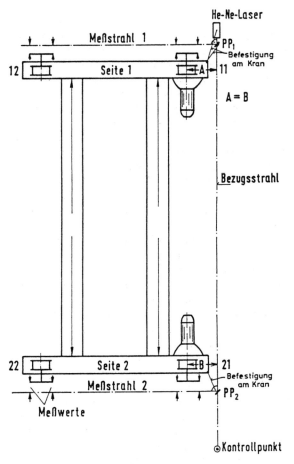

Bild 2-170 Laser-Meßverfahren zur Bestimmung der Fluchtung und Schrägstellung der Laufräder [2.200]

Eine gesteigerte Genauigkeit läßt sich nach [2.201] durch einen Rotationslaser mit rotierendem Strahlteiler erzielen, der außer dem ruhenden Fluchtstrahl auch einen rotierenden, rechtwinklig zu ihm stehenden Zweitstrahl erzeugt. Die Ablenkprismen an den Meßstrecken sind ebenfalls rotierend ausgeführt. Für die Achsvermessung wird ein spezielles Laser-Richtrohr, für die Laufradvermessung ein Laserimpuls-Handempfänger verwendet. Die Meßunsicherheit verringert sich auf Werte bis $U = \pm\, 0{,}07$ ‰ für die Achsvermessung.

Der Zusammenhang von Toleranz, Fertigungs- und Meßunsicherheit, der vorstehend kurz dargestellt ist, zeigt deutlich, daß die in den Technischen Regeln geforderten Toleranzen für die Krane nur mit darauf zugeschnittenen Fertigungs- und Meßverfahren hoher Genauigkeit zu erreichen sind, wobei die Gewährleistung der Toleranzklasse 1 besondere Aufwendungen bei den Fertigungs- und Meßverfahren verlangt. Die Aufgabe, diese engen Toleranzen auch während einer größeren Betriebsdauer zu erhalten und zu überprüfen, ist bisher nicht gelöst worden.

2.4.3.4 Brückenhängekrane

Der Brückenhängekran weicht in seinem Aufbau und den daraus abzuleitenden Funktionsmerkmalen merklich vom normalen Brückenkran ab. Seine Konstruktion verwirklicht konsequent den Grundgedanken, alle Bestandteile der Krananlage, d.h. Stützkonstruktionen, Kranbahn, Kranträger, Laufkatze, hängend untereinander anzuordnen. Die Laufkatze erhält als am tiefsten liegende Baugruppe dadurch eine gesteigerte Bewegungsfreiheit.

Bild 2-171 verdeutlicht dieses Prinzip an den beiden Ausführungsformen mit einem bzw. zwei Brückenträgern. Kranfahrbahn und Kranträger sind aus einem kaltgewalzten Spezialprofil hergestellt. Bei größerer Tragfähigkeit werden Träger mit befahrbaren Unterflanschen, meist aus St 60, eingesetzt. Die Kranbahn hängt an Hängestangen, die an der Hallendecke befestigt werden. Sie sind in Fahrtrichtung durch Aussteifungen festgelegt, erlauben aber Pendelbewegungen quer dazu. Dies führt zu einem verbesserten Fahrverhalten, weil bei Schräglauf des Krans dessen Gewichtskräfte das Wiederausrichten unterstützen. Die Hallendecke muß die Belastung durch die Krananlage aufnehmen können, ihr Tragvermögen begrenzt den Bereich der Tragfähigkeiten von Brückenhängekranen auf 0,5...10 t bei Spannweiten von 6...28 m. Die Fahrgeschwindigkeiten übersteigen wegen der Unterflanschfahrt selten 40 m/min.

Die wesentlichen besonderen Eigenschaften eines Hängekrans, die sein Anwendungsgebiet gegenüber dem normaler Brückenkrane verändern, gibt Bild 2-172 an. Der Hängekran kann unter Einschaltung von Gelenken im Kranträger an mehr als zwei Fahrbahnen aufgehängt und auf ihnen verfahren werden. Damit sind Spannweiten bis 50 m und darüber hinaus zu erreichen, z.B. in Flugzeughallen. Die in tiefster Stellung des Krans liegende Laufkatze kann mit oder ohne Anordnung von Überfahrstücken auf einen parallelliegenden zweiten Kran oder auf ein Hängebahnsystem überwechseln, siehe den folgenden Abschnitt. Elektrische und mechanische Verriegelungen sichern eine gefahrlose Verbindung der Fahrstrecken. Von der dritten gezeichneten Möglichkeit, der Kurvenfahrt, wird nur in besonderen Fällen Gebrauch gemacht. Die Drehzahlen der Motoren beider Teilfahrwerke müssen dabei, z.B. durch Polumschaltung, auf die den Radien r_1 und r_2 entsprechenden Drehzahlen umgeschaltet werden. Auch hier wirkt die Pendelbewegung der Kranbahnen ausgleichend auf entstehende Schrägstellungen.

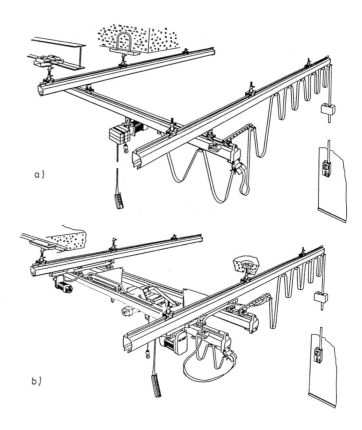

Bild 2-171 Brückenhängekrane, Mannesmann Demag Fördertechnik, Wetter
a) Einträgerkran
b) Zweiträgerkran

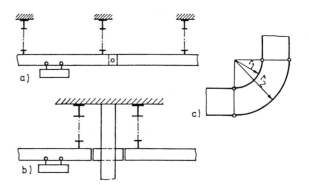

Bild 2-172 Merkmale von Hängekranen
a) Mehrfachaufhängung
b) Überfahrt der Laufkatze auf anderen Kran
c) Kurvenfahrt

Der Übergang zu leichteren Hallenkonstruktionen mit geringerer Tragfähigkeitsreserve und das große Angebot an leichten, preiswerten, aus Baukasten zusammengestellten schienenfahrbaren Brückenkranen haben die Bedeutung der Brückenhängekrane gemindert.

2.4.3.5 Einschienenhängebahnen

Hängebahnen, meist als Elektro- bzw. Einschienenhängebahnen bezeichnet, sind über Flur angeordnete linienförmige Transportmittel mit einzeln angetriebenen und ge-

2.4 Schienengebundene Hebezeuge

steuerten Fahrzeugen mit oder ohne Hubwerk. Die Linienführung im dreidimensionalen Raum unterliegt kaum Einschränkungen, sie kann horizontal und vertikal gekrümmt verlaufen, verzweigt oder gekreuzt werden.

Hängebahnen für Schüttguttransport sind vor fast einhundert Jahren in Verbindung mit den Seilbahnen entstanden; mit dem Vordringen der Bandförderer wurden sie gegenstandslos [2.206]. Ein zweiter Entwicklungsabschnittt begann mit der Einführung von Brückenhängekranen. Weil bei ihnen die Laufkatze auf andere Fahrbahnen überwechseln kann, sind linienförmige Hängebahnsysteme an sie anzuschließen. Bild 2-173 stellt an einem Beispiel die Variationsmöglichkeiten derartiger Kombinationen vor.

In den letzten beiden Jahrzehnten haben sich die Einschienenhängebahnen nach der Vielseitigkeit der konstruktiven Ausführungen und der Anwendungsbreite zu einem der modernsten Transportsysteme herausgebildet. Als voll in die Arbeitsprozesse eingebundene Transportmittel haben sie zahlreiche Vorzüge, wie die bereits erwähnte Freizügigkeit in der Linienführung über Flur, die geringe Bauhöhe, die veränderliche Fahrzeugfolge, die Wahl unterschiedlicher, den Teilabschnitten der Fahrbahn oder den Arbeitsprozessen angepaßter Geschwindigkeiten, die Laufruhe und Betriebssicherheit. Ungeeignet sind Elektrohängebahnen nur, wenn Explosionsschutz gefordert werden muß oder wenn hohe Temperaturen, Schmutz und aggressive Medien auftreten. Es gibt Kleinanlagen mit lediglich einem Fahrzeug auf einer Stichbahn und Großanlagen mit 9 km Bahnlänge, 3000 Fahrzeugen, 475 Weichen und 70 Hubstationen [2.207].

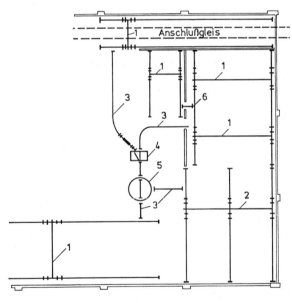

Bild 2-173 Hängekran-Anlage [2.205]
1 Einträgerkran
2 Einträgerkran mit Dreifachaufhängung
3 Hängebahn
4 Schiebeweiche
5 Drehscheibe
6 Überfahrstück

Die Funktionsgruppen einer Einschienenhängebahn sind:

- Fahrbahn mit Stromschienen
- Fahrzeuge, Laufkatzen, Wagen mit Lastaufnahmemittel
- Weichen und Stationen
- Steuerungsanlagen und Energieversorgung.

Die Hersteller bieten einen modularen Aufbau mit Elementen von Baukastensystemen an, die von speziell auf die Anlage zugeschnittenen Bauteilen ergänzt werden.

Die Art der Fahrbahn bestimmt, neben den Fahrwerken, die Leistungsfähigkeit, insbesondere die Tragfähigkeit des Systems maßgebend. Verwendet werden:

- I-Träger mit einem angeschweißten Parallelunterflansch als Fahrbahn für Tragfähigkeiten bis 8 t, in Sonderfällen auch mehr
- gewalzte Stahl-Hohlprofile (Bild 2-174) für Tragfähigkeiten bis 2 t
- stranggepreßte Aluminiumprofile für Tragfähigkeiten bis 0,5 t, in Sonderfällen bis 1 t.

Die Stromschienen werden in Abstimmung mit den benötigten Flächen für das Tragen und Führen der Fahrzeuge bei I-Trägern oben seitlich, bei Hohlprofilen waagerecht oben, bei stranggepreßten Profilen (Bild 2-175) seitlich am Steg angebracht. Es gibt auch Hängebahnen mit sehr kurzer Fahrbahn, die über Schleppkabel mit Energie versorgt werden.

Die Fahrbahnen werden an der Decke oder an Hilfsträgern aufgehängt, die Abstände der Aufhängungen richten sich bei gegebener Belastung nach deren Tragfähigkeit und den Besonderheiten der Linienführung. Eine kardanische Aufhängung an Decke bzw. Träger (s. Bild 2-174) verhindert Biegebeanspruchungen der Hängestangen und damit auch der Deckenträger. Höhenunterschiede werden während der Montage durch Nachstellen der Gewindemuttern ausgeglichen, Versteifungen sorgen für eine starre Lagerung in Längsrichtung der Bahn. Es gibt auch Befestigungen über C-förmige Träger, die an der Seite des Profils angreifen, z.B. für Fahrbahnen gemäß Bild 2-175a.

Laufkatzen mit Seil- oder Kettenzügen werden für den Einsatz in Elektrohängebahnen bisweilen gegenüber der normalen Ausführung (s. Bild 2-116) insofern abgewandelt, daß ein Fahrwerk einen an Rollen hängenden Nachlaufwagen zieht, der das Hubwerk trägt. Bei den speziellen Fahrzeugen für diese Bahnen unterscheidet man die Innenläufer für Fahrbahnen aus Hohlprofilen und die Außenläufer, die entweder auf Unterflanschen oder als Obenläufer auf dem Kopf des Fahrbahnprofils verfahren.

Bild 2-176 zeigt ein Verschiebefahrwerk ohne Fahrantrieb als Innenläufer mit Doppelanordnung der Laufradachsenpaare. Der Verbindungsträger 5 verbindet die Teilfahrwerke starr, an ihm wird das Lastaufnahmemittel befestigt. Dies können Lasthaken, Greifvorrichtungen, Behälter, Gehänge mit Plattformen oder Gabeln sein. Die Laufräder 1 und Führungsrollen 3 bestehen ganz oder in ihrer Bandage aus Gummi, Polyamid, Polyurethan. Die mittige Anordnung nur einer Führungsrolle je Seite vermindert den Aufwand.

Ein Obenläufer ist im Bild 2-177 zu sehen. Das Fahrzeug besteht aus einem Vorlaufwagen 11 mit Fahrantrieb und einem nicht angetriebenen Nachlaufwagen 8, die beide von Spurrollenpaaren 5 am oberen und unteren Kopf des Fahrbahnträgers geführt werden. Der Vorlaufwagen hat Stromabnehmer 3, die in die am Fahrbahnträger angebrachten Schleifleitungen eingreifen. Es können auch beide Fahrzeugteile angetrieben werden.

Zum Schutz gegen das Auffahren auf ein anderes Fahrzeug dient ein Auffahrsensor 12. In einfacher Ausführung der Fahrzeuge reichen hierfür Gummipuffer aus, siehe Bild 2-176.

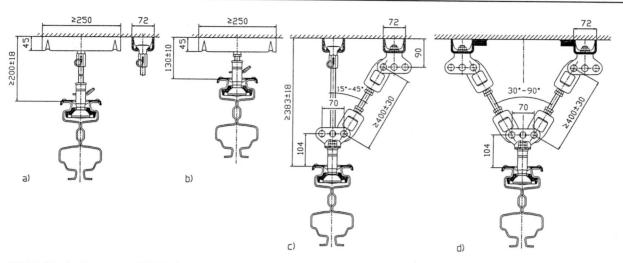

Bild 2-174 Aufhängungen HB 250 für Fahrbahnen von Elektrohängebahnen, Tragkraft 16 kN, ABUS Fördersysteme GmbH, Gummersbach
a) Normalaufhängung   b) Kurzaufhängung   c) Normalversteifung   d) V-Aufhängung

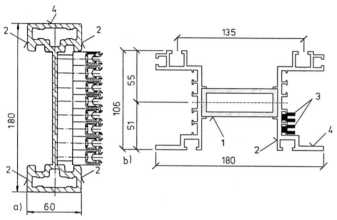

Bild 2-175 Leichtmetallfahrbahnen für Einschienenhängebahnen
a) System Fredenhagen KG, Offenbach b) System licom-s 50, Gilgen Fördersysteme AG, Oberwangen (Schweiz)
1 Friktionsfläche   3 Stromschienen
2 Führungsfläche   4 Lauffläche

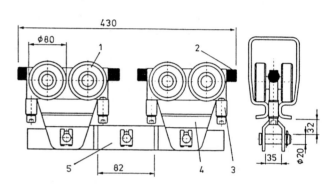

Bild 2-176 Doppelschienenfahrwerk (Innenläufer), Tragfähigkeit 1,5 t, R. Stahl Fördertechnik GmbH, Künzelsau
1 Laufrolle   4 Traggehänge
2 Puffer   5 Verbindungstraverse
3 Führungsrolle

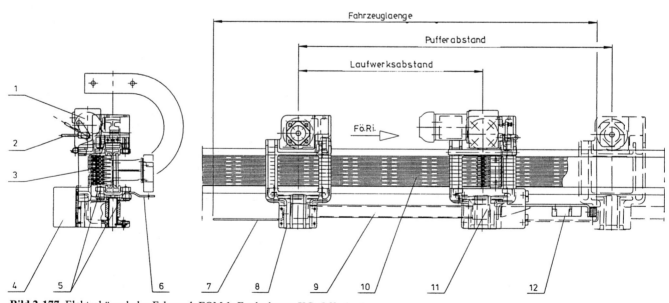

Bild 2-177 Elektrohängebahn-Fahrwerk EOM 1; Fredenhagen KG, Offenbach
Tragfähigkeit 500 kg, Fahrgeschwindigkeit bis 120 m/min
1 Getriebemotor   5 Spurrollen   9 Lasttraverse
2 Kupplungsstange   6 Schaltfahne   10 Laufschiene mit Stromschienen
3 Stromabnehmer   7 Auffahrblech   11 vorderes Laufwerk
4 Fahrzeugsteuerung   8 hinteres Laufwerk   12 Auffahrschalter

2.4 Schienengebundene Hebezeuge

Angetrieben werden die Fahrzeuge der Einschienenhängebahnen durch Getriebemotoren mit Stirnrad-, aber auch selbsthemmenden Schneckenradgetrieben. Der am häufigsten verwendete Motor ist ein Drehstrom-Asynchronmotor mit Käfigläufer, der im Verhältnis 1 : 4 oder 1 : 6 polumschaltbar ausgeführt ist. Höheren Ansprüchen, z.B. an unterschiedliche Fahrgeschwindigkeiten, genauere Positionierung an Stationen, genügen Gleichstrommotoren mit einem Stellbereich 1 : 50, neuerdings auch Frequenzumrichter in Verbindung mit Drehstrommotoren, deren Stellbereich bei 1 : 30 liegt. Die Speisespannungen sind 230 bzw. 380 V für Drehstrom-, 400 bzw. 42 V für Gleichstromantriebe. Die Fahrgeschwindigkeiten reichen bis 180 m/min, d.h. 3 m/s.

Die verschiedenen Lösungsvarianten für die Wirkprinzipe Tragen, Treiben, Führen beeinflussen das Fahrverhalten und die Beanspruchung der Fahrzeuge von Einschienenhängebahnen [2.208]. Die beiden in den Bildern 2-176 und 2-177 dargestellten Bauformen mit starrer bzw. gelenkiger Verbindung der Einzelfahrwerke wirken sich während der Kurvenfahrt unterschiedlich auf das Abrollen und die Querbewegung der Laufräder und des Lastaufnahmemittels aus. Horn [2.209] hat hierfür zwei Kenngrößen definiert, den Fehlwinkel ψ für das Abweichen der Rollgeschwindigkeit v_r von der Kreisfahrgeschwindigkeit v_k und den Versatz Δr zwischen der Idealinie der Fahrbahn und der Lage des Anlenkpunkts des Lastaufnahmemittels. Bild 2-178 deutet den angegebenen Unterschied prinzipiell an. Der Fehlwinkel ψ vergrößert sich bei starrer Verbindung der Einzelfahrwerke beträchtlich. Dies führt zu einer ständigen Querbewegung der Laufräder relativ zur Fahrbahn und damit zu hohem Verschleiß. Bei gelenkiger Verbindung tritt der Fehlwinkel nur infolge des geringen Spurspiels zwischen Führungsrollen und Fahrbahn auf, der Versatz wird etwas kleiner.

Er wird von den Längen l_F und l_T für die Abstände erheblich beeinflußt und muß daraufhin überprüft werden, ob die Stromabnehmer bzw. das Lastaufnahmemittel ihm folgen können. Weitere Einzelheiten sind [2.209] zu entnehmen.

Das Anlagenbeispiel im Bild 2-179 gibt das Zusammenwirken der Elemente einer Elektrohängebahn in einer einfachen Anordnung und in der Kombination mit zu- und abführenden Fördermitteln wieder. Fahrwerkaufzüge 2 verbinden die zwei Ebenen der Linienführung, an den Übergabestationen 1 werden die Behälter auf- bzw. abgegeben. Neben einfachen Weichen 5 an Verzweigungsstellen sind auch Wendeweichen 4 einbezogen, um den Förderweg verkürzen zu können.

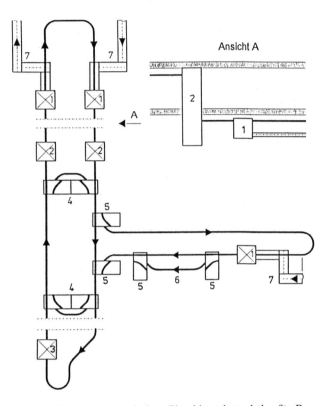

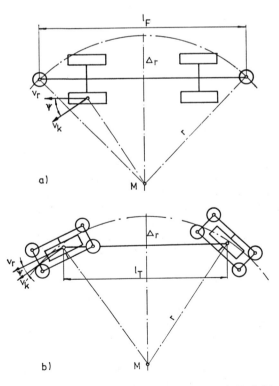

Bild 2-178 Fehlwinkel ψ und Versatz Δr bei Kreisfahrt von Fahrzeugen nach [2.209]
a) gemeinsame Führung der Tragachsen (Innenläufer)
b) getrennte Führung der Tragachsen (Obenläufer)

Bild 2-179 Anlagebeispiel einer Einschienenhängebahn für Behältertransport
Gilgen Fördersysteme AG, Oberwangen (Schweiz)
1 Übergabestation   5 Schiebeweiche
2 Fahrwerkaufzug   6 Fahrwerkspeicher
3 Behälteraufzug   7 Rollenförderer
4 Wendeweiche

Für die Bogenstücke gelten in Abhängigkeit von der Größe der Fahrbahn Mindestradien zwischen 0,6 und 2,0 m. Nach [2.210] liegt der Kraftschlußbeiwert für die Kunststofflaufräder im Bereich 0,48...0,63. Deshalb lassen sich unter Berücksichtigung des Kraftschlusses und der Motorleistung Steigungen bis 6 %, in Sonderfällen bis 10 % ohne zusätzliche Einrichtungen überwinden. Darüber hinaus sind Steighilfen erforderlich. Bei Obenläufern werden z.B. Druckschienen und ein Doppelantrieb über ein zusätzliches Laufrad, ein erweitertes Profil, in dem sich die Laufräder verkanten können, o.ä. angewendet, um Steigungen bis 60° zu bewältigen. An senkrechten Förderstrecken benutzt man üblicherweise Zahnstangentriebe.

Weichen werden, je nach Fahrtrichtung, als Einschleus- oder Ausschleusmittel eingesetzt und als Verschiebe-, seltener Drehweichen gebaut (Bild 2-180). Bei einer

Drehweiche ist der Schlitten mit dem geraden und dem gekrümmten Fahrbahnstück in einer Drehverbindung, bei einer Schiebeweiche auf Tragrollen gelagert. Ein Getriebemotor mit Rutschkupplung bewegt den Schlitten über einen Kurbeltrieb und eine Schubstange. Endtaster für die Endlagensicherung, Führungsstücke an den Laufbahnenden und Auslaufsicherungen ergänzen den Aufbau.

Stationen verbinden Fahrbahnteile untereinander oder mit zu- und abführenden anderen Fördermitteln, die wichtigsten Arten enthält Bild 2-181. Die Vertikalbewegung der Fahrzeuge oder Behälter führen Seil- oder Kettentriebe aus. Alle Stationen sind wegen der zusätzlichen Dauer der Vertikalbewegung durchsatzbestimmende Baugruppen der Einschienenhängebahnen. In die Linienführung eingeschaltete Prüfstationen kontrollieren das Bremsverhalten, die Stromabnehmer, den Schutzleiter usw. und leiten instandsetzungsbedürftige Fahrzeuge in eine Reparaturstrecke ein. Die Grundlage für die Steuerung der Anlage ist die Codierung der Fahrzeuge bzw. Transportgüter. Der Bahnverlauf ist in Blockstrecken aufgeteilt, an deren Enden die Schleifleitungen getrennt sind. Oft erhalten lediglich die Weichen und Stationen eine Blockstreckensicherung, während die einfachen Fahrstrecken als Auffahrlinien mit Sicherung durch Auffahrsensoren ausgebildet werden. Lichtschranken und berührungslose Schalter erteilen Steuerbefehle. Zur Steuerung großer Einschienenhängebahnen werden meist zwei Rechner kombiniert. Ein Prozeßrechner gibt die Dispositionen für den Prozeßablauf und seine Überwachung vor, ein dezentraler Steuerrechner steuert die eigentliche Anlage, d.h. die Blockstrecken und die Zielansteuerung [2.211].

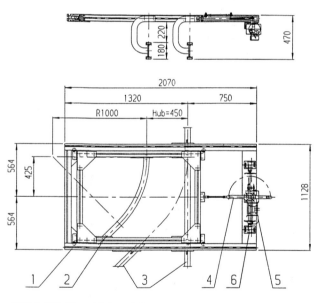

Bild 2-180 Verschiebeweiche, Fredenhagen KG, Offenbach
1 Rahmen
2 Innenrahmen mit Führungsrollen und Schlitten
3 Anschlußstücke
4 Kurbelmechanik
5 Getriebemotor mit Kupplung
6 Endschalter

Das Ansteuern von Stationen verlangt eine bestimmte Anfahrgenauigkeit. Ein Befehlsgeber schaltet zunächst den Fahrmotor auf die niedrigere Geschwindigkeit um, ein zweiter Schaltbefehl löst dann den Bremsvorgang aus. Die erzielbare Positionsgenauigkeit hängt von der Fahrgeschwindigkeit, der Streuung von Bremsmoment und Fahrwiderstand, dem Verhältnis der rotierenden und translatorisch bewegten Massen, vom Getriebespiel und sonstigen Toleranzen ab. Allein der Bremsschlupf kann 1...4 % betragen [2.210]. Je nach Aufwand und Art der Anlage lassen sich Anfahrgenauigkeiten im Bereich ± 2...10 mm erzielen. In [2.211] werden mechanische Zusatzeinrichtungen für ein genaueres Positionieren aufgeführt: Stopper als Schranken für das bereits abgebremste Fahrzeug, Positionierstationen mit Zangen, um ein pendelnd angeordnetes Gehänge festzulegen, Positionierschlitten, die das auf einem beweglichen Fahrbahnstück stehende Fahrzeug in die gewünschte Lage bringen. Auch hierfür gilt die eingangs erwähnte große Vielfalt der Ausführungen.

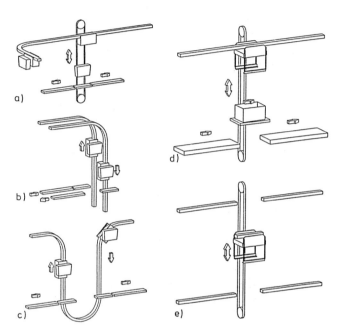

Bild 2-181 Stationen von Einschienenhängebahnen
Gilgen Fördersysteme AG, Oberwangen (Schweiz)
a) Übergabestation
b) Durchlaufstation
c) Umlaufstation
d) Behälteraufzug
e) Fahrwerkaufzug

2.4.3.6 Sonderbauarten von Brückenkranen

Außer dem im Abschnitt 2.4.3.4 erläuterten Brückenhängekran gibt es zahlreiche weitere Sonderformen der Brückenkrane, die sich besonderen technologischen Aufgaben vorzugsweise durch eine veränderte Bauweise der Laufkatze anpassen, wie die Stapelkrane. In manchen Fällen, z.B. in Kernkraftwerken, erhält der Brückenkran als Rundlaufkran eine kreisförmige Kranfahrschiene. Ein großes Gebiet bilden die Spezialkrane für Hütten- und Stahlwerke mit ihrer eigenständigen Gestaltung für die Beschickung der Aggregate, den Transport feuerflüssiger Massen, den Umschlag von Warmgütern und Fertigerzeugnissen, für Vergüte- und Schmiedearbeiten. Verfahrenstechnische Weiterentwicklungen, wie das Stranggießen, wirken sich auf das benötigte Kransortiment aus und beeinflussen dessen Konstruktion. An dieser Stelle kann als Beispiel für diese große Krangruppe lediglich der Gießkran behandelt werden, der eine Schlüsselfunktion im metallurgischen Betrieb einnimmt. Wegen der anderen Bauarten muß auf die Literatur verwiesen werden, z.B. auf [2.212, Abschn. 3.3.1 bis 3.3.8].

2.4 Schienengebundene Hebezeuge

Stapelkrane

Stapelkrane sind Brückenkrane mit Drehlaufkatze und vertikaler Lastführung. Eine moderne Ausführung mit ineinandergelagerten Teleskopschüssen zeigt Bild 2-182. Diese Darstellung deutet auch das Einsatzgebiet der Stapelkrane an: kompakte Lager mit oder ohne Regale für verhältnismäßig schwere Güter, wie Bleche, Stabstahl, Rohre, Bretter, Papierrollen, Fässer, Paletten. Als Vorzüge dieser Lageranordnung gelten die schmalen Bedienungsgänge und die große Regal- bzw. Stapelhöhe, die bis 12 m reichen kann. Die drei erforderlichen Freiheitsgrade der Bewegung des Lastaufnahmemittels sind im Bild 2-182 angegeben.

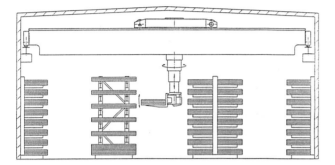

Bild 2-182 Stapelteleskopkran für Blechlagerung
Ing. Voith, Traun (Österreich); Tragfähigkeit 3 t

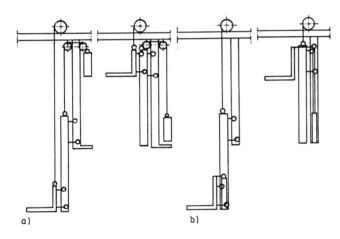

Bild 2-183 Teleskopsäulen für Stapelkrane
a) mit Gegenmasse
b) mit Hydraulikzylinder

Gebräuchlicher sind Bauformen mit nebeneinanderliegenden Baugruppen der Stapelsäule, eine Übersicht gibt u.a. [2.213]. Eine Kranbrücke in der üblichen Bauweise als Brücken- bzw. Brückenhängekran trägt die Stapelkatze mit Drehwerk und Drehverbindung, an der eine starre oder teleskopierbare Stapelsäule befestigt ist. Eine starre Säule bedeutet ein Durchfahrthindernis im Gang und erlaubt es nicht, Eisenbahn- oder Lastkraftwagen zu überfahren. Die Ausführung mit einer Teleskopsäule beseitigt diese Nachteile. Sie besteht aus einem kurzen, am drehbaren Teil der Laufkatze gelagerten starren Säulenstück, an dem sich das zweite Säulenteil vertikal bewegt. An dieser Teleskopsäule verfährt der Hubwagen senkrecht, er trägt ein Lastaufnahmemittel in Form einer Gabel, Plattform o.ä.
Die einfache Umkehrung des Hubgerüsts von Gabelstaplern (s. Abschn. 4.7.2.2) läßt sich bei einem Stapelkran nicht anwenden, weil die Teleskopsäule beim Heben des Hubwagens dann stets relativ zu ihm als Hindernis zurückbleiben würde. Es werden vielmehr andere Bauarten gewählt:

– Das Hubwerk bewegt den Hubwagen, gleichzeitig hebt eine Gegenmasse die Teleskopsäule senkrecht bis zum oberen Anschlag; von dort aus verschiebt sich der Hubwagen an dieser Säule weiter nach oben (Bild 2-183a)
– statt der Gegenmasse sorgen Verriegelungen für den gleichen Bewegungsablauf
– das Hubwerk hebt die Teleskopsäule und damit den Hubwagen bis zur Endstellung dieser Säule; die weitere Hubbewegung des Hubwagens übernimmt ein Hydraulikzylinder (Bild 2-183b).

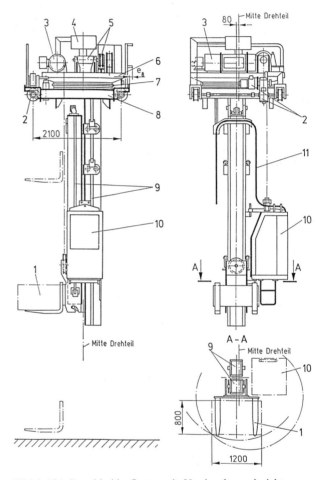

Bild 2-184 Stapeldrehlaufkatze mit Verriegelungseinrichtungen an der Stapelsäule
Schmalkaldener Kranbau GmbH, Schmalkalden
Tragfähigkeit 5 t, Hubhöhe 12 m
1 Lastaufnahmemittel
2 Katzfahrantrieb
3 Elektroseilzug 8 t
4 Schleifringkörper
5 Fangvorrichtung
6 Ringträger
7 Kugeldrehverbindung
8 Fahrwerkträger
9 Stapelsäule, teleskopierbar
10 Kabine
11 Leitungskabel

Die Längen der teleskopierbaren Teile müssen in der untersten Stellung eine ausreichende Überdeckung einhalten, um die aus dem Belastungsmoment herrührenden Stützkräfte auf ein vertretbares Maß zu begrenzen. Als Hubwerke werden die üblichen Elektroseil- bzw. Elektrokettenzüge eingesetzt, siehe Abschnitt 2.3.3.1. Deren Hubgeschwindigkeit, z.B. 12 m/min, reicht völlig aus. Durch Polumschaltung im Verhältnis 1 : 8 erreicht man eine Feinhubgeschwindigkeit in der Nähe der Lastaufnahme-

bzw. Lastabgabestelle. Je nach Steuerung und Fahrbahnlänge haben die Stapelkrane Geschwindigkeiten von 40... 60 m/min für Katz- und Kranfahrt.

Eine Flursteuerung wählt man bei Stapelkranen nur, wenn die Hubhöhe 5 m nicht übersteigt. Bereits dann ist die Sicht auf das einzulagernde Gut in dieser Höhe sehr eingeschränkt. Häufiger findet man daher Fahrerkabinen, die entweder fest etwa in Mitte Stapelsäule oder mit dem Hubwagen senkrecht verfahrbar angebracht sind. In der obersten Stellung der Kabine sorgt eine Entriegelung dafür, daß auch der Hubwagen seine höchste Stellung erreichen kann.

Im Bild 2-184 ist eine Stapellaufkatze mit Teleskopsäule und Verriegelungsmechanismus dargestellt, bei der die Kabine mit dem Hubwagen verfährt. Die Steuerbefehle überträgt ein biegsames Kabel. Sichtbar ist auch, daß die Rollenführungen mit Doppelrollen ausgestattet sind, weil Belastungsmomente in beiden Drehrichtungen auftreten können. Aus Sicherheitsgründen ist die Kabine an einer Fangvorrichtung aufgehängt.

Die Stapelkrane stehen als Lagerbediengeräte in Konkurrenz zu den Gabelstaplern und Regalförderzeugen. Nach [2.214] ist ein Gabelstapler grundsätzlich wirtschaftlicher, solange die Stapelhöhe unter rd. 5 m bleibt. Das Regalförderzeug (s. Kap. 5) verdrängt dagegen den Stapelkran inzwischen aus früheren Einsatzgebieten, weil es sich auch für Kommissionierarbeiten eignet und einfacher auf automatischen Betrieb einzurichten ist.

Rundlaufkrane

Wenn kompakte Industrieanlagen, wie Kernkraftwerke, Hochöfen, über Flur angeordnete Brückenkrane erhalten, werden diese als Rundlaufkrane mit kreisförmiger Fahrbahn ausgeführt. In einem Kernkraftwerk stützt sich ein solcher Kran auf nur einer kreisförmigen, im Reaktorgebäude gelagerten Fahrbahn ab und vollzieht auf ihr statt einer translatorischen Fahrbewegung eine Drehung um die senkrechte Mittelachse. Er führt Hub- und Transportarbeiten während des Baus und Betriebs der Anlage aus, wobei vor allem die größeren Lasten während der Montage die Auslegung für eine relativ große Tragfähigkeit verlangen.

KTA 3902, die deutsche Vorschrift für die Auslegung von Hebezeugen in Kernkraftwerken, schreibt vor, daß die Umgebungsbedingungen, beispielsweise höhere Drücke und Temperaturen, Dampfentwicklung usw., zu berücksichtigen sind. [2.215] weist darauf hin, daß für erdbebengefährdete Gebiete ergänzend Sonderbelastungen aus der Schwingungserregung in senkrechter und horizontaler Richtung in die Berechnung einzubeziehen und Vorkehrungen gegen das Verschieben oder Abheben des Krans, z.B. mit Hilfe von Fanghaken, zu treffen sind. Günstig für die Bemessung sind dagegen die geringe zeitliche Nutzung und der kleine Erwartungswert der auftretenden Hubmassen während des Betriebs, die eine Einordnung in eine niedrige Beanspruchungsgruppe erlauben. Dies begünstigt den Einsatz höherfester Stähle. Einige Hinweise zu Besonderheiten der Ausbildung solcher Krane in kerntechnischen Anlagen wurden bereits im Abschnitt 2.4.3.2 gegeben.

Der in einem Kraftwerk arbeitende Rundlaufkran im Bild 2-185 ist mit einer Hauptkatze größerer und einer Hilfskatze kleinerer Tragfähigkeit ausgerüstet. Jeweils eine der beiden Laufkatzen steht in einer Parkstellung am Ende der Spannweite des Krans. Die Hauptkatze ist für die zusätzlichen Anforderungen der Auslegungsvorschrift bemessen und ausgebildet. Druckmeßdosen erfassen die Seilkräfte als Eingangswerte für die Lastanzeige und die Überlastungssicherung. Wegen der möglichen Wärmedehnung der Kranbrücke wird der Kran einseitig durch zwei Führungsrollendoppelpaare *15* geführt. Die 16 Laufräder des Kranfahrwerks sind paarweise in 8 Fahrwerkschwingen *11* gelagert. Der Besonderheit der Kreisfahrt wird dadurch Rechnung getragen, daß die Bohrungen für die Laufrad- und Schwingenlagerung nicht parallel, sondern radial auf die Krandrehachse ausgerichtet liegen.

Die Hilfskatze wird vor allem zum Transport der Brennstoffcontainer benutzt und wegen der möglichen Freisetzung von Radioaktivität oder des Auftretens kritischer Betriebszustände bei einer Havarie für die erhöhten Anforderungen der Vorschrift ausgelegt. Sie hat ein Sicherheitshubwerk mit Triebwerkverdoppelung und damit voller Redundanz [0.1, Abschn. 3.5.1.4]. Die beiden Hubsysteme mit 160 t und 2 x 70 t Tragfähigkeit arbeiten beim Transport der Behälter zusammen. Wenn ein Hubwerk versagen sollte, übernimmt das zweite System die Last; beide sind für die volle Belastung bemessen. Auch die beiden Laufkatzen haben einseitige Rollenführungen *10* und Laufräder ohne Spurkränze. Gesteuert wird der Kran aus einem zentralen Steuerstand außerhalb der Krananlage.

Rundlaufkrane für Hochöfen fahren auf zwei konzentrisch im Abstand der Spannweite angeordneten Kreisschienen. Auch bei ihnen müssen somit die Laufradbohrungen radial auf den Mittelpunkt dieser Kreisschienen gerichtet sein. Der Kran erhält mindestens einen Fahrantrieb je Schiene; verschiedene Getriebeübersetzungen sorgen für die benötigten unterschiedlichen Laufraddrehzahlen. Eine elektrische Gleichlaufregelung mit Sensoren am Schienenring übernimmt die Feinregelung des Gleichlaufs. Je nach Aufgabenstellung wird ein solcher Kran mit einer oder mehrerer Laufkatzen ausgerüstet. Die maximale Tragfähigkeit liegt in Anpassung an die Transportaufgaben im Hochofenbereich unterhalb 50 t. Es gibt auch einige andere Einsatzfälle für Rundlaufkrane an bzw. in Gebäuden.

Hüttenwerkskrane

Krane in Hütten- und Stahlwerken sind meistens voll in einen durchgängigen Prozeßverlauf einbezogen und damit hoch beansprucht. Für sie gelten überwiegend die Beanspruchungsgruppen B 3 und B 4 nach DIN 15018. Dazu treten erschwerende Umgebungseinflüsse, wie Staub, hohe Temperaturen, aggressive Medien. Ein anderes Merkmal sind die wegen der größeren Hubmassen erforderlichen hohen Tragfähigkeiten und eine entsprechend schwere Bauweise. Um dennoch eine hohe Zuverlässigkeit und Verfügbarkeit zu gewährleisten, werden diese Krane konstruktiv aufwendiger ausgebildet als normale Brückenkrane.

Der Gießkran, der hier als Beispiel herangezogen wird, muß all diesen Anforderungen in besonderer Weise genügen. Sein Einsatz zum Transport feuerflüssiger Massen verlangt zudem besondere Sicherheitsvorkehrungen und eine Anpassung an die hohen Temperaturen in der Umgebung der aufgenommenen Gießpfanne. Ein Gießkran hat immer zwei Laufkatzen, eine Hauptkatze zum Tragen der Pfanne und eine Hilfskatze, um die Pfanne zu kippen und Nebenarbeiten auszuführen [2.216]. In der Pfanne werden Roheisen zum und vom Mischer, Stahl zum Stahlwerk, flüssige Metalle unterschiedlicher Art zum Vergießen in Formen transportiert und am Zielort abgegeben [2.217].

2.4 Schienengebundene Hebezeuge

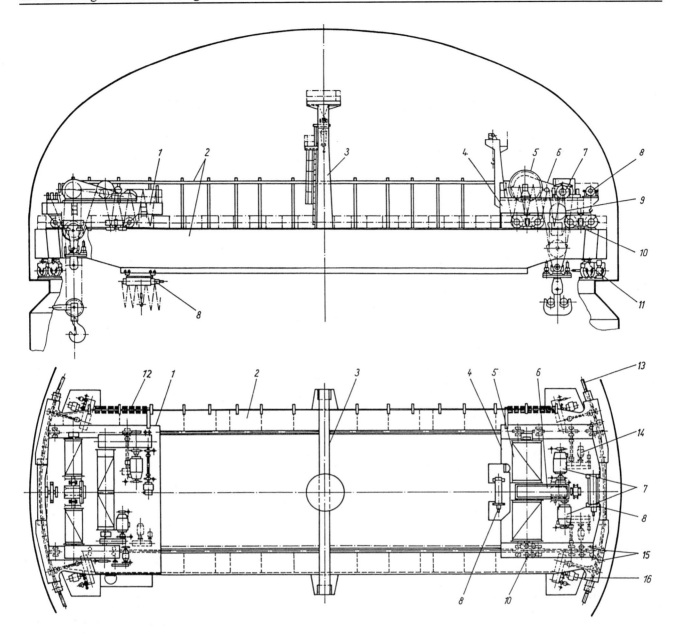

Bild 2-185 Rundlauf-Brückenkran für ein Kernkraftwerk
SKET Maschinen- und Anlagenbau AG, Magdeburg
Tragfähigkeit 320 t und 160/2 × 70 t

1 Hilfskatze 160/2 × 70 t
2 Zweiträger-Kranbrücke
3 Portal mit Hilfshebezug
4 Hauptkatze 320 t
5 Doppelseiltrommel
6 Hubwerkgetriebe
7 Hubmotoren
8 Hilfshebezug (Elektrozug)
9 Oberflasche Haupthubwerk
10 Führungsrollen Hauptkatze
11 Laufradschwinge Kranfahrwerk
12 Schleppkabel für Stromzuführung Laufkatze
13 Rundschiene
14 Katzfahrantrieb Hauptkatze
15 Führungsrollen Kranfahrwerk
16 Kranfahrwerk

Einen leichten Gießkran stellt Bild 2-186 vor. Während bei den schwereren Ausführungen die Haupt- und Hilfskatze auf getrennten Fahrbahnen verfahren, weist der gezeigte Kran als Besonderheit eine Hauptkatze *12* mit einer Fahrbahn für die auf ihm zu bewegende Hilfskatze *18* auf. Aus diesem Grund hat der Kran lediglich zwei Kranträger *11*. Die für Krantriebwerke geltende Unfallverhütungsvorschrift VBG 8 schreibt bei Hubwerken zum Transport feuerflüssiger Massen zwei voneinander unabhängig wirkende Bremssysteme vor. Dieser Sicherheitsaspekt ist im Haupthubwerk *13* insofern verstärkt worden, als es mit voller Redundanz, d.h. mit zwei parallelgeschalteten Triebwerkketten und vier durch Lagerung der Seilenden in Seilwippen *14* unabhängig voneinander tragenden Seiltrieben ausgestattet ist. An beiden Seiltrommeln greifen Sicherheitsbremsen ein.

Weitere Besonderheiten sind die mögliche Drehbewegung des Haupthakens *20* um die vertikale Achse und ein Meßrad *5*, mit dessen Hilfe der Fahrweg verfolgt wird. Weil der Gießkran vom Flur aus über Funk ferngesteuert wird, fehlt ein Fahrerhaus. Um einer zu großen Erwärmung der von der Strahlung betroffenen Tragwerkteile vorzubeugen, sind sie mit Strahlungsschutzblechen *22* belegt. Nach Messungen [2.218] treten ohne solche Schutzmaßnahmen Temperaturen in der Größenordnung von 200 °C an der Hakentraverse und von 135 °C an der Unterseite des Kranträgers auf. Die Geschwindigkeiten aller Triebwerke sind stufenlos zu stellen.

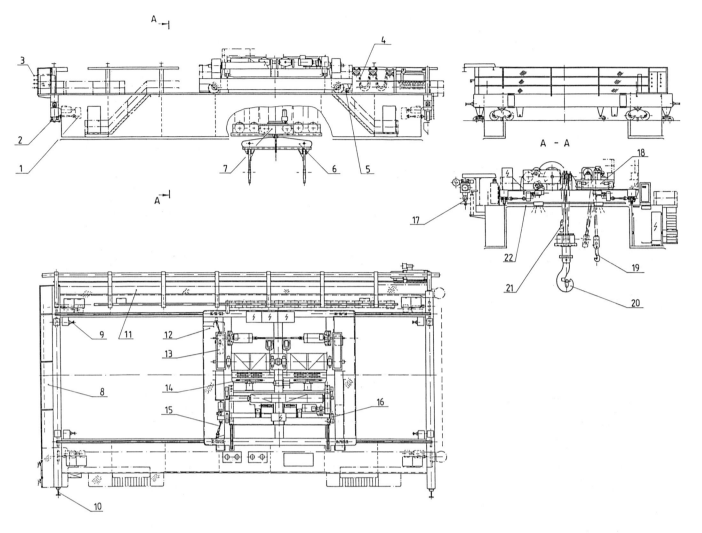

Bild 2-186 Gießkran mit Zweiträger-Kranbrücke
Förderanlagen- und Kranbau Köthen GmbH, Köthen
Tragfähigkeiten: Hauptkatze 100 (180) t, Hilfskatze 50 t; Hubhöhen: Haupthub 24,2 m, Hilfshub 25,9 m; Fahrgeschwindigkeiten: Kranfahren 80 m/min, Katzfahren 32 bzw. 6 m/min

1 Kranfahrwerk	12 Hauptkatze
2 Führungsrollen Kran	13 Haupthubwerk
3 Schleifleitungen Kran	14 Seilwippe
4 Schleppkabel Laufkatzen	15 Fahrwerk Hauptkatze
5 Meßrad	16 Fahrwerk Hilfskatze
6 Lasttraverse Haupthub	17 Elektroseilzug 10 t
7 Lasttraverse Hilfshub	18 Hilfskatze
8 Kopfträger Kranbrücke	19 Lamellenhaken Hilfshub
9 Katzfahrpuffer	20 Lamellenhaken Haupthub
10 Kranfahrpuffer	21 Drehwerk Lamellenhaken
11 Brückenträger	22 Strahlungsschutz

Höhere Einsatzmassen, vor allem beim Stranggießen, bedingen schwere Gießkrane mit Tragfähigkeiten, die bereits 500 t überschritten haben [2.219]. Derartige Krane werden grundsätzlich als Vierträger-Brückenkrane gebaut. Die Hauptkatze kann die innenliegende Hilfskatze überfahren. Entsprechend ordnete man zunächst je eine Schiene für die Fahrt der Hauptkatze auf den beiden äußeren und je eine Schiene für die Fahrt der Hilfskatze auf den beiden inneren Kranträgern an. Frühzeitig [2.220] erkannte man, daß eine bessere Belastungsverteilung und Ausnutzung des Tragvermögens der Kranbrücke zu erzielen ist, wenn in einer Bauweise als Sechsschienenkran die Hauptkatze von vier auf vier Kranträger verteilten Schienen getragen wird (Bild 2-187).

Die äußeren Kranträger werden dadurch entlastet, die inneren dagegen mehr belastet. Zu bedenken ist dabei, daß während des Zusammenwirkens von Haupt- und Hilfskatze beim Kippen der Pfanne eine Belastungsverschiebung in Richtung zur Hilfskatze auftritt und gleichzeitig die zu tragende Gesamtmasse abnimmt. Krane dieser Bauart sind beträchtlich leichter als in der Ausführung mit nur vier Schienen.

Die Hauptkatze wird aus statischen Gründen in zwei Katzwagen mit den Seilführungen des Hubwerks und ein Mittelstück mit dem eigentlichen Hubantrieb aufgeteilt. Dieses Mittelteil stützt sich über vier Kugelgelenke auf den beiden Tragwagen ab. Trotz derartiger zusätzlicher Gelenke, z.B. auch in den Kopfträgern, führen die steifen Tragwerke zu einer sehr ungleichmäßigen Verteilung der Radkräfte, die sich mit dem einfachen Modell der elastisch gestützten starren Platte (s. Abschn. 2.4.2.2) nicht ausreichend genau berechnen lassen [2.221].

2.4.4 Portalkrane

Portalkrane stellen die für den Hubvorgang benötigte Höhenlage des Brückenträgers über die Anordnung von Stützen zwischen dem Kranfahrwerk und diesem Träger her. Ihre Fahrbahnen liegen deshalb i.allg. zu ebener Erde. Das bevorzugte Einsatzgebiet sind nicht Gebäude, sondern das freie Gelände. Nur in Sonderfällen nutzt man beim Halbportalkran die Außenwand eines Gebäudes für eine obenliegende Fahrbahn, vorwiegend werden Vollportalkrane mit zwei Stützen gebaut. Auch Drehkrane verfügen häufig über einen portalartigen Unterbau und werden somit oft als Portaldrehkrane bezeichnet, siehe Abschnitt 2.4.5.

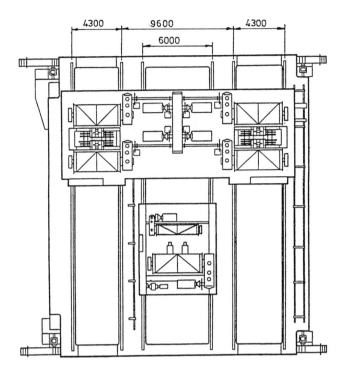

Bild 2-187 Draufsicht auf Gießkran in 6-Schienen-Bauweise Tragfähigkeit 450 t

2.4.4.1 Bauweise und Einsatzgebiete

Die Aufgaben, die Portalkrane übernehmen können, sind vielfältig. Ein wichtiges Arbeitsfeld ist der Umschlag von Schütt- und Stückgütern zwischen Verkehrsmitteln und innerbetrieblichen Transportmitteln unter Einbeziehung einer Lagerplatzbedienung, wobei die Gutarten wechseln können. Derartige als *Verladebrücken* bezeichnete Portalkrane haben eine größere Stützweite und meist Ausleger an einer oder beiden Seiten der Brücke. Eine andere Aufgabenstellung haben die *Bockkrane*, Portalkrane mit großer bis sehr großer Tragfähigkeit und oft großer Hubhöhe. Verwendet werden sie auf Montagebaustellen, auf Schiffswerften usw. Als Einzweckmaschinen für das Ent-

und Beladen von See- bzw. Binnenschiffen mit Schütt- oder Stückgütern sind spezielle Schiffsent- und Schiffsbelader entwickelt worden. Ihr Merkmal ist der große Durchsatz, der kurze Arbeitswege und hohe Arbeitsgeschwindigkeiten verlangt.

Der Portalkran im Bild 2-188 zeigt alle wesentlichen Merkmale dieser Kranart. Das Hauptmaß der überspannten Fläche ist die Stützweite zwischen den beiden Fahrbahnen. Von den beiden Stützen ist eine als Feststütze, d.h. mit einem biege- und torsionssteifen Anschluß an den Brückenträger, die andere als Pendelstütze ausgebildet, die das Tragwerk in der gezeichneten Ebene statisch bestimmt macht. Die beiden Fahrschienen sind auf Streifenfundamenten befestigt, über andere Gründungsarten informiert [2.222]. Die Stromzuführung übernimmt mit zunehmender Häufigkeit eine Gummischlauchleitung, die von einer Leitungstrommel an einer Stütze auf- und abgewickelt wird.

Wenn im Verlauf der Projektierung einer Krananlage bei gegebener zu bedienender Fläche zwischen einem Brücken- und einem Portalkran zu entscheiden ist, müssen folgende Gesichtspunkte abgewogen werden:

– Die Eigenmasse eines Portalkrans ist wegen der zusätzlichen Stützen beträchtlich größer als die eines vergleichbaren Brückenkrans
– Portalkrane lassen aus wirtschaftlichen Gründen nur kleine Kranfahrgeschwindigkeiten zu
– eine hochgelegene Fahrbahn ist aufwendiger und damit teurer als eine Fahrbahn zu ebener Erde.

Wichtig ist die Aufgabe der Kranfahrbewegung. Wird sie bei nahezu jedem Arbeitsspiel gebraucht, spricht dies für den Brückenkran, bleibt sie dagegen vorrangig eine Verstellbewegung, eignet sich eher der Portalkran.

Wie beim Brückenkran hängen auch beim Portalkran die Formen von Brückenträger und Laufkatze voneinander ab. Im Bild 2-189 sind gebräuchliche Anordnungen dargestellt, die Pfeile bezeichnen mögliche Aufhängungen des Trägers an den Stützen. Die Ausführungen a) bis c) entsprechen den überwiegend für Brückenkrane gewählten Lösungen, die nach den Teilbildern d) bis f) findet man darüber hinaus bei Portalkranen, besonders wenn sie eine höhere Tragfähigkeit haben oder für den Umschlag von Containern eingerichtet sind. Innenliegende Laufkatzen (Bild 2-189e) führen zu relativ schweren Tragwerken, sie sind eine früher bevorzugte Bauform gewesen.

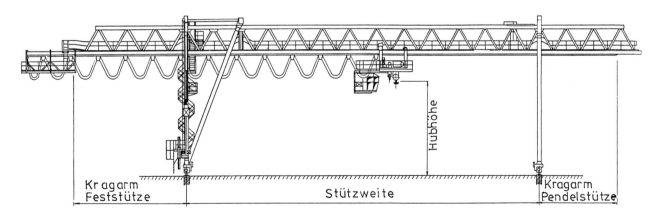

Bild 2-188 Portalkran für Stückgutumschlag; Gresse GmbH Kranbau Wittenberg

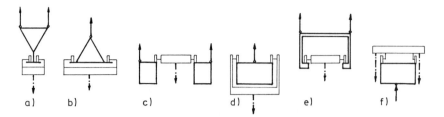

Bild 2-189
Statische Systeme für Portalkranbrücken und zugehörige Laufkatzen

Die Ausführung f), die man für Portalkrane sehr großer Tragfähigkeit nutzt, erlaubt keine Stützung des Brückenträgers von oben und damit keine über die Stützweite auskragende Ausleger.

Der Anschluß der Pendelstütze an das von Brückenträger und Feststütze gebildete Halbportal beeinflußt den Kraftschluß im gesamten Tragwerk und das Fahrverhalten des Portalkrans. Dieser Verbindung können die Freiheitsgrade 0 bis 3 für die Relativbewegung beider Teilsysteme zugeordnet werden (Bild 2-190). Sie lassen sich über echte und unechte Gelenke, d.h. eine verminderte Biege- und Torsionssteife der Stütze, herstellen.

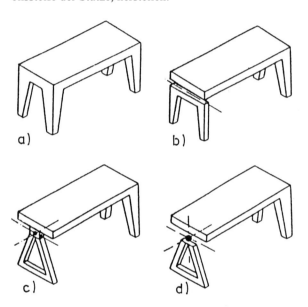

Bild 2-190 Form und Stützung von Portalen [2.222]
a) 2 Feststützen (Vierpunktstützung)
b) Fest- und Pendelstütze mit einem Freiheitsgraden (Vierpunktstützung)
c) Fest- und Pendelstütze mit zwei Freiheitsgraden (Dreipunktstützung)
d) Fest- und Pendelstütze mit drei Freiheitsgraden (Dreipunktstützung)

Die Ausführung mit zwei Feststützen eignet sich nur, wenn die Stützweite des Portals klein bleibt, wie bei den genannten Portaldrehkranen. Ein solches Portal muß sich ausreichend verformen können, damit die Vertikalkräfte der statisch unbestimmten Stützung nicht zu stark voneinander abweichen. Ab etwa 20 m Stützweite braucht das Portal eine Pendelstütze, die in der einfachsten Ausführung (Bild 2-190b) eine Drehbewegung quer zur Brückenlängsachse vollziehen kann. Dies erlaubt größere Abweichungen in der Stütz- bzw. Spurweite der Kranfahrbahnen und sorgt dafür, daß alle längs des Brückenträgers angreifenden Horizontalkräfte, z.B. aus Wind und Katzbeschleunigung, nur von der Feststütze aufgenommen werden. Die vertikale Stützung bleibt dagegen statisch unbestimmt.

Dies ändert sich erst mit der Dreipunktstützung (Bild 2-190c) des Teilsystems Brückenträger – Feststütze; die Stützkräfte werden statisch bestimmt. In der horizontalen Ebene ist ein solches System dagegen weiterhin verdrehungssteif, weswegen ungleiche in das Tragwerk eingeleitete Längskräfte in Fahrtrichtung zu Verformungen und Beanspruchungen des gesamten Tragwerks führen, die auf deren Ursachen zurückwirken. Ein Kugelgelenk verleiht der Stütze auch den dritten Freiheitsgrad (Bild 2-190d) und entkoppelt die beiden Teilsysteme hinsichtlich zu übertragender Momente vollständig. Eine Relativbewegung beider Fahrwerkseiten bleibt jedoch nur dann kräftefrei, wenn sich auch die Feststütze relativ zum Brückenträger verdrehen kann.

2.4.4.2 Stand- und Abtriebssicherheit

Weil Portalkrane einen hochliegenden Schwerpunkt haben und überdies die Stützfläche überragende Ausleger aufweisen können, tritt bei ihnen das Problem der Standsicherheit auf, daß für die Auslegerkrane (s. Abschn. 2.4.5) noch beträchtlich an Gewicht gewinnt. Standsicher ist ein Kran, wenn er in allen betrieblich möglichen bzw. zulässigen Belastungskombinationen und Stellungen nicht umkippen kann.

Der Standsicherheitsnachweis muß um alle durch die konstruktive Ausführung gegebenen Kippkanten bzw. -achsen geführt werden; Bild 2-191 zeigt acht denkbare eines Portalkrans. Die Fahrschienen bilden zwei Kippkanten 1 und 2 quer zur Fahrtrichtung. In Fahrtrichtung treten dagegen wegen der Gelenke in den Fahrwerkschwingen mehrere mögliche Kippachsen 3 bis 6 auf. Das Gelenk, mit dem die Pendelstütze angeschlossen ist, läßt auch Kippbewegungen des aus Feststütze und Brückenträger gebildeten Tragwerkteils relativ zur Pendelstütze zu (innere Kippachsen 7 und 8). Offensichtlich nicht maßgebende Kippkanten können selbstverständlich unberücksichtigt bleiben.

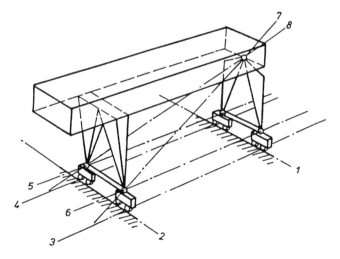

Bild 2-191 Kippachsen eines Portalkrans

2.4 Schienengebundene Hebezeuge

Wenn vereinfachend das Modell des starren Körpers herangezogen wird, kippt dieser vollständig um die Kippachse, wenn zwei Bedingungen erfüllt sind (Bild 2-192a): Das Kippmoment muß die Größe des Standmoments überschreiten

$$M_\mathrm{k} > F_\mathrm{ges} x_\mathrm{S}; \qquad (2.99)$$

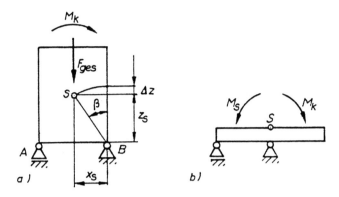

Bild 2-192 Vereinfachte Kippmodelle des starren Körpers

Das angreifende, zeitlich veränderliche Moment muß während der Drehung des Körpers im labilen Gleichgewicht bis zur Grenzstellung, in der der Gesamtschwerpunkt oberhalb der Kippachse liegt, die nachstehende Kipparbeit leisten

$$W_\mathrm{k} = \int_0^\beta M_\mathrm{k}(\varphi)\,\mathrm{d}\varphi \geq F_\mathrm{ges}\left(\sqrt{x_\mathrm{S}^2 + z_\mathrm{S}^2} - z_\mathrm{S}\right). \qquad (2.100)$$

Die technischen Regeln der verschiedenen Länder beschränken sich bis auf wenige Ausnahmen mit dem erstgenannten Vergleich, d.h., sie gehen von einer Modellvorstellung nach Bild 2-192b aus. Der Weg, den erforderlichen Abstand des kippenden Moments vom kritischen Grenzwert sicherzustellen, ist dabei unterschiedlich:

Ansatz des Quotienten $\quad M_\mathrm{S}/M_\mathrm{k} > 1$
Ansatz der Differenz $\quad M_\mathrm{S} - M_\mathrm{k} > 0$.

Der Standsicherheitsnachweis nach DIN 15019 Teil 1 enthält Festlegungen für alle Kranarten und Sonderregelungen für Turmdrehkrane, Schienendrehkrane und Krane mit besonders hoher Tragfähigkeit. Es wird die Differenz zwischen Stand- und Kippmomenten gebildet, dabei werden die folgenden fünf Belastungsfälle unterschieden:

– Kran im Betrieb mit Wind sowie ohne Wind
– plötzlicher Energieausfall sowie Absetzen oder Abreißen der Last
– Kran außer Betrieb bei Sturm.

Die Norm legt die anzusetzenden Kräfte differenziert für diese Belastungsfälle fest. Die Sicherheitsreserve liegt in der geringen Wahrscheinlichkeit des gleichzeitigen Auftretens all dieser Kräfte mit ihren jeweils größten Beträgen und in den Faktoren, mit denen die anzusetzenden Hub- und Windkräfte vergrößert werden. Die in DIN 15018 vorgeschriebenen dynamischen Beiwerte für Gewichts- und Hubkräfte bleiben beim Standsicherheitsnachweis außer acht.

Beispielhaft soll ein solcher Nachweis für den Belastungsfall Betrieb mit Wind und für die Kippkante A im Bild 2-193 geführt werden. Kräfte und Stellungen bewegter Teile sind in der für die Standsicherheit ungünstigsten Weise kombiniert. Die Gleichung für die Summe aller Momente lautet

$$F_\mathrm{eBs} e_\mathrm{s} - F_\mathrm{eBk} e_\mathrm{k} - (1{,}4\,F + F_\mathrm{ek} + F_\mathrm{dyn})e -$$
$$- F_z h_z - F_\mathrm{w} h_\mathrm{w} \geq 0. \qquad (2.101)$$

Für F_dyn kann nach DIN 15018 der 1,5fach Wert der quasistatischen Beschleunigungskraft im Hubsinn angesetzt werden.

Infolge von Walztoleranzen und ungenauer Berechnung der Eigenmassen können Portalkrane und andere kippgefährdete Maschinen bereits dann umkippen, wenn die aus diesen Eigenmassen herrührenden Gewichtskräfte von den Sollwerten abweichen. Einige technische Regeln führen deshalb Faktoren ein, die beispielsweise die rechnerischen im Standsinn wirkenden Gewichtskräfte aus Eigenmassen abmindern, die im Kippsinn wirkenden erhöhen. Diesem Grundgedanken entspricht der Entwurf der Europäischen Norm CEN/TC 147/WG 2 N 23 insofern, daß er die im Kippsinn wirkenden Anteile dieser Gewichtskräfte mit den Faktoren 1,05 bzw. 1,10 vergrößert.

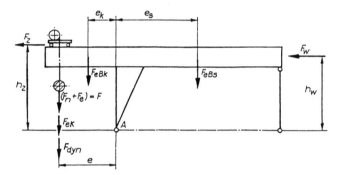

Bild 2-193 Kräfte am Portalkran für den Standsicherheitsnachweis im Belastungsfall Betrieb mit Wind
F statische Hubkraft, F_dyn dynamische Hubkraft, F_z Bremskraft der Laufkatze, F_eK Gewichtskraft der Laufkatze, F_eBk im Kippsinn wirkender Anteil der Gewichtskraft des Tragwerks, F_eBs im Standsinn wirkender Anteil der Gewichtskraft des Tragwerks, F_w Windkraft

Die Sicherheit eines Krans gegen Umkippen ist experimentell durch eine Prüfbelastung mit erhöhter Nutzmasse zu überprüfen. DIN 15019 Teil 1 gibt folgende Belastungsarten vor:

– kleine Prüfbelastung mit 1,25facher Nennhubmasse, wobei alle zulässigen Kranbewegungen einzeln auszuführen sind
– große Prüfbelastung mit 1,4facher Nennhubmasse, bei der die Last vorsichtig nur etwas angehoben wird.

Die Sicherheit gegen Abtreiben durch Wind ist bei allen im Freien arbeitenden Kranen für die nachstehenden Belastungsarten nachzuweisen:

– Betrieb mit Wind von einem im Betrieb zulässigen Staudruck (q = 125...500 N/m²)
– außer Betrieb mit dem 1,2fachen Betrag der Windkraft bei Sturm nach DIN 1055 Teil 4.

Die Kontrolle der Abtriebssicherheit im Betrieb betrifft den Kraftschluß und die Wirkung der Fahrwerkbremsen, siehe [0.1, Abschn. 3.5.3.5], die im Außerbetriebsfall bezieht die Sicherheit durch Schienenzangen o.ä. ein, siehe hierzu [0.1, Abschn. 3.6.4.2]. Weitere Einzelheiten sind den zitierten Normen zu entnehmen.

2.4.4.3 Fahrmechanik von Portalkranen

Dem Fahrverhalten und den daraus herrührenden Kräften liegen beim Portalkran die gleichen Gesetzmäßigkeiten zugrunde, wie sie für die Brückenkrane im Abschnitt 2.4.3.2 ausführlich als Zusammenhang von Kraftschlußgesetz, Massenverteilung und Imperfektionen im Fahrantrieb und in der Lage der Fahrbahn dargelegt werden. Allerdings verlangen diese fahrmechanischen Ansätze eine Modifikation, weil:

- die echten bzw. unechten Gelenke im Tragwerk und die geringe oder über Gelenke in der Wirkung auf das Fahrverhalten ausgeschlossene Torsionssteife der Pendelstütze die beiden Teilfahrwerke in unterschiedlichem Grad entkoppeln
- das Führungsverhältnis als Quotient von Stützweite und Radstand höchstens 4 : 1 erreicht, d.h. klein bleibt.

Die Entkoppelung der Fahrwerke verlangt die Anordnung von Spurführungselementen an beiden Fahrbahnen. Die von ihnen zu übertragenden Führungskräfte quer zur Fahrbahn sind aus den angegebenen Gründen am Portalkran kleiner als am Brückenkran. *Thormann/Stosnach* [2.223] schlagen deshalb vor, die nach DIN 15018 zu bestimmenden Kräfte aus Schräglauf an diese besonderen Bedingungen durch Korrekturfaktoren anzupassen, die jedoch nur die horizontale Elastizität des Tragwerks quer zur Fahrbahn erfassen.

Die statische Trennung der Teilfahrwerke quer zur Fahrbahn, die in Sonderfällen noch durch Pendellager an den Fahrwerkschwingen verstärkt werden kann, läßt größere Spurabweichungen zu. In [2.222] wird bei einem Vergleich der bestehenden Vorschriften für diese Maßabweichungen von Kranfahrbahnen darauf hingewiesen, daß die in ihnen vorgeschriebenen engen Toleranzen (s. Tafel 2-14)

- fast immer ohne Belastung nach dem Bau der Kranbahn geprüft werden und sich unter Belastung ändern
- während des Betriebs durch Setzungen, Verformungen usw. beträchtlich zunehmen können.

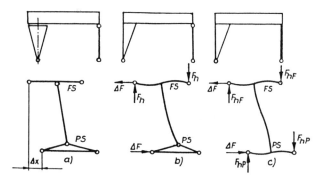

Bild 2-194 Kräfte und Verformungen von Portalkranen bei Fahrwegdifferenzen
a) Feststütze mit Drehscheibe, Pendelstütze mit Kugelgelenk an Brückenträger angeschlossen
b) Feststütze steif mit Brückenträger, Pendelstütze durch Kugelgelenk mit ihm verbunden
c) Fest- und Pendelstütze steif mit Brückenträger verbunden

Empfohlen werden für Kranbahnen von Hafenkranen für die maximale Querabweichung der Schiene Montagetoleranzen von 10...15 mm und Betriebstoleranzen von 20...25 mm, jeweils auf Spurweiten von 10...30 m bezogen. Dies ist ein Vielfaches der in Tafel 2-14 aufgeführten Werte und wird mit der höheren Elastizität der Tragwerke begründet.

Die Schräglaufneigung jedes Zweischienenfahrwerks wirkt sich an Portalkranen jedoch nur wenig in Form einer Schrägstellung des gesamten Krans, dafür mehr in einem Vor- bzw. Nacheilen einer Stütze gegenüber der anderen aus. Dies liegt an den größeren Verformungen des oft langen Brückenträgers und der bisweilen sehr hohen Stützen. Die dabei auftretenden Relativwege und Schräglaufkräfte hängen von Art und Größe der Fahrantriebe und von der Ausbildung des Tragwerks ab. Bild 2-194 führt hierzu Beispiele auf.

Der Ansatz von Seitenkräften quer zur Fahrbahn aus ungleicher Massenkraftwirkung beim Anfahren und Bremsen in DIN 15018 Teil 1 genügt dieser Beanspruchung des Tragwerks nicht, weil er dessen elastische Verformung auch in den stationären Betriebsphasen vernachlässigt. Aus ungleichen Stützkräften und damit Fahrwiderständen sowie aus Imperfektionen des Triebwerks entstehen Geschwindigkeits- und Wegdifferenzen zwischen beiden Stützen in dem vereinfachenden Ansatz nach [2.224] wie folgt, siehe auch [0.1, Abschn. 3.5.3.4]

$$\frac{\Delta \dot{x}}{\dot{x}} = \frac{\Delta x}{x} \approx \frac{\Delta d_R}{d_R} - \frac{\Delta \sigma_x}{d_R \pi} + \frac{\Delta n}{n} ; \qquad (2.102)$$

$\dot{x}, x$ Fahrgeschwindigkeit bzw. -weg
d_R Laufraddurchmesser
σ_x Schlupf in Fahrtrichtung
n Laufraddrehzahl.

Das Symbol Δ bezeichnet jeweils die Differenz der Mittelwerte des einen und anderen Teilfahrwerks. Wenn die Größenordnung der einzelnen Summanden bei den verschiedenen Antriebsformen berücksichtigt wird, ergeben sich als Haupteinflüsse bei

Zentralantrieb $\qquad \dfrac{\Delta \dot{x}}{\dot{x}} = \dfrac{\Delta x}{x} \approx \dfrac{\Delta d_R}{d_R}$

Einzelantrieb $\qquad \dfrac{\Delta \dot{x}}{\dot{x}} = \dfrac{\Delta x}{x} \approx \dfrac{\Delta n}{n}. \qquad (2.103)$

Ein Gleichlauf im Sinne gleicher translatorischer Fahrgeschwindigkeiten beider Teilfahrwerke entsteht somit nur dann, wenn das Tragwerk so weit verformt ist, daß die auf die Fahrantriebe rückwirkenden Ausgleichskräfte in Fahrtrichtung eine hierfür ausreichende Größe erreichen. Diese Kräfte gleichen dann bei einem Zentralantrieb die Durchmesserdifferenzen der Laufräder durch Schlupfdifferenzen, bei einem Einzelantrieb die Drehzahlunterschiede über die Federwirkung der Motorkennlinien aus. Auf beide Vorgänge wirken sowohl die ungleiche Massen- und Windkraftverteilung, als auch die Imperfektionen des Antriebs ein. Wegen der unmittelbaren Rückwirkung der Verformungskräfte auf die Motormomente fallen diese Ausgleichskräfte bei Einzelantrieben wesentlich kleiner aus als bei einem zentral angetriebenen Kranfahrwerk, bei dem sich der Gleichlaufzustand erst nach einem längeren Fahrweg einstellt und auf einem begrenzten Fahrweg meist gar nicht erreicht wird. Das Voreilen verursacht Biegemomente im Brückenträger und Torsionsmomente, vor allem in der Feststütze.

Beobachtungen und Messungen bestätigen dieses Fahrverhalten von Portalkranen. [2.225] hat an drei Portalkranen die in Fahrtrichtung auftretenden Kräfte beim Anfahren und Bremsen gemessen. Wenn die Eigen- und Nutzmassen des Krans sehr ungleich auf beide Stützen verteilt sind, die Teilfahrwerke aber die gleiche Anfahr- und Bremswirkung

2.4 Schienengebundene Hebezeuge

erzeugen, betragen die Ausgleichskräfte 1...2 % der Gewichtskraft des Krans; beim Abbremsen nur einer Seite treten bis 5 % dieser Bezugsgröße auf. Meßergebnisse von Zusatzkräften in Brückenträger und Feststütze eines Stahlrohr-Portalkrans sind in [2.226] veröffentlicht, allerdings ohne systematische Auswertung.

Portalkrane werden heute i.allg. mit Einzelantrieben an beiden Stützen ausgerüstet. Die Horizontalkräfte aus dem Voreilen einer Stütze, besonders in den instationären Betriebsphasen, müssen vom Tragwerk aufgenommen werden können. Der Differenzweg, auch in den stationären Betriebsphasen, darf nicht so groß werden können, daß der Kran instabil oder überlastet wird. Sehr leichte Portalkrane mit großer Stützweite erfüllen diese Bedingungen u.U. nicht und erhalten dann entweder eine Triebwerkverbindung über eine elektrische Welle oder eine besondere Gleichlaufregelung.

In der Grundschaltung einer elektrischen Welle ist an jedem Teilfahrwerk je ein zusätzlicher, etwas modifizierter Motor als Wellenmaschine installiert. Beide Wellenmaschinen sind über einen gemeinsamen Läuferwiderstand verbunden und stellen auf diese Weise gleiche Drehzahlen an beiden Fahrwerken her. In einer vereinfachten elektrischen Welle fallen diese zusätzlichen Motoren weg, dafür sind die Läufer der Fahrmotoren über einen gemeinsamen Vorwiderstand gekoppelt. Diese vereinfachte Ausgleichswelle hat den Nachteil, daß sie nur ein kleines Ausgleichsmoment übertragen kann und bei Synchronlauf, d.h. z.B. beim Übergang zum Bremsen, außer Tritt fällt. [2.227] stellt eine Neuentwicklung vor, die diesen Nachteil beseitigen bzw. mildern soll. In ihr werden die Läuferströme gleichgerichtet und der gemeinsame Widerstand in diesen Gleichstromkreis gelegt.

Es kann somit ratsam oder sogar geboten sein, den Schräglauf des Portals infolge ungleicher Fahrwege meßtechnisch zu überwachen. Die Meßwerte lassen sich nutzen, um im Gefahrenfall die Anlage stillzusetzen, aber auch als Regelgröße für eine elektrische Gleichlaufsteuerung bei getrennten Fahrantrieben. [2.228] beschreibt eine solche Regelung unter Verwendung der in den Fahrantrieben eingesetzten Wirbelstrombremsen; über die gebräuchlichen Meßverfahren berichtet [2.229].

Bild 2-195 zeigt eine Auswahl solcher Verfahren zur Überwachung des Schräglaufs von Portalkranen. Am meisten verbreitet ist die Winkelmessung, die Wegmessung findet man dagegen kaum noch, weil sie zu aufwendig ist. Durch Reibung angetriebene Räder als Wegmeßelemente sind wegen des Längsschlupfs angesichts der erforderlichen Genauigkeit ungeeignet. DIN 15018 Teil 1 schreibt derartige Überwachungseinheiten nur für Portalkrane mit Einzelantrieben vor, deren Tragwerke lediglich für eine begrenzte elastische Verformung bemessen sind. Auch dies bedeutet ein breites Entscheidungsfeld und unterstreicht die hohe Verantwortung bei Konstruktion und Bemessung, aber auch im Betrieb von Portalkranen.

2.4.4.4 Bauformen von Portalkranen

Im Abschnitt 2.4.4.1 wurde bereits auf die beiden Haupteinsatzgebiete der Portalkrane hingewiesen, den Umschlag von Gütern und die Handhabung bzw. Montage schwerer Bauteile. Die unterschiedlichen Aufgaben verlangen eine daran angepaßte Bauweise dieser Krane. Dies betrifft die Art und die Abmessungen der Tragwerke wie die der Triebwerke.

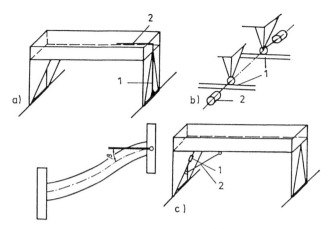

Bild 2-195 Meßeinrichtungen für Fahrwegdifferenzen
a) Winkelmessung, 1 freistehende Säule, 2 Langstabzeiger
b) Wegmessung, 1 Zahnstangen, 2 Drehmelder
c) Kraftmessung, 1 Dehnungsmessung am Tragwerk, 2 Seilkraftmessung

Verladebrücken

Der Begriff Verladebrücke ist alt und wird nur noch gelegentlich benutzt. Hier sollen unter ihm die Portalkrane verstanden werden, die Umschlagarbeiten unter Einschaltung der Lagerung ausführen. Sie erhalten fast immer Ausleger, die den Brückenträger über die Stützweite hinaus nach einer oder nach beiden Seiten verlängern. Diese Ausleger überspannen Fahrwege, Gleise, Schiffsanlegestellen, oder sie erweitern lediglich die Lagerfläche. In dieser Form ist der Portalkran ein ideales Umschlagmittel für Schütt- und Stückgüter, denen er sich durch geeignete Lastaufnahmemittel anpaßt. Wegen der im Verhältnis zur Gesamtmasse relativ kleinen Masse der Laufkatze hat das Katzfahren meist eine beträchtlich höhere Geschwindigkeit als das Kranfahren und bildet eine Hauptarbeitsbewegung.

Im Bild 2-196 werden die unterschiedlichen Bauformen der Verladebrücken in Ausführungen vorgestellt, die neben der Lagerplatzbedienung auch das Be- und Entladen von Schiffen erlauben. Ausleger, die in die Schiffsaufbauten hineinragen, müssen deshalb hochklappbar sein. Die Verladebrücke mit einem auf dem Brückenträger verfahrbaren Drehkran (Bild 2-196a) ist ein sehr universelles Umschlagmittel. Der lange Ausleger des Drehkrans gestattet es, Umschlagarbeiten ohne Verfahren der Brücke in einem verhältnismäßig großen Arbeitsbereich durchzuführen, der den Anlegeplatz von Schiffen einschließen kann. Der große Nachteil dieser Bauart sind die trotz kompakter Form des Brückenträgers außerordentlich große Eigenmasse und der geringe Durchsatz. Man findet derartige Krananlagen noch in Binnenhäfen, für moderne Umschlageinrichtungen haben sie keine Bedeutung mehr.

Auch die Anordnung einer Drehlaufkatze mit Ausleger (Bild 2-196b) vergrößert die Reichweite des Lastaufnahmemittels ohne Fahrbewegungen. Die Auslegerlänge bleibt jedoch dadurch begrenzt, daß sie die lichte Weite des Portals an den Stützen bestimmt. Wegen der großen Wendigkeit solcher Drehlaufkatzen bei Trimmarbeiten in Schiffen eignet sich nach [2.230] diese Bauart vornehmlich für den Umschlag zwischen See- und Binnenschiffen.

Die am häufigsten vorzufindende Bauform der Verladebrücke ist die nach Bild 2-196c, d.h. mit einer normalen Laufkatze ohne oder mit Drehvorrichtung für das Lastaufnahmemittel.

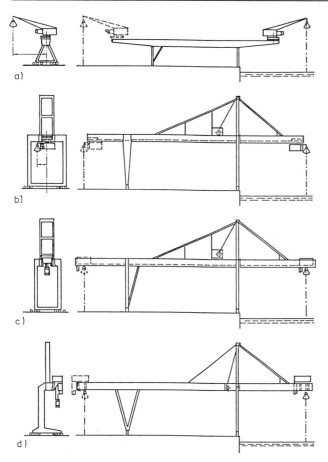

Bild 2-196 Grundbauarten von Verladebrücken für Schüttgutumschlag zwischen Schiff und Lagerplatz [2.230]
a) mit Drehkran
b) mit Drehlaufkatze
c) mit Greiferlaufkatze
d) mit Seiten- bzw. Winkellaufkatze

Das Katzfahren legt die Umschlagrichtung fest, nur in Sonderfällen wird auch das Kranfahren dafür einbezogen, was auch für diese Bewegung eine höhere Geschwindigkeit verlangt.

Wenn bestehende Kaianlagen mit begrenzter Belastungsfähigkeit eine besonders leichte Bauweise des Tragwerks bedingen, können sich Einträger-Portalkrane mit Seiten- bzw. Winkellaufkatzen anbieten (Bild 2-196d). Wegen der komplizierten Konstruktion und des schlechten Fahrverhaltens solcher Laufkatzen beschränkte sich die Entscheidung für diese Lösung bisher auf wenige Sonderfälle; [2.231] erläutert eine solche Krananlage.

Einen leichten Portalkran als Universalmaschine für den Stückgutumschlag zeigt Bild 2-197. Das Rohrfachwerk sorgt dafür, daß Eigenmasse und Windflächen klein bleiben. Die Unterflanschlaufkatze ist aus Serienbauteilen, der Brückenträger aus Einheitsschüssen zusammengestellt. Wenn der Dreieckquerschnitt des Brückenträgers gedreht wird, kann auch eine Zweischienenlaufkatze eingesetzt werden. Statt der Flursteuerung über Kabel bzw. Funk läßt sich die Bedienung von einem Fahrerhaus aus einrichten. Derartige weitgehend aus Serienbaugruppen hergestellte Portalkrane werden für Tragfähigkeiten von 5...25 t mit Brückenlängen bis etwa 60 m angeboten. Durch Anschlagen eines Motorgreifers sind sie auch beim Schüttgutumschlag zu verwenden.

Die schwere Verladebrücke für Stückgutumschlag im Bild 2-198 kennzeichnet als Gegenstück dazu eine Bauweise mit extremen technischen Daten. Sie bedient einen Lagerplatz für schwere Stückgüter, stapelt und schlägt vor allem Großrohre um. Die Gesamtlänge von 171,5 m des Brückenträgers verschafft der Drehlaufkatze einen Fahrweg von 150 m. Entsprechend hoch ist die Katzfahrgeschwindigkeit von 120 m/min. Auch die Geschwindigkeit des Kranfahrens liegt mit 80 m/min ungewöhnlich hoch, weshalb der Hersteller diesen Kran als schnelle Verladebrücke bezeichnet. Beide Fahrantriebe werden über Thyristor-Anschnittsteuerung stufenlos gestellt, um die Schwingungsanregung beim Anfahren und Bremsen niedrig zu halten. Weitere Beispiele derartig großer Verladebrücken mit darauf abgestimmter Triebwerksteuerung nennen [2.232] [2.138]. Auf der Grundlage von Versuchen beim Umschlag von Schüttgütern zwischen Schiff und Lagerplatz gibt [2.233] Empfehlungen, wie der Durchsatz in Abhängigkeit von den Arbeitswegen und -geschwindigkeiten zu bestimmen ist. Trimmarbeiten senken den effektiven Durchsatz um 8...13 %.

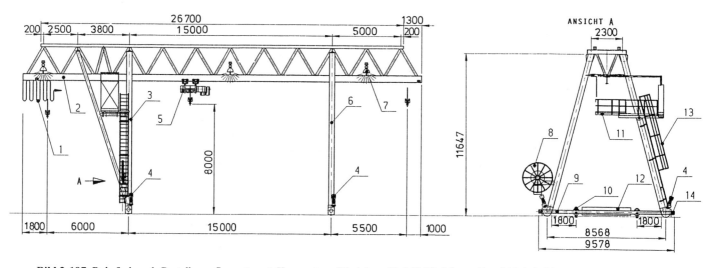

Bild 2-197 Rohrfachwerk-Portalkran, flurgesteuert; Kransysteme Rheinberg GmbH, Rheinberg; Tragfähigkeit 16 t
1 Schleppkabel
2 Brückenträger
3 Feststütze
4 Kranfahrantrieb
5 Elektrozug-Laufkatze
6 Pendelstütze
7 Arbeitsplatzleuchte
8 Leitungstrommel
9 Fahrwerkträger
10 Schienenzange
11 Wartungsbühne
12 Ballastgewicht
13 Steigleiter
14 Puffer

2.4 Schienengebundene Hebezeuge

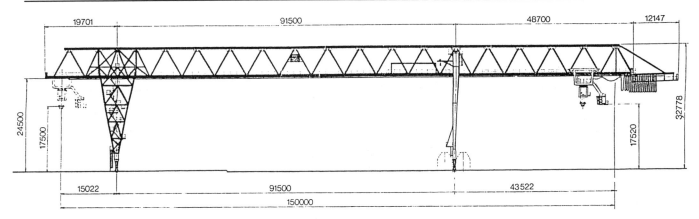

Bild 2-198 Schwere Verladebrücke für Stückgutumschlag
PWH Anlagen u. Systeme GmbH, St. Ingbert-Rohrbach
Tragfähigkeit 40 t, Hubgeschwindigkeit 20 m/min,
Fahrgeschwindigkeiten: Katzfahrwerk 120 m/min,
Kranfahrwerk 80 m/min

Container-Portalkrane

Der Container-Portalkran unterscheidet sich von den Verladebrücken für übliche Schütt- und Stückgüter darin, daß er eine spezielle Drehlaufkatze hat (s. Bild 2-125) und für deren Durchfahrt mit querstehendem Container breite Portale als Stützen braucht. Die Tragfähigkeiten am Spreader liegen im Bereich 31...35 t, um voll beladene 40'-Container aufnehmen zu können. Sie wurden auch bis 40 t gesteigert, was zur gleichzeitigen Aufnahme von zwei 20'-Containern ausreicht.

Im Bild 2-199 ist ein kompakter Portalkran für den Umschlag von Containern auf Eisenbahnwagen dargestellt. Die Bauhöhe hängt von der geforderten Hubhöhe, d.h. von der Anzahl übereinandergestapelter Container ab, über die ein angeschlagener zu führen ist. Statt 3, wie im Beispiel, können dies auch 1, 2 oder 4 sein.

In Bezug auf Steuerung und Automatisierung nehmen die Container-Portalkrane inzwischen eine führende Stellung ein. [2.234] berichtet über einen Steuerrechner mit optimierter Sollwertfunktion, die dem Antriebssystem eine Drehmomentfunktion mit cosinusförmiger Flanke einprägt, um Schwingungen beim Anfahren und Bremsen der Triebwerke zu begrenzen. Wegen der Pendelbewegung der mehrfach aufgehängten Container wird auf [2.138] verwiesen. Schrägseilaufhängungen zur Pendeldämpfung werden im Zusammenhang mit den Drehlaufkatzen im Abschnitt 2.4.2.4 behandelt.

Luftbereifte, lenkbare und damit freizügig verfahrbare Portalkrane für Containerumschlag ergänzen die Vorzüge dieser Bauart, ohne große Gangbreiten auszukommen und die Container mehrfach stapeln zu können, durch eine Flexibilität in der Art eines Flurförderzeugs. Das Tragwerk des Portalkrans im Bild 2-200 wird, abweichend von der Bauweise der bisher behandelten Portalkrane, aus zwei Portalen gebildet, die aus je einem Brückenträger und zwei Einzelstützen bestehen und nur unten durch horizontale Fahrwerkträger verbunden sind. Dies läßt größere Verformungen während der Fahrbewegung zu. Eine Zweischienenlaufkatze besorgt das Heben und Katzfahren als Hauptbewegungen beim Umschlag und beim Stapeln. Die vier luftbereiften Räder sind an Kugeldrehverbindungen und damit, hydraulisch betätigt, um die senkrechte Achse drehbar gelagert; sie werden von Elektromotoren angetrieben. Ein Dieselmotor erzeugt die elektrische Speisespannung als Wechsel- oder Gleichspannung über einen Generator.

In [2.235] [2.236] wird eine schwerere Bauform mit einer Drehlaufkatze beschrieben. Vier zusätzliche, von der Laufkatze zu den Ecken des Spreaders führende Schrägseile mit hydraulischer Dämpfung dämpfen die Drehschwingungen des Containers. Wegen der größeren Stützkräfte sind vier Fahrwerkschwingen mit je zwei in einer Pendelachse gelagerten Laufrädern an Kugeldrehverbindungen befestigt. Es wird auf eine Sturmsicherung mit Hilfe von Seilverspannungen am Boden hingewiesen. Diese luftbereiften Portalkrane arbeiten im automatischen Betrieb in einem Hafen. Induktionsschleifen im Boden dienen zur Lenkung und Datenübertragung. Ein Bordrechner wird vom zentralen Dispositions- und Koordinationsrechner mit Daten beschickt.

Bockkrane

Bockkrane in der beschriebenen kompakten Bauweise für große Tragfähigkeiten von 100 bis über 800 t, mit Stützweiten von 10...140 m und Hubhöhen bis 70 m heben und bewegen schwere Teile in Kraftwerken, Werften, metallurgischen Betrieben. Der Werftkran im Bild 2-201 weist zwei getrennt voneinander verfahrbare Laufkatzen auf, mit deren Hilfe er Schiffssektionen nicht nur heben, sondern auch wenden oder schrägstellen kann, um sie in eine günstige Schweißlage zu bringen. Der Vergleich des Krantragwerks mit den Gebäuden läßt seine eindrucksvollen Abmessungen erkennen.

Die beiden Laufkatzen solcher Werftkrane sind als normale Katzen mit Trommelhubwerken oder als Seilzugkatzen auszubilden (Bild 2-202). Zu bedenken ist dabei die beträchtliche Länge der Seiltrommeln, die sich daraus ergibt, daß bei einer Hubhöhe im Bereich 50...70 m und, wegen der großen Tragfähigkeit, 12...16facher Seileinscherung Seillängen von 500...1000 m aufzuwickeln sind. Oft sind deshalb Wickelvorrichtungen anzubringen. In [2.238] wird eine doppellagige Wicklung der Seile auf der Seiltrommel beschrieben, bei der die Seile der unteren Lage die Rillen für die obere bilden. Beide Seile werden gleichsinnig und gleichzeitig auf- und abgewickelt. Damit sind Seilkreuzungen ausgeschlossen.

Ein zweiter Gesichtspunkt ist der mögliche Schrägzug der Hubseile während der Drehbewegung der Last. Wenn die dabei auftretenden Horizontalkräfte die durch den Kraftschluß gegebenen Grenzen überschreiten, müssen Seil- oder Zahnstangentriebe für das Katzfahren vorgesehen werden. Ist auch das Katzfahrwerk ein Seiltriebwerk, tritt das Problem des Seildurchhangs bei geringer Belastung auf. Grössere Stützweiten verlangen dann die Anordnung von Seilstützwagen. Bevorzugt wird somit i.allg. die Anordnung nach Bild 2-202a. Einen Bockkran mit hydraulischen Antrieben beschreibt [2.239].

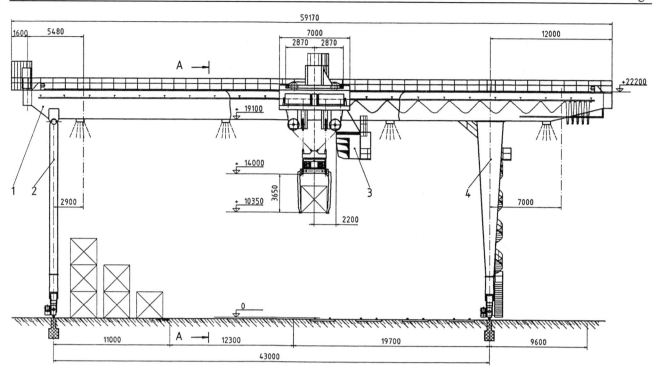
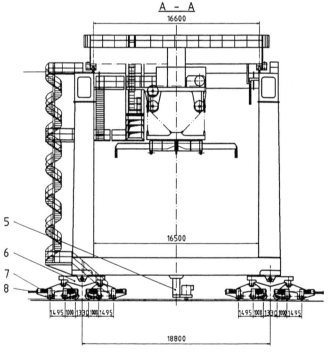

Bild 2-199
Container-Portalkran
Hilgers AG, Rheinbrohl
Tragfähigkeit 41 t, Geschwindigkeiten: Hubwerk 30/15 m/min,
Katzfahrwerk 80 m/min, Kranfahrwerk 120 m/min
1 Brückenträger
2 Pendelstütze
3 Drehlaufkatze
4 Feststütze
5 Schienenzange
6 Fahrwerkschwinge
7 Kranfahrwerk
8 Puffer

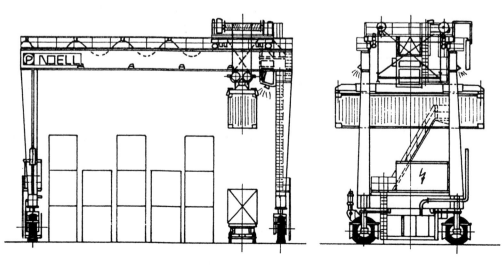

Bild 2-200
Luftbereifter Portalkran
PPG 50/19,81 für
Containerumschlag,
Noell GmbH, Würzburg
Tragfähigkeit 50 t,
Spurweite 19,81 m

2.4 Schienengebundene Hebezeuge

Bild 2-201 Bockkran als Werftkran zum Transport von Schiffssektionen, Vulkan Kocks GmbH, Wilhelmshaven

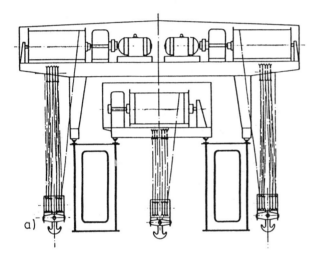

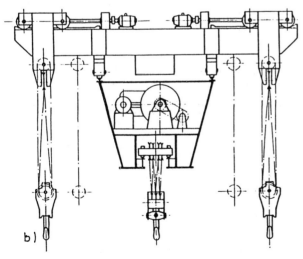

Bild 2-202 Laufkatzen von Werftkranen [2.237]
a) Windwerkkatze
b) Seilzugkatze

Leitungstrommeln

Portalkrane haben oft lange Fahrbahnen. Die benötigte elektrische Energie wird ihnen entweder über offene, in abgedeckten Kanälen neben der Fahrbahn installierte Schleifleitungen oder über Gummischlauchleitungen zugeführt, die von an den Stützen gelagerten Leitungstrommeln auf- und abgewickelt werden. Es gibt zwei Bauformen dieser Leitungstrommeln, eine schmale mit spiralförmiger Wicklung und eine breite, bei der das Kabel mehrfach zylindrisch gewickelt wird. Die erstgenannte Bauart eignet sich nur für Leitungslängen von maximal 150...250 m, je nach Durchmesser der Schlauchleitung. Zylindrische Leitungstrommeln, die z.B. als selbständige, verfahrbare Geräte auf den Strossen von Tagebaumaschinen vorzufinden sind, speichern Leitungen bis 1000 m und mehr.

An Portalkranen gibt es nur Leitungstrommeln mit spiralförmiger Wicklung. Sie werden durch Federn oder Gegenmassen angetrieben, wenn es sich um kurze Leitungen handelt und die Ansprüche an die Führungsqualität gering bleiben dürfen. Bild 2-203 verdeutlicht dieses Prinzip des Gewichtskraftantriebs. Die Kabeltrommel 2 ist mit der Seiltrommel 3 über eine Achse verbunden. Diese Trommel bewegt das Seil 6, mit dem die Antriebsmasse 5 vertikal bewegt wird. Eine Führungsrolle 7 lenkt das Kabel aus der Ablagestellung am Boden in die Wickelstellung um. Sie kann auch durch eine federnd gelagerte Führungsschwinge ersetzt werden.

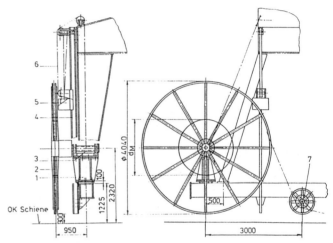

Bild 2-203 Leitungstrommel mit Gewichtskraftantrieb [2.240]
1 Zwischenstück   5 Antriebsmasse
2 Kabeltrommel   6 Seil
3 Seiltrommel   7 Führungstrommel
4 Laufschiene für Antriebsmasse

Meist werden die Leitungstrommeln jedoch elektrisch angetrieben. Nach [2.241] werden dafür Stillstands- bzw. Drehmomentmotoren, hydraulische Getriebe mit Drehstrom-Asynchronmotoren und neuerdings auch geregelte Gleichstrommotoren eingesetzt. Eine einfache Ausführung der Steuerung für 2-Quadrantenbetrieb, d.h. einem Antriebsmoment nur im Wickelsinn, reicht aus, wenn für das Abwickeln die Bedingung eingehalten wird.

$$(J_{ges}\varepsilon)_{max} \leq r\, F_{zul}; \qquad (2.104)$$

J_{ges} gesamtes Massenträgheitsmoment der Leitungstrommel einschließlich Kabel und Antrieb
ε Winkelbeschleunigung der Leitungstrommel
r momentaner Wickelradius
F_{zul} zulässige Zugkraft der Leitung.

Die Winkelbeschleunigung ε der Leitungstrommel ist der Beschleunigung der Fahrbewegung des Portalkrans proportional. Für die zulässige Zugkraft F_{zul} der Leitung gelten die Angaben der Hersteller, das gleiche gilt für den Mindestdurchmesser der Wicklung. Wenn die Bedingung nach Gl. (2.104) nicht für alle Stellen der Fahrbahn einzuhalten ist, muß der Motor im 4-Quadrantenbetrieb, d.h. mit kontrolliertem Drehmoment auch im Abwickelsinn, betrieben werden.

Bei gegebenem Innenradius r_i der Leitungstrommel hängt der Außendurchmesser r_a im voll bewickelten Zustand von der Länge l_L und vom Durchmesser d_L der Leitung ab. Für eine archimedische Spirale gilt dann der Ansatz

$$r_a = \sqrt{\frac{l_L d_L}{\pi} + r_i^2}. \qquad (2.105)$$

Weitere Einzelheiten sind den angegebenen Literaturstellen zu entnehmen.

2.4.4.5 Schiffsentlader

Der Schiffstransport von Massengütern, wie Kohle, Erze, Mineralien aller Art, hat weltweit beachtliche Ausmaße erreicht, die Größe der Schiffe dabei bis zu einer Tragfähigkeit von 250000 tdw (tons deadweight) zugenommen. Um die Hafenliegezeiten dieser großen Schiffe auf ein vertretbares Maß zu senken, mußte der Durchsatz der mit Greifern ausgerüsteten Krananlagen gesteigert werden. Dies konnte geschehen durch:

- Wahl eines größeren Greifers und damit einer höheren Tragfähigkeit
- Erhöhung der Arbeitsgeschwindigkeiten und -beschleunigungen für das Heben und Katzfahren
- Verkürzung der Arbeitswege.

Die Abmessungen und damit Volumina der Greifer werden von den Maßen der Schiffsluken eingeschränkt, zu sperrige Greifer erschweren deren Steuerung beim Einführen in die Laderäume und vergrößern die Spieldauer. Hohe Arbeitsgeschwindigkeiten und -beschleunigungen werden seit jeher im technisch und wirtschaftlich vertretbaren Maß genutzt. Um die Arbeitswege zu verkürzen, bot sich eine Zweiteilung des Entladeprozesses in einen diskontinuierlichen Teil mit Greiferbetrieb vom Schiff zu einem Übergabebunker und einen kontinuierlichen Teil mit Bandförderern o.ä. vom Bunker zur Ablagerungs- bzw. Verladestelle an. Aus solchen Überlegungen entstand als Modifikation der Verladebrücke (s. Bild 2-196c) durch Verringerung deren Stützweite und Verzicht auf das Überspannen eines Lagerplatzes der Schiffsentlader als Einzweckmaschine. Er wird mit einer Windwerks- oder Seilzugkatze bestückt.

Der Schiffsentlader im Bild 2-204 hat eine obenlaufende Windwerkskatze *1* mit allen erforderlichen Triebwerken. Der Übergabebunker *10* ist so weit wie möglich zum Schiff hin vorgezogen, um den Katzfahrweg klein zu halten. Das Maschinenhaus *8* mit den Schaltgeräten und dem Einziehwerk für den Ausleger ist auskragend als Gegenmasse für diesen Ausleger gelagert. In seiner Arbeitsstellung wird der Ausleger *6* von Gelenkstangen *3* gehalten, er kann mit Hilfe des Seilflaschenzugs *4* in die obere Stellung gebracht werden. Federpuffer oder Anschläge mindern den Stoß beim Anfahren der Endstellung. Nach deren Erreichen werden Fanghaken eingelegt, die Querbewegungen des Auslegers, z.B. bei Sturm, ausschließen sollen.

Das Fahrerhaus *2* wird von der Laufkatze getrennt verfahren, dies vermindert die Schwingungsbelastung und verbessert die Sicht des Kranfahrers. Die eingezeichneten Schiffskonturen deuten an, wie sich Schiffsgröße, Wasserstand und Tiefgang in Abhängigkeit vom Endladezustand des Schiffs auf die jeweilige Hubhöhe für den Greifer auswirken.

Schlemminger [2.242] nennt folgende Hauptparameter für Schiffsentlader

- Tragfähigkeit: Windwerkkatzen bis 35 t, Seilzugkatzen bis 50 t
- Arbeitsgeschwindigkeiten: Heben 50...150 m/min, Katzfahren 40...240 m/min.

Für das Kranfahren reichen 20...25 m/min aus. Wenn die Parameter in ihren jeweils oberen Bereichen liegen, sind Nenndurchsätze um 2000 t/h zu erzielen. [2.140] erwähnt einen Schiffsentlader mit einer Tragfähigkeit von 85 t und einem Nenndurchsatz von 5200 t/h Eisenerz.

Die Abmessungen eines Schiffsentladers, besonders die Höhe über dem Höchststand des Wassers sowie seine wasserseitige Ausladung, hängen von der Größe der zu entladenden Schiffe ab, Bild 2-205 gibt Mittelwerte für diesen Zusammenhang an.

Seilzugkatzen, siehe Abschnitt 2.4.2.5, erhöhen das Verhältnis von Tragfähigkeit zu Eigenmasse der Laufkatze, das bei einer Windwerkkatze 1 : 3,0...3,3 beträgt, um eine Zehnerpotenz auf 1 : 0,3...0,4 [2.242]. Das Seilsystem wird jedoch komplizierter, weil zusätzlich ein Schließseil gebraucht wird. Wenn dies bedacht wird, kann man aus den im Bild 2-130 dargestellten Antriebssystemen für Seilzugkatzen zwei Gruppen bilden:

- Systeme, bei denen während der Fahrbewegung die Hub- und Schließseile durch die Flaschenzüge der Greifer laufen (Bild 2-130a, b)
- Systeme, bei denen während der Fahrbewegung die Hub- und Schließseile stillstehen (Bild 2-130c bis e).

Die erstgenannten Antriebsformen sind einfach im Aufbau, haben aber den Nachteil, daß wegen der größeren Anzahl von Biegewechseln die den Greifer durchlaufenden Seilstücke früh verschleißen und ein Austausch des Greifers schwierig bleibt. Aus diesen Gründen werden in Schiffsentladern nur Systeme der zweiten Gruppe verwendet [2.141]. Seilführungen mit unabhängig zu steuernden Hub-, Schließ- und Fahrseilen (Bild 2-130c) verlangen einen großen technischen Aufwand für die zu koppelnden Triebwerke, bei größeren Spannweiten können die Seildurchhänge problematisch werden. Ein Anlagebeispiel mit dieser Antriebsart stellt [2.243] vor. In vielen Antrieben wird jedoch das System mit Zwischen- bzw. Hilfskatze vorgezogen (Bild 2-130e). Die Triebwerke werden einfacher, die Seiltrommeln kürzer, weil sie keine zusätzlichen Seilstücke für die Katzfahrt aufwickeln müssen, und die Zwischenkatze verkürzt die Spannweite der Seile und verringert damit deren Durchhang. Beispiele für derartige Konstruktionen geben [2.244] bis [2.246] an.

Die Seilführung mit Zwischenkatze im Bild 2-206 schließt eine Vorrichtung ein, die den Greifer drehen kann. Sie besteht aus einer Verstellvorrichtung an den in einem festen Rahmen gelagerten Umlenkrollen (Bild 2-207) und einer unter 45° zu den Hauptachsen versetzten Einführung der Seile in den Greifer. Der Seilrollensatz in der Hauptkatze kann sich in der horizontalen Ebene frei drehen. Weil der Umschlingungswinkel der Seilrollen in der festen Umlenkstation doppelt so groß ist wie der in der Laufkatze, dreht sich bei einer Drehung der Seilrollenachse der festen Seilrollen um 45° der Greifer um 90°, siehe hierzu [2.244].

2.4 Schienengebundene Hebezeuge

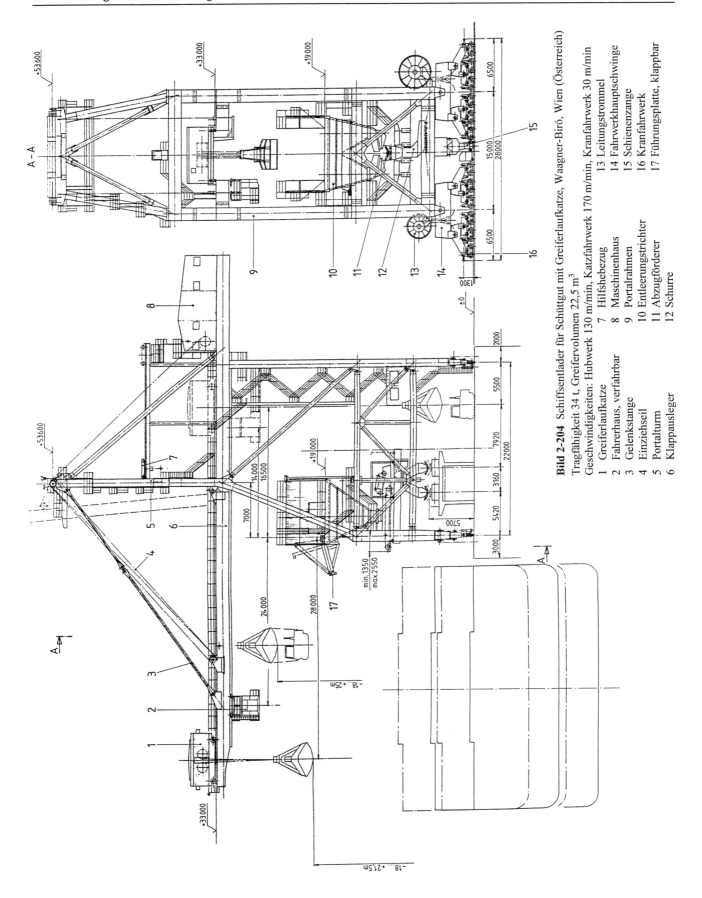

Bild 2-204 Schiffsentlader für Schüttgut mit Greiferlaufkatze, Waagner-Biró, Wien (Österreich)
Tragfähigkeit 34 t, Greifervolumen 22,5 m³
Geschwindigkeiten: Hubwerk 130 m/min, Katzfahrwerk 170 m/min, Kranfahrwerk 30 m/min

1 Greiferlaufkatze
2 Fahrerhaus, verfahrbar
3 Gelenkstange
4 Einziehseil
5 Portalturm
6 Klappausleger
7 Hilfshebezug
8 Maschinenhaus
9 Portalrahmen
10 Entleerungstrichter
11 Abzugförderer
12 Schurre
13 Leitungstrommel
14 Fahrwerkhauptschwinge
15 Schienenzange
16 Kranfahrwerk
17 Führungsplatte, klappbar

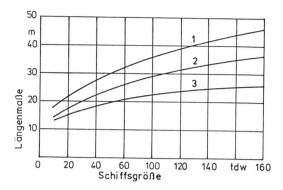

Bild 2-205 Schiffsabhängige Maße für Schiffsentlader nach [2.242]
1 Schiffsbreite; 2 wasserseitige Nutzausladung des Schiffsentladers; 3 minimale Höhe der Konstruktionsteile des Schiffsentladers über höchstem Wasserspiegel

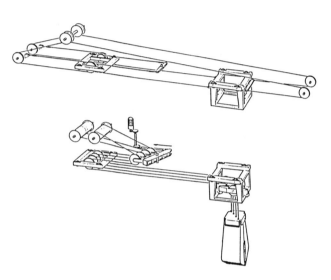

Bild 2-206 Seilzugsystem mit Greiferdrehvorrichtung (oben: Fahrseilführung, unten: Hubseilführung) [2.244]

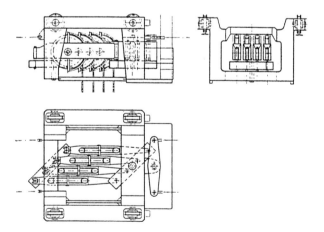

Bild 2-207 Greiferdrehvorrichtung eines Schiffsentladers [2.245]

Ein Schiffsentlader für Binnenschiffe ist einfacher auszuführen als eine Anlage für Seeschiffe, weil der Ausleger kürzer ausfällt und nicht hochklappbar sein muß (Bild 2-208). Das Prinzip bleibt gleich, nur die Abmessungen mindern sich.

Der Durchsatz ist die wichtigste Auslegungs- und Einsatzgröße eines Schiffsentladers. Zu unterscheiden sind dabei die mittleren und maximalen sowie die theoretischen und praktischen Werte [2.247] [2.248]. Als Vergleichsgröße eignet sich der theoretische mittlere Durchsatz, dem ohne Unterbrechung aufeinanderfolgende, idealisierte mittlere Arbeitsspiele zugrunde liegen. Für sie werden volle Arbeitsgeschwindigkeiten und -beschleunigungen, Ausnutzung aller möglichen Überlagerungen und ein stets mit der vollen Nennutzmasse gefüllter Greifer angesetzt. Die Hubhöhe wird aus dem mittleren Wasserstand berechnet. *Schlemminger* hat in [2.128] die Bedingungen für die Grenzwerte der Triebwerkgeschwindigkeiten formuliert, siehe Abschnitt 2.4.1.2. In einer weiteren Veröffentlichung [2.247] weist er nach, daß der rechnerisch ermittelte theoretische mittlere Durchsatz mehrerer Schiffsentlader recht gut mit den von den Herstellern angegebenen Nenndurchsätzen übereinstimmt.

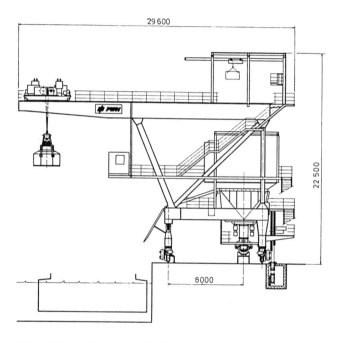

Bild 2-208 Schiffsentlader für Binnenschiffe
PWH Anlagen u. Systeme GmbH, St. Ingbert-Rohrbach
Tragfähigkeit 12,5 t, Greifervolumen 7,5 m^3, Schüttgut Kohle, Nenndurchsatz 520 t/h, Geschwindigkeiten: Hub- und Katzfahrwerk 90 m/min, Kranfahrwerk 25 m/min

Maßgebend für die Leistungsfähigkeit solcher Entladeeinrichtungen sind jedoch die tatsächlich erzielten Dauerdurchsätze, die von zahlreichen weiteren Einflußfaktoren abhängen. Der Schwerpunkt in der Entwicklung der Schiffsentlader liegt daher weniger in einer nochmaligen Steigerung der Auslegungsmaße, als in einer Optimierung des Bewegungsablaufs durch Pendeldämpfung, Wahl optimaler Arbeitswege und Teilautomatisierung. *Auernig* [2.249] hat unterschiedliche Steuerstrategien zum Pendelausgleich untersucht, die vor allem die Pendelfreiheit am Zielpunkt verwirklichen, und Nomogramme für normierte Fahr- und Beschleunigungszeiten aufgestellt. [2.245] gibt für einen Schiffsentlader mit Seilzugkatze, der nach diesen Gesichtspunkten gesteuert wird, im Umschlag von Kohle praktische Durchsätze von 80 % des theoretischen Mittelwerts an. Ein zweites Merkmal gegenwärtiger Neuentwicklungen sind Schallschutzmaßnahmen durch elastische Bettung der Laufräder, Katzschienen und Triebwerke und durch Einhausung der Antriebe, ein drittes Entstaubungsanlagen an den Übergabebunkern.

Stetig arbeitende Schiffsentlader für Schüttgüter sind bisher vereinzelt hergestellt und eingesetzt worden, obwohl sich damit der Durchsatz erheblich über den hinaus steigern läßt, der in unstetiger Arbeitsweise zu erreichen ist. Die ungünstigen Bedingungen für die Schüttgutaufnahme in engen Ladeluken, die notwendige Steilförderung bei großer Hubhöhe und die aufwendige Übertragung der Schnittkräfte über das vom Ausleger herabhängende Gerüst machen derartige Maschinen schwer, kompliziert und verschleißanfällig. Das Beispiel im Bild 2-209 gibt das Zusammenwirken eines Becherwerks als Aufnahme- und Huborgan mit quer und längs arbeitenden Bandförderern wieder. Die Fahrbewegungen von Becherwerkskatze und Entlader sind die Zustellbewegungen des Schnittprozesses. Eine ähnliche Anlage mit dreh- und hebbarem Ausleger beschreibt [2.250].

Der zunehmende internationale Containerverkehr hat auch den Schiffsentlader für Container als Einzweckmaschine zum Umschlag Schiff - Kai gebracht, der im Aufbau dem für Schüttgutumschlag gleicht, allerdings eine größere lichte Weite der Stützen haben muß. Containerschiffe werden häufig in Doppelspielen zugleich entladen und wieder beladen, weshalb man auch von Schiffsladern spricht. Nach [2.251] können bis 80 % der unter Deck gestapelten Container in solchen Doppelspielen ausgetauscht werden, deren Gesamtdauer 3 min nicht übersteigt. Die Containerbrücke im Bild 2-210 hat, je nach Stellung der Laufkatze auf dem Ausleger, eine Tragfähigkeit zwischen 45 und 70 t. Sie enthält einen landseitigen Ausleger, der zur Aufnahme des zusammengeschobenen Schleppkabels verlängert ist. Die Drehlaufkatze hängt am Ausleger in der Art von Bild 2-189d.

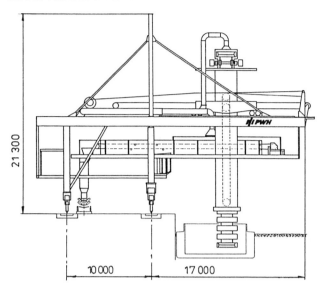

Bild 2-209 Kontinuierlicher Schiffsentlader für Binnenschiffe
PWH Anlagen u. Systeme GmbH, St. Ingbert-Rohrbach
Fördergut Kohle, Nenndurchsatz 1200 t/h

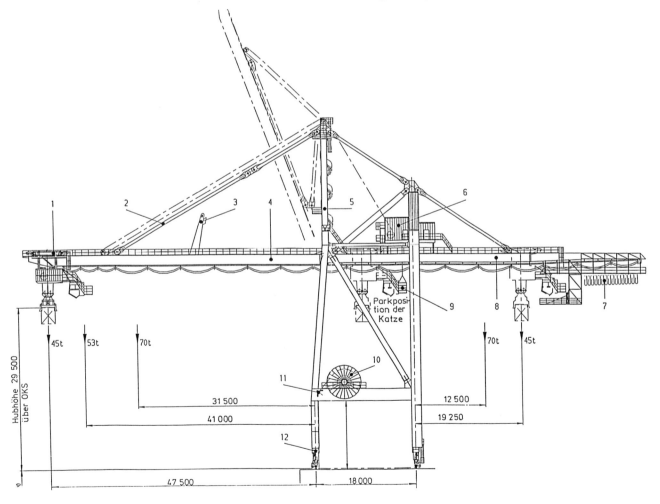

Bild 2-210 Schiffsentlader für Container, Tragfähigkeit 45/53/70 t, Vulkan Kocks GmbH, Bremen

1 Drehlaufkatze	4 Fanghaken	7 Schleppkabel	10 Leitungstrommel
2 Ausleger	5 Portal	8 Brückenträger	11 Führungsschwinge
3 Gelenkstange	6 Maschinenhaus	9 Rettungskorb	12 Kranfahrwerk

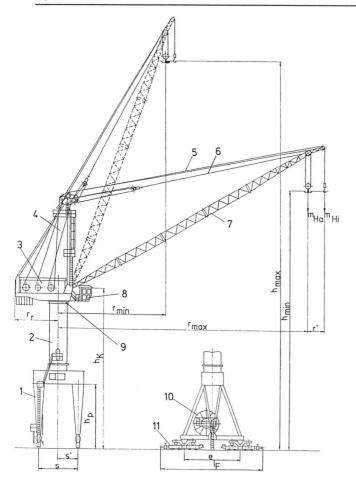

2.4.5 Auslegerkrane (Drehkrane)

Der über die Stützfläche des Krans herauskragende, meist neigbare Ausleger ist das maßgebende Unterscheidungsmerkmal des Auslegerkrans zu den Brücken- und Portalkranen. In den vorherrschenden Bauarten kann ein solcher Auslegerkran sein Oberteil mit dem Ausleger um eine senkrechte Achse drehen; man bezeichnet ihn dann als Drehkran. Bei der vergleichenden Behandlung der Kranbauarten im Abschnitt 2.4.1.1 wurde bereits darauf verwiesen, daß Drehkrane die Gutbewegung in einem System von Polarkoordinaten ausführen und somit einen von Kreisen begrenzten Arbeitsraum bedienen. Nach Typenvielfalt und Produktionszahlen bilden sie eine der Hauptgruppen der Krane. In diesem Abschnitt werden zunächst die schienengebundenen oder feststehenden Bauarten dargestellt, die freizügig ortsveränderlichen folgen im Abschnitt 2.5.

2.4.5.1 Bauweise und Bauformen

In Lüneburg steht noch heute ein um das Jahr 1330 aufgerichteter Drehkran aus Holz [2.253]. Das Beispiel einer neuzeitlichen konstruktiven Ausführung im Bild 2-211 verdeutlicht die Art und Anordnung der Hauptbaugruppen und die wichtigsten geometrischen Daten. In Abhängigkeit von der jeweiligen Aufgabenstellung können diese Baugruppen sehr breit variiert und kombiniert werden; dies betrifft vor allem die

– Ausleger (Fest-, Einzieh-, Wipp-, Katz-, Gelenkausleger)
– Unterbauten (Plattform, Fahrgestell, Portal)
– Drehverbindungen (Drehscheibe, Kugeldrehverbindung, Drehsäule)
– Kranfahrwerke (feststehender, schienenfahrbarer, kurvenfahrbarer Kran)
– Lastaufnahmemittel (Lasthaken, Magnete, Spreader, Greifer).

Die Schiffsentlader für Container erhalten aber auch Seilzugkatzen. [2.252] informiert über eine solche Anlage, bei der das Fahrwerk auf der Laufkatze, das Hubwerk stationär auf dem Portal angebracht ist. Die Umlenkrollen des Hubseils in der Laufkatze sind relativ zueinander zu verschieben, ihre Spreizung dient der Pendeldämpfung des Spreaders. Neben der üblichen Abtriebssicherung über selbsttätig einfallende, von einer Windmeßanlage gesteuerte Schienenzangen ist eine Seilverspannung als Orkansicherung herzustellen.

Bild 2-211 Portaldrehkran, Hauptbaugruppen und technische Hauptdaten
1 Portal
2 Säule, feststehend
3 Maschinenhaus
4 Aufbau
5 Hubseil
6 Einziehseil
7 Ausleger
8 Führerhaus
9 Kugeldrehverbindung
10 Leitungstrommel
11 Kranfahrwerk

m_{Ha} Tragfähigkeit Haupthub (maximale Ausladung)
m_{Hi} Tragfähigkeit Hilfshub (maximale Ausladung)
$r_{max,\,min}$ maximale und minimale Ausladung
r' Ausladungsvergrößerung des Hilfshubs
h_K Sichthöhe des Kranführers
h_P (lichte) Portalhöhe
s' Spurweite Portal
l_F Fahrwerklänge über Puffer
e Stützweite Fahrwerk

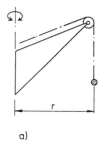 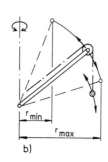 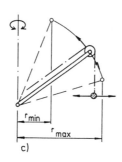 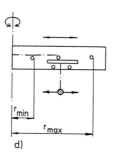 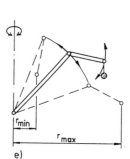

Bild 2-212 Auslegersysteme von Drehkranen
a) Festausleger
b) Einziehausleger
c) Wippausleger
d) Katzausleger
e) Gelenkausleger

2.4 Schienengebundene Hebezeuge

Diese große Variationsbreite ist der Grund für die angesprochene Vielfalt der Formen von Drehkranen. In deren langer Entwicklungsgeschichte haben sich gegenwärtig bevorzugte Bauarten durchgesetzt, auf die hier einzugehen ist. Ältere Drehkrane in anderen konstruktiven Ausführungen können der Literatur entnommen werden, z.B. [2.254]. Mit Hilfe des Auslegers erhält der Lastaufhängepunkt an dessen Spitze die gewünschte Ausladung r von der Drehachse. Die Auslegersysteme (Bild 2-212) unterscheiden sich darin, welche Bahnkurve dieser Aufhängepunkt beschreibt und ob das Lastaufnahmemittel dieser folgt. Beim Festausleger (Bild 2-212a) bleibt r konstant. Durch Neigung des Auslegers über einen entsprechenden Antrieb entsteht eine radiale Bewegungskomponente an der Auslegerspitze in einem von den Grenzwerten der Ausladung bestimmten Ausladungsbereich $\Delta r = r_{max} - r_{min}$. Am Einziehausleger (Bild 2-212b) bewegen sich Auslegerspitze und Lastaufnahmemittel auf äquidistanten Kreisbahnen. Das Einziehwerk muß für die überlagerte Hub- bzw. Senkbewegung der Last ausgelegt werden, siehe [0.1, Abschn. 3.5.2.2].

Wenn die Neigungsbewegung des Auslegers Bestandteil nahezu jedes Arbeitsspiels ist, wie bei Umschlagkranen, oder die überlagerte Hub- bzw. Senkbewegung der Last aus technologischen oder sicherheitstechnischen Gründen ausgeschlossen werden muß, z.B. bei einem Werftkran, wird das Auslegersystem als Wippausleger gestaltet (Bild 2-212c), der das Gut waagerecht führt. Die gleiche Wirkung erzielt ein Katzausleger (Bild 2-212d), den man an Turmdrehkranen vorfindet.

Ein Gelenkausleger (Bild 2-212e) besteht aus zwei in einem Gelenk verbundenen Auslegerteilen, die sich einzeln oder überlagert um ihre Anlenkpunkte drehen können. Die Bahnkurven der Last entstehen durch Kombination beider Kreisbewegungen als Kurven höherer Ordnung. Lastwegkurven in kartesischen Koordinaten, d.h. eine rein senkrechte oder waagerechte Bewegung der Last, sind schwierig zu steuern. Das Hauptanwendungsgebiet derartiger Ausleger sind die Fahrzeugkrane, siehe Abschnitt 2.5.

Die konstruktive Grundforderung an alle Ausleger ist die Minimierung der Eigenmasse, weil sie einen großen Einfluß auf die Standsicherheit und damit Gesamtmasse des Krans hat. Lange, schlanke Ausleger werden als Rohrfachwerke ausgebildet, auch Aluminium wird gelegentlich als Werkstoff eingesetzt [2.255]. Hochbeanspruchte Ausleger oder Auslegerteile kleiner bis mittlerer Länge baut man als Kastenträger. Auf die Empfehlung, die Beanspruchungen durch Vorspannung von Elementen zu vermindern, sei hingewiesen [2.256].

Die Einzieh- bzw. Wippwerke als Antriebe für die Auslegerbewegung in der senkrechten Ebene unterscheiden sich darin, ob die Einziehkraft, z.B. bei einem Seiltrieb, an der Auslegerspitze oder, wie bei Zahnstangen-, Spindel-, Zylindertrieben, an einem tieferliegenden Punkt angreift, siehe [0.1, Abschn. 3.5.2.1]. Dies beeinflußt die Beanspruchung des Auslegers auf Druck, Biegung und Knickung. Über Seile oder Schwingen angeschlossene Gegenmassen zum Massenausgleich vermindern diese Beanspruchungen im Tragwerk und im Triebwerk.

Unterbauten in Form feststehender Grundrahmen oder niedriger Fahrgestelle findet man bei den mit Katzauslegern ausgerüsteten Turmdrehkranen, siehe Abschnitt 2.4.5.9. Die Umschlag- und Montagekrane mit Einzieh- bzw. Wippauslegern erhalten im Gegensatz dazu fast immer Portale, die Fahrbahnen oder Gleise überspannen. Ein Dreibeinportal (Bild 2-213a) gewährleistet auch dann eine sichere Auflage an allen drei Stützpunkten, wenn größere Unebenheiten der Fahrbahn auftreten. Allerdings ist der Abstand der Drehachse zu den Kippkanten stets kleiner als bei einem vergleichbaren Vierbeinportal (Bild 2-213b). Dies zwingt dazu, größere Gegenmassen anzubringen und damit die Gesamtmasse des Krans zu vergrößern, weshalb man von dieser Bauweise des Portals mehr und mehr abgeht.

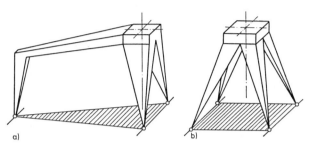

Bild 2-213 Portale von Drehkranen
a) Dreibeinportal
b) Vierbeinportal

Das Vierbeinportal erzeugt wegen der größeren Anzahl von Stützpunkten grundsätzlich kleinere Stützkräfte, reagiert jedoch wegen seiner statischen Unbestimmtheit auf Bahnunebenheiten durch eine Umverteilung der Stützkräfte. Der Ungleichförmigkeitsgrad hängt von den elastischen Eigenschaften der Portale in der senkrechten Ebene ab. Daß neben diesen statischen Gesichtspunkten auch technologische Überlegungen die gewählte Portalform beeinflussen können, erläutert [2.253]. Der Portalring wird an die Drehverbindung angepaßt, er ist in einem Portal für eine Kugeldrehverbindung kleiner, aber steifer als in einem solchen für eine Drehsäule.

Czichon [2.257] hat sich ausführlich mit der Berechnung der Stützkräfte an Vierbeinportalen befaßt. Wenn die Einwirkungen waagerechter Stützkraftkomponenten auf die senkrechten vernachlässigt werden, entsteht eine einfach statisch unbestimmte Aufgabe. Die im Bild 2-214 gezeichneten Portale sind nach ihrer Elastizität in senkrechter Richtung geordnet, sie steigt von der Bauart a bis e an. Bahnunebenheiten wirken sich somit von a bis c abmindernd in einer Vergrößerung der maximalen Stützkräfte aus. [2.255] bezeichnet das H-Portal (Bild 2-214c), das aus zwei Zweigelenkarmen in Fahrtrichtung und einer torsionsweichen Querverbindung besteht, als die meistgewählte Bauform.

Eine überschlägige Berechnung der Stützkräfte einfach statisch unbestimmt gelagerter Körper mit Hilfe des Modells der federnd gestützten starren Platte wird im Abschnitt 3.5.3.3 von [0.1] behandelt. In [2.257] ist nachgewiesen, daß sich bei doppeltsymmetrischen Vierbeinportalen die elastizitätstheoretisch berechneten Stützkräfte nur um wenige Prozent von den nach diesem Modell ermittelten unterscheiden. Das Näherungsverfahren ist somit geeignet, eine erste gültige Aussage zu geben.

Die Vorrichtungen zum Drehen des Kranoberteils bestehen aus einer Drehverbindung und einem Drehwerk als Antrieb, das am festen oder am drehbaren Teil gelagert sein kann. Über Bauarten und Auslegung informiert [0.1, Abschn. 3.5.4]. Drehscheibenverbindungen sind in sich kippsicher, bedingen aber eine große Baubreite und werden deshalb kaum noch verwendet.

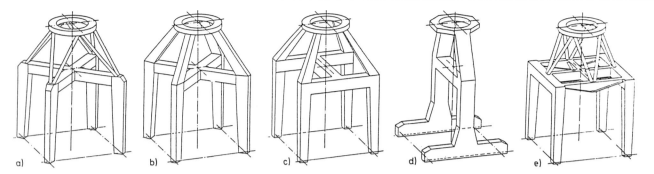

Bild 2-214 Vierbeinportale, Beispiele [2.253]
a) b) Sternportale
c) H-Portal
d) Zweibeinportal
e) K-Portal

Auch die Säulendrehverbindung, die sich wegen der verlangten großen Bauhöhe anbietet, wird heute mehr und mehr durch die im Bild 2-211 dargestellte feststehende Säule mit Kugeldrehverbindung ersetzt. Wegen der Kranfahrwerke ist auf [0.1, Abschn. 3.5.3] zu verweisen.

2.4.5.2 Standsicherheit und Tragfähigkeit

Wie alle kippgefährdeten Krane verlangen auch die Drehkrane den rechnerischen und experimentellen Nachweis ihrer Standsicherheit gemäß DIN 15019 Teil 1. Sie sind vom Bauprinzip her die am stärksten kippgefährdeten Krane, weil sie die Last fast immer außerhalb der von den Kippkanten gebildeten Unterstützungsfläche aufnehmen. Die Veränderung der Auslandung durch die Neigungsbewegung des Auslegers ändert die Belastungsgeometrie beträchtlich, die Gesetzmäßigkeiten sind überwiegend nichtlinear. In der steilsten Stellung des Auslegers können durch plötzliches Abreißen der Last, Windkräfte und Schwingungen kritische Zustände für ein Kippen nach hinten auftreten, d.h. die Belastungsfälle 4 und 5 der genannten Norm zu überprüfen sein.

Aus den Kriterien für die Standsicherheit wird die Tragfähigkeitsfunktion des Krans in Abhängigkeit von der Ausladung bestimmt. Als Beispiel für die durchzuführenden Berechnungen sind im Bild 2-215 die anzusetzenden Kräfte im Belastungsfall mit Wind angegeben. Wie im Abschnitt 2.4.4.2 erläutert, muß die Summe aller im Standsinn wirkenden Momente um die Kippkante 1 größer als die Summe der im Kippsinn wirkenden sein, d.h., es gilt

$$F_{eK}r_{eK} + F_{Go}r_{Go} + F_{Gu}r_{Gu} \geq F_{wK}h_{wK} + m(1{,}4g + 1{,}5a_m)r + \\ + (F_{pn} + F_{wn})h + F_{eA}r_{eA} + F_{pA}h_{pA} + F_{wA}h_{wA}; \quad (2.106)$$

F_{eK} Gewichtskraft Kran ohne Gegenmassen und Ausleger
F_{Go} Gewichtskraft der oberen Gegenmasse
F_{Gu} Gewichtskraft der unteren Gegenmasse
F_{wK} Windkraft auf Kran ohne Ausleger
m zulässige Nutzmasse bei der Ausladung r
g Erdbeschleunigung
a_m mittlere Hubbeschleunigung
F_{pn} Zentripetalkraft der Nutzmasse
F_{wn} Windkraft auf Nutzmasse
F_{eA} Gewichtskraft des Auslegers
F_{pA} Zentripetalkraft des Auslegers
F_{wA} Windkraft auf Ausleger.

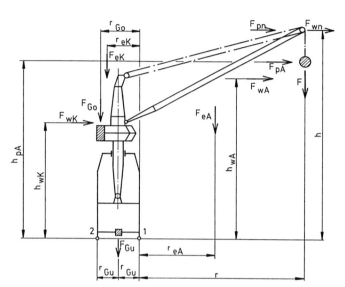

Bild 2-215 Kräfte am Drehkran für Standsicherheitsnachweis

Die Berechnung der Kräfte und ihrer Hebelarme ist [0.1, Abschn. 3.5.2.2] zu entnehmen. Aus der vorstehenden, unübersichtlichen Gleichung ist der funktionale Zusammenhang zwischen Nutzmasse m und Ausladung r nicht direkt abzulesen. Um diesen Einblick zu gewinnen, werden die Standmomente zusammengefaßt und Windkräfte sowie überlagerte Drehbewegung außer Acht gelassen. Dies führt zum Ansatz

$$F_e r_e = F_{eK}r_{eK} + F_{Go}r_{Go} + F_{Gu}r_{Gu} \quad (2.107)$$
$$\geq m(1{,}4g + 1{,}5a_m)r + F_{eA}r_{eA} = ma_r r + F_{eA}r_A;$$

a_r rechnerische Vertikalbeschleunigung der Nutzmasse.

Die Auflösung nach m ergibt die Tragfähigkeitsfunktion in der einfachsten Form

$$m(r) = \frac{F_e r_e - F_{eA}r_{eA}}{a_r r} \approx \frac{C_1}{r} - C_2 \,(\text{für } r_A/r \approx \text{konst.}). \quad (2.108)$$

Bild 2-216 zeigt diesen hyperbolischen Funktionsverlauf mit der ideellen Kurve 1, die das Auslegermoment vernachlässigt, und der Kurve 2 für die tatsächliche Tragfähigkeit. Im Bereich kleiner Ausladungen r begrenzt man diese Kurve bisweilen nicht durch das Kriterium der Standsicherheit, sondern durch die Auslegung des Hubwerks (waagerechter Teil der Kurve 2). Krane mit Wippauslegern, die Umschlagarbeiten ausführen, erhalten meist eine gleichbleibende Tragfähigkeit für den gesamten Bereich der Ausladung (Kurve 3).

Diese aus vereinfachenden Annahmen hergeleitete Tragfähigkeitsfunktion muß noch modifiziert werden, um sie an die Einflüsse von Wind- und Beschleunigungskräften anzupassen. Außerdem kann die Prüfbelastung mit 1,25facher Nutzmasse eine Rolle spielen.

2.4 Schienengebundene Hebezeuge

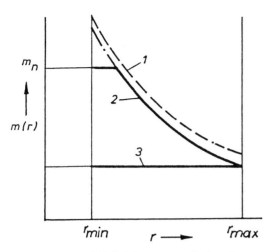

Bild 2-216 Tragfähigkeitskurven von Auslegerkranen
1 ideelle ausladungsabhängige Tragfähigkeit
2 tatsächliche ausladungsabhängige Tragfähigkeit
3 konstante Tragfähigkeit im Ausladungsbereich

Czichon untersucht in einer weiteren Arbeit [2.258] die Bedingungen für die Größe der Gegenmassen eines Drehkrans. Ausgangspunkt ist der Ansatz

$$\Delta M_s = M_s - M_{se} \geq M_k - M_{se}; \qquad (2.109)$$

ΔM_s ohne Gegenmassen fehlendes Standmoment
M_s notwendiges Standmoment des Krans
M_{se} Standmoment des Krans ohne Gegenmassen
M_k Kippmoment des Krans.

Er führt zu zwei Gleichungen für die Momente um die beiden im Bild 2-215 angegebenen Kippkanten 1 und 2

$$F_{Go}r_{Go} + F_{Gu}r_{Gu} \geq \Delta M_{s1}$$
$$F_{Go}(2r_{Gu} - r_{Go}) + F_{Gu}r_{Gu} \geq \Delta M_{s2}.$$

Ihre Addition und Subtraktion ergibt zwei Gleichungen für die Mindestgröße der Gegenmassen

$$(m_{Go}+m_{Gu})r_{Gu} \geq \frac{1}{2g}(\Delta M_{s1}+\Delta M_{s2})$$

$$m_{Go}(r_{Go}-r_{Gu}) \geq \frac{1}{2g}(\Delta M_{s1}-\Delta M_{s2}). \qquad (2.110)$$

Auch dies verdeutlicht die Wirkung des geforderten Standsicherheitsnachweises auf die Auslegung und zulässige Belastung eines Auslegerkrans. Ergänzend teilt [2.258] mit, daß die Verfolgung des Ziels, kleinstmögliche Stützkräfte des Krans zu erreichen, zu größeren Gegenmassen und damit zu einer höheren Gesamtmasse des Krans führt.

2.4.5.3 Schwenkkrane

Schwenkkrane sind einfache, ortsgebundene Hebezeuge mit einem schwenkbaren Festausleger, der eine verfahrbare Unterflanschlaufkatze trägt. Man benutzt sie, um Maschinen zu beschicken, Vorrichtungen zu wechseln, Güter aller Art zu laden, Boote aus dem Wasser zu heben und vieles mehr. Als Wandschwenkkrane werden sie an der Wand, an Hallenstützen o.ä. gelagert, deren Konstruktion die Aufnahme der Anschlußkräfte erlauben muß. Auch die Lagerung an der Decke kommt in Sonderfällen in Frage. Die Vorzüge einer solchen Anordnung sind die vollständige Bodenfreiheit und die Möglichkeit, Transporte zwischen zwei Hallenschiffen auszuführen.

Scheidet eine solche Anbringung aus, kann ein Säulenschwenkkran die genannten Aufgaben übernehmen, dessen freistehende Säule durch Ankerschrauben oder andere Befestigungsmittel auf einem Bodenfundament gelagert ist. Es gibt zahlreiche Variationen für die Gestaltung und Befestigung dieser beiden Grundbauarten der Schwenkkrane.

Als Hubwerke werden Serienhebezeuge mit Ketten- oder Seiltrieben, nur selten Getriebewinden oder Hydraulikzylinder eingesetzt. Die Kranbewegungen, d.h. Heben, Katzfahren, Schwenken, werden elektrisch angetrieben. Wenn der Schwenkkran eine geringe Tragfähigkeit bis höchstens 500 kg und einen relativ kurzen Ausleger bis maximal 6 m Länge hat, kann man auf die Antriebe für das Fahren und Schwenken verzichten und die Horizontalbewegung der Last durch deren Verschieben von Hand vornehmen. Auch die Hubbewegung läßt sich mit einer Haspelkette manuell ausführen.

Der *Wandschwenkkran* im Bild 2-217 weist wegen seiner großen Tragfähigkeit Triebwerke für alle drei Kranbewegungen auf. Der I-Träger als Ausleger 4 ist biegesteif an eine kurze Stützsäule 2 angeschlossen, die in zwei an der Wand befestigten Drehgelenken 1 gelagert ist. Am Ausleger verfährt die Unterflanschlaufkatze 5, ihr Fahrweg wird beiderseitig durch Anschläge 6 begrenzt. Ein Schleppkabel 8 als Rund- oder Flachleitung übernimmt die Stromzufuhr.

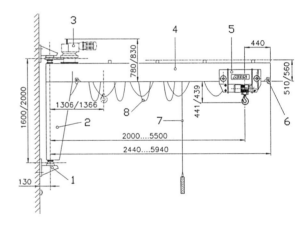

Bild 2-217 Wandschwenkkran Typ M-S-103-01,
Baugröße WL 60
ABUS Kransysteme GmbH & Co. KG, Gummersbach
Tragfähigkeit 3,2 t
1 Wandlager
2 Stützsäule
3 Drehwerk
4 Ausleger
5 Unterflanschlaufkatze
6 Anschlag
7 Steuerkabel
8 Schleppkabel

Wegen des kleinen Schwenkwinkels von nur 180° besteht das Drehwerk aus einem an der Wandhalterung angeschraubten Zahnsegment und einem auf dem Ausleger gelagerten Schwenkantrieb, dessen Antriebsritzel sich am Zahnsegment abwälzt (Bild 2-218). Auch die Schwenkbewegung wird durch Puffer oder Anschläge beiderseitig begrenzt. Eine Rutschkupplung schützt den Antrieb vor Überlastung, wenn der Ausleger diese Endstellungen anfährt. Statt der gezeichneten Steuerung über ein vom Ausleger herabhängendes Steuerkabel können ortsfeste oder verfahrbare Steuereinrichtungen vorgezogen werden.

Einen freistehenden *Säulenschwenkkran*, der sich um 360° drehen kann, zeigt Bild 2-219. Der Ausleger ist auf dem Säulenkopf drehbar gelagert und stützt sich mit seinem

Stützarm an einem tiefergelegenen Laufring ab, an dem bei Bedarf auch das Schwenkwerk die Schwenkbewegung einleitet. Der Ausleger kann zweiteilig, d.h. teleskopierbar, ausgebildet werden. An großen freistehenden Säulenschwenkkranen lagert man den Ausleger auch über eine Kugeldrehverbindung am Säulenkopf.

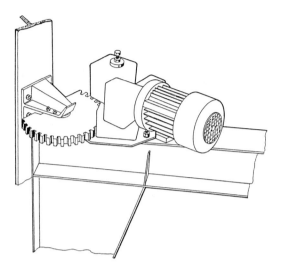

Bild 2-218 Drehwerk des Wandschwenkkrans im Bild 2-217

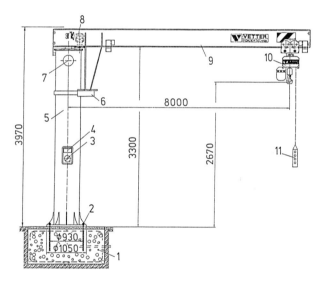

Bild 2-219 Schwenkkran Meister M 160
Vetter Fördertechnik GmbH, Siegen
Tragfähigkeit 3,2 t, Eigenmasse 2,9 t
1 Fundament
2 20 Ankerschrauben M 27
3 Netzanschlußschalter
4 Typenschild
5 Säule
6 Stützrolle
7 Handloch
8 Schwenkantrieb
9 Ausleger
10 Elektrokettenzug
11 Steuereinrichtung

Wenn Säulenschwenkkrane im Freien aufgestellt werden, tritt die am Ausleger angreifende Windkraft als zusätzliche Belastung auf. Besitzt ein solcher Kran kein Schwenkwerk, besteht die Gefahr, daß sich der Ausleger unter Windeinfluß von selbst dreht. Dies gestattet die Arbeit dann nur, wenn nahezu Windstille herrscht. Eine unerwünschte Schwenkbewegung des Auslegers eines Wandschwenkkrans ohne Triebwerk für diese Bewegung kann auch durch die Verformung der Wandhalterungen, z.B. an Hallenstützen mit Kranfahrbahnen für Brückenkrane, auftreten.

Die üblichen technischen Daten von Schwenkkranen sind 2...10 t Tragfähigkeit und 2...12 m Ausladung. Es gibt auch Ausführungen bis 20 t Tragfähigkeit und 20 m Ausladung. Die Tragfähigkeit wird meist als Funktion der Ausladung festgelegt, siehe Gl. (2.108).

Der Ausleger als Kragarm und, bei einem Säulenschwenkkran, die durch das am Kopf angreifende Moment beanspruchte Säule unterliegen merklichen Verformungen. Unter den vereinfachenden Annahmen konstanter Querschnitte von Ausleger und Säule sowie Einleitung des Auslegermoments an der Säulenspitze erzeugt eine an der Auslegerspitze angreifende senkrechte Kraft F an dieser Stelle eine Verschiebung in Richtung dieser Kraft von

$$f = f_A + f_S \frac{2l_A}{l_S} = \frac{Fl_A^2}{E}\left(\frac{l_A}{3I_A} + \frac{l_S}{I_S}\right); \qquad (2.111)$$

f senkrechte Verschiebung der Auslegerspitze
F Hubkraft
$l_{A,S}$ Systemlängen von Ausleger bzw. Säule
$I_{A,S}$ Flächenträgheitsmoment von Ausleger bzw. Säule
E Elastizitätsmodul.

Eine Einleitung des Auslegermoments über zwei Stützkräfte wie im Bild 2-219 vermindert die Durchbiegung gegenüber diesem Ansatz. Um eine einwandfreie Führung der Last zu gewährleisten und die Amplituden der auftretenden Schwingungen zu begrenzen, darf die Durchbiegung der Auslegerspitze eines Schwenkkrans nicht zu groß werden. [2.259] formuliert als Kenngröße für die Biegesteife des Systems Schwenkkran den Quotienten von Gesamtlänge und Durchbiegung, d.h. $C = (l_A + l_S)/f$, und empfiehlt Werte von $C = 125...320$ für Säulenschwenkkrane sowie $C = 200...500$ für Wandschwenkkrane. In den derzeitigen konstruktiven Ausführungen sorgen Überspannungen des Auslegers und ausreichend biegesteife Querschnitte dafür, daß Verformungsprobleme die Tragfähigkeit nicht einschränken.

2.4.5.4 Drehkrane mit Einziehausleger

Anhand von Bild 2-211 wurden die wesentlichen Gesichtspunkte für Konstruktion und Einsatz der Drehkrane mit Einziehausleger benannt und in den Abschnitten 2.4.5.1 und 2.4.5.2 behandelt. Derartige Krane werden für Tragfähigkeiten von 10...50 t und maximale Ausladungen bis 45 m gebaut und dabei für Lasthaken- oder Greiferbetrieb eingerichtet. Nachzutragen wäre noch, daß an die Genauigkeit der kreisrunden Form der Säule aus Stabilitätsgründen hohe Anforderungen gestellt werden müssen [2.260].

Eine Bauweise ohne zwischengeschaltete Säule zeigt Bild 2-220. Die Kugeldrehverbindung ist unmittelbar auf dem Portal gelagert, der Ausleger mit einer Rückfallstütze ausgestattet, das Fahrerhaus zur Verbesserung der Sichtverhältnisse am Oberteil vorgezogen angebracht. Andere, ältere Bauformen sind z.B. aus [2.55] ersichtlich.

Wegen der Vorzüge, die eine horizontale Bewegung der Last während der Ausladungsveränderung hat, geht die Tendenz heute stärker in Richtung Wippdrehkran. In [2.255] wird auf eine gegenläufige Tendenz bei leichten Stückgutkranen hingewiesen, bei denen die Einziehwerke für niedrige Geschwindigkeiten ausgelegt werden können, weil die Verstellwege des Auslegers bei der gegebenen Umschlagtechnologie klein bleiben oder ganz wegfallen. Diese Krane sind deshalb leichter und billiger, auch weniger verschleißanfällig als Wippdrehkrane.

2.4 Schienengebundene Hebezeuge

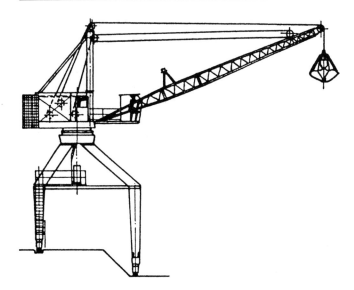

Bild 2-220 Drehkran mit Einziehausleger und Motorgreifer
Noell GmbH, Würzburg

Im weiteren Sinn des Begriffs gehören auch die *Derrickkrane* zu den Drehkranen mit Einziehausleger. Sie werden zur Montage von Großgeräten für eine bestimmte Dauer aufgerichtet und nach deren Beendigung wieder demontiert. Die gegenwärtig verfügbaren Fahrzeugkrane großer Tragfähigkeit haben ihr Einsatzgebiet erheblich eingeschränkt.

Bild 2-221 soll das Konstruktionsprinzip verdeutlichen. Ein Standmaß 5 ist auf dem Grundrahmen 1 aufzurichten und dann feststehend zu lagern. Er wird von acht sternförmig über einen Winkel von rd. 230° verteilten Abspannseilen gehalten. Der Ausleger hat eine Kugellagerung auf dem Grundrahmen und kann mit Hilfe des Nackenseils in seiner Neigung eingestellt werden. Zwei an der Auslegerspitze seitlich angreifende Seiltriebe machen ihn nach beiden Seiten hin schwenkbar. Als Triebwerke werden ausschließlich Seilwinden verwendet. Es gibt andere Ausführungen dieser Derrickkrane mit drehbarer Säule, mit Stützung des Standmasts durch ein Zweibein usw. Auch hier kann [2.55] weitere Informationen, auch zur Berechnung der Abspannseile, vermitteln.

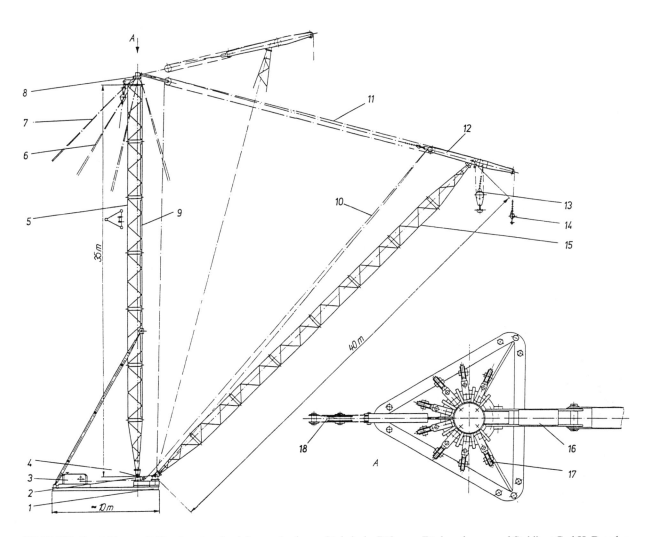

Bild 2-221 Derrickkran mit Standmast und neigbarem Ausleger; Sächsische Bühnen-, Förderanlagen- und Stahlbau GmbH, Dresden
Tragfähigkeiten: Haupthub 40 t, Hilfshub 5 t

1 Grundrahmen	7 Nackenstrebe	13 Unterflasche Haupthub
2 Lagerbock für Ausleger	8 Abspannstern	14 Unterflasche Hilfshub
3 Hubwinde	9 Leiter	15 Ausleger
4 Lagerbock für Standmast	10 Hubseile	16 Gehänge für Nackenseil
5 Standmast	11 Nackenseil	17 Befestigung für Abspannseil
6 Abspannseil	12 Wippe	18 Gehänge für Nackenstrebe

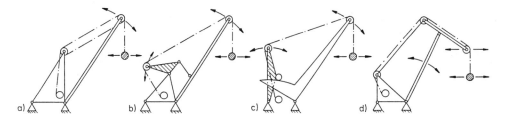

Bild 2-222 Hubwegausgleich bei Wippdrehkranen
a) Seilflaschenzug
b) Schwinghebel
c) Kurvenlenker
d) Doppellenker

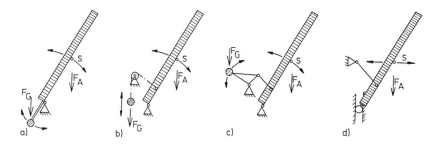

Bild 2-223
Eigenmassenausgleich bei Wippauslegern
a) Gegenmasse am Ausleger
b) Gegenmasse am Seil
c) Gegenmasse am Schwinghebel
d) Parallelogrammlenker

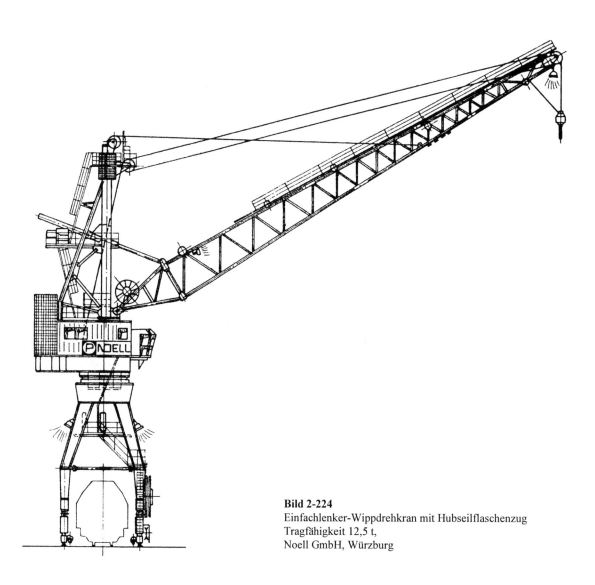

Bild 2-224
Einfachlenker-Wippdrehkran mit Hubseilflaschenzug
Tragfähigkeit 12,5 t,
Noell GmbH, Würzburg

2.4.5.5 Bauarten von Wippdrehkranen

Wippen statt Einziehen, d.h. horizontales Bewegen der Last während der Bewegung des Auslegers, ist das Merkmal der Wippdrehkrane und die Voraussetzung dafür, die Wippbewegung mit einer größeren Geschwindigkeit auszuführen und als eine der Hauptbewegungen des Krans zu nutzen. Dies verlangt eine eigene Ausbildung des Auslegersystems oder der Triebwerksteuerung, um die überlagerte Hubbewegung zu kompensieren, und einen Ausgleich der Eigenmasse des Auslegers durch eine Gegenmasse.

Wippdrehkrane mit Einfachlenkern führen die Umlenkrolle des Hubseils an der Auslegerspitze beim Wippen auf einer kreisförmigen oder elliptischen Bahnkurve. Den *Hubwegausgleich*, auch Last- oder Nutzmasseausgleich genannt, besorgen in das Auslegersystem einbezogene Seilspeicher, seltener die mechanische oder elektrische Verbindung von Hub- und Wippwerk.

Ein dreisträngiger Seilflaschenzug zwischen dem Kranoberteil und dem Auslegerkopf ist die gebräuchlichste Form des Hubseilspeichers (Bild 2-222a). Eine ähnliche Wirkung erzeugen Schwinghebel- oder Kurvenlenker, die das Hubseil nach außen spreizen (Bild 2-222b, c). Diese anfang häufig gebauten beiden Wippsysteme [2.253] werden allerdings heute kaum noch angewendet [2.261]. Sollte ein Wippdrehkran mit Seilflaschenzug für Betrieb mit einem Vierseilgreifer ausgerüstet werden, müßten 12 Seilstränge nebeneinander und 8 Seilrollen am Auslegerkopf angeordnet werden. Diese komplizierte konstruktive Lösung scheidet naturgemäß aus. Nur bei kleiner Tragfähigkeit und Ausladung kann man die Seilflaschenzüge der Greiferseile zwischen den Oberbau und das untere Ende des Auslegers legen und dadurch einer Massenvergrößerung an der Auslegerspitze aus dem Weg gehen [2.262].

Es liegt auch nahe, die Triebwerke für Wippen und Heben mechanisch über ein Umlaufrädergetriebe oder elektrisch über eine spezielle Steuerung während der Wippbewegung so zu koppeln, daß ein vollständiger Hubwegausgleich stattfindet. Wie bei den Triebwerken für Seilzugkatzen, siehe Abschnitt 2.4.2.5, muß der Einfluß der Triebwerkkoppelung auf die Belastung und damit Auslegung der Triebwerke beachtet werden. Man macht deshalb wenig Gebrauch von der Nutzung der Hubtrommel als Seilspeicher bzw. einer elektrischen Nachführsteuerung, die dennoch mögliche Varianten zu den anderen Seilspeichern bleiben.

Wenn Greiferbetrieb oder hohe Tragfähigkeit mehrere Seile oder deren Mehrfacheinscherung verlangen, steht das Doppellenker-Wippsystem zur Verfügung. Es benötigt keinen Ausgleich des Hubwegs, weil es den Auslegerkopf als Punkt der Koppel einer Viergelenkkette waagerecht führt (Bild 2-222d) und die Hubseillänge innerhalb der Getriebekette dabei konstant bleibt. Ein Vorzug dieses Auslegersystems ist zudem die kleinere und gleichbleibende Pendellänge des herabhängenden Hubseils, ein Nachteil der größere Aufwand und damit die höhere Eigenmasse.

Der *Eigenmassenausgleich* ist ein vom Hubwegausgleich unabhängiges System, Bild 2-223 gibt die gebräuchlichen Arten wieder. Eine Gegenmasse an einer Auslegerverlängerung (Bild 2-223a) gewährleistet einen exakten Massenausgleich in jeder Auslegerstellung, ist aber konstruktiv nur an leichten Kranen zu verwirklichen. Die vertikal bewegte, durch ein Seil mit dem Ausleger verbundene Gegenmasse (Bild 2-223b) kompensiert die Auslegermasse nur in einer bestimmten Auslegerstellung mit dem zugeordneten Neigungswinkel des Seils vollständig, in anderen Stellungen entsteht wegen anderer Neigungswinkel ein Differenzmoment der Gewichtskräfte von Ausleger- und Gegenmasse, das vom Wippwerk übertragen werden muß. Es gibt Lösungen, diesen Einfluß durch eine Spiraltrommel auszuschließen, sie haben sich jedoch nicht durchgesetzt. Auch beim Schwinghebel mit Gegenmasse (Bild 2-223c) gilt diese Einschränkung für die Genauigkeit des Massenausgleichs, weil sich auch hier die Bezugswinkel ändern.

Im Gegensatz zu diesen auf der Basis von Gegenmassen beruhenden Ausgleichssystemen führt der Parallelogrammlenker (Bild 2-223d) als Schubkurbelkette den Schwerpunkt S des Auslegers waagerecht und braucht deshalb keine Ausgleichsmasse. Geeignet ist dieses System vor allem für sehr lange und damit schwere Einfachlenker. Weil die Auslegerspitze während der Wippbewegung eine elliptische Bahn beschreibt, bezeichnet man diesen Ausleger auch als Ellipsenlenker. Der Ausgleich des Hubwegs muß über ein Umlaufrädergetriebe im Hubwerk hergestellt werden.

Die Wippwerke als Antriebe unterscheiden sich in der konstruktiven Ausführung nur durch die Beanspruchung und Auslegung von den Einziehwerken, siehe [0.1 Abschn. 3.5.2]. Wegen der niedrigen Grundbelastung unterliegen sie allerdings häufiger einem Vorzeichenwechsel des Drehmoments. Bleibt die Wippgeschwindigkeit am Abtriebselement des Triebwerks konstant, weichen nach [2.261] die Horizontalgeschwindigkeiten der Last bei der kleinsten und größten Ausladung im Verhältnis 1:2,5 voneinander ab, wenn das Wippwerk einen Seilflaschenzug aufweist. Ist dieses Triebwerk ein Spindel-, Zahnstangen- oder hydraulischer Antrieb mit Zylinder, beträgt dieses Verhältnis wegen des anderen Angriffspunkts des Bewegungselement am Ausleger nur rd. 1:1,5. Es läßt sich durch Regelung, z.B. eines hydraulischen Antriebs, weiter vermindern.

Die Besonderheiten des Stückgutumschlags in Seehäfen sind das möglicherweise enge Nebeneinanderarbeiten mehrerer Krane und der Eisenbahn-, LKW- und Staplerverkehr auf den Kais. Wippdrehkrane für den Hafenumschlag erhalten deshalb eine schmale Silhouette und ein Portal, um Fahrwege zu überspannen. Der Kran im Bild 2-224 arbeitet in einem solchen Hafen im Umschlag mittelschwerer Stückgüter. Das Wippsystem hat einen Seilflaschenzug zum Hubwegausgleich, den Massenausgleich stellt eine senkrecht bewegte Gegenmasse her, deren Gewichtskraft von einem Seil auf das obere Drittel des Auslegers übertragen wird. Eine Kabeltrommel am Fuß des Auslegers kann für den Betrieb mit Motorgreifer oder Magnet ein Leitungskabel auf- und abwickeln, das über Stützrollen zum Auslegerkopf geführt wird.

Der Ausschuß für Hafenumschlagtechnik nennt in seinen Empfehlungen [2.263] folgende Arbeitsgeschwindigkeiten für Hafenkrane:

– Heben 10...80 m/min (Stückgut), 32...125 m/min (Schüttgut)
– Wippen 20...63 m/min
– Drehen mit maximal 300 m/min Tangentialgeschwindigkeit der Auslegerspitze
– Kranfahren 20...40 m/min.

Wegen der hohen Geschwindigkeiten erhalten die Wipp- und Drehwerke feinstufige Steuerungen für Anfahren und Bremsen, z.B. unter Einsatz von Wirbelstrombremsen. Die Kollektive von Nutzmasse und Ausladung sind fast immer normalverteilt, die Überlagerung mehrerer Hubmassekollektive für verschiedene Tragfähigkeitsbereiche ergibt Mischverteilungen [2.264].

Die technologische Entwicklung des Hafenumschlags verfolgt das Ziel, die Durchlaßfähigkeit der Schiffsliegeplätze zu erhöhen, zum einen durch größere Umschlagleistungen, zum anderen durch die Austauschbarkeit technologischer Linien [2.265]. Als Universalkran erfüllt der *Doppellenker-Wippdrehkran* diese Anforderungen in besonderer Weise, weil er den Wechsel von Lasthaken-, Magnet- und Greiferbetrieb erlaubt [2.266]. Die Grenzwerte der Auslegung liegen derzeit bei 63 t Tragfähigkeit, 40 m Ausladung und Wippgeschwindigkeiten bis 80 m/min.

Der Doppellenkerkran im Bild 2-225 hat eine Drehsäulenverbindung *8* und eine ihr angepaßte Ausbildung des Vierbeinportals *2*. Das Wippwerk greift mit seiner Zahnstange am unteren Teil des Drucklenkers *15* an, wo auch die Koppelstange *6* der Gegenmassenschwinge *7* gelagert ist. Wie beim Schiffsentlader, siehe Abschnitt 2.4.4.5, kann der Lastweg durch einen vorgezogenen Bunker als Gutabgabestelle verkürzt werden (Bild 2-226), man spricht dabei auch von einem Känguruhbetrieb. Pendelfreie Zielansteuerung und automatischer Betrieb erhöhen den Durchsatz und entlasten den Kranfahrer, siehe hierzu [2.267] bis [2.269] sowie Abschnitt 2.6.6.

In der Verwendung von Wippdrehkranen mit Doppellenkern liegt eine Alternative und Ergänzung zu den im Abschnitt 2.4.4.4 erwähnten schweren Portalkranen, die nur selten mit ihrer vollen Tragfähigkeit ausgenutzt werden [2.270] [2.271]. Derartige Drehkrane erhalten Tragfähigkeiten von 40...160 t und Ausladungen von 35...50 m. Wegen der höheren Anforderungen an die Positioniergenauigkeit und Feinfühligkeit der Steuerung werden häufig geregelte Antriebe eingesetzt; die Arbeitsgeschwindigkeiten liegen i.allg. niedriger als bei Umschlagkranen.

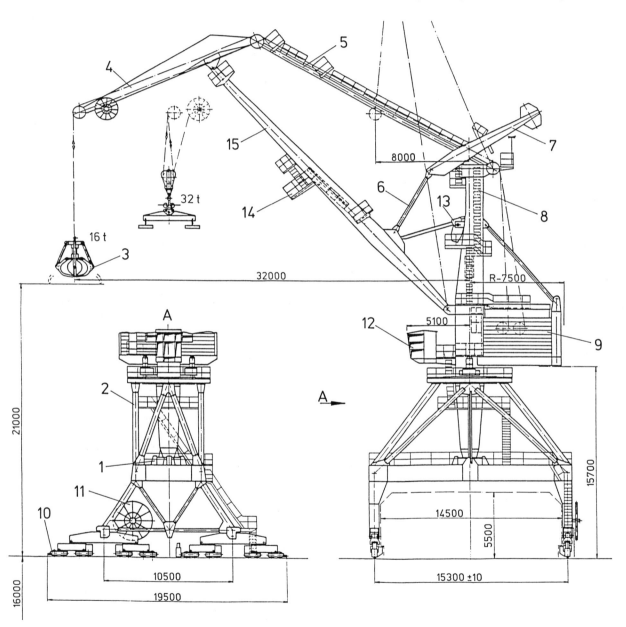

Bild 2-225 Portalwippdrehkran mit Doppellenker; Vulkan Kranbau Eberswalde GmbH, Eberswalde
Tragfähigkeit 32/20/16 t, Arbeitsgeschwindigkeiten: Heben 63 m/min, Wippen 63 m/min, Drehen 1,5 U/min, Fahren 20 m/min

1 Drehwerk	5 Zuglenker	9 Maschinenhaus	13 Wippwerk
2 Portal	6 Koppelstange	10 Kranfahrwerk	14 Wartungsbühne
3 Greifer	7 Gegenmassenschwinge	11 Leitungstrommel	15 Drucklenker
4 Wippe	8 Drehsäule	12 Fahrerhaus	

2.4 Schienengebundene Hebezeuge

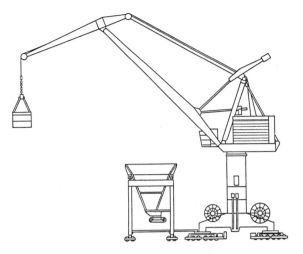

Bild 2-226 Wippdrehkran mit Doppellenker für Känguruhbetrieb

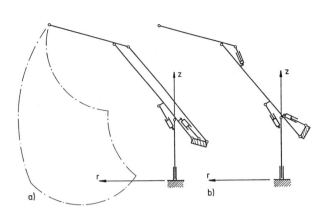

Bild 2-228 Getriebeschemen von Balancekranen
a) Bauweise Vulkan Kranbau Eberswalde
b) Bauweise Aumund

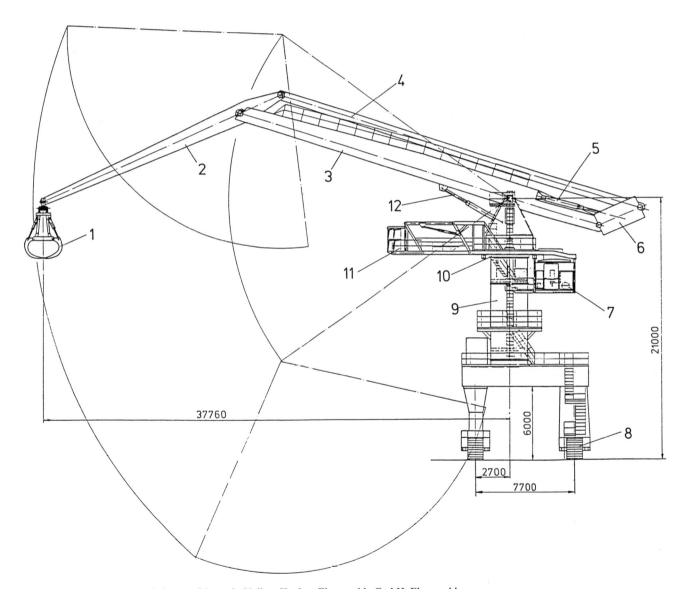

Bild 2-227 Balancekran mit Raupenfahrwerk; Vulkan Kanbau Eberswalde GmbH, Eberswalde
Tragfähigkeit 25/15 t, Arbeitsgeschwindigkeiten: Heben 132 m/min, Drehen 2 U/min, Fahren 8,3 m/min

1 Lastaufnahmemittel	5 Hydraulikzylinder 2	9 Säule, feststehend
2 Wippe	6 Gegenmassenglied	10 Kugeldrehverbindung
3 Kurbel	7 Maschinenhaus	11 Fahrerhaus
4 Parallelglied	8 Raupenfahrwerk	12 Hydraulikzylinder 1

Mit dem *Balancekran* (Bild 2-227) wurde ein altes Konstruktionsprinzip wiederbelebt. Der Ausleger bildet eine offene Gelenkkette mit einer Parallelführung als in sich geschlossene Masche (Bild 2-228a). Das Lastaufnahmemittel wird unmittelbar an der Auslegerspitze befestigt, die Arbeitsbewegungen entstehen durch das Zusammenwirken von zwei hydraulischen Zylindern *5* und *12*, d.h. durch eine Absolutbewegung der Kurbel *3* und eine Relativbewegung der Wippe *2* über das Parallelglied *4*. Das untere Getriebeglied *6* als Koppelstange trägt eine Gegenmasse, die einen vollständigen Masseausgleich ähnlich dem im Bild 2-223a herstellt. In einer anderen Bauart dieses Krantyps bleibt der Ausleger ein normaler zweiteiliger Gelenkausleger, siehe Bild 2-212e, mit Antrieb beider Auslegerglieder durch je einen Hydraulikzylinder. Parallel zur Auslegerneigung wird eine gelenkig am hinteren Ende des Hauptauslegers gelagerte Gegenmasse hydraulisch verstellt (Bild 2-228b).

Weil die Last nicht am Hubseil pendeln kann, sind die Arbeitsbewegungen mit diesem Balancekran mit höheren Geschwindigkeiten auszuführen. Es ergeben sich allerdings die typischen gekrümmten Lastwegkurven eines Gelenkauslegers, wenn beide Arbeitszylinder unabhängig voneinander gesteuert und damit beaufschlagt werden. Ein echter Wippkran mit klarer Trennung von Vertikal- und Horizontalbewegung wird der Balancekran erst durch eine rechnergestützte überlagerte Steuerung der zwei Freiheitsgrade der Bewegung seiner Auslegerspitze [2.272] [2.273]. Die Einsatzmöglichkeiten für diesen Krantyp beschreibt [2.274].

2.4.5.6 Auslegung und Optimierung von Wippsystemen

Ein Hauptziel, das der Entwurf eines Wippsystems verfolgt, besteht darin, unter gegebenen Randbedingungen eine Lösung zu finden, bei der die Last und der Massenschwerpunkt möglichst genau auf geraden waagerechten Bahnen geführt werden. Ergänzend können Vorgaben für die Form dieser Bahnen zu erfüllen sein. Eine genaue Geradführung ist nur in Sonderfällen zu verwirklichen, z.B. für die Last beim Kurvenlenker (Bild 2-222c), für den Massenschwerpunkt des Auslegers beim Parallelogrammlenker (Bild 2-223 d). Mit allen anderen Systemen lassen sich nur angenäherte Geradführungen erzielen, für den Grad der notwendigen Näherung werden unterschiedliche Kriterien angesetzt. Die einfachen geometrischen Verfahren, mit denen Wippsysteme ausgelegt werden, sind inzwischen von analytischen Methoden ergänzt bzw. ersetzt worden, die genauere Ergebnisse liefern und zusätzliche Restriktionen einbeziehen können.

Die grafische Getriebesynthese wurde von *Burmester* begründet. Ihre Anwendung auf die Wippsysteme behandelt sehr ausführlich [2.275], Auszüge dieser Arbeit enthält [2.55], Weitentwicklungen z.B. [2.276]. [2.277] und [2.278] widmen sich der Systematisierung der Strukturen solcher Mechanismen und weisen darauf hin, daß in der konstruktiven Praxis bisher nur eine kleine Anzahl davon genutzt worden sind.

Konietschke [2.275] trennt die geometrischen Verfahren für den Hubwegausgleich der Wippsysteme nach der Art der Vorgaben in

– statische, bei denen waagerechte Tangenten an Punkten der Lastwegkurve angenommen werden und damit dort die Auslegermomente aus der Gewichtskraft der Nutzmasse Null werden

– kinematische, bei denen die Lastwegkurve an bestimmten Punkten geschnitten wird.

Festgelegt werden für das zu entwerfende Wippsystem i.allg. mindestens die Grenzwerte r_{max} und r_{min} der Ausladung sowie die Hubhöhe h. Um einen genügend großen Spielraum für die Anpassung an weitere konstruktive Forderungen, z.B. sinnvolle Abmessungen, zu bewahren, können höchstens drei Bedingungen für den Lastweg angesetzt werden, wobei Kombinationen beider Verfahren möglich sind.

Wenn die Durchmesser der Seilrollen und der Seiltrommel innerhalb der Hubseilführung nicht gleich sind und/oder die Summe der Umschlingungswinkel während des Wippens nicht konstant bleibt, muß dieser Einfluß auf den Hubweg zusätzlich berücksichtigt werden. Das gleiche gilt für die Verformungen, vor allem des Tragwerks.

Unter Verweis auf die vorhandene Literatur werden nachstehend lediglich die beiden heute vorherrschenden Wippsysteme erörtert, der Einfachlenker mit Seilflaschenzug und der Doppellenker.

Einfachlenker mit Seilflaschenzug

Ergänzend zu den drei genannten geometrischen Größen r_{max}, r_{min}, h ist üblicherweise die Lage des Auslegerdrehpunkts A und damit die Auslegerlänge l vorgegeben (Bild 2-229a). Der Punkt B am Oberteil des Krans wird im einfachsten Fall als Schnittpunkt von zwei Geraden so bestimmt, daß in zwei ausgewählten Auslegerstellungen waagerechte Tangenten an der Lastwegkurve auftreten. Man wählt diese Auslegerstellungen bei etwa ¼ und ¾ des Gesamtwinkels der Auslegerneigung. Wenn in diesen Stellungen keine Momente aus der Gewichtskraft der Last auf den Ausleger einwirken sollen, muß die Resultierende F_r aus dieser Gewichtskraft F und der Summe $3F$ der Seilkräfte des Flaschenzugs durch den Auslegerdrehpunkt A gehen. Die Parallelen zur Zugkraft $3F$ des Flaschzugs beider gewählten Stellungen schneiden sich im gesuchten Punkt B. Anschließend sind die anderen Punkte der Bahnkurve der Last und die Auslegermomente für den gesamten Bereich der Ausladung zu ermitteln, die gefundene Lösung nötigenfalls zu korrigieren.

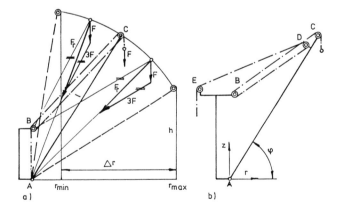

Bild 2-229 Hubwegausgleich durch Seilflaschenzug
a) Auslegerseilrollen zusammengefaßt
b) Auslegerseilrollen getrennt

Die Form der Lastwegkurve ist mit nur zwei Punkten B und C für die Lagerung des Seilflaschenzugs kaum zu variieren. *Malcher* [2.279] geht deshalb von einer allgemeinen Anordnung der Seilrollen aus (Bild 2-229 b) und formuliert für eine analytische Optimierung zwei Kriterien:

2.4 Schienengebundene Hebezeuge

a) minimaler bezogener Größtwert $\Delta z_{max}/\Delta r$ der Bahnabweichung im Ausladungsbereich Δr

$$\frac{\Delta z_{max}}{\Delta r} \to \min; \qquad (2.112)$$

b) günstige Steigungen der bezogenen Auslegermomente in den beiderseitigen Grenzstellungen.

Das Differential der Hubarbeit des Auslegermoments M_{AF} zum Heben der Last beträgt $M_{AF}d\varphi = Fd(\Delta z)$, für die Steigungen der Lastkurve gelten die Ungleichungen

$$\left(\frac{d(\Delta z)}{d\varphi}\right)_{\varphi\,min} < 0; \left(\frac{d(\Delta z)}{d\varphi}\right)_{\varphi\,max} > 0. \qquad (2.113)$$

Das erstgenannte Ziel soll den vom Wippwerk zu leistenden Größtwert der Hubarbeit minimieren, das zweite dafür sorgen, daß die Kurvenform an den Enden des Ausladungsbereichs den Bremsvorgang begünstigt und eine Sicherungsfunktion gegen ungewolltes Überschreiten dieser Grenzstellungen übernimmt.

Wenn allein das Kriterium des kleinsten maximalen Hubwegs Δz_{max} nach Gl. (2.112) herangezogen wird, ergibt sich die im Bild 2-230 dargestellte Abhängigkeit dieser Abweichung vom Verhältnis der maximalen Ausladung r_{max} zum überstrichenen Ausladungsbereich Δr. Die anhand ausgeführter Konstruktionen ermittelten Werte dieses Verhältnisses liegen im Bereich $r_{max}/\Delta r = 1{,}3...1{,}6$. Die Kurven geben Regressionspolynome wieder, in der Nähe von $r_{max}/\Delta r = 1{,}32$ liegen ihre Minima. Wichtig ist vor allem, daß sich unabhängig von der bezogenen maximalen Ausladung grundsätzlich kleinere Abweichungen von der waagerechten Bahnkurve herstellen lassen, wenn die im Bild 2-229b ersichtliche getrennte Lagerung der Auslegerseilrollen des Hubseils gewählt wird.

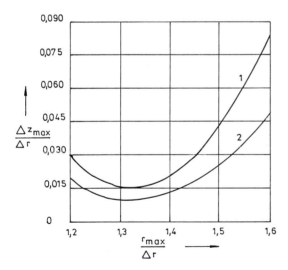

Bild 2-230 Minimale Werte für den bezogenen Größtwert $\Delta z_{max}/\Delta r$ der Lastwegabweichung als Funktion der bezogenen Ausnutzung $r_{max}/\Delta r$ der maximalen Ausladung [2.279]
1 Auslegerseilrollen zusammengefaßt (Bild 2-229a);
2 Auslegerseilrollen getrennt (Bild 2-229b)

Wird zusätzlich, z.B. über die Gl. (2.113), die Form der Lastwegkurve in die Optimierung einbezogen, vergrößert sich die maximale absolute Bahnabweichung zugunsten eines für das Wippwerk günstigen Momentenverlaufs (Bild 2-231). Auch hier wirkt sich die getrennte Lagerung der Umlenkrollen vorteilhaft aus. [2.280] schlägt deshalb vor,

als Größtwert der Bahnabweichungen von den Geraden $\Delta z_{max}/\Delta r \geq 0{,}05$ zu verwenden, um dann die gewünschte konvexe Form der Bahnkurve zu erreichen.

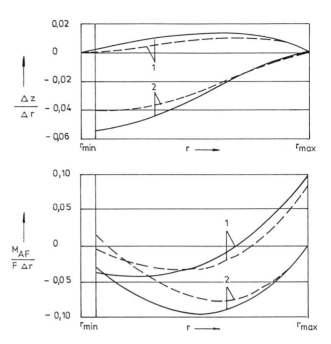

Bild 2-231 Bezogene Hubwege $\Delta z/\Delta r$ und Zusatzmomente $M_{AF}/(F\Delta r)$ von Wippdrehkranen mit Seilflaschenzug [2.280] ausgezogene Kurven: Auslegerseilrollen zusammengefaßt, gestrichelte Kurven: Auslegerseilrollen getrennt;
1 Auslegungsziel minimaler Hubweg;
2 Auslegungsziel günstige Form der Lastwegkurve

In dieser statischen Betrachtungsweise werden die Ausgleichsmaßnahmen für den Hubweg der Last und für die Eigenmasse des Auslegers getrennt voneinander betrachtet. Als Zielfunktionen für den Massenausgleich formuliert *Malcher* [2.281]:

a) geringe Wippwerkbelastung aus unvollständig ausgeglichenen Auslegermassen einschließlich der Gegenmasse

$$\left|\frac{M_A - M_{AG}}{M_{A\,max}}\right| \leq 0{,}1; \qquad (2.114)$$

M_A von der Masse des Auslegers herrührendes Moment um die Neigungsachse
M_{AG} von der Gegenmasse herrührendes Auslegermoment
$M_{A\,max}$ maximales Moment aus der Gewichtskraft des Auslegers ohne Gegenmasse.

Das maximale Moment $M_{A\,max}$ tritt in der flachsten Stellung des Auslegers auf. Der Wert 0,1 als Begrenzung wurde der Literatur entnommen, er kann natürlich je nach den Erfordernissen verändert werden.

b) kein positives Differenzmoment aus den Massen bei maximaler Ausladung r_{max}

$$M_A(r_{max}) - M_{AG}(r_{max}) \leq 0. \qquad (2.115)$$

Mit dieser zweiten Forderung soll wiederum einer unerwünschten Überschreitung der Ausladung begegnet werden. Die numerische Berechnung mit Zufallsgrößen nach der Monte-Carlo-Methode ergab für die drei im Bild 2-223a bis c gekennzeichneten Gegenmassenanordnungen folgende, auf die Eigenmasse m_A des Auslegers bezogene Minimalwerte m_G der Gegenmasse

- Gegenmasse am Schwinghebel $m_G/m_A = 0{,}895$
- Gegenmasse am Seil $m_G/m_A = 1{,}808$
- Gegenmasse am Auslegerende $m_G/m_A = 2{,}497$.

Damit ist über die im Abschnitt 2.4.5.5 enthaltenen konstruktiven Gesichtspunkte auch eine quantitative Beurteilung dieser Ausgleichssysteme gegeben. Ergänzend ist im Bild 2-232 der bei einer Begrenzung nach Gl. (2.114), d.h. einer Minimierung der Hubarbeit für den Massenschwerpunkt, zu erwartende Verlauf der bezogenen Ungleichförmigkeit des Ausgleichs dargestellt. Wenn zudem ein von Null verschiedenes Differenzmoment nach Gl. (2.115) in der größten Ausladung hergestellt werden soll, muß die Gegenmasse etwas vergrößert werden. In [2.280] wird vorgeschlagen, die Ausgleichsfunktionen für Hubweg und Eigenmasse so zu kombinieren, daß sie sich teilweise kompensieren.

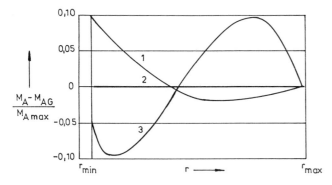

Bild 2-232 Bezogene unausgeglichene Auslegermomente aus Massenausgleich [2.280]
1 Gegenmasse am Seil
2 Gegenmasse am Ausleger
3 Gegenmasse am Schwinghebel

Doppellenker

Die Konstruktion von Viergelenkketten mit Geradführung des Koppelglieds auf einem Teil dessen Bahnkurve wird in allgemeiner Form in der getriebetechnischen Literatur beschrieben [2.282] [2.276] [2.283].

Die Annahmen und Ziele der Getriebesynthese können unterschiedlich gewählt werden. Für die Doppellenker der Wippdrehkrane werden vorzugsweise drei Bahnpunkte oder zwei dieser Punkte und einer mit waagerechter Tangente nach [2.55] als Bezugspunkte angesetzt und über sie einer der Anlenkpunkte des Zuglenkers bestimmt. Bild 2-233 zeigt die Vorgehensweise.

Die Schnabelrolle an der oberen Schwinge 7 soll in den Punkten C_1 bis C_3 auf einer Geraden, meist sogar Waagerechten liegen. Weil die Strecken $\overline{AD}, \overline{CD}$ und $\overline{ED}$ festgelegt sind, können die Punkte D_1 bis D_3 und E_1 bis E_3 gezeichnet werden. Die Länge des Zuglenkers 2 bleibt selbstverständlich gleich, deshalb schneiden sich die Lote der Verbindungslinien der Punkte E_1 und E_2 bzw. E_2 und E_3 im gesuchten Anlenkpunkt B. Die in das Bild 2-233 eingetragene Bahnkurve zeigt deren prinzipiellen, um die Bezugsgerade schwingenden Verlauf.

Andere Vorgaben, z.B. ein Wendepol in Bahnmitte ohne Krümmung oder ein Ballscher Punkt, bei dem zusätzlich die Ableitung der Krümmung an dieser Stelle verschwindet, führen zu konvexen Bahnkurven, die sich in Bahnmitte an die gewünschte Gerade anschmiegen. *Lautner* [2.284] hat nachgewiesen, daß sich damit für die Anwendung in Doppellenkern zu kurze Bahnlängen ergeben, die um die Gerade schwingende Kurve somit vorzuziehen ist. Außerdem beweist er, daß eine Erhöhung der Bahnqualität zu einer Vergrößerung der Abmessungen des Lenkersystems zwingt.

Die Optimierungsverfahren für die Bahnen von Lastaufhängepunkt und Gesamtschwerpunkt des Auslegers verfolgen deren Abweichung von der Geraden über die gesamte Bahnlänge. *Shermunski* [2.285] [2.286] geht davon aus, daß neben den bereits beim Einfachlenker erwähnten drei Eckgrößen r_{max}, r_{min}, h für Ausladung und Hubhöhe auch die Grenzwerte φ_{max} und φ_{min} für den Neigungswinkel des Drucklenkers festgelegt sind. Damit lassen sich für zwei Glieder der Viergelenkkette die Längen berechnen (Bild 2-234). Der Ansatz für die Länge d des Kragarms der Wippe in verschiedenen Auslegerstellungen

$$d = \sqrt{(r - a\cos\varphi)^2 + (a\sin\varphi - h)^2}$$
$$= \sqrt{r_{max}^2 + a^2 + h^2 - 2a(r_{max}\cos\varphi_{min} + h\sin\varphi_{min})}$$
$$= \sqrt{r_{min}^2 + a^2 + h^2 - 2a(r_{min}\cos\varphi_{max} + h\sin\varphi_{max})} \quad (2.116)$$

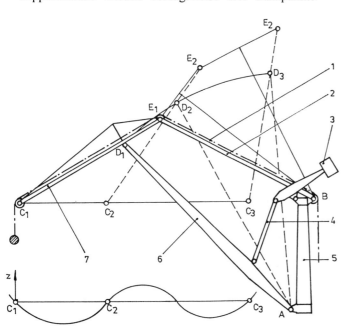

Bild 2-233 Doppellenker-Wippsystem
1 Hubseil
2 Zuglenker
3 Gegenmassenschwinge
4 Koppelstange
5 Aufbau
6 Drucklenker
7 Wippe

ergibt durch Gleichsetzen der Gleichungen für maximale und minimale Ausladung

$$a = \frac{r_{max}^2 - r_{min}^2}{2\left[r_{max}\cos\varphi_{min} - r_{min}\cos\varphi_{max} + h(\sin\varphi_{min} - \sin\varphi_{max})\right]}.$$
(2.117)

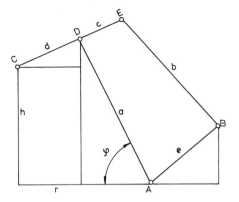

Bild 2-234 Geometrische Daten eines Doppellenkers

Für die senkrechte Koordinate des Koppelpunkts C läßt sich eine Gleichung 6. Grads herleiten. [2.286] enthält als Optimierungskriterium das Integral der quadratischen Abweichungen dieser Funktion vom Sollwert h über den Ausladungsbereich. Die partiellen Ableitungen dieser Funktion nach den gesuchten Gelenkgliedern, z.B. b, c, e, führen zu dem gewünschten Optium. Ob sich diese Maße dann konstruktiv verwirklichen lassen, bleibt offen.

Planert [2.261] benutzt als Zielfunktionen das Minimum der mittleren quadratischen Abweichungen der Momente um den Drucklenkerfußpunkt und die Begrenzung der Größtmomente um diesen Punkt. Als Restriktionen gelten zwei Bahnpunkte für die Geradführung, die Grenzwinkel der Drucklenkerneigung, die geometrische Freigängigkeit und die Drucklenkermomente aus der Hubmasse. Der Optimierungsalgorithmus wird iterativ behandelt, wobei die Anfangslösung bereits in der Nähe der gesuchten optimalen Lösung liegen sollte.

In einer umfangreichen Arbeit hat *Lautner* [2.284] das gesamte Feld der Bedingungen und Abhängigkeiten in Doppellenker-Wippsystemen untersucht. Als Kenngrößen zur quantitativen Bewertung führt er den maximalen, auf die Bahnlänge bezogenen Abstand der Bahnpunkte vom Sollwert im genutzten Bereich und die relative Ungeradheit als Summe der Flächen zwischen der Bahnkurve und einer Approximationsgeraden ein, wiederum auf die Bahnlänge bezogen. Um die Längen der Getriebeglieder zu ermitteln, wird ein geometrisches Optimierungsmodell entwickelt, mit dem das Gesamtsystem dimensioniert werden kann. Die Ergebnisse werden durch Integration der Bewegungsgleichungen überprüft. An Beispielen wird nachgewiesen, daß sich wesentliche Verbesserungen gegenüber herkömmlichen Auslegungsverfahren erzielen lassen, Tabellen und Diagramme sollen die Auswahl vorteilhafter Parameter bei der Konstruktion erleichtern.

Der Beitrag in [2.287] kritisiert die getrennte Lösung der Ausgleichsaufgaben für Last und Eigenmasse beim Entwurf von Wippsystemen und führt als Zielfunktionen der Optimierung die mittleren quadratischen Abweichungen der beim Wippen aufzuwendenden Energie sowie Leistung von den Mittelwerten als Maßstäbe für das Belastungsspektrum des Wippwerks ein. Das Kriterium der Energie kann eine Vergrößerung der Gegenmasse, das der Leistung ein schlecht ausgeglichenes System zur Folge haben. Deshalb muß das der Auslegung zugrunde liegende Arbeitsspiel aus Nutz- und Leerspiel bestehen, und es müssen Einschränkungen in die Optimierung einbezogen werden, z.B. für die Wippkraft, die Gegenmasse, die zurückzulegenden Wege o.ä.

Die Vielfalt der Lösungsansätze für die Optimierung ergänzt *Guozheng* [2.288] durch die Vorstellung eines Expertensystems. Es besteht aus einem Rechenprogramm, mit dem die geometrischen Daten des Doppellenkers bestimmt werden, und einem Expertensystem als Wissensspeicher mit einem Algorithmus für Schlußfolgerungen. Der Wissensspeicher ist aus Erfahrungen, Literaturangaben und Normen zusammengestellt, die Schlußfolgerungen können für einen oder zwei zu verändernde Parameter des Systems abgerufen werden.

Nach dem gegenwärtigen Stand erweist sich als richtiger Weg, ein ausgewogenes und wirtschaftliches Doppellenker-Wippsystem zu schaffen, der Entwurf mit einem einfachen grafischen oder besser analytischen Verfahren und die anschließende Optimierung mit einem auf diese Aufgabe zugeschnittenen Ansatz, für den die hier aufgeführten Gedanken und Arbeiten Anregungen geben können.

2.4.5.7 Bordkrane (Schiffskrane)

Seeschiffe, besonders Stückgutfrachter, brauchen bordeigene Hebezeuge, um bei Bedarf Güter oder Ausrüstungen zwischen Schiff und Kai bzw. Binnenschiff umschlagen zu können, wenn keine Hafenkrane zur Verfügung stehen, z.B. beim Leichtern auf Reede, oder deren Tragfähigkeit und Ausladung nicht ausreichen. Ältere Schiffe haben einfache *Ladegeschirre* mit am Fußpunkt eines Masts kardanisch angelenkten Ladebäumen als schwenk- und neigbare Ausleger und Ladewinden als Seilwinden für die jeweilige Arbeitsbewegung. Diese Winden wurden früher mit Dampf betrieben, heute erhalten sie durchweg elektrische Antriebe.

Moderne Seeschiffe werden dagegen fast immer für diese Aufgaben mit zwar teureren, aber leistungsfähigeren Bordkranen ausgerüstet, die von nur einer Person zu bedienen sind. Angebracht werden diese Krane vorzugsweise auf der mittigen Längsachse des Schiffs, jeweils zwischen zwei benachbarten Luken, seltener außermittig neben ihnen. Es sind überwiegend Wippkrane, bisweilen verzichtet man jedoch auf die horizontale Führung der Last während der Neigungsbewegung des Auslegers, um deren Anschlagen an Schiffsaufbauten zu begegnen. Ein weiteres Einsatzfeld der Bordkrane sind die auf dem küstennahen Schelf gegründeten Plattformen der Gas- und Ölindustrie.

Eine Bauweise als Säulendrehkran, dessen Kranoberteil drehbar auf einer im Schiffskörper eingespannten Säule gestützt ist, ist weitgehend durch die Lagerung des Drehkrans auf einer kippsicheren Kugeldreh- oder Rollendrehverbindung abgelöst worden. Um die Hakenhöhe zu vergrößern und den Kran gegen überkommendes Seewasser zu schützen, wird zwischen Drehverbindung und Schiffsdeck eine kurze, feststehende Säule zwischengeschaltet. Es gibt aber auch die Anordnung des Krans in Höhe des Schiffsdecks.

Der zweiteilige Ausleger ist beiderseits am Fuß des Kranoberteils gelagert, seine Wipp- bzw. Verstellbewegung leitet ein Seilflaschenzug oder ein Hydraulikzylinder ein. Bei den Triebwerken hat der hydrostatische Antrieb den elektrischen fast vollständig verdrängt. Je nach Art des Bordnetzes ist die Antriebsmaschine ein Gleichstrom- oder Drehstrommotor.

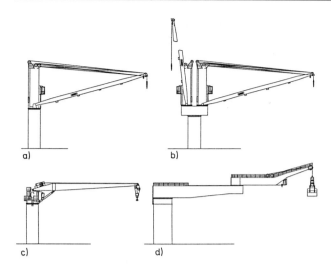

Bild 2-235 Haupttypen von Bordkranen, Krupp Fördertechnik GmbH, Lübeck
a) Einfachbordkran CL mit Seilwippwerk
b) Doppelbordkran GKL
c) Einfachbordkran HL mit hydraulischem Wippwerk
d) Gelenkbordkran BV

Einige Haupttypen von Bordkranen zeigt Bild 2-235. Der *Einfachbordkran* (Bild 2-235a, c) gibt die oben beschriebenen Merkmale seines Aufbaus wieder. Übliche Auslegungsdaten sind 5...60 t für die Tragfähigkeit und 16...36 m für die Ausladung. In Schwerlast-Spezialschiffe werden Krane größerer Tragfähigkeit eingebaut, [2.289] nennt einen Bordkran mit 550 t Tragfähigkeit. Krane von Bohrplattformen haben zulässige Hubmassen bis zur Größenordnung von 1000 t.

In einem *Doppelbordkran* (Bild 2-235b) sind zwei Einfachbordkrane über Drehverbindungen auf einer gemeinsamen Drehbühne angeordnet, die sich über eine dritte Drehverbindung auf einer feststehenden Säule abstützt. Die beiden Krane können somit getrennt voneinander mit Drehwinkeln bis etwa 190°, aber auch gekoppelt arbeiten und dabei den vollen Drehwinkel 360° nutzen. Bei Doppelkranbetrieb werden die Kranhaken durch eine Traverse verbunden, der Gleichlauf der Hub- und Wippwerke wird elektronisch geregelt. Ein Konstruktionsbeispiel enthält [2.290]. Sowohl Einfachbord- wie Doppelbordkrane erlauben einen Verbundbetrieb von zwei Kranen bzw. Kranpaaren, wenn sie steuerungstechnisch miteinander gekoppelt werden können.

Der *Gelenkbordkran* (Bild 2-235d) ist eine spezielle Bauart mit einem in der horizontalen Ebene drehbaren Grundausleger und einem darüberliegenden, relativ zu ihm drehbaren Spitzenausleger.

Bild 2-236 Bordkran KL, Krupp Fördertechnik GmbH, Lübeck
Tragfähigkeit 40/36 t, maximale Ausladung 25,4/28 m, minimale Ausladung 3,1 m, Eigenmasse 49,5 t, Hubgeschwindigkeit 15/38 m/min

1 Schlaffseilendschalter
2 Umlenkrollen Wippseil
3 Umlenkrollen Hubseil
4 Rückfallstütze
5 Umlenkrollen Hubseil
6 Lüfter
7 Unterflasche
8 Ausleger
9 Kranturm
10 Fahrerkabine
11 Leiter
12 Drehverbindung
13 Ritzel Drehwerk
14 Auslegerlager
15 Drehwerkantrieb
16 Windenmodul
17 Hydraulikaggregat

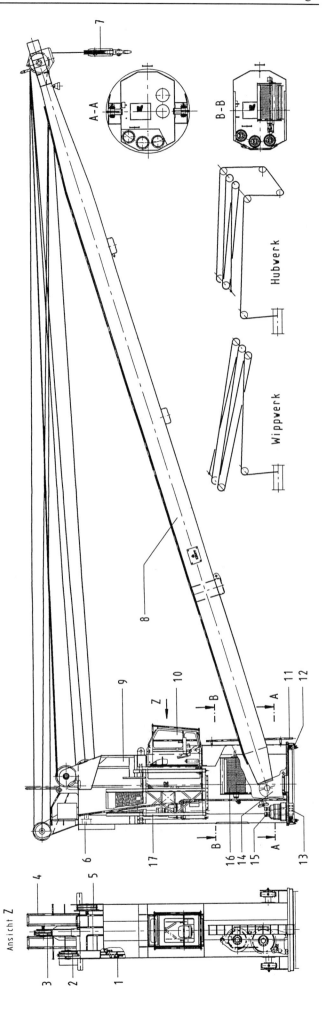

2.4 Schienengebundene Hebezeuge

Der Ersatz der Wippbewegung durch zwei überlagerte Drehbewegungen verschafft der Last einen stets horizontalen Weg auf einstellbaren Linien, z.B. auch quer zum Schiff, wobei die Pendellänge klein und konstant bleibt. Die Ausladung kann fast 50 m erreichen. Sichtbar im Bild ist die Auslegung für Greiferbetrieb, die bei allen Bordkranen möglich ist. Besonders eignet sich der Gelenkbordkran allerdings für den Containerumschlag.

Eine zeichnerisch nicht dargestellte Bauform ist der *Portalbordkran*, bei dem der eigentliche Drehkran auf einem längs des Schiffs verfahrbaren Portal steht. Spezialschiffe, die Schuten oder Leichter transportieren, werden mit eigens auf deren Aufnahme und Abgabe abgestimmten Portalbordkranen bestückt.

Bild 2-236 gibt einen Einfachbordkran mit Seilflaschenzug als Wippwerk und hydraulisch angetriebenen Triebwerken wieder. Der Ausleger *8* stützt sich in zwei Auslegerlagern *14* zu beiden Seiten des Kranturms *9* ab, deren Lager zum Ausgleich von Verschiebungen und Verformungen kugelförmige Gleitflächen aufweisen. Vor Beginn einer Seefahrt wird der Kranausleger waagerecht gestellt, auf einer Stütze abgelegt und dort verzurrt. Im Windenmodul *16* sind Hubseil- und Wippseiltrommel gemeinsam übereinander gelagert, die untenliegende Hubtrommel hat eine Andrückrolle. Um Konstruktionsraum zu sparen, sind die Umlaufrädergetriebe beider Windwerke in der jeweiligen Seiltrommel angeordnet. Die 6strängige Führung des Hubseil zwischen Kranturm und Ausleger stellt einen doppelten 3strängigen Seilspeicher für den Hubwegausgleich während des Wippens dar. Auch das Wippwerk bildet in diesem Bereich sechs parallele Seilstränge. Wenn eine Energiezufuhr für einen Spreader, Motorgreifer oder ein Lasthakendrehwerk benötigt wird, installiert man am Kopf des Kranoberteils eine Kabeltrommel.

Das hydraulische System weist drei geschlossene Kreisläufe für Hub-, Wipp- und Drehwerk auf. Das Hubwerk hat Primärregelung der Pumpe und Sekundärregelung des Motors, weil es einen großen Geschwindigkeitsbereich überdecken muß. Eine Konstantdruckregelung sorgt für eine variable, der Belastung angepaßte Geschwindigkeit. Die beiden anderen Triebwerke kommen mit einer Primärregelung der Pumpe aus. Bild 2-237 zeigt das zentrale Hydraulikaggregat. Der Elektromotor *8* ist ein Drehstrom-Käfigläufermotor mit einer Nennleistung von 160 kW.

Wenn Borkrane außerhalb von Hafenanlagen auf Reede oder offener See arbeiten müssen, treten bei Seegang Relativbewegungen zwischen dem lasttragenden und dem lastaufnehmenden Seefahrzeug auf. Nach [2.254] können die kinematischen Größen dieser Relativbewegungen 2...3 m/s für die Vertikalgeschwindigkeit und 2...3 m/s^2 für die Vertikalbeschleunigung erreichen. Die Folge sind erhöhte Belastungen des Bordkrans und Probleme beim Anschlagen bzw. Aufnehmen der Lasten.

Die dynamischen Belastungen von Bordkranen hat *Koscielny* [2.291] untersucht. Ausgangspunkt der Berechnungen ist ein mathematisches Modell für die Anordnung: Schiff mit Kran – Wasser – Schiff mit Fördergut. Der belastete Kran verursacht eine von der Belastung abhängige statische Krängung (Querneigung) des Schiffs, der sich Pendelschwingungen aus Wellengang und Wind überlagern. Außerdem sind die bereits genannten Relativbewegungen beider Schiffe zu berücksichtigen. Das Ergebnis der Berechnungen sind die zeitlichen Verläufe und die Extremwerte der Seilkräfte unter geschätzten Wetter- und Arbeitsbedingungen.

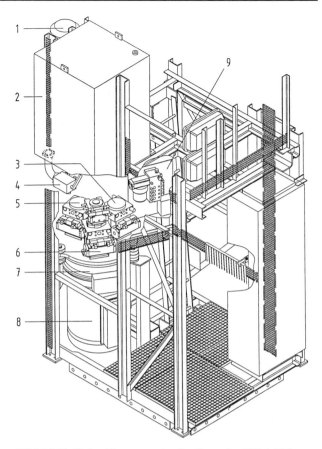

Bild 2-237 Hydraulikaggregat des Bordkrans im Bild 2-236, Krupp Fördertechnik GmbH, Lübeck
1 Speisepumpe   6 Hubwerkpumpe
2 Ölbehälter   7 Verteilergetriebe
3 Drehwerkpumpe 8 Elektromotor,
4 Leckölsammelblock P_{ne} = 160 kW, ED = 100 %
5 Wippwerkpumpe 9 Steuerstation

Um diese Belastungen zu verringern und die Aufnahme vertikal schwingender Lasten zu erleichtern, erhält das Hubwerk der Bordkrane bei Bedarf besondere Seegangfolgeeinrichtungen. Ihre grundlegende Wirkungsweise besteht darin, daß das Hubseil den Wellenbewegungen nahezu kräftefrei folgt und dabei stets gestrafft bleibt, weil es vom Hubmotor mit einem stark geschwächten Drehmoment im Hubsinn angetrieben wird. Zum gegebenen Zeitpunkt wird das Drehmoment des Hubmotors erhöht oder ein zweiter Motor als eigentlicher Hubmotor zugeschaltet und damit der Hubvorgang eingeleitet.

Ernst [2.254] beschreibt die ursprünglich in elektrisch angetriebenen Hubwerken verwendeten, von ihm als Wellentanzvorrichtungen mit Grob- und Feinstufe bezeichneten mechanischen Lösungen. Wegen des heutigen Vorherrschens hydraulischer Antriebe in Bordkranen haben sie und ihre Weiterentwicklungen ihre Bedeutung verloren.

Nach [2.292] können die Ausgleichseinrichtungen für die Wellenbewegungen in aktiv und passiv wirkende unterschieden werden. Das aktive System folgt dem Seegang direkt mit dem Hubmotor, braucht somit eine große installierte Leistung. In der Ausführung von Bild 2-238 besteht es aus einem geschlossenen Kreislauf mit einem stellbaren und reversierbaren Axialkolbenmotor *3*, einer druckgeregelten Axialkolbenpume *7* und einem Elektromotor *8* als Antriebsmaschine. Die Besonderheit bildet ein in den Kreislauf einbezogener Speicher *5*. Dieser Doppelkolbenspeicher nimmt die beim Senken in ein Wellental freiwerdende Energie auf und stellt sie beim anschließenden Heben zum Beschleunigen wieder zur Verfügung. Damit lassen sich bis 50 % Energie einsparen.

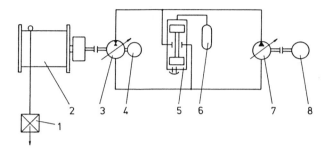

Bild 2-238 Hydrostatisch angetriebenes Hubwerk mit aktiver Seegangfolgeeinrichtung
Mannesmann Rexroth GmbH, Lohr

1 Last
2 Seiltrommel
3 Axialkolbenmotor, reversierbar
4 Tachogenerator
5 Doppelkolbenspeicher
6 Gasbehälter
7 Axialkolbenpumpe, verstellbar und mit Mooringautomatik
8 Antriebsmaschine

In einer passiven Seegangfolgeeinrichtung (Bild 2-239) sind dagegen zwei Axialkolbenmotoren erforderlich, einer als Haupthubmotor 7 und einer als Seegangfolgemotor 1. Das Wirkprinzip soll hier auf das Wesentliche vereinfacht dargestellt werden. Während des Hebens wird der Haupthubmotor nach dem Straffen des Seils auf Leerlauf geschaltet und der Seegangfolgemotor mit einem Drehmoment im Hubsinn so gestellt, daß die Seilkraft rd. 1/10 der Gewichtskraft der angeschlagenen Last beträgt. Diese Seilkraft wird kontinuierlich an der Drehmomentstütze 10 gemessen. Dem schnellen Heben und Senken der Last aus den Wellenbewegungen folgt der Seegangfolgemotor und hält das Seil ständig straff. Der Haupthubmotor wird von der Steuerung erst dann zugeschaltet, wenn der Seegangmotor im Hubsinn arbeitet, d.h. die Last sich auf einer Welle nach oben bewegt.

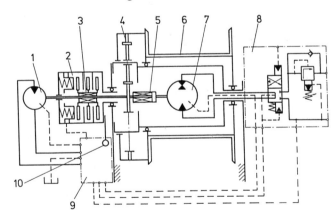

Bild 2-239 Hydrostatisch angetriebenes Hubwerk mit passiver Seegangfolgeeinrichtung
Mannesmann Rexroth GmbH, Lohr

1 Axialkolbenmotor als Seegangsfolgemotor
2 Lamellenbremse
3 Rücklaufsperre
4 Umlaufrädergetriebe
5 Rücklaufsperre
6 Seiltrommel
7 Axialkolbenmotor als Haupthubmotor
8 Steuerblock Haupthubmotor
9 Steuerblock Seegangsfolgemotor
10 Drehmomentstütze

Neben diesen beiden, hier kurz behandelten Einrichtungen für die Kompensation der Relativbewegungen gibt es andere, wobei neben dem Aufwand auch die unterschiedlichen Anforderungen und Bedingungen eine Rolle spielen. Ergänzend hat *Nürnberg* [2.293] rechnerisch die Pendelbewegungen der Last bei Kranoperationen mit seegangsbedingten Bewegungen der Auslegerspitze untersucht. Die hängende Last wird dabei als räumliches, gedämpftes Federpendel mit bewegtem Aufhängepunkt idealisiert. Für eine Pendeldämpfung durch gesteuerte, am Hakengeschirr angreifende Beiholseile wird ein Regelungskonzept entworfen.

2.4.5.8 Turmdrehkrane (Untendreher)

Allgemeines zu Turmdrehkranen

Die Turmdrehkrane sind die charakteristische Krangruppe des Bauwesens, speziell des Hochbaus. Ein großer Teil der Bauarbeiten besteht darin, Baustoffe und Bauhilfsstoffe zu bewegen. Deshalb nehmen die den gesamten Bauraum überspannenden Turmdrehkrane eine Schlüsselfunktion in der Bautechnologie ein, haben deren Entwicklung maßgebend geprägt. Man stellt an sie hohe Anforderungen im Anpassungsvermögen und in der Verfügbarkeit.

In ihrer Grundkonzeption stimmen alle Turmdrehkrane überein. Auf einem Unterbau oder Fahrgestell steht ein schlanker, hoher Mast, auch Turm genannt, der einen weitgespannten Ausleger trägt. Am unteren oder oberen Ende des Turms befindet sich eine Kugeldrehverbindung. Entsprechend unterscheidet man die untendrehenden und die obendrehenden Bauarten als wichtiges, hier gewähltes Unterscheidungsmerkmal. Seiltriebe, Seilverspannungen, Triebwerke und Ballastgewichte vervollständigen den Aufbau des Krans.

Ein Einsatzkennzeichen des Turmdrehkrans, das ihn von anderen Kranen unterscheidet, ist die Notwendigkeit, ihn wiederholt auf Baustellen zu montieren, nach Abschluß der Bauarbeiten wieder zu demontieren und in einer für den Transport geeigneten Form zur nächsten Baustelle zu befördern. Dies zwingt zu darauf abgestimmten konstruktiven Maßnahmen, wie Gelenken im Tragwerk, Steckverbindungen, Seilführungseinrichtungen, dezentralen Steuerungen o.ä. Die Grundforderungen an eine ausgewogene Konstruktion sind dabei:

– Aufbau aus nur wenigen Hauptbaugruppen
– schnelle, erprobte und sichere Montage und Demontage
– geringer Stellplatzbedarf
– Leichtbau und feinfühlige Steuerung.

In seiner Bauweise und seinen technischen Daten muß sich der Turmdrehkran der Bauaufgabe anpassen. Er soll die gesamte Baustelle, eventuell unter Zusammenwirken mehrerer Krane, überstreichen und in seiner Höhe auch das fertige Gebäude noch überdecken. Zu wählen sind Krantyp, Tragfähigkeiten, Hubhöhen, Ausladungen, Stützung stationär oder verfahrbar. Dabei ist es ein Unterschied, ob Baukrane für großflächige Neubaustellen oder für lückenfüllende, erhaltende Kleinbauvorhaben gebraucht werden. In [2.294] werden die vielfältigen technischen und wirtschaftlichen Aspekte ausführlich dargelegt, die bei der Auswahl des bestgeeigneten Turmdrehkrans für eine Baustelle beachtet werden müssen, auch [2.295] enthält hierfür zahlreiche Hinweise.

Untendrehende Turmdrehkrane

Turmdrehkrane, deren Drehverbindung unterhalb des Mastfußes liegt, sind einfacher zu montieren und zu warten, weil die Triebwerke in Bodennähe angebracht sind. Sie haben einen tiefliegenden Gesamtschwerpunkt, aber im Prinzip eine größere, mit der Masthöhe wachsende Drehmasse, alles im Vergleich zu Kranen, die den Mast nicht mitdrehen. Ihre Vorteile wirken sich vor allem bei den selbstaufrichtenden sogenannten Schnelleinsatz- bzw. Schnellaufbaukranen aus, die nur in dieser Form hergestellt werden. Es gibt jedoch auch untendrehende Turmdrehkrane mit langem Verstellausleger und niedrigem Turm für große Hakenhöhen, z.B. für den Staumauerbau.

Turm und Ausleger von Schnelleinsatzkranen sind faltbar oder teleskopierbar, um sie ohne Demontage zum Straßentransport in eine der Straßenverkehrszulassungsordnung entsprechende Länge zu bringen. Die Endhöhen für den Lasthaken betragen deshalb bei einem faltbaren oder einfach zu teleskopierenden Mast lediglich 18...20 m. Größere Höhen lassen sich erzielen, wenn zweifach teleskopiert wird oder der Turm durch Hinzufügen von Mastschüssen mit Hilfe einer Klettervorrichtung aufgestockt wird. Dies führt zu Hakenhöhen bis höchstens 38 m. Je nach Krantyp und Baustelle ist ein derartiger Turmdrehkran von unten oder von einer an der Turmspitze angebrachten Fahrerkabine aus zu steuern.

Im Transportzustand sind an den Unterbau eines selbstaufrichtenden Krans Achsen mit luftbereiften Rädern angebaut. Er kann dann als Zweiachsanhänger oder Sattelschlepper auf öffentlichen Straßen verfahren werden und, wenn sich die Laufachsen dafür eignen, auf Autobahnen Geschwindigkeiten bis 80 km/h erreichen. Der umfangreiche Ballast, der die Eigenmasse des eigentlichen Krans beträchtlich übersteigt, wird so wenig wie möglich demontiert, die abgenommenen Teile müssen von LKW zum Einsatzort transportiert werden.

Bild 2-240 stellt eine moderne Ausführung eines selbstaufrichtenden Turmdrehkrans in Arbeits- und Transportstellung vor. Die beiden Transportstellungen unterscheiden sich darin, daß in der unteren ein Teil des Ballasts am Kran verblieben ist. Außenturm *6* und Innenturm *8* werden durch einen Seiltrieb während der Montage auseinandergeschoben. Der Katzausleger besteht aus den beiden gelenkig miteinander verbundenen Teilen *20* und *19*, die Verlängerung *18* ist starr mit dem Anlenkstück *19* verschraubt. Die Seilführung mit durchlaufendem Hubseil entspricht der im Bild 2-130a, sie gewährleistet eine horizontale Lastführung während der Katzfahrt. Die Unterflanschlaufkatze *17* trägt die Unterflasche an zwei oder vier Seilsträngen. In der äußeren Endstellung der Katze richtet sich die Tragfähigkeit nach der Auslegerlänge, im Auslaufbereich unter etwa 20 m sind größere Hubmassen von 2...4 t, je nach Auslegerlänge und Einscherung, zulässig.

Der Ausleger kann zwei Sonderstellungen einnehmen. Zum einen ist das vordere Auslegerstück mit anhängender Last nach oben zu neigen, um Hindernissen auszuweichen. In dieser Stellung kann die Laufkatze aber auch am turmnahen, waagerechten Teil des Auslegers betrieben und verfahren werden. Die zweite Sonderstellung ist die Neigung des gesamten Auslegers bis 30° nach oben. Durch diese Steilstellung wird die Hakenhöhe vergrößert, ohne den Turm verlängern zu müssen. Die Laufkatze wird am Ende oder in der Mitte festgelegt, sie kann aber auch über die gesamte Auslegerlänge verfahrbar bleiben, soweit die Antriebe dafür ausgelegt sind. Krane dieser konstruktiven Ausführung werden mit maximalen Ausladungen von 24...50 m und zugehörigen Tragfähigkeiten von 0,85...3,3 t angeboten. Ihre maximale Tragfähigkeit liegt im Bereich 2...8 t. Die Massenmomente als Produkt von Hubmasse und Ausladung bleiben meist unter 150 tm.

Wichtige Kriterien der Montageeignung von Schnellaufbaukranen sind [2.296]:

– Aufgleisen bzw. Abstützen mit kraneigenen Mitteln
– Ballastierung ohne fremde Hebezeuge
– Auslegerentfaltung ohne Bodenberührung
– kein Herausspringen von Seilen aus ihren Führungen
– keine Schlaffseilbildung an kritischen Stellen
– Montage ohne Hinzuziehung von Spezialpersonal
– Montagedauer nicht mehr als 3...4 Stunden.

Der Montagevorgang des gezeigten Krans erfüllt diese Bedingungen. Beim Abstützen bzw. Aufgleisen wirken die Transportachsen mit dem Kranhubwerk so zusammen, daß weitere Hilfsmittel entbehrlich bleiben. Den Prozeß des Kranaufrichtens deutet Bild 2-241 mit drei seiner Hauptphasen an. Zunächst wird der ineinandergeschobene Turm einschließlich des auf ihm liegenden gefalteten Auslegers durch ein am unteren Ende angreifendes Zugseil aufgerichtet (Bild 2-241a). Zuvor mußte in halbaufgerichteter Stellung ein Abspannbock angebaut werden, der als Kragarm zum Einheben des Ballasts und anschließend als Spreize zur Führung der Abspannseile während des Hochziehens des Auslegers dient. Beim Ballastieren arbeitet der Hilfsantrieb an der Turmspitze (Position *11* im Bild 2-240) als Hubwerk, das Hubseil des Krans verändert die Turmneigung und erzeugt die notwendige Querbewegung der Last (Bild 2-241b).

Bild 2-241c zeigt das abschließende Ausfalten des Katzauslegers. Sein Oberteil wird zunächst waagerecht gestellt, wobei sich ein Abspannseil strafft. Dann beginnt das Teleskopieren des Turms mit Hilfe eines Montageseilzugs. Die Abspannseile falten im Verlauf dieses Vorgangs den Ausleger auseinander, bis er seine waagerechte Arbeitsstellung einnimmt. Die Laufkatze wird nunmehr aus ihrer Verriegelung in Auslegermitte gelöst und der gesamte Kran betriebsbereit gemacht, wozu auch die Überprüfung seiner Sicherheitseinrichtungen gehört.

Wenn die Hubhöhe dieser normalen Anordnung nicht ausreicht, kann der Kranturm durch Klettern unter Einbau von Mastschüssen am unteren Ende verlängert werden (Bild 2-242). Das waagerecht liegende Vorderstück des Auslegers benutzt man dabei als Kranausleger mit Laufkatze. Der sehr komplexe Verlauf dieses und der anderen Arbeitsvorgänge während der Kranmontage konnte hier nur andeutungsweise wiedergegeben werden. Zu erkennen ist jedoch die bis ins kleinste zu durchdenkende konstruktive Durchbildung aller Baugruppen, besonders der Seilführungen, nicht nur in Bezug auf ihre Funktion im Kranbetrieb, sondern auch hinsichtlich ihrer Wirkungsweise in den verschiedenen Montagezuständen.

Leichtere selbstaufrichtende Turmdrehkrane verzichten auf das Teleskopieren des Masts und bilden ihn faltbar aus, siehe Bild 2-243. Die größere Tragfähigkeit von 3 t im Bereich kleiner Ausladungen verlangt eine viersträngige Seilführung im Hubseilflaschenzug. Andererseits verringern sich wegen der größeren Eigenmasse eines viersträngigen Flaschenzugs die Tragfähigkeiten in der Laufkatzstellung am Auslegerende gegenüber denen bei nur zwei Seilsträngen.

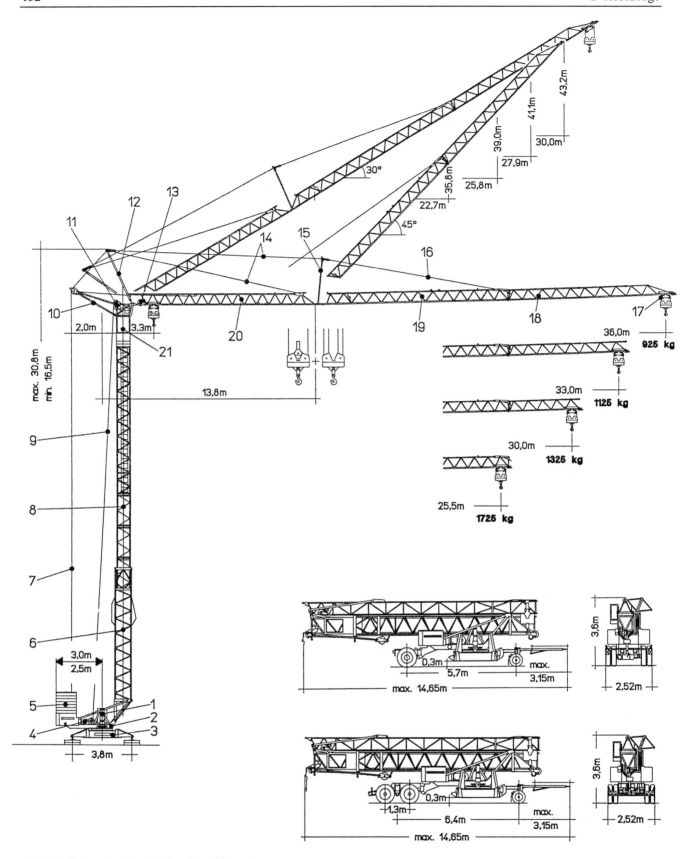

Bild 2-240 Turmdrehkran 40 K, selbstaufrichtend
Liebherr-Werk Biberach GmbH, Biberach an der Riß
maximale Tragfähigkeit 4 t, Konstruktionsmasse 10,36 t, maximale Ballastmasse 26,36 t

1 Drehwerk
2 Drehbühne
3 Unterwagen
4 Hubwerk
5 Gegenballast
6 Turmunterteil
7 Auslegerhalteseil
8 Turmoberteil
9 Hubseil
10 Abspannbock
11 Hilfsantrieb
12 Abspannstütze
13 Katzfahrwerk
14 Abspannseil
15 Abspannstütze
16 Abspannseil
17 Laufkatze
18 Auslegerverlängerung
19 Auslegeranlenkstück
20 Auslegerkopfstück
21 Führerhaus

2.4 Schienengebundene Hebezeuge

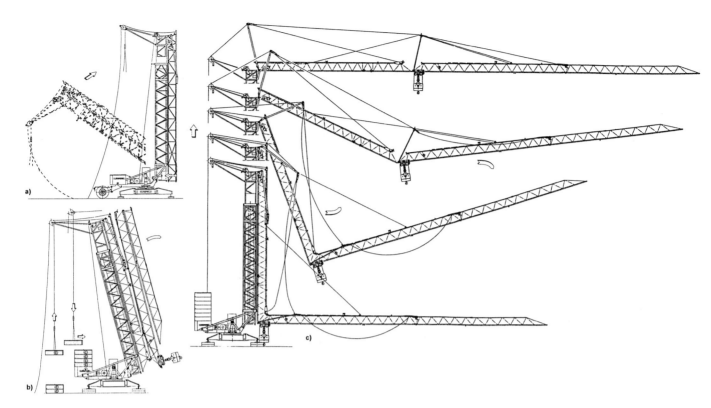

Bild 2-241 Montage des Turmdrehkrans 40 K, Auswahl an Arbeitsabschnitten
Liebherr-Werk Biberach GmbH, Biberach an der Riß
a) Aufstellen des Turms
b) Aufbringen der Ballastgewichte
c) Aufziehen des Auslegers

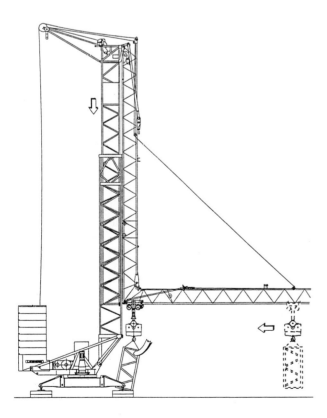

Bild 2-242 Klettervorgang mit unterer Ergänzung der Mastlänge beim Turmdrehkran nach Bild 2-240

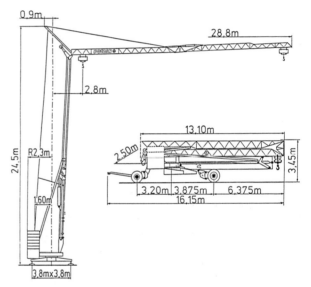

Bild 2-243 Turmdrehkran GMR HD 26 A in Arbeits- und Transportstellung
Potain Groupe Legries Industries, Ecully Cedex (Frankreich)
Tragfähigkeiten:
1 viersträngige Seilscherung,
2 zweisträngige Seilscherung

Den Vorgang des Aufrichtens gibt Bild 2-244 wieder. Er wird von zwei hydraulischen Zylindern vollständig vollzogen. In einer Folgeschaltung richtet der erste Zylinder zunächst den Turm auf, der zweite entfaltet dann den Ausleger.

Der letztgenannte kann auch dazu verwendet werden, bei Bedarf das Vorderteil des Auslegers zurückzuschwenken, um ihn zu verkürzen. Auch hier setzt der Ablauf der Montage ein Zusammenwirken mit den Abspannseilen voraus, die ständig gestrafft bleiben.

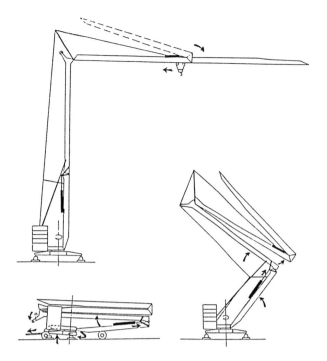

Bild 2-244 Entfalten des Turmdrehkrans in Bild 2-243

2.4.5.9 Turmdrehkrane (Obendreher)

Die Mastkonstruktion eines obendrehenden Turmdrehkrans ist einfacher, die Drehmasse kleiner, und es bestehen keine systembedingten Grenzen für die Höhe. Außerdem werden die Eigenmasse des Auslegers und ein Teil der Hubmasse durch die Massen der auf einem Gegenausleger gelagerten Triebwerke sowie zusätzlich dort angebrachter Gegenmassen ausgeglichen. Unter Einsatz von Kletterreinrichtungen kann die Turmhöhe des Krans periodisch verändert werden. Solche Turmdrehkrane werden heute für Massenmomente bis 5000 tm, Tragfähigkeiten bis 80 t, Ausladungen bis 80 m und Hubhöhen bis 300 m gebaut; in Sonderfällen werden diese Daten noch überschritten.

Für den Transport müssen diese Krane in größere Baugruppen zerlegt und mit LKW zur Baustelle gefahren werden. Die Montage verlangt die Bereitstellung zusätzlicher Hebezeuge, sie dauert mehrere Tage. Steckverbindungen an Gelenken und Schnellsteckvorrichtungen für Leitungen, Baukastensysteme mit zum Transport ineinanderschiebbaren Kranbauteilen erleichtern und beschleunigen den Ablauf dieser Arbeitsgänge [2.297]. Diesem Nachteil der vorgestellten Krangruppe, den höheren Transport- und Montagekosten, stehen als Vorzüge die geringen Einschränkungen hinsichtlich Kranhöhe, Reichweite und Tragfähigkeit gegenüber.

Bauformen obendrehender Turmdrehkrane

Obendrehende Turmdrehkrane werden häufiger stationär als verfahrbar aufgestellt. Das wichtigste Unterscheidungsmerkmal ihrer Bauweise ist der Ausleger, es ist dies entweder ein neig- oder wippbarer Verstell- bzw. Nadelausleger oder, und dies wird immer mehr bevorzugt, ein Katzausleger.

Der Hochbaukran mit obendrehendem Gegenausleger und wippbarem Nadelausleger im Bild 2-245 hat technische Daten, die etwa im Mittelbereich gebräuchlicher Ausführungen liegen. Die Tragfähigkeits- und Ausladungsangaben im Bild lassen seine wesentlichen Vorzüge erkennen, die sehr große Hubhöhe und Tragfähigkeit in der Steilstellung des Auslegers. Durch eine montierbare Klettereinrichtung kann der Turm an seinem oberen Ende beliebig verlängert werden, ein solcher Kran somit, dem Baufortschritt folgend, mit dem Gebäude wachsen und sich dabei mit dem Turm am Gebäude abstützen. Er kann aber auch, ohne jegliche Änderung, im oder am Gebäude nach oben verschoben werden. Eine Besonderheit der vorgestellten Konstruktion stellt die Ausrüstung aller Triebwerke mit hydraulischen Antrieben dar, die stufenlos zu stellen sind. Ein Diesel- oder Elektromotor mit einer Leistung von 220 kW dient als Antriebsmaschine. Die Eigenschaften und Vorteile einer derartigen Antriebsweise erläutert [2.298].

Wie Bild 2-246 ausweist, läßt sich ein Verstellausleger extrem steil stellen und, wenn er ein Mittelgelenk und eine Führung der Abspannseile über höhere Abspannstützen erhält, als Knickausleger ausführen. Der Seilflaschenzug des Wippwerks verstellt die Neigung des Grundauslegers und, über die Abspannseile, synchron dazu die des Spitzenauslegers. Damit wird die Last während der Wippbewegung waagerecht geführt. Der Hersteller bezeichnet einen solchen Turmdrehkran als Faltkran.

Einen Turmdrehkran mit Katzausleger, der unterschiedliche Längen haben kann, zeigt Bild 2-247. Es ist ein sogenannter Economic-Kran, auch City-Kran genannt, mit einer besonders schmalen Säule und kleinen Stützfläche für den Einsatz auf kleinflächigen Stellplätzen. Der lange Ausleger überstreicht eine verhältnismäßig große Kreisfläche. Die Tragfähigkeitskurven haben den bekannten hyperbolischen Verlauf, wegen des Einflusses der Eigenmasse des Auslegers verschieben sie sich nach unten, wenn dessen Länge zunimmt.

In einer aufwendigeren und damit schwereren Bauform, Bild 2-248 zeigt nur das Kranoberteil mit Ausleger, läßt sich der Katzausleger so nach oben ziehen, daß sein Vorderteil in größerer Höhe liegt und dabei waagerecht bleibt, d.h. von der Laufkatze befahren werden kann. Nur ist die Hakenhöhe nunmehr erheblich größer. Es gibt außerdem Teleskop-Katzausleger, die das vordere Auslegerstück horizontal aus- und einschieben können.

Abschließend soll noch eine spezielle Bauweise ohne nach oben auskragende Spitze erwähnt werden (Bild 2-249). Sie verkleinert die beim Zusammenwirken mehrerer Krane zwischen ihnen einzuhaltenden Höhenabstände. Es gibt auch andere Einsatzfälle, wo die Begrenzung der Bauhöhe eine Rolle spielt, z.B. auf Flugplätzen, auf Baustellen, die von Hochspannungsleitungen überstrichen werden.

Antriebe

Ein Turmdrehkran braucht folgende Triebwerke: Katzfahrwerk bzw. Wippwerk, Drehwerk, Hubwerk und, bei Bedarf, Kranfahrwerk. Die konstruktive Durchbildung und Auslegung dieser Kranantriebe werden in [0.1, Kap. 3] ausführlich behandelt. Hier bleibt zu ergänzen, welche Antriebsvarianten für die einzelnen Triebwerke vorgezogen werden und welche Besonderheiten dabei zu berücksichtigen sind.

Das *Katzfahrwerk* wird mit einem 2- bis 3fach polumschaltbaren Drehstrom-Käfigläufermotor ausgerüstet. Die mechanische Bremse soll im wesentlichen nur eine Haltefunktion ausüben. Wegen des horizontalen Verlaufs der Lastbewegung während der Katzfahrt benötigt man nur geringe Antriebsleistungen. Wenn ein schräggestellter Katzausleger von der Laufkatze befahren werden darf, gleicht man üblicherweise die Hubbewegung der Last durch Zuschalten des Hubmotors aus.

2.4 Schienengebundene Hebezeuge

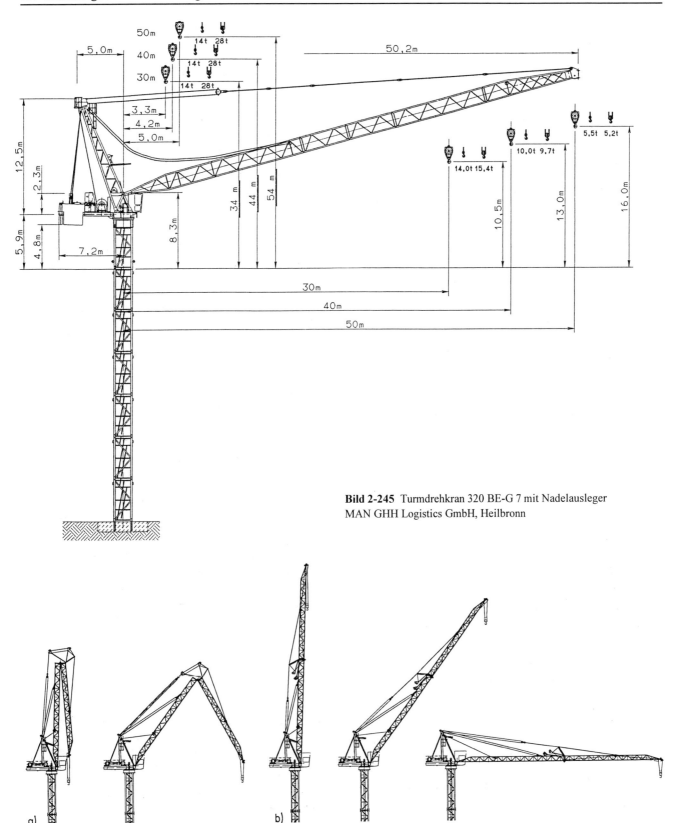

Bild 2-245 Turmdrehkran 320 BE-G 7 mit Nadelausleger
MAN GHH Logistics GmbH, Heilbronn

Bild 2-246 Betriebsstellungen des Turmdrehkrans BD
BKT Baukrantechnik GmbH, Ismaning
a) Arbeit als Faltkran
b) Arbeit als Nadelkran

Das *Drehwerk* verlangt eine feinfühligere Steuerung und damit die Verwendung von Drehstrom-Schleifringläufermotoren mit nachgeschalteter Strömungskupplung oder einem sonstigen kraftschlüssigen Getriebe. Es arbeitet in Konterschaltung, d.h. Bremsen mit Gegenstrom. Eine Windkraftregelung sorgt dafür, daß bei Anfahren gegen Wind die Bremse die Drehbewegung erst dann freigibt, wenn das Drehmoment das Windkraftmoment erreicht oder übersteigt. Damit wird einem unerwünschten Zurückdrehen des Auslegers bei Drehbeginn begegnet.

Die Drehwerkbremse ist eine reine Haltebremse, die im Außerbetriebsfall geöffnet wird. Die Unfallverhütungsvorschrift VBG 9 schreibt nämlich im § 14 vor, daß an Kranen, bei denen mit festgestellter Drehwerkbremse eine Umsturzgefahr durch Wind besteht, die Drehwerkbremsen gelöst werden müssen, wenn der Kran außer Betrieb gesetzt wird. Die Ausleger der Turmdrehkrane stellen sich somit selbsttätig in die Windrichtung, wenn die Krane nicht in Betrieb sind. Stehen mehrere Krane nebeneinander, müssen u.U. die Drehbereiche der Ausleger eingeschränkt werden, damit sie nicht unter Windeinfluß gegen die Türme benachbarter Krane stoßen können. Dies verlangt das Einlegen der Drehwerkbremse auch im Außerbetriebsfall. Windbleche am Gegenausleger gleichen die Windkraftmomente des Auslegersystems aus und entlasten die Drehwerkbremse, siehe Bild 2-249. Der Zentralballast muß meist vergrößert werden, um die Standsicherheit auch unter diesen Umständen zu gewährleisten.

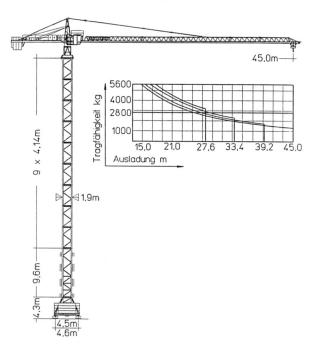

Bild 2-247 Turmdrehkran 71 EC mit Tragfähigkeitskurven für unterschiedliche Auslegerlängen, Turmform 170 HC
Liebherr-Werk Biberach GmbH, Biberach an der Riß

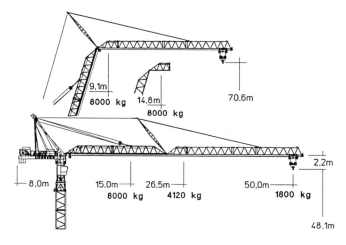

Bild 2-248 Knickausleger des Turmdrehkrans 112 HC-K
Liebherr-Werk Biberach GmbH, Biberach an der Riß

In jüngerer Zeit ersetzen bei den Katzfahr- und Drehwerken zunehmend Frequenzumrichter die Schaltstufen der Asynchronmotoren [2.296]. Sie brauchen nur für einen Zweiquadrantenbetrieb ausgelegt zu werden, sind deshalb relativ einfach und erlauben ein stufenloses Stellen der Geschwindigkeit sowie feinfühliges Anfahren und Bremsen des Triebwerks, z.B. zum Ausgleich des Lastpendelns.

Das *Hubwerk* ist wegen der häufig großen Hubhöhe und der in einem größeren Intervall schwankenden Hubmassen der aufwendigste und problematischste Antrieb der Turmdrehkrane. Der Hubseilflaschenzug wird fast immer umschaltbar zwischen 2 und 4 Strängen ausgeführt, indem eine vertikal bewegliche Umlenkrolle ferngesteuert in der oberen oder unteren Stellung verriegelt und wieder gelöst wird (Bild 2-250). Die Tragfähigkeiten hängen somit nicht allein von der Ausladung, sondern auch von der Seileinscherung ab.

Das Hubwerk an die breite Variation der maßgebenden Parameter anzupassen, bedingt einen großen Stellbereich der Hubgeschwindigkeit. In untendrehenden Schnelleinsatzkranen verwendet man für Leistungen bis rd. 30 kW vorzugsweise 2- bis 16polige Käfigläufermotoren. Zusammen mit der schaltbaren Einscherung ergibt dies einen Stellbereich 1:16 und z.B. Hubgeschwindigkeiten zwischen 3 und 50 m/min.

Die Hubwerke größerer, obendrehender Turmdrehkrane erhalten dagegen Schleifringläufermotoren mit Wirbelstrombremsen und nachgeschalteten Dreigang- oder Viergangschaltgetrieben. Ihre Antriebsleistungen liegen im Bereich 30...110 kW. Das Produkt der Stellmöglichkeiten von Motor, Getriebe und Flaschenzug führt zu Stellbereichen bis 1:80. Darin sind bis zu sechs Anfahr- und Bremskennlinien aus dem Zusammenwirken von Motor und Wirbelstrombremse einbezogen. Größere Antriebe mit höheren Leistungen bedingen den Übergang zu geregelten Gleichstromantrieben.

Auch für diese Hubwerke setzt man bereits Frequenzumrichter mit Gleichstrom-Zwischenkreis und pulsmodulierter Wechselspannung ein, die bei höheren Werten der Hubgeschwindigkeit im Bereich der Feldschwächung arbeiten. *Walzer* [2.299] geht sehr ausführlich auf die vor einer umfassenden Anwendung noch zu lösender Probleme ein. Der Langsamlauf nahe der Drehzahl Null läßt sich mit einer speziellen Schaltlogik beherrschen, die höheren Verluste und Geräusche bei größeren Drehzahlen schränken den derzeit verfügbaren Drehzahlbereich auf maximal 1:60 ein. Das Ziel, ohne Schaltgetriebe auszukommen, wird weiter verfolgt werden, neue Entwicklungen sind absehbar.

Die *Zweischienenfahrwerke* der Turmdrehkrane bestehen aus einem niedrigen Rahmen mit drei oder vier Laufrädern bzw. Laufradschwingen und deren Antriebselementen. Wenn sie für Kurvenfahrt einzurichten sind, ersetzt man die Festlagerung der Räder bzw. Schwingen durch eine Drehschemellagerung, oder man wählt eine 4sternige Spreizholmausführung, siehe hierzu beispielsweise [0.1 Abschn. 3.5.3.6]. Besondere Anforderungen an die Ausbildung der Fahrwerke sind nicht zu stellen, die Fahrgeschwindigkeiten bleiben klein.

Die Gleise für die Fahrwerke erhalten, je nach Art des Untergrunds und der Beanspruchung, die nachstehenden Gründungsarten:

– Schwellen, meist aus Beton, auf Schüttungen von Schotter, Kies, Sand
– Beton-Kurzschwellen mit Spurstangen oder Querversteifungen
– Beton-Streifenfundamente für eine längere Vorhaltezeit, größere Kraneigenmassen, kritische Untergründe.

2.4 Schienengebundene Hebezeuge

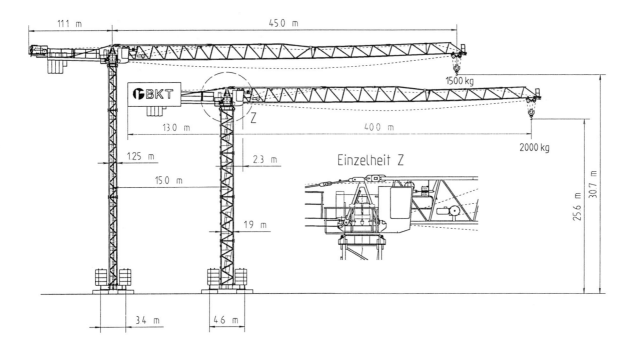

Bild 2-249 Spitzenlose Turmdrehkrane mit Katzausleger, Baureihe BK
BKT Baukrantechnik GmbH, Ismaning

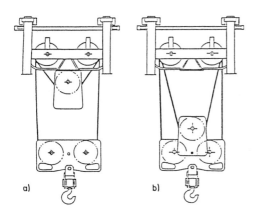

Bild 2-250 Umstellen der Seileinscherung der Unterflasche
a) zweisträngig
b) viersträngig

Eine gute Übersicht über die Arten und Eigenschaften der Gleisgründungen und Gleise mit Angabe von Maßen und Tragfähigkeiten enthalten [2.300] und die Planungsunterlagen der Kranhersteller.

Wenn Turmdrehkrane Gleiskurven durchfahren sollen, kann man zwischen einer Stützung des Krans in drei oder vier Punkten wählen. Die erstgenannte Stüzungsart führt zu einer statisch bestimmten, von Höhenunterschieden der Schiene unabhängigen Verteilung der vertikalen Radkräfte, siehe hierzu Abschnitt 2.4.5.1. *Hannover* [2.301] paßt die Berechnung der Richt- und Radkräfte in horizontaler Richtung für die Geradeausfahrt bei Dreipunktstützung den in DIN 15018 enthaltenen Regeln an, siehe Abschnitt 2.4.3.3. Wegen des kleineren Gleitpolabstands von den Führungselementen wird die Richtkraft ebenfalls kleiner als bei Vierpunktstützung. Allerdings reagiert das Dreipunktfahrwerk schneller auf Radschrägstellungen.

Vorteilhaft für Kurvenfahrwerke ist eine einseitige Spurführung an der Außenschiene mit einseitigem Antrieb auf dieser Seite. Die Laufräder müssen Wälzlagerung erhalten, um die Fahrwiderstände der nicht angetriebenen Seite und damit das von ihnen herrührende Schräglaufmoment gering zu halten. [2.302] weist auf die Entgleisungsgefahr während der Kurvenfahrt hin, wenn Laufräder eine sehr kleine Vertikal-, aber große Horizontalbelastung bekommen und dadurch die angreifenden Spurkränze infolge der Reibungskräfte hochsteigen können.

Turmdrehkrane werden, wie andere Krane, für eine bestimmte Nutzungsdauer bemessen. Die Triebwerke und ihre Steuerung, aber auch die Bedienungsweise des Kranführers haben einen großen Einfluß auf die Belastungskollektive und damit auf den Verlauf des Ermüdungsprozesses. [2.303] und [2.304] setzen eine Anzahl von 12150 bzw. 16000 Arbeitsspielen während eines 8- bis 9monatigen Einschichtbetriebs je Jahr auf Baustellen als Richtgröße an. Die Anzahl der Spannungsspiele je Arbeitsspiel beträgt nach Messungen 2...10, je nach Art des beanspruchten Bauteils. Auf dieser Basis werden die Spannungskollektive S_0 bzw. S_1 den Spannungsspielbereichen N3 bzw. N2 in DIN 15018 zugeordnet und daraus die Beanspruchungsgruppe B3 für Turmdrehkrane sowie eine geschätzte Nutzungsdauer von rd. 16 Jahren bestimmt.

Klettervorrichtungen

Nahezu alle Typen obendrehender Turmdrehkrane können klettern, d.h., ihre Turmlänge oder die Hakenhöhe des unveränderten Krans durch sogenanntes Klettern verändern. Diese Aufgabe übernehmen besondere Klettervorrichtungen, die teils fest am oberen Ende des Turms eingebaut sind, wie Kletterstulpen, Kletterportale, teils als zusätzliche, auch an mehreren Kranen nacheinander zu verwendende Vorrichtungen montiert werden. Das Hochziehen oder Ablassen nach oder vor dem Einfügen bzw. Entnehmen von Maststücken übernehmen Seiltriebe oder Hydraulikzylinder. Kriterien, diese Klettervorgänge zu beurteilen, sind die Probleme des Arbeitens in großer Höhe, die Größe der zu hebenden Massen, die Nutzungsmöglichkeiten vorhandener Triebwerke, die Sicherung gegen ein Ver-

sagen des Klettertriebs und die Dauer des gesamten Klettervorgangs [2.305].
Bild 2-251 stellt die gebräuchlichen Arten einer Mastverlängerung am oberen Ende vor. Wenn ein Verstellausleger außermittig am Gegenausleger angelenkt ist (Bild 2-251a), lassen sich Maststücke nach dem Wegklappen der Drehverbindung von oben einsetzen. Die gebräuchlichste Lösung für Katzausleger zeigt Bild 2-251b. Die Laufkatze hebt das Mastteil in die Höhe des Kletterportals oder der Montagevorrichtung, nachdem das Kranoberteil vom Klettertrieb um die Verlängerungshöhe nach oben verschoben worden ist. Krane mit sehr hohen, beispielsweise an Gebäuden abgestützten Türmen klettern auch mit dem Außenmast, während die Länge des Innenmasts gleich bleibt (Bild 2-251c). Die anzusetzenden Maststücke müssen an einer Seite offen oder diagonal geteilt sein, damit sie sich seitlich vom Innenmast anbringen lassen. Die Führung während des Klettervorgangs übernehmen Führungsrollen oder -stücke an Gleitschienen.

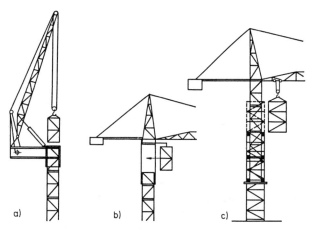

Bild 2-251 Kletterarten von obendrehenden Kranen
a) Verlängerung des Innenmasts oben senkrecht
b) Verlängerung des Innenmasts oben waagerecht
c) Verlängerung des Außenmasts

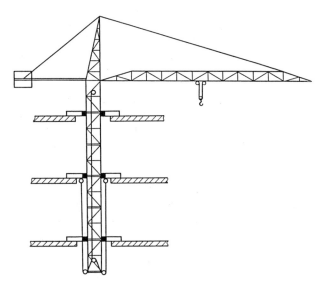

Bild 2-252 Klettern eines Turmdrehkrans im Gebäude

Das Klettern eines Turmdrehkrans im oder am Gebäude verdeutlicht Bild 2-252. Der Mast muß auf drei Geschoßdecken in dort zu montierenden Führungen eingespannt sein und wird nach dem Hochziehen oder Ablassen von zwei dieser Führungen auch in seiner Arbeitsstellung gehalten. Die Festigkeit der Geschoßdecken muß für die Belastungen aus den Auflagerkräften und -momenten ausreichen. In welche Endhöhe der Kran gebracht werden muß, hängt allein von der Art und Größe des Gebäudes ab, er selbst behält seine konstruktiven Maße bei.

Sicherheitseinrichtungen

Turmdrehkrane sind Hebezeuge, die während ihrer Nutzungsdauer auf wechselnden Standplätzen und häufig in unterschiedlichen Ausrüstungsvarianten arbeiten, somit montiert und wieder demontiert werden. Ihre schlanken, elastischen Tragwerke und die im Verhältnis zur Hakenhöhe kleine Standfläche machen sie empfindlich gegen erhöhte Belastungen aus unzulässigen Stellungen der beweglichen Teile oder einer zu großen Hubmasse. Nach der Unfallverhütungsvorschrift VBG 9, § 30, ist auf Baustellen überdies davon auszugehen, daß Lasten über Personen hinwegzuführen sind. Unter all diesen Bedingungen muß dennoch durch geeignete Sicherheitseinrichtungen ein gefahrloser Betrieb während der gesamten Nutzungsdauer des Krans durchweg gewährleistet bleiben.

Eine erste Gruppe dieser Sicherheitseinrichtungen bilden die *Endschalter*, die Bewegungen auf ihre jeweiligen Grenzstellungen einschränken. [2.306] gibt eine Übersicht über alle zu begrenzenden Bewegungen. Wichtig ist die Festlegung in VBG 9, § 15, daß bei Turmdrehkranen Endschalter auch für die Fahrbewegungen der Laufkatze und des Krans sowie die Senkbewegung des Hubwerks vorgeschrieben sind. Im Mehrkranbetrieb kann zudem der Drehwinkel des Auslegers zu begrenzen sein.

Wegbegrenzer werden in [0.1, Abschn. 3.6.1] und in der VDI-Richtlinie 3575 behandelt. Sie sind grundsätzlich als Sprungschalter auszuführen, um eine schleichende Kontaktgabe am Schaltpunkt auszuschließen. Die Bedienungsanweisungen der Kranfirmen verlangen, nach der Montage eines Turmdrehkrans diese Endschalter durch vorsichtiges Anfahren der Grenzstellungen auf ihr Funktionstüchtigkeit zu überprüfen, bevor der Kranbetrieb aufgenommen wird.

Eine andere Hauptgruppe der Sicherheitseinrichtungen sind die *Überlastungssicherungen*. Entsprechend den Tragfähigkeitskurven der Turmdrehkrane erfüllt u.U. im Bereich kleiner Ausladungen ein Hubkraftbegrenzer diese Aufgabe. In dem Bereich, wo die Tragfähigkeit eine Funktion der Ausladung ist, muß neben der Hubkraft auch diese Größe gemessen und mit ihr in einem Kraftmomentbegrenzer überlagert werden. Die verschiedenen statischen Systeme werden, auf diese Krane zugeschnitten, u.a. in [2.306] [2.307], in allgemeiner Form in [0.1, Abschn. 3.6.3] erläutert. Große Aufmerksamkeit verlangt die Anpassung an veränderte Tragfähigkeitsfunktionen nach einer Umrüstung des Krans.

Szuttor und *Sinay* [2.308] haben die dynamischen Vorgänge vor und nach dem plötzlichen Abschalten der Triebwerke in Turmdrehkranen untersucht. Sie fordern, daß eine Überlastungssicherung auch das Anfahren mit Schlaffseil und mit höheren Geschwindigkeiten unterbinden, die Abschaltgrenze dem Schaltzustand anpassen muß. Solchen Ansprüchen genügen nur elektronische Überlastungssicherungen mit Sensoren für die Hubseilkraft, den Neigungswinkel des Auslegers, die Stellung der Laufkatze usw. Ein Bordrechner übernimmt die Auswertung und den Vergleich mit den Sollwerten, er ist einfach auf unterschiedliche Tragfähigkeitskurven umzuschalten. Mehr und mehr werden auch Turmdrehkrane mit einer solchen elektronischen Überwachungseinrichtung ausgestattet, nach [2.296] sollte der Rechner dann auch die ständige Information über die Ist- und Sollwerte der maßgebenden Größen, die Erfassung der Betriebsstunden und eine Fehleranzeige übernehmen. Auf die Bedeutung aller dieser Sicherungsmaßnahmen für den Kranführer weist zusammenfassend [2.309] hin.

Standsicherheit

Zur Standsicherheit der Turmdrehkrane wird auf Abschnitt 2.4.5.2 verwiesen. Durch Berechnungen mit einem angepaßten Schwingungsmodell und Messungen an zwei Turmdrehkranen hat *Hösler* [2.310] nachgewiesen, daß die in einen nach DIN 15019 Teil 2 hinsichtlich seiner Standsicherheit ausgelegten Kran eingeleitete Wind- und Schwingungsenergie ausreichen kann, um ihn anzukippen. Der maximale Kippwinkel, dessen Überschreiten zum Umstürzen des Krans führt, wird jedoch auch bei ungünstigen betrieblichen Belastungskombinationen nicht erreicht.

2.4.6 Kabelkrane

In Kabelkranen treten ein oder zwei Tragseile, die von einer Laufkatze befahren werden, an die Stelle der bei anderen Krangruppen üblichen, mit Katzfahrschienen ausgestatteten Kranbrücke. Dieses Konstruktionsprinzip erlaubt es, die Spannweite und damit die Länge der vom Kran überstrichenen Arbeitsfläche um mehr als eine Zehnerpotenz auf 160...1500 m zu vergrößern.

Die Kabelkrane sind im Zusammenhang mit der Entwicklung der Seilbahnen entstanden. Verwendet wurden sie ursprünglich

- in Steinbrüchen und auf Lagerplätzen für Holz, Schüttgüter usw.
- auf großflächigen Baustellen für Brücken o.ä.
- als Transportmittel zur Überquerung von Flüssen
- im Talsperren- und Flußkraftwerkbau.

In dieser Breite der Anwendung und folgerichtig Ausbildung werden sie in der älteren Literatur behandelt [2.254] [2.311].

Die technologischen und technischen Fortschritte haben den Kabelkran inzwischen aus nahezu allen genannten Arbeitsfeldern verdrängt. Auch seine speziellen Bauformen als Hellingkabelkran auf Schiffswerften oder als Portalkabelkran, einem Portalkran mit einem Tragseil als Fahrbahn der Laufkatze, haben keinerlei Bedeutung mehr. Bestimmend für Entwicklung und Einsatz bleiben gegenwärtig Kabelkrananlagen, die Baustellen für Staumauern überspannen und den Betontransport für sie ausführen. Bei häufig schwierigem Gelände und großen Abmessungen dieser Bauwerke sind hier Kabelkrane fast immer das ideale Fördermittel, zu dem es keine wirtschaftliche Alternative gibt [2.312]. Bisweilen sind solche Krane auf mehreren derartigen Baustellen zu nutzen, wozu nur die Seile verändert bzw. gewechselt und die Fahrwerkausstattung modifiziert werden müssen.

2.4.6.1 Bauformen und Baugruppen

Bauweise und Bauformen

Bild 2-253 zeigt zwei nebeneinander arbeitende Kabelkrane mit ihren Hauptbaugruppen und vermittelt zugleich eine Vorstellung von den geologischen Gegebenheiten eines Talsperrenbaus. Die Tragseile *4* der Krane sind zwischen einer festen Stütze *2* und zwei fahrbaren Stützen *8* gespannt. Die auf ihnen fahrenden Laufkatzen *6* sind Seilzugkatzen, die von Fahrseilen längs der Tragseile bewegt werden und die Hubseile zu Seilflaschenzügen umlenken. Oberhalb der Tragseile liegen die rückführenden Stränge *3* der Fahrseile. Die fahrbaren Stützen benötigen wegen der hohen Zugkräfte der Tragseile neben den Vertikalfahrwerken *10* auch Horizontalfahrwerke *9*. Die Seiltriebwerke und die Steuereinrichtungen sind in einem feststehenden Maschinenhaus *1* zusammengefaßt.

Das deutlichste Kennzeichen der Bauart eines Kabelkrans ist die Ausführung der zwei Stützen, von der die Ausdehnung des Arbeitsfelds und der konstruktive Aufwand abhängen. Feste Stützen lassen nur linienförmige horizontale Gutbewegungen zu, eine seitliche Schwenkbewegung der Stützen erschließt bereits eine schmale Arbeitsfläche längs der Kranachse (Bild 2-254a). Der kreisfahrbare Kabelkran (Bild 2-254b) braucht eine, der parallelfahrbare (Bild 2-254c) zwei fahrbare Stützen mit den zugehörigen Fahrwerken und Fahrbahnen. Eigenmasse und Preis wachsen erheblich an, wenn fahrbare Stützen gebraucht werden, andererseits erhöht sich die Flexibilität bei der Anpassung an unterschiedliche Arbeitsaufgaben.

Die Tragfähigkeit der Kabelkrane für Betontransport liegt zwischen 6 und 30 t, in anderen Einsatzfällen wurden Spitzenwerte bis 165 t benötigt. Die Hubhöhen betragen 60...300 m. Als Tragseile werden vollverschlossene Spiralseile mit bis zu fünf Außenlagen aus Z-Drähten und Durchmessern bis 108 mm verwendet. Die Eigenmasse solcher ungeteilter Seile kann, wenn große Spannweiten vorliegen, 100 t und mehr ausmachen. Unter Umständen begrenzt die zulässige Transportmasse somit den Seildurchmesser und damit die Tragfähigkeit eines Kabelkrans, oder sie verlangt die Anordnung von zwei Tragseilen kleineren Durchmessers.

Das einfache oder doppelte Tragseil wird durch die Gewichtskraft einer Belastungsmasse bzw. eines Pendelturms gespannt oder erhält bei fester Abspannung eine konstante Vorspannung (Bild 2-255). Der Vorteil einer Gewichtskraftspannung ist eine von der Stellung und Größe der Querbelastung unabhängige Horizontalkraft F_h im Tragseil. Diese erzeugt geringere Fahrbahndurchhänge f_x bei Anfahrt an die Stützen (Bild 2-256). Erfahrungen und wissenschaftliche Untersuchungen [2.313] haben dazu geführt, daß heute nur noch die feste Abspannung gewählt wird, die zu kleineren Schwingungsamplituden bei Belastungsänderungen führt und die Konstruktionsmasse vermindert. Auch die vorliegenden Erkenntnisse zum Schwingungsverhalten der Kabelkrane [2.314] [2.315] basieren auf dieser Befestigungsart der Tragseile.

Die beiden Hauptarbeitsbewegungen erhalten wegen der großen Weglängen ungewöhnlich hohe Geschwindigkeiten von 1,0...2,5 m/s für das Heben und 4...8 m/s mit Spitzenwerten bis 10,5 m/s für das Katzfahren.

Baugruppen

Die zwei *Stützen* eines Kabelkrans müssen in ihrer Bauweise und Höhe dem Gelände angepaßt werden. Ist dies eben, bedingt es aufwendige, schwere Türme bis 80 m Höhe mit senkrecht und schräg stehenden Streben, die in der Spitze zusammengeführt sind. Im Gebirge können einfachere Wagen die Stütz- und Führungsfunktion für die Seile erfüllen; die Ausführung nach Bild 2-257 hat je einen fahrbaren Maschinen- und Gegenwagen. Die Tragseile sind an kardanisch aufgehängten Lenkern *5* befestigt, von denen einer als Spannvorrichtung ausgebildet sein muß.

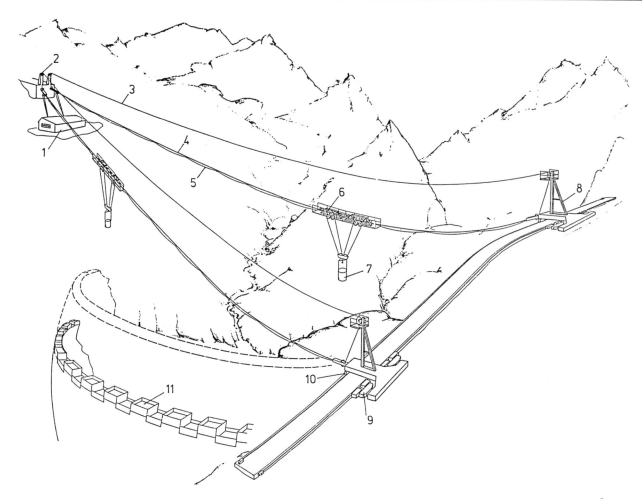

Bild 2-253 Gesamtansicht eines kreisfahrbaren Doppelkabelkrans für Betontransport
PWH Anlagen und Systeme GmbH, St. Ingbert-Rohrbach
1 Maschinenhaus
2 feste Stütze
3 oberes Fahrseil
4 Tragseil
5 Hub- und Fahrseil
6 Laufkatze
7 Betonkübel
8 fahrbare Stütze
9 Horizontalfahrwerk
10 Vertikalfahrwerk
11 Staumauer, im Bau

Die kurzen Stützen auf beiden Wagen tragen an ihrer Spitze die Umlenkrollen 2 für das Fahrseil, dessen zulässiger Durchhang ihre Höhe bestimmt.

Wenn derartige Stützen sehr hoch werden müssen, werden solche Wagen unwirtschaftlich. [2.316] stellt die im Bild 2-258 angegebene, für größere Stützhöhen geeignete aufgelöste Bauweise mit einer ebenen, A-förmigen, etwas geneigten Stütze 3 vor, die von einem Nackenseil 4 gehalten wird, das an einem fahrbaren Gegenwagen 5 verankert ist. Die Masse dieses Wagens ist so zu bemessen, daß ihre Gewichtskraft größer als die Vertikalkomponente der Nackenseilkraft bleibt. Das Maschinenhaus 7 steht auf dem unteren Verbindungsträger der Stütze. Weil die Fahrbahnen der beiden Stützen benachbarter Krane versetzt zueinander liegen, können die zwei gezeichneten der insgesamt sieben auf der Baustelle installierten Kabelkrane bis zu einem Abstand von rd. 14 m aneinander heranfahren.

Schwenkbewegungen der Stützen, die zu einer Querverschiebung des Tragseils und damit der Laufkatze führen, werden mit schräg seitlich am Stützenkopf angreifenden Seiltrieben hergestellt (Bild 2-259). Über die unteren Umlenkrollen laufen die Schwenkseile zu den Triebwerken im Maschinenhaus.

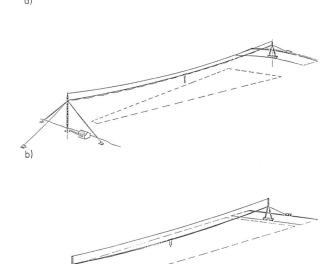

Bild 2-254 Hauptbauarten und Arbeitsflächen von Kabelkranen
a) schwenkbare Stützen
b) kreisfahrbare und feste Stütze
c) zwei parallelfahrbare Stützen

2.4 Schienengebundene Hebezeuge

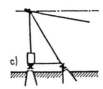

Bild 2-255 Spannarten des Tragseils
a) Spanngewicht
b) Pendelturm
c) feste Verankerung

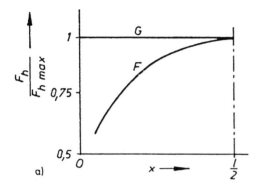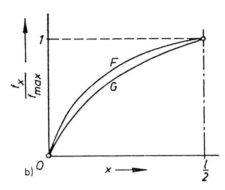

Bild 2-256
Einfluß der Spannart auf die Tragseilparameter bei veränderlicher Stellung x der Laufkatze
a) bezogene Horizontalkraft F_h
b) bezogener Seildurchhang f_x
G Gewichtskraftspannung,
F feste Abspannung

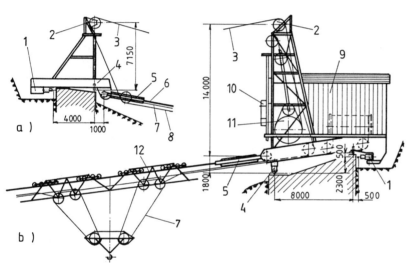

Bild 2-257
Wagen eines parallelfahrbaren Kabelkrans [2.312]
a) Gegenwagen   b) Maschinenwagen
1 Horizontalfahrwerk
2 Umlenkrolle Fahrseil
3 oberes Fahrseil
4 Vertikalfahrwerk
5 Tragseilverankerung
6 Tragseil
7 Hubseil
8 unteres Fahrseil
9 Maschinenhaus
10 Spanngewicht Fahrseil
11 Treibscheibe Katzfahrwerk
12 Laufkatze

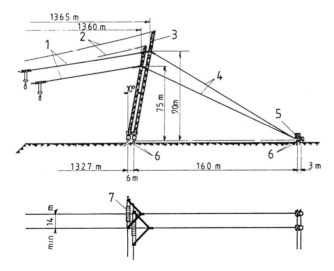

Bild 2-258 Kabelkranstützen mit Gegenwagen [2.316]
1 Tragseil
2 oberes Fahrseil
3 A-Stütze
4 Nackenseil
5 Gegenwagen
6 Fahrbahn
7 Maschinenhaus

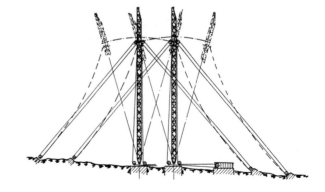

Bild 2-259
Schwenkstützen eines Doppelkabelkrans
PWH Anlagen und Systeme GmbH, St. Ingbert-Rohrbach

Die *Fahrwerke* der Kabelkrane entsprechen den Schienenfahrwerken der sonstigen Krane, siehe hierzu [0.1, Abschn. 3.5.3]. Die großen auftretenden Kräfte, besonders in horizontaler Richtung, verlangen den Einbau mehrerer, über Schwingen statisch bestimmt gestützter Laufräder. Meist werden zwei, bei Bedarf auch mehr Laufräder des Vertikalfahrwerks angetrieben, zuweilen erhält auch das Horizontalfahrwerk angetriebene Laufräder. Weil die Fahrgeschwindigkeit der Stützen und Wagen nur um 0,2 m/s liegt und die Betriebsdauer der Fahrwerke klein bleibt, können verhältnismäßig hohe Radkräfte zugelassen werden. Die bezogene Radkraft beträgt $F_{zul}/d_R^2 = 1,2...1,6$. Dies entspricht dem oberen Bereich des Kennlinienfeldes nach [0.1, Abschn. 2.5.3.2, Bild 2-149]. Zur Anpassung an das Gelände können die Fahrbahnen Krümmungen und Steigungen aufweisen, siehe Bild 2-253.

Um den Gleichlauf der beiden Teilfahrwerke zu überwachen, wird der Schrägstellungswinkel des Trag- oder Fahrseils in der horizontalen Ebene gemessen. Das Meßsignal nutzt man, um die Fahrgeschwindigkeiten zu korrigieren und bei einem Überschreiten des Grenzwerts das Fahrwerk stillzusetzen. Eine andere Lösung besteht darin, den Fahrmotoren durch Vorwiderstände steilere Kennlinien zu verleihen und ihre Drehzahl dadurch stärker von der Belastung abhängig zu machen. So wirken sich die aus der Schrägstellung des Tragseils herrührenden Kräfte direkt auf die Drehzahlen der Fahrwerke aus, siehe hierzu [0.1, Abschn. 3.5.3.4]. Die mechanischen Bremsen des Fahrwerks fallen etwas verzögert ein, damit der Kran unter der Wirkung der Ausgleichskräfte wieder in seine Sollage zurückkehrt. Endschalter gewährleisten die Notabschaltung im Grenzfall.

Als *Antriebssystem* für die Seilzugkatze wird vorwiegend die einfachste Ausführung nach Bild 2-130a mit unabhängigem, geschlossenem Fahrseil und durchlaufendem Hubseil verwendet. Die beiden Arbeitsseile sind Rundlitzenseile, meist mit Seale-Warrington-Litzen, das Hubseil in Kreuzschlag, das Fahrseil in Gleichschlag. Das Hubseil wird nach DIN 15020, das Fahrseil mit einem statischen Sicherheitsbeiwert um 4 ausgelegt. Eine größere Sicherheitszahl würde den Durchhang des frei hängenden oberen Fahrseils unnötig vergrößern.

Würden die beiden Arbeitsseile zwischen Laufkatzen und Stützen frei gespannt, ergäben sich wegen der geringeren spezifischen Seilkräfte größere Durchhänge als die des Tragseils. Dies würde bei den hohen Fahrgeschwindigkeiten erhebliche Schwingungen auslösen und möglicherweise das Senken der leeren Unterflasche wegen der Gewichtskraft des frei hängenden Hubseilabschnitts verhindern. Deshalb werden die Arbeitsseile in Abständen von 40...60 m durch an das Tragseil geklemmte *Reiter* gestützt, die kleine Führungsrollen zur Stützung dieser bewegten Seile aufweisen. Die Konstruktion der Laufkatze muß auf diese Reiter abgestimmt sein, sie entweder aufnehmen und wieder abgeben oder überfahren können. Ansätze, die Kabelkrane auch bei höherer Fahrgeschwindigkeit ohne Reiter zu bauen [2.317], sind nicht weiter verfolgt worden. Einige Bauarten dieser Reiter, wie Knotenseil- und Nachlaufreiter [2.254] [2.311], werden nicht mehr verwendet. Die bevorzugte Bauform ist der Klappreiter (Bild 2-260), dessen Klappbügel von Führungsschienen der Laufkatze über Druckrollen gespreizt werden, um die Seile freizugeben. Nach der Durchfahrt der Laufkatze schließt sich der Reiter federbetätigt, und die Seile legen sich wieder auf die Führungsrollen. Dieser stoßartige Öffnungs- und Schließvorgang begrenzt die Fahrgeschwindigkeit auf dynamisch vertretbare Werte. Der Einsatz eines Kniehebelverschlusses senkt die Öffnungskraft und erlaubt die genannten hohen Fahrgeschwindigkeiten bis 8 m/s. Das Schwert in der Mitte führt den Reiter innerhalb der Laufkatze.

Eine günstigere Lösung bringt der Seilträger, der die Arbeitsseile so stützt, daß sie einfach herausgehoben werden können. Er eignet sich allerdings lediglich für Kabelkrane mit zwei Tragseilen. Die Ausführung im Bild 2-261 verfügt über zwei zusätzliche, in der Vertikalebene schwenkbare Druckbügel mit Rollen, die ein Herausspringen der Seile verhindern sollen und wiederum von Führungen der Laufkatze angehoben und wieder eingelegt werden.

Die *Laufkatze* besteht aus einem leichten Tragrahmen, in dem die Seilrollen für das Hubseil gelagert sind. Das Fahrseil ist an beiden Enden der Katze befestigt. Die Laufräder des Fahrwerks liegen in Schwingen, sie haben ein dem Tragseil angepaßtes, kreisförmiges Laufprofil und bestehen ganz oder im Umfang aus einem Kunststoff, meist Polyamid. Das Verhältnis Laufraddurchmesser d_R zu Seildurchmesser d_S wird zwischen 30 und 35 gewählt. Bild 2-262 stellt eine sogenannte Tandemlaufkatze aus zwei gleichen, gelenkig verbundenen Teilen vor. Der mit dieser Bauweise erzielte größere Abstand der Umlenkrollen für das Hubseil spreizt die Stränge des Seilflaschenzugs und verhindert Drehbewegungen der Unterflasche oder gar ein Verwinden der Hubseilstränge, besonders bei großen Hubhöhen. Um die Nutzungsdauer der langen und damit teueren Hubseile zu erhöhen, erhalten die Seilrollen einen relativ großen Durchmesser, er soll nicht kleiner als der 40fache Seildurchmesser sein.

Das Hubseil wird von einem normalen elektromechanischen *Hubwerk* angetrieben. Die Hubtrommel erhält wegen der nur einlagigen Wicklung einen großen Durchmesser von 1000...2800 mm und eine Wickelvorrichtung. Im *Fahrantrieb* benutzt man dagegen vorzugsweise eine Treibscheibe zur Kraftübertragung, sie hat etwa den gleichen Durchmesser wie die Hubtrommel. Die Rillenpressung liegt mit $p_{zul} = 3...5$ N/mm^2 im mittleren Bereich, siehe [0.1, Abschn. 2.2.5.1]. Das Fahrseil wird durch ein Belastungsgewicht vorgespannt, siehe Bild 2-257. Man arbeitet aber auch mit fester Vorspannung oder mit einer Kombination beider Spannarten. Über die Kräfte in Fahrseilen bei fester Vorspannung informiert [2.318].

Die Antriebe der Arbeitsseile müssen stufenlos stellbar sein. Wegen der großen Antriebsleistungen von oft mehreren hundert Kilowatt und der auf entlegenen Baustellen häufig unzulänglichen Netzstabilität bevorzugt man in Kabelkrananlagen auch heute noch Ward-Leonard-Antriebe mit Gleichstrom-Nebenschlußmotoren. Indikatoren und Anzeigeinstrumente geben die jeweilige Stellung der Laufkatze und der Unterflasche an. In unmittelbarer Nähe des Ansteuerpunkts dient die Funkverbindung dazu, das Lastaufnahmemittel genau zu positionieren.

2.4.6.2 Seilstatik

Um die Seile eines Kabelkrans dimensionieren und die Durchhänge des Seils bzw. die Höhenlage der Unterflasche bestimmen zu können, müssen die Gleichungen der Seilkurve mit statischen Ansätzen hergeleitet werden. Dabei ist grundsätzlich davon auszugehen, daß die Krümmungen der Seile wegen der hohen Vorspannung klein bleiben, was geeignete Näherungen und Vereinfachungen erlaubt. Außer der Belastung der Seile durch ihre Gewichtskraft muß

2.4 Schienengebundene Hebezeuge

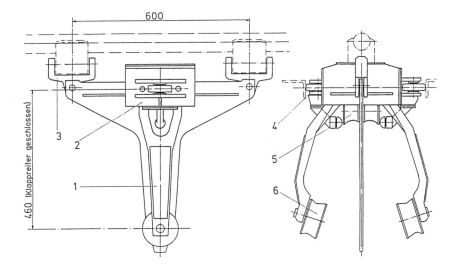

Bild 2-260
Klappreiter, PWH Anlagen und Systeme GmbH, St. Ingbert-Rohrbach
1 Rollenarm
2 Gehäuse mit Schwert
3 Aufhängung
4 Stützrolle
5 obere Seilführungsrolle
6 untere Seilführungsrolle

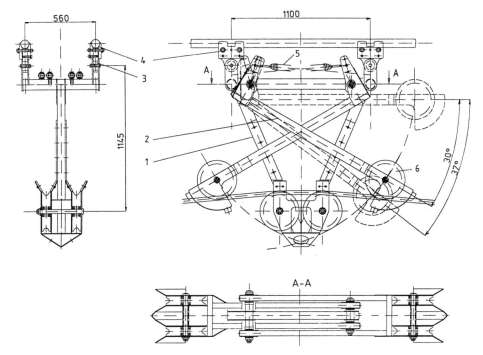

Bild 2-261
Seilträger mit Druckbügeln
PWH Anlagen und Systeme GmbH, St. Ingbert-Rohrbach
1 Reiterrahmen
2 Reiterhebel
3 Klemmteilträger
4 Klemmteil
5 Hakenfeder
6 Seilrolle

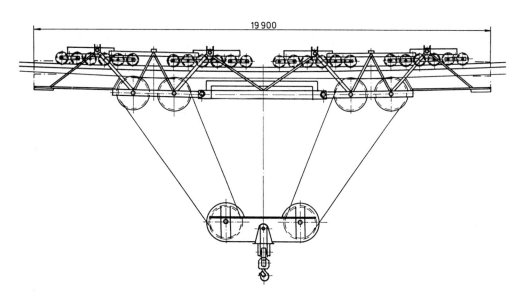

Bild 2-262 Laufkatze eines Kabelkrans; PWH Anlagen und Systeme GmbH, St. Ingbert-Rohrbach
Tragfähigkeit 26...30 t, Eigenmasse 11 t

beim Tragseil die durch eine quer zur Seilachse wirkende Einzelkraft Berücksichtigung finden.

Leerseillinie, Ansatz Kettenlinie

Wegen der hohen Vorspannung sind die Biegespannungen und die endliche Querschnittsfläche des Seils zu vernachlässigen, so daß für das Seil das Modell eines biegeweichen, gleichmäßig mit Masse belegten Fadens gilt. Im speziellen Koordinatensystem ξ, η liegt der tiefste Punkt M der Seillinie mit waagerechter Tangente auf der Ordinate (Bild 2-263). Das tatsächliche Seilfeld des Kabelkrans ist durch die Sehne $A-B$ und die Koordinaten ξ_0, η_0 des Punkts A gegeben.

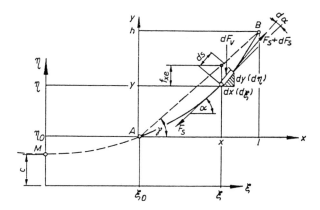

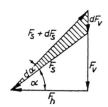

Bild 2-263 Seilkurve bei Belastung durch die Gewichtskraft des Seils

Das benutzte Seilmodell führt mit

$$F_v = F_h \tan\alpha = F_h \frac{d\eta}{d\xi} \quad \text{und}$$

$$dF_v = F_h \frac{d^2\eta}{d\xi^2} = q\,ds = q\frac{d\xi}{\cos\alpha} \tag{2.118}$$

zur Differentialgleichung der Seilkurve

$$\frac{F_h}{q}\frac{d^2\eta}{d\xi^2} = \frac{1}{\cos\alpha} = \sqrt{1+\tan^2\alpha} = \sqrt{1+\left(\frac{d\eta}{d\xi}\right)^2} \tag{2.119}$$

bzw. mit der Substitution $\eta' = d\eta/d\xi$ und der Trennung der Variablen zu

$$\frac{F_h}{q}\frac{d\eta'}{\sqrt{1+\eta'^2}} = d\xi.$$

Durch Integration dieser Gleichung entsteht die bekannte Gleichung der Kettenlinie

$$\eta' = \sinh\frac{\xi}{c}; \quad \eta = c\cosh\frac{\xi}{c} \tag{2.120}$$

mit dem Kurvenparameter $c = F_h/q$;
F_h Horizontalkraft (horizontale Komponente der Seilkraft F_S)
q längenbezogene Gewichtskraft des Seils.

Da der Scheitel der Kettenlinie auf der Ordinate des Koordinatensystems liegt, wurden beide Integrationskonstanten gleich Null. Die hyperbolischen Funktionen in Gl. (2.120) lassen sich als Potenzreihen darstellen. Für die praktische Rechnung liegen Rechenprogramme vor.

Leerseillinie, Ansatz quadratische Parabel

In Anbetracht der sonstigen Ungenauigkeiten im Seilmodell und in der Bestimmung der Berechnungsparameter ist eine weitere Vereinfachung der Gleichungen für die Seilkurve üblich und empfehlenswert. Die Kettenlinie wird dabei durch eine quadratische Parabel angenähert, indem die Reihenentwicklung der Hyperbelfunktion nach dem quadratischen Glied abgebrochen wird. Dies ist gleichbedeutend mit der Annahme einer konstanten, von der laufenden Koordinate unabhängigen Vertikalbelastung in Gl. (2.118), d.h.

$$dF_v = q\frac{d\xi}{\cos\alpha} \approx \frac{q\,dx}{\cos\gamma} = \bar{q}\,dx = \text{konst.} \tag{2.121}$$

Die Bogenlängen der quadratischen Parabel und der Kettenlinie unterscheiden sich bis zu Spannweiten von 1000 m nur um maximal 10^{-3}%, so klein ist der Fehler. Die Differentialgleichung der Näherungsparabel im x, y-Koordinatensystem lautet

$$F_h\frac{d^2y}{dx^2} = \bar{q}.$$

Mit den Randbedingungen von Bild 2-263 hat sie die spezielle Lösung:

Neigungswinkel des Seils

$$y' = \tan\alpha = \frac{h}{l} - \frac{\bar{q}}{2F_h}(l-2x); \tag{1.122}$$

Ordinate des Seils

$$y = \frac{h}{l}x - \frac{\bar{q}}{2F_h}(l-x)x; \tag{2.123}$$

Durchhang des Seils aus der Wirkung der Gewichtskraft

$$f_{xe} = \frac{h}{l}x - y = \frac{\bar{q}}{2F_h}(l-x)x; \tag{2.124}$$

maximaler Durchhang aus der Wirkung der Gewichtskraft

$$f_{xe(x=l/2)} = \frac{\bar{q}l^2}{8F_{h\,max}}. \tag{2.125}$$

Vollseillinie

Für den zusätzlichen Durchhang des Seils infolge einer im Punkt E angreifenden vertikalen Einzelkraft F ist das Seil als biegeweicher, aber auch masseloser Faden zu betrachten. Dies führt zur Seilfigur nach Bild 2-264.
Das Gleichgewicht der Momente um den Auflagerpunkt B

$$F_A f_{xF}\frac{l}{x}\cos\delta - F(l-x) = 0$$

ergibt mit $F_A = F_h/\cos\delta$ den Durchhang aus der Wirkung der Einzelkraft F

$$f_{xF} = \frac{F}{F_h}\frac{x(l-x)}{l}. \tag{2.126}$$

2.4 Schienengebundene Hebezeuge

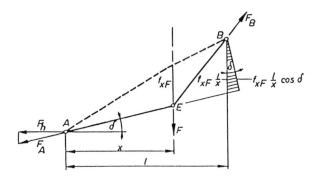

Bild 2-264 Seilfigur bei Belastung durch eine Einzelkraft

Der Gesamtdurchhang des Seils im Punkt E beträgt

$$f_x = f_{xe} + f_{xF} = \left(F + \frac{\overline{q}l}{2}\right)\frac{x(l-x)}{lF_h}. \qquad (2.127)$$

und hat seinen Maximalwert in der Mitte des Spannfelds

$$f_{max} = f_x(x=l/2) = \left(F + \frac{\overline{q}l}{2}\right)\frac{l}{4F_{hmax}}. \qquad (2.128)$$

Die Ordinate der Seilkurve am Angriffspunkt E der Einzelkraft F ist

$$y = \frac{h}{l}x - f_x = \frac{h}{l}x - \left(F + \frac{\overline{q}l}{2}\right)\frac{x(l-x)}{lF_h}. \qquad (2.129)$$

Diese Funktion $y = y(x)$ stellt die Gleichung für die Bahnkurve einer beweglichen Einzelmasse mit der Gewichtskraft F dar.

Analogie Seilfeld – Biegeträger

Die quadratische Parabel, die als geeignete Näherung für die Seilkurve verwendet wird, ist auch die Funktion für den Verlauf des Biegemoments in einem Träger auf zwei Stützen, der von einer längenbezogenen Kraft $\overline{q}$ konstanter Intensität belastet wird. Es liegt nahe, diese Analogie zur einfach überschaubaren Berechnung der geometrischen Daten der Seilkurve bei komplizierterer Belastung zu benutzen.

Das Biegemoment im Punkt E des Trägers (Bild 2-265) hat die Größe

$$M_{bE} = \left(F + \frac{\overline{q}l}{2}\right)\frac{x(l-x)}{l}. \qquad (2.130)$$

Der Vergleich von Gl. (2.130) mit Gl. (2.127) zeigt den Zusammenhang zwischen dem Durchhang des Seils und dem Biegemoment des analog belasteten Trägers

$$f_x = \frac{M_{bE}}{F_h} = \frac{\text{Biegemoment}}{\text{Horizontalkraft}}. \qquad (2.131)$$

Es ist nunmehr einfach, auch die Durchhänge an beliebigen Stellen des Seils zu erhalten, z.B. im Punkt E_1,

$$f_{x1} = \frac{M_{bE1}}{F_h} = \frac{1}{F_h}\left[F\frac{x_1(l-x)}{l} + \frac{\overline{q}}{2}(l-x_1)x_1\right](0 \leq x_1 \leq x). \qquad (2.132)$$

Die entsprechende Gleichung für E_2 ist unter Beachtung der Unstetigkeit des Biegemoments in E mit einem gesonderten Ansatz leicht zu bestimmen.

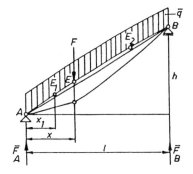

Bild 2-265 Träger auf zwei Stützen

Als zweites Anwendungsbeispiel der Analogiebetrachtung wird der Neigungswinkel der Seilkurve im beliebigen Punkt E_1 berechnet. Es gilt

$$y_1 = \frac{h}{l}x_1 - f_{x1};$$

$$\tan\alpha_1 = \frac{\delta y}{\delta x_1} = \frac{h}{l} - \frac{\delta f_{x1}}{\delta x_1} = \frac{h}{l} - \frac{1}{F_h}\left[F\frac{l-x}{l} + \frac{\overline{q}}{2}(l-2x_1)\right]$$

$$(0 \leq x_1 \leq x). \qquad (2.133)$$

Die Grenzwinkel an den Rändern des Teilfelds I betragen (Bild 2-266)

$$\tan\alpha_A = \tan\alpha_{1(x_1=0)} = \frac{h}{l} - \frac{1}{F_h}\left(F\frac{l-x}{l} + \frac{\overline{q}l}{2}\right);$$

$$\tan\alpha_{EI} = \tan\alpha_{1(x_1=x)} = \frac{h}{l} - \frac{1}{F_h}\left[F\frac{l-x}{l} + \frac{\overline{q}}{2}(l-2x)\right]. \qquad (2.134)$$

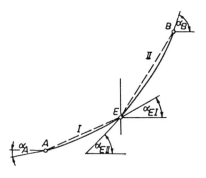

Bild 2-266 Neigungswinkel des Seils

Es ist plausibel, daß sich alle f_{xi} und α_i eines durch die eigene Gewichtskraft und durch eine beliebige Anzahl punktförmig angreifender Vertikalkräfte belasteten Seils in gleicher Weise ermitteln lassen. Alle Kräfte sind schließlich auch in Form eines Kraftecks zusammenzufassen (Bild 2-267). Die Horizontalkraft muß aus Gleichgewichtsgründen konstant, d. h. von x unabhängig sein. Weil die Tangenten an die Seillinie in den Mitten der Teilfelder I und II parallel zu den Feldsehnen $A - E$ bzw. $E - B$ verlaufen, sind damit die Richtungen der Seilkräfte F_I und F_{II} für diese Punkte vorgegeben. Die vertikalen Komponenten der Auflagerkräfte F_A bzw. F_B können auch negativ werden; bei Kabelkranen tritt dieser Fall selten auf, häufiger jedoch bei Seilbahnen.

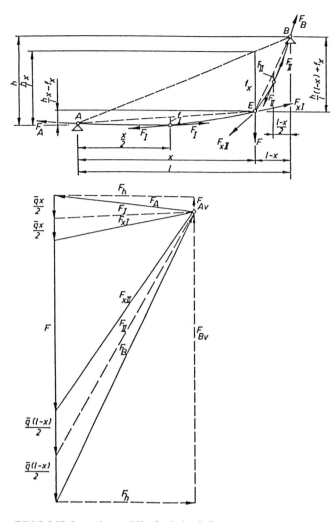

Bild 2-267 Lageplan und Krafteck des Seils

Krafteinleitung über Laufrad

Am Seil befestigte Einzelmassen, wie die Seilreiter, leiten ihre volle Gewichtskraft in diese Seile ein. Eine bewegliche Masse, z.B. die Laufkatze, überträgt ihre Gewichtskraft dagegen durch Laufräder auf das Tragseil. Da dieses Seil aus Gleichgewichtsgründen nur die Normalkomponente F_n aufnehmen kann, muß die Tangentialkomponente F_t von einem zweiten Seil, dem Fahrseil, übernommen werden (Bild 2-268). Die auftretenden Kräfte sind:

Seilkräfte des Tragseils $F_{TxI} = F_{TxII}$;
Zugkraft des Fahrseils $F_z = F_t = F \sin\beta$; (2.135)
β Zugwirkungswinkel.

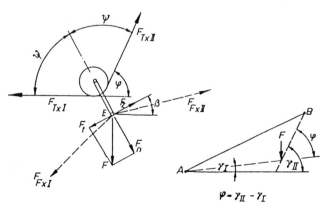

Bild 2-268 Krafteinleitung durch Laufrolle

Weil die Seilkräfte im Tragseil am Krafteinleitungspunkt übereinstimmen, muß wegen der sprunghaften Änderung des Neigungswinkels des Seils die Horizontalkomponente hier eine Unstetigkeitsstelle aufweisen. Das Kräftegleichgewicht im Seilpunkt E läßt sich nur durch Kombination von Tragseil- und Fahrseilkräften herstellen; Bild 2-269 zeigt das Krafteck für diesen Punkt.

Der im Bild 2-269 erkennbare Zusammenhang der zwei Tragseilkräfte F_T, der Fahrseilkraft F_F und der Einzelkraft F kann verallgemeinert werden. Der Durchhang eines beliebigen Seilfelds aus mehreren (z) Seilen, in dem die Kräfte aus den rollenden Massen über Laufräder in die Tragseile eingeleitet werden, wird näherungsweise für das gesamte Seilfeld berechnet. Dabei tritt die Summe der Horizontalkräfte aller z Seile an die Stelle der Horizontalkraft des Tragseils. Das gleiche gilt für die längenbezogene Gewichtskraft.

$$F_h^* = \sum_z F_{hz} = \text{konst. und } \bar{q}^* = \sum_z \bar{q}_z \quad (2.136)$$

führen zu Gleichungen für den Gesamtdurchhang des Seilfelds

$$f_x = \left(F + \frac{\bar{q}^* l}{2}\right) \frac{x(l-x)}{l F_h^*};$$

$$f_{\max} = \left(F + \frac{\bar{q}^* l}{2}\right) \frac{l}{4 F_{h\max}^*}. \quad (2.137)$$

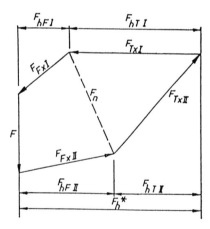

Bild 2-269 Krafteck für den Seilpunkt E

Wenn die Kräfte beider Arbeitsseile (Fahr- und Hubseil) vereinfachend zusammengefaßt werden (Index R), entsteht unter der Annahme paralleler Feldsehnen aller Seile das vollständige Krafteck der Seilkombination (Bild 2-270).

Zugwirkungswinkel

Um die Zugkraft F_z im Fahrseil nach Gl. (2.135) bestimmen zu können, muß der Zugwirkungswinkel β bekannt sein. Es gilt nach Bild 2-271

$$\beta = \alpha_{EI} + \frac{\alpha_{EII} - \alpha_{EI}}{2} = \frac{\alpha_{EI} + \alpha_{EII}}{2} \approx \frac{\tan\alpha_{EI} + \tan\alpha_{EII}}{2}.$$

Für die schlanken, nur wenig gekrümmten Seilfelder der Kabelkrane ist der Ersatz der Winkel durch ihren Tangens als Näherung zulässig. Er ist mit Gl. (2.133) leicht zu berechnen

2.4 Schienengebundene Hebezeuge

$$\tan\alpha_{EI} = \frac{h}{l} - \frac{1}{F_h^*}\left[F\frac{l-x}{l} + \frac{\bar{q}^*}{2}(l-2x)\right];$$

$$\tan\alpha_{EII} = \frac{h}{l} + \frac{1}{F_h^*}\left[F\frac{x}{l} - \frac{\bar{q}^*}{2}(l-2x)\right].$$

Damit ist der Zugwirkungswinkel bestimmt

$$\tan\beta = \frac{h}{l} - \frac{(F+\bar{q}^*l)(l-2x)}{2lF_h^*}. \qquad (2.138)$$

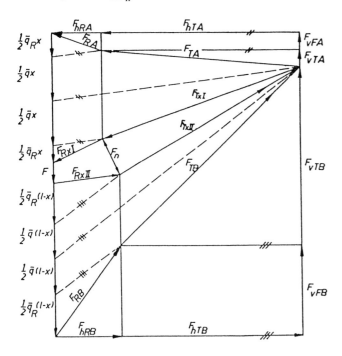

Bild 2-270 Krafteck des Seilfelds

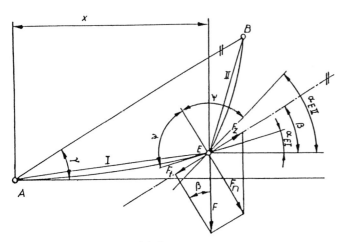

Bild 2-271 Zugwirkungswinkel

Bogenlänge und elastische Dehnung des Seils

Zur statischen Berechnung von beiderseitig befestigten Seilen werden dessen Bogenlänge s und elastische Dehnung Δs benötigt. Für das Bogenelement ds (s. Bild 2-263) kann zur Vereinfachung eine Näherung eingeführt werden, die nur für kleine Winkel α gilt. Der Ansatz lautet

$$ds = \frac{dx}{\cos\alpha} = dx\sqrt{1+\tan^2\alpha} = dx\sqrt{1+y'^2} \approx dx\left(1+\frac{y'^2}{2}\right)$$

bzw. mit Gl.(2.122)

$$ds = \left[1 + \frac{1}{2}\left(\frac{h}{l} - \frac{\bar{q}(l-2x)}{2F_h}\right)^2\right]dx. \qquad (2.139)$$

Integration über die Spannweite l ergibt die Bogenlänge

$$s = \int_0^l ds = l + \frac{h^2}{2l} + \frac{\bar{q}^2 l^3}{24 F_h^2} \qquad (2.140)$$

oder bei Einführung des maximalen Durchhangs laut Gl. (2.125) in etwas anderer Schreibweise

$$s = l + \frac{h^2}{2l} + \frac{8}{3}\frac{f_{max}^2}{l}. \qquad (2.141)$$

Die elastische Dehnung des Seils beträgt

$$\Delta s = \int_0^l \frac{F_S ds}{E_S A_S} = \frac{1}{E_S A_S}\int_0^l \frac{F_h}{\cos\alpha}\frac{dx}{\cos\alpha} = \frac{F_h}{E_S A_S}\int_0^l (1+\tan^2\alpha)dx$$

$$= \frac{F_h}{E_S A_S}\int_0^l (1+y'^2)dx = \frac{F_h}{E_S A_S}\int_0^l \left[1+\left(\frac{h}{l} - \frac{\bar{q}(l-2x)}{2F_h}\right)^2\right]dx$$

$$= \frac{F_h}{E_S A_S}\left(l + \frac{h^2}{l} + \frac{\bar{q}^2 l^3}{12 F_h^2}\right) = \frac{F_h}{E_S A_S}\left(l + \frac{h^2}{l} + \frac{16}{3}\frac{f_{max}^2}{l}\right). \qquad (2.142)$$

Die entsprechenden Größen für das durch eine Einzelkraft geteilte Seilfeld nach Bild 2-267 ergeben sich aus den Gln. (2.140) und (2.142), wenn nachstehende Substitutionen vorgenommen werden,

Teilfeld I: $l \to x$

$$h \to \frac{h}{l}x - f_x$$

Teilfeld II: $l \to l - x$

$$h \to \frac{h}{l}(l-x) + f_x$$

$$f_{max} \to f_{II} = \frac{\bar{q}(l-x)^2}{8 F_h}.$$

Die gesamte Bogenlänge setzt sich aus den beiden Teilmengen zusammen

$$s = s_I + s_{II} = x + \left(\frac{h}{l}x - f_x\right)^2 \frac{1}{2x} + \frac{8}{3}\frac{f_I^2}{x}$$

$$+ (l-x) + \left[\frac{h}{l}(l-x) + f_x\right]^2 \frac{1}{2(l-x)} + \frac{8}{3}\frac{f_{II}^2}{l-x} =$$

$$= l + \frac{h^2}{2l} + \frac{f_x^2 l}{2x(l-x)} + \frac{\bar{q}^2}{24 F_h^2}\left[x^3 + (l-x)^3\right]. \qquad (2.143)$$

Der Maximalwert tritt bei Stellung der Einzelkraft in Feldmitte auf

$$s_{max} = s(x = l/2) = l + \frac{h^2}{2l} + \frac{2 f_{max}^2}{l} + \frac{\bar{q}^2 l^3}{96 F_{h\,max}^2}.$$

Analog werden die Gleichungen der elastischen Verlängerung des Seils gebildet

$$\Delta s = \Delta s_\text{I} + \Delta s_\text{II} = \frac{F_\text{h}}{E_\text{S} A_\text{S}} \left\{ l + \frac{h^2}{l} + \frac{f_x^2 l}{x(l-x)} + \frac{\bar{q}^2}{12 F_\text{h}^2} \left[x^3 + (l-x)^3 \right] \right\};$$

$$\Delta s_\text{max} = \frac{F_\text{h max}}{E_\text{S} A_\text{S}} \left[l + \frac{h^2}{l} + \frac{4 f_\text{max}^2}{l} + \frac{\bar{q}^2 l^3}{48 F_\text{h max}^2} \right]. \tag{2.145}$$

Treten mehrere Einzelkräfte auf, komplizieren sich die Gln. (2.143) bis (2.145), ohne daß sich ihre Herleitung und ihr grundsätzlicher Aufbau ändern.

2.4.6.3 Berechnung der Tragseile

Bemessungsgleichungen

Ein Kabelkran hat ein oder mehrere parallelliegende Tragseile, die gleichmäßig belastet sind und deshalb zu einem Ersatzseil zusammengefaßt werden können. Um die Funktionsfähigkeit des Kabelkrans zu gewährleisten, den Zugwirkungswinkel nach Gl. (2.138) und die Schwingungsamplituden bei einer Änderung der Querbelastung nach Größe und Lage zu begrenzen, wird auch der maximale Durchhang des Tragseils in Abhängigkeit von der Spannweite nach Erfahrungswerten vorgegeben und als Ausgangsgröße der Dimensionierung verwendet. Es gilt

$$f_\text{max} = \frac{l}{\kappa} \text{ mit } \kappa = 20 \ldots 25. \tag{2.146}$$

Einsetzen von Gl. (2.137) in diesen Ansatz und Umstellung führt zur größten Horizontalkraft des Seils

$$F_\text{h max}^* = \frac{\kappa}{4} \left(F + \frac{\bar{q}^* l}{2} \right). \tag{2.147}$$

Die über die Seilreiter eingeleiteten Einzelkräfte sind so klein, daß sie durch längenbezogene Kräfte $\bar{q}_\text{R}$ ersetzt und in die Summe $\bar{q}^*$ der längenbezogenen Kräfte einbezogen werden können.

Der Anteil der Horizontalkräfte in den Arbeitsseilen liegt unter 6 % der Summe aller Horizontalkräfte. Es ist deshalb angängig und üblich, die gesamte Horizontalkraft F_h allein dem Tragseil zuzuordnen und mit der zulässigen Zugkraft zu vergleichen, siehe [0.1, Abschn. 2.1.4.2],

$$F_\text{S max} \approx F_\text{h max}^* \leq \frac{F_\text{B}}{S_\text{B}}; \tag{2.148}$$

F_B rechnerische Bruchkraft des Seils
S_B $3 \ldots 4$ Sicherheitsbeiwert.

Die Biegebeanspruchung des Tragseils wird dadurch geprüft, daß die maximale Radkraft $F_\text{R max}$ der Laufkatze in beliebiger Katzstellung einen vorgegebenen Anteil der kleinsten Seilzugkraft $F_\text{S min}$ nicht überschreiten darf

$$\frac{F_\text{R max}}{F_\text{S min}} \approx \frac{F_\text{R max}}{F_\text{h min}^*} \leq \frac{1}{\psi} \text{ mit } \psi = 30 \ldots 60. \tag{2.149}$$

Hat das Tragseil Gewichtskraftspannung, bleibt die Seilkraft und damit auch deren Horizontalkomponente unbeeinflußt von Größe und Stellung der Laufkatzbelastung (Bild 2-255a). Die beiderseitige Befestigung des Tragseils mit gewisser Vorspannung (Bild 2-255c) macht dagegen die Seilkraft von Größe und Lage der Einzelkraft abhängig. Die minimale Seil- und damit Horizontalkraft tritt bei Annäherung der fahrenden Laufkatze an die Stützen des Kabelkrans auf. Für diese Stellung ist Gl. (2.149) anzusetzen.

Seilkraft bei fester Verankerung

Wegen der statischen Unbestimmtheit muß zur Berechnung der Zugkraft des fest abgespannten Tragseils bei beliebiger Stellung der Laufkatze eine Formänderungsgleichung herangezogen werden

$$s - \Delta s = s_\text{max} - \Delta s_\text{max}. \tag{2.150}$$

Werden in diese Gleichung die Gln. (2.143) bis (2.145) eingesetzt, entsteht ein komplizierter Ausdruck, in dem die gesuchte Horizontalkraft implizit auftritt. Die in der Literatur angegebenen Näherungen zur Vereinfachung dieser Gleichung unterscheiden sich; sie betreffen stets den Ansatz für die elastische Dehnung Δs des Seils.

Näherung nach [2.254]

$$\Delta s \approx \frac{F_\text{h}^*}{E_\text{S} A_\text{S}} l. \tag{2.151}$$

Hier wird die elastische Dehnung auf eine Seillänge gleich der Spannweite bezogen. Dadurch kann die Horizontalkraft F_h in einer Gleichung 3. Grads explizit dargestellt werden.

Näherung nach [2.311]

$$\Delta s \approx \frac{F_\text{h}^*}{E_\text{S} A_\text{S}} \left(l + \frac{h^2}{2l} \right). \tag{2.152}$$

Die elastische Dehnung ist auf die Länge der Stützensehne bezogen, was für schrägliegende Seilfelder eine bessere Näherung ergibt, für $h = 0$ auf die Gl. (2.151) führt.

Empfohlene Näherung

Der Bezug der elastischen Dehnung Δs des Seils auf dessen gespannte Länge s vereinfacht Gl. (2.150) beträchtlich und stellt eine bessere Näherung als die beiden oben genannten dar. Der Ansatz

$$\Delta s \approx \frac{F_\text{h}^*}{E_\text{S} A_\text{S}} s \tag{2.153}$$

führt zur Gleichung für die Horizontalkraft

$$F_\text{h}^{*3} + \varphi_1 F_\text{h}^{*2} + \varphi_2 \left(F_\text{h}^* - E_\text{S} A_\text{S} \right) = 0 \quad \text{mit}$$

$$\varphi_1 = E_\text{S} A_\text{S} \left(\frac{s_\text{max} - \Delta s_\text{max}}{l + \frac{h^2}{2l}} - 1 \right) = \text{f}(s_\text{max} - \Delta s_\text{max});$$

$$\varphi_2 = \frac{1}{2 + \frac{h^2}{l^2}} \left[\frac{\bar{q}^{*2} l^2}{12} + \left(\frac{x}{l} - \frac{x^2}{l^2} \right) \left(F^2 + F \bar{q}^* l \right) \right] = \text{f}(x). \tag{2.154}$$

In Gl. (2.154) kann die Längenänderung des Seils durch Temperatureinflüsse berücksichtigt werden. Sie wird auf die Länge des Seils im ungedehnten Zustand bezogen und in den Faktor φ_1 eingefügt. Die Länge des unbelasteten Seils als Funktion der Temperatur beträgt

$$s_{ua} = (1 + \alpha \Delta t)(s_\text{max} - \Delta s_\text{max});$$

α linearer Wärmeausdehnungskoeffizient des Seils
Δt Temperaturänderung.

Einfügen des Faktors für die Temperaturänderung führt zu einem temperaturabhängigen Faktor

2.4 Schienengebundene Hebezeuge

$$\varphi_{1\alpha} = E_S A_S \left[\frac{s_{max} - \Delta s_{max}}{l + \frac{h^2}{2l}} (1 + \alpha \Delta t) - 1 \right]$$

$$= \varphi_1 (1 + \alpha \Delta t) + E_S A_S \alpha \Delta t. \quad (2.155)$$

2.4.6.4 Berechnung der Arbeitsseile

Die Hubseile eines Kabelkrans werden wie die anderer Kranseiltriebe nach DIN 15020 ausgelegt, siehe [0.1, Abschn. 2.1.4.3]. Das Fahrseil wird nach der größten statischen Zugkraft mit 4- bis 5facher Sicherheit zur Bruchkraft dimensioniert. Der Größtwert der Seilkraft tritt bei dem als Beispiel verwendeten, durch ein Gewicht gespannten Fahrseil (Bild 2-272) meistens an der Umlenkrolle oberhalb des Spanngewichts auf. Er ist gleich

$$F_{max} = F_z + F_f + F_b + F_{sp} = \frac{F_G}{2} + q_F h_G. \quad (2.156)$$

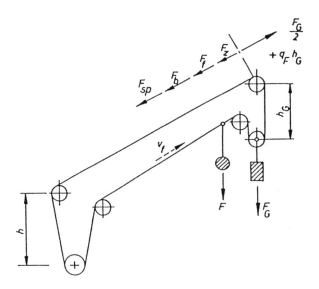

Bild 2-272 Kräfte am Fahrseil

Die erforderliche Masse des Spanngewichts beträgt

$$m_G = \frac{2}{g} \left(F_z + F_f + F_b + F_{sp} - q_F h_G \right); \quad (2.157)$$

q_F längenbezogene Gewichtskraft des Fahrseils.

Die Einzelkräfte sind:

Kräfte aus Zugwirkung der Laufkatze

$$F_z = F \sin \beta_{max} = (F_e + F_n) \sin \beta_{max}; \quad (2.158)$$

F_e Gewichtskraft der Laufkatze
F_n Gewichtskraft der Nutzmasse
β_{max} Größtwert des Zugwirkungswinkels nach Gl. (2.138)

Reibungskraft (Fahrwiderstand)

$$F_f = \mu_f (F_e + F_n) \cos \beta_{max} + \frac{F_G}{2} \left(1 - \eta_R^{z_F}\right) + F_{SH} \left(1 - \eta_R^{z_H}\right); \quad (2.159)$$

μ_f spezifischer Fahrwiderstand ($\mu_f \approx 0{,}02$)
η_R Wirkungsgrad der Seilrolle, siehe [0.1, Abschn. 2.2.2.1]
F_G Vorspannkraft
z_F Anzahl der Seilrollen des Fahrseils
F_{SH} Seilkraft im Hubseil
z_H Anzahl der Seilrollen des Hubseils.

Gl. (2.159) enthält Vereinfachungen; sie kann modifiziert werden, z.B. durch Berücksichtigung des Rollwiderstands der Rollen in den Reitern.

Beschleunigungskraft

$$F_b = (F_e + F_n + q_F l_F) \frac{a}{g}; \quad (2.160)$$

l_F Gesamtlänge des Fahrseils
a Beschleunigung.

Spannkraft

$$F_{sp} = \frac{q_F l}{8 \cos^2 \gamma} \frac{l}{f}; \quad (2.161)$$

l Spannweite (horizontaler Abstand zwischen 2 Reitern oder, bei freier Spannung des rücklaufenden Fahrseils, Spannweite zwischen den Stützen)
γ Neigungswinkel der Sehne zwischen den Stützpunkten
f Durchhang in Spannfeldmitte.

Bei Reiterstützung wählt man das Verhältnis l/f meist mit etwa 100, bei freier Spannung muß der größte Durchhang des Fahrseils so bestimmt werden, daß es das darunterliegende Tragseil nicht berührt.
An der Seiltrommel oder Treibscheibe tritt als größte Zugkraft

$$F_T = F_z + F_f + F_b + F_{sp} - q_F h \quad (2.162)$$

auf. Um den zeitlichen Verlauf der Antriebskräfte zu bestimmen, müssen noch weitere Katzstellungen untersucht werden.

2.5 Fahrzeugkrane

Obwohl alle fahrbaren Krane in weiterer Fassung des Begriffs Fahrzeuge sind bzw. Fahrwerke aufweisen, umfaßt der Begriff Fahrzeugkrane eine besondere Krangruppe, die aus den für den Verkehr auf Straßen, Schienen, Wasserwegen und in der Luft entworfenen Fahrzeugen bzw. Verkehrsmitteln hervorgegangen ist. Ihr Anfang liegt weit zurück; handbetriebene Schienenkrane wurden bereits Anfang dieses Jahrhunderts in den USA benutzt [2.319].

2.5.1 Allgemeines

Ein anerkannter, übergeordneter Begriff für diese Kranart hat sich bisher nicht durchgesetzt. DIN 15001 bezieht die Schwimmkrane nicht ein, sondern behandelt sie als eigene Gruppe. In der Literatur finden sich die Bezeichnungen „Fahrbare Krane" bzw. „Mobile Krane". Unter stillschweigender Einschränkung des Wortsinns von „freizügig" werden solche Hebezeuge auch als „Freizügig ortsveränderliche Krane" benannt. Zum Ausdruck kommt in all diesen Bezeichnungen ein besonderes Merkmal der Fahrzeugkrane. Sie können auf öffentlichen Verkehrswegen, auf Baustellen, Flughäfen, Industrieanlagen, teils im Gelände verfahren werden, sei es, um den Einsatzort zu wechseln, sei es, um ein großflächiges Arbeitsfeld zu bedienen.

Unter dem Begriff Fahrzeugkrane werden hier zusammengefaßt:

- Straßenkrane (Auto-, Mobilkrane)
- Raupenkrane
- Ladekrane
- Eisenbahnkrane
- Schwimmkrane.

Die Fahrzeugkrane sind stets Auslegerkrane, zudem nahezu immer Drehkrane. Durchaus angängig wäre es, auch die Kranhubschrauber bzw. Kranluftschiffe einzubeziehen, von denen die erstgenannten bereits einen festen Platz als luftgestützte Hebezeuge eingenommen haben. Sie sollen jedoch lediglich erwähnt werden.

Die Einsatzgebiete der Fahrzeugkrane unterscheiden sich, nicht zuletzt wegen ihrer Abhängigkeit von den bauarttypischen Verkehrswegen. Allen gemeinsam ist die notwendige Unabhängigkeit von einem stationären Energieversorgungsnetz. Die benötigte Energie erzeugen vielmehr ein oder mehrere Verbrennungsmotoren, meist Dieselmotoren. In Sonderfällen, z.B. bei längerer, regelmäßiger Kranarbeit innerhalb eines eng begrenzten Arbeitsbereichs, können wahlweise Elektro- oder Hydridantriebe vorgesehen werden.

In der Anfangsphase der Entwicklung wurden die Fahrkörper der entsprechenden Verkehrsmittel als Fahrzeugteile (Unterbauten, Unterwagen, Schiffskörper) auch der Fahrzeugkrane benutzt. Weil diese jedoch nicht primär für die zusätzlichen Belastungen eines Krans bemessen waren, ergaben sich erhebliche Einschränkungen hinsichtlich Tragfähigkeit und Ausladung. Heute sind diese Unterwagen nahezu immer Sonderkonstruktionen, in die lediglich aus wirtschaftlichen Gründen möglichst viele, in Großserien hergestellte Baugruppen von Verkehrsmitteln einbezogen sind.

Wegen der Teilnahme am Verkehr auf öffentlichen oder nichtöffentlichen Verkehrswegen müssen die Fahrzeugkrane die Zulassungs- bzw. Bauvorschriften sowie Betriebsvorschriften für diese Verkehrswege erfüllen. Dies bedeutet i.allg. eine Begrenzung der Abmessungen, Eigenmassen usw. und zwingt die Hersteller, die Baugruppen darauf abgestimmt anzuordnen und zu dimensionieren, die Werkstoffe hoch auszunutzen, um Masse zu sparen, und die technischen Parameter den meist unterschiedlichen internationalen Bestimmungen anzupassen. Zusatzforderungen, wie Sicherheitsvorschriften, Kennzeichnungsregeln o.ä., müssen ebenfalls erfüllt werden.

Die größere Mobilität dieser Krane läßt sich dann wirtschaftlich nutzen, wenn sie neben hohen Arbeitsleistungen auch eine kurze Spiel- und insbesondere Rüstdauer aufweisen. Es werden deshalb feinfühlige Steuerungen, teils hohe Arbeitsgeschwindigkeiten, aber auch durchdachte Konzepte für die Übergänge zwischen Arbeits- und Transportstellung verlangt.

2.5.2 Antriebe

Die Antriebe der Fahrzeugkrane weichen in zweierlei Hinsicht von denen der sonstigen, schienengebundenen Krane ab:

- ihnen vorgeschaltet sind Verbrennungsmotoren als Erzeuger mechanischer Energie
- fast ausschließlich wird statt der mechanischen die hydrostatische Energieübertragung verwendet.

Dieselmechanische Antriebe sind vollständig verschwunden, dieselelektrische findet man nur noch in Sonderfällen, z.B. in Eisenbahnkranen oder Schwimmkranen größerer Tragfähigkeit.

2.5.2.1 Triebwerkarten und Besonderheiten

Ein Fahrzeugkran braucht neben der Fahrbewegung die drei Grundbewegungen eines Drehkrans: Heben, Drehen, Einziehen. Schwerere Krane erhalten oft ein zweites Hubwerk, Teleskopauslegerkrane Antriebe für die Ausschubbewegung des Teleskops. Ergänzend kommen Antriebe für Zusatzfunktionen, wie Klappen von Auslegerspitzen, Betätigen der Abstützeinrichtungen, bei Straßenkranen u.U. für Achsfederung und Lenkung hinzu.

Das bestimmende Merkmal des Antriebskonzepts für die Kranbewegungen ist deshalb die Verteilung und Steuerung der zentral erzeugten mechanischen Energie auf zahlreiche, über die gesamte Krankonstruktion verstreute Einzeltriebwerke, eine Aufgabe, für die der hydrostatische Antrieb prädestiniert ist. Bild 2-273 vermittelt eine Vorstellung davon.

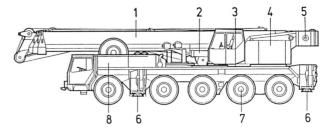

Bild 2-273 Triebwerke eines Teleskopauslegerkrans
1 Teleskopiereinrichtung	5 Hubwerk
2 Wippzylinder	6 Abstützung
3 Drehwerk	7 Achsfederung und -lenkung
4 Kranmotor	8 Fahrmotor

Die Forderungen, die an die Antriebe moderner Fahrzeugkrane zu stellen sind, können in Anlehnung an [2.320] wie folgt formuliert werden:

- kleine Bauvolumina und Eigenmassen
- kompakte Bauweise durch Integration von Funktionen
- von der Belastung unabhängige simultane Bewegung mehrerer Triebwerke
- feinfühlige, stabile Steuerung mit ausreichender Auflösung im Feinsteuerbereich
- Eilgangsteuerung für bestimmte Arbeitsbewegungen, wie Heben, Wippen
- Unempfindlichkeit gegenüber Verschmutzung
- ausreichend hoher Gesamtwirkungsgrad.

Dazu treten als Vorzüge hydrostatischer Antriebe die bequeme Wahl zwischen rotatorischer und translatorischer Arbeitsbewegung, der einfache Überlastungsschutz und die zwanglose dezentrale Anordnung aller Baugruppen.

Die Mobilhydraulik hat sich inzwischen entsprechend diesen Anforderungen zu einem eigenständigen Teilgebiet der hydraulischen Antriebstechnik für die Ausstattung fahrbarer Maschinen, wie Kraftfahrzeugen, Bau- und Landmaschinen, Fahrzeugkranen, herausgebildet. Die bewegten, verformbaren Tragwerke, der Zwang zur Leichtbauweise und die hohen Ansprüche an die Steuerung und Sicherheit aller Arbeitsbewegungen sind die besonderen Merkmale dieser Maschinengruppe. Der niedrige Gesamtwirkungsgrad von nur 0,7...0,8, der bei Teilbelastung noch erheblich unter diesen Wertebereich fallen kann, wird in Kauf genommen. Die Steuerqualität hat in der Regel Vorrang gegenüber der Energieeinsparung, ohne letztere aus den Augen zu verlieren.

Zu prüfen und festzulegen ist, welche Kranbewegungen überlagert werden müssen. Vorwiegend verlangt man dies für Heben und Drehen sowie Heben und Auslegerneigen bzw. für alle drei Hauptbewegungen. Die Geschwindigkeiten der überlagerten Bewegungen sollten unabhängig voneinander zu stellen, beim Einleiten nur einer Bewegung die gesamte hydraulische Leistung auf diese zu konzentrieren sein.

Die konstruktive Durchbildung der mechanischen Teile der Triebwerke ist diesen Anforderungen gefolgt [2.321]. Eine kompakte Bauweise unter Verwendung von Umlaufrädergetrieben hat zu einer erheblichen Reduzierung von Bauraum und Eigenmasse geführt, wie die Beispiele im Bild 2-274 bezeugen. Hochfeste Werkstoffe und hochwertige Wellenlagerungen verstärken diesen Effekt.

Die Fahrantriebe der Fahrzeugkrane werden nur dann in das hydraulische System einbezogen, wenn niedrige Fahrgeschwindigkeiten oder kleine Antriebsleistungen dies anbieten, z.B. bei Raupenkranen oder leichten Mobilkranen. Überwiegend werden sie von den analogen Verkehrsmitteln übernommen. Straßenkrane erhalten den üblichen, dem Dieselmotor nachgeschalteten Wandler mit Lastschaltgetriebe, Schwimmkrane geeignete Schiffsantriebe. Zu entscheiden ist dabei die Frage, ob zwei getrennte Dieselmotoren, einer im Unterwagen für die Fahrbewegung, einer im Oberwagen für die Kranfunktionen, oder lediglich ein Motor vorgesehen werden. Wenn hohe Fahrgeschwindigkeiten zu gewährleisten sind, wird für das Fahren die 2- bis 3fache Antriebsleistung gebraucht, die der Kranbetrieb verlangt. Abzuwägen ist dann zwischen dem Mehraufwand für zwei Motoren und dem unwirtschaftlichen längeren Betrieb unter Teilbelastung, wenn der Fahrmotor zugleich Kranmotor ist. Auch die notwendige Drehdurchführung der hydraulischen Verbindungen vom Unter- zum Oberwagen ist zu bedenken. Bei Straßenkranen liegt die Grenze des Einmotorenbetriebs bei etwa 50 t Tragfähigkeit.

2.5.2.2 Grundelemente und -schaltungen

Wie die elektrische, so ist auch die hydraulische Antriebstechnik ein hochentwickeltes technisches Fachgebiet, das ungeachtet der relativ einfach überschaubaren physikalischen Wirkprinzipe ausreichende Spezialkenntnisse voraussetzt, um vielgestaltige, verzweigte Antriebssysteme, wie sie bei Fahrzeugkranen vorliegen, anforderungsgerecht, zuverlässig und wirtschaftlich auszulegen. Die umfangreiche Spezialliteratur kann für ein tieferes Eindringen genutzt werden, das Literaturverzeichnis gibt mit [2.322] bis [2.327] eine Auswahl an. An dieser Stelle werden nur wenige einführende Grundlagen und Grundsätze für die Gestaltung wie das Verständnis derartiger Antriebe dargelegt. Die Kenntnis der Baugruppen hydrostatischer Getriebe sowie der Schaltzeichen nach DIN-ISO 1219 wird vorausgesetzt.

Systemelemente

Den Grundaufbau eines hydrostatischen Antriebs mit seinen Hauptbaugruppen zeigt Bild 2-275. Er verknüpft das Antriebssystem (Pumpe) über Steuerelemente (Stellglieder) mit dem Abtriebselement (Motor, Zylinder). Die maßgebenden Parameter für die Auswahl der hydrostatischen Maschinen sind Betriebsdruck (Systemdruck) p und geo-

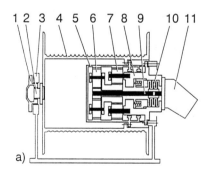
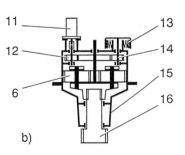
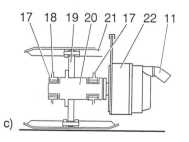

Bild 2-274 Konstruktive Ausführung hydrostatischer Antriebe von Fahrzeugkranen; Lohmann und Stoltenfoht GmbH, Witten
a) Hubwerk; b) Drehwerk; c) Raupenfahrwerk

1 Stützlager	7 zweite Planetenstufe	13 Trommelbremse	19 Turas
2 Seiltrommelachse	8 Steg, feststehend	14 Bremswelle und Ritzel	20 Turaswelle
3 Trommellagerung	9 Antriebswelle	15 Gehäuse	21 Gleiskette
4 Seiltrommel	10 Lamellenbremse	16 Abtriebswelle mit Ritzel	22 Fahrgetriebe
5 Gehäuse/Hohlrad	11 Antriebsmotor	17 Turaslagerung	
6 erste Planetenstufe	12 Stirnradstufe	18 Fahrzeugrahmen	

metrisches Verdrängungs- bzw. Schluckvolumen V. Das Abtriebsmoment M_M eines Hydraulikmotors ist dem Produkt dieser Parameter proportional, d.h. $M_M \sim pV$. Die Vergrößerung eines Parameters ermöglicht somit die Verkleinerung des anderen.

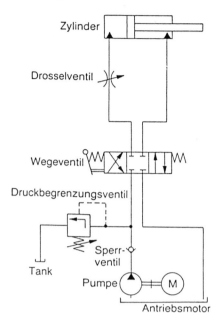

Bild 2-275 Getriebeschema eines hydrostatischen Antriebs [2.327, Bd. 1]

In der Mobilhydraulik unterscheidet man den Mitteldruckbereich bis 250 bar und den Hochdruckbereich bis 400 (420) bar. Hohe Drücke führen zu kleineren Abmessungen und Eigenmassen aller Bauteile, sie verlangen jedoch eine sehr hohe Fertigungsqualität, um Leckverluste und Verschleiß zu begrenzen. Außerdem haben Hochdruckanlagen ein etwas ungünstigeres dynamisches Verhalten [2.328]. Als mittlere Werte der realen Betriebsdrücke in den Antrieben von Fahrzeugkranen nennt [2.329] 210 bar im Mitteldruck- und 320 bar im Hochdruckbereich. Die tatsächlichen Drücke schwanken um diese Mittelwerte; ein repräsentatives Druckkollektiv für Teleskopauslegerkrane ist in [2.330] angegeben.

Die Pumpen haben entweder ein konstantes oder ein stufenlos stellbares Verdrängungsvolumen. Im erstgenannten Fall verwendet man einfache Zahnradpumpen im Druckbereich 180...250 bar. Als stellbare Maschinen werden Axialkolbenpumpen mit Maximaldrücken von 280...400 bar bevorzugt. Mehrere Pumpen können als Doppel- oder Mehrfachpumpen zusammengefügt werden. Doppelpumpen nutzt man zu einer groben Leistungssteuerung, indem eine Pumpe nach dem Erreichen eines bestimmten Betriebsdrucks, meist 0,6 p_{max}, abgestellt wird. Mehrfachpumpen versorgen Mehrkreissysteme.

Als Motoren eignen sich Axialkolbenmotoren in Schrägachsenbauart wegen ihrer hohen zulässigen Drehzahlen und des großen Drehzahlbereichs. Vorzugsweise sind es Konstantmotoren, in Sonderfällen, z.B. bei schweren Hubwerken, in Fahrantrieben, auch Stellmotoren.

Stell- bzw. Steuerglieder sind Weg-, Druck- und Stromventile unterschiedlicher Bauart und Steuerung. Neben Ventilen mit nur zwei ausgezeichneten Stellungen (Schwarz-Weiß-Ventile) haben in der Mobilhydraulik zunehmend Proportionalventile mit stufenlos steuerbaren Zwischenstellungen Eingang gefunden. In ihnen verknüpft ein Proportionalmagnet Elektronik und Hydraulik, er stellt Kraft und Weg proportional zum elektrischen Signalstrom. Zu den genannten Hauptbaugruppen hydrostatischer Systeme gesellen sich zahlreiche andere Elemente, wie Filter, Ölkühler, Tank, Steuereinrichtungen. Die Ventile haben meist eine elektro-hydraulische Vorsteuerung. Eine wichtige Rolle spielen außerdem die Sicherheitseinrichtungen, wie

– Wegbegrenzer für Heben, Senken, Ausschub- und Neigungsbewegungen
– Überlastungssicherungen (Lastmomentbegrenzer)
– Nivellieranzeige und Stützkraftüberwachung
– Anzeigen für Hubkraft, Ausladung, Auslegerlänge und -neigung
– Windmeßeinrichtung.

Die Sicherheitsschaltungen sind in die Steuerkreise integriert, wirken somit zwangsläufig. Zu treffen ist auch eine Vorsorge für einen Notbetrieb beim Versagen der Hauptsteuerung.

Verluste und Wirkungsgrade

In hydraulischen Maschinen treten durch Flüssigkeits- und Festkörperreibung hydraulische und mechanische Verluste sowie volumetrische Verluste infolge Lecköls und Kompression der Druckflüssigkeit auf. Der hydraulisch-mechanische Wirkungsgrad η_{hm} faßt die relativen Reibungsverluste zusammen, weil sie sich meßtechnisch nicht getrennt bestimmen lassen. Um diesen Wirkungsgrad als Faktor vermindert sich die abgegebene Kraft eines Zylinders bzw. das Abtriebsmoment eines Motors. Mit dem volumetrischen Wirkungsgrad η_v als Faktor verkleinert sich der am Abtriebselement wirksame Förderstrom. Wenn der Druck steigt, verringern sich die relativen Anteile der Reibungsverluste, die der volumetrischen nehmen zu.

Der Gesamtwirkungsgrad η_{ges} eines hydraulischen Systems beträgt

$\eta_{ges} = \eta_P \eta_M \eta_K$ mit

Wirkungsgrad Pumpe $\eta_P = \eta_{hmP} \eta_{vP}$
Wirkungsgrad Motor $\eta_M = \eta_{hmM} \eta_{vM}$
Wirkungsgrad Kreislauf $\eta_K = \eta_{hK} \eta_{vK}.$ (2.162)

Die Wandlungszahlen werden:
Bewegungswandlung (Winkelgeschwindigkeit ω)

$$\upsilon = \frac{\omega_M}{\omega_P} = \frac{V_{OP}}{V_{OM}}\left(1 - \frac{Q_v}{Q_P}\right)\eta_{vP}\eta_{vM}\eta_{vK}; \quad (2.163)$$

Momentenwandlung (Drehmoment M)

$$\mu = \frac{M_M}{M_P} = \frac{V_{OM}}{V_{OP}}\frac{1-p_{hK}}{p_P}\eta_{hmP}\eta_{hmM}\eta_{hK}; \quad (2.164)$$

V_0 Grundvolumen der Maschine (geometrisches Förder- bzw. Schluckvolumen)
Q_v Verluststrom im Kreislauf
Q_P tatsächlicher Förderstrom der Pumpe
p_{hK} Druckverlust im Kreislauf
p_P tatsächlicher Pumpendruck.

Grundschaltungen (Einkreissysteme)

Die verschiedenen konstruktiven Möglichkeiten, einen hydrostatischen Kreislauf zu bilden, gibt in Anlehnung an [2.327, Bd. 3] Tafel 2-17 wieder. Grob unterscheiden sich die beiden Hauptgruppen darin, ob für die Bewegungs-

2.5 Fahrzeugkrane

wandlung laut Gl. (2.163), d.h. für das Stellen der Geschwindigkeit, der Quotient V_{OP}/V_{OM} der Grundvolumina der Maschinen genutzt wird (Stromkoppelung, Verstellgetriebe), oder ob der Quotient Q_V/Q_P verändert, d.h. der Förderstrom im Kreislauf aufgeteilt wird (Druckkoppelung, Stromteilgetriebe).

Tafel 2-17 Grundsysteme hydrostatischer Antriebe

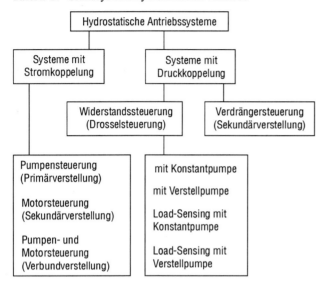

Bei den Verstellgetrieben hat die Pumpensteuerung die größte Bedeutung für Fahrzeugkrane. Sekundärverstellung des Motors kommt nur bei Verdrängersteuerung in Frage, während Verbundverstellung beider Maschinen in Hubwerken, besonders aber bei Fahrantrieben vorzufinden ist. In allen drei Fällen treten keine systembedingten Verluste, sondern lediglich die durch die Wirkungsgrade ausgedrückten Maschinen- und Leitungsverluste auf. Der Quotient Q_V/Q_P in Gl. (2.163) wird gleich Null.

Primärverstellte Systeme mit einem Konstantmotor können als offene oder geschlossene Kreisläufe ausgebildet werden. Im offenen Kreislauf (Bild 2-276a) fließt die Druckflüssigkeit von der Pumpe zum Motor und von dort entspannt zum Tank zurück. Zwischen zu- und ablaufendem Ölstrom besteht keine Beziehung. Ein Wegeventil stellt die Abtriebsrichtung des Verbrauchers, ein Druckbegrenzungsventil begrenzt den Betriebsdruck. Wenn sich der Energiefluß umkehrt, muß die gesamte Bremsarbeit über Drosselventile in Wärme umgewandelt werden.

Im Gegensatz dazu fließt im geschlossenen Kreislauf (Bild 2-276b) die Hydraulikflüssigkeit nach ihrer Entspannung im Motor zur Pumpe zurück. Damit wird ein generatorischer Betrieb, d.h. eine Funktionsumkehr von Pumpe und Motor, in der Bremsphase mit umgekehrtem Energiefluß möglich. Die Bremsenergie wird nicht in Wärme umgewandelt, sondern vom Dieselmotor aufgenommen, der ein hierfür ausreichendes Stützmoment haben muß. Eine zusätzliche Speisepumpe ergänzt Leckölverluste.

Zylinder mit ungleichen Kolbenflächen auf beiden Seiten kann man im halboffenen Kreislauf (Bild 2-276c) betreiben. Ungleiche Volumina der zu- und abfließenden Förderströme werden über Nachsaugventile aus dem Tankinhalt ausgeglichen.

Eine ebenso große Verbreitung wie die Pumpensteuerung hat die Widerstandssteuerung mit Konstantmotor und Förderstromstellen über ein Drosselventil (Bild 2-277a). Sie findet in Fahrzeugkranen Anwendung für einfache Antriebe mit geringen Anforderungen an die Steuerqualität. Die Konstantpumpe erzeugt einen gleichbleibenden Förderstrom, der über die Drehzahl des antreibenden Dieselmotors zu stellen ist. Der nicht benötigte Anteil des Förderstroms wird über ein Druckbegrenzungsventil in den Tank zurückgeleitet, die nicht gebrauchte Druckdifferenz $p_P - p_M$ in einem Drosselventil abgebaut. Tafel 2-18 gibt die systembedingten Leistungsverluste im Kreislauf an.

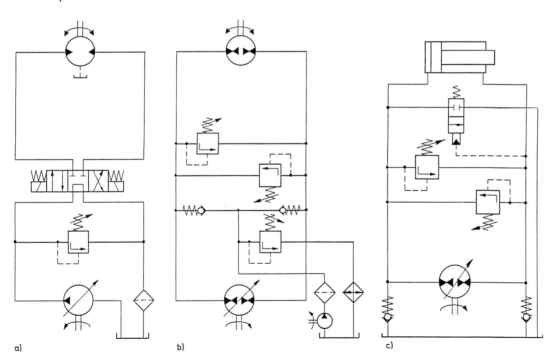

Bild 2-276 Grundschaltungen hydrostatischer Antriebe mit Stromkoppelung [2.327, Bd. 3]
a) offener Kreislauf (Saugbetrieb)
b) geschlossener Kreislauf (Speisebetrieb)
c) halboffener Kreislauf (Nachsaugbetrieb)

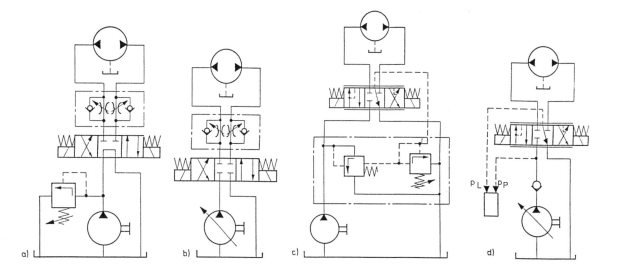

Bild 2-277 Steuersysteme hydrostatischer Antriebe mit Druckkoppelung [2.327, Bd. 3]
a) Widerstandssteuerung mit Konstantpumpe
b) Widerstandssteuerung mit Verstellpumpe
c) Load-Sensing-Steuerung mit Konstantpumpe
d) Load-Sensing-Steuerung mit Verstellpumpe

Tafel 2-18 Systembedingte Kreislaufverluste bei Stromteilgetrieben

Steuerungsart	Verlustleistung P_V
Bild 2-277a	$(Q_P - Q_M)p_P + Q_M(p_P - p_M)$
Bild 2-277b	$Q_M(p_P - p_M)$
Bild 2-277c	$(Q_P - Q_M)p_P + Q_M(p_P - p_L)$
Bild 2-277d	$Q_M(p_P - p_L)$

Indizes: v Verlust, P Pumpe, M Motor

Wenn die Konstantpumpe durch eine verstellbare ersetzt wird, steuert der Systemdruck den Förderstrom so, daß er stets nur so groß wird, wie ihn der Verbraucher verlangt (Bild 2-277b). Damit fällt der erste Summand in der Verlustleistung des Kreislaufs weg, siehe Tafel 2-18.

Um auch den Verlust durch die Druckdifferenz im Drosselventil zu begrenzen, wurden sogenannte Load-Sensing-Ventile entwickelt, die den Lastdruck am Steuerventil messen. Im Meßkolben dieses Ventils entsteht eine niedrigere, konstante, vom Lastdruck unabhängige Druckdifferenz von $p_P - p_L \approx 15$ bar, die den Förderstrom über ein differenzdruckgesteuertes Druck-Strom-Ventil stellt und teilweise zum Tank zurückleitet. Es treten kleinere Förderströme und damit Stromverluste als bei der Steuerung über ein Drosselventil auf (Bild 2-277c und Tafel 2-18). Durch Anordnung einer Verstellpumpe (Bild 2-277d) lassen sich die Verluste wie bei der normalen Widerstandssteuerung weiter vermindern. Das Lastdrucksignal wird dem Pumpenregler zugeführt, der veranlaßt, daß der von der Pumpe gelieferte Förderstrom nur die verlangte Größe und nur einen um die Druckdifferenz $p_P - p_L$ höheren Druck aufweist, als für den Verbraucher erforderlich ist.

Vorerst vereinzelt in Fahrzeugkranen angewendet wird die Verdrängersteuerung mit sekundär gestellten Verbrauchern (Bild 2-278). Diese Verbraucher sind an ein Ringsystem mit drei Leitungen für Hochdruck (P), durch Vorspannung eingestellten Niederdruck von rd. 3 bar (T) und für die Leckölrückführung (L) angeschlossen. Konstantpumpen beaufschlagen die Druckleitung, in der Speicher Sorge für den Ausgleich unterschiedlich benötigter Förderströme tragen. Es können Motoren mit über Null veränderlichem Hubvolumen, d.h. im 4-Quadrantenbetrieb, sowie Zylinder unterschiedlicher Bauart betrieben werden. Als Vorzüge nennen [2.331] [2.332] den größeren Wirkungsgrad bei Teilbelastung, die Rückgewinnung von Bremsenergie und kleinere benötigte Antriebsleistungen. Offene Probleme liegen noch im Schwingungs- und Steuerverhalten.

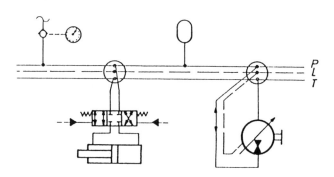

Bild 2-278 Ringleitungssystem mir sekundärverstellten Maschinen [2.331]

2.5.2.3 Mehrkreissysteme von Fahrzeugkranen

Um die verschiedenen Kranfunktionen eines Fahrzeugkrans unabhängig voneinander zu bedienen, muß der hydrostatische Antrieb als Mehrkreissystem ausgestaltet werden. Dies kann in mannigfaltiger Variation und Kombination geschehen; die angewendeten Systeme unterscheiden sich vor allem in der

- Art und Anzahl nebeneinander bestehender Kreisläufe
- Art und Anzahl der eingesetzten Pumpen und Motoren bzw. Zylinder
- Steuerung und Regelung.

Mit zunehmender Größe der Krane und damit der bewegten Massen erhöhen sich die Anforderungen an die Stellbarkeit und Stetigkeit des Bewegungsablaufs und damit an die Steuerqualität. Der notwendige und auch wirtschaftlich vertretbare Aufwand für das gesamte Antriebssystem wächst deshalb mit der Krangröße an.

Während Mehrkreissysteme mit geschlossenen Kreisläufen einfach durch Vervielfachung des Einzelsystems entstehen, kann ein offener Kreislauf über eine Mehrfachanordnung von Wegeventilen verzweigt und damit für die Bedienung mehrerer Verbraucher eingerichtet werden. In [2.333] werden verschiedene Schaltungen für jeweils zwei Verbraucher mit Blick auf den Energieverlust verglichen. Besonders wichtig sind die Funktionsunterschiede, die sich aus der Parallel- oder Reihenschaltung der Ventile ergeben.

Bei parallelgeschalteten Ventilen und damit Verbrauchern muß die Pumpe die Summe der benötigten Förderströme aufbringen. Um mehrere Verbraucher simultan bewegen zu können, sind Stromventile einzufügen. Grundsätzlich richtet sich die Verteilung der Förderströme nach den Widerständen der Verbraucherkreise. Wenn ihre Lastdrücke unterschiedlich sind, setzen sich die Verbraucher mit den niedrigeren Lastdrücken vor denen mit den höheren in Bewegung.

Die Reihenschaltung von Ventilen führt zu einer Verwertung des Rücköls vorangehender Verbraucher. Die Pumpe arbeitet gegen die Summe der Lastdrücke. Auch bei ungleicher Belastung entsteht ein nahezu synchroner Bewegungsablauf der Verbraucher, ihre Geschwindigkeiten verhalten sich umgekehrt wie die Schluckvolumina.

Als Auswahl aus den zahlreichen konstruktiven Lösungen zeigt Bild 2-279 drei Schaltungsvarianten, die besonders häufig vorzufinden sind. Bild 2-279a enthält drei offene Kreisläufe mit jeweils einer Pumpe, von denen zwei in einer Summenschaltung auf einen Verbraucher (Hubwerk bzw. Wippwerk) zusammenwirken können. Das Drehwerk erhält fast immer einen eigenen Kreislauf, weil es weich und feinfühlig gegen ein großes äußeres Drehmoment anfahren muß. Statt, wie gezeichnet, ein offener kann es auch ein geschlossener Kreislauf sein.

In der einfachsten Form werden, je nach dem Druckbereich, Mehrfach-Zahnradpumpen oder Mehrfach-Axialkolbenpumpen als Konstantpumpen vorgesehen, weil sie ohne Verteilergetriebe direkt an den Dieselmotor anzuschließen sind. Die Geschwindigkeiten werden durch Drosselung am veränderlichen Ventilquerschnitt gestellt, wegen der Abhängigkeit vom Lastdruck besteht keine direkte Proportionalität zwischen Steuersignal und Volumenstrom. Häufig werden zwei dieser Konstantpumpen durch verstellbare mit Summenleistungsregelung ersetzt. Diese hält die Summe der Leistungen beider Pumpen und damit die Belastung des Antriebsmotors auf einem nahezu konstanten Wert. Mit $P_P \sim p_P Q_P$ und Begrenzung durch p_{max} und Q_{max} wird damit die im Bild 2-280 dargestellte Kennlinie verwirklicht. Der Punkt E bezeichnet die Eckleistung als Kenngröße einer hydrostatischen Maschine. Als Schnittpunkt der Geraden für p_{max} und Q_{max} ist dies lediglich eine virtuelle Leistung.

Wenn für kleine bis mittelgroße Krane eine Pumpe im hydraulischen Antrieb ausreicht, bietet sich die Load-Sensing-Steuerung an (Bild 2-279b), deren Prinzip bereits im Abschnitt 2.5.2.2 erklärt worden ist. Sind mehrere Verbraucher zu steuern, sorgen Wechselventile dafür, daß der Pumpenregler bzw. das Druck-Strom-Ausgleichsventil vom jeweils größten Lastdruck gesteuert wird. Der zugehörige Verbraucher bewegt sich dadurch gemäß der gestellten Geschwindigkeit (Bild 2-281a). Die Verbraucher mit niedrigerem Lastdruck erhalten den gleichen Pumpendruck und somit einen erhöhten Förderstrom, ihre Bewegungen bleiben ungeregelt.

Abhilfe können Druckwaagen als Kompensationsventile verschaffen, die dem Steuerventil vorgeschaltet sind. Sie verändern den Pumpendruck auf eine in einem festen Abstand über dem Lastdruck des jeweiligen Verbrauchers liegende Größe. Damit entsprechen alle anteiligen Förderströme der Verbraucher den durch die Steuerbefehle verlangten Werten (Bild 2-281b). Die Summe der Förderströme aller Verbraucher muß allerdings unterhalb der Leistungskurve der Pumpe bleiben, siehe Punkt B im Bild 2-280.

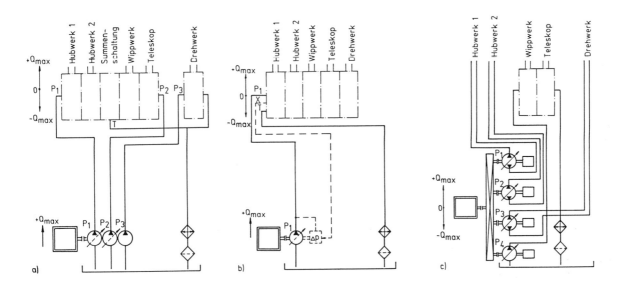

Bild 2-279 Antriebssysteme von Fahrzeugkranen [2.329]
a) offene Kreisläufe, Drosselsteuerung
b) offene Kreisläufe, Load-Sensing-Steuerung
c) Kombination geschlossener und offener Kreisläufe, Pumpensteuerung (bei Gittermastkranen: ohne Wippwerk und Teleskop, dafür Einziehwerk im geschlossenen Kreislauf)

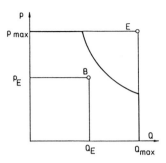

Bild 2-280 Kennlinie eines leistungsgeregelten Pumpensystems

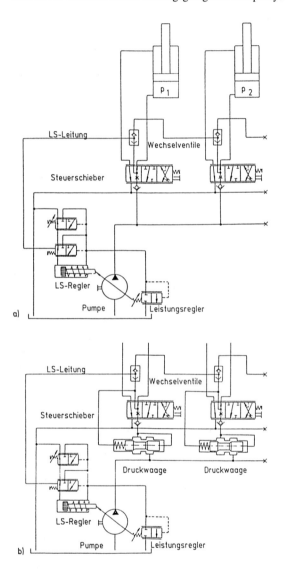

Bild 2-281 Load-Sensing-Steuerung von zwei Verbrauchern [2.334]
a) ohne Druckwaagen
b) mit Druckwaagen

Bei einer Unterversorgung erhalten die Funktionen mit den niedrigeren Lastdrücken vorrangig die gestellten Förderströme. Inzwischen wurden jedoch bereits Steuerungen entwickelt, die bei einer Unterversorgung des Kreislaufsystems alle Förderströme proportional absenken. Näheres zu Load-Sensing-Schaltungen kann [2.334] [2.335] entnommen werden.

Als dritte Variante stellt Bild 2-279c ein 4-Kreissystem für schwere Fahrzeugkrane vor. Die vier Pumpen werden über ein Verteilergetriebe vom Dieselmotor angetrieben. Dabei kann die Grenzlastregelung des Dieselmotors angewendet werden, bei welcher der Drehzahlabfall des Motors unter Belastung als Regelgröße die Schwenkwinkel der Pumpen so beeinflußt, daß Motor- und damit Pumpendrehzahl nahezu konstant bleiben. Ob, wie im gezeichneten Beispiel, drei geschlossene und ein offener Kreislauf oder eine andere Kombination gewählt werden, bedarf des Abwägens der Vor- und Nachteile beider gestalterischen Lösungen im Bereich der jeweiligen Leistungen. Bevorzugt werden geschlossene Kreisläufe in Drehwerken, schweren Hubwerken, bei Gittermastkranen für alle Seiltriebe, bei Fahrzeugkranen für Umschlagarbeiten.

Die Steuerkennlinien der unterschiedlichen Systeme unterscheiden sich (Bild 2-282). Alle beeinflußt in Lage und Neigung zunächst die Drehzahl n der Pumpe. Bei Widerstandssteuerung (Bild 2-282a) tritt die Abhängigkeit vom Lastdruck hinzu, auf die bereits verwiesen wurde. In einer Pumpensteuerung (Bild 2-282b) ergeben sich dagegen vom Druck unabhängige, feste Kennlinien, je nach Pumpendrehzahl. Bei einer unkompensierten Load-Sensing-Steuerung steht die gesamte Steuerkennlinie nur bei maximaler Pumpendrehzahl zur Verfügung (Bild 2-282c). Erst die volle Kompensation mit Hilfe von Druckwaagen ergibt die im Bild 2-282d erkennbaren, nur von der Drehzahl abhängigen Kennlinien mit ihrer günstigen größeren Auflösung im Bereich kleiner Förderströme.

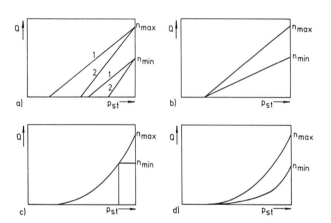

Bild 2-282 Steuerkennlinien hydrostatischer Antriebssysteme [2.320]
a) Drosselsteuerung
b) Pumpensteuerung
c) Load-Sensing-Steuerung ohne Druckwaagen
d) Load-Sensing-Steuerung mit Druckwaagen
p_{st} Steuerdruck bzw. Steuerhebelweg; Q Förderstrom
1 niedriger Lastdruck; 2 hoher Lastdruck

Hydrostatisches Hubwerk

Ein hydrostatisch angetriebenes Hubwerk als Haupttriebwerk eines Krans weist einige Besonderheiten auf, die an Hand des Bilds 2-283 erörtert werden sollen. Wegen des unvermeidlichen Lecköls im Hubmotor ist eine federbetätigte mechanische Haltebremse unverzichtbar. Ein zusätzliches, direkt am Motor angebrachtes Senkbrems-Sperrventil verhindert, daß der Hubmotor beim Senken der Last schneller durchgezogen wird, als ihm an Druckflüssigkeit zufließt. Das Ventil sperrt vielmehr die Bremsrichtung so lange, bis die Haltebremse geöffnet ist und der Druck im Hubmotor eine bestimmte Mindesthöhe, z.B. 25 bar, erreicht hat. Dieses Sperrventil darf keine wesentlichen Leckverluste haben. Am Ende des Senkvorgangs schließt es gedämpft, anschließend wird die Haltebremse ohne Einfallverzögerung eingelegt.

Der Druck im Hubwerk wird auf zweierlei Weise beeinflußt bzw. überwacht. Ein Druckbegrenzungsventil unmittelbar am Motor beseitigt Druckspitzen, besonders beim Heben. Es hat mit p_{stat} einen höheren Einstellwert als das Druckbegrenzungsventil für Heben p_{he} bzw. das für Senken p_{se}. Diese Ventile geben Abschaltbefehle, sobald der zulässige Wert des Hubmoments am Motor überschritten wird.

Weil Sicherheitsprobleme bei den unterschiedlichen Steuerungen hydraulischer Hubwerke nicht ausgeschlossen werden können, haben sich sogenannte Sicherheitshubwerke mit ständig eingelegter Haltebremse und Freilauf in Hubrichtung durchgesetzt. Beim Hubvorgang paßt sich der Druck dem Arbeitswiderstand so lange an, bis das Drehmoment zum Heben ausreicht. Ein Nachsacken in Senkrichtung ist wegen der eingelegten Haltebremse ausgeschlossen.

Größere Hubwerke erhalten Verstellpumpen und Verstellmotoren, um den Wandlungs- und damit Geschwindigkeitsbereich zu vergrößern. Es können dann weitere Sicherheitsvorkehrungen getroffen werden. [2.336] stellt ein System vor, das den Hubmotor zurückschwenkt, sobald versucht wird, eine zu große Last mit hoher Geschwindigkeit, d.h. mit Schlaffseil, anzuheben.

Für einen Ausfall des Dieselmotors ist ein Notbetrieb des Hubwerks die wichtigste Vorsorge. Man kann ihn ausführen über

– das Lecköl des Hubmotors unter Einsatz einer Handpumpe, um die Haltebremse zu lösen

– das Entsperren des Sperrventils zum Absenken des Leerhakens
– den Einsatz eines Notaggregats.

Mit diesem Beispiel wurden einige Überlegungen angedeutet, die der Projektant während der Auslegung hydrostatischer Antriebe anstellen muß. Das gesamte Gebiet der Mobilhydraulik ist in voller Bewegung. Dies betrifft nicht nur die Steuerung, sondern auch die Verbesserung und Vereinfachung aller Bauelemente.

2.5.3 Straßenkrane

Als Straßenkrane werden hier die Fahrzeugkrane mit Reifenfahrwerken bezeichnet, die auf Straßen oder im Gelände fahren können und dürfen. Bei einer Teilnahme am öffentlichen Vekehr müssen sie die Zulassungsbestimmungen erfüllen, worauf bereits verwiesen wurde. Die Vorgänger der heutigen Straßenkrane sind aus dem Seilbagger hervorgegangen. Im Verlauf ihrer Entwicklungsgeschichte wurde der dieselmechanische Antrieb durch den dieselelektrischen ergänzt, beide dann durch den dieselhydraulischen abgelöst.

Die Einsatzfelder der Straßenkrane sind Baustellen (Industrie-, Wohnungs-, Verkehrsbau), Montageplätze (Chemische Betriebe, Kraftwerke, Erdölgewinnungsanlagen), aber auch allgemeine Bergungs- und Hubarbeiten. Leichte Krane nutzt man z.T. für Umschlagaufgaben, größere für Montagearbeiten können beträchtliche Hubhöhen und Ausladungen erhalten. Nach [2.338] werden weltweit jährlich weit über 3000 Krane dieser Art hergestellt.

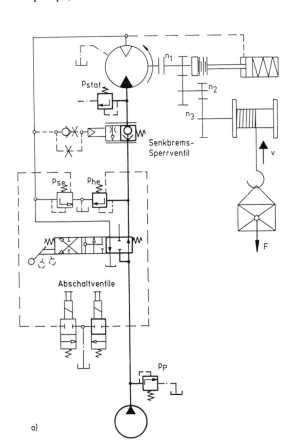
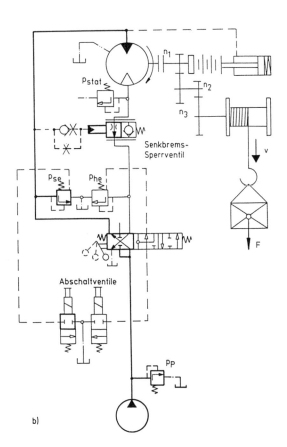

Bild 2-283 Schaltzustand und Leitungsführung im Freilauf-Hubwerk [2.336]
a) Betriebszustand Heben
b) Betriebszustand Senken

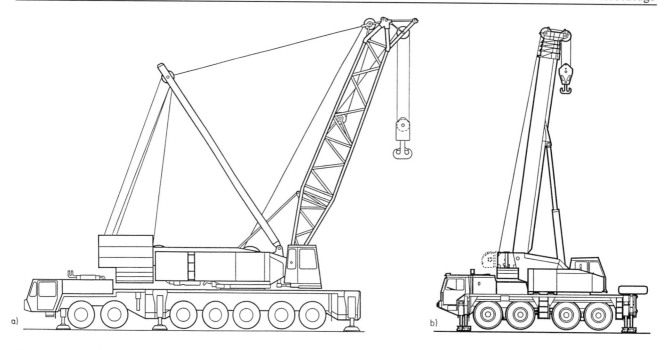

Bild 2-284 Grundbauarten von Straßenkranen
a) Gitterauslegerkran TC 1100, Mannesmann Demag Baumaschinen, Zweibrücken
b) Teleskopauslegerkran LTM 1090/1, Liebherr-Werk Ehingen GmbH, Ehingen

2.5.3.1 Bauarten und Hauptparameter

Eine früher verbreitete, auch in DIN 15001 enthaltene Gliederung der Straßenkrane trennt die Mobilkrane mit niedriger Fahrgeschwindigkeit für den Einsatz im Nahbereich von den Autokranen mit den Fahreigenschaften eines Lastkraftwagens. Diese Differenzierung hat sich inzwischen verfeinert, man unterscheidet jetzt nach Art und Größe des Einsatzfelds, d.h. nach der Anpassung an spezielle Arbeitsaufgaben:

— Industriekrane
— Geländekrane (RT-Krane, RT Rough Terrain)
— Autokrane
— Universalkrane (AT-Krane, AT All Terrain).

FEM 5.012 führt darüber hinaus noch Straßenkrane auf, die auf handelsübliche LKW oder Sattelschlepper montiert sind.

Alle Straßenkrane bestehen aus den Hauptbaugruppen: Unterwagen, Oberwagen, Auslegersystem, Fahrerhaus, Abstützeinrichtung. Die *Industriekrane* sind leichte Ausführungen mit geringer Tragfähigkeit und Ausladung, guter Wendigkeit, d.h. mit besonderer Anpassung an den wahlweisen Einsatz in geschlossenen Gebäuden. Sie haben nur einen Motor und ein Fahrerhaus, jeweils entweder im Unter- oder Oberwagen. Die maximale Fahrgeschwindigkeit beträgt 25...50 km/h, was einen häufigen Standortwechsel über größere Entfernungen ausschließt. Schwerer und kompakter gebaut ist ein typischer *Geländekran* mit großen Lufttreifen, großer Steigfähigkeit und damit guter Anpassung an Fahrbewegungen in nur teilweise befestigtem Gelände. Wichtig ist meist, daß der Kran im Gelände mit einer angeschlagenen Teillast verfahren werden kann. Der *Autokran* weist dagegen ein Fahrgestell für Straßenfahrt auf. Unter- und Oberwagen bilden zwei selbständige konstruktive Einheiten mit je einem Antriebsmotor und einer Steuerkabine, die eine Drehverbindung miteinander koppelt. Einige Hersteller verzichten bei leichten bis mittelschweren Kranen auf den selbständigen Kranmotor im Oberwagen; es gibt auch Krane mit zwei Motoren im Unterwagen, von denen bei Kranbetrieb nur einer arbeitet. Auf die unterschiedlichen benötigten Antriebsleistungen für Fahren bzw. Kranbetrieb wurde bereits im Abschnitt 2.5.2.1 hingewiesen.

In jüngerer Zeit beherrschen, zumindest in Europa, *AT-Krane* das Angebot. Sie vereinen die wesentlichen Eigenschaften von Auto- und Geländekranen; ihre Hauptmerkmale sind [2.339]:

— kompakte Bauweise mit großen Einfachrädern
— kleine Wenderadien, häufig Allradlenkung
— große Steigfähigkeit bis mindestens 50 %
— hohe Straßenfahrgeschwindigkeit über 60 km/h
— Differentialgetriebe längs (im Verteilergetriebe) und quer (in den angetriebenen Achsen).

Nach [2.340] besteht der Weltmarkt an Straßenkranen noch zu rd. 60 % aus RT-Kranen, je 20 % machen Auto- und AT-Krane aus. Das weitere Vordringen der Universalkrane ist jedoch abzusehen. [2.341] hat mit Hilfe einer Computersimulation von Einsatzfällen nachgewiesen, daß der AT-Kran eine bei der Einsatzplanung von Straßenkranen unbedingt zu berücksichtigende wirtschaftliche Variante zu den in den Fahreigenschaften spezieller ausgerichteten anderen Krantypen ist.

Ein zweites, genau so wichtiges Gliederungskriterium der Straßenkrane betrifft das Auslegersystem. Der ursprünglich allein vorhandene Gitterauslegerkran (Bild 2-284a) wurde seit etwa 1960 in seiner Bedeutung und Verbreitung vom Teleskopauslegerkran (Bild 2-284b) immer mehr zurückgedrängt. Der Ausleger eines *Gitterauslegerkrans* besteht aus einem Rohrfachwerk. Wenn eine über die Grundlänge hinausreichende Auslegerlänge gebraucht wird, ist der Ausleger vor Antritt der Straßenfahrt zu zerlegen, getrennt zu transportieren und am Einsatzort wieder zu montieren. Der *Teleskopauslegerkran* hat einen kastenförmigen Ausleger mit ineinanderliegenden, ausschiebbaren Teleskopschüssen. Dieser Ausleger kann, von sehr schweren Sonderbauarten abgesehen, im eingefahrenen, abgelegten Zustand während der Straßenfahrt auf dem Kran verbleiben. Seine Länge ist bis zu einem Größtwert im Betrieb stellbar, während die Veränderung der Auslegerlänge eines Gitter-

2.5 Fahrzeugkrane

auslegers stets dessen Ablegen und Umrüsten erforderlich macht. Die Rüstdauer größerer Straßenkrane, bei denen zusätzlich auch Gegengewichte nach gesondertem Transport aufgebracht werden müssen, erreicht deshalb bei beiden Krantypen sehr unterschiedliche Größenordnungen, nach [2.342] beträgt sie für Gitterauslegerkrane rd. 2 Tage, für solche mit Teleskopausleger nur etwa 2 Stunden.

Diese technologischen Vorzüge eines Teleskopauslegerkrans werden jedoch mit einer ungünstigeren Beanspruchung des Auslegers unter Belastung erkauft. Ein Teleskopausleger ist ein einseitig eingespannter Biegeträger, ein Gitterausleger ein durch Nackenseile an der Spitze gehaltener, auf Druck und Knickung beanspruchter Stab. Dies führt zu einer größeren Biegesteife des Gitterauslegers und zu einem günstigeren Verhältnis von Hubmasse zu Eigenmasse des Auslegersystems. Die Entwicklungen der letzten Jahre haben dazu geführt, daß der Teleskopauslegerkran den Bereich der Grundtragfähigkeiten zwischen 5 und 400 t beherrscht, der Gitterauslegerkran dagegen den Bereich von 300...800 t und mehr überdeckt. Im Überlagerungsbereich spielen neben den Betriebs- und Kapitalkosten die Rüstdauer und die Anzahl der benötigten Transporteinheiten eine Rolle, wenn der bestgeeignete Kran zu bestimmen ist.

Auf einige Sonderformen von Straßenkranen neben den hier behandelten beiden Hauptgruppen geht Abschnitt 2.5.3.5 ein.

Hauptparameter und Zulassungsbestimmungen

Um die Leistungsfähigkeit von Straßenkranen zu kennzeichnen und vergleichbar zu machen, gibt man allgemein deren maximale Tragfähigkeit bei ihrer kleinsten Ausladung von nur 2,5...6,0 m an. Wenn es sich um etwas größere Krane handelt, überschreiten allerdings die Abmessungen dieser zulässigen Maximallasten die Lichtraumkontur des Krans mit steil gestelltem Ausleger, diese können somit im Betrieb gar nicht gehoben werden. Bei der Darstellung der Abmessungen von Straßenkranen im Bild 2-285 wurde aus diesem Grund als Abszisse das maximale Belastungsmoment als Produkt von Hubmasse und Ausladung verwendet, das die unterschiedlich angegebenen Ausladungen bei maximaler Tragfähigkeit ausgleicht.

Die Straßenverkehrs-Zulassungs-Ordnung (StVZO) der Bundesrepublik Deutschland [2.343] begrenzt im § 32 die Abmessungen eines Einzelfahrzeugs auf 2,5 m Breite, 4,0 m Höhe und 12,0 m Länge. Größere Längen gelten für Gelenk- und Sattelzugfahrzeuge sowie Lastkraftwagen mit Anhängern. Der größte Außenradius bei Kurvenfahrt darf 12,5 m betragen. Die aus umfangreichen Firmenunterlagen gewonnenen Bereiche gebräuchlicher Abmessungen von Straßenkranen im Bild 2-285 zeigen, daß nur die Höhe dieser Krane die gegebene Grenze in keinem Fall überschreitet, Breite und Länge dagegen lediglich von kleinen, leichten Kranen eingehalten werden können.

Bild 2-286 gibt die Zuordnung der Anzahl z_A der Achsen und der Gesamtmasse m_K von Teleskopauslegerkranen zu deren Nenntragfähigkeit m_{ne} an. Es ist deutlich zu erkennen, daß je Achse eine anteilige Kranmasse von 12 t als heute gebräuchlicher Größtwert für die Achslast angesetzt wird. Der Konstrukteur muß durch geschickte Anordnung der Baugruppen und abgewogene Verteilung des Ballasts auf Unter- und Oberwagen dafür sorgen, daß die gesamte Gewichtskraft des Krans gleichmäßig auf alle Achsen wirkt. Die StVZO erlaubt im § 34 für angetriebene Einzelachsen einen Größtwert von 11,5 t, für Doppelachsen je

nach Achsabstand Werte zwischen 11,5 und 19 t. Damit überschreitet der Straßenkran mit mehr als zwei Achsen meist auch die Grenze der zulässigen Achslasten, wenn auch nur gering.

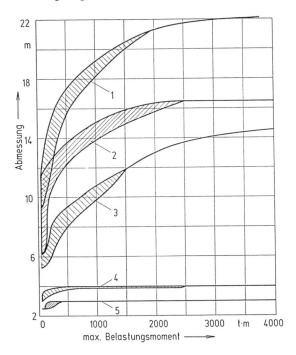

Bild 2-285 Abmessungen von Straßenkranen
1 Gesamtlänge im Transportzustand; 2 Abstützbreite;
3 Wenderadius; 4 Gesamthöhe in Transportstellung;
5 Breite in Transportstellung

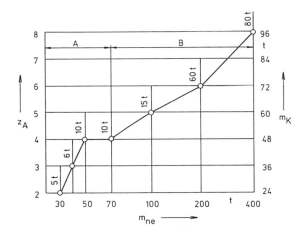

Bild 2-286 Zuordnung von Anzahl z_A der Achsen und Gesamtmasse m_K von Teleskopauslegerkranen zu deren Nenntragfähigkeit m_{ne} nach [2.338], senkrecht angetragen: erforderliche Gegenmasse
Bereich A: Gegenmasse wird mit Kran transportiert
Bereich B: Gegenmasse benötigt gesondertes Transportfahrzeug

Im Kranbetrieb treten teils sehr hohe Überschreitungen dieser Achslasten und Gesamtmassen auf, die Achsen werden deshalb für eine größere Achslast bis 40 t ausgelegt. Bei der Verfahrbarkeit der Krane muß man somit unterscheiden zwischen dem Fahrzustand, dem aufgerüsteten Zustand am Einsatzort und dem Zustand mit gehobener Nutzmasse.

§ 34 StVZO begrenzt auch die Gesamtmasse der Fahrzeuge auf 18 t bei 2 Achsen und maximal 32 t bei mehr als 2

Achsen, wobei die zulässige Gesamtmasse nach der Ausführung und Anordnung dieser Achsen gestuft ist. Auch diese Schranken können nur leichte Straßenkrane einhalten.

§ 70 StVZO regelt die Ausnahmen von den allgemein gültigen Grenzen für die Fahrzeugparameter. Vor der Erteilung einer Ausnahmegenehmigung ist ein Anhörverfahren durchzuführen. Um dies zu vereinfachen und zu verallgemeinern, wurde 1980 eine Richtlinie Nr. 150 (StV 13/36.39-21-00) mit erweiterten Grenzwerten erlassen, innerhalb derer ein besonderes Anhörverfahren im Einzelfall entfallen kann. Die in [2.344] zusammengestellten und erläuterten verkehrsrechtlichen Vorschriften beruhen noch auf dieser Fassung.

Mit Stand 01.93 wurde inzwischen ein überarbeiteter Entwurf für diese Richtlinie fertiggestellt (StV 13//36.39-231-00), der in einer Verwaltungsvorschrift verbindlich gemacht werden soll. Um ihn sofort anwenden zu können, ist er in [2.345] veröffentlicht worden. Für Straßenkrane gelten darin folgende Grenzwerte, um eine Ausnahmegenehmigung ohne Anhörverfahren zu erlangen:

- Breite 3 m
- Länge 20 m (bei mehr als 7 Achsen 22 m)
- Außenradius in Kurven 14 m (4 Achsen) bzw. 16,5 m (5 bis 10 Achsen)
- Achslast 12 t
- Gesamtmasse: Summe der maximalen Achslasten von 12 t.

Die Ausnahmegenehmigung wird auf höchstens 6 Jahre befristet. Sie ist eine der Bedingungen, um gemäß § 29 Abs. 3 der Straßenverkehrsordnung (StVO) eine Erlaubnis zu erhalten, mit dem betreffenden Fahrzeug am öffentlichen Verkehr teilzunehmen. Eine Verwaltungsvorschrift regelt das Verfahren und gibt teils engere Grenzen, z.B. eine Länge bis 15 m, Achslasten bis 11,5 t und Gesamtmassen von 18 bis 33 t für Fahrzeuge mit 2 bis 4 Achsen, vor, um auf ein Anhörverfahren zu verzichten. Werden diese Schranken nicht eingehalten, legen die genehmigenden Behörden u.U. Fahrstrecke und Fahrzeit fest.

Sonderbestimmungen für Straßenkrane gestatten es, auf derartige Festlegungen zu verzichten, wenn Gesamtlängen von 15 m, Achslasten von 12 t und Gesamtmassen von 48 t nicht überschritten werden. Nach [2.346] entspricht dies der bereits längere Zeit geübten Praxis bei der Erteilung der Erlaubnis, wobei die straßenschonende Federung der Straßenkrane eine wesentliche Rolle gespielt hat.

Im von den angegebenen Daten gezogenen Rahmen kann eine auf höchstens drei Jahre befristete Dauererlaubnis für bestimmte Fahrstrecken oder flächendeckende Bereiche ausgesprochen werden. Die in der alten Fassung der Richtlinie zu § 70 StVZO enthaltene Beschränkung der Höchstgeschwindigkeit schwerer Straßenkrane ist in der neuen getilgt worden. Allerdings dürfen Fahrzeuge mit mindestens einer ungefederten Achse nur eine maximale Fahrgeschwindigkeit von 30 km/h haben. Wenn das Sichtfeld des Fahrzeugführers, beispielsweise wegen eines seitlich angeordneten Fahrerhauses, mehr als geringfügig eingeschränkt ist, kann eine Fahrzeugbegleitung vorgeschrieben werden.

Wegen weiterer Einzelheiten des nicht einfach überschaubaren, auch in den Bundesländern teils unterschiedlich gehandhabten Gesamtverfahrens der Genehmigung für die Teilnahme schwerer Straßenkrane am öffentlichen Verkehr wird auf [2.345] verwiesen.

Als Mindestwert der bezogenen Motorleistung von Fahrzeugen schreibt § 35 StVZO 4,4 kW je Tonne Gesamtmasse vor. Der dargestellte Bereich der Motorleistungen von Straßenkranen im Bild 2-287 entspricht dieser Größenordnung bei schweren Kranen, bei leichteren übertrifft er diese Vorgaben. Der Kranmotor braucht dagegen stets eine geringere Antriebsleistung, wobei der große Bereich der Streuung die Variationsbreite bei der Wahl der Geschwindigkeiten und damit Leistungen der Kranantriebe ausdrückt.

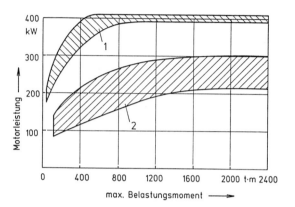

Bild 2-287 Motorleistungen von Straßenkranen
1 Fahrmotor; 2 Kranmotor

Es gibt weltweit mehr als hundert unterschiedliche Vorschriften für die Abmessungen, Achslasten, Gesamtmassen, Wenderadien, Motorleistungen usw. von Straßenverkehrsmitteln. Beispielsweise werden in Frankreich Achslasten von 12 t nur bei einem Mindestwert des Achsabstands von 1,65 m gestattet, in Australien und Kanada die Achslasten in Abhängigkeit vom Achsabstand festgelegt. Die USA haben unterschiedliche Regelungen in den verschiedenen Staaten. Dies zwingt die Hersteller, einen Straßenkran stets an die besonderen Bedingungen des Einsatzlands anzupassen, u.U. den Rüstzustand für den Transport zu verändern. In Deutschland und vielen Ländern Europas können z.B. Teleskopauslegerkrane bis 70 t Tragfähigkeit fast immer unter Mitnahme ihrer Gegengewichte auf öffentlichen Straßen fahren, darüber hinaus muß ein Teilballast demontiert und getrennt befördert werden, siehe Bild 2-286.

2.5.3.2 Gemeinsame Baugruppen

Die wichtigsten gemeinsamen Baugruppen der Straßenkrane sind neben den kranspezifischen Triebwerken die Fahrantriebe einschließlich der Lenkung und die Abstützungen.

Fahrantriebe

Straßenkrane haben *dieselmechanische Fahrantriebe*, die üblicherweise aus handelsüblichen LKW-Baugruppen zusammengesetzt sind. Allerdings bedingen die überhöhten Achslasten beim Verfahren des aufgerüsteten Krans verstärkte Achskonstruktionen, besonders wenn es sich um schwere Bauarten handelt. Reine Antriebsachsen müssen alle Antriebs- und Bremskräfte aufnehmen, Lenkachsen zusätzlich die beim Richtungswechsel auftretenden Führungskräfte.

Im Ausführungsbeispiel nach Bild 2-288 ist dem Verbrennungsmotor *7* das Lastschalt- oder Automatikgetriebe *8* nachgeschaltet.

2.5 Fahrzeugkrane

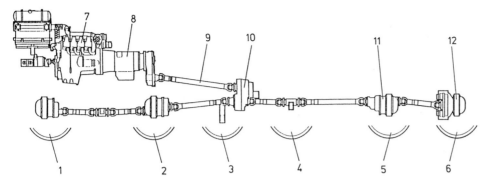

Bild 2-288 Fahrantrieb des 6achsigen Straßenkrans LTM 1225, Liebherr-Werk Ehingen GmbH, Ehingen
Antriebsachsen: 1, 2, 5, 6
Lenkachsen: 1, 2, 3, 5, 6
7 Dieselmotor, Antriebsleistung 400 kW
8 Automatikgetriebe mit 5 Vorwärts- und 1 Rückwärtsgang
9 Gelenkwelle
10 Verteilergetriebe mit Geländestufe und Verteilerdifferential
11 Differentialgetriebe mit Durchtrieb
12 Differentialgetriebe ohne Durchtrieb

Die Antriebsleistung wird von dort aus über Gelenkwellen *9* und ein Verteilergetriebe *10* auf die Differentialgetriebe *11* bzw. *12* der angetriebenen Achsen des mehrachsigen Fahrzeugs verteilt. Die zweite Achse kann so ausgebildet werden, daß sie nur bei Geländefahrt zugeschaltet wird. Die nicht angetriebenen Achsen *3* und *4* sind bei Bedarf anzuheben. Die Differentialgetriebe gleichen Drehzahlunterschiede in Längs- und Querrichtung aus. Die Achsdifferentiale enthalten Differentialsperren, die nur bei Geländefahrt zugeschaltet werden können. Bild 2-289 deutet die Anordnung dieses Fahrantriebs sowie der Achsen im Kranunterwagen an. Alle Achsen sind Starrachsen mit Einzelbereifung, die früher übliche Doppelbereifung beeinträchtigt die Fahreigenschaften im Gelände und ist deshalb nur noch in typischen Autokranen vorzufinden.

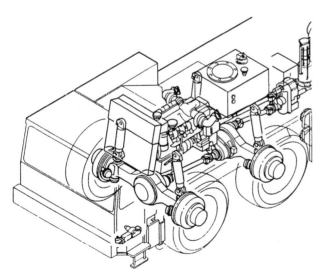

Bild 2-289 Fahrantrieb des Teleskopauslegerkrans LTM 1090/1, Liebherr-Werk Ehingen GmbH, Ehingen

Leichte Straßenkrane bekommen bisweilen auch *hydrostatische Fahrantriebe*. In der gebräuchlichen Ausführung treibt ein stellbarer Hydromotor die Achse über ein Mittelgetriebe an. Es gibt statt dessen Bauarten mit Radnabengetrieben an den Rädern und daran angeflanschten Motoren. Wenn diese Radnabengetriebe zweistufig und ferngesteuert schaltbar ausgebildet werden, lassen sich Fahrgeschwindigkeiten von mehr als 60 km/h erzielen [2.347] [2.348].

Die Fahreigenschaften eines Straßenkrans werden nach [2.349] von den nachstehenden Faktoren bestimmt:
- gute Federung und Stoßdämpfung auf der Straße und im Gelände
- schnelle und sichere Federblockierung für den Kraneinsatz
- Achslastausgleich bei mehrachsigen Kranen auch bei blockierter Federung.

Ungefederte Achsen bzw. Räder sowie starre Ausgleichsschwingen bei Doppelachsen finden sich nur noch in älteren Straßenkranen bzw. in gegenwärtigen leichten Industriekranen mit Gummireifen. § 36 Abs. 3 StVZO läßt für gummibereifte Fahrzeuge nur Geschwindigkeiten bis 25 km/h bzw., wenn sie nicht gefedert sind, bis 16 km/h zu. Die flächenbezogene Pressung in der Berührungsfläche darf 0,8 N/mm^2 nicht überschreiten. Die Richtlinie für Ausnahmegenehmigungen nach § 70 StVZO [2.344] läßt maximal 30 km/h zu, wenn eine Achse des Fahrzeugs ungefedert ist.

Die in Lastkraftwagen weitverbreiteten Blattfedern, die auch die Längs- und Querführung übernehmen können, herrschten lange Zeit auch in Straßenkranen als Federelemente vor. Sie erhielten nur zusätzlich mechanische oder hydraulische Federblockierungen. Wegen ihrer erheblichen Vorteile hat sich jedoch inzwischen bei den Straßenkranen fast durchweg die hydropneumatische Federung durchgesetzt; man findet sie heute auch in modernen 2achsigen Kranen.

In einer *hydropneumatischen Federung* (Bild 2-290) ist jedem Rad ein hydraulischer Federungszylinder *5* zugeordnet, der über ein Achsblockierventil *4* mit dem pneumatischen Blasenspeicher *6* als Druckkompensator verbunden ist. Im Federungszylinder befindet sich ein Näherungsschalter für die automatische Fahrzeugnivellierung. Eine Zahnradpumpe *2* erzeugt den hydraulischen Vorspanndruck, der über ein Druckbegrenzungsventil *3* zu stellen ist. Sobald die Achs- bzw. Radkraft einen eingestellten Wert übersteigt, erhöht sich der Druck im System, und das überschüssige Öl fließt über das Druckbegrenzungsventil ab.

Der Gasdruck im Blasenspeicher ist ebenfalls stellbar, um unterschiedliche Federhärten und Dämpfungen, z.B. getrennt für Straßen- und für Geländefahrt, zu erzeugen. Über entsprechende Programme können die Räder in ihrem Federungsverhalten unterschiedlich eingestellt werden, beispielsweise werden in großen Kranen für das Befahren von Steig- und Gefällestrecken nur die mittleren Räder gefedert, die Federung der anderen blockiert.

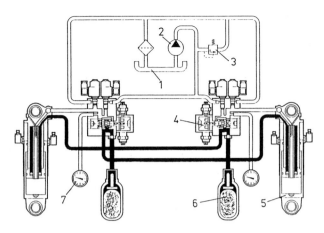

Bild 2-290 Prinzip der hydropneumatischen Federung
Liebherr-Werk Ehingen GmbH, Ehingen
1 Ölbehälter
2 Zahnradpumpe
3 Druckbegrenzungsventil
4 Achsblockierventil
5 Federungszylinder
6 Blasenspeicher
7 Manometer

Ein Vorzug der hydropneumatischen Federung ist ihre flache Federkennlinie. Sie gleicht den Druckabfall bei einer plötzlichen Ausfederung des Rads nach unten schnell aus, so daß die Bodenberührung gewährleistet bleibt. Dies führt zu einer ausgeglichenen Belastungsverteilung auf alle Räder auch in unebenem Gelände.
Die Federungszylinder haben jedoch eine Doppelfunktion. Neben ihrer Federwirkung dienen sie als Ausgleichselemente für Niveauunterschiede. Über sie ist der Abstand zwischen den Achsen bzw. Rädern und dem Fahrzeugrahmen und damit dem Kran selbst um ±100...150 mm zu verändern, um in einem Fall eine größere Bodenfreiheit, im anderen eine geringere Durchfahrhöhe zu erreichen. Auch eine seitliche Schrägstellung der Achsen relativ zum Kran läßt sich herstellen, wenn schrägliegende Flächen zu befahren sind. Während der Kurvenfahrt verringert bzw. beseitigt eine automatische Niveauregulierung die Seitenneigung.
Weil die Federungszylinder keine Kräfte quer zu ihrer Mittelachse übertragen können und dürfen, wird die Starrachse mit Längs- und Querlenkern geführt. Ersetzt man die Querlenker durch Schräglenker, tritt kein seitlicher Versatz der Räder beim Ein- und Ausfedern auf.
Die Nachteile lenkergeführter starrer Achskörper, z.B. ihre beträchtlichen ungefederten Eigenmassen, der große Platzbedarf, die Radschrägstellung und das ungewollte Eigenlenkverhalten beim Überfahren von Fahrbahnunebenheiten, die Änderung der Radkraftverteilung durch das Moment des Ausgleichsgetriebes, haben zu Untersuchungen über die Eignung der *Einzelradaufhängung* für Straßenkrane geführt [2.350]; einen Auszug enthält [2.351]. Eine brauchbare, technisch ausgereifte Lösung brachte erst das lenkerfreie Einzelrad-Federbein nach Bild 2-291a, das außer den axial wirkenden Federkräften auch alle quer dazu gerichteten Kräfte aufnehmen kann und damit Querlenker entbehrlich macht. Das Schnittbild 2-292 zeigt die konstruktive Ausführung. Das Federbein besteht aus einem am Fahrzeugrahmen befestigten Führungsgehäuse 7 mit einem axial und rotatorisch relativ zu diesem bewegbaren Stützelement 1, das starr mit dem Radträger verbunden ist. In das Stützelement ist ein Hydraulikzylinder 15 integriert, der an ein Hydrauliksystem angeschlossen ist. Der Federweg beträgt maximal 300 mm. Die Lenkbewegung des Rads wird über eine am Federbein drehbar gelagerte Doppelschwinge auf den Radträger übertragen, siehe Bild 2-291a.
Die Vorzüge der vorgestellten neuen Einzelradaufhängung sind:
– geringere Eigenmasse und mehr Bodenfreiheit
– Differentialgetriebe am Fahrzeugrahmen befestigt, daher keine Rückstellmomente auf die Räder
– keine Radschrägstellungen und Lenkfehler beim Überfahren von Bodenunebenheiten, damit geringerer Rollwiderstand und Reifenverschleiß
– statisch günstige, geschlossene Form des Fahrzeugrahmens
– einheitliche, für ein Radkraft von 200 kN ausgelegte Baugruppe.

Die Bilder 2-291b und c vergleichen das Verhalten einer Starrachse mit dem einer Einzelradaufhängung, wenn Niveauunterschiede der Radaufstandsflächen auftreten. Die genannten Nachteile bzw. Vorzüge der beiden Bauweisen sind deutlich zu erkennen. Weitere Einzelheiten führen [2.351] [2.352] auf, ein tieferes Eindringen verlangt den Rückgriff auf die kraftfahrzeugtechnische Literatur, z.B. [2.353] bis [2.355].
Der *Fahrzeugrahmen* muß genügend Freiraum für die Federung und den Lenkeinschlag der Räder gewähren. Seine Drillsteife ist als Kompromiß zwischen der Anpassung an die Bodenverhältnisse beim Fahren und geringer Verformung bei Kranbelastung im abgestützten Zustand einzustellen. Neben einer statisch günstigen Form verlangen die großen Kräfte den Einsatz hochfester Werkstoffe für diese Baugruppe.

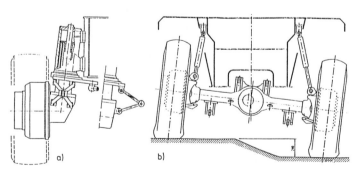 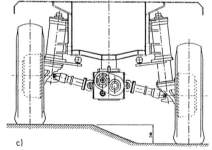

Bild 2-291 Vergleich von Radaufhängungen [2.351]
a) lenkerfreies Einzelradfederbein
b) Starrachse bei Niveauunterschied
c) Einzelräder bei Niveauunterschied

2.5 Fahrzeugkrane

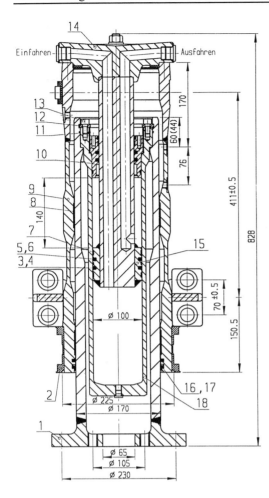

Bild 2-292 Federbein der Einzelradaufhängung
Grove Deutschland GmbH, Wilhelmshaven

1 Führungsrohr
2 Lenkhebellagerung
3 Turcon-Steapseal-K
4 O-Ring
5 Turcon-Glyd-Ring
6 O-Ring
7 Kolbenführungsring
8 DU-Buchse
9 Außenrohr
10 Führungsbuchse
11 Distanzbuchse
12 Tellerscheibe
13 Verschlußschraube
14 Deckel
15 Kolbenstange
16 Turcon-Steapseal-K
17 O-Ring
18 Zylinder

Lenkungen

Straßenkrane sind gelenkte Fahrzeuge; neben der Normallenkung für Straßenfahrt kann durch Zuschalten von Achsen eine Allradlenkung, meist auch über eine gleichsinnige Auslenkung aller Räder der sogenannte Hunde- bzw. Krabbengang quer seitlich hergestellt werden, siehe Bild 2-293. Mechanische Direktlenkungen scheiden wegen der großen Lenkkräfte aus. Vielmehr werden Lenksysteme mit hydraulischer Lenkkraftunterstützung (Servolenkungen) oder vollhydraulische Lenkungen eingesetzt.

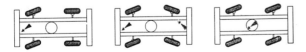

Bild 2-293 Lenkstellungen von Straßenkranen
(Normal-, Allrad-, Hundeganglenkung)

Bei der *Servolenkung* bleibt die mechanische Übertragung der Lenkbewegungen vom Lenkrad zu den Rädern erhalten, ein Hydrauliksystem verstärkt lediglich die Lenkkräfte. Das Funktionsprinzip wird an Hand des Bilds 2-294 erläutert. Der Antriebsmotor treibt die Pumpe 3, häufig eine Flügelzellenpumpe mit Mengenregelung, um auch bei Leerlaufdrehzahl des Motors eine ausreichende Fördermenge verfügbar zu haben. Das Öl wird zum Steuerventil 8 gefördert, das samt Steuerschieber 9 Bestandteil der Lenkstange 5 ist. Die Bewegungen des Lenkrads 1 werden über den Lenkstockhebel 10 auf den Steuerschieber übertragen, den zwei Zentrierfedern 6 kräftefrei in der Mittellage halten. Eine geringe Lenkkraft verschiebt diesen Steuerschieber aus der Mittellage, wodurch die entsprechende Kolbenseite des Arbeitszylinders 4 mit dem anstehenden Öldruck beaufschlagt wird. Dadurch wir die Lenkkraft verstärkt. Das Steuerorgan reagiert sowohl auf Lenkbewegungen, als auch auf Kräfte am Lenkgestänge, die von Stößen des gelenkten Rads herrühren.

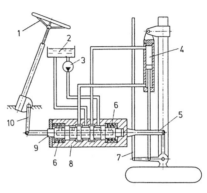

Bild 2-294 Schema der hydraulischen Servolenkung [2.356]
1 Lenkrad
2 Ölbehälter
3 Ölpumpe
4 Lenkzylinder
5 Lenkstange
6 Zentrierfeder
7 Spurstange
8 Steuerzylinder
9 Steuerschieber
10 Lenkstockhebel

Hydraulische Servolenkungen werden in mannigfaltiger Ausbildung hergestellt, ausführliche Informationen enthält wiederum die kraftfahrzeugtechnische Literatur, u.a. [2.357] [2.358]. Grundsätzlich unterscheidet man die Blockbauweise mit in das Steuerelement integriertem Arbeitszylinder, die im PKW-Bau bevorzugt wird, und die Halbblockausführung für schwere Fahrzeuge, bei der die Arbeitszylinder vom Steuerzylinder getrennt direkt an den Radträgern angebracht sind. Servogelenkte Straßenkrane haben stets Zweikreissysteme in Halbblockbauart mit einer zusätzlichen Notlenkpumpe, die häufig elektrisch angetrieben wird. Für eine mechanische Lenkbewegung bei Ausfall der hydraulischen Verstärkung, selbst wenn dies die Ausnahme bildet, werden die Lenkkräfte zu groß.

Der Fahrer muß den Lenkwiderstand spüren, der mit dem Lenkausschlag zunimmt. Leichte Lenkstöße sollen jedoch nicht bis zum Lenkrad durchdringen, sondern von der inneren Reibung des Lenkgestänges abgefangen werden. Die hydraulische Lenkkraftunterstützung setzt deshalb erst ab einer bestimmten Lenkkraft ein, ohne daß dies am Lenkrad zu bemerken sein darf. Auf die Probleme der Abstimmung und Einstellung geht einführend [2.359] ein.

In einer *hydrostatischen Lenkung* wird, zusätzlich zur Kraftverstärkung über den Flüssigkeitsdruck, das mechanische Lenkgestänge durch Ölleitungen ersetzt. Die in den Leitungen eingeschlossenen zwei Ölsäulen werden relativ zueinander verschoben und lenken dadurch das Fahrzeug. Das Fehlen einer mechanischen Verbindung zwischen Lenkrad und gelenktem Rad stellte hohe Anforderungen an die Funktionstüchtigkeit und die Notlenkeigenschaften des Lenksystems.

Die Wirkungsweise der hydrostatischen Lenkung (Bild 2-295) entspricht grundsätzlich der einer hydraulischen Servolenkung. Die vom Fahrzeugmotor getriebene Ölpumpe *10* fördert Öl zum hydrostatischen Lenkaggregat, das aus einem mit der Lenkradwelle *1* verbundenen inneren Drehschieber *3* und einem äußeren Drehschieber *4* besteht, der über die Steckwelle *8* mit dem Verdrängerrad *5* gekoppelt ist.

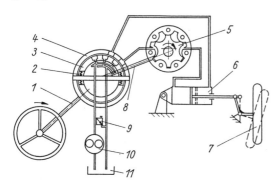

Bild 2-295 Funktionsbild einer hydrostatischen Lenkung (Orbitrol)
1 Lenkradwelle
2 Zentrierfeder
3 innerer Drehschieber
4 äußerer Drehschieber
5 Verdrängerrad
6 Lenkzylinder
7 Rad
8 Steckwelle
9 Rückschlagventil
10 Ölpumpe
11 Ölbehälter

In Ruhestellung des Lenkrads fließt das Öl drucklos durch den Steuerschieber in den Ölbehälter *11* zurück. Wird das Lenkrad gedreht, verschieben sich die Durchflußöffnungen des Drehschiebers *3* relativ zu denen des Drehschiebers *4*. Der Flüssigkeitsstrom wird geteilt, und es gelangt ein der Lenkradstellung proportionaler Teilstrom zum Verdrängerrad. Durch die Drehung dieses Rads wird Drucköl in den Lenkzylinder *6* gedrückt, dessen Kolben das Rad *7* in die Lenkrichtung dreht.

Eine mechanische Verbindung überträgt die Bewegung des Verdrängerrads *5* über die Steckwelle *8* auf den äußeren Drehschieber *4* (mechanische Rückführung). Der Drucköl-strom zum Verdrängerrad wird dadurch wieder unterbrochen, sobald die Laufradstellung der des Lenkrads entspricht. Selbstverständlich kann der Ölstrom vom Verdrängerrad auch auf zwei und mehr Lenkzylinder verzweigt werden, so daß Mehrradlenkungen möglich sind.

Eine Notlenkung, die allerdings nicht vor einem Schaden im Leitungssystem schützt, benutzt das Verdrängerrad als Handpumpe.

2achsige Straßenkrane werden gern mit einer solchen hydrostatischen Lenkung ausgerüstet, schwerere dagegen vorzugsweise mit hydraulischen Servolenkungen. Die Anzahl der gelenkten Achsen nimmt mit der Gesamtzahl der Achsen eines Krans zu. Meist kann die Lenkung von einer oder zwei dieser gelenkten Achsen zu- und abzuschalten sein. Eine Systematisierung der Mehrachslenkungen gibt [2.360] an. Wenn Straßenkrane mit Servolenkung auch von der Krankabine im Oberwagen aus verfahren werden dürfen, wählt man eine kombinierte Lenkung, d.h., lenkt von der Krankabine aus hydrostatisch.

Einen Einblick in die Ausbildung und Anordnung von *Mehrfachlenksystemen* soll Bild 2-296 vermitteln. Das Lenkgestänge überträgt auf einer Fahrwerkseite die Lenkbewegungen auf alle gelenkten Räder dieser Seite, Spurstangen beziehen jeweils auch das Rad der gegenüberliegenden Seite ein. Im Bild 2-296c sind die Kurvenradien eines 5achsigen Straßenkrans angegeben. § 32d StVZO erlaubt Radien bis 12,5 m; dies wird von Straßenkranen mit bis zu 4 Achsen stets eingehalten. Größere Krane überschreiten diesen Wert, bleiben aber innerhalb der von der Richtlinie für Ausnahmegenehmigungen nach § 70 StVZO [2.344] gezogenen Grenzen von 14,5 m bei 5achsigen bzw. 16,5 m bei 6achsigen Fahrzeugen.

Abstützungen

Abstützungen vergrößern die Standfläche eines Straßenkrans erheblich, nur im abgestützten Zustand lassen sich die meist benötigten großen Tragfähigkeiten ausnutzen. Während der Straßenfahrt müssen diese Abstützvorrichtungen jedoch eingezogen oder demontiert werden. Die Dauer dieser Montagearbeiten geht in die Rüstdauer des Krans ein.

Gebräuchliche Ausführungen von Abstützungen sind im Bild 2-297 zusammengestellt. Abstützbreite und Aufwand nehmen von a) bis d) zu. Die Abstützform mit zwei senkrecht zueinander liegenden Bewegungsvorgängen (Bild 2-297c) hat wegen der möglichen Anpassung an die Fahrwerkkonstruktion und der relativ großen Stützbreite die größte Bedeutung erlangt. Die Stützarme können einfach teleskopierbar ausgeführt werden. Die beiden Führungskästen liegen hintereinander oder übereinander, seltener werden einfache Stützkästen mit beiderseitig kurzen Stützarmen verwendet. Die quer im Fahrzeugrahmen zu lagernden horizontalen Träger behindern die Längsausdehnung des Fahrwerkrahmens und der Lenkung. Eine schwenkbare Lagerung der Stützarme (Bild 2-297d) findet man in schweren Straßenkranen mit einem topfartigen Mittelteil unterhalb der Drehverbindung. Dies verbessert die Kraftübertragung beträchtlich. Bei großen Kranen müssen diese Stützarme getrennt transportiert werden.

Im Bild 2-298 sind einige Stützformen und -konturen dargestellt. Die obere Zeile bildet die Standardformen mit Verschiebe-, Schwenkstützen und deren Kombination ab. Bei der Stützform im Bild 2-298d sind zwei Stützarme zugleich tragende Teile des Fahrzeugrahmens mit eingebauten Laufrädern. Die Form e) variiert die Stellung der beiden Stützarme, je nach Belastungsrichtung und Tragfähigkeit des Krans und erzeugt angepaßte Stützkonturen. Eine 6-Punktstützung nach Bild 2-298f erlaubt im Nahbereich größere Belastungen und erzeugt keine nutzlosen Standmomente im Drehbereich [2.361].

Wegen der Stützdrücke bei unterschiedlichen Stützkonturen wird auf Abschnitt 2.5.3.6 verwiesen.

2.5.3.3 Gitterauslegerkrane

Das bereits erwähnte eingeschränkte Arbeitsfeld von Straßenkranen mit Gitterausleger ist zweigeteilt. Zum einen behaupten sich vereinzelt kompakte 2achsige Krane dieser Art bei speziellen Aufgaben, zum anderen bestimmen die schweren Bauformen, meist mit sehr langen Auslegern und extrem großen Hubhöhen, Ausladungen und Tragfähigkeiten eine Einsatzrichtung, die mit Teleskopauslegerkranen nicht zu erreichen ist.

Der Mobilkran im Bild 2-299 verdeutlicht die Konzeption der leichten Gitterauslegerkrane. Er wird in dieser Form nicht mehr hergestellt, weil ihn der Teleskopauslegerkran aus seinem normalen Arbeitsgebiet verdrängt hat.

2.5 Fahrzeugkrane

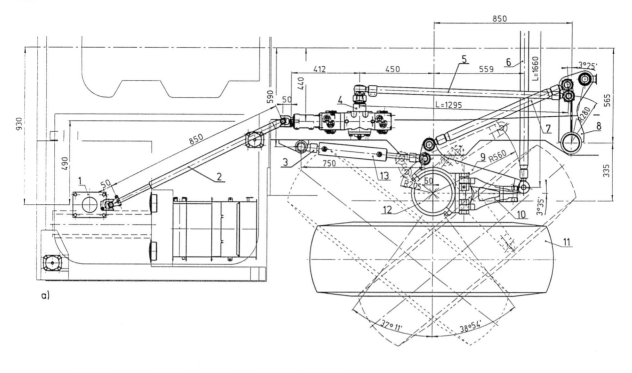

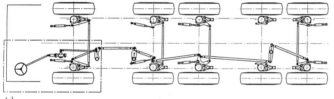

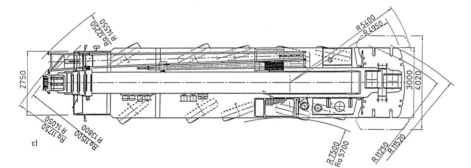

Bild 2-296
Lenkung eines 5achsigen Straßenkrans Grove Deutschland GmbH, Wilhelmshaven
a) Triebstock und Einzelradlenkung
b) Lenkgestänge
c) Lenkeinschläge und Kurvenradien
(R Normallenkung – 8 Räder;
Ra Allradlenkung – 10 Räder
1 Winkelgetriebe
2 Gelenkwelle
3 Kugelgelenk
4 Halbblock-Hydrolenkgetriebe mit Lenkhebel
5,6,7 Lenkstange
8 Umlenkhebel
9 Lenkhebel
10 Zwangshebel
11 Rad
12 Lenkhebel
13 Zylinder

Zwar gibt es Aufgaben, für die sich ein Seilkran besser eignet, z.B. den Umschlag von Schüttgütern mit leistungsfähigen Zweiseilgreifern, die Verrichtung von Bohr-, Ramm-, Aushub- oder Abbrucharbeiten unter Verwendung seilbetriebener Sonderausrüstungen. Derartige Krane werden jedoch fast immer mit Raupenfahrwerken ausgerüstet.
Während die leichten Gitterauslegerkrane in voll aufgerüstetem Zustand, wenn auch mit geringer Fahrgeschwindigkeit, verfahren werden können, verlangen die schweren Krane eine vorherige Demontage und Zerlegung des Auslegersystems, der Gegengewichte, bisweilen auch der Abstützung. Bild 2-300 zeigt den für Straßenfahrt abgerüsteten Grundkörper eines solchen Krans.
Die Krankabine, die in der Arbeitsstellung seitlich neben dem Oberwagen hängt, ist in ihre Transportstellung vor dem Oberwagenrahmen geschwenkt. Anders sind die Bestimmungen über die Fahrzeugbreite nicht einzuhalten. Die Fahrzeughöhe und -länge erreichen die Grenzwerte für eine Ausnahmegenehmigung nach § 70 StVZO, siehe Abschnitt 2.5.3.1. Am Oberwagen gelagert sind vier Seiltriebwerke: Hubwerk 1 und 2, Einzieh- und Wippwerk. Er ist über eine schwere, 3- bis 5reihige Rollendrehverbindung drehbar auf dem topfartigen Mittelteil des Unterwagens abgestützt. Die vier teleskopierbaren Stützarme der X-Abstützung sind demontiert und müssen zusammen mit den Auslegerschüssen und dem Ballast getrennt transportiert werden.
Die Auslegerform kann variiert werden. Bild 2-301 führt die beiden Haupttypen an, den Hauptausleger allein und den Hauptausleger mit an ihm schwenkbar gelagertem Wippausleger. Die Neigungswinkel der Auslegerteile werden durch Seiltriebe eingestellt. Die Besonderheit dieses Auslegersystems eines sehr schweren Krans mit einer Grundtragfähigkeit von 650 t ist die Zwischenschaltung einer sogenannten Derrickstütze, die den Hebelarm der Nackenseile vergrößert und – in der gezeigten konstruktiven Ausbildung – zugleich die Seiltriebwerke und die Befestigung des Gegengewichts enthält.

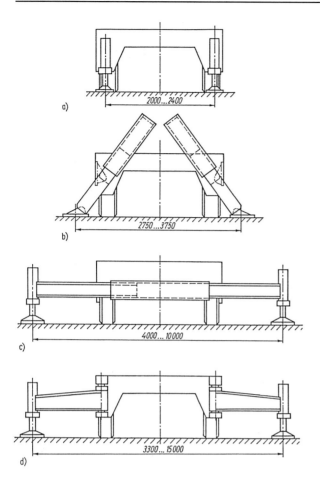

Bild 2-297 Abstützungen von Straßenkranen
a) Vertikalstütze
b) Schrägstütze
c) horizontal ausschiebbare Stütze
d) horizontal schwenkbare Stütze

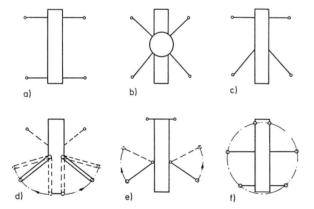

Bild 2-298 Stützarten von Straßenkranen
a) H-Stützung
b) X-Stützung
c) K-Stützung
d) variable Sternstützung (Krupp)
e) variable Stützstellungen (P & H Harnishfeger)
f) 6-Punktstützung [2.361]

Hauptausleger von Gitterauslegerkranen haben Längen bis 100 m und etwas darüber; mit dem Wippausleger lassen sich Rollenhöhen nahe 200 m erzielen. Entsprechend groß sind die maximalen Ausladungen. Eine Rückfallsicherung verhindert das Zurückschlagen des Wippauslegers in dessen Steilstellung, z.B. infolge plötzlicher Entlastung.

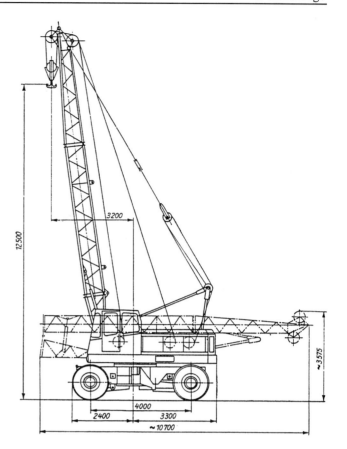

Bild 2-299 Mobilkran MDK 63, Kirow Leipzig GmbH, Leipzig
Tragfähigkeiten: abgestützt 20 t, freistehend 12,5 t

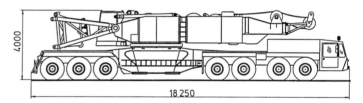

Bild 2-300 Abgerüsteter Transportzustand des Gitterauslegerkrans TC 2600
Mannesmann Demag Baumaschinen, Zweibrücken

Die Auslegerschüsse sind Rohrfachwerke aus drei, meist jedoch vier Gurten, die durch Diagonalverbände verstrebt sind. Mit Rücksicht auf den Straßentransport begrenzt man die Länge auf rd. 12 m und stuft die Querschnitte so ab, daß mehrere Schüsse ineinandergesteckt werden können. Schnell lösbare Montageverbindungen erleichtern das Zusammenfügen bzw. Trennen des Auslegers und verkürzen die Rüstdauer. Einen Straßenkran mit einem durch Nackenseile in seiner Neigung gestellten Teleskopausleger stellt [2.342] als mögliche Variante vor.

Eine erhebliche Steigerung der Tragfähigkeit können Gitterauslegerkrane dadurch erhalten, daß sie einen zusätzlichen Schwebeballast aufnehmen. Die Hersteller bezeichnen derartige Einrichtungen mit firmeneigenen Namen, wie Superlift, Maxilift, Sky-Horse usw. Der Grundgedanke besteht darin, mit Hilfe einer rückseitig parallel zur Hubmasse aufgenommenen Ergänzungsmasse die Drehverbindung vom kippenden Moment zu entlasten und ihre größere Belastungsfähigkeit in senkrechter Richtung auszunutzen.

2.5 Fahrzeugkrane

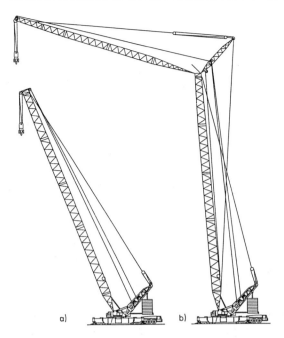

Bild 2-301 Hauptformen der Ausleger des Gitterauslegerkrans TC 3800
Mannesmann Demag Baumaschinen, Zweibrücken
a) Hauptausleger
b) Hauptausleger mit wippbarem Spitzenausleger

Im Systemaufbau (Bild 2-302) entlastet ein Derrickausleger *4* zunächst den Hauptausleger *1* dadurch, daß der Hebelarm der Zugkräfte in den Nackenseilen *2* vergrößert wird. Über ihn wird auch die Gewichtskraft des Zusatzgewichts *7* in das Auslegersystem eingeleitet. Die Größe dieser Schwebemasse wird so auf die der Hubmasse abgestimmt, daß der gewünschte Momentenausgleich an der Drehverbindung gewährleistet wird. Nach dem Anheben der Hubmasse wird die Ausladung des Hauptauslegers vorsichtig vergrößert, bis sich das Zusatzgewicht vom Boden abhebt. Erst dann darf der Kranoberwagen gedreht werden. Ein Führungsträger *6* verhindert unerwünschte Pendelbewegungen der großen Masse *7*.

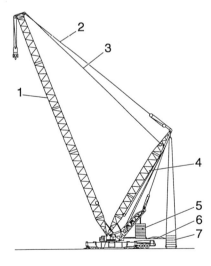

Bild 2-302 Superliftausrüstung des Gitterauslegerkrans TC 3800
Mannesmann Demag Baumaschinen, Zweibrücken
1 Hauptausleger   5 Kranballast
2 Nackenseile   6 Führungsträger
3 Hubseile   7 Schwebeballast
4 Derrickausleger

Die weitgehend nur vertikale Belastung des Auslegersystems sorgt auch für eine gleichmäßige Belastung aller Stützarme der Abstützung. Der Maximalwert der Stützkräfte übersteigt daher i.allg. nicht die Werte, die bei Normalausrüstung des Krans entstehen. Das gleiche gilt für die Standsicherheit [2.362].

Um eine Superlifteinrichtung in Betrieb nehmen zu können, sind zusätzlich bis zu 400 t Ausrüstung zu transportieren, wobei allein die Zusatzmasse das Doppelte der normalen Gegenmasse des Krans ausmacht. Zudem müssen schwere und teils schwierige Rüstarbeiten ausgeführt werden. Es kann sich deshalb stets nur um gezielte, geplante Sondereinsätze handeln.

Noch weitergehende Zusatzeinrichtungen zur Steigerung der Tragfähigkeit, z.B. montierbare Ringsysteme (Ringlift) vor bzw. auf dem Unterwagen [2.363] [2.364], haben wegen des nochmals gesteigerten Aufwands nur eine sehr begrenzte Bedeutung erlangt.

Mit Hilfe des Schwebeballasts kann die Tragfähigkeit eines Straßenkrans bei steiler Stellung des Auslegers um rd. ein Drittel, bei flacher Stellung bis zum doppelten Betrag vergrößert werden. Bild 2-303 stellt Mittelwerte der Leistungsparameter schwerer Gitterauslegerkrane in Abhängigkeit vom maximalen Belastungsmoment dar. Die gewählten Ausladungen 10 und 40 m grenzen den vorzugsweise genutzten Ausladungsbereich ein. Die genannten Tendenzen der Tragfähigkeitssteigerung durch einen Superlift sind gut zu erkennen. Die Maximalwerte der Rollenhöhe *5* und der Ausladung *6* liegen um und über hundert Meter. Ein Spitzenausleger steigert die Rollenhöhe beträchtlich darüber hinaus.

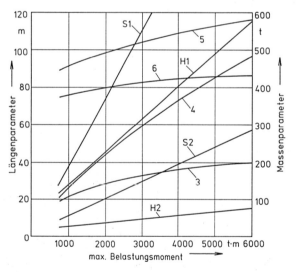

Bild 2-303 Mittlere Größtwerte einiger Parameter von Gitterauslegerkranen
Tragfähigkeiten: H Hauptausleger, S Superlift, 1 10 m Ausladung, 2 40 m Ausladung
3 Gegenmasse Kran   5 Rollenhöhe
4 Gegenmasse Superlift   6 Ausladung

2.5.3.4 Teleskopauslegerkrane

Als größte Gruppe der Fahrzeugkrane beherrschen die Teleskopauslegerkrane mit Grundtragfähigkeiten von 2...400 t und normalen Auslegerlängen von 12...60 m bei voll ausgefahrenen Auslegerschüssen das Feld des mobilen Kraneinsatzes. Nach [2.365] haben 85 % der gegenwärtig betriebenen Krane dieser Art eine Tragfähigkeit zwischen 20 und 70 t, bilden somit eindeutig die Mehrzahl gegenüber den leichteren bzw. schwereren Kranen.

Baulich haben sich die Teleskopauslegerkrane immer mehr angeglichen, dies gilt auch für die auf die Eigenmasse bezogenen Hauptparameter Hubhöhe, Ausladung und Tragfähigkeit. Die Krane sind, unter weitgehender Verwendung hochfester Stähle, konstruktiv optimal durchgebildet, halten die Grenzmaße der StVZO ein, nutzen sie aber auch aus. Es werden alle Möglichkeiten der modernen Antriebstechnik ausgeschöpft, für Steuerung und Überwachung immer mehr verfeinerte elektronische Systeme eingebaut.

Ausführungsbeispiele

Bild 2-304 stellt den Aufbau eines großen Teleskopauslegerkrans mit seinen Hauptbaugruppen vor. Kranmotor *11* und Krankabine *5* liegen seitlich neben dem abgelegten Ausleger *6* im drehbaren Oberwagen, Fahrmotor *15* und Fahrerhaus *14* für die Fahrbewegung im Unterwagen. Die andere Seite des Auslegers belegt eine Klappspitze *2*, die horizontal geschwenkt und an den letzten Auslegerschuß angeschlossen werden kann. Um eine kompakte Bauweise zu erreichen, ist der Fahrmotor im Fahrerhaus untergebracht. Dies ist jedoch eine Besonderheit dieser speziellen konstruktiven Lösung. Das zweite Hubwerk *8* kann, wenn es nicht gebraucht wird, durch ein zusätzliches Gegengewicht ersetzt werden.

Leichte Teleskopauslegerkrane für den Einsatz in der Industrie sind natürlich einfacher gestaltet. Bei dem Kran im Bild 2-305 entfällt die Drehbewegung des Auslegers, es fehlt auch die Abstützung. Die Batterie des batterieelektrischen Antriebs dient zugleich als Gegengewicht. Alle vier Räder haben Super-Elastic-Bereifung, die beiden hinteren lagern in einer Pendelachse mit Drehschemellenkung. Ein Elektromotor von 20 kW verleiht dem Kran eine maximale Fahrgeschwindigkeit von 10 km/h, wahlweise kann auch ein Dieselmotor benutzt werden. Statt eines Fahrerhauses ist seitlich neben dem Ausleger ein einfacher Fahrersitz angebracht. Sehr leichte Krane dieser Bauart haben nur drei Räder und eine Deichsellenkung als Mitgängerbedienung. Eine ähnliche Ausführung beschreibt [2.366].

Eine erheblich anspruchsvollere und leistungsfähigere Bauweise hat der kleine Teleskopauslegerkran im Bild 2-306. Der Antriebsmotor für Fahr- und Kranbewegungen liegt im Oberwagen. Die vier luftbereiften Räder weisen Einzelradaufhängung mit hydropneumatischer Federung, Servolenkung und Einzelantrieb auf. Ein hydrostatischer Fahrantrieb mit Radnabengetrieben, die 2stufig schaltbar sind, verleiht dem Kran eine Fahrgeschwindigkeit bis 75 km/h und eine Steigfähigkeit bis 70 %. Seine Besonderheit ist jedoch der Teleskopausleger mit 7 ausfahrbaren Schüssen. Das Teleskopiersystem hat zwei Plungerzylinder, davon einer 2stufig, der zweite 5stufig, und einen Seiltrieb mit Seilwinde für das Rückholen der Schüsse. Die Auslegerlänge läßt sich stufenlos im Bereich 5,6...30 m stellen. Weitere Einzelheiten führen [2.347] [2.348] auf.

Bei gleicher Eigenmasse erreicht der 2achsige AT-Kran im Bild 2-307, mit etwas geringerer Tragfähigkeit, ähnliche Werte in Hubhöhe, Ausladung, Fahrgeschwindigkeit und Steigvermögen wie der vorstehend behandelte. Der nur 4fach teleskopierbare Ausleger hat allerdings eine Grundlänge von 9,2 m, was auch eine größere Fahrzeuglänge zur Folge hat. Der Fahr-gleich Kranmotor ist im Unterwagen untergebracht, der Fahrantrieb dieselmechanisch ausgeführt, neben dem Fahrerhaus auch eine eigene Krankabine eingerichtet.

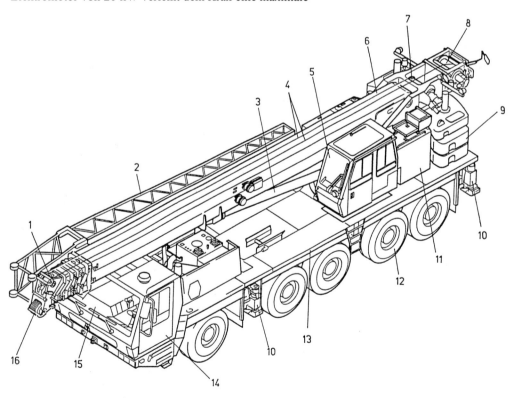

Bild 2-304 AT-Teleskopauslegerkran GMK 5120; Grove Deutschland GmbH, Wilhelmshaven
max. Tragfähigkeit 120 t bei 3 m Ausladung und 20,8 t Gegengewicht, Eigenmasse 60 t mit 4,8 t Gegengewicht

1 Umlenkseilrollen	5 Krankabine	9 Ballast	13 Fahrzeugrahmen
2 Klappspitze	6 Teleskopausleger	10 Abstützung	14 Fahrerhaus
3 Wippzylinder	7 Hubwerk 1	11 Kranmotor	15 Fahrmotor
4 Hubseile	8 Hubwerk 2	12 Laufrad, luftbereift	16 Oberflasche

2.5 Fahrzeugkrane

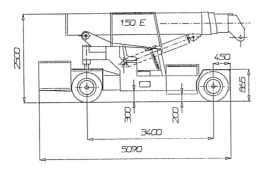

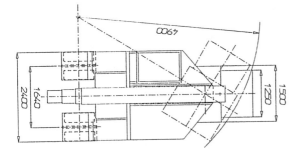

Bild 2-305 Batteriegetriebener Elektro-Mobilkran 150 E
Valla s.p.a., Calendasco/Piacenza (Italien)
max. Tragfähigkeit 15 t, Eigenmasse 16 t

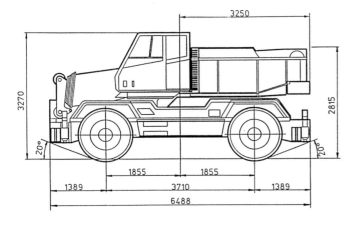

Bild 2-306 Teleskopauslegerkran CT 2 mit 7fach teleskopierbarem Ausleger
EC Spezialmaschinen GmbH, Ulm
max. Tragfähigkeit 40 t bei 2,5 m Ausladung, Eigenmasse 24 t

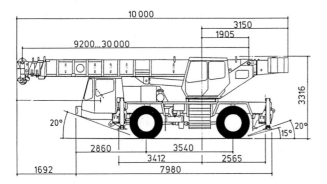

Bild 2-307 Teleskopauslegerkran AT 635 BE
Grove Europe Ltd., Sunderland (Großbritannien)
max. Tragfähigkeit 23 t bei 2,75 m Ausladung, Eigenmasse 24 t

Nicht häufig findet man heute noch Teleskopauslegerkrane auf einem normalen LKW-Chassis, Bild 2-308 ist ein Beispiel. Die angegebene Eigenmasse hängt von der Größe der aufgelegten Gegengewichte ab. Auf der Straße verfahren darf der 3achsige Kran nach § 34 StVZO nur mit 25 t Eigenmasse, d.h. ohne Mitnahme der Gegengewichte; sonst sind Ausnahmegenehmigungen gemäß § 70 StVZO einzuholen. Auch dies ist ein Zeichen dafür, daß die Vorschriften für den Straßenverkehr eine herausragende Bedeutung haben, wenn Parameter und konstruktive Lösungen für Straßenkrane zu wählen sind. Das LKW-Fahrgestell erhält verstärkte Achsen und zusätzliche Blockierungseinrichtungen für die Räder, außerdem die sichtbaren Abstützungen.

Der eingangs dieses Abschnitts abgebildete Teleskopauslegerkran (Bild 2-304) gehört mit 5 Achsen und einer maximalen Tragfähigkeit von 120 t bereits zu den schweren Kranen. Diese können nicht mehr von der Krankabine aus gefahren werden, nutzen mit großvolumigen Auslegern die Querschnittsfläche 4 m x 3 m fast vollständig aus und werden mit bis 6 Achsen als Universalkrane für Straße und Gelände gebaut. Darüber hinaus läßt sich die kürzere Bauweise und die Eignung für unebenes Gelände nicht mehr verwirklichen [2.339], sie wird auch bei solch großen Kranen nicht gebraucht.

Den Grenzbereich von 350...400 t Tragfähigkeit bei Teleskopauslegerkranen hat man anfangs angesichts der anfallenden Eigenmassen durch eine Teilung des Krans für den Straßentransport in einen Grundkörper und den getrennt zu transportierenden Ausleger zu verwirklichen gesucht [2.367] bis [2.372]. Diese Übergangslösungen blieben jedoch auf Einzelfälle beschränkt und wurden seit etwa 1988 durch 8achsige, ungeteilte Krane mit einer gerade noch als Ausnahme zugelassenen Gesamtmasse von 96 t abgelöst. Bild 2-309 vermittelt eine Vorstellung von dieser gewaltigen Maschine. Wenn auch die zulässige Achslast von 12 t eingehalten wird, überschreiten Fahrzeuglänge und Wenderadien selbst die nach den Richtlinien für Ausnahmegenehmigungen geltenden Werte erheblich, siehe hierzu Abschnitt 2.5.3.1.

Den schwersten gegenwärtig angebotenen Teleskopauslegerkran gibt Bild 2-310 in seinem geteilten Transportzustand wieder. Der Ausleger wird nach dem Aneinanderfahren der Transportfahrzeuge über eine hydraulisch betätigte Bolzenverbindung mit dem Rahmen des Oberwagens gekoppelt. Anschließend wird die Montagestütze und mit ihrer Hilfe der schwere Ausleger aufgerichtet.

Teleskopausleger

Der Teleskopausleger ist das Kernstück und bestimmende Merkmal eines Teleskopauslegerkrans. Bild 2-311 läßt seinen Aufbau und seine Hauptbaugruppen erkennen. Solchen Auslegern gemeinsam sind die kastenförmigen Schüsse *2* bis *5* mit Querversteifungen an den oberen Enden, eine innenliegende Teleskopiereinrichtung *7*, die gelenkige Lagerung des Grundkörpers *6* am Oberwagen und der Wippzylinder *9*, der den Ausleger aufrichtet und seine Neigung einstellt. Der Auslegerform angeglichene Gleitplatten aus Kunststoff, meist mit Schmierstoff versetztem Polyamid, stützen die Auslegerschüsse aufeinander ab. Die Gestaltung der Teleskopteile und der Teleskopiereinrichtung ist bei den verschiedenen Herstellern und Krantypen unterschiedlich, neben der Belastung und Beanspruchung hat dies patentrechtliche Gründe.

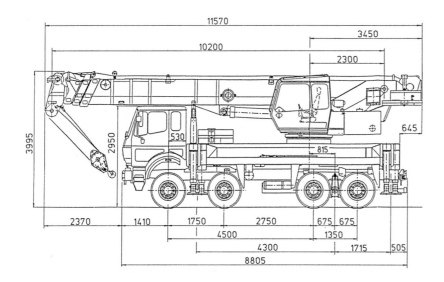

Bild 2-308
Teleskopausleger-Autokran HK 35
Tadano Faun GmbH, Lauf/Pegnitz
max. Tragfähigkeit 35 t,
Eigenmasse 25...31 t

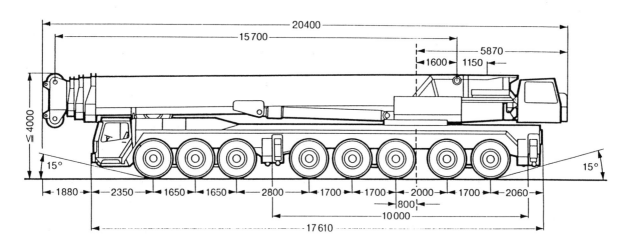

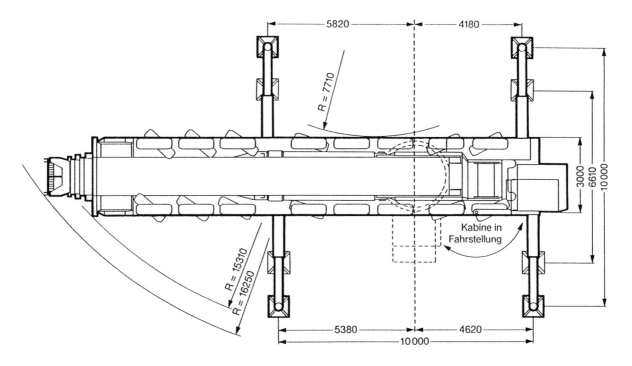

Bild 2-309 Teleskopauslegerkran LTM 1400; Liebherr-Werk Ehingen GmbH, Ehingen
max. Tragfähigkeit 400 t bei 3 m Ausladung, Eigenmasse 96 t

2.5 Fahrzeugkrane

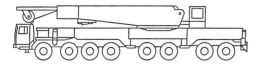

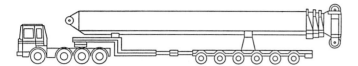

Bild 2-310 Transport der geteilten Kranausrüstung des schweren Teleskopauslegerkrans LTM 1800
max. Tragfähigkeit 800 t bei 3 m Ausladung, Eigenmassen: Kranfahrzeug 96 t, Ausleger 60 t, Ballast maximal 153 t

Bild 2-312 enthält eine Auswahl gebräuchlicher Auslegerquerschnitte. Die Formen a) bis d) werden in [2.373] beschrieben. Der Schubfeldträger (Bild 2-312a) entstammt einem Prinzip des Flugzeugbaus, die kraftübertragenden Querschnittsflächen in die vier Ecken zu legen und dünne, nicht biegesteife Seitenbleche als Diagonalverband zur Übertragung der Querkräfte zu nutzen. Diese Bleche können Löcher enthalten, um die Eigenmasse zu verkleinern, siehe Bild 2-307.

Die ovale Form (Bild 2-312b) verschafft eine gute Krafteinleitung über die schrägliegenden Gleitbacken, weist aber eine große gerade Beulfläche im Untergurt auf. Das Profil im Bild 2-312c beseitigt die Beulgefahr durch eine Verstärkung der Gurtbleche und Kantung der dünnen Stegwände. Die Schüsse werden unten und seitlich geführt. Das HPC (High-Power-Control)-Profil (Bild 2-213d) basiert auf dem Prinzip des Schubfeldträgers mit einer Verlagerung der tragenden Flächenanteile in die Eckkonturen. Die Wandflächen der Stege bestehen jedoch aus einem speziellen Trapezprofil.

Die Auslegerquerschnitte im Bild 2-312e und f haben im Untergurt Abkantungen, um die Beulsteife durch Verringerung der Beulbreite zu erhöhen. Die Kunststoffgleitkörper für die Stützung passen sich dieser Prismenform an. Im Obergurt wird die Lagerkraft über die Rundungen der Ekken aufgenommen. Die Lagerung ist statisch unbestimmt, Unregelmäßigkeiten der Kastenform beeinflussen die Pressungsverteilung. Es ist zu erkennen, daß mit dieser Lösung ein Optimum bezüglich Werkstoffausnutzung und Führungseigenschaften angestrebt wird. Bild 2-312f gibt auch die Anordnung von zwei pneumatischen Verriegelungseinrichtungen wieder; sie werden bei schweren Kranen gebraucht, um die Hydraulikzylinder des Vorschubsystems zu entlasten.

Die Teleskopteile der 4- bzw. 5stufigen Ausleger im Bild 2-312g und h weisen ebenfalls eine geschlossene Kastenform ohne Eckverstärkungen auf. Kantungen im Untergurt und Längssteifen an ihm und an den beiden Seitenwänden vergrößern die Beulsteife, stärkere Bleche im unteren Bereich das Widerstandsmoment gegen Biegung. In der Ausführung h) werden alle Beulsteifen nach innen verlegt und einige gleichzeitig als Führungsschienen für das Vorschubsystem verwendet.

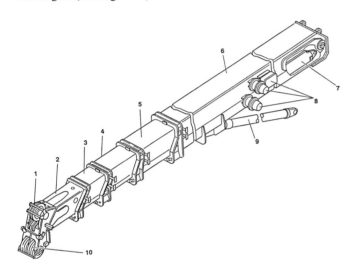

Bild 2-311 Teleskopausleger des Fahrzeugkrans GMK 5120
Grove Deutschland GmbH, Wilhelmshaven
max. Tragfähigkeit 120 t, Gesamtlänge: eingefahren 13,3 m, ausgefahren 50,5 m

1	Umlenkseilrollen	6	Grundkörper
2	Teleskopteil 4	7	Teleskopzylinder
3	Teleskopteil 3	8	Antrieb für Schlauchleitungen
4	Teleskopteil 2	9	Wippzylinder
5	Teleskopteil 1	10	Oberflasche

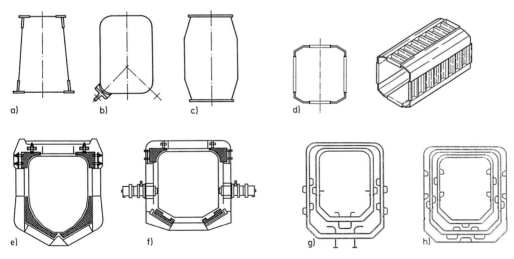

Bild 2-312 Querschnitte von Teleskopauslegern
a) Schubfeldträger
b) Kastenträger mit Rundecken
c) Octag-Träger (Coles)
d) HPC-Träger (Mannesmann Demag)
e) Prismenträger mit 5fach-Kantung (Liebherr)
f) Prismenträger mit Verbolzeinrichtung (Liebherr)
g) h) Auslegersystem mit Längssteifen (Grove)

Als Werkstoffe für die Auslegerschüsse haben sich die Feinkornstähle St E 690 und St E 885 bewährt. Zu mehr als 90 % werden sie auch für die anderen tragenden Teile des Krans, z.B. Fahrzeugrahmen, Drehtisch, Abstützarme, eingesetzt. [2.374] vergleicht die Eigenschaften geschweißter wasservergüteter und ausscheidungsgehärteter Stähle dieser Art, DIN 15018 Teil 3 gibt die Kennwerte und zulässigen Spannungen an. Es gibt Hinweise in der Literatur, daß Stähle mit noch höherer Steckgrenze, z.B. OX 960 [2.375], einbezogen werden. Dies führt jedoch zu größeren Verformungen, die gerade beim Ausleger unerwünscht sind [2.376], so daß ein Kompromiß zu suchen ist.

Teleskopiersysteme

Das Teleskopiersystem eines Teleskopauslegers muß die Schüsse gleichzeitig oder nacheinander ausschieben und wieder zurückziehen. Die Bewegungen werden von einem oder mehreren Hydraulikzylindern erzeugt, Seiltriebe und bzw. oder Verriegelungen übertragen diesen Vorschub auch auf andere Teleskopteile. Durch Kombination dieser Elemente entstehen unterschiedliche Bauarten mit jeweils bestimmten Eigenschaften, wobei die Anzahl der Auslegerglieder eine maßgebende Rolle spielt

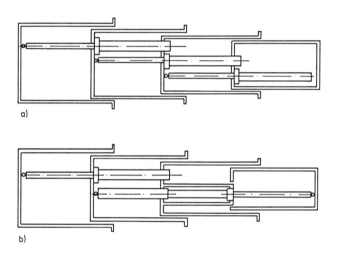

Bild 2-313 Hydraulische Teleskopiersysteme
a) 3 einstufige Zylinder
b) je 1 ein- und zweistufiger Zylinder

Rein hydraulische Systeme eignen sich dann, wenn nur 1 bis 3 Auslegerstücke zu teleskopieren sind. Die Anzahl der Zylinder entspricht der Anzahl der Schüsse, zwei einstufige Zylinder können dabei durch einen zweistufigen ersetzt werden (Bild 2-313). In diesem Fall muß in den ersten bewegten Schuß eine Rückholstange eingefügt werden (Bild 2-313b). Alle Zylinder sind doppeltwirkend, um auch die Rückzugbewegung kraftbetätigt ausführen zu können. [2.347] [2.348] beschreiben im Gegensatz dazu ein System mit einfachwirkenden Zylindern und einem Seiltrieb für das Rückholen der Schüsse.

Durch zweisträngige Seilflaschenzüge, einen für das Vorschieben und einen für das Zurückfahren, läßt sich jeweils ein Zylinder einsparen oder ein zweistufiger durch einen einstufigen ersetzen. Die Bilder 2-314a und b stellen dies an einem 4teiligen, die Bilder 2-314d und e an einem 5teiligen Vorschubsystem dar. Weil das Öl dem Zylinder über Führungsrohre durch den ersten Zylinder zugeführt wird, brauchen diese Systeme keine Schlauchleitungen. Pneumatisch betätigte Querverriegelungen machen es aber möglich, mit nur einem zweistufigen Zylinder 3 oder 4 Auslegerschüsse aus dem Grundkörper auszuschieben (Bilder 2-314c und f). Allerdings bedingt dies Schlauchleitungen, die den Verriegelungseinrichtungen die Druckluft und den Steuerstrom zuführen und von Trommeln auf- und abgewickelt werden müssen. Der Vorteil derartiger hydromechanischer Systeme, die im oberen Auslegerbereich ohne Zylinder auskommen, ist ein tieferliegender Gesamtschwerpunkt des Auslegers, der sich günstig auf dessen Tragfähigkeit auswirkt.

Das 4fach teleskopierbare Ausschubsystem des Bilds 2-315 enthält einen längsverschiebbaren zweistufigen Zylinder. In der Vorschubfolge werden vom Zylinder zunächst die Stufen 1 und 2 ausgefahren. Anschließend zieht sich der mit dem zweiten Auslegerschuß verriegelte Zylinder um eine Schußlänge nach vorn und schiebt dann das dritte Glied aus. Das vierte als letztes benötigt dann einen zweiten Hub nach dem Verriegeln mit dem vorangehenden.

Der verschiebbare Teleskopzylinder (Bild 2-316) ist zur Erfüllung dieser Funktionen mit Führungsstücken *3* und *4* sowie Federspeicherzylindern *1* und *5* an beiden Enden ausgestattet. Der Auslegerschuß hat die bereits erwähnten Führungsschienen in der neutralen Phase des Querschnitts, siehe Bild 2-312h. Weitere Einzelheiten erläutern [2.376] [2.377].

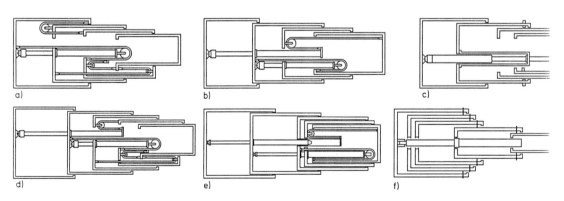

Bild 2-314 Hydromechanische Teleskopiersysteme
Liebherr-Werk Ehingen GmbH, Ehingen
a) 3stufig (1 Zylinder, 2 Flaschenzüge)
b) 3stufig (2 Zylinder, 1 Flaschenzug)
c) 3stufig (1 zweistufiger Zylinder mit Verbolzzylinder)
d) 4stufig (2 Zylinder, 2 Flaschenzüge)
e) 4stufig (2 Zylinder, davon 1 2stufig, 1 Flaschenzug)
f) 4stufig (1 Zylinder mit Verbolzzylinder)

2.5 Fahrzeugkrane

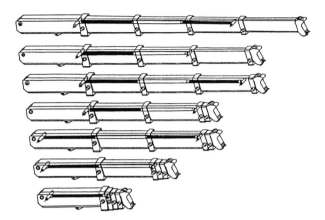

Bild 2-315 Auslegersystem Skymaster mit 4 Teleskopschüssen und verschiebbarem Teleskopierzylinder
Grove Deutschland GmbH, Wilhelmshaven

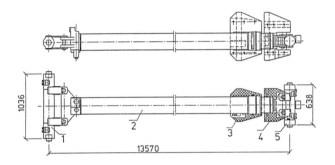

Bild 2-316 Verschiebbarer Teleskopierzylinder
Grove Deutschland GmbH, Wilhelmshaven
1 hinterer Federspeicherzylinder
2 Teleskopierzylinder
3, 4 Führungsstücke aus PA 6
5 vorderer Federspeicherzylinder

Teleskopausleger unterschiedlich, aber fest eingestellt werden. Die wippbare Spitze (Bild 2-318b) erhält über einen Seiltrieb unterschiedliche Neigungen zum Hauptausleger, der selbst variabel einen Winkel von 65...85° zur Horizontalen einnehmen kann. Beide Auslegeranordnungen sind in ihrer Länge zu modifizieren. Alle Teile dieser Auslegerverlängerungen müssen selbstverständlich getrennt vom Kran befördert werden.

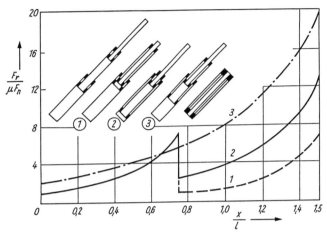

Bild 2-317 Reibungskräfte beim Ausfahren eines 3teiligen Teleskopauslegers
1 erstes Auslegerglied zuerst ausgefahren
2 zweites Auslegerglied zuerst ausgefahren
3 beide Auslegerglieder synchron ausgefahren
F_r Reibungskraft, μ Reibungszahl, F_n Normalkraft auf Gleitlager

Die Reihenfolge, in der die einzelnen Auslegerschüsse ausgefahren werden, beeinflußt die Ausschubkraft, Schwerpunktlage und Tragfähigkeit. Ein schweres Spitzenteil erhöht beispielsweise das Auslegermoment aus der Gewichtskraft, ist aber höher belastbar als ein leichtes. Auch die Reibungskräfte und damit die Vorschubkraft der Arbeitszylinder hängen davon ab. Bild 2-317 verdeutlicht dies für drei Ausschubvarianten.

Man kann die Abfolge der Schußbewegungen und die zugeordnete Ausschublänge festlegen oder differenziert durch Programme steuern. Das letztere erlaubt es, durch geschickte Kombination der Einzelbewegungen für bestimmte Ausladungsbereiche ein jeweils eigenes Programm einzurichten und damit ein optimales Verhältnis zwischen der Beanspruchung des Auslegers und der Tragfähigkeit herzustellen. Die stetig teleskopierenden Systeme haben i.allg. im mittleren Bereich der Ausladung eine größere Tragfähigkeit als die schrittweise ausschiebenden Konstruktionen bzw. Steuerungen.

Auslegerverlängerungen

Mit einem voll ausgefahrenen Teleskopausleger lassen sich bestenfalls Hubhöhen und Ausladungen von 50...60 m erzielen. Der Wunsch nach größeren Werten führte deshalb auch bei ihnen dazu, Spitzenausleger am letzten Auslegerschuß anzubringen; Bild 2-318 zeigt die beiden Bauarten. Die feste Spitze (Bild 2-318a) kann in ihrer Neigung zum

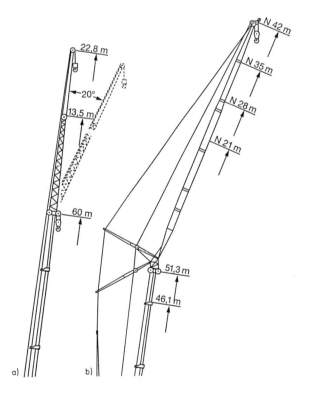

Bild 2-318 Auslegerverlängerungen des Teleskopauslegerkrans LTM 1225 (Beispiele)
Liebherr-Werk Ehingen GmbH, Ehingen
a) feste Gitterspitze
b) wippbare Gitterspitze

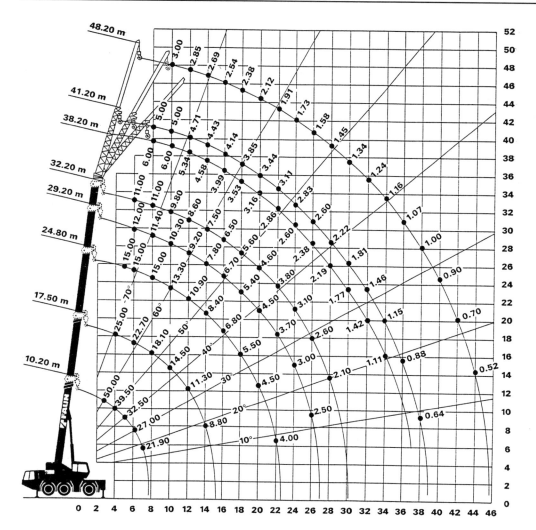

Bild 2-319 Tragfähigkeitsschaubild des Teleskopauslegerkrans ATF 50-3
Tadano Faun GmbH, Lauf/Pegnitz
Ausladungen und Hubhöhen in m, Tragfähigkeiten (schräg angetragen) in t

Die in dieser Ausstattung verfügbaren, sehr variablen Parameter eines Teleskopauslegerkrans sind aus Bild 2-319 ersichtlich. Der 3achsige Kran hat eine Grundtragfähigkeit von 50 t bei 2,75 m Ausladung, die sich mit Spitzenausleger bei maximaler Ausladung von 44 m auf 0,52 t verringert. Dazwischen liegt ein breites Feld mittlerer Größen dieser Parameter.

Die Abhängigkeit der maßgebenden, das Leistungsvermögen von Teleskopauslegerkranen kennzeichnenden Größen von seinem durch Abmessungen und Eigenmasse gegebenen maximalen Belastungsmoment gibt Bild 2-320 wieder, das der analogen Darstellung für Gitterauslegerkrane entspricht, siehe Bild 2-303. Die maximale Rollenhöhe, maximale Ausladung und die dieser zugeordnete Tragfähigkeit sind jeweils für den eingefahrenen, voll ausgefahrenen und mit Spitzenausleger bestückten Ausleger aufgetragen. Der gestrichelte obere Verlauf der Kurve E2 soll aussagen, daß hierfür ausreichende Unterlagen fehlen. Naturgemäß nimmt die Tragfähigkeit bei maximaler Ausladung mit der Auslegerlänge steil ab und erreicht beim Spitzenausleger die bereits zum Bild 2-319 benannten, sehr niedrigen Werte. Das Standmoment des Krans wird in dieser Stellung vor allem vom Moment aus der Gewichtskraft des Auslegers in Anspruch genommen.

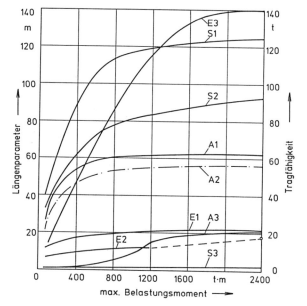

Bild 2-320 Leistungsparameter von Teleskopauslegerkranen
Teleskopausleger: E eingefahren, A ausgefahren, S ausgefahren mit Spitzenausleger
1 max. Rollenhöhe; 2 max. Ausladung; 3 Tragfähigkeit bei max. Ausladung

Eine zweite Möglichkeit, eine Auslegerverlängerung in Verbindung mit einem zweiten Hubwerk zu nutzen, ist an Hand des Bilds 2-321 zu sehen. Die beiden Seiltriebe können, unterschiedlich gesteuert, eine angehobene Last um

2.5 Fahrzeugkrane

die horizontale Achse kippen bzw. in der Abfolge beider dargestellter Bewegungen auch wenden. Montageteile sind damit in die richtige Einbaulage zu bringen. Die Kräfte aus dem beträchtlichen Schrägzug muß das Auslegersystem aufnehmen können.

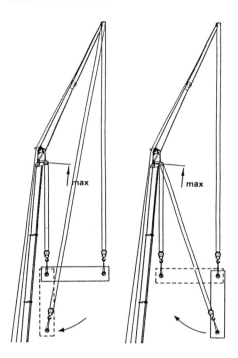

Bild 2-321 Kippen von Lasten im Zweihakenbetrieb

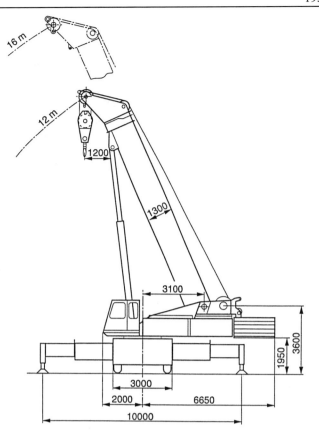

Bild 2-322 Teleskopauslegerkran AC 900 mit 1stufigem Teleskopausleger für Halleneinsatz
Mannesmann Demag Baumaschinen, Zweibrücken
max. Tragfähigkeit 180 t bei 5 m Ausladung

Eine kürzere statt längere Bauweise eines Teleskopauslegers hat im Gegensatz dazu der Kran mit nur einem ausfahrbaren Teleskopteil für den Einsatz in geschlossenen Gebäuden, in denen eine größere Hubhöhe nicht gebraucht wird (Bild 2-322). Bei ihm handelt es sich aber nicht um einen der üblichen Industriekrane, sondern um den Ausrüstungszustand eines normalen AT-Krans für eine spezielle Aufgabe.

Umfangreiche Montagen vor der Inbetriebnahme und Abrüstarbeiten vor Antritt einer Straßenfahrt widersprechen dem Grundanliegen einer schnellen Betriebsbereitschaft, das zur Entwicklung der Teleskopauslegerkrane geführt hat. Folgerichtig hat man Wege gesucht, die Verlängerung des Teleskopauslegers zu mechanisieren. Der Kran im Bild 2-304 führt eine Klappspitze mit, die am Einsatzort von Hand, bei schweren Kranen durch einen Hydraulikzylinder horizontal vor die Spitze des Teleskopauslegers geschwenkt und mit ihm durch Bolzen verbunden wird. Die Länge des Krans im Transportzustand begrenzt natürlich die Länge der Klappstütze, deren Vergrößerung den Einbau von Verlängerungen und damit wiederum Rüstarbeiten notwendig macht.

Neben der eingeschränkten Länge solcher Klappspitzen spielen auch die Platzverhältnisse vor Ort eine Rolle, die oft ein Schwenken längerer Ausleger in der Horizontalebene ausschließen. Bild 2-323 gibt zwei Lösungen an, wie man dieser Schwierigkeit begegnet. Die erste besteht darin, die horizontale Schwenkbewegung durch eine Schwenkung in der Vertikalebene einschließlich einer Drehung um die senkrechte Achse zu ersetzen (Bild 2-323a). In einer anderen Bauart werden mit zwei Hydraulikzylindern senkrecht zueinanderstehende Bewegungen der beiden Teile einer durch ein Gelenk geteilten Klappspitze erzeugt.

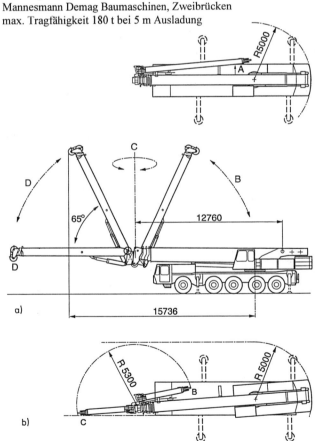

Bild 2-323 Hydraulische Auslegerverlängerung am Teleskopauslegerkran AC 435
Mannesmann Demag Baumaschinen, Zweibrücken
a) schwenk- und drehbare Wippspitze
b) teleskopierbare Klappspitze

Die zweite Lösung bildet die Klappspitze als ein- oder zweistufig ausfahrbarer Teleskopausleger (Bild 2-323b). Eine ähnliche Bauart mit einem zusätzlichen Wippzylinder, der die Neigung der Klappspitze stellen kann, beschreiben [2.378] [2.379]. Weil die Klappspitze die Transportmasse des Krans vergrößert, kann sie in vielen Fällen abgebaut und nur bei Bedarf mitgenommen werden.

Um die Tragfähigkeit der Teleskopauslegerkrane zu steigern, werden wie beim Gitterauslegerkran Zusatzeinrichtungen mit Schwebeballast angeboten. Dabei wird der Teleskopausleger durch Hinterspannen mit Nackenseilen und Streben vom Biegeträger in einen entlasteten Druckstab umgewandelt. Dieser tragfähigkeitssteigernde Effekt läßt sich auch ohne Schwebeballast ausnutzen.

Das umfassende Bemühen, die Rüstdauer schwerer Krane zu verkleinern, soll abschließend am Beispiel der Gegengewichtsmontage unterstrichen werden (Bild 2-324). Der Kran legt die Gegengewichte 3 bis 7 nacheinander auf eine Ablagefläche 9 des Unterwagens, sie werden dabei durch einen Zentrierzapfen geführt. Zwei Hydraulikzylinder 8 drücken diese Gewichte nach oben an den Oberwagen, wo sie mit Schrauben oder Bolzen befestigt werden. In ähnlicher Weise werden nach und nach alle Montagevorgänge mechanisiert und dadurch gleicherweise erleichtert und beschleunigt.

in die Arbeitsstellung geschwenkt werden. Das 4achsige Fahrzeug hat zwei gelenkte Vorder- und zwei angetriebene Hinterachsen. Die maximale Achslast beträgt 14 t. Ein 5stufiger hydrostatischer Fahrantrieb verleiht dem Kran eine Fahrgeschwindigkeit bis 50 km/h.

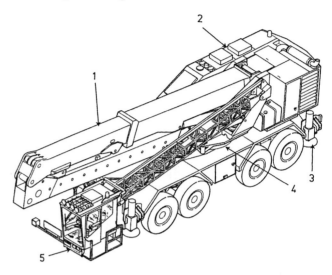

Bild 2-325 Mobilkran mit Gelenkausleger Essemko S-1413, Indupart AB, Själevad (Schweden)
max. Tragfähigkeit 15 t bei 10 m Ausladung,
max. Ausladung 25 m, Eigenmasse 56 t
1 Gelenkausleger   4 Unterwagen
2 Oberwagen   5 Kabine mit Ausleger
3 Abstützung

Konzipiert ist dieser Kran vorrangig als Umschlagmittel für Holz, Schrott, Schüttgüter aller Art im Hafenbetrieb. Im Wechsel sind deshalb Hakengeschirre, Greifer unterschiedlicher Bauweise oder selbstauslösende Geschirre als Lastaufnahmemittel anzubringen, ein hydraulisches Drehwerk kann sie um die vertikale Achse drehen.

Die früher gebräuchliche Verbindung eines LKW-Fahrgestells mit einem Turmdrehkran zum *Auto-Turmdrehkran*, der sein zusammengefaltetes, abgelegtes Auslegersystem während der Straßenfahrt auf einem gelenkten Nachläufer abstützt (Bild 2-326), ist nur noch selten vorzufinden. Inzwischen haben sich die Bauarten von Turmdrehkranen durchgesetzt, die zerlegt oder im gefalteten Zustand auf ihrem Fahrgestell zum Einsatzort geschleppt werden, siehe Abschnitt 2.4.5.8. Die relativ lange Einsatzdauer solcher Krane auf einer Baustelle, d.h. deren nur gelegentliche Umsetzung an eine andere, rechtfertigen den Aufwand für den meist stillstehenden Lastkraftwagen nicht.

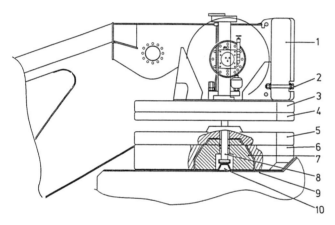

Bild 2-324 Montagevorrichtung für Gegengewichte
Liebherr-Werk Ehingen GmbH, Ehingen
1 Ersatzballast für 2. Hubwerk   8 Ballastierzylinder
2 Befestigungsschraube   9 Ablagefläche
3 bis 6 Gegengewichtsplatten   10 Zentrierzapfen
7 Grundplatte

2.5.3.5 Sonderbauarten

Als Sonderbauarten sollen die Straßenkrane bezeichnet werden, deren Auslegersysteme von denen der Normalkrane abweichen, die in den vorangehenden Abschnitten behandelt werden. Es sind dies keine Neuschöpfungen, sondern Übernahmen von Konstruktionsprinzipien anderer Krane.

Der Grundgedanke des *Mobilkrans mit Gelenkausleger* (Bild 2-325) ist dem zweiteiligen Ausleger des Hydraulikbaggers entlehnt, mit dem ja auch Kranarbeiten auszuführen sind. Allerdings sind in dieser Neuentwicklung beide Auslegerglieder einfach zu teleskopieren, um sie eingefahren und zusammengefaltet für die Straßenfahrt auf dem Unterwagen ablegen zu können. In der Arbeitsstellung sind die Auslegerschüsse ausgeschoben und verriegelt. Die an einem gesonderten Ausleger befestigte Kabine kann hydraulisch nach unten vor den Unterwagen oder nach oben

Eine dritte Sonderbauart bildet der *Hafenmobilkran* als freizügig in der Ebene verfahrbarer echter Hafenkran mit Wippausleger (Bild 2-327). Die auf Schienen fahrenden Drehkrane dieser Art sind in den Abschnitten 2.4.5.5 und 2.4.5.6 ausführlich beschrieben. Entnommen davon ist der Wippausleger *13*, dessen Eigenmasse durch eine über ein Seil angeschlossene, höhenbewegliche Gegenmasse *5* ausgeglichen ist. Der Ausleger wird mit dem Wippzylinder *11* geschwenkt. Den Hubwegausgleich für eine horizontale Lastbewegung verwirklicht ein dreisträngiger Flaschenzug *3* im Hubseil als einfachste und am meisten verbreitete Lösung, siehe Bild 2-222a. Als Straßenkran hat der Hafenmobilkran jedoch Fahrantrieb, Lenkung und Abstützungen als Besonderheiten seines konstruktiven Aufbaus.

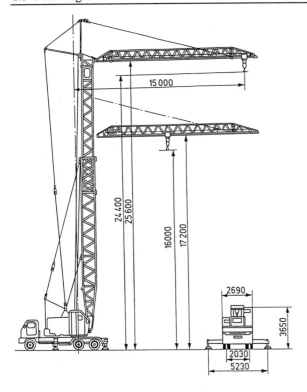

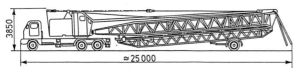

Bild 2-326 Auto-Turmdrehkran 430 TC
P & H Harnishfeger (USA)

Üblicherweise erhalten derartige Krane dieselelektrische Antriebe, bei denen der Dieselmotor den Generator eines Bordnetzes speist. Dies macht es möglich, nach Wahl am jeweiligen Standort mit Fremdeinspeisung elektrischer Energie zu arbeiten.

Es gibt auch kleinere Hafenmobilkrane mit dieselhydraulischem Antrieb. Die Fahrgeschwindigkeit überschreitet 5 km/h nicht, weil dies völlig ausreicht, um im Hafen beliebig oft und schnell den Standort zu wechseln. Der flexible Einsatz bzw. die Ergänzung von stationären und deshalb häufig ungenutzt stillstehenden Hafenkranen ist die Aufgabe der Hafenkrane. Die Tragfähigkeiten liegen bei Umschlagbetrieb mit 12...45 t in deren Bereich. Meist können auch Schwergüter nach dem Umrüsten des Hubwerks bei verkürzter Ausladung gehoben werden.

2.5.3.6 Standsicherheit und Tragfähigkeit

Fahrzeugkrane müssen in allen betrieblich zulässigen Stellungen und mit den ihnen zugeordneten Belastungen standsicher bleiben. Die Tragfähigkeit in der jeweiligen Ausrüstungsform hängt von der Standsicherheit, aber auch von anderen Grenzbelastungen ab. Die Stützkräfte des abgestützten bzw. die Radkräfte des ohne Abstützung arbeitenden Krans dürfen die durch die Bodenverhältnisse vorgegebenen Werte nicht übersteigen.

Stütz- und Radkräfte

Die Stütz- und Radkräfte ergeben sich an sich als Reaktionskräfte aus der Festigkeitsberechnung des Fahrzeugrahmens. Zur überschläglichen, evtl. vergleichenden Berechnung dieser Kräfte kann man unter Verzicht auf die Einflüsse der Elastizität des Rahmens vom Modell der starren, auf Federn mit linearen Kennlinien gestützten Platte ausgehen (Bild 2-328).
Die Federsteife c_i setzt sich aus zwei Anteilen zusammen

$$c_i = \frac{c_B c_R}{c_B + c_R};\qquad(2.165)$$

c_B Federsteife des Bodens
c_R Federsteife des Reifens bzw. der Stütze.

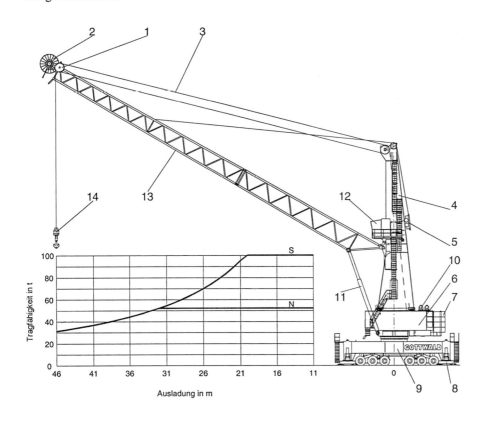

Bild 2-327
Hafenmobilkran HMK 280 E
Mannesmann Demag Gottwald GmbH, Düsseldorf
1 Umlenkseilrolle
2 Kabeltrommel
3 Hubseilflaschenzug
4 Turm
5 Ausgleichsmasse Ausleger
6 Maschinenhaus
7 Gegengewicht
8 Abstützung
9 Unterwagen
10 Antriebsaggregat
11 Wippzylinder
12 Fahrerhaus
13 Wippausleger
14 Hakengeschirr

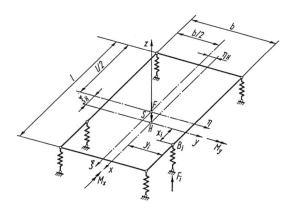

Bild 2-328 Modell für Berechnung der Stützkräfte

Der Flächenschwerpunkt S ist nur bei symmetrischer Stützung durch Federn gleicher Steife c_i gleichzeitig die Federungshauptachse, d.h. die Achse des Federsystems, bei der eine in Richtung der Achse wirkende Kraft F nur eine Verschiebung der Platte parallel zu dieser Achse ohne Drehung hervorruft. Diesen symmetrischen Fall mit überlagerter Drehbewegung der Vertikalkraft um die senkrechte Achse behandelt z.B. [0.1, Abschn. 3.5.3.3].
Im allgemeinen Fall (s. Bild 2-298) müssen die Koordinaten der Federungshauptachse, d.h. des Punkts H im Bild 2-328, mit den Gleichungen

$$\xi_H = \frac{\sum_{i=1}^{n} c_i \xi_i}{\sum_{i=1}^{n} c_i}; \quad \eta_H = \frac{\sum_{i=1}^{n} c_i \eta_i}{\sum_{i=1}^{n} c_i} \qquad (2.166)$$

bestimmt werden. Üblicherweise liegt die Drehachse eines Krans in bzw. in unmittelbarer Nähe der Federungshauptachse.
Die äußeren Kräfte am Kran lassen sich durch eine in Richtung der Federungshauptachse wirkende Vertikalkraft F und die beiden Momente M_x und M_y ausdrücken. Bild 2-328 zeigt die positive Richtung bzw. Drehrichtung der Kräfte und Momente, die für alle nachfolgenden Gleichungen gilt.
Kann die Federsteife c_i für alle Stützpunkte eines abgestützten Krans gleich groß angesetzt werden, gilt wegen der angenommenen direkten Proportionalität von Kraft und Verformung für die Stützkraft F_i am beliebigen Stützpunkt B_i $(x_i; y_i)$ der n-fach gestützten Platte [2.380]

$$F_i = \frac{F}{n} + \frac{M_x \sum_{i=1}^{n} x_i^2 + M_y \sum_{i=1}^{n} x_i y_i}{\left(\sum_{i=1}^{n} y_i^2\right)\left(\sum_{i=1}^{n} x_i^2\right) - \left(\sum_{i=1}^{n} x_i y_i\right)^2} y_i$$

$$- \frac{M_y \sum_{i=1}^{n} y_i^2 + M_x \sum_{i=1}^{n} x_i y_i}{\left(\sum_{i=1}^{n} y_i^2\right)\left(\sum_{i=1}^{n} x_i^2\right) - \left(\sum_{i=1}^{n} x_i y_i\right)^2} x_i. \qquad (2.167)$$

Bei der Rechteckplatte wird neben $c_i = $ konst. auch $|y_i| = b/2 = $ konst., d.h.,

$$F_i = \frac{F}{n} \pm \frac{2 M_x}{nb} + \frac{M_y x_i}{\sum_{i=1}^{n} x_i^2}. \qquad (2.168)$$

Der Ansatz zur Bestimmung der Radkräfte des nicht abgestützten Krans wird insofern variiert, daß die mögliche Schräglage des Untergrunds einbezogen wird. Die resultierenden, auf die Federungshauptachse bezogenen Belastungsmomente des schrägstehenden Krans betragen (Bild 2-329a,b)

$$\begin{aligned} M_x &= F(y_H + z_H \alpha_x) - M_{xh} \\ M_y &= F(x_H + z_H \alpha_y) - M_{yh} \end{aligned}. \qquad (2.169)$$

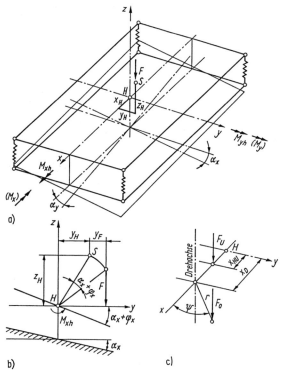

Bild 2-329 Modell für Berechnung der Radkräfte

Wird die Gewichtskraft F des Krans in die des Unterwagens F_U und die des Oberwagens einschließlich Nutzmasse F_O aufgeteilt (Bild 2-329c), betragen die resultierenden Belastungsmomente

$$\begin{aligned} M_x &= F_O(r \sin \psi + \alpha_x z_{HO}) - M_{xh} \\ M_y &= F_U(x_{HU} + \alpha_y z_{HU}) + F_O(x_D + r \cos \psi + \alpha_x z_{HO}) + M_{yh} \end{aligned}. \qquad (2.170)$$

Mit den Näherungen

$$y_F \approx z_H(\alpha_x + \varphi_x); \quad x_F \approx z_H(\alpha_y + \varphi_y)$$

für kleine Winkel α und φ ergeben sich die Gesamtmomente aus Belastung und Verformung (Bild 2-329b)

$$\overline{M}_x = M_x + F z_H \varphi_x; \overline{M}_y = M_y + F z_H \varphi_y. \qquad (2.171)$$

Der Ansatz

$$\overline{M}_x = \varphi_x \sum_{i=1}^{n} c_i y_i^2; \overline{M}_y = \varphi_y \sum_{i=1}^{n} c_i x_i^2; F = v_z \sum_{i=1}^{n} c_i \qquad (2.172)$$

führt mit Gl. (2.171) zu

$$\varphi_x = \frac{M_x}{\sum_{i=1}^{n} c_i y_i^2 - Fz_H}; \quad \varphi_y = \frac{M_y}{\sum_{i=1}^{n} c_i x_i^2 - Fz_H};$$

$$v_z = \frac{F}{\sum_{i=1}^{n} c_i} \quad (2.173)$$

und schließlich zur Grundgleichung der Stützkräfte

$$F_i = c_i\left(v_z + \varphi_x y_i + \varphi_y x_i\right). \quad (2.174)$$

Für die Radkräfte doppeltbereifter Krane gelten modifizierte Gleichungen. Abweichungen von den errechneten Radkräften treten infolge Verformungen des Fahrzeugrahmens und der nicht unbeträchtlichen Nichtlinearität der Federkennlinien von Luftreifen auf.
Die Stütz- bzw. Radkräfte werden in den Boden eingeleitet, der sie ohne unzulässige Verformungen (Nachsacken) aufnehmen muß. Meist muß die Stützfläche unter den Stützfüßen durch Holzbohlen vergrößert werden; die Stützen müssen auf ihnen mittig aufsitzen. Um eine gleichmäßige Belastung aller Stützen zu gewährleisten, werden die Stützkräfte, zumindest bei größeren Kranen, einzeln gestellt und ausgeglichen. Manometer messen die tatsächlichen Belastungen.

Tafel 2-19 Zulässige Bodenpressungen für Abstützungen, Liebherr-Werk Ehingen GmbH

Bodenart	Pressung in N/mm²
A Angeschütteter, nicht verdichteter Boden	0 ... 0,1
B Gewachsener, unberührter Boden	
Schlamm, Torf, Moorerde	0
Nichtbindiger, fest gelagerter Boden	
Fein- bis Mittelsand	0,15
Grobsand und Kies	0,20
Bindiger Boden	
breiig	0
weich	0,04
steif	0,10
halbfest	0,20
hart	0,40
Fels mit geringer Klüftung, unverwittert	
in geschlossener Schichtenfolge	1,5
in massiger oder säuliger Ausbildung	3,0
C Künstlich verdichteter Boden	
Asphalt	0,5 ... 1,5
Beton	
Betongruppe B I	5 ... 25
Betongruppe B II	35 ... 55

Die Grenzen für die Druckbelastung von Böden und die auftretenden Verformungen sind Probleme der Bodenmechanik. Weil die Druckverteilung unter den Stützplatten ungleichmäßig ist, d.h. der tatsächliche Maximaldruck oberhalb des rechnerischen Mittelwerts liegt, sind Sicherheitsabstände zu diesen Grenzwerten einzuhalten. Die Betriebsanleitungen der Hersteller von Straßenkranen geben aus Erfahrungen gewonnene zulässige Werte in Abhängigkeit von der Bodenart an, Tafel 2-19 führt ein Beispiel auf. Einen breiteren Einblick in alle Fragen der Abstützung von Straßenkranen gibt [2.381].

Standsicherheit

Straßenkrane sind wegen ihres Einsatzes auf wechselnden Arbeitsstellen mit unterschiedlichen, möglicherweise geneigten oder sogar nachgiebigen Standflächen, der großen Variationsbreite und Länge der Auslegersysteme und dem Zwang, sehr massesparend zu konstruieren, vom Grundsatz her stärker kippgefährdet als andere Auslegerkrane. Dies verlangte und verlangt eine laufende Anpassung und Verfeinerung der Vorschriften und Maßnahmen, um die Standsicherheit zu gewährleisten.
Die Kippkanten abgestützter Straßenkrane können mit befriedigender Genauigkeit durch Verbindung der Stützpunkte, d.h. der unteren oder oberen Verbindungsstellen der Abstützstempel mit der Bodenplatte bzw. dem Rahmen, festgelegt werden. Der frei stehende Straßenkran hat wegen der Elastizität der Luftreifen und möglicherweise auch der Fahrzeugfedern keine eindeutigen Kippkanten. Sie nehmen beim tatsächlichen Kippen nacheinander unterschiedliche Lagen ein.
Die aus vereinfachenden Modellannahmen abgeleiteten Kippkanten von Straßenkranen sind in DIN 15019 Teil 2 differenziert für verschiedene Achsformen und für unblockierte sowie blockierte Achsfedern und -schwingen angegeben. Bild 2-330 zeigt zusammenfassend einen Ausschnitt. Man sieht, daß die Kippkanten vom abgestützten Kran über den mit blockierten Achsen zum voll gefederten nach innen rücken. Die mit den Punkten *7* bis *10* gekennzeichnete sogenannte Kernfläche wird von den Kippkanten eingegrenzt, die in einigen Vorschriften für das Verfahren des gefederten Krans mit Last gelten [2.382]; DIN 15019 Teil 2 enthält sie nicht.

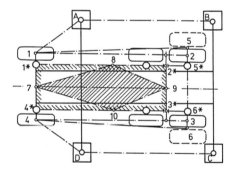

Bild 2-330 Kippkanten von Straßenkranen nach DIN 15019 Teil 2

Der Kippvorgang bzw. die Standsicherheit von Straßenkranen, die diesen ausschließt, sind Aufgaben der Dynamik elastischer Systeme. Die in den Kran eingeleitete, im Kippsinn wirkende kinetische Energie darf die für das Kippen benötigte potentielle Energie nicht überschreiten. Beide Größen sind Funktionen der Zeit bzw. des Drehwinkels um die Kippachse. Einige wissenschaftliche Arbeiten versuchen, sich an diesen sehr komplexen dynamischen Vorgang mit kinetostatischen Ansätzen heranzutasten [2.383] bis [2.385]. In ihnen werden die Kipparbeit, die Zusatzmomente aus Neigung, Wind und Schrägzug untersucht und Standsicherheitsbeiwerte definiert und diskutiert. Ein wichtiges Ergebnis sind Grenzwerte für die Winkelgeschwindigkeit des Auslegers, weil ein möglicherweise von einer Überlastungssicherung ausgelöster Bremsvorgang während des Auswippens eine erhebliche Kippgefährdung bilden kann.

Um einen Einblick in die bestehenden Zusammenhänge zu gewinnen, reicht das Modell eines starren Körpers aus (Bild 2-331a). Wenn dieser um die Kippkante KK umkippen soll, müssen zwei Bedingungen erfüllt sein, siehe auch Abschnitt 2.4.4.2:

– Das zeitveränderliche Kippmoment $M_k(t)$ muß irgendwann im Verlauf einer Arbeitsphase des Krans größer als das Standmoment M_S werden,

$$M_k(t) > M_S = F_e x_S . \qquad (2.175)$$

– Um den Kran umzukippen, muß in einem bestimmen Zeitabschnitt auch die eingeleitete kinetische Kippenergie (Kipparbeit) E_k größer als die für das Heben des Schwerpunkts über die Kippkante erforderliche potentielle Energie E_p sein,

$$E_k = \int_0^\beta M_k(t)d\varphi > E_p = F_e \Delta h . \qquad (2.176)$$

Diese beiden Grenzfälle sind unbedingt zu unterscheiden. So läßt DIN 15019 Teil 2 bei der großen Prüfbelastung beispielsweise ein kurzes Ankippen mit Entlastung der hinteren Stützen des Krans zu, während sein Umkippen ausgeschlossen bleiben muß.

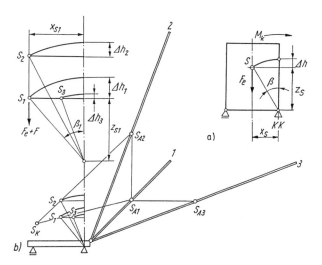

Bild 2-331 Kippmodelle

Die Fähigkeit von Straßenkranen mit sehr langen Auslegern, kurzzeitige Stoß- und Windbelastungen zu überstehen, d.h. ihr gesamtes dynamisches Verhalten, hängt maßgebend davon ab, wieviel Kipparbeit sie aufzunehmen vermögen. Mit den Bezeichnungen von Bild 2-331b verträgt der Kran mit dem kurzen Ausleger 1 maximal die Kipparbeit

$$E_k = E_p = (F_e + F)\Delta h_1 = (F_e + F) z_{S1} \left(\sqrt{1 + \left(\frac{x_{S1}}{z_{S1}}\right)^2} - 1 \right) . \qquad (2.177)$$

Derselbe Kran mit dem Gesamtschwerpunkt S_k ohne Ausleger, nunmehr jedoch mit einem Ausleger gleicher Masse, aber doppelter Länge ausgerüstet (Index 2), unterscheidet sich im vereinfachenden Modell nur durch die Höhenlage des Auslegerschwerpunkts S_{A2} und damit des Gesamtschwerpunkts S_2. Das bedeutet, daß wegen $z_{S2} > z_{S1}$ die ertragbare Kipparbeit des Krans kleiner wird, obwohl die Momentensumme um die Kippkante unverändert bleibt. Rückt der Schwerpunkt des Auslegers bei größerer Ausladung nach außen (Index 3), verringert sich die Kipparbeit ebenfalls, weil $x_{S3} < x_{S1}$ wird; hier ändert sich jedoch auch die Momentensumme.

Es gibt kein gesichertes Wissen darüber, welche Kipparbeit ein Straßenkran als Reserve noch braucht, wenn er mit der zulässigen Nutzmasse belastet wird. *Flach* [2.383] führt einen Faktor ein, der für eine konstante verbleibende Kipparbeit sorgen soll. *Schwarz* [2.384] empfiehlt, die für das Kippen des Krans benötigte kinetische Energie mit der Energie E_{kA} zu vergleichen, die der im Ausladungssinn bewegte Ausleger beim schnellen Bremsen in das Kransystem einleitet. Es gilt

$$E_{kA} = \frac{\omega_A^2}{2}\left(\int_{m_A} x^2 dm_A + m l_A^2 \right) < E_p ; \qquad (2.178)$$

ω_A Winkelgeschwindigkeit Ausleger
m_A Masse Ausleger
x laufende Koordinate
m Nutzmasse
l_A Länge Ausleger.

Wenn auch weitergehende Untersuchungen fehlen, stellt Gl. (2.178) jedoch den wichtigen Zusammenhang zwischen dem Kippvorgang des Krans und dem Bremsvorgang des Auslegers her.

Der für die Abnahme eines Straßenkrans erforderliche Nachweis seiner Standsicherheit nach DIN 15019 Teil 2 wird rechnerisch und experimentell durchgeführt. Neben einer kleinen Prüfbelastung mit dem 1,1fachen des zulässigen Werts F_{zul}, bei der alle im regelmäßigen Betrieb anfallenden Kranbewegungen auszuführen sind, ist eine große Prüfbelastung mit der Gewichtskraft

$$F_P = k F_{zul} + 0{,}1 F_{eA}^* \quad (k = 1{,}25) ; \qquad (2.179)$$

F_P Gewichtskraft der großen Prüfmasse
F_{zul} Gewichtskraft der zulässigen Nutzmasse
F_{eA}^* auf die Auslegerspitze reduzierte Gewichtskraft des Auslegersystems;

vorgeschrieben, wobei die Prüfmasse nur vorsichtig anzuheben ist. Die Gewichtskraft F_P muß um mindestens 0,1 F_{zul} über der Ansprechkraft der Überlastungssicherung an deren oberer Toleranzgrenze liegen.

Weil mit dieser Prüfbelastung nur wenige Rüstzustände und Ausladungen zu überprüfen sind, werden vergleichende und ergänzende Berechnungen verlangt. Bei diesen statischen Ansätzen wird die Summe der Momente um die Kippkanten gebildet. Fast immer bleibt auch die Belastung laut Gl. (2.179) die Grenzbedingung für die Standsicherheit, d.h., es gilt

$$M_P = M_{es} - M_{ek} ; \qquad (2.180)$$

M_P Moment aus Gewichtskraft große Prüfmasse
M_{es} Moment aus Gewichtskraft Eigenmasse Kran, im Standsinn drehend
M_{ek} Moment aus Gewichtskraft Eigenmasse Kran, im Kippsinn wirkend.

Das kippende Moment M_{ek} nimmt mit der Ausladung r zu, die Differenz $M_{es} - M_{ek}$, das sogenannte Standsicherheitsmoment, dabei ab. Es darf beim rechnerischen und experimentellen Standsicherheitsnachweis ausgeschöpft, aber nicht überschritten werden.

Die Gleichung für die Tragfähigkeitsfunktion wird aus Gl. (2.180) mit den im Bild 2-332 angegebenen Größen aufgestellt. Für die drei Momente gilt mit Gl. (2.179)

$$M_p = F_p\left(r_F - \frac{b}{2}\right) = \left(kF_{zul} + 0{,}1\, F_{eA}^*\right)\left(r_F - \frac{b}{2}\right)$$
$$M_{es} = F_{eU}\frac{b}{2} + F_{eO}\left(e_O + \frac{b}{2}\right) \quad (2.181)$$
$$M_{ek} = F_{eA}\left(r_A - \frac{b}{2}\right).$$

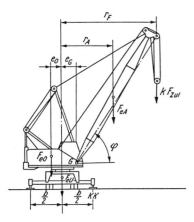

Bild 2-332 Kräfte am Kran für Nachweis der Standsicherheit

Die resultierende Gewichtskraft F_{eA} des Auslegersystems mit dem Radius r_A zur Drehachse ist nach Betrag und Wirkungslinie die tatsächlich wirkende Kraft, F_{eA}^* nach DIN 15019 Teil 2 dagegen eine fiktive, auf die Auslegerspitze bezogene Kraft. Der Zusammenhang zwischen beiden Größen lautet

$$F_{eA}^* = \frac{1}{r_F}\sum_{i=1}^{n} F_i r_i = F_{eA}\frac{r_A}{r_F}; \quad (2.182)$$

F_i Gewichtskraft des Teils i des Auslegersystems
r_i zugehöriger Radius
r_F Bezugsradius der Reduktion.

Unter Verwendung der Gln. (2.179) bis (2.182) ergibt sich für die Tragfähigkeit schließlich

$$F_{zul} = \frac{1}{k}\left[\frac{M_{es}}{r_F - \frac{b}{2}} - F_{eA}\left(\frac{r_A - \frac{b}{2}}{r_F - \frac{b}{2}} + 0{,}1\frac{r_A}{r_F}\right)\right]$$
$$\approx \frac{1}{k}\left(\frac{M_{es}}{r_F - \frac{b}{2}} - 1{,}1\, F_{eA}\frac{r_A - \frac{b}{2}}{r_F - \frac{b}{2}}\right) = \frac{M_{es} - 1{,}1\, M_{ek}}{k\left(r_F - \frac{b}{2}\right)}. \quad (2.183)$$

DIN 15019 Teil 2 enthält keine Sicherheitsbeiwerte als Quotienten einer gegebenen und einer zulässigen Größe, sondern legt den notwendigen Abstand zwischen dem Verhalten des dynamischen Systems und dem statischen Modell in eine gegenüber der zulässigen vergrößerte rechnerische und experimentelle Belastung. International gibt es Vorschriften, die derartige Sicherheitsbeiwerte vorgeben. Sie spielen auch in der wissenschaftlichen Diskussion eine Rolle und können unterschiedlich definiert werden [2.384], je nachdem, an welche Stelle das im Kippsinn wirkende Moment aus der Gewichtskraft des Krans gesetzt wird:

$$S_1 = \frac{M_{es} - M_{ek}}{M_F} = \frac{\text{Kranmoment}}{\text{Lastmoment}}$$
$$S_2 = \frac{M_{es}}{M_F + M_{ek}} = \frac{\text{im Standsinn drehende Momente}}{\text{im Kippsinn drehende Momente}}$$
$$M_F = F_{zul}\left(r_F - \frac{b}{2}\right) = \text{Moment aus Gewichtskraft } F_{zul}.$$
(2.184)

Im ersten Fall vergleicht man das aus Momenten unterschiedlicher Drehrichtung gebildete resultierende Gesamtmoment des Krans mit dem Moment aus der Gewichtskraft der Nutzmasse, im zweiten alle resultierenden Momente im Standsinn mit denen im Kippsinn. Einsetzen von F_{zul} nach Gl. (2.183) führt zu den nachstehenden Ausdrücken für die beiden Standsicherheitsbeiwerte

$$S_1 = k\frac{1 - \dfrac{M_{ek}}{M_{es}}}{1 - 1{,}1\dfrac{M_{ek}}{M_{es}}}; \quad S_2 = \frac{k}{1 + (k - 1{,}1)\dfrac{M_{ek}}{M_{es}}}. \quad (2.185)$$

Sie sind im Bild 2-333 grafisch dargestellt. Mit S_1^* und S_2^* sind die Standsicherheitsbeiwerte angegeben die sich ergeben würden, wenn in der Bemessungsgleichung (2.179) für die Prüfbelastung der Summand $0{,}1\, F_{eA}^*$ weggelassen würde. Es ist klar zu erkennen, daß der Sicherheitsbeiwert S_1 keine Aussagefähigkeit hat, für $M_{ek}/M_{es} \to 0{,}909$ strebt er gegen Unendlich. Dagegen zeigt der Beiwert S_2 als richtige Tendenz die Verkleinerung der Standsicherheitsreserve mit zunehmendem Anteil der im Kippsinn wirkenden Gewichtskraftmomente aus den Eigenmassen des Krans.

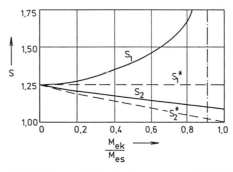

Bild 2-333 Standsicherheitsbeiwerte nach Gl. (2.185)

DIN 15019 Teil 2 verlangt auch den rechnerischen Nachweis für die Standsicherheit in der Gegenrichtung der Drehung, z.B. infolge plötzlicher Entlastung eines steil gestellten Auslegers. Hierfür ist an der Auslegerspitze eine nach oben gerichtete Kraft $0{,}1\, F_{zul}$ anzusetzen.

Tragfähigkeitsfunktionen

Für die Berechnung und werkstoffsparende Auslegung der Baugruppen von Straßenkranen werden alle gegenwärtig verfügbaren modernen Verfahren genutzt, z.B. Theorie II. Ordnung, Methode der finiten Elemente, CAD-gestützte Strukturierung. Aus den zulässigen Beanspruchungen und den auftretenden Verformungen in den verschiedenen Stellungen und Belastungsarten des Auslegersystems und des gesamten Krans ergeben sich die zugeordneten Tragfähigkeitsfunktionen. Die rechnerisch ermittelten Daten müssen durch Messungen am Kran selbst überprüft und ergänzt werden.

Einen Einblick in den Zusammenhang von Belastung und Beanspruchung können die nachstehend aufgeführten Veröffentlichungen vermitteln. *Otto* behandelt in [2.386] [2.387] einige Grundzüge der Berechnung von Gitterausleger- und Teleskopauslegerkranen. *Böttcher/Günthner* widmen sich in [2.388] der Berechnung, Auslegung und Optimierung von Gitterauslegerkranen unter Einbezug der Unterwagenkonstruktion. Ergänzt wird dies durch Verformungsmessungen [2.389] und eine weiterführende Arbeit [2.390]. Die Quersteife und -verformung von Teleskopauslegerkranen untersucht rechnerisch und experimentell [2.391]. Bei ineinandergeschachtelten Auslegern vergrößern das Spiel in den Führungen und eine mögliche Sonneneinstrahlung auf die großen Wandflächen die seitliche Vorkrümmung und damit die Exzentrizität des Kraftangriffs.

Aus den Ergebnissen umfangreicher Rechnungen und Messungen entstehen die Grenzfunktionen der verschiedenen Beanspruchungskriterien als Einhüllende der Tragfähigkeitskurven, Bild 2-334 zeigt ein Beispiel. Es wird deutlich, daß die Standsicherheit lediglich im Bereich größerer Ausladungen das Kriterium für die Tragfähigkeit wird und daß in steilerer Stellung des Auslegers die Belastungsfähigkeit von Wippzylinder und Unterwagen den Tragfähigkeitsverlauf bestimmen. Die Seilfestigkeit schneidet die Tragfähigkeitskurve nach oben ab, auf sie bezieht sich die angegebene, meist nur fiktive maximale Tragfähigkeit.

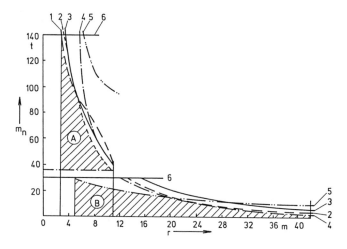

Bild 2-334 Grenzbelastungsdiagramm der Tragfähigkeitsfunktionen eines Teleskopauslegerkrans [2.375]
A Ausleger eingefahren, B Ausleger voll ausgefahren
1 Wippzylinder 4 Standsicherheit
2 Unterwagen 5 Ausleger
3 Rollendrehverbindung 6 Seile

Weil weder Rechnung noch Prüfung alle Faktoren für eine sichere Arbeitsweise von Straßenkranen erfassen können, enthalten die Betriebsanleitungen bis ins einzelne gehende Vorschriften und Hinweise für einen gefahrlosen Betrieb. Dies betrifft beispielsweise die Einstellung des Kranbetriebs ab einer bestimmten Windgeschwindigkeit, in der Regel 15 m/s, Vorkehrungen für eine sichere Montage, Ausbildung und Schulung der Kranführer. Ein hochentwickeltes technisches Erzeugnis verlangt einen qualifizierten Umgang mit ihm, dies gilt in besonderem Maße für die Straßenkrane.

2.5.4 Raupenkrane

Die Raupenkrane sind früher entstanden und anfangs stärker verbreitet gewesen als die Straßenkrane. Im Vergleich zu den Kranen mit Reifenfahrwerken verleihen die Raupenfahrwerke den Kranen eine größere Mobilität am Arbeitsort, allerdings unter Verzicht auf die Straßenfahrt, d.h. den problemlosen, schnellen Wechsel zum nächsten Einsatzziel.

Im Abschnitt 2.5.3.3 wurde bei den Gitterauslegerkranen bereits darauf hingewiesen, daß es leichte Bauarten gibt, die aus den Seilbaggern hervorgegangen sind, und schwere, die ganz auf die Funktion eines Hebezeugs ausgerichtet sind. Dies trifft voll auf die Raupenkrane zu [2.392]. Im Gesamtbereich 5...2000 t der maximalen Tragfähigkeit kann man den Kranen für Baustelleneinsatz mit teils wechselnden Ausrüstungen den Bereich 5...100 t, den echten Raupenkranen als Einzweckmaschinen den Vorzugsbereich 200...2000 t zuordnen, wobei die Grenzen fließend bleiben, die konstruktive Durchbildung sich immer mehr angleicht.

Raupenkrane haben gegenüber vergleichbaren Straßenkranen zudem die Vorzüge kleinerer Kurvenradien und einer größeren verfahrbaren Nutzmasse, oft ist dies das entscheidende Kriterium für ihre Wahl. Es macht sie hervorragend geeignet für Schwermontagen aller Art, z.B. für die Montage, Wartung und Reparatur von Kraftwerksanlagen, den Zusammenbau großer Bohrplattformen, für Industrie- und Brückenbauten.

Der Raupenkran im Bild 2-335 weist einen kurzen Ausleger für Schwergutaufnahme auf. Der Vergleich mit Bild 2-284a zeigt, daß Oberwagen *8* und Ausleger *4* identisch sind mit den analogen Baugruppen eines Straßenkrans. Der Unterschied liegt im Raupenfahrwerk *1* und im Fehlen der Abstützungen.

Das Zweiraupenfahrwerk besteht aus den beiden Raupenträgern *1* und dem Mittelteil *2*, die fest, aber lösbar miteinander verbunden sind. In der Kranausführung haben die Raupenträger fast immer im Rahmen direkt gelagerte Laufrollen ohne Ausgleich der Rollenkräfte über Schwingen bzw. Federn. Die Raupenkette wird an einem oder beiden Leiträdern formschlüssig angetrieben, in den heutigen Bauformen ist der Antrieb mit Umlaufrädergetriebe und Hydromotor in Blockbauweise unmittelbar am angetriebenen Kettenrad gelagert, siehe Bild 2-274c. Die Fahrgeschwindigkeit beträgt nur 0,7...2,0 km/h. Wegen ihrer größeren Bedeutung für die Baumaschinen werden die Raupenfahrwerke ausführlich im Band Erdbau- und Tagebaumaschinen der Buchreihe behandelt.

Die für die Standsicherheit wichtige Standfläche eines Raupenkrans legen Länge und Spurweite der Raupenträger fest; Bild 2-336 gibt die Bereiche üblicher Abmessungen an, die naturgemäß mit der Tragfähigkeit zunehmen. Der Vergleich mit Bild 2-285 macht die Korrespondenz dieser geometrischen Größen mit der Abstützbreite deutlich. Die Spurweite kann stellbar gemacht werden. Fiktive Gelenke bilden die Kippkanten des Raupenfahrwerks, die eine Rechteckfläche begrenzen (Bild 2-337). Als Breite der Raupenplatten wählt man, je nach Krangröße, 1000...2500 mm.

2.5 Fahrzeugkrane

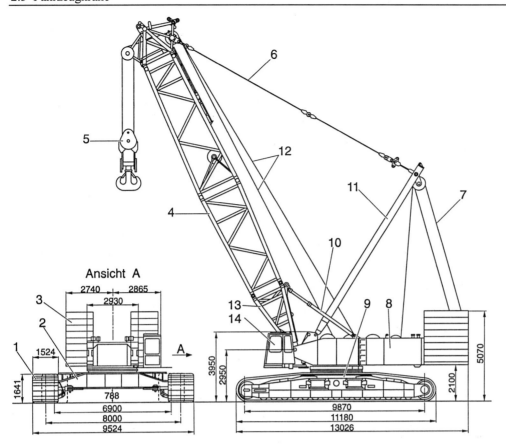

Bild 2-335 Raupenkran CC 2600
Mannesmann Demag Baumaschinen, Zweibrücken
max. Tragfähigkeit 450 t bei 5,5 m Ausladung, Eigenmasse 334 t

1 Raupenträger
2 Mittelstück
3 Gegengewicht
4 Ausleger mit Universalspitze
5 Unterflasche
6 Nackenseil
7 Einziehseil
8 Oberwagen mit Seilwinden
9 Drehverbindung
10 Aufrichtzylinder
11 A-Stütze
12 Hubseile
13 Ausleger-Fußstück
14 Fahrerhaus

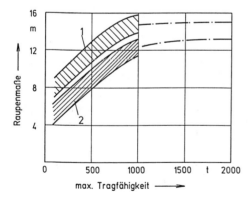

Bild 2-336 Abmessungen der Raupenfahrwerke von Raupenkranen
1 Gesamtlänge; 2 Spurweite;
strichpunktiert: Tendenz uneinheitlich

Dies hat keinen Einfluß auf die Standsicherheit, wohl aber auf den Bodendruck. In seiner Normalausrüstung erzeugt ein Raupenkran mittlere Pressungen von 0,10...0,15 mm², wie sie von fest gelagerten Böden aller Art ertragen werden, siehe Tafel 2-19. Durch eine Superlift-Ausrüstung mit Schwebeballast können sich diese Werte bis 1,2 N/mm² erhöhen, was u.U. die vorherige Befestigung des Bodens bedingt.

Die Auslegersysteme der Raupenkrane haben die gleichen Grundformen wie die der Straßenkrane mit Gitterausleger, siehe Bild 2-301. Teleskopausleger sind selten. Die technischen Parameter der schwersten Raupenkrane übertreffen allerdings die der vergleichbaren Straßenkrane; [2.393] verzeichnet mehrere mit Auslegerlängen bis 225 m, was entsprechend große Hubhöhen und Ausladungen zuläßt.

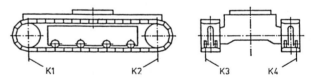

Bild 2-337 Kippkanten von Raupenkranen
(Auszug aus DIN 15019 Teil 2)

Im Bild 2-338 ist der Arbeitsbereich eines schweren Raupenkrans mit einer Grundtragfähigkeit von 1000 t dargestellt. Wesentlicher als diese Maximalgröße sind die beträchtlichen Werte bei großer Ausladung, sie geben eine Vorstellung vom Spektrum möglicher Anwendungen dieses Krans, siehe auch [2.394]. Superlift- oder Ringlift-Ausrüstungen, siehe Bild 2-302, eignen sich in besonderem Maße für Raupenkrane [2.364].

Es gibt noch Raupenkrane mit dieselmechanischen Antrieben, vor allem in den USA. In Europa haben sich die dieselhydraulischen durchgesetzt, wie bei den Straßenkranen. Neben den Seilwinden (2 bis 4 Hubwerke, Einziehwerk, Wippwerk) werden 1 bis 4 Drehwerke und 2 oder 4 Raupenfahrantriebe von Hydromotoren angetrieben. Die Pumpen beaufschlagen 5 bis 8 getrennte Kreisläufe. Den Dieselmotor lagert man am Heck des Oberwagens, nutzt ihn damit zugleich als Ballast.

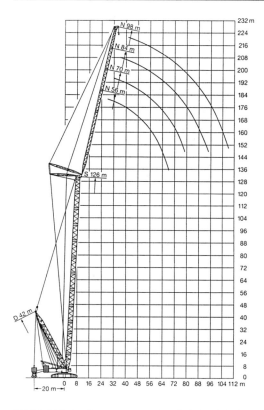

Bild 2-338 Auslegersystem und Arbeitsbereich des Raupenkrans LR 11200, Liebherr-Werk Ehingen GmbH, Ehingen
Tragfähigkeiten: 50 t bei 48 m Ausladung, 32 t bei 108 m Ausladung

Raupenkrane müssen nach Prüfung und Abnahme wieder in transportgerechte Teile zerlegt und am Einsatzort erneut zusammengebaut werden. Auch ein gelegentlicher Wechsel des Arbeitsfelds und damit ein wiederholtes Ab- und Aufbauen sind nicht auszuschließen. Die Hersteller bemühen sich daher um eine Modulbauweise mit schnell zu verbindenden Einheiten, obwohl dies vom Prinzip her die Konstruktionsmasse erhöht. Das Raupenfahrwerk wird in die Raupenträger und das Mittelteil getrennt, das Mittelteil kann einzeln transportiert werden oder mit dem Oberwagen verbunden bleiben (Bild 2-339).

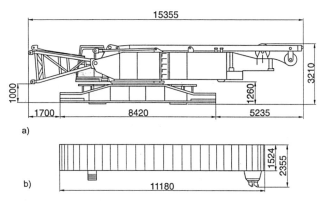

Bild 2-339 Transporteinheiten des Raupenkrans CC 2600 (Beispiele)
Mannesmann Demag Baumaschinen, Zweibrücken
a) Oberwagen mit Mittelstück, Masse 81,7 t
b) Raupenträger, Masse 41 t

Bei sehr schweren Kranen muß auch der Raupenträger zum Transport in zwei Teile zerlegt werden. Die maximale Transportbreite soll möglichst 3,5 m, die Transporthöhe einschließlich der Plattformhöhe eines Tiefladefahrzeugs 4,0...4,2 m nicht überschreiten. Selbst dann verlangt die Beförderung der schweren Teile über das Straßennetz einen Begleitschutz. Kleinere bis mittlere Raupenkrane führen die Hubarbeiten während der Montage selbst aus, größere brauchen oft ein Hilfshebezeug. Der Aufwand für Transport und Aufbau ist der entscheidende Unterschied zwischen Raupen- und Straßenkran, er bestimmt und begrenzt ihr relatives Einsatzfeld.

2.5.5 Ladekrane

Mit zunehmender Tendenz rüstet man Lastkraftwagen mit einem eigenen Hebezeug aus, um sie beim Entladen, bisweilen auch Beladen von der Bereitstellung anderer Hebezeuge unabhängig zu machen. Dieser mitgeführte Ladekran (Bild 2-340), auch LKW-Ladekran oder Aufbau-Ladekran benannt, ist ein Säulendrehkran mit einem Glieder- bzw. Gelenkausleger, der eine offene kinematische Kette von Kurbel- und Schubgliedern bildet. Zwei Abstützungen stützen den Kran in seiner Rahmenebene.

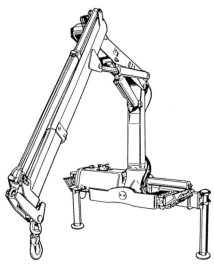

Bild 2-340 Ladekran HIAB 071A
HIAB-MULTILIFT GmbH, Langenhagen
max. Tragfähigkeit 4 t bei 1,8 m Ausladung, Eigenmasse 880 kg

Betriebe der Bauwirtschaft, des Baustoffhandels, von Speditionen o.ä. verfügen mit einer solchen Kombination über Vielzweck-Nutzfahrzeuge mit universeller Ladefläche und darauf abgestimmtem Hebezeug, das den selektiven Zugriff zu allen Ladegütern erlaubt. Weil gutspezifische Lastaufnahmemittel mitgeführt werden können, wird die Gefahr der Gutbeschädigung gemindert. Die Ladekrane können die Lasten in einem weiten Arbeitsfeld absetzen und nötigenfalls auch Montagearbeiten ausführen. Über Bauarten und Einsatz informiert in mehreren Veröffentlichungen *Kotte* [2.395] bis [2.397].

Frontladekrane, die mit einem Anteil von rd. $2/3$ vorherrschen, werden hinter dem Fahrerhaus, Heckladekrane am Fahrzeugende befestigt. Selten wählt man die Lagerung in Fahrzeugmitte. Um die während der Straßenfahrt geltenden lichten Maße einzuhalten, wird der Ladekran in seine Transportstellung gefaltet und zusammengeschoben. Am häufigsten ist die Queranordnung vorzufinden (Bild 2-341a). Sind die Auslegerglieder hierfür zu lang, wird der Kran in Längsrichtung abgelegt, entweder oberhalb des Fahrerhauses (Bild 2-341b) oder auf der Fahrzeugplattform (Bild 2-341c).

2.5 Fahrzeugkrane

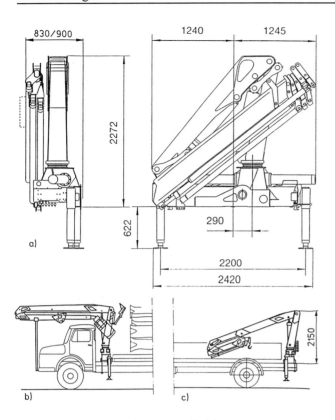

Bild 2-341 Transportstellungen von Ladekranen
a) zusammengefaltet (HMF, Serie 1580)
b) Ablage über Fahrerhaus
c) Ablage auf Ladepritsche

der VDI-Richtlinie 2700 erläutert. Ein Ladekran verändert ihn. Frontladekrane begrenzen u.U. die Ausnutzung der Ladefläche unmittelbar hinter dem Fahrerhaus für Schwergüter, Heckladekrane beeinflussen vor allem die erforderliche Mindestbelastung der Vorderachse.

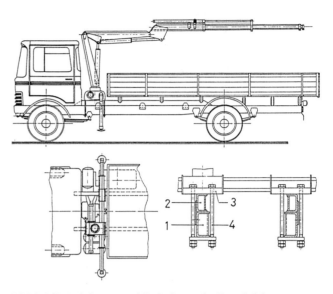

Bild 2-342 Anbringung und Befestigung des Frontladekrans Euro 35
Maschinenfabrik Joh. Tirre oHG, Bad Zwischenahn
max. Tragfähigkeit 2,7 t bei 1,3 m Ausladung,
Eigenmasse 448 kg
1 Fahrzeugrahmen   3 Kranrahmen
2 Hilfsrahmen   4 Befestigungsbolzen

Der Rahmen 3 des Ladekrans wird durch Befestigungsbolzen 4 mit dem Fahrzeugrahmen 1 verschraubt (Bild 2-342). Weil ein normaler Fahrzeugrahmen die zusätzlichen Beanspruchungen aus der Kranfunktion nahezu immer nicht aufnehmen kann, wird er mit zwei Längsträgern 2 verstärkt, siehe auch [2.398] [2.399]. Manchmal müssen auch stärkere Achsen eingebaut werden. Die Kranbefestigung ist lösbar, um den Ladekran bei Nichtgebrauch abnehmen zu können. Die erhöhte Beanspruchung von Rahmen und Achsen und die Minderung der Nutzmasse des Lastkraftwagens infolge der Eigenmasse des Ladekrans sind die Hauptprobleme der Entwicklung und Verbreitung dieses Fahrzeugkrans. Sie sind auch die Kriterien für die Abstimmung zwischen Fahrzeug und Kran [2.396].

Um sich unterschiedlichen Nutzfahrzeugen und Anforderungsprofilen anzupassen, bieten die Hersteller ein breites Programm an. Es ist aus dem Ziel entstanden, eine geringe Eigenmasse mit großen Leistungsparametern an Tragfähigkeit und Reichweite zu vereinen. Gegenwärtig werden Ladekrane mit Hubkraftmomenten von 5...850 kN·m bzw. Lastmomenten von 0,5...85 t·m gebaut. Die Maximalwerte der Tragfähigkeit betragen 0,3...18 t, die der Ausladung 1,6...25 m. Bild 2-343 gibt deren Eigenmasse in Abhängigkeit vom Hubkraftmoment an, die wegen der unterschiedlichen Ausbildung der Ausleger in einem verhältnismäßig großen Bereich variieren kann. Die benötigte Fahrzeuggröße, ausgedrückt durch die Gesamtmasse, muß mit der Größe des Ladekrans naturgemäß zunehmen.

Auf einen weiteren, häufig nicht beachteten Aspekt der Einschränkung der Nutzmasse weist *Bläsius* hin [2.400] [2.401]. Er betrifft den Lastverteilungsplan, d.h. die Abhängigkeit der zulässigen Nutzmasse von der Lage ihres Schwerpunkts längs der Ladefläche. Dieser Plan wird in

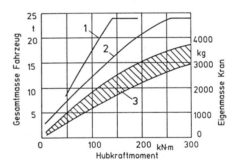

Bild 2-343 Erforderliche Gesamtmasse des Nutzfahrzeugs und Eigenmasse von Ladekranen in Abhängigkeit von deren Hubkraftmoment
1 Heckladekran; 2 Frontladekran; 3 Eigenmasse Ladekran

Konstruktive Ausführung

Den gut überschaubaren Aufbau eines Ladekrans gibt Bild 2-344 wieder. Am Kranfuß 1 ist die Kransäule 2 drehbar gelagert, meist in einem zentralgeschmierten Gleitlager. Das Schwenkwerk besteht aus einer oder zwei von Hydraulikzylindern verschobenen Zahnstangen, die mit dem als Ritzel ausgebildeten Säulenfuß zusammenwirken. Der Drehwinkel solcher Schwenkwerke ist auf 350...410° eingeschränkt, größere Ladekrane erhalten bisweilen rotierende Drehwerke ohne Drehwinkelbegrenzung.

Der mehrteilige Ausleger besteht aus zwei Kurbelgliedern, dem Hubarm 4 und dem Teleskopausleger 6, die von den beiden Hydraulikzylindern 3 und 5 geschwenkt werden. Der Teleskopausleger enthält ein Schubstück 8 als Verlängerung, das vom Zylinder 7 aus- bzw. eingefahren wird.

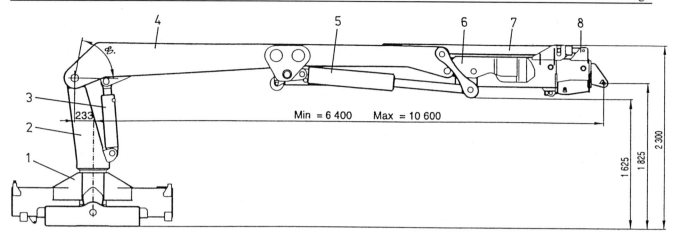

Bild 2-344 Ladekran HIAB 300 K
HIAB-MULTILIFT GmbH, Langenhagen
max. Tragfähigkeit 4,6 t bei 6,2 m Ausladung, Eigenmasse 3,3 t
1 Kranfuß   5 Wippzylinder
2 Kransäule   6 Teleskopausleger
3 Hubzylinder   7 Teleskopierzylinder
4 Hubarm   8 Schubstück

Zwei rollengelagerte Verschiebeträger mit jeweils einem Stützbein bilden die im Bild nicht gezeichnete Abstützung. Diese Träger können manuell oder hydraulisch verschoben werden. Die Abstützung gewährleistet nicht nur die Standsicherheit, sondern entlastet auch den Fahrzeugrahmen. Sehr schwere Krane brauchen eine 4-Punktstützung, siehe Abschnitt 2.5.3.2, sehr leichte werden oft exzentrisch zur Fahrzeugmitte direkt auf der Ladefläche angebracht und mit nur einseitiger Stützung ausgestattet.

Weil der Kran die Transportabmessungen einhalten muß, können die Auslegerschüsse nur eine geringe Länge erhalten. Es werden deshalb bis 5 hydaulisch ausfahrbare Schüsse hintereinander angeordnet, die von meist außenliegenden ein- oder zweistufigen Zylindern bewegt werden. Weitere, von Hand auszuziehende Schüsse verlängern den Ausleger darüber hinaus. Die Auslegerschüsse haben vorwiegend ein Sechskantprofil mit Gleitstücken zur wechselseitigen Führung. Die Variationsmöglichkeiten deutet Bild 2-345 an, eine Übersicht über die zahlreichen Bauformen kann [2.402] verschaffen. Es gibt Ausleger mit einem dritten Gelenk für einen Spitzenarm und solche mit einer hydraulisch angetriebenen Seilwinde als Sonderausstattung.

Ladekrane haben durchweg hydrostatische Antriebe mit einer Konstantpumpe, die über einen Nebentrieb des Fahrzeugmotors getrieben wird. In leichten Kranen wird die Pumpe batterieelektrisch oder von Hand angetrieben, u.U. auch auf Antriebe für das Schwenken und die Abstützbewegungen verzichtet. Es werden ein oder zwei hydraulische Kreisläufe mit Drosselsteuerung gebildet, für das Ausschieben der Teleskopschüsse eine Folgesteuerung eingerichtet.

Ein Hauptziel der gegenwärtigen Entwicklung der Ladekrane liegt in der Verbesserung von Steuerung und Bedienung. Durch genauer arbeitende Ventile, Übergang zur Load-Sensing-Steuerung, Abstimmung der Bewegungsgeschwindigkeiten auf die Belastung usw. wird die Feinfühligkeit der Steuerung erhöht. Der Kran kann direkt mit den Ventilhebeln am Kranfuß, von einem hochgelegenen Fahrersitz aus oder über Kabel bzw. Funk ferngesteuert betrieben werden.

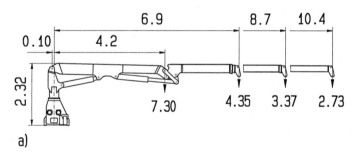

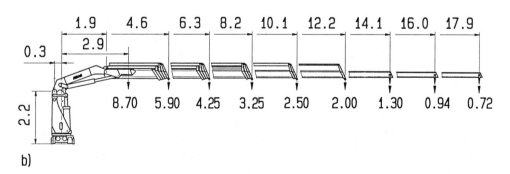

Bild 3-345 Ausschubstellungen in m und Tragfähigkeiten in t des Ladekrans Atlas 300.1, Atlas Weyhausen GmbH, Delmenhorst
a) mit Knickarm   b) mit 4fach teleskopierbarem Ausleger

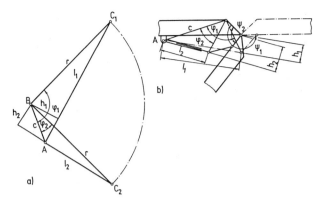

Bild 2-346 Bewegung eines Kurbelglieds
a) geometrische Größen an einer Kurbelschleife
b) Übersetzung des Schwenkwinkels durch eine zusätzliche Viergelenkkette

Bewegungsverlauf und Beanspruchung

In Bewegungsverlauf und Beanspruchung unterscheidet sich der Gliederausleger grundsätzlich vom üblichen Drehkranausleger mit Seilhubwerk. Alle kinematischen Größen ergeben sich als Überlagerung von Kreis- und geradlinigen Bewegungen.

Die Kinematik der Kurbelschleife bei unvollständiger Drehung und Antrieb über den Zylinder als Schleife läßt sich an Hand des Bilds 2-346a erläutern. Das Drehmoment zur Überwindung der äußeren Bewegungswiderstände an der Kurbel $\overline{BC}$

$M = p A h$;

p Druck im Hydraulikzylinder
A wirksame Kolbenfläche,

hängt bei konstantem Druck nur vom Hebelarm h ab,

$$h = \frac{rc\sin\varphi}{\sqrt{r^2+c^2-2rc\cos\varphi}}. \qquad (2.186)$$

Zwischen der Ausschubgeschwindigkeit $\dot{l}$ sowie -beschleunigung $\ddot{l}$ des Zylinders und der Winkelgeschwindigkeit $\dot{\varphi}$ der Kurbel bestehen die Zusammenhänge

$$\dot{l} = h\dot{\varphi}$$

$$\ddot{l} = \frac{rc\cos\varphi(r^2+c^2-2rc\cos\varphi)-r^2c^2\sin^2\varphi}{\sqrt{(r^2+c^2-2rc\cos\varphi)^3}}\dot{\varphi}^2$$

$$+ \frac{rc\sin\varphi}{\sqrt{r^2+c^2-2rc\cos\varphi}}\ddot{\varphi}$$

bzw. im Sonderfall $\dot{l}$ = konst., d.h. $\ddot{l} = 0$,

$$\ddot{\varphi} = \left(\frac{1}{rc\sin\varphi} - \frac{\cot\varphi}{h^2}\right)\dot{l}^2. \qquad (2.187)$$

Winkelgeschwindigkeit und -beschleunigung ändern sich relativ stark während des Durchlaufs des vollen Schwenkbereichs; beide Größen erreichen in den Grenzlagen ihre Maximalwerte, die stets durch Rechnung zu überprüfen sind. Allerdings übertreffen die dynamischen Beanspruchungen infolge des Anregens der Eigenschwingungen des Krans beim Schließen der Wegeventile diese Einflüsse erheblich. [2.403] empfiehlt die Wahl eines dynamischen Hubkraftbeiwerts ψ = 1,2...1,35, wenn die Geschwindigkeiten der Auslegerspitze zwischen 0,3 und 0,5 m/s liegen. Die Schließzeit der Ventile sollte größer als 0,1...0,2 s sein. Als Auslegungsgrundsatz nennt [2.403] die Regel, gleiche Hebelarme $h = h_1 = h_2$ in beiden beim Kranbetrieb genutzten Endlagen der Kurbel anzustreben. Damit gelten die Gleichungen

$$h_1 = h_2 = \frac{l_1 - l_2}{2}\cot\left(\frac{\varphi_1 - \varphi_2}{2}\right)$$

$$r = \sqrt{\left(\frac{l_1 - l_2}{2}\right)^2 \cot^2\frac{\varphi_1 - \varphi_2}{2} + \left(\frac{l_1 + l_2}{2}\right)^2} \qquad (2.188)$$

als guter Anhalt der konstruktiven Gestaltung.
Bei Schwenkwinkeln $(\varphi_1 - \varphi_2) > \pi/2$ nimmt h sehr kleine Werte an. Um die erforderlichen Momente aufbringen zu können, wird deshalb eine zusätzliche Viergelenkkette zur Übersetzung des Schwenkwinkels eingesetzt (Bilder 2-345a und 2-346b). Sie ist so zu entwerfen, daß in der Gleichung

$$\Delta\psi = \psi_1 - \psi_2 = i(\varphi_1 - \varphi_2) \qquad (2.189)$$

die Übersetzung i groß genug ist, um das notwendige Moment an der äußeren Kurbel zu übertragen. Wegen der getriebetechnischen Auslegung wird auf die einschlägige Fachliteratur, z.B. [2.404] bis [2.406], wegen der Ermittlung der Kräfte in den Getriebegliedern der kinematischen Kette auf [2.407] verwiesen.

Der Bewegungsraum der Spitze des Gliederauslegers ist ein Torus mit einer durch Kreise und, wenn Schubglieder vorhanden sind, Geraden begrenzten Querschnittsfläche. Die Raumausnutzung läßt sich durch Befestigung des Lasthakens an verschiedenen Stellen steigern. Die Tragfähigkeitskurven eines Ladekrans sind aus den angegebenen Gründen gekrümmte, nichtparallele Linien (Bild 2-347). In den Prospekten der Hersteller werden allerdings die Tragfähigkeiten meist in einer Horizontalebene, d.h. in Abhängigkeit nur von der Ausladung, angegeben, siehe Bild 2-345.

Wie bei den Straßenkranen werden auch bei den Ladekranen alle modernen Berechnungsverfahren genutzt, um sie gleicherweise leicht und betriebssicher bauen zu können, [2.408] enthält Hinweise zu Eigenschwingformen und -frequenzen. Auf der Basis von Messungen und Befragungen hat [2.409] Beanspruchungsgruppen für die verschiedenen Kranteile ermittelt. Die Kriterien für die Standsicherheit sind die gleichen wie die für die Straßenkrane, siehe Abschnitt 2.5.3.6. FEM 5.007 gibt angepaßte Kippkanten vor.

Sicherheitseinrichtungen

Wie es die Unfallverhütungsvorschrift VBG 9 vorschreibt, werden Ladekrane mit einem Hubkraftmoment ab 20 kN·m mit Überlastungssicherungen ausgerüstet. Die elektronischen Überwachungseinrichtungen erfassen über Sensoren alle Bewegungen der Kranbaugruppen und vergleichen ständig das tatsächliche mit dem stellungsabhängigen zulässigen Hubkraftmoment. Eine Überwachung auch des gesamten Arbeitsraums mit eventuellen Einschränkungen von Hubhöhe, Reichweite und Drehwinkel, wie sie u.a. in [2.410] behandelt wird, gibt es bisher nicht. In [2.411] wird ein rein hydraulisch wirkendes System für die Begrenzung des Hubkraftmoments vorgestellt. Weitere Verbesserungen und Verfeinerungen werden folgen.

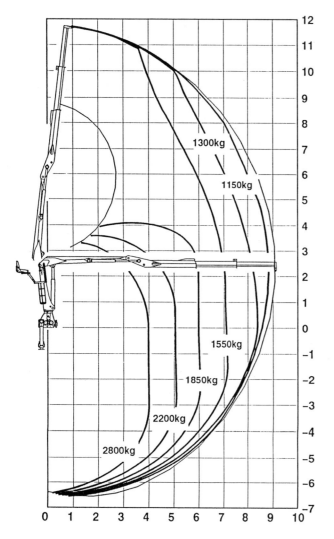

Bild 2-347 Reichweite- und Tragfähigkeitsdiagramm des Holzladekrans E 11.91 Z, Epsilon Kran GmbH, Regenstauf

2.5.6 Eisenbahnkrane

Eisenbahnkrane sind Regelfahrzeuge nach den Bau- und Betriebsvorschriften der Eisenbahnverwaltungen, die mit einem Drehkran ausgerüstet sind. Schienenkrane, die nur auf Betriebsgleisen verkehren und diesen Vorschriften nicht genügen, spielen keine Rolle mehr.

Diese gleisgebundenen Spezialkrane sind im Zugverband mit Fahrgeschwindigkeiten bis 120 km/h zu überführen. Weil die zulässigen Achslasten doppelt so hoch wie die der Straßenkrane sind, können die Unterwagen kompakt gebaut und alle Ausrüstungsteile vom Kran selbst mitgeführt werden. Beides führt zu einer kurzen Rüstdauer und zu großer Tragfähigkeit, vor allem des freistehenden, fahrenden Krans ohne Abstützung, hier allerdings in Abhängigkeit vom Erhaltungszustand der Gleise. Die Unterwagen haben eigene Fahrantriebe für eine Eigenfahrgeschwindigkeit bis 40 km/h. Dies macht den Kran am Einsatzort von fremden Zugfahrzeugen unabhängig und stellt ihn zudem für gelegentliche Rangieroperationen zur Verfügung. Neben der Verbreitung bei den Eisenbahnen werden Eisenbahnkrane auch in der Industrie genutzt, um schwere Stückgüter zu heben, Montagearbeiten auszuführen oder Schüttgüter umzuschlagen. In diesem Bereich geht ihre Bedeutung jedoch zurück.

Bauformen

In den letzten Jahren haben sich zwei Hauptgruppen von Eisenbahnkranen für unterschiedliche Aufgaben herausgebildet, die Bergungs- und Havariekrane mit Einziehausleger und maximalen Tragfähigkeiten zwischen 50 und 250 t und die Gleisbau- und Brückenbaukrane, deren maximale Tragfähigkeit den Bereich 20...100 t überdeckt.

Die beiden im Bild 2-348 sichtbaren *Havariekrane* unterscheiden sich im Ausleger, in den technischen Daten und im Zeitpunkt ihrer Entwicklung. Der EDK 2000-1 im Bild 2-348a ist mit einem Hubkraftmoment von 20000 kN·m und einer maximalen Tragfähigkeit von 250 t einer der schwersten, je gebauten Eisenbahnkrane. Er hat noch einen dieselelektrischen Antrieb, seine Gegengewichte müssen während der Transportfahrt vom Kran getrennt befördert werden. Der Kran KRC 1300 (Bild 2-348b) verkörpert dagegen die gegenwärtige Bauweise mit gedrungenem Oberwagen und Ablage bzw. Mitnahme der Gegengewichte auf dem Unterwagen. Beide Krane haben zwei Hubwerke und ein Seileinziehwerk für die Neigungsbewegung des Auslegers, an dessen Stelle auch ein hydraulisches Wippwerk mit Wippzylinder treten kann.

Während der Überführungsfahrt muß der Ausleger eines solchen Eisenbahnkrans in die horizontale Lage gebracht und auf einem Hilfswagen, auch Schutzwagen genannt, abgelegt werden (Bild 2-349). Dieser Wagen nimmt erforderlichenfalls auch die Gegengewichte auf. Um Längenänderungen während der Durchfahrt von Kurven oder den Pufferweg auszugleichen, liegt die Spitze des Auslegers auf einem verschiebbaren Stützwagen des Schutzwagens. Die Fußgelenke des Auslegers sind in der Transportstellung beweglich am Kran gelagert, um sich Gleiskrümmungen ohne Zwängungen anzupassen. Der Oberwagen selbst wird mit dem Unterwagen verriegelt. Es gibt auch leichte Bergungskrane, die einen Teleskopausleger haben und ohne Hilfswagen auskommen.

Die *Gleisbaukrane* mit Teleskopausleger (Bild 2-350) arbeiten vorwiegend freistehend ohne Abstützung, mit waagerecht stehendem Ausleger auch unter Fahrdrähten. Weil der Eisenbahnkran in dieser Stellung eine im Vergleich zu anderen Fahrzeugkranen besonders kleine seitliche Standbasis von nur 1000 mm auf Schmalspurgleisen und bis 1676 mm auf Breitspurgleisen hat, werden die Lasten vorwiegend überkopf aufgenommen. So läßt sich die wesentlich größere, durch die Achsen gebildete Stützlänge ausnutzen.

Diese Krane haben eine so kleine hintere Ausladung, daß sie mit ihr beim Drehen das Lichtraumprofil nicht überschreiten und den Zugverkehr auf dem Nachbargleis nicht oder nur wenig behindern. Bei dem Kran im Bild 2-350b wird für den Einbau schwerer Teile, wie größerer Weichen, das Gegengewicht hydraulisch nach hinten ausgefahren und damit die Tragfähigkeit beträchtlich gesteigert, wobei die Stellung des Gewichts immer auf die Größe der Last abgestimmt wird. Wichtig ist, daß der Kran dabei mit Last verfahren kann. Die Gleisbaukrane verfügen jedoch auch über Abstützungen, um größere Lasten quer zur Gleisrichtung zu bewegen. Für Brückenbauarbeiten läßt sich der Ausleger nach oben neigen, wodurch die Hubhöhe wächst.

2.5 Fahrzeugkrane

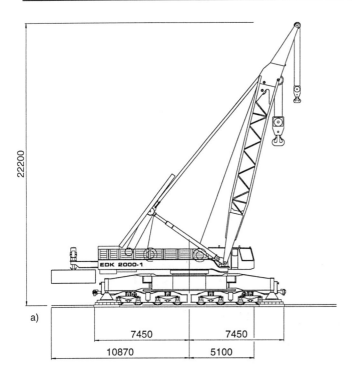
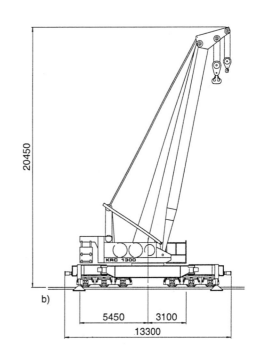

Bild 2-348 Eisenbahnkrane für Bergungsarbeiten; Kirow Leipzig GmbH, Leipzig
a) EDK 2000-1, max. Tragfähigkeit 250 t bei 8 m Ausladung
b) KRC 1300, max. Tragfähigkeit 84 t bei 9 m Ausladung

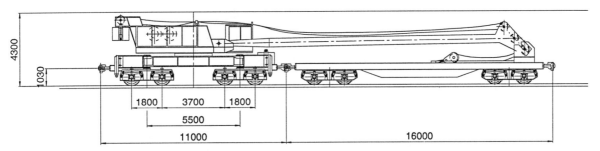

Bild 2-349 Transportstellung des Auslegers eines Eisenbahnkrans auf einem Schutzwagen

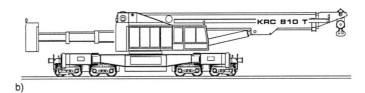

Bild 2-350 Eisenbahnkrane für Gleis- und Brückenbau
Kirow Leipzig GmbH, Leipzig
a) mit kurzer hinterer Ausladung
b) mit teleskopierbarem Gegengewicht

Konstruktive Ausführung

Bild 2-351 zeigt den Aufbau eines Eisenbahnkrans mit Teleskopausleger *3*, der einfach auszuschieben ist. Mehr als zwei Auslegerschüsse bringt man an solchen Kranen nicht an, weil eine größere Hubhöhe nicht gebraucht wird. Die Gegengewichte *8* des Krans liegen während der Überführungsfahrt verteilt auf dem Unterwagen *12*, sie werden vor Aufnahme des Kranbetriebs hydraulisch an das hintere Ende des Oberwagens gehoben und dort verriegelt. Der Oberwagen stützt sich über eine Drehverbindung *6* auf dem Unterwagen ab, der von 2- oder 3achsigen Drehgestellen *11* getragen wird. 4achsige Drehgestelle, wie sie der Kran im Bild 2-348a enthält, haben ungünstige Fahreigenschaften und werden nicht mehr verwendet.

Der Querschnitt des gesamten Eisenbahnkrans mit Ober- und Unterwagen muß sich in das Begrenzungsprofil der jeweiligen nationalen Eisenbahn einfügen. Für Mitteleuropa gilt das UIC-Profil (Union Internationale des Chemins de Fer). Es gibt viele andere, schmalere und breitere Profile, die großen Unterschiede sind an den Beispielen des Bilds 2-352 zu erkennen. Darüber hinaus gelten zahlreiche weitere Bedingungen dieser Vorschriften, z.B. für die Zug- und Stoßkräfte, Achskräfte, Kurvenradien, Bremswerte, d.h., für die Eigenschaften eines Eisenbahnkrans als Eisenbahnfahrzeug. Weil der Kran in einigen Parametern, z.B. der längenbezogenen Eigenmasse, die zulässigen Werte überschreitet, wird er den Schwergutfahrzeugen zugeordnet, die für jede Transportfahrt eine Genehmigung der zuständigen Bahndirektion brauchen.

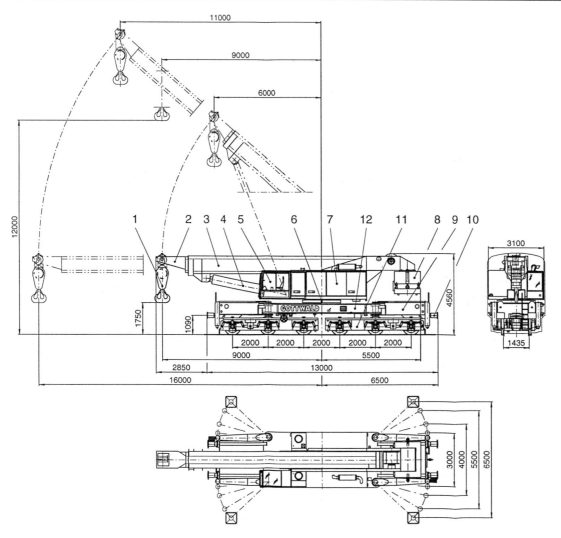

Bild 2-351 Eisenbahnkran GS 100.08 T für Gleis- und Brückenbau, Mannesmann Demag Gottwald GmbH, Düsseldorf
max. Tragfähigkeit 100 t, Eigenmasse 120 t
1 Unterflasche
2 Auslegerschuß
3 Basisausleger
4 Wippzylinder
5 Fahrerhaus
6 Drehverbindung
7 Maschinenhaus
8 Gegengewicht
9 Abstützarm
10 Puffer
11 Drehgestell
12 Unterwagen

Der früher vorherrschende dieselelektrische Antrieb der Eisenbahnkrane mit einem eigenen Bordnetz und der Möglichkeit, elektrische Energie von außen einzuspeisen, ist bis auf wenige Ausnahmen zugunsten des dieselhydraulischen verschwunden. Die Triebwerke wurden dadurch kleiner und leichter, die Steuerung feinfühliger, der wirtschaftliche Aufwand verringert sich. Ein Dieselmotor im Oberwagen treibt den Pumpensatz über ein Verteilergetriebe, es gibt daneben Krane mit einem weiteren Dieselmotor im Unterwagen. Vorwiegend werden offene hydraulische Kreisläufe gebildet, nur der Fahrantrieb im geschlossenen Kreislauf betrieben, siehe hierzu Abschnitt 2.5.2.3.

Der Unterwagen eines Eisenbahnkrans weist 4 bis 8 Achsen auf, die in Drehgestellen gelagert sind. Dieses Drehgestell (Bild 2-353) ist mit allen eisenbahntechnisch notwendigen Baugruppen ausgerüstet, die Achsen 9 werden von Blattfedern 4 elastisch gestützt, die für Kranbetrieb hydraulisch zu blockieren sind. Die Beweglichkeit der Federlagerung, vor allem aber die Drehbewegung der Gestelle gestatten kleinste Kurvenradien von 60...120 m, damit der Kran auch Anschlußbahnen und Industriegleise befahren kann. Die Laufgüte bei hohen Fahrgeschwindigkeiten und das gesamte Fahrverhalten werden auf Versuchsstrecken eingehend geprüft, bevor der Kran für den Einsatz freigegeben wird. Ein Teil oder alle diese Drehgestelle haben eine angetriebene Achse 6 mit Hydromotor, Untersetzungsgetriebe 7 und Scheibenbremse 8. Einige Hersteller ersetzen die auf die Achse wirkende Scheibenbremse durch zwei, die mit den Rädern gekoppelt sind.

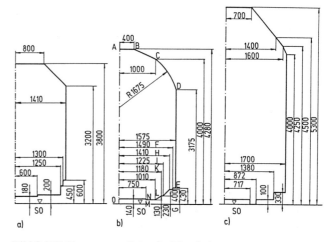

Bild 2-352 Begrenzungslinien für Eisenbahnwagen
a) Schmalspur 1000 mm, Brasilien
b) UIC 505-3
c) Profil I T UdSSR (GOST 9238-59)

2.5 Fahrzeugkrane

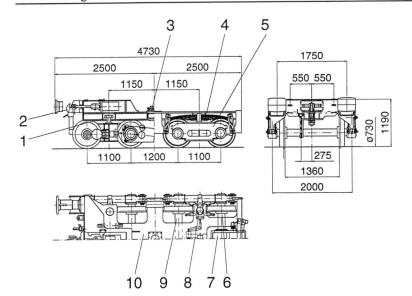

Bild 2-353
4achsiges Drehgestell für Eisenbahnkrane
Kirow Leipzig GmbH, Leipzig
1 Laufwerksaufhängung
2 Zug- und Stoßeinrichtung
3 Drehgestellanlenkung
4 Federung
5 Laufwerksrahmen
6 Treibradsatz
7 Fahrantrieb
8 Scheibenbremse
9 Laufradsatz
10 Drehgestellrahmen

Als Eisenbahnfahrzeug erhält der Unterwagen auch die Baugruppen zur Verbindung mit anderen Wagen, d.h. zwei seitlich an beiden Wagenenden angebrachte Hülsenpuffer und die üblichen, in der Mitte liegenden Zughaken. Die Druckluftbremsen sind die gleichen wie bei den normalen Eisenbahnwagen, sie erzeugen anteilige Bremskräfte in der für Personen- und Güterzüge vorgeschriebenen Größe.

Am vorderen und hinteren Teil des Unterwagens sind die vier Abstützarme gelagert, die hydraulisch auf die gewünschte Abstützbreite auszuschwenken sind. Die in ihnen liegenden Stützzylinder werden mit kontrolliertem Druck nach unten ausgefahren. Eine Ergänzung dieser 4-Punktstützung durch weitere, fest am Unterwagen angebrachte Stützzylinder findet man heute kaum noch. Es können aber über unterschiedliche Schwenkwinkel Mischformen der Abstützung, z.B. größere Stützbreite auf der einen als auf der anderen Seite, hergestellt werden. Gleisneigungen in Kurven werden von den Abstützungen ausgeglichen. Beim freistehenden Kran sorgt eine automatische Horizontiereinrichtung dafür, daß der Oberwagen in Gleisbögen waagerecht bleibt, die zulässigen Radkräfte eingehalten werden und somit die Tragfähigkeit von der Neigung des Unterwagens nicht beeinflußt wird.

Die großen Stützkräfte schwerer Eisenbahnkrane bis zu mehreren Meganewton verlangen Vorkehrungen, um ein Nachgeben des Bodens durch beispielsweise einen Grundbruch mit Sicherheit auszuschließen. Es gibt Vorschriften bzw. Empfehlungen [2.412], deren Einhaltung die Standsicherheit gewährleisten soll. Die zulässigen Stützkräfte werden in Abhängigkeit von den Bodenkennwerten Kohäsion und Reibungswinkel angegeben, die erforderlichenfalls vor dem Kraneinsatz bestimmt werden müssen. Ähnliche Vorkehrungen sind zu treffen, wenn Brücken oder sonstige Bauwerke belastet werden sollen. Vorwiegend baut man Schwellenstapel (Bild 2-354) unter die Stützstempel, die den mittleren Bodendruck auf Werte zwischen 0,15 und 0,20 N/mm² verringern sollen.

Als Rüstarbeiten fallen bei Eisenbahnkranen das Anbringen der Gegengewichte und, bei Bergungskranen, die Festlegung der Auslegergelenke und das Aufrichten des Auslegers an. Nötigenfalls sind noch die Abstützungen auszufahren. Sinnreiche Montagetechnologien sorgen dafür, daß einerseits eine schnelle Montage wie Demontage durch den Kran selbst vor sich geht, andererseits die Eigenstandsicherheit des Krans in allen Zwischenstellungen gewährleistet bleibt. Die Rüstdauer gegenwärtiger Eisenbahnkrane verbleibt deshalb im Minutenbereich. Untersuchungen zur dynamischen Standsicherheit hat *Bendix* [2.413] durchgeführt.

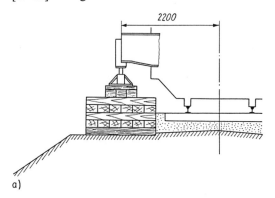

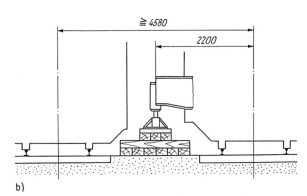

Bild 2-354 Schwellenstapel zur Abstützung
a) auf Dämmen b) zwischen zwei Gleisen

Alle vorstehend behandelten technischen und technologischen Gesetzmäßigkeiten spiegelt das Tragfähigkeitsschaubild eines Eisenbahnkrans wider (Bild 2-355). Die Tragfähigkeitsfunktionen sind nach der Abstützart, Abstützbreite und dem Drehwinkel gestaffelt. Im Bordrechner werden diese Funktionen mit den tatsächlichen Belastungen ständig verglichen, um den vorgeschriebenen Überlastungsschutz sicherzustellen.

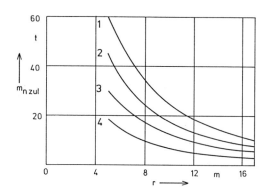

Bild 2-355 Tragfähigkeitsschaubild des Eisenbahnkrans KRC 330, Kirow Leipzig GmbH, Leipzig
1 Abstützbreite 5,5 m; Drehwinkel 360°
  Abstützbreite 4,0 m; Drehwinkel ±30°
2 Abstützbreite 4,0 m; Drehwinkel 360°
  freistehend; Drehwinkel ±15°
3 freistehend; Drehwinkel ±30°
4 freistehend; Drehwinkel 360°

2.5.7 Schwimmkrane

Der Schwimmkran ist ein Hebezeug zum Einsatz auf Wasserstraßen und in küstennahen Bereichen der offenen See. Sein Kranteil, ein Ausleger- oder Drehkran, und sein Schiffskörper, ein rechteckiger Ponton, bilden eine funktionell abgestimmte Einheit. Neben den Bauformen, den Besonderheiten des Einsatzes und dem konstruktiven Aufbau muß als ihr typisches Merkmal die veränderliche, von der Belastung abhängige Neigung behandelt werden.

2.5.7.1 Einsatz und Bauformen

Nach den vorwiegenden Einsatzgebieten kann man die Schwimmkrane unterteilen in:

– Umschlagkrane mit einer Tragfähigkeit von 5 bis 32 t
– Schwergutkrane mit einer Tragfähigkeit von 50 bis 350 t
– Bergungskrane mit einer Tragfähigkeit von 400 bis 3000 t.

Die Umschlag- und Schwergutkrane sind Drehkrane mit den üblichen Einzieh- und Wippauslegern. Die Tragfähigkeit der Umschlagkrane bleibt, wie die der landgestützten Wippdrehkrane (s. Abschn. 2.4.5.5), im gesamten oder überwiegenden Bereich der Ausladung konstant. Derartige Schwimmkrane entlasten und ergänzen die Kaikrane im Hafen, sie können am Kai liegende Schiffe seewärts entladen und, wo Hafenanlagen fehlen, Schiffe auf offener Reede leichtern. Kleinere Krane eignen sich auch zum Betrieb auf Flüssen oder sonstigen Binnenwasserstraßen.

Die bedeutendere zweite Gruppe der Schwimmkrane hat Einfach- oder Doppellenker. Die Hubhöhen reichen bis 30 m über und 15 m unter Wasser. Bild 2-356 zeigt einen solchen Kran mittlerer Größe. Wie es bei Schwimmkranen üblich ist, wird das Kranteil außerhalb der Pontonmitte zum Bug versetzt gelagert. Etwa ein Drittel des Pontondecks ist von Aufbauten freigehalten, um dort aufgenommene Güter absetzen zu können. Die Aufbauten selbst sind niedrig, damit sie den Drehbereich des Krans nicht einschränken. Beispiele für Schwimmkrane dieser Art mit genauer Beschreibung auch der seemännischen Ausstattung enthalten u.a. [2.414] [2.415].

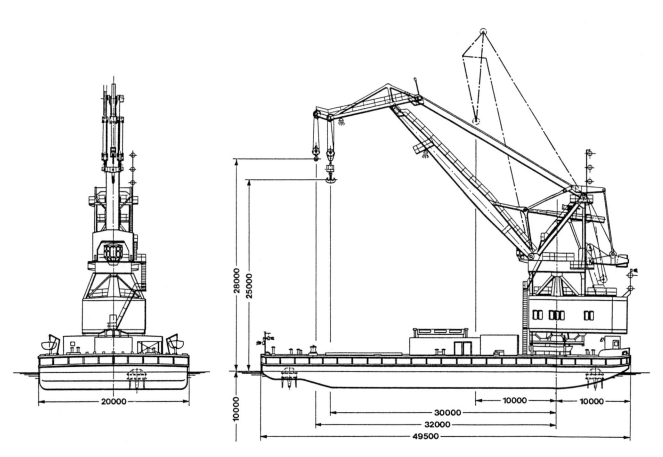

Bild 2-356 Schwimmkran mit Doppellenker-Wippausleger, Vulkan Kocks GmbH, Bremen
max. Tragfähigkeit 150 t bei 20 m Ausladung

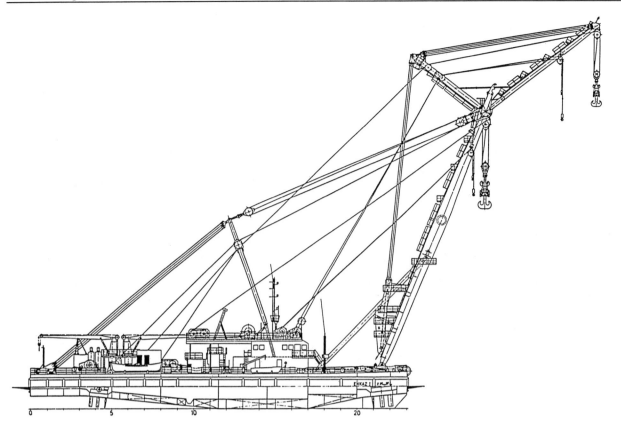

Bild 2-357 Bergungskran Enkaz, Blohm & Voss AG, Hamburg
max. Tragfähigkeiten: Haupthub Hauptausleger 2 x 250 t,
Haupthub Spitzenausleger 2x150 t

Ihre Aufgaben sind vielfältig. Im Hafen schlagen sie Schwergüter um, die sie auch an die Schiffe heranfahren können, wenn sie einen eigenen Fahrantrieb haben. Als Werftkrane unterstützen sie die stationären Hebezeuge, besonders bei der Ausrüstung von Schiffen mit schweren Maschinenteilen. Schließlich setzt man sie im Hafenbau, zum Umsetzen von Kaikranen und zur Bergung von Schifffahrthindernissen ein.

Bergungskrane machen die dritte Gruppe der Schwimmkrane aus, die sich von den anderen beiden Gruppen dadurch deutlich unterscheidet, daß es Auslegerkrane ohne Drehbewegung sind. Der Ausleger besteht aus zwei durch Querriegel verbundenen, am Bug des Ponton gelenkig gelagerten Stützen, die von Nackenseilen gehalten werden. Die Ausführung im Bild 2-357 erhielt einen zusätzlichen Spitzenausleger für ein zweites Haupthubwerk geringerer Tragfähigkeit. Die schwersten Krane ab 1000 t Tragfähigkeit weisen zwei parallelliegende Dreieckausleger auf. Die Hubhöhen derartig großer Krane betragen bereits 100 m über und 50 m unter Wasser. Ihre Aufgabe ist die Hub- und Haltearbeit während der Bergung von Schiffswracks, das Heben ganzer Schiffskörper; darüber hinaus führen sie allgemeine Bau- und Montagearbeiten aus, setzen Leuchttürme und Bohrinseln und fahren schwere Brückenteile ein. Eine Bauart mit einem Ladebaum, der von zwei feststehenden Stützmasten gehalten wird und durch sie hindurchzuschwenken ist, stellt [2.416] vor.

Der Schiffskörper von Bergungskranen wird meist mit zusätzlichen Winden bzw. Kranen ausgerüstet; der im Bild 2-357 hat zwei leichte Bordkrane zur Hilfe bei Taucharbeiten und vier Seilwinden (Deckstaljen) auf Deck, die Zugkräfte von je 3500 kN aufbringen können. Eine nähere Beschreibung dieses Krans findet man in [2.417].

In jüngerer Zeit haben neben den nur in hafen- und küstennahen Bereichen operierenden Schwimmkranen voll seegängige Kranschiffe Bedeutung gewonnen. Sie werden für die Installation und Reparatur von Bohrplattformen, zum Verlegen von Rohrleitungen auf See und für sonstige schwerste Hubarbeiten eingesetzt. Die Tragfähigkeiten reichen von etwa 500 t bis 14000 t. Im Bild 2-358 sind die beiden Bauformen dieser Kranfahrzeuge angegeben. Die Ausführung als Halbtaucher besteht aus einem Schiffskörper, der über Säulen mit einem unter Wasser liegenden Ballastkörper verbunden ist (Bild 2-358b). Dies erhöht die Stabilität bei schwerer See. Die Kranschiffe gehören zur Schiffstechnik, Beschreibungen geben beispielsweise [2.418] bis [2.420]. Über das Verhalten in Wellengruppen auf offener See berichten u.a. [2.421] [2.422].

2.5.7.2 Konstruktive Ausführung

Der Drehkran eines Schwimmkrans erhält eine so kleine rückwärtige Ausladung, daß er während seiner Drehung weder längs noch quer über die Außenkanten des Pontons herausragt (Bild 2-359). Weil seine Drehachse weit zum Bug vorgezogen ist, bedarf es konstruktiver Maßnahmen, damit der unbelastete Kran waagerecht liegt. Zunächst erhält der Kran selbst einen Massenausgleich durch Gegengewichte. Da aber ein horizontaler Lastweg stets von der überlagerten Neigungsbewegung des Schiffskörpers beeinflußt wird, verzichtet man bisweilen auf einen vollständigen Massenausgleich des Kranteils zugunsten einer geringeren Eigenmasse [2.423].

Als Primärausgleich des Pontons ist dessen Formschwerpunkt durch Abflachen und Abschrägen des Hecks ebenfalls zum Bug verschoben. Einen Sekundärausgleich besorgen Ballasttanks, die beiderseits am Heck angebracht sind. Über Pumpen läßt sich die Füllmenge dieser Tanks verändern, um die Neigung des Krans infolge unterschiedlicher Belastungen auszugleichen. Es gibt auch Pontons mit festem Ballast.

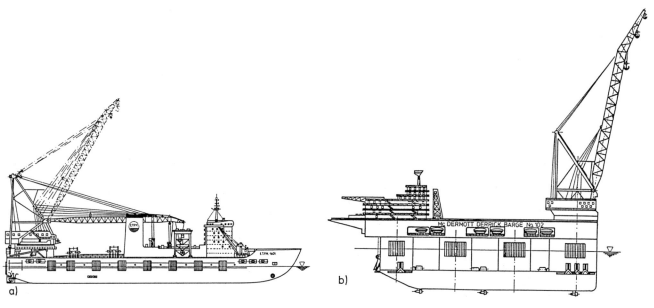

Bild 2-358 Seetüchtige Schwimmkrane
a) Kranschiff   b) Kran-Halbtaucher

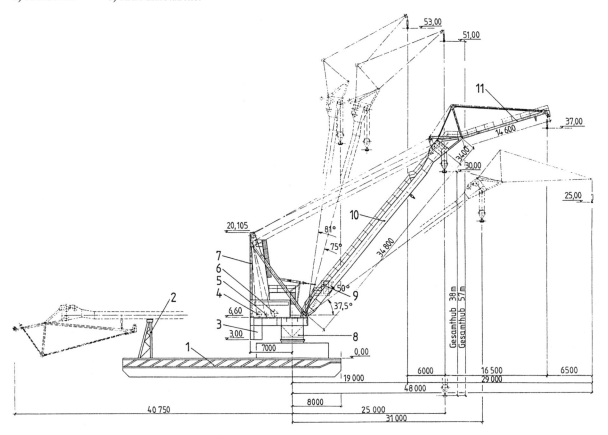

Bild 2-359 Schwimmkran mit Einfachlenker
Waagner-Biró GmbH, Wien (Österreich)
max. Tragfähigkeit 35 t bei 17 m Ausladung
1 Ponton   7 Bockgerüst
2 Ablagestütze   8 Kransäule
3 Gegengewicht   9 Fahrerkabine
4 Haupthubwerk   10 Hauptausleger
5 Hilfshubwerk   11 Spitzenausleger
6 Einziehwerk

Der Ponton eines Schwimmkrans (Bild 2-360) ist durch Längs- und Querschotten als unsinkbarer Schiffskörper gebaut. Die äußeren Zellen dieses Körpers bilden einen umlaufenden, sogenannten Sicherheitsgürtel, die in der Mitte liegenden Funktionsräume weisen einen Doppelboden auf. Im Sicherheitsgürtel liegen die Ballasttanks und die Tanks für Dieselkraftstoff, Frisch- und Abwasser. Der mittlere Teil enthält die Maschinen- und Lagerräume sowie die Wohnräume der Besatzung. Auf Deck werden Ruderhaus, Messe, Kombüse usw. angeordnet.

Das Kranfundament (Bild 2-360a) muß wegen der großen zu übertragenden Kräfte und Momente statisch über die Längsschotten in die Tragkonstruktion des Pontons eingebunden sein. Seine Ausführung hängt von der Art der Drehverbindung ab, vorzugsweise ist es eine feststehende Säule.

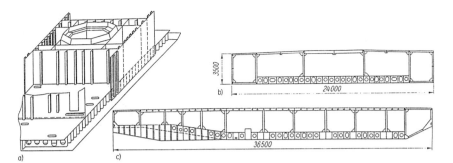

Bild 2-360 Ponton eines Schwimmkrans mit einer Tragfähigkeit von 100 t [2.424]
Eigenmasse 871 t, Gesamtmasse (Deplacement) 1700 t
a) Lagerung der Kransäule
b) Querschnitt
c) Längsschnitt

Wie alle Seeschiffe unterliegen auch die Schiffskörper der Schwimmkrane den Bauvorschriften der verschiedenen nationalen Klassifikationen, wie Germanischer Lloyd, Lloyd's Register of Shipping, American Bureau of Shipping usw. Vorwiegend werden sie für Große Küstenfahrt innerhalb der 15-sm-Zone oder Mittlere Fahrt ausgelegt. Im Germanischen Lloyd wird häufig die Klasse GL + 100 A 4.K (coastal service) Floating Crane + MC gewählt. Auch für das Kranteil gelten gegenüber Landkranen verschärfte Vorschriften, z.B. für die Auwahl, Signierung und Attestierung der Werkstoffe, die Lastannahmen usw. [2.425].

Die Tragfähigkeit der Schwimmkrane kann wegen der größeren Länge als Breite des Pontons richtungsabhängig festgesetzt werden, meist bleibt sie jedoch auch bei schweren Kranen im gesamten Drehbereich konstant. Man erzielt die kleinste benötigte Breite des Pontons, wenn man in die Berechnung die gleichen Neigungswinkel für den Kran mit Last und größter Ausladung nach der einen und für den unbelasteten Kran mit steilgestelltem Ausleger nach der anderen Seite ansetzt. Ein entsprechendes Vorgehen gibt es bei landgestützten Drehscheibenkranen zur Angleichung der Radkräfte, siehe [0.1, Abschn. 3.5.4.1].

Die Drehverbindungen der Schwimmkrane gleichen denen der sonstigen Krane, siehe [2.426]. Auch hier haben sich die Rollendrehverbindungen selbst bei großen Kranen durchgesetzt. Sie werden auf einer im Ponton eingespannten Säule gelagert. Nur sehr schwere Schwimmkrane verlangen wegen der großen auftretenden Kräfte und Momente Säulendrehverbindungen, überwiegend mit fester Säule und aufgesetzter drehbarer Glocke.

Die Ausleger heutiger Schwimmkrane sind Kasten- oder Rohrträger mit kleiner Windfläche. Sie müssen vor Beginn von Überführungsfahrten niedergelegt und festgestellt werden. Bei einem Einfachlenker bereitet dies keine Schwierigkeiten, siehe Bild 2-359, bei einem Doppellenkersystem verlangt es dagegen konstruktive Vorkehrungen. Häufig löst man den unteren Gelenkpunkt der Zugstrebe; Bild 2-361 zeigt zwei andere Möglichkeiten. Auch die Ausleger der Bergungskrane müssen abzulegen sein. Es gibt Ausführungen mit fest gelagertem Ausleger, der nach hinten umzukippen ist. Der Kran im Bild 2-357 weist dagegen eine Stützenlagerung in Gleitschuhen auf, die auf zwei Schienen längs des Decks nach hinten zu schieben sind.

Die Energie für den Schiffs- und Kranbetrieb eines Schwimmkrans stellen 1 bis 5 Dieselmotoren zur Verfügung. Diese Motoren treiben 1 bis 3 Konstantspannungsgeneratoren des bordeigenen Drehstromnetzes, einige teils auch direkt die Fahrantriebe.

Kleine Krane haben heute hydraulische Kranantriebe mit Triebwerken in Blockbauweise. In großen Schwimmkranen verbleibt es jedoch beim elektrischen Antrieb. Die vorzugsweise verwendeten Gleichstrommotoren werden über Stromrichter gesteuert, die den Ward-Leonard-Antrieb abgelöst haben. Mischformen haben elektrisch betriebene Hubwerke und hydraulische Wipp- und Drehwerke. Es gibt viele Besonderheiten, z.B. Blockiersysteme, die nur jeweils zwei Kranbewegungen gleichzeitig zulassen, um die Energieversorgung nicht zu gefährden [2.427], ein Schwungrad zwischen Dieselmotor und Generator, das die beim Senken der Last freiwerdende Energie speichert [2.428], eine pneumatische Schaltkupplung zwischen Seiltrommel und Getriebe des Hubwerks, die ein schnelles Absetzen der Last bei Seegang erleichtern soll [2.429].

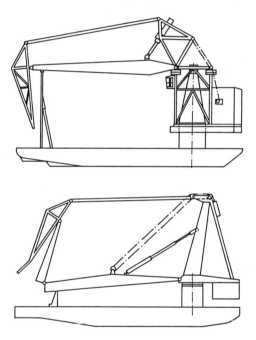

Bild 2-361 Transportstellungen von Schwimmkranen mit Doppellenker-Wippsystemen

Die maßgebende Auslegungsgröße des Drehwerks eines Schwimmkrans ist das Hubmoment infolge der Neigung des Krans, siehe Abschnitt 2.5.7.4. Am Zahn- oder Triebstockkranz greifen deshalb bis 6 Ritzel mit den vorgeschalteten Triebwerken ein. Auch die anderen Triebwerke müssen die Massenkräfte aus den Schwingbewegungen des Pontons aufnehmen und ausgleichen können.

Je nach Einsatzort und -häufigkeit wird ein Schwimmkran nur geschleppt, oder er erhält einen eigenen Fahrantrieb mit Fahrgeschwindigkeiten von 3...8 sm/h (5,6...14,8 km/h). Fehlt ein Antrieb, kann der Kran über ein Verholsystem mit Seilwinden zumindest am Einsatzort manövriert werden. Weil ein Schwimmkran häufig auf kleinen Flächen, auch quer und drehend zu bewegen ist, finden nur Fahrantriebe mit Verstellpropellern, d.h. ohne Schiffsruder, Verwendung. Sie erzeugen bei konstanter Drehzahl und -richtung einen nach Größe und Richtung stufenlos steuerbaren Schub. Diese Propeller werden von Drehstrom-Asynchronmotoren oder direkt von Dieselmotoren angetrieben. Zur Wahl stehen der Voith-Schneider-Antrieb (Bild 2-362) oder der Schottel-Ruderpropeller, dessen Propellerkörper um eine senkrechte Achse zu drehen ist. Schwimmkrane erhalten üblicherweise zwei, seltener drei am Bug und Heck liegende Fahrantriebe.

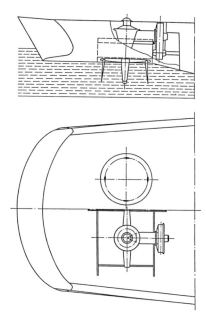

Bild 2-362 Voith-Schneider-Antrieb

Im Voith-Schneider-Antrieb drehen sich 4 bis 6 Flügel mit konstanter Drehzahl um eine näherungsweise senkrechte Achse und führen während jeder Drehung eine überlagerte periodische Zusatzbewegung zur Veränderung des Anstellwinkels aus. Bild 2-363 verdeutlicht die aus dem Zusammenwirken von zwei Propellern resultierenden Schubkräfte. Nähere Einzelheiten sind [2.430] [2.431] zu entnehmen.

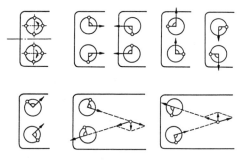

Bild 2-363 Steuerung und Schubrichtung eines Doppelantriebs mit Voith-Schneider-Propeller [2.430]

Neben den üblichen Sicherheitseinrichtungen der Landkrane, wie Wegbegrenzer, Überlastungssicherungen o.ä., brauchen Schwimmkrane zusätzliche Geräte, mit denen die Pontonneigung überwacht wird. Die Grenzwerte dieser Quer- und Längsneigung können bei manchen Schwimmkranen in bestimmten Betriebsstellungen überschritten werden, wenn die Ballasttanks nicht ausreichend gefüllt sind; dies muß ausgeschaltet bleiben. Um die Pontonneigung sichtbar zu machen und zu begrenzen, werden sphärische Wasserwaagen für eine Groborientierung des Kranführers installiert. Ein Neigungspendel mit Näherungssensor verkleinert bei einer Annäherung an die Grenzwerte die Wippgeschwindigkeit und schaltet die Krantriebwerke ab, wenn diese erreicht werden, siehe hierzu auch [2.427]. Als Sonderausrüstungen gelten Eisverstärkungen des Pontons, automatische Waagen, Absetzböcke, Windmesser usw.

2.5.7.3 Neigung und Stabilität

Im Gegensatz zu den Kranen, die auf festem Boden arbeiten, ändert ein Schwimmkran seine Neigung zur Wasseroberfläche immer dann, wenn sein Belastungszustand wechselt. Die Stabilität solcher Krane ist somit analog zu der von Schiffen nach schiffstheoretischen Regeln festzustellen und zu gewährleisten. Dabei drückt der Begriff Stabilität allgemein den Widerstand des Schwimmkörpers gegen eine aufgezwungene Neigung und die Fähigkeit aus, sich aus der geneigten Lage wieder aufzurichten.

Die Querneigung (Krängung) und die Längsneigung (Trimm) werden durch die einschlägigen Vorschriften so eingeschränkt, daß die Stabilität des Schwimmkrans erhalten bleibt. Die Unfallverhütungsvorschrift VBG 40a Schwimmende Geräte verlangt den von einem Sachverständigen geprüften Nachweis der Schwimmfähigkeit und Kentersicherheit und gibt für den gekrängten und getrimmten Schiffskörper maximale Neigungswinkel von 5° und einen verbleibenden Mindestfreibord von 300 mm vor.

Die Bedingung für das Schwimmen eines Körpers ist das Gleichgewicht von Auftriebs- und Gewichtskraft

$$F_A = V\rho g c = F_G = m_{ges} g = (m_P + m_K)g; \qquad (2.190)$$

m_P Masse des Pontons
m_K Masse des Krans einschließlich Nutzmasse
ρ Dichte des Wassers ($\rho = 1{,}0$ für Süßwasser, $\rho = 1{,}025$ für Seewasser)
c Faktor für Außenhaut, für Pontons gleich 1,0 [2.432].

Hieraus ist das Verdrängungsvolumen V zu berechnen

$$V = \frac{F_G}{\rho g c} = \frac{m_{ges}}{\rho c}. \qquad (2.191)$$

Eine stabile statische Schwimmlage verlangt als zweite Bedingung, daß der Massenschwerpunkt S_G lotrecht oberhalb des Formschwerpunkts S_F des Verdrängungsvolumens V liegt. Wird der Gleichgewichtszustand gestört, z.B. durch ein um die Längsachse drehendes Moment, neigt sich das Schiff seitwärts, wobei der Formschwerpunkt auf der Formschwerpunktkurve auswandert. Im Bild 2-364a ist diese Querneigung durch eine Neigung der Wasserlinie WL ersetzt. Die Normalen zur Formschwerpunktkurve sind die jeweiligen Auftriebsrichtungen. Zwei unendlich benachbarte Auftriebslinien schneiden sich im wahren Metazentrum M, dem momentanen Bewegungsmittelpunkt des Schiffs während dessen Neigung. Die aus diesen Metazentren gebildete Kurve ist die Evolute zur Formschwerpunktkurve. Dem Formschwerpunkt S_{FO} der Anfangslage, d.h. des waagerecht liegenden Schiffs, entspricht das Anfangsmetazentrum, das für Krängen als Breitenmetazentrum M_B, für Trimmen als Längenmetazentrum M_L bezeichnet wird. Die Schnittpunkte der Auftriebslinien mit der Symmetrieachse der Ausgangslage des Schiffs bezeichnet man als scheinbare Metazentren N. In der aufrechten Schwimmlage fallen wahres und scheinbares Metazentrum zusammen. Die Schwerpunkte der Wasserlinien WL bilden eine Hüllkurve; man kann sich das Schiff auf dieser Kurve rollend denken.

2.5 Fahrzeugkrane

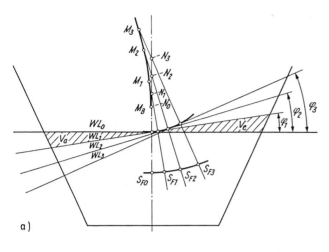

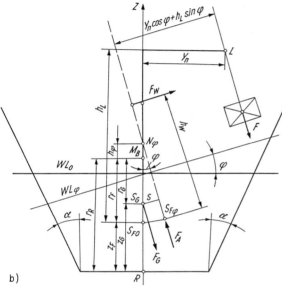

Bild 2-364 Geometrische und statische Zusammenhänge bei der Krängung

Die metazentrischen Radien, die Strecken $\overline{M_B S_{FO}}$ bzw. $\overline{M_L S_{FO}}$

$$r_{FB} = \frac{I_B}{V} \text{ und } r_{FL} = \frac{I_L}{V}; \qquad (2.192)$$

$I_{B, L}$ äquatoriale Flächenträgheitsmomente der von der Wasserlinie gebildeten horizontalen Flächen, bezogen auf ihre Symmetrieachsen in Quer- bzw. Längsrichtung
V Verdrängungsvolumen nach Gl. (2.191),

sind kennzeichnende Größen der Stabilität. Die Herleitung von Gl. (2.192) geht von der Gleichheit der bei Neigungsänderungen aus- und eintauchenden Volumina V_a bzw. V_e aus [2.432] [2.433].
Gleiche Überlegungen gelten für die Längsneigung. Da sich beide Neigungen meist überlagern, treten an die Stelle ebener Kurven von Formschwerpunkt, Wasserlinienschwerpunkt und Metazentrum in Wirklichkeit gekrümmte Flächen.
Der im Bild 2-364b gezeichnete Gleichgewichtszustand des geneigten Schiffs bei Wirkung eines krängenden Moments führt mit

$$s = (r_G + h_\varphi)\sin\varphi$$
$$h_\varphi = \mu r_F$$

$$M_\varphi = F(y_n \cos\varphi + h_L \sin\varphi) + F_W h_W$$

zur Bestimmungsgleichung für den Krängungswinkel

$$r_G = r_R - z_G = r_F + z_F - z_G. \qquad (2.193)$$

Der Faktor μ ist nach [2.434] für die bei Schwimmkranen immer gegebene Form mit senkrechten Seitenwänden nur eine Funktion des Neigungswinkels

$$\mu = \frac{\tan^2 \varphi}{2}.$$

Im Bereich kleiner Neigungswinkel können nach [2.432] [2.435] folgende Vereinfachungen in der Stabilitätsberechnung vorgenommen werden:
– getrennte Betrachtung der Quer- und Längsneigung
– Annahme senkrechter Seitenwände
– Identität des wahren und scheinbaren Metazentrums ($\mu = 0$; $h_\varphi = 0$)
– Drehung des Schiffs um die Schwerachse der Wasserlinienfläche.

Bis zu Neigungswinkeln von 5° weichen die Ergebnisse fast gar nicht, bis 10° in vertretbarem Maß von der exakten Rechnung ab. Es reicht auch aus, alle geometrischen Größen und die angreifenden Momente für den waagerecht liegenden Schwimmkran zu berechnen. Die Hebelarme der Kräfte werden auf die Achsen durch den Anfangsformschwerpunkt S_{FO} bezogen. Gl. (2.193) erhält damit die endgültige Form für die angenäherte Stabilitätsberechnung von Schwimmkranen

$$\sin\varphi = \frac{M_\varphi}{F_G r_{GB}} \text{(Querneigung, Krängen);}$$
$$\sin\psi = \frac{M_\psi}{F_G r_{GL}} \text{(Längsneigung, Trimmen).} \qquad (2.194)$$

Der hier dargestellte statische Stabilitätsfall setzt die Gleichheit der angreifenden und stabilisierenden Momente in jedem Zwischenpunkt des Bewegungsablaufs voraus. Wie das Kippen ist natürlich auch das Krängen bzw. Trimmen ein dynamischer Vorgang, weil plötzlich auftretende Belastungsmomente den Schwimmkran zunächst beschleunigen, so daß er sich in einem gedämpften Einschwingvorgang auf die Neigung entsprechend der statischen Stabilität einstellt. Für kleine Neigungen läßt sich das Problem der dynamischen Stabilität auf das der statischen zurückführen. Man kann den dynamischen Neigungswinkel gleich dem doppelten Betrag des errechneten statischen setzen, trifft dabei aber eine sehr ungünstige Annahme. Den Einfluß der Hubkräfte auf die Schwingungen der Schwimmkrane untersuchen genauer [2.422] [2.436]; [2.291] [2.421] beziehen die Auswirkungen von Wellengruppen und Wind in die dynamische Stabilität ein. Kranschiffe mit ihren extrem hohen Hubkräften stellen die Neigung mit automatischen Ballaststeuerungs-Systemen durch Zu- und Abpumpen bzw. Umpumpen von Seewasser im Schiffskörper ein [2.437].
Da der Pontonkörper stark von der Form eines Quaders abweicht, muß sein Formschwerpunkt berechnet werden. Für eine Näherungsrechnung ist es ausreichend, die im Bild 2-365 stark ausgezogene idealisierte Form der Querschnittsfläche anstelle der strichpunktiert gezeichneten wirklichen Form zu verwenden. Die Vernachlässigung der Exzentrizität der Krandrehachse und die Annahme eines quaderförmigen Pontonkörpers in der Stabilitätsberechnung führen jedoch zu unvertretbaren Abweichungen.

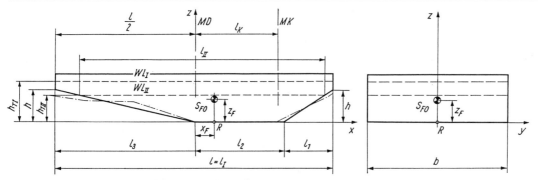

Bild 2-365 Geometrische Beziehungen am Pontonkörper

Tafel 2-20 Zwischenwerte zur Berechnung des Neigungswinkels von Schwimmkranen

	$h_{TI} \geqq h$	$h_{TII} \leqq h$	$h = 0$
h_T	$\dfrac{1}{l}\left[\dfrac{m_{ges}}{\rho b}+\dfrac{h}{2}(l-l_2)\right]$	$\dfrac{h}{l-l_2}\left[\sqrt{l_2^2+\dfrac{2m_{ges}}{\rho b}\cdot\dfrac{l-l_2}{h}}-l_2\right]$	$\dfrac{m_S}{\rho bl}$
z_F	$\dfrac{3h_T^2 l - h^2(l-l_2)}{3[2h_T l - h(l-l_2)]}$	$\dfrac{h_T}{3}\left[2-\dfrac{hl_2}{2hl_2+h_T(l-l_2)}\right]$	$\dfrac{h_T}{2}$
x_F	$(l_3-l_1)\left\{\dfrac{h(l+2l_2)}{6[2h_T l-h(l-l_2)]}\right\}$	$(l_3-l_1)\left\{\dfrac{1}{2}-\dfrac{h_T}{6h}\left[2-\dfrac{hl_2}{2hl_2+h_T(l-l_2)}\right]\right\}$	0
V	$b\left[lh_T-\dfrac{h}{2}(l-l_2)\right]$	$bh_T\left[l_2+h_T\dfrac{l-l_2}{2h}\right]$	blh_T
I_B	$\dfrac{b^3 l}{12}$	$\dfrac{b^3}{12}\left(l_2+h_T\dfrac{l-l_2}{h}\right)$	$\dfrac{b^3 l}{12}$
I_L	$\dfrac{bl^3}{12}$	$\dfrac{b}{12}\left(l_2+h_T\dfrac{l-l_2}{h}\right)^3$	$\dfrac{bl^3}{12}$

Zunächst müssen die Höhenlagen z_G bzw. z_F des Massen- bzw. Formschwerpunkts bekannt sein. Außerdem ist die Schwerpunktkoordinate x_F, evtl. auch y_F zu berechnen (Bild 2-366a), weil die Momente M_φ bzw. M_ψ auf den Formschwerpunkt zu beziehen sind. Da in Gl. (2.192) r_F als Funktion von I_B und I_L sowie V angegeben ist, sind diese Größen zu ermitteln, was wiederum die Bestimmung der Tauchtiefe h_T voraussetzt. Je nach Lage der Wasserlinie oberhalb oder unterhalb der Abschrägung des Pontonkörpers entstehen dabei aus geometrischen Gründen getrennte Ansätze.

Alle benötigten Gleichungen für die Zwischengrößen der Neigungsberechnung sind in Tafel 2-20 für den im Bild 2-365 gezeichneten, etwas idealisierten Pontonkörper zusammengefaßt. Zur Längsachse ist volle Symmetrie mit y_F gleich Null angenommen worden. Es wird, der Voraussetzung entsprechend, die waagerechte Ausgangslage des Schwimmkörpers angesetzt.

In der Belastung werden grundsätzlich alle Kräfte aus Eigenmassen von Kran und Ponton, Nutzmasse, Wind, Beschleunigung usw. erfaßt. Im Bild 2-366a werden vereinfachend alle Gewichtskräfte aus den Eigenmassen des Pontons einschließlich seiner Ausrüstung zur im Schwerpunkt S_P angreifenden Gewichtskraft F_P, alle Gewichtskräfte aus Eigen- und Nutzmasse des Krans zu einer Gesamtkraft F_K zusammengefaßt, deren Wirkungslinie durch den Schwerpunkt S_K geht, der bei einer Drehung mit dem Radius r_K umläuft. Einfache Ähnlichkeitsbeziehungen führen zum Ersatz der Teilschwerpunkte durch den Gesamtschwerpunkt S_G mit

$$F_G = F_P + F_K$$
$$x_Z = \dfrac{F_K x_K - F_P x_P}{F_G}; y_Z = 0$$
$$\omega_K = \omega_G = \omega \qquad (2.195)$$
$$r_S = \dfrac{F_K}{F_G} r_K.$$

Für die Belastungsmomente gilt

$$M_\varphi = -F_K y_{KF} \pm F_{W\varphi}(\omega)h_W = -F_K r_K \cos\omega \pm F_{W\varphi}(\omega)h_W$$
$$M_\psi = -F_P x_{PF} + F_K x_{KF} \pm F_{W\psi}(\omega)h_W$$
$$= -F_P(x_P + x_F) + F_K(x_K - x_F + r_K \sin\omega) \pm F_{W\psi}(\omega)h_W.$$
$$(2.196)$$

Die Neigungswinkel des Schwimmkrans sind nunmehr unter Verwendung der Gln. (2.193), (2.194), (2.196) und Tafel 2-20 für jeden Belastungsfall zu berechnen. Vergleichsrechnungen weisen aus, daß die Annahme eines quaderförmigen Pontons [2.254] zu wesentlich geringeren Tauchtiefen und zu erheblichen Abweichungen beim Trimmwinkel führt; nur bei der Querneigung sind die Unterschiede zur hier dargestellten Näherungsrechnung vertretbar.

2.5 Fahrzeugkrane

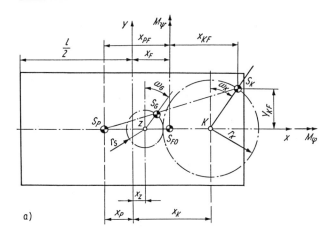

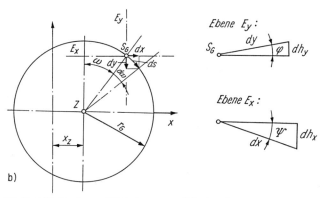

Bild 2-366 Kräfte und Hebelarme am Schwimmkran
a) Wirkungslinien der Vertikalkräfte
b) Hubarbeit während der Drehbewegung des Krans

2.5.7.4 Zusatzdrehmoment des Drehwerks

Das periodisch schwankende Zusatzdrehmoment für die überlagerte Vertikalbewegung eines Drehkrans bei schrägstehender Drehachse wird in [0.1, Abschn. 3.5.4.4] behandelt. Beim Schwimmkran ändern sich jedoch die Neigungswinkel φ und ψ während der Drehbewegung ständig, so daß eine gesonderte Behandlung notwendig ist. Der Gesamtschwerpunkt des Schwimmkrans wandert beim Drehen des Kranteils auf einer Raumkurve, die einer Ellipse mit zusätzlicher vertikaler Krümmung entspricht. Für einen kreisförmigen Schwimmkörper mit zentrischer Krandrehachse wäre diese Raumkurve ein ebener, horizontalliegender Kreis; das Zusatzdrehmoment wäre im Beharrungszustand Null, wenn Reibungskräfte unberücksichtigt blieben.

Da sich die elliptische Form der Raumkurve in der Draufsicht wenig von einem Kreis unterscheidet, ist der Näherungsansatz nach Bild 2-366b erlaubt. Während der Bewegung des Gesamtschwerpunkts S_G um den Weg ds entstehen in den beiden Vertikalebenen E_y und E_x die anteiligen Hubwege

$$dh_y = dy \sin\varphi = ds \sin\omega \sin\varphi = r_G \sin\omega \sin\varphi \, d\omega$$
$$dh_x = dx \sin\psi = ds \cos\omega \sin\psi = r_G \cos\omega \sin\psi \, d\omega .$$

In der gezeichneten Stellung wird der Schwerpunkt gleichzeitig um dh_y gehoben und um dh_x gesenkt. Somit gilt näherungsweise die Differenz als Gesamthubweg des Schwerpunkts

$$d(\Delta h) = dh_y - dh_x = r_G(\sin\omega \sin\varphi - \cos\omega \sin\psi)d\omega . \quad (2.197)$$

Das Zusatzdrehmoment des Drehwerks wird aus der Hubarbeit dW_G ermittelt.

$$M_D(\omega) = \frac{dW_G}{d\omega} = \frac{F_G d(\Delta h)}{d\omega} = F_G r_G (\sin\omega \sin\varphi - \cos\omega \sin\psi) . \quad (2.198)$$

Einsetzen von Gl. (2.194) ergibt

$$M_D(\omega) = M_\varphi(\omega)\sin\omega - M_\psi(\omega)\cos\omega . \quad (2.199)$$

Um die Extremwerte zu berechnen, müßte zunächst der konkrete Verlauf des Windmoments $F_w h_w$ über dem Drehwinkel ω in Gl. (2.196) eingeführt werden. Wird vereinfachend dieser Windeinfluß vernachlässigt, erhält man unter Verwendung von Gl. (2.196) einen direkt differenzierbaren Ansatz für Gl. (2.199)

$$M_D(\omega) = C_1 \cos\omega - 2C_2 \sin\omega \cos\omega = C_1 \cos\omega - C_2 \sin 2\omega$$
$$\text{mit } C_1 = F_P(x_P + x_F) - F_K(x_K - x_F); \quad C_2 = F_K r_K . \quad (2.200)$$

Gl. (2.200) hat wegen $M_D = 0$ für $\cos\omega = 0$ zwei Nullstellen bei $\overline{\omega} = \pi/2$ und $\overline{\overline{\omega}} = 3\pi/2$. Um die Extremwerte zu finden, wird sie nach ω differenziert und gleich Null gesetzt

$$\frac{dM_D(\omega)}{d\omega} = -C_1 \sin\omega - 2C_2 \cos 2\omega = 0 .$$

So findet man für die Maxima und Minima des Zusatzdrehmoments die Gleichung

$$\frac{\cos 2\tilde\omega}{\sin \tilde\omega} = -\frac{C_1}{2C_2} . \quad (2.201)$$

Das Zusatzdrehmoment ist damit ausreichend bestimmt. Bild 2-367 zeigt noch die grafische Auswertung, wobei unterschiedliche Vorzeichen für C_1 unterschiedlichen Anfangsneigungen des Schwimmkrans entsprechen. Bei allen Gleichungen müssen die Vorzeichen gemäß Bild 2-366a gewählt werden.

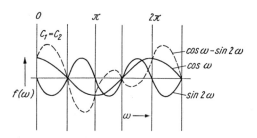

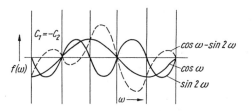

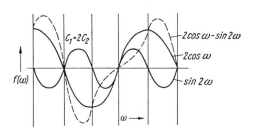

Bild 2-367 Zusatzdrehmoment aus Krängen und Trimmen

2.6 Dynamik der Krane
2.6.1 Vorbemerkungen
2.6.1.1 Beteiligte Fachgebiete

Die *Dynamik*, neben der *Statik* das zweite große Teilgebiet der *Mechanik*, läßt sich ebenfalls in zwei Teile aufspalten: Die *Kinematik* befaßt sich mit der zeitlichen und räumlichen Darstellung der Bewegung eines (Körpers oder) Körpersystems, wenn dessen geometrische Bindungen praktisch in Form von Bahnen vorgegeben sind. Die *Kinetik* hat dagegen die Aufgabe, die Bewegung eines Körpersystems infolge vorgegebener *Kräfte* zu bestimmen; meistens muß dazu die Kinematik mit bemüht werden. Immer interessieren letztendlich die bei der Bewegung auftretenden Reaktionskräfte (Verbindungs- und Auflagerkräfte) des Körpersystems (Baugruppe einer Maschine oder die Maschine selbst); wenn alle Kräfte bekannt sind, lassen sich die einzelnen Bauteile auf ausreichende mechanische Festigkeit dimensionieren.

Zur Lösung dieser Aufgabe steht eine Reihe von Lehrbüchern der Maschinendynamik zur Verfügung (z.B. [2.438] bis [2.441]). Obwohl die darin vermittelten theoretischen Zusammenhänge gewöhnlich schon an Ort und Stelle durch (Zahlen-)Beispiele verdeutlicht werden, existieren noch direkte Aufgabensammlungen (z.B. [2.442], [2.443]). Sie sind dem Konstrukteur unmittelbar bei der Aneignung der richtigen Vorgehensweise für die Lösung solcher Aufgaben behilflich. Das passiert nicht nur durch die beispielhafte Durchrechnung der Aufgaben, sondern auch durch die verbale Formulierung des in einzelne Schritte aufgelösten, zur Lösung führenden Denkablaufs. Bei den Verfassern (auch [2.441]) sind Beispiele aus der Fördertechnik recht beliebt.

Spätestens der Titel von [2.441] erinnerte noch einmal daran, daß es sich bei vielen fördertechnischen Konstruktionen um (Gelenk-)Mechanismen handelt. Der Rückgriff auf die entsprechende Speziallliteratur [2.444] [2.445] ist deshalb in manchen Fällen angebracht.

Genauso wichtig für den Konstrukteur sind oft spezielle Angaben über die Antriebsmotoren in den Triebwerken seiner Maschine. Traditionell handelt es sich dabei hauptsächlich um Elektromotoren [2.446], das Einsatzgebiet ölhydraulischer Antriebe [2.447] hat sich aber auf Grund ihrer Vorzüge, vor allem der großen Leistungsdichte, in den letzten Jahren stark ausgeweitet. Sehr zeitig haben die Ingenieure die elektronische Rechentechnik zur Lösung der umfangreichen numerischen Aufgaben in ihre Dienste gestellt. Dadurch ist trotz der schnellen Entwicklung der Rechentechnik heute praktisch für jedes maschinendynamische Problem die Software vorhanden [2.448] bis [2.450]. Obwohl in diesen Programmpaketen mehr oder weniger die Aspekte der anderen in diesem Zusammenhang interessierenden Fachgebiete berücksichtigt sind, soll auf die Existenz spezieller Rechenprogramme der Getriebetechnik [2.451] [2.452], der elektrischen Antriebstechnik [2.454] und der hydraulischen [2.455] [2.456] hingewiesen werden.

In den letzten beiden Jahrzehnten hat sich die Antriebstechnik immer mehr mit der Automatisierungstechnik – sprich: Steuerungs-/Regelungstechnik – liiert [2.457] bis [2.459]; auch aus dem Fördermaschinenbau sind wegen der damit verbundenen Vorteile mechanisch-elektrische Antriebssysteme mit integrierter Steuerung/Regelung nicht mehr wegzudenken. (Auf die angesprochenen Vorteile wird im Abschnitt 2.6.6 näher eingegangen.) [2.454] und [2.456] wurden für die regelungstechnische Projektierung direkt geschaffen. In den letzten Jahren wurde die Möglichkeit zur Automatisierung durch die Fuzzy-Logik noch erweitert, eine Methode, die umgangspachlich formulierte Regeln direkt zur Problemlösung heranzieht, so daß aufwendige mathematische Beschreibungen entfallen [2.460].

2.6.1.2 Technische Regeln

Die Kräfte, die im praktischen Konstruktionsprozeß für die den *Kranbetrieb* beschreibenden Berechnungen benötigt werden, werden von DIN 15018, Teile 1 und 3, geliefert. Diese Kräfte entstehen durch Multiplikation differenzierter Beiwerte mit einem der wenigen konstruktiven Parameter, die von DIN 15018 erfaßt sind; die Beiwerte haben im günstigsten Fall ein einfaches Schwingungsmodell zum physikalischen Hintergrund. Die Kräfte gelten nur für das Tragwerk einer Maschine. Eine analoge Vorschrift war auch für das Triebwerk geplant, sie scheiterte schließlich an der Tatsache, daß sich zuallerletzt ein Triebwerk durch so wenige Konstruktionsparameter beschreiben läßt. Dadurch ging es über einen ersten Versuch – DIN-Fachbericht „Berechnungsgrundsätze für Triebwerke in Hebezeugen", Kapitel 4 und 5 – nicht hinaus, und man beließ es dann schließlich bei FEM 1.001, Heft 2. Bei der laufenden Europäischen Normung steht diese komplexe Aufgabe aber nun wieder an [2.461].

Bei der Erarbeitung solcher Normen besteht von vornherein der Widerspruch zwischen den Forderungen nach großer Sicherheit der zu konstruierenden Maschine auf der einen Seite und auf der anderen nach Wirtschaftlichkeit ihrer Fertigung und ihres späteren Betriebs. Eine möglichst einfache Norm ist deshalb das Ziel. Die dynamischen Vorgänge bei den verschiedenen Kranarten sind aber so vielfältig und können außerdem durch viele konstruktive Maßnahmen beeinflußt werden, daß es nicht möglich ist, ihre Berechnung in Normen festzulegen, die nur wenige konstruktive Parameter eines Krans erfassen. So kann ein Kran auf der Grundlage der Norm zum Teil überdimensioniert worden sein, mit der Dimensionierung einer anderen Baugruppe desselben Krans oder der Dimensionierung eines anderen Krans braucht man aber noch nicht einmal auf der sog. „sicheren Seite" zu liegen. In strittigen Fällen ist deshalb eine dynamische Nachrechnung mit einem zutreffenden Schwingungsmodell angebracht. Ein reichhaltiges Angebot dafür enthält [2.462, Kap. 3.]. Überhaupt ist diese „Dynamik der Unstetigförderer" eine ausgezeichnete Anleitung zum Handeln vor allem für einen Berechnungsingenieur im Fördermaschinenbau.

2.6.1.3 Einführung

Bereits [0.1] geht auf maschinendynamische Belange ein. Das geschieht in den Abschnitten 2.6.1.4.1 (Berechnung formschlüssiger Kupplungen mit Schwingungsmodell), 3.3 (Grundauslegung von Antrieben) und 3.4.2.2 (Berechnung dynamischer Belastungen mit Zweimassen-Schwingungsmodellen). Wie es üblich ist, werden dort im Grunde die interessierenden Ergebnisse der jeweils zitierten Literatur vorgestellt. Von dieser Regel wird im folgenden abgewichen; nur der letzte Abschnitt 2.6.7 bringt eine kommentararme Literaturübersicht. Auch der letzten Entwicklung hin zu möglichst anwenderfreundlichen und universellen Softwareprodukten wird nicht weiter Rechnung getragen. Diese Entwicklung hat die Möglichkeit der Maschinendynamik zwar beträchtlich erweitert, ihr Verständnis für den Konstrukteur dabei jedoch nicht erleichtert. Auch zu-

2.6 Dynamik der Krane

künftig aber muß der Konstrukteur in der Lage sein, das dynamische Verhalten einer betreffenden Baugruppe/Maschine abschätzen zu können. Bei einer eventuellen genaueren Durchrechnung muß er den Berechnungsingenieur bei der Wahl des Berechnungsmodells beraten und die Modellparameter bereitstellen können. Solche Fähigkeiten würden ihn dann automatisch davor bewahren, den Computerergebnissen blindlings zu vertrauen.

Die folgenden Ausführungen sollen dem Konstrukteur bei dieser Aufgabe eine Hilfe sein. Sie stellen praktisch eine Aneinanderreihung in sich abgeschlossener einfacher Aufgaben dar, wie sie bei der Ausbildung der Studierenden im fördertechnischen Maschinenbau anfallen. Bewußt wird ausführlich auf die Funktion der jeweiligen Baugruppe/Maschine eingegangen, um Rückschlüsse auf die Modellfindung zu ermöglichen. Auch die Beschränkung auf nur wenige mechanische Gesetze (Satz von der Erhaltung der Energie, D'Alembertsches Prinzip) bei der Lösung der Aufgaben ist beabsichtigt. Das Ziel einer Berechnung sind schließlich immer die im System wirkenden Kräfte, weil mit ihnen über die *mechanischen* Beanspruchungen der Bauteile etwas ausgesagt werden kann. (Eine Ausnahme macht lediglich der Gliederungspunkt „Ersatz-Massenträgheitsmoment für die thermische Berechnung von Hubwerkbremsen" im Abschnitt 2.6.3.1 mit der *thermischen* Beanspruchung als Hintergrund).

Das im Gliederungspunkt „Stoppbremsung" im Abschnitt 2.6.4.5 angesprochene „Blockieren" – ein Havariefall – ist ein Beispiel dafür, daß diese Kräfte nicht nur aus der fast ausschließlich behandelten Erregung beim Anfahren und Bremsen resultieren. Der Vollständigkeit halber muß noch erwähnt werden, daß bei der Kran-Zielfahrt (s. Abschn. 2.6.6) von vornherein nicht die *Kräfte* (für die Dimensionierung der Bauteile auf mechanische Festigkeit) im Vordergrund stehen. Genauso verhält es sich z.B. mit der Reduzierung der Schwingungsbelastung der Kranführer.

2.6.2 Antriebskraft-Funktionen

2.6.2.1 Rechteck

Der mit Kranen durchzuführende Gutumschlag verlangt von den Kranantrieben den sog. Aussetzbetrieb, gekennzeichnet durch die sich ständig wiederholenden Betriebsphasen Anfahren (Anfahrzeit t_A, [0.1, Abschn. 3.1.2.]), Beharrung (Beharrungszeit t_H) und Bremsen (Bremszeit t_B) während der Betriebsdauer t_{be} in den periodisch oder regellos aufeinanderfolgenden Arbeitsspielen. Auf diese unstetige Arbeitsweise sind in erster Linie die in diesem Abschnitt zu behandelnden dynamischen Beanspruchungen zurückzuführen (weniger z.B. auf die Belastung durch Wind). Zu dem idealisierten Geschwindigkeitsverlauf im Bild 2-368a gehört der ebenfalls dargestellte Beschleunigungsverlauf

$$\ddot{x}_A = \frac{\dot{x}_H}{t_A} \quad ; \quad \ddot{x}_B = -\frac{\dot{x}_H}{t_B} \quad . \tag{2.202}$$

Der wiederum ist, vernachlässigt man jeglichen Bewegungswiderstand im Antrieb, qualitativ identisch dem Antriebskraft-Verlauf bei Zugrundelegung des Berechnungsmodells „starre Maschine"; $\ddot{x}_A$ und $\ddot{x}_B$ sind lediglich durch

$$F_A = m\ddot{x}_A \quad \text{bzw.} \quad F_B = m\ddot{x}_B \tag{2.203}$$

m reduzierte Masse

zu ersetzen.

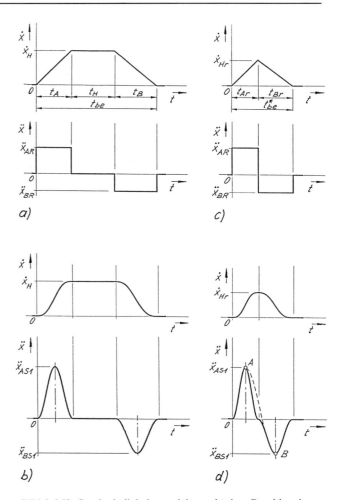

Bild 2-368 Geschwindigkeits- und dazugehöriger Beschleunigungsverlauf für Bewegungen mit Anfahr- und Bremsphase
a), b) Beharrungsphase vorhanden; c), d) nicht vorhanden
a), c) konstante Beschleunigungen; b), d) Beschleunigungen, die der Bestehorn-Sinoide gehorchen

Es wurde nur von der „Antriebs*kraft*" gesprochen, obwohl die Antriebsmotoren fast ausschließlich rotatorische Motoren sind. Das Symbol x für die Bewegungsgrößen in Gl. (2.202) – $\dot{x} = dx/dt$ für die Geschwindigkeit, $\ddot{x}$ für die Beschleunigung – deutete bereits den Bezug auf die *Translation* an, so daß die Anwendung der reduzierten *Masse* in Gl. (2.203) vorbestimmt war. Bei einer *Rotation* brauchen in den Gleichungen nur die translatorischen Kenngrößen Weg, Masse, Kraft durch die rotatorischen Entsprechungen Winkel, Massenträgheitsmoment, (Dreh-)Moment ausgetauscht zu werden.

Die weiteren Überlegungen gehen von dem in den Bezeichnungen (Gln. (2.202) und (2.203)) verallgemeinerten Antriebskraft-Verlauf nach Bild 2-369a aus:

$$F_R = F_0 \quad \text{für} \quad 0 < t \leq t_0$$

$$F_R = 0 \quad \text{für} \quad t \leq 0 \quad \text{und} \quad t > t_0 \tag{2.204}$$

Von Haus aus hat kein Motor eine solche Kennlinie [0.1, Abschn. 3.2], durch Regelung kann sie aber genau genug so geformt werden. Für analytische Überschlagsrechnungen ist diese Antriebskraft-Funktion sehr vorteilhaft, nicht etwa deshalb, weil sie die einfachste mathematische Funktion darstellt, sondern weil sie nur durch einen einzigen Parameter charakterisiert wird und sie für eine *ganze* Betriebsphase gilt. Wird weiter am Berechnungsmodell „starre Maschine" festgehalten, gehören zu Gl. (2.204)

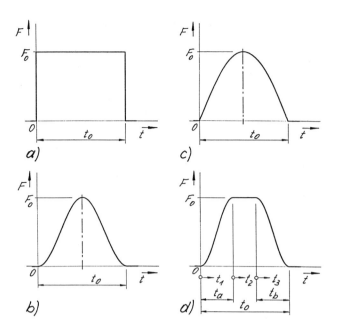

Bild 2-369 Antriebskraft-Funktionen
a) Rechteck
b) Bestehorn-Sinoide
c) einfache Sinoide
d) Hutform

$$\ddot{x}_R = \frac{F_0}{m} \qquad (2.205)$$

und mit den Anfangsbedingungen $\dot{x}(t=0) = x(t=0) = 0$

$$\dot{x}_R(t=t_0) = \frac{F_0 t_0}{m}; \quad x_R(t=t_0) = \frac{1}{2}\frac{F_0 t_0^2}{m}. \qquad (2.206)$$

Dadurch, daß die Kraft die ganze Zeit über in voller Größe gewirkt hat, sind die größte mögliche Geschwindigkeit erreicht und der größte mögliche Weg zurückgelegt worden. Für den Durchsatz der Maschine ist das von Vorteil. Gefährlich sind aber die damit verbundenen Beschleunigungssprünge bei $t=0$ und $t=t_0$ zwischen Null und der größten auftretenden Beschleunigung, haben sie doch die größte mögliche dynamische (Zusatz-)Beanspruchung für den Antriebsstrang und die Maschine zur Folge. Seinen mathematischen Ausdruck findet das durch den sog. Ruck $\dddot{x}$:

$$\dddot{x}(t=0) = -\dddot{x}(t=t_0) = \infty \qquad (2.207)$$

Dimensionslos gemacht, bilden die Zusammenhänge aus den Gln. (2.204) bis (2.207) die Zeilen 1 und 2 in Tafel 2-21. Wenn auch ein so harter mathematischer Sprung der Antriebskraft auf Grund der dem Antriebssystem innewohnenden verteilten Trägheiten und Nachgiebigkeiten praktisch nicht zustande kommt, sollte die Möglichkeit seines Auftretens von vornherein ausgeschlossen werden.

2.6.2.2 Sinoide

Jeder Antrieb sollte also, auch wenn er als starre Maschine modelliert wird, möglichst „sanft" anlaufen und natürlich dann ebenso abbremsen. Diese Forderung wird durch Bild 2-369b erfüllt, das der Gleichung

$$F_{S1} = \frac{1}{2}\left(1 - \cos 2\pi \frac{t}{t_0}\right) F_0 \qquad (2.208)$$

gehorcht. Daraus entstehen analog zu den Gln. (2.205) bis (2.207) die Werte in Zeile 3 von Tafel 2-21. Die gesamte Bewegungsänderung im Zeitraum $0 \leq t \leq t_0$ geht tatsächlich sanft, weil mathematisch stetig vor sich:

– Sie beginnt bei $t=0$ mit $\ddot{x}=0$ und $\dddot{x}=0$ und endet ebenso bei $t=t_0$.
– Die Beschleunigung wächst auf $\ddot{x} = F_0/m$ bei $t=t_0/2$ an, der größte Zuwachs war mit $\dddot{x} = \pi F_0/(mt_0)$ bei $t=t_0/4$ zu verzeichnen.

Diesem Vorteil steht aber der Nachteil gegenüber, daß Geschwindigkeit und Weg am Ende der Bewegungsänderung nach den Feldern (3; 3) und (3; 4) in Tafel 2-21 nur halb so groß sind. Dafür wird auch nur halb so viel Energie dem elektrischen Netz durch den Antriebsmotor entnommen; ein brauchbares Maß dafür ist unter Verwendung von Gl. (2.208)

$$\int_0^{t_0} F_{S1} \cdot dt = \frac{1}{2} F_0 t_0.$$

Das Integral ist hier identisch dem Wert $\dot{x}m(t=t_0)$ in Spalte 3 von Tafel 2-21.
Um in derselben Zeit wie beim rechteckigen Antriebskraft-Verlauf dieselben Werte zu erreichen, müßte F_0 verdoppelt werden. Das hätte aber auch doppelt so große Beanspruchungen im Antriebsstrang zur Folge. Die bessere Möglichkeit zielt auf die intensivere Nutzung der zur Verfügung stehenden Zeit t_0: F muß schneller anwachsen und später auch schneller wieder abnehmen. Der Kraftverlauf im Bild 2-369b wird auf mathematischem Wege völliger, wenn aus dem Faktor von F_0 in Gl. (2.208) die Wurzel gezogen wird, wofür spätestens jetzt aber die andere Form von Gl. (2.208) – das doppelte Argument der trigonometrischen Funktion wird durch ihr Quadrat ersetzt – verwendet werden soll:

$$F_{S2} = F_0 \sqrt{\frac{1}{2}\left(1-\cos 2\pi\frac{t}{t_0}\right)} = \frac{1}{2}\sqrt{2} F_0 \sqrt{1-\left(1-2\sin^2\pi\frac{t}{t_0}\right)}$$

$$= F_0 \sin\pi\frac{t}{t_0} \qquad (2.209)$$

Die wieder den Gln. (2.205) bis (2.207) entsprechenden Ausdrücke stehen in Zeile 4 von Tafel 2-21. Durch das Radizieren in Gl. (2.209) ist die sog. Bestehorn-Sinoide aus Bild 2-369b in die „einfache Sinoide" (Bild 2-369c) übergegangen. (Ihre Gleichungen in der üblichen Schreibweise [2.444] [2.445] [2.446] [2.453] wären die aus den Feldern (3; 1) und (4; 1) von Tafel 2-21 folgenden Funktionen $\dot{x}(t)$.) Die Vergrößerung von Endgeschwindigkeit und -weg gegenüber Zeile 3 um 27 % ist leider kein durchschlagender Erfolg, ein qualitativer Umschwung ist hingegen bei der Beschleunigungsänderung in Spalte 5 eingetreten: Sie ist jetzt endlich. Diese negative Entwicklung ist allerdings nicht zu hoch zu bewerten, weil dieser endliche Ruck als gleichzeitiger größter Betrag im Zeitraum $0 \leq t \leq t_0$ nicht den Maximalwert in Zeile 3 übersteigt.
Die Vermutung, daß ein weiteres Radizieren weitere Vorteile bringt, liegt nahe. Die Verläufe

$$\frac{F_S}{F_0} = \sin^{1/n}\pi\frac{t}{t_0} \qquad (2.210)$$

Tafel 2-21 Zusammenstellung der Antriebskraft-Funktionen mit deren Bewegungs-Zustandsgrößen

	1	2	3	4	5	6
1	$\dfrac{F}{F_0} = \dfrac{\ddot{x}m}{F_0}$	$\left(\dfrac{\ddot{x}m}{F_0}\right)_{max} = 1$ bei	$\left(\dfrac{\dot{x}m}{F_0 t_0}\right)_{t=t_0}$	$\left(\dfrac{xm}{F_0 t_0^2}\right)_{t=t_0}$	$\left(\dfrac{\dddot{x}mt_0}{F_0}\right)_{t=0} = -\left(\dfrac{\dddot{x}mt_0}{F_0}\right)_{t=t_0}$	$\left(\dfrac{\dddot{x}mt_0}{F_0}\right)_{max}$
2	1	$0 < t < t_0$	1	$\dfrac{1}{2}$	∞	
3	$\dfrac{1}{2}\left(1 - \cos 2\pi \dfrac{t}{t_0}\right)$		$\dfrac{1}{2}$	$\dfrac{1}{4}$	0	$\pm\pi$ bei $t = \begin{cases} \dfrac{1}{4}t_0 \\ \dfrac{3}{4}t_0 \end{cases}$
4	$\sin \pi \dfrac{t}{t_0}$	$t = \dfrac{1}{2}t_0$	$\dfrac{2}{\pi} = 0{,}637$	$\dfrac{1}{\pi} = 0{,}318$	π	
5	$\sqrt{\sin \pi \dfrac{t}{t_0}}$		$\dfrac{12}{5\pi} = 0{,}764$	$\dfrac{6}{5\pi} = 0{,}382$	∞	
6	$\dfrac{1}{2}\left(1 - \cos\pi \dfrac{t}{t_a}\right)$ für $0 \le t \le t_a$ 1 für $t_a \le t \le t_0 - t_a$ $\dfrac{1}{2}\left(1 - \cos\pi \dfrac{t_0 - t}{t_a}\right)$ für $t_0 - t_a \le t \le t_0$	$t_a \le t \le t_0 - t_a$	$1 - \dfrac{t_a}{t_0}$	$\dfrac{1}{2}\left(1 - \dfrac{t_a}{t_0}\right)$	0	$\pm\dfrac{\pi}{2}\dfrac{1}{t_a/t_0}$ bei $t = \begin{cases} \dfrac{1}{2}t_a \\ t_0 - \dfrac{1}{2}t_a \end{cases}$

mit $n = 1/2$ für Feld (3; 1) in Tafel 2-21, $n = 1$ für Feld (4; 1) und weiteren n sind im Bild 2-370a graphisch dargestellt. Für $n = 2$ ist in den Feldern (5; 3) und (5; 4) von Tafel 2-21 zwar ein weiterer Zuwachs von 25 % gegenüber Zeile 3 zu verbuchen, die Tangenten an die Kurve bei $t = 0$ und $t = t_0$ sind aber leider Senkrechte (Bild 2-370b und Felder (5; 5) und (5; 6) in Tafel 2-21). Trotzdem wäre die Kurve aber für den praktischen Einsatz geeignet – evtl. auch noch die für $n = 4$ –, weil sie bei Null beginnt und dadurch der steuerungstechnische Sprung bei der ersten Abtast-Schrittweite nicht zu groß ausfallen würde. Nach wie vor bleibt der „sanfte" Anlauf jedoch erstrebenswert.

2.6.2.3 Hutform

Gibt man die Vorstellung von der nur einen Antriebskraft-Funktion für den ganzen Anfahrvorgang auf, bietet sich sofort die Form nach Bild 2-369d an, bei der im Grunde die beiden Hälften von Bild 2-369b ein Rechteck einschließen:

$$\dfrac{F_{T1}}{F_0} = \dfrac{1}{2}\left(1 - \cos\pi \dfrac{t_1}{t_a}\right) \quad \text{für } 0 \le t_1 \le t_a$$

$$\dfrac{F_{T2}}{F_0} = 1 \quad \text{für } 0 \le t_2 \le t_0 - (t_a + t_b)$$

$$\dfrac{F_{T3}}{F_0} = \dfrac{1}{2}\left(1 - \cos\pi \dfrac{t_b - t_3}{t_b}\right) \quad \text{für } 0 \le t_3 \le t_b \quad (2.211)$$

Dazu gehören

$$\dot{x}(t = t_0) = \dfrac{F_0}{m}\left[t_0 - \dfrac{1}{2}(t_a + t_b)\right]$$

$$x(t = t_0) = \dfrac{1}{2}\dfrac{F_0}{m}\left[t_0(t_0 - t_a) - \left(\dfrac{1}{2} - \dfrac{2}{\pi^2}\right)(t_b^2 - t_a^2)\right]. \quad (2.212)$$

Für den Sonderfall $t_b = t_a$ ergänzt die Hutform als Zeile 6 die Tafel 2-21, die drei Zeitkoordinaten aus Gl. (2.211) wurden dabei nicht mit übernommen. Die Annäherung an das Rechteck wird begrenzt durch die Beschleunigungsänderung im Feld (6; 6), die mit abnehmendem t_a/t_0 gegen Unendlich geht.

2.6.2.4 Regressionsfunktion

Sieht man einmal von der Wirkungsdauer t_0 der Kraft F ab, wird die Hutform durch die drei Parameter F_0, t_a und t_b beschrieben. Diese Parameter definieren drei Funktionen, von denen jede nur in einem Teilbereich von t_0 wirkt. Wenn man diesen Aufwand der *drei* den Kraftverlauf beschreibenden Parameter schon auf sich nimmt, kann man die Parameter natürlich auch (Elementar-)Funktionen zuordnen, die für die *ganze* Wirkungsdauer definiert sind. Auf diese Weise läßt sich auch ein in der Praxis bereits vorliegender Kraftverlauf näherungsweise abbilden. Die einfachste Form dafür stellt das Polynom dar, das im Gliederungspunkt „Dynamische Standsicherheit" im Abschnitt 2.6.3.1 Anwendung findet und auf das deshalb hier nicht weiter eingegangen wird.

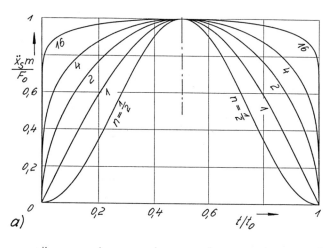

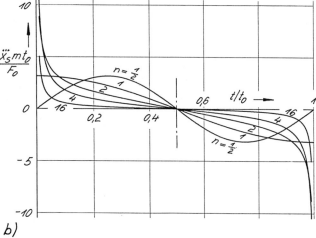

Bild 2-370 Bestehorn-Sinoide und schrittweise Annäherung an die Rechteckform
a) Beschleunigungsverlauf; b) Ruckverlauf

2.6.2.5 Komplette Bewegung

Von den einleitenden Worten im Abschnitt 2.6.2.1 abgesehen, wurde in den vorhergehenden Abschnitten vereinbarungsgemäß jeweils nur eine einzelne Bewegungsänderung betrachtet. Mit den dabei gewonnenen Erkenntnissen wird nun zu der genannten Einleitung zurückgekehrt, und zwar mit folgender Aufgabenstellung z.B. für das Fahrwerk eines Krans: Der Antrieb soll den Kran entsprechend Bild 2-368a von $x=0$ nach $x=a$ bewegen; neben a werden vorgegeben $\dot{x}_H, t_A$ und t_B. Gesucht sind $\ddot{x}_A, \ddot{x}_B$ und t_{be}. – Es gilt Gl. (2.202), und mit ihr lautet die Summation der drei Etappenstrecken im Bild 2-368a

$$\frac{1}{2}\frac{\dot{x}_H}{t_A}t_A^2 + \dot{x}_H\left[t_{be} - (t_A + t_B)\right] + \frac{1}{2}\frac{\dot{x}_H}{t_B}t_B^2 = a. \quad (2.213)$$

Daraus folgt

$$t_{be} = \frac{a}{\dot{x}_H} + \frac{1}{2}(t_A + t_B). \quad (2.214)$$

Dieselbe Frage soll für die Bestehorn-Sinoide beantwortet werden, für die Bild 2-368b auf Bild 2-369b zurückgeht: Die Diskussion im Abschnitt 2.6.2.2 (s. auch dazu Tafel 2-21) liefert

$$\ddot{x}_{AS1} = 2\frac{\dot{x}_H}{t_A} \; ; \; \ddot{x}_{BS1} = -2\frac{\dot{x}_H}{t_B}, \quad (2.215)$$

Gl. (2.214) behält dafür ihre Gültigkeit.

Die angestellten Überlegungen gelten nur für

$$t_H = t_{be} - (t_A + t_B) \leq 0$$

bzw. nach Gl. (2.213) für

$$\frac{a}{\dot{x}_H} \geq \frac{1}{2}(t_A + t_B). \quad (2.216)$$

Wenn a also nicht groß genug ist, kann sich kein „Beharrungs"-Zeitbereich t_H ausbilden, und die vorgegebenen Größen $\dot{x}_H, t_A$ und t_B erreichen nur die reduzierten Werte $\dot{x}_{Hr}, t_{Ar}$ bzw. t_{Br} (Bilder 2-368c und d). Für die Beschleunigungen gelten auch hier die Gln. (2.202) und (2.215), und mit

$$\dot{x}_{Hr} = \frac{t_{Ar}}{t_A}\dot{x}_H = \frac{t_{Br}}{t_B}\dot{x}_H$$

erhält man analog Gl. (2.213)

$$t_{be}^* = \sqrt{2\frac{a}{\dot{x}_H}(t_A + t_B)} \; ; \; t_{Ar} = \frac{t_A}{t_A + t_B}t_{be}^*. \quad (2.217)$$

Durch das Reversieren des Antriebs im Bild 2-368c, also das unmittelbare Umschalten von „Anfahren" auf „Bremsen", fällt die mechanische Beanspruchung noch härter aus als nach Bild 2-368a, besonders bei spielbehafteten Antrieben. Dieser Umstand ist beim Vergleich der Bilder 2-368b und d nicht zu verzeichnen. Wenn das Spiel klein genug ist, könnten die Punkte A und B im Bild 2-368d sogar durch eine Sinuslinie einer halben Periodenlänge verbunden werden (gestrichelt eingezeichnet). Bei der analytischen Behandlung des Bewegungsvorgangs würde das allerdings den Nachteil einer dritten zu berücksichtigenden Etappe zur Folge haben.

2.6.3 Berechnungsmodell der starren Maschine

2.6.3.1 Rotatorische Bewegungen

Auflager-, Verbindungs- und Schnittreaktionen in Antrieben

Gegeben sei das in den Punkten A und B statisch bestimmt gelagerte Triebwerk im Bild 2-371a, das, um die prinzipiellen Zusammenhänge besser aufzeigen zu können, stark vereinfacht wurde: Es besitzt nur eine einzige Getriebestufe (Lagerpunkte C und D der Zahnräder 1 und 2); außerdem soll die nachfolgende analytische Untersuchung des Triebwerks/Antriebs lediglich als ebene Aufgabe betrieben werden, was bedeutet, daß die in Wirklichkeit mit ihren Wirkungslinien nicht (nur) in der Zeichenebene liegenden Kräfte in die Zeichenebene projiziert und dort summiert werden. Damit sind im Grunde auch schon die Zahnräder charakterisiert: Es handelt sich um geradverzahnte Stirnräder. Ansonsten ist die Antriebskonstruktion aber durch ihre um den Winkel β gegenüber der horizontalen Auflagerebene geneigte Gerade CD allgemein gehalten. Bekannt seien neben β das Antriebsgehäusemaß h, die Zahnrad-Wälzkreisradien r_1 und r_2 mit dem dazugehörigen Eingriffswinkel α, das Antriebsmoment M_{An1} des auf der Welle 1 (Lagerpunkt C) sitzenden, z.B. am Antriebsgehäuse angeflanschten Antriebsmotors und die Massenträgheitsmomente J_1 und J_2 der auf den Wellen 1 und 2 sitzenden Massen. (Die symbolische Lagerung des Motorankers

2.6 Dynamik der Krane

in der Ansicht G von Bild 2-371a soll darauf hindeuten, daß der Motorständer fest mit dem Antriebsgehäuse verbunden, praktisch ein Teil von ihm ist.) Gesucht ist die Drehbeschleunigung $\ddot\varphi$ des als starr zu betrachtenden Rotationssystems infolge M_{An1} mit allen daraus folgenden Kräften.

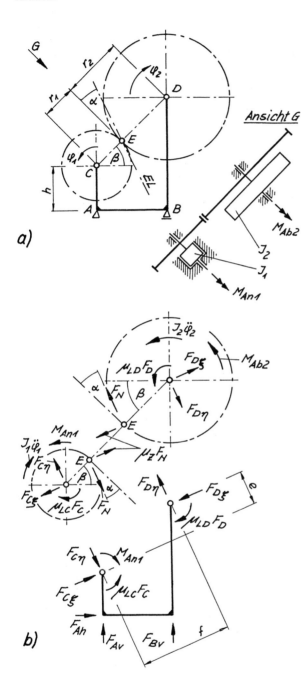

Bild 2-371 Berechnungsmodell für ein Triebwerk
a) prinzipieller Aufbau; b) Kräfte an den Bauteilen

Wenn es sich bei dem Antrieb z.B. um ein Hubwerk handelt, soll die Seiltrommel gesondert gelagert und über eine ideale Kupplung mit der Welle 2 verbunden sein. Mit „ideal" ist die querkraftfreie Verbindung zwischen Trommel und Welle 2 gemeint, um die Lagerkräfte in D von den Seilkräften unabhängig zu lassen. Das Kupplungsmoment M_{AB2} kann als das um die Reibung an der Trommel reduzierte bekannte (statische) Beharrungsmoment der durchziehenden Last aufgefaßt werden, wenn bereits die rotatorische Trägheit der Trommel und die translatorische der

Last in J_2 der auf der Welle 2 angeordneten Modell-Rotationsmasse berücksichtigt wurden.

Aus Bild 2-371a gehen schon die ersten Schritte zur Lösung durch die Vorgabe der Drehrichtungen φ_1 und φ_2 hervor: Am Rad 1 wirkt M_{An1} in Richtung von φ_1, am Rad 2 M_{Ab2} entgegen φ_2. Daraus ergibt sich auch die eingezeichnete Richtung der Verzahnungs-Eingriffslinie EL – einer Geraden bei Evolventenverzahnung –, die durch den Wälzpunkt E geht. Der Antrieb kann nur umfassend berechnet werden, wenn er in seine Bestandteile zerlegt wird (Bild 2-371 b). Zu den an den drei Teilen eingezeichneten Kräften sind einige Erläuterungen angebracht:

– Analog zur Verzahnungs-Normalkraft F_N geht auch die Wirkungslinie der Verzahnungs-Reibungskraft $\mu_Z F_N$ der Einfachheit halber durch E, obwohl gerade im Wälzpunkt keine Relativbewegung der Zahnflanken vorhanden ist; μ_Z ist die dimensionslose Flanken-Reibungszahl.

– Um Winkelumrechnungen zu vermeiden, wurden die Lagerkraftkomponenten in Eingriffslinien-Richtung η und senkrecht dazu (ξ) angenommen.

– Die Lagerkräfte haben Lager-Reibmomente zur Folge (μ_L: Lager-Reibungszahl mit der Maßeinheit einer Länge), für die genau genug gelten

$$\mu_{LC} F_C = \mu_{LC} \sqrt{F_{C\xi}^2 + F_{C\eta}^2} \qquad (2.218)$$

$$\mu_{LD} F_D = \mu_{LD} \sqrt{F_{D\xi}^2 + F_{D\eta}^2}\,. \qquad (2.219)$$

Die Gleichgewichtsbedingungen im Bild 2-371b
am Rad 2

$\uparrow \xi: F_{D\xi} - \mu_Z F_N = 0$

$\uparrow \eta: F_{D\eta} - F_N = 0$

um D: $F_N r_2 (\cos\alpha + \mu_Z \sin\alpha) - $
$\quad - \mu_{LD} F_D - J_2 \ddot\varphi_2 - M_{Ab2} = 0$, $\qquad (2.220)$

am Rad 1

$\uparrow \xi: F_{C\xi} - \mu_Z F_N = 0$

$\uparrow \eta: F_{C\eta} - F_N = 0$

um C: $F_N r_1 (\cos\alpha + \mu_Z \sin\alpha) + \mu_{LC} F_C + $
$\quad + J_1 \ddot\varphi_1 - M_{An1} = 0$ $\qquad (2.221)$

stellen mit den Gln. (2.218) und (2.219) und der geometrischen Kopplung zum Übersetzungsverhältnis

$$i = \frac{\varphi_1}{\varphi_2} = \frac{\ddot\varphi_1}{\ddot\varphi_2} = \frac{r_2}{r_1} \qquad (2.222)$$

9 Gleichungen für die 9 Unbekannten $F_N, F_{C\xi}, F_{C\eta}, F_C$, $F_{D\xi}, F_{D\eta}, F_D, \ddot\varphi_1$ und $\ddot\varphi_2$ dar. Die Lösung des Gleichungssystems lautet

$$F_{C\xi} = F_{D\xi} = \mu_Z F_N \qquad (2.223)$$

$$F_{C\eta} = F_{D\eta} = F_N \qquad (2.224)$$

$$F_C = F_D = F_N \sqrt{1 + \mu_Z^2}$$

$$F_N = \frac{M_{Ab2} + J_2/i \cdot \ddot{\varphi}_1}{r_2 \cos\alpha \left(1 + \mu_Z \tan\alpha - \frac{\mu_{LD}}{r_2} \frac{\sqrt{1+\mu_Z^2}}{\cos\alpha}\right)}$$

$$\ddot{\varphi}_1 = \frac{M_{An1} - M_{Ab2}/(i\eta_{12})}{J_1 + J_2/(i^2 \eta_{12})} \tag{2.225}$$

mit

$$\eta_{12} = \frac{1 + \mu_Z \tan\alpha - \dfrac{\mu_{LD}}{r_2}\dfrac{\sqrt{1+\mu_Z^2}}{\cos\alpha}}{1 + \mu_Z \tan\alpha + \dfrac{\mu_{LC}}{r_1}\dfrac{\sqrt{1+\mu_Z^2}}{\cos\alpha}}$$

$$\approx 1 - \frac{\sqrt{1+\mu_Z^2}}{\cos\alpha}\left(\frac{\mu_{LC}}{r_1} + \frac{\mu_{LD}}{r_2}\right). \tag{2.226}$$

Die einfachere Form in Gl. (2.226) entsteht durch Verwendung der binomischen Reihe. Gl. (2.225) widerspiegelt eigentlich Bekanntes: Zur Beschleunigung steht im Zähler das um das statische Gegenmoment reduzierte Motormoment zur Verfügung. Nach [0.1,Abschn. 3.3.7.4] ist dabei η_{12} der für die Kraftübertragung zwischen den Wellen 1 und 2 verantwortliche Wirkungsgrad. Dementsprechend gehen in η_{12} nach Gl. (2.226) die Zahnflankenreibung und die Lagerreibung für das Radpaar ein. Im Nenner von Gl. (2.225) steht außer J_1 das auf die Motorwelle 1 bezogene Ersatz-Massenträgheitsmoment der Welle 2, ebenfalls mit η_{12} umgerechnet [0.1, Abschn. 3.3.2.1]. Die Verbindung zwischen diesem Ersatzträgheitsmoment und dem Teil-Wirkungsgrad des Antriebs ergibt sich formal aus den Gleichgewichtsbedingungen mit den im Bild 2-371 angesetzten Reibungskräften, hat also keinen eigentlichen physikalischen Hintergrund. Das so erhaltene Ersatzträgheitsmoment ist eine reine Rechengröße, die bei Überschlagsrechnungen die Reibungseinflüsse quantitativ berücksichtigt; der qualitative, dämpfende Einfluß kann nicht erfaßt werden. Wenn man vom Modell der starren Maschine bei einer genaueren Rechnung abgeht, verschwindet diese Diskrepanz von selbst, weil dann ja alle Parameter und Koordinaten auf direkte Weise, d.h. ohne jede Reduktion in das Berechnungsmodell einbezogen werden. Eine Ausnahme bilden lediglich die Schwingungssysteme, in denen sich Teilsysteme wie Gruppen starrer Körper verhalten.

Auf Grund der Tatsache, daß $F_{C\xi}, F_{D\xi}$ und $F_{C\eta}, F_{D\eta}$ nach den Gln. (2.223) und (2.224) Kräftepaare mit den Hebelarmen

$$e = (r_1 + r_2)\sin\alpha, \quad f = (r_1 + r_2)\cos\alpha$$

sind, läßt sich die Frage nach den Auflagerreaktionen für das Antriebsgehäuse im Bild 2-371b einfach beantworten: Es ergeben sich sofort

$$F_{Ah} = 0 \; ; \; F_{Bv} = -F_{Av},$$

und aus dem Momentengleichgewicht

um B: $F_{Av}(r_1 + r_2)\cos\beta + M_{An1} -$
$\quad - F_N\sqrt{1+\mu_Z^2}(\mu_{LC} - \mu_{LD}) - \mu_Z F_N e - F_N f = 0$

erhält man mit den Gln. (2.220) und (2.221)

$$F_{Av} = \frac{-J_1\ddot{\varphi}_1 + J_2\ddot{\varphi}_2 + M_{Ab2}}{(r_1 + r_2)\cos\beta}.$$

Neben M_{Ab2} zählen also die rotatorischen Trägheitsmomente $J\ddot{\varphi}$ zu den äußeren eingeprägten Kräften. Das Motormoment M_{An1} gehört nicht dazu, weil es vereinbarungsgemäß als für den Antrieb inneres Moment zwischen Motoranker und -ständer, einem Teil des Antriebsgehäuses, wirkt.

Von Interesse für die Dimensionierung des Antriebs sind auf alle Fälle noch die Torsionsmomente M_1 und M_2 in den beiden Wellen: Nimmt man an, daß J_1 fast ausschließlich auf den Motoranker zurückgeht, ist das Torsionsmoment zwischen Anker und Rad 1 $M_1 = M_{An1} - J_1\ddot{\varphi}_1$. In J_2 ging (siehe oben) der Anteil von Seiltrommel und Hublast (J_T) ein, daneben wird dem Großrad 2 noch ein Anteil (J_Z) zugewiesen. Das übrigbleibende Massenträgheitsmoment $J_2 - (J_T + J_Z) = J_B$ könnte z.B. dann zur Bremsscheibe einer Bremse gehören, die aus besonderen Sicherheitsgründen auf der Trommelwelle angeordnet ist. Für eine solche Massenaufteilung wirkt zwischen Trommel und Bremsscheibe das Wellen-Torsionsmoment $M_{2,TB} = M_{Ab2} + J_T\ddot{\varphi}_2$, zwischen Bremsscheibe und Rad 2 $M_{2,BZ} = M_{Ab2} + (J_T + J_B)\ddot{\varphi}_2$. Die Beschleunigungen $\ddot{\varphi}$ sind durch die Gln. (2.225) und (2.222) bereits festgelegt.

Ersatz-Massenträgheitsmoment für die thermische Berechnung von Hubwerkbremsen

Das mit Hilfe des Getriebestufen-Wirkungsgrades im vorhergehenden Gliederungspunkt ermittelte Ersatz-Massenträgheitsmoment war als reine Rechengröße bezeichnet worden. Ein genauso ideelles Ersatzträgheitsmoment ist das der thermischen Dimensionierung von Hubwerkbremsen zugrunde liegende [0.1, Abschn. 2.4.3.4.2], selbst dann noch, wenn alle Energieverluste im Antrieb ignoriert werden, also $\eta = 1$ gesetzt wird. Die nachfolgenden Untersuchungen an einem z.B. im Hafenumschlag eingesetzten Portalkran sollen das belegen.

Während eines Kran-Arbeitsspiels führt das Hubwerk die Operationen aus

$j = 1$: (das Lastaufnahmemittel) leer senken

$j = 2$: voll heben

$j = 3$: voll senken

$j = 4$: leer heben,

und die Hubwerkbremse schließt diese Operationen jeweils ab. Dabei leistet sie für jede Operation j eine andere Bremsarbeit W_{Bj} wegen vor allem unterschiedlicher abzubremsender Massen, aber auch wegen nicht gleicher Geschwindigkeiten zu Bremsbeginn. Thermisch ausgelegt wird die Bremse dagegen auf der Grundlage der während eines Bremsvorganges geleisteten Bremsarbeit

$$W_B = \frac{1}{2} J_r \dot{\varphi}_0^2 \tag{2.227}$$

mit nur je einem auf die Bremsenwelle bezogenen Wert von Massenträgheitsmoment J_r und Winkelgeschwindigkeit $\dot{\varphi}_0$ zu Bremsbeginn. Dieses J_r ist das besagte rechnerische Ersatz-Massenträgheitsmoment, das aus der Entsprechung

$$W_B = \frac{1}{4}\left(W_{B1} + W_{B2} + W_{B3} + W_{B4}\right) \quad (2.228)$$

ermittelt wird. Der arithmetische Mittelwert aus den Teilarbeiten wird als Äquivalent verwendet, weil er den einfachsten Ansatz darstellt und sich auch kein besserer, genauerer anbietet.

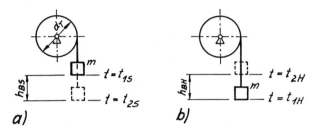

Bild 2-372 Prinzipdarstellung der Hubwerk-Operationen
a) Senken S ($j = 1, 3$); b) Heben H ($j = 2, 4$)

Bild 2-372 stellt vereinfacht das Hubwerk dar und ist die Grundlage für die Berechnung der einzelnen Bremsarbeiten W_{Bj} mit Hilfe des Energiesatzes. Es bedeuten d_T den Seiltrommeldurchmesser, m die Hubmasse und h_B den Bremsweg. Die Energiebilanz wird zwischen den beiden Zeitpunkten „Bremsbeginn t_1" und „Ende t_2 der Bremsung" gezogen, für die die einzelnen Energieanteile Tafel 2-22 entnommen werden können:

$$\frac{1}{2} J_{redj} \dot{\varphi}_{0j}^2 = M_B \varphi_{Bj} + (-1)^j m_j g h_{Bj} \quad (2.229)$$

J_{redj} auf die Bremsenwelle reduziertes Massenträgheitsmoment aller *bewegten* Massen

Tafel 2-22 Energieanteile zu Bremsbeginn und am Ende der Bremsung

	Zeitpunkt	
	$t = t_1$	$t = t_2$
kinetische Energie W_{kin}	$\frac{1}{2} J_{redj} \dot{\varphi}_{0j}^2$	0
potentielle Energie W_{pot}	0	$(-1)^j m_j g h_{Bj}$
Verlustenergie $\hat{=}$ Bremsarbeit W_B	0	$M_B \varphi_{Bj}$

Der Bremsweg h_{Bj} an der Hublast hängt mit dem an der Bremsenwelle (φ_{Bj}) über die geometrische Beziehung zusammen

$$h_{Bj} = \frac{d_T}{2} \frac{\varphi_{Bj}}{i_{ges}} \quad (2.230)$$

i_{ges} Gesamtübersetzung des Hubwerks einschließlich des Seilflaschenzugs.

Beim über alle Operationen j gleichen Bremsmoment

$$M_B = S_B \cdot m_j g \frac{d_T}{2} / i_{ges} \quad (2.231)$$

richtet sich der statische Sicherheitsbeiwert S_B der Bremse selbstverständlich nach der größten beim Umschlag auftretenden Hubmasse

$$m_2 = m_3 = m + m_e = m\left(1 + \frac{m_e}{m}\right) \quad (2.232)$$

m Nutzmasse bei den Operationen $j = 2, 3$
m_e Eigenmasse von Unterflasche und Lastaufnahmemittel
($= m_1 = m_4$):

$$S_B = S_{B2} = S_{B3} = \frac{M_B}{\left(1 + \frac{m_e}{m}\right) mg \frac{d_T}{2} \frac{1}{i_{ges}}} \quad (2.233)$$

Der Bremssicherheitsbeiwert bei den Operationen $j = 1, 4$ ergibt sich dann mit den Gln. (2.231), (2.232) und (2.233) zu

$$S_{B1} = S_{B4} = \frac{M_B}{\frac{m_e}{m} mg \frac{d_T}{2} \frac{1}{i_{ges}}} = S_B \frac{1 + \frac{m_e}{m}}{\frac{m_e}{m}} .$$

Gl. (2.229) geht durch die Gln. (2.230) und (2.231) über in

$$W_{Bj} = \frac{\frac{1}{2} J_{redj} \dot{\varphi}_{0j}^2}{1 + (-1)^j \frac{1}{S_{Bj}}} ,$$

worin bedeuten

$$J_{red2} = J_{red3} = \bar{J}_{red} + \left(1 + \frac{m_e}{m}\right) m \left(\frac{d_T}{2}\right)^2 \frac{1}{i_{ges}^2}$$

$$J_{red1} = J_{red4} = \bar{J}_{red} + \frac{m_e}{m} m \left(\frac{d_T}{2}\right)^2 \frac{1}{i_{ges}^2}$$

mit $\bar{J}_{red}$ als dem auf die Bremsenwelle reduzierten Massenträgheitsmoment aller *rotierenden* Massen.
Damit kann J_r aus den Gln. (2.227) und (2.228) ermittelt werden. Eine überschaubare Gleichung erhält man aber nur bei Gleichsetzung der Winkelgeschwindigkeiten:

$$\dot{\varphi}_{01} = \dot{\varphi}_{02} = \dot{\varphi}_{03} = \dot{\varphi}_{04} = \dot{\varphi}_0$$

Ganz einfach wird die Gleichung für die zusätzliche Annahme $m_e \ll m$:

$$J_r \approx \frac{1}{2}\left(\bar{J}_{red} + \frac{J_{red}}{1 - 1/S_B^2}\right) \quad (2.234)$$

Darin ist

$$J_{red} \approx \bar{J}_{red} + m\left(\frac{d_T}{2}\right)^2 \frac{1}{i_{ges}^2} .$$

In Gl. (2.234) steht $\bar{J}_{red}$ dann praktisch für einen Bremsvorgang „leer", das zweite Glied in Klammern als Mittelwert aus „heben" und „senken" für einen Bremsvorgang „voll".
Der entsprechenden Gleichung in [0.1, Abschn. 2.4.3.4.2] liegt die Annahme zugrunde, daß ein Kran-Arbeitsspiel sich nur aus den Hubwerk-Operationen „voll heben" und „voll senken" zusammensetzt. Das dazugehörige Ersatz-Massenträgheitsmoment ist zwar fast doppelt so groß wie das nach Gl. (2.234), bei nur halb so vielen Bremsvorgängen steht aber die doppelte Zeit für die Kühlung der Bremse zur Verfügung. Im Gegensatz zu [0.1] blieb hier

der Wirkungsgrad unberücksichtigt, weil er in Anbetracht der Annahme zu Gl. (2.228) und weiterer getroffener Vereinfachungen nur eine größere Genauigkeit vortäuschen würde.

Dynamische Standsicherheit

Der Begriff „Standsicherheit" ist von jeher durch die Normung vorgegeben, und zwar werden darunter sowohl die Sicherheit gegen Umkippen des Krans als auch die gegen sein Abtreiben durch Wind verstanden (DIN 15019). Hier interessiert nur der erste Aspekt. Danach gilt ein Kran als sicher gegen Umkippen, wenn aus dem statischen Momentengleichgewicht um die ungünstigste Kippkante sich für die nicht in der Kippkante liegenden Stützen im allgemeinen Fall noch von Null verschiedene Auflagerkräfte ergeben. Es wird sogar die Konstellation „Auflagerkräfte (gerade) gleich Null" zugelassen, obwohl es dafür von den physikalischen Zusammenhängen her aus folgendem Grund keine Erklärung gibt: „Statisches Momentengleichgewicht" bedeutet zeitlich *konstante* Kräfte. Mit der Annahme dieser Konstanz liegt man gegenüber den auftretenden *dynamischen* Kräften zwar auf der sog. sicheren Seite, die „äquivalenten" konstanten Kräfte werden aber über Faktoren ermittelt, für die dieses Pauschalurteil nicht zutrifft. Deshalb ist eine generelle Festlegung darüber, wie weit man sich bei dem Standsicherheitsnachweis der labilen Gleichgewichtslage nähern darf, schwer möglich.

Eine Vergrößerung der Wichtung für die dynamischen Kräfte würde auch keine Abhilfe schaffen, weil dann nach wie vor in bestimmten Fällen ein Kran nach dem statischen Standsicherheitsnachweis kippen könnte, obwohl er in Wirklichkeit stehen bleibt, oder umgekehrt. In Grenzfällen ist deshalb eine Berechnung des Krans als schwingungsfähiges System unumgänglich [2.462] [2.441]. Schon mit dem Berechnungsmodell der starren Maschine lassen sich jedoch aufschlußreiche Abschätzungen zur „dynamischen Standsicherheit" durchführen. „Dynamisch" wird sie genannt, um anzudeuten, daß die hier angestellten Überlegungen von Kippkräften ausgehen, die *nicht* während der ganzen Kranbewegung konstant sind.

Überlastungssicherungen z.B. werden so eingestellt, daß sie erst ansprechen, wenn eine Überlastung wahrscheinlich ist. An diese kleine Ansprechzeit schließen sich auf Grund der dem Schwingungssystem eigenen Trägheit die ebenfalls kleine Schaltzeit und die Nachlaufzeit des Antriebs an [0.1, Abschn. 3.6.3.3]. Während dieser Zeit wirkt eine Überlast auf den Kran, die der Einfachheit halber als zeitlich konstant angenommen wird.

Als Berechnungsmodell dient der im Bild 2-373 auf einer um den Winkel δ geneigten Ebene stehende Kran, dessen gestrichelte Kontur die Betriebsstellung fixiert. Nach obiger Definition gilt er als standsicher, wenn durch die Auflagerkraft im Stützpunkt B das dortige Stützelement auf die Ebene *gedrückt* wird. Weist die Nachrechnung für diese Auflagerkraft jedoch kurzzeitig eine *Zug*kraft auf, bedeutet das – weil in B eine so gerichtete Kraft nicht übertragen werden kann – die Aufhebung des Kontaktes in B zwischen Stützelement und Ebene. Wie oben aufgezeigt, braucht deshalb der Kran noch lange nicht zu kippen. Das Abheben und/oder das sich anschließende Wiederzurückfallen können aber für den Kranbetrieb unzulässige Zustände darstellen:

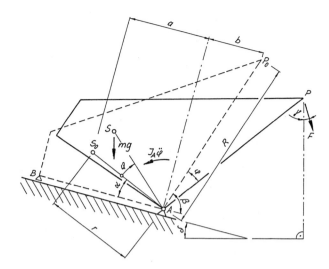

Bild 2-373 Berechnungsmodell für das dynamische Kippen

– Bei einem Schienenfahrwerk ist die zulässige Entfernung der Laufräder von den Schienen an die Höhe der Spurkränze gebunden.
– Beim Zurückfallen des Krans kann die für das Fahrwerk entstehende Maximalkraft zu groß werden.

Im Bild 2-373 bedeuten die gestrichelte Krankontur die Stellung zur Zeit $t = 0$, A die Kippkante und die ausgezogene Krankontur die Stellung, die durch den momentanen Drehwinkel φ nach der Zeit t festgelegt ist. Die Konstruktionsparameter sind die Kranmasse m, das Massenträgheitsmoment J_{SA} für die parallel zur Drehachse A liegende Schwereachse, die Maße a und α für die Schwerpunktlage und b und β für die Angriffsstelle P der äußeren, kippenden Kraft F. Aus den Maßen abgeleitet sind r und R. Die Betriebsparameter δ und F werden durch γ komplettiert. Es gelten also

$$J_A = J_{SA} + mr^2$$
$$r = a/\cos\alpha \ ; \quad R = b/\cos\beta \ .$$

Die Momentengleichsgewichtsbedingung um A im Bild 2-373 ist gleichzeitig die Bewegungsgleichung des Krans:

$$\frac{J_A}{mgr}\ddot{\varphi} + \cos(\alpha+\delta)\cdot\cos\varphi - \sin(\alpha+\delta)\cdot\sin\varphi -$$
$$-\frac{F}{mg}\frac{R}{r}\big[\cos(\beta-\delta-\gamma)\cdot\cos\varphi +$$
$$+\sin(\beta-\delta-\gamma)\cdot\sin\varphi\big] = 0$$

Sie wurde gleich so geschrieben, daß sie mit dem dimensionslosen Zeitmaßstab

$$\tau = \kappa t, \text{ wobei } \kappa^2 = \left[\frac{a}{g}\left(1+\frac{J_{SA}}{ma^2}\cos^2\alpha\right)\right]^{-1} \quad (2.235)$$

$$\rightarrow \varphi' = \frac{\dot{\varphi}}{\kappa} \ ; \ \varphi'' = \frac{\ddot{\varphi}}{\kappa^2} \quad (2.236)$$

sofort in

$$\varphi'' - \cos\alpha\bigg[\sin(\alpha+\delta) +$$

$$+ \frac{F}{mg} \frac{b}{a} \frac{\cos\alpha}{\cos\beta} \sin(\beta - \delta - \gamma) \Big] \sin\varphi +$$

$$+ \cos\alpha \Big[\cos(\alpha + \delta) -$$

$$- \frac{F}{mg} \frac{b}{a} \frac{\cos\alpha}{\cos\beta} \cos(\beta - \delta - \gamma) \Big] \cos\varphi = 0$$

(2.237)

übergeführt werden kann. Sie beinhaltet für $\varphi = 0, \varphi'' = 0$ und F = konst. auch den statischen Fall und für ihn die Kraft F_K, die das stabile Gleichgewicht im Bild 2-373 gerade aufheben würde:

$$\frac{F_K}{mg} \frac{b}{a} = \frac{\cos\beta}{\cos\alpha} \frac{\cos(\alpha + \delta)}{\cos(\beta - \delta - \gamma)} \qquad (2.238)$$

Diese Gleichung ist im Bild 2-374 für $\gamma = 0$ und für $\delta = 2,5°$ und $5°$ graphisch dargestellt. Im Gegensatz zu $\delta = 0$, wofür Gl. (2.238) lediglich die Horizontale mit dem Wert Eins liefert, gehört zu jedem $\delta > 0$ eine Parameterkurvenschar β, die mit wachsendem δ bei kleineren Werten $F_K b/(mga)$ liegt und mit wachsendem α immer stärker zum Punkt $(90° - \delta; 0)$ strebt (bei $\alpha = 90° - \delta$ liegt S senkrecht über A). Für höher gelegene Schwerpunkte S, ausgedrückt durch größere Winkel α, ist plausiblerweise also F_K kleiner; genauso verhält es sich mit höher gelegenen Kraftangriffspunkten P.

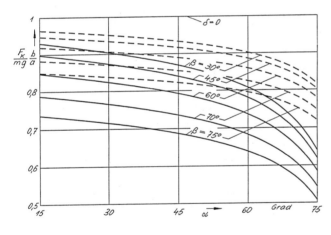

Bild 2-374 Kraft F_K, die das stabile statische Gleichgewicht gerade aufheben würde, für $\gamma = 0$
ausgezogene Kurven: $\delta = 5°$; gestrichelte: $\delta = 2,5°$

Das Stützelement B im Bild 2-373 entfernt sich theoretisch nur für $F > F_K$ von der Unterlage. Gehorcht der zeitliche Kraftverlauf dem Polynom

$$F = F_K \frac{c_0}{F_K} + c_1 t + c_2 t^2$$

– mit ihm lassen sich entsprechend Bild 2-375 weitgehend beliebige Kraftverläufe nachbilden, wobei dann natürlich neben F_K auch c_0, c_1 und/oder c_2 bekannt sein müssen –, lautet seine dimensionslose Schreibweise in Anlehnung an Gl. (2.237)

$$\frac{F}{mg} \frac{b}{a} = \frac{F_K}{mg} \frac{b}{a} \bar{c}_0 + \bar{c}_1 \tau + \bar{c}_2 \tau^2 \qquad (2.239)$$

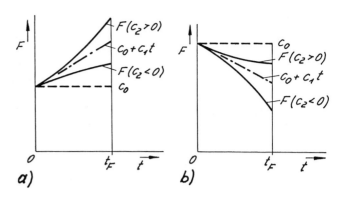

Bild 2-375 Mit dem Polynom $F = c_0 + c_1 t + c_2 t^2$ nachbildbare Kraftverläufe
a) $c_1 > 0$; b) $c_1 < 0$
t_F Ende der Kraftwirkung

mit

$$\bar{c}_0 = \frac{c_0}{F_K} \; ; \quad \bar{c}_1 = \frac{c_1}{mg\kappa} \frac{b}{a} \; ; \quad \bar{c}_2 = \frac{c_2}{mg\kappa^2} \frac{b}{a}.$$

Die von dieser Kraft ausgelöste Bewegung wird von Gl. (2.237) beschrieben, eine einfache geschlossene Lösung ist für kleine Drehwinkel φ ($\sin\varphi \approx \varphi$; $\cos\varphi \approx 1$) und für $\bar{c}_1 = \bar{c}_2 = 0$ möglich:

$$\varphi'' - \lambda^2 \varphi = \cos\alpha \cdot \cos(\alpha + \delta) \cdot \left(\frac{F}{F_K} - 1\right)$$

Darin wurde zur Abkürzung gesetzt

$$\lambda^2 = \cos\alpha \cdot \cos(\alpha + \delta) \left[\tan(\alpha + \delta) + \frac{F}{F_K} \tan(\beta - \delta - \gamma) \right].$$

Die Lösung der Differentialgleichung lautet für die Anfangsbedingungen

$$\varphi(\tau = 0) = \varphi_0 \; ; \quad \varphi'(\tau = 0) = \varphi'_0 \qquad (2.240)$$

und mit dem partikulären Integral

$$C = -\frac{1}{\lambda^2} \cos\alpha \cdot \cos(\alpha + \delta) \cdot \left(\frac{F}{F_K} - 1\right)$$

$$\varphi = \frac{\varphi'_0}{\lambda} \sinh\lambda\tau + (\varphi_0 - C)\cosh\lambda\tau + C \qquad (2.241)$$

$$\varphi' = \varphi'_0 \cosh\lambda\tau + \lambda(\varphi_0 - C)\sinh\lambda\tau. \qquad (2.242)$$

(Zu diesen allgemein gehaltenen Anfangsbedingungen folgt eine Erklärung im Rahmen der späteren Diskussion der Lösung.) Die Kraft F wirke τ_F lang. Zum Abschaltzeitpunkt $\tau = \tau_F$ der Kraft habe der Kran dann auf Grund der Gl. (2.241) den Drehwinkel φ_F zurückgelegt, und er bewege sich nach Gl. (2.242) mit der Geschwindigkeit φ'_F.

An diese Bewegungsphase schließt sich eine zweite mit $F = 0$ an, in der der Kran bei nicht zu großen Werten von φ_F und/oder φ'_F die Bewegung umkehrt und in die Anfangslage zurückfällt. Die Schwerpunktlage S_U im Bild 2-376 steht für den Umkehrpunkt mit einem Sicherheitsabstand ε von der Vertikalen, einem Sicherheitsabstand für das Umkippen. Mit den Energieanteilen

$$W_{\text{kinF}} = \frac{1}{2} J_A \dot{\varphi}_F^2 = \frac{1}{2} J_A \kappa^2 \varphi_F'^2 = \frac{1}{2} mgr\varphi_F'^2 / \cos\alpha$$

$$W_{\text{potF}} = 0$$

(siehe Gl. (2.236)) und

$$W_{\text{kinU}} = 0$$

$$W_{\text{potU}} = mgr\left[\cos\varepsilon - \sin(\alpha + \delta + \varphi_F)\right]$$

liefert der Energiesatz z.B. die Geschwindigkeit am Ende der ersten Phase, durch die der Umkehrpunkt S_U gerade erreicht wird:

$$\varphi_F' = \sqrt{2\cos\alpha\left[\cos\varepsilon - \sin(\alpha + \delta + \varphi_F)\right]} \quad (2.243)$$

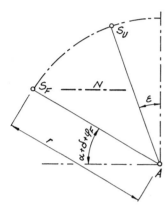

Bild 2-376
Definition von Kranstellungen
N gewähltes Bezugsniveau für die potentielle Energie

Mit den Gln. (2.241) und (2.242) lagen nun näherungsweise φ und φ' als Funktionen der Zeit fest, so daß, setzt man sie in Gl. (2.243) ein, man eine Gleichung für *die Zeit* τ_F erhält, über die F wirken darf, damit sich die Kranbewegung in S_U umkehrt. Für den Spezialfall $\varphi_0 = 0$, $\varphi_0' = 0$ ist das die quadratische Gleichung für $\cosh\lambda\tau_F$

$$\cosh^2\lambda\tau_F + D\cosh\lambda\tau_F + E = 0$$

mit

$$D = 2(J + H)/G$$

$$E = \left\{-\lambda^2 - 2\cos\alpha\left[\cos\varepsilon - \sin(\alpha + \delta)\right]/C^2 - 2J - H\right\}/G$$

$$G = \lambda^2 - H$$

$$H = \cos\alpha \cdot \sin(\alpha + \delta)$$

$$J = -\cos\alpha \cdot \cos(\alpha + \delta)/C, \quad (2.244)$$

wenn analog zu den Gln. (2.241) und (2.242) φ_F in Gl. (2.243) als klein betrachtet wird. Allerdings wurde jetzt zusätzlich das *quadratische* Glied in der Reihe für φ_F berücksichtigt, darauf geht die Größe H in Gl. (2.244) zurück. Die Lösungen t_F, φ_F und $\dot{\varphi}_F$ sind in den Bildern 2-377, 2-378 und 2-379 für $\varepsilon = 15°$ und $\gamma = 0$ und für die speziellen Fälle $\delta = 0$ und $\delta = 5°$ als Funktionen von F/F_K graphisch dargestellt worden, $\alpha = 45°$ und $65°$ und $\beta = 30°$ und $75°$ fungieren als (orientierende) Parameter.
Die pauschale Aussage von Bild 2-377 ist plausibel: Mit größer werdender Kraft F verkleinert sich ihre zulässige Wirkungsdauer t_F. Warum das *degressiv* vor sich geht, liegt an der getroffenen Annahme: Ab $t = 0$ wirkt $F > F_K$. Dabei würde aber schon $F \approx F_K$, also eine gegenüber F_K nur unbedeutend größere Kraft, den Kippvorgang auslösen. Außerdem würde sich die kippende Wirkung mit der Zeit

erhöhen, weil nach Bild 2-373 der Hebelarm von F bezüglich A mit φ größer, der von mg außerdem kleiner wird. Im Bild 2-377 gilt somit $t_F \to 0$ für $F \to \infty$. Durch den Bezug von F auf F_K liegen die Kurven relativ dicht beisammen. Wenn man die *absolute* Kraft verfolgt und deshalb Bild 2-374 zu Hilfe nimmt, ist das nicht mehr der Fall. Dann verschwindet auch der scheinbare Widerspruch bei der Parameterkombination $\alpha = 45°$; $\beta = 75°$, bei der, abweichend von den anderen Kombinationen, die Kurve für $\beta = 5°$ *über* der für $\beta = 0$ liegt.

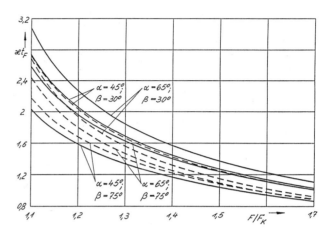

Bild 2-377 Wirkungsdauer t_F von F ($\varepsilon = 15°$; $\gamma = 0$)
gestrichelte Kurven: $\delta = 5°$; ausgezogene: $\delta = 0$

Für $\alpha = 65°$ weist Bild 2-378 für φ_F einen Größtwert von etwa $7°$ (bei $F/F_K = 1,1$) aus. Wie für die Gln. (2.241) und (2.242) vorausgesetzt, ist also φ_F klein, so daß man den zahlenmäßigen Zusammenhängen in den Bildern 2-377, 2-378 und 2-379 für $\alpha = 65°$ vertrauen kann. Für $\alpha = 45°$, davon ganz und gar $\beta = 30°$, haben die Verläufe wegen der bereits großen Winkel φ_F schon mehr nur einen *qualitativen* Wert. Die gezeigten Abhängigkeiten sind sofort nachvollziehbar: Mit wachsenden Winkeln α und β wird φ_F kleiner; bei allen Kurven gilt $\varphi_F \to 0$ für $F \to \infty$.

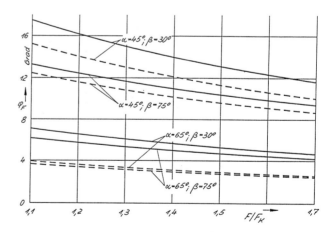

Bild 2-378 Kran-Drehwinkel φ_F, bis zu dem F wirkt
($\varepsilon = 15°$; $\gamma = 0$)
gestrichelte Kurven: $\delta = 5°$; ausgezogene: $\delta = 0$

Mit dieser Aussage sind auch gleich die Verläufe von $\dot{\varphi}_F$ im Bild 2-379 erklärt: Sie nähern sich mit wachsendem F asymptotisch der jeweiligen Horizontalen, die für $\varphi_F = 0$ aus Gl. (2.243) folgt.

2.6 Dynamik der Krane

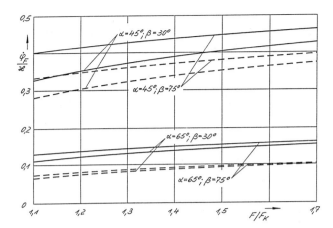

Bild 2-379 Kran-Winkelgeschwindigkeit $\dot{\varphi}_F$ zur Zeit $t = t_F$
($\varepsilon = 15°$; $\gamma = 0$)
gestrichelte Kurven: $\delta = 5°$; ausgezogene: $\delta = 0$

Natürlich stellt der *starre* Kran für sich allein eine weitgehende Abstraktion dar. Mit der Realität stimmt das Modell sehr gut überein, wenn man die mit ihm beschriebene Bewegung als eine *zweite* Etappe ansieht, der eine mit einer *federnden* Abstützung für den Kran [2.462, Abschn. 3.7.] vorausging. Es wird angenommen, daß dieses Modell zur Zeit $t_1 = t_{10}$ für die Stützkraft B (siehe Bild 2-373) Null ergab, das dortige Fahrwerk sich also von der Unterlage abzuheben begann; der Kran hatte sich zu diesem Zeitpunkt um φ_{10} gedreht, und die dazugehörige Winkelgeschwindigkeit war $\dot{\varphi}_{10}$. Die sich anschließende Bewegung mit der *kraftlosen* Stütze B kann nun genau genug mit dem *starren* Modell beschrieben werden, folgerichtig müßten alle bisher benutzten Symbole den Index „2" erhalten. (Die Formulierung „genau genug" bezieht sich auf die Stütze A, die in der ersten Etappe i. allg. ja auch als Feder modelliert wurde.) Für $\dot{\varphi}_{02}(t_2 = 0)$ in Gl. (2.240) – siehe auch Gl. (2.236) – ist dann $\dot{\varphi}_{10}$ einzusetzen. Es kann $\varphi_{02}(t_2 = 0) = 0$ nach Gl. (2.240) verwendet werden, φ_{10} müßte dann aber als zusätzliches δ in Gl. (2.238) Berücksichtigung finden.

Abschließend noch drei Bemerkungen zu den wirkenden Kräften:

– Die Kraft F, die den Kran kippen will, wurde in den Untersuchungen als konstant angenommen. In der Praxis ist sie nicht konstant, fast ausschließlich periodischen Veränderungen unterworfen, und würde deshalb den Kran nicht so leicht kippen wie eine konstante Kraft gleicher Größe.

– Wenn ein im Punkt A (Bild 2-373) gelagerter Kran aus der höchsten erreichten Schwerpunktlage S_U im Bild 2-376 wieder in die spezielle Ausgangslage $\delta = 0$ zurückfällt, erreicht die Stützkraft in B den Größtwert

$$c f_B = mg \frac{a}{d}\left[1 + \sqrt{1 + 2\frac{ca}{mg(a/d)^2}\frac{\cos\varepsilon - \sin\alpha}{\cos\alpha}}\right]$$

d Strecke $\overline{AB}$
c Federkonstante der Modell-Stützfeder in B
f_B Maximalwert der Feder-Zusammendrückung für den Fall, daß sie bei der Kranstellung $\varphi = 0$ beginnt.

Die Gleichung erhält man leicht aus dem Energiesatz und zeigt, daß die maximale Stützkraft mindestens doppelt so groß ist wie die statische Stützkraft, wobei sie mit größer werdender Federkonstante c wächst.

– Die Stütze A muß nicht nur, wenn sich B von der Unterlage löst, mg und F_K entsprechend dem labilen statischen Gleichgewicht aufnehmen, sondern auch noch die aus $F - F_K$ resultierenden D'Alembertschen Trägheitskräfte sowohl in vertikaler als auch in horizontaler Richtung (siehe dazu Gliederungspunkt „Bewegung eines einzelnen Körpers" im Abschn. 2.6.3.2).

2.6.3.2 Bewegungen in der Ebene
Bewegung eines einzelnen Körpers

In [0.1, Abschn. 3.5.3.6] wurde bereits kurz auf die analytische Behandlung der Kurvenfahrt einer Fördermaschine hingewiesen, daran soll hier mit der Untersuchung eines starren Zweischienenfahrwerks angeknüpft werden. Im Bild 2-380 ist lediglich die angetriebene und die Fördermaschine durch die Kurve *führende* Fahrwerkseite gezeichnet. Sie wird in den Punkten A und B (Abstand l voneinander) in vertikaler Richtung auf der äußeren Schiene einer rechtwinkligen Gleiskurve abgestützt und horizontal *in* Schienenrichtung kraftschlüssig (durch den Antrieb), *senkrecht* dazu formschlüssig (durch Führungselemente) geführt. Der Kurvenradius ist r. Die für die stabile Abstützung der Maschine erforderliche zweite, innere Schiene wurde also im Bild 2-380 weggelassen. Auf ihr bewegt sich ein dritter Stützpunkt bei einem Fahrwerk mit Dreipunktstützung; bei Vierpunktstützung käme noch ein vierter Stützpunkt hinzu. Diese zweite Fahrwerkseite ist frei von (horizontalen) Führungsaufgaben. (Ist die Fördermaschine z.B. ein Regalbediengerät, repräsentiert die vertikale Projektion der „führenden Fahrwerkseite" im Bild 2-380 praktisch das *komplette* Fahrwerk. Zum Zwecke einer eindeutigen Kurvenfahrt liegt der dritte Stützpunkt über den Regalen nämlich genau über A oder B. Dieser dritte Stützpunkt ist für die Aufnahme einer horizontalen Kraft senkrecht zur Schiene verantwortlich und sorgt so für die statisch bestimmte räumliche Abstützung des Regalbediengerätes.)

Unabhängig davon, ob r größer oder kleiner als $\frac{1}{2}\sqrt{2}\,l$ ist, zerfällt die Kurvenfahrt in drei Etappen. Die Betrachtung beschränkt sich hier auf den Fall $r \leq \frac{1}{2}\sqrt{2}\,l$ und beginnt in dem Zeitpunkt, in dem A gerade in die Kurve einlaufen will (Lage A_0 im Bild 2-380a, der andere Stützpunkt B_0 liegt dann im Abstand l auf der Geraden). Die Etappen sind wie folgt gekennzeichnet:

1. Etappe (Bild 2-380a):
Siehe Zeile 1.1 in Tafel 2-23. Als Parameter fungiert φ (Zeile 1.2).

2. Etappe (Bild 2-380 b):

$$1 + \frac{r}{l} - \sqrt{1 - \left(\frac{r}{l}\right)^2} \leq \frac{x}{l} \leq 1 \quad \text{oder}$$

$$0 \leq \frac{y}{l} \leq \sqrt{1 - \left(\frac{r}{l}\right)^2} - \frac{r}{l}$$

3. Etappe (Bild 2-380c):

$$\sqrt{1 - \left(\frac{r}{l}\right)^2} - \frac{r}{l} \leq \frac{y}{l} \leq 1 \qquad (2.245)$$

Als Parameter fungiert ψ: $0 \leq \psi \leq \frac{\pi}{2}$.

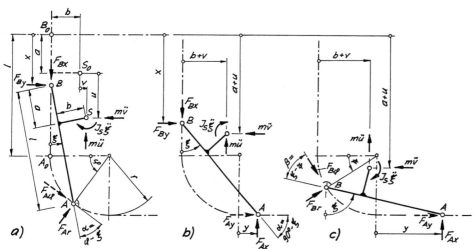

Bild 2-380
Einteilung der Fahrwerkbewegung in die drei Etappen
a) 1. Etappe
b) 2. Etappe
c) 3. Etappe

Tafel 2-23
Gleichungen für die 1. Etappe der Fahrwerkbewegung im Bild 2-380

Zeile		Bezeichnung	Gleichungen
1	1.1	Etappen-Begrenzung (Parameter)	$0 \leq \dfrac{x}{l} \leq 1 + \dfrac{r}{r} - \sqrt{1-\left(\dfrac{r}{l}\right)^2}$
	1.2		$0 \leq \varphi \leq \dfrac{\pi}{2}$
2	2.1	Beschreibung der Fahrwerkbewegung mit Hilfe der Zwangsbedingung in vertikaler bzw. horizontaler Richtung	$x = l\left(1-\cos\xi\right) + r\sin\varphi$
	2.2		$\dot{x} = l\dot{\xi}\cdot\sin\xi + r\dot{\varphi}\cdot\cos\varphi$
	2.3		$l\ddot{x} = \left(l\dot{\xi}\right)^2\cos\xi + l^2\ddot{\xi}\cdot\sin\xi - \dfrac{l}{r}\left[(r\dot{\varphi})^2\sin\varphi - r^2\ddot{\varphi}\cdot\cos\varphi\right]$
	2.4		$l\sin\xi = r(1-\cos\varphi)$
	2.5		$l\dot{\xi} = r\dot{\varphi}\cdot\sin\varphi / \cos\xi$
	2.6		$l^2\ddot{\xi} = \left\{\dfrac{r}{l}\left[(r\dot{\varphi})^2\cos\varphi + r^2\ddot{\varphi}\cdot\sin\varphi\right] + \left(l\dot{\xi}\right)^2\sin\xi\right\} / \cos\xi$
3	3.1	Schwerpunktbeschleunigungen	$l\ddot{u} = -\left(l\dot{\xi}\right)^2\left(\dfrac{a}{l}\cos\xi - \dfrac{b}{l}\sin\xi\right) - l^2\ddot{\xi}\left(\dfrac{a}{l}\sin\xi + \dfrac{b}{l}\cos\xi\right) + l\ddot{x}$
	3.2		$l\ddot{v} = -\left(l\dot{\xi}\right)^2\left(\dfrac{a}{l}\sin\xi + \dfrac{b}{l}\cos\xi\right) + l^2\ddot{\xi}\left(\dfrac{a}{l}\cos\xi - \dfrac{b}{l}\sin\xi\right)$
4	4.1	dynamische Führungskräfte, wenn Fahrwerk im Stützpunkt B angetrieben	$F_{Ar}l^3 = \left[J_B\cdot l^2\ddot{\xi} - ml^2\cdot l\ddot{x}\left(\dfrac{a}{l}\sin\xi + \dfrac{b}{l}\cos\xi\right)\right] / \cos(\varphi - \xi)$
	4.2		$F_{Bx}l^3 = F_{Ar}l^3\cdot\sin\varphi + ml^2\cdot l\ddot{u}$
	4.3		$F_{By}l^3 = -F_{Ar}l^3\cdot\cos\varphi + ml^2\cdot l\ddot{v}$

2.6 Dynamik der Krane

Die Bewegung des Fahrwerks ist in der Mechanismentechnik [2.444] identisch der Koppelbewegung einer versetzten Schubkurbel in der 1. und 3. Etappe bzw. eines rechtwinkligen Doppelschiebers in der 2. Etappe.

Genauere Ausführungen werden in folgendem nur zur 1. Etappe gemacht: Durch Einführung des Hilfswinkels ξ erhält man, geht man von B_0 aus, durch die Streckenaddition in vertikaler bzw. horizontaler Richtung die geometrischen Kopplungen

$$x + l\cos\xi - r\sin\varphi - l = 0$$
$$l\sin\xi + r\cos\varphi - r = 0 \qquad (2.246)$$

(s. Zeile 2.1 bzw. 2.4 in Tafel 2-23). Durch Differentiation entstehen daraus die Zeilen 2.2 und 2.5 in Tafel 2-23 als Geschwindigkeits- bzw. die Zeilen 2.3 und 2.6 als Beschleunigungskopplungen.

Von Interesse ist z.B. die Geschwindigkeit von A, wenn B mit $\dot{x} = \dot{x}_0 = $ konst. bewegt wird. Der Zusammenhang dafür folgt sofort aus den Zeilen 2.2 und 2.5 in Tafel 2-23:

$$r\dot{\varphi} = \dot{x}\,\frac{\cos\xi}{\cos(\varphi - \xi)} \qquad (2.247)$$

Darin ist $r\dot{\varphi}$ die Bahngeschwindigkeit von A, $\xi(\varphi)$ folgt aus Zeile 2.4 von Tafel 2-23, und das dazugehörige x wird von Zeile 2.1 geliefert. Der Verlauf der Geschwindigkeit von A, bezogen auf $\dot{x}_0$, ist für die drei Etappen im Bild 2-381 dargestellt.

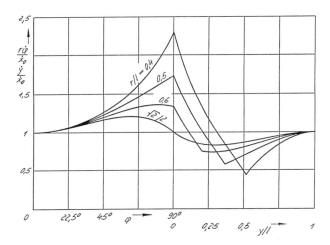

Bild 2-381 Bahngeschwindigkeit des Fahrwerk-Stützpunktes A während der Kurvenfahrt
$r\dot{\varphi}/\dot{x}_0$ ist dem φ-Bereich auf der Abszisse zugeordnet, $\dot{y}/\dot{x}_0$ dem y/l-Bereich.

Die unabhängige Variable φ in der 1. Etappe nach Gl. (2.247) wird beim Übergang in die 2. Etappe durch y entsprechend Gl. (2.245) abgelöst, und die Geschwindigkeit von A heißt ab jetzt $\dot{y}$ (Bild 2-380b); in der 3. Etappe ist die Geschwindigkeit von B $r\dot{\psi} = \dot{x}_0 = $ konst. (Bild 2-380c). Bei der Parameterkurve $r/l = \sqrt{2}/2$ als Grenzfall tritt keine 2. Etappe auf. Als richtig erkennt man im Bild 2-381 sofort, daß zum einen die Verläufe an den Etappen-Übergängen auf Grund des sich dort sprungartig ändernden Schienen-Krümmungsradius abknicken, zum anderen der Unterschied zwischen den Geschwindigkeiten von A und B mit kleiner werdendem r wächst (und damit der Geschwindigkeits-Knick schärfer wird):

$$\frac{r\dot{\varphi}}{\dot{x}_0}\left(\varphi = \frac{\pi}{2}\right) = \sqrt{\left(\frac{l}{r}\right)^2 - 1} \qquad (2.248)$$

Für $r/l = 0{,}5$ z.B. lautet demnach der Unterschied $\sqrt{3}$, und er muß auch als Kehrwert $\sqrt{3}/3$ am Übergang $y/l = (\sqrt{3}-1)/2$ zwischen 2. und 3. Etappe auftreten (s. auch Gl. (2.245)). Bei $\frac{y}{l} = 1 - \frac{x}{l} = \frac{1}{2}\sqrt{2} - \frac{r}{l}$ passiert das Fahrwerk im Bild 2-380b die Symmetrielage, die Kurve muß an dieser Stelle also den Wert 1 haben. Geschwindigkeitsknicke haben Beschleunigungssprünge und die wiederum Massenkraftsprünge zur Folge, so daß die konstruktive Forderung aus dieser Überlegung lautet, das Verhältnis r/l immer so groß wie möglich zu machen.

Von Interesse sind auch die am Fahrwerk wirkenden Kräfte. Obwohl alle durch Reibung bedingten Bewegungswiderstände aus den Betrachtungen ausgeklammert werden, sind einige Vorbemerkungen zu ihnen angebracht: Der Fahrwerk-Stützpunkt A bewegt sich im Bild 2-380a nur dann genau auf dem Schienenradius, wenn ein einzelnes Laufrad zu ihm gehört. Eine solche konstruktive Lösung würde aber sehr große Laufrad-Schrägstellungswinkel α (Bild 2-380) mit sich bringen (Zeile 2.4 in Tafel 2-23):

$$\alpha = \varphi - \arcsin\left[\frac{r}{l}(1 - \cos\varphi)\right] \qquad (2.249)$$

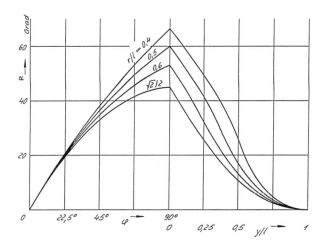

Bild 2-382 Schrägstellungswinkel des Laufrads am Stützpunkt A während der Kurvenfahrt

Bild 2-382 gibt den Verlauf für die ganze Kurvenfahrt wieder. Selbst für den Grenzfall $r/l = \sqrt{2}/2$ ist der Maximalwert von 45° noch viel zu groß, um durch Schlupf [0.1, Abschn. 2.5.1.2] einen ordnungsgemäßen Kurvenlauf des Rades zu ermöglichen. Für das in diesem Fall erforderliche axiale *Gleiten* des Laufrades auf der Schiene kommt es zwischen der Rad-Lauffläche und den Führungselementen zu großen Verspannungen, die die Bewegungswiderstände erheblich vergrößern. (Im Vergleich dazu ist das bei diesen großen Schrägstellungswinkeln auch ins Auge fallende *rotatorische* Gleiten, die sog. Bohrreibung, vernachlässigbar.) Diese Schrägstellungsproblematik ist bei der Abstützung des Fahrwerks durch Fahrwerkschwingen nicht vorhanden; die Schrägstellungswinkel liegen in einem normalen Größenbereich, und der Stützpunkt bewegt sich genau genug auf dem Kurvenradius.

In der folgenden Betrachtung werden nun alle Bewegungswiderstände – nicht nur die soeben angesprochenen, sondern der gesamte (spezifische) Fahrwiderstand [0.1, Abschn. 3.5.3.2] – vernachlässigt, sowohl auf der Führungsseite des Fahrwerks als auch auf der inneren Schiene. Die ermittelten Kräfte sind somit ausschließlich der Trägheit der Maschine zuzuschreiben. Im Bild 2-380a sind die Führungskräfte F_{Ar} und F_{By}; F_{Ar} geht in der 2. Etappe in F_{Ax} über, F_{By} in der 3. Etappe in F_{Br}. Entsprechend Tafel 2-24 werden drei Antriebsvarianten untersucht. Bei den ersten beiden wird die Stütze B durch F_{Bx} ($\hat{=} F_{B\varphi}$ in der 3. Etappe) angetrieben. Im ersten Fall soll die Bahngeschwindigkeit von B gleich $\dot{x}_0$ = konst. gesetzt, im zweiten der Antrieb in B so gesteuert werden, daß sich für die Bahngeschwindigkeit von A $\dot{x}_0$ = konst. ergibt. Zum Vergleich wechselt bei einer dritten Variante (Zeile 3 in Tafel 2-24) der Antrieb von der Stütze B nach A: F_{Bx} (später $F_{B\varphi}$) wird ersetzt durch $F_{A\varphi} \hat{=} F_{Ay}$ ab der 2. Etappe); die Geschwindigkeitssteuerung ist identisch der im zweiten Fall, die zu dieser dritten Variante gehörenden Antriebskräfte sind im Bild 2-380 gestrichelt eingetragen.

Tafel 2-24 Sich entsprechende Antriebskräfte beim Kurvendurchlauf und untersuchte Antriebsvarianten (in den Zeilen 1, 2 und 3)

Spalte	1			2		
	Kraftbezeichnung in Etappe			Steuerungsart in Etappe		
Zeile	1	2	3	1	2	3
1				$\dot{x}=\dot{x}_0$		$r\dot{\psi}=\dot{x}_0$
2	F_{Bx}		$F_{B\varphi}$			
3	$F_{A\varphi}$		F_{Ay}	$r\dot{\varphi}=\dot{x}_0$		$\dot{y}=\dot{x}_0$

Sobald A im Bild 2-380a in die Kurve einläuft, geht der bis dahin vorliegende Spezialfall der Fahrwerkbewegung – eine reine Translation – in eine allgemeine ebene Bewegung über. Will man die bei ihr auftretenden Kräfte ermitteln, muß man diese allgemeine Bewegung als Translation des Fahrwerks, beschrieben durch die Wegkomponenten u und v seines Schwerpunkts S auffassen und mit der Fahrwerkdrehung ξ um die Schwereachse überlagern. Diese Bewegungsinterpretation hat die Trägheitsreaktionen $m\ddot{u}$, $m\ddot{v}$ und $J_S \ddot{\xi}$ zur Folge (m: Masse des Fahrwerks und der auf ihm abgestützten Teile; J_S: dazugehöriges, auf die Schwereachse bezogenes Massenträgheitsmoment). Durch die Zeile 2.6 in Tafel 2-23 ist $\ddot{\xi}$ bereits bekannt, für die Ermittlung der Schwerpunktbeschleunigungen wird im Bild 2-380a eine allgemeine, durch a und b markierte Schwerpunktlage S zugrunde gelegt (S_0 gehört zu den Stützpunktlagen A_0 und B_0): Die geometrischen Beziehungen – Streckenadditionen wieder in vertikaler und horizontaler Richtung –

$$u = a\cos\xi - b\sin\xi - a + x$$
$$v = a\sin\xi + b\cos\xi - b \qquad (2.250)$$

liefern die Beschleunigungen in den Zeilen 3.1 und 3.2 von Tafel 2-23. Aus den Gleichgewichtsbedingungen am Tragwerk

um B: $F_{Ar} l \cos(\varphi - \xi) + m\ddot{u}(a\sin\xi + b\cos\xi) -$
$\quad - m\ddot{v}(a\cos\xi - b\sin\xi) - J_S \ddot{\xi} = 0$

$\uparrow$: $F_{Ar} \sin\varphi - F_{Bx} + m\ddot{u} = 0$

$\rightarrow$: $F_{Ar} \cos\varphi + F_{By} - m\ddot{v} = 0 \qquad (2.251)$

erhält man dann die dynamischen Führungskräfte F_{Ar} und F_{By} und die dynamische Antriebskraft F_{Bx} in den Zeilen 4.1, 4.3 und 4.2 von Tafel 2-23. Zeile 4.1 entsteht durch Einsetzen der Zeilen 3.1 und 3.2 in die erste Gleichung von Gl. (2.251) und Verwendung von

$$J_B = J_S + m(a^2 + b^2). \qquad (2.252)$$

(Handelt es sich bei dem betrachteten Fahrwerk um eins des oben erwähnten Regalbediengerätes, ist eine der Führungskräfte die Summe der Kräfte, die zu den entsprechenden senkrecht übereinander liegenden Stützstellen gehören.)

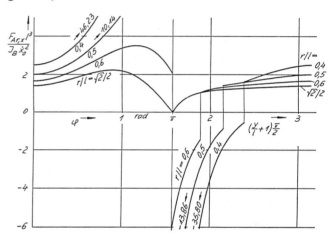

Bild 2-383 Führungskraft F_A während der Kurvenfahrt für die Antriebsvariante 1

Bild 2-383 zeigt den Verlauf der dimensionslos gemachten Führungskraft F_A für den Sonderfall $b = 0$ und $a/l = 0,5$ bei der Kurvenfahrt nach Zeile 1 von Tafel 2-24. Die größten Kräfte treten, läßt man einmal $r/l \approx \sqrt{2}/2$ außer acht, beim Übergang von der 1. zur 2. Etappe auf, und außerdem sind sie mit noch größeren *Sprüngen* verbunden. Während das bei $r/l = 0,6$ noch in normalen Größenbereichen vor sich geht, haben sich schon bei $r/l = 0,5$ die Verhältnisse entscheidend verschlechtert: Der größere Kraftbetrag ist 13,9, und die Kraft springt um 24,0. Abhilfe schafft die zweite Antriebsvariante (Bild 2-384). Die Zahlenwerte heißen hier für $r/l = 0,5$ zum Vergleich 2,5 und 4,0. Logischerweise sind die Verhältnisse beim Übergang von der 2. zur 3. Etappe aber ungünstiger als bei der ersten Variante, so daß sich aus diesem Vergleich für das Fahrwerk eine Steuerung anbietet, die die Vorteile beider Varianten vereint: Das Fahrwerk durchläuft die erste Kurvenhälfte, begrenzt durch die oben bereits einmal zitierte Symmetrielage $y/l = 1 - x/l$, entsprechend der zweiten Variante, dort wird auf die erste Variante umgeschaltet.

2.6 Dynamik der Krane

Der oben genannte Kraftbetrag von 13,9 ist nicht der größte bei der Kurvenfahrt eines Fahrwerks mit $r/l = 0,5$. Der von $F_{By}l^3/(J_B\ddot{x}_0^2) = -16,0$ an der Stelle $y/l = 0$ nämlich ist etwas größer, der dazugehörige Sprung am Etappenübergang von $F_{By}l^3/(J_B\ddot{x}_0^2) = -4,8$ an der Stelle $\varphi = \pi/2$ aus allerdings merklich kleiner. Dieser Umstand verliert aber durch die oben vorgeschlagene Steuerungs-Umschaltung ihre Bedeutung. Trotzdem stellt F_{By} im Moment der Umschaltung mit $-5,6$ noch den betragsmäßig größten Führungskraftwert und beim Übergang von der 2. zur 3. Etappe auch den größten Sprungwert (8,0).

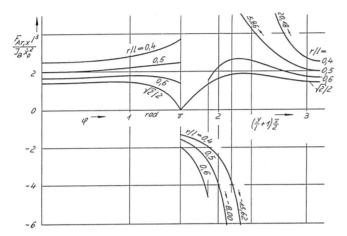

Bild 2-384 Führungskraft F_A während der Kurvenfahrt für die Antriebsvariante 2

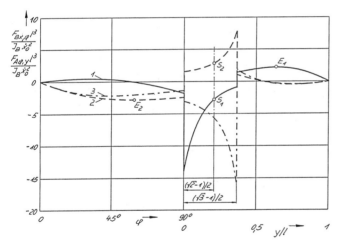

Bild 2-385 Verlauf der Antriebskräfte F_B (Varianten 1, 2) und F_A (Variante 3) nach Tafel 2-24 ($r/l = 0,5$)

Etwas ausführlicher soll an Hand von Bild 2-385 auf den Antriebskraftverlauf bei der obigen Steuerungs-Umschaltung eingegangen werden: Die dynamische Antriebskraft ist beim Einlaufen des Fahrwerks in die Kurve Null und bewegt sich dann bei der für die erste Kurvenhälfte zutreffenden Variante 2 ins Negative, wirkt also bremsend. Im Punkt E_2 wird ein flaches Extremum durchlaufen ($-2,8$). Beim Übergang von der 1. zur 2. Etappe springt die dimensionslose Kraft von $-2,5$ auf $1,5$, um dann bis zum Umschaltpunkt S_2 auf $2,8$ zu steigen und während dieser Zeit das Fahrwerk zu beschleunigen. Das Umschalten auf die Antriebsvariante 1 bedeutet den zusätzlichen Sprung nach S_1 ($-2,8$). Ein drittes Mal *wechselt* die Beanspruchung im Antrieb beim Übergang von der 2. zur 3. Etappe (von $-0,9$ auf $1,4$). Danach steigt die Antriebskraft noch einmal etwas an ($2,6$ im Extremum E_1), um am Ende der Kurvenfahrt wieder den Wert Null anzunehmen. (Zum Vergleich ist im Bild 2-385 der Antriebskraftverlauf für die Variante 3 aufgenommen worden, allerdings mit der für den Vergleich erforderlichen vereinfachenden Annahme $J_S = 0$. Das Resümee des Vergleichs hier bei den Antriebskräften trifft auch auf die Führungskräfte zu: Der am *Kopf* des Fahrwerks angeordnete, das Fahrwerk also in die Kurve *hineinziehende* Antrieb bringt für die dynamischen Kräfte keine Vorteile.)

Bewegung eines Mechanismus

Weitaus komplizierter als bei der Kurvenfahrt eines einzelnen Körpers im vorhergehenden Gliederungspunkt sind die Zwangsbedingungen z.B. beim Auslegersystem eines Doppellenker-Wippdrehkrans im Bild 2-386. In den Punkten A und B ist das Auslegersystem auf dem drehbaren Oberbau des Krans gelagert, H und W symbolisieren die dazugehörigen Lagerpunkte von Hub- und Wippwerk. Die Form des Gelenkvierecks $AA'B'B$ wird in dem Beispiel durch die Zahnstange festgelegt, die eine formschlüssige Verbindung zwischen dem sog. Drucklenker AA' (Länge j) und dem Wippwerkgetriebe-Abtriebsritzel darstellt. Die Kranausladung a ist somit eine Funktion des Ritzel-Drehwinkels φ.

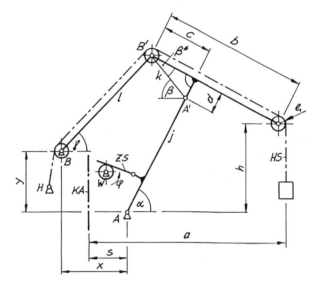

Bild 2-386 Auslegersystem eines Doppellenker-Wippdrehkrans
KA Krandrehachse; ZS Zahnstange; HS Hubseil

Da wieder nur die prinzipielle Vorgehensweise aufgezeigt werden soll, genügt die Lösung lediglich einer Teilaufgabe: Vorgegeben werde der Drucklenker-Stellungswinkel α mit der momentanen Geschwindigkeit $\dot{\alpha}$ und Beschleunigung $\ddot{\alpha}$, der Zusammenhang zwischen φ und α wird also als bereits bekannt vorausgesetzt. Die Additionen der horizontalen und vertikalen Streckenabschnitte liefern sofort

$$a = s + \rho + j\cos\alpha - k\cos\beta + b\cos(\beta - \beta^*) \quad (2.253)$$

$$h = j\sin\alpha + k\sin\beta - b\sin(\beta - \beta^*) \quad (2.254)$$

mit

$$\tan\beta^* = \frac{d}{c}.$$

Zu Gl. (2.253) z.B. gehören dann

$$\dot{a} = -\dot{\alpha} \cdot j \sin\alpha + \dot{\beta}\left[k \sin\beta - b \sin(\beta - \beta^*)\right] \quad (2.255)$$

$$\ddot{a} = -\dot{\alpha}^2 \cdot j\cos\alpha + \dot{\beta}^2\left[k\cos\beta - b\cos(\beta - \beta^*)\right] - \ddot{\alpha}\cdot j\sin\alpha + \ddot{\beta}\left[k\sin\beta - b\sin(\beta - \beta^*)\right]. \quad (2.256)$$

Es taucht also noch der Winkel β aus dem Gelenkviereck (mit seinen Ableitungen) als zusätzliche Unbekannte auf, die mit Hilfe der Streckensummen-Betrachtungen im Gelenkviereck ermittelt werden kann:

$\rightarrow:\ j\cos\alpha - k\cos\beta - l\cos\gamma + x = 0 \quad (2.257)$

$\uparrow:\ j\sin\alpha + k\sin\beta - l\sin\gamma - y = 0 \quad (2.258)$

Das sind zwei Gleichungen für β und eine weitere Unbekannte γ. Das einfache nichtlineare Gleichungssystem kann noch geschlossen gelöst werden, indem z.B. aus Gl. (2.257)

$$\cos\gamma = \frac{1}{l}\left(j\cos\alpha - k\cos\beta + x\right) \quad (2.259)$$

ausgedrückt und in Gl. (2.258) eingesetzt wird:

$$\cos\beta = \frac{e}{f} + \sqrt{\left(\frac{e}{f}\right)^2 + \frac{g}{f}} \quad (2.260)$$

Darin bedeuten

$e = (j\cos\alpha + x)\cdot h^*;\ f = 2k\cdot i$

$g = 2k(j\sin\alpha - y)^2 - \dfrac{h^{*2}}{2k}$

$h^* = k^2 - l^2 + i;\ i = (j\cos\alpha + x)^2 + (j\sin\alpha - y)^2.$

Es ist nun aber nicht ratsam, $\dot{\beta}$ und $\ddot{\beta}$ in den Gln. (2.255) und (2.256) aus Gl. (2.260) ermitteln zu wollen. Einfacher ist die implizite Differentiation der Gln. (2.257) und (2.258), durch die ein lineares Gleichungssystem für $\dot{\beta}$ und $\dot{\gamma}$ entsteht:

$$k\dot{\beta}\cdot\sin\beta + l\dot{\gamma}\cdot\sin\gamma = j\dot{\alpha}\cdot\sin\alpha \quad (2.261)$$

$$k\dot{\beta}\cdot\cos\beta - l\dot{\gamma}\cdot\cos\gamma = -j\dot{\alpha}\cdot\cos\alpha \quad (2.262)$$

Durch nochmalige Differentiation der Gln. (2.261) und (2.262) erhält man das lineare Gleichungssystem für $\ddot{\beta}$ und $\ddot{\gamma}$, das aus Tafel 2-25 hervorgeht: Die Unbekannten stehen als Faktoren über den Spalten der Koeffizientenmatrix des Gleichungssystems, rechts vom Trennstrich befinden sich die rechten Seiten der Gleichungen. Die bei der Lösung der Gleichungssysteme nach den Gln. (2.261) und (2.262) und nach Tafel 2-25 mit anfallenden Zustandsgrößen für γ werden z.B. benötigt, wenn es das Ersatzmassenträgheitsmoment des Auslegersystems für den Wippwerkantrieb zu berechnen gilt.

Zur Verdeutlichung einiger Zusammenhänge sind im Bild 2-387 die Gln. (2.254), (2.259) und (2.260) für das Auslegersystem eines Doppellenker-Wippdrehkrans 20 t × 32 m (Tafel 2-26) numerisch ausgewertet worden. Über den für den Kranbetrieb interessanten Ausladungsbereich gibt Bild 2-388 Auskunft:

Tafel 2-25 Gleichungssystem für $\ddot{\beta}$ und $\ddot{\gamma}$

$k^2\ddot{\beta}$	$l^2\ddot{\gamma}$	$j^2\ddot{\alpha}$	$(j\dot{\alpha})^2$	$(j\dot{\beta})^2$	$(j\dot{\gamma})^2$
$\sin\beta$	$\dfrac{k}{l}\sin\gamma$	$\dfrac{k}{j}\sin\alpha$	$\dfrac{k}{j}\cos\alpha$	$-\cos\beta$	$-\dfrac{k}{l}\cos\gamma$
$\cos\beta$	$-\dfrac{k}{l}\cos\gamma$	$-\dfrac{k}{j}\cos\alpha$	$\dfrac{k}{j}\sin\alpha$	$\sin\beta$	$-\dfrac{k}{l}\sin\gamma$

Tafel 2-26 Abmessungen des der Zahlenrechnung zugrunde gelegten Auslegersystems (Kranbau Eberswalde)

Ausgangsgrößen:

$x = 3{,}26$ m; $y = 10{,}46$ m; $s = 2{,}20$ m
$j = 24{,}86$ m; $l = 19{,}87$ m;
$b = 16{,}96$ m; $d = 0{,}56$ m; $c = 4{,}24$ m
$\rho = 0{,}45$ m

Abgeleitete Größen:

$\tan\beta^* = \dfrac{d}{c} \quad \rightarrow\ \beta^* = 7{,}52°$

$k^2 = c^2 + d^2$

$m^2 = x^2 + y^2;\quad \tan\delta = \dfrac{y}{x}$

– In die Nähe der durch

$$\cos(\alpha_{\min} + \delta) = \frac{(k+l)^2 - m^2 - j^2}{2mj}$$

$\rightarrow \alpha_{\min} = 33{,}81°$

festgelegten Stellung (Bild 2-388b) darf das Gelenkviereck nicht kommen, weil sonst die Stabkraft des sog. Zuglenkers BB' – betrachtet man ihn bei Vernachlässigung seiner Eigenmasse als Fachwerkstab – gegen Unendlich geht. Diese Forderung ist durch die Begrenzung der Ausladung auf 32 m erfüllt ($\hat{=} \alpha = 44{,}29°$).

– Der anderen durch

$$\cos(\alpha_{\max} + \delta) = \frac{l^2 - m^2 - (j+k)^2}{2m(j+k)}$$

$\rightarrow \alpha_{\max} = 81{,}42°$

gekennzeichneten Grenzlage im Bild 2-388a kommt nur eine orientierende Bedeutung zu. Es muß vielmehr

$\beta \leq 90° + \beta^*$

bleiben, damit das Hubseil nicht den Kontakt mit der Seilrolle an der Auslegerspitze verliert. Zu $\beta = 90° + \beta^*$ würde $\alpha = 81{,}22°$ gehören ($\hat{=} a = 6{,}98$ m). Durch die Endschalter-Begrenzung der Ausladung nach innen auf $a = 8$ m wird dieses kritische α nicht ganz erreicht. Alle Funktionen im Bild 2-387 sind plausiblerweise nichtlinear. Bei $a \approx 7{,}3$ m hat γ einen Extremwert, h einen dritten. Im Ausladungsbereich 8 ... 32 m bewegt sich die Auslegerspitze bei Betätigung des Wippwerks nur um etwa 0,4 m in vertikaler Richtung, die konstruktive Forderung

2.6 Dynamik der Krane

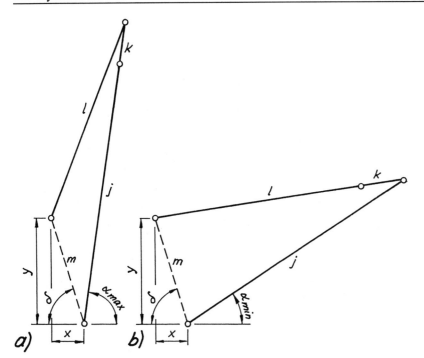

Bild 2-388
Vermeidung des „Zweischlages" beim Auslegersystem
a) α_{max}; b) α_{min}

an das Auslegersystem auf Horizontalführung der Auslegerspitze – und damit der Last bei stillstehendem Hubwerk – wird also durch das Gelenkviereck als einfachstes Getriebe gut erfüllt.

– die Querkraft F_{QD} im Drucklenker klein ist gegenüber der Längskraft und im Ausladungsbereich dreimal durch Null geht: bei $\alpha = 48{,}85°$, bei $\alpha = 67{,}30°$ und bei $\alpha = 81{,}00°$.

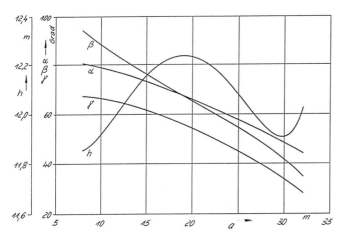

Bild 2-387 Geometrische Größen im Auslegersystem als Funktionen der Ausladung

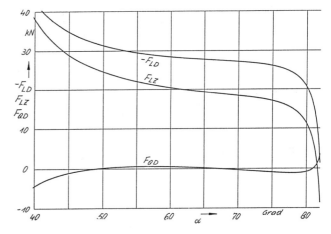

Bild 2-389 Schnittkräfte im Zug- und Drucklenker als Funktionen des Drucklenker-Stellungswinkels

Aufschlußreich sind auch die Kraftverläufe im Auslegersystem. Dazu werden im Bild 2-389 die Schnittkräfte im Zuglenker Z und Drucklenker D herangezogen. Die Lenker werden wieder als masselos angenommen, und der Masseausgleich im Auslegersystem wird weiter außer acht gelassen. Damit das Auslegersystem wegen des obigen gedanklichen Wegfalls der Zahnstange statisch bestimmt in der Zeichenebene gelagert ist und so an der Auslegerspitze mit mg ($m = 1$ t) belastet werden kann (Bild 2-390), wird der Drucklenker in seinem Fußpunkt A als eingespannt betrachtet. Es ist im Bild 2-389 zu erkennen, daß

– die Längskräfte F_L mit kleiner werdender Ausladung, d.h. mit wachsendem Drucklenker-Stellungswinkel, stetig abnehmen

In den durch diese α-Werte gekennzeichneten Stellungen ist auch das Biegemoment im Drucklenker Null, der Drucklenker ist also kurzzeitig ein Fachwerkstab. Da der Zuglenker sowieso einer ist, müssen sich bei jeder dieser drei Winkelkombinationen „α und zugehörige β und γ" die Stabkraft-Wirkungslinien auf der Hublast-Wirkungslinie schneiden (Punkt P im Bild 2-390):

$$[j\cos\alpha - k\cos\beta + b\cos(\beta - \beta^*)]\tan\alpha =$$
$$= y + [l\cos\gamma + b\cos(\beta - \beta^*)]\tan\gamma \qquad (2.263)$$

Nimmt man die Gln. (2.257) und (2.258) hinzu, kann man mit Gl. (2.263) von vornherein die Auslegerstellungen bestimmen, bei denen letztendlich die Zahnstangenkraft ihr Vorzeichen wechselt. Die Folge davon sind Schläge im Wippwerk infolge des Durchlaufens zu großer vorhande-

ner Spiele im Antrieb bei relativ großer Wippgeschwindigkeit.
Die Qualität des Vorzeichenwechsels der Zahnstangenkraft geht ebenfalls aus Bild 2-389 hervor: Im mittleren Ausladungsbereich ist die Drucklenker-Querkraft positiv, was bedeutet, daß sie im Punkt *A in* Richtung der dort im Bild 2-390 eingezeichneten Achse 2 zeigt. Das wiederum heißt, die Zahnstangenkraft ist in diesem mittleren Ausladungsbereich eine *Zug*kraft.

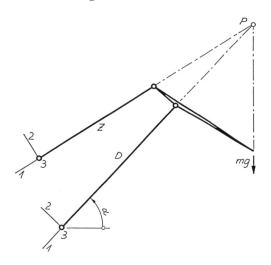

Bild 2-390 Stellung des Auslegersystems, bei der auch der Drucklenker lediglich durch eine Längskraft beansprucht wird

Mechanismus mit mehreren Freiheitsgraden

Ein solcher Mechanismus ist z.B. das Auslegersystem eines Balancekrans im Bild 2-391. Entsprechend den zwei Freiheitsgraden für die Bewegung des Auslegersystems in seiner Ebene existieren zwei Antriebe: Der Hydraulikzylinder 1 verstellt das gesamte Auslegersystem gegenüber dem Kranportal (Winkel α im Bild 2-392a), der Zylinder 2 den Winkel (ω) im Gelenk-Parallelogramm $ABCD$. Die im Bild gezeichnete Lage der Auslegerteile und die strichpunktierten Geraden symbolisieren die konstruktiv bedingten Endlagen. Diese ziehen das durch die gestrichelten Kreisbögen begrenzte Kran-Arbeitsfeld (Ecken K, K', K_1', K_1) nach sich.

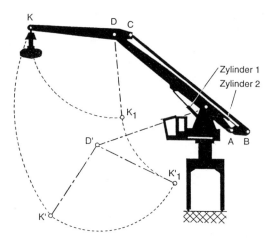

Bild 2-391 Prinzipieller konstruktiver Aufbau und Arbeitsfeld eines Balancekrans (Kranbau Eberswalde)

Alle Kran-Zustandsgrößen beim Kranwippen werden eindeutig durch die Zustandsgrößen der beiden Zylinder festgelegt, also durch die Kolbenwege l im Bild 2-392a – ausgedrückt durch die Zylinderlängen –, die Kolbengeschwindigkeiten l' und -beschleunigungen l''. Für sie sind die Antriebs-Zylinderkräfte F_{An} verantwortlich. (Eine Kran*drehung* um die z-Achse im Bild 2-392a durch das Antriebsmoment M_{An} ist in diesem Zusammenhang nicht von Interesse.) Auch in diesem Abschnitt soll nur das prinzipiell Neue angesprochen werden. D.h., bei den im Mechanismus z.B. wirkenden Massenkräften und den Verbindungskräften in den Gelenken wird auf die vorhergehenden Abschnitte verwiesen; den ersten Schritt dorthin würde die Festlegung der Schwerpunkte $S_1,...,S_4$ der Auslegerteile im Bild 2-392a bedeuten.

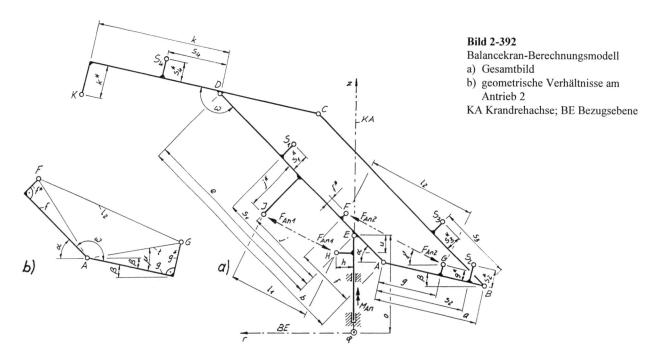

Bild 2-392
Balancekran-Berechnungsmodell
a) Gesamtbild
b) geometrische Verhältnisse am Antrieb 2
KA Krandrehachse; BE Bezugsebene

Aus dem Dreieck *EHJ* im Bild 2-392a erhält man nach dem Kosinussatz

$$l_1 = \sqrt{m^2 + n^2 - 2mn \cdot \cos(\alpha + v - \varepsilon)}$$

mit den Abkürzungen

$$m^2 = j^2 + j^{*2}; \quad n^2 = h^2 + u^2$$
$$\tan\varepsilon = j^*/j; \quad \tan v = u/h \qquad (2.264)$$

und durch wiederholte Differentiation nach der Zeit

$$\dot{l}_1 = l_1\dot{\alpha}\frac{mn}{l_1^2}\sin(\alpha + v - \varepsilon)$$

$$\ddot{l}_1 = \dot{l}_1\dot{\alpha}\left[\cot(\alpha + v - \varepsilon) + \frac{\ddot{\alpha}}{\dot{\alpha}^2} - \frac{\dot{l}_1}{l_1\dot{\alpha}}\right]. \qquad (2.265)$$

Wenn, wie vereinbart, die Zylinder-Zustandsgrößen vorgegeben werden, muß α mit seinen Ableitungen aus den Gln. (2.264) und (2.265) ausgedrückt werden:

$$\cos(\alpha + v - \varepsilon) = \frac{m^2 + n^2 - l_1^2}{2mn}$$

$$\dot{\alpha} = \frac{\dot{l}_1}{l_1}\frac{l_1^2}{mn\cdot\sin(\alpha + v - \varepsilon)}$$

$$\ddot{\alpha} = \dot{\alpha}^2\left[\frac{\ddot{l}_1}{\dot{l}_1\dot{\alpha}} - \cot(\alpha + v - \varepsilon) + \frac{\dot{l}_1}{l_1\dot{\alpha}}\right] \qquad (2.266)$$

Auf dieselbe Weise liefert Dreieck *AFG* für den Antrieb 2

$$\cos(\omega - \lambda - \mu) = \frac{s^2 + t^2 - l_2^2}{2st}$$

$$\dot{\omega} = \frac{\dot{l}_2}{l_2}\frac{l_2^2}{st\cdot\sin(\omega - \lambda - \mu)}$$

$$\ddot{\omega} = \dot{\omega}^2\left[\frac{\ddot{l}_2}{\dot{l}_2\dot{\omega}} - \cot(\omega - \lambda - \mu) + \frac{\dot{l}_2}{l_2\dot{\omega}}\right],$$

wobei

$$s^2 = f^2 + f^{*2}; \quad t^2 = g^2 + g^{*2}$$
$$\tan\lambda = f^*/f; \quad \tan\mu = g^*/g, \qquad (2.267)$$

verdeutlicht durch Bild 2-392b.
Besonders interessieren wegen der Lastbewegung die Kran-Zustandsgrößen an der Auslegerspitze *K*. Aus Bild 2-392a erhält man die Koordinaten von *K* zu

$$r_K = e\cdot\cos\alpha + k\cdot\cos\beta$$
$$z_K = o + e\cdot\sin\alpha + k\cdot\sin\beta$$

mit

$$\beta = \alpha + \omega - \pi. \qquad (2.268)$$

Durch Differentiation folgen daraus die Geschwindigkeiten und Beschleunigungen

$$\dot{r}_K = -e\dot{\alpha}\cdot\sin\alpha - k\dot{\beta}\cdot\sin\beta$$
$$\dot{z}_K = e\dot{\alpha}\cdot\cos\alpha + k\dot{\beta}\cdot\cos\beta$$

bzw.

$$\ddot{r}_K = -e(\dot{\alpha}^2\cdot\cos\alpha + \ddot{\alpha}\cdot\sin\alpha) - k(\dot{\beta}^2\cdot\cos\beta + \ddot{\beta}\cdot\sin\beta)$$
$$\ddot{z}_K = -e(\dot{\alpha}^2\cdot\sin\alpha - \ddot{\alpha}\cdot\cos\alpha) - k(\dot{\beta}^2\cdot\sin\beta - \ddot{\beta}\cdot\cos\beta)$$

mit

$$\dot{\beta} = \dot{\alpha} + \dot{\omega}; \quad \ddot{\beta} = \ddot{\alpha} + \ddot{\omega}. \qquad (2.269)$$

Darin werden α und ω und ihre Ableitungen durch die Gln. (2.266) und (2.267) zur Verfügung gestellt.

2.6.4 Ungefesselter Zweimassenschwinger

2.6.4.1 Zurückführung der Antriebs-Bewegungsvorgänge auf das Berechnungsmodell

Antriebe enthalten i.allg. spielbehaftete Getriebe und Kupplungen und weisen demzufolge ebenfalls Spiel auf. Ist das Tragwerk des Krans in den Antriebsstrang einbezogen, kommen gewöhnlich durch die Lagerstellen der entsprechenden Tragwerkteile weitere Spielanteile hinzu. So muß z.B. beim Kranwippen oder -drehen das Spiel der Drehsäule im Portal (Drehverbindung nach [0.1, Bilder 3-157b,c]) berücksichtigt werden bzw. das Spiel des Großwälzlagers (Drehverbindung nach [0.1, Bild 3-157d]). Auf die statischen Kräfte im Antrieb hat das Spiel wegen seiner relativen Kleinheit i. allg. keinen Einfluß, wohl aber auf die dynamischen. Dieser Einfluß soll im folgenden mit Hilfe des einfachsten Antriebs-Schwingungsmodells nach Bild 2-393a bestimmt werden. Seine Systemgrößen sind auf Grund der Einfachheit des Modells weitgehend reduzierte Größen. Dabei stellt m_1 im wesentlichen die Motormasse dar, m_2 steht für die Masse der anzutreibenden Baugruppe. Die Verbindung zwischen beiden stellen das Spielglied (Spielbereich δ) und die Feder (Federkonstante c) her.
Ein Dämpfungsglied fehlt im Bild 2-393a, weil für die beabsichtigte Abschätzung die größtmögliche Beanspruchung interessiert. (Bei Berücksichtigung von Dämpfung würde sich außerdem die Anzahl der Parameter um Eins erhöhen, so daß die beabsichtigte tendenzielle Auswertung der späteren Ergebnisse erschwert werden würde. Darüber hinaus existieren auch noch keine Erfahrungen über die mathematische Fassung einer direkten Verbindung zwischen Feder/Dämpfer und Spielglied [2.463]).
Der Antrieb ist der besseren Anschaulichkeit wegen als Längsschwinger dargestellt und wird nachfolgend mathematisch auch als solcher behandelt. Durch die Entsprechungen nach Tafel 2-27 können die abgeleiteten Gleichungen aber sofort auf ein Drehschwingungssystem übertragen werden. Die Größenordnungen der Maßeinheiten wurden in Tafel 2-27 sinnvoll gewählt, müssen für die weiteren Untersuchungen so aber nicht verwendet werden.
Der Antrieb befinde sich vor der Einleitung einer Bewegungsänderung durch Änderung der Motorkraft in gleichförmiger Bewegung mit der Geschwindigkeit $\dot{x}_0$. Die praktisch möglichen Fälle zeigt, wenn man die Zuordnung der Massen m_1 und m_2 zum Motor bzw. zur anzutreibenden Baugruppe beibehält, Bild 2-394: Statische Lasten – z.B. beim Wippwerk die Eigenlast als sog. durchziehende Kraft, beim Drehwerk die Windkraft als sog. abtreibende Kraft – sorgen oft für eine Vorspannung des Antriebs. Im Bild 2-394 wird diese statische Vorspannkraft, an m_2 angreifend, durch F_2 symbolisiert. In den Bildern 2-394a und b ist die Richtung von F_2 dieselbe, sie ändert sich erst ab Bild 2-394c. Um in dieser Übersicht die unmittelbare Ver-

Tafel 2-27 Sich entsprechende physikalische Kenngrößen in den Schwingungsmodellen

Kenngröße	Symbol	
	Längsschwinger	Drehschwinger
(träge) Masse i ($i = 1; 2$)	m_i in kg	J_i in kgm²
Federkonstante	c in kN/mm	c_T in kNm/rad
Spiel	δ in mm	φ_S in rad
eingeprägte äußere Kraft an Masse i	F_i in kN	M_i in kNm
Feder-Schnittreaktion	F_F in kN	M_{12} in kNm

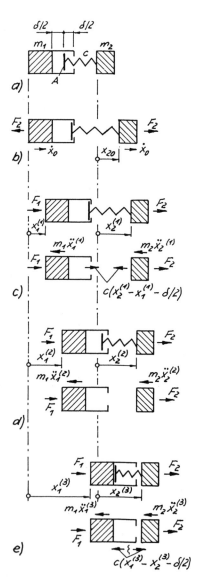

Bild 2-393 Einzelne Bewegungs-Etappen beim „Beschleunigen" des Antriebs aus Bild 2-394a
a) Definition der Weg-Nullpunkte
b) Ausgangszustand
c) 1. Etappe
d) 2. Etappe
e) 3. Etappe

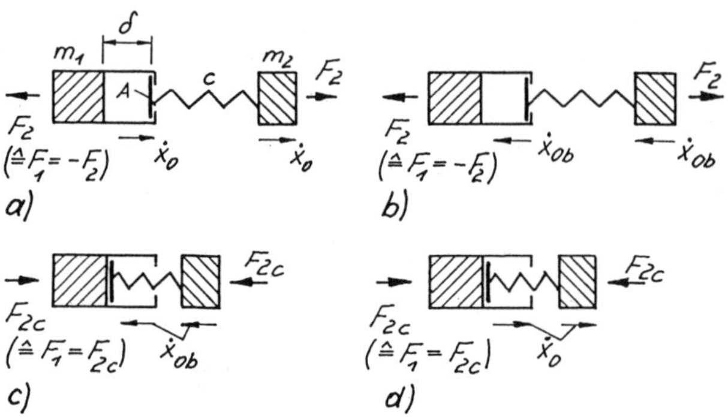

Bild 2-394 Mögliche Antriebs-Bewegung vor Einleitung einer Bewegungs-Änderung
a), b) vorspannende Kraft erzeugt in Feder Zug,
c), d) erzeugt Druck
a), c) Bewegung in Richtung der vorspannenden Kraft,
b), d) entgegen dieser Richtung

bindung zur Praxis beizubehalten und um auch eindeutig zu bleiben, wird nur mit *positiven* Vorspannkräften F_2 gearbeitet; die Richtungsumkehr im Bild 2-394c wird deshalb durch den zusätzlichen Index „c" gekennzeichnet. Analog wird (auch im Bild 2-394b) mit $\dot{x}_0$ verfahren.

Die Reibungskräfte, auf alle Teile des Antriebsstrangs verteilt, sind im Verhältnis zu F_2 klein, so daß das Spiel der Größe δ durch F_2 überwunden ist. Dadurch liegt das Feder-Ende mit dem Anschlag A im Bild 2-394a am *rechten* Ende des Spielglieds an, und die Federkraft ist mit $F_F = F_2$ eine *Zug*kraft. Im Bild 2-394c befindet es sich an der *linken* Spiel-Begrenzung, und die Federkraft ist mit $F_F = F_{2c}$ eine *Druck*kraft. Die zu den Reibungskräften getroffene Annahme betrifft sowohl die für den Antriebsstrang *inneren* Reibungskräfte als auch die äußeren, zwischen Antriebsstrang und Tragwerk auftretenden. Dadurch muß der Motor in allen Fällen von Bild 2-394 an der Masse m_1 die F_2 entsprechende Gegenkraft F_1 aufbringen.

Die gleichförmige Bewegung des Antriebs nach Bild 2-394 dauere bis zur Zeit $t = 0$. Zu diesem Zeitpunkt springe F_1 auf einen anderen konstanten Wert. (Entsprechend dem Berechnungsmodell im Bild 2-393a wird auch hier von der einfachsten möglichen Motorkraft-Änderung Gebrauch gemacht.) Die Zustandsänderung ab $t = 0$ z.B. des Antriebs nach Bild 2-394a, hervorgerufen durch den zugehörigen Motorkraftsprung nach Bild 2-395a, wird durch die Weg-Koordinaten x_1, x_2 in der oberen Darstellung von Bild 2-393c (und deren Ableitungen $\dot{x}$ und $\ddot{x}$ nach der Zeit) beschrieben. Die Weg-Nullpunkte werden dabei von Bild 2-393a festgelegt. Die für Bild 2-394a vorgenommene Definition der positiven Richtung der Motorkraft F_1 von links nach rechts wird für alle Varianten im Bild 2-394 beibehalten. Bild 2-395a gilt somit auch für Bild 2-394b, für die Bilder 2-394c und d ist Bild 2-395b zuständig. Mit dieser Voranstellung lassen sich nun in der Tafel 2-28 die durch die Motorkraftänderung ausgelösten Bewegungsänderungen der Antriebe aus Bild 2-394 charakterisieren; für die Erläuterung wird auf die Antriebe nach den Bildern 2-394a und b zurückgegriffen:

– Für $t < 0$ heißt die Motorkraft $F_1 = -F_2$. (In der Tafel 2-28 ist, um Eindeutigkeit zu wahren, „F_2" zusätzlich in Betragsstriche gesetzt worden.) Je nachdem, ob nun $F_1(t \geq 0)$ kleiner oder größer ist als $F_1(t < 0) = -|F_2|$, zerfällt die Tafel in zwei Teile.

2.6 Dynamik der Krane

Tafel 2-28 Art der Bewegungsänderung bei den Antriebs-Bewegungen nach Bild 2-394

	Bilder 2-394 a, c	Bilder 2-394 b, d
$F_1 > -\|F_2\|$ im Bild 2-394 a, b bzw. $F_1 < F_{2c}$ im Bild 2-394 c, d	Beschleunigen • (aktiv) durch F_1 nur, wenn F_1 genügend groß gegenüber F_2 (Bild 2-394 a) bzw. genügend klein (Bild 2-394 c) und dabei Spiel durchlaufen wird • sonst passiv durch F_2	• Bremsen oder, erfolgt keine Stoppbremsung, Reversieren durch F_1 nur, wenn F_1 genügend groß gegenüber F_2 (Bild 2-394 b) bzw. genügend klein (Bild 2-394 d) und dabei Spiel durchlaufen wird • sonst Verzögern (passiv) durch F_2 bis zum Beschleunigen in *andere* Richtung
$F_1 < -\|F_2\|$ im Bild 2-394 a, b bzw. $F_1 > F_{2c}$ im Bild 2-394 c, d	Bremsen oder, erfolgt keine Stoppbremsung, Reversieren	Beschleunigen

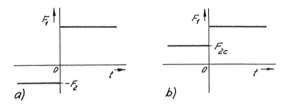

Bild 2-395 Motorkraft-Verlauf für die im Bild 2-394 angekündigte Bewegungs-Änderung

- Für $F_1 < -F_2$ wird der Antrieb nach Bild 2-394b (in Richtung der Ausgangsgeschwindigkeit $\dot{x}_{0b}$) *beschleunigt*. Unter „Beschleunigen" soll der von der Motorkraft (aktiv) veranlaßte Übergang des Antriebs von einer kleineren Geschwindigkeit auf eine größere verstanden werden. Ist die „kleinere Geschwindigkeit" Null – im vorliegenden Fall $\dot{x}_{0b} = 0$ –, wird von „Anfahren" gesprochen.

- Der Antrieb nach Bild 2-394a wird durch $F_1 < -F_2$ *gebremst*. Vom Vorgang „Bremsen" soll gesprochen werden, wenn der Motor (oder die i.allg. auf der Motorwelle sitzende Bremse) aktiv die Ausgangsgeschwindigkeit verkleinert. Wenn dabei die kleinere Geschwindigkeit dieselbe Richtung wie $\dot{x}_0$ behält, liegt eine sog. Verzögerungsbremsung vor [0.1, Abschn. 2.4.1]; eine sich anschließende „Regelbremsung" – beim Kranhubwerk wäre es die „Senkbremsung" – könnte dann für die Beibehaltung der erreichten kleineren Geschwindigkeit sorgen. Wird der Antrieb bis zum Stillstand abgebremst, spricht man von Stoppbremsung; die „kleinere Geschwindigkeit" ist in diesem Fall Null, und sie bleibt es auch. Wenn aber die bremsende Kraft F_1 nach Erreichen der Geschwindigkeit Null weiterwirkt, wird der Antrieb in die zu $\dot{x}_0$ entgegengesetzte Richtung beschleunigt; das Ergebnis dieses sog. Reversierens ist also eine *negative* „kleinere Geschwindigkeit".

- „Bremsen" liegt auch für $F_1 < -F_2$ im Bild 2-394b vor. Unmittelbar aktiv kann dabei die Motorkraft F_1 aber nur werden, wenn auf Grund ihrer ausreichenden Größe das Spiel durchlaufen wird und sie in der Feder eine *Druck*kraft aufbaut.

- Analog sind die Verhältnisse beim „Beschleunigen" des Antriebs nach Bild 2-394a für $F_1 < -F_2$.

2.6.4.2 Bewegungs-Differentialgleichungen

Die Funktion der Feder bei den in Tafel 2-28 diskutierten Bewegungsänderungen des Antriebs wird durch Bild 2-396 charakterisiert. Die Federkraft-Gleichungen basieren auf den bereits eingeführten Bewegungs-Koordinaten für die beiden Massen m_1 und m_2 (Bilder 2-393a und c); Zug- und Druckbereich der Federkraft F_F sind horizontal um das Spiel δ gegeneinander versetzt. Auf Grund des zweimaligen Abknickens der Kennlinie wird sie von der Federkraft in drei Etappen durchlaufen, die in Klammern gesetzten und hochgestellten Indizes an den Symbolen weisen dabei auf die entsprechende Etappe hin. Demzufolge gelten die Bewegungs-Differentialgleichungen, die als Kräftegleichgewichtsbedingungen aus den Bildern 2-393c, d und e folgen, auch nur für jeweils eine Etappe. Für die Anfangsbedingungen muß außerdem Bild 2-393b mit zu Hilfe genommen werden.

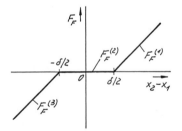

Bild 2-396 Federkennlinie des Antriebs
(Gleichungen für $F_F^{(i)}$ siehe Spalte 4 von Tafel 2-29)

Alle mathematischen Beziehungen sind für den Antrieb nach Bild 2-394a in der Tafel 2-29 zusammengestellt. Um jede Beziehung leicht ansprechen zu können, wurden wieder die Tafel-Zeilen und -Spalten numeriert. Die Spalten 2, 3 und 4 spiegeln noch einmal Bild 2-396 wider, neu wurde allerdings die Relativbewegung

$$X = x_2 - x_1$$

eingeführt. Analog gilt später

$$\dot{X} = \dot{x}_2 - \dot{x}_1 \quad ; \quad \ddot{X} = \ddot{x}_2 - \ddot{x}_1 \ . \tag{2.270}$$

In jeder Etappe i ist die Bewegung des Antriebs eine Funktion der Zeit $t^{(i)}$. Am Etappen-Anfang soll die Zeit mit Null zu zählen beginnen; das Etappen-Ende, an dem dann der Übergang in die nächste Etappe erfolgt, werde bei $t_G^{(i)}$ erreicht.

Tafel 2-29 Formulierung der Aufgabe für das Durchlaufen der drei Etappen im Bild 2-393

Spalte	1	2	3	4	5	6	7	8
Zeile	Etappe i	Zeitbereich $0 \leq t^{(i)} \leq t_G^{(i)}$ entspricht Wegbereich $X_0^{(i)} \geq x_2^{(i)} - x_1^{(i)} \geq X_G^{(i)}$ $X_0^{(i)}$	$X_G^{(i)}$	Federkraft $F_F^{(i)}$	Bewegungs-Differentialgleichungen	Anfangs-/Übergangsbedingungen für Zustandsgrößen Symbol	Größe zur Zeit $t^{(i)} =$ 0	$t_G^{(i)}$
1.1						$\dot{X}^{(1)}$	0	$\dot{X}_G^{(1)}$
1.2						$X^{(1)}$	$\delta/2 + F_2/c$	$\delta/2$
1.3 (1)	1			$\delta/2$	$c\left(x_2^{(1)} - \right.$ $\left. -x_1^{(1)} - \right.$ $\left. -\delta/2\right)$	$m_1 \ddot{x}_1^{(1)} - c\left(x_2^{(1)} - x_1^{(1)}\right) =$ $= F_1 - c\delta/2$ $m_2 \ddot{x}_2^{(1)} + c\left(x_2^{(1)} - x_1^{(1)}\right) =$ $= F_2 + c\delta/2$	$\dot{x}_2^{(1)}$	$\dot{x}_0$	$\dot{x}_{2G}^{(1)}$
1.4						$x_2^{(1)}$	$\delta/2 + F_2/c$	$x_{2G}^{(1)}$
1.5						$\dot{x}_1^{(1)}$	$\dot{x}_0$	$\dot{x}_{2G}^{(1)} - \dot{X}_G^{(1)}$
1.6						$x_1^{(1)}$	0	$x_{2G}^{(1)} - \delta/2$
2.1						$\dot{X}^{(2)}$	$\dot{X}_G^{(1)}$	$\dot{X}_G^{(2)}$
2.2						$X^{(2)}$	$\delta/2$	$-\delta/2$
2.3 (2)	2	$\delta/2$	$-\delta/2$	0	$m_1 \ddot{x}_1^{(2)} = F_1$ $m_2 \ddot{x}_2^{(2)} = F_2$	$\dot{x}_2^{(2)}$	$\dot{x}_{2G}^{(1)}$	$\dot{x}_{2G}^{(2)}$
2.4						$x_2^{(2)}$	$x_{2G}^{(1)}$	$x_{2G}^{(2)}$
2.5						$\dot{x}_1^{(2)}$	$\dot{x}_{2G}^{(1)} - \dot{X}_G^{(1)}$	$\dot{x}_{2G}^{(2)} - \dot{X}_G^{(2)}$
2.6						$x_1^{(2)}$	$x_{2G}^{(1)} - \delta/2$	$x_{2G}^{(2)} + \delta/2$
3.1						$\dot{X}^{(3)}$	$\dot{X}_G^{(2)}$	
3.2						$X^{(3)}$	$-\delta/2$	
3.3 (3)	3		$-\delta/2$		$c\left(x_2^{(3)} - \right.$ $\left. -x_1^{(3)} + \right.$ $\left. +\delta/2\right)$	$m_1 \ddot{x}_1^{(3)} - c\left(x_2^{(3)} - x_1^{(3)}\right) =$ $= F_1 + c\delta/2$ $m_2 \ddot{x}_2^{(3)} + c\left(x_2^{(3)} - x_1^{(3)}\right) =$ $= F_2 - c\delta/2$	$\dot{x}_2^{(3)}$	$\dot{x}_{2G}^{(2)}$	
3.4						$x_2^{(3)}$	$x_{2G}^{(2)}$	
3.5						$\dot{x}_1^{(3)}$	$\dot{x}_{2G}^{(2)} - \dot{X}_G^{(2)}$	
3.6						$x_1^{(3)}$	$x_{2G}^{(2)} +$ $-x_1^{(3)} +$	

In der 1. und der 3. Etappe bilden die Differentialgleichungen jeweils ein System (Felder (1; 5) und (3; 5) von Tafel 2-29). Da der Zweimassenschwinger nicht nach außen hin gefesselt ist, besitzt er nur *eine* von Null verschiedene Eigenkreisfrequenz

$$\omega = \sqrt{\frac{c(m_1 + m_2)}{m_1 m_2}}, \qquad (2.271)$$

und die Gleichungen können z.B. im Falle der 1. Etappe auf die Differentialgleichung

$$\ddot{X}^{(1)} + \omega^2 X^{(1)} = \frac{F_2}{m_2} - \frac{F_1}{m_1} + \omega^2 \frac{\delta}{2} \qquad (2.272)$$

für den Relativweg $X^{(1)}$ zurückgeführt werden. Die Absolutbewegungen entstehen daraus wie folgt: Die zweite Gleichung aus dem Feld (1; 5) von Tafel 2-29 liefert mit Gl. (2.270) über die m_2-Beschleunigung

2.6 Dynamik der Krane

$$\ddot{x}_2^{(1)} = -\frac{X^{(1)}}{m_2} + \frac{F_2}{m_2} + \frac{1}{2}\frac{c\delta}{m_2} \qquad (2.273)$$

die Weg-Zeit-Beziehung $x_2^{(1)}$, und mit Gl. (2.270) erhält man dann

$$x_1^{(1)} = x_2^{(1)} - X^{(1)}. \qquad (2.274)$$

Die Felder der zu den Differentialgleichungen gehörenden *bekannten* Etappen-Anfangsbedingungen in der Spalte 7 sind dick umrandet. Es ist von der Aufgabenstellung her plausibel, daß für die 1. Etappe *alle* bekannt sind (Feld (1; 7)), für die anderen Etappen nur jeweils die Relativwege X (Felder (2.2; 7) und (3.2; 7)). Genauso plausibel ist das Bekanntsein der Relativwege am Ende der 1. und 2. Etappe (Felder (1.2; 8) und (2.2; 8)). Die Zustandsgrößen am Etappenanfang sind gleich denen am Ende der vorhergehenden Etappe (z.B. die Felder (2; 7) und (1; 8)), so daß es, um den Bewegungsvorgang vollständig beschreiben zu können, die Zustandsgrößen X_G, $\dot{x}_{2G}$ und x_{2G} für die 1. und die 2. Etappe zu ermitteln gilt.

Die Lösungen der Differentialgleichungen für die einzelnen Etappen eines Spieldurchlaufs des Antriebs nach Bild 2-394a stehen in den Spalten 2, 3 und 4 von Tafel 2-30; die Symbole in der Spalte 1 kennzeichnen den Inhalt einer Zeile. Aus der Bedingung im Feld (4; 1) – durch die Aufgabenstellung sind die Größen $X_G^{(i)}$ nach den Feldern (1.2; 8) und (2.2; 8) von Tafel 2-29 bekannt – folgen die Zeiten $t_G^{(i)}$, nach denen die Etappen-Enden erreicht werden. Die Zeiten ihrerseits liefern dann schließlich die für die Bewegungsbeschreibung in der 2. und der 3. Etappe benötigten Zustandsgrößen.

Wenn F_1 nicht groß genug ist, wird das Etappen-Ende gar nicht erreicht. Die Schwingungsumkehr erfolgt vielmehr schon innerhalb der gerade betrachteten Etappe i nach der Zeit $t_{extr}^{(i)}$ (Zeile 5 in Tafel 2-30). Aus der Bedingung in Spalte 1 folgen wieder die Umkehrzeiten, für die bei Vieldeutigkeit (Spalten 2 und 4) der kleinste Wert von Interesse ist; der Wert Null scheidet aus der Betrachtung aus, weil zu ihm die Etappen-Anfangslage gehört. Zeile 6 enthält die Kräfte $F_{1G}^{(i)}$, die gerade zum Erreichen des Etappen-Endes erforderlich sind. Die letzte Zeile gibt Aufschluß über das jeweilige Federkraft-Extremum.

Die Gleichungen von Tafel 2-30 waren für die Antriebs-Bewegung nach Bild 2-393 c, d.h. nach Bild 2-394a mit $F_1 > - |F_2|$ (Tafel 2-28) abgeleitet worden. Sinngemäß gelten sie natürlich auch für die anderen in Tafel 2-28 aufgelisteten Bewegungsänderungen. Wie diese Übertragung vor sich geht, wird später für den Sonderfall $F_2 = 0$ im Gliederungspunkt „Keine Vorspannkraft vorhanden" im Abschnitt 2.6.4.3 gezeigt. – Nachfolgend bilden die Gleichungen die Grundlage für die nähere Behandlung einiger ausgewählter Bewegungsvorgänge.

2.6.4.3 Beschleunigen des Antriebs

Vorspannkraft vorhanden

Der Vorgang wird wieder am Beispiel des Antriebs nach Bild 2-394a erläutert, wobei von der sich in der Praxis präsentierenden Aufgabe ausgegangen wird: Eine Masse (m_2) gilt es anzutreiben; festzulegen ist ein geeigneter Motor mit der passenden Kupplung, deren Kenngrößen (F_1, m_1 im Schwingungssystem) in gewissem Umfang bei der Auswahl variiert werden können und dabei keinen praktischen Einfluß auf die anderen physikalischen Größen (c, δ) des Schwingungssystems haben. Zur Reduzierung der Anzahl der Parameter in der Berechnung empfiehlt sich also der Bezug auf die Größen m_2 und F_2 des anzutreibenden Teils. Um die Tendenzen in der späteren Lösung leichter verfolgen zu können, ist die Hinzunahme von ω nach Gl. (2.271) zur Dimensionslosmachung nicht angebracht; es wird lediglich der Anteil $\sqrt{c/m_2}$ daraus zusätzlich benutzt.

Die Bilder 2-397 und 2-398 zeigen die Ergebnisse nach den Zeilen 7 bzw. 4 und 5 von Tafel 2-30. Am meisten interessieren die Federkraft-Verläufe im Bild 2-397, ist die Federkraft doch ein Maß für die Beanspruchung des Antriebsstrangs. Aufgetragen sind im Bild die bezogenen Extremwerte der Federkraft, genauer gesagt, ihre Minima

$$\frac{F_{Fextr}^{(1)}}{F_2} = -2\frac{1 + F_1/F_2}{1 + m_1/m_2} + 1$$

$$\frac{F_{Fextr}^{(3)}}{F_2} = -\frac{1 + F_1/F_2}{1 + m_1/m_2}\Bigg[1 +$$

$$+ \sqrt{1 + 2\frac{c\delta}{F_2}\frac{1 + m_1/m_2}{1 + F_1/F_2}\left(1 - \frac{1 + m_1/m_2}{1 + F_1/F_2}\right)}\Bigg] + 1.$$

$$(2.275)$$

Wie es bei der vorausgesetzten gleichförmigen Ausgangsbewegung des Antriebs sein muß, ist die Federkraft von der Geschwindigkeit $\dot{x}_0$ unabhängig und beträgt in der 1. Etappe F_2 für $F_1 = -F_2$. Um die Zusammenhänge gut verfolgen zu können, werden als Parameter F_1/F_2 (Abszisse), m_1/m_2 und $c\delta/F_2$ benutzt. Das Maximum für alle Parameterkombinationen m_1/m_2 und $c\delta/F_2$ ist der Punkt $(-1; 1)$ im Bild 2-397, der den Zeitpunkt $t = t^{(1)} = 0$ des Umschaltens nach Bild 2-395a symbolisiert. Verfolgt man einmal die Parameterkurve $m_1/m_2 = 3$ vom Punkt $(-1; 1)$ aus, dann würde sich, wenn gar keine Antriebskraft ab $t = 0$ wirkt, als kleinste Federkraft $0,5\,F_2$ (Schnittpunkt mit der Ordinate) nach der halben Periodendauer einstellen. Für $F_1 = F_2$ liegt der Schwingungs-Umkehrpunkt genau bei $F_{Fextr} = 0$; für das Zahlenbeispiel

$$\left.\begin{array}{l} m_1 = 3\text{ t; } m_2 = 1\text{ t} \\ c = 40\text{ kN/m} \end{array}\right\} \rightarrow \omega = 7{,}30\text{ s}^{-1}$$

$$\frac{T}{2} = \frac{\pi}{\omega} = 0{,}430\text{ s}$$

$$F_2 = 1\text{ kN}$$

$$\frac{c\delta}{F_2} = 2 \rightarrow \delta = 0{,}05\text{ m} \qquad (2.276)$$

– T ist die Schwingungsdauer – ist diese Schwingung im Bild 2-399 als Kurve 1 dargestellt. Die Gerade F_{Fextr}/F_2 als Funktion von F_1/F_2 setzt sich bei Spielfreiheit in den Federkraft-*Druck*bereich fort, bei Vorhandensein von Spiel knickt sie jedoch in die Horizontale ab. Wann die Funktion wieder die Abszissenachse verläßt und damit die bisher schwellende Beanspruchung im Antriebsstrang in die wechselnde übergeht, hängt von der Größe des Spiels (oder/und der Steifigkeit des Antriebsstrangs) ab.

Tafel 2-30 Lösung zur Aufgabe in Tafel 2-29

	1	2	3	4
	Etappe i	1	2	3
1	$X^{(i)}$	$\dfrac{F_1+F_2}{m_1\omega^2}\left(1-\cos\omega t^{(1)}\right)+$ $+\dfrac{\delta}{2}+\dfrac{F_2}{c}$	$-\dfrac{F_1-\dfrac{m_1}{m_2}F}{m_1\omega^2}\cdot\dfrac{1}{2}\left(\omega t^{(2)}\right)^2+$ $+\dfrac{\dot{X}_G^{(1)}}{\omega}\omega t^{(2)}+\dfrac{\delta}{2}$	$\dfrac{F_1-\dfrac{m_1}{m_2}F_2}{m_1\omega^2}\left(1-\cos\omega t^{(3)}\right)+$ $+\dfrac{\dot{X}_G^{(2)}}{\omega}\sin\omega t^{(3)}-\dfrac{\delta}{2}$
2	$x_2^{(i)}$	$\dfrac{F_1+F_2}{(m_1+m_2)\omega^2}\left[\dfrac{1}{2}\left(\omega t^{(1)}\right)^2-\right.$ $\left.-\left(1-\cos\omega t^{(1)}\right)\right]+$ $+\dfrac{\dot{x}_0}{\omega}\omega t^{(1)}+\dfrac{\delta}{2}+\dfrac{F_2}{c}$	$\dfrac{F_2}{m_2\omega^2}\cdot\dfrac{1}{2}\left(\omega t^{(2)}\right)^2+$ $+\dfrac{\dot{x}_{2G}^{(1)}}{\omega}\omega t^{(2)}+x_{2G}^{(1)}$	$x_{2G}^{(2)}+\dfrac{F_1+F_2}{(m_1+m_2)\omega^2}\cdot\dfrac{1}{2}\left(\omega t^{(3)}\right)^2-$ $-\dfrac{F_1-\dfrac{m_1}{m_2}F_2}{(m_1+m_2)\omega^2}\left(1-\cos\omega t^{(3)}\right)-$ $-\dfrac{m_1}{m_1+m_2}\dfrac{\dot{X}_G^{(2)}}{\omega}\left(\omega t^{(3)}-\sin\omega t^{(3)}\right)$
3	$x_1^{(i)}$	$x_2^{(1)}-X^{(1)}$	$x_2^{(2)}-X^{(2)}$	$x_2^{(3)}-X^{(3)}$
4	$X^{(i)}\left(t^{(i)}=t_G^{(i)}\right)=$ $=X_G^{(i)}$	$\cos\omega t_G^{(1)}=\dfrac{F_1-\dfrac{m_1}{m_2}F_2}{F_1+F_2}$ $0<\omega t_G^{(1)}\leq\pi$	$\dfrac{F_1-\dfrac{m_1}{m_2}F_2}{m_1\omega}\omega t_G^{(2)}=\dot{X}_G^{(1)}+$ $+\sqrt{\left(\dot{X}_G^{(1)}\right)^2+\dfrac{2\delta}{m_1}\left(F_1-\dfrac{m_1}{m_2}F_2\right)}$	
5	$\dot{X}^{(i)}\left(t^{(i)}=t_{\text{extr}}^{(i)}\right)=$ $=0$	$\sin\omega t_{\text{extr}}^{(1)}=0$ $\omega t_{\text{extr}}^{(1)}=\pi$	$\omega t_{\text{extr}}^{(2)}=\dfrac{\dot{X}_G^{(1)}m_1\omega}{F_1-\dfrac{m_1}{m_2}F_2}$	$\tan\omega t_{\text{extr}}^{(3)}=\dfrac{\dot{X}_G^{(2)}m_1\omega}{F_1-\dfrac{m_1}{m_2}F_2}$ $0<\omega t_{\text{extr}}^{(3)}\leq\pi$
6	$X_{\text{extr}}^{(i)}\left(F_1=F_{1G}^{(i)}\right)=$ $=X_G^{(i)}$	$F_{1G}^{(1)}=\dfrac{1}{2}\left(\dfrac{m_1}{m_2}-1\right)F_2$	$F_{1G}^{(2)}=\dfrac{1}{2}\left(\dfrac{m_1}{m_2}-1\right)F_2+$ $+\dfrac{1}{2}\dfrac{\dfrac{m_1}{m_2}+1}{\dfrac{F_2}{c\delta}+1}F_2$	
7	$F_F^{(i)}\left(t^{(i)}=t_{\text{extr}}^{(i)}\right)=$ $=F_{F\text{extr}}^{(i)}$	$-2\dfrac{F_1+F_2}{\dfrac{m_1}{m_2}+1}+F_2$		$F_2-\dfrac{m_2}{m_1+m_2}\left[F_1+F_2+\right.$ $\left.+\sqrt{(F_1+F_2)^2+2c\delta\left(\dfrac{m_1}{m_2}+1\right)\left(F_1-\dfrac{m_1}{m_2}F_2\right)}\right]$

2.6 Dynamik der Krane

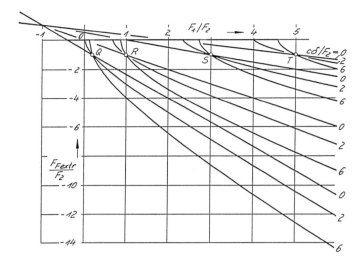

Bild 2-397 Federkraft-Extremwerte bei Vorhandensein einer vorspannenden Kraft

Schnittpunkt $Q: m_1/m_2 = 0{,}2$
$R: \quad\quad\quad = 1$
$S: \quad\quad\quad = 2$
$T: \quad\quad\quad = 5$

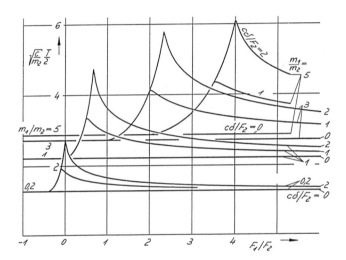

Bild 2-398 Halbe Periodendauern zu Bild 2-397

Es soll die Parameterkurve $c\delta/F_2 = 2$ weiterverfolgt werden: Sie beginnt im Punkt (2,333; 0) und schneidet die die Spielfreiheit charakterisierende Gerade im Punkt $S(3; 1)$. In diesem Punkt schneiden sich alle Parameterkurven für $m_1/m_2 = 3$. Formal ist bis

$$\left(\frac{F_1}{F_2}\right)_S = \frac{m_1}{m_2} \qquad (2.277)$$

die Wechselbeanspruchung in spielbehafteten Antrieben also günstiger als in spielfreien.

Die Beanspruchung im Antriebsstrang ist demnach im Antriebskraft-Bereich

$$-1 < \frac{F_1}{F_2} \leq \frac{F_{1G}^{(1)}}{F_2} \qquad (2.278)$$

entsprechend Feld (6; 2) von Tafel 2-30 als zügige Schwellbeanspruchung am günstigsten; sie geht im Zug-Bereich der Federkraft vor sich (Kurve 1 im Bild 2-399). Für

$$\frac{F_{1G}^{(1)}}{F_2} < \frac{F_1}{F_2} \leq \frac{F_{1G}^{(2)}}{F_2} \qquad (2.279)$$

entsprechend Feld (6; 3) von Tafel 2-30 ist die Beanspruchung formal zwar auch schwellend, geht aber nicht zügig vor sich, d. h. die Federkraft wird abrupt Null und baut sich ebenso nach beendetem Spielaufenthalt wieder auf (die dazugehörige Kurve 2 im Bild 2-399 gilt speziell für $F_1/F_2 = 2{,}333$). Bei Spielfreiheit läge hier bereits eine Wechselbeanspruchung vor. Die beginnt bei spielbehafteten Antrieben erst nach Überschreiten der oberen Grenze von Gl. (2.279) und ist, wie durch Gl. (2.277) schon erläutert, im Bereich

$$\frac{F_{1G}^{(2)}}{F_2} < \frac{F_1}{F_2} < \left(\frac{F_1}{F_2}\right)_S \qquad (2.280)$$

formal noch günstiger als bei spielfreien Antrieben. (Hinter der Formulierung „formal" verbirgt sich folgender Gedankengang: Der Betrag der Feder-Druckkraft ist im Schwingungs-Umkehrpunkt zwar kleiner als beim spielfreien Antrieb, der Null-Durchlauf der Federkraft weist aber Unstetigkeiten auf und beansprucht den Antrieb dadurch ungünstiger.) Die Verhältnisse für das Zahlenbeispiel nach Gl. (2.276) zeigt die Kurve 3 im Bild 2-399 für den Grenzfall $F_1/F_2 = 3$ im Punkt S von Bild 2-397. Auf den Sonderfall nach Gl. (2.277) geht Bild 2-400 noch einmal näher ein durch Variation von Spiel und Federsteifigkeit für das Zahlenbeispiel: Gegenüber der Kurve 3 im Bild 2-399 ist im Bild 2-400 die Kurve 1 durch Spielfreiheit gekennzeichnet, die Kurve 2 durch ein doppelt so großes Spiel und die Kurve 3 durch eine doppelt so große Federkonstante. In allen Fällen liegt eine reine Wechselbeanspruchung (Spannungsverhältnis gleich -1) vor.

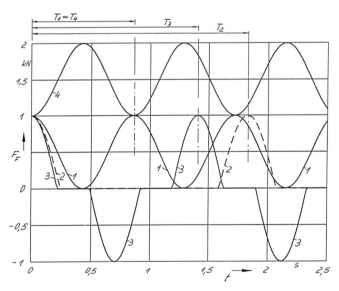

Bild 2-399 Federkraftverläufe für das Zahlenbeispiel
Kurve 1: $F_1/F_2 = 1$
2: $\quad\quad = 2{,}333$
3: $\quad\quad = 3$
4: $\quad\quad = -3$

Aus diesen Zusammenhängen lassen sich bereits Schlußfolgerungen für die Antriebs-Konstruktion ziehen. So sollte bei der Festlegung von Motor und Kupplung beachtet werden, daß

- F_1 möglichst klein gemacht wird: Abhängig ist das aber von der für den Umschlagprozeß projektierten Beschleunigung $\ddot{x}$. Für die hier vorzunehmende Abschätzung genügt es – außerdem ist die Schwingung ja auf Grund der praktisch vorhandenen Dämpfung schnell abgeklungen –, m_1 und m_2 als starr gekoppelt zu betrachten, so daß gilt

$$F_1 + F_2 = (m_1 + m_2)\ddot{x}$$

$$\frac{m_2 \ddot{x}}{F_2} = \frac{1 + F_1/F_2}{1 + m_1/m_2}. \quad (2.281)$$

Mit den oberen Grenzwerten der Gln. (2.278), (2.279) und (2.280) folgen aus Gl. (2.281) relativ kleine Beschleunigungen; mit dem größtmöglichen Wert $m_2\ddot{x}/F_2 = 1$ aus Gl. (2.280) sind sie noch am größten. In den meisten praktischen Fällen wird man also doch auf den Bereich $F_1/F_2 > (F_1/F_2)_S$ angewiesen sein.

- m_1 möglichst groß gemacht wird: Für ein größeres m_1 liefert Bild 2-397 kleinere Federkräfte. Wenn man vom Prozeßablauf her allerdings an eine bestimmte Beschleunigung $\ddot{x}$ gebunden ist, scheidet nach Gl. (2.281) diese Möglichkeit wegen der gegenläufigen und betragsmäßig gleich großen Wirkung aus. Vergrößert man nämlich m_1, dann muß sich, wenn $\ddot{x}$ in Gl. (2.281) gleich bleiben soll, F_1 in demselben Maße vergrößern. Dieses größere F_1 führt aber mit dem größeren m_1 auf die gleiche Federkraft wie das ursprüngliche F_1 mit dem anfänglichen m_1.

Darüber hinaus kann die dynamische Beanspruchung nach Bild 2-397 durch weiterreichende Eingriffe in den konstruktiven Aufbau des Antriebsstrangs, sprich: Herabsetzung des Spiels oder/und bei spielbehafteten Antrieben auch der Federkonstante, reduziert werden. Z.B. würde der Übergang von der weiter oben zitierten Drehverbindung „Drehsäule" auf das Großwälzlager ein kleineres Spiel mit sich bringen, der Einbau einer weicheren Kupplung würde dem zweiten Kriterium „Federkonstante" Rechnung tragen.

Von Interesse sind auch die zum Beanspruchungsverlauf nach Bild 2-397 gehörenden halben Periodendauern $T/2$ im Bild 2-398. Sie sind mit c und m_2 dimensionslos gemacht worden und entsprechen in der 1. Etappe der Größe $t_{\text{extr}}^{(1)}$ im Feld (5; 2) von Tafel 2-30, in der 2. Etappe der Summe aus $t_G^{(1)}$ und $t_{\text{extr}}^{(2)}$ (Felder (4; 2) und (5; 3)) und in der 3. Etappe der Summe aus $t_G^{(1)}$, $t_G^{(2)}$ und $t_{\text{extr}}^{(3)}$ (Felder (4; 2), (4; 3) und (5; 4)). Zur Erläuterung wird wieder, wie im Bild 2-397, die Parameterkurve $m_1/m_2 = 3$ herausgegriffen: Sie beginnt im Punkt $(-1; 2,721)$ und beschreibt als Horizontale den Vorgang in der 1. Etappe bis zu ihrem Ende bei $(1; 2,721)$. In der 2. Etappe steigt bei vorliegendem Spiel $t_{\text{extr}}^{(2)}$ mit F_1/F_2 stärker an, als $t_G^{(1)}$ fällt, so daß die halbe Periodendauer progressiv ansteigt bis zum Etappenende bei $(2,333; 5,777)$, wenn wieder, wie schon im Bild 2-397, $c\delta/F_2 = 2$ weiterverfolgt wird. (Bei Spielfreiheit setzt sich die Horizontale der 1. Etappe zu größeren F_1/F_2-Werten hin fort.) Schnell wird in der 3. Etappe das Maximum der Periodendauer erreicht, und die Kurve nähert sich dann asymptotisch der Geraden für Spielfreiheit.

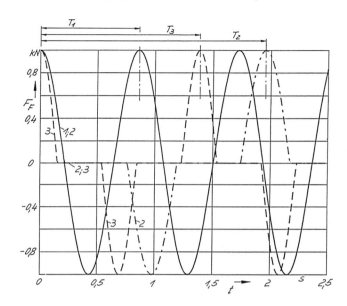

Bild 2-400 Federkraftverläufe für das Zahlenbeispiel bei $F_1/F_2 = 3$
Kurve 1: $\delta = 0$
      2: $\delta = 0,1$ m
      3: $c = 80$ kN/m

Keine Vorspannkraft vorhanden

Wenn auf den Antriebsstrang *keine* vorspannende Kraft wirkt – das wäre beim Fahr- oder Drehwerk eines Kranes beim Fehlen der abtreibenden Windkraft der Fall –, ist die Stellung des Feder-Anschlags A im Spiel-Bereich δ vor Beginn des Beschleunigens undefiniert (Bilder 2-393a und b). Wegen $F_2 = 0$ ist hier beim Beschleunigen die 1. Etappe aus Bild 2-393 nicht vorhanden, so daß also gleich das Spiel zu überwinden ist, und zwar nur ein Bruchteil a des Gesamtspiels δ, das sog. Anfahrspiel $a\delta$ ($0 \le a \le 1$) nach Bild 2-401a. Wird die Antriebskraft F_1 bei $t = 0$ nach Bild 2-395 eingeschaltet – für $t < 0$ ist sie hier allerdings Null –, beschleunigt sie die Masse m_1 auf der Relativstrecke $a\delta$. (Die Strecke wird „relativ" genannt, weil der Betrachtung wieder Bild 2-393 zugrunde gelegt wird und das auf Bild 2-394a zurückgeht.) Mit der Geschwindigkeit

$$\dot{x}_{1G}^{(2)} = \sqrt{2\frac{F_1}{m_1} a\delta + \dot{x}_0} \quad (2.282)$$

prallt die Masse nach der Zeit

$$t_G^{(2)} = \sqrt{2\frac{m_1}{F_1} a\delta} \quad (2.283)$$

schließlich auf den Feder-Anschlag, der sich – an m_2 befestigt – mit der Geschwindigkeit $\dot{x}_0$ bewegt. (Die Symbolik ist identisch der in Tafel 2-29.) Von diesem Zeitpunkt ab ist die Bewegung eine Bewegung des Zweimassensystems, die den Differentialgleichungen nach Feld (3; 5) von Tafel 2-29 mit $F_2 = 0$ und $\delta/2 = a\delta$ gehorcht. (Letztere Ersetzung resultiert aus der entsprechenden Horizontalverschiebung der Federkennlinie im Bild 2-396.) Die

2.6 Dynamik der Krane

zugehörigen Anfangsbedingungen für $t^{(3)} = 0$ in den Feldern (3; 5) und (3; 6) lauten $X^{(3)} = -a\delta$ und $\dot{X}^{(3)} = -\dot{x}_{1G}^{(2)}$ (siehe Gl. (2.270)). Bei dieser Vorgehensweise kann die maximale Federkraft Feld (7; 4) von Tafel 2-30 entnommen werden:

$$\frac{F_{\text{Fextr}}^{(3)}}{F_1} = -\frac{1}{1+m_1/m_2}\left[1+\sqrt{1+2\frac{c a \delta}{F_1}\left(1+\frac{m_1}{m_2}\right)}\right]$$

(2.284)

Dazu gehört entsprechend Feld (5; 4)

$$\tan\omega t_{\text{extr}}^{(3)} = -\sqrt{2\frac{c a\delta}{F_1}\left(1+\frac{m_1}{m_2}\right)}.$$

(2.285)

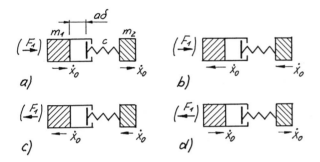

Bild 2-401 Antrieb entsprechend Bild 2-394, jedoch ohne vorspannende Kraft
a), b) $F_1 > 0$; c), d) $F_1 < 0$; a), d) $\dot{x}_0 > 0$; b), c) $\dot{x}_0 < 0$

Die Folgen einer Parameteränderung in Gl. (2.284) kann man leichter der graphischen Darstellung im Bild 2-402 entnehmen. Sie korrespondieren mit denen aus Bild 2-397: Die maximalen Federkräfte nehmen mit wachsendem Parameter $c a \delta / F_1$ – entweder die Federkonstante oder das Anfahrspiel wird also größer – zu. Plausibel ist ebenfalls das Anwachsen mit kleiner werdendem Massenverhältnis m_1/m_2; für $m_1/m_2 > 1$ liegen die maximalen Federkräfte generell über F_1. Beim heutigen Stand der Antriebstechnik kann diese erhöhte dynamische Beanspruchung im Antriebsstrang vermieden werden, indem mit zunächst kleiner Antriebskraft das Spiel durchfahren wird, um sie erst dann entsprechend der gewünschten Beschleunigung zu erhöhen.

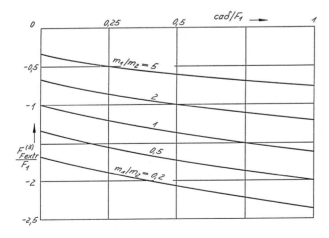

Bild 2-402 Federkraft-Extremwerte bei nicht vorhandener vorspannender Kraft

Die Bilder 2-401a und b entsprechen für $F_2 = 0$ denselben Darstellungen von Bild 2-394, die dortigen Bilder c und d existieren für $F_2 = 0$ nicht als selbständige Bilder. Im Bild 2-401 ist die Antriebskraft F_1 in Klammern gesetzt worden, um keine Diskrepanz zu dem im Bild durch $a\delta$ gekennzeichneten Bewegungs-Ausgangszustand, in dem F_1 ja noch nicht wirkt, zu erzeugen. Charakterisiert werden die in den Bildern 2-401a und b gezeigten Bewegungen durch die obere beschreibende Zeile von Tafel 2-28.
Gl. (2.284) war für Bild 2-401a abgeleitet worden, gilt aber auch für Bild 2-401 b. Wenn Tafel 2-28 außerdem für $F_1 < 0$ eine umfassende Aussage liefern soll, müssen ihrer oberen beschreibenden Zeile die Bilder 2-401c und d zugeordnet werden. Auch Gl. (2.284) gilt dann weiter, lediglich a ist in ihr durch $1-a$, F_1 durch $|F_1|$ zu ersetzen, und die Federkraft ist eine *Zug*kraft.

2.6.4.4 Abgeschlossener Beschleunigungsvorgang

Wenn ein Beschleunigungsvorgang gesteuert werden bzw. (teil-)automatisch ablaufen soll, müssen seine aktuellen Zustandsgrößen (Wege, Geschwindigkeiten, Beschleunigungen) und die aktuellen auf die Antriebe wirkenden Kräfte bekannt sein. Oft ist die Annahme gerechtfertigt, daß der Kran zum Zwecke der Steuerung dem Modell „starre Maschine" entspricht. In einem solchen Falle würden z.B. für den Kran im Bild 2-391 alle Kran-Zustandsgrößen eindeutig durch l_1, l_1', l_1'' und l_2, l_2', l_2'' (Bild 2-392) festgelegt werden. Würden diese Antriebs-zylinder-Größen gemessen werden, könnte man mit ihnen also auch die Bewegung des für die Lastführung verantwortlichen und deshalb in erster Linie interessierenden Ausleger-Endpunktes beschreiben. In Wirklichkeit ist der Kran aber ein schwingungsfähiges Gebilde und in manchen Steuerungsfällen als solches zu behandeln. Die damit im Zusammenhang stehenden Fragen sollen am Beispiel der Beschleunigung des spielfreien Zweimassenschwingers diskutiert werden.
Die im Abschnitt 2.6.4.3 vorgenommene Beschleunigung (Bilder 2-394a und 2-395a) diente dem Zweck, den Antrieb von der Geschwindigkeit $\dot{x}_0$ zur Zeit $t=0$ durch $F_1 > -F_2$ auf die gewünschte Geschwindigkeit $\dot{x}_{\text{Sch}}$ zur vorerst noch unbekannten Zeit $t = t_{\text{Sch}}$ zu bringen. Von da ab gilt wieder $F_1 = -F_2$ (Bild 2-403). Der Projektant des Antriebs betrachtet zur Ermittlung von t_{Sch} den ganzen Antrieb als starren (und damit auch spielfreien) Körper und erhält mit der Anfangsbedingung $\dot{x}(t=0) = \dot{x}_0$ durch Integration von Gl. (2.281) die Geschwindigkeit in der vom Bild 2-403 festgelegten 1. Etappe:

$$\dot{x}_P^{(1)} = \frac{F_1 + F_2}{m_1 + m_2} t^{(1)} + \dot{x}_0$$

(2.286)

Mit $\dot{x}_P^{(1)}(t^{(1)} = t_{\text{Sch}}) = \dot{x}_{\text{Sch}}$ liefert die Gleichung dann den gesuchten Schaltzeitpunkt zu

$$t_{\text{SchP}} = \frac{m_1 + m_2}{F_1 + F_2}(\dot{x}_{\text{Sch}} - \dot{x}_0).$$

(2.287)

Bei dieser starren Kopplung ist die Verbindungskraft zwischen den Massen m_1 und m_2 für $t=0$ und $t > t_{\text{Sch}}$ (Bild 2-403)

$$F_{\text{FP}} = F_2$$

und für $0 < t < t_{\text{Sch}}$

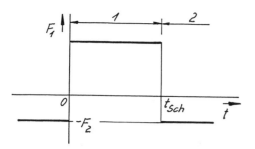

Bild 2-403 Motorkraft-Verlauf entsprechend Bild 2-395a für einen abgeschlossenen Beschleunigungsvorgang
Ziffern 1, 2: 1. bzw. 2. Etappe

$$F_{FP} = m_1 \ddot{x} - F_1 = F_2 - m_2 \ddot{x} = \frac{m_1 F_2 - m_2 F_1}{m_1 + m_2} \quad (2.288)$$

(s. dazu Bild 2-393c und Feld (1; 4) von Tafel 2-29).

Wenn der Bezug wieder zu Bild 2-391 hergestellt wird, steht beim Zweimassenschwinger m_2 praktisch für den Ausleger, am Antriebsmotor (m_1) kann am bequemsten gemessen werden. Die Motor-Geschwindigkeit folgt aus Feld (3; 2) von Tafel 2-30:

$$\dot{x}_1^{(1)} = \frac{F_1 + F_2}{(m_1 + m_2)\omega}\left(\omega t^{(1)} + \frac{m_2}{m_1}\sin\omega t^{(1)}\right) + \dot{x}_0 \quad (2.289)$$

Das Beschleunigen ist beendet, wenn $\dot{x}_1^{(1)}\left(t^{(1)} = t_{Sch}\right) = \dot{x}_{Sch}$ ist, wofür Gl. (2.289) in folgende dimensionslose Gleichung für ωt_{Sch1} gebracht werden kann:

$$\omega t_{Sch1} + \frac{1}{m_1/m_2}\sin\omega t_{Sch1} - \frac{(\dot{x}_{Sch} - \dot{x}_0)(m_1 + m_2)\omega}{F_1 + F_2} = 0$$
$$(2.290)$$

Das absolute Glied in ihr ist positiv und kann beliebig große Werte annehmen. Um die Verhältnisse überschaubar zu halten, wird von diesem Glied ein ganzzahliges Vielfaches $n \cdot 2\pi$ so subtrahiert, daß die Differenz zwischen 0 und 2π liegt. Damit die Gleichung dadurch aber nicht verfälscht wird, wird $n \cdot 2\pi$ ebenfalls vom linearen Glied ωt_{St} subtrahiert. (Beim Sinusglied ist diese Änderung nur formaler Art, weil sich dadurch der Wert nicht ändert.) Gl. (2.290) geht somit über in die Form

$$(\omega t_{Sch1} - n\cdot 2\pi) + \frac{1}{m_1/m_2}\sin(\omega t_{Sch1} - n\cdot 2\pi) -$$
$$-\left[\frac{(\dot{x}_0 - \dot{x}_{Sch})(m_1 + m_2)\omega}{-(F_1 + F_2)} - n\cdot 2\pi\right] = 0, \quad (2.291)$$

deren Lösung Bild 2-404 enthält. Bei der Darstellung der Parameterkurve $m_1/m_2 = 0{,}2$ wird dort allerdings, um die Kurve als Ganzes zu erhalten, von der Definition von n abgegangen; die *Abszissen*periode wird in diesem Fall durch eine Ordinatenperiode ersetzt. Die Schaltzeit ωt_{Sch1} unterscheidet sich von ωt_{SchP}, nur für $\omega t_{Sch} = \pi, 2\pi, ...$ sind sie gleich. Die Abweichung ist klein für große m_1/m_2-Werte, ihr Betragsmaximum ist allgemein gleich m_2/m_1. Für $m_1/m_2 < 1$ wird die Abweichung mehrdeutig, wobei, wie es an der Kurve $m_1/m_2 = 0{,}4$ gezeigt wird, ein Kurvenast jeweils einem Quadranten von ωt_{Sch1} zuzuordnen ist.

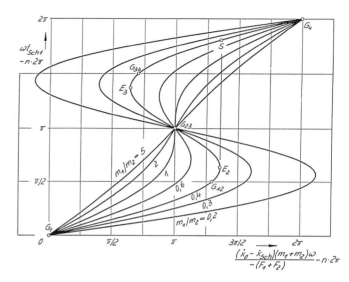

Bild 2-404 Abhängigkeit des Schaltzeitpunktes t_{Sch1} von der angestrebten Geschwindigkeit $\dot{x}_{Sch}$ und der beschleunigenden Kraft F_1
G_1 Eingangspunkt des 1. Quadranten von $\omega t_{Sch1} - n\cdot 2\pi$
G_4 Ausgangspunkt des 4. Quadranten
G_{ik} Übergangspunkt zwischen den Quadranten i und k

Den außerdem interessierenden Unterschied zwischen $\dot{x}_2^{(1)}\left(t^{(1)} = t_{Sch1}\right)$ und der an m_1 gemessenen Geschwindigkeit $\dot{x}_{Sch}$ weist Feld (1; 2) von Tafel 2-30 aus:

$$\dot{X}^{(1)}\left(t^{(1)} = t_{Sch1}\right) = -\frac{F_1 + F_2}{m_1\omega}\sin\omega t_{Sch1} \quad (2.292)$$

Danach treten die größeren Unterschiede bei $\omega t_{Sch1} = \pi/2, 3\pi/2, ...$ auf, kein Unterschied ist bei $\omega t_{Sch1} = \pi, 2\pi, ...$ vorhanden. Analog dazu verhält sich der ebenfalls interessierende Federkraftausschlag, über den die Felder (5; 2) und (7; 2) von Tafel 2-30 Auskunft geben: Die Federkraft bewegt sich zwischen den beiden Extremwerten

$$F_{Fextr}^{(1)} = -2\frac{m_2}{m_1 + m_2}(F_1 + F_2) + F_2 \text{ bei } \omega t^{(1)} = \pi, 3\pi, ...$$
$$= F_2 \text{ bei } \omega t^{(1)} = 2\pi, 4\pi, ... \quad (2.293)$$

Den Verlauf für das Zahlenbeispiel nach Gl. (2.276) zeigt Bild 2-405a. Im Gebiet $t < 0$ wäre der Verlauf die Horizontale $F_F = 1$ kN nach Gl. (2.288). In der 1. Etappe ist er $F_F^{(1)} = cX^{(1)}$ mit $cX^{(1)}$ nach Feld (1; 2) von Tafel 2-30 und geht für vier unterschiedliche Schaltzeitpunkte in die 2. Etappe über. Die Extremwerte dort stellen sich nach $t_{extr}^{(2)}$, vom Schaltzeitpunkt ab gerechnet, ein,

$$\tan\omega t_{extr}^{(2)} = \frac{\sin\omega t_{Sch1}}{1 - \cos\omega t_{Sch1}}, \quad (2.294)$$

und die Restschwingung geht um die statische Ruhelage in den Grenzen

$$F_{Fextr}^{(2)} = \pm\sqrt{2(1 - \cos\omega t_{Sch1})}\frac{m_2}{m_1 + m_2}(F_1 + F_2) + F_2 \quad (2.295)$$

vor sich. Je weiter der Schaltzeitpunkt von der statischen Ruhelage entfernt liegt, desto größer ist der Ausschlag. Er kann maximal doppelt so groß werden wie in der 1. Etappe (Kurve 2 im Bild 2-405a). Ideal ist die Variante 4, weil keine Restschwingung auftritt, d.h. m_1 und m_2 sich nicht

2.6 Dynamik der Krane

mehr gegeneinander bewegen. Wenn *das* der Fall ist, gehört zu ihnen die konstante Geschwindigkeit $\dot{x}_{Sch}$, was Bild 2-405b an Hand von $\dot{x}_2$ belegt: Für die 1. Etappe erhält man über Gl. (2.270) aus den Gln. (2.289) und (2.292)

$$\dot{x}_2^{(1)} = \frac{F_1 + F_2}{(m_1 + m_2)\omega}\left(\omega t^{(1)} - \sin \omega t^{(1)}\right) + \dot{x}_0.$$

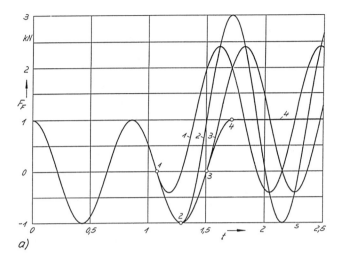

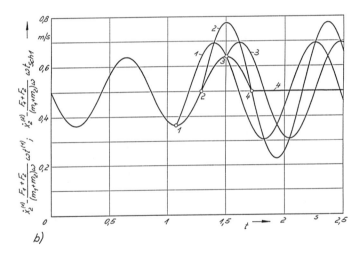

Bild 2-405 Beschleunigungsvorgang für das Zahlenbeispiel nach Gl. (2.276)
a) Federkraftverlauf
b) Geschwindigkeitsänderungen an m_2
 (ohne Starrkörperbewegung)
1, 2, 3, 4: Verläufe in der 2. Etappe für unterschiedliche (markierte) Umschaltzeitpunkte
Kurve 1: $\omega t_{Schl} = 5\pi/2$
 2: $= 3\pi$
 3: $= 7\pi/2$
 4: $= 4\pi$

Im Bild 2-405b dargestellt ist

$$\dot{x}_2^{(1)} - \frac{F_1 + F_2}{(m_1 + m_2)\omega}\omega t^{(1)} = -\frac{F_1 + F_2}{(m_1 + m_2)\omega}\sin\omega t^{(1)} + \dot{x}_0 \quad (2.296)$$

mit der für das Zahlenbeispiel angenommenen Anfangsgeschwindigkeit $\dot{x}_0 = 0{,}5$ m/s. In der 2. Etappe lautet die Weg-Zeit-Beziehung

$$x_2^{(2)} = -\frac{F_1 + F_2}{(m_1 + m_2)\omega^2}\left[\cos\omega t^{(2)} - \cos(\omega t_{Sch1} + \omega t^{(2)}) + \right.$$
$$+ \omega t_{Sch1}\left(\frac{1}{2}\omega t_{Sch1} + \omega t^{(2)}\right)\Bigg] +$$
$$+ \frac{\dot{x}_0}{\omega}(\omega t_{Sch1} + \omega t^{(2)}) + \frac{F_2}{c},$$

woraus die Geschwindigkeit in der Gl. (2.296) analogen Schreibweise folgt zu

$$\dot{x}_2^{(2)} - \frac{F_1 + F_2}{(m_1 + m_2)\omega}\omega t_{Sch1} = \frac{F_1 + F_2}{(m_1 + m_2)\omega}\left[\sin\omega t^{(2)} -\right.$$
$$\left. - \sin(\omega t_{Sch1} + \omega t^{(2)}) + \dot{x}_0\right]. \quad (2.297)$$

Dieser Gleichung gehorchen die Kurven im Bild 2-405b ab dem jeweiligen Schaltzeitpunkt. Ihre Extremwerte liegen um $\omega t^{(2)} = \pi/2$ versetzt zu denen nach Gl. (2.294):

$$\tan \omega t_{Extr}^{(2)} = -\frac{1 - \cos \omega t_{Sch1}}{\sin \omega t_{Sch1}} \quad (2.298)$$

Setzt man Gl. (2.298) in Gl. (2.297) ein, erhält man als dimensionslos gemachte Abweichung von $\dot{x}_2^{(2)}$ gegenüber der Starrkörperbewegung (Gl. (2.286))

$$\frac{(\dot{x}_{2Extr}^{(2)} - \dot{x}_0)(m_1 + m_2)\omega}{F_1 + F_2} - \omega t_{Sch1} =$$
$$= \pm\sqrt{2(1 - \cos\omega t_{Sch1})} = \frac{(F_{Fextr}^{(2)} - F_2)(m_1 + m_2)}{(F_1 + F_2)m_2},$$

also dasselbe Ergebnis wie für die dimensionslose maximale Federkraft nach Gl. (2.295).

2.6.4.5 Bremsen des Antriebs

Bremsen außer Stoppbremsung

Am Ende von Abschnitt 2.6.4.2 war darauf hingewiesen worden, daß die dort an Hand der speziellen Bewegungsänderung nach Bild 2-393c abgeleiteten Differentialgleichungen mit den dazugehörigen Ergebnissen auch auf die anderen Bewegungsänderungen (Tafel 2-28) übertragen werden können. So gilt Bild 2-397 im Grunde auch für $F_1/F_2 < -1$, also das Bremsen im Bild 2-394a. Die Verlängerungen der Geraden vom Punkt $(-1; 1)$ im Bild 2-397 aus in den Bereich $F_1/F_2 < -1$ hinein wiesen bereits auf diesen Umstand hin. Von „Geraden" wird nur gesprochen, weil bei dieser Einleitung des Bremsens lediglich die dortige 1. Etappe existiert. Die Federkraft bleibt also als *Zug*kraft erhalten; mit der Kurve 4 im Bild 2-399 wird das für das Zahlenbeispiel nach Gl. (2.276) veranschaulicht. Wenn F_1 genügend lange wirkt, geht auf diese Weise das Bremsen nahtlos in das Reversieren über. Eine Ausnahme bildet lediglich das *mechanische* Bremsen, denn das führt, „wenn F_1 genügend lange wirkt", zwangläufig zur Stoppbremsung. Sie schließt den Bremsvorgang ab; die Stoppbremsung wird im nächsten Gliederungspunkt näher betrachtet.

Für den Fall, daß *keine* vorspannende Kraft F_2 vorhanden ist (Bild 2-401a), ist auch beim Bremsen zunächst das Anfahrspiel zu überwinden; erst dann baut sich die Federkraft auf. Hinweise zur rechnerischen Behandlung wurden bereits am Ende von Abschnitt 2.6.4.3 gegeben.

Stoppbremsung

Die Stoppbremsung ist ein abgeschlossener Bremsvorgang. Letzterer kann mit den Gleichungen nach Abschnitt 2.6.4.4 beschrieben werden, nicht jedoch sein Sonderfall „Stoppbremsung". Der Grund dafür ist ein *qualitativer* Unterschied: Quantitativ ist die Stoppbremsung zwar richtig gekennzeichnet durch, orientiert man sich am Bild 2-403, $\dot{x}_1^{(1)}\left(t^{(1)}=t_{\text{Sch}}\right)=0$, wegen der in diesem Zeitpunkt normalerweise einsetzenden Haltebremsung gilt dann aber auch $\dot{x}_1^{(2)}\left(t^{(2)}\geq 0\right)=0$, sofern die sich in dieser 2. Etappe einstellende maximale Federkraft die Bremskraft der Haltebremse nicht übersteigt. Die *mechanische* Stoppbremse besitzt noch eine zweite Besonderheit: Bei ihr ist die Bremskraft die Reibungskraft zwischen der Bremstrommel/-scheibe und den Bremsbacken. Da Reibungskräfte immer an eine vorhandene Relativbewegung gebunden sind, wechselt beim *ersten* Nulldurchgang von $\dot{x}_1^{(1)}$ die Bremse schlagartig ihre Funktion von der Stopp- in eine Haltebremse.

Damit sich bei der Stoppbremsung der Algorithmus von dem im Abschnitt 2.6.4.4 von vornherein abhebt, wird der dortige Index „Sch" hier durch „St" ersetzt. Die Gln. (2.290) und (2.291) und damit Bild 2-404 gelten auch für das Bremsen, weil das absolute Glied wegen $\dot{x}_{\text{Sch}} < \dot{x}_0$ *und* $F_1 < -F_2$ sein Vorzeichen nicht wechselt. Das Ganze wird sicherlich übersichtlicher, wenn man im Bild 2-404 die Abszissenbezeichnung bei der Stoppbremsung gedanklich durch

$$\frac{\dot{x}_0\left(m_1+m_2\right)\omega}{-\left(F_1+F_2\right)}$$

ersetzt. Ab $t=t_{\text{St}}$ wird m_1 festgehalten $-\dot{x}_1=0$ und $x_1=0$ für $t\geq t_{\text{St}}-$, so daß für die Bewegung von m_2 in der 2. Etappe aus Feld (1; 5) oder (3; 5) von Tafel 2-29 folgt

$$m_2\ddot{x}_2^{(2)}+cx_2^{(2)}=F_2 \qquad (2.299)$$

mit den Randbedingungen

$$\dot{x}_2^{(2)}\left(t^{(2)}=0\right)=\dot{x}_2^{(1)}\left(t^{(1)}=t_{\text{St}}\right)=\dot{X}^{(1)}\left(t^{(1)}=t_{\text{St}}\right)$$

$$=-\frac{F_1+F_2}{m_1\omega}\sin\omega t_{\text{St}}$$

nach Gl. (2.292) und

$$x_2^{(2)}\left(t^{(2)}=0\right)=x_2^{(1)}\left(t^{(1)}=t_{\text{St}}\right)=X^{(1)}\left(t^{(1)}=t_{\text{St}}\right)$$

$$=-\frac{F_1+F_2}{m_1\omega^2}\left(1-\cos\omega t_{\text{St}}\right)+\frac{F_2}{c}$$

nach Feld (1; 2) von Tafel 2-30. Die Lösung lautet

$$x_2^{(2)}=-\frac{F_1+F_2}{m_1\omega^2}\left[\frac{\omega}{\omega^{(2)}}\sin\omega t_{\text{St}}\sin\omega^{(2)}t^{(2)}+\right.$$
$$\left.+\left(1-\cos\omega t_{\text{St}}\right)\cos\omega^{(2)}t^{(2)}\right]+\frac{F_2}{c},$$

wobei

$$\omega^{(2)}=\sqrt{\frac{c}{m_2}}=\omega\sqrt{\frac{m_1}{m_1+m_2}} \qquad (2.300)$$

nach den Gln. (2.299) und (2.271) bedeutet. Für die Lage der Federkraft-Extremwerte ist

$$\tan\omega^{(2)}t_{\text{extr}}^{(2)}=\sqrt{\frac{m_1+m_2}{m_1}}\,\frac{\sin\omega t_{\text{St}}}{1-\cos\omega t_{\text{St}}}$$

verantwortlich und für die Größe der Extremwerte

$$\frac{F_{\text{Fextr}}^{(2)}-F_2}{-\left(F_1+F_2\right)}\frac{m_1+m_2}{m_2}=\pm\sqrt{2\left(1-\cos\omega t_{\text{St}}\right)+\frac{m_2}{m_1}\sin^2\omega t_{\text{St}}}.$$
$$(2.301)$$

Zu $\omega t_{\text{St}}=0$, dem „Blockieren" von m_1, gehört $F_1=\infty$, so daß Gl. (2.301) für die extremalen Federkräfte einen unbestimmten Ausdruck liefert. Abhilfe schafft für diesen Sonderfall sofort z.B. der Energiesatz: Beim Blockieren geht die kinetische Energie $m_2\dot{x}_0^2/2$ von m_2 im Schwingungsumkehrpunkt in zusätzliche Federenergie $c\left(x_{\text{2extr}}^{(\text{Bl})}\right)^2/2$ über („zusätzlich" zur Vorspannung infolge F_2). Aus der Gleichsetzung der Energieanteile erhält man $x_{\text{2extr}}^{(\text{Bl})}$ und damit

$$F_{\text{Fextr}}^{(\text{Bl})}=\pm\sqrt{cm_2}\,\dot{x}_0+F_2. \qquad (2.302)$$

Die Angaben werden vervollständigt durch

$$\omega^{(2)}t_{\text{extr}}^{(\text{Bl})}=\frac{\pi}{2},\frac{3\pi}{2},\ldots\ .$$

Die Darlegung der Zusammenhänge beim Stoppbremsen bereitet für $m_1/m_2\geq 1$ keinerlei Schwierigkeiten, weil einerseits Bild 2-404 für jeden Abszissenwert eine eindeutige Lösung bereithält und andererseits die auftretenden maximalen Federkräfte nach dem Festsetzen von m_1 nie größer als die Bremskraft sind. Nicht so einfach ist das für $m_1/m_2<1$: Eine Parameterkurve, z.B. die für $m_1/m_2=0{,}4$ im Bild 2-404, liefert in dem zwischen den Punkten E_2 und E_3 liegenden Abszissenbereich jeweils drei Lösungen $\omega t_{\text{St}}-n\cdot 2\pi$, denen man natürlich von vornherein nicht ansieht, ob sie brauchbar sind. Zu ihrer Diskussion wird auf das Zahlenbeispiel aus Abschnitt 2.6.4.4 zurückgegriffen, lediglich die Wertebelegung von m_1 und m_2 wird vertauscht – es gelten jetzt $m_1=1$ t und $m_2=3$ t –, und die Schaltzeitpunkte werden um 2π vorverlegt: $\omega t_{\text{St}}=\pi/2,\pi,3\pi/2,2\pi$. Die ersten drei Bremszeiten liegen in dem strittigen Bereich, wobei die erste Bremszeit dem unteren, von links nach rechts verlaufenden Ast im Bild 2-404 zuzuordnen ist, die zweite dem mittleren, rückläufigen und die dritte dem oberen Ast. Die in der Diskussion interessierenden Zahlenwerte sind in Tafel 2-31 zusammengestellt. Die Zeilennummern sind identisch den Kurvennummern bei der graphischen Darstellung der Verläufe im Bild 2-406. Wie Bild 2-406a entnommen werden kann, verkörpert $\omega t_{\text{St}}=\pi/2$ ein normales Bremsen: Die Geschwindigkeit von m_1 fällt zügig von $\dot{x}_0=0{,}5$ m/s auf Null. Dagegen weist die Kurve 2 eine Richtungsumkehr von m_1 aus. Eine *mechanische* Bremse läßt so etwas nicht zu, sie setzt m_1 bereits beim ersten Nulldurchgang fest. (Eine elektrische Bremse könnte durch eine aufwendigere Steuerung einem solchen Bremsverhalten annähernd folgen.) Analoges trifft auch für die Kurve 3 mit ihren zwei Nulldurchgängen zu. Die Kurve 4 hingegen entspricht wieder dem mechanischen Bremsen. Die Bremszeit wird zwar

2.6 Dynamik der Krane

durch den Ausgangspunkt G_4 des 4. Quadranten festgelegt (Bild 2-404), der 4. Quadrant ist aber bereits ab S brauchbar. (Für S direkt liegt der Punkt M_4 des Minimums der Kurve 4 genau auf der Abszisse.) Insgesamt brauchbar ist demnach der Kurvenzug $G_1\,E_2\,S\,G_4$ einer Parameterkurve. Die Lage von E_2 erhält man durch Differentiation der Gl. (2.291),

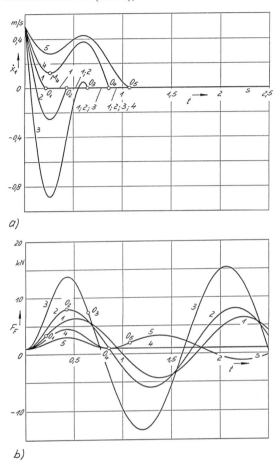

Bild 2-406 Zeitliche Verläufe bei der Stoppbremsung für ein Zahlenbeispiel
a) Geschwindigkeit von m_1
b) Federkraft
Kurve i: $\omega t_{St} = i \cdot \pi/2$

$$\cos(\omega t_{St,E} - n \cdot 2\pi) = -\frac{m_1}{m_2}, \quad (2.303)$$

wobei für E_2 ausschließlich der Hauptwert interessiert. Für $m_1/m_2 = 1$ fallen E_2 und S in den Punkt G_{23}, d.h. der ganze Bereich $0 \leq \omega t_{St} - n \cdot 2\pi \leq 2\pi$ steht für die Stoppbremsung zur Verfügung. Mit kleiner werdendem m_1/m_2 vergrößert sich leider das unbrauchbare Gebiet $E_2 S$. Für den anderen Grenzfall, $m_1/m_2 \to 0$, liegt S auf der Horizontalen durch G_4, der nutzbare Bereich ist auf $0 \leq \omega t_{St} - n \cdot 2\pi \leq \pi/2$ zusammengeschmolzen. (Bei dem Zahlenbeispiel $m_1/m_2 = 1/3$ sind die Bereiche 0 ... 1,911 und 5,890 ... 2π verwendbar.)

Genauso wichtig wie die m_1-Geschwindigkeitsverläufe sind für die Beurteilung der Stoppbremsung die Federkraftverläufe nach Bild 2-406b. Die Bremszeit $\omega t_{St} = \pi/2$ ist sehr klein und kommt, wie der Vergleich der maximalen Federkräfte in den Feldern (1; 7) und (0; 7) von Tafel 2-31 zeigt, praktisch einem Blockieren gleich. Zur Bremszeit von 0,215 s gehört eine Federkraft von 3,396 kN.

Nimmt man an, daß die Reibungszahl zwischen den Bremsbacken und der Bremsscheibe unabhängig von der Relativgeschwindigkeit zwischen den Reibpartnern ist, sind bei einer normalen mechanischen Bremse die Bremsmomente während der Stoppbremsung und beim Halten gleich. Das hätte aber ab $t = t_R = 0{,}263$ s das Durchrutschen von m_1 zur Folge, weil zu dieser Zeit die Federkraft auf $F_F = 4{,}195\,\mathrm{kN} = |F_1|$ angewachsen ist. Der Antrieb würde sich ab $t = t_R$ wieder als stoppgebremster Zweimassenschwinger bewegen. (Die Verläufe im Bild 2-406 würden über t_R hinaus selbstverständlich nicht mehr gelten.) Es gäbe einen *zweiten* Punkt O_1 in den Verläufen, der auch noch nicht das endgültige Stillsetzen von m_1 bedeuten muß. Eine auf diese Weise „hackende" Bremsung kann einem Antrieb um so weniger zugemutet werden, je größer die dabei auftretenden Kräfte sind. Günstiger sieht es also schon bei der realistischeren, längeren Bremszeit $\omega t_{St} = 5\pi/2$ (Kurve 5) aus. Günstiger, d.h. kleiner, ist auch das Verhältnis zwischen der größtmöglichen Federkraft und der Bremskraft geworden (Felder (5; 8) und (1; 8) von Tafel 2-31), das Verhältnis liegt aber immer noch über Eins.

Das Durchrutschen ist auch durch eine weitere monotone Vergrößerung der Bremszeit nicht zu umgehen (Felder (6; 1) und (6; 8)). Den Weg für eine *qualitative* Änderung zeigt die Kurve 4: Für $\omega t_{St} = 2\pi, 4\pi, \ldots$ ist, ebenso wie m_1, die Masse m_2 in Ruhe, und die Federkraft ist demzufolge die konstante Vorspannkraft F_2. Diesen Idealfall wird man im praktischen Betrieb nur zufällig einmal erreichen, seine Nähe muß man jedoch immer anstreben: Wenn man im Höchstfall $F^{(2)}_{F\mathrm{extr}} = -F_1$ zuläßt, darf man sich nach Gl. (2.301) mit der Bremszeit in dem durch

$$\cos(\omega t_{St,R} - n \cdot 2\pi) = -\frac{m_1}{m_2} + \left(1 + \frac{m_1}{m_2}\right)\sqrt{1 - \frac{m_1}{m_2}} \quad (2.304)$$

festgelegten Bereich bewegen. Zur Demonstration dient wieder das Zahlenbeispiel. Der sich dafür im 1. Quadranten ergebende Grenzwert wird wegen der zu kleinen Bremszeit gleich in den 5. Quadranten transformiert (Zeile 8 in Tafel 2-31). Der Grenzwert im 3. Quadranten liegt links von S im Bild 2-404 und ist deshalb unbrauchbar. An seiner Stelle erscheint in Zeile 7 von Tafel 2-31 die an S selbst gebundene Bremszeit. Damit beträgt die für ein ordnungsgemäßes Bremsen zur Verfügung stehende ωt_{St}-Bereichsbreite $6{,}998 - 5{,}890 = 1{,}108$. Die Breite ist sicherlich groß genug, um sie bei einer erforderlichen konstruktiven Änderung des Antriebs nicht zu verfehlen.

Obwohl die Bremszeiten $\omega t_{St} = \pi$ und $3\pi/2$ auf Grund der Verläufe im Bild 2-306a oben bereits verworfen wurden, soll für sie der Vollständigkeit halber ein Blick auf Bild 2-306b geworfen werden: Die Federkräfte sind undiskutabel groß und liegen besonders für $\omega t_{St} = 3\pi/2$ weit über denen bei Blockierung.

2.6.4.6 Modellierung von Kranen als Zweimassenschwinger

Durch Tafel 2-27 war darauf hingewiesen worden, daß die Ergebnisse für den Translationsschwinger nach Bild 2-393 unmittelbar auf einen Drehschwinger übertragen werden können. Mittelbar funktioniert das auch für gemischte Schwingungssysteme, von denen Beispiele im Bild 2-407 dargestellt sind. Mit dem Modell im Bild 2-407a kann die Grundschwingung eines Stapelkrans beim Anfahren/Bremsen beschrieben werden. Die Nachgiebigkeit des Fahr-

Tafel 2-31 Zahlenbeispiel zur Stoppbremsung

	1	2	3	4	5	6		7	8
			Bild 2-404		Gl. (2.292)	Gl. (2.301)			
	ωt_{St}	t_{St} in s	$\dfrac{\dot{x}_0(m_1+m_2)\omega}{-(F_1+F_2)}$	F_1 in kN	$F_{Fextr}^{(1)} - F_2$ in kN	$\dfrac{F_{Fextr}^{(2)} - F_2}{-(F_1+F_2)} \dfrac{m_1+m_2}{m_2}$		$F_{Fextr}^{(2)} - F_2$ in kN	$\dfrac{\left|F_{Fextr}^{(2)}\right|_{max}}{\left|F_1\right|}$
0	0	0	0	∞				± 5,477[2)]	
1	$\pi/2$	0,215	4,571	- 4,195	[1)]	$\pm\sqrt{5}$		± 5,359	1,516
2	π	0,430	3,142	- 5,649	6,974	± 2		± 6,974	
3	$3\pi/2$	0,645	4,712	- 9,530	12,794	$\pm\sqrt{5}$		± 14,305	
4	2π	0,860	6,283	- 3,325	3,487	0		0	
5	$5\pi/2$	1,075	10,854	- 2,346	2,019	$\pm\sqrt{5}$		± 2,257	1,388
6	$9\pi/2$	1,936	17,137	- 1,852	1,760	$\pm\sqrt{5}$		± 1,429	1,311
7	5,890	0,806	4,739	- 4,082	4,623	± 0,771		± 1,782	0,682
8	6,998	0,958	8,964	- 2,629	2,444	± 1,333		± 1,629	1

[1)] Extremwert kann sich nicht ausprägen, da er erst bei $\omega t = \pi$ auftritt (Gl. (2.292)).
[2)] Gl. (2.302)

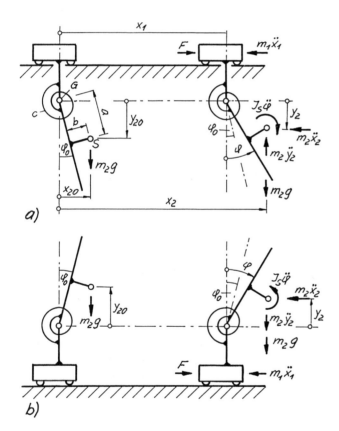

Bild 2-407 Berechnungsmodelle für Krane
a) Stapelkran
b) Regalbediengerät
Links Ausgangslage; rechts Lage zu einer beliebigen Zeit t

werk-Antriebsstrangs ist vergleichsweise klein gegenüber der der Säule, so daß die Nachgiebigkeit durch die konzentrierte Ersatz-Drehfeder am gedachten Gelenkpunkt G (Drehfederkonstante c, Maßeinheit s. Tafel 2-27) repräsentiert wird. Spiel sei nicht vorhanden, der resultierende Säulenschwerpunkt S – „resultierend" aus Säule, Lastaufnahmemittel und Nutzlast – habe den Abstand $b < a$ von der Säulenachse. Die (statische) Ausgangslage sei durch den Säulen-Drehwinkel φ_0 gekennzeichnet, zu dem das Federmoment

$$M_{F0} = m_2 g \cdot x_{20} = m_2 g (a\sin\varphi_0 + b\cos\varphi_0) \quad (2.305)$$

gehört. Dieses Moment wirkt an der Säule entgegen dem Uhrzeigersinn, d.h. es vergrößert den Durchmesser der im Bild 2-407a symbolisch gezeichneten Spiralfeder.
Den Ausgangspunkt für die mathematische Beschreibung der Bewegung bilden zum einen die Gleichgewichtsbedingungen in der rechten Darstellung von Bild 2-407a,

$$\rightarrow: m_1 \ddot{x}_1 + m_2 \ddot{x}_2 - F = 0 \quad (2.306)$$

um G (Säule): $-[M_{F0} - c(\varphi - \varphi_0)] + J_S \ddot{\varphi} + m_2 \ddot{x}_2 \cdot y_2 +$
$$+ (m_2 g - m_2 \ddot{y}_2)(x_2 - x_1) = 0, \quad (2.307)$$

zum anderen die Strecken-Zusammenhänge im Bild 2-407a:

$$x_2 = x_1 + a\sin\varphi + b\cos\varphi$$
$$\dot{x}_2 = \dot{x}_1 + \dot{\varphi}(a\cos\varphi - b\sin\varphi)$$
$$\ddot{x}_2 = \ddot{x}_1 - \dot{\varphi}^2(a\sin\varphi + b\cos\varphi) + \ddot{\varphi}(a\cos\varphi - b\sin\varphi) \quad (2.308)$$

$$y_2 = a\cos\varphi - b\sin\varphi$$
$$\dot{y}_2 = -\dot{\varphi}(a\sin\varphi + b\cos\varphi)$$
$$\ddot{y}_2 = -\dot{\varphi}^2(a\cos\varphi - b\sin\varphi) - \ddot{\varphi}(a\sin\varphi + b\cos\varphi) \quad (2.309)$$

Verwendet man Gl. (2.306) in der Form

$$\ddot{x}_1 = \frac{F}{m_1 + m_2} - \frac{m_2}{m_1 + m_2}(\ddot{x}_2 - \ddot{x}_1),$$

geht Gl. (2.307) durch die anderen Gleichungen über in

$$J_G \ddot{\varphi} - \frac{m_2}{m_1 + m_2}[m_2(\ddot{x}_2 - \ddot{x}_1) - F](a\cos\varphi - b\sin\varphi) +$$
$$+ m_2 g(a\sin\varphi + b\cos\varphi) + c\varphi$$
$$= m_2 g(a\sin\varphi_0 + b\cos\varphi_0) + c\varphi_0$$

mit

$$J_G = J_S + m_2(a^2 + b^2). \qquad (2.310)$$

Werden nur kleine Winkel φ zugelassen, liefert Gl. (2.308)

$$\varphi = \frac{1}{a}[(x_2 - x_1) - b]; \quad \ddot{\varphi} = \frac{1}{a}(\ddot{x}_2 - \ddot{x}_1),$$

letztere Beziehung eingedenk der Tatsache, daß Produkte aus φ und seinen Ableitungen hier von höherer Ordnung klein und deshalb vernachlässigbar sind. Mit den beiden Beziehungen nimmt Gl. (2.310) schließlich die Form an

$$\ddot{x}_2 - \ddot{x}_1 + \frac{c + m_2 g a}{J_{\text{ers}}}(x_2 - x_1) = \frac{c + m_2 g a}{J_{\text{ers}}}(a\varphi_0 + b) - \frac{m_2}{m_1 + m_2} \frac{F a^2}{J_{\text{ers}}}$$

mit

$$J_{\text{ers}} = J_2 + m_2 b^2 + \frac{m_2}{m_1 + m_2} m_1 a^2, \qquad (2.311)$$

die durch Vergleich mit Gl. (2.272) die Übernahme der Ergebnisse aus den vorhergehenden Abschnitten ermöglicht:

$$\omega^2 \triangleq \frac{c + m_2 g a}{J_{\text{ers}}}; \quad \frac{F_2}{m_2} \triangleq \frac{c + m_2 g a}{J_{\text{ers}}}(a\varphi_0 + b);$$

$$\frac{F_1}{m_1} \triangleq \frac{m_2}{m_1 + m_2} \frac{F a^2}{J_{\text{ers}}}; \quad \delta = 0 \qquad (2.312)$$

Aus dem Berechnungsmodell im Bild 2-407a entsteht durch die Vereinfachung „$c = 0$" sofort z.B. eine Laufkatze mit einem physikalischen Pendel als Lastaufnahmemittel. In diesem Fall liegt S senkrecht unter G, was am einfachsten durch

$$b = 0; \quad \varphi_0 = 0; \quad J_{\text{ersP}} = J_S + \frac{m_2}{m_1 + m_2} m_1 a^2$$

widergespiegelt wird. Die der Gl. (2.272) entsprechende Differentialgleichung lautet dann

$$\ddot{X} + \frac{m_2 g a}{J_{\text{ersP}}} X = -\frac{m_2}{m_1 + m_2} \frac{F a^2}{J_{\text{ersP}}}.$$

Durch die zusätzliche Vereinfachung $J_S = 0$ erhält man die entsprechende Beziehung für das mathematische Pendel mit a als Pendellänge:

$$\ddot{X} + \frac{m_2}{m_1 + m_2} \frac{g}{a} X = -\frac{F}{m_1} \qquad (2.313)$$

Bild 2-407b, das Berechnungsmodell z.B. für ein Regalbediengerät, geht im Grunde durch die Spiegelung von Bild 2-407a an einer Horizontalen hervor; lediglich die Gewichtskraft $m_2 g$ fällt dabei logischerweise aus der Rolle. (Durch die Spiegelung behalten die Gln. (2.306), (2.308) und (2.309) ihre Gültigkeit. Gl. (2.305) stimmt für Bild 2-407b nur formal, weil M_{F0} die Richtung aus Bild 2-407a beibehält: M_{F0} wirkt an der Säule weiter entgegen dem Uhrzeigersinn, was jetzt aber eine *Verkleinerung* des Durchmessers der Spiralfeder zur Folge hat.) In Gl. (2.312) brauchen für Bild 2-407b also die $m_2 g$-Glieder nur mit einem Minuszeichen versehen zu werden.

2.6.5 Modellierung als Dreimassenschwinger

Die zu Gl. (2.313) gehörende Laufkatze mit mathematischem Lastpendel läuft im Bild 2-408a auf der Brücke eines Portalkrans. Die Laufkatz-Antriebskraft F aus Gl. (2.313) ist eine zwischen Brücke und Katze wirkende innere Kraft (Umfangskraft an den angetriebenen Laufrädern bei einer Triebwerkkatze bzw. Katzfahrseil-Kraft bei einer Seilzugkatze). Gl. (2.313) allein gilt nur für den Fall, daß die Nachgiebigkeit des Krantragwerks 3 – es interessiert die Verschieblichkeit der Brücke in ihrer Längsrichtung – vernachlässigbar klein ist. Sonst ist vom einfachsten möglichen Berechnungsmodell im Bild 2-408b auszugehen: Das bisher verwendete Schwingungsmodell mit den Massen m_1 und m_2, verbunden durch die Feder (c), wird ergänzt durch die Ersatzmasse m_3 des Krantragwerks und dessen Ersatzfederkonstante c_3. Die im Bild vereinbarten x-Koordinaten sollen die Bewegung der einzelnen Massen gegenüber einem äußeren ruhenden Raum beschreiben. Durch Herausschneiden des m_1, m_2-Teilmodells aus dem Gesamtmodell im Bild 2-408b (Schnittverlauf 1) hat man wieder den durch Bild 2-393 eingeführten Zweimassenschwinger vor sich, zu dem die Bewegungsgleichung Gl. (2.272) gehört ($F_1 \triangleq F$, $F_2 = 0$, $\delta = 0$) bzw. Gl. (2.313), falls man den Zweimassenschwinger als Laufkatze mit mathematischem Pendel nach Bild 2-408a interpretiert. Analog läßt sich auch das m_3-Teilsystem herauslösen (Schnittverlauf 2), der Einmassenschwinger gehorcht der Differentialgleichung

$$\ddot{x}_3 + \frac{c_3}{m_3} x_3 = -\frac{F}{m_3}$$

mit der neben Gl. (2.271) zweiten Eigenkreisfrequenz

$$\omega^{(2)} = \sqrt{c_3 / m_3}. \qquad (2.314)$$

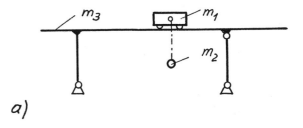

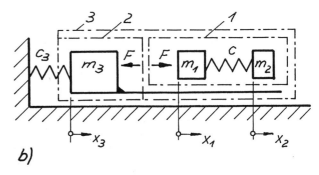

Bild 2-408 Dreimassen-Schwingungsmodell
a) Portalkran
b) Ersatzmodell

Im allgemeinen Fall wird ein Dreimassenschwinger durch ein Differentialgleichungssystem, bestehend aus drei (gekoppelten) Differentialgleichungen, mathematisch beschrieben. Mit den Gln. (2.272) und (2.314) ist das zu Bild

2-408b gehörende Differentialgleichungssystem von vornherein entkoppelt; die dritte Differentialgleichung wird durch das horizontale Kräftegleichgewicht am Gesamtsystem (Schnittverlauf 3) zur Verfügung gestellt:

$$m_1 \ddot{x}_1 + m_2 \ddot{x}_2 + m_3 \ddot{x}_3 + c_2 x_3 = 0 \qquad (2.315)$$

Wenn darin x_2 mit Hilfe von Gl. (2.270) ersetzt wird, ist neben x_3 auch noch x_1 eine Absolutkoordinate. Von praktischem Vorteil ist i.allg. die Messung der Relativbewegung von m_1,

$$X_1 = x_1 - x_3,$$

so daß damit Gl. (2.315) übergeht in

$$\ddot{X}_1 = \frac{F}{m_1 + m_2} - \frac{m_2}{m_1 + m_2} \ddot{X} - \ddot{x}_3. \qquad (2.316)$$

Wenn also X und x_3 (und somit auch $\ddot{X}$ und $\ddot{x}_3$) aus Gl. (2.272) bzw. (2.314) bekannt sind, kann X_1 durch zweimalige einfache Integration aus Gl. (2.316) bestimmt werden (vgl. Gl. (2.273)).

2.6.6 Automatisierungstechnische Gesichtspunkte

Nach Abschnitt 2.6.1.1 kann manche Fördermaschine als „mechanisch-elektrisches Antriebssystem mit integrierter Steuerung" bezeichnet werden: Das System nimmt Signale auf, verarbeitet sie und gibt andere Signale aus, die ihrerseits Kräfte in/an der Maschine, aber auch Bewegungen der Maschine steuern. Eine solche Maschine ist das Ergebnis des Zusammenwirkens der Fachgebiete Mechanik, Elektrotechnik/Elektronik und Informatik. „Mechatronik" steht seit einigen Jahren als Begriff für dieses interdisziplinäre Gebiet der Ingenieurwissenschaften und kann kurz als „Elektrotechnik, Automatisierungstechnik im Maschinenbau" interpretiert werden. Voraussetzung für die Entstehung einer solchen teilintelligenten Maschine sind die Erweiterung und Ergänzung des mechanischen Systems durch Sensoren und Mikroprozessoren samt zugehöriger Informationsverarbeitung. Wenn also ein Vorgang (teil-)automatisiert werden soll, sind durch die Sensoren seine aktuellen Zustandsgrößen (Wege, Geschwindigkeiten, Beschleunigungen) und die aktuellen auf die Antriebe wirkenden Kräfte bekannt.

Ein Ziel der Kranautomatisierung ist die Vergrößerung des Durchsatzes des Krans: Vor allem der Zwang zur Herabsetzung der teuren Schiffsliegezeiten in Seehäfen verlangt nach Hafenkranen mit großem Durchsatz. Das möglichst pendelfreie Aufnehmen des Guts am Quellort und das möglichst pendelfreie Abgeben am Zielort üben den entscheidenden Einfluß auf diesen Durchsatz aus. Es ist also diejenige Kranspiel-Zeit optimal, bei der beim direkten Einlaufen der Auslegerspitze des Wippdrehkrans in den Zielpunkt das Lastaufnahmemittel nicht mehr pendelt. (Mit der Formulierung „direktes Einlaufen" sollen korrigierende Positioniervorgänge aus der Betrachtung von vornherein ausgeschlossen werden.) Ein versierter Kranführer trägt dieser Forderung – wenn er sich noch voll konzentrieren kann – auf Grund seiner Erfahrungen weitgehend Rechnung. Da die Phase einer solch hohen Konzentrationsfähigkeit aber nicht lang ist, ist eine automatische Zielsteuerung von Vorteil. Wenn sich feste Hindernisse im Kranarbeitsbereich befinden, werden sie im Kran-Steuerrechner entsprechend abgebildet, und das Lastaufnahmemittel umfährt sie dann zeitoptimal und kollisionsfrei [2.267].

In der Literatur wird bei der Kompensation der Lastaufnahmemittel-Pendelung zwischen „Sofortkompensation" und „Zielkompensation" unterschieden. Bei ersterer ist der Pendelwinkel bereits schon einmal nach dem Anfahren (etwa nach t_A im Bild 2-368b und in der ganzen Beharrungsphase) gleich Null gewesen; für einen Bewegungsvorgang entsprechend Bild 2-368d ist ausschließlich die Zielkompensation möglich.

Die Güte einer Regelung ist abhängig von der zugrunde gelegten Regelungsstruktur (Hauptunterteilung in Kaskaden- und Zustandsregelung [2.458]) und den gewählten Reglerparametern. Als Gütekriterien fungieren in der Praxis die Positioniergenauigkeit, die Positionierzeit (etwa t_{be} nach Bild 2-368b bzw. d), der Energiebedarf und die mechanische Bauteilschädigung. Die Kranautomatisierung wird gegenüber dem Handbetrieb bei mindestens gleich großer Positioniergenauigkeit immer eine kleinere Positionierzeit und damit einen größeren Durchsatz zur Folge haben, schon allein wegen des o. g. „direkten Einlaufens". Gleichzeitig wird sich auch die rechnerische Lebensdauer des Krans erhöhen, weil ebenfalls durch das „direkte Einlaufen" die Bauteilschädigung sinkt und diese Tendenz noch durch den „Sanftanlauf" (Abschn. 2.6.2.2) auf Grund entsprechender Formung des Motormoments verstärkt wird [2.268] [2.269] [2.464].

Ein weiteres Einsatzgebiet für die Kranautomatisierung ist die Gleichlaufregelung bei einem Zweischienenfahrwerk. Die sonst vorhandenen ungewollten inneren horizontalen Verspannungskräfte senkrecht zur Geradeausfahrt des Krans [0.1, Abschn. 3.5.3.4] und die dazugehörigen relativ großen Fahrwiderstände verschwinden durch die Regelung praktisch völlig, so daß Kranfahrwerk und -tragwerk und die Fahrbahnen konstruktiv entsprechend leichter ausgeführt werden können. Dieser Regelung kann zusätzlich die Überwachung des Kranversatzes senkrecht zur Schienenrichtung übertragen werden; ein solcher Kran käme theoretisch dann ohne Fahrwerk-Führungselemente (Spurkränze, Führungsrollen) aus.

Die Automatisierung z.B. des Ruf- und Versandbetriebs bei Brückenkranen und des Lastaufnahmemittel-Wechsels enthält in dynamischer Hinsicht keine neuen Aspekte, so daß hier nicht weiter darauf eingegangen wird.

2.6.7 Literaturübersicht

Es wird auf die für Krane existierende Literatur, unterteilt in „Dynamik" und „Automatisierungstechnik", kurz eingegangen. Eine Zuordnung zu einem dieser Gebiete mußte deshalb auch in den (wenigen) Fällen vorgenommen werden, in denen das objektiv eigentlich nicht möglich gewesen wäre. Die Übersicht schließt an die von [2.462, Kap. 3.] an und soll einem ähnlich hohen Anspruch auf Vollständigkeit genügen. Bei den vielen vorhandenen Veröffentlichungen war das nur möglich, indem in der Regel

– nur die deutschsprachige Literatur erfaßt wurde
– bei mehreren Veröffentlichungen eines Verfassers zum gleichen Problem nur die letzte Erwähnung fand
– bei Veröffentlichungen unterschiedlicher Verfasser zum gleichen Problem lediglich die zitiert wurde, die auch auf die anderen verweist

– nur die automatisierungstechnischen Veröffentlichungen aufgenommen wurden, die einen unmittelbaren Bezug zur Dynamik oder/und zur Regelungstechnik haben und die nicht bereits in [2.516] bis [2.518] enthalten sind.

2.6.7.1 Dynamik

Alle Literaturstellen geben Anregungen zur (Berechnungs-)Modellbildung, besonders [2.465] bis [2.468], wovon [2.465] bis [2.467] direkt für die Parameterbestimmung herangezogen werden können. [2.468] hat Eingang in die aus [2.449] entstandene Software gefunden.
[2.469] bis [2.481] behandeln den hebenden oder fahrenden Brückenkran. [2.471] [2.472] ergänzen sich thematisch, wobei [2.471] ausgiebig auf redundante Hubwerke eingeht. Die Antriebssysteme in [2.475] [2.476] enthalten Umlaufrädergetriebe. Die Schwingungsdämpfung in [2.478] bis [2.480] bezieht sich auf die vertikale Brückenbewegung. [2.481] [2.482] widmen sich der nicht idealen Geradeausfahrt eines Brückenkrans [0.1, Abschn. 3.5.3.4]. (Wegen der in [2.481] angesprochenen „Bauungenauigkeiten" siehe VDI 3571 und VDI 3576E.)
[2.483] bis [2.486] widmen sich *anderen* Kranen mit ausschließlich translatorischen Arbeitsbewegungen. In [2.483] wird die Bewegung (Wege und Geschwindigkeiten) eines mit vier Seilen an einer Drehlaufkatze hängenden Containers beschrieben.
Die Auslegerkran-Untersuchungen sind in [2.487] bis [2.499] zusammengestellt. Der Mobilkran in [2.496] ist horizontal und vertikal gegenüber dem Boden abgefedert und wird durch eine schräge Hubseilkraft belastet. Die eine Vertikalfeder wird zeitweise auf Zug belastet, ein Abheben dieser Stütze vom Boden läßt das Modell also nicht zu.
[2.500] [2.501] beschäftigen sich mit der Reduzierung der Schwingungsbelastung für den Kranführer, [2.502] bis [2.504] behandeln die Überlastungssicherungen für Krane (s. auch VDI 3570).
[2.503] bis [2.512] geben über die Bewegungsvorgänge bei Kabeln und Seilen Auskunft. [2.508] beschäftigt sich speziell mit einem Modellparameter, [2.511] berücksichtigt die Massenkräfte des Seils bei der Berechnung des Seilrollen-Wirkungsgrades. Wenn ein Kran seine Fahrgeschwindigkeit (beim Passieren der Strom-Einspeisungsstelle – VDI 3572) beibehalten soll, *muß* der Leitungstrommel-Antrieb geregelt werden [2.512].

2.6.7.2 Automatisierungstechnik

Viele von *geschalteten* Motoren verursachte Probleme, z.B. die mannigfaltigen Beanspruchungsspitzen, existieren bei geregelten Motoren von vornherein nicht auf Grund der entsprechend den Erfordernissen geformten Motormomente. Den Entwicklungsstand der Antriebs-/Automatisierungstechnik für Krane zeigen zu unterschiedlichen Zeiten [2.513] bis [2.515], [2.516] bis [2.518] spiegeln die Gegenwart wider (vgl. VDI 3653E). Die „automatisierungstechnischen Gesichtspunkte" aus Abschnitt 2.6.6 können noch durch das „Rendezvous" ergänzt werden, das zeitweise Synchronfahren z.B. von Waggon und Containerkran zwecks (automatischer) Übergabe/Übernahme des Containers [2.518]. Mit [2.519] bis [2.524] soll der gegenwärtige Stand der Antriebsmotoren (s. auch VDI 3652) angesprochen, mit [2.525] bis [2.528] auf die Parallelen zur Robotertechnik hingewiesen werden.
[2.529] bis [2.535] und [2.459] können den Brückenkranen zugeordnet werden und dort wieder in der Hauptsache der Lastpendelkompensation. [2.529] [2.530] greifen dabei nicht auf die Regelung zurück, in [2.530] braucht der Lastpendelwinkel zu Beginn des Anfahrens nicht gleich Null zu sein. [2.536] bis [2.549] berichten über ausgeführte Krane. Der in [2.540] eingesetzte Ultraschallsensor wird in [2.541] als störanfällig eingeschätzt. Überhaupt informiert [2.541] über die Eignung der verschiedenen Meßsysteme und über sinnvolle Genauigkeitsforderungen an Kranpositionierung und Pendelkompensation (im Zusammenhang mit VDI 3576E). Wie in [2.544] bildet auch in [2.545] die Fuzzy-Logik den Hintergrund für die Lastpendelkompensation. Den Gleichlauf des Brückenkrans, nach Abschnitt 2.6.7.1 also seine „ideale Geradeausfahrt", behandeln [2.550] bis [2.553].
Über Pendelkompensation und Gleichlauf bei einem Containerkran berichtet bereits [2.554]. [2.555] [2.556] komplettieren die Literatur zu Containerkranen.
[2.557] bis [2.563], dazu [2.267] bis [2.269], [2.464] und [2.272] behandeln die Auslegerkrane. Dabei verbirgt sich hinter [2.557] ein teleskopierbarer Mobilkran, hinter [2.562] eine Betonpumpe. Bei [2.272] steuert der Kranführer wie bei einem Brückenkran die Bewegung des Lastaufnahmemittels in der Auslegerebene, d.h. mit dem einen Steuerhebel die Vertikalbewegung, mit einem zweiten die Horizontalbewegung, obwohl jeder der beiden Antriebe eine Bewegung in Vertikal- *und* Horizontalbewegung bewirkt.
Zu den Überlastungssicherungen gehören [2.564] bis [2.568]. Für die Automatisierung ist aus [2.568] vor allem der Abschnitt 9.5 von Interesse. (Der Abschnitt 9.4 ist auf die Dynamik zugeschnitten.)
Auch [2.569] könnte man noch den Überlastungssicherungen zuordnen, die Meßwerte werden aber auch zur Wägung der Hublast herangezogen. Ausschließlich diesen Weg beschreiben dann [2.570] [2.571]. Bei [2.572] handelt es sich um eine Seilzugkatze. Aus den Ankerstromsignalen werden die Seilkräfte herausgefiltert, um mit diesen dann den Bewegungszustand des Lastpendels zu ermitteln.

3 Aufzüge

3.1 Aufzugarten

3.1.1 Einteilung der Aufzüge nach den Vorschriften

Die Einrichtung und der Betrieb von Aufzügen ist durch die Aufzugsverordnung AufzV geregelt, die in das Gerätesicherheitsgesetz GSG eingebunden ist. Die Definition für Aufzüge ist durch die Aufzugsverordnung gegeben. Nach § 2 AufzV gilt die Begriffsbestimmung

(1) Aufzugsanlagen im Sinne dieser Verordnung sind Anlagen, die zur Personen- oder Güterbeförderung zwischen festgelegten Zugangs- oder Haltestellen bestimmt sind und deren Lastaufnahmemittel
– in einer senkrechten oder gegen die Waagerechte geneigten Fahrbahn bewegt werden und
– mindestens teilweise geführt sind.

Anlagen nach Satz 1, die bei weniger als 1,8 m Förderhöhe zur ausschließlichen Güterbeförderung oder zur Güterbeförderung mit Personenbegleitung bestimmt sind, sind keine Aufzugsanlagen im Sinne dieser Verordnung.

(2) Aufzugsanlagen im Sinne dieser Verordnung sind ferner Gebäuden zugeordnete Anlagen, die dazu bestimmt sind, Personen mit oder ohne Arbeitsgerät und Material aufzunehmen und deren an Tragmitteln hängende Arbeitsbühnen durch Hubwerke oder durch Hubwerke und Fahrwerke bewegt werden (Fassadenaufzüge).

Nach § 1 (5) AufzV gilt die Aufzugsverordnung nicht für aufzugähnliche Anlagen, nämlich für

1. Umlaufaufzugsanlagen, die ausschließlich zur Güterbeförderung bestimmt und so eingerichtet sind, daß die an endlosen Tragmitteln aufgehängten Lastaufnahmemittel ununterbrochen umlaufend bewegt werden,
2. Hebevorrichtungen, die ausschließlich zur Beschickung von Maschinen dienen, wenn sie mit der Maschine fest verbunden sind,
3. Schiffshebewerke,
4. Seilschwebebahnen, Standseilbahnen und Hängebahnen,
5. Aufzugsanlagen, die ausschließlich zur Beförderung von Baustoffen bestimmt sind und auf Baustellen vorübergehend errichtet werden,
6. vorübergehend auf Baustellen errichtete Hebe- und Fördereinrichtungen, ausgenommen Bauaufzüge mit Personenbeförderung,
7. Geräte und Anlagen zur Regalbedienung,
8. Fahrtreppen und Fahrsteige,
9. Schrägbahnen, ausgenommen Schrägaufzüge,
10. handbetriebene Aufzugsanlagen,
11. kraftbetriebene Aufzugsanlagen mit einer Tragfähigkeit von höchstens 5 kg und einem Gewicht des Lastaufnahmemittels von höchstens 15 kg,
12. Hubstapler, Hebebühnen und Hebevorrichtungen von Flurförderzeugen, sofern sie nicht fest eingebaut sind oder nicht ortsfest betrieben werden,
13. Fördereinrichtungen, die mit Kranen fest verbunden und zur Beförderung der Kranführer bestimmt sind,
14. Aufzugsanlagen, die ausschließlich zur Güterbeförderung dienen und als Teil einer mechanischen Förderanlage selbsttätig beschickt und entladen werden,
15. Aufzugsanlagen mit einer Ladestelle, die ausschließlich zur Güterbeförderung dienen, zum Beladen nicht betreten werden und deren Lastaufnahmemittel am Ende der Fahrbahn durch selbsttätiges Kippen oder Aufklappen entladen werden,
16. Versenk- und Hebevorrichtungen für überwiegend schauspielerische Darbietungen auf Bühnen und in Studios,
17. Sargversenkvorrichtungen,
18. versenkbare Steuerhäuser auf Binnenschiffen.

Die Schachtförderanlagen und die Standseilbahnen haben eine große Ähnlichkeit mit den Aufzügen. Die Schachtförderanlagen sind aber nach § 1 (3) 5 und die Standseilbahnen nach § 1 (5) 4 AufzV von dem Geltungsbereich der Aufzugsverordnung ausgeschlossen. Der wesentliche Unterschied zu den Aufzügen besteht für die Schachtförderanlage in der Nutzung durch einen beschränkten Personenkreis und der großen Förderhöhe und für die Standseilbahn darin, daß ihre Fahrbahn bedingt zugänglich und betretbar ist und die des Schrägaufzuges nicht. Dieser Unterschied hat die wirtschaftlich weitreichende Folge, daß bei den Standseilbahnen ein Schaffner in den Kabinen mitfahren muß.

Die Aufzugsverordnung enthält im wesentlichen die Rechtsvorschriften. Die Technischen Anforderungen sind im Anhang zu dieser Verordnung erlassen. Nach § 3 AufzV müssen Aufzüge nach den Vorschriften dieses Anhanges und im übrigen nach den allgemein anerkannten Regeln der Technik errichtet und betrieben werden.

Nach der Bekanntmachung durch den Bundesminister für Arbeit und Sozialordnung in TRA 001 gelten als Technische Regeln insbesondere

– Technische Regeln für Aufzüge (TRA) oder alternativ
– Sicherheitsregeln für die Konstruktion und den Einbau von Personen- und Lastaufzügen sowie Kleingüteraufzügen. Elektrisch betriebene Aufzüge DIN EN 81, T 1 und hydraulisch betriebene Aufzüge DIN EN 81, T 2.

Die Technischen Regeln DIN EN 81 beziehen sich in dem bestehenden Umfang auf Personen- und Lastenaufzüge. Die Anforderungen der DIN EN 81 und der TRA 200 an diese Aufzüge weichen nur in wenigen Punkten voneinander ab. Es ist zu erwarten, daß TRA 200 von DIN EN 81 abgelöst wird.

Die Technischen Regeln für Aufzüge TRA sind sehr breit angelegt. Die allgemein geltenden Technischen Regeln sind in Tafel 3-1 und die für die verschiedenen Aufzugsarten in Tafel 3-2 aufgeführt. In Tafel 3-1 sind außerdem Sicherheitstechnische Richtlinien SR aufgenommen, die eine Vorstufe der Technischen Regeln für Aufzüge darstellen.

Die TRA mit der ersten Ziffer 0 sind allgemeine Richtlinien und Berechnungsvorschriften und die TRA mit der ersten Ziffer 1 sind Prüfrichtlinien für Aufzugbauteile und

Aufzüge. Ab der ersten Ziffer 2 beziehungsweise ab 11 zeigen diese Ziffern die Aufzugart an. Die TRA 200 und folgende sind so aufgebaut, daß sich die beiden letzten Ziffern für alle Aufzugarten auf dieselben Gegenstände beziehen, zum Beispiel die Bremse auf die Ziffern 27. Unter TRA 227 sind also die Anforderungen an die Bremse der Personen- und Lastenaufzüge zu finden.

Tafel 3-1 Allgemein geltende Technische Regeln für Aufzüge (TRA) und Sicherheitstechnische Richtlinien (SR)

TRA 001	Allgemeines, Aufbau und Anwendung der TRA, November 1990
TRA 003	Berechnung der Treibscheibe, Sept. 1981
TRA 006	Wesentliche Änderungen, Juli 1986
TRA 007	Betrieb, Oktober 1985
TRA 101	Prüfung von Bauteilen, Juli 1980
TRA 102	Prüfung von Aufzuganlagen, Juli 1989
TRA 104	Prüfung von Fassadenaufzügen mit motorbetriebenem Hubwerk, April 1981
TRA 105	Prüfung von Bauaufzügen mit Personenbeförderung, April 1981
TRA 106	Leitsystem für Fernnotruf, März 1990
SR-Hydraulik	Berechnung von hydraulischen Hebern und Druckrohrleitungen, Januar 1989
SR-Heberanschlag	Heberanschlag und obere Notendschalter bei hydraulischen Aufzügen mit überlangen Kolben, Dezember 1984
SR-Kunststoffrollen	Seilrollen aus Kunststoff, Juli 1986
SR-Führungsschienen	Berechnung von Führungsschienen, Januar 1989
SR-Glastüren	Schacht- und Fahrkorbtüren aus Glas, Juli 1986

Carl Heymanns Verlag KG, Luxemburgerstraße 449, 50939 Köln

Tafel 3-2 gibt einen Überblick über die Aufzugarten und zeigt, ob Personen befördert werden dürfen und ob die Fahrkörbe betretbar sind. Außerdem ist die maximal zulässige Tragfähigkeit, Fahrkorbgrundfläche und Geschwindigkeit aufgeführt.
Die Technischen Regeln für Aufzüge TRA 200 gelten für Personenaufzüge, für Lastenaufzüge und für Güteraufzüge. Personenaufzüge sind dazu bestimmt, Personen und Güter zu befördern. Lastenaufzüge sind dazu bestimmt, Güter zu befördern oder Personen, soweit sie von demjenigen beschäftigt werden, der den Aufzug betreibt. Personen dürfen ohne Beschränkung in Lastenaufzügen befördert werden, wenn die Fahrkorbzugänge – wie neuerdings gefordert – mit Fahrkorbtüren versehen sind. Güteraufzüge sind ausschließlich dazu bestimmt, Güter zu befördern. Personen dürfen den Fahrkorb von Güteraufzügen betreten, sie dürfen aber nicht mitfahren.
Die vereinfachten Güteraufzüge, Unterflurhebezeuge und Behälteraufzüge nach TRA 300 sind dazu bestimmt, Güter zwischen höchstens drei Haltestellen zu befördern. Der Fahrkorb ist teilweise nicht betretbar. Die Tragfähigkeit, die Fahrkorbgrundfläche und die Geschwindigkeit sind beschränkt.
Kleingüteraufzüge nach TRA 400 sind Güteraufzüge, deren Tragfähigkeit 300 kg und deren Fahrkorbgrundfläche 1 m^2 nicht übersteigen darf. Der Fahrkorb ist wegen der begrenzten Türhöhe nicht betretbar.
Personen-Umlaufaufzüge (Paternoster) nach TRA 500 sind zur Beförderung von Personen bestimmt. Personen-Umlaufaufzüge dürfen wegen der relativ hohen Unfallhäufigkeit nicht mehr errichtet werden.
Mühlenaufzüge nach TRA 600 und Lagerhausaufzüge nach TRA 700 sind zum Ersatz bestehender alter Aufzüge mit niederem Sicherheitsniveau in beengten Platzverhältnissen eingeführt worden. Den wünschenswerten Ersatz der alten sogenannten Mühlen-Bremsfahrstühle hat Koch [3.1] anhand der auftretenden Unfälle überzeugend dargestellt. Da die Sicherheitsanforderungen der Aufzüge nach TRA 600 und 700 wegen des oft fehlenden Raumes stellenweise reduziert sind, dürfen sie nur nach Erlaubnis durch die zuständige Behörde betrieben werden.
Fassadenaufzüge (Fensterputzaufzüge) nach TRA 900 sind Gebäuden fest zugeordnet und dazu bestimmt, Personen mit Arbeitsgerät und Material in Arbeitsbühnen aufzunehmen, die an Tragmitteln hängen und durch Hubwerke und eventuell Fahrwerke an Fassaden entlang bewegt werden können. Falls die Arbeitsbühne nicht einem Gebäude fest zugeordnet ist, darf sie nach den ein wenig einfacheren Sicherheitsregeln für Hochziehbare Personenaufnahmemittel (PAM) ZH 1/461 der Berufsgenossenschaft errichtet werden. Die Sicherheitsregeln basieren auf der Annahme, daß das Hochziehbare Personenaufnahmemittel ständig von derselben Arbeitsgruppe betrieben wird, die mit der Bedienung und den Gefahren gut vertraut ist.
Bauaufzüge mit Personenbeförderung nach TRA 1100 sind Aufzüge, die auf Baustellen vorübergehend errichtet werden. Ihre Förderhöhe und Haltestellenzahl wird dem Baufortschritt angepaßt.
Vereinfachte Personenaufzüge nach TRA 1300 sind vor allem für den nachträglichen Einbau in Gebäuden gedacht, in denen wegen der Platzverhältnisse ein Personenaufzug nach TRA 200 bzw. DIN EN 81 nicht eingesetzt werden kann. Durch die Begrenzung der Fahrgeschwindigkeit auf 0,2 m/s können sowohl das Triebwerk als auch die erforderlichen Überfahrwege recht klein gehalten werden. Vereinfachte Personenaufzüge sind zur Beförderung von Personen und Gütern geeignet.
Von allen Aufzugarten haben die Personen- und Lastenaufzüge die größte Bedeutung. Die weiteren Ausführungen beziehen sich – soweit nicht besonders hervorgehoben – stets auf diese Aufzüge. Da zu erwarten ist, daß die europaweit geltende Technische Regel DIN EN 81, Teil 1 – Elektrisch betreibende Aufzüge – und Teil 2 – Hydraulisch betriebene Aufzüge – die Technische Regeln TRA 200 allmählich ablösen werden, wird vorwiegend auf DIN EN 81 Bezug genommen.

Tafel 3-2 Technische Regeln TRA für verschiedene Aufzugarten

Aufzugarten		Personenbeförderung	Fahrkorb betretbar	maximale Tragfähigkeit kg	maximale Fahrkorbgrundfläche m^2	maximale Geschwindigkeit m/s
TRA	200 Personenaufzüge, Lastaufzüge Güteraufzüge[2]	+ −	+ +			
TRA	300 Vereinfachte Güteraufzüge[2] Unterflurhebezeuge[2] Behälteraufzüge[2]	− −	+ ±	2000 1000	2,50 2,00	0,30 0,30
TRA	400 Kleingüteraufzüge[2]	−	−	300	1,00	
TRA	500 Personen-Umlaufaufzüge	Neubau verboten				
TRA	600 Mühlenaufzüge[1]	+	+	200	0,65	0,85
TRA	700 Lagerhausaufzüge[1][2]	−	+	1000	2,50	0,30
TRA	900 Fassadenaufzüge[2]	+	+			
TRA	1100 Bauaufzüge mit Personenbeförd.	+	+			
TRA	1300 Vereinfachte Personenaufzüge Entwurf 09.1993	+	+	630	1,60	0,20

Carl Heymanns Verlag KG, Luxemburgerstraße 449, 50939 Köln

[1] Erlaubnis durch die zuständige Behörde erforderlich
[2] Ab 1.1.1995 gilt bezüglich der Beschaffenheitsanforderungen die Maschinenrichtlinie (93/44/EWG) und bezüglich der Betriebsvorschriften die Aufzugverordnung (Aufz.V).

3.1.2 Einteilung der Aufzüge nach der Bauart

Die Aufzüge werden elektrisch-mechanisch oder hydraulisch angetrieben. Dieser unterschiedliche Antrieb hat weitreichende Folgen und hat bei der europäischen Norm DIN EN 81 zu einer Trennung in die Teile „Elektrisch betriebene Aufzüge" und „Hydraulisch betriebene Aufzüge" geführt. Eine weitere wichtige Unterscheidung betrifft die Tragmittel. Nach TRA 230.1 dürfen als Tragmittel Drahtseile, Stahlgelenkketten, Hydraulikkolben, Spindeln und Zahnstangen verwendet werden.

Die Stahlgelenkketten und Spindeln werden nur noch selten eingesetzt. Stahlgelenkketten haben sicherheitstechnische Nachteile und verursachen durch den Polygoneffekt einen unruhigen Lauf. Spindeln haben einen kleinen Wirkungsgrad. Sie werden deshalb wie die Ketten nur bei kleinen Geschwindigkeiten verwendet und insbesondere dann, wenn bei ausgedehnten Fahrkörben die Kippkraft bei außermittiger Beladung nicht durch die Fahrkorbführung aufgenommen werden soll. Zahnstangen werden fast nur bei Bauaufzügen verwendet. Die Mehrzahl aller Aufzüge wird aber mit Drahtseilen oder mit Hydraulikhebern als Tragmittel ausgerüstet [3.2] bis [3.4].

Seilaufzüge

In Bild 3-1 sind von den Seilaufzügen drei Bauformen schematisch dargestellt. Die beiden Aufzüge auf der linken Seite sind Treibscheibenaufzüge und der auf der rechten Seite ist ein Trommelaufzug. Außer den beiden dargestellten gibt es Treibscheibenaufzüge in vielen Anordnungen, zum Beispiel mit höherer Einscherung oder mit dem Triebwerk oben oder unten neben dem Schacht. Trommelaufzüge werden nur selten eingesetzt.

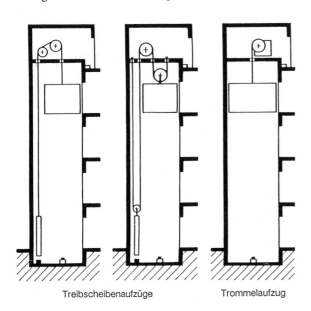

Treibscheibenaufzüge   Trommelaufzug

Bild 3-1 Seilaufzüge

Den Treibscheibenantrieb hat zum ersten Mal Koepe im Jahre 1877 als Antrieb für eine Schachtförderanlage im deutschen Bergbau eingesetzt. Die Amerikaner haben dann um die Jahrhundertwende den Treibscheibenantrieb im Aufzugbau eingeführt, als die Häuser in den großen Städten der USA immer höher wurden und die dafür notwendigen großen Trommelantriebe nur schwer untergebracht werden konnten. In Deutschland wurde der im Bergbau und im amerikanischen Aufzugbau bewährte Treibscheibenantrieb erst nach langem Zögern im Aufzug verwendet. Es bestanden vor allem Bedenken, weil der Fahrkorb nur durch die Reibung zwischen Seil und Treibscheibe getragen wird. Die übrigen Nachteile des Treibscheibenantriebes, nämlich

- Verschleiß der Treibscheibe und kleinere Lebensdauer der Seile
- größerer Platzbedarf im Schacht
- größerer Aufwand für Kopierung (Standortmeldung) wegen des Seilschlupfes auf der Treibscheibe

wurden als weniger wichtig angesehen.

Diesen Nachteilen steht eine Reihe von wirtschaftlichen und sicherheitstechnischen Vorteilen gegenüber, die so schwerwiegend sind, daß der Treibscheibenaufzug den Trommelaufzug praktisch verdrängt hat. Die Hauptvorteile des Treibscheibenaufzuges [3.4] sind:

- Mehrere tragende Seile
  Die Treibscheibe erlaubt es, den Fahrkorb an mehrere Seile zu hängen. Dadurch wird der Fahrkorb beim Bruch von einem der Seile noch mit großer Sicherheit gehalten. Selbst wenn der Seilbruch durch Ermüdung eintritt, werden die anderen, ebenfalls ermüdeten Seile den Fahrkorbabsturz noch mit hoher Wahrscheinlichkeit verhindern [3.5].
  Mehrere parallele Seile haben auch einen wirtschaftlichen Vorteil, weil der Seildurchmesser kleiner sein kann. Dadurch wird der Treibscheibendurchmesser, das Abtriebsmoment und letztlich auch das Getriebe kleiner.

- Ausgleich des Fahrkorbgewichtes und eines Teils der Nutzlast durch das Gegengewicht
  Durch den Gewichtsausgleich des Fahrkorbs und eines Teils der Nutzlast (meist der Hälfte der Nutzlast) durch das Gegengewicht – siehe auch Bild 3-1 – wird die Hubantriebsleistung bei Berücksichtigung der Beschleunigung gegenüber dem Trommelaufzug ohne Gewichtsausgleich auf etwa ein Drittel herabgesetzt, weil bei dem Treibscheibenaufzug im normalen Betrieb nur die halbe Nutzlast, beim Trommelaufzug aber das Fahrkorbgewicht und die volle Nutzlast gehoben werden müssen. Dieser Nachteil kann auch durch Ausgleichsgewichte beim Trommelaufzug nur unvollkommen ausgeglichen werden. Der Betreiber wird durch die hohe Motorleistung besonders dadurch betroffen, daß für die Bereitstellung der höchsten aufzunehmenden Leistung eine laufende Anschlußgebühr an das Elektrizitätswerk zu bezahlen ist.

- Unabhängigkeit von der Förderhöhe
  Die Trommel einer Trommelwinde muß umso länger sein, je größer die Förderhöhe ist. Dadurch ist eine Serienherstellung der Trommelantriebe erheblich erschwert. Dagegen ist die Treibscheibenwinde nur abhängig von der Tragfähigkeit und der Geschwindigkeit des Aufzuges.

- Überfahren der oberen Endhaltestellen
  Das entscheidende sicherheitstechnische Argument für den Einsatz der Treibscheibenwinde ist das nahezu gefahrlose Überfahren der Endhaltestellen. Wenn der Fahrkorb die obere Haltestelle überfährt, so setzt das Gegengewicht auf die Puffer in der Schachtgrube auf und die Seile der Gegengewichtsseite werden nahezu spannungslos. Dadurch verliert die Treibscheibe ihre Treibfähigkeit. Diese mechanische Sicherung fehlt beim Trommelaufzug, so daß der Fahrkorb gegen die

Schachtdecke gezogen werden kann. Durch die große kinetische Energie des Triebwerkes können große Kräfte erzeugt werden, so daß die Seile reißen können. Selbst wenn der Fahrkorb nicht bis an die Schachtdecke fährt, so sind doch Personen, die sich zur Wartung oder Prüfung auf dem Fahrkorbdach aufhalten, bei einem Treibscheibenaufzug besser geschützt. Allerdings ist festzustellen, daß die früher aufgetretenen Unfälle wegen der zuverlässigen Schalter heute wesentlich seltener wären.

Hydraulische Aufzüge

Aufzüge mit direktem hydraulischem Antrieb – deren Fahrkörbe unmittelbar durch Kolben getragen werden – sind in England etwa im Jahre 1830 eingeführt worden [3.2]. Hydraulische Aufzüge mit indirektem Antrieb – bei denen die Bewegung des Hydraulikkolbens über Seile oder Ketten weitergeleitet und meist durch umgekehrte Flaschenzüge übersetzt wird – sind wenig später gebaut worden [3.2, 3.7]. Der Antrieb erfolgte zunächst durch Wasser mit dem Druck des städtischen Wasserversorgungsnetzes.

Seit etwa 1950 werden hydraulische Aufzüge mit ständig wachsendem Anteil wieder gebaut, aber jetzt selbstverständlich mit einem Pumpenaggregat, das mit Hydrauliköl betrieben wird. Die geltenden Vorschriften sind auf hydraulische Aufzüge mit einfach wirkenden Hebern abgestellt. In der Aufwärtsfahrt wird der Fahrkorb durch einen oder mehrere Heber angetrieben. Die Abwärtsfahrt muß selbst bei leerem Fahrkorb durch dessen Schwerkraft erfolgen. Die Geschwindigkeit der hydraulischen Aufzüge ist nach TRA 200 auf 1m/s beschränkt; nach DIN EN 81 gibt es keine Beschränkung der Geschwindigkeit. Wegen der mit der Geschwindigkeit stark wachsenden Leistungsaufnahme des Antriebsmotors wird aber die Geschwindigkeit 1 m/s höchst selten überschritten.

In Bild 3.2 sind drei übliche Anordnungen hydraulischer Aufzüge dargestellt. Der direkt angetriebene hydraulische Aufzug auf der linken Seite von Bild 3-2 ist vor allem als Lastenaufzug bei relativ kleiner Förderhöhe lange Zeit bevorzugt gebaut worden. Diese Anordnung hat den Vorteil, daß der Fahrkorb unmittelbar durch den Kolben getragen wird. Nachteilig ist die aufwendige Erdbohrung mit den erforderlichen umfangreichen Maßnahmen zur Verhinderung der Korrosion der Hubzylinder und der Verschmutzung des Grundwassers durch Hydrauliköl [3.8, 3.9].

Aus diesen Gründen werden heute hydraulische Aufzüge meist ohne Erdbohrungen gebaut. Sofern der Aufzug nur ein Stockwerk überwinden muß und damit die Förderhöhe sehr klein ist, kann der Hydraulikheber einfach neben dem Fahrkorb in dem Schacht angeordnet und das Kolbenende mit dem Fahrkorbrahmen direkt verbunden werden. Bei größeren Förderhöhen muß die Kolbenkraft indirekt über Seile oder seltener Ketten auf den Fahrkorb übertragen werden. In Bild 3-2 sind zwei Vertreter der indirekt angetriebenen Aufzüge und zwar einer mit Druckkolben und einer mit den neuerdings wieder verwendeten Zugkolben schematisch dargestellt.

Da die Zugkolben nicht auf Knickung beansprucht werden, können die Durchmesser von Kolben und Zylinder kleiner ausgeführt werden. Die dadurch auftretenden größeren Öldrücke führen zu einer etwas größeren Einfederung des Fahrkorbes unter der Last. Durch die neueren Regelungen ergeben sich keine Nachteile für die Haltegenauigkeit aus der größeren Ölerwärmung. Mit dem Zugkolben kann auf einfache Weise ein kleines Ausgleichgewicht eingesetzt werden, das das Fahrkorbgewicht teilweise ausgleicht.

Die in Bild 3-2 dargestellten Aufzüge mit indirektem Antrieb und außermittiger Aufhängung werden bei kleiner Tragfähigkeit verwendet. Bei größerer Tragfähigkeit werden zwei oder mehr Heber symmetrisch rechts und links des Fahrkorbes angeordnet, so daß die Fahrkorbführung möglichst wenig belastet wird.

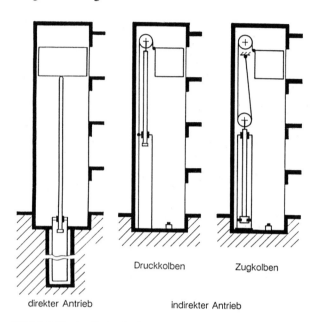

Bild 3-2 Hydraulische Aufzüge

Wie bei den Trommelaufzügen muß der Antriebsmotor für das Heben der Nutzlast und im allgemeinen für das Heben des Fahrkorbes und des Kolbens ausgelegt sein. Damit ist die erforderliche Antriebsleistung wesentlich größer als bei den Treibscheibenaufzügen. Trotzdem werden sie bei nicht zu großen Förderhöhen den Treibscheibenaufzügen oft vorgezogen, weil die Triebwerksräume von Hydraulikaufzügen ziemlich frei im Gebäude angeordnet und dadurch Dachaufbauten vermieden werden können.

Zahnstangenaufzug

Zahnstangen werden vor allem bei Bauaufzügen eingesetzt. Der Vorteil der Zahnstange als Tragmittel besteht darin, daß sie auf einfache Weise verlängert werden kann. Für den Bauaufzug, dessen Fahrbahn entsprechend dem Baufortschritt mehrfach wachsen muß, wird gerade diese Eigenschaft verlangt.

In Bild 3-3 ist ein Bauaufzug mit Zahnstangenantrieb schematisch dargestellt. Die Antriebswinde, die mit einem Ritzel in die Zahnstange eingreift, ist am Fahrkorb befestigt. Der Fahrkorb ist regelmäßig durch Rollen an dem Tragbaum geführt, der auch die Zahnstange enthält.

Oft werden zwei Winden übereinander angeordnet, von denen jede mit einem Ritzel in die Zahnstange eingreift und jede mit einer einfach wirkenden Bremse ausgestattet ist, die allein den mit Nutzlast beladenen Fahrkorb abbremsen kann. Falls dagegen nur eine Winde eingesetzt wird, muß wie bei allen Aufzugwinden eine Zweikreisbremse verwendet werden. Zur Entlastung des Antriebes darf nach TRA 1100 das Fahrkorbgewicht und höchstens die halbe Nutzlast durch ein Ausgleichgewicht ausgeglichen werden. Statt der üblichen Fangvorrichtung wird bei den Zahnstangenaufzügen meist eine Fangbremse verwendet, die mit

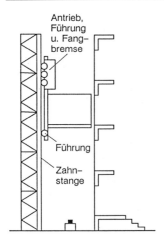

Bild 3-3 Bauaufzug mit Zahnstange

einem weiteren Ritzel verbunden ist, das im Normalbetrieb auf der Zahnstange kraftlos abrollt. Bei Übergeschwindigkeit, zum Beispiel durch den Bruch der Antriebsritzel, kommt die Fangbremse durch die Blockade der bisher mitlaufenden Bremsscheibe zur Wirkung.

3.2 Planung und Bemessung

3.2.1 Baulicher Teil

Nach der Allgemeinen Ausführungsverordnung zur Landesbauordnung z.B. von Baden Württemberg (LBOAVO) müssen Aufzüge innerhalb von Gebäuden eigene Fahrschächte feuerbeständiger Bauart haben. In einem Fahrschacht dürfen bis zu drei Aufzüge untergebracht sein. Die Aufzugtüren müssen die Übertragung von Feuer in andere Geschosse verhindern. Drehtüren nach DIN 18 090 und Schiebetüren nach DIN 18 091 sind als Türen in Fahrschächten geeignet, die feuerbeständig nach DIN 4102 ausgeführt sind.

In Gebäuden bis zu fünf oberirdischen Geschossen dürfen Aufzüge innerhalb der Umfassungsmauern des Treppenraumes liegen. In diesem Fall muß der Aufzug lediglich unfallsicher umkleidet sein, und die Übertragung von Feuer über die Türen des Aufzuges von einem Geschoß zum andern muß nicht sicher verhindert sein.

In Aufzugschacht, Triebwerksraum und Rollenraum dürfen keine aufzugfremde Einrichtungen untergebracht sein. Die Tiefe der Schachtgrube und die Höhe des Schachtkopfes sind durch DIN EN 81 oder TRA so festgelegt, daß nach der Überfahrt für Personen in der Schachtgrube oder auf dem Fahrkorbdach noch ein ausreichend großer Schutzraum vorhanden ist.

Die Abmessungen von Wohnhausaufzügen sind nach DIN 15 306 für die Tragfähigkeit

$Q = 400$, 630 und 1000 kg

genormt. Ab 630 kg sind die Fahrkörbe nach DIN 18 025 für den Transport von Behindertenfahrstühlen geeignet. Die Fahrkorbbreite beträgt 1100 mm und die Schachtbreite 1600 mm mit den üblicherweise verwendeten Teleskoptüren mit der Türbreite 800 mm. Es besteht die Tendenz, die Türbreite auf 900 mm zu vergrößern. Die erforderliche Schachtbreite nimmt dadurch auf 1700 mm zu.

Für einen Aufzug mit der Tragfähigkeit 1000 kg ist der Schachtquerschnitt beispielhaft in Bild 3-4 dargestellt. Bei diesen Abmessungen des Fahrkorbs kann durch eine Trenntür – die nur durch befugte Personen für den Transport sperriger Lasten geöffnet werden darf – die Tragfähigkeit auf 630 kg und, was nicht sehr zu empfehlen ist, sogar auf 450 kg reduziert werden.

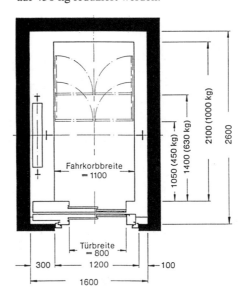

Bild 3-4 Schachtquerschnitt für Aufzug 1000 kg (mit Trenntür 450 kg bzw. 630 kg), nach DIN 15 306

Für die Aufzüge von Verwaltunsgebäuden und Kliniken sind die Tragfähigkeiten und die Abmessungen von Fahrschächten und Fahrkörben nach DIN 15 309 genormt. Danach ist die Tragfähigkeit der Personenaufzüge

800, 1000, 1250 und 1600 kg

und die der Bettenaufzüge

1600, 2000 und 2500 kg.

Um den Förderablauf möglichst zu beschleunigen, ist die Türbreite der Personenaufzüge auf 1100 mm vergrößert. Für die Bettenaufzüge beträgt die Türbreite 1300 (1400) mm. Die Aufzüge einer Gruppe müssen möglichst nahe beieinander liegen, damit der Fahrgast leicht erkennen kann, welcher der Aufzüge anhalten und in die gewünschte Richtung weiterfahren wird. Nebeneinander sollten allerdings höchstens vier Aufzüge angeordnet sein. Falls mehr Aufzüge zu einer Gruppe zusammengefaßt sind, sollten sie besser gegenüberliegend – wie in Bild 3-5 dargestellt – oder in U-Form angeordnet sein.

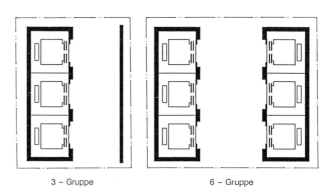

Bild 3-5 Anordnung von Aufzügen in Gruppen

In sehr hohen Gebäuden mit mehreren Aufzuggruppen sollten die Aufzuggruppen mit den Zugangsflächen vor ihren Fahrschachtzugängen voneinander getrennt sein. Die Zugangsflächen sollten jeweils mindestens so groß sein wie die Schachtquerschnitte und nicht zugleich dem Durchgangsverkehr dienen.

3.2.2 Bemessung der Aufzüge

Allgemeine Bemessungsregeln

Die Lastenaufzüge werden nach den zu transportierenden Lasten ausgelegt. Dabei wird die Tragfähigkeit zweckmäßigerweise über den aktuellen Bedarf hinaus gewählt. Die Geschwindigkeit kann für den normalen Anwendungsfall relativ klein gehalten werden. Übliche Nenngeschwindigkeiten nach der Renardreihe R 10 sind

0,3 m/s, 0,5 m/s, 0,63 m/s, 0,8 m/s .

Bei Fabrik- und Lagergebäuden ist regelmäßig mit der Beladung der Fahrkörbe durch Gabelstapler zu rechnen.
Für die Personenaufzüge schreiben die Bauordnungen der Bundesländer eine Mindestausstattung mit Aufzügen vor. Die Bauordnungen weichen nur wenig voneinander ab. Nach der Bauordnung von Baden-Württemberg müssen in Gebäuden mit mehr als fünf Vollgeschossen Aufzüge in ausreichender Zahl eingebaut werden, von denen einer auch zur Aufnahme von Rollstühlen, Krankentragen und Lasten geeignet sein muß. Die Aufzüge sollen von öffentlichen Verkehrsflächen und von allen Geschossen mit Aufenthaltsräumen stufenlos erreichbar sein.
Die Grundfläche der Fahrkörbe ist nach der Allgemeinen Ausführungsverordnung zur Landesbauordnung (LBOAVO) so zu bemessen, daß für je 20 auf Aufzüge angewiesene Personen ein Platz zur Verfügung steht. Fahrkörbe zur Aufnahme einer Krankentrage müssen eine nutzbare Grundfläche von mindestens 1,1 m x 2,1 m haben. Eventuell erforderliche Feuerwehraufzüge bestimmt die zuständige Landesbauordnung.
Die genormten Tragfähigkeiten sind in Abschnitt 3.2.1 für Wohn-, Verwaltungs- und Krankenhäuser dargestellt. Die Nenngeschwindigkeiten sind nach DIN 15 306 und 15 309 entsprechend der Renardreihe R5

0,63, 1,00, 1,60 und 2,5 m/s .

Die Nenngeschwindigkeit 2,00 m/s ist aber auch sehr verbreitet. Da Aufzüge mit größerer Geschwindigkeit mit einer getriebelosen Winde betrieben werden, ist jede Nenngeschwindigkeit leicht einzustellen. Deshalb gilt für diese Aufzüge – sofern sich die Geschwindigkeit überhaupt an Normzahlen orientiert – am ehestens die Renardreihe R10 mit

2,50, 3,20, 4,00, 5,00, 6,30 und 8,00 m/s .

Bei nicht zu hohen Wohngebäuden ist mit den Anforderungen der Bauordnungen zugleich eine ausreichende Kapazität zur Beförderung der Bewohner gegeben. Für Wohngebäude bis zu 20 Vollgeschossen hat die Fédération Européenne de la Manutention (FEM) eine Empfehlung für die Auslegung von Aufzügen herausgegeben, mit der der Förderstrom ausreichend groß und die mittlere Wartezeit zufriedenstellend klein ist. Für mittlere Ansprüche ist in Bild 3-6 die erforderliche Anzahl der Aufzüge und deren Tragfähigkeit und Geschwindigkeit für die Anzahl der Bewohner in den Vollgeschossen angegeben.
In höheren Gebäuden und in Büro- und Verwaltungsgebäuden ist die Berechnung des erreichbaren Förderstromes und der mittleren Wartezeit bei dem Füllen des Gebäudes erforderlich, um zu überprüfen, ob die üblichen Grenzwerte erreicht werden. Die Berechnungsmethode und die üblichen Grenzwerte sind in dem folgenden Abschnitt angegeben.
Bei sehr hohen Gebäuden muß zur Beförderung eine Vielzahl von Aufzügen eingesetzt werden. Diese Aufzüge werden in Untergruppen zusammengefaßt, die jeweils nur einen Teil der Geschosse erreichen können. Dadurch wird die Anzahl der Halte beschränkt und der Förderstrom wird vergrößert. Ein Beispiel für die Aufteilung der Förderströme wird von Schöllkopf [3.10] angegeben.

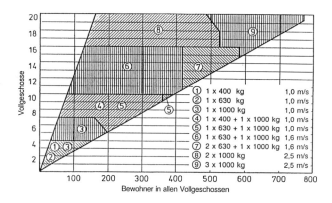

Bild 3-6 Anzahl der Aufzüge mit Tragfähigkeit und Geschwindigkeit für Normal-Wohnhäuser, nach FEM

Für alle Aufzüge ist der Förderablauf beim Füllen des Gebäudes im Prinzip gleich. Der Fahrkorb wird im Erdgeschoß gefüllt, fährt solange nach oben, bis alle Fahrgäste angekommen sind und fährt dann ohne Halt ins Erdgeschoß zurück, Bild 3-7. Der Förderablauf bei der Gebäudeentleerung und der Mischverkehr werden aber von den verschiedenen Steuerungen sehr unterschiedlich abgewickelt. Die Art der Steuerung hat deshalb insgesamt einen wesentlichen Einfluß auf den Förderstrom und die Wartezeit, siehe Abschnitt 3.4.4.

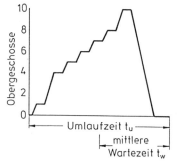

Bild 3-7 Förderzyklus beim Füllverkehr

Förderstrom und Wartezeit

Beim Füllen von Bürogebäuden bei Arbeitsbeginn oder von Wohnhäusern bei Arbeitsschluß tritt regelmäßig die höchste Belastung der Aufzüge ein. Zur Bemessung der Personenaufzüge wird deshalb der Füllverkehr betrachtet, vor allem aber auch deshalb, weil es dafür eine relativ einfache Methode zur Berechnung des Förderstromes und der mittleren Wartezeit gibt. Bei dieser Berechnungsmethode wird vorausgesetzt, daß der Fahrkorb im Erdgeschoß mit der Zuladung

$$T = T_0 \cdot \eta$$

3.2 Planung und Bemessung

Personen bei jeder Fahrt gefüllt wird, in den als Fahrzielen ausgewählten Obergeschossen sukzessiv entleert wird und danach ohne Halt in das Erdgeschoß zurückkehrt, Bild 3-7. Dabei ist T_o die Tragfähigkeit des Fahrkorbes in Personen, wobei mit 75 kg je Person zu rechnen ist und η der Füllungsgrad, der für die Bemessung der Aufzüge meist mit $\eta = 0{,}8$ angenommen wird.

Der Grenzförderstrom, d.h. die Anzahl der Personen, die in der Zeiteinheit vom Erdgeschoß höchstens befördert werden können, ist

$$N_z = z \frac{T}{t_u} = z \frac{T_o \cdot \eta}{t_u} . \qquad (3.1)$$

Darin ist t_u die sogenannte Umlaufzeit, die für einen Förderzyklus (Beladen des Fahrkorbes im Erdgeschoß, Aufwärtsfahrt mit mehrfachem Anhalten zum Entladen des Fahrkorbes, Abwärtsfahrt des leeren Fahrkorbes zum Erdgeschoß) gebraucht wird und z ist die Anzahl der Aufzüge der Gruppe, die an dem Füllen des Gebäudes in gleicher Weise beteiligt ist.

Die Umlaufzeit t_u ist die Summe der Fahrzeit t_F und der Standzeit t_o

$$t_u = t_F + t_o . \qquad (3.2)$$

Die Fahrzeit t_F wird zweckmäßigerweise aus der Durchfahrzeit t_{DF} bei der Nenngeschwindigkeit v_N und der Anhalteverlustzeit (Beschleunigung und Verzögerung) t_{vw} je Halt zusammengesetzt. Die Durchfahrzeit t_{DF} und die Anhalteverlustzeit t_{vw} sind in Bild 3-8 bei einer Fahrt dargestellt.

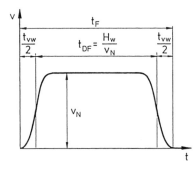

Bild 3-8 Fahrzeit für die Fahrstrecke H_w

Bei dem gesamten Förderzyklus mit der wahrscheinlichen Haltezahl x_w in den Obergeschossen und der (bei den Teilfahrten erreichten unterschiedlichen Maximalgeschwindigkeiten) wahrscheinlichen Anhalteverlustzeit t_{vw} ist die Fahrzeit

$$t_F = t_{DF} + t_{vw} (x_w + 1) .$$

Die Durchfahrzeit t_{DF} beträgt für die wahrscheinliche Umkehrhöhe H_w und die Nenngeschwindigkeit v_N

$$t_{DF} = \frac{2 H_w}{v_N} .$$

Damit ist die Fahrzeit für einen Förderzyklus

$$t_F = 2 \frac{H_w}{v_N} + t_{vw} (x_w + 1) . \qquad (3.3)$$

Die Standzeit t_o ist mit der Zeit t_p für das Ein- und Aussteigen einer Person und der Zeit t_t für das Öffnen, Offenhalten und Schließen der Tür

$$t_o = t_p \cdot T + t_t (x_w + 1) . \qquad (3.4)$$

Die wahrscheinliche Umkehrhöhe H_w ist bei konstanter Stockwerkshöhe h aller Stockwerke

$$H_w = y_w \cdot h$$

und bei ungleicher Stockwerkshöhe h_i

$$H_w = \sum_{i=1}^{y_w} h_i .$$

Die Umlaufzeit ist mit den Gleichungen (3.2) bis (3.4)

$$t_u = 2 \frac{H_w}{v_N} + (t_{vw} + t_t)(x_w + 1) + t_P \cdot T . \qquad (3.5)$$

Die Wahrscheinlichkeitsgrößen x_w, y_w und t_{vw} werden im folgenden ausführlich behandelt. Anhaltswerte für die Türzeit t_t und die Ein- und Aussteigezeit t_P für eine Person sind in Tafel 3-3 angegeben.

Tafel 3-3 Türzeit und Ein- und Aussteigezeit

Türbreite mm	Türzeit für Schiebetüren für das Öffnen,Offenhalten u. Schließen t_t		Zeit für das Ein- und Aussteigen eines Fahrgastes t_p s
	mittig öffn. Tür s	einseitig öffn. Tür s	
≤ 1000	6	7	2
≥ 1000	7	8	1,5

Entsprechend der Grundvorstellung, daß bei dem zu berechnenden Grenzzustand während der Umlaufzeit je Aufzug gerade T Fahrgäste eintreffen, ist die mittlere Wartezeit

$$t_w = \frac{t_u}{2 z} . \qquad (3.6)$$

Mit den Gleichungen (3.1), (3.5) und (3.6) kann also der Förderstrom N_z und die mittlere Wartezeit t_w berechnet werden. Die Aufzüge gelten als ausreichend bemessen, wenn der Förderstrom N_z größer und die mittlere Wartezeit t_w kleiner sind als die in Tafel 3-4 angegebenen Anforderungen.

Tafel 3-4 Anforderungen an Förderstrom und Wartezeit

Gebäudeart	Förderstrom N_z Pers./min	mittl. Wartezeit t_w s
Wohnhaus	2 % der Bewohner	30 bis 50
Bürogebäude	5 bis 6 % der Beschäftigten und Besucher	10 bis 25

Die wahrscheinliche Haltezahl oberhalb des Erdgeschosses x_w ist zuerst von Bassett Jones [3.11] abgeleitet worden. Ohne Kenntnis dieser Arbeit hat Joris Schröder [3.12, 3.13, 3.14] die Ableitung wiederholt, und er hat darüber hinaus zuerst das wahrscheinliche Umkehrstockwerk y_w abgeleitet und eine Näherung für die wahrscheinliche Anhalteverlustzeit t_{vw} angegeben.

Mertens und Neureiter [3.15] haben eine eigenständige Rekursionsmethode zur Bestimmung der Wahrscheinlichkeitsgrößen x_w und y_w dargestellt. Tregenza [3.16] und Petigny [3.17] haben wiederum, ohne die Arbeit von Joris Schröder zu kennen, das wahrscheinliche Umkehrstockwerk y_w ebenso wie Joris Schröder abgeleitet. Im folgenden wird die Ableitung der wahrscheinlichen Haltezahl x_w

und des Umkehrstockwerkes y_w vorgestellt. Die Anhalteverlustzeit t_{vw} nach Joris Schröder ist in Bild 3-9 wiedergegeben.

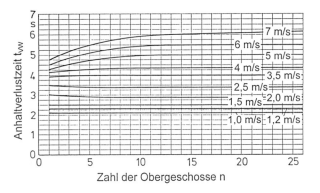

Bild 3-9 Wahrscheinliche Anhalteverlustzeit t_{vw}, J. Schröder /3.14/

Der Berechnung der Anhalteverlustzeiten von Schröder [3.13, 3.14] liegt für Aufzuggeschwindigkeiten von 2 m/s und darüber die Beschleunigung $a = 1,4$ m/s² und die Beschleunigungsänderung $\dot{a} = 1,0$ m/s³ zugrunde. Bei kleineren Geschwindigkeiten wird die Beschleunigung von 1,4 m/s² nicht erreicht. Die so errechneten Anhalteverlustzeiten sind sehr knapp und werden nur bei Vermeidung aller Zusatzverlustzeiten zum Beispiel der Türumsteuerung usw. erreicht. In der Anleitung für die Planung von Aufzuganlagen (An Auf 77) [3.19] sind deshalb die entsprechenden Zeiten um 20 bis 25 % größer angesetzt.

Wahrscheinliche Haltezahl

Die Ableitung wird unter folgenden Voraussetzungen durchgeführt:
1. Jedes Stockwerk ist das Ziel gleich vieler Fahrgäste.
2. Unabhängig davon, wieviel Personen in einer Etage schon ausgestiegen sind, besteht für jeden Fahrgast bei einer weiteren Fahrt die gleiche Wahrscheinlichkeit $1/n$, jedes der n Stockwerke als Ziel zu wählen (unbeschränkt wiederholbare Zahl von 1 bis n).

Die Wahrscheinlichkeit, daß ein Fahrgast j (von 1 bis T) den Fahrkorb bei einer bestimmten Haltestelle i (von 1 bis n) verläßt, ist

$$w_{ij} = \frac{1}{n} . \tag{3.7}$$

Also ist die Wahrscheinlichkeit, daß ein Fahrgast j den Fahrkorb bei einer bestimmten Haltestelle i nicht verläßt

$$w_{ij}' = 1 - \frac{1}{n} = \frac{n-1}{n} . \tag{3.8}$$

Da alle Fahrgäste voneinander unabhängig sind, gilt das Produktgesetz der Wahrscheinlichkeit dafür, daß keiner der Fahrgäste T den Fahrkorb an einer bestimmten Haltestelle i verläßt

$$w_i' = \left(\frac{n-1}{n}\right)^T . \tag{3.9}$$

Daher ist die Wahrscheinlichkeit, daß der Fahrkorb an einer bestimmten Haltestelle i hält

$$w_i = 1 - \left(\frac{n-1}{n}\right)^T .$$

Daraus folgt bei Betrachtung aller möglichen Zielhaltestellen n die wahrscheinliche mittlere Haltezahl x_w

$$x_w = n\, w_i$$

$$x_w = n \cdot \left[1 - \left(\frac{n-1}{n}\right)^T\right] . \tag{3.10}$$

Entgegen [3.12] gilt die Gleichung zur Bestimmung der wahrscheinlichen Haltezahl nicht nur, wenn $n \leq T$. In [3.14] wird ohne Erläuterung statt n in der Gleichung zur Bestimmung der wahrscheinlichen Haltezahl y_w eingesetzt. Diese Änderung gegenüber [3.12] ist falsch, wie die Ableitung zeigt.

Bei ungleicher Belegung der Stockwerke ist nach [3.18] die wahrscheinliche Haltezahl

$$x_w = n\left[1 - \frac{1}{n}\sum_{i=1}^n \left(1 - \frac{U_i}{U}\right)^T\right] \tag{3.11}$$

mit U = Gesamtzahl der Bewohner eines Gebäudes
U_i = Bewohner des Stockwerkes i.

Wahrscheinliches Umkehrstockwerk

Unter den gleichen Voraussetzungen wie für die wahrscheinliche mittlere Haltezahl gilt Gl.(3.9), die besagt, daß die Wahrscheinlichkeit, daß keiner der T Fahrgäste an einem bestimmten Stockwerk i den Fahrkorb verläßt, lautet

$$w_i' = \left(1 - \frac{1}{n}\right)^T .$$

Die Wahrscheinlichkeit, daß der Fahrkorb im Mittel nicht über das Umkehrstockwerk hinausfährt, ist gleichbedeutend mit der Wahrscheinlichkeit, daß niemand den Fahrkorb verläßt, bei dem Stockwerk $n, n-1, n-2,\ldots, i+1$, d.h.

$$w_i = \left(1 - \frac{1}{n}\right)^T \cdot \left(1 - \frac{1}{n-1}\right)^T \cdot \left(1 - \frac{1}{n-2}\right)^T \cdots \left(1 - \frac{1}{i+1}\right)^T$$

vereinfacht gilt

$$w_i = \left(\frac{n-1}{n}\right)^T \cdot \left(\frac{n-2}{n-1}\right)^T \cdot \left(\frac{n-3}{n-2}\right)^T \cdots \left(\frac{i}{i+1}\right)^T .$$

Nach dem Kürzen bleibt der relativ einfache Ausdruck

$$w_i = \left(\frac{i}{n}\right)^T . \tag{3.12}$$

Damit ist es möglich zu schreiben: Die Wahrscheinlichkeit w, daß i das höchste erreichte Stockwerk ist, ist gleich der Wahrscheinlichkeit, daß der Aufzug nicht höher als zum Stockwerk i fährt abzüglich der Wahrscheinlichkeit, daß der Aufzug nicht höher als zum Stockwerk $i-1$ fährt

$$w = \left(\frac{i}{n}\right)^T - \left(\frac{i-1}{n}\right)^T .$$

3.2 Planung und Bemessung

Damit ist das wahrscheinliche Umkehrstockwerk nach Bild 3-10

$$y_w = \sum_{i=1}^{n} i \cdot w$$

$$y_w = \sum_{i=1}^{n} i \left[\left(\frac{i}{n}\right)^T - \left(\frac{i-1}{n}\right)^T \right]$$

oder ausgedehnt geschrieben

$$y_w = 1\left(\frac{1}{n}\right)^T - 0 + 2\left(\frac{2}{n}\right)^T - 2\left(\frac{1}{n}\right)^T + 3\left(\frac{3}{n}\right)^T -$$

$$- 3\left(\frac{2}{n}\right)^T \cdots n\left(\frac{n}{n}\right)^T - n\left(\frac{n-1}{n}\right)^T$$

oder

$$y_w = -\left(\frac{1}{n}\right)^T - \left(\frac{2}{n}\right)^T - \left(\frac{3}{n}\right)^T \cdots + n .$$

Zusammengefaßt ergibt sich daraus das wahrscheinliche Umkehrstockwerk

$$y_w = n - \sum_{i=1}^{n-1} \left(\frac{i}{n}\right)^T . \qquad (3.13)$$

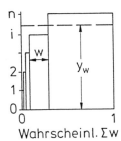

Bild 3-10 Wahrscheinliches Umkehrstockwerk als Mittel der wahrscheinlichen Obergeschosse

Für den Sonderfall der ungleichen Stockwerksbelegung ist das wahrscheinliche Umkehrstockwerk zu ermitteln nach [3.18] S. 29 aus:

$$y_w = n - \sum_{j=1}^{n-1} \left(\sum_{i=1}^{j} \frac{U_i}{U} \right)^T . \qquad (3.14)$$

Die Wahrscheinlichkeitsgrößen x_w und y_w sind für einige Obergeschoßzahlen n und Fahrkorbbeladungen in Personen T in den Tafeln 3-5 und 3-6 eingetragen.
Der errechnete Förderstrom und die mittlere Wartezeit oder die Umlaufzeit sind Grenzwerte. Sie stellen sich ein, wenn entsprechend den Vorraussetzungen beim Füllen des Gebäudes während des Fahrkorbumlaufes gerade soviel Fahrgäste im Erdgeschoß eintreffen, wie der Fahrkorb fassen kann. Die Umlaufzeit hängt aber im Regelfall nicht von dem Fassungsvermögen des Fahrkorbes, sondern von der Zahl der im Erdgeschoß ankommenden Fahrgäste in der Zeiteinheit (Ankunftstrom) ab. Der errechnete Förderstrom ist der maximal verkraftbare Ankunftstrom. Die Umlaufzeit als Funktion des Förderstroms oder des Ankunftstroms kann durch Veränderung der Fahrkorbnutzlast mit der vorgestellten Methode berrechnet werden. In Bild 3-11 ist als Ergebnis einer solchen Berechnung die Umlaufzeit für einen Aufzug mit verschiedenen Geschwindigkeiten dargestellt. An diesem Beispiel kann exemplarisch die Wirkung der Aufzuggeschwindigkeit abgelesen werden. Die Vergrößerung der Geschwindigkeit vergrößert den maximal möglichen Förderstrom, der durch das Ende der Linien gekennzeichnet ist, nur wenig. Sie vermindert aber die Umlaufzeit und damit die mittlere Wartezeit umso mehr, je kleiner der Ankunftstrom der Fahrgäste ist.

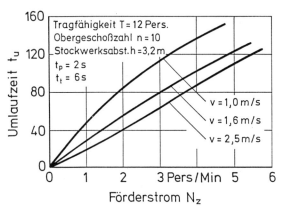

Bild 3-11 Umlaufzeit beim Füllen des Gebäudes

Die größere Nenngeschwindigkeit bietet also besonders bei schwachem Verkehr Vorteile. Kaakinen [3.20] weist darauf hin, daß es wegen der mit der Geschwindigkeit steigenden Kosten für jeden Aufzug eine optimale Geschwindigkeit gibt, die im wesentlichen von der Gebäudehöhe abhängt. Ähnliches gilt auch für die Tragfähigkeit des Aufzuges, die wegen der Kosten begrenzt werden muß, für die es aber für Spitzenbelastungen und zur Lastenbeförderung vorteilhaft ist, wenn sie größer gewählt wird als für das Förderaufkommen erforderlich.

Die mittlere Fahrzeit des Fahrgastes beim Grenzförderstrom kann auf der Grundlage der vorgestellten Berechnungsmethode abgeleitet werden. Die kleinste wahrscheinliche Fahrstrecke für einen Fahrgast ist gemessen in Stockwerken

$$y_{min} = \frac{y_w}{x_w} .$$

Zusammen mit der größten wahrscheinlichen Fahrstrecke y_w ergibt sich die mittlere wahrscheinliche Fahrstrecke zu

$$y_m = \frac{1}{2}\left(\frac{y_w}{x_w} + y_w\right) .$$

Die mittlere wahrscheinliche Haltezahl während der Fahrt eines Fahrgastes ist

$$x_m = \frac{x_w + 1}{2} .$$

Damit ergibt sich die mittlere Grenzfahrzeit für den Fahrgast beim Füllverkehr

$$t_{FPz} = \frac{y_m \cdot h}{v_N} + t_{vw} \cdot x_m + t_p \frac{T}{2} + t_t \cdot x_m . \qquad (3.15)$$

Mit der vorgestellten Methode wird der Förderstrom und die mittlere Fahrzeit bei normalen Umständen berechnet. Die entsprechende Berechnung für einfache Sonderfälle ist in [3.21] dargestellt.

Tafel 3-5 Wahrscheinliche Haltezahl x_w

		\multicolumn{14}{c	}{Zuladung in Personen T}
		1	2	3	4	5	6	7	8	9	10	11	12	15	20
Zahl der Obergeschosse n	1	1,00	1,00	1,00	1,00	1,00	1,00	1,00	1,00	1,00	1,00	1,00	1,00	1,00	1,00
	2	1,00	1,50	1,75	1,88	1,94	1,97	1,98	1,99	2,00	2,00	2,00	2,00	2,00	2,00
	3	1,00	1,67	2,11	2,41	2,60	2,74	2,82	2,88	2,92	2,95	2,97	2,98	2,99	3,00
	4	1,00	1,75	2,31	2,73	3,05	3,29	3,47	3,60	3,70	3,77	3,83	3,87	3,95	3,99
	5	1,00	1,80	2,44	2,95	3,36	3,69	3,95	4,16	4,33	4,46	4,57	4,66	4,82	4,94
	6	1,00	1,83	2,53	3,11	3,59	3,99	4,33	4,60	4,84	5,03	5,19	5,33	5,61	5,84
	7	1,00	1,86	2,59	3,22	3,76	4,22	4,62	4,96	5,25	5,50	5,72	5,90	6,31	6,68
	8	1,00	1,88	2,64	3,31	3,90	4,41	4,86	5,25	5,59	5,90	6,16	6,39	6,92	7,45
	9	1,00	1,89	2,68	3,38	4,01	4,56	5,05	5,49	5,88	6,23	6,54	6,81	7,46	8,15
	10	1,00	1,90	2,71	3,44	4,10	4,69	5,22	5,70	6,13	6,51	6,86	7,18	6,94	8,78
	11	1,00	1,91	2,74	3,49	4,17	4,79	5,36	5,87	6,33	6,76	7,14	7,50	8,57	9,36
	12	1,00	1,92	2,76	3,53	4,23	4,88	5,47	6,02	6,52	6,97	7,39	7,78	8,75	9,89
	15	1,00	1,93	2,80	3,62	4,38	5,08	5,75	6,36	6,94	7,48	7,98	8,45	9,67	11,23
	20	1,00	1,95	2,85	3,71	4,52	5,30	6,03	6,73	7,40	8,03	8,62	9,19	10,73	12,83

Tafel 3-6 Wahrscheinliches Umkehrstockwerk y_w

		\multicolumn{14}{c	}{Zuladung in Personen T}
		1	2	3	4	5	6	7	8	9	10	11	12	15	20
Zahl der Obergeschoss n	1	1,00	1,00	1,00	1,00	1,00	1,00	1,00	1,00	1,00	1,00	1,00	1,00	1,00	1,00
	2	1,50	1,75	1,88	1,94	1,97	1,99	2,00	2,00	2,00	2,00	2,00	2,00	2,00	2,00
	3	2,00	2,44	2,67	2,79	2,86	2,91	2,94	2,96	2,97	2,98	2,99	2,,99	3,00	3,00
	4	2,50	3,13	3,44	3,62	3,73	3,81	3,86	3,90	3,92	3,94	3,96	3,97	3,99	4,00
	5	3,00	3,80	4,20	4,43	4,58	4,69	4,76	4,81	4,86	4,89	4,91	4,93	4,96	4,99
	6	3,50	4,47	4,96	5,24	5,43	5,56	5,65	5,72	5,78	5,82	5,85	5,88	5,93	5,97
	7	4,00	5,14	5,71	6,05	6,27	6,43	6,54	6,63	6,69	6,75	6,79	6,82	6,89	6,95
	8	4,50	5,81	6,47	6,86	7,11	7,29	7,43	7,53	7,61	7,67	7,72	7,76	7,85	7,93
	9	5,00	6,48	7,22	7,66	7,95	8,16	8,31	8,43	8,52	8,59	8,65	8,70	8,80	8,90
	10	5,50	7,15	7,98	8,47	8,79	9,02	9,19	9,32	9,43	9,51	9,58	9,63	9,75	9,87
	11	6,00	7,82	8,73	9,27	9,63	9,88	10,07	10,22	10,33	10,42	10,50	10,56	10,70	10,83
	12	6,50	8,49	9,48	10,07	10,47	10,74	10,95	11,11	11,24	11,34	11,42	11,49	11,65	11,79
	15	8,00	10,49	11,73	12,48	12,97	13,32	13,59	13,79	13,95	14,08	14,19	14,28	14,48	14,68
	20	10,50	13,83	15,49	16,48	17,15	17,62	17,97	18,24	18,46	18,64	18,79	18,91	19,19	19,47

3.3 Mechanische Ausrüstung

3.3.1 Tragmittel

Für Aufzüge werden als Tragmittel vor allem Drahtseile und Hydraulikstempel – in den Vorschriften als Heber bezeichnet – eingesetzt, auf die im folgenden näher eingegangen wird. Daneben werden Ketten und für Bauaufzüge Zahnstangen verwendet. Die für Aufzüge zugelassenen Spindeln sind allenfalls bei Aufzügen mit sehr kleiner Geschwindigkeit zu finden.

Drahtseile

Von den in Band 1 [3.27] der Buchreihe aufgeführten Drahtseilen werden vor allem Warrington- und Sealeseile in Kreuzschlag mit 6 oder 8 Litzen, meist mit Fasereinlagen, verwendet. Seile mit Stahleinlagen werden nach Molkow [3.21] vor allem wegen ihrer kleineren elastischen und bleibenden Dehnung eingesetzt. Wegen der notwendigen Erkennbarkeit der Seilablegereife dürfen Gleichschlagseile nach Auffassung des Deutschen Aufzugausschusses [3.22] nur verwendet werden:

– für Treibscheiben mit Keilrillen beziehungsweise Sitzrillen mit einem Unterschnitt von mindestens 90° oder
– bei regelmäßiger magnetinduktiver Prüfung der Seile oder
– wenn für die verwendeten Seile durch Versuche nachgewiesen ist, daß sie ihre Ablegereife durch äußerlich sichtbare Drahtbrüche sicher erkennen lassen.

Von den für Aufzüge zugelassenen Seilendverbindungen werden vor allem Seilschlösser und Aluminium-Preßverbindungen verwendet. Seilvergüsse werden nur noch selten eingesetzt, weil die Herstellung der Vergüsse teuer und wegen der Ungeübtheit der Aufzugmonteure nicht sicher gewährleistet ist. Die Seilklemmen (Schraubklemmen) halten nur zuverlässig, wenn die gut geschmierten Schrauben mit dem erforderlichen Drehmoment angezogen und wiederholt nachgezogen werden. In Deutschland werden sie deshalb in Aufzügen nicht als Seilendverbindung verwendet, obwohl sie nach DIN EN 81 zugelassen sind.

Die Seilsicherheit (Sicherheitsfaktor) als Verhältnis der Seilmindestbruchkraft F_{min} zu der Seilzugkraft aus dem in der untersten Haltestelle stehenden mit der Nennlast beladenen Fahrkorb muß nach DIN EN 81 mindestens $v = 12$ betragen. Das entspricht etwa der nach TRA 200 geforderten Seilsicherheit $v = 14$ gegenüber der rechnerischen Seilbruchkraft F_r.

Bei Treibscheibenaufzügen sind bei dieser Seilsicherheit mindestens drei und bei Trommel- und Hydraulikaufzügen mindestens zwei parallel tragende Seile zu verwenden. Die Seile müssen mindestens an einem Ende über einen selbsttätigen Belastungsausgleich verfügen. Werden dazu Federn verwendet, müssen sie auf Druck beansprucht sein, wie im Bild 3-12 dargestellt.

An der Einfederung der gleichlangen Druckfedern kann die Belastung der einzelnen Seile abgelesen werden. Aus vielerlei Gründen bleibt die ursprünglich etwa gleiche Belastung der Seile nicht erhalten. Janovsky [3.23], Holeschak [3.24] und Aberkrom [3.25] haben bei Messungen an Treibscheibenaufzügen übereinstimmend festgestellt, daß im Mittel eines der Seile etwa um 25 % stärker belastet ist, als es bei gleichmäßiger Belastung der Fall wäre.

Durch die parallele Anordnung der Seile wird die Absturzsicherheit des Fahrkorbes verbessert. Bei zwei Seilen ist sie sehr stark von der Art der Seilaufhängung (Belastungsausgleich) abhängig. In Bild 3-13 ist für verschiedene Aufhängungen die Wahrscheinlichkeit aufgezeigt, daß beim Ermüdungsbruch von einem der beiden Seile das andere ebenfalls bricht [3.26]. Bei Fassadenaufzügen (ohne Fangvorrichtung) muß nach TRA 900 zur Verminderung der Absturzwahrscheinlichkeit das Verhältnis der Hebelarme einer Wippe und damit das Seilzugkraftverhältnis mindestens 1,15 betragen. Zusätzlich wird gefordert, daß unter Berücksichtigung des Umlagerungsstoßes die Sicherheit des verbleibenden Seiles gegenüber der rechnerischen Bruchkraft mindestens $F_r/S_u \geq 3$ sein muß.

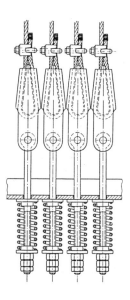

Bild 3-12 Federnde Seilaufhängung

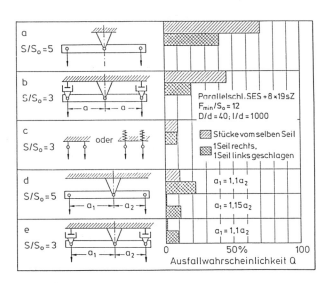

Bild 3-13 Wahrscheinlichkeit Q, daß beim Ermüdungsbruch eines Seiles das andere ebenfalls bricht

Durch die parallele Anordnung von mindestens drei Seilen – die über Federn entsprechend Bild 3-12 aufgehängt sind – ist die Wahrscheinlichkeit, daß bei dem Ermüdungsbruch von einem Seil ein weiteres bricht, kleiner als 6,6 % [3.6]. Da die Ausfallrate für den Ermüdungsbruch – ohne daß die

Ablegereife des Seiles vorher entdeckt worden wäre – etwa $\lambda = 10^{-6}$ pro Aufzug-Jahr beträgt, ist der Bruch aller Seile eines Aufzuges aus Ermüdung damit sehr unwahrscheinlich und auch nicht beobachtet worden.

Mit der nach DIN EN 81 beziehungsweise TRA 200 zulässigen Grenze für die Sicherheit v, das Durchmesserverhältnis D/d und die spezifische Pressung p ist die Sicherheit gegen Absturz gewährleistet, weil sich die Seilablegereife bei den regelmäßigen Inspektionen zuverlässig durch äußerlich sichtbare Drahtbrüche zeigt. Die erwartete Seillebensdauer wird aber mit diesen Grenzgrößen nicht in jedem Fall erreicht. Wenn der Aufzug häufig benutzt wird, oder wenn die Seile über mehrere Seilscheiben laufen und durch Gegenbiegung belastet sind, ist eine Bemessung der Seile und Scheiben aufgrund einer Seillebensdauerberechnung erforderlich.

Die in Band 1 [3.27] dargestellte Berechnungsmethode nach TGL 34 022/03 ist nicht zur Berechnung der Seillebensdauer geeignet. Mit ihrer Orientierung an einer Maximalspannung nach Gleichung (2.20) Bd 1 [3.27] der Buchreihe widerspricht sie den Erkenntnissen der Betriebsfestigkeitslehre. Die Seillebensdauer kann aber mit der ebenfalls in Band 1 [3.27] aufgeführten Methode des Verfassers [3.28] berechnet werden. Die in dieser Methode enthaltene Bestimmung der maximal zulässigen Seilzugkraft (Donandtkraft, Grenzkraft) ist bei Aufzugseilen nicht erforderlich, da die Seilzugkraft durch die Vorschriften viel stärker beschränkt ist.

Bei der Berechnung der Seillebensdauer nach [3.28] in Aufzügen wird die in meist unbekannter Weise schwellende Seilzugkraft aus der unterschiedlichen Belastung des Fahrkorbes durch die Annahme einer relativ hohen ständigen Beladung mit 3/4 der Nutzlast ersetzt. Deshalb bleiben als Beanspruchungselemente der Seile nur die Einfachbiegung (gerade-krumm-gerade oder krumm-gerade-krumm) und die Gegenbiegung (krumm-gerade-entgegengesetzt krumm). Tafel 3-7 zeigt die Beanspruchungselemente und Bild 3-14 zeigt die Grenzen für die Einfach- und Gegenbiegung nach DIN 15 020 bei nicht parallelen Scheibenachsen.

Tafel 3-7 Einfach- und Gegenbiegung

Benennung	Symbole	
Einfachbiegung	⌒	⌣
Gegenbiegung	⌒⌣	⌣⌒

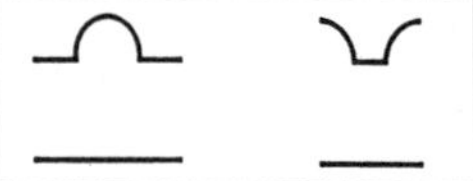

In Bild 3-15 ist als Beispiel die Biegefolge und deren Aufteilung in Einfach- und Gegenbiegungen bei einer Fahrt für einen Aufzug mit 2:1 Aufhängung und oben neben dem Schacht stehenden Antrieb dargestellt. Bei der Biegefolge ist die Umlenkscheibe auf dem Fahrkorb nicht berücksichtigt, da der Aufzug vor allem im unteren Bereich verkehrt und nur das Seilstück mit der größten Belastung zu betrachten ist, das nicht über diese Scheibe läuft. Die Treibscheibe ist durch zwei konzentrische Kreise hervorgehoben. Die Biegezahlen w_i je Aufzugfahrt sind gekennzeichnet durch die Art der Biegung (Einfachbiegung ⌒ oder Gegenbiegung ⌒⌣) und bei Biegung über eine Treibscheibe durch T oder bei Gegenbiegung über eine Treibscheibe und eine Scheibe durch TS. Die die Zugkraft verursachende Gewichtskraft ist in Klammer aufgeführt.

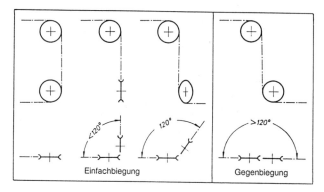

Bild 3-14 Grenzen von Einfach- und Gegenbiegung nach DIN 15 020

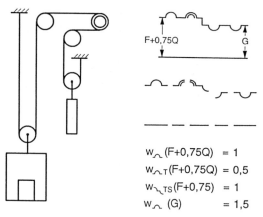

$w_⌒ (F+0,75Q) = 1$
$w_{⌒T}(F+0,75Q) = 0,5$
$w_{⌒TS}(F+0,75) = 1$
$w_⌒ (G) = 1,5$

Bild 3-15 Biegewechsel bei der Fahrt eines Aufzuges, Aufhängung 2 : 1, Triebwerk oben neben

Berechnung der Seillebensdauer

Zur Berechnung der Seillebensdauer ist die Seilzugkraft so wirklichkeitsnah wie möglich einzusetzen. Mit den Seilkraftfaktoren f_S aus Tafel 3-8 können die Seilzugkräfte gut geschätzt werden. Mit n_T für die Anzahl der tragenden Seile ist die Seilzugkraft für die Treibscheibe und die Seilscheiben auf der Fahrkorbseite

Tafel 3-8 Seilkraftfaktoren f_S

- Reibung der Lastführung
sofern nicht bei stark außermittiger Seilaufhängung größere Seilkraftfaktoren erforderlich sind
Rollenführung $\quad f_{S1} = 1,05$
Gleitführung $\quad f_{S1} = 1,10$

- Seilwirkungsgrad $\quad f_{S2} = 1/\eta$
Berechnung von η nach den gängigen Regeln, z.B. Anhang DIN 15 020.

- Parallele Seile
auf getrennten Seilrollen mit Wippe $\quad f_{S3} = 1,0$
(Ausgleichsrolle)
auf getrennten Seilrollen ohne Wippe $\quad f_{S3} = 1,1$
auf gemeinsamer Seilrolle, zwei Seile, ohne W. $\quad f_{S3} = 1,15$
auf gemeinsamer Seilrolle,
  mehrere Seile [3.23 - 3.25] $\quad f_{S3} = 1,25$

- Beschleunigung
Der Anteil der bei dem Anfahren von dem höchstbeanspruchten Seilstück ertragenen Biegewechsel ist mit der um den Faktor f_{S4} erhöhten Seilzugkraft zu berechnen:
Lastgeschwindigkeit in m/s
$v \leq 0,3 \quad\quad f_{S4} = 1,05$
$0,3 < v \leq 0,8 \quad\quad f_{S4} = 1,10$
$0,8 < v \leq 1,6 \quad\quad f_{S4} = 1,15$
$v > 1,6 \quad\quad f_{S4} = 1,20$

3.3 Mechanische Ausrüstung

$$S_F = \frac{F + 0{,}75Q}{n_T} f_{S1} \cdot f_{S2} \cdot f_{S3} \cdot f_{S4} \qquad (3.16)$$

und für die Seilscheiben auf der Gegengewichtsseite

$$S_G = \frac{G}{n_T} f_{S1} \cdot f_{S2} \cdot f_{S3} \cdot f_{S4} \,. \qquad (3.17)$$

Mit diesen Kräften kann die Biegewechselzahl des Seiles beim Lauf über eine Seilscheibe errechnet werden. Dabei ist es zweckmäßig, die Biegewechselzahl N_{A10} zu errechnen, die höchstens von 10% der Seile nicht erreicht wird. Für diese Biegewechselzahl sind in Tafel 3-9 die Konstanten b_i aufgetragen. Damit ist die Biegewechselzahl N_{A10} bei Einfachbiegung

$$\lg N_{A10} \curvearrowright = b_0 + \left(b_1 + b_4 \lg\frac{D}{d}\right)\left(\lg\frac{S d_o^2}{d^2 S_0} - 0{,}4\lg\frac{R_o}{1770}\right) +$$
$$+ b_2 \lg\frac{D}{d} + b_3 \lg\frac{d}{d_o} + \frac{1}{b_5 + \lg\frac{l}{d}} \qquad (3.18)$$

mit

Drahtnennfestigkeit	R_o in N/mm²	
Seilzugkraft	S in N	$S_o = 1$ N
Seilnenndurchmesser	d in mm	$d_o = 1$ mm
Seilscheibendurchmesser	D in mm	
Seilbiegelänge	l in mm	$l > 15\,d$

Die angeführten Größen sind meist recht gut bekannt. Als Biegelänge – deren Einfluß auf die Biegewechselzahl relativ klein ist – kann bei normalen Aufzügen die Seillänge eingesetzt werden, die bei einer Fahrt über zwei Stockwerke über die Seilscheiben laufen.
Die so errechneten Biegewechselzahlen sind entsprechend den Umständen mit den Biegewechselfaktoren f_N aus Tafel 3-10 zu korrigieren

$$N_{A10}\curvearrowright_{\text{korr}} = N_{A10}\curvearrowright \, f_{N1}\, f_{N2}\, f_{N3}\, f_{N4}. \qquad (3.19)$$

Tafel 3-9 Konstanten zur Berechnung der Biegewechselzahl N_{A10} von Kreuzschlagseilen

Seile		b_0	b_1	b_2	b_3	b_4	b_5
Warringtonseile	FE+8x19	-2,792					
Fillerseile	FE+8x19	-2,792	1,887	8,567	-0,32	-2,894	1,9
Sealeseile	FE+8x19	-2,927					
Warringtonseile	SES+8x19	-2,401					
Fillerseile,	SES+8x19	-2,401	1,558	8,056	-0,32	-2,577	1,9
Sealeseile	SES+8x19	-2,534					

In praktisch allen Fällen sind Aufzugseile gut geschmiert. Deshalb ist regelmäßig $f_{N1} = 1$. Der Faktor f_{N2} berücksichtigt den Einfluß der verwendeten Seilkonstruktion. Neben den Faktoren f_{N3} für Rundrillen sind Faktoren f_{N3} für Formrillen von Holeschak [3.24] aus der Seillebensdauer von ausgeführten Aufzügen ermittelt worden und zwar für Warringtonseile mit Fasereinlage. Sie gelten aber näherungsweise auch für andere Seile. Die in Wirklichkeit auftretende schwellende Zugbelastung und die schwellende Ovalisierungsbeanspruchung durch den aufeinanderfolgenden Lauf des Seiles über die Formrille der Treibscheibe und die Rundrille der Ableitscheibe ist durch den Biegewechselfaktor f_{N3} in Tafel 3-10 berücksichtigt. Die Faktoren sind vor allem aus diesem Grund deutlich kleiner als die von Woernle [3.35] bei Biegeversuchen ermittelten.

Falls bei der Gegenbiegung die beiden beteiligten Scheiben verschiedene Durchmesser haben, ist für die Berechnung der Seillebensdauer der Ersatzdurchmesser

$$D_m = \frac{2\,D_1 \cdot D_2}{D_1 + D_2}\,. \qquad (3.20)$$

und bei Scheiben mit unterschiedlichen Rillen ist der Ersatzrillenfaktor

$$f_{N3} = \sqrt{f_{N3,1} \cdot f_{N3,2}}\,. \qquad (3.21)$$

Die Gegenbiegung ist durch den aus DIN 15 020 übernommenen Faktor 0,5 nach neueren Untersuchungen [3.36] nicht hinreichend berücksichtigt. Statt dessen ist die Gegenbiegewechselzahl aus der Einfachbiegewechselzahl N_{A10} zu berechnen

$$N_{A10}\curvearrowleft_{\text{korr}} = 2{,}67\, N_{A10}^{0{,}671}\curvearrowright_{\text{korr}} \left(\frac{D}{d}\right)^{0{,}499}. \qquad (3.22)$$

Bei ausreichend großem Abstand zwischen den beiden Scheiben dreht sich allerdings das Seil oft derart um seine Achse, daß es der Gegenbiegung entgeht. Beck und Briem [3.37] haben eine solche Verdrehung schon bei einem Abstand der Scheiben von $a = 165\,d$ beobachtet.
Die ertragbare Fahrtenzahl Z_{A10} bis zur Seilablegereife, die in höchstens 10% der Fälle nicht erreicht wird, ist nach der Palmgren-Miner-Regel [3.38, 3.39] mit den Biegewechselzahlen N_i nach Gleichung (3.19) bzw. (3.22) und der Biegezahl w_i mit den Belastungen i je Fahrt, Bild 3-15

$$Z_{A10} = \frac{f_z}{f_{EG} \sum\limits_{i=1}^{m} \frac{w_i}{N_i}}\,. \qquad (3.23)$$

Der Faktor f_{EG} zeigt den Anteil der Fahrt von oder zum Erdgeschoß. In Bild 3-16 ist ein mittlerer Faktor f_{EG} aufgetragen, der von Holeschak [3.24] durch Messungen an Aufzügen ermittelt wurde. Der Faktor f_z ist geschätzt für die oft vorkommende vorzeitige Ablage des Seiles.
In Tafel 3-11 ist als Beispiel die Fahrtenzahl Z_{A10} eines Wohnhausaufzuges bis zur Ablegereife von höchstens 10% der Seile berechnet. Daran ist zu erkennen, daß die Treibscheibe mit unterschnittenen Sitzrillen die Seillebensdauer im wesentlichen bestimmt.

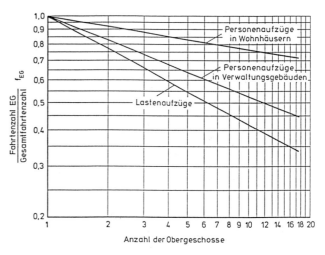

Bild 3-16 Verhältnis der Fahrtenzahl von und zum Erdgeschoß zur Gesamtfahrtenzahl in Aufzügen. Holeschak [3.24]

Tafel 3-10 Biegewechselfaktoren f_N

Seilschmierung			
- Seile gut geschmiert		$f_{N1} = 1,0$	
- Seile ohne Schmierung Müller /3.29/		$f_{N1} = 0,20$	

Seilkonstruktion	Einlage	8 Litzen	6 Litzen
- gegenüber 8litzigen Seilen gleicher Litzenkonstruktion mit FE	FE	$f_{N2} = 1,0$	$f_{N2} = 0,94$
- gegenüber 8litzigen Seilen gleicher Litzenkonstruktion mit SES	SES	$f_{N2} = 1,0$	$f_{N2} = 0,81$
	SESP	$f_{N2} = 1,86$	$f_{N2} = 1,51$
	SESUG	$f_{N2} = 2,05$	$f_{N2} = 1,66$
	SESUF	$f_{N2} = 1,06$	$f_{N2} = 0,86$

Rundrillen /3.30, 3.31, 3.32, 3.33/		
Rillenradius	r/d = 0,53	$f_{N3} = 1,0$
	0,55	$f_{N3} = 0,79$
	0,60	$f_{N3} = 0,66$
	0,70	$f_{N3} = 0,54$
	0,80	$f_{N3} = 0,51$
	1,00	$f_{N3} = 0,48$

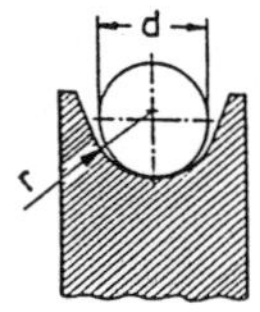

Unterschnittene Sitzrillen /3.24/		
α =	75°	$f_{N3} = 0,40$
	80°	$f_{N3} = 0,33$
	85°	$f_{N3} = 0,26$
	90°	$f_{N3} = 0,20$
	95°	$f_{N3} = 0,15$
	100°	$f_{N3} = 0,10$
	105°	$f_{N3} = 0,066$

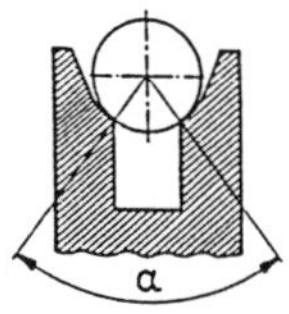

Keilrillen /3.24/		
γ =	35°	$f_{N3} = 0,054$
	36°	$f_{N3} = 0,066$
	38°	$f_{N3} = 0,095$
	40°	$f_{N3} = 0,14$
	42°	$f_{N3} = 0,18$
	45°	$f_{N3} = 0,25$

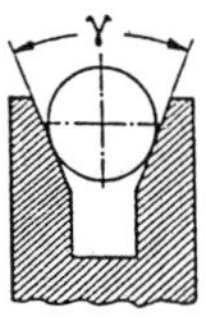

Schrägzug (gilt nur für N_A) /3.34/		
Ablenkwinkel ϑ =	0°	$f_{N4} = 1,0$
	1°	$f_{N4} = 0,90$
	2°	$f_{N4} = 0,75$
	3°	$f_{N4} = 0,70$
	4°	$f_{N4} = 0,67$

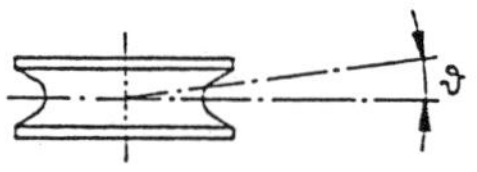

Fasereinlage FE
Stahlseileinlage SES
Stahleinlage parallel SESP
Stahleinlage umspritzt SESUG
Stahleinlage umwickelt SESUF

3.3 Mechanische Ausrüstung

Tafel 3-11 Berechnung der Seillebensdauer, ertragbare Fahrtenzahl
Beispiel Wohnhausaufzug, 6 Obergeschosse, $v = 1,6$ m/s

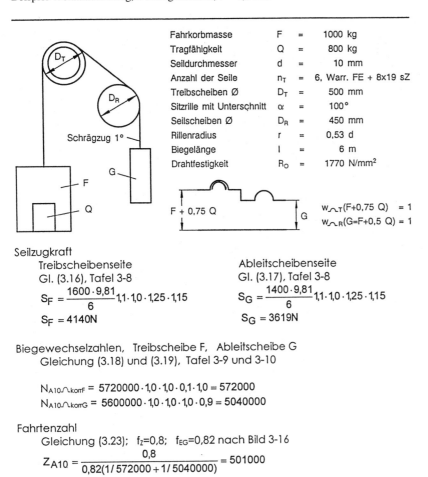

Fahrkorbmasse	F	=	1000 kg
Tragfähigkeit	Q	=	800 kg
Seildurchmesser	d	=	10 mm
Anzahl der Seile	n_T	=	6, Warr. FE + 8x19 sZ
Treibscheiben Ø	D_T	=	500 mm
Sitzrille mit Unterschnitt	α	=	100°
Seilscheiben Ø	D_R	=	450 mm
Rillenradius	r	=	0,53 d
Biegelänge	l	=	6 m
Drahtfestigkeit	R_0	=	1770 N/mm²

$w_{\frown T}(F+0,75\,Q) = 1$
$w_{\frown R}(G=F+0,5\,Q) = 1$

Seilzugkraft

Treibscheibenseite
Gl. (3.16), Tafel 3-8

$$S_F = \frac{1600 \cdot 9{,}81}{6} \cdot 1{,}1 \cdot 1{,}0 \cdot 1{,}25 \cdot 1{,}15$$

$S_F = 4140$ N

Ableitscheibenseite
Gl. (3.17), Tafel 3-8

$$S_G = \frac{1400 \cdot 9{,}81}{6} \cdot 1{,}1 \cdot 1{,}0 \cdot 1{,}25 \cdot 1{,}15$$

$S_G = 3619$ N

Biegewechselzahlen, Treibscheibe F, Ableitscheibe G
Gleichung (3.18) und (3.19), Tafel 3-9 und 3-10

$N_{A10\frown korrF} = 5720000 \cdot 1{,}0 \cdot 1{,}0 \cdot 0{,}1 \cdot 1{,}0 = 572000$
$N_{A10\frown korrG} = 5600000 \cdot 1{,}0 \cdot 1{,}0 \cdot 1{,}0 \cdot 0{,}9 = 5040000$

Fahrtenzahl
Gleichung (3.23); $f_Z = 0{,}8$; $f_{EG} = 0{,}82$ nach Bild 3-16

$$Z_{A10} = \frac{0{,}8}{0{,}82(1/572000 + 1/5040000)} = 501000$$

Hydraulikheber

DIN EN 81, Teil 2 folgend, wird die Einheit von Kolben und Zylinder als Hydraulikheber oder kurz Heber bezeichnet. Wie schon in 3.1.2 dargestellt, werden in Aufzügen Druck- und Zugkolben eingesetzt. Die Zugkolben haben den Vorteil, daß sie nicht auf Knickung beansprucht sind. In vielen Fällen können sie deshalb mit kleineren Querschnitten ausgeführt werden. Der Druck in dem Hydrauliksystem wird dadurch vergrößert.

Selbstverständlich muß sichergestellt sein, daß der Kolben den Zylinder nicht verlassen kann. Der Kolben ist deshalb am Ende mit einem Bund als Anschlag versehen. Dieser Bund wird regelmäßig dazu benutzt, den Kolben am oberen Ende der Fahrbahn über eine hydraulische Einrichtung oder einen federnden Anschlag gedämpft abzubremsen.

Die am häufigsten eingesetzten Heber sind einstufig. Bild 3-17 aus DIN EN 81, Teil 2 zeigt die möglichen Anordnungen der Druckheber. Die beiden Formen A und B, bei denen der Kolben unmittelbar mit dem Fahrkorb verbunden ist, werden sehr häufig mit einem Leitungsbruchventil unmittelbar am Zylinder versehen. Dieses Leitungsbruchventil dient der Absturzverhinderung und ersetzt die Fangvorrichtung. Der Absturz kann aber auch sehr wirkungsvoll durch eine Kolbenbremse nach Rastetter [3.40] verhindert werden. Indirekt angetriebene Fahrkörbe müssen mit einer Fangvorrichtung versehen sein.

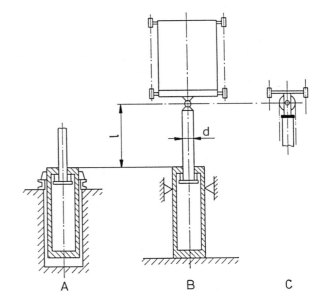

Bild 3-17 Einfache Heber nach DIN EN 81 Teil 2

Direkt tragende Heber, deren Zylinder nach Bild 3-17, A in einer Erdbohrung stehen, werden nicht mehr sehr häufig eingesetzt. Trotz sorgfältiger Abdichtung der Schutzrohre kann auf lange Zeit die Verunreinigung des Grundwassers nur durch aufwendige Maßnahmen verhindert werden [3.8, 3.9]. Indirekt tragende Heber C nach Bild 3-17 werden deshalb am häufigsten eingesetzt. Bei größeren Fahrkörben werden zwei Heber verwendet, so daß große Führungskräfte vermieden werden. Um die Heberkräfte gleich groß zu halten, sollten die Zuleitungen den gleichen Querschnitt haben und möglichst symmetrisch verlegt sein. Volumetrische Gleichlaufeinrichtungen führen zu Zwangskräften und sind deshalb abzulehnen.

In Bild 3-18 ist ein Heber mit Druckkolben im Schnitt dargestellt. Kolben, die im wesentlichen aus einem Rohr bestehen, werden bevorzugt eingesetzt. Vollkolben sind schwerer und bei außermittigem Lastangriff stärker durch Biegespannungen belastet [3.42]. Sie werden deshalb nur bei kleinem Durchmesser verwendet. Der Rohrkolben ist am unteren Ende verschlossen. Bezüglich der Knicksicherheit zeigt das unten verschlossene gegenüber dem unten offenen Rohr keinen Nachteil, da der unten offene mit Öl gefüllte Kolben dieselbe Knickkraft wie der unten geschlossene leere Kolben hat. Der Zylinderboden ist entsprechend DIN EN 81, Teil 2, mit einer Entlastungsnut versehen. Die bei langen Hüben eingesetzte Transportsicherung ist in Bild 3-18 eingezeichnet. Sofern erforderlich, werden Kolben und Zylinder geteilt und an der Baustelle zusammengefügt.

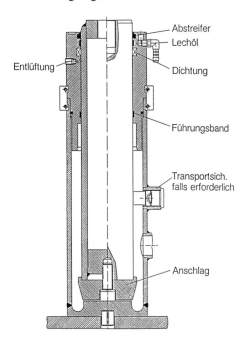

Bild 3-18 Druckheber, Leistritz AG

Die Berechnung der Kolben, Zylinder, Druckleitungen und der ebenen und gewölbten Böden (mit Anschweißformen) ist in DIN EN 81, Teil 2 vorgeschrieben. Für Kolben, Zylinder und Druckleitungen ist danach die Mindestwanddicke e unter der Wirkung des Flüssigkeitsdrucks p bei Vollast

$$e_{\text{cyl}} \geq \frac{2{,}3 \cdot 1{,}7 \cdot p}{R_{\text{p0,2}}} \cdot \frac{D}{2} + e_{\text{o}} \quad (3.24)$$

mit

D Rohraußendurchmesser in mm
$R_{\text{p0,2}}$ Dehngrenze in N/mm²
e_{o} 1,0 mm für Zylinderwände und -böden und feste Rohrleitungen zwischen Zylinder und einem Leitungsbruchventil, falls vorhanden, 0,5 mm für Kolben und übrige feste Rohrleitungen
2,3   Faktor für Reibungsverluste (1,15) und Druckspitzen (2)
1,7   Sicherheitsfaktor gegen Dehngrenze.

Die Berechnung der Kolben auf Knickung ist nach DIN EN 81, Teil 2 in zwei Abschnitte je nach dem Schlankheitsgrad $\lambda = l/i = l/\sqrt{J_n / A_n}$ (aus der Knicklänge l und dem Trägheitsradius i bzw. dem äquatorialen Trägkeitsmoment J_n und dem Querschnitt A_n des Kolbens) aufgeteilt.

Gegenüber der Grenzkraft F_5 gilt

für $\lambda_n \geq 100$:

$$F_5 \leq \frac{\pi^2 \cdot E \cdot J_n}{2 \cdot l^2} \quad (3.25)$$

für $\lambda_n < 100$:

$$F_5 \leq \frac{A_n}{2}\left[R_m - (R_m - 210) \cdot \left(\frac{\lambda_n}{100}\right)^2\right] \quad (3.26)$$

mit dem Elastizitätsmodul $E = 210\,000$ N/mm und der Festigkeit des Kolbens R_m.

Die Grenzkraft F_5 ist für den nach oben ausfahrenden Kolben mit den üblichen Kurzzeichen

$$F_5 = 1{,}4\,[c_m(F + Q + H_k) + 0{,}64\,K + K_r] \quad (3.27)$$

mit

c_m Einscherungsfaktor
F Fahrkorbgewichtskraft in N
Q Nutzlast in N
H_k Hängekabelgewichtskraft in N, (Anteil vom Fahrkorb zu tragen)
K Kolbengewichtskraft in N
K_r Gewichtskraft der Kolbenkopfausrüstung in N.

Bei der Knickberechnung nach Gleichung (3.25) und (3.26) ist vorausgesetzt, daß der Kolben an beiden Enden gelenkig gelagert ist. Der Faktor 2 im Nenner der beiden Gleichungen ist der Sicherheitsfaktor.

Donandt [3.41] hat konstruktive Maßnahmen für eine möglichst momentfreie mittige Krafteinleitung in den Kolben vorgestellt. Die mittige Belastung auf den Kolbenboden ist durch den Öldruck schon in idealer Weise gegeben. Die Kolbenführung im Zylinderkopf wird am besten relativ kurz ausgeführt, so daß sich der Kolben im Rahmen des Passungsspiels momentfrei einstellen kann. Bei der Montage muß der Zylinder mit kurzer Kolbenführung möglichst parallel zu den Führungsschienen ausgerichtet werden, damit der Kolbenanschlag in der unteren Lage nicht an der Zylinderwand streift. Falls die Kolbenführung – wie zum Beispiel in Bild 3-18 dargestellt – relativ lang ist, so müssen Kolben und Zylinder ebenfalls möglichst parallel zu den Führungsschienen ausgerichtet werden, damit in der Kolbenführung keine oder nur kleine Zwangskräfte auftreten.

Am oberen Ende kann bei direktem Antrieb die mittige momentfreie Krafteinleitung am ehesten durch einen gewölbten Kolbenkopf erreicht werden [3.42]. Bei dem indirekten Antrieb wird durch die Seilscheibenreibung und durch die ungleiche Spannung der Seile ein Moment in den

3.3 Mechanische Ausrüstung

Kolben eingeleitet. Die Seile sollten deshalb möglichst gleich belastet sein.

Anders als für Druckstäbe im Stahlbau können nach Donandt [3.42] die Hydraulikkolben bedenkenlos auch oberhalb $\lambda = 250$ eingesetzt werden.

In Sonderfällen werden auch Teleskopheber eingesetzt, die regelmäßig mit einer hydraulischen Gleichlaufeinrichtung versehen sind, so daß sich die Fahrkorbgeschwindigkeit nicht stufenweise ändert. Bei der Berechnung der Kolben ist zu berücksichtigen, daß aufgrund falscher Einstellung einer hydraulischen Gleichlaufeinrichtung insbesondere bei der Montage (oberster Kolben bis zum Anschlag ausgefahren, ohne äußere Belastung) übermäßig hohe Drücke auftreten können.

Zur Berechnung der Knickkraft von gestuften Kolben hat Berger [3.43] eine Methode entwickelt. Dabei ist das Spiel in den Führungen zwischen den einzelnen Kolben berücksichtigt. DIN EN 81, Teil 2, gibt mit einigen Vereinfachungen für zwei- und dreistufige Kolben eine entsprechende Berechnungsmethode an.

3.3.2 Treibscheiben, Seilscheiben, Treibfähigkeit

Treibscheiben

Treibscheiben für Aufzüge sind meist aus Grauguß hergestellt. Die Härte der Rillenoberfläche muß so groß sein, daß sich eher die aufliegende Drahtkuppe als die Rillenkontaktfläche plastisch verformt. Für die in Deutschland regelmäßig verwendeten Drahtnennfestigkeiten der Außendrähte von $R_0 = 1570$ und 1770 N/mm^2 bedeutet dies, daß die Oberfläche von Formrillen mindestens die Brinellhärte HB = 210 haben soll. Neuerdings wird die Rillenoberfläche auch gehärtet. Dazu muß ein durch Legierungszusätze härtbar gemachter Grauguß eingesetzt werden. Die Härtung erfolgt meist induktiv. Durch die harte Rillenoberfläche wird die Seillebensdauer keineswegs vermindert.

In Bild 3-19 sind die gebräuchlichen Treibrillen zusammenfassend mit üblichen Abmessungen dargestellt. Der Laufdurchmesser der Treibscheibe, gemessen von Seilmitte zu Seilmitte, muß mindestens das 40fache des Seildurchmessers betragen und für alle Rillen möglichst gleich groß sein, damit die Seile beim Lauf über die Treibscheibe nicht verschiedene Wege zurücklegen und verschieden gespannt werden.

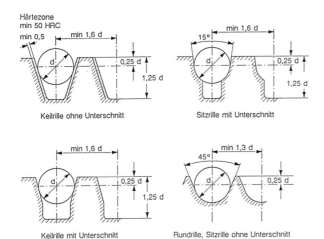

Bild 3-19 Treibrillenprofile

Die zulässige Beanspruchung der Treibscheiben und der Seile ist im wesentlichen abhängig von der Aufzuggeschwindigkeit, weil die Aufzuggeschwindigkeit nach der Förderhöhe und der zu erwartenden Fahrtenzahl ausgewählt wird, die über die Zahl der Treibscheibenumdrehungen entscheiden. Die Anwendung der verschiedenen Rillenformen ist deshalb im wesentlichen der Aufzuggeschwindigkeit zugeordnet. Bei ungehärteten Treibscheiben werden etwa die in Tafel 3-12 angegebenen Grenzen eingehalten. Mit Rücksicht auf die Lebensdauer der Seile werden auch die gehärteten Keilrillen höchstens bei mittlerer Aufzugsgeschwindigkeit eingesetzt.

Tafel 3-12 Rillenform

Rillenform	Fahrkorbgeschwindigkeit
Keilrille	v ≤ 0,8 m/s
Sitzrille mit Unterschnitt	v ≤ 2,0 m/s
Rundrille	v > 2,0 m/s

Der Hauptvorteil der Treibscheibe aus Grauguß liegt darin, daß der Grauguß eine verhältnismäßig große Pressung erträgt und relativ billig ist. Wenn die Härte ausreichend groß ist, ist der Verschleiß gering. Nach Gräbner [3.44] ist aber bei gleicher Beanspruchung der Verschleiß von Graugußtreibscheiben (GG 26) größer als der von Stahlgußtreibscheiben (GS 45). Bei Treibscheiben aus Grauguß, Stahl oder Stahlguß sind die erzielten Reibungszahlen zwar niedrig, aber eine Mindestreibungszahl $\mu = 0{,}09$ bleibt auch bei reichlicher Ölschmierung erhalten [3.45] bis [3.47].

Babel [3.48] hat gezeigt, daß Treibscheiben aus nicht metallischen Werkstoffen wegen der höheren Reibungszahlen die im Aufzugbau erforderliche Treibfähigkeit mit Rundrillen ohne Unterschnitt erreichen können. Das gilt aber nur, wenn die Seile zwar ausreichend, aber so sparsam geschmiert sind, daß kein Schmiermittel auf die Kontaktfläche gerät. Bei Treibrillen aus Gummiwerkstoffen hat Hajduk [3.49] festgestellt, daß die Reibungszahl mit der Schlupfgeschwindigkeit sehr stark abnimmt.

Die Lebensdauer der Seile ist bei Verwendung von nichtmetallischen Treibrillen deutlich größer als bei Treibrillen aus Grauguß oder Stahl [3.29, 3.48]. Es ist aber ungewiß, ob das Ende der Seillebensdauer durch äußerlich sichtbare Drahtbrüche sicher angezeigt wird, wie das bei Grauguß- und Stahltreibscheiben der Fall ist. Der Einsatz nichtmetallischer Treibrillen ist möglich, wenn die Seile wie in Seilbahnen und Schachtförderanlagen magnetinduktiv überwacht werden, oder wenn eine Seilkonstruktion gefunden wird, die durch äußerlich sichtbare Drahtbrüche das Ende der Seillebensdauer beim Lauf der Seile über Kunststoffscheiben sicher erkennen läßt.

Seilscheiben

Seilscheiben zum Ablenken beziehungsweise Umlenken der Seile werden wie die Treibscheiben meist aus Grauguß hergestellt. Auch bei den Seilscheiben muß eine Mindesthärte eingehalten werden. Wegen der kleineren Pressung in den Rundrillen genügt aber eine Brinellhärte HB = 180 bis 200. Der Rillenradius sollte mit $r = 0{,}52\,d$ dem im Rahmen der Toleranz größten Seilistdurchmesser angepaßt sein, damit die schwellende Ovalisierung der Seile weitgehend vermieden wird.

Nach der Richtlinie Seilrollen aus Kunststoff (SR-Kunststoffrollen) dürfen aber auch Seilscheiben aus Kunststoff verwendet werden. Vereinfacht dargestellt gilt diese Erlaubnis, wenn die Seile außer über die Seilscheibe aus Kunststoff über die Treibscheibe oder über Seilscheiben aus Grauguß oder Stahl laufen, wenn die Seile regelmäßig magnetinduktiv untersucht werden, oder wenn für die verwendeten Seile durch Versuche nachgewiesen ist, daß sie ihre Ablegereife beim Lauf über Kunststoffscheiben durch äußerlich sichtbare Drahtbrüche anzeigen.

Seilkraftverhältnis

Mit der Treibfähigkeitsberechnung wird nachgewiesen, daß die Reibkraft, die die Treibscheibe auf die Seile übertragen kann, größer ist als die Differenz der Seilkräfte auf beiden Seiten der Treibscheibe, die durch die Massen von Fahrkorb, Nutzlast und Gegengewicht usw. erzeugt werden. Da die Treibfähigkeit nach der Euler-Eytelweinschen Gleichung als Verhältnis der übertragbaren Seilkräfte errechnet wird, ist es zweckmäßig, auch die durch die Massen bedingten Seilkräfte als Verhältnis darzustellen.

Nach DIN EN 81 (vergleichbar mit TRA 003, wobei das statische Seilkraftverhältnis T_1/T_2 in TRA 003 mit S_2/S_1 bezeichnet wird) muß erfüllt sein

$$C_1 \cdot C_2 \cdot T_1/T_2 \leq e^{f(\mu)\alpha} . \qquad (3.28)$$

T_1/T_2 Verhältnis zwischen der größeren und der kleineren statischen Kraft in den Seilabschnitten beiderseits der Treibscheibe in den beiden Fällen
– Fahrkorb mit 125% der Nennlast beladen, in der untersten Haltestelle
– Fahrkorb leer in der obersten Haltestelle

C_1 Faktor, der die Beschleunigung, Verzögerung und spezielle Bedingungen der Anlage berücksichtigt.

$$C_1 = \frac{g_n + a}{g_n - a} \quad \text{mit } g_n \text{ Normalfallbeschleunigung}$$
a Verzögerung des Fahrkorbes

Für C_1 gelten die Mindestwerte nach Tafel 3-13. Für Nenngeschwindigkeiten, die 2,50 m/s überschreiten, muß C_1 für jeden einzelnen Anwendungsfall berechnet werden, darf jedoch nicht kleiner sein als 1,25

C_2 der Faktor C_2 berücksichtigt die Querschnittsveränderung der Rille durch Verschleiß mit
$C_2 = 1$ für Halbrundrillen mit oder ohne Unterschritt,
$C_2 = 1,2$ für Keilrillen.

Tafel 3-13 Mindestgröße des Faktors C_1

Fahrkorb-Nenngeschwindigkeit	C_1
0 m/s < v ≤ 0,63 m/s	1,10
0,63 m/s < v ≤ 1,00 m/s	1,15
1,00 m/s < v ≤ 1,60 m/s	1,20
1,60 m/s < v ≤ 2,50 m/s	1,25

Die Gewichtskraft der Seile und der Hängekabel ist bei der Ermittlung des maximalen statischen Seilkraftverhältnisses zu berücksichtigen. Bei einem oben stehenden Triebwerk mit direkter Aufhängung ist zum Beispiel das maximale statische Seilkraftverhältnis

$$\frac{T_1}{T_2} = \frac{F + 1,25\,Q + s}{G} \qquad (3.29)$$

und bei leerem Fahrkorb

$$\frac{T_1}{T_2} = \frac{G + s}{F + H_K} . \qquad (3.30)$$

Darin ist F die Fahrkorbgewichtskraft, Q die Nutzlast, G die Gegengewichtskraft, s die Seilgewichtskraft und H_K die Hängekabelgewichtskraft.

Treibfähigkeit

Die Treibfähigkeit wird nach der Euler-Eytelweinschen Gleichung [3.50, 3.51] berechnet, deren Ableitung in Bd. 1 der Buchreihe [3.27] wiedergegeben ist. Danach ist das durch die Aufzugtreibscheibe übertragbare Verhältnis der Seilkräfte

$$\frac{S_1}{S_2} = e^{f(\mu)\alpha} . \qquad (3.31)$$

Darin ist

α Umschlingungswinkel, besser Ablenkwinkel der Seile auf der Treibscheibe in rad
μ Reibungszahl für Stahlseile auf gußeisernen Treibscheiben $\mu = 0{,}09$
$f(\mu)$ Rillenreibungszahl

Die bei der Ableitung der Eytelweinschen Gleichung gemachte Voraussetzung, daß das Seil biegeschlaff sei, ist in Wirklichkeit nicht erfüllt. Ein Seil zeigt deshalb einen kleineren Umschlingungswinkel als ein biegeschlaffes Band. Kurz hinter dem Auflaufpunkt und kurz vor dem Ablaufpunkt ist die längenbezogene Anpreßkraft stark erhöht, wie Molkow [3.47] und sehr ausführlich Häberle [3.52, 3.28] festgestellt haben. Trotzdem wird kein großer Fehler gemacht, wenn zur Bestimmung der Treibfähigkeit die Eytelweinsche Gleichung benutzt und statt des ohnehin nur sehr ungenau bekannten kleineren Umschlingungswinkels wie üblich der Seilablenkwinkel eingesetzt wird. Die auf das Seil wirkende Fliehkraft vermindert das übertragbare Seilkraftverhältnis wegen

$$\frac{T_1 - mv^2}{T_2 - mv^2} = e^{f(\mu)\alpha} .$$

Darin ist m die längenbezogene Seilmasse und v die Seilgeschwindigkeit. Der Einfluß der Seilfliehkraft ist sehr klein und kann für $v < 10$ m/s in jedem Fall vernachlässigt werden.

Rillenreibungszahlen

Die Rillenreibungszahl ist

$$f(\mu) = \frac{q'}{q}\mu \qquad (3.32)$$

mit

q' für die längenbezogene Kraft auf die Rillenflanke und
q für die längenbezogene Kraft in Richtung der Rillensymmetrieachse.

Für Keilrillen gilt entsprechend Bild 3-20

$$q = q' \sin\frac{\gamma}{2} .$$

3.3 Mechanische Ausrüstung

Damit ist die Rillenreibungszahl für Keilrillen

$$f(\mu) = \frac{\mu}{\sin\left(\dfrac{\gamma}{2}\right)} \quad . \tag{3.33}$$

Dabei ist die radiale Reibkraft, die dem Eindringen des Seiles in die Rille entgegensteht, vernachlässigt. Da zwischen Seil und Rille praktisch immer ein Schlupf eintritt, ist diese Vernachlässigung vertretbar; denn quer zu relativ bewegten Reibpartnern besteht keine Reibkraft. Molkow [3.47] hat nachgewiesen, daß diese Vernachlässigung weitgehend gerechtfertigt ist. Das Seil dringt über dem Umschlingungsbogen bei treibender und getriebener Treibscheibe verschieden tief in die Rille ein. Dadurch ist – wie schon Donandt festgestellt hat [3.53] – die Treibfähigkeit der treibenden Treibscheibe größer als die der getriebenen [3.47]. Die Treibfähigkeit der getriebenen Treibscheibe mit Keilrillen ist also bestimmend.

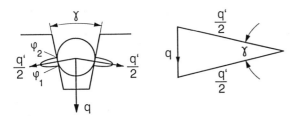

Bild 3-20 Keilrille

Bei ungehärteten Keilrillen nimmt die Treibfähigkeit mit wachsendem Verschleiß ständig ab. Deshalb dürfen nach TRA 003 Keilrillen ohne Unterschnitt für Aufzüge nur eingesetzt werden, wenn die Keilrillenflanken mit einer Rockwellhärte von mindestens 50 HRC gehärtet sind. Aus Sicherheitsgründen werden aber auch gehärtete Keilrillen meist mit Unterschnitt hergestellt. Wenn durch Verschleiß aus der Keilrille eine Sitzrille mit Unterschnitt geworden ist, bleibt bei weiterem Verschleiß die Treibfähigkeit der unterschnittenen Sitzrille erhalten, bis das Seil am Grund des Unterschnitts angelangt ist. Die Unterschnittbreite muß so gewählt werden, daß bei eingelaufener unterschnittener Keilrille der Nachweis der Treibfähigkeit mit dem Faktor $C_2 = 1$ gelingt, DIN EN 81.

Für Sitzrillen ist die Rillenreibungszahl zuerst von Donandt [3.53] und von Hymans und Hellborn [3.54] abgeleitet worden. Dabei wird vorausgesetzt, daß das Seil genau in die Rille paßt und eine glatte, nicht durch Litzen und Drähte strukturierte Oberfläche hat. Es wird angenommen, daß die Pressung ausgehend von p_0 im Rillengrund (der bei unterschnittenen Rillen nicht vorhanden ist) mit dem Cosinus des Rillenwinkels abnimmt, wie in Bild 3-21 dargestellt.

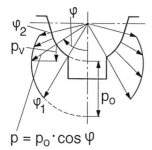

Bild 3-21 Sitzrille mit Unterschnitt

Die längenbezogene Kraft auf die beiden Rillenflanken (Integral vom Betrag der Pressung p) ist

$$q' = 2 \int_{\varphi_1}^{\varphi_2} p \cdot \frac{d}{2} d\varphi \quad .$$

Mit der cosinusverteilten Pressung $p = p_0 \cdot \cos \varphi$ ist die längenbezogene Kraft auf beide Rillenflanken

$$q' = 2 \int_{\varphi_1}^{\varphi_2} p_0 \cdot \frac{d}{2} \cos \varphi \, d\varphi$$

oder

$$q' = p_0 \cdot d \, (\sin \varphi_2 - \sin \varphi_1) \quad .$$

Der Druckanteil in Richtung der Symmetrieachse ist entsprechend Bild 3-21

$$p_v = p \cdot \cos \varphi = p_0 \cdot \cos^2 \varphi \quad .$$

Daraus ergibt sich durch Integration die längenbezogene Kraft in Richtung der Symmetrieachse

$$q = 2 \int_{\varphi_1}^{\varphi_2} p_v \cdot \frac{d}{2} \cdot d\varphi = 2 \int_{\varphi_1}^{\varphi_2} p_0 \frac{d}{2} \cos^2 \varphi \, d\varphi$$

und oder

$$q = p_0 \, d \left(\frac{1}{4} \sin 2\varphi_2 + \frac{1}{2} \varphi_2 - \frac{1}{4} \sin 2\varphi_1 - \frac{1}{2} \varphi_1 \right) . \tag{3.34}$$

Damit und mit Gleichung (3.32) ist die Rillenreibungszahl für Sitzrillen

$$f(\mu) = \frac{4 (\sin \varphi_2 - \sin \varphi_1)}{\sin 2\varphi_2 - \sin 2\varphi_1 + 2\varphi_2 - 2\varphi_1} \cdot \mu \quad .$$

Für die unterschnittenen Sitzrillen darf nach DIN EN 81 vereinfachend angenommen werden, daß der Winkel $\varphi_2 = 90°$, d.h. das Seil ist abgesehen vom Unterschnitt mit 180° umschlossen. Dann ist die Rillenreibungszahl

$$f(\mu) = \frac{4 (1 - \sin \varphi_1)}{\pi - 2\varphi_1 - \sin 2\varphi_1} \cdot \mu$$

oder in der üblichen Schreibweise mit β für den Unterschnittwinkel, d.h. $\beta = 2\varphi_1$

$$f(\mu) = \frac{4 \left(1 - \sin \dfrac{\beta}{2}\right)}{\pi - \beta - \sin \beta} \cdot \mu \quad . \tag{3.35}$$

Für die Sitzrille ohne Unterschnitt, mit dem Rillenöffnungswinkel $\delta = \pi - 2\varphi_2$ nach Bild 3-22 ist

$$f(\mu) = \frac{4 \sin \varphi_2}{\sin 2\varphi_2 + 2\varphi_2} \cdot \mu$$

oder

$$f(\mu) = \frac{4 \cos \dfrac{\delta}{2}}{\sin \delta + \pi - \delta} \cdot \mu \quad . \tag{3.36}$$

Die wirkliche Verteilung der Pressung in Sitzrillen entspricht den getroffenen Annahmen nach Häberle [3.52] nur ganz grob. Die Erfahrung zeigt aber, daß die gut eingelaufene Sitzrille die Treibfähigkeit erreicht, die mit den abgeleiteten Gleichungen errechnet wird.

Mindestens anfänglich passen das Seil und die Sitzrille nicht genau zusammen [3.55]. Hat das Seil einen zu kleinen Durchmesser, so kann die Treibfähigkeit unter den erforderlichen Wert sinken. Es kann zum Rutschen des Aufzuges kommen. Dieser Mangel ist im allgemeinen nicht besonders gefährlich, weil er sich besonders bei leerem Fahrkorb bemerkbar macht und weil er durch Überfahren der Endhaltestellen zu Betriebsunterbrechungen führt. Dadurch wird die Herstellung eines ordnungsgemäßen Zustandes erzwungen.

Bild 3-22 Sitzrille ohne Unterschnitt

Wenn das Seil einen zu großen Durchmesser hat, so können durch das Einklemmen des Seiles ausreichend große Reibungskräfte auftreten, um den Fahrkorb oder das Gegengewicht bei schlaffwerdenden Seilen auf der Gegenseite anzuheben. Diese Erscheinung ist gefährlich, weil der Reibungsschluß sich plötzlich so stark vermindern kann, daß der Fahrkorb oder das Gegengewicht in die schlaffen Seile stürzt und weil andererseits der Fahrkorb sogar an die Schachtdecke gezogen werden kann. Es sei daran erinnert, daß die Vermeidung dieser Gefahr, die bei Seiltrommelaufzügen zu schweren Unfällen geführt hat, ein wesentliches Argument für die Einführung des Treibscheibenantriebes war. Deshalb werden alle Anstrengungen unternommen, um die Seile möglichst passend herzustellen. Es muß aber mit einer Streubreite des Seildurchmessers von 3% gerechnet werden (meist − 0 + 3% beim unbelasteten neuen Seil). Die Sitzrille kann dagegen sehr genau hergestellt werden [3.55, 3.56].

Spezifische Pressung

Die sogenannte spezifische Pressung ist nicht die wirkliche Pressung zwischen den Drahtkuppen des Seiles und der Rille, sondern nur ein Vergleichswert. Bei den Rundrillen bedeutet die spezifische Pressung die maximale Pressung zwischen Rille und einem fiktiven Seil mit geschlossenem kreisrunden Querschnitt. Bei der Keilrille ist die spezifische Pressung definiert als die Pressung wie zwischen der Rillenflanke und einem Keilriemen mit einer Flankenhöhe gleich dem Seildurchmesser. Um die maximale Pressung mit der in der Rundrille vergleichbar zu machen, wird nach DIN EN 81 der Faktor 4,5 eingefügt. Die Pressung ist also in Keilrillen

$$p = \frac{4{,}5 q'}{2d} = \frac{4{,}5 q}{2d \sin \frac{\gamma}{2}}$$

Damit und mit der längenbezogenen Anpreßkraft $q = 2T/(D \cdot n)$ ist die Pressung für Keilrillen

$$p = \frac{T}{n \cdot d \cdot D} \cdot \frac{4{,}5}{\sin(\gamma/2)}. \qquad 3.37)$$

In der Rundrille ist die maximale Pressung nach Bild 3-21

$$p = p_1 = p_0 \cdot \cos \varphi_1.$$

Mit Gleichung (3.34) und der längenbezogenen Anpreßkraft $q = 2T/(D \cdot n)$ ist damit

$$p = \frac{8 \cos \varphi_1}{\sin 2\varphi_2 + 2\varphi_2 - \sin 2\varphi_1 - 2\varphi_1} \cdot \frac{T}{n \cdot d \cdot D}. \qquad (3.38)$$

Nach DIN EN 81 darf so gerechnet werden, als wäre der Rillenöffnungswinkel $\delta = 0$ bzw. $\varphi_2 = 90°$. Dann ist die spezifische Pressung für Sitzrillen mit dem Unterschnittwinkel $\beta = 2\varphi_1$

$$p = \frac{T}{n \cdot d \cdot D} \cdot \frac{8 \cos(\beta/2)}{\pi - \beta - \sin \beta}. \qquad (3.39)$$

Es bedeuten:

d Seildurchmesser in mm
D Treibscheibendurchmesser in mm
n Anzahl der Seile
p spezifische Pressung in N/mm²
T statische Kraft in den Seilen zum Fahrkorb auf der Höhe der Treibscheibe, wenn der Fahrkorb mit Nennlast in der untersten Haltestelle steht in N

Bei einem obenstehenden Triebwerk mit direkter Aufhängung ist also

$$T = F + Q + s.$$

Die spezifische Pressung darf nach DIN EN 81 bei Beladung des Fahrkorbes mit Nennlast nicht größer sein als

$$p \leq \frac{12{,}5 + 4 v_c}{1 + v_c} \qquad (3.40)$$

mit v_c für die Seilgeschwindigkeit bei der Nenngeschwindigkeit des Fahrkorbes in m/s.

Reibungszahl und Schlupf

Zur Berechnung der Treibfähigkeit wird nach DIN EN 81 bzw. TRA 003 die Reibungszahl $\mu = 0{,}09$ eingesetzt. Diese Reibungszahl ist als untere Grenze von Donandt [3.53] und Hymans u. Hellborn [3.54] an Seilen ermittelt worden, die in Form eines Pronyschen Zaumes über eine mit relativ großer Umfangsgeschwindigkeit drehenden Treibscheibe gelegt waren. Diese Mindestreibungszahl ist bei praxisgerechten Messungen vor allem von Recknagel [3.46], Babel [3.48] und Molkow [3.47] im wesentlichen bestätigt worden.

Die Reibungszahl ist zusammen mit dem Schlupf zu betrachten, da stets ein Schlupf auftritt, wenn die Treibscheibe eine antreibende oder bremsende Kraft auf das Seil überträgt. Der Schlupf ist der Relativweg zwischen Seil und Treibscheibe bezogen auf den Seilweg. Der Gesamtschlupf ist in seinen Teilen auf verschiedene Ursachen zurückzuführen.

− Dehnungsschlupf
   Der Dehnungsschlupf tritt auf, weil das Seil auf beiden Seiten der Treibscheibe durch die verschiedenen Seilkräfte verschieden gedehnt ist. Wenn das Seil von der Seite hoher Spannung und starker Dehnung über die Treibscheibe auf die Seite mit kleiner Dehnung entsprechend der dort herrschenden kleineren Spannung wandert, so muß eine Relativbewegung des Seilelements auf der Scheibe auftreten. Diese Relativbewegung entspricht dem Dehnungsschlupf.

− Laufradiusschlupf
   Der Laufradius des Seiles ändert sich mit der Zugkraft durch Querverformung des Seiles und auch der Scheibe. Da aber der Weg des Seiles auf beiden Seiten der Treib-

scheibe abgesehen von der verschiedenen Seildehnung gleich groß sein muß, tritt ein Schlupf auf, der Laufradiusschlupf genannt wird.

- Scheinbarer Laufradiusschlupf

  Da der Laufradius vor allem bei Keilrillen fast nur von der Seilkraft an der Auflaufseite abhängig ist, ergeben sich im Versuch bei der Auf- und Abwärtsfahrt verschiedene Laufradien, so daß ein Teil der Seilverschiebung auf der Treibscheibe nicht durch einen wirklichen Schlupf verursacht ist.

- Gleitschlupf

  Der Gleitschlupf ist der Anteil des Schlupfes, der sich über den gesamten Umschlingungsbogen erstreckt. Er tritt auf, sobald das Seilkraftverhältnis die Treibfähigkeitsgrenze erreicht.

- Zwangsschlupf

  Die parallelen Seile in Aufzügen laufen praktisch nie auf gleichgroßen Laufradien. Dadurch wird das übertragbare Seilkraftverhältnis herabgesetzt, bzw. der Gleitschlupf wird vergrößert. Dasselbe gilt für die „doppelte Umschlingung", d.h. wenn das Seil über zwei Treibrillen läuft. Bei treibender Treibscheibe rutscht das Seil auf der Rille mit größerem Laufradius und bei bremsender Treibscheibe das auf der Rille mit dem kleineren Laufradius.

In Bild 3-23 hat Molkow [3.47] den typischen Verlauf des Schlupfes über dem Seilkraftverhältnis S_2/S_1 in der Keilrille bei einer Auf- und Abwärtsfahrt dargestellt. Das übertragbare Seilkraftverhältnis und damit die Reibungszahl wachsen mit dem Schlupf. Das Bild 3-23 zeigt, daß der Gleitschlupf schon bei einem relativ kleinen Seilkraftverhältnis beginnt, daß er zunächst nur sehr klein ist und erst allmählich zunimmt. Die Treibfähigkeitsgrenze wird nach Molkow [3.47] definiert durch das Seilkraftverhältnis, bei dem der Gleitschlupf und damit der Verschleiß noch hinreichend klein ist. In Bild 3-23 hat er als Grenze den Gleitschlupf 1‰ eingezeichnet.

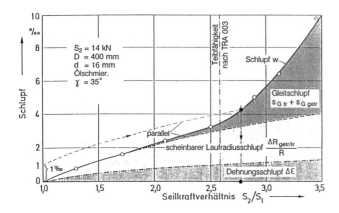

Bild 3-23 Aufteilung der Schlupfarten, Molkow /3.47/

Ebenso wie Recknagel [3.46] hat Molkow [3.47] gefunden, daß die Reibungszahl mit wachsender Pressung abnimmt. In Bild 3-24 ist die Reibungszahl μ für Keilrillen von 35° bei Ölschmierung über dem Durchmesserverhältnis aufgetragen [3.47]. Die Reibungszahl wächst sehr stark mit dem Durchmesserverhältnis D/d. Sie wächst ebenfalls etwas mit dem Seildurchmesser. Die Ursache dieser Erscheinung ist noch unklar.

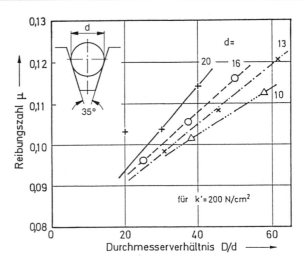

Bild 3-24 Reibungszahlen bei 1 ‰ Gleitschlupf, Molkow /3.47/

Recknagel [3.46] hat die kleinste Reibungszahl $\mu = 0,087$ mit entfettetem Seil nach längerer Einfahrzeit in einer Graugußscheibe mit unterschnittenen Sitzrillen gemessen. Er führt die kleine Reibungszahl auf die schmierende Wirkung des aus dem Grauguß ausgewalzten Graphits zurück. Mit geölten Seilen hat er größere Reibungszahlen ermittelt. Molkow [3.47] hat in gehärteten Stahlrillen im Ölbad bei kleinem Schlupf Reibungszahlen gemessen, die im praktischen Bereich fast in jedem Fall größer sind als 0,1. Es ist deshalb zu erwarten, daß die Reibungszahl regelmäßig größer ist als 0,09. Ein großer Teil des Reibungsüberschusses wird aber gebraucht für die Beschleunigungskräfte, die durch die zulässigen Beschleunigungsfaktoren C_1 nur unvollkommen berücksichtigt sind.

Solange noch kein Gleitschlupf auftritt, gibt es an der Auflaufseite der Treibscheibe ein Bogenstück, auf dem sich das Seil relativ zur Rille nicht bewegt. Dieser Teil des Treibbogens wird Ruhebogen genannt. Daran schließt sich bis zum Ablaufpunkt des Seiles der Gleitbogen an, auf dem eine Relativbewegung des Seiles zur Rille stattfindet. Grashof [3.57] hat dies zuerst erkannt. Atrops [3.58] hat an einem hochdehnbaren Polyamidseil die Aufteilung in Ruhe- und Gleitbogen bestätigt gefunden.

3.3.3 Winden

Winden mit Getriebe

Winden mit Getriebe werden bis zu einer Geschwindigkeit von etwa 2 m/s eingesetzt. Die Normgeschwindigkeiten sind

$v = 0,4\ (0,5)\ 0,63\ (0,8)\ 1,0\ (1,25)\ 1,6\ (2,0)$ m/s .

Eine wichtige Forderung an die Winden ist die Laufruhe, das heißt die weitgehende Abwesenheit von Drehschwingungen an der Abtriebswelle. Diese Anforderung wird von Schneckengetrieben sehr gut erfüllt. Der relativ schlechte Wirkungsgrad von etwa 70% bis 80% wird deshalb in Kauf genommen. Das einfache Stirnradgetriebe mit seinem wesentlich besseren Wirkungsgrad erfüllt die Anforderungen an die Laufruhe nicht. Neuerdings kommen Planetengetriebe mit wesentlich besseren Laufeigenschaften zum Einsatz [3.59, 3.60]. Keilriementriebe, über die Stawinoga [3.61] berichtet, sind anwendbar, wenn die Bremse auf die Treibscheibe oder eine damit formschlüssig verbundene Scheibe wirkt.

Schneckengetriebe haben meist ein- oder zweigängige Schneckenwellen mit gehärteten und geschliffenen Zahnflanken. Dabei ist eine ganzzahlige Übersetzung anzustreben, so daß sich die Zähne des Schneckenradkranzes an jeweils eine Zahnflanke der gehärteten Schnecke anpassen können. Der Schneckenradkranz besteht aus Bronze (meist aus etwa 12%iger Zinnbronze). Bei dem aussetzenden Betrieb des Aufzuges ist von den Auslegungsgrenzen (Fressen, Pressung, Temperatur und Zahnbiegefestigkeit) meist die Freß- oder die Pressungsgrenze entscheidend. Zur Bemessung der Verzahnung wird auf einschlägige Bücher verwiesen. Die Belastung der Winde durch die auftretenden Lastkollektive und Fahrtlängen-Last-Kombinationen hat Müller-Schneider [3.62] für die drei Grundförderabläufe durch Rechnung bzw. Simulation ermittelt.

Die typischen Lagerungen der Treibscheibenwelle sind in Bild 3-25 dargestellt. Die Treibscheibenwelle ist durch die Masse von Fahrkorb, Nutzlast und Gegengewicht hoch belastet. In der traditionellen Bauform a war deshalb die Treibscheibenwelle dreifach gelagert. Jede Ungenauigkeit bei der Montage oder ein späterer Versatz der drei Lager erzeugen hohe wechselnde Biegespannungen in der Treibscheibenwelle. Bei einem – wenn auch relativ kleinen – Anteil an Winden führt dies zum Bruch der Wellen. Seit vielen Jahren werden deshalb derartige Winden nur noch selten hergestellt und nach dem Entwurf TRA 224 vom September 1993 müssen die Treibscheibenwellen nun statisch bestimmt gelagert sein.

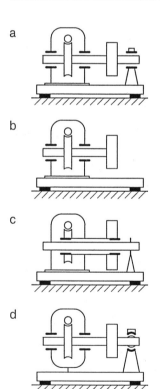

Bild 3-25 Lagerung der Treibscheibenwelle/-achse von Schneckenwinden

Für kleinere Nutzlasten wird die Treibscheibenwelle regelmäßig zweifach und damit statisch bestimmt entsprechend Bauform b gelagert. Für größere Nutzlasten werden Winden der Bauform c oder d eingesetzt. Die Bauform c hat den Vorteil, daß die Seilkräfte durch eine wenig belastete Achse aufgenommen werden, und daß das Schneckenrad und die Treibscheibe ohne Wellenverbindung formschlüssig verbunden werden können. Sie hat aber den Nachteil, daß der Zahneingriff von der genauen Bearbeitung und der Steifigkeit des aufwendigen Verbindungsrahmens des Getriebegehäuses und der Außenstütze der Achse abhängt. Deshalb hat sich die Bauform d zunehmend durchgesetzt. Die Lagerkräfte des Getriebegehäuses werden auf eine schlanke Stütze geleitet, die sich praktisch ohne rückstellendes Moment an der Treibscheibenwelle ausrichtet. Zusammen mit dem einstellbaren Außenlager ist damit die Treibscheibenwelle quasi statisch bestimmt gelagert. In Bild 3-26 ist ein Schnitt durch eine derartige Winde dargestellt. Zur Verbesserung des Wirkungsgrades werden die Treibscheibenwellen zunehmend in Wälzlagern gelagert.

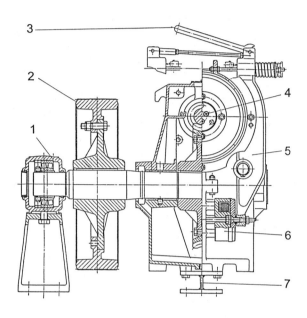

Bild 3-26 Winde mit einstellbarer Stütze unter dem Getriebegehäuse, Thyssen Aufzüge GmbH
1 Außenlager
2 Treibscheibe
3 Hand-Bremshebel
4 Schnecke
5 Bremsbacken
6 Magnet
7 schlanke Stütze

Die Windenrahmen sind wie in Bild 3-25 dargestellt jeweils über Gummielemente abgestützt, um die Übertragung von Schwingungen auf das Gebäude weitgehend zu vermeiden. Dadurch und durch weitere Maßnahmen, die in der VDI-Richtlinie 2566 – Lärmminderung an Aufzuganlagen – aufgeführt sind, können die Anforderungen von DIN 4109, Blatt 5 eingehalten werden. Nach dieser Norm ist der Schalldruckpegel in Wohn- und Schlafräumen auf 30 dB (A) und in Unterrichts- und Arbeitsräumen auf 35 dB (A) zu beschränken. Gelsdorf [3.63] erläutert die VDI-Richtlinie 2566 und gibt weitere Hinweise.

Die Schneckenwellen werden entweder allein in Wälzlagern oder in einer Mischform radial in Gleitlagern und axial durch ein Wälzlager gelagert. Die Mischform ist wegen der Erwartung auf eine hohe Laufruhe gewählt worden. Durch die hohe Qualität der heutigen Wälzlager kann die Welle ohne wesentliche Einbuße an Laufruhe durch zwei Wälzlager gelagert werden. Die schwierige Abstimmung der zwei Gleitlager mit dem Wälzlager entfällt damit, und der Wirkungsgrad des Getriebes wird verbessert.

Getriebe und Motor werden in sehr verschiedener Weise zusammengebaut mit großem Einfluß auf die gesamte

3.3 Mechanische Ausrüstung

Konstruktion der Winde. Schörner [3.64] hat die Konstruktion der Winden mit den verschiedenen Motorbauformen schematisch dargestellt, Bild 3-27. Bei den Bauformen B3 und B5 hat der Motor zwei Lager und die Getriebe- und Motorwelle sind durch eine elastische Kupplung verbunden. Bei der Bauform B9 gibt es nur noch das äußere Motorlager mit einer starren Kupplung der beiden Wellen. Bei der Bauform A4 und der Bauform A0 hat der Motor keine Lager mehr. Der Rotor des Motors wird durch die statisch bestimmt gelagerte Getriebewelle getragen. Bei der Bauform A0 ist der Stator des Motors in das Getriebegehäuse eingefügt. Eine besonders gedrängte Konstruktion ermöglicht auch der Außenläufermotor. In Bild 3-28 ist eine Winde mit Außenläufermotor im Schnitt dargestellt.

	Motor Bauform	Motor befestigt am	Anzahl Motor-lager	Kupplung	Platzbedarf
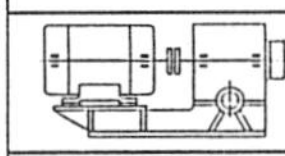	B3	Fuß	2	elastische Kupplung	größte Länge (M.-Unterbau)
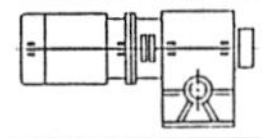	B5	Flansch	2	elastische Kupplung	größte Länge
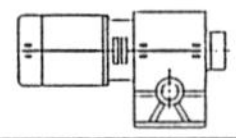	B9	Gehäuse	1	starre Kupplung	reduzierte Länge (ohne Flansch)
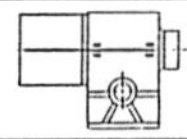	A4	Gehäuse	0	—	kurze Ausführung
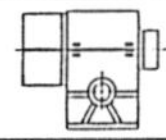	A0	Paket eingebaut	0	—	kleinster Platzbedarf

Bild 3-27 Winden mit typischen Motor-Bauformen, nach Schörner [3.64]

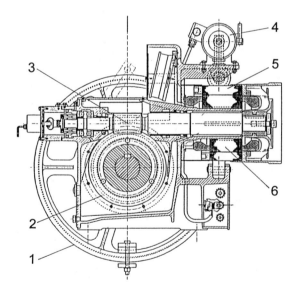

Bild 3-28 Schneckenwinde mit Außenläufermotor, Alois Kasper GmbH
1 Treibscheibe   4 Bremslüfter
2 Schneckenrad   5 Rotor
3 Schnecke   6 Stator

Getriebelose Winden

Bei Aufzügen mit hohen Geschwindigkeiten werden getriebelose Winden eingesetzt. Die Treibscheibe und die Bremse sind unmittelbar auf die in diesem Fall sehr starke Motorwelle aufgesetzt. Da bei den schnellen Aufzügen meist Treibscheiben mit Rundrillen ohne Unterschnitt verwendet werden, ist eine doppelte Umschlingung der Treibscheibe erforderlich. Dadurch wird die Treibscheibenwelle durch sehr große Querkräfte belastet.

Auch bei den getriebelosen Winden gibt es viele Bauarten. Der Motor M, die beiden Lager L, die Bremsscheibe B und die Treibscheibe T sind bei den ausgeführten getriebelosen Winden in sehr unterschiedlicher Reihenfolge angeordnet. Bild 3-29 zeigt eine getriebelose Winde mit der Anordnung LBTML.

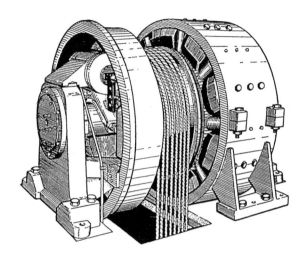

Bild 3-29 Getriebelose Winde, OTIS

Bremsen

Die Aufzugwinden müssen mit einer Bremse ausgerüstet sein, deren Bremskraft durch geführte Druckfedern erzeugt wird. Die Bremsscheibe beziehungsweise die Bremstrommel und die Treibscheibe müssen formschlüssig verbunden sein. Alle mechanischen Bauteile der Bremse, die an der Erzeugung der Bremswirkung auf die Bremsscheibe/trommel beteiligt sind, müssen doppelt vorhanden sein. Beim Versagen eines Bauteiles und damit einer Bremshälfte muß die andere Bremshälfte eine zur Verzögerung des mit Nennlast beladenen Fahrkorbes ausreichende Bremswirkung haben (Zweikreisbremse). Die Bremse muß durch ununterbrochene Energiezufuhr über mindestens zwei unabhängige elektrische Betriebsmittel (Schütz) offen gehalten werden. Sie muß einfallen, wenn eines dieser Betriebsmittel unterbrochen wird.

Bandbremsen sind unzulässig. Scheibenbremsen werden nur ganz selten verwendet. In praktisch allen Fällen werden Backenbremsen eingesetzt. Bild 3-30 zeigt eine Backenbremse. Da die Drehpunkte der Bremshebel gegenüber der Bremsscheibenachse in den serienmäßig hergestellten Windengehäusen sehr genau festliegen, können die Bremsbacken mit den Bremshebeln starr verbunden werden, wie in Bild 3-30 dargestellt. Die in Bild 3-30 ebenfalls eingezeichneten Tellermagnete mit flachem Anker haben durch die Vermeidung der Gleitreibung gegenüber den früher meist verwendeten Topfmagneten eine größere Betriebssicherheit. Die Hälfte einer ausgeführten Backenbremse ist in dem nicht geschnittenen Teil von Bild 3-26 zu sehen.

Die Bremsen werden regelmäßig durch Gleichstrommagnete gelüftet. Wechselstrommagnete werden wegen des hohen Stromstoßes beim Einschalten und den daraus folgenden harten Schlägen nicht verwendet. Bei einfachen

Aufzügen wird der Fahrkorb mechanisch verzögert und stillgesetzt (Betriebsbremse). Bei höherwertigen Aufzügen, insbesondere solchen mit großer Geschwindigkeit, wird der Fahrkorb durch den geregelten elektrischen Antrieb stillgesetzt. Die mechanische Bremse schließt als Haltebremse, nachdem der Fahrkorb steht. Nur im Notfall muß diese Haltebremse den Fahrkorb mechanisch abbremsen.

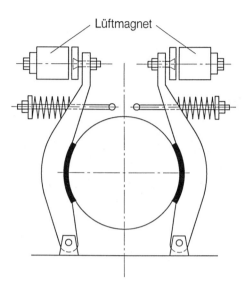

Bild 3-30 Zweikreis-Backenbremse

Für die Auslegung der Bremse wird auf Band 1 [3.27] der Buchreihe Fördertechnik und Baumaschinen verwiesen, die dort ausführlich behandelt wird. Die thermische Belastung ist bei den Aufzugsbremsen regelmäßig klein und muß allenfalls bei Aufzügen mit sehr großer Geschwindigkeit für die Notbremsung beachtet werden. Die Bremsbeläge müssen verschleißfest sein und auch nach längerer Betriebszeit und unter allen Umständen ein möglichst konstantes Bremsmoment erzeugen. Wichtig ist aber vor allem, daß die Funktionsfähigkeit der Bremse nicht durch Überbeanspruchung oder Verschleiß ihrer Teile gefährdet wird, so daß die Bremse ihre Aufgabe sicher erfüllen kann. Es ist zu beachten, daß durch unterschiedliche Einstellung der beiden Bremsfedern die Welle auf Biegung beansprucht werden kann.

Durch die vorgeschriebene redundante Anordnung der mechanischen Bremse und deren Abschaltung durch zwei in Reihe liegende Schütze ist die Bremse sehr viel sicherer geworden. Die Erwartung, daß durch die Einführung dieser Vorschriften die Bremsausfälle verschwinden würden, hat sich aber nur teilweise erfüllt. Die doppelte Abschaltung, die in Bild 3-31 als Anordnung 1 dargestellt ist, gewährleistet zwar, daß die Bremse sehr sicher einfällt, sie vermehrt aber die Wahrscheinlichkeit, daß die Bremse fehlerhaft geschlossen bleibt, weil eines der beiden in Reihe liegenden Kontaktpaare keinen Strom fließen läßt. Dadurch kann es zur Zerstörung beider Bremsbeläge kommen. Um diesen Bremsausfall zu vermeiden, wird über die Forderung der Vorschriften hinaus empfohlen [3.65], in beiden Schützen jeweils zwei Kontakte parallel zu schalten, wie in Bild 3-31, Anordnung 2 dargestellt. Die Wahrscheinlichkeit, daß dadurch andererseits das Einfallen der Bremse verhindert wird, wächst dabei nur unwesentlich.

Wenn der Fahrkorb durch die mechanische Bremse verzögert und stillgesetzt wird, ist die Halteungenauigkeit – die im Aufzug nur etwa 1 bis 2 cm betragen soll – von vielen Einflüssen abhängig. Das betriebsmäßige mechanische Abbremsen des Fahrkorbes ist deshalb auf kleine Geschwindigkeiten beschränkt. Eine typische Anwendung betrifft Aufzüge, deren Geschwindigkeit von 1 m/s zunächst durch den polumschaltbaren Drehstrommotor auf 0,25 m/s herabgesetzt wird, und die aus dieser Geschwindigkeit mechanisch abgebremst werden. In Bild 3-32 ist die Wirkung der verschiedenen Einflüsse auf die Halteungenauigkeit bei der mechanischen Betriebsbremsung abzulesen. Der Unterschied der Bremswege ist in diesem Geschwindigkeits-Zeit-Diagramm durch die schraffierte Fläche dargestellt.

Anordnung	1	2
	zwei Schütze mit jeweils einem Kontakt	zwei Schütze mit jeweils zwei Kontakten
Schützkontakte im Stromkreis	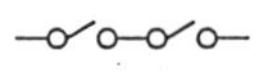	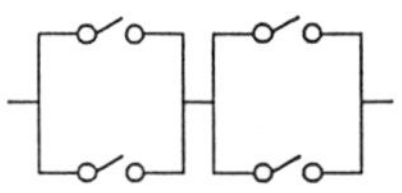
fehlerhaftes Offenbleiben des Stromkreises (fehlerhaftes Geschlossenbleiben der Bremse)	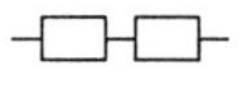	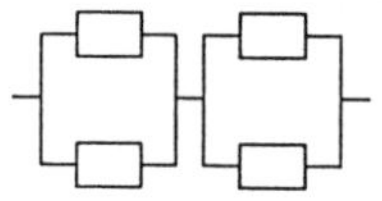
fehlerhafte Nichtunterbrechung des Stromkreises (fehlerhaftes Offenbleiben der Bremse)	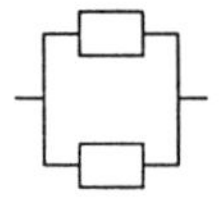	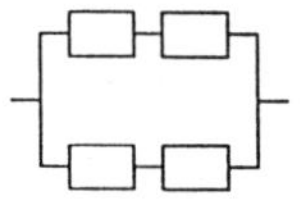

Bild 3-31 Schaltung der Bremsschützkontakte [3.65]

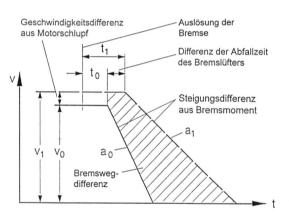

Bild 3-32 Mechanische Bremsung

Die Änderung der Bremsverzögerung zwischen a_0 und a_1 und der Anfangsgeschwindigkeit v_0 und v_1, aus der das Abbremsen erfolgt, wird vor allem durch die unterschiedliche Beladung des Fahrkorbes erzeugt. Durch eine große rotatorische Masse des Schwungrades, die aber energetisch sehr ungünstig ist, kann die Änderung der Verzögerung relativ klein gehalten werden. Die Änderung der Anfangsgeschwindigkeit wird durch eine steile Drehmoment-Drehzahl-Kennlinie des Motors begrenzt. Zusätzlich zu dem Einfluß auf die Fahrkorbbeladung wird die Bremsverzögerung beeinflußt von der Verformung der Bremshebel, der Bremsbacken und des Getriebegehäuses durch die unterschiedliche Temperaturverteilung im Verlauf der täglichen Betriebsschwankungen. Dieser Einfluß kann durch einen kleinen Bogenwinkel des Bremsbelags recht klein gehalten werden.

Die Halteungenauigkeit wird weiter durch eine Änderung der Wirkzeit zwischen t_0 und t_1 von der Schalterbetätigung bis zum Einfallen der Bremse beeinflußt. Um diese Zeit

3.3 Mechanische Ausrüstung

kurz und weitgehend konstant zu halten, wird oft die elektrische Spannung nach dem Lüften der Bremse herabgesetzt, so daß die Entmagnetisierung schneller erfolgt. Außerdem wird durch konstruktive Gestaltung des Magnetes sichergestellt, daß ein ausreichend großer sogenannter Klebespalt offen bleibt.

3.3.4 Hydraulische Triebwerke

Ein großer Teil der Aufzüge wird hydraulisch betrieben. Bei diesen Aufzügen wird der Fahrkorb nur in der Aufwärtsfahrt motorisch bewegt. Die Abwärtsfahrt wird bei stehendem Motor durch das Öffnen von Ventilen gesteuert. Der Ölstrom zur Aufwärtsfahrt wird regelmäßig von einer Schraubenspindelpumpe geliefert, da diese Pumpe nur eine kleine Pulsation erzeugt. Der Motor kann außerhalb oder als Unterölmotor innerhalb des Ölbehälters angeordnet sein. Der Unterölmotor hat nach Kirchenmayer [3.66] den Vorteil, daß die Geräusche von Motor und Pumpe sehr stark gedämpft werden. Dadurch kann ein Motor mit der Synchrondrehzahl 3000 1/min eingesetzt werden mit der Folge, daß die Pulsation des Ölstromes abnimmt. Allerdings nehmen die Öltemperatur und die Viskositätsänderung des Öls zu. Kirchenmayer [3.66] berechnet den Temperaturverlauf für verschiedene Anordnungen. Da die Vorteile des Unterölmotors überwiegen, hat er sich weitgehend durchgesetzt.

Zur Beschränkung der Verlustwärme hat Dettinger [3.67] empfohlen, die Hubfahrt mit großer und die Senkfahrt mit kleiner Beschleunigung und Verzögerung durchzuführen. Schneider [3.68], der den Leistungsbedarf der hydraulischen Aufzüge systematisch untersucht hat, hat insbesondere auf den Einfluß des Steuerblocks, des Kolbengewichts (Rohr- oder Vollkolben, Druck- oder Zugkolben), der Leitungsverluste und des eventuell vorhandenen Ausgleichsgewichtes hingewiesen.

Motor und Pumpe sind regelmäßig in und der Ventilsteuerblock auf dem Ölbehälter untergebracht. Die typische Anordnung ist in Bild 3-33 dargestellt. Der Ölbehälter ist zur Körperschallisolierung auf Gummielemente gestellt. Um die Rohrleitung nicht durch Bewegungen des Ölbehälters und des Zylinders zu belasten, ist die Rohrleitung durch einen Hochdruckschlauch unterbrochen. Dieser Schlauch und ein hinter der Pumpe in die Leitung eingefügter Pulsationsdämpfer dienen der Laufruhe des Aufzugs.

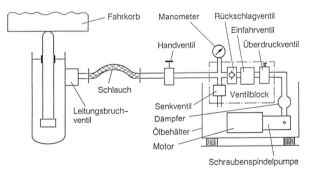

Bild 3-33 Hydraulik-Triebwerk

Nur Aufzüge mit sehr kleiner Geschwindigkeit werden aus dieser Geschwindigkeit ohne Zwischenschaltung einer Feinfahrgeschwindigkeit abgebremst. Bei den meisten hydraulischen Aufzügen wird aber sowohl in der Aufwärts- als auch in der Abwärtsrichtung die Geschwindigkeit zum Einfahren in die Haltestelle auf eine kleine Einfahrgeschwindigkeit zurückgenommen. Beim Bremsen aus dieser kleinen Geschwindigkeit wird eine gute Haltegenauigkeit erreicht. Für eine derartige Steuerung, die etwa bis zu einer Fahrkorbnenngeschwindigkeit von 0,63 m/s verwendet wird, ist in Bild 3-34 der Steuerblock im Prinzip dargestellt. Die dick gezeichneten Kanäle nehmen den Hauptölstrom auf, die dünner gezeichneten sind Steuerleitungen. Anhand von Bild 3-34 wird der Ablauf einer Aufwärts- und Abwärtsfahrt beschrieben.

Zu Beginn der Aufwärtsfahrt ist das Anfahrventil offen. Der von der Pumpe kommende Ölstrom wird vollständig in den Ölbehälter T zurückgefördert. Dadurch wird das Hochlaufen des Motors erleichtert. Der Fahrkorb kann während dieser Phase nicht absinken, da das Senkventil geschlossen und der Rückfluß über das An- und Einfahrventil durch das Rückschlagventil versperrt ist. Mit einer Verzögerung (für das Hochlaufen des Motors) beginnt dann bei richtiger Einstellung der Stellschraube das Anfahrventil gedämpft durch die Drossel D1 zu schließen. Dadurch steigt der Druck an, so daß sich das Rückschlagventil öffnet und das Öl zunehmend zum Zylinder fließt. Der Fahrkorb wird beschleunigt und erreicht schließlich seine volle Geschwindigkeit, wenn das Anfahrventil geschlossen ist und der gesamte Ölstrom dem Zylinder zufließt.

Ausgelöst durch einen von dem Fahrkorbweg gesteuerten Schalter – eine feste Strecke vor der Haltestelle – wird über ein Magnetventil das allmähliche Öffnen des An- und Einfahrventils eingeleitet. Dadurch fließt schließlich der größere Teil des durch die Pumpe geförderten Ölstromes in den Behälter T zurück. Ein kleinerer Teil wird – entsprechend der Einstellung der Stellschraube SH des Rückschlagventils – in den Hubzylinder gefördert und bestimmt damit die Feinfahrgeschwindigkeit des Fahrkorbes. Kurz vor Erreichen der Bündigstellung wird der Motor abgeschaltet und damit der Fahrkorb zum Stehen gebracht.

Zur Abwärtsfahrt werden die beiden Magnetventile V2 und V3 eingeschaltet, so daß das Steueröl über dem Kolben des Senkventils durch die Drossel D3 in den Tank abfließen kann. Dadurch öffnet sich das Senkventil allmählich und das Öl im Hubzylinder kann schließlich entsprechend der vollen Senkgeschwindigkeit des Fahrkorbes in den Tank zurückfließen.

Der Fahrkorb wird auch in der Senkfahrt wieder in zwei Stufen abgebremst, um eine ausreichende Haltegenauigkeit zu erzielen. In ausreichendem Abstand zu der Zielhaltestelle wird das Magnetventil V3 durch einen wegabhängigen Schalter stromlos geschaltet. Dadurch fließt Steueröl über die einstellbare Drossel 4 zum Senkventilkolben zurück und schließt das Senkventil gedämpft bis auf einen einstellbaren Restquerschnitt, der durch die Einstellung der Stellschraube FS bestimmt ist. Mit der damit erreichten Feinsenkgeschwindigkeit fährt der Fahrkorb bis kurz vor die Zielhaltestelle. Dort wird das Magnetventil V2 ebenfalls stromlos geschaltet. Das Senkventil wird dadurch vollständig geschlossen und der Fahrkorb kommt zum Stehen.

Bei Fahrkorbgeschwindigkeiten von 1 m/s oder darüber wird der Ölstrom regelmäßig durch ein Proportionalventil gesteuert [3.69], das seinerseits durch eine elektronische Regelung bestimmt ist. Wie bei der Regelung von Seilantrieben wird der Sollwert der Geschwindigkeit durch einen Sollwertrechner vorgegeben, entweder weggesteuert oder, wie meist üblich, zeitgesteuert nach dem Auslösen durch einen Schalter mit einer weggestützten Korrektur kurz vor der Haltestelle.

Bei den direkt durch den Kolben getragenen Fahrkörben darf zur Absturzverhinderung ein Leitungsbruchventil (Rohrbruchsicherung) verwendet werden. Die Wirkungsweise ist an Bild 3-35 ablesbar, in dem ein einfaches Leitungsbruchventil dargestellt ist. Beim Durchfluß mit erhöhter Geschwindigkeit sinkt in dem Raum vor dem Ventilkolben der Druck so weit ab, daß die daraus resultierende Kraft zusammen mit der Federkraft kleiner ist als die Kraft hinter dem Ventilkolben, die durch den Druck des aus dem Hubzylinder zufließenden Öles verursacht wird. Dadurch schließt das Leitungsbruchventil. Die Schließgeschwindigkeit wird durch Drosseln weitgehend begrenzt.

Statt des Leitungsbruchventils können bei direkt durch Kolben getragenen Fahrkörben auch Kolbenfangvorrichtungen [3.40] eingesetzt werden. Dagegen müssen bei indirekt angetriebenen Fahrkörben Fangvorrichtungen verwendet werden. In Tafel 3-14 sind die Sicherheitseinrichtungen zur Verhinderung von unkontrollierten Fahrbewegungen bei hydraulischen Aufzügen zusammengestellt. Als Fehler sind darin die Übergeschwindigkeit durch Rohrbruch oder Seilbruch und zusätzlich das Absinken des Fahrkorbes bei offener Tür durch Undichtigkeiten aufgeführt. Die Wirksamkeit der verschiedenen Sicherheitseinrichtungen wird durch ein Plus- und die Nichtwirksamkeit durch ein Minuszeichen vermerkt.

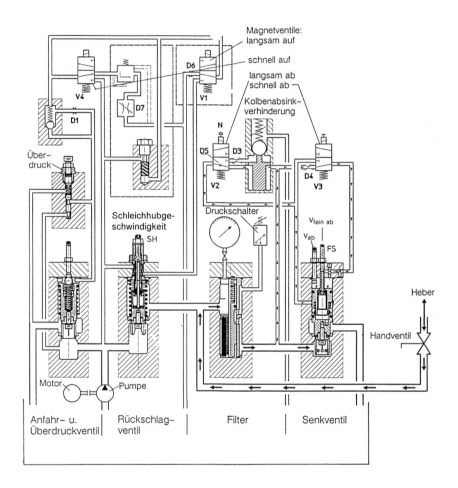

Bild 3-34 Steuerblock, schematisch, Alfred Giehl GmbH u. Co KG

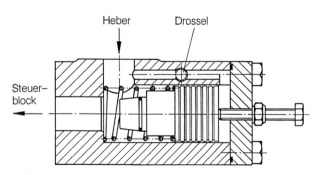

Bild 3-35 Leitungsbruchventil, schematisch

3.3 Mechanische Ausrüstung

Tafel 3-14 Einrichtungen zur Verhinderung unkontrollierter Fahrbewegungen hydraulischer Aufzüge

Sicherheitseinrichtung	Fehler Übergeschwindigkeit Rohrbruch	Fehler Übergeschwindigkeit Zylinderbruch	Fehler Übergeschwindigkeit Seilbruch	Absinken bei offener Tür	Kraftfluß beim Betätigen der Sicherheitseinrichtung (Die Betätigung der Sicherheitseinrichtung ist in keinem Fall zwangsläufig) Übergeschwindigkeit	Absinken bei offener Tür
Rohrbruchsicherung	+	–	–	–	Hydraulikkolben im Ventil	–
Fangvorrichtung konventionell	+	+	+	–	Treibfähigkeit GB	–
Aufsetzvorrichtung	–	–	–	+	–	Magnet, Gestänge
Kolbenbremse	+	+	–	+	Treibfähigkeit GB, Feder (Magnet), Ventil, Feder (Hydraulikkolben)	Feder (Magnet), Ventil, Feder (Hydraulikkolben)
Fangvorrichtung konventionell + Magnet am GB	+	+	+	+	Treibfähigkeit GB, Gestänge	Feder (Magnet), Treibfähigkeit GB, Gestänge
Fangvorrichtung mit Magnetlüftung	+	+	+	+	Treibfähigkeit GB, Feder (Magnet), Gestänge	Feder (Magnet), Gestänge

+ Fehler führt zu keinem gefährlichen Zustand; – Fehler kann zu einem gefährlichen Zustand führen; GB = Geschwindigkeitsbegrenzer

3.3.5 Fahrkörbe und Gegengewichte

Fahrkörbe

Die Grundfläche der Fahrkörbe ist an die Tragfähigkeit gebunden. In Tafel 3-15 ist die maximale Fahrkorbnutzfläche nach DIN EN 81 angegeben. Sie entspricht etwa der nach TRA 200. Im Gegensatz zu DIN EN 81 ist nach TRA 200 jeder Fahrkorbnutzfläche lückenlos eine Personenzahl zugeordnet.

Mit der maximal zulässigen Nutzfläche soll die Überladung des Fahrkorbes vermieden werden. Für die Hydraulikaufzüge und die Aufzüge zur Beförderung von Kraftfahrzeugen sind nach DIN EN 81 größere Fahrkorbnutzflächen zugelassen. Die lichte Höhe des Fahrkorbes und des Fahrkorbeinganges muß mindestens 2000 mm betragen. Wegen der vielfältigen weiteren Anforderungen an den Fahrkorb wird auf DIN EN 81 verwiesen.

Der Fahrkorb ist regelmäßig aus einem Bodenrahmen mit Blechboden, einem Deckenrahmen mit Blechdecke und aus abgekanteten Blechlamellen für die Fahrkorbwände aufgebaut. Der Grundriß eines Fahrkorbes in der üblichen Bauweise ist in Bild 3-36 dargestellt.

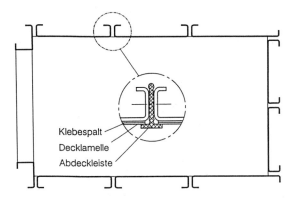

Bild 3-36 Fahrkorb, Grundriß

Tafel 3-15 Maximale und minimale Fahrkorbnutzfläche nach DIN EN 81

Nennlast (Masse) (kg)	Personenzahl	max. Fahrkorbnutzfläche (m^2) e)	min. Fahrkorbnutzfläche (m^2)
100 a)	1	0,37	0,28
180 b)	2	0,58	0,49
225	3	0,70	0,60
300	4	0,90	0,79
375	5	1,10	0,98
400	5	1,17	0,98
450	6	1,30	1,17
600	8	1,60	1,45
630	8	1,66	1,45
750	10	1,90	1,73
800	10	2,00	1,73
900	12	2,20	2,01
1000	13	2,40	2,15
1050	14	2,50	2,29
1200	16	2,80	2,57
1250	16	2,90	2,57
1350	18	3,10	2,85
1500	20	3,40	3,13 d)
1600	21	3,56	-
2000	26	4,20	-
2500	33	5,00 c)	

a) Mindesttragfähigkeit für 1-Personenaufzug
b) Mindesttragfähigkeit für 2-Personenaufzug
c) Pro 100 kg Tragfähigkeit sind 0,16 m^2 hinzuzufügen
d) Pro Person sind 0,115 m^2 hinzuzufügen
e) Die maximale Nutzfläche kann für Zwischenwerte der Nennlast linear interpoliert werden

Die Böden von Personenfahrkörben werden mit üblichen Bodenbelägen belegt. Bei den Lastenfahrkörben wird meist ein Boden aus Warzenblech, seltener aus Riffelblech verwendet, der unbedeckt bleibt. Das Blech soll so dick sein, daß auch bei häufigem Befahren durch die Räder von

Gabelstaplern keine plastische Verformung auftritt. Falls die Tragfähigkeit nicht sehr klein ist, ist stets damit zu rechnen, daß der Fahrkorb mit Gabelstaplern befahren wird, und daß dabei das Bodenblech durch die Vorderräder mit 90 % der Fahrkorbnennlast Q belastet wird.

Das Bodenblech wird bei der üblichen Bauweise – wie in Bild 3-37 dargestellt – durch Träger gestützt, die regelmäßig quer zur Einfahrrichtung der Gabelstapler angeordnet sind. Zur Bemessung kann das Bodenblech in grober Näherung als Biegeträger mit der Stützweite a zwischen den Trägern betrachtet werden. Die Biegespannung ist

$$\sigma_b = \frac{M}{W} = \frac{0{,}9 \cdot Q \cdot a}{4\,W} = \frac{0{,}9 \cdot Q \cdot a \cdot 6}{4 \cdot s^2 \cdot b} \quad . \tag{3.41}$$

Für jedes Rad kann als tragende Breite 1000 mm angenommen werden. Damit ist für beide Vorderräder die tragende Breite $b = 2000$ mm, und die Biegespannung, die unterhalb der Streckgrenze bleiben muß, ist

$$\sigma_b = 0{,}000675 \frac{Q \cdot a}{s^2} \quad \text{in N/mm}^2 \,. \tag{3.42}$$

Darin ist s die Grundblechdicke in mm ohne Warzen- und Riffeldicke, a die Stützweite in mm und Q die Fahrkorbnennlast in N.

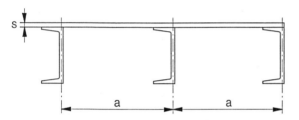

Bild 3-37 Abstützung des Bodenblechs

Bei Lastenaufzügen werden die grundierten Bleche im Fahrkorbinnern einfach lackiert. Das gilt auch für die Fahrkorbwände einfacher Personenaufzüge. Bei Personenaufzügen mit höheren Ansprüchen werden aber die Fahrkorbwände zur Verschönerung mit Lamellen aus Edelstahl, emailliertem Blech, Kunststoff usw. belegt Diese Lamellen werden auf die Grundbleche zum Beispiel mit Doppelklebeband aufgeklebt. Die Trennfuge wird – wie in Bild 3-36 dargestellt – durch Abdeckleisten abgedeckt.

Durch die aufgeklebten Lamellen wird der Fahrkorb wirkungsvoll entdröhnt, da bei der Durchbiegung der Fahrkorbwand die viskoelastische Klebeschicht großflächig auf Schub beansprucht wird und damit dämpfend wirkt. Falls der Fahrkorb von Personenaufzügen nur lackiert wird, werden die Wandbleche außen (mit geringerem Erfolg) mit Antidröhnpappe beklebt.

Die Schwingungen der Fahrkorbwände werden über die Seile von dem Getriebe, von den nicht völlig geraden Führungsschienen und von den Führungselementen angeregt. Strömungsgeräusche treten nur bei sehr schnellen Aufzügen auf. Sie können durch entsprechende Gestaltung des Fahrkorbes vermindert werden. Druckmessungen an einem schnellfahrenden Fahrkorb hat Deeble [3.70] durchgeführt. Zur Beschränkung von Erschütterungen ist der Fahrkorb von Personenaufzügen in dem Fangrahmen häufig federnd gelagert. In der einfachsten Form sitzt der Fahrkorb auf Gummidruckfedern, die von Kragarmen des Fangrahmens getragen werden. Eine andere Ausführung zeigt Bild 3-38 [3.71], bei der der Fahrkorb oben und unten über je zwei Gummihülsenfedern befestigt ist, die in dem Bild vergrößert dargestellt sind. Die Schraubenfedern, die die unteren Gummihülsenfedern umschließen, sind so dimensioniert, daß sie den leeren Fahrkorb allein tragen. Die Gummihülsenfedern werden nur bei beladenem Fahrkorb belastet.

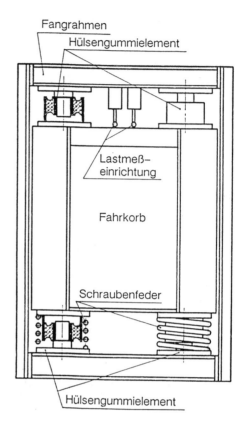

Bild 3-38 Schwingungsisolation eines Fahrkorbes mit Lastmeßeinrichtung (schematisch)

Konji Okada und andere [3.72] haben durch Verbesserung der Fahrkorbisolation und durch verbesserte Rollenführungen eine wesentliche Verminderung der Fahrkorbschwingungen erzielt. Slonina und andere [3.73] berichten über Schwingungen durch ungerade Spurlatten (Führungsschienen) in Schachtförderanlagen. Nach ihren Ausführungen können diese Schwingungen durch eine möglichst kleine Außermittigkeit des Fahrkorbschwerpunktes, durch Dämpfungen und durch möglichst gerade und steife Führungsschienen vermindert werden.

Die Einfederung des federnd gelagerten Fahrkorbes wird oft zur Messung des Beladungszustandes benutzt. Durch einfache Schalter – wie in Bild 3-38 dargestellt – kann dabei der Besetztzustand des Fahrkorbes gemeldet werden, so daß unnötige Halte unterbleiben. Durch Weggeber kann aber darüber hinaus – zur Unterstützung der Steuerung und der Regelung beim Anfahren – die Beladung des Fahrkorbes stufenlos gemessen werden. Zur stufenlosen Messung der Fahrkorbbeladung wird häufiger ein beweglicher Fahrkorbfußboden auf Kraftmeßelemente gesetzt.

Neuerdings werden vermehrt Fahrkörbe mit Wänden aus Glas hergestellt. Wegen der Ausführung der Glaswände wird auf die ausführlichen Anforderungen der TRA 200 verwiesen. Diese Anforderungen sind aus Pendelschlagversuchen abgeleitet worden. Krass [3.74] und Foelix [3.75] haben von derartigen Versuchen an Glastüren be-

3.3 Mechanische Ausrüstung

richtet. James [3.76] stellt Erfahrungen mit Glasaufzügen und die daraus folgenden Anforderungen vor.

Fangrahmen, Tragrahmen

Der Fahrkorb wird regelmäßig durch einen Rahmen getragen. Sofern eine Fangvorrichtung erforderlich ist, ist sie in diesen Rahmen eingesetzt. Rahmen mit Fangvorrichtung werden Fangrahmen und ohne Fangvorrichtung Tragrahmen genannt.

Im Normalbetrieb werden Fangrahmen und Tragrahmen durch die zu transportierenden Lasten in gleicher Weise belastet. Ihre stärkste Belastung tritt bei Lastenaufzügen auf, wenn beladene Gabelstapler auf die Fahrkorbschwelle auffahren. Die Rahmen werden so bemessen, daß sie derartige Belastungen dauerhaft ertragen. Beim Fahren auf die Puffer, beim Fangen und beim Einsetzen des Leitungsbruchventils können größere Beanspruchungen auftreten. Bei diesen seltenen Beanspruchungen muß nur sichergestellt sein, daß die Fließgrenze nicht erreicht wird.

Für die außerordentliche Beanspruchung des Fangrahmens bei einseitigem Fangen mit ungünstiger einseitiger Belastung – wie in Bild 3-39 dargestellt – kann eine plastische Verformung nicht ausgeschlossen werden. Diese plastische Verformung soll in den glatten Hängewinkeln auftreten, die selbst eine starke plastische Verformung ohne Bruch überstehen können. Die Schweiß- und Schraubverbindungen sollten so viel stärker bemessen sein, daß sie unter einer Beanspruchung, die die Hängewinkel plastisch verformen, selbst nicht überbeansprucht werden. Zur Berechnung kann vereinfachend angenommen werden, daß in jedem der vier Eckknoten ein Moment von einem Viertel des Kräftepaares aus der Massenkraft und der Fangkraft auftritt.

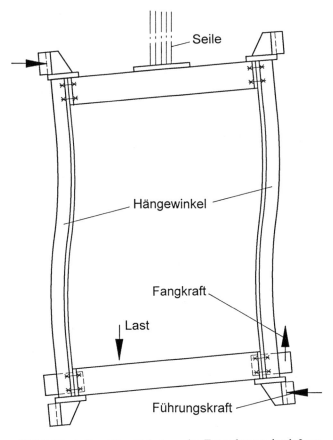

Bild 3-39 Außermittige Belastung des Fangrahmens durch Last und Fangvorrichtung

Gegengewichte

Gegengewichte bestehen regelmäßig aus einem Rahmen mit U-Profilen als senkrechte Verbindungen der Ober- und Unterholme. In diese U-Profile sind die Gewichtssteine aus Beton (meist mit Schwerspatfüllung), aus Grauguß oder aus Stahl eingelegt. Im Normalfall wird das Gegengewicht so bemessen, daß es dem Fahrkorbgewicht und der halben Nennlast entspricht. Der Puffer darf am unteren Ende des Gegengewichts angebracht sein. Gegengewichte werden nur höchst selten mit Fangvorrichtungen ausgerüstet. Dabei wird in Ausnahmefällen der Geschwindigkeitsbegrenzer ebenfalls in das Gegengewicht eingebaut [3.71].

Führungselemente

Bei Aufzügen mit mäßiger Geschwindigkeit werden die Fahrkörbe und Gegengewichte durch Führungsschuhe geführt, die die Führungskräfte über Gleitflächen auf Führungsschienen übertragen. Bei Lastenaufzügen werden meist einteilige Führungsschuhe aus Grauguß eingesetzt. Ein derartiger Führungsschuh ist in Bild 3-40 dargestellt.

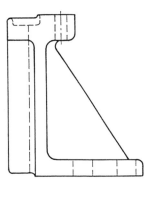
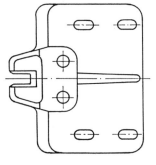

Bild 3-40 Führungsschuh aus Grauguß

Die Führungsschuhe für Personenaufzüge haben meist Gleitflächen aus Kunststoff, zum Beispiel aus Polyamid, aus hochmolekularem Polyethylen oder aus Polyurethan. Die eigentlichen Führungsschuhe sind häufig gelenkig gelagert. Bild 3-41 zeigt ein Führungselement, bei dem der Führungsschuh in einer Gummikugel gelagert ist, so daß sich der Schuh an der Führungsschiene ausrichten kann und Stöße durch ungerade Führungsschienen dämpft.

Zur Schmierung wird über den oberen Führungsschuhen jeweils ein Öltopf angeordnet, der über einen Docht Öl auf den oberen Rand des Führungsschuhs träufelt. Das überschüssige Öl, das die Schienen entlangläuft, wird in der Schachtgrube in einem Topf aufgefangen, in dem die Führungsschiene steht.

Bei Aufzügen mit größeren Geschwindigkeiten oder besonderen Ansprüchen an die Laufruhe werden Rollenführungen mit drei oder sechs Rollen eingesetzt. Die in Bild 3-42 dargestellte Rollenführung mit ihren drei federnd gelagerten Rollen mit dem außergewöhnlich großen

Durchmesser von 300 mm ist für sehr große Fahrkorbgeschwindigkeiten geeignet. Rollenführungen mit drei Rollen müssen sehr genau auf den Fangrahmen oder auf dem Gegengewichtsrahmen ausgerichtet werden. Dadurch können die Querkräfte auf den Gummilaufflächen und nachteilige Folgen für die Laufruhe kleingehalten werden.

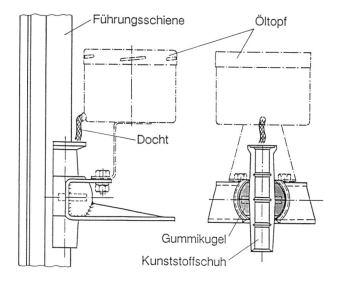

Bild 3-41 Führungselement mit gelenkig gelagertem Führungsschuh und Öltopf, Thyssen Aufzüge GmbH

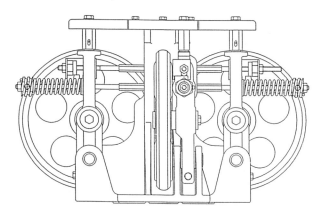

Bild 3-42 Rollenführung für große Fahrkorbgeschwindigkeit, Schindler Aufzüge AG

Bei der aufwendigen Rollenführung mit sechs Rollen sitzen die Rollen auf einem Rollenträger, der gelenkig in dem Lagerbock gelagert ist. Dadurch kann sich der Rollenträger, der so bearbeitet ist, daß die Rollenachsen parallel oder senkrecht zueinander stehen, an der Schiene selbst ausrichten. Damit die Rollen bei außermittiger Fahrkorbbelastung in Stichmaßrichtung nicht abheben, wird der Rollenträger durch eine schwache Feder an die Schiene gedrückt.

Bei allen Rollenführungen umschließt zur Notführung die Grundplatte des Rollenbocks oder des Lagerbocks mit einem kleinen Abstand den Kopf der Führungsschiene für den Fall, daß sich der Belag einer Rolle löst.

Die Rollen aus Grauguß oder Leichtmetall sind kugelgelagert und haben aufvulkanisierte Beläge aus Gummi oder Polyurethan. Wegen der Laufruhe sind die Rollen meist ausgewuchtet. Die Elastizität des aufvulkanisierten Belages muß aus demselben Grund am Umfang möglichst gleich groß sein. Bei leerem Fahrkorb sollten die Rollen weitgehend unbelastet sein, damit keine bleibenden Verformungen des Rollenbelages im Stillstand des Fahrkorbes auftreten.

In der Vulkanisationsfläche tritt eine relativ große Schubspannung auf, die am ehesten zum Versagen der Rolle führt. Zur Verminderung dieser Schubspannung wird die Vulkanisationsfläche so geformt, daß die Schubspannung insbesondere an ihren Rändern reduziert wird.

3.3.6 Führungsschienen

Der Fahrkorb und das Gegengewicht müssen nach DIN EN 81 mindestens durch zwei feste Führungsschienen aus Stahl geführt werden. Nach TRA 200 dürfen die Schienen auch aus anderen zähen metallischen Werkstoffen bestehen. Um Zwängungen zu vermeiden, sollten auf keinen Fall mehr als zwei Führungsschienen verwendet werden.

Die wesentlichen Abmessungen und technischen Daten von genormten Führungsschienen aus Stahl sind in Tafel 3-16 angegeben. Der Schienenkopf ist gezogen oder spanend bearbeitet. Da die Schienen beim Ziehen nicht gerade bleiben, müssen sie gerichtet werden. Die dabei entstehenden Richtknicke führen bei schnelleren Aufzügen zu störenden Erschütterungen. Deshalb werden bei Aufzügen mit größeren Geschwindigkeiten spanend bearbeitete Führungsschienen eingesetzt. Entsprechend den technischen Möglichkeiten sind die Abweichung von der Geraden, die Verdrehung und die Rauhigkeit nach DIN 15311 für die spanend bearbeitete Führungsschiene stärker begrenzt als für die gezogene Führungsschiene.

Die Führungsschiene, die in der Standardausführung eine Länge von 5 m hat, ist an den Enden in der Symmetrieachse mit Nut und Feder versehen. An der Unterseite ist sie im Bereich der Verbindungslasche mit einem festen Abstand zum Schienenkopf spanend bearbeitet. Durch diese beiden Maßnahmen soll sichergestellt werden, daß die Köpfe von zwei zusammentreffenden Führungsschienen fluchten, so daß eine Nacharbeit der Schienenköpfe vermieden wird.

Die Führungsschienen werden über Verbindungslaschen zusammengeschraubt. Nach DIN 15311 besteht die Lasche aus einem Flacheisen, das etwas dicker und etwa ebenso breit ist wie der Flansch der Führungsschiene. Bei größeren Ansprüchen an die Steifigkeit und an die Geradheit der Schienenbahn insbesondere bei hängenden Schienen wird ein wesentlich steiferes Verbindungsstück, zum Beispiel ein Stück der gleichen Führungsschiene, verwendet.

Die Festigkeit der Führungsschienen, ihrer Befestigungen und ihrer Verbindungen muß nach DIN EN 81 ausreichen, um den Kräften beim Fangen mit ungleichförmig verteilter Nennlast im Fahrkorb standzuhalten. Außerdem muß die Durchbiegung der Führungsschienen allein durch die außermittige Belastung so begrenzt sein, daß der normale Betrieb des Aufzuges nicht beeinträchtigt ist. Dedring [3.77] hat früh darauf hingewiesen. Die Beanspruchung der Führungsschienen wird zweckmäßigerweise nach der Sicherheitstechnischen Richtlinie – Berechnung von Führungsschienen (SR-Führungsschienen) – berechnet, auf die wegen der Einzelheiten verwiesen wird. Stumpf [3.78] hat die geltende Sicherheitsrichtlinie Führungsschienen kommentiert.

Tafel 3-16 Hauptabmessungen und Technische Daten von Führungsschienen (Auswahl) nach DIN 15 311

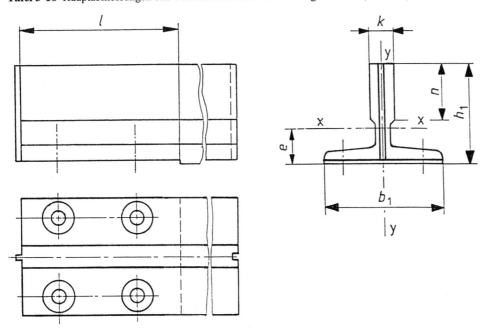

Kurzzeichen A = kaltgezogen B = maschinell bearbeitet	b_1	h_1	k	n	S	q_1	e	I_{xx}	W_{xx}	I_{yy}	W_{yy}
	mm	mm	mm	mm	cm²	kg/m	cm	cm⁴	cm³	cm⁴	cm³
T 70	70	65,0	9,0	34,0	9,51	7,47	2,04	41,3	9,24	18,65	5,35
T 90	90	75,0	16,0	42,0	17,0	13,30	2,65	101,20	20,80	51,50	11,40
T 125	125	82,0	16,0	42,0	22,9	18,00	2,43	151,10	26,20	156,60	25,10
T 127-2	127	88,9	15,88	50,8	28,9	22,70	2,46	200,00	31,00	234,00	36,80

Nach dieser Richtlinie ist die Schienenspannung beim Fangen zu berechnen aus

$$\sigma_{ges} = \frac{k_1 (F + Q) \omega}{2 A} + 0,9 \sigma_b \quad . \tag{3.43}$$

Darin ist
k_1 der Stoßfaktor
F die Fahrkorbgewichtskraft
Q die Nutzlast
ω die Knickzahl (lt. Tabelle SR Führungsschienen bzw. DIN 4114)
A die Querschnittsfläche der Führungsschiene
σ_b die maximale Druckspannung aus der Biegung durch die Führungskräfte auf die Führungsschiene

Der Stoßfaktor k_1 ist
$k_1 = 5$ bei Keilfangvorrichtungen
$k_1 = 3$ bei Rollenfangvorrichtungen
$k_1 = 2$ bei Bremsfangvorrichtungen
$k_1 = 2$ bei Leitungsbruchsicherungen (nur zur Berechnung der Biegespannung, da die Knickspannung entfällt).

Zur Berechnung wird die Schiene als gelenkig gelagert betrachtet, wobei die die Biegung verursachende Führungskraft F_s bei Berücksichtigung des Stoßfaktors in der Mitte zwischen den Schienenbefestigungen angreift. Diese Führungskraft wird unter der Annahme berechnet, daß die der Tragfähigkeit entsprechende Nutzlast auf den ungünstigsten drei Vierteln der Fahrkorbgrundfläche verteilt ist.

Es wird angenommen, daß die Knickkraft im Querschnittsschwerpunkt der Führungsschiene angreift und damit keine zusätzliche Biegespannung erzeugt, und es wird weiter angenommen, daß die Querkraft F_s im Schubmittelpunkt angreift, so daß keine Torsionsspannung auftritt. Beim Ansprechen der Fangvorrichtung oder der Leitungsbruchsicherung darf die Gesamtspannung nach Gleichung (3.43) 75 % der Streckgrenze nicht überschreiten.
Zur Berechnung der Biegespannungen beim Beladen (mit der halben Nutzlast Q auf der Fahrkorbvorderkante) und beim Fahren (mit der gleichmäßig verteilten Nutzlast auf den ungünstigsten drei Vierteln der Fahrkorbgrundfläche) wird der Stoßfaktor 1,2 eingesetzt. Dafür beträgt die maximal zulässige Spannung

140 N/mm² bei St 37 und
150 N/mm² bei St 44.

Bei Aufzügen mit höheren Ansprüchen an die Laufruhe werden die Führungsschienen steifer ausgeführt als nach den Vorschriften gefordert.
Die Führungsschienen werden regelmäßig über verstellbare Bügel an der Schachtwand befestigt. Bild 3-43 zeigt eine solche Schienenbefestigung. Die Schrauben, insbesondere die, mit denen die beiden Bügelwinkel über Langlöcher verbunden sind, müssen so bemessen sein, daß sie allen auftretenden Beanspruchungen gewachsen sind. In den meisten Fällen werden die Bügel mit Ankerschienen verschraubt, die beim Bau in die Schachtwand einbetoniert sind. Dübel können zur Befestigung der Bügel an der

Schachtwand verwendet werden, wenn sie durch das Institut für Bautechnik in Berlin zugelassen sind [3.79].

Die Führungsschienen werden – wie schon in Bild 3-43 dargestellt – mit Pratzen an den Schachtbügeln befestigt. Bei relativ niedrigen Gebäuden genügen feste Pratzen, z.B. nach DIN 15 313, mit denen der Schienenfuß mit großer Kraft auf den Schachtbügel gepreßt wird. Damit ist die Schiene praktisch unverschieblich mit dem Bügel verbunden.

Bei hohen Schächten ist besonders wegen des Setzens (Schrumpfen) des Gebäudes durch die wachsende Belastung beim Ausbau und durch Austrocknen der Schachtwände eine gleitfähige Befestigung erforderlich, um das Ausknicken der Schienen zu verhindern. Dazu werden Klemmpratzen zur Befestigung verwendet, die eine Verschiebung der Schienen entlang ihrer Achse mit begrenzter Kraft zulassen. In Bild 3-44 ist eine derartige Pratze zu sehen. Die Schiene ist in Längsrichtung eng geführt. Die Anpreßkraft ist in dem vorliegenden Fall durch die Fließgrenze des Pratzenbleches begrenzt, das bei dem Anziehen der Befestigungsschraube sowohl elastisch als auch plastisch verformt wird. Die Anpreßkraft ist dadurch genauer definiert, als es bei den unvermeidlichen Maßtoleranzen durch eine Weggrenze möglich wäre. Falls die Anpreßkraft im Extremfall überwunden werden sollte, wird das Abheben oder das Kippen der Schiene durch einen Sicherungsanschlag begrenzt.

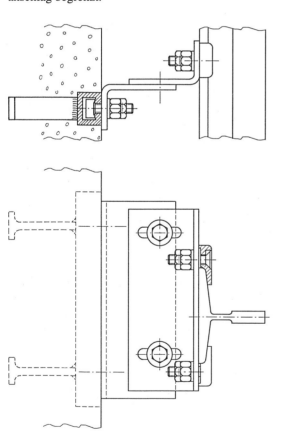

Bild 3-43 Schienenbefestigung mit Ankerschiene und Verstellbügel

Bei hohen Schächten kann durch die Summe der Reibkräfte, der Fangkraft und des Schieneneigengewichtes die zulässige Druckkraft überschritten werden, wenn wie üblich die Schienen in der Schachtgrube aufgestellt sind. Wenn die Schienen aufgehängt sind, sind im allgemeinen die Bügelreibkräfte weiterhin aufwärts gerichtet und begrenzen damit die resultierende Zugkraft. Bei sehr hohen Gebäuden ist es zweckmäßig, die Schienen in der Schachtmitte zu befestigen, so daß die unteren Schienenstränge hängen und die oberen gestellt sind.

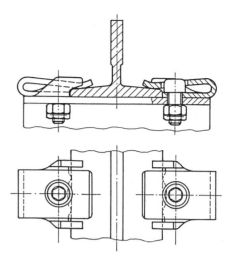

Bild 3-44 Schienenbefestigung mit Gleitklemmen, Thyssen Aufzüge GmbH

Nach einem Patent DP 2054 936 von D. Hladnik kann ein Aufzug auch ohne Führungsschienen gebaut werden. Fahrkorb und Gegengewicht werden in diesem Fall über gummibereifte Räder an der Schachtwand geführt. Bei außermittiger Aufhängung von Fahrkorb und Gegengewicht genügen zur Führung entsprechend den verbleibenden Freiheitsgraden jeweils fünf Räder. Die Fangvorrichtung wirkt auf ein im Schacht hängendes Seil. Bei diesen Aufzügen müssen die Schächte aus hochgenauen Wandbauteilen insbesondere aus Beton zusammengesetzt sein. Derartige Aufzüge sind zunächst in Deutschland von R. Stahl und dann in größerer Zahl in der Schweiz von Gebauer erfolgreich gebaut worden. Wegen der hohen Anforderungen an die Bauausführung haben sie sich aber trotz ihrer Vorteile nicht durchsetzen können.

3.3.7 Türen

Allgemeines

Von den wenigen Unfällen an Aufzügen treten die meisten im Bereich der Fahrkorbzugänge ohne Fahrkorbtüren auf. Zur Vermeidung dieser Unfälle ist im Jahre 1967 für die Bundesrepublik für Personenaufzüge der Einsatz von Fahrkorbtüren vorgeschrieben worden. Für Lastenaufzüge wurden zunächst keine Fahrkorbabschlüsse gefordert [3.80], weil diese Aufzüge nur einem beschränkten, unterrichteten Personenkreis (und insbesondere Kindern nicht) zugänglich sind. In den letzten Jahren sind aber einige schwere Einklemmunfälle bei diesen Aufzügen vorgekommen. Deshalb dürfen nach DIN EN 81 auch Lastenaufzüge nur noch mit Einschränkungen ohne Fahrkorbtür eingesetzt werden. Nach den Ausführungen von Gareis [3.81] steht jedoch zu erwarten, daß der Fahrkorb von Lastenaufzügen zukünftig in jedem Fall mit Türen versehen werden muß.

Es gibt eine Vielfalt von Türformen im Aufzugbau. Zur Vereinheitlichung der Türbezeichnungen hat Peters [3.82] beigetragen. Die wichtigsten Bauformen sind

Schiebetüren (horizontal bewegt)
Hubtüren
Gliederschiebetüren
Drehtüren
Vierfalttüren.

Bevor die Fahrkörbe mit Türen versehen sein mußten, haben die handbetätigten Drehtüren als Schachttüren dominiert. Sie haben den Vorteil, daß sie wenig Platz beanspruchen, das heißt der Schachtquerschnitt ist mit diesen Türen relativ klein. Außerdem sind die Drehtüren einfach aufgebaut und damit wirtschaftlich zu fertigen. Dies ist von besonderer Bedeutung, da die Schachttüren in relativ großer Stückzahl eingesetzt werden. Bei den älteren Aufzügen sind Drehtüren auch heute noch weit verbreitet. Entsprechend der Vorschrift sind bei Personenaufzügen nachträglich leichte Fahrkorbtüren verschiedener Ausführung eingebaut worden.

Seitdem die Fahrkörbe von Personenaufzügen mit Türen versehen sein müssen, hat sich die Schiebetür für Schacht und Fahrkorb durchgesetzt. Bei Lastenaufzügen gilt dies ebenfalls in weitem Ausmaß. Um den Schachtquerschnitt nicht zu groß machen zu müssen, werden insbesondere bei Lastenaufzügen mit recht großen Türbreiten vorwiegend Teleskopschiebetüren eingesetzt. Außerdem werden auch wieder vermehrt Gliederschiebetüren verwendet.

Die Darstellung der Aufzugtüren wird im folgenden auf die Horizontalschiebetüren beschränkt. Diese Türen werden in jedem Fall motorisch bewegt. Dabei ist nur die Fahrkorbtür mit einem Antrieb versehen. Durch eine entsprechende Kupplung bewegt sie in der Haltestelle die jeweilige Schachttür mit. Die Schachttüren haben Verriegelungen, die Fahrkorbtüren regelmäßig nicht. Deren Schließstellung wird durch Sicherheitsschalter überwacht.

Gemeinsam für die Schacht- und Fahrkorbtüren ist die Führung der Türblätter und die Verbindung beziehungsweise die Synchronisierung ihrer Bewegung untereinander. An dem oberen Ende werden die Türblätter durch Laufrollen mit Spurkränzen auf Laufschienen geführt. Durch Gegenrollen wird das Ausheben über den Spurkranz verhindert. Am unteren Ende werden die Türblätter über ein Führungsstück in einer Nut der Schwelle geführt. In Bild 3-45 ist der Schnitt durch ein Türblatt mit der oberen und unteren Führung dargestellt.

Die Laufrollen bestehen regelmäßig aus Polyamid, das auf ein Rillenkugellager aufgespritzt ist. Da der Kunststoff durch Überbeanspruchung oder durch Übertemperatur zerstört werden kann, sind Notführungen aus Stahl – nicht in Bild 3-45 dargestellt – eingesetzt. Diese Notführungen müssen die Türblätter im wesentlichen in ihrer Lage halten und insbesondere ein Herausdrücken aus der Führung sicher verhindern können.

Bei Türen mit mehreren Türblättern werden die Türblätter regelmäßig durch einen Seiltrieb miteinander verbunden. Für mittig öffnende Türen mit zwei Türblättern und für Teleskoptüren mit zwei und drei Blättern sind die Seiltriebe in Bild 3-46 dargestellt. Mittig öffnende Türen sind zur Platzersparnis oft aus zwei Teleskoptürhälften zusammengesetzt. Das gilt insbesondere für Lastenaufzüge mit großen Türbreiten. Bei mittig öffnenden Fahrkorbtüren können die Seile durch Ketten oder Zahnriemen ersetzt sein, die zugleich die Türblätter antreiben.

Bei den Teleskoptüren greifen Notmitnehmer von einem zum anderen Türblatt ein. Dadurch wird die Schließstellung der nachfolgenden Türblätter auch beim Bruch eines

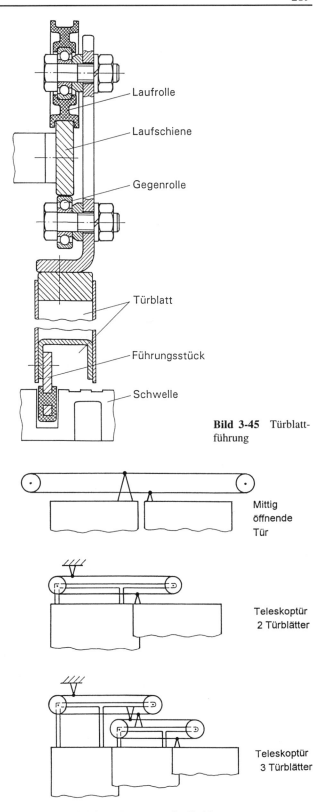

Bild 3-45 Türblattführung

Bild 3-46 Seiltrieb zur Bewegung der Türblätter

Seiles gewährleistet, falls das schnellste Türblatt der Schachttür verriegelt bzw. das der Fahrkorbtür durch den Türschalter geschlossen gemeldet wird.

Schachttür

Die Schachttüren müssen verhindern, daß der Schacht durch Unbefugte betreten werden kann, solange der Fahrkorb nicht hinter der Türöffnung steht. Dazu müssen die

Schachttüren geschlossen und verriegelt sein, und sie müssen eine ausreichende Widerstandsfähigkeit gegen gewaltsames Öffnen haben. Außerdem müssen sie – bei entsprechender Lage des Aufzuges im Gebäude – nach den Bauordnungen der Länder so gestaltet sein, daß Feuer und Rauch nicht durch zwei übereinander liegende Schachttüren in das nächste Stockwerk übertragen werden können. Wegen der relativ hohen Stückzahl durch den mehrfachen Einsatz je Aufzug müssen die Schachttüren rationell hergestellt und einfach im Gebäude zu montieren sein. Die Lauf- und Schließgeräusche sind möglichst klein zu halten. Für die ausreichende Widerstandsfähigkeit der Tür ist vor allem eine steife Führung der Türblätter erforderlich. Die Türblätter selbst bestehen regelmäßig aus einem kastenförmig zusammengeschweißten Stahlblech und sind sehr stabil. Die Anforderungen an den Feuerschutz gelten ohne besonderen Nachweis als erfüllt, wenn die Türen den Konstruktionsnormen DIN 18 090 für Drehtüren und DIN 18 091 für Schachtschiebetüren entsprechen. Dabei ist vorausgesetzt, daß der Fahrkorb überwiegend aus nicht brennbaren Baustoffen besteht und der Fahrschacht ausreichend und wirksam entlüftet ist. Die Türen nach diesen Normen sind durch doppelwandige Türblätter aus Stahlblech gekennzeichnet, die nicht mit Dämmstoffen gefüllt sind. Dadurch bleiben die Türblätter relativ leicht, so daß auch die kinetische Energie beim Auftreffen auf ein Hindernis relativ klein bleibt.

Bild 3-47 zeigt den Schnitt durch den Kämpfer und die Türschwelle einer Teleskopschiebetür und ihre Verbindung mit dem Schacht. Über die Langlöcher der Befestigungswinkel können die Schachttüren im Rahmen der zulässigen Maßabweichungen des Schachtes senkrecht über einander befestigt werden.

Neuerdings werden die Türblätter für Schacht- und Fahrkorbtüren oft aus Glas hergestellt. Sie können allerdings nur in Schächte eingebaut werden, bei denen wegen ihrer Lage im Gebäude die Brandübertragung durch die Türen von einem zum nächsten Stockwerk nicht verhindert werden muß. Die Anforderungen an die Beschaffenheit der Türen sind in der Sicherheitstechnischen Richtlinie SR Glastüren aufgeführt. Foelix [3.75] berichtet über die Erfahrungen bei der Prüfung von Glastüren.

Türverschluß

Der Fahrkorb darf – abgesehen vom Nachstellen der Fahrkorbbündigkeit und der Rampenfahrt – erst anfahren können, wenn alle Schachttüren geschlossen und verriegelt sind. Die Schachttür darf erst entriegelt und geöffnet werden, wenn der Höhenunterschied zwischen dem Fahrkorbfußboden und dem Fußboden der Haltestelle höchstens 0,25 m nach TRA 200 und 0,35 m nach DIN EN 81 (bei gemeinsam mit der Fahrkorbtür maschinell betätigten Schachttüren) beträgt. Der Türverschluß muß so ausgebildet sein, daß die Tür von Hand in den Verriegelungszustand geschoben werden kann. Durch einen besonders geformten Schlüssel muß die Tür entriegelt werden können (Notentriegelung). Das Sperrmittel muß aus zähem metallischem Werkstoff bestehen und durch Gewichts- oder Federkraft eingerückt werden. Die Eingriffstiefe muß mindestens 7 mm betragen, bevor der Sperrmittelschalter (Sicherheitsschalter), der mit dem Sperrmittel formschlüssig verbunden ist, geschlossen wird. Auf einen Sicherheitsschalter, der die Schließstellung der Tür meldet, kann verzichtet werden, wenn das Sperrmittel zwangsläufig nicht einfallen kann, falls die Tür nicht geschlossen ist (Fehlschließsicherung). Von Busch [3.83] hat sehr ausführlich über die Fehlschließsicherung berichtet und Ausführungen vorgestellt, die auch heute noch verwendet werden. Durch die intensive Bauteilprüfung der Türverschlüsse werden Schwachstellen früh entdeckt und beseitigt [3.84]. Rau [3.85] hat die Erfahrungen mit Sperrmittelschaltern bei der Bauteilprüfung vorgestellt.

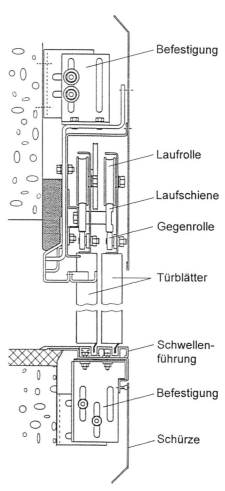

Bild 3-47 Schacht-Teleskoptür, KONE

Wegen seiner großen Vorteile hat sich bei den Schiebetüren der Hakenriegel durchgesetzt. In Bild 3-48, das im wesentlichen von von Busch [3.83] übernommen ist, ist der typische Hakenriegel im Prinzip dargestellt. Der Sperrhaken ist drehbar über eine Grundplatte mit dem Türblatt verbunden. Er greift in die Riegelraste ein, die an dem Türkämpfer befestigt ist. Bei mittig öffnenden Türen, bei denen das zweite Türblatt über den Seiltrieb zugehalten wird, ist der Sperrhaken mit einem zweiten Haken versehen, der mit Spiel hinter eine Raste auf dem zweiten Türblatt greift.

An dem Sperrhaken ist eine Kontaktbrücke formschlüssig befestigt. In Schließstellung des Riegels greift diese Kontaktbrücke in den Sperrmittelschalter ein, der neben der Riegelraste auf dem Türkämpfer befestigt ist, und überbrückt dessen beide Kontakte. Durch eine geführte Druckfeder oder durch Gewichtskraft wird der Riegel geschlossen gehalten. Zum Öffnen dient die Rolle am unteren Ende des Hakenriegels. Diese Rolle wird durch ein sogenanntes Schwert betätigt, das an der Fahrkorbtür befestigt ist und zur Öffnung des Riegels in der Normalausführung gespreizt wird. Der Hakenriegel erfüllt die Anforderungen an die Fehlschließsicherung, da der Riegelschalter nur geschlossen werden kann, wenn die Tür geschlossen ist, und der Riegel eingegriffen hat. Ein ausgeführter Hakenriegel ist in Bild 3-49 gezeigt.

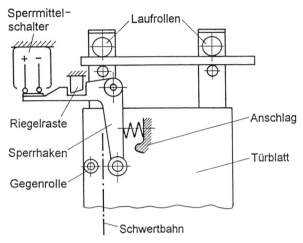

Bild 3-48 Hakenriegel, schematisch /3.83/

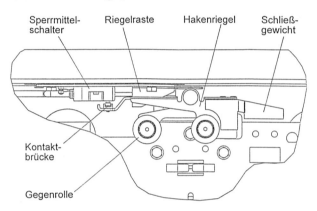

Bild 3-49 Hakenriegel, OTIS

Fahrkorbtür

Der mechanische Aufbau der Fahrkorbschiebetür ähnelt dem der Schachttür. Die Fahrkorbtür wird regelmäßig nicht verriegelt. Die Schließstellung wird durch Sicherheitsschalter kontrolliert. Die Fahrkorbschiebetür wird entweder durch einen Kurbeltrieb oder durch einen Linearantrieb bewegt.

Der Kurbeltrieb ist in Bild 3-50 schematisch dargestellt. Die beiden Endpositionen der Tür werden durch die Länge des Kurbelarmes sehr genau eingehalten. Durch den Kurbeltrieb wird bei konstanter Drehzahl des Türantriebes ein etwa sinusförmiger Verlauf der Türgeschwindigkeit erzeugt. Dadurch kann eine einfache Motorsteuerung eingesetzt werden. Nachteilig ist die ruckartige Türbewegung bei der Umsteuerung aus der vollen Geschwindigkeit bei etwa halboffener Tür.

Durch den Kurbelantrieb kann in der nahezu gestreckten Stellung von Kurbel und Kurbelstange eine sehr große Kraft auf das Türblatt erzeugt werden. Um die Schließkraft auf eingeklemmte Körperteile von Fahrgästen zu begrenzen, besteht die Kurbelstange regelmäßig aus zwei teleskopartig verschiebbaren Teilen (Rohren), die durch eine Raste miteinander verbunden sind. Durch das An- oder Entspannen der Rastenfeder kann die Auslösekraft der Raste und damit die maximale Schließkraft der Tür eingestellt werden. Wenn die Raste durch Überschreitung der Grenzschließkraft ausgerückt ist, können die beiden Teleskoprohre der Kurbelstange praktisch kraftfrei gegeneinander verschoben werden. Die Raste kann durch Bewegen der Türblätter von Hand leicht wieder eingerückt werden. Sie rückt in jedem Fall bei der motorischen Kurbelbewegung in Türöffnungsrichtung von selbst wieder ein. Durch den Kurbeltrieb wird regelmäßig nur ein Türblatt angetrieben. Der Antrieb des zweiten oder weiterer Türblätter erfolgt meist über Seiltriebe.

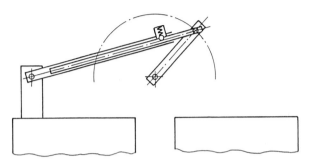

Bild 3-50 Kurbeltrieb

In Bild 3-51 ist ein ausgeführter Kurbeltrieb für eine Teleskoptür dargestellt. Die Kurbelstange treibt das langsame Türblatt an, so daß der Kurbelradius relativ klein sein kann. Die Kraft der Kurbelstange ist wieder durch eine Raste begrenzt. Zusätzlich wird bei Betätigung dieser Raste – ausgelöst durch den auf der Kurbelstange befestigten Schalter – die Türbewegung umgesteuert. Durch ein Kurvenstück an der Kurbel wird das Schwert über die kleine Schwertrolle betätigt, so daß in der Geschlossenstellung der Tür das Schwert in zusammengeklappter Stellung gehalten wird. Durch die besondere Form des Kurvenstückes an der Kurbel kann in dem Sonderfall, daß die Tür offen und der Kurbeltrieb in Schließstellung steht, die Tür von Hand geschlossen werden, da die Schwertrolle unbehindert unter das Kurvenstück laufen kann.

In der ersten Phase der Kurbelbewegung zur Öffnung der Tür gibt das Kurvenstück der Kurbel die Schwertrolle frei, so daß das Schwert durch seine Spreizfeder gespreizt wird. Dadurch wird die Schachttür entriegelt und zugleich fest mit der Fahrkorbtür verbunden. Während der Spreizbewegung des Schwertes öffnen sich die Türen entsprechend der Horizontalkomponente des Kurbelweges nur um wenige Millimeter. Danach werden die gekoppelten Türen im weiteren Verlauf der Kurbelbewegung geöffnet.

Häufig werden die Türen über eine Kette oder einen Zahnriemen entsprechend Bild 3-46 angetrieben. Derartige Antriebe werden als Linearantriebe bezeichnet. Um eine harmonische Türbewegung zu erzeugen und um die beiden Endstellungen genau anzusteuern, ist eine aufwendige Steuerung erforderlich, die die Türgeschwindigkeit nach der Position der Tür einstellt. Die Position der Tür wird dazu meist durch Integration der Türgeschwindigkeit über der Zeit ermittelt. Die Tür wird bei diesen Antrieben in kurzer Zeit auf eine konstante Geschwindigkeit gebracht und in kurzer Zeit wieder abgebremst. Dadurch wird die Türöffnungs- und -schließzeit kurz gehalten. Um die Wucht bei dem Schließvorgang zu beschränken, wird die Schließgeschwindigkeit meist kleiner eingestellt als die Öffnungsgeschwindigkeit der Tür.

Ein sogenanntes Schwert – das wie schon gesagt zur Entriegelung und Mitnahme der Schachttür dient – ist in Bild 3-52 schematisch dargestellt. Die beiden Träger der

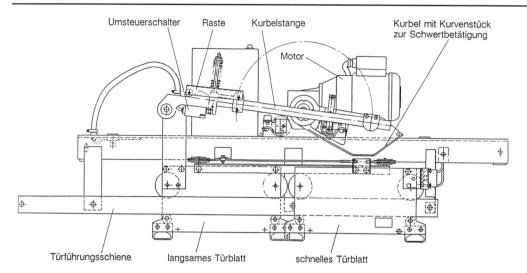

Bild 3-51 Kurbeltrieb für eine Teleskoptür, C. Haushahn GmbH

Schwertlineale sind außermittig gelagert, so daß das Entriegelungslineal eine größere Querbewegung ausführt als das Lineal, das sich nur an die Gegenrolle der Verriegelung anlegen soll. Die Länge der Schwertlineale ist so bemessen, daß sie nur in den Riegel eingreifen und die Schachttür entriegeln können, solange der maximal zulässige Höhenunterschied zwischen Fahrkorb- und Haltestellenfußboden nicht überschritten ist, bei dem die Tür geöffnet werden darf.

Durch eine Feder wird das Schwert gespreizt und durch eine Kraft auf die Betätigungsrolle zusammengeklappt, so daß es beim Fahren des Fahrkorbes berührungslos zwischen den beiden Rollen der Riegel hindurchfahren kann. Das Schwert nach Bild 3-52 wird im Gegensatz zu dem für die Tür nach Bild 3-51 durch eine Kraft nach oben zusammengeklappt. Diese Ausführung ist zur Betätigung mit einem Elektromagnet bestimmt. Außerdem gibt es Schwertausführungen, die durch einen Stellmotor in beide Endstellungen bewegt werden.

Die Schwertlineale sind an den Enden angeschrägt, um Schäden bei der Kollision mit einem Riegel zu vermeiden. Zu einer Kollision kann es insbesondere kommen, wenn der Fahrkorb bei abgeschalteter Stromzufuhr von Hand bewegt wird oder wenn die Triebwerksbremse für die Fangprobe von Hand gelüftet wird und der Fahrkorb frei fährt.

Türkantensicherung

Bei den maschinell schließenden Türen besteht die Gefahr, daß ein Fahrgast durch die Türblätter eingeklemmt wird. Damit Verletzungen sicher vermieden werden, darf deshalb nach DIN EN 81 die Schließkraft 150 N nicht überschreiten. Außerdem darf die kinetische Energie der Fahrkorbtür und der mit ihr verbundenen Teile nicht größer sein als 10 Joule. Die Tür muß spätestens dann selbsttätig umsteuern, wenn eine Person beim Durchschreiten des Fahrkorbzuganges von der sich schließenden Tür getroffen wird oder werden könnte. Weitere Anforderungen für spezielle Fälle sind in DIN EN 81 zu finden.

Nykänen /3.86/ hat verschiedene Vorschriften zur Türkantensicherung vorgestellt und kommentiert. Er hat sich dabei besonders mit der kinetischen Energie befaßt und einige Angaben über die sehr unterschiedliche Energieaufnahme von Finger (0,2 Nm), Hand (0,8 Nm), Kopf (1,0 Nm) und Arm zwischen Ellenbogen und Hand (3 Nm) bis zur Schmerzgrenze gemacht. Kloß [3.87] hat eine Methode zur Schließkraftmessung entwickelt und die Schließkräfte von vielen Omnibustüren gemessen. Er hat auf die Bedeutung einer sogenannten Effektivkraft – der mittleren Kraft über der Wirkdauer – hingewiesen.

Mit der schon erwähnten Raste des Kurbeltriebs kann die maximale Schließkraft sicher begrenzt werden. Sie trennt weiterhin den Antrieb ab, so daß dessen kinetische Energie nicht auf den Fahrgast wirkt, der von dem Türblatt getroffen wird. Bei den Linearantrieben hat eine Rutschkupplung eine ähnliche Wirkung.

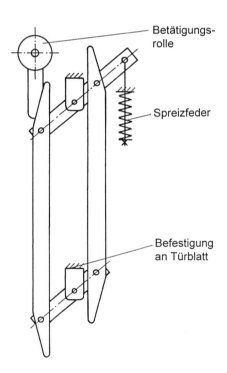

Bild 3-52 Schwert, schematisch

Zur Begrenzung der Pressung auf eingeklemmte Finger wird die Fahrkorbtür oft mit einer Fingerschutzleiste aus Gummi versehen. Deren Wirkung ist aber begrenzt, da die Stirnseite der Fahrschachttür, die ebenfalls die Finger einklemmen kann, wegen der Feuerschutzbestimmungen aus Blech besteht. Immerhin ist aber die Stirnseite der Fahrschachttür regelmäßig eben und recht breit, so daß die Kraft auf eine relativ große Fläche verteilt ist. Nach DIN 18091 beträgt die Dicke der Türblätter zwischen 33 und 50 mm.

Zum Umsteuern der Tür werden am häufigsten Lichtschranken eingesetzt, die einfach in Griffhöhe, mehrfach in verschiedener Höhe oder als Lichtvorhang die gesamte Türöffnung überstreichen. Sie werden manchmal unterstützt durch eine Fingerschutzleiste, die im wesentlichen aus einem Schlauch besteht. Die stoßartige Änderung des Luftdruckes in diesem Schlauch beim Auftreffen auf einen Körper betätigt einen Impulsschalter, der ebenfalls die Umsteuerung der Tür auslöst. Voreilende leichte Türleisten und kapazitiv wirkende Türleisten werden selten eingesetzt. Sie haben den Vorteil, daß die Tür nur umgesteuert wird, wenn sie auf einen Körper aufzutreffen droht. Dadurch können Fahrgäste insbesondere bei großen Türbreiten die Tür noch passieren, ohne daß die Türschließbewegung unnötigerweise unterbrochen wird. Bei der mechanischen voreilenden Türleiste wird die Umsteuerung durch Berührung – wenn auch mit geringer Stoßkraft – eingeleitet. Die kapazitive Türleiste wirkt zwar berührungslos, sie hat aber den Nachteil, daß sie feuchtigkeitsempfindlich ist. Über neuere Entwicklungen der Türkantensicherung berichtet Platt [3.88].

3.3.8 Fangvorrichtungen und Geschwindigkeitsbegrenzer

Fahrkörbe, die nicht durch Stützketten oder unmittelbar durch Kolben getragen werden, müssen mit einer Fangvorrichtung versehen sein. Die Fangvorrichtung muß durch einen Geschwindigkeitsbegrenzer eingerückt werden, wenn die Auslösegeschwindigkeit erreicht ist. Sie muß den mit der Nutzlast beladenen Fahrkorb abbremsen und an den Führungsschienen festhalten. Die Fangvorrichtung muß an beiden Führungsschienen gleichmäßig fangen. Durch einen Sicherheitsschalter an der Fangvorrichtung muß das Triebwerk beim Fangen abgeschaltet werden. Nach dem Fangen muß sich die Fangvorrichtung beim Aufwärtsfahren wieder selbsttätig lösen.

Über die Konstruktion der Fangvorrichtungen – insbesondere der Bremsfangvorrichtungen – und deren historische Entwicklung hat Franzen [3.89] sehr ausführlich berichtet. Die Lektüre dieses Aufsatzes ist auch heute noch sehr zu empfehlen. Der prinzipielle Aufbau der Fangvorrichtungen ist in Bild 3-53 dargestellt. In diesem Bild ist auch die maximal zulässige Betriebsgeschwindigkeit nach TRA eingetragen. Zwischen den Anforderungen der TRA und der DIN EN 81 bestehen nur recht kleine Unterschiede.

Sperrfangvorrichtungen

Keilfangvorrichtungen, bei denen zum Fangen Keile zwischen Führungsschienen und Fanggehäuse gezogen werden, sind wegen der großen Fangkräfte praktisch nicht mehr gebräuchlich. Berger [3.90] hat mit solchen Fangvorrichtungen in einem Fall Verzögerungen von 20 g gemessen. Ebenso werden Sperrfangvorrichtungen mit Dämpfung, die bis zu einer Betriebsgeschwindigkeit von $v = 1{,}25$ m/s zugelassen sind, wegen des hohen Aufwandes nicht mehr verwendet.

Die meist eingesetzte Rollensperrfangvorrichtung hat ihren Namen von der gekordelten und gehärteten Rolle, die beim Fangvorgang zwischen Führungsschiene und Fanggehäuse gezogen wird. Eine typische Rollenfangvorrichtung ist in Bild 3-54 dargestellt.

Wegen der hohen Beanspruchung werden die Fangrollen ohne die früher verschiedentlich verwendete zentrale Führungsbohrung ausgeführt. Sie werden durch Gabeln eingerückt, die die Fangrollen umfassen und die über die Fangwelle miteinander verbunden sind. Über diese Fangwelle werden regelmäßig die Sicherheitsschalter zum Abschalten des Triebwerks betätigt. Durch die über die Fangwelle verbundenen Gabeln wird beim unbeabsichtigten Fangen auf der einen Seite das Einrücken der Fangrolle auf der anderen Seite erzwungen, so daß eine übermäßige Beanspruchung des Fangrahmens vermieden wird.

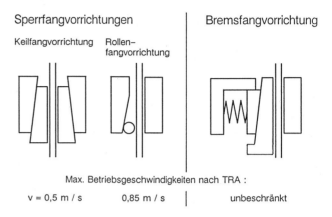

Bild 3-53 Bauarten der Fangvorrichtungen

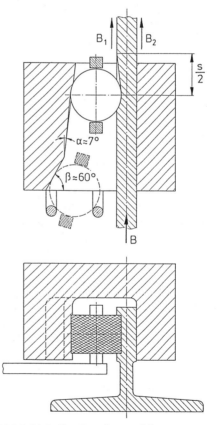

Bild 3-54 Rollen-Sperrfangvorrichtung

Die Fangkraft der Rollenfangvorrichtung setzt sich zusammen aus der Verformungskraft B_1 auf der Rollenseite und der Reibkraft B_2 auf der gegenüberliegenden Seite. Wegen der recht hohen Festigkeit wird das Fanggehäuse, z.B. aus St 60 oder St 70, weit weniger verformt als die Führungsschiene aus St 37 oder St 42. Bei dem Fangvorgang wird durch das Abrollen der Fangrolle ein Fangweg von einigen Zentimetern erreicht, so daß die Fangkraft und die Verzögerung des Fahrkorbes in Grenzen gehalten werden.

Zur Bauteilprüfung wird in einer Prüfpresse ein Schienenstück durch die Sperrfangvorrichtung gedrückt. Beim Erreichen der Streckgrenze oder beim Bruch des Fanggehäuses ist der Druckversuch beendet. Bei dem Druckversuch wird der Verlauf der Fangkraft über dem Weg erfaßt. Ist aus dem Kraft-Weg-Diagramm das Erreichen der Streckgrenze nicht eindeutig erkennbar, wird das Kraft-Aufweitungs-Diagramm zur Beurteilung herangezogen.

Das bei dem Druckversuch ermittelte Arbeitsvermögen der Fangvorrichtung und der Führungsschiene ist

$$W = \int B \cdot ds \ .$$

Für die Fangvorrichtung auf beiden Seiten des Fahrkorbes ist dann die zulässige abzufangende Masse (F und Q ausnahmsweise als Masse)

$$(F+Q)_{zul} = \frac{2 \cdot W}{h \cdot g \cdot f} \ .$$

Nach TRA 101 ist für die Freifallhöhe $h = 0,2$ m einzusetzen. Damit wird die Geschwindigkeitshöhe von 0,0734 m für die maximal zulässige Auslösegeschwindigkeit 1,2 m/s, der Ansprechweg der Fangrolle und der mittlere Nockenabstand des Geschwindigkeitsbegrenzers berücksichtigt. Der Fangweg s wird nach TRA 101 vernachlässigt, obwohl er bei der Rollenfangvorrichtung nicht sehr klein ist. g ist die Fallbeschleunigung. Für den Sicherheitsfaktor f ist einzusetzen:

$f = 2$ bis zur Streckgrenze
$f = 3,5$ bis zur Bruchgrenze.

Zu diesen sehr hohen Beanspruchungen kann es im Extremfall kommen, wenn die Seile oder andere tragende Teile gebrochen sind und durch den Nockenabstand des Pendel-Geschwindigkeitsbegrenzers ein hoher Freifallweg des Fahrkorbes erreicht wird. Bei intakten Seilen ist die Beanspruchung von Schienen und Fanggehäuse dagegen relativ klein und kann vielfach ertragen werden vor allem deshalb, weil die stärkere Verformung der Führungsschiene jeweils an einer anderen Stelle auftritt.

Der große Vorteil der Rollenfangvorrichtung besteht in der hohen Zuverlässigkeit, mit der das Fangen des Fahrkorbes erfolgt. Wenn die Rolle angelegt wird, wird sie so gut wie sicher in den Spalt zwischen Schiene und Fanggehäuse eingezogen. Seltene Versagensfälle sind meist auf fehlerhaft gehärtete Rollen zurückzuführen. Nachteilig sind die Rollenspuren auf den Führungsschienen, die aber mit einer Feile leicht geglättet werden können.

Bremsfangvorrichtungen

Die Bremsfangvorrichtungen bestehen im wesentlichen aus zwei Bremsbacken und aus einer starken Feder, die die beiden Bremsbacken auf die Führungsschiene pressen. Die Feder wird durch die kinetische Energie des Fahrkorbes über Keile oder Exzenter dadurch gespannt, daß diese Teile über das Seil des Geschwindigkeitsbegrenzers festgehalten und durch die zunächst anhaltende Bewegung des Fahrkorbes in die Fangvorrichtung eingezogen werden. Bild 3-55 und 3-56 zeigen typische Bauarten von Bremsfangvorrichtungen.

Die Reibbeläge der Bremsfangvorrichtungen bestehen aus gehärtetem Stahl, Grauguß, Bronze, Messing oder speziellen Werkstoffen auf Kunststoffbasis [3.91]. Die Reibflächen sind meist durch Quernuten unterbrochen, damit

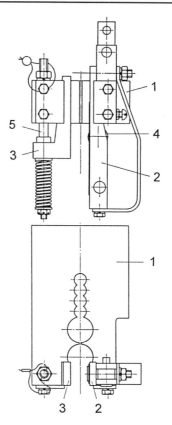

Bild 3-55 Bremsfangvorrichtung, Thyssen Aufzüge GmbH
1 Zangenkörper
2 Fangkeil
3 Gegenkeil
4 Tranportrolle
5 Einstellschraube

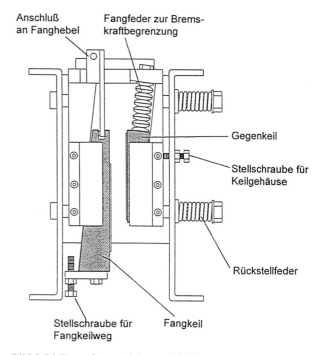

Bild 3-56 Bremsfangvorrichtung, KONE

Abrieb leichter ausgetragen werden kann. Franzen [3.92] berichtet über relativ kleine Schwankungen der Bremskräfte bei wiederholten Fangversuchen. Diese Feststellung wird in [3.93] bestätigt, aber nur für die mittlere Bremskraft bei etwa gleicher Auslösegeschwindigkeit und gleichen äußeren Umständen. Die Reibungszahl und damit die Bremskraft ist abhängig von der Schienenoberfläche, deren Schmierzustand und Härte. Sie nimmt regelmäßig mit wachsender Geschwindigkeit sehr stark ab [3.93].

3.3 Mechanische Ausrüstung

Insgesamt ist mit einer großen Streuung der Bremskraft zu rechnen. Mit Rücksicht darauf darf nach den Technischen Regeln für Aufzüge TRA 252.1 die mittlere Verzögerung des mit Nutzlast beladenen Fahrkorbes aus dem freien Fall zwischen 0,2 g und 1,4 g betragen. Dabei steht g für die Fallbeschleunigung. Nach DIN EN 81 sind die Grenzen der mittleren Verzögerung 0,2 und 1,0 g. Diese Grenzen sind wegen der Streuung der Reibungszahlen nicht zuverlässig einzuhalten. Deshalb werden den folgenden Ausführungen die Anforderungen der TRA 200 zugrunde gelegt. Danach ist die erforderliche mittlere Bremskraft B der Fangvorrichtung

$$1{,}2\,(F+Q) < B < 2{,}4\,(F+Q).$$

Dabei ist F die Gewichtskraft des Fahrkorbes und Q die Gewichtskraft der Nutzlast (Tragfähigkeit).

Die Bremsfangvorrichtungen sind also wie die Sperrfangvorrichtungen dafür dimensioniert, den freien Fall zu verhindern. Dieser Fall tritt sehr selten, nämlich etwa 1/300.000 1/Aufzug · Jahr, auf [3.65]. Beim normalen Fangvorgang (z.B. bei der Fangprobe oder bei Übergeschwindigkeit durch Überladung des Fahrkorbes, durch Getriebebruch o.ä.) ist der Fahrkorb über die Seile mit dem Gegengewicht verbunden. Dafür hat zuerst Blokland [3.95] die Bewegungsgleichungen von Fahrkorb und Gegengewicht des Treibscheibenaufzuges ohne gespannte Unterseile bei weitertreibender Treibscheibe mit konstanter und linear wachsender Bremskraft der Fangvorrichtung abgeleitet.

Donandt [3.96] hat darauf aufbauend die Bedeutung des Gegengewichtspringens herausgestellt und die freie Rückfallhöhe des Gegengewichts berechnet. In [3.97] ist die Betrachtung auf die Vorgänge beim Zurückfallen des Gegengewichtes in die Seile erweitert. Zusätzlich wird dort das Fangen bei bremsender Treibscheibe und mit gespannten Unterseilen untersucht. Aberkrom [3.98] hat bei Fangversuchen die Beschleunigung, die Geschwindigkeit und den Weg von Fahrkorb und Gegengewicht als Funktion der Zeit gemessen und die Rechenergebnisse im wesentlichen bestätigt.

Auf die Wiedergabe der Bewegungsgleichungen mit ihren vielfach wechselnden Randbedingungen wird verzichtet. Statt dessen werden in Diagrammen wesentliche Ergebnisse gezeigt. Diesen Diagrammen liegen die Daten aus Tafel 3-17 mit sehr kleinen und sehr großen Federraten für die Seile und Aufhängungen zugrunde in der Schreibweise mit der Längung im Nenner, die durch die Belastung von $F + Q$ erzeugt wird. Die Federraten der linken Spalte treten etwa bei einer Seillänge von 15 m und die der rechten Spalte bei einer Seillänge von 150 m auf.

Tafel 3-17 Ausgangsgrößen zur Berechnung eines Fangvorgangs

	große Federraten der Seile (Förderhöhe etwa 15 m)	kleine Federraten der Seile (Förderhöhe etwa 150 m)
Federrate der Seile auf der Fahrkorbseite k in N/m	$\dfrac{F+Q}{0{,}03}$	$\dfrac{F+Q}{0{,}20}$
Federrate der Seile auf der Gegengewichtsseite q in N/m	$\dfrac{F+Q}{0{,}015}$	$\dfrac{F+Q}{0{,}02}$
Fahrkorbgewichtskraft F in N	1,25 Q = 0,5556 (F + Q)	
Gegengewichtskraft (bei 50%igem Nutzlastausgleich) $G = m \cdot g$ in N	0,7775 (F + Q)	
Treibfähigkeit $e^{\mu\beta}$	1,8	

In Bild 3-57 ist der Verlauf des Weges, der Geschwindigkeit, der Verzögerung und der Seilkräfte beim Fangen des mit Nutzlast beladenen Fahrkorbes eines Aufzuges mit den großen Seillängungen aus Tafel 3-17 ohne Unterseile gezeigt. Die Bremskraft beträgt $2{,}0(F + Q)$, die Anfangsgeschwindigkeit entspricht mit v = 3,2 m/s der Auslösegeschwindigkeit eines Aufzuges mit der Nenngeschwindigkeit 2,5 m/s.

Nach recht kurzer Zeit werden die Seile spannungslos und bleiben es verhältnismäßig lange, bis das Gegengewicht in die Seile zurückfällt. Sobald die Seile spannungslos sind, ist in dem Beispiel Bild 3-57 mit der Bremskraft B = 2(F+Q) die Verzögerung des Fahrkorbes und des Gegengewichtes $\ddot{x} = \ddot{y} = -g$. Wenn der Fahrkorb abgebremst ist, ist seine Verzögerung selbstverständlich $\ddot{x} = 0$. Beim Zurückfallen des Gegengewichtes treten hohe Verzögerungen und sehr hohe Seilkräfte auf. In dem vorliegenden Beispiel beträgt die Seilkraft auf der Gegengewichtsseite das 4,3 fache der Gewichtskraft des mit Nutzlast beladenen Fahrkorbes.

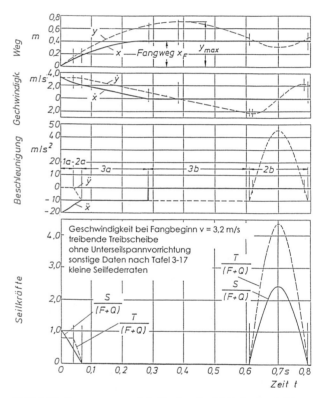

Bild 3-57 Bewegungs- und Seilkraftverlauf, Fahrkorb mit Nutzlast beladen, Bremskraft der Fangvorrichtung $B = 2{,}0\,(F+Q)$ [3.97]

Die mittlere Verzögerung a bezogen auf den Weg des mit der Nutzlast beladenen Fahrkorbes ist in Bild 3-58 für den Fall der weitertreibenden Treibscheibe für verschiedene Anfangsgeschwindigkeiten dargestellt. Daraus ist zu erkennen, daß die mittlere Fahrkorbverzögerung a für Aufzüge ohne Unterseile mit kleinen Geschwindigkeiten nahezu so groß ist wie das Verhältnis von Bremskraft und Gewichtskraft der abzubremsenden Masse. Das bedeutet, daß in dem kurzen Bremsvorgang der Fahrkorb zum großen Teil von den Seilen getragen wird, die damit beim Bremsen helfen.

Bild 3-59 zeigt die Seilzugkraft beim Zurückfallen des springenden Gegengewichtes bei leerem Fahrkorb. Dabei wird bei der maximal zulässigen Auslösegeschwindigkeit von Aufzügen ohne Unterseil die Seilkraft $T = 5,5(F + Q)$ erreicht. Die Seilkräfte sind kleiner, wenn der Fahrkorb nicht im unteren, sondern im oberen Fahrschachtbereich gefangen wird. Besonders wirkungsvoll werden die Fahrkorbverzögerungen und die Seilkräfte durch gespannte Unterseile begrenzt. In Bild 3-58 ist dies deutlich an der relativ kleinen mittleren Verzögerung zu erkennen, die je nach den Seilfederraten bei etwa der Geschwindigkeit 1 bis 3 m/s einsetzt.

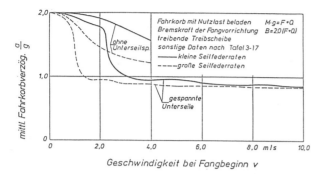

Bild 3-58 Mittlere Fahrkorbverzögerung beim Fangen bezogen auf den Weg [3.97]

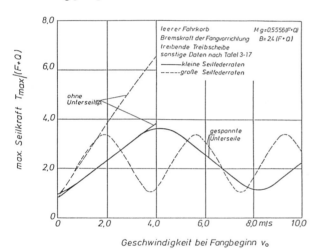

Bild 3-59 Max. Seilkraft auf der Gegengewichtseite beim Zurückfallen des Gegengewichtes [3.97]

Fangprobe

Bei der Abnahmeprüfung nach § 9 und den Hauptprüfungen nach § 10 der Aufzugsverordnung sind die Fangvorrichtungen durch eine Fangprobe zu überprüfen. Nach den Prüfrichtlinien TRA 102 ist bei der Abnahmeprüfung die Fangprobe in der Abwärtsfahrt mit 1,5facher Nutzlast bei Betriebsgeschwindigkeit oder mit Nutzlast bei Auslösegeschwindigkeit jeweils ohne mechanische und elektrische Bremsung durchzuführen. Bei Sperrfangvorrichtungen kann die mechanische und elektrische Bremsung des Triebwerkes wirksam bleiben und bei den Hauptprüfungen genügt eine Funktionsprüfung ohne Last. Die Fangprobe mit Sperrfangvorrichtungen ist unproblematisch. Sie wird deshalb nicht weiter betrachtet.

Aufzüge mit Bremsfangvorrichtungen müssen nach TRA 102 bei der Fangprobe im Rahmen der Abnahmeprüfung wie oben angeführt und bei den Hauptprüfungen aus der Abwärtsfahrt des mit der Nutzlast beladenen Fahrkorbes bei Betriebsgeschwindigkeit ohne mechanische und elektrische Bremsung geprüft werden. Dabei ist insbesondere festzustellen, ob die Fangvorrichtung den mit der Nutzlast beladenen Fahrkorb aus dem Freifall mit der vorgeschriebenen Verzögerung abbremsen könnte. Die Fangprobe wird aber nicht aus dem freien Fall, sondern durch das Fangen des über die Seile mit dem Gegengewicht verbundenen Fahrkorbes durchgeführt. Die Einhaltung der Vorschrift wird regelmäßig anhand der dabei auftretenden Bremswege beurteilt.

– Aufzüge mit kleiner Geschwindigkeit

Bei kleiner Geschwindigkeit bis 1 m/s oder sogar 1,25 m/s kann die Bremskraft der Fangvorrichtung so gut wie gar nicht an dem auftretenden Bremsweg abgelesen werden. Zu der Hauptunsicherheit durch die beim Fangen zusätzlich wirkende Seilkraft kommt bei der kleinen Geschwindigkeit hinzu, daß die Bremsspuren nur sehr ungenau als Bremswege zu deuten sind. Außerdem wird die Fangvorrichtung in vielen Fällen nur unvollständig eingerückt, so daß die endgültige Bremskraft der Fangvorrichtung überhaupt nicht erreicht wird.

Auf eine Prüfung der Fangvorrichtung anhand der Bremswege sollte deshalb bei diesen Aufzügen ganz verzichtet werden. Die Bremsfangvorrichtungen von Aufzügen kleiner Geschwindigkeit sollten vielmehr entsprechend den Feststellungen aus der Bauteilprüfung so eingestellt sein, daß die Bremskraft mit Sicherheit größer ist als $B = 1,2(F + Q)$. Bei diesen kleinen Geschwindigkeiten ist die Abnutzung vergleichbar mit der der Sperrfangvorrichtung. Der Zustand der Bremsfangvorrichtung kann wie bei der Sperrfangvorrichtung durch Besichtigung überprüft werden. Durch eine geänderte Prüfvorschrift sollte in diesem Fall bei den Hauptprüfungen nur eine Funktionsprüfung wie bei Sperrfangvorrichtungen gefordert werden. Als Alternative dazu kann bei Aufzügen kleiner Geschwindigkeit die Bremskraft der Fangvorrichtung quasistatisch durch eine entsprechende Kraftmeßeinrichtung überprüft werden.

– Aufzüge ohne gespannte Unterseile, mittlere Geschwindigkeit

Mit der angeführten Methode [3.95, 3.97] kann für jeden Aufzug der kleinste und größte Bremsweg berechnet werden, der mit den etwa nach TRA 252.1 geforderten Bremskräften zulässig ist. Dabei kann bei den für mittlere Geschwindigkeiten verwendeten Triebwerken mit Getrieben angenommen werden, daß die Treibscheibe während des Fangvorgangs weitertreibt. Wegen der recht großen kinetischen Energie dieser Triebwerke gilt dies stets, wenn entsprechend der Forderung der TRA 102 die Fangprobe ohne mechanische und elektrische Bremsung durchgeführt wird. Es gilt aber meist sogar dann, wenn das Triebwerk einfach durch den Fangschalter abgeschaltet wird und die mechanische und gegebenenfalls die elektrische Bremsung zur Wirkung kommt.

Sofern eine Berechnung des zulässigen Bremsweges im Einzelfall nicht vorliegt, können zulässige Bremswege aus Tafel 3-18 entnommen werden, die gegenüber [3.99] leicht korrigiert sind. Diese Bremswege gelten für den bei Aufzügen ohne gespannte Unterseile praktisch vorkommenden Bereich der Federraten der Seile und deren Aufhängungen und für übliche Lastverhältnisse, die in Tafel 3-17 angegeben sind. Die Federraten der linken Spalte treten etwa bei einer Seillänge von 15 m und die der rechten bei einer Seillänge von 150 m auf.

3.3 Mechanische Ausrüstung

Für die Auslösegeschwindigkeit 2 m/s sind in Bild 3-60 als Beispiel die errechneten Bremswege als Funktion der Bremskraft aufgetragen. Die vier Kurven bezeichnen von oben nach unten den Bremsweg beim Freifall, den bei relativ steifen Seilen (Tafel 3-17, linke Spalte), den bei relativ weichen Seilen (Tafel 3-17, rechte Spalte) und den bei unendlich weichen Seilen. Daraus lassen sich die sicheren Bremswege für die praktisch vorkommenden Seilsteifigkeiten – wie in Tafel 3-18 eingetragen – mit $s = 0{,}102$ m bis $s = 0{,}225$ m für die Auslösegeschwindigkeit 2,0 m/s ablesen.

Tafel 3-18 Bremswege mit sicherer Einhaltung der Anforderungen der TRA 252.1 (mit Daten nach Tafel 3-17)

Anfangs-geschwindigkeit	Fangwege s in m			
	Fahrkorb mit Nutzlast		Fahrkorb leer	
v in m/s	s_{min}	s_{max}	s_{min}	s_{max}
1,0	0,023	0,044	0,012	0,024
1,25	0,036	0,072	0,019	0,038
1,5	0,054	0,110	0,028	0,055
1,6	0,062	0,125	0,032	0,063
1,8	0,080	0,170	0,042	0,083
2,0	0,102	0,225	0,051	0,102
2,5	0,167	0,470		
3,2	0,300	0,930		

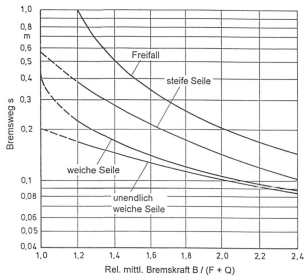

Bild 3-60 Bremsweg beim Fangen des mit Nutzlast beladenen Fahrkorbes, Auslösegeschwindigkeit $v = 2$ m/s

In Tafel 3-18 ist der zulässige Bremsweg aufgeführt für den Fall, daß die Bremskraft während des ganzen Fangvorganges konstant ist. Das trifft aber vor allem für die Einrückphase der Fangvorrichtung nicht zu. In dieser Phase wächst die Bremskraft mehr oder weniger linear mit dem für die jeweilige Fangvorrichtung bekannten Einrückweg s_{Ein}. Der zulässige Bremsweg s_{zul} ist in guter Näherung um den halben Einrückbremsweg größer als der Bremsweg s bei konstanter Bremskraft aus Tafel 3-18

$$s_{zul} = s + 0{,}5\, s_{Ein}. \quad (3.44)$$

– Aufzüge mit gespannten Unterseilen

Anstelle der aufwendigen Rechenmethode [3.97] kann für Aufzüge mit gespannten Unterseilen in vielen Fällen eine einfache Energiegleichung zur Schätzung der zulässigen Bremswege oder zur Schätzung der mittleren Bremskraft aus dem bei der Fangprobe gemessenen Bremsweg genutzt werden. Dazu werden Fahrkorb und Gegengewicht, die während des Fangvorganges gegeneinander schwingen, als eine sich im Mittel gemeinsam bewegende Einheit betrachtet. Die mittlere Bremskraft ist damit

$$B = \frac{(F + Q + G + S_o + S_u + W + U)v^2}{2gs} + F + Q - G. \quad (3.45)$$

Neben den bekannten Gewichtskräften F, Q und G sind S_O und S_U die Gewichtskräfte der Ober- und Unterseile und W und U die auf die Seilmitte bezogenen Gewichtskräfte der bewegten Windenteile und der Unterseilspannscheibe. Die Gewichtskräfte der Ober- und Unterseile sind als gleich groß vorausgesetzt.

Zutreffende Ergebnisse sind dabei zu erwarten, wenn das Hochspringen der Unterseilspannvorrichtung verhindert ist und der Fangvorgang so lange dauert, daß Fahrkorb und Gegengewicht während dessen mehrere Schwingungen ausführen, aber mindestens eine vollenden. Dies ist der Fall, wenn der Bremsweg s viel größer ist als die gemeinsame Längung der Seile und ihrer Aufhängungen auf der Fahrkorbseite Δl_F und auf der Gegengewichtseite Δl_G unter der Belastung $F + Q$. Die Schätzung trifft etwa zu, wenn der Bremsweg s die folgende Bedingung erfüllt

$$s > 3(\Delta l_F + \Delta l_G).$$

Triebwerk und Unterseilspannscheibe sind nur unvollständig mit den Seilen gekoppelt. Deshalb wirkt deren Masse beziehungsweise deren kinetische Energie nur bedingt mit. Außerdem tritt noch ein Fehler durch die jeweilige Phasenlage beim Stillstand des Fahrkorbes auf. Diese Fehler sind aber nicht sehr groß.

– Zulässige Bremskraft der Bremsfangvorrichtung

Es erscheint gerechtfertigt, die durch die Vorschriften geforderte Mindestbremskraft etwas herabzusetzen, da beim äußerst seltenen Bruch der Tragmittel das Zusammentreffen der Überladung des Fahrkorbes und der Unterschreitung der Mindestbremskraft sehr unwahrscheinlich ist. Dadurch würden die zulässigen Bremswege bei Fangproben (mit intakten Tragmitteln) vor allem für höhere Anfangsgeschwindigkeiten deutlich vergrößert und die Belastung der Fahrgäste und der Anlage wesentlich vermindert.

Unkontrollierte Fahrt nach oben

Beim Versagen der Bremse, bei Getriebebrüchen oder ähnlichen Fehlern wird der leere oder wenig beladene Fahrkorb in Aufwärtsrichtung beschleunigt. Zur Vermeidung von Unfällen werden Fangvorrichtungen oder Fangbremsen vorgeschlagen, die den Fahrkorb nach oben spätestens bei Erreichen der Übergeschwindigkeit bis zum Stillstand abbremsen [3.90, 3.100, 3.101, 3.102]. Das nach den Technischen Regeln TRA geltende Verbot für das Fangen nach oben wird vermutlich aufgehoben. Nach der Vorschrift der ehemaligen DDR TGL 20-376926 war das Fangen nach oben schon früher gefordert [3.103].

Geschwindigkeitsbegrenzer

Der Geschwindigkeitsbegrenzer wird durch ein Seil angetrieben, das an dem Fanggestänge befestigt und durch eine Spannrolle gespannt ist. Bild 3-61 zeigt die Anordnung im Prinzip. Bei der durch die TRA bzw. DIN EN 81 vorgeschriebenen Auslösegeschwindigkeit wird der Geschwindigkeitsbegrenzer spätestens eingerückt. Er bremst dann das Begrenzerseil mit einer Kraft von mindestens 500 N ab. Durch diese Kraft wird in der Abwärtsfahrt die Fangvorrichtung eingezogen. In Aufwärtsfahrt wird nach der derzeitigen Vorschrift nur der Antrieb abgeschaltet. Die Bremskraft des Geschwindigkeitsbegrenzers verstärkt die Bremskraft der Fangvorrichtung ein wenig. Die Geschwindigkeitsbegrenzer müssen mit einem Sicherheitsschalter versehen sein, der bei Erreichen der Auslösegeschwindigkeit in Abwärts- oder Aufwärtsfahrt das Triebwerk stillsetzt. Regelmäßig wird das Triebwerk durch eine Zusatzeinrichtung schon vor Erreichen der Auslösegeschwindigkeit abgeschaltet, um das Einrücken der Fangvorrichtung zu vermeiden.

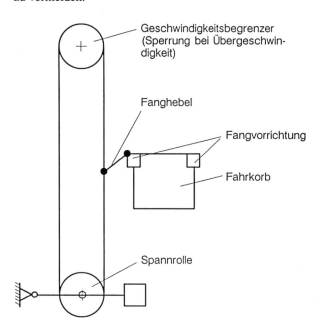

Bild 3-61 Anordnung des Geschwindigkeitsbegrenzers

Die zwei wesentlichen Bauarten der Geschwindigkeitsbegrenzer sind in den Bildern 3-62 und 3-63 dargestellt. Bei dem Pendel-Geschwindigkeitsbegrenzer, Bild 3-62 ist das Begrenzerrad mit Fangnocken und mit einer unrunden Laufbahn versehen, auf der die Pendelrolle abrollt. Wenn die Aufzugsgeschwindigkeit und damit die Drehzahl des Begrenzerrades so groß ist, daß die Pendelrolle von der unrunden Bahn infolge der Pendelträgheit abhebt, greift der Haken des Pendels hinter eine Nocke des Begrenzerrades und bremst es ziemlich abrupt ab.

Die Kraft zum Einziehen der Fangvorrichtung wird bei diesem Geschwindigkeitsbegrenzer durch die Reibung zwischen Seil und Seilscheibe des Geschwindigkeitsbegrenzers erzeugt. Wegen der Beanspruchung des Pendels und der Nocken des Begrenzerrades bei dem abrupten Halt ist der Pendel-Geschwindigkeitsbegrenzer nur für Geschwindigkeiten bis etwa 2 m/s einsetzbar. Bei dem in Bild 3-62 gezeigten Pendel-Geschwindigkeitsbegrenzer ist als Zusatzeinrichtung ein Magnet zur Fernauslösung und ein Näherungsschalter angebracht. Die Fernauslösung wird in Sonderfällen zur Blockade des Geschwindigkeitsbegrenzers gebraucht. Der Näherungsschalter kann bei Aufzügen mit sehr kleiner Geschwindigkeit, z.B. mit 0,2 m/s, über den Magnet zur Fernauslösung bei relativ kleiner Übergeschwindigkeit den Fangpendel einrücken und damit den Aufzug stillsetzen.

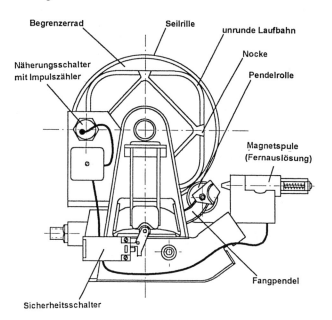

Bild 3-62 Pendel-Geschwindigkeitsbegrenzer, Bode Aufzüge GmbH

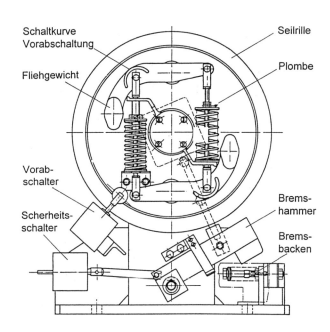

Bild 3-63 Fliehkraft-Geschwindigkeitsbegrenzer, C. Haushahn GmbH

Bei dem Fliehkraft-Geschwindigkeitsbegrenzer nach Bild 3-63 werden die Fliehgewichte bis knapp über der Nenngeschwindigkeit durch eine Feder zurückgehalten. Danach schwenken die Fliehgewichte, die zur Kompensation ihrer Gewichtskraft miteinander verbunden sind, bei Überschreitung der Grenzgeschwindigkeit aus. Oberhalb von 115 % der Nenngeschwindigkeit trifft eine an den Fliehgewichten angebrachte Schaltkurve im Vorbeidrehen auf den Vorab-Schalter, der den Antrieb abschaltet und die Bremse einfallen läßt. Wenn die Fahrgeschwindigkeit trotzdem weiter zunimmt, schwenken die Fliehgewichte weiter aus und kuppeln das Begrenzerrad mit dem gestrichelt eingezeichneten Vierkant, der den Bremshammer einrückt. Der Bremshammer drückt das Begrenzerseil gegen eine Bremsbacke, die durch eine Feder vorgespannt ist. Durch die Federvorspannung wird die Bremskraft auf das Seil eingestellt. Bei eingerücktem Bremshammer wird durch einen angekoppelten Sicherheitsschalter eine Fahrt verhindert.

3.3.9 Puffer

Anforderungen an Puffer

Die Fahrbahnen des Fahrkorbes und des Gegengewichtes müssen nach unten durch Puffer begrenzt sein. Die Puffer sind regelmäßig in der Schachtgrube befestigt. Sie dürfen am Gegengewicht angebracht sein – am Fahrkorb aber nur, wenn sie auf Sockel von mindestens 0,5 m Höhe auftreffen.

Bei Betriebsgeschwindigkeiten bis einschließlich 1,0 m/s nach DIN EN 81 und 1,25 m/s nach TRA 200 dürfen energiespeichernde Puffer (Federpuffer) verwendet werden. Bei größeren Geschwindigkeiten müssen energieverzehrende Puffer (nach Schulz-Forberg [3.104] richtiger als energieumwandelnde Puffer zu bezeichnen) oder energiespeichernde Puffer mit Rücklaufdämpfung eingesetzt werden. Da die energiespeichernden Puffer mit Rücklaufdämpfung keine praktische Bedeutung mehr haben, werden sie hier nicht weiter behandelt.

Nach TRA 255 müssen Puffer so bemessen sein, daß der mit Nennlast beladene Fahrkorb oder das Gegengewicht beim Auffahren mit Betriebsgeschwindigkeit (nach DIN EN 81 im Freifall mit 1,15facher Betriebsgeschwindigkeit, beschränkt auf energieverzehrende Puffer) mit einer mittleren Verzögerung von nicht mehr als der Fallbeschleunigung 1 g zum Stillstand kommen. Verzögerungsspitzen sind zulässig. Wenn sie größer sind als 2,5 g, dürfen sie nicht länger als 0,04 Sekunden wirken.

Die Forderung nach der Beschränkung der mittleren Verzögerung wird stets als mittlere Verzögerung über den Weg x gedeutet. Diese Deutung ist zweckmäßig. Mit der Anfangsgeschwindigkeit v_0 und der Endgeschwindigkeit 0 ist die mittlere Verzögerung bezogen auf den Pufferweg x

$$a_m = \frac{1}{x_1}\int_0^{x_1} a\,dx = \frac{1}{x_1}\int \frac{dv}{dt}\cdot dx = \frac{1}{x_1}\int_0^{v_0} v\,dv = \frac{v_0^2}{2x_1},$$

und mit der Fallbeschleunigung g als mittlerer Verzögerung ist der Pufferweg (Sprunghöhe)

$$x_{1g} = \frac{v_0^2}{2g}. \qquad (3.46)$$

Nach DIN EN 81 gilt für Federpuffer weiter die Forderung, daß der mögliche gesamte Pufferhub mindestens das zweifache der Sprunghöhe bei 115% der Nenngeschwindigkeit, also $h = g\,(1{,}15\,v)^2$, jedoch mindestens 65 mm beträgt. Die Puffer müssen so berechnet sein, daß sie diesen Hub unter statischer Belastung mit der 2,5- bis 4fachen Masse des mit Nennlast beladenen Fahrkorbes oder des Gegengewichts erreichen. Diese Anforderungen beziehen sich, wie schon in [3.105] festgestellt und durch die Auslegungen Nr. 112 und Nr. 142 des Interpretationsausschusses CEN/TK10/AG1 [3.106, 3.107] bestätigt, auf Federpuffer mit konstanter Federrate. Stumpf [3.108] hat deshalb Änderungen der DIN EN 81 Nr. 10.4.1.2 vorgeschlagen.

Für energieverzehrende Puffer kann der Pufferhub nach TRA 200 auf höchstens die Hälfte des für die Betriebsgeschwindigkeit erforderlichen Pufferhubes, jedoch nicht weniger als auf 0,35 m reduziert werden, falls durch eine Verzögerungskontrollschaltung sichergestellt ist, daß die Geschwindigkeit in den Endhaltestellen die Geschwindigkeit, für die der Puffer bemessen ist, nicht übersteigt. Nach DIN EN 81 gibt es ähnliche Anforderungen auf der Basis von 115% der Nenngeschwindigkeit. In Bild 3-64 sind die Anforderungen an den Mindestpufferhub für die beiden Vorschriften dargestellt. Außerdem sind in diesem Bild die Anforderungen für den gesamten möglichen (verfügbaren) Pufferhub von Federpuffern nach DIN EN 81 eingetragen. Die folgenden Ausführungen orientieren sich für Federpuffer an den eindeutigen Forderungen der TRA 200.

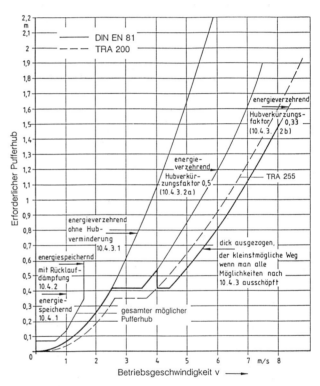

Bild 3-64 Graphische Darstellung der erforderlichen Pufferwege

Federpuffer

– Mindestpufferhub

Die Verzögerung des Fahrkorbes beginnt mit dem Aufsetzen auf die Federpuffer [3.109]. Während die Treibscheibe oder die Trommel die Seile mit etwa konstanter Geschwindigkeit weitertreibt, nimmt durch die Verzögerung des Fahrkorbes die Dehnung der Seile ab. Dadurch wird die Zugkraft der Seile kleiner, die beim Aufsetzen des Fahrkorbes auf die Puffer gleich der Gewichtskraft des Fahrkorbes war. Schließlich werden die Tragmittel spannungslos und die Puffer bremsen von diesem Zeitpunkt an den Fahrkorb allein ab. Die Beschreibung des Verzögerungsvorganges von Trommelaufzügen gilt auch für Hydraulikaufzüge. Kolben, Zylinder und das eingeschlossene Öl als Tragmittel von Hydraulikaufzügen zeigen größere Einfederungen aber von der gleichen Größenordnung wie die Seile und Aufhängungen von Seilaufzügen. Bei den Treibscheibenaufzügen rutschen die Seile auf der Treibscheibe, bevor sie völlig spannungslos werden. Dadurch wirkt die Seilkraft über eine etwas größere Zeitdauer.

Für einen Treibscheibenaufzug ist in Bild 3-65 der zeitliche Verlauf des Weges, der Geschwindigkeit und der Beschleunigung beim Auffahren des Fahrkorbes auf einen Federpuffer dargestellt. Die Daten des Aufzuges sind in Tafel 3-19 aufgeführt.

Bei Berücksichtigung der Tragmitteldehnung ist die Berechnung der Puffer aufwendig. Dieser Aufwand wird bei der nachfolgend beschriebenen Berechnungsmethode vermieden. Die einfache Berechnungsmethode geht von extremen Voraussetzungen für die Tragmitteldehnung aus, mit denen ein Mindestpufferweg und ein maximaler Pufferweg errechnet wird. Zwischen diesen beiden errechneten Pufferwegen liegt der wirkliche Pufferweg:

– Der Mindestpufferweg ergibt sich mit der Rechenvoraussetzung, daß die Tragmittel unendlich weich sind.
– Der maximale Pufferweg wird unter der Voraussetzung starrer Tragmittel errechnet.

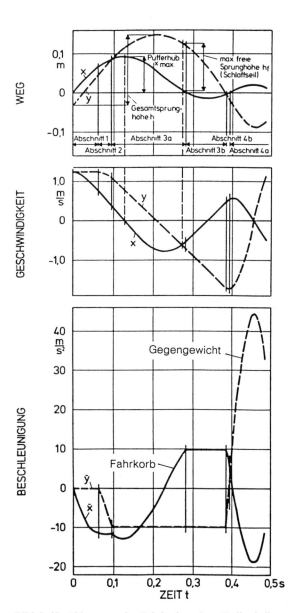

Bild 3-65 Abbremsen des Fahrkorbes eines Treibscheibenaufzuges durch Federpuffer [3.109], Daten in Tafel 3-19

Bei unendlich weichen Tragmitteln bleibt die Kraft der Tragmittel während des gesamten Puffervorganges erhalten. Dabei ist es gleichgültig, ob die tragenden Bauteile aus Seilen und Aufhängefedern oder aus Kolben, Zylindern, Rohren und dem darin eingeschlossenen Öl bestehen

Tafel 3-19 Daten für den Puffervorgang nach Bild 3-65

Fahrkorb	: F = 1,25 Q
Gegengewicht	: G = F + 0,5 Q = 1,75 Q
Geschwindigkeit	: v = 1,25 m/s
Treibfähigkeit	: $e^{f(\mu)\alpha} = 1,8$
Federrate	
Puffer	: c = (F+Q)/0,04 N/m
Seil + Aufh. Fahrkorbseite	: k = (F+Q)/0,02 N/m
Seil + Aufh. Gegengewichtsseite	: q = (F+Q)/0,015 N/m

Tafel 3-20 Masse M in den Gleichungen (3.47), (3.49) und (3.50) und Pufferkraft K_s in Gleichung (3.48)

Aufzugart	Puffer für	Masse M	Pufferkraft K_s
Treibscheibenaufzug	Fahrkorb	$\dfrac{F+Q}{g}$	$F+Q-\dfrac{G}{e^{f(\mu)\alpha}}$
	Gegengewicht	$\dfrac{G}{g}$	$G-\dfrac{F+Q}{e^{f(\mu)\alpha}}$
Trommelaufzug	Fahrkorb	$\dfrac{F+Q}{g}$	$F+Q$
Hydraulikaufzug mit direkttragendem Kolben	Fahrkorb	$\dfrac{F+Q+R}{g}$	$F+Q+R$
Hydraulikaufzug mit indirekt tragendem Korb	Fahrkorb	$\dfrac{F+Q}{g}$	$F+Q$

F = Gewichtskraft des Fahrkorbes
Q = Tragkraft
G = Gegengewichtskraft
R = Gewichtskraft des Kolbens
g = Erdbeschleunigung

Zu der Kraft der Tragmittel wirkt auf den Fahrkorb oder das Gegengewicht die mit der Einfederung zunehmende Pufferkraft K. Da das Eigengewicht des Fahrkorbes oder des Gegengewichtes durch die Kraft des unendlich weichen Tragmittels ständig ausgeglichen ist, gilt bei konstanter Federrate des Puffers (die im folgenden zunächst vorausgesetzt wird) die Energiegleichung

$$\frac{M \cdot v_0^2}{2} = \frac{x^2_{\min} \cdot c}{2}.$$

Darin ist M die abzubremsende Masse, v_0 die Anfangsgeschwindigkeit, $x_{\min}$ der Mindestpufferweg und c die Federrate des Puffers. Durch Umstellung dieser Gleichung ergibt sich der Mindestpufferhub

$$x_{\min} = v_0 \sqrt{\frac{M}{c}}. \qquad (3.47)$$

In Tafel 3-20 ist die Masse angegeben, die je nach Aufzugsart in Gl. (3.47) für M einzusetzen ist. Die Masse der Seile und des Öls bei hydraulischen Aufzügen kann normalerweise vernachlässigt werden.

Der aus Gleichung (3.47) errechnete Mindestpufferhub $x_{\min}$ ist stets kleiner als der wirkliche Pufferhub x_w. Ebenso ist die statische Einfederung

$$x_{\min \text{stat}} = \frac{K_s}{c} \qquad (3.48)$$

3.3 Mechanische Ausrüstung

stets kleiner als der wirkliche Pufferhub x_w. Bei kleiner Geschwindigkeit reicht $x_{\min \text{stat}}$ nahe an den wirklichen Pufferhub heran. In Gleichung (3.48) ist K_s die statische Pufferkraft. Sie ist in Tafel 3-20 für die verschiedenen Aufzugarten angegeben.

– Maximaler Pufferhub

Der maximale Pufferweg x_{HH} für den Treibscheibenaufzug läßt sich nach dem Verfahren von Hymans und Hellborn [3.54] berechnen. Auf diese Berechnung beziehen sich auch die Ausführungen von Dannenberg [3.110, 3.111]. Der Pufferweg x_{HH} übertrifft den wirklichen Pufferhub x_w in jedem Fall.

Nach Hymans und Hellborn setzt die Bremswirkung ein, sobald die Seile auf der Treibscheibe zu rutschen beginnen. Dies ist der Fall, wenn die ursprüngliche Seilkraft durch die Pufferkraft soweit vermindert ist, daß die Treibfähigkeit unterschritten wird. Die Gleichungen zur Berechnung des Pufferhubes x_{HH} aus [3.54] werden in eine explizite Form gebracht. Der Pufferhub x_{HH} für den Fahrkorb ist damit

$$x_{HH} = \frac{F+Q}{c}\left(1+\sqrt{\frac{c \cdot v_0^2}{(F+Q)g} - \frac{G}{(F+Q)e^{f(\mu)\beta}}}\right) \quad (3.49)$$

und für das Gegengewicht

$$x_{HH} = \frac{G}{c}\left(1+\sqrt{\frac{c \cdot v_0^2}{G \cdot g} - \frac{F}{G \cdot e^{f(\mu)\beta}}}\right). \quad (3.50)$$

Für den Trommelaufzug und den Hydraulikaufzug beginnt die Bremswirkung bei starren Tragmitteln, wenn der Puffer soweit zusammengedrückt ist, daß seine Reaktionskraft ebenso groß ist wie die Gewichtskraft der abzubremsenden Masse. Bei konstanter Federrate ergibt sich damit der maximale Pufferweg sehr einfach als Summe des statischen Federweges und des Pufferweges $x_{\min}$ bei unendlich weichen Tragmitteln

$$x_{\max} = \frac{M \cdot g}{c} + x_{\min}$$

oder

$$x_{\max} = \frac{M \cdot g}{c} + v_0\sqrt{\frac{M}{c}}. \quad (3.51)$$

Diese Gleichung kann auch für Treibscheibenaufzüge verwendet werden, um den maximal möglichen Pufferhub zu errechnen, da dieser Pufferhub nur wenig größer ist als der nach Hymans und Hellborn [3.54] errechnete Pufferhub. Der wirkliche Pufferhub x_w ist in jedem Fall kleiner als der nach Gl. (3.51) errechnete.

– Nachweis für die ausreichende Bemessung der Puffer

Die bisher definierten Pufferhübe haben folgende Beziehung

$$x_{\min} < x_w < x_{HH} < x_{\max}. \quad (3.52)$$

Da der wirkliche Pufferhub bei der einfachen Näherung unbekannt bleibt, ist der Nachweis der ausreichenden Bemessung mit den bekannten Größen aus der Beziehung (3.52) zu führen.

TRA 200 fordert, daß der Fahrkorb aus der Nenngeschwindigkeit mit einer mittleren Verzögerung abgebremst wird, die kleiner ist als die einfache Fallbeschleunigung, Gleichung (3.46). Da bei dem wirklichen Puffervorgang die Verzögerung mit dem Aufsetzen auf den Puffer beginnt, genügt es nachzuweisen, daß der Pufferweg x_{1g} – bei dem definitionsgemäß die mittlere Verzögerung gleich der Fallbeschleunigung ist – gleich oder kleiner ist als der Mindestpufferhub $x_{\min}$

$$x_{1g} = \frac{v_0^2}{2g} \leq x_{\min} \quad (3.53)$$

Andererseits muß der wirkliche Pufferhub kleiner sein als der für den jeweiligen Puffer verfügbare Pufferhub $x_{\text{verfüg}}$. Der verfügbare Pufferhub ist der für den Federpuffer zulässige Pufferhub, bei dem die zulässige Beanspruchung noch nicht überschritten ist, und bei dem sich die Federwindungen noch nicht berühren. Statt des unbekannten wirklichen Pufferhubes kann der maximale Pufferhub $x_{\max}$ oder der Pufferhub nach Hymans und Hellborn (bei Treibscheiben-Aufzügen) eingesetzt werden, da beide nach Gl. (3.52) in jedem Fall größer sind als der wirkliche Pufferhub. Damit ist die Bedingung zu erfüllen

$$x_{\max} < x_{\text{verfüg}}. \quad (3.54)$$

Ein Federpuffer erfüllt also alle Anforderungen, wenn die Gleichungen (3.53) und (3.54) erfüllt sind. Die Pufferhübe $x_{\min}$ und $x_{\max}$ sind dazu aus Gl. (3.47) und (3.51) zu bestimmen. Der Pufferhub $x_{\max}$ kann für Treibscheibenaufzüge auch durch den Pufferhub x_{HH} ersetzt werden.

In Bild 3-66 ist zur Verdeutlichung der Pufferhub mit konstanter Federrate grafisch dargestellt für den Fall, daß bei einem Treibscheibenaufzug der mit Nutzlast beladene Fahrkorb auf den Puffer aufsetzt. Die Daten dieses Aufzuges sind in Tafel 3-19 angegeben. Bei dem gewählten Beispiel, für das schon in Bild 3-65 der zeitliche Verlauf dargestellt ist, sind die Puffer und die Seile verhältnismäßig steif. Trotzdem ist der wirkliche Pufferhub x_w nicht sehr viel größer als der Mindestpufferhub $x_{\min}$.

Wie aus Bild 3-66 zu ersehen ist, überschreitet die Summe der Puffer- und Seilkraft die Gewichtskraft des abzubremsenden Fahrkorbes bei Voraussetzung starrer Tragmittel erst dann, wenn der Puffer schon weit zusammengedrückt ist. Dagegen übersteigt die Summe dieser Kräfte das Fahrkorbgewicht bei unendlich weichen Seilen und bei den realen, relativ steifen Seilen beginnend mit dem Auftreffen des Fahrkorbes auf den Puffer, so daß auch die Verzögerung des Fahrkorbes mit dem Auftreffen auf den Puffer beginnt. Gelegentlich wird die Ansicht vertreten, daß die Fahrkorbverzögerung des Aufzuges erst beginnen würde, wenn der Puffer schon stark zusammengedrückt sei. Diese Ansicht ist falsch.

– Federpuffer mit progressiver Kennlinie

Bei Aufzügen werden vorwiegend Federpuffer aus Elastomeren, z.B. aus Polyurethan, eingesetzt. Der Hauptvorteil dieser Puffer besteht darin, daß wegen der Dämpfung der Fahrkorb nach dem Abbremsen nicht so weit zurückgeworfen wird wie von einer Stahlfeder. Der von den Fahrgästen zu ertragende Impuls ist dadurch kleiner.

Die zuvor dargestellte vereinfachte Berechnung kann ohne Änderung auch für Federpuffer mit progressiver Federrate angewendet werden, wenn ersatzweise eine mittlere Federrate eingesetzt wird. Als mittlere Federrate ist dabei die Steigung einer geraden Ersatzkennlinie anzusehen, die bis zum Ende des verfügbaren Pufferhubes die gleiche Arbeit einschließt wie die wirkliche Kennlinie. Diese einfache Ersatzkennlinie kann eingesetzt werden, weil der wirkliche Pufferhub bei einem Federpuffer mit progressiver Kennlinie stets größer ist als bei einem Federpuffer mit der so definierten konstanten Federrate, solange der verfügbare Pufferhub von dem maximalen Pufferhub aus der einfachen Berechnung nicht übertroffen wird [3.105].

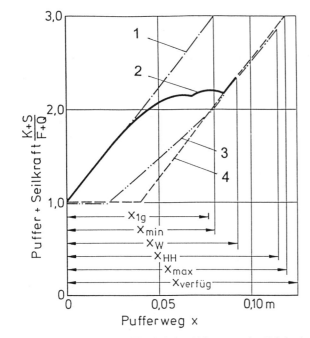

Bild 3-66 Puffer- + Seilkraft beim Abbremsen des Fahrkorbes eines Treibscheibenaufzuges durch Federpuffer, siehe Tafel 3-19
1 Seil- u. Aufhänge-Federraten gegen null
2 Seil- u. Aufhänge-Federraten nach Tafel 3-19
3 Berechnung nach Hymans und Hellborn
4 Seil- u. Aufhänge-Federraten unendlich groß

In Bild 3-67 ist beispielhaft das Kraft-Weg-Diagramm eines Polyurethanpuffers eingetragen, der bei kleiner Geschwindigkeit in der Presse bis zu 75% seiner Länge zusammengedrückt und danach entlastet wurde. Bei dem betrachteten Puffer ist wegen der stark wachsenden Pufferkraft bei 75% der Pufferlänge der nutzbare Pufferhub erreicht. Die Ersatzkennlinie – die selbstverständlich in Belastungsrichtung gilt – ist in Bild 3-67 eingezeichnet.
Nach Schiffner [3.112] kann der Einsatzbereich der Puffer wesentlich erweitert werden, wenn eine zweite Ersatzkennlinie mit konstanter Federrate von zum Beispiel bis zu 50% der Pufferlänge definiert wird oder noch besser, wenn die wirkliche Federkennlinie zur Berechnung des Mindestpufferhubes und des maximalen Pufferhubes herangezogen wird. Für die wirkliche Federkennlinie kann näherungsweise die von Stumpf [3.108] empirisch gefundene Gleichung oder die von Schiffner vorgeschlagene abschnittsweise geltende Spline-Funktion verwendet werden.
Bei der dynamischen Belastung sind die Puffer aus Elastomeren härter. Schiffner [3.112] hat bei der dynamischen gegenüber der quasistatischen Belastung um bis zu 25% größere Pufferkräfte ermittelt. Bei der Auslegung der Puffer aus Elastomeren ist die Federkennlinie bei einer Geschwindigkeit einzusetzen, die etwa der des Aufzuges entspricht.

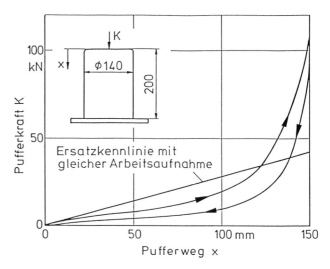

Bild 3-67 Kraft-Weg-Diagramm eines Polyurethanpuffers bei Be- und Entlastungsgeschwindigkeit 3 mm/s

Es kann empfohlen werden, die Puffer bis zu einer Kraft von etwa dem 5fachen der abzubremsenden Gewichtskraft bei dem nach Gleichung (3.51) berechneten maximalen Pufferweg x_{max} auszunutzen. Dadurch ergeben sich selbst bei extrem steifen Tragmitteln im Normalfall höchstens Spitzenverzögerungen von 4facher Fallbeschleunigung. Die Spitzenverzögerung wirkt nur sehr kurze Zeit, so daß sie keinen wesentlichen Einfluß auf die Kraft hat, die auf den menschlichen Körper wirkt [3.113]. Eine weitere Erhöhung der maximalen Pufferkraft bringt ein nur wenig vergrößertes Arbeitsvermögen, verursacht aber größere Beanspruchungen der puffernahen Teile des Fahrkorbes.

Hydraulische Puffer

– Grundbeziehungen

Hydraulische Puffer, die auch Ölpuffer genannt werden, bestehen im wesentlichen aus einem Kolben und einem Zylinder mit einem mit dem Hub veränderlichen Ausflußquerschnitt. Die Grundbeziehungen dafür sind zuerst von Hymans und Hellborn [3.54] abgeleitet worden. Daran lehnen sich die nachfolgenden Ausführungen an.
Wird der Kolben entsprechend Bild 3-68 mit einer Kraft K beaufschlagt, so bewegt er sich gegen den sich aufbauenden Öldruck p mit der Geschwindigkeit v. Durch die Öffnung mit dem Ausflußquerschnitt q strömt dabei die Flüssigkeit (dünnflüssiges Öl) mit der Geschwindigkeit w aus. Der Druck p ist gegeben durch die Bernoulligleichung in der einfachsten Form zu

$$p = \frac{w^2 \cdot \rho}{2 \cdot \mu^2} \ . \tag{3.55}$$

Darin ist ρ die Dichte des Öls und μ die Ausflußzahl. In dem Taschenbuch Dubbel [3.114] wird für die Ausflußzahl $\mu \approx 0{,}6$ bei scharfkantiger und $\mu = 0{,}98$ bei leicht abgerundeter Mündung der Wandbohrungen angegeben. Wegen dieser großen Unterschiede bei wenig verschiedener Mündung sind Versuche im Einzelfall unerläßlich.

3.3 Mechanische Ausrüstung

Mit der Kontinuitätsgleichung

$$v \cdot A = w \cdot q \tag{3.56}$$

ergibt sich der Öldruck

$$p = \frac{v^2 \cdot A^2 \cdot \rho}{2\, q^2 \cdot \mu^2} \ . \tag{3.57}$$

Die Pufferkraft ist

$$K = A \cdot p$$

und mit Gleichung (3.57)

$$K = \frac{v^2 \cdot A^3 \cdot \rho}{2 \cdot q^2 \cdot \mu^2} \ . \tag{3.58}$$

Die Verzögerung soll über den Hub möglichst konstant sein, damit Verzögerungsspitzen vermieden werden. Für die Auftreffgeschwindigkeit v_0 ist mit der konstanten Verzögerung, die zugleich die mittlere Verzögerung a_m ist, der Hub des Puffers

$$H = \frac{v_0^2}{2\, a_m} \ . \tag{3.59}$$

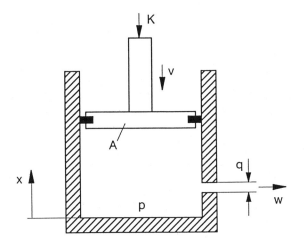

Bild 3-68 Hydraulischer Puffer

Nach den Technischen Regeln werden die Puffer mit einer freifallenden Masse geprüft, so daß außer der Pufferkraft – abgesehen von Reibkräften im Puffer und an den Führungen der Fallmasse – keine andere Kraft bei der Verzögerung mitwirkt. Die Auftreffgeschwindigkeit v_0 entspricht der Nenngeschwindigkeit nach TRA 200, und sie entspricht 115% der Nenngeschwindigkeit des Aufzuges nach DIN EN 81.
Die Pufferkraft ist allgemein

$$K = M\,(a + g) \tag{3.60}$$

und im Mittel

$$K_0 = M\,(a_m + g) \ . \tag{3.61}$$

Bei konstanter Pufferkraft über dem Pufferweg x ist die Kolbengeschwindigkeit

$$v = \sqrt{2\, a_m\, x} \tag{3.62}$$

und die Kolbenanfangsgeschwindigkeit

$$v_0 = \sqrt{2\, a_m \cdot H} \ . \tag{3.63}$$

Dabei ist zu beachten, daß der Puffervorgang bei $x = H$ beginnt und bei $x = 0$ endet.
Da die Kolbengeschwindigkeit v nach Gleichung (3.56) der Ölausflußgeschwindigkeit w proportional ist, gilt für den Ausflußquerschnitt q

$$\frac{q}{q_0} = \frac{v}{v_0} \ . \tag{3.64}$$

Mit Gleichung (3.62) und (3.63) ergibt sich der Ausflußquerschnitt q als Funktion des Pufferweges x zu

$$q = q_0 \sqrt{\frac{x}{H}} \ . \tag{3.65}$$

Darin ist der Ausflußquerschnitt q_0 zu Beginn des Puffervorganges zu ermitteln aus Gleichung (3.58) zu

$$q_0 = \sqrt{\frac{v_0^2 \cdot A^3 \cdot \rho}{2\, K_0 \cdot \mu^2}} \ .$$

Bei konstanter Verzögerung a_m der Masse M über dem Kolbenweg x des Puffers nimmt also der Ausflußquerschnitt q entsprechend Gleichung (3.65) proportional mit der Wurzel aus dem Kolbenweg x/H ab. In Bild 3-69 ist der Ausflußquerschnitt q/q_0 als Funktion des Kolbenweges x/H dargestellt. Die Abnahme des Ausflußquerschnittes über dem Kolbenweg wird bei den ausgeführten hydraulischen Puffern in verschiedener Weise gelöst. In Bild 3-69 sind als Beispiel Nuten am Umfang eines Pufferkolbens eingezeichnet, die beginnend bei $x/H = 1$ zunehmend abgedeckt werden, so daß der Ausflußquerschnitt am Hubende auf $q/q_0 = 0$ absinkt. Schulz-Forberg [3.104] hat bei Fallversuchen mit grobstufig gradierten hydraulischen Puffern Kraftausschläge festgestellt, die die Fahrgäste nach seiner Auswertung durch Fourier-Analysen stark belasten. Es ist deshalb zu empfehlen, den Ausflußquerschnitt mit dem Hub feinstufig zu gestalten.

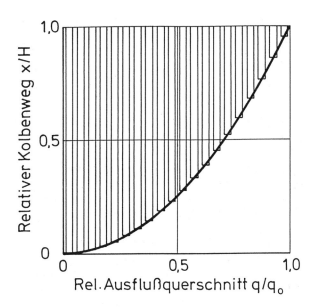

Bild 3-69 Ausflußquerschnitt q/q_0 eines parabolisch gradierten Puffers

Entsprechend der Forderung der Technischen Regeln werden die Puffer für die mittlere Verzögerung

$$a_m \leq g$$

meist aber für $a_m = g$ ausgeführt. Nach Gleichung (3.46) ist dann der Pufferhub

$$H = x_{1g} = \frac{v_o^2}{2g}$$

und die Gradierungskraft des Puffers ist nach Gl. (3.61)

$$K_0 = 2\,Mg\,.$$

– Verlauf der Pufferkraft unter verschiedener Belastung

Wenn ein parabolisch gradierter Puffer mit der Gradierungskraft K_o eine Masse aus dem Freifall abbremst, die von der Gradierungsmasse nach Gleichung (3.61) abweicht, so ist die Kolbenkraft nach Hymans und Hellborn [3.54] in der von Reuter [3.115] angegebenen Form mit $H = v_o^2 / 2\,a_m$

$$K = \frac{K_o\left(\dfrac{g}{a_m}\cdot\dfrac{K_o}{M\cdot g} - \dfrac{g}{a_m} - 1\right)\left(\dfrac{x}{H}\right)^{\frac{g\cdot K_o}{a_m\cdot M\cdot g} - 1} + \dfrac{g}{a_m}K_o}{\dfrac{g}{a_m}\cdot\dfrac{K_o}{M\cdot g} - 1}\,.$$

(3.66)

Die Verzögerung des Fahrkorbes ist

$$a = \left(\frac{K}{M\cdot g} - 1\right)g\,.\tag{3.67}$$

Zu Beginn des Bremsvorganges, d.h. für $x = H$ ist die Pufferkraft

$$K_B = K_o\,.\tag{3.68}$$

Am Ende des Bremsvorganges, d.h. für $x = 0$, ist die Pufferkraft

$$K_E = \frac{\dfrac{g}{a_m}K_o}{\dfrac{g}{a_m}\cdot\dfrac{K_o}{M\cdot g} - 1}\tag{3.69}$$

und mit $a_m = g$

$$K_E = \frac{K_o}{\dfrac{K_o}{M\cdot g} - 1}\,.$$

Die Pufferkraft K nach Gleichung (3.66) ist für das Verhältnis $K_o/Mg = 2$ und $K_o/Mg = 3,5$ in Bild 3-70 eingezeichnet. Der mit diesen Kraftverhältnissen erreichte Verzögerungsverlauf entsprechend (3.67) ist in Bild 3-71 eingetragen.

Schulz und Wagener [3.116] berechnen für parabolisch gradierte Puffer die mittlere Verzögerung a_{mt} bezogen auf die Zeit für verschiedene K_o/Mg. Während die mittlere Verzögerung a_m bezogen auf den Weg von der auftreffenden Masse unabhängig ist, wächst die mittlere Verzögerung a_{mt} bezogen auf die Zeit mit der auftreffenden Masse. Die Forderung nach Einhaltung einer mittleren Verzögerung bezogen auf die Zeit ist deshalb und wegen der aufwendigen Prüfung im Aufzug mit oft unscharfer Begrenzung der Pufferzeit unpraktikabel.

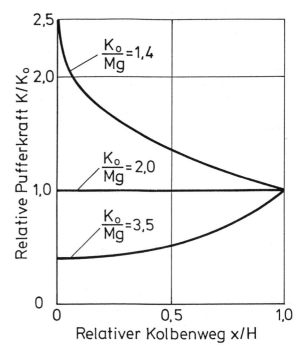

Bild 3-70 Relative Pufferkraft, Abbremsen aus dem Freifall

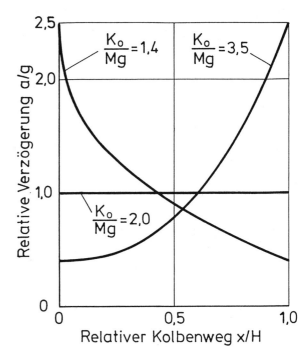

Bild 3-71 Relative Verzögerung, Abbremsen aus dem Freifall

– Hydraulischer Puffer im Aufzug

Alle bisherigen Ausführungen zu den energieumwandelnden Puffern betreffen das Abbremsen des freifallenden Fahrkorbes. Dies entspricht der Vorschrift DIN EN 81 und der Prüfvorschrift TRA 101. Beim Aufzug fährt aber der Fahrkorb bei intakten Seilen auf den Puffer auf und zwar in der Regel bei weitertreibender Treibscheibe. Deshalb wird – wie für die Federpuffer dargestellt – die Spannkraft der Seile den Bremsvorgang unterstützen und zwar am stärksten zu Beginn des Bremsvorganges. Außerdem wirkt während des gesamten Bremsvorganges die Reibung im Puffer selbst und an den Führungsschienen, die die Masse

des Fahrkorbes oder des Gegengewichts scheinbar vermindern.
Daraus folgt für die Auslegung, daß die Bremskraft des Puffers zu Beginn des Vorganges klein sein soll. Die Gradierungskraft K_o soll deshalb im allgemeinen kleiner sein als die doppelte Gewichtskraft des vollbeladenen Fahrkorbes bzw. des Gegengewichts. In dieselbe Richtung zielt der Vorschlag von Schulz-Forberg [3.104], den Puffer für die Masse des mit einer Person beladenen Fahrkorbes zu bemessen, das heißt die Gradierungskraft soll

$K_o = 2 (F + 750)$ in N

betragen mit F für die Fahrkorbgewichtskraft.
Vogel [3.117] hat die Kraft auf den Fahrgast (bei der Pufferfahrt des Fahrkorbes) und seine Sprunghöhe im Fahrkorb (bei der Pufferfahrt des Gegengewichtes) mit praxisnahen Seilaufhängungen ausführlich untersucht. Danach ist die Beanspruchung des Fahrgastes bei nahezu leerem und vollbeladenem Fahrkorb am kleinsten, wenn ein Puffer mit der relativen Gradierungskraft nach Tafel 3-21 eingesetzt wird. Für Seilfederkonstanten und Nenngeschwindigkeiten, die von den in Tafel 3-21 angeführten abweichen, kann die relative Gradierungskraft durch Interpolation ermittelt werden. Von Serienpuffern wird aus der Liste der ausgewählt, dessen relative Gradierungskraft der empfohlenen am nächsten kommt.

– Beschleunigungsfeder

Die Beschleunigungsfeder, die auf dem Kolben des hydraulischen Puffers sitzt, und auf die der abwärtsfahrende Fahrkorb zuerst auftrifft, dient dazu, den Kolben des Puffers auf die Geschwindigkeit des Fahrkorbes zu beschleunigen. Hymans und Hellborn [3.54] haben unter der Voraussetzung, daß der hydraulische Druck im Pufferzylinder erst einsetzt, wenn der Kolben die Fahrkorbgeschwindigkeit erreicht hat, die erforderlichen Wege abgeleitet. In etwas abgewandelter Form wird diese Ableitung wiedergegeben.
Der Weg des Pufferkolbens s_K ist die Differenz des Fahrkorb- oder Gegengewichtsweges s_g und der Einfederung der Beschleunigungsfeder s_F

$s_K = s_g - s_F$. (3.70)

Die Geschwindigkeit der großen Fahrkorbmasse bleibt praktisch unverändert v_0, während die kleine Kolbenmasse m auf die Geschwindigkeit v_0 beschleunigt wird. Dafür gilt die Energiegleichung

$$\frac{m \cdot v_o^2}{2} = \frac{s_F \cdot F_E}{2}$$

mit der Federendkraft $F_E = c \cdot s_F$

$$\frac{m \cdot v_o^2}{2} = \frac{1}{2} \cdot s_F^2 \cdot c \qquad (3.71)$$

mit c für die Federkonstante. Damit ist der Federweg

$$s_F = v_o \sqrt{\frac{m}{c}} \; . \qquad (3.72)$$

Der Weg des praktisch noch unverzögerten Fahrkorbes ist

$s_g = v_o \cdot t$.

Darin ist t die Verzögerungszeit, die sich bei der größten Einfederung ergibt,

$$t = \frac{\pi}{2} \sqrt{\frac{m}{c}} \; . \qquad (3.73)$$

Damit ist der Kolbenweg während der Pufferbeschleunigung

$$s_K = s_g - s_F = \frac{\pi}{2} v_o \sqrt{\frac{m}{c}} - v_o \sqrt{\frac{m}{c}}$$

oder

$$s_K = v_o \sqrt{\frac{m}{c}} \left(\frac{\pi}{2} - 1 \right) . \qquad (3.74)$$

Die Federkonstante ist zweckmäßigerweise so zu wählen, daß die Federkraft F_E am Ende der Beschleunigung die Pufferanfangskraft K_o etwa erreicht oder knapp darunter liegt.

– Bauformen

Eine Reihe von Bauformen sind in den Veröffentlichungen von Reuter [3.115] und Dannenberg [3.118] aufgeführt. In Bild 3-72 ist ein Ölpuffer schematisch dargestellt, bei dem der Ausflußquerschnitt durch verschieden lange Nuten am Kolbenumfang gebildet ist. Bei dem Ölpuffer in Bild 3-73, das von Reuter [3.115] als Beispiel übernommen ist, wird der Ausflußquerschnitt durch eine Regelstange gesteuert. In der Praxis werden aber zur Steuerung der Pufferkraft

Tafel 3-21 Empfohlene relative Gradierungskraft der Fahrkorb- und Gegengewichtspuffer, Vogel [3.117]

Treibscheibenaufzug	Nenngeschw. v_N [m/s]	Empfohlene relative Gradierungskraft für							
		Fahrkorbpuffer $\frac{K_o}{F+Q}$				Gegengewichtspuffer $\frac{K_o}{G}$			
		mit Pufferhub nach				mit Pufferhub nach			
		TRA 200		DIN EN 81		TRA 200		DIN EN 81	
		Seilfederkonstante							
		$\frac{F+Q}{0.04}$	$\frac{F+Q}{0.25}$	$\frac{F+Q}{0.04}$	$\frac{F+Q}{0.25}$	$\frac{F+Q}{0.04}$	$\frac{F+Q}{0.25}$	$\frac{F+Q}{0.04}$	$\frac{F+Q}{0.25}$
ohne Unterseile (Getriebewinde)	1.0	1.78	1.4	1.78	1.48	2.0			
	1.6	1.58	1.25	1.76	1.43				
	2.5	1.52	1.20	1.74	1.40				
ohne Unterseile (Getriebelos)	2.5	1.64	1.20	1.69	1.25	1.45	2.0	1.45	2.0
gespannte Unterseile (Getriebelos)	2.5	1.50	1.25	1.40	1.20	1.75	1.45	1.45	1.45
	4.0	1.54	1.40	1.50	1.37	1.75	1.45	1.45	1.45

meist Zylinderrohre mit vielen kleinen Bohrungen eingesetzt, durch die das Öl bei dem Puffervorgang ausströmt. Diese Bohrungen sind so angeordnet, daß ihr Ausflußquerschnitt unterhalb des Kolbens dem nach Gleichung (3.65) entspricht. Als Kolbendichtung sind Kolbenringe eingesetzt, die die Bohrungen unbeschädigt überfahren können. Der Querschnitt eines solchen Puffers ist in Bild 3-74 dargestellt. Durch die besondere Form der Konstruktion ist die Bauhöhe des Puffers relativ klein. Die weiche Rückstellfeder kann die Kolbenmasse gegen die Reibkräfte bis in die Bereitstellung heben. Bielmeier beschreibt in [3.119] Puffer mit einer Gasrückstellung.

Der Sicherheitsschalter muß zwangsläufig den Sicherheitsstromkreis unterbrechen, wenn der Kolben nicht vollständig ausgefahren und damit funktionsbereit ist. Bei dem Puffer nach Bild 3-74 wird der Sicherheitsschalter durch eine Haube betätigt.

Neben der richtigen Kolbenstellung muß außerdem sichergestellt sein, daß der Puffer mit der vorgesehenen Ölmenge gefüllt ist. Deshalb muß nach DIN EN 81 die Prüfung des Flüssigkeitsstandes leicht möglich sein. Nach TRA 200 wird dafür ein Schauglas oder ein Peilstab vorgeschrieben. Stemmler [3.120] weist darauf hin, daß bei der Aufzugwartung neben der Beweglichkeit von Kolben und Sicherheitsschalter insbesondere der Ölstand des Puffers zu kontrollieren ist.

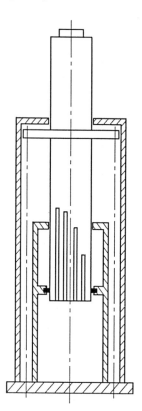

Bild 3-72 Ölpuffer mit Nuten unterschiedlicher Länge

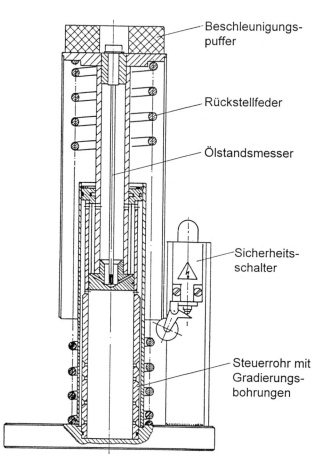

Bild 3-74 Hydraulischer Puffer, Thyssen Aufzüge GmbH

3.4 Elektrische Ausrüstung

3.4.1 Antriebe

Den elektrischen Antrieben ist in Band 1 [3.27] der Buchreihe „Fördertechnik und Baumaschinen" ein umfangreicher Abschnitt gewidmet. Deshalb werden die Antriebe für Aufzüge nur kurz mit ergänzenden Angaben zu aufzugspezifischen Problemen vorgestellt. Die Vorstellung beschränkt sich auf Drehstromantriebe, die die Gleichstromantriebe auch für große Geschwindigkeiten voraussichtlich ablösen werden, weil mit Hilfe moderner Elektronik die sehr guten Regelungs-Eigenschaften der Gleichstromantriebe mit kleinerem Aufwand und größerem Wirkungsgrad erreicht werden können [3.121, 3.122].

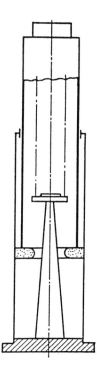

Bild 3-73 Ölpuffer mit Regelstange nach Reuter [3.115]

3.4 Elektrische Ausrüstung

Bei Aufzügen mit ganz kleiner Geschwindigkeit bis etwa $v_N = 0{,}4$ m/s wird die Drehzahl des Antriebes elektrisch nicht verändert. Bei Geschwindigkeiten oberhalb dieser Grenze ist aber die Beeinflussung der Motordrehzahl erforderlich, um ein gutes Fahrverhalten und eine ausreichende Haltegenauigkeit zu erreichen.

Für die im Aufzugbau praktisch ausschließlich verwendeten Asynchronmotoren mit Käfigläufern (Kurzschlußläufermotoren) ist die Motordrehzahl

$$n = \frac{f(1-s)}{p} \quad . \tag{3.75}$$

Die Motordrehzahl hängt also von den Größen Polpaarzahl p, Schlupf s und Frequenz f ab. Diese drei Einflußgrößen werden im Aufzugbau – wie nachfolgend beschrieben – zur Steuerung der Motordrehzahl genutzt.

Drehstrommotoren geschaltet

Zum Antrieb von Hydraulikaufzügen werden eintourige Drehstrommotoren bis zu Nenngeschwindigkeiten von 1 m/s verwendet. Die Haltegenauigkeit und das erwünschte sanfte Anfahren und Halten wird durch Ventilsteuerungen bewirkt, die in Abschnitt 3.3.4 beschrieben sind.

Für Seilaufzüge werden geschaltete eintourige Motoren selten und nur bei sehr kleinen Geschwindigkeiten unter 0,4 m/s verwendet, da nur bei diesen kleinen Geschwindigkeiten eine ausreichende Haltegenauigkeit erreicht werden kann. Die Beschleunigung wird durch eine Schwungmasse beschränkt. Zum Fahrtbeginn wird der Motor über Schütze eingeschaltet. Kurz vor der Haltestelle wird die Stromzufuhr zu dem Motor und zu dem Bremslüfter unterbrochen. Dadurch fällt die mechanische Bremse ein, die den Fahrkorb je nach Beladungszustand, Lüfterabfallzeit, Erwärmung usw. auf einem mehr oder weniger großen Bremsweg stillsetzt.

Die Halteungenauigkeit von Aufzügen mit geschalteten Drehstrommotoren und mechanischer Bremse ist schon ausführlich in Abschnitt 3.3.3 im Zusammenhang mit der Bremse dargestellt. Dazu wird besonders auf Bild 3-32 verwiesen. Bei den Aufzügen mit der Nenngeschwindigkeit 0,4 m/s ist mit einer Halteungenauigkeit bis etwa 4 cm zu rechnen.

Ein großer Teil der Treibscheibenaufzüge wird bisher mit polumschaltbaren Käfigläufermotoren angetrieben. Dabei werden meist Motoren mit 2 und 8 Polpaaren ($p = 2$ und $p = 8$) d.h. mit den Synchrondrehzahlen 1500 1/min und 375 1/min eingesetzt. In Bild 3-75 ist das Drehmoment-Drehzahl-Diagramm eines solchen Antriebes, bei dem also die Fahrkorbgeschwindigkeit durch Polumschaltung verstellt wird, wiedergegeben. Darin ist die Schaltfolge durch Ziffern für eine Fahrt des beladenen Fahrkorbes nach oben markiert. Das dazugehörige Geschwindigkeits-Zeit-Diagramm des Fahrkorbes ist in Bild 3-76 dargestellt. Nach dem Einschalten der Wicklung mit der kleinen Polpaarzahl steht bei der Drehzahl $n_1 = 0$ das Moment M_1 an. Dieses Moment ist weitaus größer als das Lastmoment M_L. Der Fahrkorb wird beschleunigt, bis in Punkt 2 das Antriebsmoment gleich dem Lastmoment ist, $M_2 = M_L$. Die dabei erreichte Drehzahl n_2 wird beibehalten bis zu einem festen Abstand des Fahrkorbes zur Zielhaltestelle. Dort wird auf die hochpolige Wicklung des Ständers und damit von Punkt 2 auf Punkt 3 der Drehmoment-Drehzahl-Kennlinien, Bild 3-75, umgeschaltet. Der dadurch übersynchron laufende Rotor wird motorisch abgebremst, bis in Punkt 4 mit der Drehzahl n_4 wieder Gleichgewicht zwischen dem Motormoment und dem Lastmoment herrscht, $M_4 = M_L$. Mit der Drehzahl n_4 wird der Motor bis kurz vor der Zielhaltestelle betrieben. Dort werden der Motor und der Bremslüfter abgeschaltet, so daß die mechanische Bremse einfällt. Bei dem Motormoment $M = 0$ wird der Aufzug durch die mechanische Bremse stillgesetzt.

Der einfache Antrieb mit polumschaltbarem Motor kann ohne besondere Hilfsmaßnahmen nur unter der Voraussetzung verwendet werden, daß der Haltestellenabstand größer ist als die Summe des Beschleunigungsweges, des Verzögerungsweges und eines Weges, der bei allen Lastzuständen mit der vollen Geschwindigkeit durchfahren werden muß. Dieser zuletzt genannte Weg ist erforderlich, weil das direkte Umschalten vom Anfahr- in den Bremszustand einen unangenehmen Stoß hervorrufen würde. Bei den üblichen Stockwerksabständen ist diese Bedingung mit der Geschwindigkeit $v = 1{,}25$ m/s erfüllt.

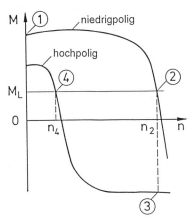

Bild 3-75 Drehmoment-Drehzahl-Diagramm eines polumschaltbaren Motors

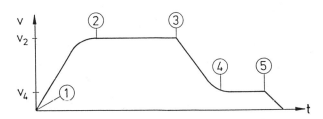

Bild 3-76 Geschwindigkeitsverlauf bei Antrieb mit polumschaltbarem Motor

Der Weg für das elektrische Bremsen von dem Punkt 3 zu dem Punkt 4, Bild 3-75 und 3-76, ist sehr stark von der Beladung des Fahrkorbes abhängig. Zum Ausgleich des daraus folgenden Differenzweges muß deshalb bei den meisten Lastzuständen ein größerer Fahrweg mit der kleinen Geschwindigkeit v_4 zurückgelegt werden, damit die mechanische Bremsung in jedem Fall aus dieser Geschwindigkeit erfolgt. Dadurch wird die Gesamtfahrzeit nachteilig vergrößert.

Wie bei den Aufzügen mit geschalteten eintourigen Motoren ist die Haltegenauigkeit durch die Wirkung der mechanischen Bremse bestimmt. Für die bei den Antrieben mit polumschaltbaren Motoren 4 : 16 übliche maximale Geschwindigkeit von $v_N = v_2 = 1$ m/s ist eine Halteungenauigkeit von etwa 1,5 cm zu erwarten.

Zum ausreichend weichen Anfahren und Bremsen beim Umschalten der Ständerwicklung wird auf die Motor- oder die Getriebeeingangswelle eine Schwungmasse gesetzt. Dadurch wird die Beschleunigung des Fahrkorbes auf etwa 0,6 m/s^2 beschränkt. Diese Beschränkung ist erforderlich, da die Beschleunigung beim Einschalten des Motors stoßartig einsetzt und dadurch zu Schwingungen führt, die bei größerer Beschleunigung unangenehm empfunden werden. Durch die Schwungmasse werden die ohnehin großen Energieverluste beim Beschleunigen des Motors stark vergrößert.

Drehstrommotoren mit Spannungssteller

Aufzüge mit mittlerer Geschwindigkeit bis etwa 2 m/s werden durch Drehstrommotoren mit Käfigläufer angetrieben, die vorwiegend durch Thyristor-Anschnittsteuerungen mit einer variablen Spannung gespeist werden. Die Erzeugung der variablen Spannung ist im Prinzip für eine Phase in Bild 3-77 dargestellt. Der Thyristor bleibt gesperrt, bis ein Zündimpuls den Thyristor voll aufsteuert. Am Ende der Halbwelle ist der Thyristor wieder gesperrt. Ein antiparallel geschalteter Thyristor übernimmt dann dieselbe Funktion für die untere Halbwelle. Je nach dem Zündwinkel verändert sich die effektive Amplitude der Spannung.

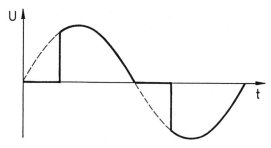

Bild 3-77 Phasenanschnitt mit Thyristoren

Die eigentliche Verstellung der Fahrkorbgeschwindigkeit erfolgt durch den Schlupf s, der bei konstantem Lastmoment M_L mit abnehmender Versorgungsspannung wächst. Bild 3-78 zeigt für zwei effektive Spannungen U_1 und U_2 an der Ständerwicklung die Drehmoment-Drehzahl-Kennlinie für eine Drehrichtung des Drehmoments (zwei der vier Quadranten) mit den Motordrehzahlen n_1 und n_2, die sich bei dem jeweiligen Schlupf einstellen. Zur Richtungsumkehr des Drehmoments werden wie bei allen Drehstromantrieben zwei der Phasen vertauscht.

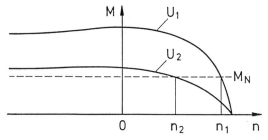

Bild 3-78 Drehmoment-Drehzahl-Kennlinie bei den Spannungen U_1 und U_2

Für die Drehstromantriebe mit Spannungsstellern werden eintourige oder polumschaltbare Motoren eingesetzt [3.123]. Bei den eintourigen Motoren muß die Drehmomentrichtung während der Fahrt insbesondere beim Anfahren und Abbremsen je nach Beladung des Fahrkorbes ein- oder mehrfach umgeschaltet werden [3.124].

Bei Antrieben mit polumschaltbaren Motoren – die in Verbindung mit Spannungsstellern heute vorwiegend verwendet werden [3.121, 3.125] – wird diese Umschaltung der Momentendrehrichtung während der Fahrt vermieden. Die Momentendrehrichtung wird mit der Fahrtrichtung zu Beginn der Fahrt eingestellt. Die niederpolige Wicklung wird mit Drehstrom variabler Spannung gespeist und treibt den Fahrkorb an. Die hochpolige Wicklung, an die eine gesteuerte Gleichspannung angelegt ist, bremst den Fahrkorb soweit erforderlich. In Bild 3-79 ist das Blockschaltbild eines solchen Antriebes mit Thyristor-Spannungssteller und einem polumschaltbaren Motor dargestellt.

Mit den Drehstromantrieben mit Spannungsstellern kann der Fahrkorb bis zur Geschwindigkeit $v = 0$ abgebremst werden. Die mechanische Bremse fällt erst ein, wenn der Fahrkorb steht. Der Energiebedarf der mit Spannungsstellern betriebenen gegenüber den geschalteten polumschaltbaren Motoren ist nach den Messungen von Doolaard [3.126] um 30% reduziert.

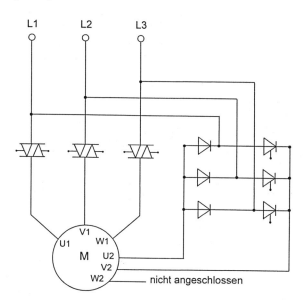

Bild 3-79 Polumschaltbarer Motor mit Spannungssteller [3.125]

Frequenzumrichter

Der Drehstromantrieb mit Frequenzumrichter hat sich in den letzten Jahren wegen seiner Vorteile als Antrieb für Aufzüge größerer Geschwindigkeit durchgesetzt. Neuerdings wird dieser Antrieb auch für getriebelose Winden verwendet.

Durch den Frequenzumrichter wird aus dem Drehstrom des Netzes ein Drehstrom mit einstellbarer Frequenz f und einstellbarer Spannung U erzeugt. Damit wird ein eintouriger Asynchronmotor mit Käfigläufer betrieben, dessen Drehzahl im wesentlichen von der Ausgangsfrequenz des Frequenzumrichters abhängt. In Bild 3-80 [3.127] ist das Blockschaltbild eines Frequenzumrichters wiedergegeben. Der Drehstrom wird in dem Netzgleichrichter gleichgerichtet und im Gleichspannungszwischenkreis geglättet. In dem Umrichter-Leistungsmodul wird daraus ein mit hoher Taktfrequenz gepulster Drehstrom mit der Frequenz f entsprechend der geforderten Solldrehzahl erzeugt.

Für ein konstantes Drehmoment muß mit der Frequenz die Spannung nahezu proportional verstellt werden. Die Ab-

3.4 Elektrische Ausrüstung

weichung von dieser Proportionalität ergibt sich durch den unvermeidlichen Schlupf s, der mit abnehmender Frequenz f wächst. Einfache U/f Umrichter, bei denen die Spannung U proportional zur Frequenz f geändert wird, können deshalb bei Aufzügen nur bedingt und nur bei Aufzügen mit relativ kleiner Geschwindigkeit eingesetzt werden. Der Fahrkorb wird bei diesen Antrieben – wenn auch aus einer sehr kleinen Geschwindigkeit – mechanisch abgebremst.

Die für Aufzüge geeigneten Frequenzumrichter sind feldorientiert. Durch eine umfangreiche Regelungs- und Steuereinrichtung, Bild 3-80, wird gestützt auf einen Drehgeber, der die Stellung des Rotors angibt, die nach der jeweiligen Sollgeschwindigkeit erforderliche Frequenz f und Spannung U eingestellt. Damit wird mit dem einfachen robusten Asynchronmotor mit Käfigläufer ein ebenso gutes Regelungsverhalten wie mit einem Ward-Leonard-Satz erreicht [3.128]. Der Fahrkorb kann dabei selbstverständlich elektrisch bis zur Geschwindigkeit $v = 0$ abgebremst werden. Die mechanische Bremse fällt erst nach dem Stillstand des Fahrkorbes ein.

Im Rahmen seiner Leistungsgrenzen kann der Frequenzumrichter den Motor auch oberhalb der Synchrondrehzahl betreiben [3.129]. Im gesamten Drehzahlbereich bis zur Synchrondrehzahl wird ein konstantes Grenzmoment erzeugt. Die Rückspeisung ins Netz ist möglich. Bei Aufzügen mit mäßiger Geschwindigkeit und nicht sehr hohem mechanischen Wirkungsgrad wird aber regelmäßig die anfallende Energie in Wärme umgewandelt. In Bild 3-80 ist diese Ausführung als Normalausführung und die Energie-Rückspeiseeinheit als optional dargestellt. Die Rückspeiseeinheit ersetzt den Netzgleichrichter und das Bremsmodul, die in der Normalausführung in Bild 3-80 eingezeichnet sind. Die Energierückspeisung ist insbesondere für Aufzüge mit getriebelosen Winden angebracht.

Der Frequenzumrichter erzeugt den gewünschten Drehstrom über Transistoren (IGBT) mit einer Taktfrequenz von über 8 kHz [3.128] mit Pulsbreitenmodulation. In Bild 3-81 [3.129] ist das Prinzip der Pulsbreitenmodulation mit der gewonnenen sinusförmigen Spannung im Drehstromnetz einphasig dargestellt. Eine andere Methode ist ein zeitdiskretes Stromregelungsverfahren, mit dem bei großer Abfragefrequenz ein sinusförmiger Stromverlauf bei niederer variabler Taktfrequenz erzeugt wird [3.122].

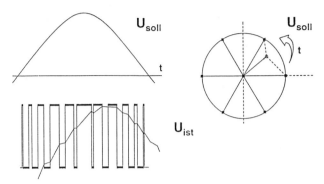

Bild 3-81 Prinzip der Pulsung [3.129]

Von den Frequenzumrichter-Antrieben ist schon die gute Regelbarkeit und die Verwendung des robusten eintourigen Asynchron-Drehstrommotors als vorteilhaft aufgeführt. Als weiterer Vorteil ist der recht kleine Energiebedarf zu nennen, der nach Doolaard [3.126] bei etwa 50% von dem eines Antriebes mit geschaltetem polumschaltbaren Motor liegt. Außerdem ist der Anlaufstrom im Gegensatz zu anderen Drehstromantrieben recht klein, und in den meisten Fällen können die Motore wegen der recht kleinen Verluste ohne Fremdbelüftung betrieben werden.

Nachteilig ist die Netzrückwirkung durch den nicht sinusförmigen Strom, der dem Netz entnommen wird. Durch Eingangsdrosseln wird diese Netzrückwirkung in erträglichen Grenzen gehalten. Nachteilig ist auch die hohe Taktfrequenz, die besondere Maßnahmen (Abschirmungen) zur elektromagnetischen Verträglichkeit (EMV) erforderlich machen.

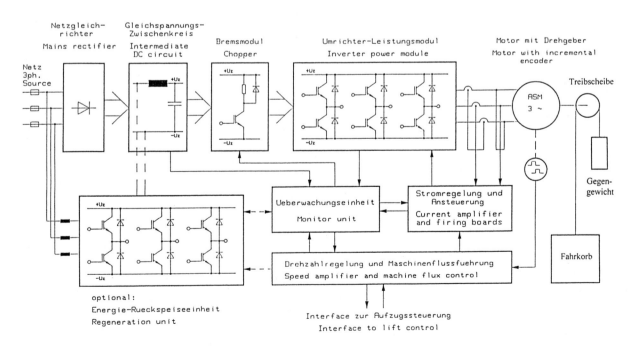

Bild 3-80 Blockschaltbild Transistor-Pulsumrichter [3.127]

3.4.2 Kopierung, Fahrkurvenrechner

Kleine Geschwindigkeit

Die Standortmeldung zur Steuerung der Fahrkorbbewegung wird traditionell als Kopierung bezeichnet. Diese Bezeichnung ist darauf zurückzuführen, daß früher der Fahrkorbweg regelmäßig durch ein sogenanntes Kopierwerk im Triebwerksraum in verkleinertem Maßstab abgebildet – d.h. kopiert – wurde. Schaltvorgänge wurden durch Schaltfinger an diesem Kopierwerk ausgelöst.

Zur Steuerung der Fahrkorbbewegung genügt bei sehr kleiner Geschwindigkeit ein Schaltpunkt wenige Zentimeter vor der jeweiligen Zielhaltestelle für die Anfahrt von oben und unten. Für die geschalteten Antriebe mit polumschaltbaren Motoren sind jeweils zwei Schaltpunkte erforderlich, einer zum Umschalten des Motors auf die kleine Geschwindigkeit und einer wenige Zentimeter vor der Haltestelle zum Abschalten des Motors und des Bremslüfters.

Bild 3-82 zeigt die Schaltpunkte in einem Schachtabschnitt mit zwei Haltestellen. Außerdem ist die Geschwindigkeit des Fahrkorbes bei der Fahrt von der unteren zur oberen Haltestelle, d.h. der Geschwindigkeitsverlauf über dem Weg, eingezeichnet. Der entsprechende Geschwindigkeitsverlauf über der Zeit ist in Bild 3-76 dargestellt.

Aus Bild 3-82 ist zu ersehen, daß die Einfachkopierung mit zwei Schaltpunkten je Haltestelle und Fahrtrichtung nur anwendbar ist, wenn beim Passieren des ersten Schaltpunktes die Nenngeschwindigkeit erreicht ist, oder anders gesagt, wenn der Beschleunigungsweg und der Bremsweg zusammen kleiner ist als der Haltestellenabstand.

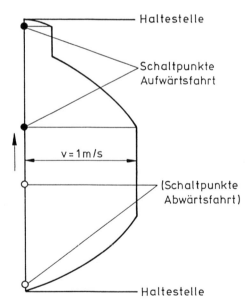

Bild 3-82 Schachtabschnitt zwischen zwei Haltestellen mit Schaltpunkten für polumschaltbaren Motor

Mittlere und große Geschwindigkeit

Bei Geschwindigkeiten über 1,25 m/s – in vielen Fällen auch darunter – werden geregelte Antriebe verwendet. Bis in die jüngste Zeit sind für mittlere Geschwindigkeiten bis etwa 2,0 m/s vereinfachte Kopierungen mit zeitablaufenden Geschwindigkeitsvorgaben ausgehend von festen Abständen zu den Haltestellen eingesetzt worden. Neuerdings wird weitgehend einheitlich für mittlere und große Geschwindigkeiten die Sollgeschwindigkeit zur Regelung durch einen Fahrkurvenrechner vorgegeben.

Ein erster Fahrkurvenrechner ist von Fuhrmann [3.130] beschrieben worden. Er basiert auf einer Fahrkurve mit konstanter Beschleunigungsänderung $\dot{a}$, einer Grenzbeschleunigung a_N und einer Nenngeschwindigkeit v_N. Der auf dieser Voraussetzung basierende Verlauf der Fahrkurve ist von Schröder [3.131] dargestellt worden. Motz [3.132], der die vorgenannten Veröffentlichungen nicht kannte, hat den Verlauf der Fahrkorbbewegung ebenfalls berechnet und dazu Nomogramme zur Bestimmung der Fahrzeit entwickelt. Renn [3.133] gibt zwei Rechenmethoden an, mit denen ein 8-bit-Rechner die Sollgeschwindigkeit und den Sollweg in für den Online-Betrieb ausreichend kurzer Zeit berechnen kann. Orlowski [3.134] beschreibt einen einfachen Fahrkurvenrechner auf der Basis von Zählern bei konstanter Frequenz.

Die Beschleunigung a, die Geschwindigkeit v und der Weg s ist in Bild 3-83 für typische Fahrten dargestellt. Dabei ist die Beschleunigungsänderung $\dot{a} = \pm 1,0$ m/s³ und die Nenngeschwindigkeit $v_N = 3,2$ m/s. Die Grenzbeschleunigung $a_N = \pm 1,5$ m/s² und der Stockwerksabstand $s_H = 4$ m sind relativ groß gewählt, damit die drei möglichen Fälle in dem Bild ohne Überschneidungen deutlich hervortreten:

– Fall A: Die Grenzbeschleunigung a_N und also auch die Nenngeschwindigkeit v_N werden nicht erreicht.
– Fall B: Die Grenzbeschleuigung wird erreicht, aber die Nenngeschwindigkeit nicht.
– Fall C: Die Nenngeschwindigkeit v_N wird erreicht.

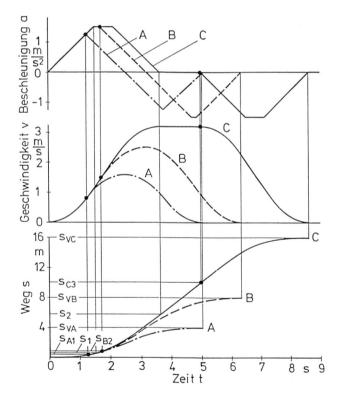

Bild 3-83 Fahrkurven für die Fälle A, B und C

Im Verlauf der Fahrbewegung ist die Beschleunigung

$$a = \int \dot{a}\, dt, \qquad (3.76)$$

die Geschwindigkeit

3.4 Elektrische Ausrüstung

$$v = \int a\, dt \qquad (3.77)$$

und der Weg

$$s = \int v\, dt . \qquad (3.78)$$

Die Gleichungen werden abschnittsweise integriert und zwar jeweils bis zum Wechsel des Vorzeichens der Beschleunigungsänderung $\dot{a}_N$, oder wenn a_N und v_N erreicht bzw. verlassen werden. Wegen der Vielzahl der Abschnitte, die in Bild 3-83 zu erkennen sind, wird auf die Wiedergabe der an sich einfachen Gleichungen verzichtet. Es erscheint aber zweckmäßig die Fahrstrecke anzugeben, die zur Verfügung stehen muß, damit die Nenngeschwindigkeit gerade erreicht werden kann. Diese Fahrstrecke beträgt

$$s_{\min} = \left(\frac{v_N}{a_N} + \frac{a_N}{\dot{a}_N} \right) v_N$$

und die dazu gehörige Fahrzeit

$$t_{\min} = 2 \left(\frac{v_N}{a_N} + \frac{a_N}{\dot{a}_N} \right) .$$

Zur Steuerung des Fahrkorbes wäre es durchaus möglich, die Sollgeschwindigkeit als Funktion des Weges (mit dem Parameter Zeit) zu errechnen. Alle bekannten Fahrkurvenrechner berechnen aber die Sollgeschwindigkeit als Funktion der Zeit [3.130, 3.133 und 3.134]. Wie schon von Fuhrmann [3.130] ausgeführt, wird dann der Geschwindigkeitsregelung eine Wegregelung überlagert. Dazu wird durch den Fahrkurvenrechner neben der Sollgeschwindigkeit durch eine weitere Integration der Sollweg berechnet. Die Differenz zwischen dem Sollweg und dem Istweg dient zur Korrektur der Geschwindigkeit. Da die Position des Fahrkorbes wegen der Fehler (Schlupf und Seildehnung bei Beschleunigung) der vorwiegend verwendeten Meßmethoden nicht hinreichend genau bekannt ist, würde die Verwendung der Sollgeschwindigkeit als Funktion des Weges keine Vorteile bringen.

Die mit Fehlern behaftete gespeicherte Position wird regelmäßig beim Eintritt des Fahrkorbes in die Türzone (mit dem festen Abstand Δs_0 zur Haltestelle) korrigiert. Zum Einfahren in die Haltestelle wird von dieser Stelle an die Sollgeschwindigkeit in Form einer Rampe vorgegeben. Bei konstanter Verzögerungsänderung $\dot{a}_R$ für die Einfahrphase beträgt die Sollgeschwindigkeit als Funktion des Weges Δs bis zur Haltestelle

$$v_R = \sqrt[3]{\frac{9}{2} \dot{a}_R \cdot \Delta s^2} . \qquad (3.79)$$

Die Beschleunigungsänderung $\dot{a}_R$, die für die Einfahrphase gelten soll, ergibt sich für den konstanten Abstand Δs_0 bis zur Haltestelle und die an dieser Stelle gemessene Fahrkorbgeschwindigkeit v_o aus der umgestellten Gleichung (3.79) zu

$$\dot{a}_R = \frac{2\, v_o^3}{9\, \Delta s_0^2} . \qquad (3.80)$$

Die so errechnete Beschleunigungsänderung $\dot{a}_R$ gilt – wie gesagt – zur Berechnung der Sollgeschwindigkeit v_R mit Gleichung (3.79) für die Einfahrphase. Da aber die damit definierte Beschleunigung a_R und die Istbeschleunigung bei Beginn der Einfahrphase regelmäßig verschieden groß sind, muß die mit Gleichung (3.79) errechnete Sollgeschwindigkeit v_R noch korrigiert werden. Das geschieht zweckmäßigerweise dadurch, daß die Geschwindigkeitsänderung allmählich an die durch die Gleichung (3.79) vorgegebene angeglichen wird.

Neben der Sollgeschwindigkeit und dem Sollweg berechnet der Fahrkurvenrechner den aktuellen Bremsweg; das heißt den Weg, der zum Bremsen in jedem Augenblick gebraucht würde, um den Fahrkorb stillzusetzen. Damit kann der Steuerung gemeldet werden, ob der Fahrkorb in einem bestimmten Stockwerk noch halten kann und an welcher Stelle der Bremsvorgang eingeleitet werden muß. Dazu wird der errechnete aktuelle Bremsweg zur Fahrkorbposition addiert und als virtueller Standort – gegebenenfalls mit einem kleinen Sicherheitszuschlag – in einem Speicher abgelegt.

Der Weg s_V vom Standort bei Fahrtbeginn bis zum virtuellen Standort ist unter der Voraussetzung, daß die Beschleunigungsänderung $\dot{a}$ und die Beschleunigung a beim Anfahren und beim Bremsen dem Betrag nach gleich groß sind, durch einfache Beziehungen zu bestimmen:

Fall A

$$s_{VA} = 12\, s_{A1} \qquad (3.81)$$

Darin ist

s_{A1} ... der zurückgelegte Weg bei der Abfrage nach dem virtuellen Standort.

Fall B

$$s_{VB} = 2 s_{B2} + 4 s_1 + 2\sqrt{12\, s \cdot s_{B2} + 6 s_1^2} . \qquad (3.82)$$

Darin ist

s_1 ... der Weg am Ende der Beschleunigungsänderung (d.h. beim Erreichen der Nennbeschleunigung) und

s_{B2} ... der zurückgelegte Weg bei der Abfrage nach dem virtuellen Standort.

Fall C

$$s_{VC} = s_2 + s_{C3} \qquad (3.83)$$

Darin ist

s_2 ... der Weg am Ende der Beschleunigung (d.h. bei Erreichen der konstanten Fahrkorbgeschwindigkeit) und

s_{C3} ... der zurückgelegte Weg bei der Abfrage nach dem virtuellen Standort.

Wenn der virtuelle Standort dem des Fahrzieles entspricht, wird der Bremsvorgang eingeleitet. Der Bremsbeginn ist für die drei Fälle A, B und C in den drei Teildiagrammen des Bildes 3-83 durch einen Punkt markiert.

Geräteausrüstung

Für die kleinen und mittleren Geschwindigkeiten werden meist Schalter im Schacht und nur selten Kopierwerke verwendet, die über Ketten oder Stahlbänder vom Fahrkorb angetrieben werden. Als Schalter werden vor allem Initiatoren, Magnetschalter und Lichtschranken eingesetzt.

Die Schalter im Schacht können am Fahrkorb oder im Schacht selbst befestigt sein. Falls sie am Fahrkorb befestigt sind, ist ein Zähler erforderlich, der den Standort des Fahrkorbes durch Zählen der Schaltfahnen bestimmt. Falls der Zählerstand verloren geht, wird bei einer Korrekturfahrt der Standort durch einen Schalter im Schacht bestimmt.

Für große Geschwindigkeiten werden regelmäßig inkrementale Wegaufnehmer verwendet, die den Fahrkorbstandort als Zählerstand aufnehmen. Die Wegaufnehmer sind meist Drehgeber, die durch die Aufzugwinde (mit Schlupf bis etwa 0,2%) oder von dem Geschwindigkeitsbegrenzer (mit Schlupf bis etwa 0,02%) angetrieben werden. Der Zählerstand weist gegenüber dem wahren Standort kleine Fehler auf, die beim Durchfahren des Schachtes an mehreren Stellen, oft in jedem Stockwerk, korrigiert werden. Da diese Korrekturen bei verschiedenen Beschleunigungszuständen und damit unterschiedlicher Seildehnung erfolgen, ist mindestens bei großen Förderhöhen die Korrektur kurz vor jeder Haltestelle erforderlich.

Durch verschiedene Methoden kann der Fahrkorbstandort absolut, d.h. ohne den Einfluß von Seilschlupf und Seildehnung, erfaßt werden. Wallraff [3.135] beschreibt dazu Codeschienen mit Lesekopf, Lasermeßgeräte usw. Die zur Regelung erforderliche Istgeschwindigkeit des Fahrkorbes wird durch Tachogeneratoren oder digital durch Impulse z.B. des Weggebers bestimmt.

3.4.3 Sicherheit

Allgemeines

Nach TRA 262.11 darf das Auftreten eines Fehlers in der elektrischen Anlage eines Aufzuges nicht zu einem gefährlichen Betriebszustand führen. Durch diese Forderung, die mit der TRA 200 im Jahre 1972 durch die Initiative des DAA-Unterausschusses Elektrotechnik unter der Führung von Otto Aps eingeführt wurde, sind redundante Anordnungen von elektrischen Betriebsmitteln begründet. Als zu betrachtende Fehler gelten:

- Spannungsausfall
- Spannungsabsenkung
- Verlust der Leitfähigkeit eines Leiters
- Körper- oder Erdschluß
- Kurzschluß oder Unterbrechung in elektrischen Bauelementen wie Widerständen, Kondensatoren, Transistoren, Leuchten
- Nichtanziehen oder unvollständiges Anziehen des Ankers eines Schützes oder eines Relais
- Nichtabfallen des Ankers eines Schützes oder eines Relais
- Nichtöffnen eines Schaltstückes
- Nichtschließen eines Schaltstückes
- Phasenumkehrung

Diese Anforderungen gelten selbstverständlich nicht für den Steuerungsteil zur Signal- und Kommandoverarbeitung. Dabei ist vorausgesetzt, daß durch Fehler in diesem Steuerungsteil die elektrischen Sicherungseinrichtungen nicht unwirksam werden können.

Sicherheitsstromkreis

Als sicherer Zustand gilt der Stillstand des Fahrkorbes. Beim Ansprechen einer elektrischen Sicherheitseinrichtung (Sicherheitsschalter, Sicherheitsschaltung) muß deshalb das Anlaufen des Triebwerkes verhindert bzw. das unverzügliche Stillsetzen des Triebwerkes bewirkt werden. Die Energiezufuhr zu dem Triebwerk und zu der Bremslüfteinrichtung bzw. zu dem Senkventil muß durch zwei voneinander unabhängige Schütze unterbrochen werden. Werden statt der Schütze andere Betriebsmittel verwendet, muß eine Überwachungseinrichtung ein Schütz auslösen, das die Energiezufuhr allpolig abschaltet, wenn die betriebsmäßige Unterbrechung des Energieflusses nicht wirksam wird.

Die elektrischen Sicherheitseinrichtungen sind in einem Sicherheitsstromkreis in Reihe angeordnet. Als elektrische Sicherheitseinrichtung werden regelmäßig Sicherheitsschalter und in Ausnahmefällen Sicherheitsschaltungen eingesetzt. In Bild 3-84 ist der typische Sicherheitsstromkreis eines Aufzuges dargestellt. Darin sind die Schalter für die vorgeschriebenen Sicherheitseinrichtungen – abgesehen der von Sondereinrichtungen – eingezeichnet. Dabei ist vorausgesetzt, daß bei den verwendeten Schachttüren das Sperrmittel zwangsläufig nicht einrücken kann, solange die Tür nicht geschlossen ist, und daß deshalb Türschalter an den Schachttüren nicht erforderlich sind.

Von den Sperrmittelschaltern der Türverschlüsse sind in diesem Bild nur der obere und der untere aufgenommen. Die eingezeichneten Halbkreisbögen weisen auf die Verbindungen durch Hängekabel hin. Für die Inspektionssteuerung auf dem Fahrkorbdach, die Rückholsteuerung in dem Triebwerksraum und für die Einfahrsteuerung in die Haltestelle bei offener Tür sind die begrenzten Überbrückungen eingezeichnet. Die Einleitung der Fahrt erfolgt durch den Schalter Fahrtfreigabe, der durch den Informationsteil der Steuerung geschaltet wird.

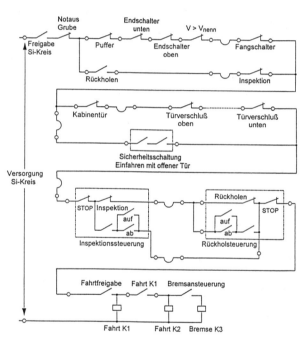

Bild 3-84 Sicherheitsstromkreis, C. Haushahn GmbH

Sicherheitsschalter

An die Sicherheitsschalter sind von DIN EN 81 bzw. TRA 200 detaillierte Forderungen gestellt. Insbesondere müssen sie bei Betätigung mechanisch zwangsläufig geöffnet werden und das Betätigungssystem bis zu den Schaltstücken muß formschlüssig ausgeführt sein. Die Sicherheitsschalter müssen nach DIN EN 81 für eine Nennisolationsspannung von 250 V ausgelegt sein, wenn die Gehäuse einen Schutzgrad von mindestens IP4X gewährleisten oder von 500 V, wenn der Schutzgrad der Gehäuse kleiner als IP4X ist.

Die unter Spannung stehenden Teile der Sicherheitsschalter müssen mit einem Gehäuse umgeben sein. Das gilt nicht für Hakenriegel und Türschalter. Deren Schaltstücke müssen aber gegen zufälliges Berühren geschützt sein. Die Luft- und Kriechstrecken (Weg über die Gehäusewand zwischen den spannungsführenden Teilen) müssen mindestens 6 mm und die Trennstrecken 4 mm betragen.

Bild 3-85 zeigt die Schaltstücke eines Sicherheitsschalters. In diesem Fall ist die Trennstrecke in zwei Teilstrecken aufgeteilt, von denen jede mindestens 2 mm betragen muß, um die Forderung nach einer Trennstrecke von 4 mm zu erfüllen.

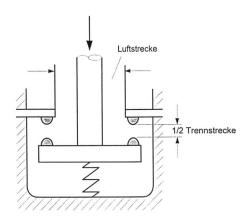

Bild 3-85 Sicherheitsschalter

Sicherheitsschaltungen

Sicherheitsschalter dürfen durch eine Sicherheitsschaltung ersetzt werden. Die Sicherheitsschaltung überwacht zwei Schalter, die selbst die Anforderungen an Sicherheitsschalter nicht erfüllen, z.B. Magnetschalter, Lichtschranken, Initiatoren oder einfache mechanische Schalter. Das Ansprechen der Sicherheitsschaltung muß das Anlaufen des Triebwerkes verhindern oder das unverzügliche Stillsetzen des Triebwerkes bewirken.

Die Sicherheitsschaltung kann auf einfache Weise aus Kleinschützen aufgebaut sein. Solche Sicherheitsschaltungen sind zur Überwachung der Sperrmittel von Türverschlüssen in der Patentschrift 2631 367 von H. Böckle mit vier Kleinschützen und in der Patentschrift 27 11 539 von H. Böckle und E. Hacker mit drei Kleinschützen beschrieben. Die Schaltung mit drei Kleinschützen nach Patentschrift 27 11 539 ist in Bild 3-86 vorgestellt.

Unabhängig von der Reihenfolge der Betätigung der beiden Endschalter b11 und b12 an dem zu überwachenden Sperrmittel ist auch beim Einschalten der Anlage durch die Anordnung zur Schließung des Sicherheitskreises, Bild 3-86b, immer folgende Schaltfolge gewährleistet, deren Beschreibung dem Patent entnommen ist:

„Zuerst zieht das Überwachungsschütz c13 an, öffnet mit c13/1 den Sicherheitskreis und bereitet die Einschaltung des Kontrollschützes c11 vor. Ist der Endschalter b11 geschlossen, so zieht das Kontrollschütz c11 an, schließt seinen Selbsthaltekontakt c11/2 und gibt in der Zuleitung zum Kontrollschütz c12 dessen Einschaltung frei. Ist der Endschalter b12 bereits betätigt, so zieht das Kontrollschütz 12 an und schließt seinen Selbsthaltekontakt c12/3. Gleichzeitig wird der Ruhekontakt c12/4 in der Zuleitung zum Überwachungsschütz c13 geöffnet, so daß dieses Schütz abfällt und damit der Sicherheitskreis geschlossen wird.

Öffnet einer der beiden Endschalter b11 oder b12, so fällt das zugehörige Kontrollschütz c11 oder c12 ab, womit der Sicherheitskreis unterbrochen ist. Ein Wiedereinschalten ist nur möglich, wenn das Überwachungsschütz c13 angezogen hat. Dies ist aber nur dann der Fall, wenn auch der zweite Endschalter geöffnet und dadurch das Kontrollschütz abgefallen ist. Bei fehlendem Gleichlauf der Endschalter bleibt daher der Sicherheitskreis immer geöffnet."

Sicherheitsschaltungen, die aus Kleinschützen aufgebaut sind, können im Rahmen der vorgeschriebenen Abnahmeprüfung des Aufzuges ausreichend beurteilt werden. Für elektronische Sicherheitsschaltungen gilt dies nicht [3.136]. Deshalb ist für die elektronischen Sicherheitsschaltungen eine Bauteilprüfung vorgeschrieben, die durch die Prüfrichtlinie TRA 101, Abschnitt 8 geregelt ist. Über den Ablauf der Bauteilprüfung berichten Aps und Behnisch [3.136]. Prinzipielle Anordnungen von Sicherheitsschaltungen mit elektronischen Bauelementen werden von Streng [3.137] beschrieben.

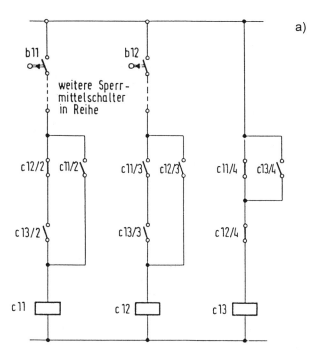

Bild 3-86 Sicherheitsschaltung mit 3 Kleinschützen, Patentschrift 2711539 von H. Böckle und E. Hacker

Nach DIN EN 81 dürfen Sicherheitsschaltungen anders als nach TRA nicht in jedem Fall als Ersatz für Sicherheitsschalter eingesetzt werden. Für die Anwendung der Sicherheitsschaltungen in Aufzügen nach DIN EN 81 fehlen darüber hinaus Festlegungen über Fehlerausschlüsse und Abbruchkriterien bei der Fehlerbetrachtung. Rosin [3.138] stellt den Stand der Beratungen über entsprechende Auslegungen der zuständigen Arbeitsgruppe des Europäischen Komitees für Normung CEN-TC 10 vor. Die für die Fehlerbetrachtung getroffene Auslegung Nr. 162 ist in Bild 3-87 zusammengefaßt. Die Fehlerbetrachtung ist gegenüber der nach TRA 101 dadurch verschärft, daß der Abbruch der Fehlerbetrachtung unabhängig von der Reihenfolge des Auftretens der Fehler erfolgt. Zur Verbesserung der Sicherheit schlägt Jende [3.139] für Sicherheitsschaltungen die Anwendung diversitärer Redundanz, d.h. von verschiedenartigen Gebern oder mindestens von Gebern vor, die nicht gleichsinnig arbeiten. Durch diese Maßnahme könnten Common-Mode-Ausfälle zuverlässiger verhindert werden. Jende [3.139] weist außerdem darauf hin, daß die nach einer Bauteilprüfung zugelassene Sicherheitsschaltung bei der Abnahmeprüfung des Aufzuges darauf geprüft werden muß, ob nicht bei besonderen Betriebsumständen auftretende Fehler verborgen bleiben können.

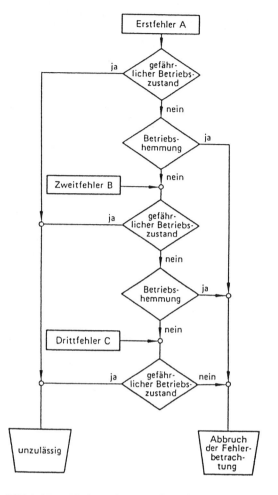

Bild 3-87 Fehlerbetrachtung nach Auslegung Nr. 162 der CEN-TC 10, Rosin [3.138]

3.4.4 Steuerungen

Einzelaufzug

Für Einzelaufzüge sind die Steuerungen weitgehend standardisiert. Die Innensteuerung, das heißt der Steuerungsteil zur Verarbeitung der Befehle aus dem Fahrkorb, ist für alle diese Steuerungen praktisch gleich. Die Fahrgäste können mehrere Fahrziele wählen. Die Steuerung speichert diese Fahrziele und läßt den Fahrkorb beim Passieren der ausgewählten Stockwerke nacheinander anhalten. Die Fahrtrichtung wird fortgesetzt, bis keine Befehle in dieser Richtung mehr vorliegen.

Die Steuerungen für Einzelaufzüge unterscheiden sich vor allem in der Außensteuerung, das heißt in der Steuerung für die Annahme und die Verarbeitung von Befehlen, die von den Stockwerken aus abgegeben werden (Außenrufe). Für die Außenrufe gilt im allgemeinen – abgesehen von den Einfachsteuerungen – wieder, daß die Fahrtrichtung fortgesetzt wird, solange Außenrufe oder Innenrufe in dieser Richtung vorliegen. Die weitgehend standardisierten Steuerungen für Einzelaufzüge sind:

– Einfachsteuerungen

Einfachsteuerungen haben keine Speicher für Außenrufe. Diese Steuerungen werden vor allem für Lastenaufzüge verwendet, für die es unzweckmäßig wäre, wenn der Fahrkorb in beladenem Zustand durch Außenrufe angehalten werden könnte. Gespeicherte Innenrufe stören den Förderablauf nicht, soweit sie nicht durch frühere Fahrgäste hinterlassen wurden. Mehrere Innenrufe werden nämlich nur abgegeben, wenn kein einheitliches Ziel vorliegt. Bei sehr einfachen Steuerungen ist aber auch kein Speicher für die Innenrufe vorhanden.

– Richtungsunabhängige Sammelsteuerungen

Richtungsunabhängige Sammelsteuerungen (Einknopf-Sammelsteuerungen) sammeln (speichern) die Innen- und die Außenrufe. Es wird bei den Außenrufen nicht unterschieden, ob die Fahrgäste nach unten oder nach oben fahren wollen. Die Außenrufe können deshalb – soweit keine Besetztmeldeeinrichtung vorhanden ist, auf die später eingegangen wird – zusammen mit den Innenrufen gespeichert werden. Der Fahrkorb hält, wenn er die durch Innen- oder Außenruf gewählte Haltestelle in Aufwärts- oder Abwärtsfahrt zum ersten Mal passiert.

– Abwärtssammelsteuerungen

Wie bei den richtungsunabhängigen Sammelsteuerungen gibt es an den Zugängen in den Stockwerken nur einen Rufknopf. Die Außenrufe werden von der Steuerung so gedeutet, daß der Fahrgast nach unten fahren will. Bei Außenrufen hält der Fahrkorb deshalb nur in der Abwärtsfahrt. Derartige Steuerungen werden vor allem in Wohnhäusern und kleinen Hotels verwendet, bei denen Fahrtwünsche zwischen den Stockwerken (Zwischenstockverkehr) relativ selten sind.

Auf Innenrufe hält der Fahrkorb selbstverständlich – wie bei allen Steuerungen – in der Aufwärts- und der Abwärtsfahrt. Die Innen- und die Außenrufe werden getrennt gespeichert. Falls ein Fahrgast ein Stockwerk oberhalb des Zusteigestockwerks anfahren will, muß er zunächst mit dem in Abwärtsfahrt haltenden Fahrkorb weiter nach unten fahren, bis alle Rufe in Abwärtsfahrt abgearbeitet sind. In der danach folgenden Aufwärtsfahrt hält dann der Fahrkorb in dem gewünschten Stockwerk.

– Zweirichtungs-Sammelsteuerungen

Bei der Zweirichtungs-Sammelsteuerung kann der Fahrgast schon vor Antritt der Fahrt die gewünschte Fahrtrichtung auswählen. Dazu stehen an den Zugängen – mit Ausnahme der Endhaltestellen – jeweils zwei Rufknöpfe (Befehlstaster) zur Verfügung. Die Zweirichtungs-Sammelsteuerung wird deshalb auch als Zweiknopfsteuerung bezeichnet. Der Fahrkorb hält bei den Außenrufen nur in der gewünschten Fahrtrichtung. Die Innensteuerung ist gegenüber den anderen Steuerungen unverändert.

Nach längerem Warten drücken die Fahrgäste oft auf den zweiten Rufknopf für die nicht gewünschte Fahrtrichtung. Durch diese Fehlbedienung kommt es zu unnötigen Halten, durch die der Förderstrom vermindert und die Wartezeit in den anderen Stockwerken vergrößert wird. Zur Vermeidung dieses Nachteils werden durch eine Sonderform der Zweirichtungs-Sammelsteuerung die Rufe für beide Fahrtrichtungen gelöscht, sobald der Fahrkorb das Stockwerk erreicht (Doppelruflöschung). Es wird also durch das Anhalten des Fahrkorbs nicht nur der Ruf in derselben Richtung wie die Fahrtrichtung, sondern auch der in der Gegen-

3.4 Elektrische Ausrüstung

richtung als erledigt betrachtet. Fahrgäste in der nicht bedienten Fahrtrichtung müssen deshalb nach der Ruflöschung erneut den entsprechenden Rufknopf drücken.
In Bild 3-88 ist der Förderablauf der verschiedenen Steuerungen für Einzelaufzüge am Beispiel einer Reihe von Fahrtwünschen dargestellt. Die Fahrtwünsche erreichen die Einfachsteuerung in der angegebenen Reihenfolge. Den anderen Steuerungen liegen die Fahrtwünsche zu Beginn des betrachteten Förderablaufs vor, so daß die jeweilige Steuerung die Reihenfolge der Halte selbst bestimmt.

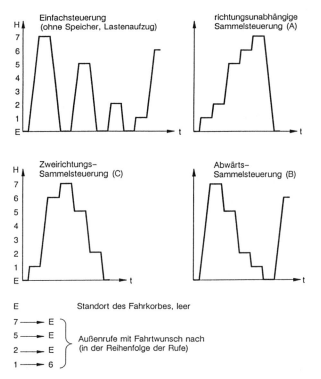

Bild 3-88 Förderablauf in Einzelaufzügen mit verschiedenen Standardsteuerungen (Beispiel)

Vergleich der Steuerungen für Einzelaufzüge

Die Leistungsfähigkeit der Einzelaufzüge mit den verschiedenen Steuerunge wird durch Simulation bestimmt. Simulationen des Förderablaufes sind vor allem von Weinberger [3.140] und sehr ausführlich von Barney und dos Santos [3.18] bekannt geworden. Die folgenden Angaben sind aber einer Untersuchung [3.141] entnommen, in der die Simulation des Förderablaufes von Einzelaufzügen mit den beschriebenen Steuerungen vorgestellt und verglichen wird.
Die Simulation wird durchgeführt für die drei Standardsteuerungen mit Rufspeichern und zwar mit und ohne Besetztmeldeeinrichtung und mit und ohne Doppelruflöschung. Die Kurzbezeichnungen dieser Steuerungen sind in Tafel 3-22 zusammengefaßt. Die Aufzugdaten für die Simulation sind in Tafel 3-23 aufgeführt. Die Simulation wird wirklichkeitsnäher als bei der Förderstromberechnung in 3.2.2 mit zufällig verteilt ankommenden Fahrgästen – gekennzeichnet durch die Ankunftrate – für jeweils eine Stunde Aufzugbetrieb durchgeführt. Dabei werden drei verschiedene Förderabläufe betrachtet, nämlich

– Füllen des Gebäudes
– Leeren des Gebäudes und
– Gemischter Förderablauf mit Zwischenstockverkehr.

Die Einzelheiten der Simulation sind in [3.141] dargestellt. Entsprechend der jeweiligen Steuerung werden die Befehle abgearbeitet. Dabei wird die Wartezeit und die Fahrzeit für jede Person registriert. Zusätzlich wird die jeweilige Beladung des Fahrkorbes erfaßt. Bei Aufzügen ohne Besetztmeldeeinrichtung hält der Fahrkorb auf einen Außenruf, aber es steigt niemand ein, falls der Fahrkorb schon mit $T = 0,8 \cdot T_0$ Personen beladen ist. Aufzüge mit Besetztmeldeeinrichtung halten in diesem Fall nicht. Bei Aufzügen mit richtungsabhängiger Sammelsteuerung wird angenommen, daß der Fahrgast nach 45 Sekunden Wartezeit den Rufknopf für die entgegengesetzte Fahrtrichtung drückt (Fehlbedienung), wenn der Fahrkorb in der gewünschten Fahrtrichtung bis dahin nicht gekommen ist.
In Bild 3-89 ist das Ergebnis der Simulation beim Füllen des Gebäudes dargestellt. Dabei kennzeichnet jeder Punkt das Ergebnis der Simulation von einer Stunde Aufzugbetrieb. Wegen der zufällig verteilt ankommenden Fahrgäste tritt trotz der relativ großen Simulationsdauer eine recht große Streuung auf.
Da bei dem Füllverkehr alle Standardsteuerungen den Fahrkorb von dem Erdgeschoß mehr oder weniger gefüllt nach oben fahren lassen und nacheinander die Fahrgäste in die Stockwerke entlassen, ist die mittlere Wartezeit – wie zu erwarten – mit allen Steuerungen gleich groß. Mit dem Förderaufkommen, das zunächst gleich dem Förderstrom ist, nimmt die mittlere Wartezeit nahezu proportional zu, solange das Förderaufkommen noch relativ klein ist. Wenn das Förderaufkommen weiter wächst, können schließlich nicht mehr alle während der Umlaufzeit ankommenden Personen in dem Fahrkorb aufgenommen werden. Von da an wächst die mittlere Wartezeit sehr stark an.
In das Bild 3-89 ist auch der nach Abschnitt 3.2.2 berechnete Förderstrom und die dazu gehörige mittlere Wartezeit eingetragen. Der so berechnete Grenzförderstrom wird bei der Simulation erst bei relativ großer mittlerer Wartezeit asymptotisch erreicht. Die kleinere rechnerische Wartezeit ergibt sich dadurch, daß bei der Berechnung vorausgesetzt wird, daß der Fahrkorb im Erdgeschoß bei jeder Fahrt vollständig gefüllt wird. Mit der zufällig verteilten Ankunft der Personen bei der Simulation ist dies erst der Fall, wenn das Förderaufkommen größer ist als der Förderstrom.

	Richtungs-unabhängige Sammel-steuerung	Abwärts-Sammel-steuerung	Zweirichtungs-Sammelsteuerung	
			ohne Doppel-ruflöschung	mit Doppel-ruflöschung
ohne Besetztmelde-einrichtung	A 1	B 1	C 11	C 12
mit Besetztmelde-einrichtung	A 2	B 2	C 21	C 22

Tafel 3-22 Kurzbezeichnung der untersuchten Standard-Steuerungen

Tafel 3-23 Aufzugdaten zur Simulation

Tragfähigkeit	T_o	= 10 Personen
Füllungsgrad	η	= 0,8
Nenngeschwindigkeit	v	= 1,6 m/s
Obergeschoßzahl	n	= 8
Stockwerksabstand	h	= 3,2 m
Anhalteverlustzeit	t_{vw}	= 2,6 s
Einsteige- und Aussteigezeit	t_p	= 2 s
Türöffnungszeit + Türoffenhaltezeit + Türschließzeit	t_t	= 6 s

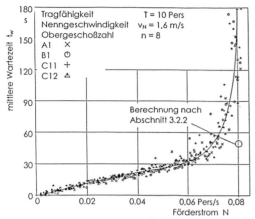

Bild 3-89 Mittlere Wartezeit beim Füllen des Gebäudes mit verschiedenen Steuerungen [3.141]

Anders als beim Füllen sind beim Leeren des Gebäudes deutliche Unterschiede für die verschiedenen Steuerungen zu beobachten. Bild 3-90 zeigt dazu als Beispiel die mittlere Wartezeit für den Aufzug mit Besetztmeldeeinrichtung. Die richtungsunabhängige Sammelsteuerung (A2) erreicht dabei die kleinste mittlere Wartezeit. Wenn das Förderaufkommen größer ist als der Förderstrom, werden mit dieser Steuerung die oberen Stockwerke zunehmend nicht mehr angefahren. Die Abwärts-Sammelsteuerung (B2) läßt dagegen bei übergroßem Förderaufkommen die unteren Haltestellen aus. Die Besetztmeldeeinrichtung ist bei dem Leeren des Gebäudes besonders nützlich.

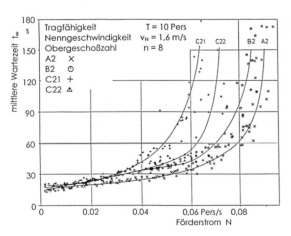

Bild 3-90 Mittlere Wartezeit beim Leeren des Gebäudes mit verschiedenen Steuerungen und Besetztmeldeeinrichtung [3.141]

Ein Beispiel für den gemischten Förderablauf zeigt Bild 3-91. Bei diesem Beispiel ist der Anteil a_1 der Fahrgäste von dem Erdgeschoß zu den Obergeschossen ebenso groß wie der Anteil a_2 der Fahrgäste von den Obergeschossen zum Erdgeschoß

$$a_1 = a_2 = 30\%.$$

Der Anteil b der Fahrgäste von einem zu einem anderen Obergeschoß (Zwischenstockverkehr) ist damit naturgemäß

$$b = 1 - a_1 - a_2 = 40\%.$$

Wieder haben in dem größten Bereich der Ankunftsraten die richtungsunabhängigen Sammelsteuerungen A und die Abwärtssammelsteuerungen B die kleinsten Wartezeiten – allerdings bei großen Fahrzeiten der Fahrgäste. Nur an der Grenze des Fördervermögens zeigen die richtungsabhängigen Sammelsteuerungen C kleinere Wartezeiten.

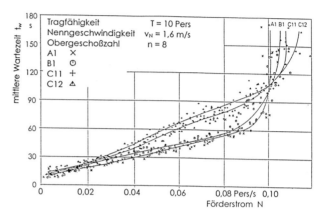

Bild 3-91 Mittlere Wartezeit mit Steuerungen ohne Besetztmeldeeinrichtung und $b = 40\%$ Zwischenstockverkehr [3.141]

Zusammenfassend ist in Bild 3-92 der Förderstrom mit den verschiedenen Sammelsteuerungen für den gemischten Förderablauf, für das Leeren und das Füllen für den Aufzug mit $T_0 = 10$ Personen und der Geschwindigkeit $v = 1,6$ m/s bei acht Obergeschossen dargestellt. Bei dem gemischten Förderablauf wird der Anteil b der Fahrgäste für den Zwischenstockverkehr variiert. Der Anteil der Fahrgäste von und zum Erdgeschoß ist dabei wieder gleich groß. Die mittlere Wartezeit von $t_W = 60$ s ist gewählt, weil sie bei bescheidenen Ansprüchen noch als erträglich gilt, und weil bis dahin die Rangfolge der Steuerungen weitgehend erhalten bleibt.

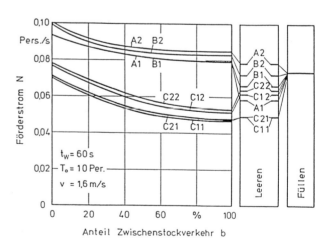

Bild 3-92 Förderstrom bei mittlerer Wartezeit $t_w = 60$ s [3.141]

Aus Bild 3-92 ist zu sehen, daß bei der gewählten mittleren Wartezeit mit der einfachsten Steuerung, nämlich der richtungsunabhängigen Steuerung A der größte Förderstrom erreicht wird, gefolgt von der Abwärts-Sammelsteuerung B. Die Besetztmeldeeinrichtung erhöht den Förderstrom nur relativ wenig. Allerdings ist der Effekt deshalb noch relativ klein, weil der Fahrkorb bei der mittleren Wartezeit $t_W = 60$ s nur selten voll belegt ist. Simulationen mit einem Aufzug mit $T_0 = 15$ Personen und $n = 8$ Obergeschoßen zeigen bei den Geschwindigkeiten 1,0; 1,6 und 2,5 m/s eine unveränderte Rangfolge der Steuerungen. Die Rangfolge der Steuerungen bleibt im wesentlichen auch erhalten, wenn statt der mittleren Wartezeit die mittlere Bedienzeit (Wartezeit + Fahrzeit) betrachtet wird. Die Bedienzeiten liegen aber für die verschiedenen Steuerungen viel enger beisammen.

Aufzuggruppen

Wie bei den Steuerungen von Einzelaufzügen wird bei allen Steuerungen von Aufzuggruppen die Fahrtrichtung jedes Fahrkorbes beibehalten, bis alle Innenrufe und die dem jeweiligen Aufzug zugeteilten Außenrufe in dieser Fahrtrichtung abgearbeitet sind. Aufzuggruppen können mit richtungsunabhängigen, mit abwärtssammelnden oder mit richtungsabhängigen Sammelsteuerungen ausgerüstet sein. In den meisten Fällen werden aber richtungsabhängige Gruppen-Sammelsteuerungen eingesetzt. Der Vorteil kleiner Fahrzeiten, den die richtungsabhängige Sammelsteuerung schon bei den Einzelaufzügen gezeigt hat, bleibt bei den Aufzuggruppen ohne Einschränkung erhalten, während der Nachteil größerer Wartezeiten bei den Aufzuggruppen keine Bedeutung mehr hat. Die mittlere Wartezeit wird nämlich bei den Aufzuggruppen wegen der Vielzahl der beteiligten Aufzüge naturgemäß sehr klein. Anders als bei den Einzelaufzügen ist deshalb bei den Aufzuggruppen die Verwendung der richtungsabhängigen Sammelsteuerung unbedingt zu empfehlen.

Für die Zuteilung der Außenrufe zu den einzelnen Aufzügen der Gruppe haben sich in Amerika und Europa jeweils weitgehend einheitliche Steuerungskonzepte herausgebildet, die sich lange Zeit gehalten haben. Die amerikanische sogenannte Intervallsteuerung schickt die Fahrkörbe in Intervallen von der Haupthaltestelle – in den meisten Fällen das Erdgeschoß – aus los. Die bestehenden oder die unterwegs anfallenden Außenrufe werden von dem zuerst kommenden Fahrkorb erledigt. In Europa hat sich von Deutschland ausgehend eine Gruppen-Sammelsteuerung durchgesetzt, die mit den Schlagworten Ringauswahl und Diagonalverteilung gekennzeichnet ist.

Die Ringauswahl-Steuerung wird heute nur noch in Abwandlungen hergestellt. In reiner Form dient sie aber vielfach als Maßstab für den Erfolg von Abwandlungen oder von Steuerungen mit gänzlich anderer Konzeption. Im folgenden wird deshalb die Gruppen-Sammelsteuerung mit Ringauswahl und Diagonalverteilung vorgestellt.

Zur Zuteilung der Außenrufe werden die Fahrkörbe durch die Ringauswahlsteuerung wie in einem Paternoster einer umlaufenden Kette zugeordnet, wie in Bild 3-93 zu sehen ist. Dem Aufzug, der in der gedachten Kette das Stockwerk mit dem jeweiligen Außenruf bei Beachtung seiner Richtungswahl zuerst erreicht, wird dieser Außenruf zugeteilt. Die Rufzuteilung entsprechend Bild 3-93 gilt nur vorläufig. Sie wird ständig erneuert, um der Veränderung durch neue Rufe und durch Ruferledigung zu folgen.

Bei kleinem Förderaufkommen mit nur einzelnen Fahrten werden die Fahrkörbe im Gebäude verteilt geparkt (Diagonalverteilung), damit die Wartezeiten für die Fahrgäste klein sind. Das Gebäude wird dazu in Zonen entsprechend der Zahl der Aufzüge eingeteilt. Meist bildet das Erdgeschoß eine eigene Zone; die Obergeschoße werden gleichmäßig aufgeteilt. In jeder Zone soll sich ein Aufzug befinden. Fährt ein Fahrkorb in eine Zone ein, in der schon ein Fahrkorb steht, so wird er daraus verdrängt. Er fährt dann in die Mitte einer freien Zone.

Mit der Computertechnik haben sich neue Möglichkeiten für die Strategie der Rufzuteilung ergeben. Damit können die Aufzüge mit einer Optimierung nach verschiedenen Zielen betrieben werden, zum Beispiel nach der kürzesten mittleren Wartezeit, nach der Vermeidung einzelner großer Wartezeiten oder nach möglichst kleinem Energieverbrauch. Eine der Steuerungsarten, mit der verschiedene Optimierungen möglich sind, ist die sogenannte Konten-Steuerung. In dieser Steuerung wird dem Außenruf für jeden Aufzug ein Konto mit positiven und negativen Punkten zugeordnet, zum Beispiel negative Punkte für die Fahrkorbbeladung und für den Abstand zwischen dem Stockwerk des Außenrufes und dem Standort des Fahrkorbes. Positive Punkte werden zum Beispiel für die Koinsidenz von Außenruf mit einem vorliegenden Innenruf oder für eine lange Wartezeit vergeben. Die Punktezahl variiert nach dem Optimierungsziel. Die Zuteilung des jeweiligen Außenrufes zu einem Aufzug erfolgt dann nach dem größten positiven beziehungsweise nach dem kleinsten negativen Punktestand.

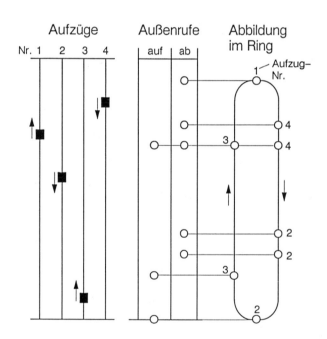

Bild 3-93 Zuteilung der Außenrufe an die Aufzüge einer 4-Gruppe (Ringauswahl)

Chénais und Weinberger [3.142] berichten von der Weiterentwicklung einer ähnlichen Steuerung, die sie als Gruppen-Sammelsteuerung mit Kostenkalkulation bezeichnen. Bei dieser Steuerung in der weiterentwickelten Form können die Optimierungsziele leicht veränderbar in einem besonderen Modul abgelegt werden. Durch eine begrenzte Simulation können die möglichen Lösungswege bei laufendem Betrieb bewertet werden. Zu den Bewertungen der Rufzuteilung wird auch die Fuzzi Logik eingesetzt. Mit deren Regeln können aus unscharfen Informationen die Entscheidungen für den Förderablauf nach Chénais und Weinberger [3.142], Siikonen und Kaakinen [3.143] und Powell und Sirag [3.144] wesentlich verbessert werden.

Der aktuelle Förderbedarf kann durch die modernen Steuerungen erfaßt und zur Verbesserung des Förderablaufes genutzt werden. Es ist aber nicht sicher, ob dieser Förderbedarf auch nur für kurze Zeit anhält, so daß das Verhalten der Steuerung verläßlich darauf eingerichtet werden könnte. Hier hilft die statistische Aufbereitung des erhobenen Förderbedarfs im Tages- und Wochenverlauf [3.143, 3.144].

Wie in Kapitel 3.2.2 deutlich gezeigt, kann der Förderstrom wirkungsvoll gesteigert werden, wenn es gelingt, die Anzahl der Halte zu vermindern. Bei sehr hohen Gebäuden geschieht dies durch Aufteilung von Aufzuggruppen für verschiedene Stockwerksbereiche. Innerhalb der Aufzuggruppen kann aber durch Bündelung der Fahrziele ebenfalls eine Verminderung der Haltezahl erreicht werden. Joris Schröder [3.145] schlägt dazu die Einführung von Zielsteuerungen vor, die den Fahrgästen nach der Abgabe ihres Zielwunsches einen Aufzug zuweisen. Powell [3.146] beschreibt eine Steuerung, die dasselbe Ziel dadurch verfolgt, daß sie beim Füllverkehr jedem Aufzug eine variable Zahl von Zielhaltestellen zuordnet und dadurch die Fahrgäste kanalisiert. Beide Methoden führen zwar zu einer etwas größeren Wartezeit bei mittleren Ankunftsraten, sie haben aber den großen Vorteil, daß der mögliche Förderstrom wächst und die Umlaufzeit und die Bedienzeit (Wartezeit + Fahrzeit) deutlich kleiner sind [3.146, 3.147].

In der herkömmlichen Bauweise besteht die Gruppensteuerung aus Teilsteuerungen für jeden Aufzug mit einer übergeordneten Steuerung, die den Teilsteuerungen die Außenrufe zur Erledigung zuteilt. Die Teilsteuerungen entsprechen dabei weitgehend den Steuerungen für Einzelaufzüge, die die Innenrufe und die zugeteilten Außenrufe in der beschriebenen Weise erledigen.

Nach Thumm [3.148] wird neuerdings dieser Aufbau der Steuerungen aus Teilsteuerungen und einer Rufzuteilungs-Steuerung oder einem -Zentralrechner weitgehend zugunsten von dezentralen Steuerungen verlassen. Bild 3-94 zeigt den Aufbau einer dezentralen Steuerung samt Fahrkurvenrechner, Regelung und Antrieb. Die dezentrale Verteilung von Steuerungsteilen und die Verbindung durch Feldbussysteme dient zur Verminderung der Zahl der Leitungen und zur Vereinheitlichung der Steuerungen. Die Rufzuteilung wird von den Einzelsteuerungen übernommen. Beim Ausfall eines Aufzuges oder einer Steuerung werden die verbleibenden Aufzüge weiter als Gruppe betrieben. Der nicht vorhandene Zentralrechner kann nicht ausfallen.

Zusatzeinrichtungen

Zur rationellen Förderabwicklung gehören Anzeigen für den Fahrgast. Vorgeschrieben ist die Standortanzeige im Fahrkorb. In den Stockwerken sind entsprechende Anzeigen über den Standort der Fahrkörbe nicht empfehlenswert, weil sie eher zur Verwirrung der Fahrgäste führen. Dringend erforderlich sind Rufquittungen, mit denen dem Fahrgast durch Lämpchen oder Leuchtdioden im Rufknopf angezeigt wird, daß die Steuerung den Ruf aufgenommen hat. Für Aufzüge mit richtungsabhängigen Steuerungen muß in den Stockwerken die Richtung der Weiterfahrt schon vor der Ankunft des Fahrkorbes durch Leuchtpfeile erkennbar sein. Bei Aufzuggruppen wird darüber hinaus die Ankunft des jeweiligen Fahrkorbes durch ein akustisches Signal angezeigt.

Bei starkem Förderaufkommen hält der Fahrkorb oft aufgrund eines Außenrufes, obwohl der Fahrkorb so weit besetzt ist, daß er keine weiteren Fahrgäste aufnehmen kann. Durch derartige unnötige Halte wird Zeit vergeudet. Mit einer Besetztmeldeeinrichtung, die das Gewicht der Beladung mißt, können diese Halte vermieden werden. Die Besetztmeldeeinrichtung wird normalerweise so eingestellt, daß sie bei 70% bis 80% der Tragfähigkeit den Fahrkorb als besetzt meldet. Es ist keine große Genauigkeit zur Messung der Beladung erforderlich.

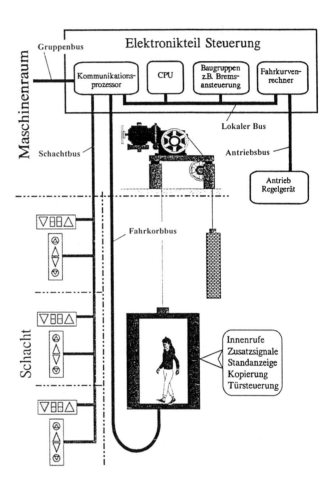

Bild 3-94 Systemaufbau dezentrale Steuerung, Thumm [3.148]

Anders als die Besetztmeldeeinrichtung meldet die Lastwiegeeinrichtung nicht nur eine bestimmte Grenzbeladung, sondern sie gibt jede Beladung des Fahrkorbes an und eröffnet dadurch der Steuerung weitere Folgerungen. Darüber hinaus dient die Lastwiegeeinrichtung zur Voreinstellung der Regelung, da sie die Momentendrehrichtung erkennen läßt, solange die Bremse noch geschlossen ist. Die Besetztmeldeeinrichtung und die Lastwiegeeinrichtung können bei allen Steuerungen eingesetzt werden.

Über Bildschirme und Diagnosegeräte können im Triebwerksraum Fehler und deren Ursachen schnell und zielsicher festgestellt werden. Über eine Telefonverbindung ist eine Ferndiagnose und insbesondere die Weiterleitung eines Notrufes möglich. Mit der Weiterleitung eines Notrufes an eine ständig besetzte Zentrale kann sicher vermieden werden, daß Fahrgäste längere Zeit oder gar gefährlich lange im Fahrkorb eingesperrt bleiben.

4 Flurförderzeuge

In Gewinnungs-, Fertigungs-, Handelsbetrieben, Lagern, Verkehrsanlagen usw. verkehren viele von den üblichen Verkehrsmitteln abweichende Fahrzeuge für den Horizontaltransport. Teils sind sie gleisgebunden, teils nicht gleisgebunden (gleislos). Die Flurförderzeuge bilden unter diesen Fahrzeugen eine eigene, von den anderen speziellen Bauformen abgegrenzte Gruppe mit einem über alle Wirtschaftszweige ausgedehnten, breiten Einsatzfeld.

4.1 Abgrenzung und Gliederung

Gleisanlagen in Betrieben erfordern beträchtliche Investitionen, machen die Transportwege unflexibel, behindern den sonstigen Verkehr, erlauben kein Überholen und keinen Gegenverkehr, bilden Gefahrenquellen. Wegen dieser zahlreichen Nachteile findet man gleisgeführte Wagen als Einzelfahrzeuge nur beim Transport besonders großer und schwerer Güter über kurze Strecken, z.B. in Walzwerken, Gießereien. Selbst hier werden sie immer mehr durch nicht gleisgebundene Ausführungen verdrängt.

Bedeutung haben noch die Wagen von Grubenbahnen, Sonderbauarten von Normalspurwagen in Hüttenwerken zum Transport flüssiger Warmgüter, die Muldenkipper in Sand- und Steinbrüchen, die Großraumwagen zur Abraum- und Mineralförderung in Tagebauen. Sie sind als spezielle Schienenfahrzeuge zu betrachten, die Transporte innerhalb eines Betriebs durchführen.

Im Gegensatz zu diesen gleisgebundenen Transportmitteln versteht man unter Flurförderzeugen die nicht gleisgebundenen, freizügig in der Ebene verfahrbaren und lenkbaren Sonderfahrzeuge für den innerbetrieblichen Transport. Der Begriff „gleislos" ist schlecht gewählt und wird kaum noch gebraucht.

Die vielen Bauarten der Flurförderzeuge haben alle gleiche Merkmale: die im Vergleich zu normalen Straßenfahrzeugen kleineren äußeren Abmessungen und niedrigeren Fahrgeschwindigkeiten, ähnliche Fahrantriebe, Lenkeinrichtungen usw. Sehr oft sind sie mit zusätzlichen Baugruppen ausgerüstet, um Güter nicht nur zu transportieren, sondern auch aufzunehmen, zu heben und wieder abzusetzen.

Grob kann man sie nach der Bauform, der Art des Antriebs und der Bedienungsweise gliedern, siehe Tafel 4-1. Während die Schlepper lediglich andere Fahrzeuge ziehen können, weisen die Wagen Ladeplattformen für das mitzuführende Gut auf. Die Hubwagen und Stapler haben Hubeinrichtungen, mit denen sie Lasten an- und hochheben.

Tafel 4-1 Grobgliederung der Flurförderzeuge

Bauformen	Antriebsart	Bedienung (Führung)
Schlepper	von Hand	Mitgänger
Wagen	Elektromotor	Mitfahrer
Hubwagen	Verbrennungsmotor	Fahrerstand
Stapler	Kombination	Fahrersitz
		Leitlinie

Von Hand bediente Flurförderzeuge sind sehr einfach und billig, eignen sich jedoch nur für Güter mit kleiner Masse und für kurze Förderwege. Kraftbetriebene Bauarten haben batteriegespeiste Elektromotoren oder Verbrennungsmotoren mit den jeweiligen besonderen Eigenschaften dieser Antriebsquellen. Ihre Anwendungszahlen halten sich etwa die Waage. Die Kombination beider Motorenarten mit einer zweifachen Energiewandlung blieb bisher auf Einzelfälle beschränkt.

Die Bedienungsweise der Flurförderzeuge unterscheidet sich in der Position des Fahrers. Bei Mitgängerführung läuft er mit dem Fahrzeug mit, lenkt es über eine Deichsel. Wenn er mit ihm verfährt, steht er bzw., dies häufiger, sitzt er auf dem Fahrzeug. Ein leitliniengeführtes Flurförderzeug braucht keine mitfahrende Bedienperson, es ist fahrerlos.

Eine feinere Gliederung der zahlreichen Bauformen mit Angabe vorgeschlagener Kurzzeichen enthält die Richtlinie VDI 3586. Die Norm DIN ISO 5053 legt neben den Bezeichnungen für die Typen auch Begriffe für die Baugruppen der Flurförderzeuge fest.

4.2 Hilfsmittel zur Ladungsbildung

Die Entwicklung und große Verbreitung der Flurförderzeuge steht in enger Verbindung zu der weltweiten Einrichtung abgestimmter, durchgängiger Transportketten für Ladeeinheiten. Diese aus Fördergut und Ladungsträger bestehenden Einheiten fassen mehrere Einzelgüter zu kompakten, vereinheitlichten größeren Ladungen zusammen, die mechanisch umgeschlagen werden können und müssen. Sie schaffen die Voraussetzung dafür, den Aufwand bei Transport, Umschlag und Lagerung erheblich zu senken.

Die Ladungsträger als Hilfsmittel zur Ladungsbildung tragen die gestapelten Güter nur (Flachpaletten), umschließen sie auch (Boxpaletten) oder schließen sie vollständig nach außen ab (Behälter).

Während die zweitgenannte Gruppe einen zusätzlichen Schutz gegen ein Auseinanderfallen der Ladung bietet, gewährt die dritte Gruppe einen ergänzenden klimatischen Schutz und eignet sich auch für Flüssigkeiten.

Eine Flachpalette ist in ihrer Grundkonzeption eine von Gabelstaplern oder Gabelhubwagen zu unterfahrende Platte mit einer ausreichend großen Tragfähigkeit, auf die Packgüter gestapelt werden. Diese Güter müssen groß genug, formstabil, rutschfest und gut stapelfähig sein, was für Kartons, Säcke, Ziegel, Rohre, Armaturen und vieles mehr zutrifft. Kleinstückige, unverpackte, empfindliche Güter werden in Boxpaletten oder Behälter eingebracht. Großbehälter können auch bereits palettierte Ladungen aufnehmen, um größere Ladeeinheiten zu bilden und den Schutzgrad für das Gut zu erhöhen.

Wenn die zwischen den auf einer Palette gestapelten Gütern übertragbaren Reibungskräfte nicht ausreichen, ein Auseinanderfallen der Ladung während der Transportbewegungen auszuschließen, werden ergänzende Maßnahmen notwendig, um die Ladung zu sichern. Beilagen, Klebstoffe usw. vergrößern die Reibungszahl zwischen den Gutoberflächen. Sollte dies ausscheiden oder nicht genügen, werden besondere Sicherungsmittel als Zubehör verwendet.

Derart gesicherte Ladungen kommen u.U. ohne Ladungsträger aus, wenn die Umschlagmittel, meist Gabelstapler, mit Klammern oder Klemmschiebern ausgerüstet werden [4.1]. Mit Formziegeln, Brammen o.ä. lassen sich auch unterfahrbare Stapel bilden, die ganz ohne Hilfsmittel zur Ladungsbildung auskommen. All dies unterstreicht die Vielfalt der Möglichkeiten, die unterschiedlichsten Güter jeweils zu größeren Einheiten zusammenzufügen und über die Transportkette zu führen, wobei neben Vorzugsvarianten auch günstigere Sonderlösungen zu finden sind. Die Richtlinie VDI 3636 gibt eine Übersicht über die zahlreichen dabei einzusetzenden Hilfsmittel.

4.2.1 Paletten

Die Palette (von pallet, engl., Pritsche) ist ein plattenförmiger, doppelbödiger oder auf kurzen Füßen stehender Tragkörper ohne oder mit zusätzlichen Aufbauten, der Einfahröffnungen von etwa 100 mm Höhe zur Aufnahme durch die Gabeln von Flurförder- oder Regalförderzeugen aufweist. Ladepritschen und Stapelbehälter mit Kufen oder höheren Füßen und Unterfahrhöhen von 120...220 mm, die von Niederhubwagen aufzunehmen sind und lange Zeit im innerbetrieblichen Transport vorherrschten, haben ihre Bedeutung verloren, siehe eventuell [4.2].

Es gibt Flach-, Box- und Rungenpaletten für Stückgüter sowie Silo- und Tankpaletten für Schüttgüter und Flüssigkeiten, außerdem das Palettenzubehör, mit dem Flachpaletten bestimmte Eigenschaften der teureren Box- bzw. Rungenpaletten erhalten. Die Paletten unterscheiden sich zudem in ihren Abmessungen und Tragfähigkeiten, den verwendeten Werkstoffen, der Anzahl der Einfahröffnungen. Übersichten über die verschiedenen Bauarten führen [4.3][4.4] und VDI 3636, rechnergestützte Verfahren für Berechnung und Konstruktion [4.5][4.6] auf.

4.2.1.1 Flachpaletten

Die vielen Bauformen der Flachpaletten unterscheiden sich in nachstehenden Merkmalen:

- Hauptabmessungen (600 mm x 800 mm bis 1200 mm x 2400 mm)
- Tragfähigkeiten (0,5 bis 3,2 t)
- Formtyp (Eindeck-, Zweideck-, Umkehrpalette)
- Einfahröffnungen (Zweiweg-, Vierwegpalette, unterfahr- bzw. einfahrbar)
- Werkstoffe (Holz, Metall, Kunststoff, Papier, Pappe)
- Wiederverwendbarkeit (Dispositions-, wiederverwendbare Palette)
- Tauschfähigkeit (Art und Umfang des Tauschbereichs).

Die für eine bestimmte Transportaufgabe günstigste, d.h. wirtschaftlichste Bauform ist nach der Beanspruchung, den Beschaffungs- und Instandhaltungskosten, teils auch nach besonderen Anforderungen, wie Beständigkeit gegen Feuchte, Korrosion, Wärme, zu wählen.

Holzpaletten

Die Holzpalette hat mit Abstand die größte Verbreitung erlangt, weil Holz billig ist, sich gut verarbeiten läßt, Stoßbelastungen aushält und als weicher, rauher Werkstoff die Ladung schonend aufnimmt und gegen Rutschen sichert. Bild 4-1 gibt einige gebräuchliche Bauformen wieder. In einer Weichholzpalette bestehen Deck- und Bodenbretter durchweg aus Weichholz (Fichte, Tanne, Kiefer), in einer Mischholzpalette die Boden- und seitlichen Deckbretter aus Hartholz (Eiche, Esche, Buche). Sperrholzpaletten haben eine erhöhte Widerstandsfähigkeit und Splittersicherheit. Die runden oder eckigen Distanzstücke müssen besonders stoßfest und splittersicher sein und sind deshalb meist aus weichem Pappel- bzw. Lärchenholz, bei Mischholzpaletten auch aus Hart- oder verleimtem Sperrholz. Verbunden werden die Palettenteile mit Nägeln, Schraubnägeln, Senkschrauben oder Hohlnieten. Weil Holz als natürlicher Werkstoff sehr unterschiedliche mechanische Kennwerte haben kann, gewährleisten Gütevorschriften, wie DIN 15147, eine Mindestqualität.

Zweideck- oder Umkehrpaletten verteilen die Auflagerkräfte im Stapel gleichmäßiger auf das darunterliegende Gut und eignen sich besser für den Transport mit Stetigförderern. Das Unterteil enthält 2 oder 4 Fenster, über die sich die Räder von Gabelhubwagen auf dem Boden abstützen können. Ein Rücksprung zwischen den Brettern und Distanzstücken (Bild 4-1f), wie er vor allem bei Hafenpaletten vorzufinden ist, läßt das Anschlagen mit Seilgeschirren zu.

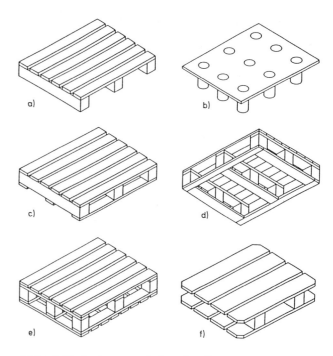

Bild 4-1 Flachpaletten aus Holzwerkstoffen
a) Zweiweg-Eindeckpalette
b) Vierweg-Eindeckpalette
c) Zweiweg-Doppeldeckpalette
d) Vierweg-Doppeldeckpalette
e) Vierweg-Umkehrpalette
f) Umkehrpalette mit Rücksprung

Palettenpool

Ein Anfang der 60er Jahre gegründeter europäischer Palettenpool, dem zeitweise 19 Eisenbahnverwaltungen angehörten, stellt einen Übergang tauschfähiger Paletten in den Abmessungen 800 mm x 1200 mm zwischen den Verkehrsträgern auf Schiene und Straße mit Eigentümerwechsel her. [4.7] informiert über die Organisation und die wirtschaftlichen Ziele. Die Paletten müssen strengen Qualitätskriterien nach den UIC-Kodex 435-2 bzw. DIN 15146 Teil 2 genügen. Bild 4-2 gibt eine solche tauschfähige Flachpalette wieder, die je nach der Belastung eine Tragfähigkeit von 1,0...1,5 t und von 4...6 t im Stapel hat.

4.2 Hilfsmittel zur Ladungsbildung

Sonstige Flachpaletten

Die im Bild 4-3 sichtbaren Flachpaletten aus Stahl, Aluminium und Kunststoff haben alle eine größere Widerstandsfähigkeit gegen Beschädigung, aber als Nachteil den bis 5fach höheren Preis im Vergleich zur Holzpalette. Die *Stahlpalette* nutzt man vorwiegend zum Transport schwerer und möglicherweise warmer Metallteile. Sie hat eine Tragfähigkeit von 2...3 t. Neben der Ausführung mit einer gesickten Blechplatte gibt es auch solche in Gitter- oder Profilstahlbauweise. Die *Aluminiumpalette* bietet sich dort an, wo besondere hygienische Anforderungen zu erfüllen sind, z.B. in der Lebensmittelindustrie.

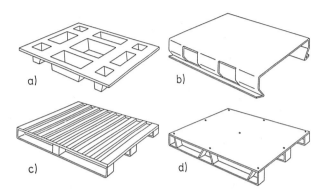

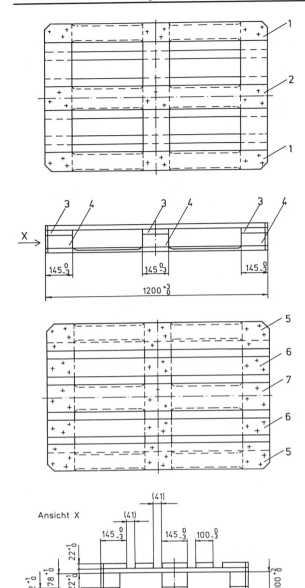

Bild 4-3 Flachpaletten aus anderen Werkstoffen
a) Kunststoffpalette
b) Aluminiumpalette
c) Stahlpalette
d) Palette in Verbundbauweise; SCA Emballage AB (Schweden)

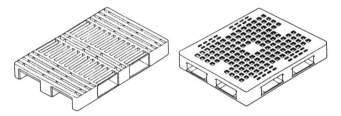

Bild 4-4 Kunststoffpaletten in verrippter Ausführung

Bild 4-2 Vierweg-Flachpalette aus Holz nach DIN 15146 Teil 2 (Tauschpalette)
1 Bodenrandbrett
2 Bodenmittelbrett
3 Querbrett
4 Klotz
5 Deckrandbrett
6 Deckinnenbrett
7 Deckmittelbrett

Es stellte sich bald heraus [4.8], daß eine zu große Anzahl beschädigter Paletten mit fehlenden oder gebrochenen Brettern bzw. Distanzstücken diesen Austausch beträchtlich erschweren. Zum anderen verlieren Holzpaletten unter klimatischen Einflüssen die in DIN 15146 Teil 2 festgelegten engen Toleranzen und verursachen Störungen in automatischen Förder- und Lagersystemen, vor allem Hochregallagern [4.9] bis [4.11]. Das Bestreben, kostengünstigere Lösungen zu finden, führt gegenwärtig dazu,

– neue Pool-Organisationen zu bilden, während sich die Eisenbahnverwaltungen zurückziehen
– automatische Kontrolleinrichtungen einzusetzen, die Paletten auf Beschädigungen, Maßabweichungen und Verschmutzungen überprüfen [4.9]
– andere Palettenbauformen und -werkstoffe zu wählen (Metall-, Kunststoff-, Dispositionspaletten).

Kunststoffpaletten bestehen aus Polyethylen, Polystyrol, Polypropylen, teils mit eingefügten Verstärkungsstoffen. Sie werden durch Spritz- bzw. Schleudergießen, Blasen, Schäumen oder Pressen hergestellt. Im Vergleich zur Holzpalette sind sie form- und klimabeständiger, erfordern keine Reparaturen. Ihr Nachteil ist neben dem hohen Preis die geringere Biegesteife, die vor allem den Einsatz in Hochregallagern erschwert. Die Formen sind vielgestaltig, siehe [4.12] bis [4.14]; Bild 4-4 gibt zwei Beispiele wieder. Um die Reibungszahl zwischen Palettendeck und Gut zu vergrößern, kann es besandet oder mit Hartgummieinsätzen versehen werden. Neben diesen Kunststoffpaletten mit Doppeldeck gibt es formgepreßte Bauarten mit Ausbuchtungen als Füßen (Bild 4-3a), die als Leergut ineinander gestapelt werden. Teils werden in ihnen Kunststoffe wiederverwertet.

Dauerpaletten sind nur wirtschaftlich, wenn ihre Festigkeit, universelle Anwendungs- und Tauschfähigkeit tatsächlich genutzt werden. Für den Einsatz allein innerhalb eines Betriebs oder Abschnitts, für Exportgüter und den Versand in Containern sind häufig einfachere *Leichtpaletten* für einmalige Verwendung angebracht. Sie bestehen aus Billigholz, Pappe, Draht, Kraftpapier, häufig in Mischkonstruktionen. Bild 4-5 enthält Beispiele. Nach [4.10] machten derartige Paletten 1980 in der BRD rd. 40 % der Palettenproduktion aus. Weitere Einzelheiten zu Formen und Nutzung geben [4.15] [4.16] an.

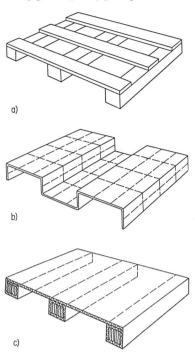

Bild 4-5 Dispositionspaletten
a) Leichtpalette aus Holz
b) Papier-Draht-Palette
c) Wellpapp-Palette; SCA Emballage AB (Schweden)

Palettenabmessungen

Außer den Tauschpaletten mit den Maßen 800 mm × 1200 mm wird in Europa und den USA immer häufiger die Abmessung 1000 mm × 1200 mm gewählt, mit der bei der Einlagerung in ISO-Container Flächennutzungsgrade von 85...90 % zu erzielen sind. Der Handel arbeitet gern mit Halbpaletten 600 mm × 800 mm, die eine Tragfähigkeit von 0,5 t haben. Luftfracht-, Hafen- oder sonstige Spezialpaletten haben andere Vorzugsabmessungen. Bild 4-6 vermittelt eine Übersicht über international übliche Palettenmaße und deutet deren Vielfalt an.

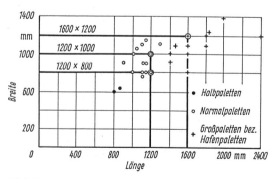

Bild 4-6 Flächenmaße international verwendeter Paletten (Auswahl)

4.2.1.2 Box- und Rungenpaletten

In *Boxpaletten* ist die Ladeplattform durch Ecksäulen und Seitenwände zu einem oben offenen Laderaum erweitert. Der Tragfähigkeitsbereich liegt zwischen 0,5 und 3,2 t, wobei auch hier die Stufe 1 t eine Vorzugsstellung einnimmt. Für den Austausch ist die Gitterboxpalette nach Bild 4-7 geschaffen worden, die 1 t Ladung aufnehmen kann. Die Ecksäulen sind für eine Belastung durch insgesamt 4,4 t ausgelegt, was eine fünffache Stapelung zuläßt. Die zweiteilige Vorderwand ist klappbar; es gibt auch für den Rücktransport zusammenklappbare Ausführungen und solche mit Vollwänden aus Blech.

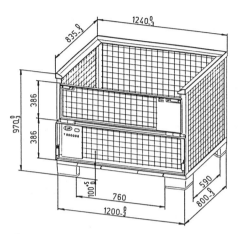

Bild 4-7 Gitterboxpalette mit 2 Vorderwandklappen nach DIN 15155 (Tauschpalette)

Eine Zwischenstufe zwischen Flach- und Boxpaletten stellen die *Rungen- und Faßpaletten* dar. Die erste Bauart hat feste seitliche Stützarme (Rungen) für die Ladung, die andere Bauart nimmt zwei oder drei Fässer in kreisförmigen Auflagen auf und stützt sich ebenso auf darunterliegende Fässer, siehe Bild 4-8.

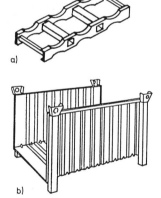

Bild 4-8 Spezialpaletten
a) Faßpalette
b) Rungenpalette mit Wanne für Langgut

Stapelbehälter, die nur innerhalb eines Betriebs umlaufen, unterscheiden sich von den Boxpaletten durch die variableren Abmessungen und Tragfähigkeiten, die höheren Füße und die gute Eignung für den Kranumschlag. Alle Boxpaletten und Stapelbehälter gewähren guten Ladungsschutz, lassen sich aber nur in Sonderfällen mechanisch be- und entladen.

Aufsetz- oder Aufsteckteile können den Flachpaletten die Eigenschaften von Boxpaletten verleihen (Bild 4-9). Teils sind es Einzelteile, teils klappbare, zerlegbare oder starre Rahmen; siehe hierzu wiederum die Übersicht in der Richtlinie VDI 3636.

4.2 Hilfsmittel zur Ladungsbildung

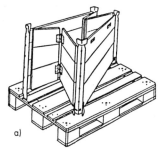

Bild 4-9 Sicherungsrahmen
a) Holz-Aufsetzrahmen, faltbar
b) Metall-Aufsteckrahmen

4.2.1.3 Ladungssicherung

Während des Transports und Umschlags palettierter Ladungen treten kurz- und langzeitig statische und dynamische Beanspruchungen der Palette und des Guts auf, die von der Art des Transportmittels, des Stapelns und Stauens und des Umschlags abhängen. Die größten Belastungen erzeugen Bremsvorgänge von Straßenfahr- und Flurförderzeugen, Rangierstöße von Eisenbahnwagen und durch Seegang verursachte Bewegungen von Schiffskörpern.

Für Ladeeinheiten auf Paletten gibt es bisher keine verkehrsträgerbezogenen Belastungsannahmen, auch keine Vorschriften für die übertragbaren Reibungskräfte zwischen den gestapelten Gutschichten und zwischen Gut und Palette. Angaben zur Reibungszahl schwanken zwischen $\mu = 0,2$ für aufeinanderliegende Kartons und $\mu = 0,5$ für rauhe Güter auf Holzpaletten. Nach [4.17] sollten in Fahrtrichtung wirkende Beschleunigungen von $0,8...1,0g$ bei Straßenfahrzeugen und von $4g$ im Wagenladungsverkehr der Eisenbahnen angesetzt werden, wenn die Stabilität gestapelter Ladungen rechnerisch oder experimentell zu überprüfen ist. Für in Behältern eingelagertes Gut gelten Richtwerte bis $2g$. Wenn das Gut über das Palettendeck vorsteht, werden die Horizontalkräfte nicht von Palette zu Palette weitergeleitet, günstiger ist die bündige oder leicht zurückgesetzte Stauweise.

Zu sichern ist einerseits der Gutstapel auf der Palette, andererseits die gesamte Ladung im Transportmittel. Die Sicherungsmittel sind nur einmal oder mehrfach zu verwenden, ihre Vielfalt wird in [4.18] und der Richtlinie 3968 behandelt.

Bild 4-10 gibt Beispiele einfacher Ladungssicherungen wieder, die meist von Hand aufgebracht werden. Ihnen gemeinsam ist, daß sie lediglich den Zusammenhang des Stapels aufrechterhalten, dagegen dessen Abrutschen von der Palette nicht verhindern können. Eine mehrachsige Verspannung des gestapelten Guts erhöht die Anzahl wirksamer Reibungsflächen und somit die Größe der übertragbaren Horizontalkraft. Größere Bedeutung haben die mit geeigneten Maschinen herzustellenden Ladungssicherungen mit Bändern oder Kunststofffolien. Sie werden für palettierte Ladungen mit oder ohne Ladungsträger angewendet.

Umreifen

Für das Umreifen stehen Bänder aus Stahl oder Kunststoff zur Verfügung. Die *Stahlbänder* haben hohe Zugfestigkeiten von $700...1250$ N/mm^2 und werden mit Bandspannungen bis 60 % der Streckgrenze belastet. Wegen ihres geringen Kriechvermögens bleibt die erzeugte Bandspannung zeitlich nahezu konstant, fällt jedoch wegen des hohen Elastizitätsmoduls steil ab, sobald die umreiften Güter nachgeben. Die Verschlüsse der Bänder stellt man durch Kerben, Stanzen oder Punktschweißen her.

Kunststoffbänder sind elastischer, korrodieren nicht und lassen sich einfacher entfernen. Polypropylen (PP) ist der allgemein genutzte Werkstoff, Polyethylen (PE) eignet sich für höhere Umreifungsspannungen, Polyamid (PA) für eine zu fordernde besonders hohe Elastizität. Diese Werkstoffe überdecken den Bereich $280...600$ N/mm^2 der Zugfestigkeit und haben Reißdehnungen von $12...25$ %. Bild 4-11a enthält gemessene Kraft-Dehnungsfunktionen dieser Bandwerkstoffe im Vergleich zu Stahlbändern. In DIN 55535 sind Umreifungsbänder aus Kunststoff mit Reißkräften von $1,1...4,8$ kN genormt, ihre Arbeitsspannungen sollen 40% der Grenzspannungen nicht überschreiten. Die Bandverschlüsse entstehen durch Plombieren oder Thermoschweißen.

Wichtig als werkstofftypische Kennfunktion ist noch das Relaxationsverhalten der Spannung, d.h. die zeitliche Abnahme der eingebrachten Bandspannung bei konstant bleibender Verformung, die von der Temperatur und der Feuchte abhängt (Bild 4-11b). Polypropylen ist hierfür wesentlich anfälliger als die beiden anderen Werkstoffe.

Umhüllen

Folien aus Polyethylen niedriger Dichte vereinen eine geringe Festigkeit mit hoher Zähigkeit, verbleiben über längere Zeit elastisch, sind wasserdicht und schweißbar sowie beständig gegen viele anorganische und organische Stoffe. Sie eignen sich somit hervorragend, um Güter oder Gutstapel zu umhüllen und gegen die auftretenden mechanischen und klimatischen Beanspruchungen zu schützen. Obwohl die Folien nicht wasserdampfdicht sind, kann sich dennoch Kondenswasser bilden, dies muß bedacht werden. Bild 4-12 vermittelt eine Vorstellung von derartig umhüllten Ladeeinheiten. Es existieren z.Z. zwei Folienarten und damit verbundene Verfahren, die erforderliche Folienspannung zu erzeugen, das Schrumpfen und das Stretchen. Bei beiden sind die Eigenschaften der Folie durch Rohstoffe, Zusätze und das Herstellungsverfahren zu beeinflussen.

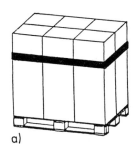
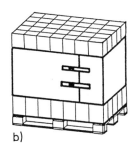

Bild 4-10 Beispiele für Ladungssicherung
a) Band
b) Manschette
c) Netz

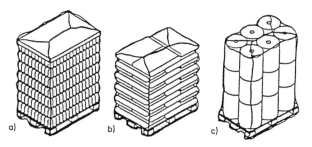

Bild 4-12 Beispiele schrumpffoliengesicherter Palettenladungen
a) Behältergläser
b) Säcke
c) Garnspulen

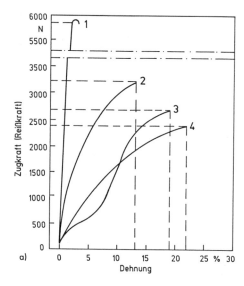

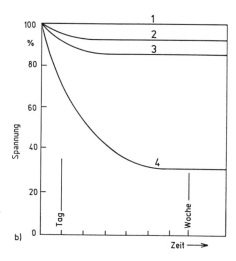

Bild 4-11 Kennfunktionen von Umreifungsbändern nach Richtlinie VDI 3968 Blatt 3
a) Kraft-Dehnungsfunktion
b) Spannungsrelaxationsfunktion
1 Stahl
2 Polyester
3 Polyamid
4 Polypropylen

In einer *Schrumpffolie* aus Polyethylen niedriger Dichte (PE-LD) werden während der Herstellung Spannungen eingefroren, die nach dem Umhüllen der Ladung durch eine anschließende kurzzeitige Erwärmung auf 110...130 °C wieder freigesetzt werden. Diese Wärmeeinwirkung muß für das Gut erträglich bleiben, außerdem besteht die Gefahr des Laminierens (Verklebens) von Folie und Gut. Wegen der relativ großen Festigkeit und Wasserdichte wird das Schrumpfen trotz des Mehraufwands für das Erwärmen bisher bevorzugt.

Die *Stretchfolie* besteht aus linearem Polyethylen niedriger Dichte (PE-LLD) und hat eine größere Reißfestigkeit und -dehnung als die Schrumpffolie. Sie erhält ihre Vorspannung durch mechanisches Recken vor dem Umhüllen der Ladung, d.h. ohne Wärmeeinwirkung, und weist eine geringere Wasserdichtheit auf als die Schrumpffolie, verlangt deshalb häufig einen zusätzlichen oberen Witterungsschutz durch Einlegen einer anderen Folie. Die Verfahrenskosten bleiben jedoch niedriger als beim Schrumpfen.

Beide Folienarten werden als Flachbänder, Seitenfalten- oder sonstige Schläuche und als konfektionierte Hauben geliefert. Die Verarbeitungsmaschinen sind darauf abgestimmt, meist sind es Automaten (Bild 4-13). Es gibt aber auch halbmechanische Umhüllungsverfahren für geringere Stückzahlen. Eine umfassende Information über die beiden Verfahren und eine Entscheidungshilfe zur Wahl des bestgeeigneten enthält [4.19]. [4.20] behandelt sie auch unter dem Gesichtspunkt der Umweltbelastung.

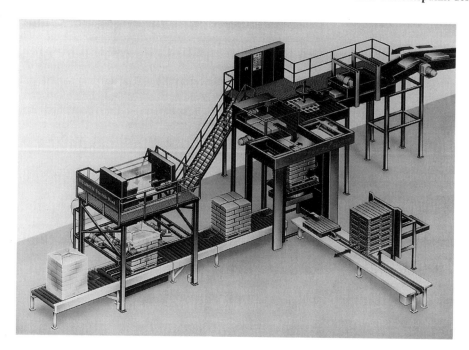

Bild 4-13
Kombination eines Palettier- und Stretchhaubenautomaten
Beumer Maschinenfabrik KG, Beckum

4.2.2 Behälter

In seiner allgemeinen Bedeutung bezeichnet der Begriff Behälter offene oder geschlossene Gefäße unterschiedlicher Form und Größe, die Flüssigkeiten, schüttbare oder kleinstückige Stoffe aufnehmen können. Im Sinn eines Hilfsmittels zur Bildung von Ladeeinheiten im Güterverkehr ist er auf größere Gefäße für wiederholte Verwendung und meist auch für unterschiedliche, wechselnde Güter einzuschränken. Es sind Kleinbehälter mit einem Fassungsvermögen bis etwa 3 m^3 und Großbehälter, deren Nutzvolumina bis 75 m^3 reichen. Bei ihnen spielen die genormten Container (Container, engl., Behälter) eine besondere Rolle.

4.2.2.1 Kleinbehälter

Die im Abschnitt 4.2.1.2 behandelten stapelfähigen und unterfahrbaren Box-, Silo- und Tankpaletten stellen im Sinn der obigen Definition bereits Transportbehälter dar. Daneben gibt es jedoch viele an bestimmte Güter und Aufgaben angepaßte, größere Behälter für den inner- und überbetrieblichen Transport. Sie sind nicht stapelbar, auch nicht für ein bestimmtes Umschlagmittel eingerichtet, sondern weisen häufig Räder auf wie die im Bild 4-14 dargestellten Rollbehälter. Solche unterschiedlich ausgebildete Kleinbehälter werden im Postdienst, im Handel, aber auch in der Industrie eingesetzt.

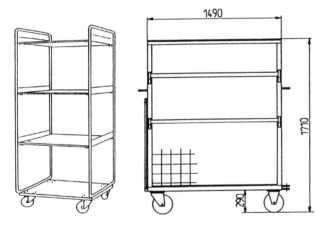

Bild 4-14 Rollbehälter, Tobias-Paletten GmbH, Ohrdruf

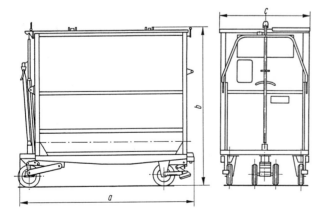

Bild 4-15 Rollbare Kleinbehälter der DB

Die Deutsche Bahn bietet ihren Kunden rollbare Kleinbehälter mit Nutzvolumina von 1...3 m^3 an (Bild 4-15), die aus einem Stahlrahmen mit Holz- oder Blechverkleidung bestehen und sich auf vier Laufrollen stützen. Das vordere, eng zusammenstehende Rollenpaar wird mit einer Deichsel gelenkt. Einige technische Daten sind in Tafel 4-2 zusammengestellt. Die Verwendungsmöglichkeiten dieser Kleinbehälter haben jedoch abgenommen, gegenwärtig sucht man günstigere Lösungen, z.B. mit einem neuen Modulsystem [4.21].

Tafel 4-2 Technische Daten der rollbaren Kleinbehälter der DB

Baugröße	Maße in mm			Nutzvolumen in m^3	Nutzmasse in t
	a	b	c		
A	1725	1276	849	1	1
B	1925	1676	999	2	1
C	2185	1786	1159	3	0,75

4.2.2.2 Großbehälter (Container)

Es hat verschiedene Ansätze gegeben, einen internationalen Behälterverkehr über Schiene und Straße einzurichten und dafür die notwendigen technischen Voraussetzungen zu schaffen. In Europa entstanden um 1960 zwei getrennte Systeme, das osteuropäische Hubsystem und das westeuropäische pa-System (pa = porteur aménagé, franz., hergerichteter Träger). Beide Systeme gründeten sich auf ein Sortiment geschlossener und offener Behälter für Stück- und Schüttgut mit einer Nutzmasse bis etwa 5 t.

Im Hubsystem wurden die Behälter mit Seilgeschirren und Kranen umgeschlagen, eine besondere Ausrüstung der Schienen- und Straßenfahrzeuge war nicht notwendig [4.22]. Das in den Niederlanden entstandene pa-System benutzte dagegen Rollbehälter mit je vier Laufrollen von 200 mm Durchmesser. Die Eisenbahn- und Straßenfahrzeuge mußten mit Führungsschienen ausgestattet werden. Beim Umschlag wurden die Behälter von Seilwinden o. ä. über Ladebrücken gezogen, ein Kran wurde nicht benötigt. Einzelheiten finden sich in der älteren Literatur [4.2]. Beide Systeme sind heute nahezu gegenstandslos geworden, weil parallel zu ihnen der weltweite Güterverkehr in standardisierten Containern entwickelt wurde und sich schnell verbreitet hat.

Bauformen von Containern

Wenn sich auch noch nicht alle daran halten, setzt sich doch allmählich durch, als Container nur die Transportbehälter zu bezeichnen, die den in DIN ISO 830 formulierten Bedingungen genügen:

- von dauerhafter Beschaffenheit und daher genügend widerstandsfähig für den wiederholten Gebrauch zu sein
- besonders dafür gebaut zu sein, den Transport von Gütern mit einem oder mehreren Transportmitteln ohne Umpacken der Ladung zu ermöglichen
- für einen mechanischen Umschlag geeignet zu sein
- so gebaut zu sein, daß ein einfaches Be- und Entladen möglich ist
- einen Rauminhalt von mindestens 1 m^3 zu haben.

Ein ISO-Container ist ein solcher Container, der zudem alle zutreffenden, zur Zeit seiner Herstellung bestehenden ISO-Normen erfüllt. Er allein kann im interkontinentalen Verkehr, d.h. auch im Seetransport, eingesetzt werden. Weil seine äußeren Abmessungen dem amerikanischen Maßsystem mit Fuß und Zoll entstammen, ergaben sich im auf metrischen Maßen beruhenden europäischen, d.h. kontinentalen Verkehr Nachteile, vor allem ein Verlust an Laderaum in Eisenbahn- und Straßenfahrzeugen. Auch die hohe, für eine 9fache Stapelung im Seeschiff ausreichende Festigkeit wurde nicht gebraucht. Dies hat das Erscheinen weiterer genormter Containerreihen gefördert, es sind dies die bis 3fach stapelbaren Binnencontainer nach DIN 15190 und die nicht stapelfähigen Wechselbehälter nach DIN EN 284 und 452. Sie sind in ihrer Festigkeit nur für den Transport auf Schiene und Straße gebaut, breiter und länger als die ISO-Container gleicher Größenklasse und können auch oder allein mit Greifzangen und Seilgeschirren umgeschlagen werden. ISO-Container erhalten meist Stirnwandtüren, Binnencontainer vorzugsweise Seitentüren oder verschiebbare Seitenwände.

Alle diese Containerarten sind mit den im Bild 4-16 sichtbaren Eckbeschlägen als Befestigungselementen für die Lastaufnahmemittel ausgerüstet, dies verbindet sie miteinander zu tauschfähigen Ladeeinheiten eines gleichen Grundsystems. Die unteren Eckbeschläge dienen vorzugsweise dazu, den Container am Fahrzeug zu befestigen, in die oberen greift das Lastaufnahmemittel ein. In den Abschnitten 2.2.8.2, 2.4.4.4 und 4.8 werden die systemeigenen Lastaufnahme- und Umschlagmittel behandelt, weiterführende Literatur ist im Verzeichnis unter [4.23] bis [4.26] aufgeführt.

Tafel 4-3 gibt die Hauptabmessungen der genormten Container an. Die ISO-Container der Reihe 1 haben eine einheitliche Breite von 8' bzw. 2435 mm, die der zulässigen Fahrzeugbreite in den USA, in Großbritannien und einigen anderen Ländern entspricht. Die ursprüngliche Höhe von 8' bzw. 2435 mm wird in der jetzigen Fassung des Standards um die Höhe 8 1/2' bzw. 2591 mm erweitert, die

Tafel 4-3 Genormte Transportbehälter (Container)

Bezeichnung	Nennlänge in m	Außenabmessungen in mm			Innenabmessungen in mm [1]			Anschlußmaße für Lastaufnahme in mm		Bruttomasse in kg
		Länge l_1	Breite b_1	Höhe h	Länge	Breite	Höhe	l_2	b_2	
ISO-Container, Reihe 1 (DIN ISO 668)										
1AA				2591_{-5}^{0}	11998	2330	2350			
1A	12	12192_{-10}^{0}	2438_{-5}^{0}	2438_{-5}^{0}	11998	2330	2197	11985	2259	30480
1AX				< 2438	[2]	[2]	[2]			
1BB				2591_{-5}^{0}	8931	2330	2350			
1B	9	9125_{-10}^{0}	2438_{-5}^{0}	2438_{-5}^{0}	8931	2330	2197	8918	2259	25400
1BX				< 2438	[2]	[2]	[2]			
1CC				2591_{-5}^{0}	5867	2330	2350			
1C	6	6058_{-6}^{0}	2438_{-5}^{0}	2438_{-5}^{0}	5867	2330	2197	5853	2259	24000
1CX				< 2438	[2]	[2]	[2]			
1D	3	2991_{-5}^{0}	2438_{-5}^{0}	2438_{-5}^{0}	2802	2330	2197	2787	2259	10160
1DX				< 2438	[2]	[2]	[2]			
Binnencontainer (DIN 15190)										
B 6		6058_{-6}^{0}			2802 [3]			5853_{-5}^{+3}		24000
B 7		7150_{-6}^{0}	2500_{-5}^{0}	2600_{-5}^{0}	5867 [3]	2440_{-5}^{0}	2350 [3]	6945_{-5}^{+3}	2259 ± 2	16000
B 9		9125_{-10}^{0}			8931 [3]			8918_{-6}^{+4}		25400
B 12		12192_{-10}^{0}			11998 [3]			11985_{-6}^{+4}		30480
Wechselbehälter, Klasse A (DIN EN 452)										
A 1219		12192_{-20}^{0}								
A 1250		12500_{-20}^{0}	2500 [4]	2670	[2]	[2]	[2]	11985 ± 4	2259 ± 3	34000
A 1360		13600_{-20}^{0}								
Wechselbehälter, Klasse C (DIN EN 284)										
C 715		7150_{-20}^{0}								
C 745		7450_{-20}^{0}	2500 [4]	2670	[2]	[2]	[2]	5853 ± 3	2259 ± 3	16000
C 782		7820_{-20}^{0}								

[1] für Stückgut-Container; [2] nicht festgelegt; [3] nicht festgelegt, aber in UIC-Kodex 592-2 VE empfohlen; [4] 2600 mm bei bestimmten Thermalaufbauten

4.2 Hilfsmittel zur Ladungsbildung

heute bevorzugt wird. Außerhalb der Norm gibt es bereits Container mit einer Höhe von 9 1/2' bzw. 2896 mm.

Die Längen der ISO-Container sind so abgestuft, daß zwei oder drei kleinere Container mit einem Abstand von 3'' bzw. 76 mm der Länge eines größeren Containers entsprechen. Durch Verbindungsstücke dieser Länge können sie starr miteinander gekoppelt werden. Im Binnenverkehr hat die Größe 1C die größte Bedeutung, im Überseeverkehr herrscht die größere Gruppe 1A vor, während Container der Gruppe 1B vor allem bei der Britischen Eisenbahn Verwendung findet. ISO-Container der Reihe 2, die einigen in den westeuropäischen Ländern laufenden Vorhaben genügen sollten, haben keinerlei Gewicht erlangt.

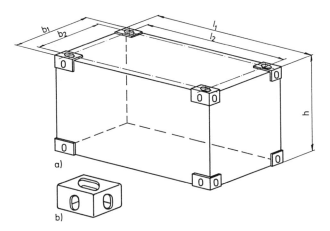

Bild 4-16 ISO-Container nach DIN ISO 668
a) Hauptmaße
b) oberer rechter Eckbeschlag

Die Standardbauweise der ISO-Container ist der *Stückgut-Container*, ein rechteckiger, allseitig wasserdicht umkleideter, selbsttragender Kasten mit einer Stirnwandtür (Bild 4-17a). Ein Mehraufwand durch zusätzliche Seitentüren oder Schiebewände kann wegen spürbarer Erleichterung der Belade- und Entladearbeiten gerechtfertigt sein.

Auf eine Ladeplattform reduziert sind Container der Bauweise nach Bild 4-17b, die zur Aufnahme sperriger, witterungsunempfindlicher Güter dienen. Sie weisen feste Stirn- und teils auch Seitenwände auf, eine Stirnwand ist dabei als Rampe abzuklappen. Die Seitenwände können durch Rungen ersetzt werden. Schließlich ist der gesamte *Plattform-Container* zusammenklappbar auszuführen. Durch ISO-Eckbeschläge oben und unten an den Eckpfosten ist ein solcher Container in das Gesamtsystem einbezogen.

Für temperaturempfindliche Güter gibt *es Thermal-Container* mit isolierten Wänden, deren Innenbreite dadurch auf 2150...2230 mm verringert wird (Bild 4-17c). Ihre Kühlaggregate müssen die Innentemperatur während des gesamten Transports bei Umgebungstemperaturen bis +45 °C mit geringen Schwankungen auf einstellbare Werte zwischen +10 und -25 °C halten. Näheres siehe [4.27] [4.28].

Eine dritte Sondergruppe bilden die *Tank-Container* für flüssige, staubförmige oder granulierte Güter (Bild 4-17d). Ihr Tragrahmen entspricht den Abmessungen und Beanspruchungen der Stückgut-Container. Die eingebauten Behälter werden mit Füllstutzen, Druckstutzen für Druckluftentleerung oder Bodenventilen für Gewichtskraftentleerung ausgestattet und erhalten bei Bedarf auch ein Heizregister. Sie werden für entsprechende Flüssigkeiten

als Druckbehälter vorgeschriebener Bauweise, d.h. für einen bestimmten Betriebs- und Abnahmedruck, hergestellt. Der am häufigsten genutzte *Binnencontainer* nach DIN 15190 Teil 102 entspricht im Aufbau dem ISO-Container für Stückgut. Dagegen haben die *Wechselbehälter* der Klassen A und C nach DIN EN 452 bzw. 284 geschlossene oder offene Aufbauten, ohne oder mit Verdeck, und Eckbeschläge nur am Bodenrahmen, die denen der ISO-Container 1A bzw. 1C entsprechen.

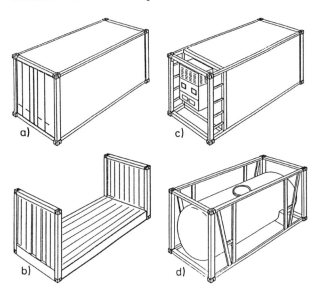

Bild 4-17 Bauarten von ISO-Containern (Beispiele)
a) Stückgutcontainer
b) Plattform
c) Thermalcontainer
d) Tankcontainer

Konstruktive Ausführung

Container der genormten Baureihen entsprechen in ihrer konstruktiven Ausführung den festgelegten Belastungen und Güteforderungen. Ihre Festigkeit ist im Prüfversuch nachzuweisen. Für ISO-Container gelten dabei wegen des möglichen Seetransports höhere Prüfbelastungen als für Binnencontainer.

Der Tragrahmen eines Stückgut-Containers (Bild 4-18) besteht aus den beiden Endrahmen, den Längs- und Querträgern für Boden und Dach sowie den Aussteifungsprofilen für die Wände. Die Bodenquerträger haben Höhen zwischen 100 und 125 mm und stehen im Abstand 300...500 mm, die 30...50 mm hohen Aussteifungsprofile der Wände liegen 400...600 mm auseinander. Der Boden ist fast immer mit 25...35 mm dicken Brettern aus Weich- oder Hartholz ausgelegt. Die Dicken der Verkleidungsbleche betragen 1,25...2,0 mm für die Wände, 1,0...1,25 mm für das Dach, bei Verwendung von Aluminium 1,2...1,6 mm [4.29]. Eine möglicherweise gewünschte Innenauskleidung, die teils nur bis etwa 60 % der Gesamthöhe reicht, wird aus 6...8 mm dickem Sperrholz ausgeführt. Insgesamt ergeben sich Bodendicken von rd. 180 mm, Dachdicken von rd. 35 mm und Wanddicken um 55 mm, womit die in Tafel 4-3 angegebenen inneren Mindestmaße einzuhalten sind.

Als Sonderausstattung können oder müssen die Container Greifkanten, Stützbeine und Gabelstaplertaschen aufweisen (Bild 4-19). Bei den ISO-Containern ist dies freigestellt, bei Binnencontainern und Wechselbehältern sind

Greifkanten, bei den letzteren auch Stützbeine vorgeschrieben. Die Gabelstaplertaschen sind stets wählbare Sonderausrüstungen. Die Mittenabstände für ISO-Container 1C (unbeladen) und 1D (beladen) dürfen 900 mm betragen, um Gabelstapler geringerer Tragfähigkeit nutzen zu können.

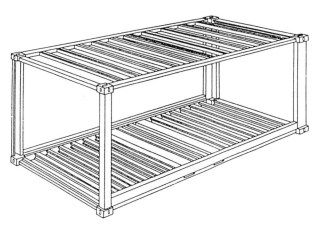

Bild 4-18 Tragrahmen eines ISO-Containers

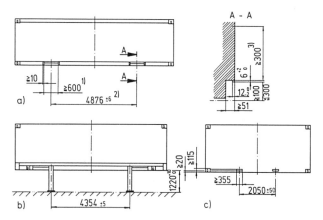

Bild 4-19 Sonderausstattungen von Containern
a) Greifkanten (ISO-Container 1A, 1B, 1C; Binnencontainer, Wechselbehälter)
b) Stützbeine, klappbar (Binnencontainer, Wechselbehälter)
c) Gabelstaplertaschen (ISO-Container 1C; Binnencontainer B6, Wechselbehälter)

Überwiegend werden die Container gänzlich aus Stahl angefertigt, eine Übersicht über das Angebot enthält [4.30]. Aluminium als Werkstoff und Kombinationen beider Metalle führen zu einer geringeren Eigenmasse, dies bleibt jedoch fast stets ohne Einfluß auf die Nutzmasse, weil die volle Bruttomasse als maßgebende Belastungsgröße nur selten ausgeschöpft wird. Etwa 20 mm dicke, aluminium- oder polyesterbeschichtete Sperrholzplatten als Wände vergrößern dagegen die Eigenmasse, verglichen mit der eines Ganzstahlcontainers.

Bild 4-20 zeigt Beispiele für die Gestaltung der Containerwände, darunter auch für Thermalcontainer. Bevorzugter Isolierwerkstoff ist heute Polyurethanschaum wegen seiner geringen Dichte, niedrigen Wärmedurchgangszahl und relativ hohen Festigkeit. Alle isolierten Container müssen selbstverständlich luftdicht sein, was Dichtungen an allen Türen voraussetzt, siehe auch [4.29][4.31].

Die wichtigsten beiden Bauarten der Kühlcontainer sind die mit Maschinen- und Stickstoffkühlung. Bei Maschinenkühlung sorgt ein Dieselmotor von etwa 5 kVA für einen mehrtägigen wartungsfreien Betrieb des Kühlaggregats eines Containers der Gruppe 1C. Ein Thermostat steuert Voll- und Teilbelastung des Motors in Abhängigkeit von der eingestellten Kühlraumtemperatur.

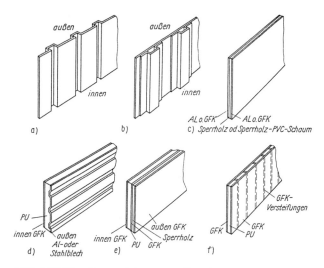

Bild 4-20 Wandkonstruktionen von Containern
a) Stahl
b) Aluminium
c) beschichtetes Sperrholz
d) Isolierwand, blechverkleidet
e) Isolierwand, mit Sperrholz verkleidet
f) Isolierwand aus Kunststoff
(Al Aluminium, GFK glasfaserverstärkter Kunststoff, PU Polyurethan, PVC Polyvinylchlorid)

Anstelle der veralteten Sole- und Trockeneiskühlung hat nur noch die Kühlung durch aus einem mitgeführten Speicher entnommenen flüssigen Stickstoff weitere Bedeutung. Ein Magnetventil, das von einer kleinen Ni-Cd-Batterie gespeist wird, steuert dessen Abgabe über ein Sprührohr direkt in den Lagerraum. Lebensmittel sind inert gegen Stickstoff, es verzögern sich sogar die Reife- und Verderbprozesse sowie der Entzug von Flüssigkeit. Wegen der Anreicherung mit Stickstoff sinkt allerdings die Sauerstoffkonzentration im Container, was bestimmte Sicherheitsvorkehrungen notwendig macht, für weitere Angaben siehe [4.32][4.33].

Die Eckbeschläge nach DIN ISO 1161 sind die wichtigsten Kennzeichen der ISO-Container. Ihre Form (Bild 4-21a) ist so gewählt, daß Bolzen mit Hammerköpfen durch Drehen um 90° in ihnen verriegelt werden können. Die Spreader als Lastaufnahmemittel sind mit derartigen Bolzen und Antrieben für ihre Drehbewegung ausgerüstet, siehe Abschnitt 2.2.8.2. Wegen der größeren Breite der Binnencontainer sind deren Eckbeschläge etwas anders geformt, um denselben Lochabstand wie bei einem ISO-Container zu erreichen (Bild 4-21b). Die Normen schreiben keine Werkstoffe für die Eckbeschläge vor, es werden jedoch die bei den Prüfbelastungen entstehenden Kräfte angegeben. Bevorzugte Werkstoffe sind GS 45, GS 52, Al Zn 5 Mg 1 und neuerdings auch Edelstahl.

Prüfvorschriften

Container unterliegen einer Bauartprüfung mit vorgegebenen Belastungskombinationen. Diese Prüfungen sind genormt, für ISO-Container in DIN ISO 1496 Teil 1, für Binnencontainer in DIN 15190 Teil 101. Tafel 4-4 führt einige der für ISO-Container geltenden Prüfbelastungen auf. Sie

4.2 Hilfsmittel zur Ladungsbildung

Tafel 4-4 Prüfung von ISO-Containern nach DIN ISO 1496 Teil 1 (Auswahl der Prüfbelastungen)

Prüfung Nr.	Art der Prüfung	Anordnung der Prüfmassen und -kräfte	Prüfmasse	Prüfkräfte	Prüfbedingungen und Bemerkungen
1	Stapeln	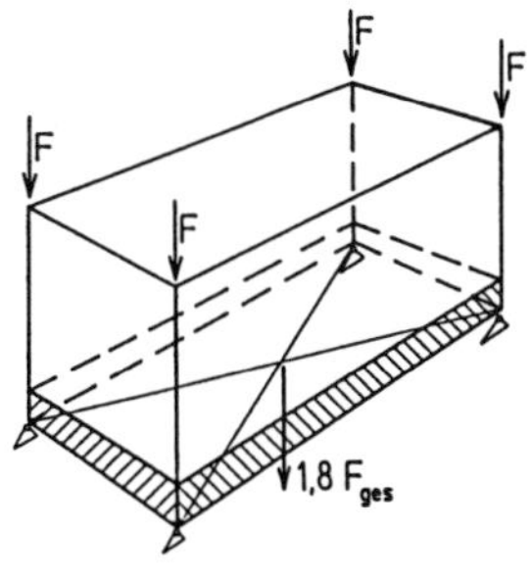	$m_p = 1{,}8\, m_{ges} - m_e$	$F = 2{,}25\, F_{ges}$	entspricht Belastung durch 5 vollbeladene Container, Auflagefläche des Prüfcontainers senkrecht unter Eckbeschlägen, Kraftangriffsflächen um 25,4 mm in der Breite und 38 mm in der Länge versetzt, ersatzweise Einzelprüfung der Stirnrahmen mit $F = 4{,}5\, F_{ges}$
2a	Heben an oberen Eckbeschlägen	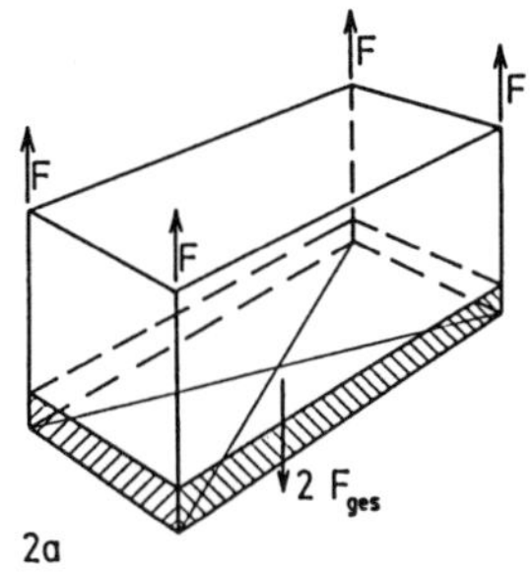	$m_p = 2\, m_{ges} - m_e$	$F = 0{,}5\, F_{ges}$	Anheben durch senkrechte Kräfte an den oberen Eckbeschlägen, langsam heben, um Beschleunigungskräfte klein zu halten, Kraftwirkung 5 min, nicht für Größen 1D und 1DX
2b	Heben an oberen Eckbeschlägen	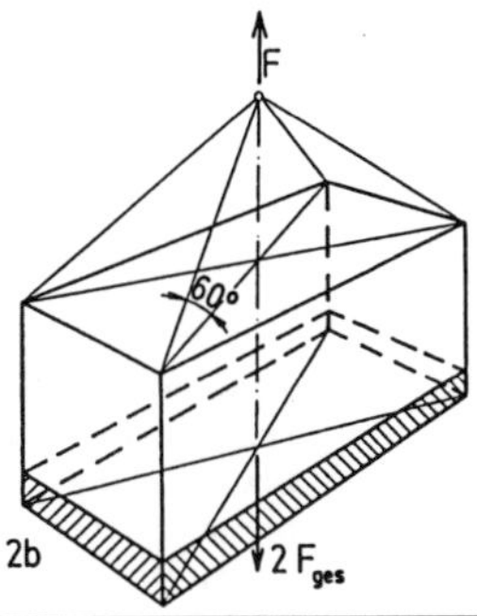	$m_p = 2\, m_{ges} - m_e$	$F = 2\, F_{ges}$	Anheben mit Seilgeschirr an den oberen Eckbeschlägen, langsam heben, um Beschleunigungskräfte klein zu halten, Kraftwirkung 5 min, nur für Größen 1D und 1DX
3	Heben an unteren Eckbeschlägen	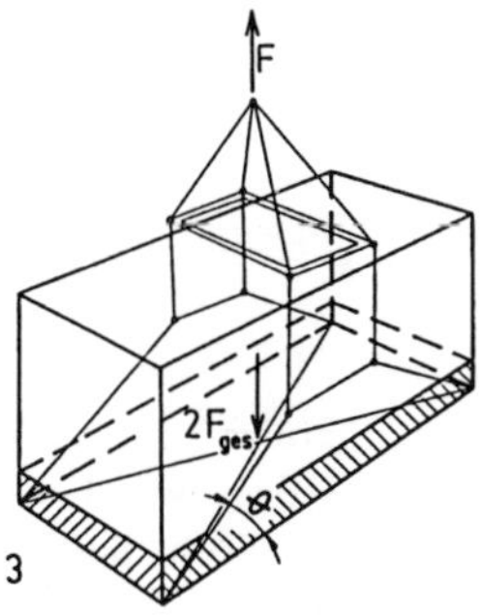	$m_p = 2\, m_{ges} - m_e$	$F = 2\, F_{ges}$	Anheben mit Seilgeschirr, das oberhalb des Containers einen Rahmen oder Querbaum aufweist, Abstand der Wirkungslinien der Hubkräfte von den Außenflächen darf 38 mm nicht überschreiten, langsam heben, Kraftwirkung 5 min Winkel θ: 30° (1A), 37° (1B), 45° (1C), 60° (1D)
4	Längsbelastbarkeit	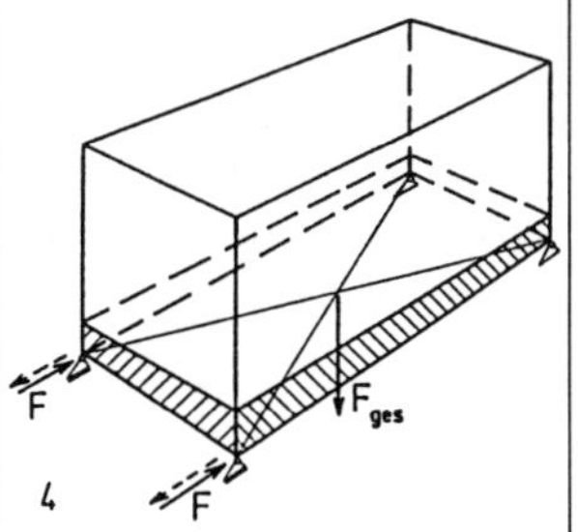	$m_p = m_{ges} - m_e$	$F = F_{ges}$	die dem Kraftangriff gegenüberliegenden Eckbeschläge sind an starren Verankerungspunkten zu befestigen, beide Seiten sind nacheinander erst durch eine Druck-, dann durch eine Zugkraft zu belasten

Tafel 4-4 *Fortsetzung*

Prüfung Nr.	Art der Prüfung	Anordnung der Prüfmassen und -kräfte	Prüfmasse	Prüfkräfte	Prüfbedingungen und Bemerkungen
5	Belastbarkeit der Stirnwände	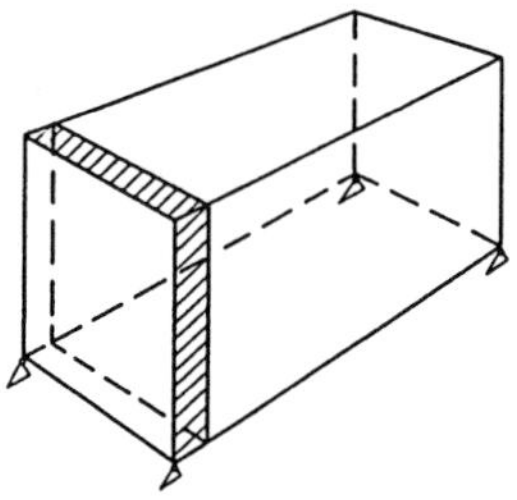	$m_p = 0{,}4\, m_{ges}$		innere Belastung muß gleichmäßig über die zu prüfende Wand verteilt sein, bei symmetrischer Konstruktion reicht Prüfung einer Stirnwand aus
6	Belastbarkeit der Seitenwände	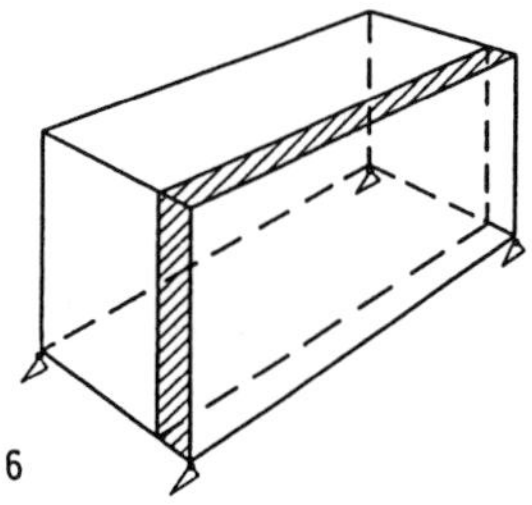	$m_p = 0{,}6\, m_{ges}$		innere Belastung muß gleichmäßig über die zu prüfende Wand verteilt sein, bei symmetrischer Konstruktion reicht Prüfung einer Seitenwand aus
7	Belastbarkeit des Dachs	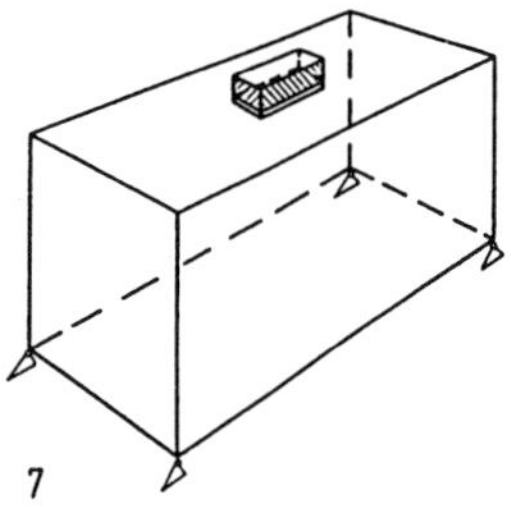	$m_p = 300$ kg		Prüfmasse gleichmäßig verteilt auf eine Auflagefläche von 600 mm × 300 mm an der schwächsten Stelle des Dachs aufbringen
8	Belastbarkeit des Bodens	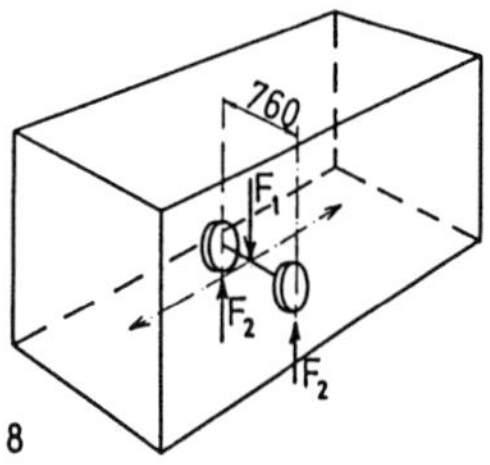		$F_1 = 54{,}6$ kN $F_2 = 27{,}3$ kN	Testfahrzeug muß gummibereifte Räder haben und ist längs der gesamten Bodenfläche zu bewegen, Nennmaß der Radbreite 180 mm, Größtmaß der rechnerischen Berührungsfläche der Räder je 14200 mm²

m_{ges} Bruttomasse, m_e Eigenmasse, F_{ges} Gewichtskraft des vollbeladenen Containers

simulieren die Belastung beim Stapeln und Heben, bei einem Pufferstoß von Eisenbahnwagen, bei Begehen des Dachs und Befahren des Bodens mit einem Gabelstapler von 2,5 t Tragfähigkeit. Außerdem werden die Festigkeit und Steife der Wände und Türen geprüft.

An den oberen Eckbeschlägen der Containergruppen 1A, 1B und 1C dürfen Hubkräfte nur senkrecht nach oben wirkend angreifen, an ihren unteren Eckbeschlägen und an allen Eckbeschlägen der kleineren Container 1D ist auch ein Schrägzug durch das Lastaufnahmemittel erlaubt. Nicht in Tafel 4-4 aufgeführt sind die Nachweise für die Quersteife der Stirnwände sowie Längssteife der Seitenwände und schließlich die Prüfung auf Wasserdichtheit.

Über die zahlreichen Möglichkeiten, einen Container durch unsachgemäße Behandlung zu beschädigen, informiert sehr originell [4.34]. Darüber hinaus wirken sich Witterungseinflüsse auf die Nutzungsdauer aus, für die 5...13 Jahre angegeben werden [4.35]. Inzwischen haben sich Spezialunternehmen für die Wartung und Instandsetzung von Containern herausgebildet.

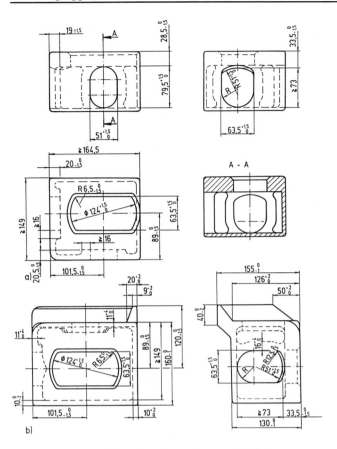

Bild 4-21 Obere Eckbeschläge (Bemaßung vereinfacht)
a) ISO-Container nach DIN ISO 1161
b) Binnencontainer nach DIN 15190 Teil 101

4.3 Baugruppen von Flurförderzeugen

Fahrantrieb und Lenkung sind die wichtigsten gemeinsamen Baugruppen der Flurförderzeuge, die deren Betriebsverhalten maßgebend bestimmen. Die Leistungsfähigkeit dieser Fördermittel für den innerbetrieblichen Transport hängt von einem starken Beschleunigungsvermögen, einem schnellen Wechsel der Fahrtrichtung und einer guten Wendigkeit durch einen engen Kurvenradius ab. Die Fahrgeschwindigkeit soll einfach und möglichst stufenlos zu stellen sein, die Anforderungen an die Steuerung und die Beanspruchung der Fahrantriebe sind somit sehr hoch. Der Einsatz in Fertigungs- und Dienstleistungsbetrieben macht es zudem notwendig, die Umgebung so wenig wie möglich durch Geräusche, Abgase usw. zu belasten. Bei Lenkung und Bereifung treten Besonderheiten gegenüber den in der Kraftfahrzeugtechnik bevorzugten Formen auf.

Durch die Art des Energiewandlers (Motors), der aus der zugeführten Energie mechanische Energie erzeugt, unterscheiden sich die Fahrantriebe und Fahreigenschaften der Flurförderzeuge grundlegend. Verwendet werden batteriegespeiste Elektromotoren und Verbrennungskraftmaschinen als Diesel- oder Ottomotoren.

4.3.1 Fahrzeugbatterien

Ein elektrisch betriebenes Flurförderzeug muß als lenkbares, nicht gleisgeführtes Fahrzeug die benötigte Elektroenergie in einem Speicher mitführen oder sie aus einem anderen vorrätig gehaltenen Energieträger durch einen Umwandlungsprozeß gewinnen. Bisher wird nur das erstgenannte Prinzip, die Ausrüstung des Flurförderzeugs mit einer Batterie, angewendet; die Brennstoffzelle zur direkten Gewinnung elektrischer Energie aus flüssigem Kraftstoff hat das Versuchsstadium noch nicht überschritten. In Sonderfällen, bei engem Aktionsradius, speist man Flurförderzeuge auch über Kabel aus dem stationären elektrischen Netz.

In Fahrzeugbatterien mit Sekundärzellen laufen reversible elektrochemische Vorgänge ab. Die beim Laden zugeführte elektrische Energie wird in chemische Energie umgewandelt, die beim Entladen wieder in elektrische Energie überführt wird. Dabei treten Verluste auf. Die Zellen der Batterie bestehen aus mehreren, parallelgeschalteten positiven und negativen Elektroden (Platten). Wegen der bauartbedingten, relativ niedrigen Zellenspannung bilden mehrere hintereinandergeschaltete Zellen eine Akkumulatorenbatterie oder kurz Batterie mit Nennspannungen von 12...80 V. Eine höhere Batteriespannung führt zu kleineren Strömen und damit Energieverlusten, auch die Batteriekapazität wird bei gleicher Masse größer. Vorzugsspannungen von Batterien in Flurförderzeugen sind 24/48/80 V für Motorleistungen bis 4/12/18 kW. Für denkbar wird gehalten, daß künftig in ihnen auch wesentlich höhere Spannungen Verwendung finden werden [4.36].

Die periodischen Entlade- und Ladevorgänge beanspruchen eine Antriebsbatterie wesentlich mehr, als eine Starter- oder Pufferbatterie zu ertragen hat, und verlangen eine stärkere Bauart mit dickeren Platten als Elektroden. Kennzeichnende Größen einer Batterie sind neben der Spannung die Kapazität in Ah, das Arbeitsvermögen in Wh und die Energiedichte, d.h. die auf die Gesamtmasse bezogene verfügbare Speicherenergie, gemessen in Wh/kg.

Die beiden einfachsten und ältesten Batteriearten, die Blei- und die Nickel-Cadmium-Batterie, haben feste Elektroden aus Metallen bzw. Metallverbindungen und flüssige Elektrolyten. Die Reaktionen verlaufen bei Umgebungstemperatur und verlangen keine Hilfseinrichtungen. Wegen ihrer verhältnismäßig geringen Energiedichte, die alle mit ihnen ausgerüstete Batterieantriebe trotz der begrenzten Reichweite noch sehr schwer macht, arbeitet man nicht nur an ihrer ständigen Verbesserung, sondern intensiv auch an der Entwicklung von Batterien mit anderen Reaktionspartnern. Dabei werden alle sinnvoll erscheinenden Verfahren der elektrochemischen Energiewandlung genutzt [4.37] bis [4.40]. Galvanische Elemente größerer Energiedichte werden jedoch stets komplizierter, technisch aufwendiger. Am weitesten fortgeschritten ist gegenwärtig die Natrium-Schwefel-Batterie mit flüssigen Elektroden und einer Betriebstemperatur um 350 °C, deren Energiedichte das 3fache einer Bleibatterie erreicht.

4.3.1.1 Bleibatterien

In Bleibatterien bestehen die aktiven Massen des positiven Pols im geladenen Zustand aus PbO_2, die des negativen aus feinverteiltem Pb. Der Elektrolyt ist verdünnte Schwefelsäure, deren Dichte im geladenen Zustand etwa 1,27 g/cm^3 beträgt und während des Entladens durch Abbau der Schwefelsäure auf etwa 1,13 g/cm^3 bei 80prozentiger Entladung und 30 °C Umgebungstemperatur abnimmt. Eine Entladung unter 20% der Kapazität schadet der Batterie. Die Reaktionsgleichung dieses galvanischen Elements lautet

$$PbO_2 + 2H_2SO_4 + Pb \underset{\text{Entladung}}{\overset{\text{Ladung}}{\longleftrightarrow}} PbSO_4 + 2H_2O + PbSO_4.$$

+Pol   -Pol   +Pol   -Pol

(4.1)

Die aktiven Massen, Bleioxid bzw. schwammiges Blei, werden bei einer Gitterplatte (Bild 4-22a) in Hartbleigitter eingestrichen. Zwischen den Plattenpaaren liegen Trennschichten (Scheider, Separatoren), die einen gleichmäßigen Plattenabstand herstellen, das Bilden von Bleibrücken unterbinden und die aktiven Massen der positiven Platten stützen. Die Aufteilung der Reaktionen auf mehrere Platten einer Zelle erleichtert dem Elektrolyt den Zugang zu den Reaktionsstoffen und verkleinert die Strombelastung der Oberflächen.

Die aktive Masse der positiven Platte fällt infolge ihrer Expansion dennoch allmählich aus und setzt Schlamm ab. Die Platte erreicht deshalb nur eine Nutzungsdauer von rd. 750 normalen Lade-Entladezyklen, während die negative Platte rd. 1500 Zyklen übersteht. Man verwendet deshalb Gitterplattenbatterien lediglich bei sehr leichten Flurförderzeugen.

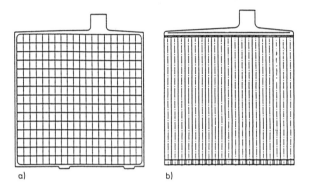

Bild 4-22 Zellen von Bleibatterien
a) Gitterelektrode (Gitterplatte) GiS
b) Röhrchenelektrode (Panzerplatte) PzS

Um das umständliche Auswechseln der positiven Platten nach der Hälfte der Nutzungsdauer zu beseitigen, wurde die positive Panzerplatte entwickelt (Bild 4-22b). Sie besteht aus parallel nebeneinanderstehenden Röhrchen, die mit einem Hartbleidraht als Gerüst sowie Stromleiter und einer Hülle aus säurefestem Werkstoff, meist Polyester, ausgerüstet sind, zwischen denen die Aktivmasse liegt. Die Panzerung vergrößert den Innenwiderstand und erschwert die Säurediffusion, wird aus diesen Gründen nur in Traktionsbatterien angewendet. Die Gitterplatten eignen sich dagegen besser für hohe Entladeströme. Ein reduzierter Innenwiderstand und ein geringerer Spannungsabfall während des Entladens läßt sich dadurch erzielen, daß das Bleigitter durch ein besser leitendes aus Kupferstreckmetall ersetzt wird [4.36].

Die Zellen einer Bleibatterie werden von einem wasserdichten Kunststoffgehäuse umschlossen, durch dessen Deckel die Polanschlüsse und der Entlüftungs- und Füllstopfen geführt werden. Ein Batterietrog aus Stahl, Hartgummi oder Kunststoff nimmt die Zellen einer Batterie in kompakter Lagerung auf; die Pole werden mit Zellenverbindern in Reihe geschaltet. Bild 4-23 zeigt diesen Aufbau einer normalen Fahrzeugbatterie. Gefäß und Deckel sind elektrolytdicht verschweißt, auch die Poldurchführungen vollkommen abgedichtet.

Die Nennspannung eines galvanischen Bleielements von 2 V im geladenen Zustand sinkt während der Entladung stetig ab, siehe Bild 4-24a und Tafel 4-5. Spannungsverlauf und Schlußspannung sind von der Entladedauer abhängig, die dem mittleren Entladestrom umgekehrt proportional ist. Als Nenngröße I_5 gilt der mittlere Entladestrom, bei dem die Batterie innerhalb von fünf Stunden entladen wird. Ein n-facher Entladestrom nI_5 verkürzt bzw. verlängert die Entladedauer, aber auch die relative, auf den Nennwert bezogene Kapazität der Batterie (Bild 4-24b).

Die Säuredichte und die effektiv zur Verfügung stehende Kapazität sinken gegenüber den Nenngrößen, die auf eine Elektrolyttemperatur von 30 °C bezogen sind, wenn die Umgebungstemperatur abnimmt; dies kennzeichnet insbesondere den Bleiakkumulator (Bild 4-24c). Der Gefrierpunkt des Elektrolyten steigt von rd. -58 °C im geladenen Zustand auf rd. -12 °C im entladenen. Allerdings verhindert die doppelte Isolation unter normalen Umständen das Einfrieren von Antriebsbatterien auch bei längerem Einwirken niedriger Außentemperaturen. Wenn Strom entnommen wird, erwärmt sich die Batterie.

Die theoretische Energiedichte einer Bleibatterie beträgt 161 Wh/kg, praktische Werte liegen im Bereich 25...50

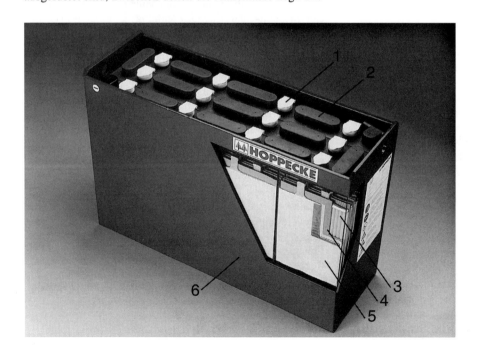

Bild 4-23 Traktionsbatterie 24 V
Accumulatorenwerk Hoppecke Carl Zoellner & Sohn GmbH & Co KG, Brilon-Hoppecke
1 Klappdeckelstopfen
2 isolierter Verbinder
3 positive Panzerplatte
4 Separator
5 negative Gitterplatte
6 Batterietrog

4.3 Baugruppen von Flurförderzeugen

Tafel 4-5 Zellenspannungen von Batterien in V

Zellentyp	Nennspannung	Mittlere Entladespannung	Entladeschlußspannung empfohlen	zulässig	Gasungsspannung
Pb	2,0	1,9	1,7	1,6	2,40 ... 2,45
Ni-Cd	1,2	1,2	1,0	0,75	1,55 ... 1,60

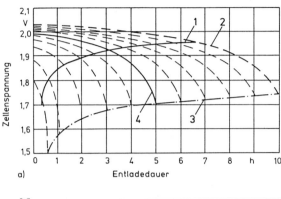

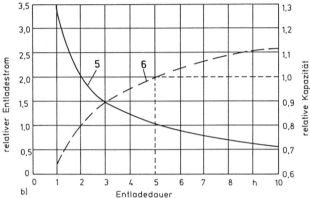

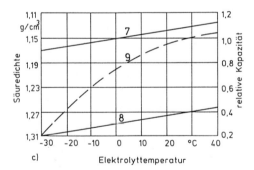

Bild 4-24 Kennfunktionen von Antriebsbatterien mit PzS-Zellen
a) Zellenspannung während der Entladung (30 °C Säuretemperatur)
b) Entladestrom und Kapazität in Abhängigkeit von der Entladedauer (30 °C Säuretemperatur)
c) Säuredichte und effektive Kapazität in Abhängigkeit von der Temperatur
1 Mittelspannung
2 Spannungsverlauf bei konstantem Entladestrom
3 Schlußspannung
4 Spannungsverlauf bei 5stündiger Entladung
5 Entladestrom I, auf Entladestrom I_5 bei 5stündiger Entladung bezogen
6 relative Kapazität, auf die Nennkapazität bei 5stündiger Entladung bezogen
7 Säuredichte bei 80 % entladener Batterie
8 Säuredichte bei vollgeladener Batterie
9 effektive relative Kapazität

Wh/kg. Durch längere Elektroden mit größerer Masse und einen Säureüberschuß sind nach [4.41] Energiedichten um 80 Wh/kg zu verwirklichen, womit eine Entwicklungsgrenze erreicht zu sein scheint. Die Nennkapazität kann dabei bis 20 % zunehmen, jedoch auf Kosten einer etwas kleineren Nutzungsdauer. Weitere Entwicklungsziele waren und sind die Verbesserung der Energieausbeute, die Verkürzung der Ladedauer, die Verringerung des Wartungsaufwands und die Verlängerung der Nutzungsdauer.

Antriebsbatterien in der normalen Ausführung werden vorwiegend in stationären Ladestationen geladen, die säuregeschützt sind und entlüftet werden. Die Ladung dauert üblicherweise etwa 8 Stunden, wenn die Batterie zu 80 % entladen ist. Es werden folgende Ladungsarten unterschieden [4.40]

– Volladung bis zum Abschluß der chemischen Umwandlung
– Überladung (Nachladung) mit größerer Spannung
– Erhaltungsladung zum Ausgleich einer Selbstentladung
– Ausgleichsladung zum Ausgleich unterschiedlicher Ladezustände der Zellen.

Während der Volladung nimmt die Säuredichte zu, dabei tritt eine Schichtung des Elektrolyten in der Form auf, daß schwere Teile mit größerer Säurekonzentration im unteren Zellenteil abgelagert werden. Aus diesem Grund ist eine Nachladung mit einer über der Gasungsspannung (s. Tafel 4-5) liegenden Ladespannung notwendig, bei der H_2O in die Gase H_2 und O_2 gespalten wird. Die Gasentwicklung vermischt die Säure, führt jedoch zu einem Wasserverlust und verlangt ein periodisches Nachfüllen von Wasser. Der Ladefaktor, das Verhältnis von zugeführter zu gespeicherter Energie, liegt mit 1,2 recht hoch.

Die Weiterentwicklung der Antriebsbatterien hat in den letzten Jahrzehnten verschiedene Wege beschritten. Um den Wasserverbrauch wesentlich zu senken, werden die Batteriezellen mit Spezialstopfen ausgestattet, die den beim Nachladen gebildeten Wasserstoff katalytisch zu Wasser oxidieren, das in die Zellen zurückfließt. Damit sinkt der Wasserverlust um rd. 90 % [4.42]. Automatische Wassernachfüllanlagen vermindern den Arbeitsaufwand weiter und sorgen für eine bedarfsgerechte Füllmenge.

Während der gesamten Nutzungsdauer völlig wartungfreie, hermetisch verschlossene Batterien haben einen in ein Gel oder Glasfaservlies eingebetteten Elektrolyten. Die Batterien stehen unter einem leichten Überdruck, unter dem sich während der Ladung in H_2 und O_2 zersetztes H_2O wieder rekombiniert. Dies vermindert den Wasserverlust entscheidend, der ja die Nutzungsdauer solcher Batterien mitbestimmt. Ein Überdruckventil begrenzt den Innendruck. Das dem Blei üblicherweise zur Verbesserung der Gießfähigkeit und Festigkeit zugefügte Antimon wird durch Calcium ersetzt, weil es als Katalysator für die Wasserstoffbildung wirkt. Derartige wartungsfreie Batterien haben nicht nur den erhöhten Innendruck, sondern auch eine große Betriebstemperatur bis 100 °C. Sie eignen sich daher nur für leichten Betrieb mit etwa der Hälfte des 5stündigen Entladestroms I_5 und 50 % Entladung. Die Nutzungsdauer erreicht lediglich 50 % der einer Normalbatterie, siehe auch [4.42][4.43]. Das Ladegerät kann auf dem Flurförderzeug mitgeführt und an beliebiger Stelle genutzt werden, weil weder Säure noch Gas austreten können.

Für schweren Betrieb geeignet sind im Gegensatz dazu Batterien mit Elektrolytumwälzung. In ihnen führt ein Schlauchsystem während des Ladens Luft in die Zellen ein, die für ein ständiges Durchmischen des Elektrolyten sorgt (Bild 4-25). Weil die Nachladezeit entfällt, verringert sich die Ladedauer auf rd. 5 h für eine zu 80 % entladene Batterie, der Ladefaktor sinkt auf 1,05...1,07. Der bis 75 % verkleinerte Wasserverbrauch verlängert die Betriebsdauer bis zum jeweiligen Nachfüllen auf einige Monate. Solche Batterien vertragen sehr gut Zwischenladungen ohne Schädigung, Einzelheiten beschreiben u. a. [4.44][4.45].

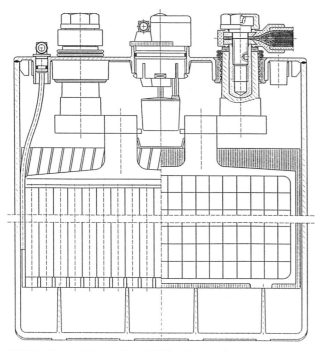

Bild 4-25 Antriebsbatterie mit Elektrolytumwälzung
DETA Akkumulatorenwerk GmbH, Bad Lauterberg

Schließlich können besonders hochbelastete Batterien Kühleinrichtungen erhalten. Nach [4.41] erhöht sich die Elektrolyttemperatur um etwa 5,5 °C während des Entladens und um 8...16 °C während des Ladens. Folgen mehrere Entlade- und Ladevorgänge aufeinander, reicht die Abkühldauer nicht aus, um eine kumulative Temperaturerhöhung, z. B. innerhalb einer Arbeitswoche, auf 60...70 °C zu verhindern. Bereits bei einer Betriebstemperatur von 55 °C nimmt aber die Nutzungsdauer um die Hälfte ab [4.46]. Bild 4-26 zeigt den Temperaturverlauf in einer Zelle. Durch Kühlung läßt sich die Höchsttemperatur unterhalb 40 °C halten.

Als Kühlverfahren sind die direkte Zellenkühlung mit in die Zellen eingebauten Kühlschlangen und die indirekte Kühlung mit Hilfe von zwischen den Zellen liegenden Kühlelementen zu unterscheiden. Die zusätzlichen Betriebskosten werden weniger vom Mehraufwand für das Kühlaggregat, sondern mehr von den Kühlwasserkosten bestimmt, weshalb ein Kreislauf mit Rückkühlung sinnvoll ist [4.46].

Die Nutzungsdauer der Fahrzeugbatterien auf Bleibasis hängt vor allem von der Größe des mittleren Entladestroms

und von der mittleren Betriebstemperatur ab. Um unter gegebenen Betriebsverhältnissen mit wenigen Meßdaten die zu erwartende Nutzungsdauer abschätzen zu können, hat der Fachverband der Batteriehersteller das Nomogramm im Bild 4-27 ausgearbeitet. Das Vielfache nI_5 des 5stündigen Entladestroms I_5, die gemittelte Betriebstemperatur und die Anzahl der täglichen Energiedurchsätze ergeben die voraussichtliche Nutzungsdauer in Monaten bzw. Jahren, siehe hierzu ergänzend [4.47].

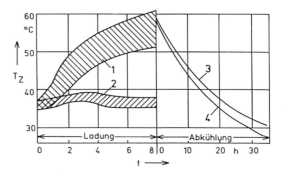

Bild 4-26 Verlauf der Zellentemperatur T_Z von Antriebsbatterien nach [4.46]
1 ohne Batteriekühlung 3 Mittelzellen
2 mit Batteriekühlung 4 Randzellen

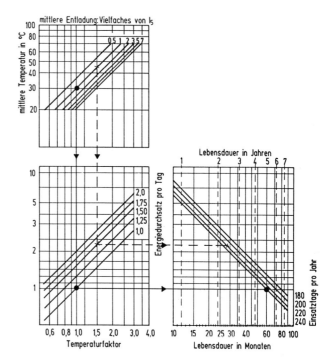

Bild 4-27 Nomogramm zur Ermittlung der zu erwartenden Nutzungsdauer einer Antriebsbatterie im praktischen Einsatz für Zellen in PzS-Ausführung. Fachverband Batterien im Zentralverband Elektrotechnik- und Elektronikindustrie e.V. (ZVEI)

4.3.1.2 Nickel-Cadmium-Batterien

In einer Ni-Cd-Batterie reagieren zwei Metalle in Verbindung mit Wasser als galvanisches Element; Kalilauge (KOH) dient als Katalysator, ist aber an der Reaktion selbst nicht beteiligt. Dies führt zu einem stabilen Ladezustand ohne nennenswerte Selbstentladung und erlaubt längere Lagerzeiten ohne Erhaltungsladung. Andererseits läßt sich der Ladezustand nicht anhand der Dichte des Elektrolyten kontrollieren, die im Bereich 1,17...1,19 g/cm^3 verbleibt.

Die Reaktionsgleichung lautet [4.40]

$$2\,NiOOH + 2\,H_2O + Cd \underset{Entladung}{\overset{Ladung}{\rightleftarrows}} 2\,Ni(OH)_2 + Cd(OH)_2.$$

| +Pol | −Pol | +Pol | −Pol |

(4.2)

Tatsächlich gehen kompliziertere chemische Reaktionen mit Zwischenstufen und unterschiedlichen Wertigkeiten der Ni-Atome vor sich.

Am häufigsten werden gesinterte Platten eingesetzt, deren Nutzungsdauer etwa 1200 Zyklen beträgt. Die maximalen Entlade- und Ladeströme können mit $5I_5$, d.h. dem Strom für eine einstündige Entladung, wesentlich höher als bei Bleibatterien sein [4.48]. In [4.49] werden sogar Entladeströme bis $30I_5$ als zulässig erklärt. Der Temperaturbereich ist mit −40...+50 °C erheblich breiter, die Energiedichte dagegen mit 15...30 Wh/kg niedriger als bei einer Bleibatterie.

Wenn eine Ni-Cd-Batterie überladen wird, zersetzt sich auch in ihr H_2O zu H_2 und O_2. Der Sauerstoff reagiert schnell mit der Cd-Elektrode, der Wasserstoff erzeugt in einer geschlossenen Zelle einen Druckanstieg. Um dies auszuschließen, erhalten gasdichte Zellen dieser Art überdimensionierte negative Elektroden, die eine H_2-Entwicklung unterbinden.

Die hohen Ladeströme machen die Ni-Cd-Batterie besonders geeignet für einen durchgängigen Betrieb mit Teilentladungen von 20...30 % der Kapazität und regelmäßigen kurzen Zwischenladungen von wenigen Minuten Dauer. [4.49][4.50] weisen auf den Einsatz in Fahrerlosen Transportsystemen hin. Allerdings müssen die Fahrkurse eine gewisse Periodizität aufweisen, damit feste Ladestationen regelmäßig angefahren werden können. Nach [4.50] verbraucht das Laden i.allg. 15...20 % der Betriebsdauer. Für solche Anwendungen reichen oft kleinere Batterien aus, die dennoch die 3- bis 4fache Nutzungsdauer einer Bleibatterie erreichen können.

[4.51] beschreibt ein Ladesystem, das den Ladezustand durch eine Belastungsprobe ermittelt, Schädigungen regeneriert und mit einem optimalen Spannungsverlauf auflädt. Ganz allgemein gilt diese Verbesserung der Ladetechnik für alle Batteriesysteme. Die Vielfalt der technischen Lösungen erlaubt es heute, den zu wählenden Batterietyp an die Art und Schwere des Einsatzes anzupassen, siehe hierzu evtl. [4.52].

4.3.2 Elektrische Fahrantriebe

Der Fahrantrieb eines Flurförderzeugs soll, wie der eines jeden anderen Fahrzeugs, über die installierte Antriebsleistung P_{ne} möglichst bei jeder Fahrgeschwindigkeit verfügen können, d.h., es soll das Produkt aus Drehmoment M und Winkelgeschwindigkeit ω bzw. aus Antriebskraft F_f und Fahrgeschwindigkeit v_f konstant bleiben.

$$P = M\omega = F_f v_f = P_{ne}. \quad (4.3)$$

Der gewünschten idealen Kennlinie eines Fahrantriebs

$$\omega = \frac{P_{ne}}{M} \quad (4.4)$$

entspricht die Kennlinie eines Gleichstrom-Reihenschlußmotors

$$\omega = \frac{U_M - R_A I}{k_1 \Phi}; \quad (4.5)$$

ω Winkelgeschwindigkeit
U_M Klemmenspannung am Motor
R_A Ankerwiderstand
I Motorstrom
Φ Luftspalt- (Erregungs-)Fluß
k_1 Konstante,

ausgezeichnet, weshalb diese Motoren in den Fahrantrieben der Flurförderzeuge dominieren. Sie werden häufig als Doppelschlußmotoren mit je einer Ständerwicklung für jede Fahrtrichtung ausgebildet.

Für konstante Klemmenspannung U_M am Motor stellt sich zwischen dem Drehmoment

$$M = k_2 \Phi I; \quad (4.6)$$

k_2 Konstante,

und der Drehzahl bzw. Winkelgeschwindigkeit ω über dem Strom I eine annähernd hyperbolische Abhängigkeit ein (Bild 4-28). Bei kleiner Drehzahl verfügt der Fahrantrieb nach dieser Kennlinie über ein großes Drehmoment, um schnell zu beschleunigen oder langsam ein größeres Hindernis zu überwinden. In der Beharrungsfahrt reicht dagegen bei größerer Drehzahl und Fahrgeschwindigkeit ein kleineres Drehmoment für die normalen Fahrwiderstände aus.

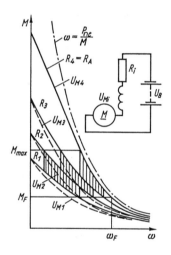

Bild 4-28 Grundschaltung und Kennlinien eines Gleichstrom-Reihenschlußmotors
U_B Batteriespannung, U_{Mi} Klemmenspannung des Motors, R_i Stufenwiderstand, R_A Ankerwiderstand (i = 1, 2, 3, 4)

Um Strom und Drehmoment zu begrenzen und Fahrtrichtung wie Drehzahl zu stellen, d.h. die Drehzahl-Drehmomentkennlinie zu verändern, sind an die Motoren angepaßte Schaltungen bzw. Steuerungen notwendig. In den Fahrantrieben der Flurförderzeuge werden Stufensteuerungen und Impulssteuerungen (Pulssteuerungen) verwendet, mit denen die Größen U_M, R_A und Φ in Gl. (4.5) einzeln oder gemeinsam in Stufen oder stufenlos gestellt werden. Von den vielen weiterführenden Fachbüchern zur elektrischen Antriebstechnik führen [4.53] bis [4.57] eine Auswahl auf.

4.3.2.1 Stufensteuerungen

Die Drehzahl n bzw. Winkelgeschwindigkeit ω des Fahrmotors nimmt laut Gl. (4.5) ab, wenn der Zähler dieser

Gleichung kleiner wird, d.h. durch Verringerung der Klemmenspannung U_M oder durch Vergrößerung des Ankerwiderstands R_A. Die gleiche Wirkung erzielt man mit der Vergrößerung des Nenners, d.h. des Luftspaltflusses Φ. Die unterschiedlichen Schaltungen sind elektrisch nicht gleichwertig; auch der Aufwand für die Steuereinrichtungen ist unterschiedlich.

Bei gleichbleibender Batteriespannung U_B führt die Erhöhung des ohmschen Ankerwiderstands R_A durch einen Vorwiderstand R_V zur Verringerung der am Motor anliegenden Klemmenspannung U_M. Jeder Stufe (R_1 bis R_3) des Gesamtwiderstands entspricht dann eine der Anfahrkennlinien (Bild 4-28).

Bei Verwendung nur eines Fahrmotors werden meist drei bis vier Schaltstufen vorgesehen (Bild 4-29a). Durch Schließen der Schalter S_1 bis S_3 können die Vorwiderstände R_1, R_2, und $R_1 + R_2$ geschaltet werden; dies führt zu insgesamt vier Fahrstufen. Eine feinstufigere und zugleich verlustärmere Drehzahlstellung läßt sich durch die Reihenparallelschaltung von zwei Hälften der Batterie oder von zwei Fahrmotoren erzielen (Bild 4-29b, c). Die gewünschten Bereiche der Kennlinien, im Bild 4-28 senkrecht gestrichelt, werden von den Maximal- und Minimalwerten der erlaubten oder geforderten Beschleunigungen begrenzt.

Um ein zu schnelles Hochschalten und die damit verbundene Überlastung von Motor und Antrieb durch Willkür des Fahrers zu verhindern, können Steuerelemente eingebaut weden, die den Aufschaltvorgang verzögern. Statt der stufenweise geschalteten Festwiderstände sind zunehmend stufenlos stellende Fahrschalter im Einsatz. Ausgenutzt wird dazu die Verringerung des ohmschen Widerstands beim Zusammendrücken von Kohleringen oder von Spiralen aus Widerstandsdraht.

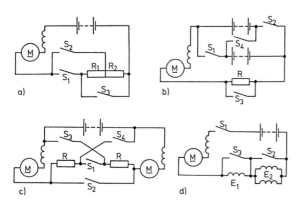

Bild 4-29 Stufensteuerungen von Fahrmotoren in Flurförderzeugen
a) Ankervorwiderstand
b) Reihenparallelschaltung der Batterie
c) Reihenparallelschaltung von zwei Fahrmotoren
d) zusätzliche Feldwickelungen

Bei allen Widerstandssteuerungen wird in den Fahrantrieben die volle elektrische Leistung aus der Batterie entnommen (Bild 4-30). Je niedriger die Fahrgeschwindigkeit ist, um so größer wird der Anteil der in den Vorwiderständen in Wärme umgesetzten Verlustleistung P_V an der verbrauchten elektrischen Leistung der Batterie. Die Reihenparallelschaltung (gestrichelte Linie im Bild 4-30a) bietet hier entscheidende Vorteile, erfordert allerdings eine angepaßte Ausführung des Fahrantriebs, siehe Abschnitt 4.3.2.3.

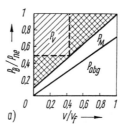 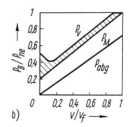

Bild 4-30 Leistungsaufteilung [4.58]
a) Widerstandssteuerung
b) Impulssteuerung
P_B aus Batterie entnommene Leistung, P_{ne} Nennleistung, P_V Verlustleistung in Steuerelementen, P_M Verlustleistung im Motor, P_{abg} abgegebene Motorleistung, v effektive Fahrgeschwindigkeit, v_f Nennfahrgeschwindigkeit

Die Kennlinien des spannungsgesteuerten Reihenschlußmotors verlaufen steiler als die bei Widerstandssteuerung, siehe die gestrichelten Kennlinien im Bild 4-28. Wenn die Spannung durch veränderten Abgriff an der Batterie herabgesetzt wird, entsteht eine unterschiedliche Belastung und damit Entladung der verschiedenen Zellen. Weil dies beim Laden mit vertretbarem Aufwand nicht auszugleichen ist, hat diese Schaltung keine Bedeutung erlangt.

Eine Feldschwächung, z.B. über einen Parallelwiderstand zur Erregerwicklung, vergrößert die Drehzahl des Motors, eignet sich deshalb nur bedingt für eine Fahrschaltung. Die Steuerung im Bild 4-29d verstärkt dagegen den Erregerfluß Φ mit Hilfe zusätzlicher Feldwicklungen E_1 und E_2 und verringert den Strom I und damit das Drehmoment $M \sim I^2$ des Motors, siehe auch [4.59].

Die Stufensteuerungen, die lange Zeit bei Flurförderzeugen vorherrschten, verlieren diese Stellung immer mehr, weil leistungsfähigere Impulssteuerungen zur Verfügung stehen.

4.3.2.2 Impulssteuerungen

Die hohen Energieverluste der Stufensteuerungen und die Leistungssteigerung bei den elektronischen Bauelementen haben zu einem breiten Einsatz der Impulssteuerungen auch in Flurförderzeugen geführt. In ihnen wird der Mittelwert der Klemmenspannung durch periodisches Öffnen und Schließen eines elektronischen Schalters verlustarm gestellt. Das Prinzipschaltbild (Bild 4-31) zeigt die beiden an die Stelle der Vorwiderstände tretenden Schaltelemente, den Schalter bzw. Impulsgeber S und die Freilaufdiode D.

Nach Schließen des Schalters steigt die Motorspannung U_M nahezu verzögerungsfrei auf den vollen Wert der Batteriespannung U_B. Der Anstieg des Stroms $I_M = I_B$ geht wegen der Gegeninduktivität der Motorwicklung langsamer vor sich. Beim Öffnen des Schalters fallen U_M und I_B sofort auf Null ab. Der Motorstrom vermindert sich dagegen wegen der im magnetischen Feld des Motors gespeicherten elektrischen Energie nur allmählich; es fließt ein Ausgleichsstrom I_D von abnehmender Stärke über die Freilaufdiode zum Motor zurück (gestrichelte Stromflußlinie im Bild 4-31c).

Durch die gepulste Stromabgabe der Batterie entsteht ein pulsierender Motorstrom mit dem Mittelwert I_{Mm} bei einer mittleren Klemmenspannung U_{Mm} am Motor

$$U_{Mm} = U_B \frac{t_d}{t_i}. \qquad (4.7)$$

Der mittlere Batteriestrom

$$I_{Bm} = I_{Mm} \frac{t_d}{t_i} \quad (4.8)$$

ist stets kleiner als der mittlere Motorstrom. Es gilt die Leistungsgleichung

$$P = U_B I_{Bm} = U_{Mm} I_{Mm}. \quad (4.9)$$

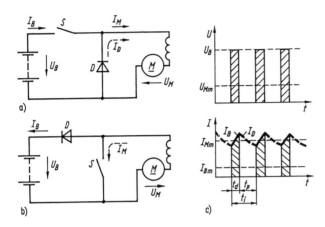

Bild 4-31 Impulssteuerung
a) Schaltung für Fahren
b) Schaltung für Nutzbremsen
c) zeitlicher Verlauf von Spannung und Strom
M Gleichstrom-Reihenschlußmotor, S Schalter (Pulssteller), D Freilaufdiode, U_B Batteriespannung, I_B Batteriestrom, U_M Motorspannung, I_M Motorstrom, I_D Diodenstrom, t_i Impulsabstand, t_d Impulsdauer (Impulsbreite), t_p Impulspause, zusätzlicher Index m: Mittelwert

Die Pulssteller arbeiten nach zwei Steuerverfahren
– Pulsbreitensteuerung (t_i = konst., t_d variabel)
– Pulsfrequenzsteuerung (t_d = konst., t_i variabel).
Beide Methoden können überlagert werden.
Impulsgeber sind Transistorschalter für kleinere Leistungen bis etwa 5 kW, darüber hinaus Thyristorschalter. Während Transistoren einfach abzuschalten sind, müssen Thyristoren mit Hilfselementen gelöscht werden, was den Aufwand erhöht. Die Pulsfrequenzen der Transistoren reichen bis 15 kHz, die der Thyristoren sind kleiner.
Die Impulssteuerung verringert die Energieverluste im Bereich niedriger Fahrgeschwindigkeiten, dafür steigen die Ummagnetisierungsverluste P_M im Motor etwas an (Bild 4-30b). Dies wirkt sich bei einem häufigen Wechsel der Fahrtrichtung, d.h. vor allem bei Staplern, in einer Einsparung an Batterieenergie von 5...10 % aus.
Zum Übergang vom Fahr- in den Bremsbetrieb wird die Erreger- oder Ankerwicklung umgepolt sowie die Anordnung der Halbleiterelemente vertauscht (Bild 4-31b). Außerdem sind Maßnahmen erforderlich, damit sich der Motor selbst erregen kann. Bei einer Widerstandsbremsung wird statt der Batterie ein Bremswiderstand zugeschaltet, der die Bremsenergie in Wärmeenergie umwandelt. Immer häufiger nutzt man jedoch den vorhandenen Energiespeicher für eine Nutzbremsung mit Rückführung der Bremsenergie in die Batterie [4.60]. Für den üblichen Einquadranten-Pulssteller zeigt Bild 4-32 die Schaltung.
Zurückzugewinnen ist lediglich ein Teil der kinetischen Energie des Flurförderzeugs. In [4.61] wird nachgewiesen, daß Energie nicht bis zum Stillstand des Fahrzeugs, sondern nur bis zum Vorzeichenwechsel der Motorspannung zurückgespeist wird. Von diesem Zeitpunkt an geht der Motor zur Gegenstrombremsung mit Energieentnahme aus der Batterie über. Die Ladungsbilanz als Quotient von zurückgeführter und von der Batterie für Beschleunigen und Gegenstrombremsen entnommener Energie hängt von der Beschleunigung a und der Fahrgeschwindigkeit v_f ab (Bild 4-33). Die mögliche Einsparung von 10...38 % der Batteriekapazität für die nichtstationären Betriebsphasen gewinnt an Bedeutung, wenn Flurförderzeuge häufig in diesen Betriebszuständen arbeiten, d.h. wiederum bei den Staplern. Es läßt sich damit eine längere Betriebsdauer zwischen zwei Ladevorgängen erreichen, oder die Batterie kann eine kleinere Kapazität erhalten.

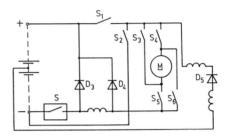

Bild 4-32 Fahr-Bremsschaltung mit Einquadranten-Pulssteller [4.54]
Schalter geschlossen: $S_1S_4S_5$ Fahren vorwärts, $S_2S_3S_6$ Bremsen vorwärts, $S_1S_3S_6$ Fahren rückwärts, $S_2S_4S_5$ Bremsen rückwärts

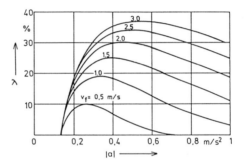

Bild 4-33 Ladungsbilanz λ als Funktion der Beschleunigung $|a|$ und der Fahrgeschwindigkeit v_f [4.61]

Vollelektronische Steuerungen haben Überlegungen und Entwicklungen ausgelöst, den Gleichstrom-Reihenschlußmotor in den Antrieben der Flurförderzeuge durch den fremderregten Gleichstrom-Nebenschlußmotor oder den Drehstrom-Asynchronmotor mit Käfigläufer zu ersetzen [4.62]. Dabei werden Pulssteller für Zweiquadranten- oder Vierquadrantenbetrieb, beim Drehstromantrieb Pulswechselrichter in 3phasiger Brückenschaltung gebraucht. Den höheren Aufwendungen beim Drehstromantrieb stehen die Robustheit, Wartungsfreiheit und kleinere Masse des Motors als Vorzüge gegenüber. Der Motor läßt sich auch mit übersynchroner Drehzahl betreiben, arbeitet in diesem Bereich allerdings mit geschwächtem Feld und damit verringertem Drehmoment (Bild 4-34) wie ein Gleichstrommotor mit Feldschwächung. Über einen ersten Einsatz in serienmäßig hergestellten Flurförderzeugen berichtet [4.63]. In zunehmendem Umfang erhält auch der Pumpenmotor für die Hydraulikanlage eine Impulssteuerung mit elektronischer Regelung.

4.3.2.3 Bauformen

Elektrisch betriebene Flurförderzeuge haben Fahrwerke mit drei oder vier Laufrädern, von denen je eins bzw. zwei angetrieben und gelenkt werden. Die gebräuchlichen Kombinationen zeigt Bild 4-35; ihre Anordnung entspricht bei Fahrtrichtung rechts der eines Staplers, bei Fahrtrichtung links der eines Wagens, jeweils auf die Vorwärtsfahrt bezogen.

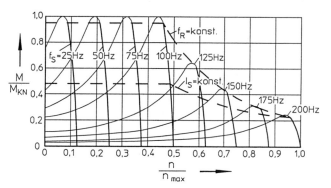

Bild 4-34 Kennlinien eines frequenz- und spannungsgesteuerten Drehstrom-Asynchronmotors mit Käfigläufer
Sichelschmidt GmbH, Wetter

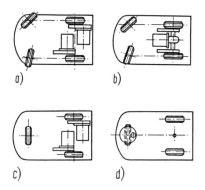

Bild 4-35 Bauformen von Fahrantrieben elektrisch betriebener Flurförderzeuge bei vollem Lenkeinschlag
a) Vierradfahrwerk, Zweimotorenantrieb
b) Vierradfahrwerk, Einmotorenantrieb
c) Dreiradfahrwerk, Zweimotorenantrieb
d) Dreiradfahrwerk, Einmotorenantrieb

Im *Vierradfahrwerk* sind die beiden Antriebsmotoren und die zwei gelenkten Räder stets getrennt. Zur Wahl stehen der Zweimotorenantrieb mit elektrischer Differentialschaltung und der Einmotorenantrieb mit einem mechanischen Differentialgetriebe, dessen Anwendung zurückgegangen ist. Der Zweimotorenantrieb erhält außer der im Abschnitt 4.3.2.1 erörterten Reihenparallelschaltung beim Anfahren noch eine vom Einschlagwinkel der Lenkung gesteuerte Reihenschaltung, die als elektrisches Differential bei Kurvenfahrt wirkt.

Das ist darauf zurückzuführen, daß bei konstantem Erregungsfluß $\Phi = \Phi(I)$ die Motordrehzahlen bzw. Winkelgeschwindigkeiten ω der Motoren der induzierten Gegenspannung $E = k\Phi\omega$ proportional sind. Damit erhalten die beiden in Reihe geschalteten Motoren bei gleichem Strom I und damit gleichem Drehmoment M eine unterschiedliche anteilige Klemmenspannung U_M. Es gilt mit Gl. (4.5)

$$\frac{U_{M1}}{U_{M2}} = \frac{k_1\Phi\omega_1 + R_A I}{k_1\Phi\omega_2 + R_A I} = \frac{\omega_1 + C}{\omega_2 + C}. \qquad (4.10)$$

Die Differentialschaltung wird bei einem Lenkeinschlagwinkel von 20...30° wirksam. Wenn die Lenkräder mehr als 70° eingeschlagen sind, wie es bei Dreiradfahrzeugen mit Zweimotorenantrieb möglich ist, schaltet ein weiterer Kontakt die Motoren auf gegenläufige Drehrichtung. Außer der Einsparung an Energie führt eine solche Schaltung zu einer erwünschten Verringerung der Fahrgeschwindigkeit während der Kurvenfahrt.

Im *Dreiradfahrzeug* kann am einzeln gelenkten Laufrad ein Lenkeinschlag von 90° gestellt werden, dies ergibt eine bessere Wendigkeit. Die Entscheidung, ob die beiden starren oder das eine gelenkte Rad angetrieben wird, hängt vor allem von der Verteilung der Radkräfte bei leerem und beladenem Fahrzeug ab. Außerdem sind die Vorzüge der Reihenparallelschaltung und der Mehraufwand sowie der schlechtere Wirkungsgrad bei Verwendung von zwei Motoren halber Leistung abzuwägen. Die beiden Bauarten nach Bild 4-35c und d haben sich deshalb gleichwertig nebeneinander behauptet.

Die Untersetzungsgetriebe zwischen Motor und Laufrad passen sich der Bauweise des Antriebs an. Bild 4-36 stellt die Hälfte einer starren Vorderachse eines Gabelstaplers dar. Der Antrieb bildet eine kompakte Einheit, die in die Radfelge *8* hineinragt und über den Zwischenflansch *2* mit einer zweiten Hälfte verschraubt wird.

Eine für angetriebene Einzellaufräder vorzugsweise genutzte konstruktive Lösung gibt Bild 4-37 wieder. Der senkrecht stehende, nicht gezeichnete Motor trägt fliegend das Ritzel *7*, das über das Stirnrad *4* und den nicht im Schnitt dargestellten Kegelradtrieb *5* das Laufrad *6* treibt. Der gesamte Antriebsblock ist in der Drehverbindung *1* um die senkrechte Achse drehbar gelagert. Es sind, besonders in leichten Flurförderzeugen, auch vollständig in das lenkbare Einzelrad integrierte Fahrantriebe bekannt.

4.3.2.4 Auslegung

Die Nennleistung P_{ne} des Fahrmotors eines elektrisch betriebenen Flurförderzeugs wird aus der erforderlichen Antriebs- bzw. Umfangskraft F_f der angetriebenen Laufräder in dem für die Auslegung maßgebenden Betriebsfall und der dabei gewünschten Fahrgeschwindigkeit bestimmt

$$P_{ne} = \frac{F_f v_f}{\eta_{ges}}. \qquad (4.11)$$

Als Gesamtwirkungsgrad, der die Verluste in den mechanischen Teilen des Triebwerks berücksichtigt, kann überschläglich $\eta_{ges} = 0{,}9$ angenommen werden. Die Antriebskraft setzt sich i.allg. aus vier Bestandteilen zusammen, siehe auch [0.1, Abschn. 3.3.7.3]

$$F_f = F_r + F_s + F_b + F_w; \qquad (4.12)$$

F_r Fahrwiderstand aus Roll- und Lagerreibung der Laufräder
F_s Komponente der Gewichtskraft des Flurförderzeugs entgegen der geneigten Richtung der Fahrbewegung
F_b Beschleunigungskraft
F_w Windkraft.

Für die einzelnen Kräfte gelten die Gleichungen:

$$F_r = (m_n + m_e) g \mu_f; \qquad (4.13)$$

m_n Nutzmasse
m_e Eigenmasse
g Fallbeschleunigung
μ_f spezifischer Fahrwiderstand, siehe Abschnitt 4.3.4.2;

$$F_s = (m_n + m_e) g \sin\alpha; \qquad (4.14)$$

α Steigungswinkel;

4.3 Baugruppen von Flurförderzeugen

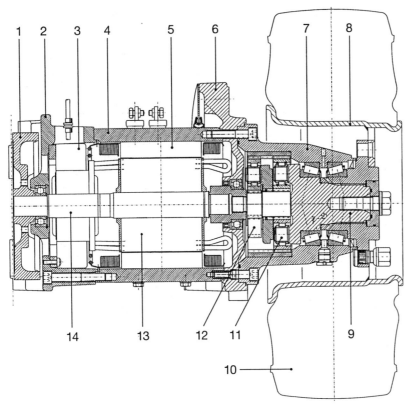

Bild 4-36 Vorderachsteil eines Fahrantriebs für den Gabelstapler E 20
Linde AG, Werksgruppe Flurförderzeuge und Hydraulik, Aschaffenburg
1 Bremstrommel
2 Verbindungsflansch
3 Lüfter
4 Gehäuse
5 Motorständer
6 Befestigungsflansch
7 Radnabe
8 Radfelge
9 Radwelle
10 Reifen
11 Umlaufrädergetriebe 2
12 Umlaufrädergetriebe 1
13 Motoranker
14 Motorwelle

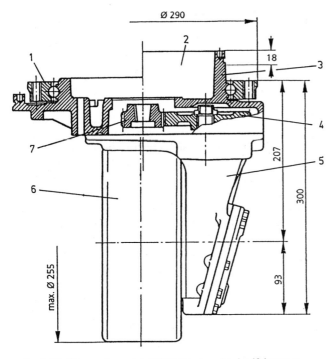

Bild 4-37 Hinterachsantrieb HFK 200 eines Dreiradfahrzeugs
ZF Hurth Gotha GmbH, Gotha
Antriebsleistung 2 kW, Getriebeübersetzung 21,9, Eigenmasse 31,5 kg
1 Drehverbindung
2 Motoraufnahme
3 Gehäuse
4 Stirnrad
5 Kegelradtrieb
6 Laufrad
7 Ritzel

$$F_b = (m_n + m_e)\, a\, \beta; \qquad (4.15)$$

a Beschleunigung
β ≈ 1,1 Faktor zur angenäherten Berücksichtigung der rotierenden Massen;

$$F_w = c_w A_w q = c_w A_w \frac{\rho}{2}(v_f \pm v_L)^2 ; \qquad (4.16)$$

c_w Luftwiderstandsbeiwert (für Lastkraftwagen $c_w = 0,8...1,0$)
A_w größte Querschnittsfläche der Fahrzeugs
q Staudruck (dynamischer Luftdruck)
ρ Dichte der Luft ($\rho = 1,25$ kg/m^3 bei 20 °C und 0,1 MPa)
v_f Fahrgeschwindigkeit
v_L Luftgeschwindigkeit.

Bei Fahrgeschwindigkeiten unter 20 km/h hat die Windkraft einen so geringen Betrag, daß sie immer vernachlässigt werden kann.

Meist legt man den Fahrantrieb so aus, daß das Flurförderzeug eine vorgeschriebene Maximalsteigung, mit oder ohne Anhängewagen, zumindest 2 min lang befahren kann und dabei eine bestimmte Mindestgeschwindigkeit, z.B. 2 km/h, einhält. In Gl. (4.12) sind in diesem Auslegungsfall F_w und F_b gleich Null zu setzen. Mit $F_s = 0$, $F_b = 0$, $F_w = 0$, d.h. $F_f = F_r$, ergibt sich dann über Gl. (4.11) die Maximalgeschwindigkeit auf ebener Fahrbahn.

Bild 4-38 enthält das Fahrdiagramm eines Elektroschleppers. Mit Rücksicht auf den im Abschnitt 4.3.1.1 erläuterten Zusammenhang zwischen Stromstärke und Batteriekapazität hängt die je Stunde zurücklegbare Fahrstrecke von deren Steigung und von der Masse des gezogenen

Anhängers ab. Die Zugkraft und damit der im Diagramm auszunutzende Bereich wird von der Rutschgrenze der Laufräder eingegrenzt. Es gibt auch andere, einfachere Formen solcher Fahrdiagramme [4.64].

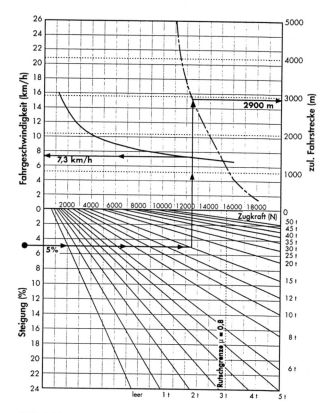

Bild 4-38 Fahrleistungsdiagramm des Elektroschleppers MTE 4/40
MAFI Transport-Systeme GmbH, Tauberbischofsheim

4.3.3 Verbrennungsmotorische Fahrantriebe

Verbrennungskraftmaschinen verleihen einem Fluförderzeug eine größere Freizügigkeit im Aktionsradius und, wegen ihrer höheren Energiedichte, eine größere spezifische Antriebsleistung. Verwendet werden vorzugsweise Dieselmotoren, aber auch Ottomotoren, vor allem mit Flüssiggas als Kraftstoff. Informationen über Arbeitsweise und Gestaltung von Verbrennungsmotoren enthalten [4.65] bis [4.69], eine kurze Einführung gibt [0.1, Abschn. 3.2.2].
Flüssiggas, auch Treibgas genannt, ist ein Gemisch niedrigsiedender C_3- und C_4-Kohlenwasserstoffe, das nach DIN 51622 zu mindestens 95 % Masseanteilen aus Propan (C_3H_8) besteht. Den Rest bildet Ethan und Butan sowie deren ungesättigte Formen Ethen und Buten. Das Gemisch kann bei 20 °C mit Drücken bis 8 bar verflüssigt werden und erhält dann eine Dichte um 0,51 g/cm³. Wenn heute mehr und mehr Flurförderzeuge mit für Flüssiggas modifizierten Ottomotoren ausgerüstet werden, liegt dies in erster Linie an dem geringeren Schadstoffgehalt des Abgases, siehe Abschnitt 4.3.5.1. [4.70] und [4.71] weisen auf verminderte Geräusche und eine beträchtlich höhere Nutzungsdauer des Motors als weitere Vorzüge gegenüber dem Dieselmotor hin.
Der Flüssiggasantrieb verlangt jedoch eine spezielle Kraftstoffversorgungsanlage (Bild 4-39). Ihre Hauptbestandteile sind der liegend gelagerte Flüssiggasbehälter 6, der entweder periodisch gewechselt oder an Füllstationen volumetrisch nachgefüllt wird, der Verdampfer 10, der den Treib-

stoff wieder in die gasförmige Phase umwandelt und über einen Druckregler den höheren Behälterdruck auf den niedrigeren Betriebsdruck reduziert, und der Gas-Luft-Mischer 11. Die Verdampfungswärme wird dem Kühlwasser entnommen.

Die maßgebenden Unterschiede der verbrennungsmotorischen Fahrantriebe liegen jedoch weniger im Motor selbst, als im nachgeschalteten Getriebe, das die Motorcharakteristik mehr oder minder vollkommen an die gewünschte Zugkrafthyperbel anpaßt. Im Gegensatz zur Kraftfahrzeugtechnik spielen bei den Flurförderzeugen wegen ihrer geringeren Fahrgeschwindigkeit neben den hydrodynamischen Fahrantrieben die hydrostatischen eine große Rolle. Nur vereinzelt verwendet man auch den dieselelektrischen Antrieb, bei dem der Motor einen Generator für das bordeigene Stromnetz treibt.

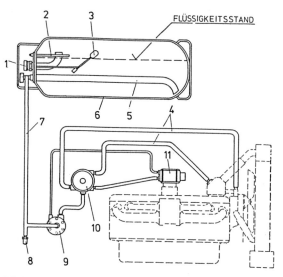

Bild 4-39 Kraftstoffversorgungsanlage für Flüssiggas [4.70]
1 Einfüllstutzen
2 Halterung
3 Schwimmerventil
4 Kühlwasserleitung
5 Entnahmerohr
6 Flüssiggasbehälter
7 Hochdruckschlauch
8 Sicherheitsventil
9 Filterabsperrventil
10 Verdampfer mit Druckregler
11 Gas-Luft-Mischer

4.3.3.1 Hydrodynamische Fahrantriebe

Da ein Verbrennungsmotor im Gegensatz zum Elektromotor im Stillstand kein Drehmoment abgibt, muß er bis zum Erreichen einer vorgegebenen Mindestdrehzahl vom nachgeschalteten Triebwerk getrennt werden. Diese Aufgabe übernehmen Reibungskupplungen, Strömungskupplungen oder Strömungswandler, auch hydrodynamische Wandler benannt; sie stellen eine kraftschlüssige Verbindung zwischen Motor und Fahrantrieb her. Kenntnisse über den Aufbau und die Wirkungsweise der hydrodynamischen Baugruppen werden hier vorausgesetzt, Grundlagen können [0.1, Abschn. 2.6.3.3 und 2.6.3.4], breitere Sachverhalte [4.72] bis [4.75] entnommen werden.
Bild 4-40 zeigt die Prinzipe gebräuchlicher Fahrantriebe mit Verbrennungsmotoren. Sie unterscheiden sich in der Art der Drehzahl-Drehmomentwandlung während des Hochlaufens und in der Schaltweise des der Kupplung nachgeordneten mechanischen Getriebes. Bild 4-41 gibt die Grundformen der Drehzahl-Drehmomentwandlung zwischen Motor und Kupplung bzw. Wandler wieder.

4.3 Baugruppen von Flurförderzeugen

Eine Reibungskupplung sorgt kraftschlüssig für die erforderliche Drehzahlwandlung zwischen Motor und Getriebe im Anfahrzustand. Die doppeltschraffierte Fläche im Bild 4-41a ist nur mit schleifender Kupplung zu durchlaufen, was zu Verschleiß und Erwärmung führt. Das einfachschraffierte Gebiet kann bei entsprechend großer Kupplung ebenfalls einbezogen werden, um die gespeicherte kinetische Energie des mit hohen Drehzahlen laufenden Motors kurzzeitig für eine Steigerung des abgegebenen Drehmoments zu nutzen. Auch eine Strömungskupplung arbeitet lediglich als Drehzahlwandler entsprechend ihrer Kennlinie (Bild 4-41b). Drehzahlunterschiede zwischen beiden Kupplungshälften führen jedoch zu keinem Verschleiß, können somit im Fahrbetrieb eine gewisse Zeit aufrechterhalten werden. Eine zusätzliche Reibungskupplung erlaubt die mechanische Trennung von Motor und Getriebe und ermöglicht bei Bedarf ebenfalls die oben genannte, kurzzeitige Momentenerhöhung.

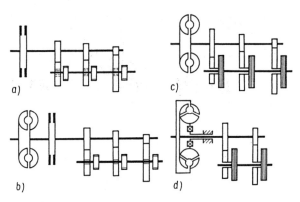

Bild 4-40 Fahrantriebe von Flurförderzeugen, schematisch
a) Reibungskupplung und Schaltgetriebe
b) Strömungskupplung und Schaltgetriebe
c) Strömungskupplung und unter Belastung schaltbares Getriebe
d) Strömungswandler und unter Belastung schaltbares Getriebe

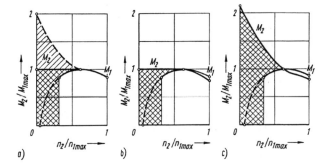

Bild 4-41 Grundformen der Drehzahl-Drehmomentwandlung eines Fahrantriebs mit Verbrennungsmotor
a) mechanische (Reibungs-) Kupplung
b) Strömungskupplung
c) Strömungswandler
Indizes: 1 Primärseite (Motorwelle); 2 Sekundärseite (Getriebeeingangswelle)

Der Strömungswandler verbindet die hydraulische Drehzahlwandlung mit einer Wandlung des Drehmoments im Anfahrbereich (Bild 4-41c). Damit steht ein großes, wiederum doppeltschraffiert gezeichnetes Arbeitsfeld der Wandlung zur Verfügung. Weil in normalen hydrodynamischen Wandlern der Wirkungsgrad η bei hohen Abtriebsdrehzahlen steil abfällt, muß man, insbesondere bei Fahrantrieben, diesem Abfall durch konstruktive Maßnahmen begegnen. Sehr früh wurde deshalb der sogenannte Trilokwandler entwickelt, dessen Leitrad L auf einem Freilauf F gelagert ist (Bild 4-42). Vom Kupplungspunkt K ab läuft dieses Rad frei in der Strömung mit, und der Wandler erhält im oberen Drehzahlbereich die Funktion einer Strömungskupplung mit einem wesentlich besseren Wirkungsgrad.

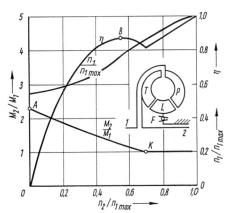

Bild 4-42 Kennlinien eines Trilokwandlers
A Anfahr- (Festbrems-) Punkt; B Auslegungs- (Konstruktions-) Punkt; K Kupplungspunkt; P Pumpenrad; T Turbinenrad; L Leitrad; F Freilauf

In den Fahrdiagrammen (Bild 4-43) sind die auf die Nennwerte des Motors bezogenen Abtriebsdrehmomente M_2 als Funktionen der Abtriebsdrehzahlen n_2 aufgetragen. Die ideale Antriebshyperbel als Kennlinie der Maximalleistung P_{max} tangiert in grober Näherung diese Momentenkurven, wenn die unterschiedlichen Wirkungsgrade der einzelnen Getriebestufen unberücksichtigt bleiben. Alle schraffierten Gebiete unter dieser Ideallinie können nicht durchfahren werden. Wegen der Erweiterung dieser Fahrdiagramme um die Kennlinien bei Teilbelastung wird auf die eingangs aufgeführte kraftfahrzeugtechnische Literatur verwiesen.

Die Schar der dünn gezeichneten Linien kennzeichnet die Gegenmomente aus den resultierenden Fahrwiderständen, siehe Abschnitt 4.3.2.4. Mit voller Nutzmasse erreicht das Fahrzeug auf horizontaler Strecke (Steigung 0) seine Höchstgeschwindigkeit (Drehzahl $n_2 = n_{10}$), im ersten Gang kann eine Maximalsteigung von etwa 35 % befahren werden. Damit liegen die Hauptdaten des Fahrantriebs fest. Durch Einzeichnen der Gegenmomente beim Fahren ohne Nutzmasse ist ein solches Diagramm zu verfeinern.

Mechanische Fahrantriebe mit Reibungskupplung und Schaltgetriebe findet man in Flurförderzeugen kaum noch. Zumindest wird eine Strömungskupplung zwischengeschaltet, um die gestrichelten Kennlinienteile im Bild 4-43a ausnutzen zu können. Der Bedienungskomfort läßt sich steigern, indem ein unter Belastung schaltbares oder automatisch schaltendes Getriebe gewählt wird, siehe Bild 4-40c. Aber auch derartige Fahrantriebe haben in Flurförderzeugen fast keine Bedeutung mehr.

Durchgesetzt haben sich hier eindeutig die Wandlergetriebe mit unter Belastung oder automatisch schaltbaren 2...4 Fahrstufen. Die Ausführung im Bild 4-44 verzichtet auf einen Trilokwandler. An die Stelle seiner Kupplungsfunktion im oberen Drehzahlbereich treten eine Füllungsregelung des Wandlers und eine Durchkupplung 6, die im zweiten Gang das Pumpen- und das Turbinenrad fest miteinander verbindet und damit in dieser, bei rd. 60 % der

Höchstgeschwindigkeit automatisch geschalteten Stufe eine direkte mechanische Koppelung zwischen Motor und Triebwerk herstellt. Der Wandler ist dabei entleert. Da es sich um ein Getriebe für einen Gabelstapler handelt, der in beiden Fahrtrichtungen gleiche Fahreigenschaften haben muß, sind statt eines Rückwärtsgangs im Getriebe beide Drehrichtungen der Abtriebswelle gleichberechtigt zu stellen.

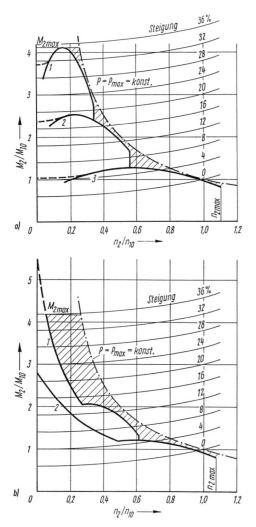

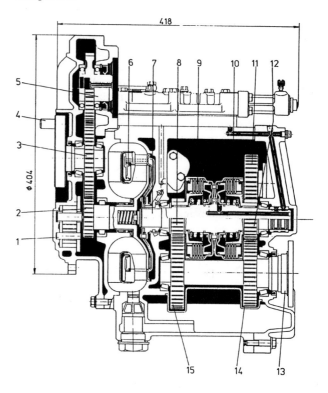

Bild 4-43 Fahrdiagramme verbrennungsmotorischer Antriebe mit Schaltgetrieben
a) mit Reibungs- bzw. Strömungskupplung und Dreigang-Schaltgetriebe
b) mit Strömungswandler (Trilokwandler) und Zweigang-Schaltgetriebe
n_{10} Nenndrehzahl des Motors, M_{10} Nenndrehmoment des Motors

Um dem Nebenabtrieb 5, der die Pumpe für die Hydraulik des Flurförderzeugs antreibt, während der Fahrbewegung bei Bedarf einen größeren Anteil der Motorleistung zuzuführen, kann ein sogenanntes Inchpedal betätigt werden. Dadurch wird der Wandler zum Teil entleert, das von ihm übertragene Drehmoment herabgesetzt und somit die Fahrgeschwindigkeit vermindert. Die in der Wandlerstufe in Wärme umgesetzte kinetische Energie wird über einen Wärmetauscher abgeführt. Die Kennlinien einer solchen konstruktiven Auslegung (Bild 4-45), insbesondere der Wirkungsgrad η im höheren Drehzahlbereich, verlaufen wesentlich günstiger als bei einem Getriebe mit Tri-lokwandler. Natürlich gibt es auch andere Wege, ein Wandlergetriebe an die Besonderheiten eines Fahrbetriebs anzupassen.

Bild 4-44 Voith-Certomatic-Getriebe C 845
Graziano – Voith Transmissions S.p.A., Heidenheim
max. Eingangsleistung 60 kW, max. Eingangsdrehzahl 3000 U/min, Eigenmasse (ohne Ölfüllung) 66 kg, max. hydraulische Übersetzung beim Anfahren 5...8

1 Zahnradpumpe	9 Kupplung V
2 Zahnrad auf Pumpenwelle	10 Kupplung R
3 Zahnrad auf Abtriebswelle	11 Zahnrad R
	12 Zahnrad R
4 Kupplungsmitnehmer	13 Abtriebswelle
5 Nebenabtrieb	14 Zahnrad R
6 Durchkupplung	15 Zahnrad V
7 Turbinenwelle	
8 Zahnrad V	

Fahrtrichtungen: V vorwärts, R rückwärts

Eine solche Lösung stellt das Getriebe mit äußerer Leistungsverzweigung dar, das in der Form nach Bild 4-46 als Verteilgetriebe arbeitet. Das Umlaufrädergetriebe bestimmt die Aufteilung der Drehmomente, der Wandler die der Drehzahlen. Es gelten die Leistungsverhältnisse

$$\frac{P_{II}}{P_I} = \frac{M_{II} n_{II}}{M_I n_I} = \frac{M_A}{M_C} \frac{n_P}{n_T} = \frac{z_A}{z_A + z_B} \frac{n_P}{n_T}$$

$$\frac{P_{II}}{P_1} = \frac{M_{II} n_{II}}{M_1 n_1} = \frac{z_A}{z_B} \frac{n_P}{n_1}$$

$$\frac{P_I}{P_1} = \frac{M_I n_I}{M_1 n_1} = \frac{z_A + z_B}{z_B} \frac{n_T}{n_1}; \qquad (4.17)$$

P Leistung,
M Drehmoment
n Drehzahl
z Zähnezahl.

Im Anfahrzustand stehen die Abtriebswelle 2 und damit die Stegwelle C zunächst still. Der Motor treibt über die Antriebswelle 1 den Außenzahnkranz B des Umlaufrädergetriebes und über das Sonnenritzel A das Pumpenrad P des Wandlers mit hoher Drehzahl an. Das am Turbinenrad T auftretende Moment beschleunigt bei gesperrtem Freilauf F die Abtriebswelle 2 und gleichzeitig die Stegwelle C. Infolge der Drehzahlerhöhung der Stegwelle nimmt die Drehzahl des Sonnenritzels A und somit des Pumpenrads P ständig ab, d.h., der hydraulisch im Zweig II übertragene Leistungsanteil vermindert sich, während der mechanisch im Zweig I übertragene Anteil wächst.

Im oberen Drehzahlbereich, bei etwas mehr als der halben Nenngeschwindigkeit des Fahrzeugs, werden Pumpenrad P und Sonnenritzel A mit der Bremse Br festgelegt, und die gesamte Motorleistung wird nunmehr mechanisch übertragen. Um die hydraulischen Verluste zu vermindern, löst der Freilauf F gleichzeitig das Turbinenrad T vom Übertragungszweig I. Beide Vorgänge steuert ein Fliehkraftregler. Das gesamte Kennlinienfeld ähnelt dem des Getriebes mit mechanischer Räderkopplung im Bild 4-45.

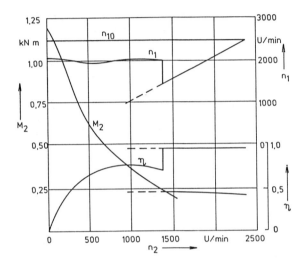

Bild 4-45 Kennlinien des Voith-Certomatic-Getriebes C 845

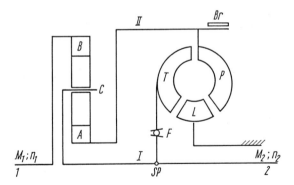

Bild 4-46 Getriebeschema eines hydrodynamischen Antriebs mit äußerer Leistungsverzweigung (Verteilgetriebe)
A Sonnenritzel, B Außenzahnrad, C Stegwelle, SP Sammelpunkt, F Freilauf, Br Bremse, P Pumpenrad, T Turbinenrad, L Leitrad

4.3.3.2 Hydrostatische Fahrantriebe

Ein hydrostatischer Antrieb arbeitet volumetrisch nach dem Verdrängerprinzip, die Drehzahlen sind dem Förderstrom direkt proportional, der Druck stellt sich als abhängige Größe nach dem verlangten Drehmoment ein. Die Grundlagen wurden bereits im Abschnitt 2.5.2.2 behandelt, dort ist auch die weiterführende Literatur angegeben.

In Fahrantrieben werden fast ausschließlich geschlossene Kreisläufe verwendet (s. Bild 2-276b), bei denen der Schluckstrom Q_2 der Motoren gleich dem Förderstrom Q_1 der Pumpe ist. Die Drehzahl-Drehmomentverhältnisse sind direkte Funktionen der Hubvolumina

$$\frac{n_2}{n_1} = \frac{V_1}{V_2} \eta_{\text{vol}}; \quad \frac{M_2}{M_1} = \frac{V_2}{V_1} \eta_{\text{hm}}. \quad (4.18)$$

Das Leistungsverhältnis entspricht dem Gesamtwirkungsgrad

$$\frac{P_2}{P_1} = \eta_{12} = \eta_{\text{vol}} \eta_{\text{hm}}. \quad (4.19)$$

Die gebräuchlichen Schaltungen hydrostatischer Fahrantriebe von Flurförderzeugen (Bild 4-47) unterscheiden sich vor allem darin, daß entweder nur ein Motor die beiden Lauräder über ein mechanisches Differentialgetriebe antreibt oder daß durch Verwendung von zwei parallelgeschalteten Motoren der Hydraulikkreis als Differential wirkt. Durch Zuschalten eines Mengenteilers kann die Differentialwirkung aufgehoben werden.

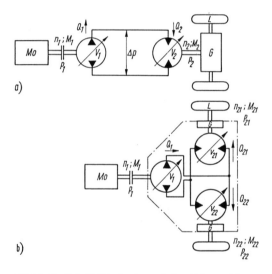

Bild 4-47 Schaltbilder hydrostatischer Fahrantriebe
a) mit mechanischem Differential
b) mit hydraulischem Differential
Mo Motor, G Getriebe, L Laufrad, P Leistung, Q Ölstrom, M Drehmoment, V Volumen, n Drehzahl, Δp Druckdifferenz

Ein zweiter Unterschied besteht in der Art, wie die Drehzahl gestellt wird. In hydrostatischen Fahrantrieben werden fast ausschließlich Axialkolbenpumpen und -motoren eingesetzt. Bevorzugt wird die Primärregelung durch Verstellen der Pumpe. Sie kann aus der Nullhubstellung nach beiden Seiten ausgeschwenkt werden, so daß der Drehrichtungswechsel außerordentlich einfach ist. Reicht die damit erreichbare Anfahrwandlung von etwa 3...4 nicht aus, werden Pumpe und Motor entweder nacheinander (Primär-Sekundärregelung) oder gleichzeitig verstellt (Verbundregelung). Damit lassen sich Wandlungen von 8...12 erzielen. Nachgeschaltete Zahnradstufen vergrößern die Übersetzung auf die erforderlichen Bereiche. Der in [4.76] vorgestellte Fahrantrieb für schnellfahrende Schlepper erhält durch Verwendung mehrerer, getrennt zuzuschaltender Motoren ein Wandlungsverhältnis bis 34, ohne ein mechanisches Getriebe aufzuweisen.

Die Abhängigkeit des Abtriebsmoments M_2 von der Antriebsdrehzahl n_2 drückt die Gleichung

$$M_2 = V_1 \Delta p \frac{n_1}{n_2} \eta_{12} \qquad (4.20)$$

aus. Bei der Pumpenverstellung ändert sich, wenn die Drehzahl der Pumpe und das Schluckvolumen des Motors konstant bleiben (n_1 = konst. und V_2 = konst.), wegen Gl. (4.18) die Abtriebsdrehzahl n_2 proportional zum Hubvolumen V_1 der geregelten Pumpe. Für Δp = konst. muß dann laut Gl. (4.20) auch das Drehmoment konstant bleiben. Während der nachfolgenden Motorverstellung wird wegen $V_1 n_1$ = konst. bei konstantem Druck Δp auch eine konstante Leistung übertragen. Die Kennlinien des Abtriebsmoments M_2 bilden nach Gl. (4.20) Hyperbeln. Bild 4-48 zeigt das Kennfeld eines Antriebs mit Primär- und Sekundärverstellung. Regeln für die an sich einfache Auslegung hydrostatischer Fahrantriebe geben [4.77] und [4.78] an.

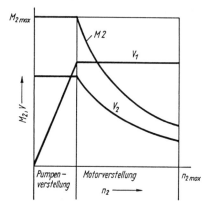

Bild 4-48 Kennfeld eines hydrostatischen Fahrantriebs mit Primär- und Sekundärverstellung [4.78]

Die Abtriebskennlinien des hydrostatischen Getriebes müssen mit einer geeigneten Steuerung an die Antriebskennlinien des Verbrennungsmotors angepaßt werden. Dabei sollte im gesamten Stellbereich die volle Motorleistung verfügbar sein (Leistungsregelung); dies ergibt die bereits mehrfach erwähnte hyperbolische Abhängigkeit des Abtriebsmoments M_2 von der Abtriebsdrehzahl n_2. Als Führungsgrößen der Regelung können Drehzahlen und Drücke, absolut oder als Differenzen, gewählt werden. Vorzugsweise nutzt man den Arbeitsdruck der Hydraulik oder die Drehzahlabsenkung (Drehzahldrückung) des Antriebsmotors als belastungsabhängige Führungsgrößen der Regelung. Einzelheiten sind [4.79] bis [4.81] zu entnehmen.

Für die Steuerung des Fahrantriebs von Flurförderzeugen durch den Fahrer haben sich zwei Grundformen entwickelt:

– Bei der sogenannten Doppelpedalsteuerung existieren zwei Fahrpedale, das eine für Vorwärts-, das andere für Rückwärtsfahrt. Ihre Betätigung stellt die Getriebeübersetzung und die Motordrehzahl. Ein drittes, zwischen ihnen angeordnetes Pedal dient zum Bremsen, zunächst hydrostatisch über die Wandlung im Getriebe, bei stärkerem Durchtreten über eine mechanische Reibungsbremse. Näheres siehe [4.82].

– Bei einer anderen Steuerung beeinflußt ein Pedal direkt die Motordrehzahl über die Verstellung des Fliehkraftreglers. Von einem zweiten Pedal (Inchpedal) wird die Fahrgeschwindigkeit dadurch gestellt, daß die Drehzahl des Hydromotors für die Fahrbewegung herabgesetzt wird. Die Fahrtrichtung ist mit einem ergänzenden Bedienungshebel zu wählen. Auch hier kann bei stärkerem Drücken des zweiten Pedals eine Reibungsbremse eingelegt werden [4.83].

Das maximale Bremsmoment eines Dieselmotors beträgt rd. 30 % seines maximalen Antriebsmoments. Wegen der veränderlichen Getriebeübersetzung reicht dies i.allg. aus, um ein Fahrzeug mit hydrostatischem Antrieb sicher abzubremsen [4.84]. Eine stärkere Bremswirkung kann durch beliebig programmierbare Überdruckventile erzeugt werden [4.85]. Mechanische Reibungsbremsen sind als Sicherheitsbremsen bei Ausfall der hydrostatischen Getriebeübersetzung und als Feststellbremsen erforderlich.

Ein hydrostatischer Fahrantrieb kann in aufgelöster Bauweise mit handelsüblichen Pumpen und Motoren, aber auch als kompakter Antriebsblock gebaut werden, wenn eine wirtschaftliche Serienfertigung gesichert ist. Im Antriebsschema von Bild 4-49 bildet die Achse mit Laufrädern *1*, Untersetzungsgetrieben *2*, Lamellenbremsen *7* und Konstantmotoren *8* eine komplette Baugruppe. Der Antriebsmotor *12* treibt neben der Verstellpumpe *11* für die Fahrbewegung auch die Pumpen *9* und *10* für weitere hydraulische Kreisläufe an.

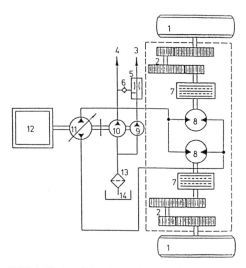

Bild 4-49 Antriebsschema des Gabelstaplers H 35/45 Linde AG, Werksgruppe Flurförderzeuge und Hydraulik, Aschaffenburg

1 Laufrad	8 Konstantmotor
2 Zahnradgetriebe	9 Zahnradpumpe für Lenken, Steuern, Speisen
3 Leitung zum Lenksteuerventil	10 Zahnradpumpe für Heben, Neigen
4 Leitung zur Arbeitshydraulik	11 Verstellpumpe
5 Stromregler	12 Antriebsmotor
6 Rückschlagventil	13 Filter
7 Lamellenbremse	14 Ölbehälter

In der selbsttragenden Kompaktachse, die Bild 4-50 zeigt, sind auch die Pumpen in die Blockbauweise einbezogen. Im Achsmittelstück befindet sich der hydrostatische Antriebssatz, bestehend aus der Verstellpumpe *6* und den beiden Konstantmotoren *4* für das Fahren. Die mechanischen Baugruppen, Untersetzungsgetriebe *2* und Lamellenbremsen *3*, sind in zwei seitlich auskragenden, mit dem Mittelteil verschraubten Gehäusen untergebracht.

4.3 Baugruppen von Flurförderzeugen

Die wesentlichen Vorzüge der hydrostatischen Fahrantriebe sind der große Bereich der Drehzahlwandlung, das ausgezeichnete Betriebsverhalten und die konstruktive Gestaltungsfreiheit für die Anordnung der Baugruppen. Nachteile, wie die aufwendige Regelung, die stärkere Geräuschentwicklung und die möglicherweise etwas höheren Kosten, treten in ihrer Weiterentwicklung immer mehr zurück.

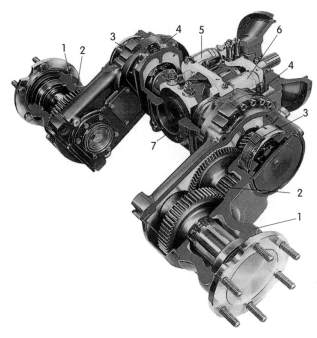

Bild 4-50 Kompaktachse AK 30
Linde AG, Werksgruppe Flurförderzeuge und Hydraulik, Aschaffenburg
1 Radnabe
2 Untersetzungsgetriebe
3 Lamellenbremse
4 Fahrmotor
5 Steuereinrichtung
6 Fahrpumpe
7 Flansch für Hilfspumpen (Arbeitshydraulik, Lenkung, Steuerung, Speisung)

4.3.3.3 Vergleich der hydraulischen Fahrantriebe

Hydraulische Fahrantriebe sind stufenlos stellbare Strömungsgetriebe. Der hydrodynamische Antrieb bildet eine kraftschlüssige, der hydrostatische eine formschlüssige Drehmomentverbindung zwischen dem antreibenden Motor und den Laufrädern. Bei einem hydrodynamischen Antrieb wird das Drehmoment vorgegeben, die Drehzahl stellt sich belastungsabhängig ein. Im hydrostatischen Fahrantrieb ist die Drehzahl nahezu belastungsunabhängig zu stellen, das Drehmoment beeinflußt nur den Arbeitsdruck, nicht die Drehzahl. Beide Systeme verhalten sich daher in den verschiedenen Belastungs- und Geschwindigkeitsbereichen unterschiedlich.

Ein erheblicher Vorzug des hydrostatischen Antriebs wird im Bild 4-51 verdeutlicht. Er weist ein beträchtlich größeres übertragbares Drehmoment bei niedrigen Drehzahlen auf (Kennlinie *1*) als der hydrodynamische Antrieb (Kennlinie *2*). Das maximal übertragbare Drehmoment steht beim erstgenannten Antrieb bereits am Anfang des nutzbaren Teils der Motorkennlinie *3* zur Verfügung, beim zweitgenannten erst bei der Nenndrehzahl.

Noch deutlicher werden die Unterschiede durch den Vergleich der Abtriebskennlinien sichtbar (Bild 4-52). Das größere Drehmoment bzw. die größere Zugkraft F_z des hydrodynamischen Fahrantriebs beim Anfahren fällt sehr schnell ab, während der hydrostatische Fahrantrieb bis zu einer Geschwindigkeit von 5...6 km/h über eine gleichbleibend große Zugkraft verfügt. Dies ergibt höhere Fahrgeschwindigkeiten beim Befahren von Steigungen und eine größere Anfahrbeschleunigung.

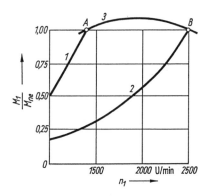

Bild 4-51 Übertragbare Antriebsdrehmomente [4.83]
1 hydrostatisches Getriebe, 2 hydrodynamisches Getriebe, 3 Motorkennlinie

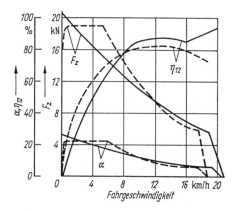

Bild 4-52 Vergleich der Kennlinien hydraulischer Fahrantriebe (Antriebsleistung 51 kW, Nenndrehzahl des Dieselmotors 2500 U/min, Fahrzeugmasse 8,75 t) [4.86]
───── hydrodynamischer Fahrantrieb
─·─·─·─ hydrostatischer Fahrantrieb
F_z Zugkraft, α Steigfähigkeit, η_{12} Gesamtwirkungsgrad

Auch der Wirkungsgrad des hydrostatischen Antriebs ist bei geringen Fahrgeschwindigkeiten größer. Dafür fällt dieser jedoch bei der Maximalgeschwindigkeit auf rd. 75 % ab, während der hydrodynamische Antrieb hier sein Wirkungsgradmaximum von über 90 % erreicht. Bei Teilbelastung weisen hydrodynamische Getriebe ebenfalls günstigere Wirkungsgrade auf. Der hydrostatische Fahrantrieb hat seinen wesentlichen Vorteil deshalb im Bereich niedriger, der hydrodynamische im Bereich hoher Fahrgeschwindigkeiten.

Flurförderzeuge, besonders Stapler, mit Tragfähigkeiten bis etwa 3 t kommen häufig mit Wandlungsbereichen von 1 : 3 für das Drehmoment aus. Der hydrodynamische Fahrantrieb braucht dann kein Untersetzungsgetriebe, der hydrostatische erhält nur eine einfache Pumpenverstellung. In Flurförderzeugen größerer Tragfähigkeit und Geschwindigkeit ist dem hydrodynamischen Getriebe ein zusätzliches, meist unter Belastung schaltbares Wechselgetriebe nachgeordnet, der hydrostatische Antrieb wird mit Primär-Sekundärregelung (Pumpen- und Motorverstellung nacheinander) ausgerüstet. Dadurch verstärken sich die genannten Tendenzen für die Vorzugsbereiche.

Zusammengefaßt liegt die besondere Eignung der hydrostatischen Fahrantriebe im Einsatz auf sehr kurzen Fahrstrecken mit häufigem Anfahren, Bremsen und Wechsel der Fahrtrichtung, die der hydrodynamischen Fahrantriebe im Verkehr auf längeren Fahrwegen. Eine ausführlichere Gegenüberstellung bringt [4.86], eine sehr grundsätzliche mit zahlreichen Literaturquellen [4.87].

4.3.4 Bereifung

Die Bereifung der Flurförderzeuge muß den besonderen Bedingungen entsprechen, die sich aus dem kompakten Aufbau der meist ungefederten Fahrzeuge, den hohen Achslasten und engen Kurvenradien ergeben. Neben den üblichen Kraftfahrzeugreifen werden deshalb oft Sonderformen verwendet.

4.3.4.1 Reifen von Flurförderzeugen

Um die gewählte Bereifung optimal an die vielen Bauarten und Einsatzgebiete der Flurförderzeuge anzupassen, zieht man nahezu alle bekannten Reifenwerkstoffe und -typen heran. Die Hauptgesichtspunkte der Entscheidung sind die Tragfähigkeit, das Federungs- und Dämpfungsvermögen, die Abrieb- und Schnittfestigkeit, der Rollwiderstand sowie u.U. die Beständigkeit gegenüber Wärmeeinwirkung bzw. anorganischen oder organischen Lösungsmitteln.

Reifenwerkstoffe

Die üblichen Reifenwerkstoffe sind Polymere, d.h. aus Monomeren durch Polymerisation o.ä. hergestellte Kunststoffe mit Makromolekülen, in Form von Elastomeren und Thermoplasten. Während in den Elastomeren die Moleküle weitmaschig vernetzt sind, bilden sie bei den Thermoplasten langgliedrige Ketten. Diese führt zu unterschiedlichen Eigenschaften beider Gruppen.

Für Fahrzeugreifen setzt man als *Elastomere* Natur-, Synthese- und Polyurethangummi ein. Der Ausgangsstoff von Naturgummi ist Rohkautschuk, eine plastische, klebrige Substanz mit geringer mechanischer Festigkeit, die als Zwischenprodukt durch Gerinnen von Latex, dem milchigen Saft tropischer Bäume (Hevea brasiliensis), mit Hilfe von Ammoniak oder Essigsäure gewonnen wird. Ihr werden Schwefel als Vernetzungsmittel, Ruß als aktiver Füllstoff zur Verbesserung der Festigkeit und weitere inaktive Füllstoffe, wie Kreide, Kieselgur, Talkum, sowie Weichmacher und Alterungsschutzmittel beigefügt. Nach der Formgebung zum Reifen wird der Rohling bei Temperaturen von 130...150 °C ausvulkanisiert und erhält die wesentlichen Eigenschaften von Gummi: hohe Festigkeit und Elastizität bei geringer verbleibender Plastizität. In der Form von Polyisopren kann dieser Kautschuk auch synthetisch hergestellt werden.

Bunagummi aus einem Mischpolymerisat von Styrol und Butadien ist ein synthetischer Reifenwerkstoff mit gegenüber Naturgummi erhöhter Abriebfestigkeit und Alterungsbeständigkeit. Beide Gummiarten haben ihre spezifischen Anwendungsgebiete, auch in Kombination miteinander. Im Polyurethangummi bilden Polyisocyanate den Grundstoff, der in Verbindung mit Polyolen durch Polyaddition vernetzt wird. Dieser Gummi hat eine höher Struktur- und Abriebfestigkeit sowie Beständigkeit gegen Alterung und chemische Angriffe als die beiden Gummiarten auf Kautschukbasis. Näheres über Gummi als Konstruktionselement kann [4.88] [4.89] entnommen werden.

Für Rollen und Reifen kleinerer Abmessungen haben sich als preß- und gießbare *Thermoplaste* Polyamid und lineares Polyurethan eingeführt und bewährt. Das Polyamid PA 6 entsteht durch Polymerisation der Amidgruppe NH·CO, PA 66 dagegen durch Polyaddition von Adipinsäure mit Diaminen. Die Eigenschaften dieser Thermoplaste sind durch Variation ihrer Struktur in einem weiten Rahmen zu verändern, bei Polyamiden hängen sie stark auch vom Wassergehalt ab. Blockpolymerisate, d.h. drucklos vergossene Halbzeuge, werden häufig bevorzugt, weil sich bei ihnen ein gleichmäßigeres Kristallgefüge und eine höhere Festigkeit erzielen läßt [4.90].

Von den vielen Kenngrößen, mit denen die Eigenschaften von Kunststoffen zu beschreiben sind, haben für Reifenwerkstoffe vor allem die Bedeutung, die ihre Tragfähigkeit und das elastische Verhalten wiedergeben. Weil sich die Prüfverfahren und somit auch die Kenngrößen von Elastomeren und Thermoplasten teilweise unterscheiden, mußte dies auch in der Auswahl von Tafel 4-6 berücksichtigt werden. Sie gibt Orientierungswerte an, die lediglich Größenordnungen erkennen lassen sollen. Die in der Fachliteratur [4.91] bis [4.95] genannten Wertebereiche beziehen sich stets auf bestimmte Werkstoffmodifikationen und Belastungsverhältnisse, so daß beträchtliche Unterschiede auftreten.

Tafel 4-6 Orientierungswerte für Kenngrößen von Reifenwerkstoffen

Bezeichnung	Kurzzeichen	Elastizitätsmodul E in N/mm^2	Rückprallelastizität in %	Shore A-Härte	relative Dämpfung in %	Temperatureinsatzbereich in °C
Naturgummi	NR	1 ... 20	50	30 ... 98	6 ... 30	–60 ... +65
Styrol-Butadiengummi	SBR	1 ... 20	50	40 ... 95	6 ... 30	–60 ... +90
Polyurethan, vernetzt	PUR	40 ... 130	65	65 ... 95	6 ... 30	–30 ... +100
				Kugeldruckhärte[1] in N/mm^2	Verlustfaktor $\tan\delta = E''/E'$	
Polyamid 6	PA 6	1000 ... 1400[2]		80 ... 100[2]	0,08 ... 0,14[3]	–30 ... +90
Polyamid 6.6	PA 66	1600 ... 2000[2]		100 ... 120[2]	0,08 ... 0,14[3]	–45 ... +90
Polyurethan, linear	TPU	200 ... 700			0,07 ... 0,11	–40 ... +100

[1] nach DIN ISO 2039; [2] konditioniert bei 65 % Luftfeuchte; [3] je nach Wassergehalt

Reifenbauarten

Flurförderzeuge erhalten Luft-, Elastik- oder Vollreifen. Jede Bauart hat ihre eigenen Vorzüge und Nachteile und wird in zahlreichen, häufig an die größeren Radkräfte und niedrigen Fahrgeschwindigkeiten eigens angepaßten Variationen angeboten. Die Luftreifen bestehen aus der Karkasse als Festigkeitsträger und einer aufvulkanisierten Lauffläche als Verschleißschicht, die zur Verbesserung des Kraftschlusses auf die Fahrbahnverhältnisse abgestimmte Profile erhält. Wenn es auf eine besonders gute Spurhaltung ankommt, werden bisweilen längsorientierte Profile vorgezogen.

Die Karkasse hat als Stützgewebe Kordeinlagen aus Polyamid- oder Polyesterseide. Bei Diagonalreifen liegen die Fäden schräg, bei Radialreifen quer zur Laufrichtung. Die Vorzüge der Radialbauart gegenüber der Diagonalbauform, geringerer Rollwiderstand und Abrieb sowie bessere Federung, lassen sich für Flurförderzeuge nur bedingt nutzen, d.h. nur dann, wenn die geringere Seitenstabilität dieser Reifen die Standsicherheit kippgefährdeter Fahrzeuge nicht gefährdet [4.96].

Als Standardausrüstung der Flurförderzeuge gelten die kleinvolumigen *Industriereifen* mit einem erhöhten inneren Reifendruck bis 9 bar (Bild 4-53a). Zum Schutz gegen Schnittverletzungen können sie mit Stahleinlagen verstärkt werden. Die Felgen müssen zwei- oder mehrgeteilt sein, um das Aufziehen dieser relativ steifen Reifen zu erleichtern. Die Laufleistung hochbeanspruchter Antriebsräder kann dadurch erhöht werden, daß ein dickeres Laufflächenprofil aufgebracht wird, was allerdings Federung und Stoßdämpfung ungünstig beeinflußt. Breitreifen (Bild 4-53b) mit einem Höhen-Breitenverhältnis von (0,75... 0,85) : 1 haben ein größeres Luftvolumen und damit eine größere Tragfähigkeit als Normalreifen. Niederdruckreifen erzeugen eine größere Aufstandsfläche und damit eine geringere Bodenpressung, man findet sie an geländegängigen Flurförderzeugen.

Die *Elastik-, Superelastik- oder Solidreifen* (Bild 4-53c) haben die gleichen Abmessungen und verlangen dieselben Felgen wie vergleichbare Luftreifen. In ihnen ist die komprimierte Luft durch eine elastische, weichere Gummischicht ersetzt. Um die Montage zu vereinfachen, wurde die Spezialform mit Halbwulst entwickelt (Bild 4-53d). Die Fahrgeschwindigkeit dieser Elastikreifen soll wegen der größeren Wärmeentwicklung und der schlechteren Federung 25 km/h nicht übersteigen.

Mit *Vollreifen* läßt sich der Bauraum verkleinern, weil sie bei gleicher Tragfähigkeit kleinere Abmessungen aufweisen; Bild 4-53e bis h gibt gebräuchliche Bandagenformen wieder. Die Ringspannungen werden von Stahlbändern oder Drahtringen aufgenommen. Derartige Reifen sind grundsätzlich widerstandsfähiger und langlebiger als Luft- bzw. Elastikreifen bei schlechterem Fahrkomfort und Traktionsverhalten, weshalb sie nur für langsamlaufende Flurförderzeuge in Betracht kommen. Die maximal zulässige Fahrgeschwindigkeit wird in VDI 2196 mit 20 km/h angegeben, die Hersteller begrenzen den Anwendungsbereich üblicherweise auf 6...20 km/h. Ein qualitativer und bedingt quantitativer Vergleich der verschiedenen Bauarten von Gummireifen für Flurförderzeuge wird in [4.97] angestellt, ausführliche Darstellungen [4.98] [4.99] beziehen sich dagegen in erster Linie auf PKW-Reifen.

Die Kennzeichnung der Luftreifen hat sich im Verlauf einer langen Entwicklungsgeschichte mehrfach verändert; Tafel 4-7 führt die derzeit nebeneinander gebräuchlichen Reifenbezeichnungen auf, Bild 4-54 verdeutlicht die verwendeten Abmessungen. Zusätzlich zu den geometrischen Daten wird oft die PR-Zahl (PR Ply-Rating, engl., Einlagenklasse) angegeben, die ursprünglich die Anzahl der Textileinlagen ausdrückte, heute eine allgemeine Kenngröße für die Festigkeit und Tragfähigkeit des Reifens ist. Nicht aufgeführt in der Tafel ist die neue Kennzeichnung von Nutzfahrzeugreifen nach ECE R 54 (ECE Economic Commission for Europe), z.B. 275/80 R 22,5 146/143 L für

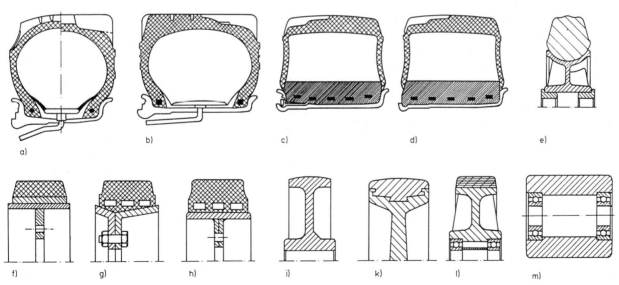

Bild 4-53 Reifen für Flurförderzeuge
FTA Fahrzeugtechnik GmbH, Bad Säckingen (Teilbilder e) und i) bis m))
a) Industriereifen nach DIN 7811; links: Normalquerschnitt, rechts: verstärktes Profil
b) Breitreifen
c) Elastikreifen mit mehrteiliger Felge
d) Elastikreifen mit einteiliger Felge
e) Vollgummireifen mit Halbrundfelge
f) Vollgummireifen mit Stahlboden
g) Vollgummireifen mit kegligem Fuß
h) Vollgummireifen mit zylindrischem Fuß
i) Polyamidrad
k) Polyurethanbandage
l) Polyamidrad mit Polyurethanbandage
m) Gabelrolle

Gruppe	Anwendung	Reifenbezeichnung		Beispiel
		Maßangabe	Dimension	
1a	vorherrschend	$b_0 - d_i$	Zoll - Zoll	6.00 – 9
1b	Sondertypen		mm - Zoll	250 –15
2	Breitreifen	$d_a \times b_0 - d_i$	durchweg Zoll	$18 \times 7 - 8$
3a	veraltet: für Wagen	$d_a \times b_0$	Zoll $\times$ Zoll	21×4
3b	veraltet: für Karren		mm $\times$ mm	400×100
4a	Bandagen	$d_a \times b_0 \times d_i$	durchweg Zoll	$14 \times 4,5 \times 8$
4b	Bandagen		durchweg mm	$400 \times 125 \times 200$

Tafel 4-7 Reifenbezeichnungen (Maßangaben nach Bild 4-54)

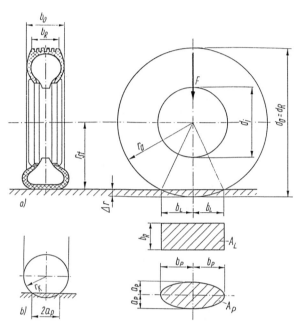

Bild 4-54 Abmessungen und Aufstandsfläche von Reifen
a) Linienberührung
b) Punktberührung

einen Reifen mit der Nennbreite 275 mm, einer Reifenhöhe von 80 % der Breite, in Radialausführung für eine Felge von 22,5 Zoll, mit den Tragfähigkeitskennzahlen 146 für Einzel- und 143 für Zwillingsbereifung sowie der Geschwindigkeitsklasse L (bis 120 km/h).
Reifen bzw. Bandagen aus Thermoplasten, d.h. Polyamid bzw. linearem Polyurethan (Bild 4-53i bis m), vermindern den Rollwiderstand gegenüber allen Gummireifen und haben bei gleichen Abmessungen mindestens die zweifache Tragfähigkeit. Allerdings beanspruchen sie wegen der bis 4fach höheren Pressung auch die Fahrbahn erheblich mehr. Derartige Räder werden gleit- oder wälzgelagert, die Lager werden eingegossen oder -gepreßt. Das Kriterium des Versagens bei diesen thermoplastischen Reifenwerkstoffen ist weniger der Abrieb als die Wärmebeanspruchung, weshalb sie für Fahrgeschwindigkeiten über 6 km/h nur dann angebracht sind, wenn die relative Betriebsdauer nicht zu hoch liegt.

4.3.4.2 Tragfähigkeit und Fahrwiderstand

Das Festigkeits- und Verformungsverhalten der aus Elastomeren oder Thermoplasten bestehenden Reifen von Flurförderzeugen auf nichtmetallischen Fahrbahnen unterscheidet sich grundlegend von dem metallischer Werkstoffpaarungen. Die Tragfähigkeit, die elastischen Eigenschaften und die Rollverluste hängen von der Art und Struktur des Werkstoffs, der Form des Reifens, der Belastung und Belastungsfrequenz, der Temperatur usw. ab. Weil sich diese sehr komplexen Einflüsse analytisch nur näherungsweise und mit großem Aufwand erfassen lassen, geben die Hersteller die maßgebenden Kennwerte für die einzelnen Reifentypen nach empirischen Erkenntnissen als Richtgrößen vor.

Tragfähigkeit

Die Tragfähigkeit der Reifen aus Elastomeren sind in den Firmenkatalogen in erster Linie nach der maximalen Fahrgeschwindigkeit gestaffelt, bei Laufrädern in der Bauart nach DIN 7811 beispielsweise im Verhältnis 1,8 : 1,0 für die Grenzwerte des Geschwindigkeitsbereichs 10...50 km/h. Die Maximalwerte bei Stillstand des Fahrzeugs liegen nochmals um rd. 15 % über denen für die kleinste angegebene Fahrgeschwindigkeit. Weil Gabelstapler i.allg. kürzere Fahrwege zurücklegen als andere Flurförderzeuge, erlaubt man an deren nicht gelenkten Rädern ebenfalls höhere Belastungen bzw. bei gleicher Belastung höhere Fahrgeschwindigkeiten. Gelenkte Räder werden wegen der beim Lenkeinschlag auftretenden Seitenkräfte erheblich stärker beansprucht, können somit nur kleinere Vertikalkräfte übertragen.
Diese variable, auf eine vertretbare Nutzungsdauer orientierte Staffelung der Tragfähigkeiten berücksichtigt gleicherweise den zu erwartenden Abriebverschleiß der Lauffläche als auch die Grenze der vom Reifen zu ertragenden Wärmebeanspruchung infolge seiner Einfederung und Dämpfung. Für Elastik- und Vollgummireifen gelten in deren Geschwindigkeitsbereichen quantitativ unterschiedliche, aber in der Tendenz gleiche Abstufungen. Wenn Doppelreifen in Zwillingsanordnung auszulegen sind, mindert man deren Tragfähigkeit, meist um etwa 10 %, gegenüber der Einzelbereifung ab.
Das Arbeitsvermögen und die Tragfähigkeit der *Luftreifen* wird überwiegend durch den Überdruck des eingeschlossenen Luftvolumens bestimmt. Ein einfacher Zusammenhang zwischen der Radkraft F, dem Reifenüberdruck $p_{ü}$ und der Einfederung Δr (s. Bild 4-54), der die Biegesteife des Reifens außer acht läßt, lautet für die vorausgesetzte Linienberührung

$$F = p_{ü} A_L = 2 p_{ü} b_R \sqrt{\Delta r (2 r_a - \Delta r)}$$

bzw. nach Δr aufgelöst

$$\Delta r = r_a - \sqrt{r_a^2 - \left(\frac{F}{2 p_{ü} b_R}\right)^2}. \qquad (4.21)$$

Diese Gleichung drückt den Einfluß des veränderlichen Reifendrucks auf die Tragfähigkeit und Verformung des Reifens aus. Wenn dessen Biegesteife einbezogen wird,

4.3 Baugruppen von Flurförderzeugen

ergeben sich mittlere Pressungen in der Aufstandsfläche, die um rd. 20 % über den Werten des Reifeninnendrucks liegen [4.100]. Das experimentell gewonnene Federdiagramm eines Luftreifens bei unterschiedlichem Reifendruck im Bild 4-55 verdeutlicht, daß die Druckabhängigkeit vorherrscht.

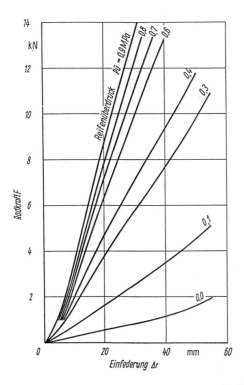

Bild 4-55 Statische Federkennlinien eines Luftreifens, Typ 4.00-8, in Abhängigkeit vom Reifenüberdruck

Um die Tragfähigkeit von *Vollreifen*, insbesondere solchen aus Thermoplasten, rechnerisch zu ermitteln, können wie bei metallischen Werkstoffen die Pressungen und Verformungen der Aufstandsfläche als Kriterien herangezogen werden. Für die statische Belastbarkeit ist die Abplattung im Stillstand, für die dynamische beim Rollen vorrangig die Erwärmung zu begrenzen. Weil im zulässigen Belastungsbereich der Räder von Flurförderzeugen ein nahezu linearer Zusammenhang zwischen Belastung und Verformung bestehen bleibt, können mit elastischen Modellen hergeleitete Gleichungen auch für viskoelastische Körper herangezogen weden, wenn die Abhängigkeit ihrer werkstoffspezifischen Kenngrößen von der Zeit, Temperatur und sonstigen Einflüssen beachtet wird.

Das elastische Verhalten eines Reifens auf einer Fahrbahn beschreibt der Elastizitätsmodul der Paarung

$$\frac{1}{E} = \frac{1}{2}\left(\frac{1}{E_R} + \frac{1}{E_F}\right). \quad (4.22)$$

Der Elastizitätsmodul E_F der Fahrbahn ist fast immer um eine oder zwei Zehnerpotenzen größer als der des Reifens E_R. Für Beton beträgt er z.B. $E_F = (2,4...4,7)10^4$ N/mm². Wegen $E_F \gg E_R$ gilt somit für den rechnerischen Elastizitätsmodul $E \approx 2E_R$. Weil der Reifenmodul E_R darüber hinaus nicht wesentlich von der Belastung abhängt, kann für ihn direkt der allein werkstoffabhängige Elastizitätsmodul E angesetzt werden, für den Tafel 4-6 Bereiche angibt.

In Anwendung der elastischen Näherung und mit den im Bild 4-54 eingezeichneten Abmessungen der Berührungsflächen lauten die Hertzschen Gleichungen für die Maximalwerte der Pressung in der Aufstandsfläche, siehe auch [0.1, Abschn. 2.5.1.1]:

Linienberührung

$$p_{HL} = \frac{2F}{\pi b_L b_R} = \sqrt{\frac{F}{d_R b_R}}\sqrt{\frac{E}{\pi(1-\nu^2)}} = 0{,}798\sqrt{\frac{FE_R}{d_R b_R(1-\nu^2)}} \quad (4.23)$$

mit $b_L = 2\sqrt{\frac{Fd_R}{\pi b_R}}\sqrt{\frac{1-\nu^2}{E}} = \sqrt{\frac{2Fd_R}{\pi b_R}}\sqrt{\frac{1-\nu^2}{E_R}}$;

Punktberührung

$$p_{HP} = \frac{1{,}5F}{\pi a_P b_P} = \frac{1{,}5}{\pi\xi\eta}\sqrt[3]{\frac{E}{3(1-\nu^2)}}\sqrt[3]{\frac{F}{r_{ers}^2}} = 0{,}364\sqrt[3]{F\left(\frac{E_R}{(1-\nu^2)r_{ers}}\right)^2} \quad (4.24)$$

mit $a_P b_P = \xi\eta\sqrt[3]{\frac{3F(1-\nu^2)r_{ers}}{2E_R}}$ und $\xi\eta \approx 1$.

Das Produkt $\xi\eta$ der beiden transzendenten Funktionen ξ und η kann im Bereich der üblichen Laufradabmessungen und angesichts der sonstigen Ungenauigkeiten näherungsweise gleich Eins gesetzt werden. Für den Ersatzradius bei Punktberührung gilt

$$r_{ers} = \frac{r_a r_K}{r_a + r_K}. \quad (4.25)$$

Als Querzahl sollte für Elastomere $\nu = 0{,}5$, für Thermoplaste $\nu = 0{,}35$ eingesetzt werden.

Dimensionierungsverfahren für Reifen bzw. Bandagen aus Kunststoffen blieben bisher auf bestimmte Werkstoffe oder Versagensursachen beschränkt. [4.101] untersucht Vollgummireifen in Analogie zur Beanspruchung von Gummifedern und empfiehlt, maximale Pressungen nur im Bereich $p_{Hmax} = 1{,}5...2{,}5$ N/mm² zuzulassen. [4.102] enthält ein Verfahren zur Berechnung der Tragfähigkeit zylindrischer Räder, das jedoch die Belastungsdauer unberücksichtigt läßt. Der Berechnung in [4.103] liegt die Schubfestigkeit von balligen Kunststoffrädern zugrunde, sie ergibt zu große zulässige Belastungen. Wöhlerlinien aus Dauerversuchen haben *Kunze* [4.104] und, mit erweitertem Umfang, *Severin/Kühlken* [4.105] ermittelt und dabei auch die Schädigungsmechanismen ausführlich dargelegt.

Die Abplattung der Lauffläche viskoelastischer Radkörper im Stillstand kann die Funktionstüchtigkeit und Laufruhe der Rollpaarung erheblich beeinträchtigen, zudem vergrößert sie den Anfahrwiderstand. Die Gleichung der Abplattungsfunktion $\delta(h)$ eines zylindrischen Rads in Abhängigkeit von der Bandagenhöhe h [4.105]

$$\delta(h) = \frac{2F(1-\nu^2)}{b_R \pi E_c(t)}\left[\ln\left(\sqrt{1+\left(\frac{h}{b_L}\right)^2} + \frac{h}{b_L}\right) - \frac{\nu}{1-\nu}\frac{h}{b_L}\left(\sqrt{1+\left(\frac{h}{b_L}\right)^2} - \frac{h}{b_L}\right)\right]$$

(4.26)

enthält außer der Normkraft F, der Berührbreite b_R und Berührlänge b_L, der Querzahl ν den zeitabhängigen Kriechmodul $E_c(t)$, für den Bild 4-56 gemessene Kurvenverläufe widergibt. Zahlenwerte für zulässige Abplattungen sind nur vereinzelt zu finden; [4.106] bezeichnet 0,3 % als Grenze des viskoelastischen Werkstoffverhaltens, [4.104] hält Werte bis 0,05 mm für vertretbar, um die Laufruhe zu gewährleisten.

Die während der Fahrbewegung ertragbaren Belastungen werden von der Eigenerwärmung der Reifen bzw. Räder begrenzt. Allerdings kann die Dauergebrauchstemperatur laut Tafel 4-6 nach [4.105] nicht in allen Fällen als zulässige Grenze der Erwärmung angesehen werden. Bild 4-57 zeigt, daß dies wohl für TPU-, nicht jedoch für PA-Räder zutrifft. Bei diesen stellt sich wegen der schlechteren Wärmeleitung eine erheblich niedrigere Grenztemperatur um 40 °C als Versagensschranke ein, an der die Radkörper instabil werden.

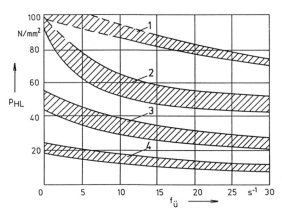

Bild 4-58 Experimentell ermittelte zulässige Hertzsche Pressungen von Kunststofflaufrädern in Abhängigkeit von der Überrollfrequenz $f_{ü}$ [4.105]
1 PA 66; 2 PA 6; 3 TPU Shore D-Härte 74; 4 TPU Shore D-Härte 64

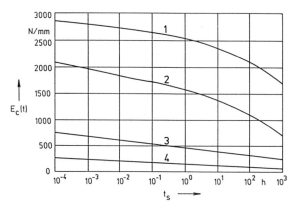

Bild 4-56 Experimentell ermittelter Kriechmodul $E_c(t)$ für thermoplastische Radwerkstoffe in Abhängigkeit von der Belastungsdauer t_s [4.105]
1 PA 66; 2 PA 6; 3 TPU Shore D-Härte 74; 4 TPU Shore D-Härte 64

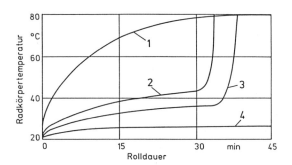

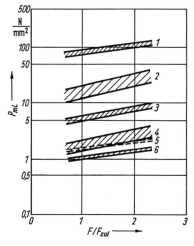

Bild 4-59 Mittlere Pressungen p_{mL} in der Aufstandsfläche von Reifen in Abhängigkeit von der Radkraft F bei Linienberührung [4.100]
1 Stahlreifen; 2 Polyamidreifen; 3 Polyurethanreifen; 4 Gummireifen; 5 Elastikreifen; 6 Luftreifen; F_{zul} zulässige Radkraft

Bild 4-57 Gemessener zeitlicher Verlauf der Temperatur in der Bandage rollender Räder unter Normalbelastung; Rollgeschwindigkeit 4 m/s [4.105]
1 TPU bis Grenzbeanspruchung; 2 PA 66 oberhalb Grenzbeanspruchung; 3 PA 6 oberhalb Grenzbeanspruchung; 4 PA 6 unterhalb Grenzbeanspruchung

Die aus den thermischen Grenzbelastungen berechneten zulässigen Hertzschen Pressungen nehmen mit wachsender Überrollfrequenz $f_{ü}$ und damit größer werdender Fahrgeschwindigkeit ab (Bild 4-58). An der oberen Grenze des jeweiligen Streufelds liegen die Werte für kleine oder schmale, an der unteren die für große oder breite Räder. Dauerversuche [4.105] haben erwiesen, daß sich für PA-Räder unterhalb des durch die Erwärmung bestimmten Belastungsbereichs Wöhlerlinien ohne Knickpunkte ergeben, ein Dauerfestigkeitsgebiet somit nicht existiert. Messungen der mittleren Pressungen p_{mL} in der Aufstandsfläche unterschiedlicher Reifen von Flurförderzeugen (Bild 4-59) belegen überdies, daß die in Bild 4-58 ersichtlichen Grenzbelastungen in der Praxis stets unterschritten werden.

Spezifischer Fahrwiderstand

Um den Fahrwiderstand eines Flurförderzeugs nach Gl. (4.13) im Abschnitt 4.3.2.4 zu berechnen, muß der auf die Radkraft F bezogene spezifische Fahrwiderstand μ_f bekannt sein. In ihm sind die Lagerreibungsverluste meist enthalten, andersfalls müssen sie den Rollverlusten hinzugefügt werden. Zur Berechnung der Lagerreibung stehen geeignete Ansätze der Lagertechnik zur Verfügung.

Die Hauptmechanismen der Rollreibung sind Adhäsion, Mikroschlupf und Werkstoffhysterese. Sie treten bei den verschiedenen Reifenwerkstoffen und -konstruktionen in unterschiedlicher Kombination auf, bei Thermoplasten überwiegt die Hysterese. Über diese Gesetzmäßigkeiten hinaus ist der spezifische Fahrwiderstand der Reifen eine Funktion weiterer Einflußgrößen, wie Radkraft, Fahrgeschwindigkeit, Abmessungen, Fahrbahn.

Von den vielen empirischen Gleichungen, die den Fahrwiderstand von *Luftreifen* beschreiben, wird als Beispiel der Ansatz von *Kamm* [4.107] herangezogen

4.3 Baugruppen von Flurförderzeugen

$$\mu_f = \left[5{,}1 + \frac{0{,}55 + 0{,}18 F}{p_{\ddot{u}}} + \frac{0{,}85 + 0{,}06 F}{p_{\ddot{u}}}\left(\frac{v_f}{100}\right)^2\right]\cdot 10^{-3}; \quad (4.27)$$

μ_f spezifischer Fahrwiderstand
F Radkraft in kN
$p_{\ddot{u}}$ Reifenüberdruck in MPa
v_f Fahrgeschwindigkeit in km/h.

Zu erkennen ist die Abhängigkeit vom Reifenüberdruck $p_{\ddot{u}}$ und der Fahrgeschwindigkeit v_f, die allerdings erst oberhalb 50 km/h Bedeutung erlangt. Wichtiger für Flurförderzeuge sind die Auswirkungen der Fahrbahn, siehe Tafel 4-8. Die verschiedenen Einflüsse auf den Fahrwiderstand von Elastikreifen behandelt vorwiegend qualitativ [4.108].

Tafel 4-8 Spezifische Fahrwiderstände und Kraftschlußbeiwerte für Luftreifen

Fahrbahn- bzw. Bodenart	Spezifischer Fahrwiderstand μ_r	Kraftschlußbeiwert μ_0
Asphalt- oder Betonstraße	0,015 ... 0,020	0,80 ... 1,00
Makadamstraße	0,018 ... 0,023	
Pflasterstraße	0,020 ... 0,030	
Schotterstraße	0,030 ... 0,040	0,60 ... 0,80
Erdweg, fest (Eindruck $\leq$ 25 mm)	0,040 ... 0,050	0,50 ... 0,60
Erdweg, weich (Eindruck $\leq$ 100 mm)	0,070 ... 0,090	0,40 ... 0,50
Erdweg, schlammig (Eindruck $\leq$ 150 mm)	0,090 ... 0,120	
Lehm- und Tonweg		0,35 ... 0,40
Ackerboden, locker	0,120 ... 0,150	
Ackerboden, feucht	0,150 ... 0,200	
Ackerboden, naß	0,200 ... 0,250	
Sandweg, trocken, lose	0,250 ... 0,300	0,25 ... 0,30
Sandweg, naß		0,30 ... 0,35
Schnee, glattgewalzt		0,20 ... 0,25
Eis		0,10 ... 0,20

Den spezifischen Fahrwiderstand von *Vollgummireifen* auf unterschiedlichen Fahrbahnen hat *Engels* [4.109] untersucht. Wie aus Bild 4-60 zu ersehen ist, zeichnet sich eine deutliche Abhängigkeit von der Fahrgeschwindigkeit v_f, vor allem aber von der Struktur und Härte der Fahrbahn ab. Auffällig ist der höhere Fahrwiderstand des Reifens C, der nicht allein auf dessen geringere Elastizität, sondern auf eine andere Gummimischung zurückzuführen sein muß.

Für *Reifen aus Thermoplasten* liegen theoretische Ansätze vor, in denen zumindest näherungsweise lineare viskoelastische Bedingungen für den Zusammenhang von Belastung und Verformung angenommen werden; [4.110] verwendet ein viskoelastisches 3-Parameter-Standardmodell für das stationäre Rollkontaktproblem. *Kunze* [4.111] stellt die lineare Näherung über ein elastisches Modell her, das hier vereinfacht vorgestellt wird, weil es einen guten Einblick in die Gesetzmäßigkeiten der Rollreibung von Kunststoffen vermittelt.
Für Linienberührung, die als Näherung auch für leicht ballige Reifenkonturen geeignet ist, beträgt der spezifische Rollwiderstand μ_r einer Bandage von der Höhe h

$$\mu_r = \gamma \sqrt[3]{\frac{\pi h}{b_R d_R^2}\frac{F}{E(\omega, T)}}. \quad (4.28)$$

Die Bedeutung der geometrischen Größen d_R und b_R ist Bild 4-54 zu entnehmen. Den viskoelastischen Charakter des Näherungsmodells drücken die Werkstoffkenngrößen $E(\omega, T)$ und γ aus. ω ist die Winkelgeschwindigkeit der Schwingungsbeanspruchung, T die Temperatur. Wegen der Phasenverschiebung zwischen Spannung und Verformung wird der Elastizitätsmodul als Quotient von Spannung und Verformung eine komplexe Größe

$$E = E' + jE'' = \sqrt{E'^2 + E''^2} = E'\sqrt{1 + \tan\delta} \quad (4.29)$$

mit dem Verlustfaktor oder Dämpfungsmaß $\tan\delta = E''/E'$. Der Anteil E' des komplexen Moduls wird als Speichermodul bezeichnet und ist ein Maß für die wiedergewinnbare Energie des zeitabhängigen Belastungsvorgangs. Der Verlustmodul E'' kennzeichnet die durch Hysterese verlorengegangene anteilige Verformungsenergie.
Der Faktor γ in Gl. (4.28) ist eine Funktion von $\tan\delta$; [4.111] empfiehlt als Näherungsgleichung

$$\gamma = 0{,}47(\tan\delta)^{1{,}0027}. \quad (4.30)$$

Es gibt in der Literatur nur wenige Angaben zu E', E'' und $\tan\delta$ für Thermoplaste. Mit dem in Tafel 4-6 aufgeführten Bereich $\tan\delta = 0{,}08...0{,}14$ wird $\gamma = 0{,}04...0{,}06$. Der geringe Betrag von E'', der aus dem kleinen Wert von $\tan\delta$ hervorgeht, macht die Näherung $E'(\omega,T) \approx E(\omega,T)$ in Gl. (4.28) möglich.

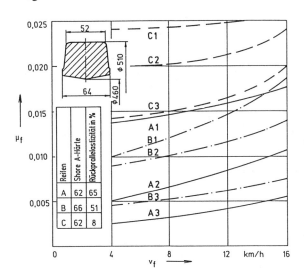

Bild 4-60 Spezifischer Fahrwiderstand μ_f von Laufrädern $\varnothing$ 510 mm mit Vollgummireifen und Wälzlagern [4.109]
Fahrbahnen: 1 Schlackengrus; 2 Kleinsteinpflaster; 3 Beton

Diese Gleichung weist aus, daß der spezifische Rollwiderstand μ_r von Reifen aus Thermoplasten von der Vertikalkraft F abhängt. Gemessene Werte des Fahrwiderstands (Bild 4-61) geben diese Tendenz nur bedingt wieder und deuten auf zusätzliche, im theoretischen Ansatz nicht erfaßte Einflüsse hin. Die Parallelität der Kurven bei unterschiedlichen Lagerarten beweist, daß die Lagerreibung, wie es üblich ist, durch eine belastungsunabhängige Reibungszahl ausgedrückt werden kann.
Nach einem längeren Stillstand statisch belasteter Thermoplasträder und -reifen treten infolge ihrer viskoelastischen Abplattung beträchtlich vergrößerte Anfahrwiderstände auf. Bild 4-62 gibt das Verhältnis dieser Anfahrkraft F_{rA} zum Fahrwiderstand F_r während der Bewegung an. Außer

dieser erhöhten Anfahrkraft entsteht ein Wechselmoment beim Überrollen der abgeplatteten Aufstandsfläche, das Schwingungen und unerwünschte Geräusche hervorruft, bis die Abplattung wieder ausgewalzt ist. In analoger Weise erhöht sich der Fahrwiderstand eingeschlagener Lenkräder (Bild 4-63), wobei hier die Höhe des Kraftschlusses zwischen Fahrbahn und Rad maßgebend wird.

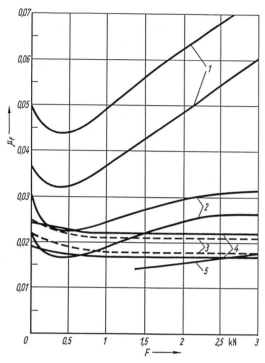

Bild 4-61 Spezifischer Fahrwiderstand μ_f von Laufrädern $\varnothing$ 160 mm, Breite 50 mm bei der Radkraft F (Fahrgeschwindigkeit $v_f = 4$ km/h, Fahrbahn Beton)
1 Vollgummi Shore A-Härte 80; 2 PVC Shore A-Härte 97; 3 PA 6, spritzvergossen; 4 Grauguß; 5 TPU Shore A-Härte 97; obere Linien bei 1 bis 4: Gleitlagerung; untere Linien bei 1 bis 4 und Linie 5: Wälzlagerung

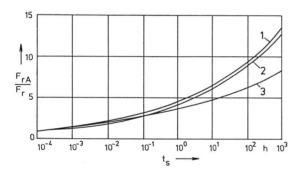

Bild 4-62 Verhältnis der Anfahrkraft F_{rA} zur Rollreibungskraft F_r in Abhängigkeit von der Stillstandsdauer t_s [4.105]
1 PA 6; 2 PA 66; 3 TPU

Kraftschlußbeiwert

Der Kraftschlußbeiwert, der die übertragbaren Horizontalkräfte der Laufräder begrenzt, ergibt sich ebenfalls aus dem Werkstoff und der Form des Reifens sowie aus der Art der Fahrbahn. In Tafel 4-8 sind solche Beiwerte für Lufttreifen eingetragen. Häufig werden sie auch als Funktion des Längsschlupfs σ_t angegeben, für den bei Linienberührung die Gleichung gilt

$$\sigma_{tL} = \frac{s_{tL}}{s_0} = \frac{2b_L\mu_0}{d_R}\left(1 - \sqrt{1 - \frac{\mu_t}{\mu_0}}\right) \quad (4.31)$$

mit $s_0 = d_R\pi$ und $\mu_t = F_t/F_{tmax}$;

σ_{tL} bezogener Längsschlupf
b_L Berührlänge nach Gl. (4.23)
d_R Laufraddurchmesser
μ_t ausgenutzter Kraftschluß
μ_0 Maximalwert des Kraftschlusses
F_t Längs- (Tangential-)Kraft
F_{tmax} maximal übertragbare Tangentialkraft.

Wegen genauerer Ansätze, die auch die quer zur Rollrichtung wirkenden Horizontalkräfte einbeziehen, wird auf die Literatur zur Fahrwerktechnik verwiesen. Berechnete Kraftschlußbeiwerte (Bild 4-64) verdeutlichen die genannte Abhängigkeit vom Werkstoff wie vom Zustand der Fahrbahn.

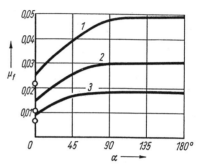

Bild 4-63 Anfahrwiderstände eines 4rädrigen Wagens bei unterschiedlichem Einschlagwinkel α der vorderen Lenkräder zur Fahrtrichtung (Laufraddurchmesser 200 mm, Gesamtmasse 620 kg, Fahrbahn Beton)
1 Vollgummi Shore A-Härte 80; 2 PVC Shore A-Härte 97; 3 PA 6 und Grauguß; Kreise: spezifischer Fahrwiderstand im Fahrzustand bei $v_f = 4$ km/h

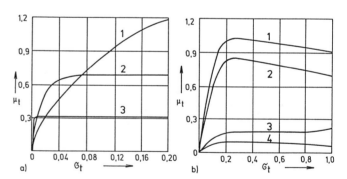

Bild 4-64 Kraftschlußbeiwert μ_t als Funktion des Längsschupfs σ_t
a) werkstoffabhängig [4.112]
1 PUR; 2 TPU; 3 PA 66
b) fahrbahnabhängig [4.99]
1 trocken; 2 naß; 3 Schnee lose; 4 Eis

4.3.5 Auswahl der Antriebsart

In die Auswahl der Antriebsart, elektrisch oder verbrennungsmotorisch, eines Flurförderzeugs gehen vielen Überlegungen ein, wie die allgemeine Eignung für die gestellte Aufgabe, die Art und Länge der Fahrstrecken, die Berücksichtigung von Umwelteinflüssen und nicht zuletzt die Betriebskosten. Bevor im einzelnen auf diese Randbedingungen einzugehen ist, müssen in Ergänzung zu den bisherigen Ausführungen über die Fahrantriebe noch einige

4.3 Baugruppen von Flurförderzeugen

Kriterien behandelt werden, die den Einsatz in geschlossenen Räumen betreffen. Es sind dies die Abgase der Verbrennungsmotoren und die Maßnahmen zum Explosionsschutz, wenn in den Räumen explosionsfähige Gemische auftreten können.

4.3.5.1 Abgase von Verbrennungsmotoren

Weil Flurförderzeuge überwiegend oder häufig in ganz bzw. teilweise geschlossenen Räumen betrieben werden, sind die Abgasemissionen der verbrennungsmotorischen Bauarten ein wesentliches Kriterium ihrer Eignung und Zulässigkeit für einen bestimmten Einsatzbereich. Die geltenden Vorschriften gehen deshalb teils über das hinaus, was allgemein für Fahrzeuge im Straßenverkehr festgelegt ist. Ausführlich informieren [4.113] bis [4.115] über das Problem der Kraftfahrzeugemissionen.

Die Kraftstoffe von Verbrennungsmotoren weisen neben Kohlenwasserstoffen auch Spuren von Beimengungen anderer Stoffe auf. Im Verbrennungsvorgang überlagern sich den Oxidationsprozessen andere chemische Umwandlungen, z.B. Reduktions- und Crackvorgänge. Deshalb enthalten die Abgase dieser Motoren neben Resten der Verbrennungsluft (O_2, N_2) und vollständig verbrannten Verbrennungsprodukten (CO_2, H_2O) auch unverbrannte Kohlenwasserstoffe (HC) und mehr oder minder giftige Schadstoffe (CO, NO_x, SO_2). Dieselmotoren scheiden zudem Rußpartikel aus, an die u.a. polyzyklische aromatische Kohlenstoffverbindungen, vor allem das 5zyklische 3,4-Benzpyren, angelagert sind. Acrolein ($CH_2 \cdot CH \cdot CHO$) und Aldehyde (RCHO) erzeugen den typischen Dieselgeruch und wirken belästigend.

In nahezu allen Ländern der Erde gibt es inzwischen Grenzwerte für die Abgasemissionen von Fahrzeugen mit Verbrennungsmotoren sowie Vorschriften für ihre Ermittlung. Sie verfolgen unterschiedliche Ziele und haben deshalb verschiedene Bezugsgrößen für die Mengenanteile der Schadstoffe. Die für PKW ab 1996 in der Europäischen Union geltende Abgasvorschrift EU 96 samt Verbrauchsvorschrift 93/116/EG beziehen die Grenzwerte auf einen Kilometer Fahrstrecke in der Absicht, auch die Abgasmenge zu beschränken. Die für Nutzfahrzeuge mit Dieselmotoren bindenden Regelungen sind dagegen auf die vom Motor abgegebene Energie bezogen, siehe Tafel 4-9. Sie gelten nicht für Flurförderzeuge; eine europäische Richtlinie für mobile Maschinen, die gegenüber Nutzfahrzeugen erhöhte Grenzwerte zuläßt, liegt erst im Entwurf vor.

Wenn verbrennungsmotorisch angetriebene Flurförderzeuge im Bereich menschlicher Arbeitsplätze verkehren, werden die auf den m^3 Raumluft bezogenen Schadstoffmengen durch Luftgrenzwerte eingeschränkt. Sie bezeichnen durchschnittliche Raumkonzentrationen in der Atemluft am Arbeitsplatz während einer bestimmten Zeitdauer, z.B. einer 8stündigen Arbeitsschicht, und werden in Technischen Regeln für Gefahrstoffe (TRGS) festgelegt. Maximale Arbeitsplatzkonzentrationen (MAK) sind Anteile, bei denen i.allg. die Gesundheit der Arbeitnehmer nicht beeinträchtigt wird. Für Gefahrstoffe, die nach den bisherigen Erkenntnissen krebserregend, erbgutschädigend oder fortpflanzungsgefährdend wirken können, sind derartige MAK-Werte wegen der möglichen Summierung geringer Mengen über sehr lange Zeiträume nicht festgelegt, sie sind vielmehr gänzlich zu vermeiden oder mit allen gangbaren Mitteln zu minimieren. Statt dessen gelten Technische Richtkonzentrationen (TRK), die nach dem Stand der Technik erreicht werden können, wobei auch die Genauigkeit der Meßverfahren einbezogen wird. Eine Übersicht über die in verschiedenen Ländern bestehenden Luftgrenzwerte gibt [4.116].

Nach Vorläufern, der TRGS 900 in der Fassung von 1990 und der TRGS 102, führt die TRGS 900 vom April 1995 diese beiden Luftgrenzwerte für alle in Betracht kommenden Gefahrenstoffe gemeinsam auf. Bei Dieselmotoremissionen werden die Rußpartikel als mechanischer Dauerreiz und die an sie angelagerten Benzpyrene als Zellgifte, beide in noch umstrittener Bewertung, als krebsauslösende Substanzen eingeordnet. Ein TRK-Wert von 0,2 mg/m^3, gemessen als Feinstaub am Arbeitsplatz, richtet das Augenmerk auf die Partikelemissionen, nicht auf die gasförmigen Bestandteile der Abgase von Dieselmotoren. Neben diesem Langzeitwert darf ein 5fach höherer Kurzzeitwert von maximal 15 min Dauer 5mal je Arbeitsschicht auftreten. Frühere meßtechnische Untersuchungen der Schadstoffbelastung von Räumen, in denen Gabelstapler mit Dieselmotoren betrieben werden [4.117] bis [4.119], zeigen, daß diese Richtkonzentrationen in ungünstig gelegenen Räumen erheblich überschritten werden können.

International erstmalig formuliert die TRGS 554 die notwendigen Schutzmaßnahmen für Arbeitsbereiche, in denen Dieselmotoremissionen auftreten können. Über die Beweggründe, die zu dieser Vorschrift geführt haben, berichtet [4.120]. Zusätzlich zum bestehenden TRK-Wert von 0,2 mg/m^3 in der Raumluft wird eine Auslöseschwelle von 0,1 mg/m^3 angesetzt, von der ab Schutzmaßnahmen in nachstehender Reihenfolge vorzusehen sind:

− Dieselmotoren durch Elektroantriebe zu ersetzen, wenn es nach dem Stand der Technik möglich ist
− bei notwendigem Einsatz von Dieselmotoren zusätzliche Maßnahmen zu ergreifen, im einzelnen
  • am Motor: schadstoffarme Motoren und schwefelarme Kraftstoffe zu wählen, den Motor regelmäßig zu warten und, so weit dies sinnvoll möglich ist, Partikelfilter einzusetzen

Tafel 4-9 Grenzwerte für Schadstoffe in den Abgasen von Dieselmotoren

Art der Begrenzung	Meßgröße	Schadstoff							Vorschrift
		CO	CO_2	HC	SO_2	RCHO	NO_2	Partikel	
MAK-Wert	mg/m^3	33	9000	–	5	1,2	9	0,2[1]	TRGS 900 (04.95)
Emission Nutzfahrzeuge, Stufe A(01.07.92)	g/kWh	4,5	–	1,1	–	–	8	0,612 (0,36)[2]	91/542/EWG
Stufe B (01.10.95)		4,0	–	1,1	–	–	7	0,15	
Emission mobiler Maschinen	g/kWh	6,5	–	1,3	–	–	9,2	0,85	Entwurf einer EU-Richtlinie

[1] TRK-Wert   [2] für Motorleistungen ≥ 85 kW

- im Raum: die Abgaskonzentration durch Absaugen und bzw. oder Lüftung, durch die Verkehrsführung und Betriebsorganisation zu vermindern
- für den Menschen: notwendige Körperschutzmaßnahmen vorzuschreiben.

Besondere Gefahren bestehen beim Befahren von Containern, LKW mit geschlossenen Ladeflächen, Eisenbahnwagen, Schiffsräumen, in Kühlhäusern und geschlossenen Lagerhallen sowie bei der Versorgung von Arbeitsplätzen in Fertigungsstätten.

Zumutbar ist ein Verzicht auf den dieselmotorischen Antrieb zugunsten des elektrischen, wenn weniger als eine Batterieladung je Arbeitsschicht verbraucht und kein über das normale Maß hinausgehender Batterieverschleiß zu befürchten ist. Nicht zumutbar dagegen ist dieser Wechsel, wenn das Flurförderzeug nur kurzzeitig oder gelegentlich in geschlossenen Räumen verfährt.

Die Hersteller von Dieselmotoren unternehmen große Anstrengungen, die Schadstoffe in deren Abgasen über den Verbrennungsvorgang zu verringern, siehe z.B. [4.114] [4.115] [4.121] [4.122]. Dabei gilt den Partikelemissionen das besondere Augenmerk, weil die gasförmigen Bestandteile des Abgases eine beträchtlich kleinere Gefährdung darstellen. Partikelfilter als Sekundärmaßnahme sollen diese bis 70 μm großen Teilchen, die zu 90 % aus Feststoffen, neben Ruß auch Asche, Metallteilchen, Schwefelverbindungen, bestehen, in ausreichendem Maße binden. TRGS 554 schreibt Mindestwerte von 70 % als Abscheiderate vor. Nach [4.68] müssen alle Partikel bis 40 μm Größe ausgefiltert werden, um einen Abscheidegrad von 90 % zu erzielen.

Vorzugsweise verwendet man Keramikfilter als Monolith-, Wickel- oder Schaumkörper, Bild 4-65 zeigt das Funktionsprinzip. In diesem Filter durchströmen die rußbeladenen Abgase poröse Zellwände und lagern dort die Partikel als Schicht ab. Der Füllungsgrad läßt sich über die Messung des Abgasgegendrucks kontrollieren.

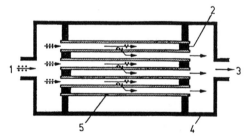

Bild 4-65 Dieselpartikelfilter [4.120]
1 Rohabgas
2 Keramikverschluß
3 gereinigtes Abgas
4 Blechgehäuse
5 gasdurchlässige Keramikwand

Das Hauptproblem dieser Partikelfilter ist ihre Regeneration. Erst ab einer Temperatur von 600 °C verbrennen die Rußpartikel. Deshalb haben sich zwei Verfahren zur Beseitigung der Rußschicht im Filter herausgebildet:
- chemische Oxidation durch Zusätze von Eisenoxidverbindungen im Kraftstoff, die eine Verbrennung bereits bei einer Temperatur von rd. 200 °C einleiten, wobei die Additive im Motor bzw. Filter verbleiben [4.123]
- thermische Oxidation durch Erhitzen des Filters auf 650...700 °C.

Die thermische Regeneration kann intern mit Hilfe eingebauter Heizelemente oder extern durch Trennung des Filters vom Fahrzeug und Reinigung außerhalb der Betriebsdauer durchgeführt werden. Für Flurförderzeuge angebotene Filtersysteme sind auf die externe Regeneration ausgerichtet, siehe [4.124] [4.125].

Um eine Hilfe für die Entscheidung zu geben, ob Flurförderzeuge mit Dieselmotor in geschlossenen Räumen eingesetzt werden dürfen und ob ein Partikelfilter benötigt wird, bieten die Hersteller einfache Berechnungsverfahren an, in denen die ausgestoßene Partikelmenge ins Verhältnis zur während einer bestimmten Zeitdauer ausgetauschten Luftmenge gesetzt wird. Beispielsweise gilt nach [4.126]

$$DME = \frac{P_0 z_F \delta}{V \lambda};\qquad(4.32)$$

DME rechnerische Schadstoffkonzentration in mg/m³
P_0 Partikelemission in mg/h
z_F Anzahl der eingesetzten Flurförderzeuge
δ relative Betriebsdauer der Flurförderzeuge
V Raumvolumen ohne durch Einbauten belegten Raum in m³
λ Luftwechselzahl in h⁻¹.

Für P_0 sind Mittelwerte aus den Emissionen in verschiedenen Betriebszuständen zu bilden. Bild 4-66 gibt Balkendiagramme für Dieselmotoren in Gabelstaplern wieder, die unten durch die Partikelmenge bei leichtem, oben durch die bei schwerem Betrieb begrenzt werden. Für z_F und δ sind ebenfalls Mittelwerte einzusetzen. Die Luftwechselzahl λ muß geschätzt werden, wenn eine natürliche Lüftung vorliegt; Tafel 4-10 vermittelt eine Vorstellung von der Größenordnung und der Schwierigkeit dieser Schätzung. Bei Zwangbelüftung wird dagegen in der Regel die Luftwechselzahl bekannt sein. Wenn der errechnete Wert über der Auslöseschwelle von 0,1 mg/m³ liegt, müssen Partikelfilter oder, sollte dies nicht ausreichen, weitere Maßnahmen vorgesehen werden. Auf die Abweichungen örtlicher Rußkonzentrationen von den für den gesamten Raum angesetzten Mittelwerten verweisen [4.118] [4.119].

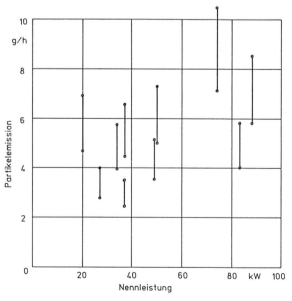

Bild 4-66 Partikelemissionen von Dieselgabelstaplern in Abhängigkeit von Motorleistung und Schwere des Betriebs [4.126]

4.3 Baugruppen von Flurförderzeugen

Eine Alternative zum dieselmotorischen Antrieb von Flurförderzeugen beim Einsatz in geschlossenen Räumen, die in der TRGS 554 nicht genannt wird, ist der Antrieb mit einem Ottomotor, überwiegend in seiner Version für Flüssiggas. Die Mengen der Schadstoffe im Abgas liegen bei ihm deutlich unterhalb derer von Benzin- und Dieselmotoren (Tafel 4-11). Wie alle Ottomotoren in Fahrzeugen erhält auch der Flüssiggasmotor einen nachgeschalteten geregelten Katalysator, der die Schadstoffe auf eine i.allg. auch für den Betrieb in geschlossenen Räumen vernachlässigbare Menge reduziert. Allerdings müssen Verwendungsbeschränkungen beachtet werden, die sich aus der größeren Dichte des Flüssiggases im Vergleich zu der von Luft ergeben, z.B. der Einsatz in tiefliegenden Bereichen.

Tafel 4-10 Orientierungswerte für Luftwechselzahlen bei natürlicher Lüftung [4.127]

Einsatzgebiet	λ in h^{-1}
Mindestwert	0,3 ... 0,7
Produktionsstätten[1)]	
geschlossen	1 ... 2
Dachlüftung, Tore häufig offen	3 ... 4
offene Außenwände	6 ... 10
Lagerräume	0,5 ... 8
Walz- und Stahlwerke	4 ... 50
Garagen	3 ... 5
Ställe	3 ... 5

[1)] aus [4.126]

Tafel 4-11 Vergleich gasförmiger Schadstoffanteile im Abgas von Verbrennungsmotoren (Angaben in Vol.%) [4.70]

Schadstoff	Kraftstoff		
	Benzin	Diesel	Flüssiggas
CO	0,5 ... 6,0	0,02 ... 0,08	0,02 ... 0,10
HC	0,013 ... 0,042	0,01 ... 0,20	0,008 ... 0,024
NO_x	0,028 ... 0,265	0,015 ... 0,120	0,005 ... 0,120

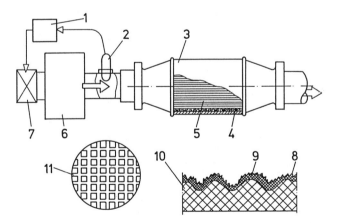

Bild 4-67 Geregelter Katalysator
1 elektronische Regelung
2 Lambdasonde
3 Gehäuse
4 Matte
5 Trägerkörper
6 Motor
7 Gemischbildner
8 Katalysatorschicht
9 Zwischenschicht
10 Längsschnitt Trägerkörper
11 Querschnitt Trägerkörper

Der geregelte Katalysator (Bild 4-67) weist einen Trägerkörper 5 aus Keramik oder gewelltem Stahlblech auf, der, um die wirksame Oberfläche zu vergrößern, mit einer Zwischenschicht 9 aus Aluminiumoxid überzogen ist. Auf ihr ist der eigentliche Katalysator 8 aufgebracht, meist Platin für die Oxidation von CO und HC zu CO_2 und H_2O und Rhodium für die Reduktion von NO_x zu N_2 und O_2. Seine volle Wirkung erhält der Katalysator erst, wenn seine Betriebstemperatur 300 °C erreicht hat. Der Kraftstoff muß bleifrei sein, weil Blei die Oberfläche des Katalysators überziehen und damit unwirksam machen würde. Damit Oxidation und Reduktion gleichzeitig vor sich gehen, darf das Abgas nur wenig O_2 enthalten, d.h., der Motor muß ständig mit einer Luftüberschußzahl nahe $\lambda = 1$ arbeiten. Eine Lambdasonde 2 mißt diese Luftüberschußzahl im Abgas und dient als Regelgröße für die Gemischaufbereitung 7.

Gegenwärtig noch umstritten ist die Frage, ob Flurförderzeuge mit Dieselmotor zusätzlich einen Oxidationskatalysator erhalten sollen. Wegen der hohen Luftüberschußzahl dieses Motors scheidet eine Reduktion von NO_x dabei aus. [4.128] befürwortet diese Ausstattung, [4.120] weist auf den größeren Anteil von toxischem NO_2 in den gereinigten Abgasen hin.

4.3.5.2 Explosionsschutz

Es gibt Betriebsstätten, besonders in der chemischen und erdölverarbeitenden Industrie, in denen eine gefährliche explosionsfähige Atmosphäre auftreten kann. Maschinen und Geräte, d.h. auch Flurförderzeuge, die an solchen Stellen arbeiten dürfen, müssen in explosionsgeschützter Ausführung gebaut und für diese Bereiche zugelassen sein. Der Explosionsbereich brennbarer Gas-Luftgemische wird von einer unteren und oberen Grenze der Brennstoffkonzentration gebildet, bei Staubexplosionen spielen Aufwirbelungen und örtliche Konzentrationsunterschiede eine wesentliche Rolle. Ob ein solches explosionsfähiges Gemisch in gefahrdrohender Menge auftreten kann, hängt auch von der Raumgröße ab. Der Explosionsschutz verfolgt deshalb stets zwei Richtungen

- primäre Maßnahmen, die das Entstehen einer explosionsfähigen Atmosphäre verhindern sollen (Austrittsbeschränkung, Lüftung)
- sekundäre Maßnahmen, die Zündquellen ausschließen sollen.

Grundlage aller in der BRD vorgeschriebenen Maßnahmen sind die Explosionsschutz-Richtlinien (EX-RL) [4.129]; die Vorschrift ElexV [4.130] enthält die Regelungen für elektrische Anlagen. In anderen Ländern gelten andere, z.T. etwas abweichende Vorschriften. Umfassende Informationen über alle Probleme der Explosionsgefahr und deren Abwendung können bei Bedarf [4.131] bis [4.134] vermitteln.

Trotz der Fortschritte in der Sicherheitstechnik ist es aus technischen und wirtschaftlichen Gründen unmöglich, bedingungslos sichere Anlagen zu schaffen oder gar ständig in Betrieb zu halten. Es ist vielmehr notwendig, die Wahrscheinlichkeit einer Explosion durch ein Zusammenwirken primärer und sekundärer Maßnahmen ausreichend klein zu halten. Nach der Wahrscheinlichkeit, mit der explosionsfähige Gemische auftreten können, bildet EX-RL die in Tafel 4-12 aufgeführten Zonen, allerdings mit einer nur qualitativen Abgrenzung. Angefügte Beispiele sollen die Einordnung erleichtern.

Für den sekundären Explosionsschutz werden 13 mögliche Zündquellen benannt, von denen heiße Oberflächen, Flammen, heiße Gase, mechanisch erzeugte Funken und elektrische Ausrüstungsteile besondere Bedeutung für Maschinen und darum auch für Flurförderzeuge haben. Beim Explosionsschutz sind für die Zonen 2 und 11 alle bei normalem störungsfreien Betrieb möglichen Zündquellen, für die Zonen 1 und 10 auch die bei häufig auftretenden Betriebsstörungen zu berücksichtigen. In Zone 0 gilt dies auch für seltene Ereignisse.

Tafel 4-12 Zoneneinteilung für explosionsgefährdete Bereiche nach EX-RL [4.129]

Zone	Explosive Gemische (brennbare Gase)	Zone	Explosive Gemische (brennbare Stäube)
0	ständig oder langzeitig vorhanden	10	langzeitig oder häufig vorhanden
1	gelegentlich vorhanden	11	gelegentlich durch Aufwirbeln gelagerten Staubs kurzzeitig vorhanden
2	nur selten und dann nur kurzzeitig vorhanden		

Sicherheitstechnische Kennzahlen brennbarer Gase und Dämpfe sind von *Nabert/Schön* [4.135] für mehrere hundert Stoffe zusammengestellt worden. DIN VDE 0165 entnimmt daraus eine Auswahl und klassifiziert die Stoffe nach der Grenzspaltweite für den Zünddurchschlag in Explosionsgruppen und nach der Zündtemperatur in Temperaturklassen (Tafel 4-13). Die Grenzspaltweite ist das Maß für den kleinsten Spalt von 25 mm Länge, bei dem nach einer Explosion im Innern eines geschlossenen Behälters ein Zünddurchschlag durch den Spalt gerade noch entstehen und ein außerhalb des Behälters vorhandenes Gemisch entzünden kann. Der niedrigste Wert des Bereichs der Zündtemperatur gilt als zulässiges Maximum der Oberflächentemperatur von Maschinen und Geräten. Nach EX-RL dürfen Betriebsmittel mit heißen Oberflächen in Zone 0 überhaupt nicht, in Zone 1 nur mit 80 % der niedrigsten Zündtemperatur, in Zone 2 bis zu diesem Wert betrieben werden.

Um alle elektrischen Zündquellen auszuschließen, werden für elektrische Betriebsmittel in DIN EN 50014 unterschiedliche Schutzarten definiert, von denen in explosionsgeschützten Flurförderzeugen vorwiegend die druckfeste Kapselung „d", die erhöhte Sicherheit „e" und die Eigensicherheit „i" Verwendung finden. Bei druckfester Kapselung muß das umschließende Gehäuse den Explosionsdruck möglicherweise eingedrungener explosibler Gemische aushalten, und es darf kein Zünddurchschlag durch vorhandene Spalte eintreten. Je nach Art von Gehäuse und Spalt werden größte Spaltweiten von 0,1...0,8 mm und Mindestspaltlängen von 6...40 mm zugelassen bzw. vorgeschrieben. [4.136] erläutert die Maßnahmen zum Explosionsschutz von Elektromotoren.

In der Schutzart erhöhte Sicherheit werden durch bauliche Maßnahmen Funken, Lichtbögen, unzulässig hohe Temperaturen mit einem erhöhten Grad an Sicherheit ausgeschlossen. Eigensicherheit bedeutet schließlich, daß eigensichere Stromkreise geschaffen werden, in denen keine Funken oder thermischen Effekte auftreten.

Elektrisch betriebene Flurförderzeuge in explosionsgeschützter Bauweise (Bild 4-68) werden vorwiegend mit druckfester Kapselung aller als Zündquellen in Frage kommenden Antriebsteile, wie Fahrmotor *3*, Vorschaltwiderstände *4*, Schaltelemente *5*, Pumpenmotor *8*, Bremsschalter *9* und Steuerschalter *10*, ausgerüstet. Für die Batterie reicht meist die Schutzart erhöhte Sicherheit aus, die Schaltkreise werden eigensicher ausgebildet. Die mechanische Bremse erhält Beläge ohne Metallteile, bei höheren Sicherheitsanforderungen wird auch sie druckfest gekapselt. Die Bereifung und etwaige Treibriemen müssen elektrisch leitend sein, um elektrostatischen Auflagen zu begegnen.

Damit auch Gefahren durch Funkenbildung bei Bodenberührung usw. ausgeschaltet werden, umkleiden verschiedene Hersteller die Gabeln, Anbaugeräte, unter Umständen sogar die Boden- und Seitenbleche mit Blechen aus Messing, hochfestem Stahl o.ä.

Verbrennungsmotorisch angetriebene Flurförderzeuge in explosionsgeschützter Bauweise unterliegen bei ihren elektrotechnischen Antriebsgruppen (Anlasser, Batterie, Lichtmaschine) den gleichen Bestimmungen wie solche mit Elektroantrieb. Für die nichtelektrischen Fahrzeugteile gelten weitere Schutzbedingungen [4.137]:

Tafel 4-13 Sicherheitstechnische Kennzahlen zündfähiger Stoffe nach DIN VDE 0165 (Auswahl)

Explosionsgruppe Bezeichnung	Grenzspaltweite in mm	Temperaturklasse und Bereich der Zündtemperatur in °C[1]				
		T1 > 450	T2 > 300 ≦ 450	T3 > 200 ≦ 300	T4 > 135 ≦ 200	T5 > 100 ≦ 135
I	0,30 ... 0,75	Methan				
IIA	0,30 ... 0,75	Aceton Ethan Ethylacetat Ammoniak Benzol Dichlorethan Essigsäure Hochofengas Kohlenoxid Methylacetat Methanol Phenol Toluol	Ethylalkohol i-Amylacetat n-Butan n-Butylalkohol n-Butylacetat Cyclohexanon Essigsäureanhydrid n-Propylalkohol Propan	n-Amylalkohol Benzin Cyclohexan Dieselkraftstoff Erdöl[2] Heizöl n-Heptan n-Hexan n-Pentan	Acetaldehyd Ethyläther	
IIB	0,2 ... 0,4	Stadtgas	Ethylen Ethylenoxid	Erdöl[2]		
IIC	0,1 ... 0,3	Wasserstoff	Acetylen			Schwefelkohlenstoff

[1] Temperaturklasse T6 (> 85 ≦ 100°C) noch nicht belegt; [2] je nach Zusammensetzung

4.3 Baugruppen von Flurförderzeugen

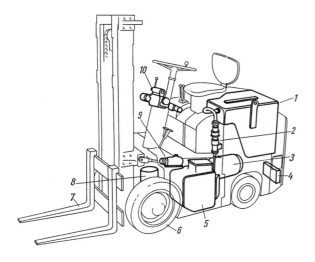

Bild 4-68 Explosionsgeschützter Elektrogabelstapler
1 Batterie
2 Steckverbindung für Batteriekabel
3 Fahrmotor
4 Vorschaltwiderstände
5 Schaltelemente
6 Bereifung
7 Gabel
8 Pumpenmotor
9 Bremsschalter
10 Steuerschalter für Motoren

Zusätzliche Forderungen für den Motor

- Die Oberflächentemperatur darf nirgends 160°C (für Temperaturklasse T3) bzw. 110°C (für Temperaturklasse T4) überschreiten. Hierfür werden Motor und Abgasleitung mit einer wassergekühlten oder sonstigen wärmedämmenden Ummantelung versehen.
- Die Ansaug- und Auspuffleitung müssen je eine Rückschlagsicherung gegen Flammendurchtritt erhalten.
- Eine Schnellschlußeinrichtung muß die Luftzufuhr in der Ansaugleitung unterbrechen, sobald die Nenndrehzahl des Motors, die zulässige Kühlwassertemperatur bzw. Abgastemperatur überschritten oder der vorgeschriebene Öldruck unterschritten wird. Diese Forderung zwingt dazu, die genannten Größen ständig mit Hilfe geeigneter Meßmittel zu überwachen und eine entsprechende Sicherheitsschaltung zu installieren.
- Die Abgastemperatur darf in keinem Betriebszustand 160°C bzw. 110°C überschreiten. Deshalb werden die Abgase mit Frischluft vermengt und gekühlt. Man kann auch aus einer Düse Wasser in die Abgasleitung einspritzen oder einen Abgaswäscher nachschalten, der zugleich als Funkenfänger wirkt.
- Die Wellendichtungen am Motor, die Einfüllstutzen, der Ölkontrollstab und die Kurbelraumlüftung müssen durch entsprechend geringe Spaltweiten zünddurchschlagsicher sein. Dies gilt auch für sonstige bewegliche Teile, wobei Öffnungen möglichst durch ein Verschrauben der Verschlußteile zu sichern sind.

Zusätzliche Forderungen für das Fahrzeug

- Alle weiteren elektrischen Baugruppen, wie Hupe, Beleuchtung, müssen explosionssicher gebaut sein. Günstig ist es, Beleuchtungseinrichtungen stationär im gefährdeten Bereich anzubringen.
- Kupplungen, Wandler, Bremsen usw. dürfen an ihren Gehäusen keine höheren Temperaturen als 160°C bzw. 110°C entstehen lassen.
- Die Ansaugleitung soll, möglichst mit einer Höhe bis 2,5 m, über dem Boden liegen.

- Beim Einsatz in Arbeitsbereichen der Zone 1 mit Temperaturklasse T4 müssen auch Motor und Bremsen druckfest gekapselt werden [4.138].

Den Schutz gegen Staubexplosionen behandelt ausführlich [4.139]. Hier tritt ein zusätzliches Sicherheitskriterium darin auf, daß sich auf oder in zündgefährlichen Teilen keine zündfähigen Stoffe ablagern dürfen. In dem Gabelstapler nach Bild 4-69 sind deshalb alle möglichen Zündquellen zusammengefaßt und gekapselt worden. Sie werden ständig mit gefilterter Frischluft gespült und gekühlt. Es gibt auch Bauformen, in denen der gesamte Rahmen abgedichtet ist und unter Überdruck gehalten wird.
Explosionsgeschützte Flurförderzeuge, meist Gabelstapler, werden heute für den Einsatz in den Zonen 1 bzw. 11 mit Stoffen der Explosionsgruppe IIB und Temperaturklasse T4 gebaut und betrieben. Sie unterliegen einer Bauartprüfung und Zulassung durch die Physikalisch-Technische Bundesanstalt, die jedoch bei einer Beschränkung auf die Verwendung in der Zone 2 nicht vorgeschrieben ist. Näheres über die Rechtsvorschriften und notwendigen Gutachten gibt [4.140] an; [4.141] nennt Formen und Hersteller von explosionsgeschützten Flurförderzeugen.

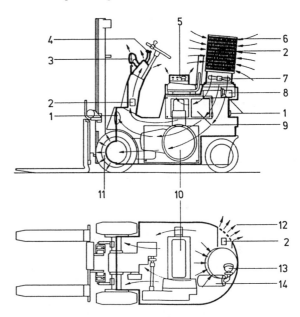

Bild 4-69 Explosionsgeschützter Dieselgabelstapler mit Frischluftspülung [4.138]
1 Beleuchtung
2 Überwachungselement
3 Arbeitsplatzleuchte
4 Bedienungshebel
5 Schaltkasten
6 Luftfilter
7 Lüfter
8 Kühler
9 Starterbatterie
10 Dieselmotor
11 Bremstrommel
12 Luft- und Abgasaustritt
13 Flammenschutz
14 Auspuff für Kühler

4.3.5.3 Auswahlkriterien

Beide Hauptgruppen des Fahrantriebs, der batterieelektrische und der kraftstoffgespeiste mit Verbrennungsmotor, haben ihre spezifischen Vorzüge und Nachteile. Weil sich diese bei der Abwägung teils ausgleichen, teils maßgebend auswirken, haben sich beide Antriebsarten seit längerer Zeit mit gleichgewichtigen Anteilen in abgegrenzten, sich aber überschneidenden Einsatzbereichen nebeneinander behauptet.
Die sehr grob vereinfachende qualitative Gegenüberstellung von Kenngrößen und Eigenschaften der beiden

Grundarten der Fahrantriebe in Tafel 4-14 skizziert das Entscheidungsfeld, soll jedoch mehr beschreiben als bewerten. Die Bezeichnungen „klein" bzw. „groß" sind nur in ihrem wechselseitigen Bezug, nicht absolut zu sehen. Eine erweiterte, wenn auch etwas ältere Checkliste in [4.142] kann weiterhin behilflich sein, wenn einige Bewertungen an den heutigen Stand angepaßt werden.

Tafel 4-14 Vergleich der Antriebsarten von Flurförderzeugen

Vergleichsgröße	Batterie-elektrischer Antrieb	Verbrennungs-motorischer Antrieb
Leistungskenngrößen:		
Fahrgeschwindigkeit (mit Nutzmasse)	bis 20 km/h	bis 50 km/h
Steigfähigkeit	bis 15 %	bis 35 %
Aktionsradius	klein	groß
Eignung für schlechte Fahrbahnen	schlecht	gut
Betriebsgrößen:		
Energiedichte	klein	groß
Lebensdauer		
Antrieb	groß	klein
Energiespeicher	klein	groß
Verschleiß	klein	groß
Wartungsaufwand		
Antrieb	klein	groß
Energiespeicher	groß	klein
Umweltbeeinflussung:		
Geräuschentwicklung	klein	groß
Luftverschmutzung	keine	groß

Kostenvergleiche widersprechen sich zum Teil, sind bisweilen sogar von Herstellerinteressen beeinflußt. Während [4.143] dem Elektrostapler die niedrigsten Gesamtkosten je Einsatzstunde bescheinigt, wobei die höhere Nutzungsdauer eine große Rolle spielt, weist [4.144] auf die geringeren Energiekosten des Dieselantriebs hin. Der beträchtliche Anteil der Fahrerkosten an den Gesamtkosten führt in der Tendenz zur Wahl schwererer Flurförderzeuge, bei Staplern zur vermehrten Ausrüstung mit aufwendigen Anbaugeräten, um die Anzahl der eingesetzten Fahrzeuge zu vermindern oder die Umschlagleistungen zu steigern.

Die Hauptpunkte für die Abgrenzung des Einsatzfelds beider Antriebsformen sind weiterhin

– beim elektrischen Antrieb der große Wartungsaufwand und das geringe Leistungsvermögen, beides durch die Batterie bedingt
– beim verbrennungsmotorischen Antrieb die größere Geräuschentwicklung und die Abgasemissionen.

Bild 4-70 zeigt die Streufelder der in Staplern gegenwärtig installierten Antriebsleistungen. Das der verbrennungsmotorischen Antriebe liegt deutlich über dem der elektromotorischen. Diese Unterschiede spiegeln sich zudem in der auf die Nutzmasse bezogenen spezifischen Antriebsleistung wider, die beim elektrischen Antrieb den Bereich 2...4 kW/t, beim verbrennungsmotorischen den von 4...15 kW/t überspannt. Dieser grundsätzliche, das gesamte Leistungsvermögen bestimmende Unterschied läßt sich so lange nicht beseitigen, wie keine Batterien mit höherer Energiedichte zur Verfügung stehen. Es macht den Elektroantrieb ungeeignet, wenn diese höhere spezifische Antriebsleistung tatsächlich gebraucht wird, z.B. für sehr intensiven Einsatz, hohe Umschlagleistungen, häufige Steigungsfahrten, schlechte Fahrbahnverhältnisse, erschwerte Umgebungsbedingungen.

Dies läßt sich auch anhand der Fahrgeschwindigkeiten belegen, die bei elektrisch angetriebenen Staplern zwischen 9 und 18 km/h, bei verbrennungsmotorisch getriebenen im Bereich 15...30 km/h liegen. Wenn inzwischen elektrisch betriebene Stapler auch in höhere Tragfähigkeitsklassen ab 5 t vordringen, so erhalten sie immer niedrigere Fahrgeschwindigkeiten als die leichteren Stapler. Bei Antrieb durch Verbrennungsmotor ist dies gerade umgekehrt, hier steigt die Fahrgeschwindigkeit i.allg. mit größer werdender Nutzmasse an.

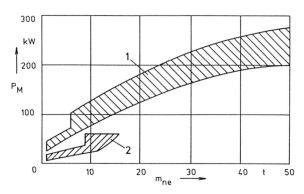

Bild 4-70 Antriebsleistungen P_M von Gabelstaplern in Abhängigkeit von der Tragfähigkeit m_{ne}, nach Firmenangaben
1 Verbrennungsmotor; 2 Elektromotor

Andere Auswahlkriterien sind dagegen durch die in den vorangehenden Abschnitten dargelegten technischen Entwicklungen günstig beeinflußt worden, wie der Wartungsaufwand für die Batterie und die Beeinträchtigung durch die Abgase der Verbrennungsmotoren. Auch beim Explosionsschutz gibt es keine merklichen Unterschiede, beide Antriebsarten sind für die bisher höchste Schutzart, d.h. für den Einsatz in den Zonen 1 bzw. 11 mit Stoffen der Explosionsgruppe IIB und Temperaturklasse T4 verfügbar, siehe Abschnitt 4.3.5.2.

Tafel 4-15 Vergleich der Bereifung von Flurförderzeugen

Vergleichsgröße	Vollreifen	Luftreifen
Tragfähigkeit[1]	groß	klein
Rollwiderstand		
Fahrbahn hart	klein	groß
Fahrbahn weich	groß	klein
Fahrgeschwindigkeit	klein	groß
Fahrsicherheit[2]	klein	groß
Stoßdämpfung	klein	groß
Empfindlichkeit	klein	groß
Montageaufwand	klein[3]	groß
Beschaffungskosten	klein	groß

[1] bei gleichem Raddurchmesser; [2] bei unebener Fahrbahn; [3] nur bei geteilter Felge

Außer dem Antrieb ist die Bereifung eines Flurförderzeugs auf die betrieblichen Verhältnisse abzustimmen. Für den Vergleich in Tafel 4-15 gelten die gleichen Einschränkungen wie für den der Antriebsarten in Tafel 4-14. Der Vollreifen ist billiger, braucht weniger Wartung und hat eine längere Nutzungsdauer als der Luftreifen, eignet sich wegen seiner schlechten Federungseigenschaften jedoch nur, wenn gute Fahrbahnen vorliegen. Seine kleineren Abmessungen erlauben es, die Flurförderzeuge kürzer, schmaler und damit wendiger zu bauen. Luftbereifte Fahrzeuge haben eine bessere Federung und Stoßdämpfung, ein wichtiger ergonomischer Aspekt. Die Elastikreifen verbinden bestimmte Vorzüge der Luft- und Vollreifen, sie dringen immer mehr vor. Welchen Einfluß der Reifendurchmesser darüber hinaus auf das Fahrverhalten haben kann, beschreibt [4.145].

4.3.6 Lenkungen

Die meisten in der Kraftfahrzeugtechnik verbreiteten Lenkungen [2.357] [2.358] findet man auch bei den Flurförderzeugen. Die manuell erzeugte Lenkkraft wird wegen der großen Rad- und Lenkkräfte oft durch eine hydraulisch, seltener elektrisch erzeugte Hilfskraft unterstützt. Wegen der niedrigen Fahrgeschwindigkeiten ist statt der mechanischen auch die hydraulische Übertragung der Lenkbewegungen zulässig; sie wird immer mehr vorgezogen.
Jede Lenkung soll, außer den gebräuchlichen Ansprüchen an technische Mittel, folgende Grundforderungen erfüllen:
– kinematisch günstige Auslegung
– geringe Bedienungskräfte
– Dämpfung der Fahrbahnstöße
– Erhaltung des Straßengefühls beim Fahrer.

4.3.6.1 Lenksysteme

Die Lenksysteme, d.h. Lenkungsart und Anordnung der gelenkten Räder, der Flurförderzeuge übertreffen in ihrer Vielfalt noch die der Straßenkrane, siehe Abschnitt 2.5.3.2. Bei der *Achsschenkellenkung* (Bild 4-71a) werden die zu lenkenden Räder um die Mittellinie eines Achsschenkelbolzens gedreht. An Einzelrädern können dabei Schwenkwinkel bis 85° erzeugt werden. Hat das Fahrzeug eine vorrangige Fahrtrichtung, wie ein Schlepper, erhält es eine Vorderachslenkung. Bei Gabelstaplern verlangen dagegen technische Gründe eine Hinterachslenkung, was einen anderen Verlauf der Fahrspuren und ein verändertes Fahrverhalten zur Folge hat. Eine Allradlenkung (Bild 4-71b) verkleinert den Kurvenradius und beseitigt die Unterschiede des Fahrverhaltens in beiden Fahrtrichtungen. Gleiche und gleichsinnige Lenkeinschläge aller Räder ermöglichen eine Querfahrt des Fahrzeugs (Bild 4-71c).
Schwere Anhängewagen mit mehr als zwei Achsen werden häufig mit einer *Achslenkung* ausgerüstet, bei der die einzelnen Pendelachsen um eine senkrechte Achse um mehr als 90° zu drehen sind. Neben mechanischen werden hierfür auch hydraulische Verstelleinrichtungen verwendet. Wie aus Bild 4-71d ersichtlich ist, lassen sich beliebige Kurvenradien bis zum Drehen auf der Stelle einstellen. Besonders kleine Kurvenradien gestattet die *Drehschemellenkung*, dies gilt vor allem für den Innenradius des Fahrzeugs. Die Vorzugsbauweise in Flurförderzeugen ist die Einzelrad- bzw. Einzelachslenkung (Bild 4-71e) für Dreirad- bzw. Vierradfahrzeuge. Auch hier sind Lenkeinschläge bis oder über 90° nach beiden Seiten möglich, wobei allerdings die Hinterräder beim zulässigen extremen Lenkeinschlag noch abrollen müssen, damit das Fahrzeug nicht umkippt. Die Ausbildung des Drehschemels als Fahrzeugteil (Bild 4-71f) und die *Knicklenkung*, bei der nicht die Achsen, sondern das zweiteilige Fahrzeug um ein etwa in der Mitte angeordnetes Gelenk geknickt werden kann (Bild 4-71g), findet man oft in Baumaschinen, nur gelegentlich in Flurförderzeugen. Eine Übersicht über die Einflüsse der verschiedenen Lenksysteme auf das Fahrverhalten, die Fahr- und Standsicherheit enthält [4.146].

Das Lenksystem muß stark gedämpft sein, damit das Lenkrad nicht beim Überfahren von Hindernissen, wie Bordkanten, Schwellen, plötzlich mit großer Kraft zurückschlagen und Verletzungen des Bedienenden verursachen kann. Bei mechanischen Lenkungen werden selbsthemmende Schneckengetriebe oder Dämpfungseinrichtungen in die Lenksäule eingebaut. Hydrostatische Lenkungen erhalten hydraulische Rückschlagsicherungen.

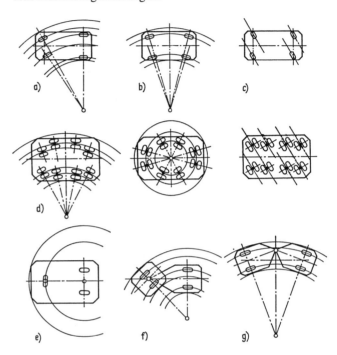

Bild 4-71 Lenksysteme von Flurförderzeugen [4.146]
a) Achsschenkellenkung
b) Allrad-Achsschenkellenkung
c) Lenkung für Querfahrt
d) Achslenkung
e) Drehschemellenkung für Einzelachse
f) Drehschemellenkung mit Fahrzeugteilung
g) Knicklenkung

4.3.6.2 Mechanische Lenkungen

Die gebräuchlichsten Bauarten der Flurförderzeuge sind Zweiachsfahrzeuge mit drei oder vier Rädern. Durch die Lenkung werden bei den Dreiradfahrzeugen mindestens ein, bei den Vierradfahrzeugen mindestens zwei Räder um eine senkrechte oder schwach zur Vertikalen geneigte Achse so gedreht, daß sich die Projektionen der Radachsen zumindest näherungsweise im gewünschten Momentanpol der Kurvenfahrbewegung schneiden.
Im Bild 4-72 sind ein Vierradfahrzeug mit sogenannter Normalstellung der Räder, d.h. mit senkrechten Radebenen und senkrechten Drehachsen für die Lenkbewegung, und ein Dreiradfahrzeug gezeichnet. Eine Lenkung wäre dann vollkommen, wenn das Lenkgetriebe dafür sorgte, daß für jeden im Stellbereich liegenden Kurvenradius r_0 die Schenkel der Winkel φ_a des Außenrads und φ_i des Innenrads durch den Momentanpol 0 gingen. Hierfür gilt folgende Gesetzmäßigkeit

$$\cot \varphi_a - \cot \varphi_i = \frac{b}{l}. \tag{4.33}$$

Eine Drehschemellenkung (gestrichelte Vorderachse im Bild 4-72) erfüllt diese Bedingung mit

$$r_0 = l \cot\varphi_m, \tag{4.34}$$

sei es mit einem Mittelrad, sei es mit einer drehbaren Vorderachse und zwei Rädern, kinematisch einwandrei. Bei einer Achsschenkellenkung ließe sich dagegen eine vollkommene Lenkung nur mit unvertretbar hohem konstruktivem Aufwand erreichen. Wegen der großen Elastizität der Reifen und aus Gründen der Fahrstabilität ist sie außerdem gar nicht notwendig bzw. erwünscht [2.357].

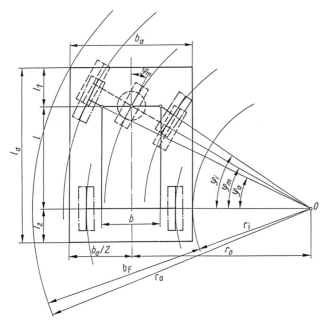

Bild 4-72 Vierrad- bzw. Dreiradfahrzeug mit Achsschenkel- bzw. Drehschemellenkung während der idealen Kurvenfahrt

Lenkgetriebe

Für die langsam fahrenden Flurförderzeuge reichen die einfachen viergliedrigen Lenkgetriebe mit ungeteilter oder geteilter Spurstange nach Bild 4-73 aus, die auch im Kraftfahrzeugbau die größte Verbreitung haben. Da sich Gl. (4.33) mit ihnen nur näherungsweise erfüllen läßt, ist es die Aufgabe des Entwerfenden, den Lenkfehler, d.h. die Abweichungen zwischen Soll- und Istwerten der Radwinkel, in vertretbaren Grenzen zu halten.

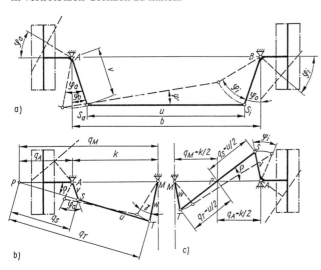

Bild 4-73 Achsschenkellenkungen
a) mit ungeteilter Spurstange
b) mit geteilter Spurstange, allgemeiner Fall
c) mit geteilter Spurstange, symmetrischer Fall

Die Literatur [2.357] [2.358] nennt verschiedene Verfahren, mit denen die Abmessungen eines solchen Lenkgetriebes zu ermitteln sind. Hier wird das von *Schlaefke* [4.147] herangezogen, das von den geometrischen Zusammenhängen am Lenktrapez gemäß Bild 4-73a ausgeht,

$$\begin{aligned}v\sin(\varphi_0-\varphi_a)+u\cos\psi+v\sin(\varphi_0+\varphi_i)&=b\\v\cos(\varphi_0-\varphi_a)-u\sin\psi-v\cos(\varphi_0+\varphi_i)&=0.\end{aligned} \tag{4.35}$$

Mit der Substitution $u = b - 2v\sin\varphi_0$ wird aus Gl. (4.35)

$$\cos\psi = \sqrt{1-\left(\frac{\frac{v}{b}\left[\cos(\varphi_0-\varphi_a)-\cos(\varphi_0+\varphi_i)\right]}{1-2\frac{v}{b}\sin\varphi_0}\right)^2}. \tag{4.36}$$

Gl. (4.36) in Gl. (4.35) eingesetzt, ergibt

$$\frac{v}{b} = \frac{\sin(\varphi_0-\varphi_a)+\sin(\varphi_0+\varphi_i)-2\sin\varphi_0}{\cos2\varphi_0-\cos(2\varphi_0-\varphi_a+\varphi_i)}. \tag{4.37}$$

Die Funktion des Lenktrapezes nach Gl. (4.37) enthält die vier Variablen φ_0, φ_a, φ_i und v/b, die so zu bestimmen sind, daß die Sollfunktion nach Gl. (4.33) gut angenähert wird. Eine strenge Lösung gibt es dabei nur für die symmetrische Stellung und für einen Kurvenradius, d.h. für eine Paarung φ_a und φ_i. Das Verhältnis v/b soll erfahrungsgemäß zwischen 0,10 und 0,15 liegen. Nach Annahme je eines Werts für φ_0 und φ_a wird v/b in Abhängigkeit von φ_i bestimmt und so lange interpoliert, bis der gewünschte Wert erreicht ist.

Häufig muß die Spurstange des Lenktrapezes geteilt werden, so daß zwei Lenkvierecke entstehen. Der allgemeine Fall mit beliebigen Abmessungen der Glieder der Viergelenkkette (Bild 4-73b) erfordert einen größeren rechnerischen Aufwand [4.148]. Dagegen können für den kinematisch günstigen, spiegelbildlich symmetrischen Fall (Bild 4-73c) einfache Gleichungen angegeben werden, die sich wiederum auf die Normalstellung der Laufräder beziehen. Es gilt [4.148]

$$\tan\rho = \frac{3c+2c^3}{1-c^2-c^4} \quad \text{mit } c = \frac{b}{2l}$$

$$u = k\sqrt{\frac{(1+c^2)^3}{1+6c^2+5c^4+c^6}}. \tag{4.38}$$

Der Cosinussatz führt zu

$$v = w = 0,5\sqrt{k^2+u^2-2ku\cos\rho}. \tag{4.39}$$

Mit dem theoretisch erforderlichen Lenkwinkel φ_{ith} nach Gl. (4.33)

$$\varphi_{ith} = \operatorname{arccot}\left(\cot\varphi_a - \frac{b}{l}\right)$$

wird der Lenkfehler

$$\Delta\varphi_i = \varphi_i - \varphi_{ith} \tag{4.40}$$

grafisch oder analytisch als Funktion von φ_a für den gesamten Lenkbereich nach beiden Richtungen ermittelt. Bei Flurförderzeugen können wegen der geringen Fahrgeschwindigkeiten im Bereich großer Lenkausschläge Maximalwerte von 2...3° zugelassen werden, ohne das Fahrverhalten spürbar zu verschlechtern oder den Reifenverschleiß unzulässig zu erhöhen.

Um die Lenkung vorzuspannen und stabil zu machen, ein Lenkgefühl durch ein rückstellendes Moment beim Fahrer zu erzeugen, elastische Verformungen und das Lagerspiel der Räder auszugleichen bzw. zu beseitigen, erhalten die gelenkten Räder eines Kraftfahrzeugs Sturz, Spreizung, Vorspur und Nachlauf (Bild 4-74). Statt eines Winkels wird bei der Vorspur der Abstand e am Felgenkranz benannt. Den Einfluß dieser gegenüber der Normallage veränderten Radstellung auf die Lenkung behandelt [4.149]. Auch die Lenkräder der Flurförderzeuge erhalten derartige Stellungskorrekturen, vor allem Sturz und Spreizung. *Hammer* [4.150] empfiehlt, die Hinterräder der heckgelenkten Gabelstapler mit einer Vorspur und einem Vorlauf- statt Nachlaufwinkel zu lagern.

Mechanische Drehschemellenkungen enthalten statt eines Übertragungsgestänges sehr oft eine Kraftübertragung durch eine Gelenkkette (Bild 4-75). Allerdings muß man bei einer Hinterradlenkung dafür sorgen, daß die Drehrichtungen von Lenkrad und Fahrzeug gleichsinnig verlaufen. Aus diesem Grund ist hinter dem Lenkrad eine Zahnradübersetzung angeordnet, die auch im dann geteilten Kettenstrang liegen kann.

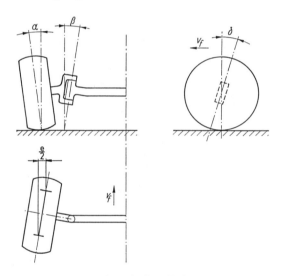

Bild 4-74 Stellung des gelenkten Rads
α Sturzwinkel (1°30'...2°); β Spreizungswinkel (4...8°); δ Nachlaufwinkel (0...4°); e Vorspur (3...10 mm); v_f Fahrgeschwindigkeit

Servolenkungen

Die Kräfte zum Lenken eines Flurförderzeugs werden aus dem Moment bestimmt, das zum Verdrehen der zu lenkenden Räder gegen die in den Aufstandsflächen wirkenden Reibungskräfte benötigt wird. In vielen Fällen, z.B. bei Staplern, verlangt man, daß Lenkbewegungen zumindest am unbelasteten Fahrzeug auch im Stand möglich sein müssen. Weil Lenkkräfte über 200 N am Lenkrad unzumutbar sind, müssen Flurförderzeuge ab etwa 2 t Tragfähigkeit i. allg. eine hydraulische oder elektrische Lenkkraftunterstützung bekommen.

Der Aufbau und die Wirkungsweise einer hydraulischen Servolenkung sind im Abschnitt 2.5.3.2 beschrieben. Um den Drucköstrom ständig aufrechtzuerhalten, werden rd. 0,7 kW dauernd, maximal bis 6 kW kurzzeitig an Leistung gebraucht. Bei batterieelektrisch angetriebenen Flurförderzeugen kann dies einen Verbrauch von 10...20 % der Batterieenergie bedeuten. Aus diesem Grund wurden hydraulische Lenkungen mit zu- und abschaltbaren Pumpen und energiesparende, impulsgesteuerte elektrische Lenkhilfen entwickelt [4.151].

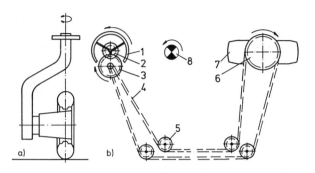

Bild 4-75 Drehschemellenkung [4.150]
a) Drehschemelachse, schematisch
b) Kettenlenkung mit Zahnradpaar
1 Lenkrad
2,3 Zahnräder
4 Gelenkkette
5 Umlenkrolle
6 Kettenrad
7 Hinterrad
8 Fahrzeugschwerpunkt

Jede Servolenkung muß die Lenkung des Fahrzeugs auch bei einem Ausfall der Servowirkung gewährleisten. Durch Wahl einer entsprechenden Übersetzung im Lenkgetriebe ist dafür zu sorgen, daß auch in diesem Ausnahmefall die Kräfte am Lenkrad vom Fahrer noch beherrscht werden können, wobei allerdings kurzzeitige Spitzenwerte von 450...500 N ertragbar sein sollten [4.152].

4.3.6.3 Hydrostatische Lenkungen

In einer hydrostatischen Lenkung wird, zusätzlich zur Lenkkraftverstärkung durch den Flüssigkeitsdruck, das mechanische Lenkgestänge durch ölführende Rohrleitungen und Schläuche ersetzt. Die in den Leitungen eingeschlossenen zwei Ölsäulen sind relativ zueinander verschiebbar und lenken dadurch das Fahrzeug. Wegen der immer wieder erwähnten niedrigen Fahrgeschwindigkeiten bis 30 km/h bestehen bei Flurförderzeugen keinerlei Bedenken oder Einschränkungen in Bezug auf den Ersatz mechanischer Lenkgetriebe durch ein eingeschlossenes Fluid.

Die Wirkungsweise einer hydrostatischen Lenkung ist ebenfalls bereits im Abschnitt 2.5.3.2 behandelt worden. Bild 4-76 zeigt die konstruktive Ausführung der Lenkanlage eines Gabelstaplers mit einem Hydrozylinder *5* als Stellglied, der einen doppeltwirkenden Scheibenkolben mit beiderseitiger Kolbenstange enthält und damit gleiche Lenkkräfte in beiden Richtungen erzeugt. Die Hydraulikpumpe *9* versorgt neben dem Lenkkreis auch den des Servo-Bremssystems.

Das Lenkaggregat (Bild 4-77) einer solchen Steuerung besteht im wesentlichen aus einem beim Drehen der Lenksäule verschobenen Steuerschieber *4* und einer Dosierpumpe mit innenverzahntem Stator *5* und außenverzahntem Rotor *7*. Über eine Gelenkwelle *6* wird eine der Rotordrehung synchrone Drehbewegung des Steuerschiebers und dadurch eine mit dem Rotor umlaufende Verteilersteuerung für die Kammern der Dosierpumpe hergestellt, siehe auch das Schema im Bild 2-295.

Die Steuerschieber dieser Lenkeinrichtung werden in zwei Bauformen angefertigt, die sich in der Leitungsführung während ihrer Neutralstellung unterscheiden (Bild 4-78). Beide Bauweisen halten eine offene Verbindung zwischen der Pumpen- und der Tankleitung aufrecht (open center). Sie weichen voneinander darin ab, daß in der Form ohne Rückführung (Bild 4-78a) die beiden Zuleitungen zum Stellglied geschlossen, in der mit Rückführung (Bild 4-78b) über die Dosierpumpe offengehalten sind. In der erstgenannten Bauweise werden Stöße auf die Räder, z.B. durch ein Anfahren an Hindernisse, nicht auf das Lenkrad übertragen, was für knickgelenkte Fahrzeuge unabdingbar ist, in der zweiten bleibt jedoch die Rückwirkung der äußeren Kräfte auf das Lenkrad erhalten. Hier stellen sich Achse und Lenkrad selbsttätig zurück, wenn der Fahrer das Lenkrad losläßt. Sind Pumpen- und Tankanschlüsse in der Neutralstellung gesperrt (closed center), lassen sich unter Verwendung von Verstellpumpen energiesparende Systeme aufbauen. Weitere Hinweise für Konstruktion und Verhalten hydrostatischer Lenkungen enthält die Fachliteratur, z.B. [4.153].

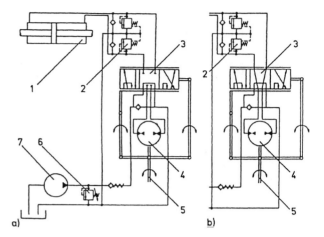

Bild 4-78 Schaltbild einer hydrostatischen Lenkung in Neutralstellung [4.150]
a) ohne Rückführung
b) mit Rückführung
1 Stellglied   5 Lenksäule
2 Druckreduzierventil   6 Druckbegrenzungsventil
3 Steuerschieber   7 Hydraulikpumpe
4 Dosierpumpe

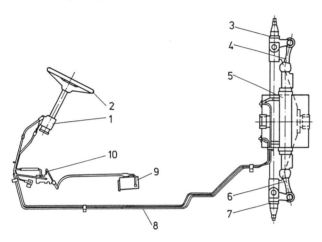

Bild 4-76 Hydrostatische Lenkung eines Gabelstaplers
1 Steuereinheit   6 Spurstange links
2 Lenkrad   7 Achsschenkel links
3 Achsschenkel rechts   8 Ölleitungen
4 Spurstange rechts   9 Hydraulikpumpe
5 Hydraulikzylinder   10 Servo-Bremssystem

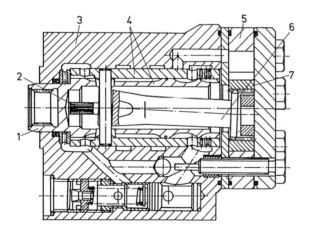

Bild 4-77 Hydrostatisches Lenkaggregat LAG
ZF Hydraulik Nord, Parchim
1 Lenksäulenanschluß   5 Stator der Dosierpumpe
2 Zentrierfedern   6 Gelenkwelle
3 Gehäuse   7 Rotor der Dosierpumpe
4 Steuerschieber

4.4 Handfahrgeräte

Handfahrbare Flurförderzeuge ohne Triebwerke haben für begrenzte Nutzmassen, kurze Fahrwege und nur gelegentliche Benutzung auch im Zeitalter der Vollmechanisierung ihre Bedeutung nicht verloren. Sie kosten wenig, sind jederzeit verfügbar und führen dennoch zu einer spürbaren körperlichen Entlastung des Bedienenden. Es ist die Tendenz zu erkennen, sie sorgfältiger durchzubilden [4.154], durch Verwendung von Aluminium o.ä. leichter zu machen und neben Universalgeräten auch auf spezielle Aufgaben eingerichtete Sonderausführungen einzusetzen.

Nahezu unüberschaubar ist die Anzahl der Bauarten handfahrbarer Flurförderzeuge [4.155] [4.156]. Man kann sie gröber oder, wie in DIN 4902, feiner gliedern. Gewählt wird hier die Einteilung in Karren mit einem oder zwei Rädern und in drei- und vierrädrige Wagen mit Schiebebügeln oder Deichseln. Außerdem gibt es die Gruppe der Wagen mit Hubeinrichtung.

Die *Schubkarre* als allgemein verbreiteter Grundtyp der Karre (Bild 4-79a) besteht aus einer Blech- oder Holzmulde, zwei Holmen und einem meist luftbereiften Rad mit Gleit- oder Wälzlagerung. Die Tragfähigkeit schwankt zwischen 100 und 250 kg, die Eigenmasse zwischen 15 und 90 kg. Bei dieser Karre muß der Bedienende einen Anteil F_A der Gewichtskraft F des Guts tragen (Bild 4-80a) und zusätzlich eine Horizontalkraft F_r zur Überwindung des Fahrwiderstands aufbringen. Diese Kräfte betragen mit

$$\tan\beta = \frac{h-r}{l_A + l_B}$$

$$F_r = \mu_f F_B = F \frac{\mu_f}{\left(1+\dfrac{l_B}{l_A}\right)(1-\mu_f \tan\beta)} ; \qquad (4.41)$$

$$F_A = F \frac{\dfrac{l_B}{l_A + l_B} - \mu_f \tan\beta}{1 - \mu_f \tan\beta} . \qquad (4.42)$$

4.4 Handfahrgeräte

Die Schubkraft F_r nimmt zu mit größeren Werten von μ_f und β bzw. abnehmendem l_B; bei der anteiligen Gewichtskraft F_A ist die Tendenz umgekehrt.

Der Karrenfahrer wird durch die Wahl der Schwerpunktlage der Ladung einen günstigen Wert des Verhältnisses F_r/F_A zu erreichen suchen. Ein weit vorn liegender Schwerpunkt erleichtert das Entleeren der Schubkarre durch Auskippen nach vorn; Δh_S und damit die Kipparbeit werden kleiner. Dafür kippt die Karre bei dieser Lage des Schwerpunkts leichter seitlich. Im Bild 4-80b ist zu erkennen, daß der Schwerpunkt bei gleicher Kippsicherheit um so höher liegen darf, je weiter er zu den Handgriffen der Karre rückt; allerdings vergrößert dies den Anteil der zu tragenden Gewichtskraft.

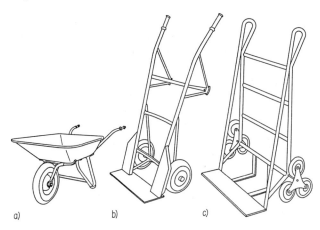

Bild 4-79 Karren
a) Schubkarre
b) Stechkarre
c) treppengehfähige Stechkarre

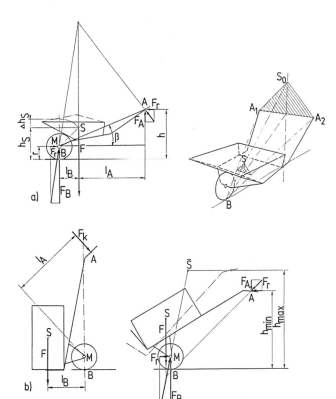

Bild 4-80 Kräfte an der Karre
a) Schubkarre
b) Stechkarre

Die *Stechkarre* (Bild 4-79b) ist eine zweirädrige Karre für Stückgüter, die durch Ausrüstung mit einem kürzeren oder längeren Blatt, das unter das angekippte Gut geschoben wird, mit geringer Kraft zu beladen ist. Während des Transports liegt der Gutschwerpunkt durch Neigung der Stechkarre nur wenig vor oder hinter der Radachse, so daß der Fahrende nur eine kleine vertikale Zug- oder Druckkraft aufzubringen hat. Die Karre sollte so bemessen sein, daß die resultierenden Kräfte im Bereich günstiger Griffhöhen, d.h. zwischen h_{min} und h_{max}, klein bleiben. Treppengehfähige Ausführungen haben teils einfache drei- oder fünfrädrige Radsterne (Bild 4-79c), teils sind sie mit hebelbetätigten Handhubeinrichtungen ausgestattet, um sie von Stufe zu Stufe hochzuheben. Aus Sicherheitsgründen erhalten schwere Stechkarren über Bowdenzüge betätigte Bremsen, ihre Tragfähigkeiten reichen bis 800 kg.

Handfahrbare Wagen weisen überwiegend drei bis vier Räder oder Rollen auf, von denen sich eine bis vier als Lenkrollen zusätzlich um die senkrechte Achse drehen und dadurch selbsttätig der Fahrtrichtung anpassen können. Über an einer Stirnseite angebrachte Rungen oder Bügel werden die Wagen geschoben, seltener mit Deichseln gezogen, wobei Schubkräfte bis 120 N während der Streckenfahrt und bis 240 N beim Anfahren zumutbar erscheinen. Die Wagen genügen als Plattform-, Tisch-, Etagen-, Kastenwagen o.ä. sehr unterschiedlichen Aufgaben (Bild 4-81). Besonders niedrige spezielle Formen mit sehr kleinen, durchweg lenkbaren Rollen, sogenannte Roller, lassen sich in jede gewünschte Fahrtrichtung verschieben. Die Tragfähigkeiten handfahrbarer Wagen überdecken einen Bereich von 0,2...1,2 t.

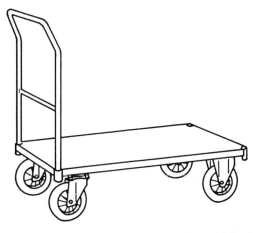

Bild 4-81 Schiebebügelwagen mit 2 Lenk- und 2 Bockrollen
FTA Fahrzeugtechnik, Bad Säckingen
Tragfähigkeit 500 kg

Die Räder bzw. Rollen der handfahrbaren Karren und Wagen (Bild 4-82) haben vorwiegend Vollreifen, seltener Luft- oder Stahlreifen. Auf unebener Fahrbahn werden sie dynamisch hoch beansprucht, die Stoßbeiwerte liegen nach [4.154] beim Stoß gegen ein Hindernis von 100 mm Höhe je nach Reifenwerkstoff zwischen 3,5 und 6,0. Die Lenkrollen haben bei Bedarf Richtungsfeststeller, einfache Klemm- oder Steckvorrichtungen, um sie beim Schieben über größere Strecken spursicher zu führen.

Wenn Lenkrollen nur gering belastet sind, geraten sie beim Überfahren von Bodenunebenheiten leicht in eine ständige Rotationsbewegung um die senkrechte Achse. Eine Federung (Bild 4-82d) vermindert diese unerwünschte Drehbewegung erheblich. Die Stahl- oder Gummifedern sind meist so ausgeführt, daß sich der Schwinghebel bei mehr als 25...30 % der Nennbelastung des Wagens gegen einen festen Anschlag legt und damit die Federwirkung aufgehoben wird.

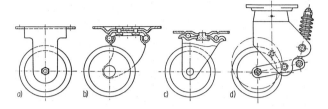

Bild 4-82 Rollen für Handwagen
a) Bockrolle
b) Lenkrolle, günstige Konstruktion
c) Lenkrolle, ungünstige Konstruktion
d) Lenkrolle, gefedert

Wagen mit Hubeinrichtung heben das aufzunehmende Gut durch mechanische Mittel (Hebel-, Exzenter-, Kurbeltrieb) oder hydraulisch (Handpumpe und Zylinder) an und setzen es nach dem Transport wieder ab. Sie werden vor allem als Gabelhubwagen mit Unterfahrhöhen von rd. 85 mm und Hubhöhen um 120 mm gebaut, um Ladeeinheiten aufzunehmen und zu transportieren. Handfahrbare Hochhubwagen haben größere Hubhöhen bis 3 m und werden deshalb oft mit batterieelektrischen Hubwerkantrieben ausgerüstet. Die Tragfähigkeiten solcher Hubwagen betragen 0,5...3,0 t.

Der im Bild 4-83 dargestellte handfahrbare *Gabelhubwagen* hat eine durch Deichselbewegung betätigte Pumpe *4*. Der von ihr erzeugte Ölstrom drückt über den Kolben *8*, den Winkelhebel *10* und die Druckstange *11* die Rolle *14* nach unten und hebt dadurch die Gabel mit der Last nach oben. Senkventile ermöglichen ein belastungsunabhängiges, stoßfreies Absetzen, ein Druckbegrenzungsventil verhindert Überlastungen. Die hydraulischen Funktionen werden durch einen Fußhebel mit den drei Stellungen Heben, Senken, Fahren gesteuert. In der Stellung Fahren kann die Deichsel ohne Einfluß auf die Hydraulik frei bewegt werden. Sie ist, z.B. durch Federkraft, gut ausbalanciert, damit sie nicht unkontrolliert herunterklappen kann. Die beiden Lenkräder sind in einer Pendelachse gelagert.

Handfahrbare Flurförderzeuge können mit einer Feststellbremse ausgestattet werden, um unerwünschte Bewegungen beim Be- und Entladen auszuschließen. Werden die Geräte auf geneigten Fahrbahnen, wie Rampen, schrägliegenden Überfahrblechen usw., eingesetzt, sollte diese Bremse auch als Fahrbremse wirken. Beispiele von Bremsvorrichtungen für Handfahrgeräte enthält [4.157].

Die an einfachen Karren und Wagen häufig vorzufindenden Klotzbremsen drücken die Bremsbacken direkt gegen die Laufflächen der Räder bzw. Rollen. Sie werden meist durch einen Handhebel mit Zahnsperre betätigt. In Gabelhubwagen und anderen aufwendigeren Handfahrgeräten baut man Innenbackenbremsen als Fahrbremsen ein, die entweder durch Heben oder Senken der Deichsel oder

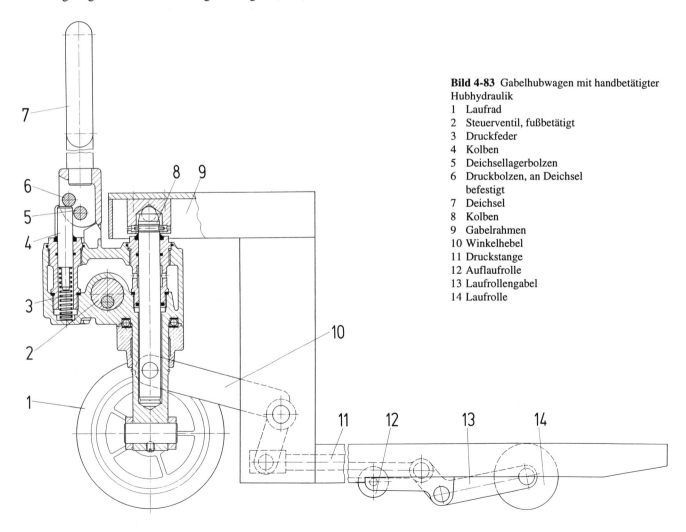

Bild 4-83 Gabelhubwagen mit handbetätigter Hubhydraulik
1 Laufrad
2 Steuerventil, fußbetätigt
3 Druckfeder
4 Kolben
5 Deichsellagerbolzen
6 Druckbolzen, an Deichsel befestigt
7 Deichsel
8 Kolben
9 Gabelrahmen
10 Winkelhebel
11 Druckstange
12 Auflaufrolle
13 Laufrollengabel
14 Laufrolle

durch einen Fußhebel eingelegt werden und gleichzeitig als Feststellbremsen dienen.

4.5 Schlepper und Schleppzüge

Schlepper bzw. Schleppfahrzeuge zum ausschließlichen oder überwiegenden Ziehen von Anhängefahrzeugen bzw. fahrbaren Maschinen und Geräten werden in vielen Bauarten unterschiedlicher Größe und Leistung gebaut. Besonders verbreitet sind sie in der Landwirtschaft (Traktoren), im Kraftverkehr (Zugmaschinen) und im innerbetrieblichen Transport (Industrieschlepper). Unter Schleppern im engeren Sinne werden hier nur die letztgenannten Flurförderzeuge verstanden.

4.5.1 Bauformen von Schleppern und Anhängern

Schlepper sind als Flurförderzeuge vorrangig zum Ziehen von einem bis sechs Anhängewagen bestimmt und weisen deshalb nur zum Teil kleine zusätzliche Ladeflächen auf. Die zu transportierenden Güter werden auf die Anhängewagen gelegt, deren Deichseln die Fahrzeuge miteinander verbinden.

Schlepper

Die kleinen bis mittelgroßen gedrungenen Schlepper sind mit batterieelektrischen oder verbrennungsmotorischen Fahrantrieben ausgerüstet. Leichte Ausführungen haben nur drei Räder und werden meist über eine Deichsel von der mitgehenden Bedienperson gelenkt. Ihre Höchstgeschwindigkeit ist auf 6 km/h begrenzt. Es überwiegen jedoch die vierrädrigen Bauarten mit Fahrersitzlenkung (Bild 4-84). Das Fahrerhaus weist darauf hin, daß dieser Schlepper vorwiegend im Außeneinsatz benutzt wird.

Die in Tafel 4-16 aus Firmenunterlagen zusammengestellten technischen Daten von Schleppern zeigen eine deutliche Abstufung der Leistungsgrößen beider Antriebsarten mit einer verhältnismäßig geringen Überlappung. Ihre Vorzüge wie Grenzen wirken sich bei diesen auf längeren Fahrstrecken verkehrenden Zugfahrzeugen voll aus. Der Industrieschlepper im Bild 4-85 gehört zu den kleineren von einem Verbrennungsmotor angetriebenen Bauformen. Wie ein Vergleich mit dem Elektroschlepper im Bild 4-84 beweist, ist er sehr kompakt konstruiert, hat Zwillingsbereifung an den beiden hinteren Triebrädern und verfügt im Normalfall über kein Fahrerhaus.

Nach DIN 15172 ist die Zugkraft eines Schleppers auf die Zeitdauer bezogen festzulegen, während der er sie aufrechterhalten kann. Die Nennzugkraft soll ein unbeladener Schlepper bei mindestens 10 % seiner Nennfahrgeschwindigkeit während einer Stunde, die maximale Zugkraft über mindestens 5 min aufbringen. Die Motoren elektrisch betriebener Schlepper sind für Kurzzeitbetrieb KB 60 bzw. KB 5 zu bemessen.

Die tatsächlich übertragbare Zugkraft ist außer vom Antriebs- bzw. Bremsmoment vom Kraftschlußbeiwert μ_0, die Gesamtmasse des zu bewegenden Schleppzugs darüber hinaus vom spezifischen Fahrwiderstand μ_f der Anhängewagen abhängig. Für die Ermittlung der Anhängemasse gibt DIN 15172 einfache Gebrauchsformeln ohne direkten Bezug zur Fahrmechanik vor. Von den für Treiben und Bremsen, jeweils auf horizontaler und geneigter Fahrbahn, zu bestimmenden Anhängemassen gilt stets die kleinste als zulässig. Der spezifische Fahrwiderstand wird $\mu_f = 0{,}02$ gesetzt, der Kraftschlußbeiwert darf $\mu_0 = 0{,}8$ nicht unterschreiten. Andernfalls sind die errechneten Werte sinngemäß abzumindern, Angaben hierzu fehlen. Tafel 4-8 läßt erkennen, bei welchen Fahrbahnverhältnissen dies

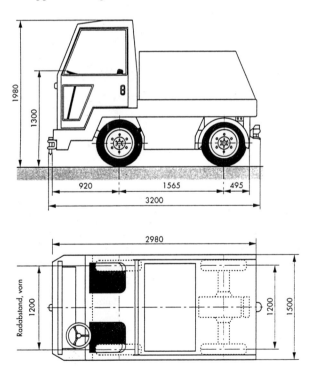
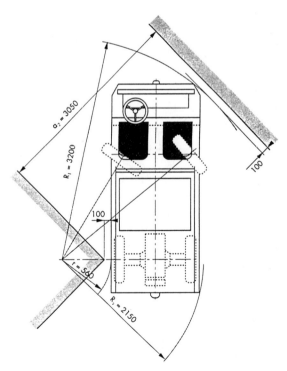

Bild 4-84 Elektroschlepper MTE 4/40
MAFI Transport-Systeme GmbH, Tauberbischofsheim
Nennzugkraft 8,2 kN, max. Zugkraft 18 kN, max. Fahrgeschwindigkeiten: ohne Zugkraft 14 km/h, mit Nennzugkraft 7 km/h, Eigenmasse 3,75 t

notwendig wird. Die Richtlinie VDI 3973 weist zudem darauf hin, daß die Anfahrkräfte in der geschilderten globalen Berechnung unberücksichtigt bleiben. Die Streufelder im Bild 4-86 machen deutlich, daß die Hersteller die Leistungsdaten den für zulässig erklärten Anhängemassen unterschiedlich zuordnen. Verwiesen wird auch auf das Fahrdiagramm eines Schleppers im Bild 4-38.

Tafel 4-16 Technische Daten von Schleppern für den innerbetrieblichen Transport, nach Firmenangaben

Kenngröße	Dimension	Fahrantriebe Elektromotor	Verbrennungsmotor
Eigenmasse	t	0,1 ... 5	1 ... 26
Antriebsleistung	kW	0,3 ... 18	22 ... 190
Fahrgeschwindigkeit	km/h	4 ... 20	13 ... 50
max. Steigung[1]	%	3 ... 25	20 ... 60
Wenderadius	m	1 ... 3	2,4 ... 6
max. Zugkraft	kN	0,6 ... 24	5 ... 320
Anhängemasse[2]	t	0,15 ... 50	14 ... 260

[1] unbelastet, belastet nur 2 ... 10 %; [2] angegebener Nennwert

bes und von dort über die Stegwellen *29, 33* die Laufradnaben *2*. An diesen Naben sind die Bremstrommeln *10* befestigt. Die gesamte Starrachse ist auf zwei Längsblattfedern gelagert.

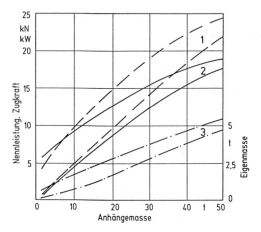

Bild 4-86 Technische Daten von Elektroschleppern
1 Zugkraft im Dauerbetrieb (1 Stunde), 2 Nennleistung des Motors, 3 Eigenmasse

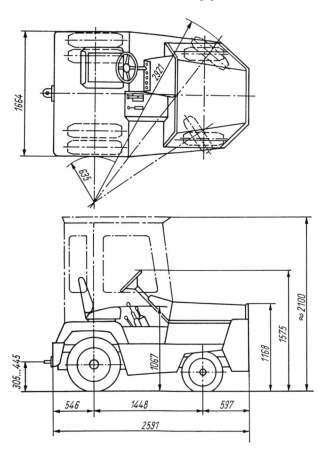

Bild 4-85 Industrieschlepper Clarktor 50 mit Verbrennungsmotor Clark Industrial Truck Division, Battle Creek, Michigan (USA) Motorleistung 69 kW, max. Zugkraft 23 kN, Fahrgeschwindigkeit 21 km/h, Eigenmasse 2,93 t

Die Verwendung von Voll- oder Lufttreifen hängt vom Einsatzgebiet eines Schleppers ab. Fahrbahnstöße können durch Längs- oder Querfedern verringert werden, an denen die überwiegend als Starrachse ausgebildete Treibachse aufgehängt wird. Auch sonst zeigt die konstruktive Gestaltung, daß Schlepper als Zugfahrzeuge nach den Regeln der Kraftfahrzeugtechnik ausgebildet werden. In der Achse nach Bild 4-87 treibt der Elektromotor *12* über das Stirnradvorgelege *13, 16* das Kegelrad *32* des Ausgleichsgetrie-

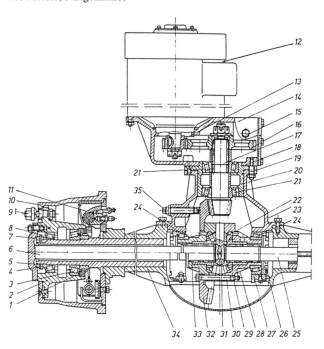

Bild 4-87 Antriebsachse des Elektroschleppers ET 512 Balcancar, Sofia (Bulgarien)
1 Dichtung
2 Nabe
3 Kegelrollenlager
4 Mutter
5 Mutter
6 rechte Halbwelle
7 Sicherungsscheibe
8 Kegelrollenlager
9 Radschraube
10 Bremstrommel
11 Servobremse
12 Elektromotor
13 Ritzel
14 Getriebegehäuse
15 Ölschraube mit Meßstab
16 Zahnrad
17 Ritzel
18 Dichtung
19 Einstellamellen
20 Lagerbuchse
21 Kegelrollenlager
22 Umlaufrad
23 Gehäuse
24 Kegelrollenlager
25 linke Halbwelle
26 Mutter
27 Abdeckung
28 Kegelrad
29 linker Steg
30 Schraube
31 Kreuzstück
32 Kegelrad
33 rechter Steg
34 Mantelrohr
35 Stützschraube

4.5 Schlepper und Schleppzüge

An allen Schleppern sind hinten, z.T. auch vorn, Kupplungen für die Deichseln der Anhänger angebracht. Der Kupplungsbolzen erhält mit 25 mm einen kleineren Durchmesser als die Öse der Zugdeichsel mit beispielsweise 35 mm. Er wird teils von Hand eingesteckt (Bild 4-88a, b), teils rastet er selbsttätig ein, sobald er nach dem Vorspannen durch die Öse der Deichsel aus der Raststellung hochgedrückt wird (Bild 4-88c). Diese Ausführung entspricht der von Lastkraftwagen mit den Unterschieden, daß Kupplungen an Schleppern für den innerbetrieblichen Transport kleiner sind und wegen der engeren Kurven meistens auch einen größeren seitlichen Schwenkwinkel von 105...110° statt 90° zulassen. Die vertikale Schwenkbewegung, die zum Ausschluß von Biegebeanspruchungen der Deichsel beim Befahren von Bodenunebenheiten oder von Übergängen zu Steigungsstrecken gebraucht wird, ist durch die genannten Durchmesserunterschiede zwischen Bolzen und Öse gegeben.

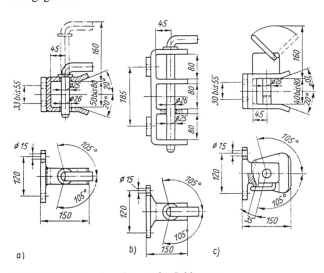

Bild 4-88 Anhängekupplungen für Schlepper
a) einstufig, mit Steckbolzen
b) mehrstufig, mit Steckbolzen
c) einstufig, mit selbsttätigem Einrasten
Maße nach DIN 15170, ohne Toleranzangabe

Die Kupplungen an Schleppern oder Anhängern werden für eine Deichselkraft ausgelegt, die aus dem Abbremsvorgang errechnet wird und die immer über dem Wert der aus der Antriebsleistung des Schleppers ermittelten Zugkraft liegt.

Schlepper verfügen wie normale Straßenfahrzeuge über eine Betriebsbremse und über eine Feststellbremse zur Sicherung des stehenden Fahrzeugs. Wegen der niedrigen Fahrgeschwindigkeit wirkt die Betriebsbremse häufig nur auf die beiden angetriebenen Hinterräder. Größere Schlepper mit Verbrennungsmotoren bzw. Sonderbauformen für das Befahren größerer Steigungen erhalten vorzugsweise Vierradbremssysteme. Die Betriebsbremsen übertragen die Bremskraft hydraulisch, elektrisch oder pneumatisch, die Feststellbremsen stets mechanisch. Konstruktive Einzelheiten solchen Bremsanlagen sind der kraftfahrzeugtechnischen Literatur zu entnehmen [4.158] [4.159].

Anhänger

Die Industrieanhänger bestehen meist aus einer einfachen Plattform oder einem offenen Kasten, die sich auf vier oder mehr Räder bzw. Rollen stützen. Die Tragfähigkeiten der vierrädrigen Bauarten reichen bis etwa 25 t, schwere Anhänger mit mehr als 4 Rädern werden bis zu mehreren hundert t ausgelegt. Gelenkt werden die Räder über Drehschemel oder Achsschenkel (Bild 4-89).

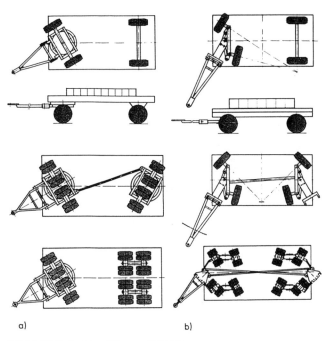

Bild 4-89 Industrieanhänger mit Plattform
MAFI Transport-Systeme GmbH, Tauberbischofsheim
a) Drehschemellenkung
b) Achsschenkel- bzw. Achslenkung
Tragfähigkeiten: zwei obere Reihen 1,6 ... 25 t, untere Reihe 32 ... 125 t

Bei einer Einfach-Drehschemellenkung können Lenkeinschläge bis 180° zugelassen werden, bei einer Doppel-Drehschemellenkung aus Gründen der Standsicherheit nur rd. 35°, was durch Begrenzungseinrichtungen zu gewährleisten ist. Dagegen erlaubt ein achsschenkelgelenkter vierrädriger Anhänger wegen der kleineren Lenkradien der Räder gleiche Lenkeinschläge von, je nach Größe und Tragfähigkeit, 50...75° sowohl bei Einachs-, als auch bei Zweiachslenkung.

Mit Vollreifen ausgerüstete Anhängewagen sollen nicht schneller als 6 km/h fahren. Elastik- bzw. luftbereifte und gefederte Bauarten eignen sich für höhere Fahrgeschwindigkeiten. Mehrachsige Anhänger erhalten Pendelachsen in Längswippen, u.U. auch einen hydraulischen Achslastausgleich. Bei Bedarf sind Hand-, Elektro- oder Druckluftbremsen vorzusehen, die beiden letztgenannten müssen als Betriebsbremsen vom Schlepper aus gesteuert werden.

4.5.2 Auflaufbremsen für Anhänger

Anhängewagen ohne Fahrbremse können die Bremskraft des Zugfahrzeugs überfordern, besonders beim Befahren von Gefällestrecken. Da die Industrieschlepper i.allg. nicht mit Druckluftbremsanlagen versehen sind, können Anhängewagen für solche Einsatzfälle Auflaufbremsen erhalten, die im modernen Kraftfahrzeugbau keine Bedeutung mehr haben. Die geringe Fahrgeschwindigkeit und die niedrigeren Anforderungen an die Fahrsicherheit schränken die Auswirkungen der zahlreichen Nachteile der Auflaufbremsen ein [4.160] bis [4.162].

Eine Auflaufbremse benutzt die an der Zugöse der Deichsel eines Anhängers beim Bremsen auftretende Druckkraft als Betätigungskraft für die Fahrbremse. Bild 4-90 zeigt eine speziell für Flurförderzeuge entwickelte Ausführung. Die Zugstange 2 dieser Auflaufvorrichtung ist in der Zuggabel 3 längsverschiebbar geführt. In einem Gabelstück 6 am hinteren Ende der Zugstange sind eine Druckrolle 13, eine Dämpferfeder 11 und zwei Druckstücke 10 gelagert und in einem rechteckigen Lagerstück 12 geführt. Durch den Federdruck werden die Druckstücke gegen das Lagerstück gedrückt und im gesamten Schiebebereich gleichbleibend wirkende zusätzliche Reibungskräfte erzeugt. Die Dämpferfeder 11 stellt eine Gegenkraft gegen das Einschieben der Zugstange als Ansprechschwelle her. Eine zweite Druckfeder, die Anzugfeder 4, mindert Stöße in Zugrichtung. Durch das Einlegen der Rückfahrsperre 5 wird ein Ansprechen der Bremse während eines Zurücksetzens des Anhängewagens verhindert. Zieht der Schlepper wieder an, löst sich die Rückfahrsperre durch Herunterfallen, unterstützt durch Federkraft, selbsttätig.

Beim Abbremsen des Zugfahrzeugs schiebt sich die Zugstange nach dem Überwinden der Ansprechschwelle in die Zuggabel. Die auf die Zugöse 1 wirkenden Druckkräfte werden über die Zugstange, den Umlenkhebel 7, den Überlastungsschutz mit Nachstellbolzen 8 und die Verbindungslaschen 9 zur Bremsanlage geleitet.

Zweiradbremsung reicht bei vierrädrigen Anhängewagen stets aus. Die Bremstrommeln haben einen Durchmesser von 200...250 mm. Die Übersetzung der Bremskraft als Verhältnis von Umfangkraft an den Rädern und Deichselkraft sollte nach [4.160] auf $i = 3$ herabgesetzt werden, um Längsschwingungen im Schleppzug vorzubeugen. Zur Berechnung siehe [4.162]. Neben der Zuspannung der Bremsbacken durch Nocken werden mit Erfolg Keil- und Spreizhebelbetätigungen im Bremsgestänge eingesetzt.

Probleme in der Funktion von Auflaufbremsen treten an Steigungen auf, wo beim Bremsen keine Druckkraft entsteht, beim Abreißen des Anhängewagens, wenn das Fahrzeug dann selbsttätig zum Stehen kommen soll, und während der Rückwärtsfahrt, bei der die Druckkräfte keine Bremswirkung auslösen dürfen. In den langsamfahrenden Anhängern als Flurförderzeugen genügt eine von Hand eingelegte und wieder gelöste Rückfahrsperre, andernfalls kann die im Bild 4-90 ersichtliche Sperre mit selbsttätiger Auslösung verwendet werden.

Als Feststellbremse und als Sicherung eines aus der Kupplung abgerissenen Anhängers wirkt die herabfallende Deichsel durch ihre Gewichtskraft, die sich auf das Bremsgestänge überträgt. Ein Bremskraftspeicher, der z. B. durch ein Zugseil vom Schleppfahrzeug aus bedient wird, macht die Auflaufbremse in den genannten besonderen Betriebszuständen unabhängig von der Deichselkraft; bei Flurförderzeugen ist er unnötig.

Die Kombination von Feststell- und Fahrbremse durch unterschiedliche Stellung der Deichsel eines Anhängewagens gibt Bild 4-91 an. Besonderes Augenmerk ist auf den Übergang von der Fahr- (Auflauf-) zur Feststellbremse in der tiefen Deichselstellung zu legen, weil mit Sicherheit

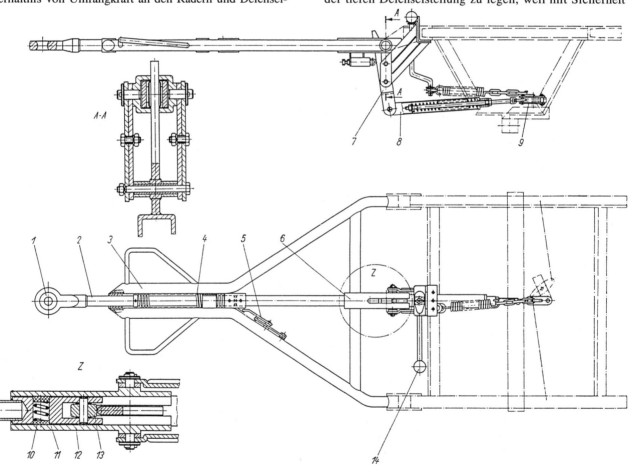

Bild 4-90 Auflaufbremsvorrichtung für Flurförderzeuge, Typ R 68/2, Josef Peitz, Sennelager

1 Zugöse	6 Gabelstück	11 Dämpferfeder
2 Zugstange	7 Umlenkhebel	12 Lagerstück
3 Zuggabel	8 Überlastungsschutz	13 Druckrolle
4 Anzugfeder	9 Verbindungslasche	14 Hebel für Feststellbremse
5 Rückfahrsperre	10 Druckstück	

4.5 Schlepper und Schleppzüge

ein Ansprechen der Feststellbremse durch zu große Abwärtsneigung der Deichsel während der Abfahrt von Rampen usw. ausgeschlossen werden muß. Überhaupt verlangen Bremsvorrichtungen dieser Art eine Anpassung der Fahrweise, zudem eine sorgfältige und regelmäßige fachkundige Wartung.

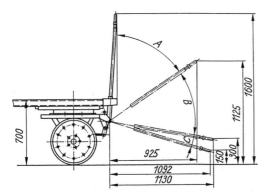

Bild 4-91 Dreifunktions-Anhängerbremse [4.160]
A Bereich der Hochstellbremse; B Bereich der Auflaufbremse; C Bereich der Fallbremse

4.5.3 Fahrmechanik von Schleppzügen

Gegenüber der Fahrmechanik der Kraftfahrzeuge treten beim langsamfahrenden Flurförderzeug die dynamischen Einflüsse und die des seitlichen Schräglaufs zurück. Aus dem großen Gebiet der Fahrmechanik werden daher nachfolgend nur die Radkraftverteilung, der Kraftschluß und das Bremsverhalten in ihren Grundzügen behandelt.

Fahrgrenzen

Die Fahrgrenzen als Maximalwerte von Beschleunigung und Verzögerung sowie als Größtwerte der zu befahrenden Steigungen werden beim Einzelfahrzeug wie beim Schleppzug vom Triebwerk, d.h. von Motor und Bremse, und vom Kraftschluß zwischen den Rädern, die Umfangkräfte übertragen, und der Fahrbahn bestimmt. Die Grenzwerte der verfügbaren Zugkräfte ergeben sich aus den Fahrdiagrammen, siehe die Abschnitte 4.3.2 und 4.3.3. Die erzielbaren Verzögerungskräfte an den Rädern sind von der Auslegung der Bremsanlage abhängig.
Wie im Abschnitt 4.5.1 ausgesagt wurde, ist als Kennwert für das Steigvermögen mit bzw. ohne Nutzmasse in den Herstellerprospekten die Steigung einer ebenen, trockenen Fahrbahn angeführt, die eine Stunde lang befahren werden kann. Das häufig allein oder zusätzlich angegebene maximale Steigvermögen bezeichnet die Steigung, die mit kürzerer Dauer zu bewältigen ist, wobei das Fahrzeug an jedem Punkt der steigenden oder fallenden Fahrbahn sicher anhalten und wieder anfahren können muß. Als Fahrdauer verlangt hier DIN 15172 mindestens 5 min.
Um auch die Grenzen, die durch den Kraftschluß gezogen sind, zu ermitteln, müssen die Radkräfte der Fahrzeuge untersucht werden. Vernachlässigt man in vereinfachenden Ansätzen die Auswirkungen der Drehmomente auf die Radkräfte, treten am Schlepper, der Anhängewagen zieht, die Kräfte nach Bild 4-92 auf. Es bedeuten in diesem Bild:

$F_{A,B}$ Antriebs- (Umfangs-) Kraft; negativer Wert: Bremskraft
F_e Gewichtskraft des Schleppers mit Fahrer
F_w Windkraft entgegen Fahrtrichtung; negativer Wert: in Fahrtrichtung
F_b Beschleunigungskraft; negativer Wert: Verzögerungskraft

$F_{V,H}$ Achskräfte der Vorder- bzw. Hinterräder
$F_{rV,rH}$ Fahrwiderstände der Vorder- bzw. Hinterräder
F_D Deichselzugkraft; negativer Wert: Deichseldruckkraft
α Steigungswinkel; negativer Wert: Gefällewinkel
ξ Neigungswinkel der Deichsel zur Fahrbahnebene.

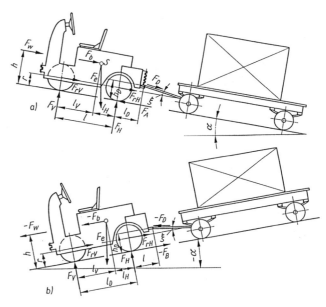

Bild 4-92 Kräfte am Schlepper mit Anhänger
a) Steigungsstrecke, Anfahren
b) Gefällestrecke, Bremsen

Vereinfachend wurde angenommen, daß die resultierende Windkraft F_w die gleiche Höhe h über der Fahrbahn hat wie die im Schwerpunkt S angreifende Beschleunigungskraft F_b. Die Bezeichnungen Vorder- bzw. Hinterachse sind auf die Fahrtrichtung bezogen; sie wechseln beim Übergang von Vorwärts- in Rückwärtsfahrt. In den folgenden Gleichungen gelten bei Doppelvorzeichen die unteren stets für die Anfahrbewegung auf Steigungen, die oberen für die Bremsung auf Gefällestrecken. Diese beiden Betriebszustände bestimmen die Fahrgrenzen maßgebend.
Die Gleichungen für das Gleichgewicht der Kräfte und Moment am Schlepper lauten

$$F_V + F_H = F_e \cos\alpha + F_d \sin\xi \qquad (4.43)$$

$$F_{A,B} = \mp F_w + F_{rV} + F_{rH} \mp F_b \mp F_e \sin\alpha \mp F_D \cos\xi \qquad (4.44)$$

$$F_V l + (F_{rV} + F_{rH})r + (\mp F_w \mp F_b \mp F_e \sin\alpha)h$$
$$\mp F_D \cos\xi h_D \mp F_D \sin\xi l_D - F_e \cos\alpha l_H = 0. \qquad (4.45)$$

Wird, wie es stets angestrebt ist, der Neigungswinkel der Anhängedeichsel klein gehalten, erhält man mit $\xi \to 0$ und

$$F_r = F_{rV} + F_{rH} = \mu_f F_e \cos\alpha ; \qquad (4.46)$$

μ_f spezifischer Fahrwiderstand nach Tafel 4-8,

aus den Gln. (4.44) und (4.45)

$$\frac{F_V}{F_e \cos\alpha} = \frac{l_H}{l} + \mu_f \frac{h-r}{l} - \frac{h}{l}\frac{F_{A,B}}{F_e \cos\alpha} \pm \frac{h_D - h}{l}\frac{F_D}{F_e \cos\alpha}$$

$$(4.47)$$

und durch nochmaligen Ansatz des Momentengleichgewichts, diesmal um den Aufstandspunkt der Vorderräder,

$$\frac{F_H}{F_e \cos\alpha} = \frac{l_V}{l} - \mu_f \frac{h-r}{l} + \frac{h}{l} \frac{F_{A,B}}{F_e \cos\alpha} \mp \frac{h_D - h}{l} \frac{F_D}{F_e \cos\alpha}.$$

(4.48)

Die Kraftschlußgrenzen werden aus den Achskräften und dem Kraftschlußbeiwert μ_0, gesondert für Vorderrad-, Hinterrad- und Allradantrieb, ermittelt:

Vorderradantrieb

Wegen der Kraftschlußbedingung

$$|F_{A,B}| \leq \mu_0 F_V \qquad (4.49)$$

führt Gl. (4.47) zu

$$F_V \geqq \frac{F_e \cos\alpha [l_H + \mu_f(h-r)] \pm F_D(h_D - h)}{l + \mu_0 h} \qquad (4.50)$$

bzw. zum Grenzwert der Antrieb- bzw. Bremskraft an den Rädern

$$|F_{A,B}| \leq \left| \frac{F_e \cos\alpha [l_H + \mu_f(h-r)] \pm F_D(h_D - h)}{\dfrac{l}{\mu_0} + h} \right|. \qquad (4.51)$$

Gl. (4.44) geht für $F_w = 0$, $F_b = 0$ und $\xi = 0$ sowie mit Gl. (4.46) über in

$$\frac{F_{A,B}}{F_e \cos\alpha} = \mu_f + \tan\alpha \mp \frac{F_D}{F_e \cos\alpha}. \qquad (4.52)$$

Der zulässige Steigungs- bzw. Gefällewinkel wird damit

$$|\tan\alpha_V| \leq \left| \frac{l_H + \mu_f(h-r) \pm \dfrac{F_D}{F_e \cos\alpha}(h_D - h)}{\dfrac{l}{\mu_0} + h} - \mu_f \pm \frac{F_D}{F_e \cos\alpha} \right|.$$

(4.53)

Hinterradantrieb

Analoge Überlegungen führen zu den Gleichungen

$$F_H \geqq \frac{F_e \cos\alpha [l_V - \mu_f(h-r)] \pm F_D(h_D - h)}{l - \mu_0 h} \qquad (4.54)$$

$$|F_{A,B}| \leq \left| \frac{F_e \cos\alpha [l_V - \mu_f(h-r)] \mp F_D(h_D - h)}{\dfrac{l}{\mu_0} - h} \right| \qquad (4.55)$$

$$|\tan\alpha_H| \leq \left| \frac{l_V - \mu_f(h-r) \mp \dfrac{F_D}{F_e \cos\alpha}(h_D - h)}{\dfrac{l}{\mu_0} - h} - \mu_f \pm \frac{F_D}{F_e \cos\alpha} \right|.$$

(4.56)

Allradantrieb

Wenn sich die Antriebs- bzw. Bremskräfte auf die Vorder- und Hinterräder im idealen Verhältnis

$$\frac{F_{A,B-V}}{F_{A,B-H}} = \frac{F_V}{F_H} \qquad (4.57)$$

aufteilen, kann in den Gln. (4.47) und (4.48) gesetzt werden

$$|F_{A,B}| \leq \mu_0 F_e \cos\alpha. \qquad (4.58)$$

Das ergibt die ideale Radkraftverteilung für das gleichzeitige Erreichen der Kraftschlußgrenze an Vorder- und Hinterachse

$$\frac{F_V}{F_H} = \frac{l_H + \mu_f(h-r) - \mu_0 h \pm \dfrac{F_D}{F_e \cos\alpha}(h_D - h)}{l_V - \mu_f(h-r) + \mu_0 h \mp \dfrac{F_D}{F_e \cos\alpha}(h_D - h)}. \qquad (4.59)$$

Der Grenzwert des Steigungs- bzw. Gefällewinkels wird für den Fall idealer Radkraftverteilung mit den Gln. (4.52) und (4.58)

$$|\tan\alpha_4| \leq \left| \mp \mu_0 - \mu_f \pm \frac{F_D}{F_e \cos\alpha} \right|. \qquad (4.60)$$

Bei Vierradantrieb und bzw. oder Vierradbremsung können durch geeignete Wahl der inneren Übersetzung die Antriebs- und Bremskräfte für einen festzulegenden kritischen Betriebsfall im idealen Verhältnis nach Gl. (4.59) auf die Vorder- und Hinterräder verteilt werden. In anderen Beladungs- und Bodenzuständen treten dagegen stets kleinere Kraftschlußgrenzen dadurch auf, daß nur eine Achse als erste diese Grenze erreicht. Für Schlepper mit lediglich Zweiradantrieb bzw. -bremsung gelten dagegen die Gln. (4.51) bzw. (4.55).

Die Deichselkraft F_D wird aus den Differenzen der Antriebs- bzw. Bremskräfte und der Massenkräfte berechnet. Bei einem Anhänger mit Auflaufbremse beträgt sie, wiederum unter Vernachlässigung der Deichselneigung,

$$F_D = \frac{m_A a}{1 + i_B}; \qquad (4.61)$$

m_A Anhängermasse
a Bremsverzögerung des Schleppzugs
i_B Kraftübersetzung der Auflaufbremse.

Kraftschlußgrenzen

Wenn in die vorstehenden Gleichungen der Kraftschlußbeiwert aus Tafel 4-8 direkt eingesetzt wird, verfügt das Fahrzeug an den Fahrgrenzen, die zugleich Kraftschlußgrenzen sind, über keine Sicherheit der Spurhaltung, d.h., es können keine seitlichen Führungskräfte mehr übertragen werden, weil der Kraftschluß voll für die Umfangkraft ausgenutzt wird. Berücksichtigt man auch die Seitenkräfte, gilt das Kraftschlußgesetz

$$\mu_0 F_n \geqq \sqrt{F_{A,B}^2 + F_a^2}; \qquad (4.62)$$

F_n Normalkraft (F_V, F_H, $F_V + F_H$)
F_a Axial-(Seiten-) Kraft.

Als Sicherheit der Spurhaltung bezeichnet man den Quotienten von Seiten- und Umfangkraft

$$\sigma = \frac{F_a}{F_{A,B}} = \sqrt{\left(\frac{\mu_0 F_n}{F_{A,B}}\right)^2 - 1} \qquad (4.63)$$

4.5 Schlepper und Schleppzüge

und definiert als Kraftschlußminderungsfaktor [4.158]

$$\sigma' = \frac{F_{A,B}}{\mu_0 F_n} = \frac{1}{\sqrt{1+\sigma^2}} \quad (\sigma < 1). \tag{4.64}$$

Der aus Gründen der Spurhaltung zulässige Kraftschlußbeiwert beträgt dann

$$\mu_{0zul} = \frac{F_{A,B}}{F_n} = \sigma' \mu_0. \tag{4.65}$$

Anstelle der in Tafel 4-8 angegebenen Kraftschlußbeiwerte sollte nur er in die Gleichungen für die Fahrgrenzen eingesetzt werden. σ' liegt zwischen 0,90 und 0.93, wenn σ zwischen 0,5 und 0,4 angenommen wird.

Bremsverzögerung

Die erforderliche Bremskraft, um eine bestimmte Verzögerung a des Schleppers oder Schleppzugs zu erzielen, ist mit den Bezeichnungen vor Gl. (4.43)

$$F_B = F_e \left(\kappa \frac{a}{g} \pm \sin\alpha - \mu_f \right) \pm F_w; \tag{4.66}$$

κ Faktor zur Berücksichtigung der rotierenden Massen.

Nach oben wird F_B und damit a durch den Kraftschluß gemäß Gl. (4.65) begrenzt. Meist können vereinfachend $\kappa = 1$ und $F_w = 0$ gesetzt werden. Auch μ_f ist im Normalfall klein, siehe Tafel 4-8.
Die sich bei vorgegebener Bremskraft nach Gl. (4.66) ergebende Verzögerung erreicht ein Fahrzeug bzw. Schleppzug jedoch nicht. Das liegt daran, daß im Zusammenwirken von Fahrer und Bremsanlage Verlustzeiten auftreten, bis die volle Bremsverzögerung a_v zur Verfügung steht (Bild 4-93). Wenn im Punkt *1* der Zeitachse eine Verzögerungsbremsung einzuleiten ist, entsteht nach Messungen an Kraftfahrzeugen [4.163] eine Reaktionsdauer von $t_r = 0,3...2,5$ s, im Mittel 1 s, für die Wahrnehmung der Gefahr, mögliche Schreckreaktionen, Umwandlung der Sinneseindrücke in Nervenreaktionen und schließlich für die eigentliche Muskelbewegung, d. h. den Pedalwechsel durch den Fuß des Fahrers. Zwischen den Punkten *2* und *3*, Beginn der Fußkraftwirkung bis Beginn der Verzögerung, tritt die Ansprechdauer t_a auf. Sie umfaßt die Zeitabschnitte zur Überwindung des Spiels in Lagern und Gelenken, für Kolbenbewegungen, für das Lüftspiel und zur Erzeugung der elastischen Verformungen in den Bremsenteilen und Reifen. Bei rascher Betätigung liegt sie in Bremsen, die durch Muskelkraft zur Wirkung gebracht werden, unter 0,2 s. Die Schwelldauer t_s hängt vom Fahrer ab.
Der Bremsweg beträgt, wenn er auf die Gesamtdauer vom Auftreten eines Bremsfalls bis zum Stillstand des Fahrzeugs (Punkte *1* und *5* der Zeitachse) bezogen wird,

$$s_{1,5} = v_0(t_r + t_a + t_s) - \frac{a_v}{2}\left(\frac{t_s^2}{3} + t_s t_v + t_v^2\right). \tag{4.67}$$

Werden $t_a = t_u - t_s/2$ und $t_v = v_0/a_v - t_s/2$ eingesetzt, geht Gl. (4.67) über in

$$s_{1,5} = v_0(t_r + t_u) + \frac{v_0^2}{2a_v} - \frac{a_v t_s^2}{24}. \tag{4.68}$$

Mit Einführung der Verlustdauer t_u wird der Verlauf der Bremskraft bzw. Verzögerung über der Zeit durch eine

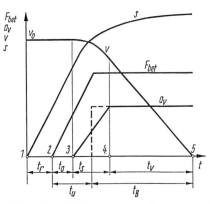

Bild 4-93 Zeitlicher Verlauf einer Verzögerungsbremsung

Rechteckfunktion ersetzt (gestrichelte Linie im Bild 4-93). In den Straßenverkehrs-Zulassungs-Ordnungen (StVZO) der einzelnen Länder werden fast immer Mindestwerte für eine mittlere Verzögerung a_m festgelegt. Sie beziehen sich auf den Bremsweg zwischen den Punkten *2* und *5*, d.h. ohne Berücksichtigung der in der Reaktionsdauer t_r zusammengefaßten Fahrereinflüsse. Mit dieser mittleren Bremsverzögerung wird der gesamte Bremsweg

$$s_{1,5} = v_0 t_r + \frac{v_0^2}{2a_m} = \text{Vorbremsweg} + \text{Bremsweg}. \tag{4.69}$$

Gleichsetzen der Gln. (4.68) und (4.69) ergibt nach Umrechnung das Verhältnis der erforderlichen Bremsverzögerung a_v zum geforderten Mittelwert a_m

$$\frac{a_v}{a_m} = 1 + 2\frac{a_v t_u}{v_0} - \frac{1}{3}\left(\frac{a_v t_s}{2v_0}\right)^2. \tag{4.70}$$

Der jeweils dritte Summand in den Gln. (4.68) und (4.70) ist eine sehr kleine Größe; seine Vernachlässigung bringt nur einen Fehler bis 4 %. Damit läßt sich die erforderliche Bremsverzögerung vereinfacht ausdrücken

$$a_v = \frac{1}{\dfrac{1}{a_m} - \dfrac{2t_u}{v_0}}. \tag{4.71}$$

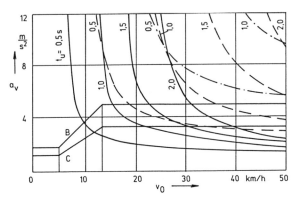

Bild 4-94 Erforderliche Bremsverzögerung a_v in Abhängigkeit von der Fahrgeschwindigkeit v_0 und der Verlustdauer t_u bei vorgegebener mittlerer Bremsverzögerung a_m
―――― $a_m = 1,5$ m/s²; ― ― ― $a_m = 2,5$ m/s²;
―·―·―·― $a_m = 4,0$ m/s²
gerade Linienzüge: in DIN 15160 vorgeschriebene mittlere Verzögerungen für Schlepper mit Einachsbremsung (C) bzw. Allradbremsung (B)

Sie ist im Bild 4-94 für die bei Flurförderzeugen üblichen mittleren Verzögerungen a_m und eine Verlustdauer zwischen 0,5 und 2 s ausgewertet. Einer in der Verkehrstechnik üblichen Vorgehensweise folgend, legt DIN 15160 für Flurförderzeuge Mindestabbremsungen als Quotient von Bremskraft und Gewichtskraft des Fahrzeugs fest. Aus dieser Abbremsung z ergibt sich als mittlere Verzögerung

$$a_m = zg. \qquad (4.73)$$

Die vorgeschriebenen Mindestwerte dieser mittleren Verzögerung sind in das Bild 4.94 mit eingetragen, um kenntlich zu machen, wie problematisch derartige Festlegungen von Abbremsungen sein können. Besonders bei geringer Fahrgeschwindigkeit kommt der Verkürzung der Verlustdauer t_u wesentlich größere Bedeutung zu als der Erhöhung der mittleren Verzögerung a_m. Verzögerungen über 8 m/s² haben im Bild 4-94 ohnehin nur informatorische Gründe, weil sie auch bei idealer Bremskraftverteilung wegen der Kraftschlußgrenze nicht auf das Fahrzeug zu übertragen sind.

4.5.4 Kurvenfahrt von Schleppzügen

Wenn Transportlinien für geschleppte Fahrzeuge bzw. Schleppzüge in einem Betrieb zu planen und einzurichten sind, spielt die während Kurvenfahrten erhöhte Fahrgangbreite eine große Rolle. In der Kraftfahrzeugtechnik wird der Flächenbedarf von Fahrzeugen mit oder ohne Anhänger überwiegend für die stationäre Kreisfahrt ermittelt, weil er dort mit einfachen Gleichungen zu bestimmen ist und zudem sein Maximum erreicht. Bild 4-95 zeigt die stationäre Kreisfahrt von Schleppern mit einem Anhängefahrzeug bei unterschiedlichen Formen der Anlenkung. Es ist zu erkennen, daß die in Anspruch genommene Fahrgangbreite $b_F = r_a - r_i$ nicht nur von den Außenabmessungen der Fahrzeuge, sondern sehr stark auch von eben dieser Lenkung beeinflußt wird. Zu den fahrzeugspezifischen Werten kommen noch beiderseitige Sicherheitsabstände von nicht weniger als 0,5 m.

Für das achsschenkelgelenkte Zugfahrzeug gilt

$$r_a = \sqrt{\left(r_0 + \frac{b_a}{2}\right)^2 + (l_a + l_1)^2}$$

$$r_{ia} = r_0 - \frac{b_a}{2}, \qquad (4.74)$$

und für den Anhänger bei Drehschemellenkung (Bild 4-95a)

$$r_{ib} = \sqrt{r_0^2 + l_2^2 - l_3^2 - b_b^2} - \frac{b_b}{2},$$

bei Vierrad-Achsschenkellenkung (Bild 4-95b)

$$r_{ib} = \sqrt{r_0^2 + l_2^2 - l_3^2 - \left(\frac{l_b}{2}\right)^2} - \frac{b_b}{2},$$

bei Aufsattelung (Bild 4-95c)

$$r_{ib} = \sqrt{r_0^2 + l_2^2 - l_b^2} - \frac{b_b}{2}. \qquad (4.75)$$

Weitere Kombinationen oder die Lenkeigenschaften von Wagenzügen lassen sich entsprechend den gegebenen Vorlagen selbst entwickeln. Beim Einlaufen aus einer Geraden in eine Kurve vergrößert sich der Spurversatz stetig, erreicht bei etwa einem Viertelkreis sein Maximum und nimmt beim Auslaufen in eine weitere Gerade allmählich wieder ab.

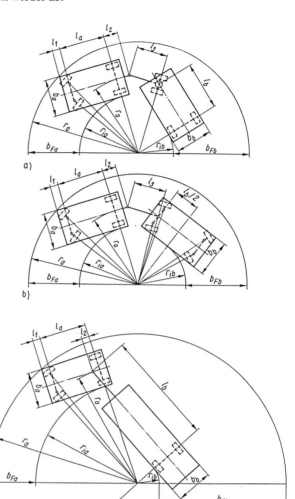

Bild 4-95 Kreisfahrt von Anhängefahrzeugen
a) mit Drehschemellenkung
b) mit Vierrad-Achsschenkellenkung
c) als Sattelschleppzug

Im Gegensatz zur stationären Kreisfahrt lassen sich die nichtstationären Schleppvorgänge beim Einlaufen eines geschleppten Fahrzeugs in und bei seinem Auslaufen aus der Kurve sowie die Schleppkurvenscharen von Schleppzügen mit mehreren Anhängern nur mit großem Aufwand berechnen. Um einen geeigneten mathematischen Ansatz zu finden, wird zunächst der Grundriß des Fahrzeugs zu einem eindimensionalen, in der Fahrzeugmittelachse liegenden stabförmigen Grundelement reduziert, an dessen Enden je ein lenkbares und ein starres Rad befestigt sind. Vereinfachend wird strenges Abrollen der Räder ohne Querverschiebung angenommen. Unter Vorgabe der Führungskurve erhält man die jeweils zugeordnete Schleppkurve.
Ist diese Führungskurve eine Gerade, ergibt sich für die Hinterräder die im Bild 4-96a erkennbare Huygenssche Traktix als Sonderfall einer Schleppkurve mit

$$x = l \operatorname{arccosh} \frac{l}{y} - \sqrt{l^2 - y^2}. \qquad (4.76)$$

4.6 Wagen und Hubwagen

Definiert ist diese Traktix als ebene Kurve, bei der jede Tangente eine Gerade in einem Punkt schneidet, der von dem Berührungspunkt der Tangente einen gegebenen, konstanten Abstand, die Stablänge l, hat.

Geschlossene mathematische Ansätze für Schleppkurven bei beliebig gekrümmten Führungskurven liegen nicht vor, sie wären auch viel zu kompliziert. Vielmehr ist es üblich, Gl. (4.76) iterativ anzuwenden, indem die Führungskurve durch einen Polygonzug angenähert wird. Zeichnerisch oder rechnerisch wird eine Hilfsgerade durch die Mitte der Kante F_1F_2 des Polygonzugs und den hinteren Punkt S_1 des Fahrzeugelements gelegt (Bild 4-96b). Ein Kreisbogen mit dem Radius l um den Punkt F_2 schneidet die Hilfsgerade im neuen Punkt S_2 der Schleppkurve, die sich folglich ebenfalls als Polygonzug ergibt. [4.158] verwendet statt der Hilfsgeraden durch die Kantenmitte die Winkelhalbierende des Winkels $F_1S_1F_2$. In [4.164] sind Gleichungen für Schleppkurven von an der Deichsel zwangsgeführten Flurförderzeugen bei der Führung auf einer Geraden oder einem Kreisbogen angegeben, in denen die Reibungskräfte und das Quergleiten der Räder berücksichtigt sind.

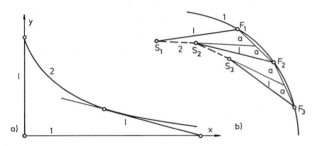

Bild 4-96 Schleppkurven
a) Huygenssche Traktix
b) Näherung durch Polygonzug
1 Führungskurve, 2 Schleppkurve

Der hohe rechnerische Aufwand verlangt das Heranziehen geeigneter Rechenprogramme, um bei vorgegebenen Führungskurven die Schleppkurven in Abhängigkeit von den Fahrzeugabmessungen und Lenksystemen zu bestimmen [4.165]. Bild 4-97a gibt die Fahrspuren eines Schleppers mit einem Anhänger in einer Wendeschleife, Bild 4-97b die auf die Fahrzeugmitte bezogenen Schleppkurven eines mehrgliedrigen Schleppzugs wieder. Man sieht, daß jeder Anhängewagen eine andere, eigene Fahrlinie hat und daß die benötigte Fahrgangbreite mit der Anzahl der Anhängewagen zunimmt.

Systematische Untersuchungen unter Variation der Einflußgrößen Gliedzahl des Schleppzugs, Fahrzeugabmessungen, Lenksystem, Art der Führungskurve und daraus abgeleitete Aussagen zum jeweiligen Bedarf an Fahrfläche fehlen bisher. In der Richtlinie VDI 3973 wird die Bestimmung durch Probefahrten empfohlen. [4.166] enthält empirische Gleichungen und Nomogramme für ein Längen-Breiten-Verhältnis des Anhängewagens von 2:1, [4.167] gibt als grobe Richtwerte für das gleiche Verhältnis als notwendige Fahrgangbreite beim Befahren von Kurven an

1   Anhänger: Wert der Fahrzeuglänge
2   Anhänger: 15 % Zuschlag
3...4 Anhänger: 33 % Zuschlag
5...6 Anhänger: 50 % Zuschlag.

Noch komplizierter werden die Lenkvorgänge und Fahrlinien zwangsgeführter Schleppzüge. Hier übertragen sich bei der Einfahrt des Schleppers in die Kurve die ausgelösten Lenkeinschläge sofort auf alle gezogenen Fahrzeuge. Dies gestattet engere Kurven und schmalere Gänge, erfordert aber besonderes Geschick des Fahrers.

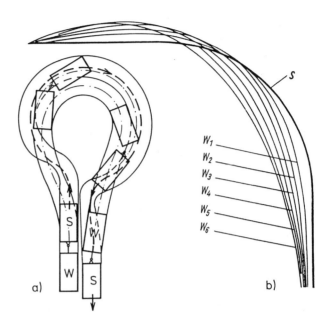

Bild 4-97 Transportflächenbedarf von Schleppzügen
a) Schlepper und Anhänger in Wendeschleife [4.165]
b) Kurvenfahrt eines vielgliedrigen Schleppzugs [4.166]

4.6 Wagen und Hubwagen

Als Wagen bezeichnet man Flurförderzeuge, die mit einer Plattform oder Gabel als Lastträger ausgerüstet sind. Bei einem einfachen Wagen ist dieser Träger eine feste Ladefläche, bei einem Hubwagen eine heb- und senkbare Gabel oder Plattform. Batterieelektrische Antriebe herrschen vor, die Widerstandssteuerung wird auch hier mehr und mehr von der energiesparenden elektronischen Steuerung abgelöst.

4.6.1 Wagen mit Fahrantrieb

Der klassische Elektrowagen mit Ladefläche, Fahrerstand oder -sitz und batterieelektrischem Fahrantrieb hat sich als ältestes Flurförderzeug bis in die Gegenwart gehalten, wenn auch mit erheblich geschmälerter Häufigkeit seiner Verwendung. Antrieb, Bedienungselemente und äußere Form haben sich natürlich den technischen Fortschritten entsprechend verändert.

Die Fahrzeuge sind gefedert und werden wie ein Kraftfahrzeug über Lenkrad und Achsschenkel gelenkt (Bild 4-98). Die Standlenkung über eine schwenkbare Fußwippe der alten Elektrokarren ist vollständig verschwunden. Lenkräder sind immer die beiden Vorderräder, Antriebsräder dagegen die Hinterräder. Im übrigen entspricht die konstruktive Ausbildung weitgehend der von Schleppern. Auch Wagen mit Fahrantrieb können Anhängewagen ziehen, die maximalen Zugkräfte liegen wegen der anderen Bestimmung jedoch meist unterhalb derer von Schleppern. Tafel 4-17 gibt eine Übersicht über die Bereiche der technischen Daten von zur Zeit angebotenen Typen.

Höhere Transportleistungen lassen sich erzielen, wenn die Wagen einen Verbrennungsmotor erhalten. Dies betrifft nicht nur die Tragfähigkeit, sondern ebenso die Fahrge-

Tafel 4-17 Technische Daten von Wagen mit Fahrantrieb, nach Firmenangaben

Kenngröße	Dimension	Wagen mit Elektromotor	Wagen mit Verbrennungsmotor	Niederhubwagen
Tragfähigkeit	t	0,25 ... 10	3 ... 30	0,8 ... 10
Eigenmasse	t	0,14 ... 4,5	1,8 ... 13,4	1,1 ... 2,8
Motorleistungen	kW			
Fahrmotor		0,8 ... 12	30 ... 55	0,5 ... 5,2
Hubmotor[1)]		–	–	1,2 ... 7,2
Fahrgeschwindigkeit	km/h			
mit Nutzmasse		3 ... 20	14 ... 30	2 ... 10
ohne Nutzmasse		8 ... 29	14 ... 32	4,5 ... 15
Steigvermögen	%			
mit Nutzmasse		1 ... 12	8 ... 15	3 ... 18
ohne Nutzmasse		3 ... 25	15 ... 30	8 ... 28
max. Zugkraft	kN	0,6 ... 8	10 ... 60	–
Wenderadius	m	1,1 ... 3,8	3,4 ... 4,8	1,4 ... 3,4
Unterfahrhöhe	mm	–	–	83 ... 300
Hubhöhe	mm	–	–	90 ... 210

[1)] bisweilen nur Einmotorantrieb

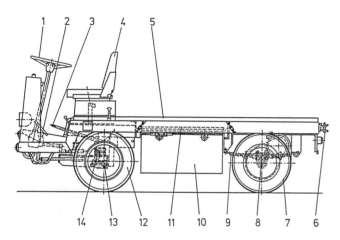

Bild 4-98 Elektro-Plattformwagen EP 011.2
Balcancar, Sofia (Bulgarien); Tragfähigkeit 3 t
1 Lenkrad
2 Fahr- und Bremspedal
3 Handbremse
4 Sitz
5 Ladefläche
6 Anhängerkupplung
7 Antriebsrad
8 Antriebsachse
9 Blattfeder
10 elektrische Anlage
11 Fahrzeugrahmen
12 gelenktes Rad
13 Lenkachse
14 Gummifedern

schwindigkeit und Länge der Fahrstrecke, das Steigvermögen und die übertragbare Zugkraft, siehe Tafel 4-17. Auch hier gilt die Analogie zum Schlepper.

4.6.2 Hubwagen

Hubwagen sind Flurförderzeuge mit einem heb- und senkbaren Element zum selbsttätigen Aufnehmen und Absetzen von kompakten Stückgütern, vorzugsweise Ladeeinheiten. Nach der Art des Lastaufnahmemittels, gleichzeitig nach der Lage der Last während der Fahrbewegung, unterscheidet man die Nieder- und Hochhubwagen, die das Gut beim Fahren über den vorderen Stützrädern tragen, von den Portalhubwagen, in denen der Schwerpunkt des Transportguts nahe der geometrischen Mitte der von den vier Rädern gebildeten Unterstützungsfläche liegt. Die Niederhubwagen haben, wie es ihr Name ausdrückt, eine kleine, die Hochhubwagen eine sehr große Hubhöhe. Auf Sonderformen, z.B. die normalen Wagen mit einem Hubtisch [4.168], soll hier lediglich verwiesen werden.

Niederhubwagen

Das Lastaufnahmemittel der Niederhubwagen ist vorwiegend eine zweizinkige Gabel, seltener eine Plattform. Aufbau und Funktion eines *Gabelhubwagens* entsprechen denen von handfahrbaren Ausführungen, siehe Bild 4-83. Der batterieelektrische Fahr- und Hubantrieb macht sie für größere Tragfähigkeiten, Fahrwege und für eine höhere zeitliche Auslastung geeignet. Bild 4-99 zeigt die Anordnung und die Hauptbestandteile einer deichselgeführten Bauform.

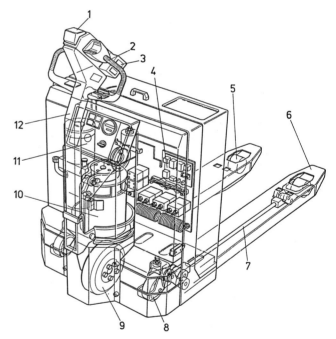

Bild 4-99 Gabelhubwagen mit Deichsellenkung
Jungheinrich AG, Hamburg
1 Sicherheitsauffahrschalter
2 Deichselgriff
3 Schalter für Arbeitsbewegungen
4 Schaltelmente
5 Stützrolle für Gabel
6 Gabelzinke
7 Hubstange
8 Stützrad
9 Antriebsrad
10 Fahrmotor
11 Anzeigetafel
12 Lenkdeichsel

4.6 Wagen und Hubwagen

Das Lastaufnahmemittel, zwei als Schalen ausgebildete Gabelzinken, die auf zwei schwenkbaren kurzen Stützhebeln aufliegen, ist den Anforderungen des Palettenumschlags angepaßt. Die Oberflächen der Gabelzinken liegen im abgesenkten Zustand 83...90 mm über dem Boden und werden von der Hubvorrichtung 110...200 mm angehoben. Zur besseren Führung über das untere Brett von Holzpaletten bauen manche Hersteller vor und hinter die Laufrollen noch etwas hochgezogene Führungsrollen in die Stützhebel ein. Die Antriebs- und Lenkräder *9* unterhalb des Grundkörpers haben Durchmesser von 200...300 mm. Die kleinen Raddurchmesser und die Verwendung von Vollreifen bedingen gute Fahrbahnen.

Die Hubvorrichtung entspricht prinzipiell der von handfahrbaren Hubwagen.. Die Hub- und Senkgeschwindigkeit ist bei hydraulischem Hubantrieb mit Hilfe eines Drosselventils oder eines hydraulischen Kreislaufs mit doppeltwirkendem Hubkolben stufenlos zu stellen.

Als Besonderheiten sind im Bild 4-99 zu erkennen: die seitlichen Stützrollen *8*, die ein Kippen während der Kurvenfahrt verhindern sollen, und der Sicherungsschalter *1* gegen Auffahren des Fahrzeugs auf ein Hindernis bei Rückwärtsfahrt. Bisweilen rüstet man die Deichselstange auch mit Teleskopfederung aus. Die Lenk- und Steuerdeichsel *12* gibt in der geneigten Betriebsstellung die Bewegungen der Antriebe frei. Beim Loslassen schwenkt sie federbetätigt nach oben, unterbricht dadurch die Energiezufuhr zu den Antrieben und löst das Einfallen der Fahrbremse aus. Diese Fahrbremse wirkt elektrisch oder mechanisch. Eine mechanische Feststellbremse ist zusätzlich vorgeschrieben.

Neben diese Bauart mit Deichselführung treten in gleicher Häufigkeit solche mit Lenkrad und festem Fahrerstand oder -sitz (Bild 4-100). Als zusätzliche Sicherung kann der Tritt oder Sitz so ausgebildet sein, daß bei seiner Entlastung das Fahrzeug stillgesetzt wird. Einige Gabelhubwagen haben einen Fahrerstand in Form einer kurzen Plattform auf der Gabel, was allerdings die Fahrzeuglänge beträchtlich vergrößert

Plattformhubwagen (Bild 4-101) weisen eine großflächige Plattform statt der Gabel als vertikal beweglichen Ladungsträger auf. Die Plattform liegt im abgesenkten Zustand 160...280 mm über dem Boden und verlangt Unterfahrhöhen von 200...300 mm an den Ladegestellen. Der Hubweg beträgt 75...200 mm, je nach Bauart und Tragfähigkeit eines solchen Flurförderzeugs. Die Tragfähigkeiten entsprechen denen der Gabelhubwagen. In schwereren Plattformhubwagen werden meist vier bis sechs Räder gelenkt, um trotz der verhältnismäßig großen Fahrzeuglänge einen annehmbar kleinen Wenderadius zu erzielen.

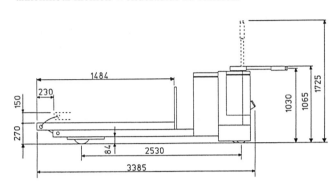

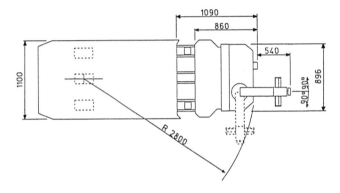

Bild 4-101 Plattformhubwagen EGW 50 XE1, explosionsgeschützt, mit Deichsellenkung
MIAG Fahrzeugbau GmbH, Braunschweig
Tragfähigkeit 5 t, Motorleistung 2 × 2,7 kW, max. Fahrgeschwindigkeit 3,5 km/h

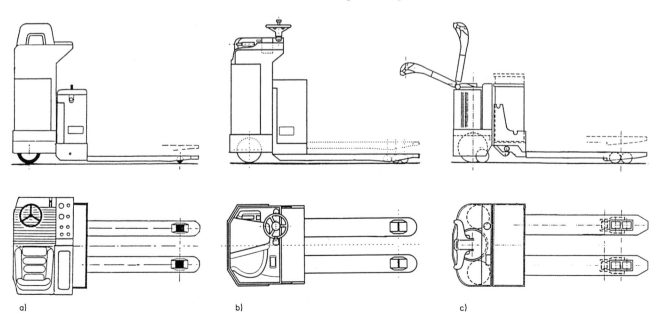

Bild 4-100 Gabelhubwagen; Linde AG, Werksgruppe Flurförderzeuge und Hydraulik, Aschaffenburg
a) T 20R mit Fahrersitzlenkung   b) T 20S mit Fahrerstandlenkung   c) T 30 mit Deichsellenkung

Wegen der geringen Bauhöhe im Bereich des vorderen Rahmens fallen mechanische Allradlenkungen recht kompliziert aus, sie werden heute durch hydraulische Lenkungen ersetzt, siehe Abschnitt 4.3.6.3.

Hochhubwagen

Im Hochhubwagen sind Elemente eines Gabelhubwagens und eines Gabelstaplers kombiniert (Bild 4-102). Die als Schalen ausgebildeten Gabelzinken liegen auf einem starren, von Laufrollen gestützten Gabelträger und werden von einem Hubgerüst bis zu einer Höhe von 1,6...3,5 m gehoben. Das Hubgerüst entspricht dem eines Gabelstaplers, häufig verfügt es über einen Frei- bzw. Basishub ohne Vergrößerung der Bauhöhe, siehe Abschnitt 4.7.2.2. Das Gerüst ist allerdings starr statt neigbar gelagert. Die Tragfähigkeiten der Hochhubwagen überdecken den Bereich 1,0...3,2 t, die Unterfahrhöhen entsprechen denen der Gabelhubwagen.

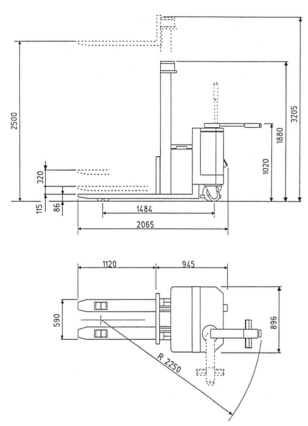

Bild 4-102 Hochhubwagen EFV 200 mit Basishub und Fahrersitz
Wagner Fördertechnik GmbH & Co KG, Reutlingen
Tragfähigkeit 2 t, Hubhöhe 2500 mm, Motorleistungen: Fahren 2,8 kW, Heben 3 kW, max. Fahrgeschwindigkeit 8 km/h

Portalhubwagen

Der *Portalhubwagen* (Bild 4-103) überfährt das aufzunehmende Gut, nimmt es mit seitlich angeordneten Lastaufnahmemitteln innerhalb seines portalartigen Rahmens auf und transportiert es mit größeren Geschwindigkeiten über Strecken von 100...2000 m. Bewährt haben sich diese Hubwagen bisher in Sägewerken, Stahlwerken, Werften und sonstigen Industriebetrieben beim Transport von Bretterstapeln, Brammen, Kokillen, Coils, vorgefertigten Baugruppen, Rohren, Stabstahl, Behältern, Containern usw., d.h. von Schwer- und Langgut bis maximal 20 m Länge.

Alle Transportgüter müssen bodenfrei liegen und seitlich etwa 100 mm breit untergreifbar sein. Entweder bildet man mit Gestellen, Platten, Balken usw. Ladeeinheiten, oder man lagert das Gut, z.B. Stabstahl, Rohre, auf festen Lagerböcken und transportiert es als Bündel [4.169] [4.170].

Die Tragfähigkeit der Portalhubwagen liegt zwischen 10 und 30 t, erreicht in Sonderfällen auch 60 t. Die normalerweise ausreichende Hubhöhe 600 mm kann unter gleichzeitiger Vergrößerung der Portalhöhe bis 1900 mm gesteigert werden, um auch Fahrzeuge beladen und liegende Güter überfahren zu können. Mittlere innere und äußere Maße sind Bild 4-103 zu entnehmen. Sie können beträchtlich variieren, die innere lichte Weite z.B. auf 4500 mm, die innere lichte Höhe auf 4000 mm und mehr erhöht werden. Übliche Fahrgeschwindigkeiten sind 10...45 km/h mit und 15...60 km/h ohne Nutzmasse.

Der Aufbau des Fahr- und Hubwerks muß sich der Portalform anpassen. Auf dem in Kastenbauweise hergestellten, hochliegenden Rahmen sind Fahrerhaus und Antriebsmotor, meist ein Dieselmotor von 65...150 kW, gelagert. Das Fahrerhaus erhält eine tief herabreichende Verglasung, um die an sich schlechten Sichtverhältnisse für den Fahrer zu verbessern.

Der Fahrantrieb wird überwiegend aus einem hydrodynamischen Wandler, einem nachgeschalteten Schalt- und Wendegetriebe, einem oder zwei mechanischen Differentialgetrieben und zwei bis vier senkrechten Kettentrieben zu den angetriebenen Rädern gebildet, wobei Allradantrieb nicht die Regel darstellt. Neuere Bauarten haben hydrostatische Fahrantriebe. Die vier luftbereiften Räder sind in Gabeln gelagert und werden mechanisch mit hydraulischer Lenkkraftunterstützung oder hydraulisch gelenkt. Bei Straßenfahrt sind die beiden Hinterräder in Geradeausstellung verriegelt. Die vier Stützfüße sind als Federbeine mit progressiver Federkennlinie und hydraulischer Stoßdämpfung ausgebildet.

Das Lastaufnahmemittel besteht aus zwei langen, seitlich am Portal hängenden Lastschuhen bzw. -schienen von etwa 125 mm Breite, die oben gelenkig aufgehängt sind, damit sich die Last im Portal nach der Aufnahme selbsttätig mittig einstellen kann. Das Hubwerk wird von zwei bis vier doppeltwirkenden Hydraulikzylindern in Parallelschaltung mit Gleichlaufeinrichtungen und sonstigen Bauteilen eines hydrostatischen Antriebs gebildet. Zusätzliche Schwenkzylinder bewegen die Lastschuhe um einen kleinen Winkel nach außen bzw. innen und pressen sie an die aufzunehmende Last. Sonderausführungen mit querverschieblicher Aufhängung der Lastschuhe gestatten es, den Klammerabstand zu stellen oder die Schuhe einer gegenüber der Portalmitte verschobenen Last anzupassen.

Zur Aufnahme von losem Langgut, das auf festen Unterlagen liegt, kann man den Portalhubwagen mit vier einzelnen Gabeln ausrüsten, die 90° um die senkrechte Achse zu drehen sind.

4.6 Wagen und Hubwagen

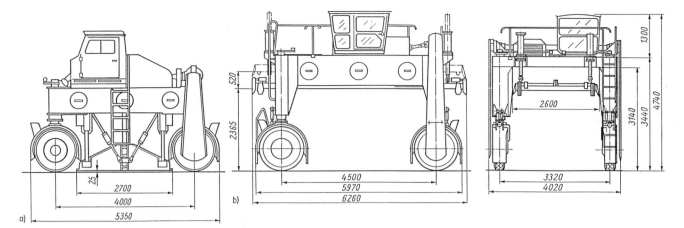

Bild 4-103 Portalhubwagen, Valmet Oy, Tampere (Finnland)
a) für Ladeeinheiten, Tragfähigkeit 18 t
b) für ISO-Container, Tragfähigkeit 23 t

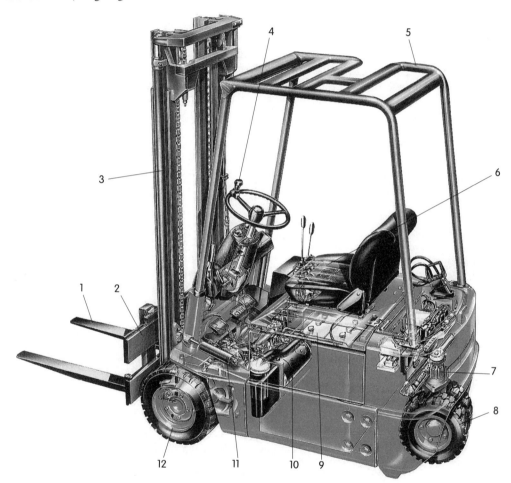

Bild 4-104 Dreiradstapler E 15 mit batterielektrischem Antrieb; Linde AG, Werksgruppe Fördertechnik und Hydraulik, Aschaffenburg
Tragfähigkeit 1,5 t, Eigenmasse 2,86 t, Motorleistungen: Fahrmotor 2 × 3 kW, Hubmotor 5 kW, max. Fahrgeschwindigkeit 12,5 km/h, max. Steigfähigkeit 21,4 %

1 Gabel
2 Gabelträger
3 Hubgerüst
4 Lenkrad
5 Schutzdach
6 Fahrersitz
7 Zahnstangenlenkung
8 Hinterrad, doppeltbereift
9 Batterie
10 Hubmotor
11 Neigzylinder
12 Vorderrad, angetrieben

4.7 Stapler

Der Stapler hat sich aus Frühformen Ende der zwanziger Jahre seit Mitte dieses Jahrhunderts zur bestimmenden Bauform der Flurförderzeuge herausgehoben. Sein Vordringen in alle Bereiche der Wirtschaft hängt eng mit einer durchgreifenden Veränderung im gesamten Stückguttransport zusammen, dem Übergang zu palettierten Ladeeinheiten mit genormten Abmessungen, siehe Abschnitt 4.2. Diese Ladeeinheiten lassen sich wegen ihrer größeren Masse manuell nicht mehr hantieren, sondern verlangen an sie angepaßte maschinelle Umschlagmittel.

4.7.1 Hauptmerkmal und Gliederung

Stapler sind stets motorisch betriebene Flurförderzeuge mit einem Hubwerk zum Heben und Senken der Last, Bild 4-104 zeigt eine gegenwärtige Ausführung. Die kennzeichnende Baugruppe ist ein rahmenartiges Hubgerüst *3*, in dem der Gabelträger *2* während seiner senkrechten Bewegung geführt wird. Diese Hubbewegung wird von einem oder mehreren hydraulischen Zylindern erzeugt. Als Lastaufnahmemittel trägt der Gabelträger eine zweizinkige Gabel *1*, die unter die Ladedecks der Paletten eingeführt werden kann. Zahlreiche Anbaugeräte anstelle der Gabel erweitern die Einsatzmöglichkeiten auf den Umschlag nichtpalettierter Ladungen und auf andere Arbeiten.

Die Bauarten der Stapler (Tafel 4-18) unterscheiden sich in erster Linie durch die relative Lage des Hubgerüsts und der Nutzmasse zur durch die Aufstandspunkte der Laufräder gebildeten Stützfläche, der sogenannten Radbasis. Bei der Grundform, dem Gabelstapler (Bild 4-104), liegt der Gutschwerpunkt stets außerhalb der Radbasis vor den Vorderrädern. Spreizen- und Schubstapler tragen das Gut dagegen während der Fahrbewegung innerhalb der Radbasis und brauchen deshalb kein oder nur ein kleines Gegengewicht. Eine dritte Gruppe bilden die Quer- und Seitenstapler, die ihre Ladungen seitlich aufnehmen und absetzen können. Sonderausführungen haben teils spezielle Fahreigenschaften, wie die Mehrwegestapler, teils ein andersartiges Hubgerüst, wie die Teleskopstapler.

Tafel 4-18 Bauarten von Staplern

Benennung der Bauart	Antriebsmotor[1]	Tragfähigkeit in t	Fahrgeschwindigkeit in km/h, mit Last
Gabelstapler			
Gehstapler	E	0,3 ... 2,0	2 ... 6
Dreiradstapler	E	0,6 ... 3,0	6 ... 15
Vierradstapler	E	0,8 ... 16	9 ... 19
	V	1,0 ... 52	14 ... 34
Geländestapler	V	0,8 ... 10	7 ... 30
Stapler ohne Gegenmasse			
Spreizenstapler	E	0,6 ... 5,0	3 ... 8
Schubstapler	E	0,9 ... 6,5	4 ... 11
Mitnehmstapler	V	1,0 ... 4,0	6 ... 14
Quer- und Seitenstapler			
Querstapler	E	0,1 ... 6,0	6 ... 20
	V	2,0 ... 50	15 ... 46
Seitenstapler	E	1,0 ... 1,8	7 ... 10
Mehrwegestapler	E	1,0 ... 15	4 ... 10
Teleskopstapler			
mit Gabel	V	2,0 ... 7,5	20 ... 38
mit Spreader[2]	V	7,5 ... 60	24 ... 30

[1] E Elektromotor, V Verbrennungsmotor, [2] für Umschlag von Leer- und Vollcontainern

4.7.2 Gabelstapler

Die verbreitetste Form des Staplers, der Gabelstapler, ist eine sehr vielseitige Umschlagmaschine, weil seine frei auskragende Gabel ohne wesentliche Einschränkung bzw. Behinderung einen großen Arbeitsraum bedienen kann. Im Verlauf eines Arbeitsspiels werden Fahr- und Lenkbewegungen nach jeweils beiden Richtungen, Hubbewegungen des Lastaufnahmemittels und Schwenkbewegungen des Hubgerüsts nach vorn bzw. hinten kombiniert. Die Vorwärtsneigung erleichtert das Einführen der Gabel in die Palette und das Absetzen aufgenommener Ladungen. Rückwärts neigt man das Hubgerüst vor Beginn von Fahrbewegungen, weil dadurch der Gesamtschwerpunkt etwas nach hinten rückt und die Palette bei scharfem Bremsen nicht von der Gabel rutscht. Einen Einblick in den gesamten Komplex Gabelstapler kann [4.171] unterstützen.

4.7.2.1 Bauweise und Bauarten

Im Gabelstapler finden sich die üblichen Baugruppen des Flurförderzeugs als Fahrzeug, d.h. Antriebsmotor, Fahrwerk, Lenkung, Rahmen mit Fahrersitz und Steuerelemente. Gabelstapler werden batterieelektrisch oder verbrennungsmotorisch angetrieben, haben eine Dreirad- oder Vierradstützung und werden überwiegend vom Fahrersitz aus gelenkt. Für sie gelten alle im Abschnitt 4.3 zu den Baugruppen der Flurförderzeuge angegebenen konstruktiven Lösungen und Hinweise, wobei Besonderheiten auftreten.

Zum einen werden stets die Hinterräder gelenkt, was bei der Gleichwertigkeit beider Fahrtrichtungen eine entsprechende Schulung und Gewöhnung der Bedienenden verlangt. Zum anderen muß das Kippmoment aus der Gewichtskraft der exzentrisch liegenden Nutzmasse durch das Moment der Gewichtskraft einer am Heck angeordneten Gegenmasse ausgeglichen werden. Bei elektrisch getriebenen Staplern erfüllen die schweren Batterien weitgehend diese Aufgabe, bei verbrennungsmotorischem Antrieb wird das gesamte Fahrzeugheck als kompaktes Gußstück hergestellt, siehe Bild 4-105.

Das Hubwerk setzt sich aus dem Hubgerüst mit Gabelträger und Gabel, ein oder zwei hydraulischen Zylindern und einem offenen hydraulischen Kreislauf zusammen. Je nach Ausführung des Gabelstaplers tritt zu dieser Arbeitshydraulik noch eine Lenk- und Fahrhydraulik. Der starre Rahmen verbindet alle Teile des Gabelstaplers. Er muß das Zusammenwirken der Baugruppen sicherstellen, die auftretenden Kräfte übertragen, Witterungsschutz bei guter Zugänglichkeit aller zu wartenden Teile gewähren und soll geräuschdämmend wirken.

Grundbauarten

Die Bilder 4-104 und 4-105 geben zwei der drei Grundbauarten eines Gabelstaplers wieder, das Dreiradfahrzeug mit Elektroantrieb und das Vierradfahrzeug mit Antrieb durch Verbrennungsmotor, das es in einer dritten Bauart auch mit Elektroantrieb gibt. Für die Wahl der Antriebsart gelten uneingeschränkt die im Abschnitt 4.3.5 erörterten Überlegungen und Regeln, d.h. vor allem die bessere Eignung des batterieelektrischen Staplers für den Inneneinsatz und die größere Leistungsfähigkeit hinsichtlich Fahrgeschwindigkeit, Steigvermögen und Aktionsradius des Staplers mit einem Verbrennungsmotor.

Ein elektrischer Antrieb weist einen oder zwei Fahrmotoren und einen getrennten Pumpenmotor für die Hubhydraulik auf. Mit Ausnahme sehr leichter Stapler hat sich

4.7 Stapler

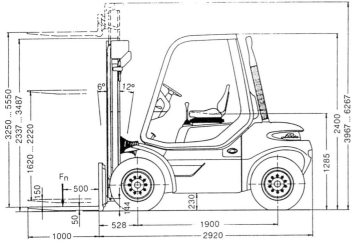

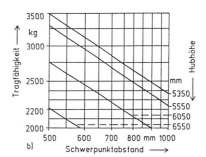

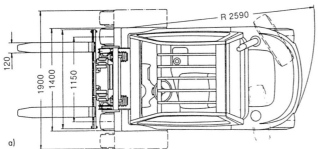

Bild 4-105 Vierradstapler H 35 mit Verbrennungsmotor; Linde AG, Werksgruppe Fördertechnik und Hydraulik, Aschaffenburg
Tragfähigkeit 3,5 t, Eigenmasse 5,6 t, Motorleistung 49 kW, max. Fahrgeschwindigkeit 22 km/h, max. Steigfähigkeit 32 %, max. Hubhöhe 3,25 ... 6,55 m je nach Hubgerüst
a) Bauweise und Abmessungen
b) Tragfähigkeitsdiagramm

die Impulssteuerung nahezu vollständig durchgesetzt. Ihr Einsatz auch für die Steuerung des Hubmotors erlaubt es, ihn nur bei Bedarf zu schalten und damit Energie zu sparen. Gebremst wird meist elektrisch, seltener mechanisch. Die unabdingbare Feststellbremse wirkt stets mechanisch.
Wird ein Verbrennungsmotor als Fahrmotor gewählt, treibt er über einen Nebentrieb zugleich den Pumpenmotor. In Gabelstaplern bis etwa 8 t Tragfähigkeit herrscht der hydrostatische Fahrantrieb vor, schwerere Typen haben üblicherweise mechanische Fahrantriebe mit zwei bis dreistufigen Lastschaltgetrieben, mit oder ohne Drehmomentwandler. Weil beide Fahrtrichtungen mit gleicher Fahrgeschwindigkeit ausgestattet werden müssen, sind die Fahrgetriebe mit Wendestufen oder mit wahlweise zu schaltenden gleichen Fahrstufen für Vorwärts- und Rückwärtsfahrt ausgelegt. Reversiersperren verhindern das unzulässige Schalten der Gegenrichtung bei höherer Fahrgeschwindigkeit. Statt der Innenbackenbremsen werden mehr und mehr Lamellenbremsen als Fahrbremsen verwendet.

Bevor die Eigenschaften von Dreirad- und Vierradstaplern miteinander verglichen werden können, ist die Verteilung der vertikalen Radkräfte auf die Vorder- und Hinterräder zu behandeln. Vor allem beim vollbelasteten Gabelstapler unterscheiden sie sich beträchtlich (Bild 4-106). Die Hinterachse behält auch bei Gabelstaplern größerer Tragfähigkeit gerade so viel anteilige Belastung, daß die Standsicherheit gewahrt bleibt. Größere seitliche Führungskräfte sind wegen der geringen Kraftschlußreserve nicht zu übertragen. Die Vorderachskraft des beladenen Gabelstaplers steigt dagegen fast proportional zur Tragfähigkeit. Am unbelasteten Stapler sind die Achskräfte nahezu ausgeglichen.
Mit den Bezeichnungen von Bild 4-107 gelten für die statischen Achskräfte die Gleichungen

$$F_v = \frac{1}{l_1}\left[F_e(l_1-s) + F_n(l_1+l_2+l_3)\right]$$

$$F_h = \frac{1}{l_1}\left[F_e s - F_n(l_2+l_3)\right]; \qquad (4.77)$$

F_e Gewichtkraft des Gabelstaplers mit Fahrer
F_n Gewichtkraft der Nutzmasse.

Die Verhältnisse der statischen Achskräfte des belasteten und des unbelasteten Staplers

$$\frac{F_v}{F_{vu}} = 1 + \frac{F_n}{F_e}\frac{l_1+l_2+l_3}{l_1-s}; \quad \frac{F_h}{F_{hu}} = 1 - \frac{F_n}{F_e}\frac{l_2+l_3}{s} \qquad (4.78)$$

lassen Schlüsse auf den Einfluß konstruktiver Entscheidungen zu. Es ist zu erkennen, daß eine größere Eigenmasse und ein größerer Achsabstand die Achskraft- und damit Radkraftschwankungen verringern. Das hat Bedeutung insbesondere für Bauformen zum Einsatz in unbefestigtem Gelände.

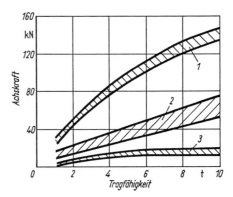

Bild 4-106 Achskräfte von Gabelstaplern
1 Vorderachse mit Last, 2 Vorder- und Hinterachse ohne Last, 3 Hinterachse mit Last

Diesen statischen Achs- bzw. Radkräften überlagern sich dynamische Anteile. Maßgebend sind die Arbeitsgeschwin-

digkeiten, genauer die während der Fahr- und Hubbewegungen auftretenden Maximalwerte der Beschleunigungen. Während in älteren Untersuchungen [4.172] [4.173] dynamische Überhöhungen der Vorderachskraft um höchstens 30 % ermittel wurden, geben neuere Meßreihen [4.100] wesentlich größere Mittelwerte für dynamische Faktoren an:
- aus Verzögerung der Fahrbewegung 1,27...1,54 bei vollbelastetem Fahrzeug
- aus dem Überfahren von Hindernissen 1,1...2,0 in Abhängigkeit von der Höhe des Hindernisses
- aus Bremsen der Senkbewegung 1,0...2,4 in Abhängigkeit von der Steuerung.

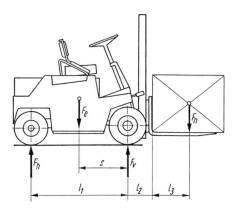

Bild 4-107 Statische Achskräfte eines Gabelstaplers

Aus zahlreichen Betriebsmessungen gewonnene Beanspruchungskollektive für die Achsen und sonstigen Baugruppen von Gabelstaplern mit Angabe der auf eine Einsatzstunde bezogenen Kollektivparameter enthält der Bericht in [4.174]. Zusammenfassend erläutert *Beisteiner* in [4.175] die gegenwärtig vorliegenden Erkenntnisse über die Betriebsbelastungen der Gabelstapler, dabei besonders die des Hubgerüsts.
Die Vor- und Nachteile von Dreirad- und Vierradfahrwerken für Gabelstapler werden seit langem diskutiert [4.176]. Im Bereich der Tragfähigkeiten bis 3 t halten sie sich etwa die Waage. Dreiradfahrzeuge (Bild 4-104) erhalten immer eine Drehschemellenkung des einfach- oder doppeltbereiften Hinterrads, siehe Bild 4-75. Sie können sich deshalb um einen Drehpol in der Mitte der Vorderachse drehen und benötigen eine kleinere Verkehrsfläche als die Vierradfahrzeuge. Bei diesen werden die Hinterräder über Achsschenkel gelenkt (Bild 4-105). Die Hinterachse ist als Pendelachse in ihrer Mitte gelagert, um eine statisch bestimmte Stützung aller vier Räder herzustellen. Im günstigsten Fall lassen sich damit Drehungen um das jeweils stillstehende kurveninnere Rad erreichen.
In einem Vierradfahrwerk werden stets die Vorderräder angetrieben. Ihre große Vertikalbelastung führt zu einem guten Kraftschluß in allen Betriebszuständen des Gabelstaplers. Im Dreiradfahrwerk konkurrieren zwei konstruktive Lösungen miteinander. Der Hinterradantrieb verbessert wegen des längeren Hebelarms der Antriebskraft zum Fahrzeugschwerpunkt die Lenkbarkeit und verringert den Energieverbrauch während der Kurvenfahrt. Wenn auf eine durchgängige Vorderachse verzichtet wird, kann das Hubgerüst zwischen den Laufrädern gelagert und damit der Abstand zwischen dem Gutschwerpunkt und der Vorderachse vermindert werden. Der Antrieb der Vorderräder verlangt dagegen größere Fahrmotoren und Batterien, verbessert aber den Kraftschluß und erbringt günstigere Fahreigenschaften, auch auf unebener Fahrbahn [4.177].
Leichte Gabelstapler können als *Gehgabelstapler* eine Deichsellenkung haben, die Fahrgeschwindigkeit ist auf 6 km/h zu begrenzen. Meist verzichtet man zudem auf die Neigungsbewegung des Hubgerüsts. Diese leichten Stapler erhalten oft Vollreifen, die sonstigen Gabelstapler dagegen Luft-, neuerdings verstärkt Elastikreifen. Mit den letztgenannten lassen sich u.U. die Fahrzeugabmessungen vermindern, es vergrößert sich allerdings die Beanspruchung des Bodens, siehe Bild 4-59.
Um den Fahrer eines Gabelstaplers gegen möglicherweise herabfallendes Gut zu schützen, schreibt die Unfallverhütungsvorschrift VBG 36 ein Schutzdach oberhalb des Fahrersitzes vor, sobald die Hubhöhe 1,8 m überschreiten kann. Die seitlichen Stützen dieses Dachs gewähren einen zusätzlichen Schutz bei seitlichem oder rückwärtigem Anfahren bzw. Unterfahren von Hindernissen, wie LKW-Plattformen, Regalfächern. Weil dieses Stahlgerüst bei einem nicht auszuschließenden Umkippen des Staplers zur Seite eine erhebliche Gefahr für den abspringenden oder herabfallenden Fahrer darstellen kann, werden Forderungen nach einer Vervollkommnung seiner Schutzfunktion gestellt [4.178] [4.179]. Einen weiteren Schutz vor den Folgen von Gutverschiebungen bilden Lastschutzgitter oberhalb des Gabelträgers.
Die genannte Unfallverhütungsvorschrift verlangt eine experimentelle Überprüfung der Festigkeit eines solchen Schutzdachs. Im statischen Prüfversuch sind nach der Tragfähigkeit gestufte Prüfmassen gleichmäßig verteilt auf die Oberfläche des Fahrerschutzes aufzulegen. Nach einer Belastungsdauer von 1 min dürfen an keiner Stelle bleibende Verformungen festgestellt werden. Im dynamischen Versuch läßt man einen Hartholzwürfel mit der Mindestmasse 45 kg zehnmal aus 1,5 m Höhe auf das Dach fallen. Danach darf kein Bruch des Tragsystems aufgetreten sein; die plastischen Verformungen müssen auf 20 mm im Umkreis von 600 mm in dem über dem Kopf des Fahrers liegenden Teilstück beschränkt bleiben.

Technische Daten

Wie aus Tafel 4-18 hervorgeht, überdecken die technischen Hauptdaten der Stapler, Tragfähigkeit und Fahrgeschwindigkeit, bei den unterschiedlichen Bauarten die großen Gesamtbereiche von 0,3...60 t bzw. 2...46 km/h. Innerhalb dieser Größenordnungen sind sie differenziert auf die Bauweise und damit Aufgabe der jeweiligen Bauform eingestellt. Beim hier behandelten Gabelstapler reicht die Tragfähigkeit der Dreiradstapler bis 3 t, die der elektrisch betriebenen Vierradstapler bis 16 t. Von dieser Schwelle ab beherrschen die Vierradstapler mit Verbrennungsmotoren eindeutig das Feld. Auch die Fahrgeschwindigkeiten zeigen diese Abstufung nach der Antriebsart und bestätigen die im Abschnitt 4.3.5.3 erläuterte Abgrenzung der Einsatzgebiete.
Die Nenntragfähigkeit eines Gabelstaplers ist an einen vorgegebenen Abstand des Lastschwerpunkts vom Gabelrücken gekoppelt (Maß l_3 im Bild 4-107). Übliche Werte für l_3 sind 400...1200 mm, je nach Staplergröße, mit 400, 500 und 600 mm als Vorzugsgrößen. Bauartbedingt verlängert sich der Hebelarm der Gewichtkraft F_n um das Maß l_2 bis zur Vorderachse als für diesen Belastungsfall maßgebender Kippkante. Rückt der Schwerpunkt des Guts nach außen, verringert sich die Tragfähigkeit, was in den

Tragfähigkeitsdiagrammen zum Ausdruck kommt, siehe Bild 4-105b. Dies gilt bei den üblichen Gabelstaplern bis zu Hubhöhen von etwa 4 m. Ab dieser Höhe zwingen die größeren Verformungen und Hebelarme der dynamischen Horizontalkräfte zu einer Verringerung der Tragfähigkeit in Form einer Verschiebung des Funktionsverlaufs nach unten. Wie aus den Bildern 4-108 und 4-109 ersichtlich ist, nehmen Motorleistung, Eigenmasse und Abmessungen der Gabelstapler unterproportional mit der Tragfähigkeit zu. Wegen der sehr unterschiedlichen Fahrgeschwindigkeiten ist der Schwankungsbereich der installierten Motorleistungen besonders groß. Der unstetige Verlauf der Bereichsgrenzen bei den Elektromotoren ist darauf zurückzuführen, daß die Hersteller Baureihen gestufter Tragfähigkeit mit gleichen Motoren ausrüsten. In der Zunahme der Eigenmasse sowie der Länge und Breite der Fahrzeuge drücken sich die notwendigen Maßnahmen zur Gewährleistung der Standsicherheit aus.

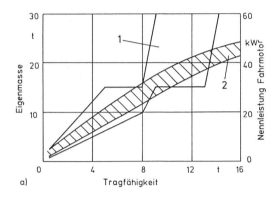

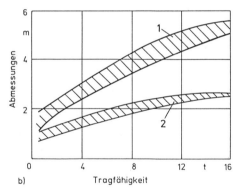

Bild 4-108 Technische Daten von Elektro-Fahrersitz-Gabelstaplern
a) Nennleistung Fahrmotor 1 und Eigenmasse 2
b) Abmessungen: Länge 1 und Breite 2

Der Einfluß von Bauart und Lenkweise auf den Bedarf an Verkehrsfläche wurde bereits erörtert. Zusätzlich spielen die Abmessungen eines Gabelstaplers hierbei eine Rolle. Ein Vierradstapler weist die drei fahrzeugtypischen Kurvenradien r_1 bis r_3 für seine Konturen auf (Bild 4-110). Mit einem Sicherheitsabstand von 100 mm ergeben sich dann die Mindestwerte der Gangbreite w_1 bzw w_2 beim Befahren einer 90°-Kurve, w_3 beim Wenden im Gang und w_4 beim Einschwenken zum Einstapeln. In der Praxis müssen diese theoretischen Idealwerte naturgemäß vergrößert werden.

Spezielle Bauarten

Containerstapler, d.h. Gabelstapler zum Be- und Entladen von Containern, dürfen wegen der geringen lichten Höhe eines Containers (Tafel 4-3) eine Bauhöhe von etwa 2 m nicht überschreiten; dies gilt für das Hubgerüst und für das Schutzdach. Um im Container dennoch stapeln zu können, brauchen die Hubwerke einen Freihub ohne Vergrößerung der Bauhöhe von mindestens 1,25 m. Eine Einrichtung zum seitlichen Verschieben der Gabel um ± 100 mm sorgt dafür, daß umständliche Manövrierarbeiten im Container wegfallen. Beachtet werden muß die Begrenzung der Radkraft auf höchstens 27,3 kN, siehe hierzu Tafel 4-4, Prüfung Nummer *8*. Die Tragfähigkeit solcher Containerstapler liegt zwischen 1 und 2 t. Überwiegend haben sie Elektroantrieb und, wegen der schlechten Ausleuchtung, Scheinwerfer.

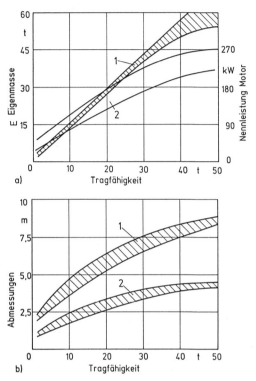

Bild 4-109 Technische Daten von Fahrersitz-Gabelstaplern mit Verbrennungsmotor
a) Eigenmasse 1 und Nennleistung 2 des Antriebsmotors
b) Abmessungen: Länge 1 und Breite 2

Schwergutstapler mit 15...50 t Tragfähigkeit arbeiten in Betrieben der Schwerindustrie, auf Schiffswerften o.ä., besonders aber beim Umschlag von ISO-Containern. Wesentliche Merkmale dieser großen Gabelstapler sind im Bild 4-111 zu erkennen. Die Vorderachse weist wegen der hohen Vertikalbelastung Zwillingsbereifung auf, die Neigzylinder greifen nicht am unteren Ende des Hubgerüsts an, sondern liegen seitlich oberhalb des Rahmens. Ein Fahrerhaus ersetzt den einfachen Fahrersitz und das Schutzdach, wodurch der Stapler besser an den Einsatz in Freien angepaßt ist.

Unebenes und nachgiebiges Gelände stellt bezüglich der Stabilität, der Festigkeit und des Kraftschlusses verschärfte Anforderungen an Gabelstapler und verlangt eine grundsätzlich andersartige und aufwendigere Gesamtkonzeption. Zum Einsatz auf unebenem, aber festem Boden genügt es, Normalstapler mit Niederdruckreifen auszurüsten. Geht es um den uneingeschränkten Einsatz in unbefestigtem Gelände mit Böden aller Art und größerem örtlichen Höhenunterschied, wird ein spezieller *Geländestapler* mit Vierradantrieb und möglicherweise sogar Vierradlenkung gebraucht.

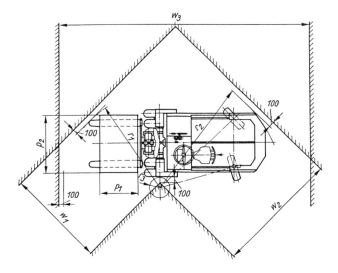

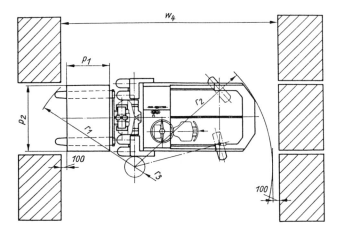

Bild 4-110 Kurvenradien und Gangbreiten von Gabelstaplern
p_1, p_2 Palettenmaße; r_1 Kurvenradius vorn; r_2 Kurvenradius hinten; r_3 Kurvenradius innen; w_1 Winkelgangbreite vorn; w_2 Winkelgangbreite hinten; w_3 Arbeitsgangbreite; w_4 Stapelgangbreite

Durch die Wahl größerer Reifen mit niedrigem Reifendruck sinkt die Bodenpressung auf Werte von 0,35...0,40 N/mm², während sich gleichzeitig die Bodenfreiheit auf 300 mm und mehr erhöht. Die vorderen Antriebsräder erhalten Stollenprofile wie Baumaschinen, die hinteren Lenkräder häufig Längsprofile, um die Seitenführung zu verbessern. Weil das Belastungsmoment infolge einer Vergrößerung des Maßes l_2 (Bild 4-107) zunimmt, muß auch das Standmoment des Gabelstaplers durch Vergrößerung des Radstands und der Spurweite erhöht werden. Der Geländestapler wird somit länger, breiter und schwerer als die Normalausführung.

4.7.2.2 Hubgerüste

Das Hubwerk eines Gabelstaplers besteht aus dem Hubgerüst mit der Gabel als Lastaufnahmemittel und dem hydraulischen Antrieb. In der gebräuchlichsten Bauform, dem Zweifachhubgerüst (Bild 4-112), ist im äußeren, unten am Fahrzeugrahmen gelenkig gelagerten Rahmen *2* ein senkrecht verschiebbarer innerer Rahmen *1* angebracht, in dem der Gabelträger *6* senkrecht bewegt wird. Der Hubzylinder *3* schiebt über den zweisträngigen Flaschenzug der Hubketten *4* den Gabelträger zunächst um den sogenannten Freihub nach oben, bis der am Kopf des Hubkolbens liegende Nocken auf den Verbindungssteg des inneren Rahmens trifft. Von dieser Hubhöhe an bewegt der Kolben den inneren Rahmen und zugleich, mit doppelter Geschwindigkeit bzw. Weglänge, den Gabelträger. Der Neigzylinder *5* stellt die Neigung des Hubgerüsts zur Senkrechten.

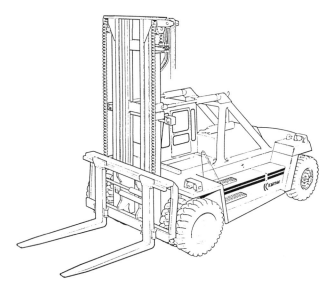

Bild 4-111 Schwergut-Gabelstapler DC 18-25
Kalmar LMV, Ljungby (Schweden)
Tragfähigkeit 18 ... 25 t, Eigenmasse 29,4 ... 33,4 t, Motorleistung 140/190 kW, max. Fahrgeschwindigkeit 27 km/h, max. Steigfähigkeit 28 ... 35 %, Standardhubhöhe 4 m

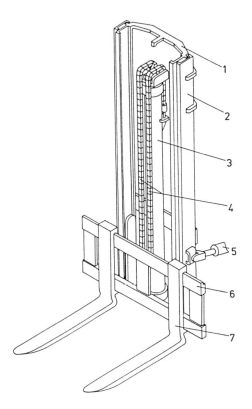

Bild 4-112 Zweifachhubgerüst mit Normalfreihub
1 innerer Hubrahmen 5 Neigzylinder
2 äußerer Hubrahmen 6 Gabelträger
3 Hubzylinder 7 Gabelzinke
4 Hubketten

4.7 Stapler

Bauformen

Nach der Anzahl der Rahmen unterscheidet man Einfach- bis Dreifachhubgerüste (Bild 4-113). Aus Gründen der besseren Verständlichkeit sind die Hubzylinder in diesem Bild neben die Rahmen gestellt. Anstatt der Teleskopzylinder können auch jeweils zwei einfache Zylinder treten. Zudem gibt es viele Variationen der hier aufgeführten Grundprinzipe.

Tafel 4-19 Technische Daten von Hubgerüsten für Gabelstapler bis 5 t Tragfähigkeit, nach Firmenangaben

Kenngröße	Dimension	Maß in Bild 4-114	Hubgerüst Zweifach-	Dreifach-
Bauhöhe	m			
eingefahren		h_3	2,0 ... 4,4	1,8 ... 3,1
ausgefahren		h_5	3,4 ... 7,8	4,5 ... 7,7
Hubhöhe	m	h_4	3,0 ... 6,7	3,7 ... 7,0
Freihub	m			
Normalfreihub		h_2	0,1 ... 0,2	–
Sonderfreihub		h_{2S}	1,0 ... 2,4	0,9 ... 2,5
Neigungswinkel	°			
vorwärts			5 ... 8	
rückwärts			5 ... 12	
Geschwindigkeiten	m/s			
Heben mit Last			0,20 ... 0,65	
Heben ohne Last			0,30 ... 0,70	
Senken mit Last			0,30 ... 0,60	
Senken ohne Last			0,25 ... 0,55	

Bei einem Hubgerüst ist außer der Hubhöhe der Gabel und der Bauhöhe des Hubgerüsts in der jeweiligen Gabelstellung auch der sog. *Freihub* wichtig. Er bezeichnet die Hubhöhe, die ohne Änderung der Bauhöhe zu erreichen ist und die beim Stapeln in niedrigen Räumen, Containern usw. erhebliche Bedeutung hat. Bild 4-114 zeigt den Zusammenhang zwischen diesen Höhen. Die Bauhöhe h_3 des Hubgerüsts im eingefahrenen Zustand wird durch die Linie h_E angegeben; sie ist gleich der Höhe des festen äußeren Rahmens über dem Boden und verändert sich nicht. Beim Heben der Gabel am Gabelträger wird gleichzeitig der innere Rahmen stetig mitbewegt (Linie h_C). Im Punkt 2 schneidet h_C die Linie h_E. Die zugehörige Höhe h_2 der Gabel ist der Freihub dieses Hubgerüsts. Von diesem Punkt ab bestimmt die Oberkante des inneren Rahmens die Bauhöhe des weiter ausfahrenden Hubgerüsts. Im Punkt 3 schneidet dann die Linie h_B, die der Höhe der Gabeloberkante entspricht, die Linie h_C und ist von hier an für die Bauhöhe verantwortlich.

Die Hubhöhen von Einfachhubgerüsten betragen etwa 75 % der Bauhöhe, d.h., sie liegen allgemein zwischen 1,5 und 1,7 m. Für normale Mehrfachhubgerüste kleiner bis mittlerer Gabelstapler sind die Bereiche der Höhen und Gerüstneigungen in Tafel 4-19 angegeben. Über diese Werte hinaus erreichen Schwergutstapler, die ausschließlich in weiträumigen Hallen oder im Freien arbeiten, bei Bauhöhen bis 6 m Hubhöhen bis 10 m.

Normale Hubgerüste haben nur einen Freihub von 0,1...0,2 m. Es sind vielfältige Formen von Hubgerüsten für vergrößerten Freihub (Sonderfreihub in Tafel 4-19) entwickelt worden. Bei ihnen wird durch konstruktive Maßnahmen dafür gesorgt, daß die Bauhöhe nur von den Linien h_E und h_B im Bild 4-114 bestimmt wird. Der Stapler kann die Nutzmasse daher auf die Höhe h_{2S} heben, ohne seine Bauhöhe zu ändern.

Um diese Aufgabe zu lösen, braucht man grundsätzlich einen Mehrfach-Hubzylinder oder mehr als einen Zylinder. Bild 4-113c ist ein Ausführungsbeispiel mit Teleskop-Hubzylinder. Die Bewegung des inneren Rahmens wird durch Verriegelungen und Schalter gesteuert. In der Maximalhubhöhe unterscheidet sich das Spezialhubgerüst nicht vom normalen Zweifachhubgerüst. Erst mit Dreifachhubgerüsten steigt die Hubhöhe bei gleicher Grundbauhöhe auf 4,5...7,7 m an (Bild 4-113e). Vierfachhubgerüste sind bisher nur vereinzelt bekannt geworden.

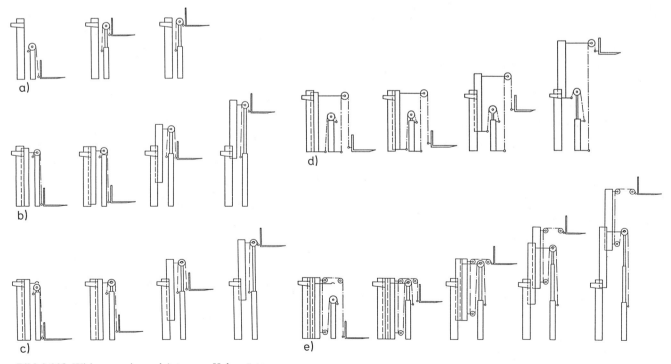

Bild 4-113 Wirkungsweise und Arten von Hubgerüsten
a) Einfachhubgerüst
b) Zweifachhubgerüst
c) Zweifachhubgerüst mit Sonderfreihub
d) Freisichthubgerüst mit Kurzzylinder, zwei Kettenflaschenzügen und Sonderfreihub
e) Dreifachhubgerüst

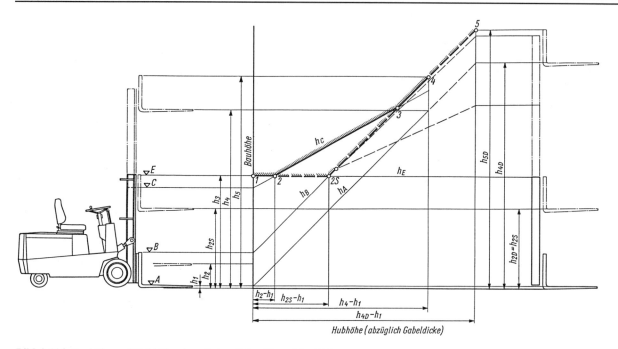

Bild 4-114 Bauhöhe und Hubhöhe eines Hubgerüsts während des Hubvorgangs
links: Zweifachhubgerüst (ausgezogene Höhenlinien)
rechts: Dreifachhubgerüst (gestrichelte Höhenlinien)

Das richtige Aussteuern einer größeren Hubhöhe, besonders das genaue Ein- und Ausstapeln von Gütern in bzw. aus Regalfächern ist, mit Sicht des Fahrers von unten, ab etwa 3,5 m Hubhöhe sehr schwierig. Hubgerüste für größere Hubhöhen erhalten deshalb zusätzliche elektronische Mittel zum Ansteuern einer vom Fahrer vorgegebenen Hubhöhe [4.180] [4.181]. Die Hubhöhe wird dabei formschlüssig, z.B. mit Hilfe eines gelochten Meßbands, oder in anderer Weise als Istgröße gemessen. Sensoren erfassen den Belastungs- und damit Verformungszustand der Gabel, eine geeignete Steuerung schließt Fehlbedienungen aus.

Mit hochstehendem Lastaufnahmemittel darf der Gabelstapler grundsätzlich allein in Stapelnähe zum Aufnehmen und Absetzen der Last verfahren werden. Auch hier können Sensoren die Hubgerüststellung erfassen und eine Begrenzung der Fahrgeschwindigkeit sowie des Neigungswinkels des Hubgerüsts nach vorn ab einer bestimmten Hubhöhe durch die Steuerung möglich machen.

In der konstruktiven Gestaltung unterscheiden sich die Hubgerüste der verschiedenen Hersteller durch die Art der Rahmenprofile, die Anzahl und Lage der Querriegel, die Anzahl und Bauweise der Ketten (Flyer- oder Rollenketten) und vor allem auch durch die Art und Anordnung der Rollenführungen. Gleitführungen kommen wegen ihres großen Verschleißes und der hohen Reibungskräfte nicht mehr vor.

Bild 4-115 stellt zwei der gebräuchlichen Hubgerüstquerschnitte vor. Als Rahmenstiele eignen sich sowohl genormte, bisweilen kupierte Walzprofile, als auch spezielle, teils geschweißte Träger, die der konstruktiven Lösung eigens angepaßt sind. Die Oberflächen dieser Profile als Führungsbahnen für die Stützrollen bleiben vorwiegend unbearbeitet, die Bolzen für die Rollenlagerung werden angeschweißt. Weil sich damit im Hubgerüst nur grobe Toleranzen einhalten lassen, bieten die Hersteller Sortimente an Stützrollen mit im Zehntelmillimeterbereich abgestuften Außendurchmessern an [4.182]. Durch eine mechanische Bearbeitung, insbesondere von geschweißten und Spezialprofilen, und durch Schraubenverbindungen für die Rollenlagerungen können die Toleranzen wesentlich kleiner gehalten werden.

Die *Stützrollen* im Zweifachhubgerüst (Bild 4-115a) sind Kombi- bzw. Kreuzrollen, führen somit in radialer und axialer Richtung mit getrennten Wälzlagern. Im Dreifachhubgerüst (Bild 4-115b) übertragen einfache Rollen die Kräfte in beiden Richtungen. Diese Rollen sind schräggestellt und leiten deshalb die Axialkräfte zum überwiegenden Teil über die Laufflächen in den jeweils anderen Rahmen.

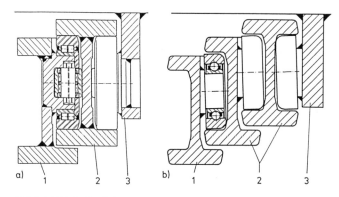

Bild 4-115 Rollenführungen von Hubgerüsten
a) Zweifachhubgerüst mit geschweißten Rahmenstielen und Kreuzrollen, Winkel GmbH, Illingen
b) Dreifachhubgerüst mit Walzprofilrahmenstielen und schrägstehenden Stützrollen, Omnia Wälzlager GmbH, Kreßberg-Bergbronn
1 äußere Rahmen   3 Gabelträger
2 innere Rahmen

Derartige Stützrollen müssen als Spezial-Wälzlager so ausgebildet sein, daß sie diese Axialkräfte sicher überleiten können, Bild 4-116 gibt einige Bauformen wieder. Die am stärksten belastbare Ausführung ist die mit Zylinderrollen (Bild 4-116a), die relativ kleinste Beanspruchung erträgt ein einfaches Rillenkugellager (Bild 4-116d). Die Tragzahlen der Wälzlager als Stützrollen müssen gegenüber dem üblichen Einsatz eines Wälzlagers mit voll umschließender Lagerung des Außenrings abgemindert werden, weil sie auf einer ebenen Bahn laufen und die Außenringe dabei erheblich auf Biegung beansprucht werden. Dies hat eine Druckverteilung auf eine kleinere Anzahl von Wälzköpern zur Folge [4.182]. Durch eine angemessene Verstärkung des Außenrings werden ausreichend große Tragzahlen erreicht.

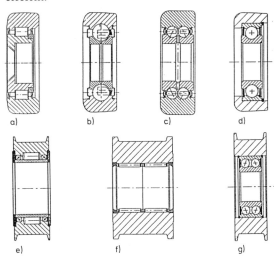

Bild 4-116 Stützrollen (a bis d) und Kettenrollen (e bis g) INA Wälzlager Schaeffler KG, Herzogenaurach
a) Zylinderrollenlager
b) Kugellager mit geteiltem Innenring
c) zweireihiges Schrägkugellager
d) Vollkugellager
e) Zylinderrollenlager
f) Nadellager
g) zweireihiges Schrägkugellager

Die *Kettenrollen* (Bild 4-116e bis g) führen die Ketten des Hubgerüsts und nehmen ihre Kräfte auf. In axialer Richtung sind nur geringe Führungskräfte zu übertragen. Aufbau und äußere Abmessungen passen sich der Kettenart, dem verfügbaren Bauraum und den Belastungen an. Wegen der endlichen Größe der Kettenglieder tritt beim Umlenken der sog. Polygoneffekt, periodische Beschleunigungen in Längs- und Querrichtung der Kette (s. [0.1, Abschn. 2.3.4]), auf. Diese Schwingungsanregung läßt sich ausschließen, wenn der Teilkreisdurchmesser des Umlenkelements als ganzzahliges Vielfaches der Kettenteilung gewählt wird [4.183].

Sichtverhältnisse

Die Sicht beim Stapeln und Fahren in beiden Fahrtrichtungen ist für den Fahrer eines Gabelstaplers durch das Hubgerüst, die mitgeführte Nutzmasse und sonstige Staplerteile eingeschränkt. Bild 4-117 verdeutlicht, daß bei beidäugigem Sehen die Hubgerüstteile je nach ihrer Breite unterschiedlich als Sichtblenden wirken. Sind sie schmaler als der Augenabstand von rd. 70 mm, bilden sich nicht einsehbare Keile aus, deren Länge von der Breite des Hindernisses abhängt. Dagegen verhindern Hubgerüstteile, die breiter als der Augenabstand sind, die Sicht in einem sich mit der Entfernung verbreiternden Sektor bis ins Unendliche.

Geeignete Maßnahmen zur Verbesserung der Sicht durch das Hubgerüst sind breitere Rahmen, ineinandergreifende, nicht nebeneinanderliegende Rahmenteile, dünnere Hubzylinder und eine Anordnung der Ketten direkt am Hubzylinder oder Rahmenstiel. Hubgerüste mit besonders guter Sicht, sog. Freisichthubgerüste, werden in drei Bauarten angeboten [4.185]

– mit breiten seitlichen Fenstern zwischen einem zentralen Hubzylinder mit zentraler Hubkette und den weit auseinandergerückten Rahmenstielen
– mit je zwei an den beiden Rahmenstielen angeordneten Hubzylindern und Hubketten
– mit einem sehr kurzen zentralen Teleskop-Hubzylinder und zwei Kettenflaschenzügen (Bild 4-113d).

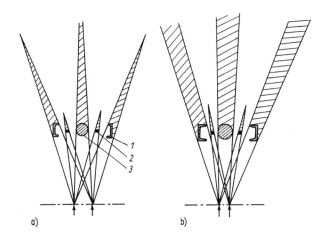

Bild 4-117 Sichtverhältnisse bei Staplern [4-184]
a) Augenabstand größer als Hindernisbreite
b) Augenabstand kleiner als Hindernisbreite
1 Rahmen 2 Hubkette 3 Hubzylinder

Beispiele für Freisichthubgerüste enthält Bild 4-118. Hat das Hubgerüst nur einen Normalfreihub, läßt sich seine Mittelfläche vollständig freihalten (Bild 4-118a). Ein Zweifach- bzw. Dreifachhubgerüst mit Sonderfreihub erhält dagegen oft einen in der Mitte angebrachten Teleskopzylinder (Bild 4-118b und c), der das Sichtfeld nach unten etwas einengt. Es ist aber möglich, auch diesen Zylinder seitlich an den Rahmenstielen anzubringen, [4.186] beschreibt eine Ausführung mit einem besonders schmalen Rahmenstiel und einem in Blickrichtung des Fahrers davor gelagerten Hubzylinder.

Ein Verfahren zur quantitativen Bewertung der Sichtverhältnisse an Staplern nennt [4.187]. Es werden drei Teilbezugsflächen für Stapeln, Vorwärts- und Rückwärtsfahren

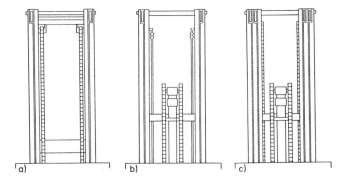

Bild 4-118 Freisichthubgerüste Nissan Motor Co., Ltd. (Japan)
a) Zweifachhubgerüst mit Normalfreihub
b) Zweifachhubgerüst mit Sonderfreihub
c) Dreifachhubgerüst mit Sonderfreihub

aus Teilen eines konzentrisch um das Augenpaar des Fahrers gedachten Zylinders gebildet, diese Bezugsflächen nach ihrer Bedeutung gewichtet und die gewichtete einsehbare Gesamtbezugsfläche als Kenn- und Vergleichsgröße für die Sichtverhältnisse errechnet. [4.188] berichtet über fotografische Meßverfahren und über Bemühungen, zu einem international anerkannten Beurteilungsverfahren für die Sichtverhältnisse an Staplern zu gelangen. Die Unfallverhütungsvorschrift VBG 36 enthält die allgemeine Forderung nach ausreichenden Sichtverhältnissen für den Fahrer zur Fahrbahn und zur Last. Es werden zahlreiche Maßnahmen aufgeführt, über die eine bessere Sicht zu erlangen ist, in die außer dem Hubgerüst auch die Art und Anordnung des Fahrersitzes einbezogen sind.

Hubzylinder

Konstruktion und Steuerung der Einfach-Hubzylinder (Bild 4-119a) sind unproblematisch. Bei Teleskop-Hubzylindern für großen Freihub des Gabelträgers muß stets Sorge getragen werden, daß zunächst die Umlenkrollen des Gabelwagens voll ausgefahren werden, bevor sich der innere Rahmen in Bewegung setzt. An der Bauart nach Bild 4-119b wirken in den beiden Hubphasen die Kräfte

$$F_I = 2F_n + F_r + F_{Z1}$$

$$F_{II} = F_n + F_r + F_{Z1} + F_{Z2}; \qquad (4.79)$$

F_I Hubkraft während der Freihubphase
F_{II} Hubkraft beim Heben des inneren Rahmens
F_n Gewichtskraft der Nutzmasse und der Eigenmassen von Gabelträger und Gabel
F_r Reibungskräfte
F_{Z1} Gewichtskraft des Zylinders Z_1
F_{Z2} Gewichtkraft des Zylinders Z_2,

auf die Ölsäule (Bild 4-119e). Das Drucköl wird über die Bohrungen der Kolbenstange zugeleitet. Die Bedingung für eine gesicherte Aufeinanderfolge der beiden Bewegungen ist eine deutliche Druckdifferenz, d.h.,

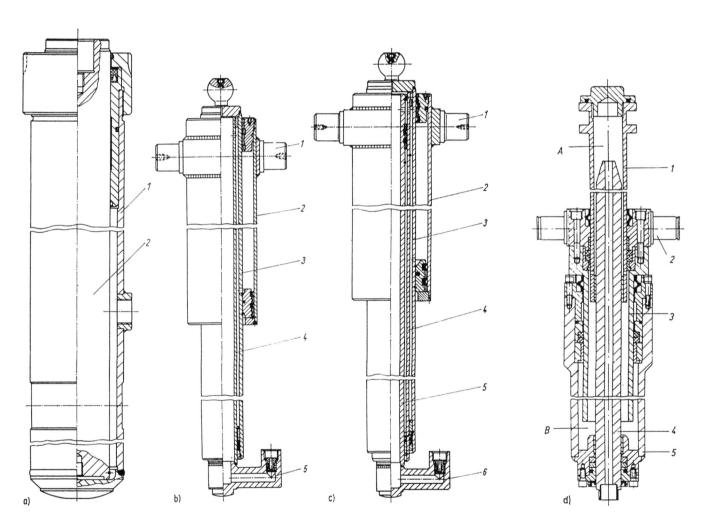

Bild 4-119 Hubzylinder für Gabelstapler
a) Einfach-Tauchkolbenzylinder
 1 Zylindermantel, am äußeren Rahmen befestigt, 2 Tauchkolben, oben am inneren Rahmen befestigt
b) Zweifach-Teleskopzylinder (Freihub ausgefahren) 1 Achse für Kettenumlenkrolle, 2 äußerer Zylinder (Freihubzylinder), 3 innerer Zylinder, oben am inneren Rahmen befestigt, 4 Rohrkolben, unten am äußeren Rahmen befestigt, 5 Ölzuführung
c) Dreifach-Teleskopzylinder (Freihub ausgefahren) 1 Achse für Kettenumlenkrolle, 2 äußerer Zylinder (Freihubzylinder), 3 mittlerer Zylinder, oben am inneren Rahmen befestigt, 4 innerer Zylinder, 5 Rohrkolben, unten am äußeren Rahmen befestigt, 6 Ölzuführung
d) Teleskop-Tauchkolbenzylinder mit Führungszylinder 1 Führungszylinder, oben am inneren Rahmen befestigt, 2 Achse für Kettenumlenkrolle, 3 äußerer Zylinder, 4 Tauchkolben, unten am äußeren Rahmen befestigt, 5 Zylindermantel, unten am inneren Rahmen befestigt

$$p_\text{II} > p_\text{I} \text{ bzw. } \frac{F_\text{II}}{d_2^2 - d_3^2} > \frac{F_\text{I}}{d_1^2 - d_3^2}. \tag{4.80}$$

Unter Vernachlässigung der Reibungskräfte F_r und der Gewichtskräfte F_Z der Zylinder sowie des kleinen Bohrungsdurchmessers d_3 ergibt sich die Näherungsbeziehung für die Kolbendurchmesser

$$\frac{F_\text{I}}{F_\text{II}} \approx 2 < \left(\frac{d_1}{d_2}\right)^2 \text{ oder } \frac{d_1}{d_2} > \sqrt{\frac{F_\text{I}}{F_\text{II}}} \approx \sqrt{2}. \tag{4.81}$$

Die Hubgeschwindigkeiten während der beiden Bewegungsphasen sind unterschiedlich, wenn nicht die Ölmengen durch eine entsprechende Steuerung gestellt werden. Auch die Bauform nach Bild 4-119d erhält das Drucköl über die Bohrung der Kolbenstange. Das Öl fließt in den Raum A und gleichzeitig über die beiden seitlichen Bohrungen in der Wand des Führungszylinders *1* in den Raum B. In der ersten Hubphase wird der äußere Kolben *3* mit den Rollenzapfen *2* gehoben, danach fährt der innere Kolben *4* nach unten aus. Will man in beiden Phasen gleiche Hubgeschwindigkeiten erzielen, müssen die wirksamen Kolbenflächen übereinstimmen, d.h., es die Bedingung

$$d_1^2 - d_2^2 = d_3^2 - d_4^2$$

erfüllt sein. Hierbei besteht die Gefahr, daß die Kolbenstange *4* bereits ausfährt, ehe der äußere Kolben *3* seine maximale Ausfahrhöhe erreicht hat, weshalb stets eine zusätzliche Ventilsteuerung notwendig ist.

Es gibt zahlreiche, in Ausführung und Wirkungsweise abweichende Formen von Teleskop-Hubzylindern für Stapler. Wegen ihrer größeren wirksamen Flächen kommen die Kolbenausführungen mit geringeren Drücken als die Tauchkolbenausführungen aus; sie brauchen aber eine besonders genaue Bearbeitung der Gleitdichtflächen.

Der Ölstrom für die Arbeitszylinder des Hubgerüsts wird mit einem hydraulischen Antrieb in offenem Kreislauf erzeugt und gestellt. Im Aufbau und in der Wirkungsweise entsprechen diese Kreise den üblichen hydrostatischen Antrieben, siehe Abschnitt 2.5.2. Die vor allem in großen Hubgerüsten und bei großen Hubhöhen auftretenden Schwingungen des Hubgerüsts lassen sich nach *Bruns* [4.175] durch ein Dämpfungselement, bestehend aus Drosseln und Hydrospeichern, im Kreislauf des Neigzylinders vermindern. Dies führt auch zu einer Verkürzung der Spieldauer.

Beanspruchung und Dimensionierung

Die äußeren Kräfte werden in den Hubrahmen über den Gabelträger eingeleitet. Um diese Rollenkräfte zu ermitteln, wird dieser Gabelträger wegen der größeren Elastizität des Rahmens als ideal starr und durch vier Federn mit gleicher, konstanter Federsteife gestützt angenommen. Mit den Bezeichnungen (Bild 4-120)

m_n Nutzmasse (Koordinaten f, i, k)
m_G Masse des Gabelträgers (Koordinaten $-m, n, 0$)
F_K Kettenkraft (Koordinaten $0, p, o$)
a_h Bremsverzögerung Hubbewegung
a_f Bremsverzögerung Fahrbewegung
F_1 bis F_4 Rollenkräfte an Stützrollen
F_5, F_6 Rollenkräfte an Seitenrollen
μ spezifischer Rollwiderstand

führen die Momentengleichgewichte mit einigen Vereinfachungen zu den Gleichungen für die Rollenkräfte

$$F_{1,3} = \frac{F_\text{v} w - F_\text{K} p}{2c} + F_\text{h} \frac{v}{c}\left(\frac{1}{2} \pm \frac{u}{b}\right)$$

$$F_{2,4} = \frac{F_\text{v} w - F_\text{K} p}{2c} - F_\text{h}\left(\frac{1}{2} \pm \frac{u}{b} \mp \frac{uv}{bc} - \frac{v}{2c}\right)$$

$$F_{5,6} = \frac{F_\text{v} u - F_\text{K} o}{e}. \tag{4.82}$$

Die unteren Vorzeichen gelten für F_1 und F_2, die oberen für F_3 und F_4. Die in diesen Gleichungen verwendeten resultierenden Kräfte und deren Koordinaten sind

$$F_\text{v} = (m_\text{n} + m_\text{G})(g + a_\text{h}); \quad F_\text{h} = (m_\text{n} + m_\text{G}) a_\text{f}$$

$$F_\text{K} = F_\text{v} + \mu \sum_{i=1}^{6} F_i \approx F_\text{v};$$

$$u = \frac{m_\text{n}}{m_\text{n} + m_\text{G}} k; \quad v = \frac{m_\text{n} f - m_\text{G} m}{m_\text{n} + m_\text{G}}; \quad w = \frac{m_\text{n} i + m_\text{G} n}{m_\text{n} + m_\text{G}}. \tag{4.83}$$

Die tatsächlich auftretenden Rollenkräfte weichen nach Messungen [4.183] wegen der statischen Unbestimmtheit der Vierpunktstützung bis ±40 % von diesen rechnerischen Werten ab.

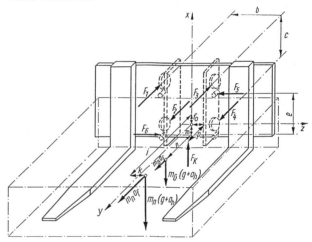

Bild 4-120 Kräfte am Gabelträger

Für die Kräfte, die der obere Rahmen auf den unteren überträgt, kann die gleiche vereinfachende Annahme wie für F_1 bis F_6 getroffen werden. Die Stützkraft des Hubzylinders ist

$$F_\text{H} = 2 F_\text{K} + m_\text{o}\left(g + \frac{a_\text{h}}{2}\right) + F_\text{eZ}; \tag{4.84}$$

m_o Masse des oberen Rahmens
F_eZ Gewichtskraft des Hubzylinders.

Die Auflagerkräfte des gesamten Hubgerüsts werden nach bekannten Regeln ermittelt. Den Berechnungsgang beim Festigkeitsnachweis des *Gabelträgers* als geschlossene Rahmenkonstruktion erläutert [4.189]. Damit die Rollenkräfte nicht zu stark voneinander abweichen, sollte der Gabelträger so torsionsweich wie möglich ausgebildet werden [4.183]. Offene Rahmen sind unter diesem Gesichtspunkt günstiger als die vorwiegend verwendeten Platten bzw. geschlossenen Rahmen.

Die *Ketten* werden meist nur nach der statischen Kettenkraft ausgelegt. Um die dynamischen Spannungssteigerungen zu erfassen, ist ein Sicherheitsbeiwert von $S_\text{B} = 5$

gegenüber der Mindestbruchkraft der Kette vorgeschrieben. Bei der Dimensionierung von Seil- oder Kettentrieben, mit denen ein Fahrersitz oder eine Arbeitsbühne gehoben wird, ist der doppelte Betrag anzusetzen. Die tatsächliche Nutzungsdauer der Ketten läßt sich nur im Betrieb oder experimentell unter Berücksichtigung der Belastungshäufigkeitsfunktion ermitteln. Berichte hierüber liegen bisher nicht vor.

Das statische System zur Berechnung der Spannungen in den *Hubrahmen* ist sehr verwickelt, die Rahmenstiele bilden mit den Querverbindungen einen statisch unbestimmten Stockwerkrahmen. Es dominieren die Biegespannungen durch die in Längsrichtung drehenden Momente der auskragenden Last, die den Größtwert bei der größten Hubhöhe mit der zugehörigen Nennlast erreichen. Diese zeitlich veränderlichen Biegemomente sind Funktionen der Hubhöhe, der Nutzmasse und des Neigungswinkels des Hubgerüsts; zudem verändern sich die Einspannbedingungen mit der Hubhöhe.

Durch Außermittigkeit der Belastung und Abweichungen von der Symmetrie infolge von Imperfektionen ergeben sich Veränderungen gegenüber dem theoretischen Grundansatz. Es treten Biegung in Querrichtung und Torsion, z.B. infolge der exzentrischen Belastung von Anbaugeräten, auf. Den statischen Kräften überlagern sich dynamische aus den Vertikal- und Horizontalbewegungen. Die von den Stützrollen übertragenen Kräfte rufen in den Rahmenstielen örtliche Pressungen und Flanschbiegungen hervor.

Um einen Einblick in die Hauptbeanspruchung aus Biegung in Längsrichtung zu vermitteln, ist im Bild 4-121 der Verlauf des Biegemoments unter der Voraussetzung idealer Berührungsverhältnisse, Vernachlässigung der Vertikal- und Horizontalkräfte aus den Eigenmassen des Hubgerüsts und senkrechter Maststellung prinzipiell dargestellt. In Feldmitte außerhalb der Einspannstellen beträgt es

$$M_b(z) = M_{bv} + M_{bh}(z) = F_v x_K + F_h(h-z). \quad (4.85)$$

Die Festigkeitsberechnung des Gerüstrahmens geht vereinfachend von der hier erläuterten symmetrischen Belastung beider Rahmenstiele aus. Durch die von den Rollen eingeleiteten Kräfte werden die Rahmenstiele als Profile auf Biegung und Torsion beansprucht. Da die Trägerquerschnitte meist nicht symmetrisch sind, liegt schiefe Biegung vor, wobei allerdings die Querverstrebungen nur kleine seitliche Verformungen zulassen. Die Querschnitte sind nicht wölbfrei, weil die Wirkungslinien der angreifenden Kräfte nicht durch die Schubmittelpunkte der Träger gehen. In [4.183] wird das Torsionsmoment vereinfachend durch ein Kräftepaar ersetzt und dadurch auf ein zusätzliches Biegemoment zurückgeführt. Die Arbeit in [4.190] erfaßt dagegen die Torsionsbeanspruchung genauer und bildet die Vergleichsspannung aus Querkraftbiegung, Flanschbiegung und Torsion.

Für diese örtliche Beanspruchung des Flanschs liegen Berechnungsverfahren vor, die sich auf die Kirchhoffsche Plattentheorie stützen [4.191]. Die örtlichen Pressungen können mit den Hertzschen Gleichungen bestimmt werden, siehe [0.1, Abschn. 2.5.1.1], ihr Einfluß auf die Festigkeit ist jedoch wegen ihres kleinen Betrags gering. Außerdem wirken sie nicht an den Stellen der Hauptbeanspruchung der Träger.

In weiterführenden Arbeiten, besonders an der Universität Stuttgart, wurde der Einfluß der Betriebsbelastungen, d.h. der dynamischen Kräfte, und der Fertigungstoleranzen auf die Beanspruchung des Hubgerüsts genauer untersucht [4.192] bis [4.196]. Auf dieser Basis können die Hubgerüste inzwischen unter Nutzung von CAD- und FEM-Programmen exakt berechnet und beanspruchungsgerecht dimensioniert werden [4.197].

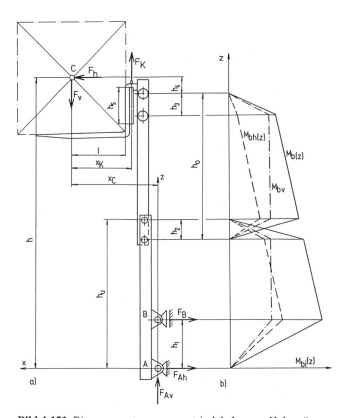

Bild 4-121 Biegemomente am symmetrisch belasteten Hubgerüst
a) Anordnung und Belastung
b) Biegemomente

Durchbiegung

Wenn es um die rechnerische Bestimmung der Standsicherheit oder um Schwingungsberechnungen am Gabelstapler geht, ist die Durchbiegung des Hubgerüsts durch die wirkenden Kräfte von Bedeutung. In [4.198] wird hierfür ein geeignetes Näherungsverfahren vorgestellt; Bild 4-121 zeigt die maßgebenden geometrischen Größen. Außer der Gewichtskraft F_n treten das äußere Belastungsmoment

$$M = \left(F_n + \sum_i F_{ei}\right) x_S \cos\alpha$$

mit der Schwerpunktkoordinate

$$x_S = \frac{x_C F_n + \sum_i x_i F_{ei}}{F_n + \sum_i F_{ei}}; \quad (4.86)$$

F_n Gewichtskraft der Nutzmasse und der Eigenmassen von Gabelträger und Gabel
F_{ei} Gewichtskraft des i-ten Hubgerüstteils
x_C, x_i zugehörige Koordinaten
α Neigungswinkel des Hubgerüsts,

sowie die fiktive horizontale Kraft F_h als Ersatzkraft im Punkt C

$$F_\text{h} \approx \left(F_\text{n} + k \sum_i F_\text{ei}\right)\left(\sin\alpha + \frac{a}{g}\right); \qquad (4.87)$$

k Faktor zur Reduktion der Hubgerüstmassen zum Punkt C ($k = 0{,}3 \ldots 0{,}5$)
a Bremsverzögerung des Staplers
g Fallbeschleunigung,

auf. Sie verursachen eine Horizontalverschiebung des Punktes C, die aus drei Anteilen zusammengesetzt wird:

$$\Delta x_C = \Delta x_{Cv} + \Delta x_{Cs} + \Delta x_{Ch}. \qquad (4.88)$$

1. Anteil: Horizontalverschiebung durch M und F_n

$$\begin{aligned}\Delta x_{Cv} &= \frac{M}{EI_\text{u}}\left(\frac{h_\text{u}^2}{2} - \frac{2}{3}h_\text{u}h_1 + \frac{h_1^2}{6} - \frac{h_2^2}{6}\right) \\ &+ \frac{M}{EI_\text{o}}\left(\frac{h_\text{o}^2}{2} - \frac{2}{3}h_\text{o}h_2 + \frac{h_2^2}{6} - \frac{h_3^2}{6}\right) \\ &+ \frac{M}{EI_\text{u}}\left(h_\text{u} - \frac{2}{3}h_1 - \frac{2}{3}h_2\right)(h_\text{o} - h_3 + h_4) \\ &+ \frac{M}{EI_\text{o}}\left(h_\text{o} - \frac{2}{3}h_2 - \frac{2}{3}h_3\right)h_4 + \frac{7}{12}\frac{F_\text{n}l^3}{EI_G}; \end{aligned} \qquad (4.89)$$

$I_{u,o}$ geometrisches Trägheitsmoment des unteren bzw. oberen Rahmens
I_G geometrisches Trägheitsmoment der Gabel.

2. Anteil: Horizontalverschiebung durch Spiel

$$\Delta x_{Cs} = h_4\left(\frac{\delta_2}{h_2} + \frac{\delta_3}{h_3} + \frac{\delta_5}{h_5}\right) + (h_\text{o} - h_2)\frac{\delta_2}{h_2}; \qquad (4.90)$$

δ_2 Spiel der Rahmenführungsrollen
δ_3 Spiel der Rollen des Gabelträgers
δ_5 Spiel zwischen Gabel und Gabelträger.

3. Anteil: Horizontalverschiebung durch die Kraft F_h (weiter vereinfacht für maximale Hubhöhe und für $I_\text{u} = I_\text{o}$)

$$\begin{aligned}\Delta x_{Ch} = \frac{F_\text{h}}{EI_\text{o}}\Bigg[&\frac{(h_\text{I} + h_\text{II})^2}{2}\left(h - \frac{h_\text{I} + h_\text{II}}{3}\right) + (h_\text{I} + h_\text{II}) \\ &\times \left(h - \frac{h_\text{I} + h_\text{II}}{2}\right)h_\text{III}\Bigg]; \end{aligned} \qquad (4.91)$$

$$h = h_\text{u} + h_\text{o} + \frac{h_1}{2} - h_2 + h_4$$

$$h_\text{I} = h_\text{u} - \frac{h_1 + h_2}{2}; \quad h_\text{II} = h_\text{o} - \frac{h_2 + h_3}{2}; \quad h_\text{III} = \frac{h_3}{2} + h_4.$$

Vereinfacht ergibt sich eine Verschiebung des Gesamtschwerpunkts von

$$\Delta x_S = \Delta x_C \frac{F_\text{n} + k\sum_i F_\text{ei}}{F_\text{n} + \sum_i F_\text{ei}}. \qquad (4.92)$$

Eine Verfeinerung dieser Rechnung erscheint im Hinblick auf die Schranken des Modells, das den verwickelten Aufbau des Hubgerüsts nur unvollkommen wiedergibt, wenig sinnvoll.

4.7.2.3 Gabeln

Zwei Gabelzinken mit auskragenden Tragschenkeln und senkrecht dazu stehendem Schaft bilden die Gabel eines Gabelstaplers (Bild 4-122). An den Schaft sind oben und unten Gabelhaken geschweißt, mit denen die Zinken am Gabelträger gelagert werden. Die Abstände der Gabelzinken voneinander können dem Gut entsprechend eingestellt werden, Arretierungen sichern den jeweiligen Sitz. Die Tragschenkel sind in ihrem vorderen Teil zur Spitze hin verjüngt, die Spitzen sind abgerundet. Der Krümmungsbereich erhält während der Formgebung eine Verdickung, weil er am höchsten beansprucht ist.

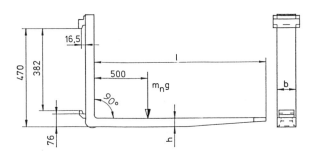

Bild 4-122 Gabelzinke nach DIN 15174
Vetter Umformtechnik GmbH, Burbach
Nenntragfähigkeit 1,0 ... 2,5 t (Klasse 2 nach DIN 15173), Gabelform A

In der Herstellung der Gabelzinken bestehen nebeneinander zwei Verfahren, deren Vor- und Nachteile diskutiert werden [4.199]. Die Zinken können aus Knüppeln vollständig geschmiedet oder aus Flachstahl herausgearbeitet werden, wobei der Rundungsbereich über einen Stauchvorgang verdickt wird. Unabhängig vom Herstellungsverfahren muß dafür gesorgt werden, daß die Gleichmäßigkeit und Festigkeit des Gefüges nicht durch örtliche Wärmeeinwirkung gestört wird oder bleibt.

Die Gabelzinke wird im gefährdeten Querschnitt am oberen Ende des gekrümmten Teils auf Zug und Biegung beansprucht. Die Gleichungen für die Berechnung als gekrümmter Stab wurden bereits im Abschnitt 2.2.1.2 aufgeführt. Die Zugspannung ist einfach zu bestimmen; für die Biegespannung an der Innenkante des gefährdeten Querschnitts gilt unter Verwendung der Gln. (2.1) und (2.5) mit $y = -h/2$ und dem vereinfachend positiv angenommenen Biegemoment $M_\text{b} = Fc$ nach Bild 4-123

$$\sigma_{bk} = -\frac{M_\text{b}}{bhr} + \frac{M_\text{b}}{br\kappa(2r - h)}. \qquad (4.93)$$

Der Krümmungsradius r ist auf die Schwerelinie des Trägers bezogen. Nach Gl. (2.6) beträgt der Formbeiwert κ für einen Rechteckquerschnitt mit $\psi = h/2r$

$$\kappa = \frac{1}{2\psi}\ln\frac{1+\psi}{1-\psi} - 1. \qquad (4.94)$$

In der praktischen Berechnung mit dem Ziel, den Größtwert der Biegespannung zu bestimmen, empfiehlt sich die Einführung einer Formzahl α_{ki}, die das Verhältnis der maximalen Biegespannung des gekrümmten Trägers an der Innenseite der Krümmung zu der eines geraden Trägers gleichen Querschnitts an derselben Stelle ausdrückt, d.h.,

$$\alpha_{ki} = \frac{\sigma_{bki}}{\sigma_{bi}} = \frac{-\dfrac{M_b}{bhr} + \dfrac{M_b}{br\kappa(2r-h)}}{\dfrac{6M_b}{bh^2}} = \frac{1}{6}\left(\frac{h^2}{r\kappa(2r-h)} - \frac{h}{r}\right)$$
(4.95)

bzw. nach Einsetzen von Gl. (4.94)

$$\alpha_{ki} = \frac{1}{3}\left[\frac{2\psi^3}{(1-\psi)\left(\ln\dfrac{1+\psi}{1-\psi} - 2\psi\right)} - \psi\right].$$
(4.96)

In allen vorstehenden Gleichungen ist statt der Nenndicke h der Zinke die erhöhte Dicke h_k einzusetzen, wenn der Krümmungsquerschnitt verdickt worden ist. Tafel 4-20 enthält Werte dieser Formzahl innerhalb des für Gabelzinken in Frage kommenden Bereichs. Verwiesen wird in diesem Zusammenhang auf die im Abschnitt 2.2.1.3 erläuterte beträchtliche Abweichung der im Versuch bestimmten Formzahlen von den theoretischen Werten mit einem endlichen Grenzwert $\alpha_{ki} = 2$ für $r_i = 0$, d.h. $r = h/2$ bzw. $\psi = 1$.

Die Gesamtspannung an der betrachteten Stelle ist die Summe von Zug- und Biegespannung

$$\sigma_i = \sigma_z + \alpha_{ki}\sigma_{bi} = \frac{F}{bh} + \alpha_{ki}\frac{6Fc}{bh^2}.$$
(4.97)

Für den Durchbiegungswinkel γ der Gabelzinke an der Krafteinleitungsstelle gibt [4.200] die nachstehende Gleichung an, in der die Teilverformungen aller Abschnitte der Zinke berücksichtigt sind, siehe Bild 4-123,

$$\gamma = \frac{F}{2EI}\left[(l_3 + l_4)\left(\frac{l_1}{3} + l_2 + l_4\right) + \frac{hl_4^2}{2(h - l_4\tan\beta)}\right].$$
(4.98)

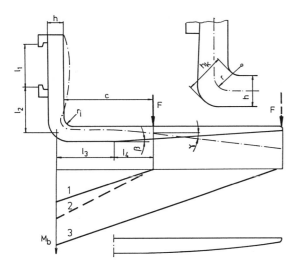

Bild 4-123 Berechnungsmaße und Biegemomente einer Gabelzinke
Biegemomente M_b: 1 Nennbelastung, 2 1,5fache Nennbelastung, 3 Spitzenbelastung mit 1,5facher Nennbelastung

Das geometrische Trägheitsmoment I ist für den vollen Querschnitt der Gabelzinke einzusetzen. Naturgemäß idealisiert der Ansatz einer Einzelkraft die Belastungsverhältnisse, die elastische Linie verläuft von deren Angriffspunkt aus als Gerade bis zur Spitze. Der Einfluß der Längen l_1 bis l_4 wird jedoch gut wiedergegeben und erlaubt Variationen.

Üblicherweise werden die Gabelzinken nach ihrer Festigkeit so ausgelegt, daß die maximale Spannung bei gleichmäßiger Verteilung der Gewichtskraft der Nennlast auf beide Zinken mit der Wirkungslinie im genormten Abstand vom Schaftrücken eine dreifache Sicherheit gegenüber der Streckgrenze des Werkstoffs behält. In der Praxis treten jedoch erhebliche Abweichungen von dieser symmetrischen Belastung auf, einerseits durch ungleichmäßiges Tragen beider Zinken, andererseits durch eine andere Verteilung der Belastung längs des Tragschenkels bis hin zu reiner Spitzenbelastung [4.201]. In Bild 4-123 sind die verschiedenen Biegemomente eingetragen. Der 1,5fache Betrag der Nennbelastung entspricht dem vorwiegend eingehaltenen Sicherheitsfaktor bei der Ermittlung der Standsicherheit des Staplers.

Tafel 4-20 Formzahlen α_{ki} für Gabelzinken ($\psi = h/2r$)

ψ	0,10	0,15	0,20	0,25	0,30	0,35	0,40	0,45
α_{ki}	1,07	1,11	1,15	1,20	1,25	1,31	1,37	1,45
ψ	0,50	0,55	0,60	0,65	0,70	0,75	0,80	
α_{ki}	1,53	1,62	1,73	1,87	2,04	2,27	2,59	

Gabelzinken, die nach der Norm ausgelegt sind, dürfen sich bei einer Belastung an der Spitze verformen. Um diese bleibende Durchbiegung zu vermindern, kann nach [4.201] der verjüngte Teil des Tragschenkels parabolisch als Träger gleicher Biegefestigkeit ausgebildet werden (Bild 4-123 unten). Zudem wird empfohlen, vergütete Werkstoffe mit einer Streckgrenze von mindestens $\sigma_s = 750$ N/mm^2 zu verwenden.

Nach Versuchen [4.202] erreicht die Dauerfestigkeit der Gabelzinken Werte von 128...168 % der Spannung bei Nennbelastung. Dies schließt angesichts der zu erwartenden Überlastungen Anrisse und vorzeitiges Versagen nicht aus. Um die Dauerfestigkeit wesentlich zu vergrößern, wird die Innenkontur der Rundung parabolisch ausgeführt und damit ein stetiger Spannungsverlauf im Übergangsbereich zum geraden Schaft hergestellt. Die Oberfläche der Innenrundung wird poliert oder durch Kugelstrahlen verdichtet. Schweißnähte, besonders am unteren Gabelhaken, werden aus dem Bereich großer Biegespannungen herausverlegt [4.203].

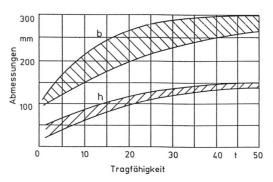

Bild 4-124 Breite b und Höhe h von Gabelzinken in Abhängigkeit von der Tragfähigkeit des Staplers

Die Verformung der Gabelzinke unter Belastung ist so zu begrenzen, daß die unvermeidliche Neigung des Guts zur

Waagerechten dessen stabile Lage nicht gefährdet und das Ein- und Ausstapeln nicht behindert. In [4.202] werden auf 1000 mm Länge bezogene Durchbiegungen von 17...23 mm aus Messungen bei Nennbelastung angegeben und Werte von 20...25 mm als zulässig erachtet. Dies entspricht Neigungswinkeln von $\gamma = 1{,}2...1{,}6°$ unterhalb des Angriffspunkt der Gewichtskraft F.

Die Querschnittsfläche der Gabelzinken wächst naturgemäß mit zunehmender Tragfähigkeit. Die Hersteller variieren die Breite b stärker als die Höhe h, weil sie neben der Festigkeit auch die Qualität der Gutauflage bestimmt, siehe Bild 4-124.

Sonderausstattungen können Gefahren mindern und das Hantieren mit der Gabel erleichtern. Um das Abrutschen der Ladung zu erschweren und zugleich die Geräuschentwicklung zu verkleinern, können die Tragschenkel mit Gummi oder Kunststoff beschichtet werden. Lärmpolster an den Lagerungsstellen der Gabelzinken vergrößern den Dämmungseffekt. Gabelzinken für explosionsgeschützte Stapler erhalten eine Messingauflage, die eine Funkenbildung ausschließt.

Abschließend wird auf die in regelmäßigen Abständen vorzunehmende Prüfung der Gabeln von Gabelstaplern hingewiesen; [4.205] führt auch Regeln für etwaige Reparaturen auf.

4.7.2.4 Anbaugeräte

Das Einsatzgebiet des Gabelstaplers läßt sich beträchtlich erweitern, seine Leistungsfähigkeit steigern, wenn er anstelle oder ergänzend zur Gabel mit Anbaugeräten bestückt wird. Damit wird

– der Umschlag palettierter Güter erleichtert bzw. beschleunigt, z.B. durch Gabelverlängerungen, Drehgeräte, Abschieber

– nichtpalettiertes Gut aufgenommen, z.B. mit Tragdornen, Klammern, Schaufeln

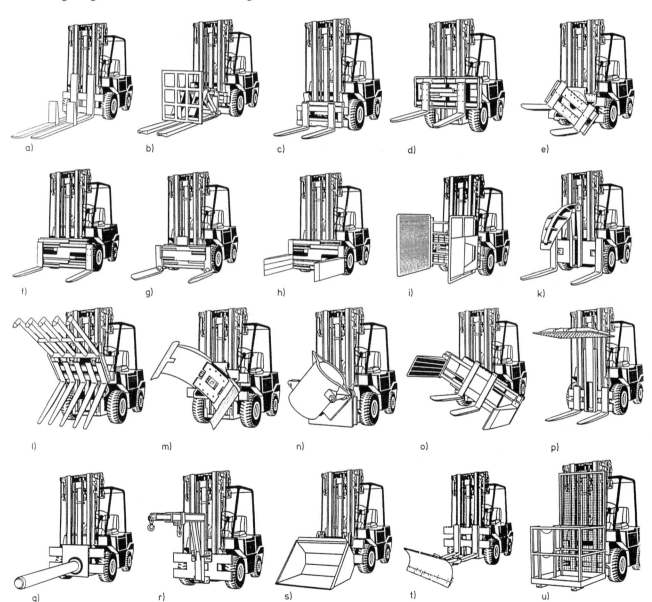

Bild 4-125 Stabau-Anbaugeräte für Gabelstapler; Schulte-Henke GmbH, Meschede
a) Teleskopgabel
b) Schubgabel
c) Seitenschieber
d) Zinkenverstellgerät
e) Drehgerät
f) Klammergabel
g) Drehgabelklammer
h) Ballenklammer
i) Großflächenklammer
k) Holzgreifer
l) Schrottgreifer
m) Rollenklammer
n) Chargiergerät
o) Palettenwendegerät
p) Lasthalter
q) Tragdorn
r) Kranarm
s) Schüttgutschaufel
t) Schneeräumschild
u) Montagebühne

- eine andere Arbeit ausgeführt, z.B. mit Kranauslegern, Arbeitsbühnen, Gießgeräten
- der Schutz von Fahrer und Ladung erhöht, z.B. durch Schutzgitter, Guthalter.

Durch die große Anzahl der verfügbaren und weiterhin neu entworfenen Anbaugeräte wandelt sich der Gabelstapler immer mehr zu einer universellen Arbeitsmaschine. Über die zahlreichen Möglichkeiten des Einsatzes und der konstruktiven Ausführung informiert [4.206], eine ältere, jedoch noch aktuelle Übersicht. DIN 15136 gibt Benennungen vor, ist jedoch veraltet und deshalb unvollständig.

Bauformen

Die Gliederung in Tafel 4-21 geht von der Arbeitsaufgabe aus und zeigt die große Vielfalt der Anbaugeräte auf. Als Auszug vermittelt Bild 4-125 eine bildhafte Vorstellung von dieser Breite, aber auch von der größeren Belastung des Staplers durch die höhere Eigenmasse dieser Geräte und durch den weiter vor die Achse rückenden Schwerpunkt der aufgenommenen Nutzmasse. Beides zwingt dazu, die zulässige Nutzmasse zu vermindern oder einen Stapler mit größerer Tragfähigkeit zu wählen. Die meisten Anbaugeräte werden deshalb für Gabelstapler mit einer Tragfähigkeit von 2...8 t gebaut, die vorzugsweise von einem Verbrennungsmotor getrieben werden.

Alle Eigenbewegungen der Anbaugeräte werden hydraulisch betätigt. Der Stapler muß hierfür mit zusätzlichen Steuerventilen sowie Rohr- und Schlauchleitungen für den Ölstrom ausgerüstet werden. Um die unterschiedlichen Schlauchlängen bei wechselnder Hubhöhe auszugleichen, werden federgespannte, selbstaufwickelnde Schlauchrollen am Hubgerüst montiert (Bild 4-126).

Die Gabel als Normalausrüstung ist je nach Tragfähigkeit des Gabelstaplers 800...2500 mm lang. Durch aufsteckbare Gabelverlängerungen läßt sich die Traglänge der Gabel vergrößern, wenn zu kurze Gabeln die Ladung beschädigen könnten. *Flachgabeln* sind für die Aufnahme palettenlos gestapelter Güter, Gabeln mit Rundzinken für Schlaufenpaletten mit Papprohren eingerichtet. Die *Klappgabel* ist bei Leerfahrt auf öffentlichen Straßen, in Aufzügen, bei Kranbetrieb usw. vorteilhaft.

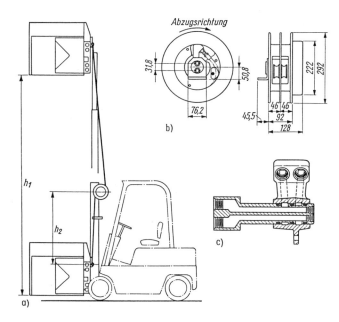

Bild 4-126 Schlauchrolle für hydraulisch angetriebene Anbaugeräte, Typ Medium
Cascade, Almere Haven (Niederlande)
a) Einbaubeispiel
b) Schlauchrolle
c) Öldurchführung

Tafel 4-21 Anbaugeräte für Gabelstapler (Übersicht)

1.	Lastaufnahmemittel	
1.1	Tragende Lastaufnahmemittel	
	– Gabeln	Normalgabel, Flachgabel, Rundzinkengabel, Teleskopgabel, Mehrzinkengabel, Klappgabel, Etagengabel, Gabelverlängerung
	– Plattformen	Plattform, Etagenplattform, Rollplattform
	– Dorne	Einfachdorn, Doppeldorn, Mehrfachdorn, Kippdorn
1.2	Klemmende Lastaufnahmemittel	
	– Greifeinrichtungen	Zange, Ballengreifer, Holzbügelgreifer, Schalengreifer, Sperrgutgreifer
	– Klammern	
	Arme starr	Steinklemmgabel
	Arme querbeweglich	Ballenklammer, Kistenklammer, Großflächenklammer, Steinklammer, Faßklammer, Kippklammer, Rollenklammer, nicht drehbar oder drehbar, kippbar
	Arme höhenbeweglich	Überkopfklammer, Überkopfdrehklammer
	Gabelklammern	Drehgabel, Klammergabel, Faßklammergabel
1.3	Metallurgische Ausrüstungen	Manipulator (Schmiedezange), Chargiergerät, Gießgerät, Schrottgreifer
1.4	Lastaufnahmemittel für Schüttgüter	Schaufel, Kippbehälter, Betonbehälter, Behälter mit Bodenentleerung
1.5	Hebezeugausrüstung	Kranausleger mit Lasthaken, mit Seilwinde, mit Greifer
2.	Ergänzungsgeräte	Abschieber, Klemmschieber, Guthalter, Schutzgitter
3.	Bewegungsgeräte	Drehgerät, Seitenschubgerät, Zinkenverstellgerät, Schubgabel, Drehschubgabel, Kippschlitten, Zusatzhubgerüst
4.	Sonderausrüstungen	Arbeitsbühne, Schneeräumschild

4.7 Stapler

Die Abstände der an den Gabelträger eingehängten Zinken können von Hand verstellt werden. Mit hydraulischen Seitenschubeinrichtungen lassen sich Gabel- und Zinkenstellung vom Fahrersitz aus verändern. Zu unterscheiden sind dabei *Seitenschieber*, die die Gabel als Ganzes relativ zum festen Teil des Gabelträgers verschieben, und *Zinkenverstellgeräte* (Bild 4-127), die jede Zinke einzeln stellen können. Ein anderer Unterschied besteht darin, ob diese Verschiebeeinrichtung in den Gabelträger integriert ist oder als Zusatzgerät am normalen Gabelträger angebracht wird. Die Häufigkeit der Nutzung entscheidet über die Wahl der einen oder anderen Variante.

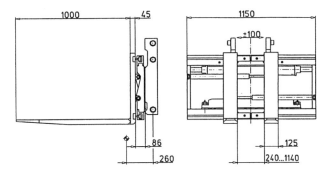

Bild 4-127 Zinkenverstellgerät 3 T 466 IZ
Kaup GmbH & Co KG, Aschaffenburg
Tragfähigkeit 3 t, Eigenmasse 350 kg

Ein mit einer *Mehrzinkengabel* ausgestatteter schwerer Gabelstapler kann mehrere leichtere mit nur einer Gabel ersetzen und damit Kosten sparen, beispielsweise in Brauereien. Es werden zwei oder drei Gabeln nebeneinander angeordnet. Die Dreifachgabel im Bild 4-128 stellt mit ihren drei hydraulischen Teleskopzylindern sowohl die Zinkenabstände innerhalb der Gabeln, als auch die Abstände der Gabeln voneinander und ermöglicht somit eine sehr genaue Gesamtlage aller Gabeln zur mehrteiligen Ladung.

Die oft erwünschte Vergrößerung der Reichweite einer Gabel ist mit einer in Längsrichtung ausfahrbaren *Teleskopgabel* zu erzielen. Eine andere Lösung, bei der das Lastaufnahmemittel frei getragen wird, stellt der *Vorschubgabelträger* mit seiner Doppelschere im Bild 4-129 dar. An die Stelle der gezeichneten Klammer kann auch ein zweiter Gabelträger mit Gabel treten.

Dorne von 800...1250 mm Länge mit Tragfähigkeiten bis 50 t sind dem Umschlag hohler Rundteile, wie Coils, Bunde, Rohre, angepaßt. Der Mehrfachdorn kann wiederum mehrere nebeneinanderliegende Einzelgüter aufnehmen. Ein Doppeldorn mit hydraulischer Spreizeinrichtung verringert das seitliche Schwanken der Last während der Fahrt, mit Kippdornen sind kurze Rohre aufzurichten bzw. umzulegen.

Zwischen Gabelträger und Gabel bzw. Anbaugerät kann ein *Drehgerät* eingefügt werden, das sehr flach gebaut ist, um das Vorbaumaß so wenig wie möglich zu vergrößern. Als Drehverbindung nimmt man die üblichen Kugeldrehverbindungen. Der auszunutzende Bereich des Drehwinkels hängt von der konstruktiven Ausführung des Drehwerks ab. Über einen Hydraulikzylinder mit Ketten- oder Zahnstangentrieb sind Gesamtwinkel bis 180° zu erreichen, endlos drehende Geräte haben dagegen einen an der Drehverbindung angebrachten Zahnkranz, in den das von einem Hydromotor getriebene Ritzel eines Schnecken- oder Stirnradtriebs eingreift (Bild 4-130).

Mit *Klammern* werden Rollen, Rohre, Ballen, Kisten o.ä. einzeln, zu mehreren gleichzeitig oder im Bündel aufgenommen und vom Gabelstapler transportiert. Ihr Öffnungsbereich reicht von 500 bis 2000 mm. Die Arme der Klammern werden durch eine Schiebeeinrichtung im Gabelträger ähnlich der Zinkenverstellung translatorisch aufeinander zugestellt (Bild 4-131a), oder sie sind gelenkig gelagert und führen eine Drehbewegung aus (Bild 4-131b). Es gibt auch Kombinationen beider Bewegungsarten für je einen Arm. Die Backen der Klammern sind an die Arme fest angeschweißt, austauschbar angeschraubt oder drehbar in Gelenken gelagert. Wenn der hydraulische Kreis ein Gleichlaufventil enthält, wird das Gut durch die gleichmäßige Bewegung beider Arme stets mittig aufgenommen.

Die zahlreichen Besonderheiten bei den Klammern zielen darauf ab, die Gutaufnahme bei unterschiedlicher Lage der Güter, wie liegend, stehend, nebeneinandergestellt, zu erleichtern und empfindliches Gut, wie Papierrollen, vor Beschädigung zu bewahren. Schlankere Armprofile sind besser in enge Zwischenräume einzuführen, gelenkig gelagerte Backen gleichen sich der Form des Guts an, die elastische Auskleidung dieser Backen vermindert die spezifische Pressung. Durch die Aufteilung in mehrere Armpaare, siehe Bild 4-131b, können Unebenheiten ausgeglichen und die Sichtverhältnisse für den Fahrer verbessert werden. Dreh- und Kippeinrichtungen erlauben es, die Lage des aufgenommenen Guts zu ändern, insbesondere liegende Teile aufzustellen und umgekehrt.

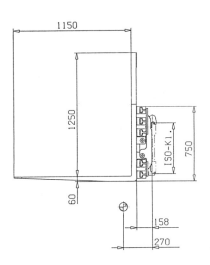

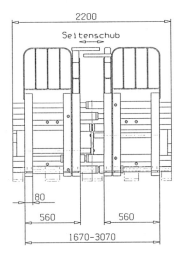

Bild 4-128 Dreifachklammer mit Seitenschub 3 T 409 2-3
Kaup GmbH & Co KG, Aschaffenburg
Tragfähigkeit 3 t, Eigenmasse 800 kg,
Seitenschub ± 125 mm

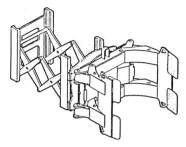

Bild 4-129 Vorschubgabelträger XLF 500
Auramo Oy, Vantaa (Finnland)
Tragfähigkeit 5 t

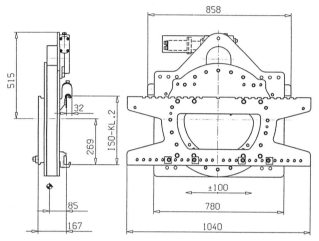

Bild 4-130 Drehgerät 360° 2 T 391 E
Kaup GmbH & Co KG, Aschaffenburg
Tragfähigkeit 2,5 t, Eigenmasse 250 kg

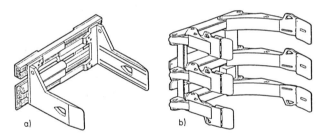

Bild 4-131 Klammern, Auramo Oy, Vantaa (Finnland)
a) Ballenklammer B-250 E, Tragfähigkeit 2,5 t,
   Eigenmasse 555 ... 690 kg
b) Papierrollenklammer CTXR 45, Tragfähigkeit 4,5 t,
   Eigenmasse 1120 kg

Eine häufige Bauform der Klammer ist die mit einem kurzen und einem langen Arm, um Rollen unterschiedlichen Durchmessers sicher halten zu können (Bild 4-132). Eine querbewegliche Lagerung des Rahmens in vertikaler oder horizontaler Richtung sorgt dafür, daß sich die Klammer selbsttätig oder gesteuert in die richtige Position zur Last stellt. Eine der neuesten Entwicklungen ist die Regelung des Anpreßdrucks auf den kleinstmöglichen Betrag, wobei Sensoren die Lastbewegung im Bereich des Mikroschlupfs als Meßgröße erfassen.
Bei der *Klammergabel* werden die Gabelzinken, mit oder ohne aufgesteckte Backen, mit Hilfe einer Seitenschubeinrichtung am Gabelträger als Klammerarme verwendet. Die *Dreh- bzw. Schwenkgabel* ist dagegen eine echte Kombination von Gabel und Klammer. Sie wird ohne Antrieb für die Drehbewegung der Zinken ausgeführt, die sich dann durch den Druck gegen die Innenkanten selbsttätig in die Klammerstellung drehen und dort verriegelt werden. Teils haben sie auch einen gesonderten Antrieb für die Drehbewegung.

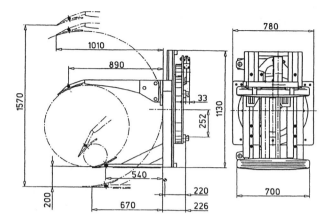

Bild 4-132 Drehbare Rollenklammer 2 T 458 P
Kaup GmbH & Co KG, Aschaffenburg
Tragfähigkeit 2 t, Eigenmasse 590 kg

Der *Abschieber* als Ergänzungsgerät schiebt mit seiner Platte bzw. seinem Gitter das Gut nach vorn vom Gutträger (Palette) ab, eine hydraulische Zange als mögliche Zusatzeinrichtung hält die Palette dabei fest. Der *Klemmschieber* schiebt die Ladung, meist Säcke, auf und von Pappen bzw. Kunststoffolien, die 70...100 mm länger als die Ladung sein müssen.
Arbeitsbühnen erlauben den Einsatz des Staplers auch für Montage-, Wartungs- und Reparaturarbeiten in größerer Höhe. Aus Sicherheitsgründen darf die Bühne nur vom sitzenden Fahrer, nicht von der Plattform aus gehoben und gesenkt werden. Zusätzliche Führungsrollen am Gabelwagen verringern das seitliche Spiel.
Alle Anbaugeräte müssen durch Anwendung der Regeln des Leichtbaus, durch Verwendung hochfester und leichter Werkstoffe besonders massesparend konstruiert sein, um die Tragfähigkeitsminderung des Staplers erträglich zu halten. Die Nenntragfähigkeit eines Gabelstaplers ist für das mit einer Gabel arbeitende Fahrzeug und einen vorgegebenen Schwerpunktabstand der Nutzmasse vom Gabelrücken festgelegt und im Standsicherheitsversuch überprüft. Erhöhen sich die Eigenmasse des Lastaufnahmemittels und der Schwerpunktabstand durch ein Anbaugerät, muß die Tragfähigkeit angepaßt werden.
Um die sogenannte *Resttragfähigkeit* eines Gabelstaplers mit Anbaugerät zu bestimmen, wird die Summe der um die Vorderachse drehenden Momente aus den Gewichtskräften von Nutzmasse und Eigenmasse des Anbaugeräts gleich dem Moment der Gewichtskraft F_n bei Nennbelastung und dem zugehörigen Lastabstand gesetzt und daraus die Resttragfähigkeit in Form der zulässigen Gewichtskraft F_{nA} berechnet (Bild 4-133)

$$F_{nA} = \frac{1}{l}\bigl[F_n(l_2+l_3) - F_{eA}(l_3+s)\bigr](1-\varepsilon) \qquad (4.99)$$

mit dem Minderungsfaktor zur Berücksichtigung der dynamischen Standsicherheit [4.207]

$$\varepsilon = k\frac{l-(l_2+l_3)}{2l_1-(l_2+l_3)}; \qquad (4.100)$$

F_n Gewichtskraft der Nutzmasse bei Nennbelastung
F_{nA} Gewichtskraft der zulässigen Nutzmasse des Anbaugeräts
l_1 Radstand des Staplers, siehe Bild 4-107
k Konstante ($k = 0,3$ für Luftbereifung, $k = 0,25$ für Elastikbereifung).

Der Beiwert ε erfaßt den wachsenden Einfluß der Verformung des Lastaufnahmemittels und der Reifen mit der Zunahme des Schwerpunktabstands von der Vorderachse. In den Herstellerkatalogen fehlt er häufig, die Angaben zur Resttragfähigkeit beziehen sich dann nur auf die statische Standsicherheit.

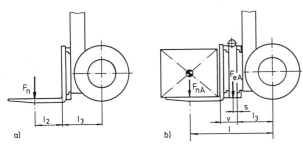

Bild 4-133 Belastungsvergleich zur Ermittlung der Resttragfähigkeit
a) Nennbelastung der Gabel
b) Belastung mit Anbaugerät

4.7.2.5 Arbeitsplatzgestaltung

Der Gabelstapler stellt wegen der Vielfalt der Bedienoperationen und der Sorgfalt und Umsicht, mit der sie auszuführen sind, hohe Anforderungen an den Fahrer. Alle Bewegungen sind einzeln zu steuern, beide Fahrtrichtungen im Wechsel zu wählen, und die Last ist im Raum bis zu einer großen Hubhöhe zu beobachten. Dabei vollzieht der Fahrer wiederholt Kopf- und Körperdrehungen sowie Arm- und Beinbewegungen. Die eingeschränkte Sicht zwingt ihm bisweilen unnatürliche Zwangshaltungen auf.
Die Aufgabe einer ergonomischen Gestaltung des Arbeitsplatzes Gabelstaplerfahrer besteht darin, die Fähigkeiten des Menschen ohne eine Überforderung zu berücksichtigen und dafür zu sorgen, daß sein volles Leistungsvermögen über die gesamte Arbeitsdauer erhalten bleibt, seine Gesundheit nicht gefährdet wird. Die Bemühungen um eine Verbesserung der Arbeitsbedingungen reichen weit zurück [4.208] [4.209]. *Kirchner* hat in [4.210] die Anforderungen systematisch gegliedert und aufgelistet, in [4.211] eine Vorgehensweise vorgestellt, die auch die komplexen gegenseitigen Beziehungen der Einzelelemente einbezieht.
Ein nach arbeitswissenschaftlichen Grundsätzen ausgebildeter Arbeitsplatz für den Fahrer eines Gabelstaplers muß

– ihm eine körperlich entspannte Grundhaltung erlauben, d.h. körpergerecht gestaltet sein
– eine individuelle Einstellung von Arbeitssitz und Lenkrad zur Anpassung an die Körpermaße ermöglichen
– die Bedienwege und -kräfte auf zumutbare, günstige Bereiche beschränken
– belästigende und schädliche Immissionen durch Schwingungen, Lärm, Abgase, Klima in vertretbarem Ausmaß halten
– gute Sichtverhältnisse bieten.

Über die Körperhöhe, Arm- und Beinlänge von Menschen liegen anthropometrische Studien vor; DIN 33408 erfaßt statistisch 95 % des Streufelds. Ein guter Fahrersitz als Arbeitsplatz muß Verstellmöglichkeiten für Sitzhöhe, Sitztiefe, Lenkradhöhe und Greifweite haben, um den Körpermaßen weiblicher und männlicher Fahrer im Bereich 1,5...1,9 m Körpergröße zu entsprechen. Bild 4-134 gibt eine Maßkonzeption mit den wichtigsten Referenzpunkten für eine bestimmte Unterschreitungshäufigkeit wieder. Zu beachten ist dabei, daß die Wahrscheinlichkeit für eine direkte Proportionalität der Körpermaße mit zunehmender Anzahl einbezogener Größen abnimmt [4.209].

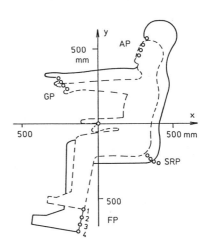

Bild 4-134 Maßkonzeption für Gabelstaplerfahrer [4.212]
AP Augenpunkte, GP Greifpunkte, FP Fersenpunkte,
SRP Sitzreferenzpunkte
1 5 Perzentil weiblich, 2 50 Perzentil weiblich,
5 Perzentil männlich, 3 95 Perzentil weiblich, 50
Perzentil männlich, 4 95 Perzentil männlich

Eine körperrechte Sitzposition entsteht nach [4.212] dann, wenn zwischen Fuß und Unterschenkel sowie zwischen Oberschenkel und Unterschenkel ein Winkel von rd. 90°, dagegen zwischen Oberkörper und Oberschenkel ein etwas größerer von rd. 100° bestehen bleibt. Der Oberarm soll senkrecht hängen, der Unterarm waagerecht zu den Stellteilen führen. Mit gestrecktem Arm sollten nur gelegentlich benötigte Greifpunkte, z.B. zur Dateneingabe, zum Einschalten der Beleuchtung, anzusteuern sein.
Ältere Staplermodelle muten dem Fahrer verhältnismäßig umständliche Einstellverrichtungen zu, weshalb in der Praxis häufig auf die Abstimmung zur Körpergröße verzichtet wurde. Moderne Ausführungen erlauben es dem Fahrer, durch Knopfdruck o.ä. den Arbeitsplatz auf seine Maße zu stellen, wobei die Pedale proportional mitbewegt werden. [4.212] enthält eine Morphologie der Stellfunktionen und Stellmittel mit einer Bewertung nach Gewichtsfaktoren. Als sehr vorteilhaft erweist sich die Anordnung aller Stellteile am Kopf einer Armlehne sowie eines sehr kleinen Lenkrads an dem der anderen, was allerdings eine elektrische Lenkkraftverstärkung voraussetzt. Wird ein normales Lenkrad gebraucht, muß es etwas zur Seite versetzt liegen, wenn es vorwiegend mit seinem Drehknopf gestellt wird. Die Anordnung des Sitzes im Fahrzeug ist auf die Sichtverhältnisse abzustimmen. Alle Pedale sollten große Trittflächen haben [4.123].
In [4.214] wird ein Fahrersitz beschrieben, der sich der jeweiligen Fahrtrichtung durch eine Drehung um ± 30° anpaßt und die bis zur Schulter reichende Rückenlehne samt Kopfstütze selbsttätig nach hinten neigt, sobald das Lastaufnahmemittel eine Hubhöhe von 3,5 m überschreitet. An der Spitze der Armlehne sind Joysticks statt Hebel für die Stellfunktionen angeordnet.

Für die Ausführung des Fahrersitzes selbst ist neben seiner Abstimmung auf die Körpermaße die Dämpfung der auftretenden Schwingungen das wichtigste konstruktive Ziel. Schwingungen beeinträchtigen das Wohlbefinden und die Leistungsfähigkeit und gefährden die Gesundheit des Fahrers. Als Beurteilungkriterium dient die bewertete Schwingstärke K, der Effektivwert des frequenzbewerteten, bandbegrenzten, normierten Schwingsignals. Die Kurven gleicher bewerteter Schwingstärke in der Richtlinie VDI 2057 basieren auf dem internationalen Standard ISO 2631, sie weisen Kleinstwerte bei vertikaler Anregung im Frequenzbereich 4...8 Hz, bei horizontaler im Bereich 1...2 Hz auf. In [2.145] wird darauf hingewiesen, daß dies Bereiche sind, in denen die Eigenfrequenzen der menschlichen Organe liegen.

Gesicherte Vorgaben über das Wohlbefinden und die Leistungsfähigkeit schmälernde Schwingstärken gibt es noch nicht, lediglich für gesundheitliche Schäden wird die bewertete Schwingstärke $K = 112$ als Grenzwert bei einer Einwirkdauer bis maximal 10 min angegeben. Dies entspricht in den kritischen Frequenzbereichen Beschleunigungen von $a_v > 7$ m/s^2 in vertikaler und $a_h > 3,8$ m/s^2 in horizontaler Richtung.

Die Schwingungseinwirkung auf den Fahrer eines Gabelstaplers ist zu verringern durch

– bessere Fahrbahnen und niedrigere Geschwindigkeiten
– eine geringere Schwingungsübertragung auf den Sitz
– ein günstiges Federungs- und Dämpfungsverhalten des Sitzes.

Probst [4.215] hat einen Prüfzyklus mit typischen Teilbetriebsvorgängen entwickelt und meßtechnisch die Schwingstärken mehrerer Gabelstapler am Rahmen und am Fahrersitz bestimmt. Am Sitz wurden Größtwerte der bewerteten Schwingstärke von $K = 60$ während der Überfahrt von Schwellen und von $K = 20$ bei normaler glatter Fahrbahn gemessen.

Der Fahrersitz muß diese Schwingungen stark dämpfen, Bild 4-135 zeigt eine ausgewogene Konzeption. Die Eigenfrequenz des Sitzes liegt um 50 % unterhalb der des Staplers. Die in die Rückenlehne *4* gelegten Federn und Stoßdämpfer stellen sich durch Drücken eines Stellknopfs *5* selbsttätig auf die Fahrermasse im Wertebereich zwischen 50 und 130 kg ein. Eine ausreichende, auch seitliche Stützung und Polsterung sorgt für einen sicheren Halt und gewährt Klimaschutz. Über eine Neigungskinematik werden die Rückenlehnen- und Sitzplatzverstellung miteinander kombiniert. Weitere Erläuterungen enthält [4.216].

Die Lärmentwicklung eines Gabelstaplers ist nur dann von erhöhter Bedeutung, wenn er einen Verbrennungsmotor hat. Während früher ein gemittelter Schalleistungspegel von 85 dB (A) als konstruktives Ziel angegeben wurde [4.217], haben geräuschmindernde Maßnahmen am Motor im Verbund mit niedrigeren Drehzahlen, Entkoppelungen im Hydraulikkreis usw. inzwischen zu einer Verringerung der Geräuschimmissionen auf Werte um 75 dB (A) bei Treibgasstaplern und 78 dB (A) bei Dieselstaplern geführt.

4.7.2.6 Fahrzeugtechnische Bestimmungen

Gabelstapler und sonstige Flurförderzeuge können unter bestimmten Voraussetzungen auch öffentliche Straßen befahren. Ein Merkblatt des Bundesministers Verkehr (VkBl. 22/1980) zu den Ausnahmen gemäß § 70 StVZO regelt die Verfahrensweise und Bedingungen des Genehmigungsverfahrens. Grundsätzlich können zwei Arten einer solchen Erlaubnis erteilt werden, die ausnahmsweise Zulassung und die Ausnahmegenehmigung, die den Regelfall darstellt. Sie gelten beide für Flurförderzeuge bis zu einer Höchstgeschwindigkeit von 25 km/h, bei höherer Fahrgeschwindigkeit wird von Fall zu Fall entschieden. Ein Sachverständiger hat zu prüfen, ob die Bedingungen für eine Genehmigung durch die Zulassungsbehörden erfüllt sind.

Für eine allgemeine Zulassung zum Straßenverkehr sind Kraftfahrzeugbrief, Haftpflichtversicherung, Kennzeichen mindestens am Heck des Fahrzeugs und die Durchführung der üblichen Haupt- und Zwischenuntersuchungen vorgeschrieben. Die Zulassungsbehörden verfügen Auflagen in Form eines Beschränkung auf bestimmte Fahrstrecken und Fahrzeiten, oft auch einer reduzierten Fahrgeschwindigkeit. Bei einer Ausnahmegenehmigung entfällt die Zulassung einschließlich der Versicherungspflicht. Voraussetzung ist jedoch, daß öffentliche Straßen nur überquert oder auf kurzer Strecke befahren bzw. lediglich Überführungsfahrten ausgeführt werden. In beiden Fällen muß der Fahrer die Fahrerlaubnis der Klasse 5 haben. Liegt die mögliche Fahrgeschwindigkeit über 25 km/h, braucht er die Fahrerlaubnis der Klasse 2.

Für die Teilnahme am öffentlichen Verkehr benötigt ein Stapler einige technische Zusatzausrüstungen. Der Lastträger ist mit einer rot-weiß-gestrichenen Schutzeinrichtung zu versehen oder bei Leerfahrt hochzuklappen. Verbrennungsmotorisch betriebene Fahrzeuge müssen eine auf die Masse bezogene spezifische Motorleistung von mindestens 2,2 kW/t aufbringen können. Die Sichtverhältnisse müssen eine gefahrlose Teilnahme am Straßenverkehr zulassen,

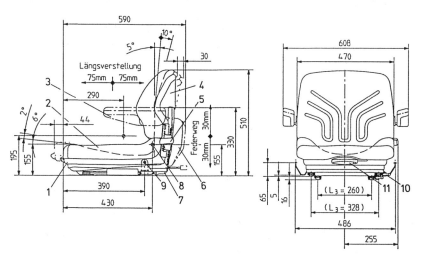

Bild 4-135 Compactsitz MSG 20 mit Vollfederung
Grammer AG, Amberg
1 Sitzrahmen
2 Sitzpolster
3 Armlehne
4 Rückenlehne
5 Gewichtseinstellung
6 Ablagetasche
7 Kabelanschluß
8 Sitzreferenzpunkt (SRP)
9 Anlenkpunkt für Sicherheitsgurt
10 Längsverstellung
11 Rückenneigungsverstellung

4.7 Stapler

andernfalls wird die Höchstgeschwindigkeit beschränkt. Es werden zwei unabhängig voneinander wirkende Bremssysteme gefordert, die eine mittlere Bremsverzögerung von $a_m \geq 1,5$ m/s² erzeugen. Dieser Wert ist auf 2,5 m/s² zu erhöhen, wenn die Fahrgeschwindigkeit 25 km/h übersteigen kann. Vorzuziehen sind Luftreifen, erlaubt auch Vollreifen, wiederum nur für Fahrgeschwindigkeiten bis maximal 25 km/h. Unterlegkeile, eine Abschleppeinrichtung, eine Hupe und ein Warndreieck ergänzen die verlangte Zusatzausrüstung.

Als Beleuchtungseinrichtungen sind anzubringen: 2 Scheinwerfer, 2 oder 4 Blinkleuchten, je nach Länge des Fahrzeugs, 2 Schlußleuchten, 2 Rückstrahler, außerdem eine Warnblinkanlage. Wenn das Fahrzeug mehr als 1 m breit ist, braucht es auch Begrenzungsleuchten. Zulässig sind Zusatzleuchten, wie Such-, Arbeits-, Rückfahrscheinwerfer.

Flurförderzeuge mit einer Höchstgeschwindigkeit über 25 km/h sind zudem mit Rückspiegeln, Tachometern und Bremsleuchten auszustatten. Sie unterliegen auch dem für Straßenfahrzeuge obligatorischen Abgastest. Weitere Informationen sind der Richtlinie VDI 2398 zu entnehmen.

4.7.3 Stapler ohne Gegenmasse

Die uneingeschränkt freie Aufnahme und Lage der Nutzmasse vor den Laufrädern eines Gabelstaplers ist mit dem erheblichen Nachteil verbunden, daß dieses Flurförderzeug wegen seiner großen Gegenmasse relativ lang und schwer ausfällt. Man hat deshalb sehr früh auch beim Stapler auf die Grundkonzeption des Gabelhubwagens (Bild 4-100) zurückgegriffen, der das Gut so trägt, daß die Wirkungslinie seiner Gewichtskraft, zumindest während der Fahrbewegung, innerhalb der Radbasis bleibt.

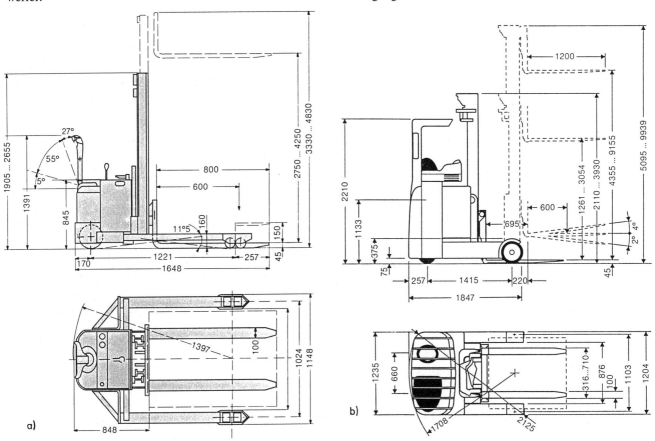

Bild 4-136 Stapler ohne Gegenmasse; Linde AG, Werksgruppe Flurförderzeuge und Hydraulik, Aschaffenburg
a) Spreizenstapler L 16 AS mit Zweifachhubgerüst, Tragfähigkeit 1,6 t
b) Schubmaststapler R 20 P mit Dreifachhubgerüst, Tragfähigkeit 2,0 t

Tafel 4-22 Technische Daten für Spezialformen von Staplern

Bauart	Antrieb[1]	Tragfähigkeit in t	max. Fahrgeschwindigkeit in km/h	Antriebsleistung in kW Fahrmotor	Hubmotor	Eigenmasse in t
Spreizen-	E	0,6 ... 5,0	4 ... 10	0,3 ... 5,2	0,7 ... 7,2	0,4 ... 3,0
Schub-	E	0,9 ... 6,5	5 ... 13	1,0 ... 8,0	2,0 ... 9,0	1,5 ... 7,0
Mitnehm-	V	1,0 ... 4,0	6 ... 14	9 ... 30		0,7 ... 2,8
Quer-	E	0,1 ... 6,0	6 ... 22	0,6 ... 22	2,0 ... 15	0,5 ... 9,8
	V	2,0 ... 50	16 ... 40	37 ... 257		4 ... 70
Mehrwege-	E	1,0 ... 15	5 ... 13	0,3 ... 18	2,0 ... 16	3 ... 20
Teleskop-	V	2,0 ... 60	20 ... 38	30 ... 256		4 ... 105

[1] E Elektromotor, V Verbrennungsmotor

Wie die Hubwagen weisen auch die Stapler ohne Gegenmasse durchweg flache Stützarme mit kleinen Vorderrädern auf; dies bedingt gute Fahrbahnen. Sie werden deshalb nur für mäßige Tragfähigkeiten und Fahrgeschwindigkeiten gebaut, siehe Tafel 4-22, und grundsätzlich mit batterie-elektrischen Antrieben ausgerüstet. Ihre Vorzüge gegenüber den Gabelstaplern sind die geringere Masse, die niedrigeren Radkräfte und die kleineren äußeren Abmessungen und Wenderadien. Dies begünstigt den bevorzugten Einsatz im Lagerbereich.

Die neben der Gabel liegenden Stützarme, die das aufzunehmende Gut umgreifen müssen, kennzeichnen den *Spreizen- bzw. Radarmstapler* (Bild 4-136a). Seine innere lichte Weite zwischen diesen Stützarmen kann bis zum ausgesprochenen Breitspurstapler vergrößert werden. Um die Fahreigenschaften zu verbessern, werden bisweilen auch wesentlich größere vordere Laufräder verwendet. Das Hubgerüst kann neigbar ausgebildet werden, um das Einführen der Gabel unter die Palettendecks zu erleichtern.

Eine zweite, günstigere Lösung des Problems der Gutaufnahme an einem Stapler ohne Gegenmasse ist das Verschieben der Gabel im Stillstand des Fahrzeugs. Die *Schubstapler* bewegen entweder allein den Gabelträger mit Gabel (Schubgabelstapler) oder das gesamte Hubgerüst (Schubmaststapler, Bild 4-136b). Wegen der größeren Biegemomente wird im ersten Fall das Hubgerüst stärker beansprucht, dafür entfällt der Mehraufwand für dessen Verschiebeeinrichtung. Einen technologischen Vorzug kann der Schubgabel- gegenüber dem Schubmaststapler insofern bieten (Bild 4-137), als er bei umfahrbaren Ladeeinheiten oder unterfahrbaren Straßenfahrzeugen die zweite Stapelreihe bedient. Die gezeichnete Schubgabel stützt sich an festen Gabelzinken ab, auf denen sie gleitend verschoben wird. Daneben gibt es Schubgabeln mit Scherenführung und Teleskopgabeln.

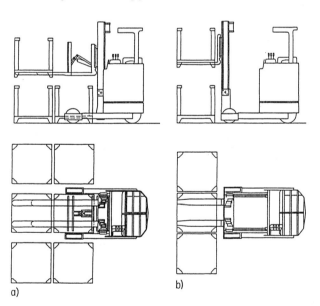

Bild 4-137 Gutaufnahme von Schubstaplern
a) Schubgabelstapler
b) Schubmaststapler

Schubstapler müssen die Standsicherheit mit außerhalb der Radbasis liegender Last lediglich im Stillstand gewährleisten. Vor Antritt der Fahrbewegung ist die Last in die Radbasis zurückzuziehen. Der Wegfall der Gegenmasse verringert die erforderlichen Arbeitsgangbreiten und Wenderadien im Vergleich zum Gabelstapler. Für den Wenderadius kann dabei sowohl die vordere Ausladung als auch die hintere maßgebend sein. Auch die Eigenmassen der Schubstapler liegen etwas unterhalb derer vergleichbarer Gabelstapler mit gleicher Hubhöhe. Schubstapler, die in Regallagern arbeiten, erhalten häufig Hubgerüste für Hubhöhen von 5...8 m.

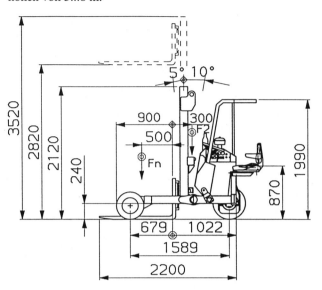

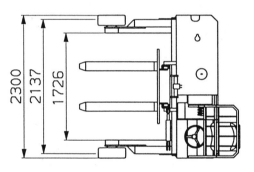

Bild 4-138 Mitnehmstapler CAB 2002
FDI-Sambron GmbH, Bruchsal
Tragfähigkeit 2 t, Zugkraft F_z = 5,5 kN (ohne Last),
Motorleistung 17,3 kW, max. Fahrgeschwindigkeit 12 km/h,
Eigenmasse 1,86 t

Die Entscheidung für Frontsitz, Quersitz oder Stand des Bedienenden während der Fahrt hängt von mehreren Gesichtspunkten ab. Untersuchungen [4.218] zeigen, daß der Fahrer auf einem Frontsitzfahrzeug überwiegend vorwärts, der auf einem Quersitzfahrzeug mehr auch rückswärts fährt. Ein Fahrerstand ist vorteilhaft, wenn der Fahrer häufig auf- und absteigen muß. Es gibt auch deichselgeführte Ausführungen von Schubstaplern. Bei der Wahl einer Dreipunkt- oder Vierpunktstützung des Fahrzeugs sind die Vor- und Nachteile in der Wendigkeit und Standsicherheit abzuwägen.

Die Fortschritte in der Funktion und Ergonomie bei den Gabelstaplern haben sich auch bei den Schubstaplern ausgewirkt [4.219] [4.220]. Freisichthubgerüste, Höhenanzeige oder gar -vorwahl erleichtern die Arbeit mit ihnen, elektrische Lenkungen dringen vor, womit sich die Lenkkräfte maßgebend verringern, die Lenkräder griffgünstig verkleinern lassen. Dämpfungen im Hydrauliksystem für Mastvorschub und Gabelbewegung senken die Schwingungsdauer und damit die Schwingungsbelastung.

4.7 Stapler

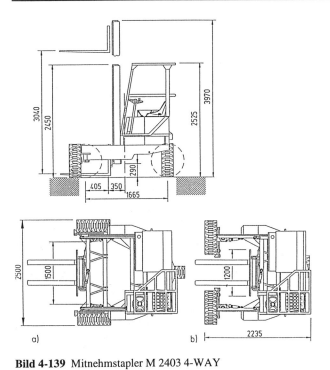

Bild 4-139 Mitnehmstapler M 2403 4-WAY
Moffett Engineering Ltd., Clontibret (Irland)
a) Arbeitsweise als Schubmaststapler
b) Arbeitsweise als Querstapler
Tragfähigkeit 2,4 t, Motorleistung 30,8 kW, max. Fahrgeschwindigkeit 11 km/h, Eigenmasse 2,4 t

Als Alternative zum Ladekran auf dem LKW (s. Abschn. 2.5.5) sind *Mitnehmstapler* entwickelt worden, die am Heck des Fahrzeugs angehängt werden können. Der Stapler fährt vor dem Transport mit den Gabelzinken in am LKW angebrachte Gabeltaschen ein, zieht sich mit Hilfe des Hubzylinders nach oben und setzt die beiden Vorderräder auf Stützen ab. Mit Ketten oder Spannbändern wird er zusätzlich gesichert.

Mitnehmstapler sind stets Dreiradfahrzeuge. Es werden beide Bauformen der Stapler ohne Gegenmasse genutzt, Bild 4-138 zeigt einen Spreizenstapler, Bild 4-139 einen Schubmaststapler. Das verschiebbare Hubgerüst erlaubt es, dem Schubmaststapler durch Schwenken der vorderen Laufräder um 90° die Eigenschaften eines Querstaplers zu verleihen, siehe den folgenden Abschnitt.
In ihrer üblichen Gestaltung haben Mitnehmstapler einen Fahrersitz mit Lenkrad und werden von einem Verbrennungsmotor angetrieben. Der Fahrersitz ist in der Transportstellung nach vorn geklappt oder geschwenkt. Um die Belastung des LKW zu verringern, wird extremer Leichtbau, auch unter Einsatz von Leichtmetallwerkstoffen, angestrebt. Dennoch bleibt die Tragfähigkeit beschränkt, siehe Tafel 4-22. Der Einsatzvorteil gegenüber dem Ladekran oder der Ladebühne ist der große Aktionsradius des selbstfahrenden Umschlagmittels für die Zu- und Abfuhr der Güter [4.221].

4.7.4 Quer- und Mehrwegestapler

Wenn Langgut mit Staplern nicht nur umgeschlagen, sondern über längere Strecken verfahren werden muß, bereiten die bei frontaler Aufnahme durch normale Gabelstapler unumgänglichen Schwankungen der weit auskragenden Last Schwierigkeiten, außerdem werden sehr breite Gänge und Durchfahröffnungen benötigt. Für diese Zwecke ist der *Querstapler* bzw. Quergabelstapler, bisweilen auch Seitenstapler genannt, entwickelt worden (Bild 4-140), der die Güter seitwärts aufnimmt und vor Beginn der Fahrbewegung auf dem als Plattform ausgebildeten Oberdeck des Fahrzeugrahmens ablegt. Das Hubgerüst liegt quer zur Fahrtrichtung in einem U-förmigen Rahmeneinschnitt und kann durch eine Verschiebeeinrichtung wie beim Schubmaststapler (Bild 4-136b) aus- und eingefahren werden. Den gegenwärtigen Entwicklungsstand erläutert kurz [4.222].
Leichte Querstapler im innerbetrieblichen Lagerbereich für größere, sperrige Güter haben batterieelektrische Antriebe

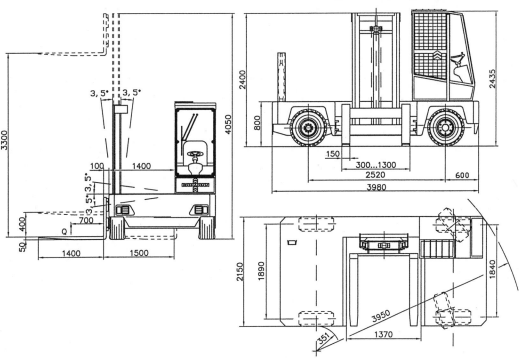

Bild 4-140 Quergabelstapler HS 30/14/33 XL; R. Baumann & Co., Bühlertal
Tragfähigkeit 3,5 t, Nutzbreite 1400 mm, Motorleistung 37 kW, max. Fahrgeschwindigkeit 23 km/h, Eigenmasse 5,21 t

und vier gleich große Räder mit Voll- oder Elastikreifen. Häufiger findet man jedoch Querstapler mit Verbrennungsmotor und vier luftbereiften Rädern von einem Straßenfahrzeugen entsprechenden großen Durchmesser. Die beiden Achsen sind pendelnd gelagert und meist hydropneumatisch gefedert. Hydrostatische Fahrantriebe herrschen bei kleineren bis mittleren Baugrößen vor, bei größeren werden hydrodynamische Fahrantriebe mit Drehmomentwandler und Lastschaltgetriebe eingesetzt. Das Hauptarbeitsgebiet dieser verbrennungsmotorisch getriebenen Querstapler sind Sägewerke, Baubetriebe, die Stahlindustrie und der Stahlhandel sowie Containerumschlagplätze.

Die Hubhöhen bleiben begrenzt. In den meisten Fällen reicht ein Zweifachhubgerüst aus, selten wird ein Dreifachhubgerüst benötigt. Der Mastvorschub im Fahrzeugrahmen wird über Kettentriebe mit fester oder beweglicher Kette, häufiger mit Hilfe hydraulischer Zylinder ausgeführt. Der Vorschub muß groß genug sein, damit auch neben dem Stapler gelagerte Güter aufzugreifen sind. Sind zudem Lasten in der zweiten Reihe auf Plattformen von LKW oder Eisenbahnwagen aufzunehmen, werden Sonderbauarten mit hydraulisch ausfahrbaren Teleskopschienen, Schub- oder Teleskopgabeln gebraucht.

seitlich Stützarme anzubringen und vor der Aufnahme der Last hydraulisch auszufahren.

Innerhalb dieser Grundkonzeption gibt es konstruktive Besonderheiten. Das Hubgerüst erhält beispielsweise Zusatzbewegungen in Form einer größeren Neigung oder einer kleinen Drehung um die vertikale Achse, die eine Gutaufnahme von unebenem Gelände erleichtern sollen. Dem gleichen Zweck dienen Nivelliereinrichtungen, die den Fahrzeugrahmen in solchem Gelände geradestellen.

Mehrwegestapler kombinieren die Eigenschaften von Schubmast- und Querstaplern. Die Voraussetzung dafür sind um die senkrechte Achse stell- bzw. drehbare Laufräder. In den Frühformen wurden mindestens zwei Räder, von Hand oder hydraulisch im Stand, in die der gewünschten Funktion entsprechende Fahrtrichtung gestellt. Es gab auch Bauweisen mit zwei Sätzen starrer, um 90° versetzt gelagerter Stützräder, von denen ein Satz gehoben und gesenkt werden konnte.

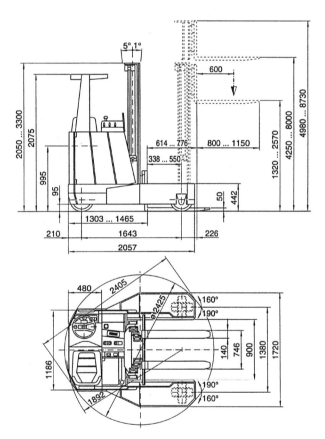

Bild 4-141 Mehrwegestapler Retrak ETV-Q 25/48 V mit Zweihub-Triplexmast DZ
Jungheinrich AG, Hamburg
Tragfähigkeit 2,5 t, Motorleistungen: Fahrmotor 5,4 kW, Hubmotor 7,8 kW, max. Fahrgeschwindigkeit 9,7 km/h, Eigenmasse 4,15 t

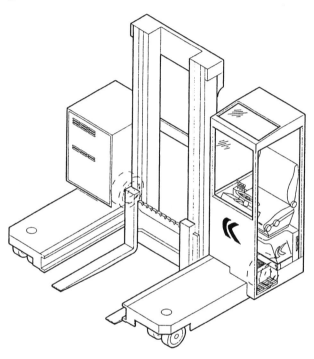

Bild 4-142 Mehrwegestapler EFA 40
Kalmar LMV, Ljungby (Schweden)
Tragfähigkeit 4 t, Motorleistungen: Fahrmotor 2 × 4 kW, Hubmotor 10 kW, max. Fahrgeschwindigkeit 10 km/h, Eigenmasse 6,7 t

Normale Querstapler kommen bei Verwendung verstärkter Reifen ohne seitliche Abstützungen aus. Schwere erhalten eine Zwillingsbereifung. Nur in Sonderfällen, z.B. bei vergrößerter Stapeltiefe oder sehr hoher Tragfähigkeit, sind

In den gegenwärtigen Bauarten der Mehrwegestapler wird die jeweilige Fahrtrichtung vom Bedienungsstand aus vorgegeben und dadurch die zugehörige Stellung der Laufräder über eine hydraulische, häufiger bereits elektrische Lenkeinrichtung erzeugt. Der allradgelenkte Dreiradstapler im Bild 4-141 hat zwei nicht angetriebene Vorderräder und ein angetriebenes Hinterrad, das bei größerer Tragfähigkeit ein Doppelrad sein kann. Zu wählen sind sechs Lenkbetriebsarten: Normal- und Querfahrt, Diagonalfahrt links und rechts, Parallelfahrt und Drehen auf der Stelle. In der elektrischen Lenkeinrichtung dient das Lenkrad nur als Sollwertgeber. Ein Lenkkoordinator sorgt in Verbindung mit der Lenkelektronik für gleiche Stellwege der Lenkmotoren an den Laufrädern. Theoretische Untersuchungen [4.223] von Lenk-Antriebs-Konzepten für dreirädrige Mehrwegestapler haben nachgewiesen, daß die im Bild 4-141 dargestellte Variante die besten Manövriereigenschaften aufweist, andere Versionen, z.B. unter Verwendung selbstlenkender Nachlaufräder, ungünstiger sind.

Eine größere Tragfähigkeit bedingt auch bei Mehrwegestaplern Vierradfahrzeuge (Bild 4-142). Alle vier Räder werden gelenkt, die beiden unter dem Fahrzeugkörper auch angetrieben. Weil die unter den Stützarmen angebrachten Räder einen kleinen Durchmeser haben müssen, sind es Zwillingsräder. Neben der größeren Tragfähigkeit und Standsicherheit hat der Vierrad-Mehrwegestapler noch den Vorzug, daß er auf der Stelle um seine Mittelachse drehen kann. Das Hubgerüst entspricht dem eines Querstaplers. Die Bereiche der technischen Daten sind Tafel 4-22 zu entnehmen.

4.7.5 Sonderformen von Staplern

Durch das Funktionsprinzip vorgebene Beschränkungen des Arbeitsfelds, als nachteilig empfundene Behinderungen oder Zwänge des Bedienenden und nicht zuletzt marktstrategische Überlegungen führen zu einer ständigen Suche nach neuen, günstigeren Lösungen auch bei den Staplern mit ihren klassischen Hubgerüsten. Dessen geringe Reichweite nach vorn, seine sichtbehindernde Lage vor dem Fahrersitz und die ungünstige Lage des Lastschwerpunkts stehen dabei im Blickpunkt. Die nachstehend behandelten Sonderformen von Staplern sind Beispiele für die immerwährenden Bemühungen, größere Bedeutung haben sie bisher nicht erlangt.

struktiven Lösung liegen in der entscheidenden Verbesserung der Sicht des Fahrers nach allen Seiten, einer günstigeren Gewichtsverteilung mit einer geringeren Gegenmasse und einer einfacheren Befestigung des Hubgerüsts außerhalb des Bereichs der Vorderachse. Wegen des größeren Hebelarms der angreifenden Kräfte entsteht allerdings eine größere Biegebeanspruchung des Hubgerüsts.

Bonefeld [4.224] beschreibt die Konzeption dieses Staplertyps genauer und untersucht den Einfluß der Schwerpunktverlagerung nach hinten auf die Standsicherheit. Während die Stabilität in Längsrichtung zunimmt, verkleinert sich die Kippsicherheit in Querrichtung, so lange die Hinterachse pendelnd gelagert ist, siehe Abschnitt 4.7.6. Als konstruktive Maßnahme wird ein Ersatz dieser Pendelachse durch eine Achse mit Lenkern und, je nach Kurvenrichtung, wechselnden Abstützpunkten vorgeschlagen.

Auf die Einsatzvorstellung des Querstaplers geht die Konzeption des *Drehmaststaplers* aus (Bild 4-144), der im Umschlag frontal arbeitet, beim Fahren aber durch Schwenken des gesamten Hubgerüsts und Absetzen der Last auf einer Plattform des Fahrzeugs schmal bleibt. Dieser Stapler kann im Gegensatz zum Querstapler auch in die Tiefe des Stapelgangs einfahren, dies ist sein wesentlicher Vorzug. Er kann aber die Güter nicht seitwärts aufnehmen bzw. absetzen, dies ist sein Nachteil.

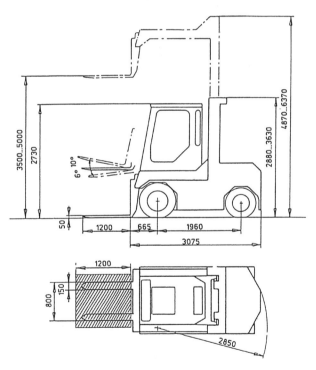

Bild 4-143 Gabelstapler Semax 5000
Semax Truck AB, Sölvesborg (Schweden)
Tragfähigkeit 5 t, Motorleistung 62 kW, max. Fahrgeschwindigkeit 28 km/h, Eigenmasse 8,5 t

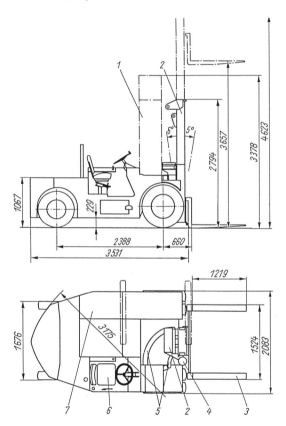

Bild 4-144 Drehmaststapler S 100, Tragfähigkeit 4,5 t
Matbro Ltd., Surrey (Großbritannien)
1 Hubgerüst in Fahrstellung   5 Stützschienen
2 Hubgerüst in Stapelstellung   6 Fahrersitz
3 Gabel   7 Plattform zur Gutablage
4 Drehgelenk

Am *Semax-Stapler* (Bild 4-143) ist das Hubgerüst starr hinter dem Fahrersitz befestigt. Der von ihm senkrecht bewegte Hubschlitten trägt den vor der Fahrerkabine liegenden Gabelträger an zwei seitlich angeordneten Tragarmen. An die Stelle der Neigung des Hubgerüsts tritt eine Neigbewegung der Gabel. Die Hauptvorzüge dieser kon-

Bei der konstruktiven Gestaltung des schwenkbaren Hubgerüsts ist zu beachten, daß seine Unterkante wegen der Drehbewegung höher als normal abschließt und deshalb das Gerüst auch nach unten ausfahrbar sein muß. Weil der

Fahrersitz dieses Staplers nicht ganz vorn angebracht werden kann, ist die Sicht während der Fahrbewegung schlechter als beim Querstapler. Die Lösung, die Fahrerkabine vorn unterhalb der Plattform zu lagern, verschlechtert die Fahreigenschaften, wenn die Last deshalb höher liegen muß. Kurz beschrieben wird dieser Drehmaststapler in [4.225].

Weitergehende konstruktive Veränderungen des Staplerkonzepts lösen sich von dem Hubgerüst mit seiner eingeprägten translatorischen Bewegungsfunktion. In [4.226] wird ein sogenannter *Panoramastapler* beschrieben, der einen seitlich neben dem Fahrersitz angebrachten Gelenkausleger anstelle des Hubgerüsts aufweist, für den die Wippsysteme der Wippdrehkrane als Anregung gedient haben, siehe Abschnitt 2.4.5.5. Die seitliche Lage des Hubauslegers verlangt eine unsymmetrische Gegenmasse. In der kinematischen Kette liegt eine Parallelogrammführung, die eine gleichbleibend waagerechte oder geneigte Gabelstellung während der gesamten Bewegung gewährleistet. Eine Steuerautomatik sorgt dafür, daß aus der Überlagerung der systembedingten Kreisbewegungen der Getriebeglieder die gestellte senkrechte und bzw. oder waagerechte Bewegung der Last entsteht.

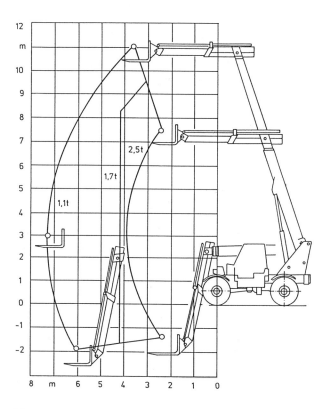

Bild 4-145 Gabelstapler mit teleskopierbarem Gelenkausleger [4.227]

Dieses Grundprinzip erweitert der Gabelstapler mit zwei teleskopierbaren Auslegergliedern, deren Winkelstellung zueinander unverändert bleibt, im Bild 4-145. Die Reichweite des Gabelträgers vergrößert sich beträchtlich nach vorn und auch nach unten. Ein hydraulischer Zylinder am vorderen Auslegerglied stellt die waagerechte bzw. geneigte Lage der Gabel. In [4.227] wird dieser Stapler als allradgelenktes Fahrzeug für harten Baustelleneinsatz beschrieben. Ebenfalls für die Bauwirtschaft gedacht ist ein in [4.228] vorgestellter Gabelstapler ähnlicher Bauweise, jedoch mit einem von den Auslegergliedern im gesamten Bewegungsraum senkrecht getragenen Hubgerüst statt des einfachen Gabelträgers.

Allen hier behandelten und weiteren Sonderformen der Stapler ist gemeinsam, daß sie sich bisher nur ein kleines Einsatzfeld erschließen konnten oder sogar nur als Prototypen bekanntgeworden sind. Dagegen zeichnet sich gegenwärtig als erfolgversprechende, echte Alternative zum Gabelstapler der Teleskopstapler ab [4.229] [4.230]. Weil sein Hauptanwendungsgebiet der Containerumschlag ist, wird er im Zusammenhang mit den hierzu eingerichteten Umschlagmitteln im Abschnitt 4.8 behandelt.

4.7.6 Standsicherheit

Die geltenden Regeln zur rechnerischen und experimentellen Überprüfung der Standsicherheit von Gabelstaplern stellen einen ausgewogenen Kompromiß zwischen einem Höchstmaß an Sicherheit und einer wirtschaftlichen Eigenmasse des Staplers her. Sie erfordern Sorgfalt des Fahrers, weil sein Fahrzeug nicht absolut, sondern nur unter Beachtung einschränkender Bedienungsvorschriften standsicher ist. Diese Einschränkungen beziehen sich auf alle Bewegungen mit gehobener Last, die allein in Stapelnähe und mit entsprechender Vorsicht erlaubt sind, und auf die Fahrgeschwindigkeit während der Fahrt durch Kurven.

Alle rechnerischen Ansätze, mit denen die Standsicherheit während des Entwurfs eines Staplers geprüft wird, gehen vom Modell der starren Maschine aus [4.231] [4.232]. Dies ist auch gerechtfertigt, denn mit Ausnahme des Hubgerüsts handelt es sich um ein im Vergleich zu Straßenfahrzeugen sehr steifes Fahrzeug. Die einzigen Federelemente sind die Reifen, sie werden deshalb von *Shibli* [4.233] in sein Berechnungsmodell einbezogen. In die vorgeschriebenen Prüfstandversuche gehen die zusätzlichen Einflüsse der Verformung auf die Stabilität ohnehin ein.

Längsstabilität

Für die Längsstabilität der starren Maschine um die Aufstandspunkte R_1 und R_2 der Vorderräder (Bild 4-146a) als Kippachse während des Bremsens der Fahrbewegung gilt die Grundgleichung

$$(m_e + m_n)\ddot{x} y_S - (m_e + m_n)(g - \ddot{y})x_S - J\ddot{\varphi} < 0 ; \qquad (4.101)$$

m_e Eigenmasse
m_n Nutzmasse
J Massenträgheitsmoment um die Schwerachse parallel zur Kippachse.

Die Koordinaten x_S und y_S beziehen sich auf den Gesamtschwerpunkt einschließlich Nutzmasse; infolge der verschiedenen Arbeitsstellungen des Hubgerüsts variieren sie beträchtlich. Fünf charakteristische Hubgerüststellungen sind im Bild 4-146a dargestellt und die zugehörigen Schwerpunktkoordinaten und Achskräfte in Tafel 4-23 aufgeführt. Man erkennt sofort, daß der belastete Stapler kippgefährdeter ist als der Stapler ohne Nutzmasse und daß die Radkräfte, insbesondere die der gelenkten Hinterräder *3* und *4*, stark schwanken. In der vorgeschriebenen Fahrstellung (Stellung *2* in Tafel 4-23) mit um 300 mm angehobener Nutzmasse und rückwärts geneigtem Hubgerüst muß der Stapler die volle Bremsverzögerung aushalten, ohne zu kippen.

Das Ausfahren des Hubgerüsts auf die maximale Hubhöhe vermindert die Standsicherheit erheblich. Wie leicht der Stapler in dieser Arbeitsstellung nach vorn kippen kann,

4.7 Stapler

Tafel 4-23 Schwerpunktkoordinaten und statische Achskräfte des Gabelstaplers nach Bild 4-146 bei verschiedenen Hubgerüststellungen

Stellung	Hubhöhe in mm		Neigung des Hubgerüstes in Grad			Schwerpunktkoordinaten in mm				Achskräfte in kN			
						ohne Nutzmasse		mit Nutzmasse		ohne Nutzmasse		mit Nutzmasse	
	300	3200	−5	0	+15	x_S	y_S	x_S	y_S	$F_{1,2}$	$F_{3,4}$	$F_{1,2}$	$F_{3,4}$
1	+				+	1066	832	195	907	53,4	55,2	155,7	15,9
2	+			+		1100	835	273	930	51,7	56,9	149,3	22,3
3		+			+	–	–	195	2130	–	–	155,7	15,9
4		+	+			–	–	63	2080	–	–	166,5	5,12
5		+			+	1178	1125	606	2210	47,8	60,8	122,1	49,5

Die Lage des Gesamtschwerpunkts ist im Bild 4-146 eingezeichnet. Die Indizes bezeichnen die Stellungen, der zusätzliche Index 0 unterscheidet die Schwerpunktlage ohne Nutzmasse von der mit Nutzmasse.

besonders wenn das Hubgerüst zur Aufnahme oder Abgabe der Last am Stapel vorwärts geneigt wird, ist an den geringen Beträgen der waagerechten Schwerpunktkoordinate (x_S = 63 mm) und der hinteren Achskraft ($F_{3,4}$ = 5,12 kN) zu erkennen. [4.234] gibt für den Einfluß der Hubhöhe und der Mastneigung auf die Schwerpunktkoordinaten Diagramme an.

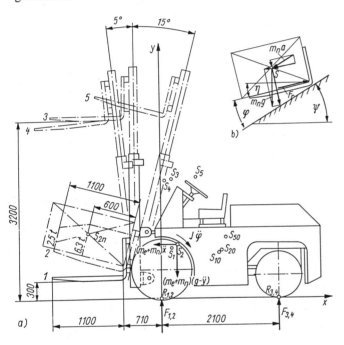

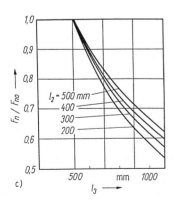

Bild 4-146 Arbeitsbereiche eines Gabelstaplers mit 6,3 t Tragfähigkeit
a) Hubgerüststellungen und Schwerpunktlagen
b) Kräfte an der Nutzmasse beim Bremsen des Staplers auf geneigter Fahrbahn
c) Tragfähigkeitsdiagramm in Abhängigkeit von den Maßen l_2 und l_3 nach Bild 4-107

Das Tragfähigkeitdiagramm eines Gabelstaplers geht von der Konstanz des statischen Kippmoments der Gewichtskraft der Nutzmasse m_n um die Vorderachse

$$M_k = m_n g (l_2 + l_3) \qquad (4.102)$$

bzw. von der daraus abgeleiteten Gleichung

$$\frac{m_n}{m_{n0}} = \frac{l_2 + l_{30}}{l_2 + l_3}; \qquad (4.103)$$

m_n Tragfähigkeit bei beliebigem Abstand l_3
m_{n0} Nenntragfähigkeit beim Bezugsabstand l_{30}
$l_{2,3}$ Maße nach Bild 4-107;

aus. Das Bezugsmaß l_{30} beträgt bei Staplern kleinster Tragfähigkeit 400 mm und steigt mit wachsender Tragfähigkeit auf etwa 1200 mm bei den Schwergutstaplern an. Die Verringerung des Maßes l_2 (Bild 4-107) wirkt sich günstig auf die Standsicherheit und Tragfähigkeit eines Gabelstaplers aus. Andererseits führt sie aber, wie Bild 4-146c beweist, zu einem steileren Abfall der Tragfähigkeit mit wachsendem Abstand l_3 des Gutschwerpunkts.

Die Rutschsicherheit der von der Gabel getragenen Ladung wird mit einem statischen Ansatz nach Bild 4-146b kontrolliert. Die Gleichgewichtsbedingung für die Kräfte in Gabellängsrichtung führt zu

$$m_n \mu_0 (g \cos\eta + a \sin\eta) \geq m_n (g \sin\eta + a \cos\eta)$$

bzw. nach Umrechnung

$$\frac{a}{g} \leq \frac{\mu_0 - \tan\eta}{1 - \mu_0 \tan\eta} \quad \text{mit } \eta = \psi - \varphi; \qquad (4.104)$$

ψ Neigungswinkel der Fahrbahn in Fahrtrichtung ($\psi > 0$: Fahrt bergab)
φ Neigungswinkel des Hubgerüsts bzw. der Gabel ($\varphi > 0$: Hubgerüst zurückgeneigt)
η Neigungswinkel der Gabel zur Horizontalen ($\eta > 0$: Abwärtsneigung).

Die Haltereibungszahl kann aus Sicherheitsgründen nur mit $\mu_0 = 0,2$ angenommen werden; sie ist natürlich von der Art des Guts und dem Oberflächenzustand der Gabel abhängig. In [4.235] wird darauf hingewiesen, daß es noch viele Unsicherheiten bei den anzusetzenden Reibungszahlen für die Paarung Gabel-Gut gibt. Es sollten nur die Beiwerte für Gleitreibung verwendet werden. Die für sie in den Taschenbüchern angegebenen Werte haben allerdings eine so große Schwankungsbreite, das sie wenig hilfreich sein können.

Die Rechnung zeigt, daß der im Bild 4-146a gezeigte Stapler in seiner normalen Fahrstellung mit rückwärts geneigtem Hubgerüst auf einer für ihn durchaus zulässigen, um 30 % geneigten Fahrbahn nur mit einer Verzögerung von $a = 1,62$ m/s^2 gebremst werden dürfte, damit die Nutzmasse nicht rutscht. Es ist deshalb Vorschrift, die Last bei Abwärtsfahrt bergseitig zu führen. Der zulässige Wert von $a = 4{,}3$ m/s² bei Horizontalfahrt nach Gl. (4.104) wird dagegen i.allg. nicht überschritten werden.

Seitenstabilität, Dreiradfahrzeug

Die Seitenstabilität bei Kurvenfahrt wird zunächst anhand des Bilds 4-147 erläutert, das die einfach überschaubaren Zusammenhänge an einem Dreiradstapler zeigt. Die Radaufstandspunkte R_2 und R_3 bilden die Kippachse. Es gilt die Grenzbedingung

$$\frac{F_{z\delta}}{F} = F_z \frac{\cos\gamma}{\cos\alpha} \leqq \tan\delta = \frac{s-e}{h_S}\sin\alpha . \qquad (4.105)$$

Die Größe $\tan\delta$ gilt als Maß für die Stabilität des Staplers gegen ein Kippen zur Seite. In [4.232] wird aus dem rechten und dem linken Teil der Ungleichung (4.105) der Quotient gebildet und als Sicherheitsbeiwert gegen Kippen definiert.

Das Verhältnis zwischen der zulässigen Zentrifugalkraft F_z und der ebenfalls im Schwerpunkt angreifenden Gewichtskraft $F = F_n + F_e$ des Staplers wird

$$\frac{F_z}{F} = \frac{v^2}{rg} \leqq \frac{s-e}{h_S} \frac{\sin\alpha\cos\alpha}{\cos\gamma}. \qquad (4.106)$$

Aus dieser Gleichung kann die zulässige Kurvenfahrgeschwindigkeit v_{zul} bestimmt werden

$$v_{zul} \leqq \sqrt{rg \frac{s-e}{h_S} \frac{\sin\alpha\cos\alpha}{\cos\gamma}}. \qquad (4.107)$$

Ersatz der Winkelfunktionen durch die im Bild 4-147 verwendeten Längen ergibt schließlich

$$v_{zul} \leqq \sqrt{g} \sqrt{\frac{as}{a^2+s^2}} \sqrt{\frac{s-e}{h_S}} \frac{r}{\sqrt[4]{r^2-e^2}} . \qquad (4.108)$$

Die Standsicherheit bzw. die zulässige Kurvenfahrgeschwindigkeit ist nach Gl. (4.108) von den Abmessungen der Stützbasis (zweite Wurzel), von der Schwerpunktlage (dritte Wurzel) und vom Kurvenradius r abhängig.

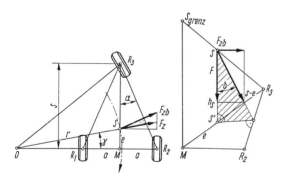

Bild 4-147 Standsicherheit eines Dreiradfahrzeugs bei Kurvenfahrt

Die Gerade $\overline{R_3 S_{grenz}}$ bezeichnet im Bild 4-147 den geometrischen Ort aller möglichen Schwerpunktlagen mit gleichem Stabilitätswinkel δ. Eine hohe Standsicherheit in Längsrichtung infolge eines weit zum Hinterrad gerückten Gesamtschwerpunkts kann somit durchaus mit einer großen Kippempfindlichkeit nach der Seite gekoppelt sein. Dreiradstapler, deren Längsstabilität vor allem durch eine große Gegenmasse gewährleistet ist, haben deshalb häufig schlechtere Kurvenfahreigenschaften als Bauarten mit gleichmäßig verteilter Eigenmasse.

Seitenstabilität, Vierradfahrzeug

Am Vierradstapler werden die Probleme wesentlich verwickelter. Die Hinterräder sind vorwiegend an einer Pendelachse mit einer mechanischen Begrenzung des Pendelwinkels gelagert. Bild 4-148 vereinfacht die geometrischen Verhältnisse insofern, daß der Einfluß der Hebelarme der Achsschenkel auf die Radaufstandpunkte vernachlässigt wird. [4.233] berücksichtigt ihn, was zu komplizierteren Gleichungen führt.

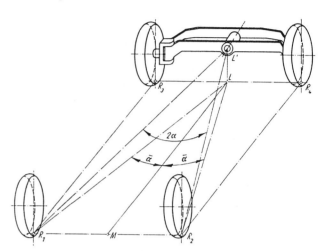

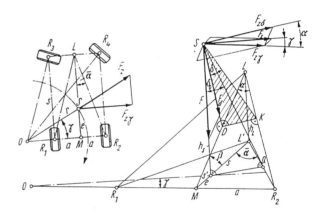

Bild 4-148 Standsicherheit eines Vierradfahrzeugs bei Kurvenfahrt

Vor längerer Zeit von der I.T.A (Industrial Truck Association, Washington, USA) durchgeführte umfangreiche Versuche mit Zeitlupenaufnahmen ergaben, daß es keine ausgezeichnete kritische Kippachse gibt. Nach [4.233] werden vereinfachend drei Kippfälle unterschieden:

– Kippen des Aufbaus um eine Kippkante durch den äußeren Radaufstandpunkt und das Gelenk der Pendelachse (Aufbaukippen)
– Kippen der Pendelachse um eine parallel zu ihrer Gelenkachse durch den äußeren Radaufstandpunkt gezogene Kippkante (Pendelachskippen)
– Kippen des gesamten Fahrzeugs um eine Kippkante durch die Radaufstandpunkte der Außenräder bei blockiertem Pendelgelenk oder nach dem Anschlagen der Pendelachse an die Begrenzungen infolge eines vorausgegangenen Aufbau- oder Pendelachskippens (Fahrzeugkippen).

Tafel 4-24 Nach DIN 15138 sowie FEM 4.001 und 4.001a vorgeschriebene Plattformtests für Stapler (Auswahl)

Versuch	Standsicherheit in	gilt für	Belastung	Hubhöhe bis Oberkante Gabel in mm	Stellung des Hubgerüstes	Plattformneigung in % bei Nenntragfähigkeit in t ≦ 5	Plattformneigung in % bei Nenntragfähigkeit in t > 5 ≦ 10 (50)[4]	Aufstellung des Gabelstablers		Aufstellung von Staplern ohne Gegenmasse	
I	Längsrichtung	Stapeln	Prüfmasse[1]	max.	senkrecht	4	3,5	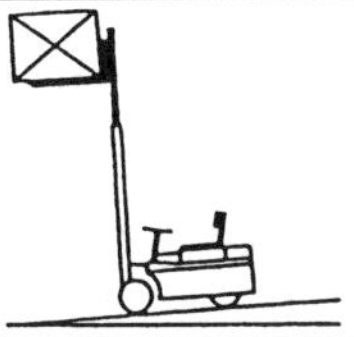	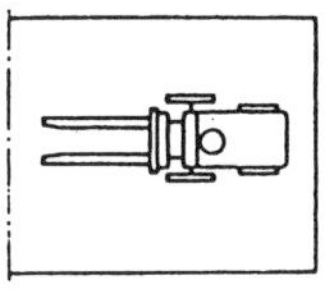	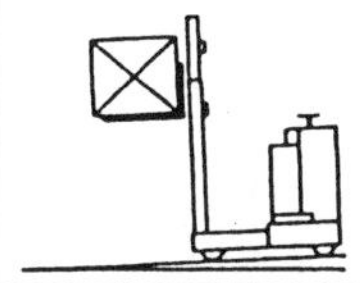	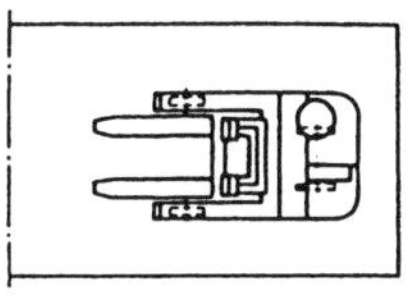
II	Längsrichtung	Fahren	Prüfmasse[1]	≈ 300		18	18	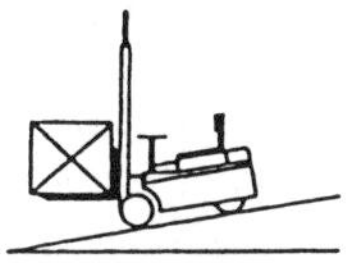		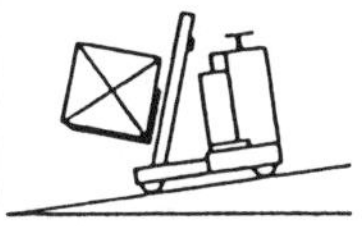	
III	Querrichtung	Stapeln	Prüfmasse[1]	max.		6	6	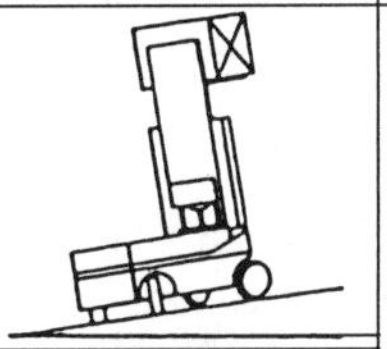	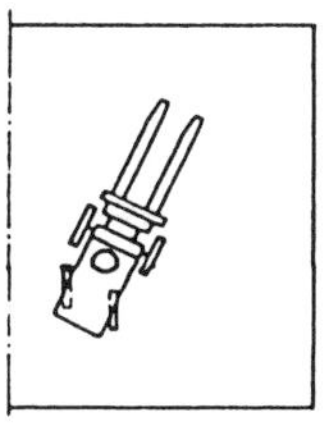	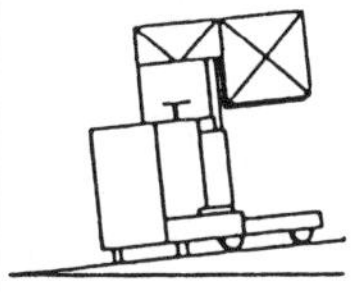	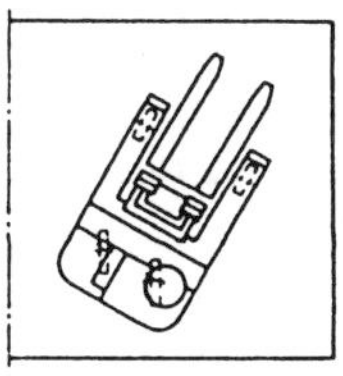
IV	Querrichtung	Fahren	ohne	≈ 300		15 + 1,1 v[2] max.50 (40)[3]	15 + 1,1 v[2] max.40	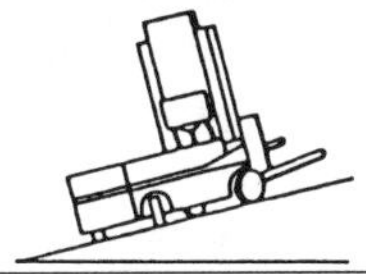		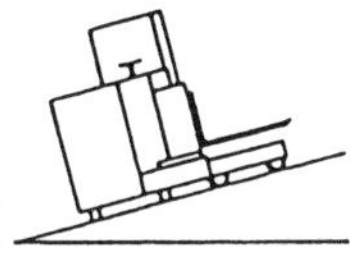	

1) Würfel mit mittigem Schwerpunkt, Kantenlänge gleich dem zweifachen Betrag des Bezugsschwerpunktabstands, Masse gleich Nennwert der Nutzmasse

2) v Höchstgeschwindigkeit des unbelasteten Gabelstaplers in km/h; FEM 4.001 gibt für Gabelstapler vor: 15 + 1,4 v

3) bei Staplern ohne Gegenmasse

4) nach FEM 4.001

Das Pendelachskippen tritt nur bei sehr schweren Pendelachsen oder hoher Lage des Pendelgelenks auf; es wird hier nicht weiter verfolgt. Für die rechnerische Kontrolle der Standsicherheit wird vielmehr das Aufbaukippen um die Verbindungslinie des Radaufstandpunkts R_2 mit dem Gelenk L herangezogen.

Da der Gelenkpunkt L um das Höhenmaß h_L oberhalb der von den Radaufstandpunkten R_1 bis R_4 begrenzten Stützbasis liegt, steht das im Bild 4-148 recht eingezeichnete schraffierte Dreieck SDK, das die Grenzbedingungen der Standsicherheit kennzeichnet, senkrecht auf der um den Winkel β zur Horizontalen geneigten Ebene MLR_2.

Die Zentrifugalkraft F_z wird zunächst in eine Komponente senkrecht zur Strecke $\overline{LM}$ und eine Komponente in Richtung der Projektion $\overline{L'M}$ dieser Strecke zerlegt. Eine weitere Zerlegung von $F_{z\gamma}$ ergibt dann die Kippkraft $F_{z\delta}$. Damit gilt mit der Gewichtskraft $F = F_n + F_e$ des Staplers, die im Schwerpunkt S angreift, als Bedingung für die Seitenstabilität

$$\frac{F_{z\delta}}{F_\delta} = \frac{F_z \dfrac{\cos\gamma}{\cos\alpha}}{F\cos\beta} \leqq \tan\delta \quad \text{bzw. nach Umstellung}$$

$$\frac{F_z}{F} = \frac{v^2}{rg} \leqq \frac{\cos\alpha\cos\beta}{\cos\gamma}\tan\delta. \tag{4.109}$$

Die zulässige Kurvenfahrgeschwindigkeit wird

$$v_{zul} \leqq \sqrt{rg\frac{\cos\alpha\cos\beta}{\cos\gamma}\tan\delta}. \tag{4.110}$$

Zu bestimmen sind die Winkel γ und δ, die sich aus geometrischen Beziehungen (Bild 4-148) herleiten lassen,

$$\cos\gamma = \frac{\sqrt{r^2 - e^2}}{r}$$

$$\tan\delta = \sin\alpha \frac{\dfrac{s-e}{\cos\beta} - h_S\sin\beta + e\sin\beta\tan\beta}{h_S\cos\beta - e\sin\beta}. \tag{4.111}$$

Günstiger ist auch hier der Ersatz der Winkelfunktionen durch Längen. Dies und Einsetzen von Gl. (4.111) in Gl. (4.110) führen zu einer relativ handlichen Gleichung für die zulässige Geschwindigkeit bei Kurvenfahrt

$$v_{\text{zul}} \leqq \sqrt{g} \sqrt{\frac{as}{a^2 + s^2 + h_L^2}} \sqrt{\frac{s - e - \frac{h_L}{s}(h_S - h_L)}{h_S - \frac{e}{s}h_L}} \frac{r}{\sqrt[4]{r^2 - e^2}}.$$
(4.112)

Mit $h_L = 0$ geht sie in Gl. (4.108) für Dreiradstapler über. Zahlenbeispiele und Ergebnisse von Messungen enthält [4.231].

Standsicherheitsversuche

Der Grundgedanke der von der I.T.A. 1956 vorgeschlagenen und inzwischen international standardisierten Kipptests für Stapler ist die Simulation der statischen und dynamischen Kräfte durch die Neigung eines stehenden Staplers auf einer schwenkbaren Plattform. Dadurch wird der Kippwiderstand des Fahrzeugs in bestimmten Arbeitsstellungen bestimmt, und es werden die Massenverteilung, die Radstellung, die Verformungen des Hubgerüsts und der Reifen einbezogen.

Die vier vorgeschriebenen Grundtests für Stapler sind in Tafel 4-24 aufgeführt. Test I simuliert die frontale Annäherung an den Stapel mit erhobener Last, Test II ahmt scharfes Bremsen nach, Test III entspricht der Kurvenfahrt, und Test IV prüft schließlich die Seitenstabilität des unbelasteten Staplers während der Kurvenfahrt. Es hat in der Fachpresse immer wieder Diskussionen darüber gegeben, ob diese vier Tests für Gabelstapler ausreichen und ob die vorgeschriebenen Neigungswinkel richtig gewählt sind. Bisher sind jedoch keine Anzeichen für die Notwendigkeit zu erkennen, diese Festlegungen prinzipiell zu verändern, siehe auch [4.233].

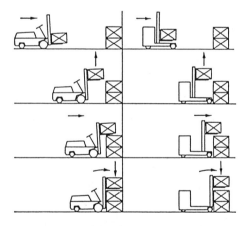

Bild 4-149 Vergleich der Bewegungen eines Gabel- und eines Schubmaststaplers beim Stapeln

Schubmaststapler (s. Abschn. 4.7.3) ersetzen die Mastneigung durch das Verschieben des Hubgerüsts (Bild 4-149). Da hierfür ein hydraulischer Antrieb kleiner Leistung verwendet wird, treten geringere dynamische Kräfte als beim Verfahren des gesamten Staplers auf. Andererseits erfährt der Schubmaststapler durch das Zurückziehen des Hubgerüsts eine beträchtliche Verlagerung des Gesamtschwerpunkts in Richtung der Hinterräder. Wird dabei das Hubgerüst ausgefahren, liegt er auch relativ hoch, was zu der bereits beim Dreiradstapler erwähnten größeren Kippneigung seitwärts und überdies zur Gefahr des Kippens nach hinten führt. Um auch diese Betriebsfälle zu prüfen, sind für Schubmaststapler weitere vier Plattformtests vorgeschrieben, die in Tafel 4-24 nicht aufgeführt sind. Analoge Sonderregelungen geben die FEM-Empfehlungen für Querstapler, Mehrwegestapler usw. vor.

4.8 Flurfahrbare Containerumschlagmittel

Für den Umschlag von Großbehältern, vor allem ISO-Containern, wurden von Beginn an schienen- und flurfahrbare Umschlagmittel eingesetzt. Je nach Art und Menge des Umschlags erweist sich dabei die eine oder andere Bauweise als vorteilhafter, oft arbeiten sie auch in Kombination miteinander. Die unvermeidliche Umweltbelastung, die größeren Unfallgefahren, der höhere Wartungs- und Instandhaltungsaufwand und nicht zuletzt die schlechtere Eignung für einen automatischen Betrieb haben in der jüngeren Zeit eine Verschiebung zugunsten der schienenfahrbaren Arbeitsmittel (s. Abschn. 2.4.4.4) ausgelöst, ohne die Bedeutung der flurfahrbaren wesentlich zu schmälern.

Eine beherrschende Stellung nehmen hier die Stapler ein, entweder als modifizierte Bauarten oder als eigens für diese Umschlagaufgabe entworfene Sonderformen. Dagegen ist das Angebot an einfachen Hub- und Rollvorrichtungen als Hilfsmittel für den gelegentlichen Umschlag von Containern zurückgegangen; wahrscheinlich ist dies eine Folge des starken Vordringens der für diese Aufgabe ebenfalls gut geeigneten Fahrzeugkrane.

4.8.1 Stapler

Stapler können Container an einem beliebigen Ort aufnehmen und, soweit ausreichend befestigte Fahrwege vorhanden sind, an jeder gewünschten Stelle wieder absetzen. Die ihrer konstruktiven Gestaltung eigene zweite Funktion ist jedoch das zwei- bis sechsfache Stapeln dieser Container. Genutzt werden hierfür Gabelstapler, Querstapler, Teleskopstapler und Portalstapler.

Die große Nutzmasse und der bei der Queraufnahme eines Containers auftretende beträchtliche Hebelarm seiner Gewichtskraft von im Mittel 1,22 m, maximal 1,6 m befähigen nur die schwersten *Gabelstapler* zum Umschlag vollbeladener Container. Wenn Spreader verwendet werden (s. Abschn. 2.2.8.2.), vergrößert sich die Belastung noch durch deren erhebliche Eigenmasse. Die Tragfähigkeiten der Gabelstapler für Containerumschlag liegen deshalb zwischen 20 und 50 t, am Spreader reichen sie bis 45 t. Damit sind auch die größten Containertypen zu handhaben. Einschränkungen ergeben sich aus der Hubhöhe, die 12 m und mehr erreichen kann. Ab etwa 5...6 m, d.h. bei mehr als Zweifachstapelung, wird sie, wenn auch nicht stark, abgemindert.

Nur kleine Container bis höchstens Nenngröße 20' werden z.T. mit besonderen Gabeltaschen für die normale Gabel eines Staplers ausgerüstet, in der Tendenz ist dies zudem rückläufig. Gebräuchlicher ist es, die Gabel umzukehren, daß ihre Zinken oben liegen, und an ihr einen Spreader anzuhängen. Damit werden keine besonderen Anforderungen an den Container gestellt bzw. die Einsatzmöglichkeiten der Gabelstapler nicht eingeschränkt.

Das im Bild 4-150 dargestellte Lastaufnahmemittel hat zur Anpassung an Container unterschiedlicher Länge einen auswechselbaren, an vier Ketten hängenden Spreaderrahmen *4*. Eine Verschiebeeinrichtung *2* mit zwei hydraulischen Zylindern erlaubt es, den Rahmen um 279 mm in beiden Richtungen längs zu verschieben. Das ist beim Gabelstapler sehr wichtig, weil hier der Container quer zur Fahrtrichtung steht.

4.8 Flurfahrbare Containerumschlagmittel

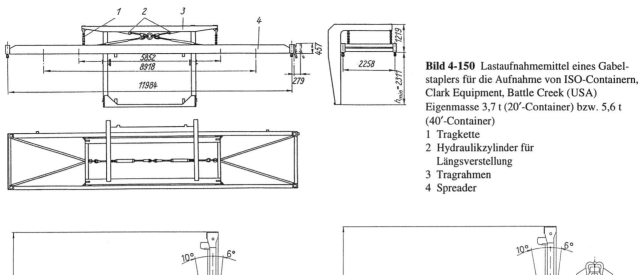

Bild 4-150 Lastaufnahmemittel eines Gabelstaplers für die Aufnahme von ISO-Containern, Clark Equipment, Battle Creek (USA)
Eigenmasse 3,7 t (20'-Container) bzw. 5,6 t (40'-Container)
1 Tragkette
2 Hydraulikzylinder für Längsverstellung
3 Tragrahmen
4 Spreader

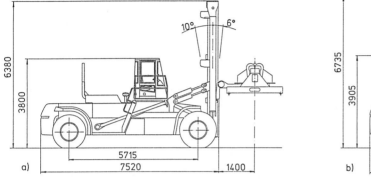
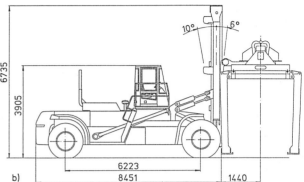

Bild 4-151 Gabelstapler für Containerumschlag mit Hubgerüst für Dreifachstapelung (Hubhöhe rd. 7 m); Hyster GmbH, Krefeld
a) Typ H 36.00C - 16 CH, Tragfähigkeit 30,25 t, Eigenmasse 53,75 t
b) Typ 52.00C - 16 PBCH mit Greifarmen, Tragfähigkeit 42 t, Eigenmasse 69 t

Der Ersatz der Gabel durch ein spezielles Lastaufnahmemittel ist an den Gabelstaplern im Bild 4-151 zu erkennen. Der linke Stapler hat ein besonderes Container-Anbaugerät mit wegen der Einzweckausbildung verringerter Eigenmasse, der rechte einen Teleskopspreader mit klappbaren Greifarmen, der auch die Aufnahme von Wechselbehältern möglich macht.

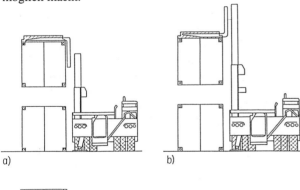

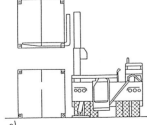

Bild 4-152 Stapeln von ISO-Containern mit Querstaplern
a) umgekehrte Gabel und Spreader
b) Normalgabel und Spreader
c) Normalgabel und Gabeltaschen am Container

Gabelstapler müssen mit aufgenommenem Container wegen der schlechten Sicht immer rückwärts fahren. Sie brauchen breite Fahrwege und übertragen hohe Vorderachskräfte auf den Boden. Der *Querstapler* läßt sich dagegen ohne derartige Nachteile und Einschränkungen für Containerumschlag einsetzen. Um die Sichtverhältnisse zu verbessern, kann die Fahrerkabine, möglicherweise querverschiebbar, vorn unterhalb der Ladeplattform des Staplers angebracht werden. Wegen des großen Kippmoments im Augenblick der Lastaufnahme sind, zumindest bei den schweren Bauformen, seitliche Abstützungen unabdingbar. Dennoch vermindert sich die Tragfähigkeit der Querstapler bei mehr als Zweifachstapelung stärker als bei einem Gabelstapler. Meist geht es jedoch allein darum, aus einer Reihe doppeltgestapelter Container selektiv jeden beliebigen herauszuheben; der Querstapler kann dies von der Seite aus bequem tun, ohne für eine Dreifachstapelung ausgelegt zu sein, und benötigt wenig Manövrierfläche.

Bild 4-152 verdeutlicht nochmals am Beispiel des Querstaplers die unterschiedliche Hub- und damit Bauhöhe des Hubgerüsts je nach Art und Anbringung des Lastaufnahmemittels bei einer Zweifachstapelung. Die umgekehrte Gabel mit Spreader und die normale Gabel, die in Gabeltaschen am Container eingreift, halten sich dabei die Waage; die Normalgabel mit Spreader bedingt jedoch eine unnötige Vergrößerung der Hub- und Bauhöhe des Hubgerüsts.

Die Grundidee des *Teleskopstaplers* stammt vom Teleskopauslegerkran, siehe Abschnitt 2.5.3.4. Das Hauptmerkmal ist der ein- oder zweistufig ausfahrbare, niedrig gelagerte, geneigte Ausleger bzw. Hubmast, der unter voller Belastung zu teleskopieren ist. Bild 4-153 gibt die Ausrüstungsweise für den Containerumschlag wieder, [4.237] enthält einige Erläuterungen zu Bauweise und Einsatzverhalten. Das Lastaufnahmemittel ist ein starrer oder drehbarer Spreader, meist zum Schwerpunktausgleich insgesamt seitlich zu verschieben und überdies durch Teleskopieren auf die unterschiedliche Länge der Container einzustellen. Das Drehwerk erlaubt es, auch schräg- oder sogar längsstehende Container ohne zusätzliche Fahrbewegungen anzuschlagen. Wenn Wechselbehälter auftreten können, werden wie beim Gabelstapler im Bild 4-151b Greifarme am Spreader angebracht.

Radbasis aufnehmen, in dieser Lage verfahren und dann zwei- bis dreifach hoch stapeln zu können, bildet das Tragwerk ein Doppelportal mit Verbindung durch je einen oder zwei Längsträger auf jeder Seite. Diese Grundkonzeption hat zur Folge, daß wegen des Lastaufgriffs von oben die Hubhöhe stets um eine Containerhöhe über der Stapelhöhe liegen muß.

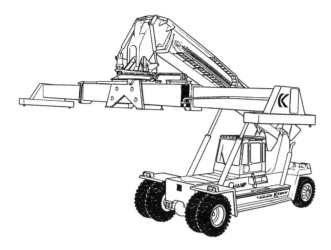

Bild 4-153 Teleskopstapler DC 4160 RS 4 mit Teleskopspreader Kalmar LMV, Ljungby (Schweden)
Tragfähigkeit 41 t, Motorleistung 182 kW, max. Fahrgeschwindigkeit 25 km/h, Eigenmasse 59,2 t

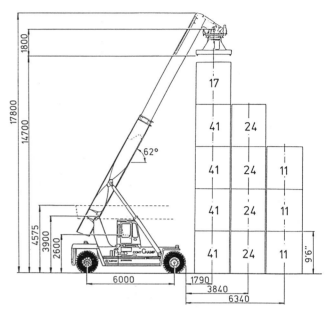

Bild 4-154 Stapelmöglichkeiten und zugehörige Nutzmassen in t des Teleskopstaplers DC 4160 RS 5
Kalmar LMV, Ljungby (Schweden)

Die Führung der Last in Polarkoordinaten durch Kombination einer Kreis- und einer Radialbewegung erschwert naturgemäß die Bedienung. Deshalb sorgt eine geeignete Steuerung dafür, daß die aus Mastneigung und Teleskopieren resultierende Gesamtbewegung den für kartesische Koordinaten gegebenen Stellbefehlen entspricht. Ein Gleichlaufzylinder am gelenkig gelagerten Spreader stellt dessen gleichbleibend waagerechte Lage sicher.

Das Fahrzeug eines Teleskopstaplers hat vorn eine zwillingsbereifte Antriebsachse, hinten eine einfachbereifte Pendelachse. Gelenkt wird, meist hydrostatisch, die Hinterachse; es gibt auch allradgelenkte Fahrzeuge. Die Fahrerkabine ist sehr weit hinten angebracht, was freie Sicht nach allen Seiten und nach oben gewährt, sie kann erhöht oder höhenverstellbar gelagert sein. Der Stapler ist ohne Abstützung mit Last frei verfahrbar, braucht somit eine große Gegenmasse.

Ein besonderer Vorzug des Teleskopstaplers ist seine Fähigkeit, Container auch in der zweiten oder dritten Stapelreihe aufnehmen zu können. Bild 4-154 weist aus, daß dabei die volle Tragfähigkeit nur in der ersten Reihe bis zur Vierfachstapelung in Anspruch genommen werden darf. Dennoch hat dieser größere Arbeitsraum einen wesentlichen Einfluß auf die wachsende Verbreitung dieser Stapler beim Umschlag Straße-Schiene und auf Containerlagerplätzen gehabt.

Zudem ist ein solcher Stapler wie der normale Gabelstapler eine Vielzweckmaschine mit einer Reichweite von über 15 m [4.229]. Er kann Arbeitsbühnen, Kranverlängerungen, Greifer, Schaufeln usw. erhalten, die über Schnellwechselvorrichtungen bequem auszutauschen sind.

Die *Portalstapler* entstanden als Weiterentwicklung der Portalhubwagen, siehe Abschnitt 4.6.2. Der Grundaufbau geht aus Bild 4-155 hervor. Um die Last innerhalb der

Die Tragfähigkeiten dieser flurfahrbaren Umschlagmittel sind hoch, sie betragen 24...40 t am Spreader, je nachdem, ob nur 20'- oder auch 40'-Container anzuschlagen sind. Vereinzelt werden sogar 45 t Tragfähigkeit für die gleichzeitige Aufnahme von zwei 20'-Containern oder eine vergrößerte Hubhöhe für eine echte Vierfachstapelung angeboten.

Im üblichen Baubereich ergeben sich äußere Abmessungen von 9...12 m Gesamtlänge, 4,6..5,0 m Gesamtbreite und 6,5...15 m Gesamthöhe. Die Eigenmassen liegen in entsprechender Staffelung zwischen 30 und 70 t. Als maximale Fahrgeschwindigkeiten wählt man mit Rücksicht auf die geforderte kurze Umschlagdauer 20...30 km/h, höhere Geschwindigkeiten bei Leerfahrt sind angesichts der Kippgefahr nicht mehr üblich.

Ein Portalstapler stützt sich auf 4 bis 10 luftbereifte Räder, von denen 2 oder 4 angetrieben sind. Jedes Laufrad ist einzeln gelagert und hat eine pneumatische, hydraulische oder mechanische Federung. Die Laufradlagerung muß neben einer gleichmäßigen Radkraftverteilung auch eine gute Schwingungsdämpfung bewirken. Bauarttypisch treten erhebliche Nickschwingungen beim Abbremsen der Fahrbewegung und hohe dynamische Kräfte während des Durchfahrens enger Kurven auf [4.238].

Es werden immer alle Räder gelenkt; die Wenderadien bleiben mit 9...11 m dadurch klein. An die Stelle der mechanischen Lenkung mit hydraulischer Lenkkraftunterstützung tritt mehr die hydrostatische Lenkung mit Lenkgestängen nur noch zwischen den Rädern einer Fahrwerkseite. Viele Portalstapler können durch Auslenkung aller Räder in die gleiche Richtung schräg seitwärts fahren. Hydraulische oder pneumatische Betriebsbremsen wirken auf alle Laufräder.

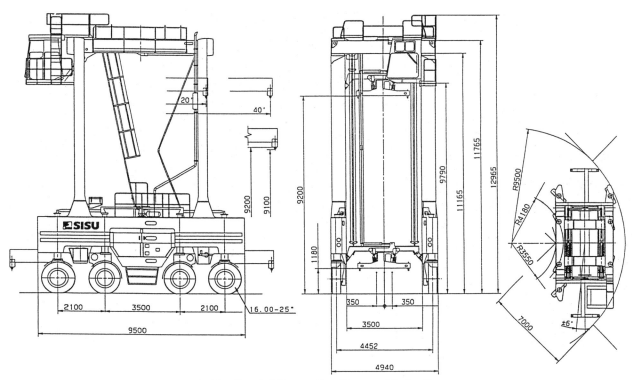

Bild 4-155 Portalstapler 4011135 - 80 - T; Sisu Terminal Systems Inc., Tampere (Finnland)
Tragfähigkeit 40 t, Motorleistung 270 kW, max. Fahrgeschwindigkeit 26 km/h, Eigenmasse 60 t

In der Entscheidung, zur Energieerzeugung einen Verbrennungsmotor oder zwei Motoren auf jeweils einer Fahrwerkseite anzuordnen, hat sich die Zweimotorenvariante durchgesetzt. Hydromechanische Antriebe für die Fahrbewegung, d.h. die Hintereinanderschaltung von Drehmomentwandler, Lastschaltgetriebe, mechanischem Differential und Gelenkwellen zu den Laufrädern, und hydrostatische Antriebe mit vorwiegend zwei leistungsgeregelten, geschlossenen Kreisläufen und hydraulischer Differentialwirkung zwischen den beiden Fahrwerkseiten sind nebeneinander anzutreffen. Der erste Typ hat den Vorzug größerer Beschleunigungswerte, der zweite den wohl wichtigeren der feinstufigen Steuerung. Die in [4.239] erwähnten dieselelektrischen Antriebe für schwerste Portalstapler sind nicht mehr anzutreffen.

Das Hubwerk eine Portalstaplers geht auf das Prinzip des Hubgerüsts eines Staplers zurück. Der Tragbalken oder die beiden Querträger, die den Spreader aufnehmen, werden in seitlichen Rollenführungen vertikal geführt. Durch mechanische oder hydraulische Gleichlaufeinrichtungen sorgt man für den Gleichlauf der hydraulischen Einzelantriebe auch bei stärkerer Außermittigkeit des Schwerpunkts der Last. Meist betätigen zwei waagerecht liegende Hydraulikzylinder Mehrfach-Kettenflaschenzüge. Es gibt auch Antriebe mit senkrecht stehenden Arbeitszylindern. Portalstapler mit besonders großer Hubhöhe haben teils Seilwinden für das Heben, um die Bauhöhe zu begrenzen.

Die Kabine des Fahrers wird oben an einer Seite angebracht. Da beide Fahrtrichtungen gleichrangig ausgenutzt werden, erhält das Fahrerhaus einen Drehsitz und Doppelsteuerung. In neuester Zeit werden Portalstapler auch für automatische Spurführung ausgerüstet. Über die dabei zu beachtenden Probleme berichtet [4.240]. Vergleiche zwischen den verschiedenen Staplerarten beim Einsatz im Containerumschlag stellen [4.241] [4.242] an, wobei der Bedarf an Verkehrsfläche und die Stapeltiefe eine besondere Rolle spielen.

4.8.2 Hubeinrichtungen

Dort wo Container nur gelegentlich von Fahrzeugen abzuladen bzw. wieder auf sie zu stellen sind, werden Stapler, wenn sie nicht in ihrer Größe und Tragfähigkeit auch für andere Aufgaben gebraucht werden, zu teuer. In vielen Fällen stehen jedoch Krane, vor allem Fahrzeugkrane zur Verfügung, die dann mit mehrsträngigen Lade- oder Rahmengeschirren auszustatten sind, siehe Abschnitt 2.2.8.2.
Für den Fall, daß dies ausscheidet, sind verschiedene fahr- oder tragbare Hubeinrichtungen geschaffen worden. Je geringer der dabei getriebene Aufwand und damit die Beschaffungskosten sind, desto größer wird der bei ihrer Anwendung zu verzeichnende Arbeitsaufwand. Von den zahlreichen angebotenen Lösungen haben viele die Zeit nicht überdauert. Hier werden beispielhaft zwei aktuelle, d.h. weiterhin angebotene Konstruktionen behandelt, die etwa die obere und untere Grenze des Mechanisierungsgrads und der Vielseitigkeit kennzeichnen.

Das als *Kranmobil* bezeichnete Transport- und Umschlagsystem im Bild 4-156 für Container besteht aus dem Transportfahrzeug, einem 5- bis 6achsigen Lastkraftwagen ausreichender Tragfähigkeit, und zwei um die Länge des Containers versetzt auf der Fahrzeugplattform angebrachten Ladeeinrichtungen. Die Bewegungsebenen der beiden Ladeeinrichtungen liegen parallel, der Arbeitsbereich muß ausreichen, um neben dem Fahrzeug stehende Container aufnehmen und auf der Ladefläche absetzen zu können bzw. umgekehrt zu arbeiten. Das große Kippmoment macht es notwendig, das Fahrzeug während des Umschlags seitwärts abzustützen. Als Lastaufnahmemittel dient ein angehängter Spreader oder ein in die unteren Eckbeschläge des Containers eingehängtes Seilgeschirr. Das Umschlagmittel kann nicht nur das Trägerfahrzeug selbst, sondern auch ein anderes Fahrzeug bedienen. Der teleskopierbare vordere Ausleger erweitert hierfür bei Bedarf die seitliche Reichweite. Die Tragfähigkeit reicht bis 32 t und damit, bei

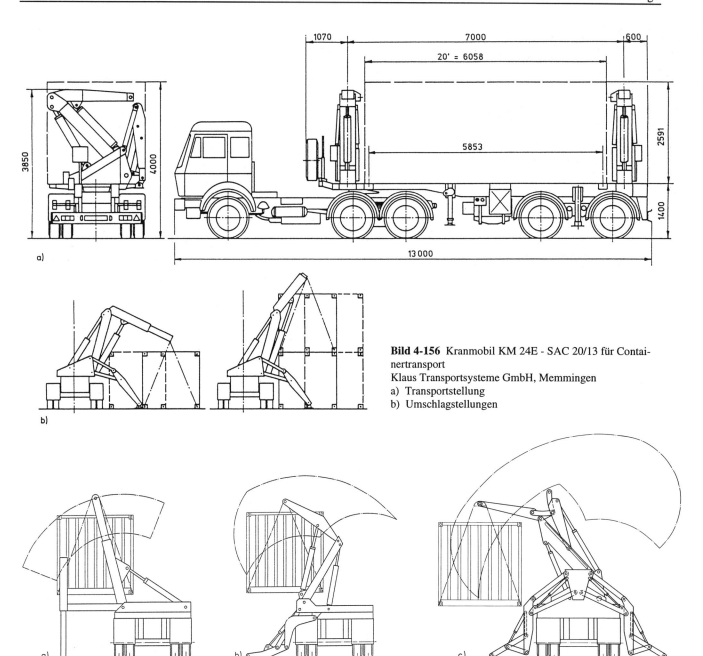

Bild 4-156 Kranmobil KM 24E - SAC 20/13 für Containertransport
Klaus Transportsysteme GmbH, Memmingen
a) Transportstellung
b) Umschlagstellungen

Bild 4-157 Container-Kraneinrichtungen, Beispiele kinematischer Systeme
a) einseitig wirkend, System Mafi
b) einseitig wirkend, System Klaus
c) zweiseitig wirkend, System Klaus

entsprechender Fahrzeuglänge, für alle Typen von ISO-Containern. Eine Verschiebeeinrichtung stellt die Hebevorrichtung auf die benötigte Containerlänge ein.

Die Art der kinematischen Ketten und der für sie erforderliche Aufwand variieren je nach Form und Größe des verlangten Arbeitsbereichs. Bild 4-157 zeigt drei Kraneinrichtungen als Beispiele. Die zweiseitig wirkende Einrichtung im Bild 4-157c eignet sich hervorragend auch für den Umschlag zwischen zwei Fahrzeugen, z.B. zwischen Lastkraft- und Eisenbahnwagen. Wie beim normalen Ladekran (s. Abschn. 2.5.5) dürfen alle Bestandteile der Umschlageinrichtung während der Straßenfahrt nicht über die lichten Maße eines ISO-Containers herausragen. Es gibt auch vom Fahrzeug mitgeführte Rollvorrichtungen, die den Container mit einem längsverschieblichen Greifschlitten vom Fahrzeugheck aus auf die zu diesem Zweck schräggestellte Ladefläche ziehen.

Simplere Hebevorrichtungen sollen und können auf Fahrzeugen stehende Container lediglich anheben und, nach dem Wegfahren des Fahrzeugs, auf dem Boden absetzen. Neben Hubportalen, Hubrollwagen gibt es besonders leichte, an den vier Ecken des Containers angreifende Stützvorrichtungen.

Bild 4-158 zeigt eine von vier Stützen einer Hebeeinrichtung für Container bis zu einer Gesamtmasse von 20 t. Zwei dieser vier Stützen weisen einen Kurbeltrieb *2* auf, der das in die Zahnstange *5* eingreifende Ritzel über ein Stirnradgetriebe *3* treibt. An jeder Stirnseite des Containers führt eine Verbindungswelle *8* zum Getriebe der jeweils zweiten Stütze. Der klappbare Ausleger *7* nimmt den Con-

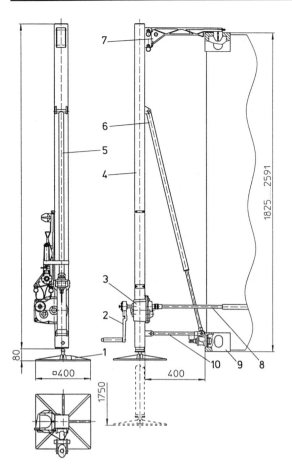

Bild 4-158 Tragbare Hebevorrichtung mit Zahnstangentrieb für Container, Typ 1889.20/1745, Tragfähigkeit 10 t
Haacon Hebetechnik GmbH, Freudenberg (Main)
1 Stützfuß 6 Strebe
2 Kurbel 7 Hubausleger
3 Getriebe 8 Verbindungswelle
4 Stütze 9 Container mit Eckbeschlag
5 Zahnstange 10 Strebe

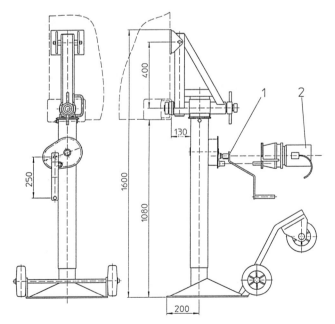

Bild 4-159 Fahrbare Hebevorrichtung mit Spindeltrieb für Container, Typ 2942.32, Tragfähigkeit 10,8 t
Haacon Hebetechnik GmbH, Freudenberg (Main)
1 Handkurbel 2 Elektromotor mit Getriebe, steckbar

tainer über einen Zapfen am oberen Eckbeschlag auf. Um eine derartige Hebeeinrichtung gegebenenfalls während des Straßentransports mitzuführen, können die zu einem Satz gehörenden Ausrüstungsteile an einer Verladeeinrichtung befestigt werden, die an der Stirnseite des Containers angebracht wird. Es ist möglich, durch Bestückung mit Laufrädern und Querholmen fahrbare Hubportale zu bilden und damit den Arbeitsaufwand für den Auf- und Abbau der Vorrichtung zu senken.

Eine andere, ebenso einfache und zweckmäßige Lösung ist die Hebeeinrichtung im Bild 4-159 mit ebenfalls vier Einzelstützen. Der Hubschlitten wird jedoch am unteren Eckbeschlag des Containers, wahlweise stirn- oder längsseitig, verschraubt und von einem Spindeltrieb senkrecht bewegt. Statt der Kurbel kann ein Elektroantrieb aufgesteckt werden, der von einem fahrbaren Schaltkasten mit Kabeltrommel aus gesteuert wird. Eine Überlastungssicherung begrenzt die übertragbare Hubkraft auf ihren zulässigen Maximalwert. Durch einfaches Kippen läßt sich das Stützbein auf die am Fuß gelagerten drei Laufräder stellen und bequem verschieben. Weitere Variationen des Grundprinzips sind möglich.

4.9 Fahrerlose Transportsysteme

Das die gesamte Wirtschaft durchziehende Bestreben, Arbeitsprozesse unter Nutzung hochentwickelter elektronischer Bauelemente immer mehr zu mechanisieren und zu automatisieren, hat naturgemäß auch das gesamte Transportwesen einbezogen. Neben anderen Systemen des automatischen innerbetrieblichen Transports, z.B. auf der Grundlage von Elektrohängebahnen, wurden Fahrerlose Transportsysteme (FTS) mit Flurförderzeugen geschaffen. Die Anfänge reichen bis in die Mitte des Jahrhunderts zurück. Während zunächst das automatische Fahren und Lenken im Vordergrund standen, um den Fahrer als Kostenfaktor und möglicherweise Ursache für Störungen auszuschließen, werden heute leistungsfähige Verfahren der Datenübertragung und -verarbeitung genutzt, um flexible fahrerlose Systeme mit variablen Fahrwegen und selbsttätiger Lastaufnahme und -abgabe zu betreiben.

4.9.1 Definition und Einsatzgebiete

Die Richtlinie VDI 2510 definiert die Fahrerlosen Transportsysteme als innerbetriebliche, flurgebundene Fördersysteme mit automatisch geführten Fahrzeugen. Neben dieser auf die reine Tranportaufgabe orientierten Kennzeichnung gibt es weitergefaßte, die das FTS als Förder- und Verkettungsmittel in der flexiblen Fertigung und Montage sowie als Bewegungssystem für mobile Betriebsmittel und Handhabungsgeräte bezeichnen [4.243]. In Erweiterung des Roboterbegriffs prägt [4.244] den Ausdruck „mobile autonome Roboter" im Sinne von frei verfahrbaren, unabhängig von stationären Versorgungs- und Steuerungseinrichtungen verkehrenden, mit Lastübergabe- oder Handhabungsgeräten bestückten Fahrzeugen. Die nachfolgenden Ausführungen folgen der engeren Definition als Transportsystem, wegen der Verbindungen zur Robotertechnik wird auf die Literatur verwiesen, siehe [4.245] bis [4.247].

Unter diesem Gesichtspunkt bestehen die Aufgaben Fahrerloser Transportsysteme darin,
- Lager- und Fertigungsbereiche zu ver- und entsorgen
- die Regalbedienung und Kommissionierung ganz oder teilweise zu automatisieren

– mobile Plattformen für Montage und Fertigung zu bilden.

Darüber hinaus gibt es Sonderaufgaben, wie den Transport von Akten in Bürogebäuden, Versorgungstransporte in Kliniken und vieles mehr. Es muß sich um möglichst gleichbleibende, regelmäßig anfallende Transportaufgaben handeln. Die Art, Größe und technische Ausstattung einer Anlage hängt von den Anforderungen und Merkmalen ihres Einsatzes ab, nach [4.248] sind dies

– Einsatzgebiet (innerbetrieblicher, zwischenbetrieblicher Transport)
– Transportstruktur (Linienkurs, Rundkurs, Sternstruktur, Maschenstruktur)
– Umgebung (Reinräume, Normalräume, Fertigungsbereiche, Freigelände)
– Komplexität (Anzahl der Fahrzeuge und Übergabestationen und deren Verhältnis zueinander, Länge der Fahrstrecken)
– Lastübergabe (manuell, mechanisch in gleicher Höhe, mit Höhenverstellung, kombiniert).

Die Hauptelemente eines Fahrerlosen Transportsystems sind die Bodenanlage, die Fahrzeuge, die Übergabeeinrichtungen und die Steuerung. In der überwiegenden Anzahl der z.Zt. betriebenen Systeme enthält die Bodenanlage fest verlegte Leitlinien für den Fahrkurs. Bild 4.160 zeigt ein gut überschaubares Beispiel. Die Streckenlängen reichen von wenigen Metern bis zu mehreren Kilometern. Als Fahrzeuge werden Schlepper, Gabelhubwagen, Spreizenstapler oder eigens als niedrige Transportfahrzeuge ausgebildete Unterfahrschlepper verwendet. Die Art der Last und der Lastübergabe bestimmen den zu wählenden Fahrzeugtyp. Die Anzahl der Fahrzeuge kann in einem weiten Bereich zwischen nur einem und mehreren hundert schwanken.

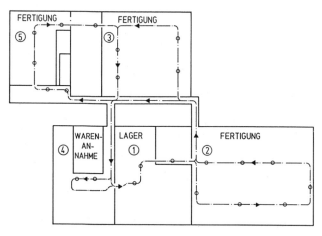

Bild 4-160 Fahrkurse eines FTS in einem Elektrogerätewerk [4.249]
Kreise: Übergabestellen

Wenn im sogenannten gemischten Verkehr auch andere Transportmittel oder Personen die Fahrbahn benutzen können, bleibt die Fahrgeschwindigkeit der durchweg batterie-elektrisch angetriebenen Fahrzeuge auf maximal 6 km/h beschränkt. Zwingend sind Schutzeinrichtungen vorgeschrieben, die das Flurförderzeug bei einer Berührung mit auftretenden Hindernissen sofort stillsetzen. Gleiches gilt beim Verlassen der Leitspur bzw. Ausfall des Leitsystems, siehe auch [4.250].

Die Automobilindustrie war lange Zeit Vorreiter in der Einführung Fahrerloser Transportsysteme, mit denen die starren Fließbänder durch fahrbare Standarbeitsplätze abgelöst wurden. Weitere wichtige Anwendungsbereiche sind Betriebe der Papier-, Glas- und Maschinenbauindustrie. Neben aufwendigen, teueren Individuallösungen unter Verwirklichung des jeweils höchsten Stands der Technik zeichnen sich vermehrt Einfachlösungen für kleinere Betriebe mit nur wenigen Transportquellen und -senken im Materialfluß ab. Um die Gestehungskosten zu senken, werden Serienflurförderzeuge adaptiert, die Aufgabe auf reine Transportfunktionen reduziert und die Steuerung durch Dezentralisation vereinfacht [4.251].

Über die Modellierung und Planung von FTS informieren [4.249] und [4.252], eine Übersicht zu allen Aspekten der Anlagengestaltung gibt [4.253]. Die Fülle in jüngerer Zeit bekanntgemachter wissenschaftlicher Arbeiten und Veröffentlichungen weisen sie als einen Schwerpunkt der gegenwärtigen Forschung und Entwicklung in der Fördertechnik aus.

4.9.2 Fahrzeugführung

Damit ein Flurförderzeug ohne Fahrer einen vorgegebenen Fahrweg zurücklegen kann, bedarf es eines Führungssystems, das den Kurs vorgibt und die notwendigen Fahr- und Lenkmanöver auslöst. Die Führungsverfahren unterscheiden sich in erster Linie darin, ob die Fahrlinie im oder auf dem Boden, d.h. reell, angebracht oder als im Rechner gespeicherte virtuelle Linie vorgegeben ist. Zur Fahrzeugführung werden im Rahmen dieser Grobteilung alle sinnvollen technischen Mittel genutzt, Tafel 4-25 gibt sie in einer Übersicht an.

Tafel 4-25 Führungsverfahren von Fahrerlosen Transportsystemen

Reelle Leitlinien	Virtuelle Leitlinien
passive Linie	*kontinuierliche Referenzbildung*
mechanisch (Führungsschiene)	Bodenraster
induktiv (Metallband)	induktiv (Leitdrahtgitter,
magnetisch (Magnetband)	Punktmagnete)
optisch (Reflexband)	optisch (Kontrastflächen)
aktive Linie	Umgebungsabtastung
induktiv (Leitdraht)	akustisch (Ultraschall)
Einfrequenzsystem	optisch (Kamera)
Mehrfrequenzsystem	*diskrete Referenzbildung*
optisch (Leitstrahl)	Bodenmarkierungen
	induktiv (Magnete)
	optisch (Reflexmarken)
	punktuelle Referenzbildung
	Odometrie (Koppelnavigation)
	Kreiselnavigation
	Trägheitsnavigation

In Systemen mit reellen Leitlinien wird die Verbindung zwischen Leitlinie und Fahrzeug mechanisch, induktiv oder optisch hergestellt (Bild 4-161). Keine Bedeutung hat bisher die magnetische Führung durch das Messen eines Magnetfelds, das auf dem Boden verlegte Permanentmagnete abstrahlen, erlangen können. Auch die Verfolgung eines aktiv erzeugten Leitstrahls wurde bei Flurförderzeugen im Gegensatz zu den Baumaschinen noch nicht als Führungssystem angewandt. Für mechanische Führungen über Bodenschienen entscheidet man sich wegen des Aufwands und der Verschmutzungs- und Stolpergefahr nur in Sonderfällen, beispielsweise bei Schwertransporten.

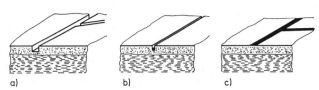

Bild 4-161 Grundarten der Fahrzeugführung durch reelle Leitlinien
a) mechanisch (Schiene)
b) induktiv (Leitdraht)
c) optisch (Leitband)

Der Signalaustausch zwischen Leitlinie und Fahrzeug kann bei den induktiven und optischen Verfahren passiv oder aktiv vor sich gehen. In einem passiven System enthält das Fahrzeug Sender und Empfänger für den Signalträger, in einem aktiven erzeugt die Leitlinie die Signale, die von Fahrzeugsensoren erfaßt werden. Führungsverfahren mit virtuellen Leitlinien haben eine Eigensteuerung der Fahrzeuge, oder sie steuern sich über die Erfassung der Umgebung. Häufig werden beide Verfahren kombiniert.

Die Fahrzeugsensorik hat stets zwei Aufgaben zu erfüllen, das Navigieren als Wegfindung und das Positionieren als Ortserkennung. Beim letzteren ist zu unterscheiden zwischen der Bestimmung des absoluten Standorts während der Fahrt und der Genaustellung des Fahrzeugs an Übergabestellen.

4.9.2.1 Reelle Leitlinien

Von den beiden Hauptverfahren zur Führung von Flurförderzeugen auf fest verlegten Leitlinien erfordert das aktiv induktive den größeren Aufwand für die Weganordnung, das passiv optische ist dagegen wegen der einfach auf der Fahrbahn angebrachten Führungsbänder flexibler, jedoch anfälliger gegen Verschmutzungen sowie Beschädigungen und damit eher Störungen ausgesetzt.

Induktive Führung

Ein im Leitdraht erzeugtes, konzentrisches elektromagnetisches Wechselfeld mit Frequenzen von 5...30 kHz wird von den Sensoren des Fahrzeugs aufgenommen und damit in seiner Lage relativ zum Fahrzeug erkannt. Die Alternative einer passiven Führung über die Verzerrung eines vom Fahrzeug übertragenen Magnetfelds durch ein auf dem Boden liegendes Metallband hat sich nicht durchgesetzt. 75 % aller Neuanlagen von Fahrerlosen Transportsystemen verfügen über ein aktives induktives Führungssystem. Voraussetzung für die Brauchbarkeit sind nichtmetallische Böden und keine starken magnetischen Störfelder in der Nähe der Leitlinien [4.254].

Der Leitdraht liegt in einer gefrästen Nut von 5..10 mm Breite und 20...30 mm Tiefe, die mit Kunststoff ausgegossen ist. Zwei Spulen am Fahrzeug erfassen die Lage des Wechselfelds in Bezug auf die Fahrzeuglängsachse und dienen als Meßglieder der Lenkregelung (Bild 4-162). Die Regelsignalspule steht senkrecht, die Referenzsignalspule waagerecht. Das kreisförmig um den Leitdraht laufende magnetische Feld hat die Komponenten der Feldstärke [4.255]

$$H_x = -\frac{i}{2\pi r}\sin\varphi = -\frac{i}{2\pi r}\frac{y}{\sqrt{x^2+y^2}}$$

$$H_y = \frac{i}{2\pi r}\cos\varphi = \frac{i}{2\pi r}\frac{x}{\sqrt{x^2+y^2}}.\quad (4.113)$$

Die Koordinate x bezeichnet die horizontale Abweichung zwischen Regelsignalspule und Fahrdraht, die Koordinate y mißt die Höhe über dem Boden. Bild 4-163 und Gl. (4.113) zeigen, daß die Regelsignalspannung

$$U_S = C\omega\cos\omega t\,\frac{x}{\sqrt{x^2+y^2}} \quad (4.114)$$

ihr Vorzeichen ändert, wenn x negativ wird. Die Referenzsignalspannung

$$U_R = C\omega\cos\omega t\,\frac{y}{\sqrt{x^2+y^2}}$$

ist dagegen vom Vorzeichen der horizontalen Abweichung unabhängig.

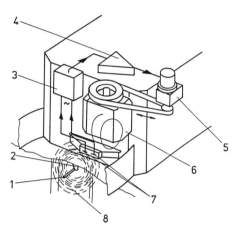

Bild 4-162 Prinzip der induktiven Führung [4.249]
1 Leitdraht   5 Lenkmotor
2 Nut   6 Antriebsmotor
3 Vergleicher   7 Lenkkopf mit Spulen
4 Verstärker   8 Magnetfeld

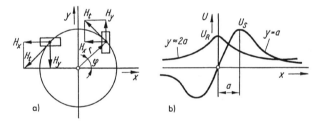

Bild 4-163 Induktive Spurführung [4.255]
a) elektromagnetisches Feld
b) induzierte Spannungen

Der Lenkregler vergleicht die Phasenlage beider Spannungen und stellt damit die Richtung der Abweichung vom Leitweg fest. Der Betrag der Regelsignalspannung gibt die Größe der Abweichung für die analoge Regelung an. Der geschlossene Regelkreis ist stabil. Als Nachfolgeregelung erzeugt er eine ständige leichte Pendelbewegung des Fahrzeugs um die Leitlinie. Ein Zweipunktregler würde wegen der großen Zeitkonstanten des Lenkmotors und des Fahrzeugs zu große Abweichungen vom Kurs verursachen. Es gibt auch Regelungen, die statt des Betrags und der Phasenlage die Differenz der Spannungsbeträge von zwei seitlich neben dem Fahrdraht liegenden Spulen als Regelgröße verwenden [4.256].

Verzweigungen im Fahrweg werden bei induktiver Führung nach zwei unterschiedlichen Verfahren einbezogen. Im Einfrequenzsystem verfügt der Leitdraht lediglich über eine, im gesamten System gleiche Frequenz. Die verschiedenen Wegabschnitte werden durch Zu- und Abschalten des Stroms für die Fahrt freigegeben bzw. blockiert. An der Verzweigung im Bild 4-164a veranlassen Magnetschalter entsprechend dem im Fahrzeug gespeicherten Fahrziel C die Steuereinheit dazu, die Blockstrecke B_C unter Strom zu setzen bzw. deren Spannung zu erhöhen, während die Blockstrecken B_A und B_B stromlos bleiben bzw. werden. Im Mehrfrequenzsystem werden im Gegensatz dazu bis zehn um den Faktor 1,2 voneinander abweichende Frequenzen für die verschiedenen Fahrzweige aufrechterhalten. Nach seiner Zielinformation entscheidet das Fahrzeug am Verzweigungspunkt, welche Frequenz zu schalten ist (Bild 4-164b). Näheres kann [4.257] und [4.249] entnommen werden.

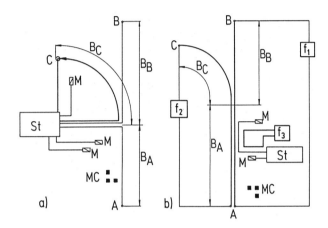

Bild 4-164 Verzweigungen in Fahrkursen mit induktiven Leitlinien [4.253]
a) Einfrequenzsystem
b) Mehrfrequenzsystem
f_i Frequenzen, B_i Blockstrecken, M Magnetschalter, MC Magnetcodierung, St Steuerungseinheit

Das induktive Führungssystem erkennt und korrigiert allein die Abweichungen quer zum Leitdraht. Deshalb müssen zusätzliche Streckeninformationen an Blockstellen, Kreuzungen, Weichen, Haltestellen über Lichtschranken oder Bodenmarkierungen bereitgestellt werden. Außerdem ist der Verkehrsablauf zu steuern, wenn auf einem Fahrkurs mehrere Fahrzeuge verkehren. Der im Bild 4-165 dargestellte Fahrkurs enthält zu diesem Zweck in den Boden verlegte Steuerschleifen und Magnete, die vom Fahrzeug aus abgetastet werden und entsprechende Schaltbefehle für das Fahrzeug wie für die Anlage auslösen. Bereits an diesem einfachen Beispiel läßt sich der beträchtliche Steuerungsaufwand für ein Fahrerloses Transportsystem ermessen. In seine Komplexität sowie in die Überlegungen und Berechnungen zur Analyse und Modellbildung derartiger Anlagen führt [4.258] ein.

Optische Führung

Die Leitlinien von Systemen mit optischer Signalübertragung sind farbige Kunststoff- oder Chromstahlbänder. Über Lichtstrahlen erfassen dabei Sensoren, Scanner oder Zeilenkameras am Fahrzeug den Hell-Dunkel-Kontrast. Statt des aufgeklebten Leitbands können auch natürliche Leitspuren, z.B. Fahrbahnbegrenzungen oder -markierungen, genutzt werden. Wie bei der induktiven Führung werden zusätzliche Streckeninformationen zur Ortserkennung gebraucht.

Die Nachteile der optischen Führungssysteme liegen in möglichen Störungen durch schräg einfallendes Fremdlicht, vor allem aber in der bereits erwähnten, kaum auszuschließenden Verschmutzung bzw. Beschädigung der Leitlinien. [4.259] begrenzt die sinnvolle Anwendung deshalb auf Fahrbahnen, für die Bodenarbeiten unzulässig sind, wie in Reinräumen der Elektronikindustrie. Es gibt aber auch Einsatzfälle, in denen die mit geringem Aufwand zu verändernde und damit flexible Installation der Leitlinie eine Rolle spielt.

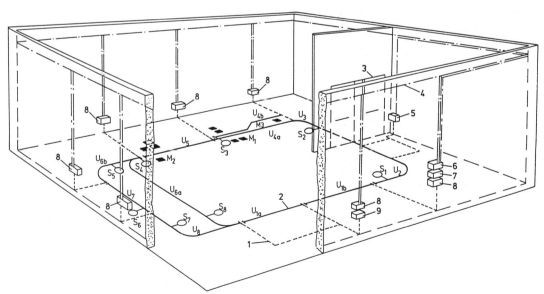

Bild 4-165 Beispiel für eine Fahrkursinstallation im Einfrequenzverfahren [4.249]
1 Ableiter
2 Leitdraht
3 Tür
4 Steuerleitung
5 Türsteuerung
6 Frequenzgenerator
7 Netzgerät
8 Streckensteuerung
9 Setz-Löschtaste
U_i Streckenabschnitte, S_i Steuerungsschleifen, M_i Bodenmagnete

4.9.2.2 Virtuelle Leitlinien

Systeme mit virtuellen Leitlinien kommen mit geringeren Aufwendungen für die Bodenanlage aus, bedingen aber größere Investitionen bei den Fahrzeugen. Nach [4.248] stehen sie vorzugsweise zur Wahl für Anlagen mit

– vielen sich teils kreuzenden Fahrstrecken
– häufig zu verändernden Fahrkursen
– kurzen Transportwegen bis 25 m
– mehr Übergabestationen als Fahrzeugen.

Neben der Flexibilität im Fahrweg über eine einfache Änderung der Software verschaffen sie auch bessere Reaktionsmöglichkeiten, wenn Störungen auftreten.

Der Fahrkurs als virtuelle Leitlinie wird berechnet, u.U. durch Simulation überprüft [4.260] und dann in das Fahrzeug geladen. Eine zweite Möglichkeit besteht darin, eine von einem Fahrer gesteuerte Lernfahrt durchzuführen oder beide Methoden zu kombinieren.

Damit das Fahrzeug diesem vorgegebenen Weg folgen kann, muß seine Position ständig oder an diskreten Wegpunkten festgestellt werden. Das Ortungssystem arbeitet entweder relativ, indem es den tatsächlichen Fahrweg erfaßt und mit dem im Rechner gespeicherten vergleicht, oder absolut über das Erkennen von Bodenmarkierungen oder Umgebungsmerkmalen. *Golombek* [4.261] beschreibt 25 Verfahren zur Messung geometrischer Größen und bezeichnet 11 davon als zur Positionsbestimmung in Fahrerlosen Transportsystemen geeignet. Meßgrößen sind Abstände, Wege, Winkel oder die Position im Raum. Jede Meßgröße verlangt ihr eigenes Meßmittel. Von den Verfahren, die absolut orten, werden z.Zt. vorrangig die Abstandsmessung über Ultraschall, die Winkel- bzw. Entfernungsmessung mit Laserlicht und die Umgebungserkennung mit Hilfe optischer Marken genutzt. Das berührungslose Erfassen von Positionsänderungen und Geschwindigkeiten mit einem Bilderfassungssystem, dessen Empfänger eine Halbleiterkamera mit CCD-Sensoren ist (CCD Charge Coupled Device), wurde ebenfalls untersucht [4.262].

Für die Navigation der Fahrzeuge werden zwei unterschiedliche Verfahren herangezogen

– die Koppelnavigation als Wegmessung in Kombination mit der diskreten Absolutortung über Referenzpunkte
– die kontinuierliche Erfassung der Umgebung (autonome Systeme).

Bei der Koppelnavigation (Odometrie) berechnet das Fahrzeug über die Messung des Raddrehwinkels und des Lenkwinkels seine Position und den zurückgelegten Weg durch Integration. Ein Lage- und Bahnregler vergleicht die Ist- und Sollwerte. Nach [4.261] können dabei infolge von Schlupf und Durchmesseränderungen der Laufräder auf einem Fahrweg von 50 m Ungenauigkeiten bis 0,5 m und 3° auftreten. Ein zusätzlicher Kreiselkompaß kann diesen Fehler um eine Zehnerpotenz vermindern [4.263]. *Drunk* [4.244] beschreibt die verschiedenen Varianten der Messung interner Bewegungsgrößen und bewertet sie.

Über Magnetsensoren wird in bestimmten Wegabständen die Absolutposition des Fahrzeugs ermittelt, und es werden Korrekturbahnen zum Ausgleich der Abweichungen berechnet und vorgegeben, die bis zum nächsten Referenzpunkt gelten. *Klein* [4.264] hat Versuche an einem Flurförderzeug durchgeführt, in dem eine Koppelnavigation mit einer Abstandsmessung durch Ultraschall kombiniert ist, um die Kursdifferenzen zu korrigieren.

Bei der Trägheitsnavigation als alternativem Verfahren, den Bahnverlauf zu bestimmen, werden die Beschleunigungen des Fahrzeugs gemessen und zweifach integriert. Dieses in der Luft- und Raumfahrt bewährte Führungsverfahren hat jedoch wegen der kurzen Wege bei Flurförderzeugen keinen Eingang gefunden.

Flächenbewegliche, autonome Fahrzeuge verlangen eine Positionierung in der Ebene. Hierfür müssen Referenzpositionen am Boden oder an den Seiten angebracht werden. Bodenmarkierungen können schachbrettartig angeordnete Schwarz-Weiß-Platten, gitterförmig verlegte stromführende Leitdrähte oder punktweise aufgebrachte Leitmarkierungen sein. Zwischen den Gitterelementen fährt das Fahrzeug in Koppelnavigation.

Seitlich angebrachte, nicht bodengebundene, reflektierende Referenzmerkmale oder Stützkonturen werden durch Abtastung mit Ultraschall oder Laserlicht erkannt. Es gibt auch Verfahren mit Bildverarbeitung, welche die Konturen der Umgebung ohne besondere Referenzmarkierungen feststellen können. Natürlich liefern die Sensoren immer eine ausschnitthafte Information, kein genaues geometrisches Abbild. [4.265] verweist auf den unterschiedlichen Aufwand für die einzelnen Verfahren und nennt als anzustrebendes Entwicklungsziel die Kombination eines Laserscanners für die Navigation mit einem Ultraschallsensor für die Positionierung.

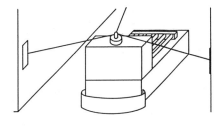

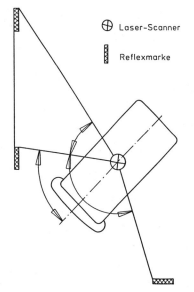

Bild 4-166 Leitlinienlose Fahrzeugführung und trigonometrische Positionsbestimmung mit Laser [4.254]

Das Fahrzeug im Bild 4-166 verfügt über einen scharf gebündelten, rotierenden Laserstrahl zur Positionsbestimmung. Der von den an den Wänden angebrachten Referenzmarken reflektierte Strahl trifft auf eine Laserdiode. Es werden Systeme mit neutralen Reflexmarken, deren relative Anordnung zueinander ausgewerte wird (Triangulation), und solche mit codierten Reflexmarken verwendet.

Abweichungen von der idealen Fahrlinie treten vor allem infolge von Störkräften, wie Seitenkräften aus Querneigung, Fliehkräften bei Kurvenfahrt, unterschiedlichen Fahrwiderständen sowie Stößen aus Fahrbahnunebenheiten auf. Der Querschlupf verändert die Lage des Momentanpols während der Kurvenfahrt. Dies wirkt sich besonders während des Durchfahrens von Wegstrecken in Koppelnavigation aus. Um die Abweichungen zu begrenzen, empfiehlt [4.266], niedrigere Geschwindigkeiten beim Durchfahren von Kurven zu wählen, das Spiel im Antrieb und in der Lenkung zu vermindern und während der Geradeausfahrt die Lenkachse zu arretieren.

Um eine ausreichende Bahngenauigkeit zu gewährleisten, sollten nach *Jantzer* [4.248] Bahnabweichungen von ± 100 mm in Gängen und ± 30 mm in der Nähe von stationären Konturen eingehalten werden. Ein von ihm entwickeltes Regelverfahren für hohe Bahngenauigkeit verwendet Sensoren, die Schlupf- und Gleitbewegungen der Räder erfassen und in die Regelung einbeziehen. An Haltestellen erzeugen nach [4.261] Lichtschranken Haltegenauigkeiten von ± 5 mm, inkrementale Weggeber solche von 1,2 mm. Wesentlich genauer, d.h. im Bereich von Zehntelmillimetern, sind Fahrzeuge an diesen Stationen mit Laserscannern oder durch eine mechanische Arretierung zu positionieren.

In zunehmenden Maße geht man in FTS-Anlagen zur Kombination verschiedener Führungsverfahren über, navigiert beispielsweise auf geraden Strecken mit reellen oder virtuellen Leitlinien und auf kurzen, evtenuell gekrümmten, dazwischenliegenden oder anschließenden Wegstrecken im sogenannten Freiflug über im Rechner gespeicherte Fahrdatentabellen. Bild 4-167 zeigt einen Ausschnitt aus einem derartigen System, in dem die Anfahrten zu den Haltestellen in Vorwärtsfahrt des Gabelhubwagens mit einem stets gleichen Kurvenverlauf nach einer Fahrtabelle ausgeführt, die geraden Wegabschnitte jedoch auf Leitlinien durchmessen werden.

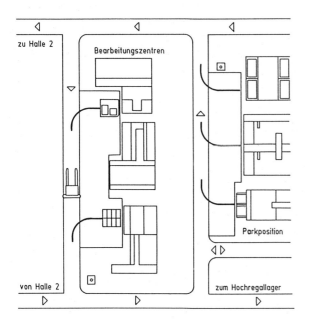

Bild 4-167 Ausschnitt aus einem Fahrerlosen Transportsystem mit virtuellen Leitlinien und kombinierter Führungstechnik [4.259]

Im Bild 4-168 ist die Kombination mehrerer Führungstechniken in der Ausrüstung eines Fahrzeugs zu sehen. Je nach Bedarf kann die Führung auf einer induktiven oder optischen Leitlinie gewählt werden. Die Verbindung zwischen ihnen über eine Kurve stellt das Fahrzeug auf virtuell formierten, im Rechner gespeicherten Linien her.

Alle Verfahren der Führung von Flurförderzeugen auf virtuellen Leitlinien sind noch in voller Entwicklung. Sie werden verbessert, in ihren Vorzügen stärker ausgeprägt, in der notwendigen Ausrüstung verbilligt werden und sich damit im eingangs erwähnten Vorzugsbereich der Anwendung allmählich auch durchsetzen.

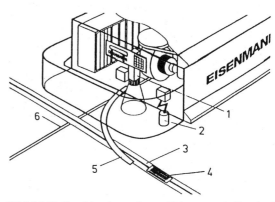

Bild 4-168 Kombination mehrerer Führungstechniken in einem Fahrzeug
Eisenmann Fördertechnik KG, Holzgerlingen
1 Zeilenkamera
2 Bodenidentpunkt
3 optisch geführter Fahrkurs
4 Barcode-Identpunkt
5 virtuell geführter Fahrkurs
6 induktiv geführter Fahrkurs

4.9.3 Fahrzeuge

Es ist üblich, die in Fahrerlosen Transportsytemen eingesetzten Flurförderzeuge unabhängig von der Bauart und somit zusammenfassend als Fahrzeuge zu bezeichnen. Dies entspricht ihrer Funktion als lasttragende, bewegliche Elemente eines in sich geschlossenen Transportsystems. In der Gestaltung weisen diese Fahrzeuge einige Besonderheiten gegenüber normalen Flurförderzeugen auf, zudem müssen sie erweiterten Sicherheitsanforderungen genügen.

4.9.3.1 Bauformen

Der Hubwagen für den automatischen Transport von Kübeln im Bild 4-169 zeigt einerseits die Herkunft vom Gabelhub- bzw. Hochhubwagen, andererseits die Abwandlung für einen fahrerlosen Betrieb durch Wegfall des Bedienungsplatzes und einen zusätzlichen Berührungsschutz. Dieser ist dicht über dem Boden so angeordnet, daß der automatisch stets rückwärtsfahrende Wagen ihn in Fahrtrichtung vorn trägt. Die Gabelspitzen haben an ihrer Spitze Auffahrsensoren als Schutzeinrichtung während eines gelegentlichen Fahrens in Gegenrichtung.

Fahrzeuge Fahrerloser Transportsysteme werden grundsätzlich batterieelektrisch angetrieben. Die Energiewandler sind fast immer Gleichstrommotoren, meist in Doppelschlußausführung, um ein gutes Beschleunigungsvermögen bei kleinen Anfahrströmen zu erzielen. Die Räder werden elektrisch mit Hilfe eines kleineren Lenkmotors gelenkt. Eine Impulssteuerung, bei den Antriebsmotoren im 4-Quadrantenbetrieb, schafft die Voraussetzungen für einen

4.9 Fahrerlose Transportsysteme

geregelten, möglichst genauen Verlauf der vorgegebenen Fahr- und Lenkbewegungen.

Die Batterie muß den Energiebedarf für das Fahren und Lenken, die Steuerung sowie die Lastaufnahme und -abgabe decken. Wenn während des Lastübergangs eine Höhenverstellung erforderlich ist, bestimmt diese Hubarbeit die vorzuhaltende Batteriekapazität, die im Bereich 135...400 Ah liegt. Für die Wahl des Batterietyps gelten die im Abschnitt 4.3.1 gegebenen Anwendungsregeln uneingeschränkt auch für Fahrzeuge des automatischen Transports. Wenn es sich um einen Einschicht- oder Zweischichtbetrieb handelt, eignen sich Pb-Batterien, die während der Freischicht ihre Hauptladung in Ladestationen erhalten, die zugleich Parkstationen der Fahrzeuge sind. Im Dreischichtbetrieb können sich NiCd-Batterien als günstiger erweisen, die im Taktbetrieb mit einer Entladung um maximal 30 % arbeiten und während des Betriebs an den anzulaufenden Haltestellen mit hoher Stromstärke nachgeladen werden. Ein Rechenprogramm, mit dem die geeignete Batterie nach Art und Größe zu ermitteln ist, beschreibt [4.267].

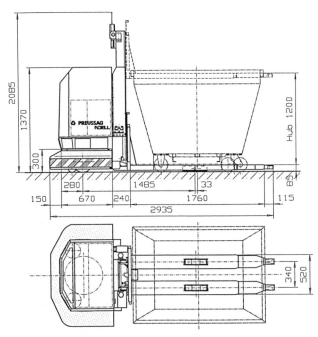

Bild 4-169 Hochhubwagen für automatischen Kübeltransport RV-1.5; Noell Stahl- und Maschinenbau GmbH, Schwieberdingen

Die technischen Daten der Fahrzeuge von FTS verbleiben bei den verzeichneten Bauformen in einem verhältnismäßig engen Bereich, was den ähnlichen Einsatzmerkmalen entspricht, siehe Tafel 4-26. Prinzipiell kann ein Fahrzeug hinsichtlich der Lastmanipulation passiv oder aktiv sein. Die Mittel zur aktiven Lastaufnahme- und -abgabe sind sehr vielfältig. Zur Gabel treten Roll- und Kettenförderer für die Querbewegung, Hubtische bzw. -elemente für die Vertikalbewegung und Sonderausrüstungen mit einer erhöhten Beweglichkeit in der Handhabung der Last (Tafel 4-27).

Eine ergänzende Variante stellt der Hubwagen mit Querschubgabel im Bild 4-170 dar. Auch er läßt alle besonderen Baugruppen eines Fahrzeugs für automatischen Betrieb erkennen, vor allem die Schutzeinrichtungen *1*, *8* und *14* gegen Berührung und die Sender bzw. Empfänger *5* und *6* für die Navigation und Datenübertragung. Weil die Schubgabel nach beiden Seiten auszufahren ist, kann dieses Fahrzeug nicht nur gestapelte Güter aufnehmen und absetzen, sondern auch zwischen zwei Stationen bzw. Fahrzeugen umschlagen.

Tafel 4-26 Technische Daten von Fahrzeugen für FTS, nach Firmenangaben

Fahrzeugart	Tragfähigkeit in t	Fahrgeschwindigkeit in km/h	Antriebsleistung in kW
Schlepper	0,3 ... 16[1]	1,0 ... 4,0	0,4 ... 6,6
Gabelhubwagen	1,2 ... 2,0	0,8 ... 1,2 (0,2 ... 1,0)[2]	1,0 ... 2,0
Spreizenstapler	1,2 ... 3,8	1,0 ... 5,3 (0,2 ... 1,1)[2]	0,7 ... 2,3
Unterfahrschlepper	0,1 ... 8,0	0,5 ... 4,0	0,2 ... 3,0

[1] Anhängermasse, [2] bei Rückwärtsfahrt

Tafel 4-27 Lastaufnahmemittel für Fahrzeuge von Fahrerlosen Transportsystemen [4.253]

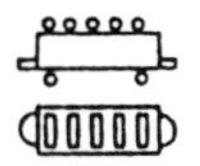	Rollenförderer
	Kettenförderer
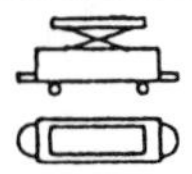	Hubtisch
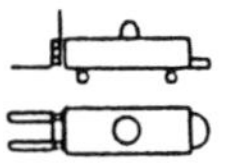	Hubgerüst mit Gabel
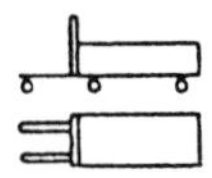	Hubgabel
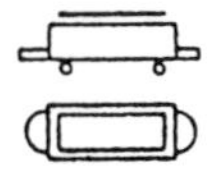	Plattform, starr
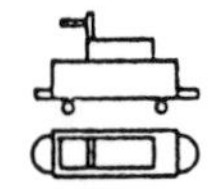	Sondervorrichtung

Um eine eigene Entwicklung für Fahrerlose Transportsysteme handelt es sich bei dem Unterfahrschlepper im Bild 4-171, einem reinen Fahrzeug mit lediglich vier kurzhubigen Hubelementen *10* für das Aufnehmen unterfahrbarer, nicht bodeneben liegender Lasten. Der Fahrzeugkörper ist deshalb mit einer Bauhöhe von nur 450 mm sehr niedrig gehalten. Beide Fahrtrichtungen sind gleichberechtigt, d.h. mit gleicher Geschwindigkeit zu betreiben, weshalb beide Fahrzeugenden mit dem gleichen Berührungsschutz ausgestattet sind. Gestützt wird das Fahrzeug von sechs Laufrädern, zwei in der Mittelachse gelagerten Antriebsrädern *7* und vier an beiden Seiten angebrachten, selbstlenkenden Stütz- bzw. Nachlaufrädern *8*.

Diese wenigen Beispiele für Flurförderzeuge zum automatischen Transport vermitteln einen Einblick in die Art, in der sie auf diese spezielle Aufgabe zugeschnitten werden. [4.253] und VDI 3640 können für die Erweiterung dieser Übersicht herangezogen werden.

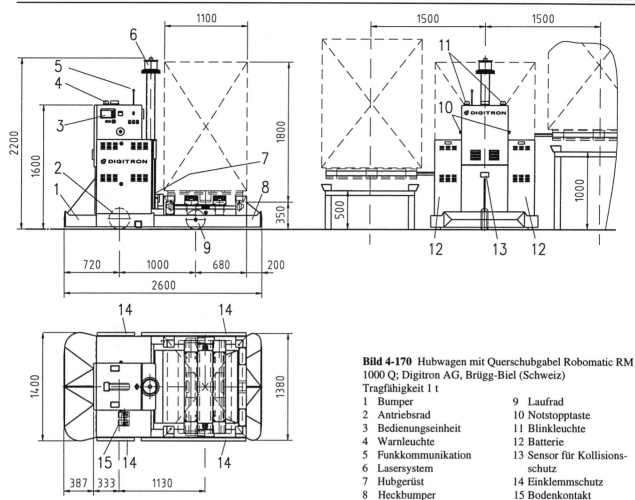

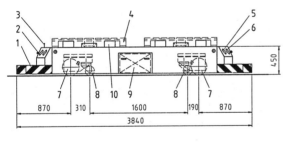

Bild 4-170 Hubwagen mit Querschubgabel Robomatic RM 1000 Q; Digitron AG, Brügg-Biel (Schweiz)
Tragfähigkeit 1 t

1 Bumper	9 Laufrad
2 Antriebsrad	10 Notstopptaste
3 Bedienungseinheit	11 Blinkleuchte
4 Warnleuchte	12 Batterie
5 Funkkommunikation	13 Sensor für Kollisionsschutz
6 Lasersystem	
7 Hubgerüst	14 Einklemmschutz
8 Heckbumper	15 Bodenkontakt

4.9.3.2 Fahrwerkausbildung

Das Fahrwerk, im engeren Sinne dessen Laufräder müssen das Fahrzeug tragen, treiben und lenken. Unter den Bedingungen eines fahrerlosen Verkehrs spielen die Hüllkurven hinsichtlich seitlicher, der Anhalteweg im Bezug auf vordere Hindernisse und die maximale Kurvengeschwindigkeit zum Ausschluß des Kippens eine gewichtigere Rolle, weil der Fahrer als steuernder und nötigenfalls ausgleichender Faktor fehlt.

Die Radanordnung in Fahrzeugen, die üblichen Flurförderzeugen entsprechen, unterscheidet sich nicht oder nur wenig von der normaler Serienausführungen. Anders ist dies bei den Unterfahrschleppern als spezieller Bauform. Ihre drei- bis sechsrädrigen Fahrwerke erhalten stets Laufräder mit verhältnismäßig kleinem Durchmesser, um die Bauhöhe niedrig zu halten. Sie sind teils angetrieben, teils nur mitlaufend, entweder gelenkt oder starr gelagert (Bild 4-172). Zu den Anordnungen als Dreieck- und Rechteckstützung tritt die Rautenanordnung mit zwei vorn und hinten mittig liegenden und zwei oder vier seitlich stützenden Rädern, siehe Bild 4-171.

Funktionsgerecht ist eine Radanordnung, wenn Symmetrie zur Hauptfahrtrichtung und, wenn es sie gibt, zur Nebenfahrtrichtung besteht. In [4.243] werden 420 theoretisch denkbare Kombinationen von drei bis sechs Rädern gebildet und daraus 24 ausgewählt, die dieser Forderung entsprechen. *Schwimming* [4.268] hat in ähnlicher Weise aus der Systematik möglicher Kombinationen von Vierradfahrwerken die im Bild 4-173 gezeigten sechs günstigen, doppeltsymmetrischen bzw. spiegelbildlich symmetrischen

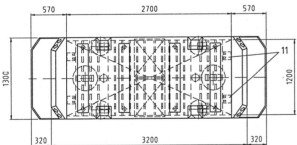

Bild 4-171 Unterfahr-Hubwagen Robocarrier RC 1200 P Digitron AG, Brügg-Biel (Schweiz)
Tragfähigkeit 1,2 t

1 Bumper	7 Antriebsrad
2 Notaustaste	8 Nachlaufrad
3 Funkkommunikation	9 Batterie
4 Paletten für Lastaufnahme	10 Hubelement, Hub 150 mm
5 Zustandsanzeige	11 Bodenkontakt
6 Richtungsanzeige	

4.9 Fahrerlose Transportsysteme

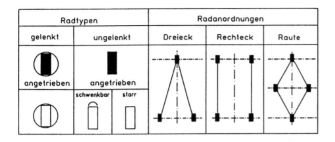

Bild 4-172 Radtypen und Radanordnungen von FTS-Fahrzeugen

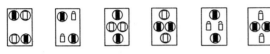

Bild 4-173 Günstige Radkombinationen bei Vierradfahrwerken von FTS-Fahrzeugen [4.268]

bestimmt. Es sind drei Anordnungvarianten der jeweils zwei angetriebenen Räder zu erkennen, je einmal mit Lenkung nur dieser Räder, einmal mit Allradlenkung.
Die Wahl und Anordnung der Laufräder hat einen großen Einfluß auf das Verhalten des Fahrzeugs beim Durchfahren von Kurven (Bild 4-174). Im üblichen Dreiradfahrwerk der Schlepper mit angetriebenem und gelenktem Vorderrad folgt der Nachlaufpunkt der Hinterachse einer Schleppkurve, siehe Abschnitt 4.5.4. Bei Vorwärtsfahrt verschiebt sie sich gegenüber der Leitlinie nach innen, bei Rückwärtsfahrt nach außen. Im Vierradfahrwerk mit vorn und hinten mittig angeordneten angetriebenen sowie gelenkten Rädern (Bild 4-174b) bleiben dagegen diese beiden Räder bei richtigem Lenkeinschlag auf der Kurvenbahn, das Fahrzeug steht in der sogenannten Sekantenstellung. Ein gleicher, der Führungskurve eindeutig folgender Fahrverlauf läßt sich erzielen, wenn zwei angetriebene, aber starr gelagerte Räder an den Seiten angebracht sind und eine Differentiallenkung über die Regelung der Raddrehzahlen erhalten.
Sind alle Räder eines Vierradfahrwerks zu lenken (Bild 4-174c), wird der Mittelpunkt des Fahrzeugs auf einem Kreis geführt, das Fahrzeug selbst führt keine Drehung um die senkrechte Achse aus. All dies hat Bedeutung für den Platzbedarf in Kurven, aber auch für die Fahrbewegungen vor und nach dem Kurvenabschnitt.
Ähnlich wie ein Fahrantrieb mit Differentiallenkung macht auch der neue Omnidrive-Antrieb eine Lenkung der Räder

um ihre senkrechte Achse überflüssig [4.269]. In seinen Speziallaufrädern (Bild 4-175) treibt die Felge unter 45° geneigte lose Rollen, die über den Abrollumfang einen Kreis bilden. Die schräge Anordnung der Rollen erzeugt beim Antreiben bzw. Bremsen zwei Kraftkomponenten in Längs- und Querrichtung. Gegeneinander gerichtete Kräfte werden über Achsen und Rahmen kompensiert, in die Bewegungsrichtung weisende addieren sich.

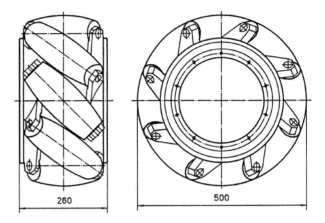

Bild 4-175 Mecanum-Laufrad, Miag Fahrzeugbau GmbH, Braunschweig

Durch Stellen von Drehrichtung und Drehzahl können beliebige Fahrmanöver hergestellt werden (Bild 4-176). Lenkbewegungen im Stand, die unerwünschte Bohrreibung verursachen, entfallen. Einen gleichen Effekt strebt ein in [4.270] vorgestelltes angetriebenes Doppelrad mit Drehschemellenkung für flächenbewegliche Fahrzeuge an.
Wenn FTS-Fahrzeuge auf eigenen Fahrwegen mit höherer Geschwindigkeit fahren dürfen, erhöht sich die Kippgefahr beim Durchfahren von Kurven, siehe Abschnitt 4.7.6. *Golombek* [4.261] hat ein verfeinertes Modell für die Kurvenfahrt schnellaufender Fahrzeuge ausgearbeitet, das die Reifenfedern, die Beschleunigungen während der Kurvenfahrt, die Lenkwinkelgeschwindigkeit und die Querbewegungen infolge Seitenschlupfs einbezieht. Die in Diagramme angebenen, größten in Kurven zulässigen Fahrgeschwindigkeiten wurden an einem Versuchsfahrzeug überprüft. Die Standsicherheit bzw. der Größtwert der Geschwindigkeit erhöhen sich durch eine niedrigere Geschwindigkeit, eine größere hintere Spurweite, einen grö-

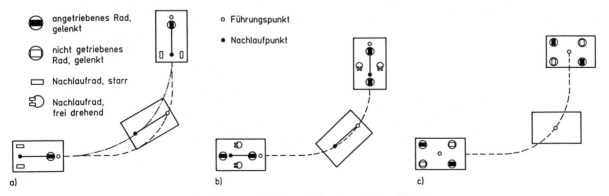

Bild 4-174 Bewegungsverhalten von FTS-Fahrzeugen bei Kurvenfahrt, Auswahl aus [4.243]
a) Dreiradfahrzeug
b) Vierradfahrzeug mit vorderem und hinterem gelenktem Antriebsrad
c) Vierradfahrzeug mit Allradlenkung

ßeren Radstand und eine höhere Lage des Gelenkpunkts einer eventuell vorhandenen Pendelachse, wobei die Reihenfolge der Aufzählung die relative Größe des Einflusses wiedergibt.

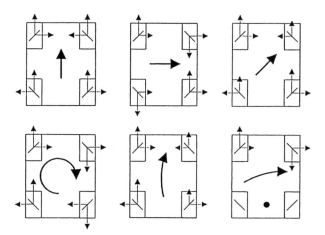

Bild 4-176 Bewegungsrichtungen des Omnidrive-Fahrantriebs Miag Fahrzeugbau GmbH, Braunschweig

4.9.3.3 Sicherheitseinrichtungen

Für fahrerlose Flurförderzeuge gelten eigene, die Vorschriften für mit Fahrern betriebene übersteigende Sicherheitsbedingungen. Sie sind in FEM 4.009c und in den Entwürfen für die europäischen Normen E DIN EN 1525 und 1526 festgelegt. Als besonders systemtypisch werden hier aufgeführt

– die Begrenzung der Fahrgeschwindigkeit auf 6 km/h, wenn kein vom sonstigen Verkehr abgetrennter Bereich befahren wird
– ein Mitfahrverbot, wenn kein Fahrerplatz vorhanden ist
– Auffahrsicherungen in Fahrtrichtung, wenn notwendig, an beiden Enden des Fahrzeugs
– das selbsttätige Abschalten und Stillsetzen des Fahrzeugs bei einer Abweichung vom Fahrkurs oder einem Ausfall des Leitsystems
– die selbsttätige Unterbrechung des Kraftflusses zwischen gelenktem Rad und Lenkrad, sobald das Führungssystem eingeschaltet wird.

Darüber hinaus sind zahlreiche weitere Bestimmungen für die konstruktive Ausführung und den Betrieb einzuhalten. Einen Schwerpunkt bildet der Kollisionsschutz, zum einen der Fahrzeuge untereinander über eine Verkehrsregelung, zum anderen gegen Personen und Hindernisse auf der Fahrbahn. Er muß sowohl in Fahrtrichtung, als auch seitlich wirken. In Notfällen muß das Fahrzeug von beliebigen Personen sofort stillgesetzt werden können. *Drunk* [4.244] zählt folgende Verfahren für einen Kollisionsschutz auf

– berührende Verfahren
    ohne Nachgiebigkeit (Schaltbügel, Kontaktleisten, Federschalter)
    mit Nachgiebigkeit (flexible bzw. federnd oder gelenkig gelagerte Sicherheitsbügel, Schaumstoff-Bumper mit Kontaktbändern)
– berührungslose Verfahren (Abstandsmessung)
    optisch (Reflexlichtschalter, Lichtschranken, Infrarotdetektoren)
    akustisch (Ultraschallsensoren).

Der Bumper ist ein Schaumstoffblock mit Minikontakten. Seine Längsausdehnung bleibt wegen seines Durchhangs begrenzt. Das Verformungsvermögen muß ausreichen, das Fahrzeug bei einer Berührung stillzusetzen, bevor es zu Quetschungen kommen kann. Damit eignet sich diese Schutzvorrichtung nur für Fahrzeuge mit kleinerer Fahrgeschwindigkeit. Man arbeitet deshalb intensiv daran, berührungslose Schutzverfahren mit größerer Reichweite einzuführen [4.271] bis [4.273]. Ihr Prinzip besteht darin, ein unsichtbares Licht- oder Schallfeld auf den Boden zu richten und dessen Reaktion auf Hindernisse zu erfassen.

Bei dem Schutzsystem im Bild 4-177 strahlen mehrere Sendeeinheiten Laserpunkte in einem Abstand von rd. 1,5 m auf den Boden. Die Empfängereinheiten werten das diffus reflektierte Licht aus und lösen Steuerbefehle aus, sobald ein Hindernis das Feld verzerrt. Die Geometrie der Strahlung ist so ausgelegt, daß eine über die Fahrzeugbreite hinausreichende vollständige Deckung im Abstand von etwa 1,2 m vor der Fahrzeugkante erreicht wird. Bei Kurvenfahrt oder in engen Gängen können Teile des Strahlenfelds abgeschaltet werden, wobei zugleich die Fahrgeschwindigkeit zu vermindern ist. Die Beschaffenheit des Fußbodens kann die Funktion beeinflussen, z.B. können bereits Gummiabrieb, Wasser- oder Ölflecken die Schutzfunktion auslösen [4.273]. Auch Störungen infolge glänzender Böden, stärkerer Sonneneinstrahlung o.ä. sind nicht auszuschließen.

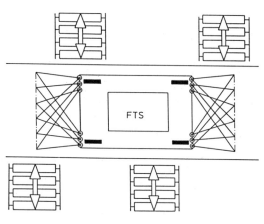

Bild 4-177 Kollisionsschutz mit Lasersensoren [4.273]

Die Alternative zu Lichtstrahlen sind Ultraschallsysteme. [4.274] beschreibt eine Auffahrsicherung, die aus drei voneinander unabhängigen Teilen besteht: Bumper, beiderseitige Reißleinen, Ultraschallwarnsystem, das bis 5 m in Fahrtrichtung reicht. Beim Auftreten eines Hindernisses im äußeren Bereich der Reichweite wird die Fahrgeschwindigkeit verringert, beim Aufspüren im inneren Bereich das Fahrzeug stillgesetzt.

Einen Hinweis verdient noch das in [4.275] vorgestellte schwere Transportfahrzeug mit Sicherheitvorwagen. Dieser Vorwagen besteht im wesentlichen aus einem Bumper, der einen Schaltweg von 25 mm zuläßt und über eine lange Schere am Fahrzeugbug gelagert ist. Bei einer Berührung des Bumpers zieht die Schere den Vorwagen schnell um 3,5 m an das Fahrzeug zurück. Das zugleich gebremste Fahrzeug hat einen Bremsweg von nur 2,5 m. Der Vorlaufwagen wirkt somit als weit vorgeschobener Sensor für die Schutzfunktion, der selbst keine Kräfte auf das Hindernis ausübt.

4.9.4 Steuerung und Datenübertragung

Die Steuerung der Fahrzeuge und der Anlage sowie der Datenaustausch zwischen ihnen sind die Nervenstränge eines Fahrerlosen Transportsystems. Aus dem großen Gestaltungsfeld für die Datenübertragung und die Struktur der Steuerung ist das für die jeweilige Anlage maßgeschneiderte, in Bezug auf die Funktonserfüllung und die Kosten günstigste zusammenzustellen.

Steuerung

Einen Einblick in die Vielfalt der Steuerungsaufgaben in Fahrerlosen Transportsystemen soll Tafel 4-28 geben. Mit den Begriffen mobil und stationär wird die Lage der Steuereinheit im Fahrzeug oder an einem Festpunkt der Anlage kenntlich gemacht. [4.276] verteilt die Steuerungsaufgaben auf eine Dispositionsebene (Zielvorgabe), eine Organisationsebene (Verkehrsregelung) und eine Arbeitsebene (Fahrkurs). Voraussetzung für jede Zielfindung ist die Standorterkennung durch das Fahrzeug, entweder absolut als Zahlenwert über ein Identsystem oder relativ durch Erkennen und gegebenenfalls Zählen überlaufener Markierungen.

Tafel 4-28 Steuerungsaufgaben in Fahrerlosen Transportsystemen

Steuerungs-ort	Steuerungsaufgabe	Bemerkungen
mobil	Fahrkurs Standorterkennung Sicherheitseinrichtungen Lastaufnahmemittel	Antrieb, Lenkung absolut oder relativ Kollisionsschutz Auf- und Abgabe der Last
mobil oder stationär	Zielfindung Verkehrsregelung Anlageelemente	Fahrziel Blockstrecken, Verzweigungen, Kreuzungen Türen, Schranken, Ampeln
stationär	Fahraufträge Fahrzeugeinsatz Durchfluß Fehler Bedienung	Verwaltung und Vorgaben Zuordnung der Aufträge Kontrolle und Statistik Erkennung und Diagnose Prozeßanzeige und Bedienungshandlungen

Nach dem Umfang der notwendigen Fahrzeugausrüstung sind zwei Betriebsarten zu unterscheiden [4.269]. Wird die Topologie der Anlage im Fahrzeug gespeichert, findet es den Weg zum vorgegebenen Ziel selbsttätig. Liegt das System der Fahrwege dagegen im stationären Rechner vor, fährt das Fahrzeug nach dessen Steuerbefehlen von Stützstelle zu Stützstelle und benötigt eine ständige Kommunikation mit diesem Rechner. Es gibt auch Mischsysteme, die den einzuschlagenden Fahrweg auf das Fahrzeug übergeben, das sein Fahrziel dann autonom ansteuert.

Ein Anlage verlangt eine Verkehrssteuerung immer dann, wenn Fahrzeuge Fahrwege gemeinsam nutzen. Meist teilt man die Fahrlinien in Blockstrecken auf, die jeweils nur ein Fahrzeug befahren kann. Für lange Strecken verzichtet man u.U. darauf und verwendet Abstandssensoren an den Fahrzeugen, um sie gegen ein Auffahren auf andere zu schützen. Die Funktionserfüllung und die Sicherheit der Fahrzeuge machen es zudem notwendig, seine Bewegung mit der von stationären Anlageteilen zu synchronisieren, z.B. an Türen, Übergabestellen. Je nach Steuerungsstruktur können Operationen dieser Elemente vom Fahrzeug aus oder zentral gestellt werden.

Die Strukturen einer Steuerung für Fahrerlose Transportsysteme sind variabel und damit anpassungsfähig. [4.252] unterscheidet die im Bild 4-178 dargestellten drei Grundstrukturen. In einer zentralen Struktur (Bild 4-178a) ist der Prozeßrechner informationstechnisch unmittelbar mit allen Fahrzeugen verbunden. Nach [4.276] eignet sich eine solche Zentralisation vor allem für kleine Anlagen. In der dezentralen Struktur gemäß Bild 4-178b ist die Anlage dagegen in autonome Bereiche mit Eigensteuerung aufgeteilt. Wenn ein Fahrzeug in einen anderen Bereich überwechselt, findet ein Datenaustausch statt. Häufig für größere Systeme vorgezogen wird die hierarchisch aufgebaute Struktur im Bild 4-178c. In ihr laufen Funktionen, die dem technischen Prozeß zuzuordnen sind, auf untergelagerten Steuerungssystemen ab. Verarbeitungs- und Kommunikationseinheiten können dabei integriert oder voneinander getrennt werden.

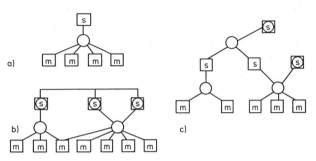

Bild 4-178 Steuerungsstrukturen von Fahrerlosen Transportsystemen [4.252]
a) zentral
b) dezentral mit Ablaufsteuerung
c) dezentral mit hierarchischem Aufbau
s stationäre Verarbeitungseinheit, m mobile Verarbeitungseinheit, Kreis: Kommunikationseinheit

Datenübertragung

Zwischen den Fahrzeugen und der Anlage geht ein ständiger Informationsaustausch vor sich. Das Fahrzeug empfängt und übermittelt Signale über Spulen, Antennen, Lichtsender und -empfänger, Magnetsensoren usw. Es erhält den Fahrauftrag, die Steuersignale für eine eventuelle Rückmeldung und die Lastübergabe, meldet seine Position und seinen Status im Belade- und Batteriezustand sowie die Erfüllung des Fahrauftrags. Entweder besteht Verbindung nur zu einem zentralen Rechner, was Kabelanschlüsse zu den anzusteuernden Stationen an diesen Rechner bedingt, oder das Fahrzeug stellt über Sender und Empfänger auch diese Verbindungen her.

Die gewählte Übertragungstechnik hängt von deren Reichweite und Störsicherheit, der Datenmenge und den Kosten ab. Tafel 4-29 führt die wichtigsten Übertragungsverfahren für Daten mit ihren Kenngrößen für das Übertragungsverhalten auf. Zusätzlich werden Ultraschallsysteme zur Abstandsüberwachung und Fernbedienung stationärer Elemente genutzt. Auf induktiven Leitlinien verkehrende Fahrzeuge erhalten Signale über Induktionsschleifen, besonders wenn eine Kommunikation nur an wenigen und gleichbleibenden Stellen notwendig ist. Nur selten wird der Leitdraht selbst dabei auch als Datenkanal herangezogen.

Für größere Anlagen und vor allem für solche, deren Fahrzeuge ganz oder teilweise ohne reelle Leitlinien fahren, kommen kabellose Übertragungssysteme in Frage. Eine Funkübertragung hat eine große Reichweite, verlangt aber die Bereitstellung von Frequenzen und die Genehmigung durch die zuständige Behörde. Metallische Hindernisse und Bauten können Gebiete mit Funkschatten hervorrufen.

Tafel 4-29 Datenübertragungsverfahren für FTS nach [4.257]

Übertragungs-verfahren	Reichweite in m	Übertragungs-rate in bit/s	Störgrößen
induktiv	0,1 ... 0,3	110 ... 2400	Metalle, elektromagnetische Felder
Funk	500 innen 10000 außen	1200 ... 2400	Dopplereffekt, Funklöcher
infrarot		300 ... 9600	Sonnenlicht, Temperatureinflüsse
gerichtet	1 ... 20 (80)[1]		
flächig	10 (30)[1]		

[1] nach [4.277]

Ist die Anzahl der Fahrzeuge sehr groß, kann die in der Zeiteinheit zu übermittelnde Datenmenge nicht ausreichen. Andererseits erfordert die Funkübertragung den geringsten Installationsaufwand und wird deshalb häufig bevorzugt. [4.277] weist darauf hin, daß statt zusätzlicher Frequenzen auch bestehende Sprechfunkverbindungen adaptiert werden können.

Die Informationsübertragung mit Infrarotlicht verlangt eine Sichtverbindung zwischen dem Modem und dem signalaufnehmenden Objekt. Die Reichweite ist auf 100 m begrenzt. Weil sie durch Einstrahlung von Sonnenlicht erheblich vermindert werden kann, eignet sich das Übertragungsverfahren nur für Innenräume in Gebäuden. Die Art und Form der Infrarotstrahlung läßt sich der Aufgabe anpassen (Bild 4-179). Die Infraroteinheiten mit elektrisch-optischem Umsetzer und elektrischem Modulator bzw. Demodulator müssen an geeigneten Stellen des gesamten Fahrkurses angebracht werden. *Bode* [4.277] informiert ausführlich über technische Einzelheiten und mögliche Einsatzfelder sowie -grenzen dieser gegenwärtig noch relativ teueren Datenübertragung.

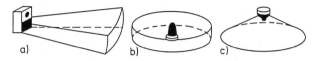

Bild 4-179 Sende-Empfangs-Typen der Infrarot-Datenübertragung [4.277]
a) gerichteter Strahlkegel
b) Rundumstrahl
c) Deckenstrahlkegel

5 Regalförderer

Das Lager ist eines der Kernelemente des Materialflusses und ein zentraler Bestandteil jedes Unternehmens, das Güter bearbeitet oder verteilt. Es steht in enger Verbindung mit den vor- und nachgeschalteten Systemelementen einer logistischen Kette. Die große Vielfalt der Lagergüter nach Art, Größe, Menge, Sortiment und die unterschiedlichen Aufgaben der Lagerung haben zu ebenso unterschiedlichen Lagerarten einschließlich der zugehörigen Umschlagmittel geführt, siehe [5.1] bis [5.4]. Langfristig gültige Trends in der Lagerung von Gütern sind die Reduzierung der Bestände bei wachsender Sortimentbreite, die Zentralisierung und die Automatisierung der Lageroperationen.

5.1 Allgemeines und Gliederung

Das Regallager für als Ladeeinheiten anfallende Lagergüter nimmt eine beherrschende Stellung in dieser Entwicklung ein. In ihm bilden die Regale, die Umschlagmittel und die Einrichtungen für die Zu- und Abfuhr der Lagergüter eine funktionelle Einheit wie im Beispiel von Bild 5-1. Wenn der Lagerumschlag mit den üblichen Staplern durchgeführt wird, bedingt dies wegen der notwendigen Einschwenkbewegung zur Regalfront verhältnismäßig breite Regalgänge. Spezielle Regalförderer fahren dagegen nur in Längsrichtung durch die Regalgassen und geben die Güter seitwärts ab, so daß sich die Breite der Gänge vermindern läßt.

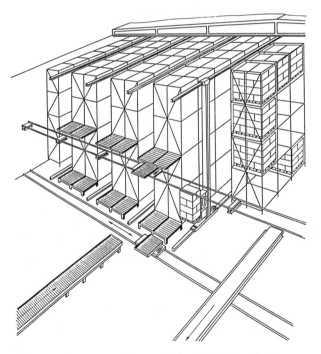

Bild 5-1 Paletten-Regallager nach dem Prinzip des Kopflagers, mit Zu- und Abführung durch Stetigförderer und Ein- sowie Auslagerung durch Regalförderzeuge

Die Bezeichnungen und die Gliederung der Regalförderer gehen von zwei Unterscheidungsmerkmalen aus, der Auslagerungstechnologie und der Bauform. Eingelagert werden fast immer komplette Ladeeinheiten oder gefüllte Lagerbehälter; ausgelagert werden entweder die gleichen Lagereinheiten als Ganzes, oder es werden Teile des Inhalts entnommen und zu Kommissionen zusammengestellt. Zieht man die Bauform als zweites Gliederungsmerkmal heran, sind grob die flurfahrbaren von den schienenfahrbaren Typen, d.h. die Flurförderzeuge für Regalbedienung und die Regalförderzeuge, zu trennen. Für die Wahl der einen oder anderen Grundbauform haben mehrere Faktoren Bedeutung, die gegebenenfalls in einem Variantenvergleich miteinander abzuwägen sind. Es gibt auch Kombinationen beider Grundtypen in einer Regalanlage [5.5]. Im weiteren Sinne könnten auch die Stapelkrane (s. Abschn. 2.4.3.6) zu den Regalförderern gerechnet werden, obwohl sie alle charakteristischen Kennzeichen eines Krans aufweisen.

Die Größe eines Regallagers hängt von der Lagermenge nach Anzahl und Größe der Lagereinheiten sowie der Einlagerungstechnologie, die Größe und Form des umschlossenen Raums darüber hinaus von der Gebäudestruktur, eventuellen Bau- und Brandschutzvorschriften o.ä. ab. Ein sehr wichtiger Parameter ist die erforderliche Hubhöhe. Die überwiegende Anzahl bestehender Regalanlagen hat Hubhöhen bis 8 m, d.h. bis zur fünften Lagerebene für palettierte Ladungen. Als Grenzwerte für Regalstapler gelten allgemein 13 m, für Kommissionierstapler 11 m. Schienengebundene Regalförderzeuge nehmen die Last mittig zwischen den Rädern auf, haben somit eine größere Standsicherheit und werden überdies unten und oben geführt. Ihre Hubhöhen reichen deshalb bis 40 m (Tafel 5-1).

Tafel 5-1 Technische Daten von Regalförderern, nach Firmenangaben

Kenngröße	Dimension	flurfahrbar	schienenfahrbar
Tragfähigkeit	t	0,1 ... 2,0	0,2 ... 10 (40)
Hubhöhe	m	1,5 ... 13	4 ... 40
Arbeitsgangbreite	m	0,8 ... 2,1	0,9 ... 1,8 (3,5)
max. Hubgeschwindigkeit	m/min	6 ... 24	16 ... 80
max. Fahrgeschwindigkeit	m/min	60 ... 150	30 ... 180

In einem Vergleich der Eigenschaften von Regalförderern [5.6] werden als arteigene Vorzüge herausgestellt:

Regalförderzeuge

- die Unabhängigkeit von der Bodenbeschaffenheit
- die große Hubhöhe und die hohen Bewegungsgeschwindigkeiten
- die hohe Verfügbarkeit bis 95 %
- die gute Eignung für automatischen Betrieb

Flurförderzeuge für Regalbedienung

- die geringeren Investitionen im Regalgang
- die bessere Raumnutzung am Boden und an der Decke
- die große Flexibilität mit einem Einsatz auch außerhalb der Regalgänge.

Der Wechsel von einem Regalgang in einen anderen ist bei beiden Bauarten problemlos möglich. Als Vorzugsbereiche der Hubhöhen nennt [5.6] bis 8 m für Regalstapler und ab 10 m für Regalförderzeuge; im Bereich dazwischen sollte von Fall zu Fall geprüft werden. Maßgebend werden neben dem verlangten Durchsatz immer die gesamten Systemkosten während der Nutzungsdauer sein.

Eine Automatisierung des Bewegungsablaufs ist nur dann sinnvoll, wenn die Ladungsträger sortenrein beladen sind. Fallen viele Kommissionierungsarbeiten an, erweist sich eine manuelle Bedienungsweise auch des Regalförderers als vorteilhaft. Es gibt jedoch Entwicklungsarbeiten, um auch das Ein- und Auslagern in Verbindung mit der Kommissionierung zu automatisieren. *Daum* [5.7] hat Varianten technisch geeigneter Lösungen untersucht und den Prototyp eines Manipulationsroboters für Kommissionieroperationen gebaut und getestet.

5.2 Flurförderzeuge für Regalbedienung

Die Bauarten der Flurförderzeuge für Regalbedienung unterscheiden sich in der Anordnung des Fahrerplatzes je nachdem, ob sie für reines Umschlagen von Ladeeinheiten (Stapler) oder für manuelles Entnehmen von Teilmengen aus dem Regal (Kommissionierer) eingerichtet sind.

Stapler

Ein eigens für die Regalbedienung ausgerüsteter Stapler muß Lasten frontal wie seitlich aufnehmen und abgeben können und braucht deshalb eine Gabel, die in die jeweilige Gebrauchsrichtung geschwenkt werden kann. In der einfachsten und gebräuchlichsten Bauweise ist dies eine *Schwenkschubgabel* (Bild 5-2), die zwei Verstellbewegungen in der Horizontalebene erlaubt. Der Arm, über den sie am Hubwagen gelagert ist, läßt sich an ihm quer verschieben, die Gabel selbst um ihren Drehpunkt am Arm um 180° schwenken. Es ist möglich, beide Bewegungen überlagert so zu steuern, daß die Last um ihre Schwerachse gedreht und damit die erforderliche Gangbreite minimiert wird.

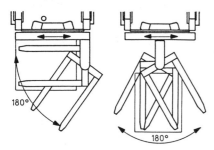

Bild 5-2 Schwenkschubgabel

Man bezeichnet Stapler mit einem derartigen Lastaufnahmemittel auch als *Dreiseiten-, Hochregal- oder Schmalgangstapler*. Bild 5-3 zeigt eine aufwendigere Bauweise, bei der nicht die Gabel, sondern das gesamte Hubgerüst mit Gabel in einem Halbkreis zu schwenken ist. Statt der Schwenkgabel kann ein Regalstapler auch eine nach zwei Seiten auszuschiebende Teleskopgabel erhalten, was einen Verzicht auf die frontale Lastaufnahme bedeutet. Gemeinsame Bau- und Einsatzmerkmale all dieser Stapler zur Regalbedienung sind der fest am Fahrzeug eingerichtete Fahrersitz und die Bestimmung für den alleinigen Umschlag ganzer Ladeeinheiten.

Die allgemeine Unfallverhütungsvorschrift VBG 1 verlangt, daß Verkehrswege, die von kraftbetriebenen Flurförderzeugen befahren werden, einen beiderseitigen Sicherheitsabstand zwischen Fahrzeug und Bauwerkteilen von mindestens 0,5 m haben müssen. Ist dieser Sicherheitsabstand systembedingt kleiner, gelten für den Personenschutz in solchen Schmalgängen die in DIN 15185 Teil 2 festgelegten sicherheitstechnischen Anforderungen, siehe Abschnitt 5.4. Grundsätzlich muß das Flurförderzeug im Schmalgang zwangsgeführt werden. Mechanisch wird dies durch seitliche Führungsrollen verwirklicht, die an Walzprofilen als Schienen abrollen (Bild 5-3). Eine Alternative ist die induktive Führung mit einem stromführenden Leitdraht wie bei den Fahrerlosen Transportsystemen, siehe Abschnitt 4.9.2.1.

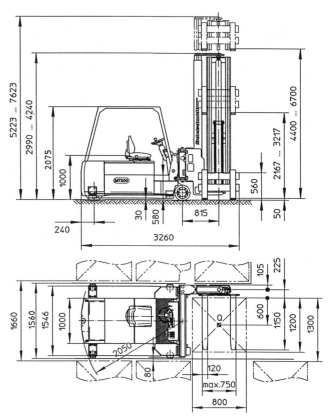

Bild 5-3 Explosionsgeschützter Seitenschubmaststapler M 7212 EEx als Regalstapler; Sichelschmidt GmbH, Wetter
Tragfähigkeit 1,25 t, max. Fahrgeschwindigkeit 9,4 km/h, Antriebsleistungen: Fahrmotor 5 kW, Hubmotor 4 kW, Eigenmasse 5,55 t

Regalstapler haben stets batterieelektrische Antriebe. Ihre Tragfähigkeit ist der Masse der Lagereinheiten angepaßt. Wegen der größeren Hubhöhen und der langen Fahrstrecken im Regalgang werden relativ hohe, genau zu stellende Bewegungsgeschwindigkeiten gewählt (Tafel 5-1). Die Fahrwerke, mehr und mehr auch die Hubwerke erhalten eine energiesparende Impulssteuerung (s. Abschn. 4.3.2.2). Am Fahrerplatz wird die Hubhöhe angezeigt, bisweilen kann sie sogar vorgewählt werden. Gelenkt wird mit hydraulischer oder elektrischer Kraftübertragung. Wie bei einem fahrerlosen Transportfahrzeug ist beim Übergang zur Leitlinienführung die Lenkung außer Betrieb zu setzen. Einen Schmalgangstapler mit Knicklenkung stellt [5.8] vor.

Die Zwangsführung im Gang macht es möglich, in ihm auch Stromschienen zu verlegen, über die der Regalstapler elektrische Energie für seine Antriebe und das mitgeführte Ladegerät aufnimmt [5.9]. Damit entfallen Wechselbatterien, u.U. auch stationäre Ladestationen.

Weil die Lagergüter in die Regalfächer innerhalb einer begrenzten lichten Weite genau abgesetzt werden müssen, werden an die Ebenheit der Fußböden als Fahrbahnen besondere Ansprüche gestellt. Nach Spurweite und Hubhöhe gestaffelt, gibt DIN 15185 Teil 1 Grenzwerte für Höhenunterschiede im Fußboden quer zur Fahrtrichtung von nur 1,5...3,5 mm vor. Bereifungen, die den Boden schädigen könnten, wie Polyamidräder wegen der von ihnen möglicherweise eingezogenen und damit mitgeführten Fremdkörper, sollten vermieden werden. Die Ausführung von Industrieestrichen wird folgerichtig in DIN 18560 Teil 7 nach der Art der Bereifung in drei Beanspruchungsgruppen gestuft.

Kommissionierer

Sind beim Entnehmen der Lagergüter vorgegebene Sortimente zusammenzustellen, muß der Fahrer in Greifnähe zum Aufnahmeort stehen. Für diese Aufgabe gibt es eine Auswahl sogenannter Kommissionierer mit besonderer Anordnung des Fahrerstands und in einer der notwendigen Hubhöhe angepaßten Bauart.

Der *Horizontalkommissionierer* im Bild 5-4a ist aus dem Gabelhubwagen hervorgegangen. Die Gabel trägt den Behälter für das einzusammelnde Gut, der auf einer Plattform dahinter stehende Fahrer kann lediglich ebenerdig liegende Lagerflächen erreichen. Dem Prinzip des Hochhubwagens entspricht der *Vertikalkommissionierer* nach Bild 5-4b, bei dem der Fahrerstand mit der Gabel zusammen vertikal zu bewegen ist, um Lagergüter aus höherliegenden Regalfächern entnehmen zu können.

Im Vertikalkommissionierer gemäß Bild 5-4c trägt der heb- und senkbare Fahrerstand die Gabel an einem zusätzlichen Hubgerüst. Dies gestattet es dem Bedienenden, eine greifgünstige Lage des Sammelbehälters einzustellen. Wegen der großen Hubhöhe besitzt der Fahrerstand ein Schutzdach, das den Fahrer gegen herabfallende Teile schützen soll. Alle diese hier kurz beschriebenen Bauformen von Kommissionierern eignen sich nur für die Entnahme aus gelagerten Ladeeinheiten, nicht jedoch für deren Einlagerung.

Der *Kommissionierstapler* im Bild 5-5 beseitigt diesen Nachteil dadurch, das an seinem hebbaren Fahrerstand ein Hubgerüst mit einer Schwenkschubgabel befestigt ist. Er kann daher komplette Lagereinheiten ein- und auslagern, der in gleicher Höhe stehende Fahrer vermag aber auch Kommissionierarbeiten auszuführen. Das gesamte Fahrzeug ist aus diesem Grund bei begrenzter Tragfähigkeit wesentlich größer und schwerer als eine Einzweckmaschine.

Die Vielfalt konstruktiver Lösungen ergänzt das flurfahrbare Regalförderzeug mit unterer Führung an einer Bodenschiene und zusätzlicher oberer Führung an einer Deckenschiene (Bild 5-6). Es entspricht im Aufbau den im nächsten Abschnitt behandelten schienengebundenen Regalförderzeugen, hat im Gegensatz dazu jedoch das Fahrwerk eines Flurförderzeugs. Dies macht es frei verfahrbar, z.B. beim Wechsel von einem Regalgang in einen anderen, verleiht ihm aber im Regalgang eine größere Standsicherheit und Führungsgenauigkeit.

Satellitenfahrzeuge

Als neuer Lagertyp für palettierte Lagergüter mit geringer Variationsbreite wurde in jüngerer Zeit ein Kompaktlager geschaffen, in dem bis acht Ladeeinheiten hintereinander in Kanälen stehen, mehrere Kanäle neben- und übereinander angeordnet sind [5.10]. Unter jedem Lagerkanal befindet sich ein flacher Fahrkanal aus Walzprofilen. Ihr Obergurt trägt das Lagergut, der Untergurt dient als Fahrschiene für ein sogenanntes Satellitenfahrzeug, das den Transport innerhalb des Kanals zwischen der Lagerstelle und dem vorderen Umschlagort ausführt (Bild 5-7).

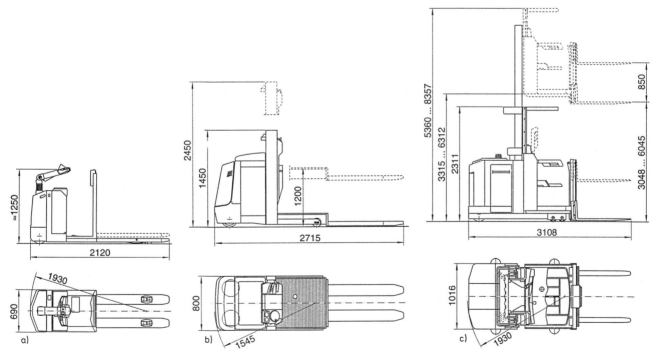

Bild 5-4 Kommissionierer (Maße für Gabellänge 1000 mm); Jungheinrich AG, Hamburg
a) Horizontalkommissionierer, Tragfähigkeit 1,6 t
b) Vertikalkommissionierer, Tragfähigkeit 1,0 t
c) Vertikalkommissionierer, Tragfähigkeit 1,0 t

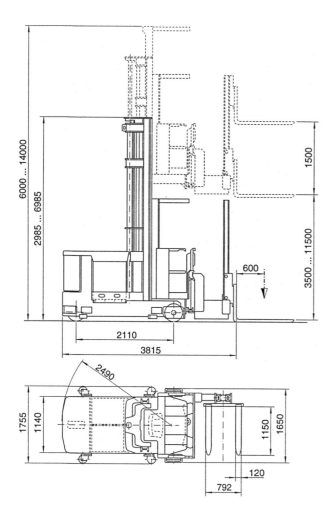

Bild 5-5 Hochregal-Kommissionier-Stapler ETX-Kombi III 1503 SG, Jungheinrich AG, Hamburg
Tragfähigkeit 1,5 t, max. Fahrgeschwindigkeit 9 km/h, Antriebsleistungen: Fahrmotor 6,5 kW, Hubmotor 16 kW, Eigenmasse 6,6 t (ohne Batterie 80 V, 600 Ah)

Das Satellitenfahrzeug muß von einem Trägerfahrzeug zum jeweiligen Lagerkanal versetzt werden, wofür alle Grundarten der Regalförderer einzurichten sind. Bild 5-8 zeigt ein fahrerloses Transportfahrzeug, das ein Satellitenfahrzeug trägt und damit Lagerkanäle der unteren Ebene versorgt. Regalstapler oder Regalförderzeuge können ihre mitgeführten Satelliten an beliebiger Stelle im Regalgang einsetzen.

Wenn ein schienengebundenes Regalförderzeug genutzt wird, übernimmt ein von ihm mitgeführtes Stromkabel die Energieversorgung und die Übertragung der Steuerbefehle zum Satellitenfahrzeug. Ist der Träger ein Regalstapler, erhält der mitgeführte Satellit eine eigenständige Energieversorgung durch eine Batterie. Der Staplerfahrer steuert es über Funk.

[5.11] beschreibt ein Regallager, in dem automatisch arbeitende Lagerfahrzeuge auf jeder Regalebene im Gang angeordnet sind, die von ihnen getragene Satellitenfahrzeuge in Längsrichtung zum gewünschten Lagerkanal ihrer Ebene verfahren. Weil jede Regalebene über eine solche Kombination verfügt, kann auf mehreren Ebenen gleichzeitig gearbeitet werden. Allerdings entfallen Diagonalfahrten zwischen in unterschiedlichen Ebenen stehenden Lagerflächen. Auch die Koppelung von Ein- und Auslagerung in einem Doppelspiel ist nur in Sonderfällen zu verwirklichen. Die Vertikalbewegung der Ladeeinheiten übernehmen Aufzüge.

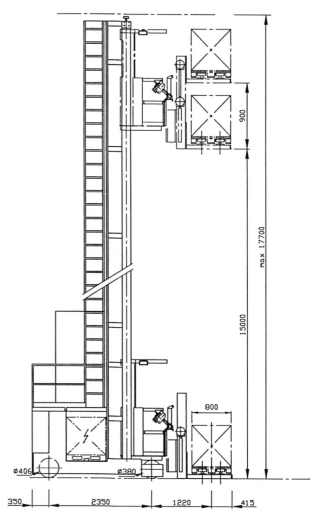

Bild 5-6 Kommissionierstapler Topas I mit seitlicher oberer Führung
Dambach-Industrieanlagen GmbH, Gaggenau
Tragfähigkeit 1,25 t, Maximalgeschwindigkeiten: Heben 20 oder 24 m/min, Fahren 140 m/min

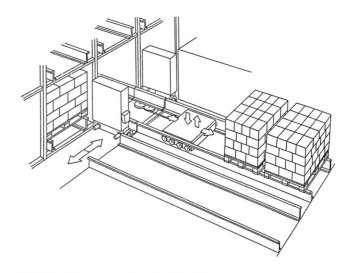

Bild 5-7 Arbeitsweise eines Satellitenfahrzeugs
Accalon GmbH, Taunusstein-Neuhof

5.3 Schienengebundene Regalförderzeuge

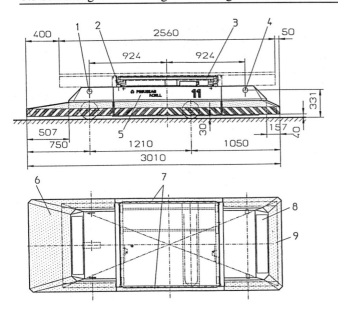

Bild 5-8 Palettentransporter mit Shuttle
Noell Stahl- und Maschinenbau GmbH, Schwieberdingen
1 Spiegel
2 Führungsschiene
3 Shuttle-Fahrzeug
4 Lichtschranke
5 Batterie
6 Bumper, vorn
7 Bumper, seitlich
8 Bedienungsfeld
9 Bumper, hinten

In Kompaktlagern mit Satellitenfahrzeugen lassen sich bei gleichem Bauvolumen bis 30 % mehr Ladeeinheiten unterbringen als in Regallagern mit Zugriff zu jeder Einheit über Lagergänge. Allerdings vermindern die notwendigen Fahrbewegungen der Satellitenfahrzeuge den Durchsatz. Es gibt deshalb Überlegungen, statt dieser Fahrzeuge leicht bewegliche Rollenketten in den Lagerkanälen anzubringen, deren Gefälle wie bei einem Durchlaufregal für ein ständiges Nachrücken der Ladeeinheiten zur Regalfront sorgt [5.12].

5.3 Schienengebundene Regalförderzeuge

Die schienenfahrbaren Regalförderzeuge haben einen wesentlichen Anteil an der Konzentration der Lagerung nach Menge und Durchsatz in Großlagern und am hohen Grad der Mechanisierung und Automatisierung der Lagerhaltung; sie bilden eine bestimmende Gruppe der Regalförderer. Die Bauform, die technischen Parameter und die Aufwendungen für Antriebe und Steuerung dieser Regalförderzeuge hängen von der Art des Lagers, von seiner Größe und vor allem von der gesamten Lagertechnologie ab.
Die Ausführung im Bild 5-9 kennzeichnet in ihrer Bauweise den gegenwärtigen Entwicklungsstand. Im Grundaufbau besteht das Regalförderzeug aus einer Säule 7, an der ein Hubwagen 6 mit Lastaufnahmemittel 17 senkrecht geführt wird. Die Säule ist in einem unteren Querträger 16 eingespannt. Seitliche Führungsrollen 2 und 12 führen das gesamte Regalförderzeug in Querrichtung.
Die Regalförderzeuge arbeiten mit drei Bewegungen in rechtwinkligen Koordinaten: Fahren, Heben und Verschieben des Lastaufnahmemittels. Im Gegensatz zum Stapelkran brauchen sie keine Drehbewegung der Säule. Die wichtigsten technischen Daten enthält Tafel 5-1. Hervorzuheben ist der im Vergleich zu den flurfahrbaren Regalförderern größere Bereich der Tragfähigkeit bis 10,

in Sonderfällen bis 40 t und die bereits erwähnte größere Hubhöhe bis 40 m. Auch die Bewegungsgeschwindigkeiten, vor allem für das Heben, liegen höher.

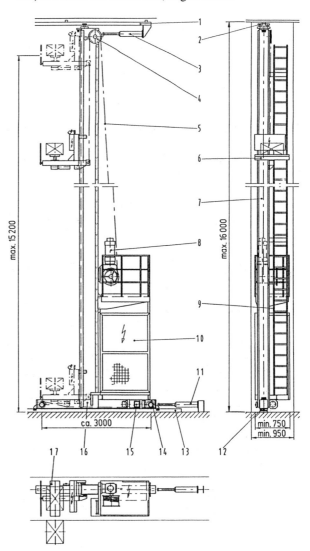

Bild 5-9 Regalförderzeug, ferngesteuert oder automatisch betrieben
Noell Stahl- und Maschinenbau GmbH, Schwieberdingen
1 Deckenschiene
2 Führungsrollen, oben
3 Puffer, oben
4 Umlenkseilrolle
5 Hubseil
6 Hubwagen
7 Säule
8 Hubwerk
9 Leiter
10 Schaltschrank
11 Puffer, unten
12 Führungsrollen, unten
13 Bodenschiene
14 Laufrad
15 Fahrantrieb
16 Querträger
17 Teleskoptisch

5.3.1 Bauformen

In Anpassung an die Aufgabenstellung sind verschiedene Bauformen entstanden, von denen Bild 5-10 eine Auswahl zeigt. Die Anordnung der Schiene auf dem Regal (Bild 5-10c) hat rückläufige Tendenz, weil in diesem Fall das Regal die volle Belastung sowie die ständigen Erschütterungen aufnehmen und entsprechend verstärkt gebaut werden muß. Als Vorzugslösung hat sich die im Regalgang verlegte Bodenschiene herausgebildet (Bild 5-10a). Freistehende, auf zwei Bodenschienen fahrende Regalför-

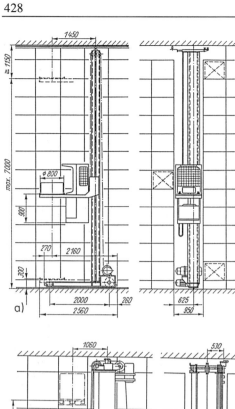
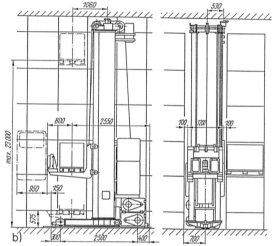
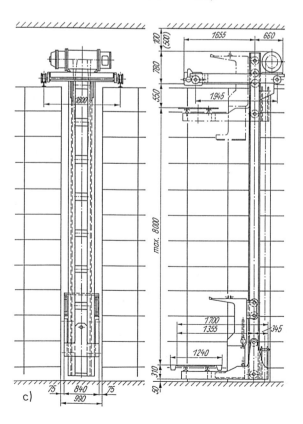
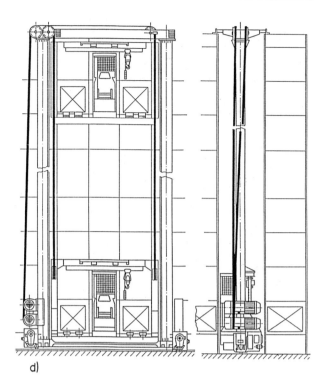
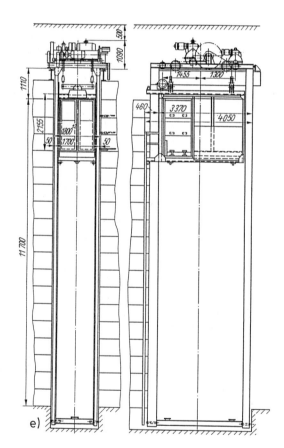

Bild 5-10 Bauformen schienenfahrbarer Regalförderzeuge
a) Einsäulenbauweise, Bodenschiene, Fahrerstand
b) Rahmenbauweise, Bodenschiene, Fahrerkabine bei Bedarf an Hubwagen vorn anzuordnen
c) Rahmenbauweise, Regalschienen, Fahrerstand
d) Zweisäulenbauweise, Bodenschiene, Fahrersitz, zwei Lastaufnahmemittel
e) Zweisäulenbauweise, Regalschienen, Großkabine für Kommissionierwagen

derzeuge brauchen keine zusätzlichen Führungen in Querrichtung. Häufiger wird jedoch nur eine Schiene verlegt und das Gerät oben am Regal oder an der Decke seitlich gestützt. Geringeren dynamischen Beanspruchungen ausgesetzt ist das Regalförderzeug, wenn das Fahrwerk nicht unten, sondern in 2/3 der Bauhöhe angeordnet ist; dies gilt für Bauformen mit sehr großen Hubhöhen. An der Decke hängende verfahrbare Ausführungen sind selten.

Die Säule eines Regalförderzeugs bis etwa 15 m Gesamthöhe besteht aus einem oder zwei nebeneinander angeordneten Kastenträgern, deren hohe Kanten in Gangrichtung liegen. Um eine zusätzliche Leiter anzubringen, wird die Säule bisweilen asymmetrisch zum Gang gelegt. Auch leichtere Säulen mit Aussteifungen durch ein Fachwerk sind anzutreffen. Ab 15...20 m Bauhöhe werden, um die notwendige Steife und Schwingungsdämpfung zu erzielen, entweder Fachwerk- oder Rahmenkonstruktionen erforderlich.

Ferngesteuerte oder automatisch arbeitende Regalförderzeuge brauchen keinen Fahrerstand, für eventuelle Handsteuerung ordnet man einen solchen, z.B. auf der Bodentraverse, bisweilen an. Wenn allerdings Kommissionieraufgaben zu erledigen sind, muß ein Fahrerstand oder eine Kabine mit dem Hubwagen gemeinsam vertikal bewegt werden. Wie bei dem Regalstapler von Bild 5-5 kann der Lastträger noch relativ zur Kabine höhenverstellbar sein, um die Last bequemer in Griffnähe zu bringen. Regalförderzeuge für Kommissionierarbeiten sollten wegen der psychischen Auswirkungen großer Höhenunterschiede auf den Menschen 15 m Hubhöhe nicht überschreiten.

Ein großflächiger Hubwagen weist entweder mehrere Lastaufnahmemittel (Bild 5-10d) oder einen erweiterten Aufnahmeraum zur Mitnahme von Kommissionierwagen (Bild 5-10e) auf. Nach [5.13] läßt sich der Durchsatz durch den Einsatz von Regalförderzeugen mit zwei Lastaufnahmemitteln um etwa 40 %, durch solche mit vier Lastaufnahmemitteln um maximal 80 % steigern.

Andere Sonderausführungen von Regalförderzeugen werden für Langgüter (Stabstahl, Rohre) eingerichtet. Es sind technische Lösungen für Längs- und Querlagerung gefunden worden [5.14]. Über die besonderen Einsatzbedingungen und konstruktiven Grundsätze für Regalförderzeuge, die in Kälteräumen arbeiten, informiert [5.15].

In [5.16] wird das Konzept eines Regalförderzeugs für den Großbehälterumschlag unter Zwischenschaltung eines Regallagers vorgestellt. Die benötigte Tragfähigkeit beträgt 41 t.

5.3.2 Baugruppen

Die Konstruktion der schienenfahrbaren Regalförderzeuge stützt sich auf bewährte Baugruppen und Konstruktionsregeln von Kranen, Aufzügen und Flurförderzeugen. Vorschläge für Berechnungsregeln lehnen sich folgerichtig an bestehende Berechnungsrichtlinien für Krane an [5.17]. Die Bauteile werden teils der besonderen Aufgabe angepaßt, teils weiterentwickelt und in zweckmäßiger Weise zu einer leistungsfähigen Gesamtheit kombiniert.

Die Antriebe, vor allem die Fahrantriebe, müssen für eine verhältnismäßig hohe Geschwindigkeit ausgelegt werden, die in Stufen, besser stufenlos zu stellen ist. Die Beschleunigungen erreichen entsprechend hohe Werte bis 0,7 m/s^2 für das Fahren und bis 0,4 m/s^2 für das Heben. Sehr niedrige Kriechgeschwindigkeiten werden gebraucht, um das Lastaufnahmemittel am Regalfach genau zu positionieren. Es gibt bereits weggeregelte Antriebe, die ohne diese die Spieldauer verlängernden Feingeschwindigkeiten auskommen. Stufensteuerungen findet man nur noch in Kleinanlagen. Die Regalförderzeuge üblicher Größe erhalten halbleitergesteuerte Gleichstrom- oder frequenzgesteuerte Drehstromantriebe. Hydrostatische Antriebe sind erst vereinzelt eingebaut worden.

Die konstruktive Anordnung der Fahrantriebe muß auf die Baubreite des Regalförderzeugs Rücksicht nehmen. Vorzugsweise wird eine Fahrschiene, von einigen Herstellern statt dessen eine Doppelschiene auf dem Boden verlegt. Je Fahrschiene werden zwei wälzgelagerte Laufräder mit Spurkranz- oder Rollenführung in der Quertraverse gelagert, mindestens eines ist angetrieben. Die Ausbildung der Fahrbremse hängt von der Art des Motors und der Steuerung ab. Wird motorisch gebremst, hat die Fahrbremse lediglich die Funktion einer Haltebremse, sonst muß sie auch als Fahrbremse dimensioniert werden [0.1, Abschn. 3.3.7]. Schienenräumer schützen die Laufräder gegen Fremdkörper auf der Schiene; Fanghaken, die unter den Schienenkopf greifen, bewahren den Regalförderer vor dem Umstürzen, wenn beispielsweise die ausgefahrene Gabel durch einen Bedienungsfehler gegen das Regal stößt.

Als Hubwerk reichen einfache Elektrozüge oder Seilwinden aus. Es werden ein oder zwei Hubseile verwendet, die nach den Regeln des Kranbaus [0.1, Abschn. 2.1.4.3] oder mit erhöhter Sicherheit nach den Grundsätzen des Aufzugbaus, z.B. mit mindestens 6facher Sicherheit gegen Bruch bei zwei, mit mindestens 10facher Sicherheit bei einem Seil, berechnet werden.

In Regalförderzeugen auf Bodenschienen werden die Hubwerke auf der Bodentraverse oder im unteren Bereich der Säule befestigt, weil sie dort bequem zu warten sind. Auf dem Regal fahrende Bauformen tragen Fahrwerk und Hubwerk nach Art einer Zweischienenlaufkatze oberhalb der Säule. Die elektrische Ausrüstung des Hubwerks paßt sich der des Fahrwerks an, sie wird nur für die geringeren Anforderungen hinsichtlich Geschwindigkeit und Steuerung vereinfacht. Die Hubwerkbremse wird wie eine Kranbremse ausgelegt [0.1, Abschn. 3.3.7].

Mit dem Ziel, für Kleingüter ein extrem leichtes Regalförderzeug zu schaffen, haben *Oser/Kartnig* [5.18] eine Bauart mit Leichtmetalltragwerk und stationär angeordneten Fahr- und Hubwerken einschließlich deren Steuerung entwickelt. Die Antriebsbewegungen werden mit Zahnriemen übertragen, das Lastaufnahmemittel ist ein Riemenförderer mit einer Ziehvorrichtung. Die Eigenmasse des bewegten Anlagenteils konnte auf 500 kg begrenzt werden. Eine begleitende Schwingungsrechnung [5.19] optimiert das Schwingungsverhalten so, daß die kleinstmögliche Abklingdauer erzielt wird.

Weil die Regalfächer mit verhältnismäßig hoher Genauigkeit in allen drei Bewegungskoordinaten angesteuert werden müssen, verfügt ein Regalförderzeug über ein Positionierungssystem. Dies können Winkelcodierer für die Wegmessung für Fahren und Heben, Sensoren bzw. CCD-Kameras, Lichtschranken o.ä. sein, teils am Gerät, teils am Regalfach angebracht.

Die elektrische Energie führt man einem Regalförderzeug über berührungssichere Kleinschleifleitungen, seltener über Schleppkabel zu. Die Steuerbefehle werden über diese Leitungsverbindungen oder berührungslos durch Infrarot übertragen. Bei einer Energiezufuhr über

Schleppkabel tritt zusätzlich zu dem aus baulichen Gründen gegenüber der Regallänge k verlängerten Fahrweg l an einem Ende der Kabelfahrbahn eine Staustrecke s auf, in den beiden Anordnugnen nach Bild 5-11 beispielsweise

$$s_1 = \frac{0{,}2l - 0{,}8}{2h_K - 0{,}21} + 1{,}0$$

$$s_2 = \frac{0{,}2l - 0{,}5}{2h_K - 0{,}21} + 0{,}2; \qquad (5.1)$$

$s_{1,2}$ Länge der Staustrecke des Kabels in m
l Länge der Fahrbahn des Regalförderzeugs in m
h_K maximaler Durchhang des Kabels in m.

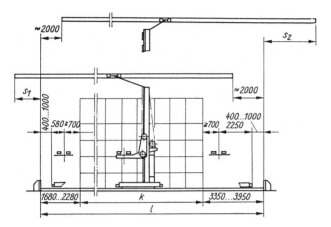

Bild 5-11 Notwendige Länge l des Fahrwegs eines Regalförderers in Abhängigkeit von der Regallänge k und der Länge s der erforderlichen Staustrecken für Schleppkabel

Regalförderzeuge, die keine palettierten Ladungen ein- und ausstapeln, sondern für die Arbeit mit kleinen Lagerbehältern gebaut werden, erhalten glatte oder mit Rollen bzw. Kugeln ausgestattete, fest mit dem Hubwagen verbundene Tische (Bild 5-12a bis c) als Lastaufnahmemittel. Wenn die Lagerbehälter oder die palettierten Güter wegen ihrer größeren Eigenmasse oder im automatischen Betrieb mechanisch ein- und auszulagern sind, wird der Tisch oder die Gabel querverschiebbar ausgebildet (Bild 5-12d bis f). Alle Tische für Kommissionierarbeiten müssen in eine günstige Griffhöhe von 800...1400 mm, bezogen auf die Standfläche des Bedienenden, gebracht werden können; die erforderlichen Verstellantriebe arbeiten elektromechanisch oder hydraulisch. Fern- wie handgesteuerte Regalförderzeuge für den Umschlag von Einheitsladungen rüstet man mit einer nach beiden Seiten teleskopierbaren Gabel oder einer Schwenkschubgabel aus, siehe Bild 5-2. Die teleskopierbaren Elemente werden gelegentlich mit Greifeinrichtungen versehen und damit für eine kraftschlüssige Lastaufnahme von Rollen, Coils o.ä. eingerichtet [5.20].

Für die Haltegenauigkeiten gelten Richtwerte von maximal $\pm$ 5 mm bei der Fahrbewegung und $\pm$ 3 mm bei der Hub- und Gabelschubbewegung. Die Toleranzen und Verformungen des Regals sollen 2 mm nicht überschreiten. Im übrigen werden die Lastaufnahmemittel der Regalförderzeuge während der Baustellenmontage stets nach den Regalfächern ausgerichtet.

Die Toleranzen und Haltegenauigkeiten eines Regalförderzeugs müssen mit seinen Verformungen (Bild 5-13) abgestimmt werden. Die Durchbiegung x_1 der Säule hängt von ihrer Länge und Steife ab, die aus der Verformung der Säule und des Hubwagens herrührende Vertikalverschiebung y_2 des eingefahrenen Lastaufnahmemittels soll 10 mm nicht überschreiten. Dies führt bei ausgefahrener Teleskopgabel bereits zu einer Verformung y_3 in der Größenordnung 30...40 mm. Als horizontale Abweichung x_4 infolge Schrägstellung des gesamten Regalförderzeugs werden nicht mehr als 5 mm zugelassen.

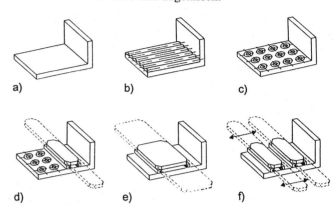

Bild 5-12 Lastaufnahmemittel für Regalförderzeuge Köttgen GmbH & Co. KG, Bergisch-Gladbach
a) Plattform
b) Rollenplattform
c) Kugelplattform
d) Kombination Seitenschubschlitten mit Kugelplattform
e) Seitenschubschlitten
f) Seitenschubschlitten mit variabler Tragbreite

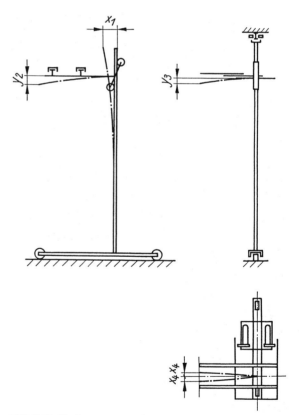

Bild 5-13 Verformungen und Lageabweichungen des Lastaufnahmemittels

5.3.3 Gangwechsel

Unter bestimmten Umständen, z.B. bei großem Lagersortiment, aber geringem Durchsatz, lohnt die Beschaffung je eines Regalförderzeugs je Lagergang nicht. Auch wenn Störungen auftreten, kann ein Gangwechsel der vorhandenen Förderer in einen anderen wünschenswert oder notwendig sein. Flurförderzeuge für Regalbedienung können dies ohne ergänzende Maßnahmen über einen Quergang ausreichender Breite selbsttätig vornehmen, schienengebundene Regalförderzeuge brauchen hierfür einen Umsetzer, oder sie sind für Kurvenfahrt ausgebildet.

Oben auf dem Regal gestützte Geräte verlangen Umsetzwagen, auf die sie auffahren und quer zur Front der Regalgänge verfahren werden. Wegen des zu großen Aufwands findet man sie nur selten vor. Bodengestützte Regalförderzeuge werden mit sehr flachen, auf Bodenschienen laufenden Umsetzern verschoben, nutzen dazu bisweilen sogar die eigenen Antriebe. Häufiger verfahren derartige Förderer jedoch über eine Kurvenschiene in den Quergang. Eine Weiche stellt die Einfahrt in das gewünschte Schienenstück.

Um den Gangwechsel zu vereinfachen und vor allem die Installation störanfälliger Weichen überflüssig zu machen, sind Systeme mit Führung durch stellbare Führungsrollen entwickelt worden. Das Funktionsprinzip nach Bild 5-14 weist durchgängig verlegte Doppelschienen auf, an denen eine von drei Führungsrollen ständig seitwärts angreift [5.20]. Die beiden äußeren Führungsrollen werden dagegen je nach Fahrtrichtung im Wechsel durch Heben und Senken zum Eingriff bzw. außer Wirkung gebracht. Ähnlich verhält es sich an der oberen Führung des Regalförderzeugs.

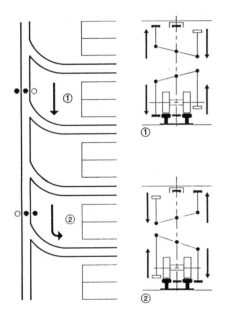

Bild 5-14 Funktionsprinzip des Doppelschienensystems für Kurvenfahrt
Köttgen GmbH & Co. KG, Bergisch-Gladbach
1 Geradeausfahrt, 2 Kurvenfahrt

Mit nur einer Schiene und zwei Führungsschienen erreicht das im Bild 5-15 dargestellte Fahrwerk die gleiche Wirkung. Weil die Führungsrollen hier durch eine Schwenkbewegung eingelegt werden, kann es nicht zu einem Aufsetzen der Rollen auf die Schienenkanten kommen [5.21] [5.22].

Während der Kurvenfahrt nimmt die Fahrgeschwindigkeit des nicht angetriebenen Vorderrads als Funktion von Radstand und Kurvenradius stetig zu und erreicht am Übergang von der Kurve zum geraden Schienenstück ihren Maximalwert. Bild 5-16 verdeutlicht dies durch eine allgemeine und die erwähnte Grenzstellung der Radpunkte. Es gilt

$$\frac{v_{2\max}}{v_1} = \frac{1}{r}\sqrt{l^2 - r^2} = \sqrt{\left(\frac{l}{r}\right)^2 - 1} \quad \left(\frac{l}{r} \geq \sqrt{2}\right); \quad (5.2)$$

$v_{1,2}$ Fahrgeschwindigkeit der Laufräder
r Kurvenradius
l Radstand.

Wenn der Radstand l das 2,5fache des Kurvenradius r beträgt, wird das Verhältnis $v_{2\max}/v_1 = 2,29$. [5.22] nennt ein Verfahren, bei dem die Antriebsgeschwindigkeit in Abhängigkeit von der Winkelstellung des vorderen Laufrads kurzzeitig vermindert und damit eine geringere Geschwindigkeitssteigerung erzielt wird. Um auch dem verschleißfördernden Querversatz der starr gelagerten Laufräder in der engen Kurve zu begegnen, wählt ein Hersteller die im Bild 5-17b zu erkennende vorgekrümmte Schienenform.

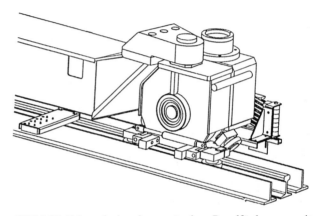

Bild 5-15 Fahrwerk eines kurvengängigen Regalförderzeugs mit schwenkbaren Führungsrollen [5.21]

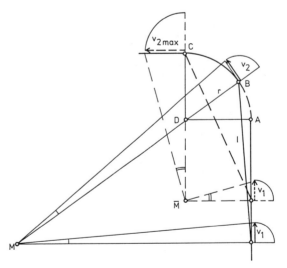

Bild 5-16 Geschwindigkeiten bei Kurvenfahrt

5.4 Sicherheitseinrichtungen

Die Sicherheitsvorkehrungen an Regalförderern und erweitert in Hochregallagern sind sehr umfassend, um Gefahren für die mit hoher Geschwindigkeit in engen Regalgängen bewegten Bedienungspersonen sowie Betriebsstörungen an der Anlage mit hoher Wahrscheinlichkeit auszuschließen. Die grundlegenden Maßnahmen sind ausreichende Sicherheitsbeiwerte in der Berechnung, die Gewährleistung der Standsicherheit in allen Betriebszuständen und die systemeigene Vorsorge gegenüber einer Gefährdung des Fahrers und anderer Personen.

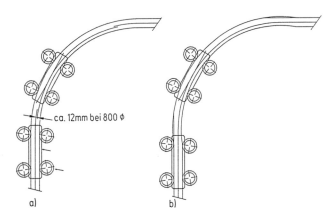

Bild 5-17 Kurvenfahrt von Regalförderzeugen
Dambach-Industrieanlagen GmbH, Gaggenau
a) normale Kreisschiene mit Querversatz der Laufräder
b) korrigierte Kreisschiene ohne Querversatz der Laufräder

Sicherung des Geräts und des Bedienenden

Der Nachweis der Standsicherheit eines auf Bodenschiene fahrenden Regalförderzeugs wird rechnerisch wie der eines Krans geführt, siehe Abschnitt 2.4.4.2. Bei der Bauform von Bild 5-9 sind mögliches Kippen mit Nutzmasse nach links und ohne Nutzmasse nach rechts zu überprüfen, wobei der Hubwagen in seiner obersten Stellung anzunehmen ist. Es werden die Beschleunigungskräfte aus der Hub- und Fahrbewegung angesetzt, da beide Bewegungen zu überlagern sind. Für Flurförderzeuge gelten die im Abschnitt 4.7.6 behandelten Standsicherheitstests.

Von ebenso grundsätzlicher Bedeutung für die Sicherheit des Bedienenden ist der Schutz gegen Absturz der Fahrerkabine infolge eines technischen Fehlers. Hier werden die Erfahrungen und Regeln des Aufzugbaus herangezogen und sinngemäß modifiziert. Die Seile werden mit der im Abschnitt 5.3.2 genannten hohen Sicherheit gegenüber der Bruchkraft ausgelegt, gegebenenfalls das Hubwerk mit einer zusätzlichen Sicherheitsbremse ausgestattet oder sogar Fangvorrichtungen eingebaut.

Wichtige Sicherheitseinrichtungen der Antriebe sind die zahlreichen Endschalter. Die Endstellungen der Vertikal- und Horizontalbewegungen des Hubwagens bzw. des gesamten Regalförderzeugs werden durch je ein Paar Endschalter begrenzt, von denen der erste als Betriebsendschalter, der zweite als Sicherheitsendschalter wirkt. Der Vorendschalter setzt die Geschwindigkeit im Grenzbereich der Fahrbahn herab, der des Hubwerks schaltet das Triebwerk ab. Auch der Gabel- oder Tischvorschub wird in dieser Weise überwacht.

Zur weiteren Sicherung der Fahrbewegungen dienen akustische sowie optische Warnanlagen und Puffer an beiden Enden der Fahrbahn oder des Querträgers vom Regalförderzeug. Auch der Fahrerstand mit Hubwagen kann an der Unterseite Puffer tragen.

Damit der Gabelantrieb nicht beschädigt wird, wenn das Lastaufnahmemittel gegen ein Hindernis stößt, wird das Moment des Antriebs durch Kontrolle des Motorstroms, seltener durch Einbau einer Rutschkupplung eingeschränkt. Meist koppelt man die verschiedenen Antriebe auch in der Weise, daß bei ausgefahrener Gabel die Fahr- und Hubbewegungen nur mit verringerter Geschwindigkeit zu schalten sind. Zur Verfeinerung der Sicherungstechnik, vor allem an ferngesteuerten Regalförderern, trägt die Leerkontrolle des Regalfachs bei, z.B. über mechanische Taster, Fotozellen in Verbindung mit reflektierenden Markierungen, Ultraschallsensoren an den Gabelzinken.

Den Hauptgefahren der Hubbewegung, Schlaffseilbildung infolge unbeabsichtigten Aufsetzens, Überlastung durch Hängenbleiben der Gabel, begegnet man mit einer kombinierten Schlaffseil-Überlastungssicherung. Die Größe der getragenen Nutzmasse wird zudem am Fahrerplatz angezeigt.

Der Fahrerstand bzw. die Fahrerkabine müssen so ausgebildet sein, daß Quetschgefahren mit Sicherheit ausgeschaltet bleiben. Seitliche bzw. hintere Verkleidungen, Schutzbügel nach vorn, Schiebewände, mit den Antrieben elektrisch verriegelte Türen usw. schützen den Fahrer. Die Sicherheitsabstände zwischen allen bewegten Teilen des Regalförderers und den feststehenden Teilen von Regal und Gebäude müssen groß genug sein, daß sie auch bei wachsendem Verschleiß und unter dem Einfluß von Schwingungen nicht aufgehoben werden können. Sie liegen aus wirtschaftlichen Gründen mit 50...100 mm sehr niedrig.

Wenn der Fahrerplatz während der Fahrbewegungen nicht allseitig umzäunt bleibt, müssen die Bedienungselemente so ausgebildet sein, daß Arbeitsbewegungen des Regalförderzeugs nur in einer vorgeschriebenen korrekten Fahrhaltung des Bedienenden ausgelöst werden können. Für jede mitfahrende Person ist eine sogenannte Zustimmungsschaltung in Form einer Beidhand- oder Beidfußbdienung vorzusehen. Alle Quetschgefahren sind mit Sicherheit auszuschließen.

Eine wichtige Rolle spielt der Brandschutz in Hochregallagern. Sie erhalten Rauch- und Hitzemelder, bisweilen sogar Sprinkler- bzw. Schaumlöschanlagen. Die Regalförderzeuge müssen so gebaut sein, daß zuverlässige Fluchtwege für den Fahrer zur Verfügung stehen. Feste Leitern an der Säule haben das primitive Angebot mitgeführter Strickleitern bzw. Knotentaue abgelöst.

Um Schäden und Betriebsstörungen, besonders an fernbedienten Regalförderzeugen, durch beschädigte oder falsch beladene Paletten zu verhindern, werden einzulagernde Güter vor der Aufgabe daraufhin überprüft, ob die äußeren Abmessungen und die zulässige Eigenmasse eingehalten sind. Dafür sind automatisch arbeitende Einrichtungen entwickelt worden [5.23]. Gerade in Hochleistungsanlagen mit großen Durchsätzen haben solche begleitende Maßnahmen einen erheblichen Einfluß auf die Zuverlässigkeit.

Gangsicherung

Ein Regalgang, in dem ein schienenfahrbares Regalförderzeug betrieben wird, darf im Prinzip nicht betreten werden. Kommissionierarbeiten werden vom Fahrerstand aus durchgeführt. Anders ist dies beim Einsatz von Flurförderzeugen für die Regalbedienung, wo ein Betreten des Regalgangs vom Grundsatz her nicht auszuschließen ist.

Die sicherheitstechnischen Anforderungen zum Personenschutz in Schmalgängen, in denen Flurförderzeuge arbeiten, sind in DIN 15185 Teil 2 festgelegt [5.24] [5.25]. Nur wenn durch bauliche Vorkehrungen ein Zutritt zum Regalgang sicher verhindert wird, ist dieser Gang nicht als Verkehrsweg zu behandeln, der für Personen zugänglich ist. Es bedarf einer Ausnahmegenehmigung nach Prüfung der vorgesehenen Sicherungseinrichtungen, wenn diese Voraussetzungen nicht gegeben sind. Die Maßnahmen gegen das Aufeinandertreffen von Regalförderer und Personen bestehen in einer

– Sicherung der Regaleinfahrt durch stationäre mechanische oder optische Schranken
– Sicherung am Fahrzeug durch mobile Überwachungseinrichtungen.

Die genannte Norm definiert sechs Lagersysteme nach der Art, wie Nachschub- und Kommissionierarbeiten auf die Regalgänge verteilt bzw. in ihnen gemeinsam ausgeführt werden. Für jeden Lagertyp sind als ausreichend erachtete Kombinationen von Sicherungsmaßnahmen zur Wahl gestellt.

Mobile, am Fahrzeug installierte Sicherungssysteme arbeiten passiv oder aktiv. Passive Infrarotsensoren reagieren auf die Körperwärme von Menschen. Um Störungen zu vermeiden, dürfen im Gang keine anderen Quellen für eine Wärmestrahlung vorhanden sein. Die aktiven Systeme entsprechen denen für den Kollisionsschutz von fahrerlosen Transportfahrzeugen, siehe Abschnitt 4.9.3.3.

Hinzuweisen ist noch auf die sogenannte Gangendsicherung. Beim Verlassen eines Schmalgangs oder einem Kreuzen von Quergängen muß die Fahrgeschwindigkeit eines Flurförderzeugs selbsttätig auf höchstens 2,5 km/h herabgesetzt oder das Fahrzeug angehalten werden. Andernfalls sind ergänzende Sicherungsmaßnahmen zu ergreifen. Am Ende von Schmalgängen mit nur einer Einfahrt, aber auch in ihrer Mitte werden bisweilen Quergänge zu benachbarten Gängen als Fluchtwege eingebaut. Auf die damit verbundenen Probleme geht [5.24] ein. Kritisch beleuchtet [5.26] die Wirksamkeit der Maßnahmen zur Gangsicherung.

Im Rahmen der Arbeiten zur Verwirklichung der EG-Maschinenrichtlinie ist im Komitee CEN/TC 149 eine europäische Norm Regalbediengeräte-Sicherheit erarbeitet worden [5.27], die zur DIN EN 528 geführt hat. Die Norm gilt für Bereiche innerhalb und außerhalb der Regalgänge und enthält eine Liste möglicher Gefährdungen und geeigneter Schutzmaßnahmen.

5.5 Durchsatzbestimmende Parameter

Der Durchsatz an Ladeeinheiten in einem Regallager ist neben der Lagermenge einer der Hauptparameter seiner Auslegung in Form und Größe einschließlich der einzusetzenden Umschlagmittel. Welchen anteiligen Durchsatz ein Regalförderer erzielen kann, hängt von dessen Bewegungsgeschwindigkeiten, den notwendigen Operationsfolgen und von den zurückzulegenden Wegen ab. Einfluß auf die Art und Länge der Arbeitswege übt die von der Lagerfunktion bestimmte Technologie der Einlagerungs- und Auslagerungsvorgänge, insbesondere deren zeitliche Aufeinanderfolge aus. Zu diesen zusammenhängenden Grundlagen für die Planung eines Regallagers liegen zahlreiche wissenschaftliche Untersuchungen vor, auf die im folgenden einzugehen sein wird.

5.5.1 Bewegungsgeschwindigkeiten und Weglängen

Die Geschwindigkeiten und Beschleunigungen der Triebwerke für Fahren, Heben und Vorschieben des Lastaufnahmemittels müssen untereinander und mit den Abmessungen der Regalanlage abgestimmt werden. Mit den Regalmaßen Höhe h und Länge l sowie den Geschwindigkeiten v_x für Fahren und v_y für Heben ergeben sich als

Flächendiagonale $\quad \tan\alpha = \dfrac{h}{l}$

Geschwindigkeitsgerade $\quad \tan\beta = \dfrac{v_y}{v_x}$.

Die Geschwindigkeitsgerade g ist der geometrische Ort für Regalpunkte, die bei überlagerter Beharrungsgeschwindigkeit beider Triebwerke von einem auf der Geraden liegenden Bezugspunkt der Regalfläche aus erreicht werden können (Bild 5-18). Zielpunkte oberhalb dieser Geraden erfordern eine längere Hubdauer, Zielpunkte unterhalb dieser Linie eine erhöhte Fahrdauer. Eine Kombination beider Bestimmungsgrößen führt zum sogenannten Auslegungs- bzw. Formfaktor einer Regalanlage

$$b = \frac{\tan\alpha}{\tan\beta} = \frac{h}{l}\frac{v_x}{v_y}. \tag{5.3}$$

Sehr früh hat man sich mit dem Einfluß dieses Faktors auf den zu erzielenden Durchsatz befaßt [5.28] [5.29] und nachgewiesen, daß ein Minimum der mittleren Spieldauer für $b = 1$, d.h. Übereinstimmung von Flächendiagonaler und Geschwindigkeitsgerader, zu erwarten ist. Tatsächlich sind das Längenverhältnis h/l und das Geschwindigkeitsverhältnis v_y/v_x in einem Regallager aus vielerlei Gründen nicht direkt aneinander anzupassen, es werden durch den Faktor b hierfür nur sinnvolle Kombinationen begrenzt. Praktische Werte von b liegen deshalb im Bereich b = 0,5...2,0.

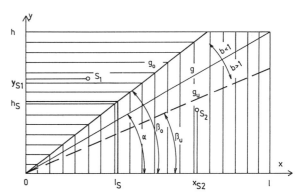

Bild 5-18 Aufteilung eines Regallagers durch die Geschwindigkeitsgerade $g = \tan\beta$ in Geschwindigkeitsbereiche
g: $\tan\beta = \tan\alpha$, g_o: $\tan\beta_o > \tan\alpha$, g_u: $\tan\beta_u < \tan\alpha$

Die Geschwindigkeitsgerade ist die Grenzkurve für gleiche Spieldauer der Antriebe bei der horizontalen und vertikalen Bewegung der Last an einer Regalwand. Im Bild 5-18 trennt g_0 die Regalfläche für den Punkt 0 als Ausgangspunkt der Bewegung in einen oberen Bereich, in dem die Hubgeschwindigkeit die Spieldauer bestimmt, und einen unteren, in dem dies für die Fahrgeschwindigkeit gilt. Eine andere Lage von g, z.B. g_u im Bild 5-18, verändert die Form und Größe dieser Bereiche. *Fischer*

[5.30] weist darauf hin, daß sich diese Grenzkurven verschieben, wenn die Beschleunigungen und die Zwischen- und Feinfahrstufen der Antriebe einbezogen werden.

Bewegungsgeschwindigkeiten

Die Beträge der Geschwindigkeiten sind durch Gl. (5.3) nicht festgelegt, hierzu müssen weitere Überlegungen ähnlich denen bei den Kranen im Abschnitt 2.4.1.2 angestellt werden (Bild 5-19). Der durch Annahme konstanter Beschleunigungen vereinfachte Geschwindigkeitsverlauf eines Antriebs ändert sich hinsichtlich der Dauer der Beharrungsphase, wenn unterschiedliche Wegstrecken zurückzulegen sind. Im Bereich der Spieldauer $t_s < t_{sg}$ wird die Beharrungsgeschwindigkeit nicht erreicht.

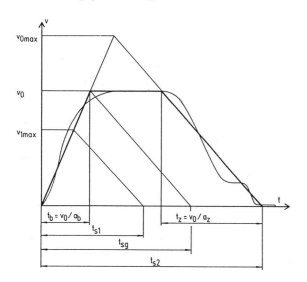

Bild 5-19 Geschwindigkeitsverlauf während der Betriebsdauer eines Antriebs

Die Bewegungsgleichungen werden mit dem harmonischen Mittel a_m als rechnerischem Ersatzwert für die Beschleunigung a_b und die Verzögerung a_z gebildet

$$a_m = \frac{2 a_b a_z}{a_b + a_z}. \tag{5.4}$$

Es sind zwei Fälle zu unterscheiden:

1. Fall: $s \leq \dfrac{v_0^2}{a_m}$

$$s_1 = a_b \int_0^t t\, dt + a_z \int_t^{t_{s1}} (t_{s1} - t)\, dt = \frac{a_b}{2} t^2 + \frac{a_z}{2}(t_{s1} - t)^2$$

bzw. mit der Verknüpfungsbedingung $a_b t = a_z(t_{s1} - t)$

$$s_1 = \frac{t_{s1}^2}{4} \frac{2 a_b a_z}{a_b + a_z} = \frac{t_{s1}^2}{4} a_m \quad \text{bzw.}$$

$$t_{s1} = 2\sqrt{\frac{s_1}{a_m}} \quad (t_{s2} \leq t_{sg}); \tag{5.5}$$

2. Fall: $s \geq \dfrac{v_0^2}{a_m}$

$$s_2 = v_0 \left[t_{s2} - \frac{1}{2}\left(\frac{v_0}{a_b} + \frac{v_0}{a_z}\right) \right] = v_0 t_{s2} - \frac{v_0^2}{a_m} \quad \text{bzw.}$$

$$t_{s2} = \frac{s_2}{v_0} + \frac{v_0}{a_m} \quad (t_{s2} \geq t_{sg}); \tag{5.6}$$

Die kürzeste Spieldauer $t_{s\min}$ eines Antriebs für die größte Wegstrecke $s_{\max}$ entsteht dann, wenn sie der Grenzbedingung zwischen Fall 1 und 2 entspricht (Bild 5-19). Es gilt dann

$$s_{\max} = \frac{v_{0\max}^2}{a_m} \quad \text{bzw.} \quad v_{0\max} = \sqrt{s_{\max} a_m} \tag{5.7}$$

und mit Gl. (5.5)

$$t_{s\min} = 2\sqrt{\frac{s_{\max}}{a_m}} = 2 \frac{v_{0\max}}{a_m}. \tag{5.8}$$

Da diese Geschwindigkeit nur beim Durchlaufen der größten auftretenden Wegstrecke zu erreichen wäre, liegt die gewählte Beharrungsgeschwindigkeit v_0 beträchtlich unterhalb $v_{0\max}$. Das Verhältnis der tatsächlichen Spieldauer t_s des Antriebs zur minimalen Spieldauer $t_{s\min}$ für die größte Wegstrecke, die Gl. (5.8) angibt, beträgt bei Verwendung von Gl. (5.6)

$$\frac{t_s}{t_{s\min}} = \frac{\dfrac{s_{\max}}{v_0} + \dfrac{v_0}{a_m}}{2 \dfrac{v_{0\max}}{a_m}} = \frac{1}{2}\left(\frac{v_{0\max}}{v_0} + \frac{v_0}{v_{0\max}}\right). \tag{5.9}$$

Die Auswertung dieser Gleichung im Bild 5-20 beweist sehr deutlich, daß oberhalb $v_0 = (0{,}4...0{,}5)v_{0\max}$ Spieldauergewinne auf der längsten Wegstrecke von höchstens 45...25 % möglich sind. Da ein Regalförderer jedoch den gesamten Regalblock gleichmäßig zu bedienen hat, müßte der Vergleich anhand der mittleren Spieldauer t_{sm} geführt werden. Anstelle dieser recht aufwendigen Rechnung gewährt bereits der Vergleich für die mittlere Wegstrecke $s_{\max}/2$ einen weiteren Einblick. In Gl. (5.9) wird im Zähler der erste Summand mit dem halben Wert angesetzt.

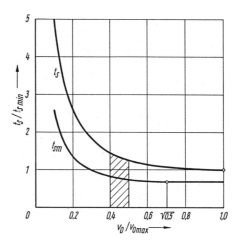

Bild 5-20 Spieldauer in Abhängigkeit von der Beharrungsgeschwindigkeit

Eine Darstellung auch dieser Beziehung im Bild 5-20 macht deutlich, daß oberhalb $v_0/v_{0\max} = \sqrt{0{,}5}$ ein nennenswerter Gewinn an Spieldauer auf der mittleren Weg-

5.5 Durchsatzbestimmende Parameter

strecke nicht möglich ist und daß sich die mittlere Spieldauer für den angegebenen schraffierten Vorzugsbereich der Geschwindigkeit nur um 17...6 % erhöht. Noch mehr verlieren hohe Beharrungsgeschwindigkeiten an Bedeutung, wenn im vorderen unteren Bereich des Regalblocks ein Sonderbereich für Güter mit erhöhter Umschlagzahl gebildet wird (Fläche $h_S l_S$ im Bild 5-18) oder wenn das Gerät mehrere Fächer nacheinander anzusteuern hat.
Gudehus [5.31] geht von ähnlichen Überlegungen aus und untersucht den Einfluß veränderlicher Einzelgeschwindigkeiten auf die Spieldauer des Regalförderers. Als Auswahlregel für die Geschwindigkeiten nennt er:

Fahren $\quad v_x \approx \frac{1}{2}\sqrt{l a_{mx}}$

Heben $\quad v_y \approx \frac{b}{l} v_x < \frac{1}{2}\sqrt{h a_{my}}$

Ausschieben $\quad v_z \approx \frac{1}{2}\sqrt{s_z a_{mz}};$ (5.10)

a_m harmonisches Mittel der Beschleunigungen nach Gl. (5.4)
s_z Vorschubweg des Lastaufnahmemittels.

Weglängen

In einem Regallager liegen Einlagerungsort E und Auslagerungsort A meist fest (Bild 5-21). Von ihnen aus werden beliebige Regalfächer bzw. -punkte entsprechend den zu bearbeitenden Einlagerungs- bzw. Auslagerungsordern angefahren. Als Einzelspiele im Lager werden reine Einlagerungs- oder Auslagerungsoperationen verstanden, als Doppelspiele bezeichnet man deren Kombination in einem Arbeitsspiel. Die gesamten Weglängen betragen bei den im Bild 5-21 verzeichneten Abläufen:

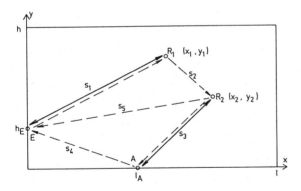

Bild 5-21 Wegstrecken bei einem Einzelspiel (ausgezogene Linien) und einem Doppelspiel (gestrichelte Linien)
E Einlagerungsort, A Auslagerungsort, $R_{1,2}$ Regalfach

Einzelspiel: Einlagerung $\quad s_{ges} = 2s_1$
Auslagerung $\quad s_{ges} = 2s_3$
Doppelspiel: E und A getrennt $\quad s_{ges} = s_1+s_2+s_3+s_4$
E und A kombiniert $s_{ges} = s_1+s_2+s_5.$ (5.11)

Um die Wahrscheinlichkeit für das Auftreten der einzelnen Weglängen zu bestimmen, muß die Wahrscheinlichkeit bekannt sein, mit der ein einzelnes Regalfach anzufahren ist. Weil hierfür statistische Untersuchungen fehlen, begnügt man sich bei den rechnerischen Ansätzen für die mittlere Spieldauer bisher mit der Annahme einer Gleichverteilung, d.h. der gleichen Wahrscheinlichkeit für jedes Regalfach R_{ij},

$$P_{ij} = \frac{1}{nm};$$ (5.12)

P_{ij} Wahrscheinlichkeit für das Ansteuern des Regalfachs R_{ij}
n Anzahl der Regalfächer nebeneinander
m Anzahl der Regalfächer übereinander.

Diese Gleichverteilung entspricht einer völlig freien Lagerordnung ohne Einschränkung der Zufallsverteilung durch Bildung von Sonderbereichen, Gutartengliederung o.ä. Andere Verteilungsdichten sind bisher für Regalanlagen nicht untersucht worden.

5.5.2 Spieldauer

Die Dauer eines Einzel- oder Doppelspiels, innerhalb dessen die in Gl. (5.11) aufgeführten Wege zurückzulegen sind, wird außer von der Spieldauer der Triebwerke auch von der Dauer aller sonstigen Vorgänge am Regalfach einschließlich eventueller Pausen bestimmt. Für ein diskretes Gesamtspiel läßt sie sich durch einfache Summierung aller Anteile auch bei manueller Steuerung des Regalförderers angeben, quantitativ jedoch wegen des Einflusses menschlichen Verhaltens nicht sicher belegen. Die zahlreichen Untersuchungen zur durchsatzbestimmenden mittleren Spieldauer beschränken sich deshalb in ihrer Gültigkeit auf Regalförderer, die nach einem vorgegebenen Programm im automatischen Betrieb arbeiten. Vorrangig werden Regalförderzeuge vorausgesetzt, es gibt jedoch auch Arbeiten, die sich mit den Besonderheiten des Einsatzes von Flurförderzeugen befassen.

Regalförderzeuge

Prinzipiell läßt sich die Spieldauer t_{sp} eines Regalförderers in einen konstanten und einen wegabhängigen Anteil gliedern

$$t_{sp} = \sum t_v + \sum t_s;$$ (5.13)

t_v Verweildauer
t_s Fahrdauer.

Die Verweildauer erfaßt den Zeitaufwand für Arbeitsoperationen des vor dem Regalfach stehenden Regalförderers für Positionieren, Besetztkontrolle, Schaltvorgänge und das Arbeitsspiel des Lastaufnahmemittels. *Gudehus* [5.32], der noch heute gültige Grundlagen für die Spieldauerberechnung geschaffen hat, gibt für diese Vorgänge Zeitrichtwerte und für die gesamte Verweildauer eine Größenordnung von $t_v \approx 46$ s an.
Wenn die Regalfächer R der Regalfläche von einem festen Einlagerungspunkt E aus angefahren werden sollen, gilt bei gleicher Wahrscheinlichkeit für den Zielpunkt, d.h. mit Gl. (5.12), für die mittlere Fahrdauer t_{sm}

$$t_{sm}(ER) = \sum_{i=1}^{n} \sum_{j=1}^{m} P_{ij} \max\left[t_{sx}(|i-i_E|); t_{sy}(|j-j_E|)\right];$$ (5.14)

P_{ij} Wahrscheinlichkeit des Anfahrens eines Regalfachs
t_{sx} Fahrdauer in x-Richtung
t_{sy} Fahrdauer in y-Richtung.

Als Fahrdauer ist der jeweilige Maximalwert einzusetzen. Der Umgang mit dieser Gleichung verlangt einigen rechnerischen Aufwand. *Gudehus* [5.32] hat deshalb gut zu nutzende Näherungsgleichungen hergeleitet, deren Genauigkeit allen praktischen Ansprüchen genügt. Die mittlere

Fahrdauer beträgt für die beiden maßgebenden Relationen im Bild 5-21

$$t_{sm}(ER_1) = \begin{cases} t_{bm} + \dfrac{l}{v_x}\left(\dfrac{1}{2} + \dfrac{b^2}{6}\right) & \text{für } b \leq 1 \\ t_{bm} + \dfrac{h}{v_y}\left(\dfrac{1}{2} + \dfrac{1}{6b^2}\right) & \text{für } b > 1; \end{cases} \quad (5.15)$$

$$t_{sm}(R_1R_2) = \begin{cases} t_{bm} + f(b)\dfrac{l}{v_x} & \text{für } b \leq 1 \\ t_{bm} + \dfrac{1}{f(b)}\dfrac{h}{v_y} & \text{für } b > 1. \end{cases} \quad (5.16)$$

Der Auslegungsfaktor b nach Gl. (5.3) ist ein maßgebender Parameter dieser Gleichungen. Die mittlere Beschleunigungsdauer t_{bm} wird wie folgt ermittelt

$$t_{bm} = \begin{cases} \left(1 - \dfrac{b}{2}\right)\dfrac{v_x}{a_{mx}} + \dfrac{b}{2}\dfrac{v_y}{a_{my}} & \text{für } b \leq 1 \\ \dfrac{1}{2b}\dfrac{v_x}{a_{mx}} + \left(1 - \dfrac{1}{2b}\right)\dfrac{v_y}{a_{my}} & \text{für } b > 1. \end{cases} \quad (5.17)$$

Die Beschleunigungen a_{mx} und a_{my} sind nach Gl. (5.4) gebildete harmonische Mittel der Werte für Beschleunigen und Verzögern in der jeweiligen Fahrtrichtung. Die Funktion f(b) in Gl. (5.16) berücksichtigt die Besonderheit, daß Start- wie Zielpunkt gleichverteilt sind. Der Ansatz lautet

$$f(b) = \dfrac{1}{30}\left(10 + 5b - b^3\right). \quad (5.18)$$

Durch Summierung der Anteile entsprechend Gl. (5.13) entstehen die Gleichungen für die mittlere Spieldauer eines Regalförderers:

Einzelspiel (E-R_1-E im Bild 5-21)

$$t_{sp1} = \begin{cases} t_v + 2t_{bm} + \dfrac{l}{v_x}\left(1 + \dfrac{b^2}{3}\right) & \text{für } b \leq 1 \\ t_v + 2t_{bm} + \dfrac{h}{v_y}\left(1 + \dfrac{1}{3b^2}\right) & \text{für } b > 1; \end{cases} \quad (5.19)$$

Doppelspiel (E-R_1-R_2-E im Bild 5-21)

$$t_{sp2} = \begin{cases} 2t_v + 3t_{bm} + \dfrac{l}{v_x}\left[1 + \dfrac{b^2}{3} + f(b)\right] & \text{für } b \leq 1 \\ 2t_v + 3t_{bm} + \dfrac{h}{v_y}\left[1 + \dfrac{1}{3b^2} + \dfrac{1}{f(b)}\right] & \text{für } b > 1. \end{cases} \quad (5.20)$$

Für weitere fünf Anordnungsvarianten der Ein- und Auslagerung sind entsprechende Gleichungen in [5.32] aufgeführt. Dort wird auch der durch wechselnde Betriebsbedingungen, Meßfehler und Toleranzen auftretende Fehler mit $\Delta t_{sp1} = \pm 7$ s bzw. $\Delta t_{sp2} = \pm 10$ s geschätzt.

Die Bildung eines Sonderbereichs für Güter mit erhöhter Umschlagfrequenz in unmittelbarer Nähe des Einlagerungs- bzw. Auslagerungsorts verkürzt die mittlere Spieldauer und vergrößert damit den Durchsatz. Zweckmäßigerweise wählt man Höhe h_S und Länge l_S dieser Schnelläuferzone so, daß der Auslegungsfaktor $b_S = 1$ wird, d.h., daß Flächendiagonale und Geschwindigkeitsgerade übereinstimmen, siehe Bild 5-18. Wenn die Fläche A_S des Sonderbereichs den p-fachen Anteil an der gesamten Lagerfläche A einnimmt, betragen die optimalen Maße somit

$$l_S = \sqrt{\dfrac{v_x}{v_y}pA} \; ; \quad h_S = \sqrt{\dfrac{v_y}{v_x}pA} \; . \quad (5.21)$$

Bei der Berechnung der mittleren Spieldauer werden getrennte Einzelspiele für Ein- bzw. Auslagerung angenommen. Die von der Lage der Regalfächer unabhängige Verweildauer hat keinen Einfluß auf die Veränderung des Durchsatzes durch einen Vorzugsbereich. *Gudehus* hat in [5.33] den Effekt solcher Schnelläuferzonen analysiert. Die Umschlagmengen verteilen sich auf die Sonderzone und den sonstigen Lagerbereich wie folgt

$$\dfrac{U_S}{U_l} = \dfrac{p}{1-p}n \; ; \quad (5.22)$$

$U_{s,l}$ Umschlagmengen im schnellen und langsamen Lagerbereich
p Flächenanteil der Schnelläuferzone
n Faktor der Erhöhung der Umschlagfrequenz in der Schnelläuferzone.

Im Bild 5-22 ist die relative Vergrößerung des Durchsatzes als Funktion des Flächenanteils p des Sonderbereichs dargestellt. Nur wenig von der Gesamtlänge l des Lagers beeinflußt, liegt das Optimum für $n = 12$ zwischen 10 und 30 % der Lagerfläche. Weil sich der Gutdurchsatz nicht in so einfacher Weise in zwei Kategorien mit bestimmter Umschlagfrequenz aufteilen läßt, werden in der Praxis die errechneten Leistungssteigerungen nicht erreicht. Wegen des geringen Anteils der Fahrdauer im Vorzugsbereich ist die Durchsatzsteigerung im Doppelspiel kleiner als im Einzelspiel. Auch oberhalb $n = 12$ ist keine wesentliche Steigerung zu erwarten [5.33].

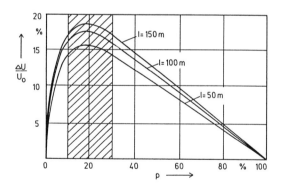

Bild 5-22 Prozentuale Steigerung $\Delta U/U_0$ des Durchsatzes durch eine Schnelläuferzone in Abhängigkeit von deren prozentualem Flächenanteil p (schraffiert: optimaler Bereich) [5.33]
Parameter: Regallänge l, Verhältnis der Anfahrfrequenzen $n = 12$

Mehrere Autoren haben sich damit befaßt, die Ansätze für die mittlere Spieldauer gemäß den Gln. (5.19) und (5.20) einerseits zu vereinfachen, andererseits zu vervollkommnen. *Mertens* [5.34] geht davon aus, daß bei übereinstimmender Lage der Orte für Ein- und Auslagerung am linken unteren Eckpunkt der Lagerfläche die Koordinaten der Schwerpunkte der durch die Geschwindigkeitsgerade gebildeten Teilflächen wegen der angenommenen Gleichverteilung die mittleren Wege für die Fahrdauer bezeichnen. Im Bild 5-18 sind diese beiden Schwerpunkte für die von der Geschwindigkeitsgeraden g_0 gebildeten

Flächen eingetragen. Die für die jeweilige Fahrdauer im Teilbereich maßgebende Schwerpunktkoordinate ist

$$y_{S1} = \frac{2}{3}h \quad \text{bzw.} \quad x_{S2} = \frac{l}{3}\frac{3-b_0^2}{2-b_0}. \quad (5.23)$$

b_0 ist der für die Geschwindigkeitsgerade g_0 geltende Auslegungsfaktor laut Gl. (5.3). Auf dieser Basis werden Gleichungen für die mittlere Spieldauer im Einzel- bzw. Doppelspiel hergeleitet und dabei Beschleunigungs- und Feinfahrstufen einbezogen. Die Hub- und Fahranteile werden nach den Flächenanteilen gewichtet.

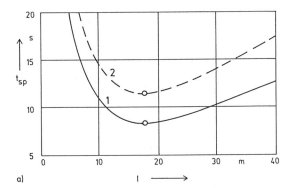

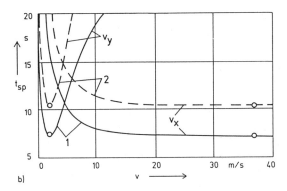

Bild 5-23 Minimierung der Spieldauer t_{sp} eines Regalförderzeugs nach [5.37]
a) Variation der Regallänge bei $v_x = 4$ m/s, $v_y = 2$ m/s
b) Variation der Geschwindigkeiten für Fahren (v_x) und Heben (v_y) bei Regalabmessungen $l = 17,7$ m, $h = 10,2$ m
Parameter: Regalfläche $A = 180$ m², Beschleunigungen $a_{x,y} = 3$ m/s²
1 Einzelspiel, 2 Doppelspiel

Fischer [5.30] behandelt im Rahmen einer allgemeinen Untersuchung der Spieldauer von Unstetigförderern auch die der Regalförderer. Die mittleren Wege erfaßt auch er über die Flächenschwerpunkte, korrigiert allerdings, wie bereits erwähnt wurde, die Geschwindigkeitsgerade, indem er die Beschleunigungs- und Feinfahrstufen bereits hier berücksichtigt. Die Gleichungen für die mittlere Spieldauer werden durch Simulationsrechnung überprüft, die Abweichungen bleiben vertretbar klein.
Durch eine optimale Anordnung der Einlagerungs- und Auslagerungsplätze läßt sich ebenfalls eine Steigerung des Durchsatzes bewirken. *Knepper* [5.35] weist nach, daß sich die mittlere Spieldauer verkürzt, wenn die Zuführ- und Abführstrecken in das Lager hinein verlegt werden. Sind sie am Rand einzurichten, ergeben sich die günstigsten Werte, wenn diese Übergabestellen in die Mitte der Höhe bzw. Länge der Regalfläche gelegt werden.

In den Richtlinien VDI 3561 und FEM 9.851 werden einheitliche Kriterien für die Ermittlung der mittleren Spieldauer von Regalförderern über diskrete, repräsentative Testspiele vorgegeben. Diese Spiele gehen von bestimmten Regalfächern als Bezugspunkten aus. Für die Lage von Ein- und Auslagerung werden verschiedene Kombinationen zur Wahl gestellt. [5.36] erläutert FEM 9.851 und verweist darauf, daß diese Richtlinie vor allem dem Leistungsvergleich auf europäischer Ebene eine gesicherte Grundlage geben soll.
Vössner [5.37] übernimmt die Spieldauergleichungen von [5.32], verwendet aber statistische Ansätze für die mittlere Spieldauer. Es werden die Verteilungsfunktionen und Erwartungswerte im Einzel- und Doppelspiel angegeben. Die Verweildauer als konstante Größe verschiebt die Funktionen der Fahrdauer auf der Zeitachse nach oben. Wenn der Erwartungswert als Äquivalent der mittleren Spieldauer zum Vergleich mit den Gln. (5.19) bzw. (5.20) nach *Gudehus* [5.32] berechnet wird, bleiben die Abweichungen gegenüber der exakten Rechnung unterhalb 2 %.
Wichtig sind die diese Untersuchungen ergänzenden Versuche, die maßgebenden Parameter l, v_x und v_y zu einem Optimum zu kombinieren. Für Einzel- wie Doppelspiel werden je sechs Bedingungsgleichungen für ein absolutes Minimum hergeleitet. Geschlossene Lösungen gibt es nur für ein lokales Minimum, d.h. eine Variable, und lediglich für das Einzelspiel. Doppelspiele müssen numerisch behandelt werden. Bild 5-23 zeigt ein Berechnungsbeispiel. Als optimale Abmessungen werden bei einer gegebenen Lagerfläche von $A = 180$ m² die Größen $l = 17,7$ m und $h = 10,2$ m errechnet (Bild 5-23a). Sind die Abmessungen gegeben, können Minimalwerte der mittleren Spieldauer in Abhängigkeit von den beiden Geschwindigkeiten ermittelt werden (Bild 5-23b). Allerdings liegt der Wert für v_x weit außerhalb eines technisch sinnvollen Bereichs. Versuche, die Fahrwege oder die Antriebssteuerung zu optimieren [5.38] [5.39], haben keine richtungsweisenden Wege aufgezeigt.

Flurförderzeuge

Ein Flurförderzeug für Regalbedienung kann seine volle Fahrgeschwindigkeit nur bis zu einer vorgegebenen Hubhöhe, die zwischen 3 und 5 m anzusetzen ist, ausnutzen. Darüber hinaus muß sie auf Kriechgeschwindigkeit gestellt oder in Stufen abgemindert werden. Somit weicht der Bewegungsablauf eines Flurförderzeugs am Regal i. allg. von dem eines schienengebundenen Regalförderzeugs ab (Bild 5-24).

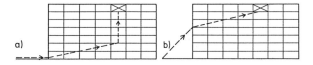

Bild 5-24 Diagonalfahrt zum Regalfach [5.6]
a) Hochregalstapler, flurfahrbar
b) Regalförderzeug, schienenfahrbar

Diese Einschränkung der Diagonalfahrt hat *Bruns* [5.40] unter den Annahmen: Gleichverteilung der Ansteuerungspunkte, Auslegungsfaktor $b = 1$, Berücksichtigung allein der stationären Betriebsphasen untersucht. Auch hier konnte lediglich für das Einzelspiel eine geschlossene Lösung für die mittlere Fahrdauer gefunden werden, bei einem Doppelspiel ergibt sich eine Gleichung 5. Ordnung des Verhältnisses h_1/h. Die relative Verlängerung der mittleren Spieldauer beim Einsatz eines Flurförderzeugs mit der Grenzhöhe h_1 für Fahren beträgt

$$\frac{\Delta t_{sm}}{t_{sm}} = \frac{1}{2}\left(1 - \frac{h_1}{h}\right)^3; \qquad (5.24)$$

Δt_{sm} absolute Vergrößerung der mittleren Spieldauer beim Einsatz eines Flurförderzeugs
t_{sm} mittlere Spieldauer eines schienengebundenen Regalförderzeugs
h_1 Grenzwert der Hubhöhe des Flurförderzeugs für die volle Fahrgeschwindigkeit
h Höhe des Regals.

Das Berechnungsergebnis im Bild 5-25 zeigt, daß die mittlere Spieldauer eines Flurförderzeugs gegenüber der eines Regalförderzeugs um so mehr anwächst, je kleiner die während des Fahrens zu nutzende Hubhöhe ist.

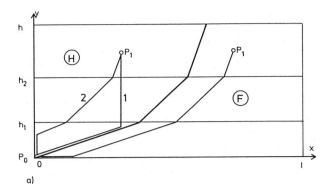

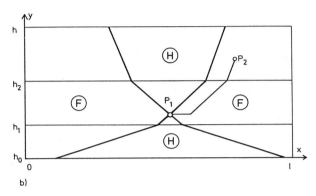

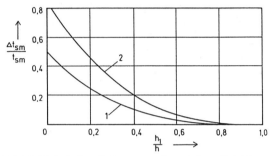

Bild 5-25 Relative Verlängerung der mittleren Spieldauer eines Flurförderzeugs für Regalbedienung gegenüber der eines Regalförderzeugs [5.40]
1 Einzelspiel, 2 Doppelspiel

Borchert [5.41] verfeinert und erweitert diese Untersuchung. Er setzt eine in Stufen mit wachsender Hubhöhe abzumindernde Fahrgeschwindigkeit voraus und erhält daher Polygonzüge anstelle der Geschwindigkeitsgeraden. Bild 5-26 enthält die für Einzel- und Doppelspiele maßge-

Bild 5-26 Geschwindigkeitszonen eines Flurförderzeugs mit nach der Hubhöhe gestuften Fahrgeschwindigkeiten nach [5.41]
a) Einzelspiel von P_0 nach P_1
b) Doppelspiel, Leerfahrt von P_1 nach P_2
1 Hinfahrt, 2 Rückfahrt, H Bereich für Heben, F Bereich für Fahren

benden Geschwindigkeitszonen. Unter Vernachlässigung der instationären Betriebsphasen werden die Erwartungswerte der Spieldauer als Mehrfachintegrale beschrieben und numerisch ausgewertet. Schlußfolgerungen und Empfehlungen runden die umfangreichen Darlegungen ab, sie sollten beachtet werden.

Technische Regeln

1 Einführung

VDI-Richtlinien

VDI 2366	(02.63)	Gliederung der Fördermittel; Nr. 1 bis 13
Blatt 2	(11.66)	–; Nr. 14 bis 22
VDI 2411	(06.70)	Begriffe und Erläuterungen im Förderwesen

2 Hebezeuge

2.1 Allgemeines und Gliederung

DIN-Normen

E DIN 15012	(02.88)	Hebezeuge; Bedienzeichen für Steuerorgane
DIN 15021	(09.79)	Hebezeuge; Tragfähigkeiten
DIN 15026	(01.78)	Hebezeuge; Kennzeichnung von Gefahrenstellen
DIN 15058	(08.74)	Hebezeuge; Achshalter
DIN 15069	(09.77)	Hebezeuge; Anlaufscheiben

DIN-Fachberichte

DIN Fachbericht 1 (1982) Berechnungsgrundsätze für Triebwerke in Hebezeugen

Sicherheitstechnische Regeln des KTA

KTA 3902	(06.92)	Auslegung von Hebezeugen in Kernkraftwerken
KTA 3903	(06.93)	Prüfung und Betrieb von Hebezeugen in kerntechnischen Anlagen

VBG-Vorschriften

VBG 8	(04.80)	Winden, Hub- und Zuggeräte
VBG 8 DA	(04.80)	Durchführungsanweisung zur Unfallverhütungsvorschrift Winden, Hub- und Zuggeräte

VDI-Richtlinien

VDI 3572 (02.76) Hebezeuge; Stromzuführung zu ortsveränderlichen Verbrauchern

2.2 Lastaufnahmemittel

DIN-Normen

DIN 695	(07.86)	Anschlagketten; Hakenketten, Ringketten, Einzelteile; Güteklasse 2
DIN 3088	(05.89)	Drahtseile aus Stahldrähten; Anschlagseile im Hebezeugbetrieb; Sicherheitstechnische Anforderungen und Prüfung
DIN 3088 E	(06.93)	Anschlagseile aus Stahldraht; Vorschlag für eine Europäische Norm
DIN 5684 Teil 1	(05.84)	Rundstahlketten für Hebezeuge; Güteklasse 5, lehrenhaltig, geprüft
Teil 2	(05.84)	–; Güteklasse 6, lehrenhaltig, geprüft
Teil 3	(05.84)	–; Güteklasse 8, lehrenhaltig, geprüft
DIN 5688 Teil 1	(07.86)	Anschlagketten; Hakenketten, Ringketten, Einzelteile; Güteklasse 5
Teil 3	(07.86)	–; Hakenketten, Ringketten, Kranzketten, Einzelteile; Güteklasse 8
DIN 5691	(11.81)	Anschlagketten; Geschmiedete Einzelteile; Begriffe, Anforderungen, Prüfung
DIN 5691 E	(09.90)	Anschlagketten; Geschmiedete Einzelteile; Begriffe, Anforderungen, Prüfung
DIN 7540	(10.80)	Ösenhaken, Güteklasse 5
DIN 7541	(03.84)	Anschlagmittel; Ösenhaken mit großer Öse; Güteklasse 5
DIN 15002	(04.80)	Hebezeuge; Lastaufnahmeeinrichtungen; Benennungen
DIN 15003	(02.70)	Hebezeuge; Lastaufnahmeeinrichtungen, Lasten und Kräfte; Begriffe
DIN 15020 Teil 1	(02.74)	Hebezeuge; Grundsätze für Seiltriebe; Berechnung und Ausführung
DIN 15061 Teil 1	(08.77)	Hebezeuge; Rillenprofile für Seilrollen
DIN 15062 Teil 1	(07.82)	Krane; Seilrollen, Auswahlreihen und Zuordnung von Durchmessern und Gesamtbreitenmaßen
Teil 2	(07.82)	–; –; Maße für Naben und Lagerungen
DIN 15063	(12.77)	Hebezeuge; Seilrollen, Technische Lieferbedingungen
DIN 15105	(08.85)	Lasthaken für Hebezeuge; Bundhaken
DIN 15106	(09.82)	Lasthaken für Hebezeuge; Hakenmaulsicherungen für Einfachhaken
DIN 15400	(11.78)	Lasthaken für Hebezeuge; Mechanische Eigenschaften, Tragfähigkeiten, vorhandene Spannungen und Werkstoffe
DIN 15401 Teil 1	(11.82)	Lasthaken für Hebezeuge; Einfachhaken; Rohteile
Teil 2	(09.83)	–; –; Fertigteile mit Gewindeschaft
DIN 15402 Teil 1	(11.82)	Lasthaken für Hebezeuge; Doppelhaken; Rohteile
Teil 2	(09.83)	–; –; Fertigteile mit Gewindeschaft
DIN 15403	(12.89)	Lasthaken für Hebezeuge; Rundgewinde
DIN 15404 Teil 1	(12.89)	Lasthaken für Hebezeuge; Technische Lieferbedingungen für geschmiedete Lasthaken
DIN 15405 Teil 1	(03.79)	Lasthaken für Hebezeuge; Überwachung im Gebrauch von geschmiedeten Lasthaken

DIN 15407 Teil 1	(09.77) Lasthaken für Hebezeuge; Lamellen-Einfachhaken für Roheisen- und Stahlgießpfannen; Zusammenstellung, Hauptmaße		DIN 61360 Teil 1	(03.86) Hebebänder aus synthetischen Fasern; Begriffe, Maße, Anschlagarten
Teil 2	(08.89) –; –; Einzelteile		Teil 2	(03.86) –; Sicherheitstechnische Anforderungen und Prüfung
DIN 15408 (07.82)	Krane; Zweirollige Unterflaschen; Zusammenstellung		Teil 2	A1 E (01.91) –; –; Änderung 1
DIN 15409 (07.82)	Krane; Vierrollige Unterflaschen; Zusammenstellung		Teil 2	A2 E (05.92) –; –; Änderung 2 (Vorschlag für eine Europäische Norm)
DIN 15410 (07.82)	Serienhebezeuge; Unterflaschen für Elektrozüge, einrollig und zweirollig, Zusammenstellung		DIN 82017 (11.71)	Ladehaken
			DIN 82101 (02.76)	Schäkel
			DIN 83302 (05.90)	Anschlag-Faserseile; Sicherheitstechnische Anforderungen und Prüfungen
DIN 15411 (08.83)	Hebezeuge; Lasthaken-Aufhängungen für Unterflaschen			
DIN 15412 Teil 1	(08.83) Unterflaschen für Hebezeuge; Traversen; Rohteile		DIN VDE 0580 (10.70)	Bestimmungen für elektromagnetische Geräte
Teil 2	(08.83) –; –; Fertigteile		DIN VDE 0580E (12.90)	Elektromagnetische Geräte – Allgemeine Bestimmungen
DIN 15413 (08.83)	Unterflaschen für Hebezeuge; Lasthakenmuttern			

VBG-Vorschriften

DIN 15414 (08.83)	Unterflaschen für Hebezeuge; Sicherungsstücke
DIN 15417 (07.82)	Krane; Unterflaschen; Seilrollen der Form D mit Gleitlagerung
DIN 15418 Teil 1	(07.82) Krane; Unterflaschen; Seilrollen der Form C mit Rillenkugellagern ohne Innenbuchse
Teil 2	(07.82) –; –; Abstandbuchsen für Seilrollen der Form C mit Rillenkugellager ohne Innenbuchse
Teil 3	(07.82) –; –; Verschlußdeckel für Seilrollen der Form C mit Rillenkugellager ohne Innenbuchse
DIN 15421 Teil 1	(07.82) Krane; Unterflaschen; Seilrollen der Form B mit Rillenkugellagern und Innenbuchse
Teil 2	(07.82) –; –; Innenbuchsen und Abstandbuchsen für Seilrollen der Form B mit Rillenkugellagern und Innenbuchse
Teil 3	(07.82) –; –; Verschlußdeckel für Seilrollen der Form B mit Rillenkugellagern und Innenbuchse
DIN 15422 Teil 1	(07.82) Krane; Unterflaschen; Seilrollen der Form A mit Zylinderrollenlagern und Innenbuchsen
Teil 2	(07.82) –; –; Innenbuchsen und Abstandbuchsen für Seilrollen der Form A mit Zylinderrollenlagern und Innenbuchse
Teil 3	(07.82) –; –; Verschlußdeckel für Seilrollen der Form A mit Zylinderrollenlagern und Innenbuchse
DIN 15428 (08.78)	Hebezeuge; Lastaufnahmeeinrichtungen, Technische Lieferbedingungen
DIN 15429 (07.78)	Hebezeuge; Lastaufnahmeeinrichtungen, Überwachung im Gebrauch
DIN 15460 (07.79)	Krankörbe für Baumaterialien; Sicherheitstechnische Anforderungen
DIN 30785 (07.77)	Anschlagen im Hebezeugbetrieb; Arten und Benennungen

VBG 9a (04.79) Lastaufnahmeeinrichtungen im Hebezeugbetrieb

VBG 9a DA (04.79) Durchführungsanweisung zur Unfallverhütungsvorschrift: Lastaufnahmeeinrichtungen im Hebezeugbetrieb

Stahl-Eisen-Betriebsblätter

SEB 666056 (08.85)	Fördertechnik; Lasthebemagnete; Technische Anforderungen
Beiblatt 1	(08.85) –; –; Technische Beschreibung des Transportgutes; Vordruck A
Beiblatt 2	(08.85) –; –; Technische Beschreibung des Kranes; Vordruck B
Beiblatt 3	(08.85) –; –; Technische Beschreibung des Lasthebemagneten; Vordruck C

VDI-Richtlinien

VDI 2358 (10.84) Drahtseile für Fördermittel
VDI 2687 (09.89) Lastaufnahmemittel für Container, Wechselbehälter und Sattelanhänger

2.3 Serienhebezeuge

DIN-Normen

DIN 7355 (12.70)	Serienhebezeuge; Stahlwinden
DIN 15100 (02.67)	Serienhebezeuge; Benennungen
DIN 15120 (09.76)	Serienhebezeuge; Fahrbare Hubarbeitsbühnen; Berechnungsgrundsätze und Standsicherheit
DIN 15126 (09.89)	Fördertechnik; Ladebrücken; Berechnung, Bemessung, hydraulische und elektrische Anlagen
DIN VDE 0165 (02.91)	Errichten elektrischer Anlagen in explosionsgefährdeten Bereichen
DIN EN 50014 (VDE 0170/0171 Teil 1) (03.94) Elektrische Betriebsmittel für explosionsgefährdete Bereiche; Allgemeine Bestimmungen	

DIN EN 50018 Teil 5 (03.95) Elektrische Betriebsmittel für explosionsgefährdete Bereiche; Druckfeste Kapselung „d"
DIN EN 50019 (05.78) Elektrische Betriebsmittel für explosionsgefährdete Bereiche; Erhöhte Sicherheit „e"
DIN EN 50020 (05.78) Elektrische Betriebsmittel für explosionsgefährdete Bereiche; Eigensicherheit „i"

FEM-Regeln

FEM 9.341 (10.83) Serienhebezeuge; Örtliche Trägerbeanspruchung
FEM 9.511 (06.86) Berechnungsgrundlagen für Serienhebezeuge; Einstufung der Triebwerke
FEM 9.661 (06.86) Berechnungsgrundlagen für Serienhebezeuge; Baugrößen und Ausführung von Seiltrieben
FEM 9.671 (10.88) Serienhebezeuge; Kettengüten, Auswahlkriterien und Anforderungen
FEM 9.681 (06.86) Berechnungsgrundlagen für Serienhebezeuge; Auswahl der Fahrmotoren
FEM 9.682 (06.86) Berechnungsgrundlagen für Serienhebezeuge; Auswahl der Hubmotoren
FEM 9.755 (06.93) Serienhebezeuge; Maßnahmen zum Erreichen sicherer Betriebsperioden von motorisch angetriebenen Serienhubwerken (S.W.P.)
FEM 9.811 (12.91) Serienhebezeuge; Lastenheft für Elektrozüge
FEM 9.901 (12.91) Serienhebezeuge; Berechnungsgrundlagen für Serienhebezeuge und Krane mit Serienhebezeugen
FEM 9.941 (06.86) Serienhebezeuge; Bildzeichen für Steuerorgane

VBG-Vorschriften

VBG 14 (10.90) Hebebühnen
VBG 14 DA (10.90) Durchführungsanweisung zur Unfallverhütungsvorschrift: Hebebühnen
VBG 70 (12.74) Bühnen und Studios
VBG 70 DA (12.74) Durchführungsanweisungen zur Unfallverhütungsvorschrift: Bühnen und Studios

2.4 Schienengebundene Krane

DIN-Normen

DIN 4132 (02.81) Kranbahnen; Stahltragwerke; Grundsätze für Berechnung, bauliche Durchbildung und Ausführung
DIN 4132 Beiblatt 1 (02.81) Kranbahnen; Stahltragwerke; Grundsätze für Berechnung, bauliche Durchbildung und Ausführung; Erläuterungen
DIN 4212 (01.86) Kranbahnen aus Stahlbeton und Spannbeton; Berechnung und Ausführung
DIN 15001 Teil 1 (11.73) Krane; Begriffe, Einteilung nach der Bauart
Teil 2 (07.75) –; Begriffe, Einteilung nach der Verwendung
DIN 15018 Teil 1 (11.84) Krane; Grundsätze für Stahltragwerke; Berechnung
Teil 2 (11.84) –; Stahltragwerke; Grundsätze für bauliche Durchbildung und Ausführung
DIN 15019 Teil 1 (09.79) Krane; Standsicherheit für alle Krane außer gleislosen Fahrzeugkranen und außer Schwimmkranen
DIN 15022 (09.79) Krane; Hubhöhen, Arbeitsgeschwindigkeiten
DIN 15023 (09.79) Krane; Drehkrane und Portalkrane mit Kragarm, Ausladungen
DIN 15024 (10.68) Krane und Serienhebezeuge; Spurmittenmaße für Zweischienenkatzen
DIN 15025 (01.78) Krane; Betätigungssinn und Anordnung von Stellteilen in Krankabinen
DIN 15030 (11.77) Hebezeuge; Abnahmeprüfung von Krananlagen, Grundsätze
DIN 15055 (07.82) Hütten- und Walzwerksanlagen und Krane; Drucköl-Preßverbände; Anwendung, Maße, Gestaltung

FEM-Regeln

FEM 1.001 (01.87) Berechnungsgrundlagen für Krane:
Heft 1 Zweck und Anwendungsbereich
Heft 2 Einstufung und Belastung der Tragwerke und Triebwerke
Heft 3 Berechnung der Spannungen im Tragwerk
Heft 4 Festigkeitsnachweis und Auswahl von Triebwerkteilen
Heft 5 Elektrische Ausrüstung
Heft 6 Standsicherheit und Sicherheit gegen Abtreiben durch Wind
Heft 7 Sicherheitsregeln
Heft 8 Prüflasten und Toleranzen

Stahl-Eisen-Betriebsblätter

SEB 058702 (02.67) Hüttenwerks-Krananlagen; Kran- und Katzpuffer; Anschlußmaße
SEB 660035 (12.85) Fördertechnik; Funkfernsteuerung von Kranen
SEB 664025 (06.82) Fördertechnik; Stammblatt für Kranbahnen
SEB 666151 (02.87) Fördertechnik; Traversen für Hüttenwerkskrane zur Beförderung feuerflüssiger Massen

VBG-Vorschriften

VBG 9 (04.83) Krane
VBG 9 DA (04.83) Durchführungsanweisung zur Unfallverhütungsvorschrift: Krane
VBG 121 (01.90) Lärm

VBG 121 DA (01.90) Durchführungsanweisung zur Unfallverhütungsvorschrift Lärm

VDI-Richtlinien

VDI 2195 (04.85)	Zeit- und Umschlagstudien an Kranen
VDI 2354 (09.63)	Übersichtsblätter Krane; Stahl- und Walzwerkskrane; Gießkran
VDI 2355 (09.63)	Übersichtsblätter Krane; Stahl- und Walzwerkskrane; Pratzenkran
VDI 2357 (09.63)	Übersichtsblätter Krane; Stahl- und Walzwerkskrane; Schrottplatzkran
VDI 2369 (08.63)	Übersichtsblätter Krane; Portalkran
VDI 2370 (03.66)	Übersichtsblätter Krane; Stapelkran
VDI 2381 (02.92)	Abnahmeprüfung von ortsfesten bzw. gleisgebundenen Krananlagen; Merkblatt für Sachverständige
VDI 2386 (03.66)	Übersichtsblätter Krane; Konsollaufkran
VDI 2388 (10.82)	Krane in Gebäuden; Planungsgrundlagen
VDI 2397 (11.81)	Auswahl der wirtschaftlichen Arbeitsgeschwindigkeiten von Brückenkranen
VDI 2485 (04.92)	Planmäßige Instandhaltung von Krananlagen
VDI 2494 (01.67)	Sinnbilder für Krananlagen
VDI 2499 (12.67)	Übersichtsblätter Krane; Mobiler Portalkran
VDI 3570 (09.89)	Überlastungssicherungen für Krane
VDI 3571 (08.77)	Herstelltoleranzen für Brückenkrane; Laufrad, Laufradlagerung und Katzfahrbahn
VDI 3572 (02.76)	Hebezeuge; Stromzuführung zu ortsveränderlichen Verbrauchern
VDI 3573 (07.94)	Arbeitsgeschwindigkeiten schienengebundener Umschlagkrane
VDI 3575 (01.83)	Wegbegrenzer; Mechanische und elektromechanische Einrichtungen
VDI 3576 (10.86)	Schienen für Krananlagen; Schienenverbindungen, Schienenbefestigungen, Toleranzen
E VDI 3676 (07.95)	Schienen für Krananlagen; Schienenverbindungen, Schienenbefestigungen, Toleranzen
VDI 3643 (07.94)	Elektro-Hängebahn; Obenläufer, Traglastbereich 500 kg; Anforderungsprofil an ein kompatibles System
VDI 3650 (07.89)	Einrichtungen zur Sicherung von Kranen gegen Abtreiben durch Wind
VDI 3651 (02.89)	Distanzierungseinrichtungen für Krane und Fördermittel
VDI 3652 (11.93)	Auswahl der elektrischen Antriebsarten für Krantriebwerke

2.5 Fahrzeugkrane

DIN-Normen

DIN ISO 1219 (08.78)	Fluidtechnische Systeme und Geräte; Schaltzeichen
DIN ISO 1219 E Teil 1 (11.93)	Fluidtechnik; Graphische Symbole und Schaltpläne; Graphische Symbole
Teil 2 (12.93)	–; –; Schaltpläne
DIN 15004 (08.78)	Lkw-Ladekrane; Benennung der Hauptteile
DIN 15006 (02.81)	Lkw-Ladekrane; Anordnung und Betätigungsrichtung von Stellteilen bei Handbedienung am Kran vom Flur aus
DIN 15018 Teil 3	(11.84) Krane; Grundsätze für Stahltragwerke; Berechnung von Fahrzeugkranen
DIN 15019 Teil 2	(06.79) Krane; Standsicherheit für gleislose Fahrzeugkrane; Prüfbelastung und Berechnung
DIN 24900 Teil 21	(04.79) Bildzeichen für den Maschinenbau; Lkw-Ladekrane

FEM-Regeln

FEM 5.004 (10.85)	Regeln für die Berechnung von Stahltragwerken von Fahrzeugkranen für allgemeine Verwendung
FEM 5.005 (06.86)	Lkw-Ladekrane; Definition, Terminologie und Bauweisen (engl.)
FEM 5.006 (06.86)	Lkw-Ladekrane; Stellteile; Allgemeine Grundsätze, Bildzeichen, Anordnung, Betätigungseinrichtungen (engl.)
FEM 5.007 (06.86)	Lkw-Ladekrane; Standsicherheit; Berechnung und Prüfbelastung (engl.)
FEM 5.008 (12.87)	Standsicherheit von Lkw-Ladekranen im Forstbetrieb (engl.)
FEM 5.010 (10.87)	Lkw-Ladekrane; Belastungstafeln (engl.)
FEM 5.011 (10.87)	Lkw-Ladekrane; Sicherheitsanforderungen an Hydrauliksysteme (engl.)
FEM 5.012 (05.87)	Fahrzeugkrane; Einrichtungen gegen Überlastung
FEM 5.013 (04.87)	Fahrzeugkrane; Auswahl von Drahtseilen, Seiltrommeln und Seilrollendurchmessern

VBG-Vorschriften

VBG 40a (01.93)	Schwimmende Geräte
VBG 40a DA (01.93)	Durchführungsanweisung zur Unfallverhütungsvorschrift Schwimmende Geräte

VDI-Richtlinien

VDI 2381 Blatt 2 E (05.94)	Abnahmeprüfung von gleislosen Fahrzeugkranen; Merkblatt für Sachverständige
VDI 2395 (09.89)	Gleislose Fahrzeugkrane
VDI 2700 (05.90)	Ladungssicherung auf Straßenfahrzeugen
VDI 3574 (01.74)	Typenblatt für Fahrzeugkrane

2.6 Dynamik der Krane

VDI-Richtlinien

E VDI 3653 (03.95)	Automatisierte Kransysteme

Technische Regeln

2 Hebezeuge

DIN-Normen

DIN 15018 Teil 1 (11.84) Krane; Grundsätze für Stahltragwerke; Berechnung
Teil 3 (11.84) –; –; Berechnung von Fahrzeugkranen
DIN 15019 Teil 1 (09.79) Krane; Standsicherheit für alle Krane außer gleislosen Fahrzeugkranen und außer Schwimmkranen
Teil 2 (06.79) –; Standsicherheit für gleislose Fahrzeugkrane; Prüfbelastung und Berechnung
DIN 15350 (04.92) Regalbediengeräte; Grundsätze für Stahltragwerke; Berechnungen
DIN EN 528 (10.96) Regalbediengeräte; Sicherheit

DIN-Fachberichte

Berechnungsgrundsätze für Triebwerke in Hebezeugen. 1982

FEM-Regeln

FEM 1.001 Heft 1 (10.87) Berechnungsgrundlagen für Krane; Zweck und Anwendungsbereich
Heft 2 (10.87) –; Einstufung und Belastungen der Tragwerke und Triebwerke

VDI-Richtlinien

VDI 3570 (09.89) Überlastungssicherungen für Krane
VDI 3571 (08.77) Herstelltoleranzen für Brückenkrane; Laufrad, Laufradlagerung und Katzfahrbahn
VDI 3572 (02.76) Hebezeuge; Stromzuführung zu ortsveränderlichen Verbrauchern
VDI 3576 E (07.95) Schienen für Krananlagen; Schienenverbindungen, Schienenbefestigungen, Toleranzen
VDI 3652 (11.93) Auswahl der elektrischen Antriebsarten für Krantriebwerke
VDI 3653 E (03.95) Automatisierte Kransysteme

3 Aufzüge

AufzV Aufzugsverordnung, Verordnung über Aufzugsanlagen in der Fassung vom 22. Juni 1995 (Änderung der Verordnung zum Gerätesicherheitsgesetz) Carl Heymanns Verlag KG, Luxemburger Straße 449, 50939 Köln
TRA, Technische Regeln für Aufzüge, allgemein geltend: siehe Tafel 3-1
TRA, Technische Regeln für Aufzüge, verschiedene Aufzugarten: siehe Tafel 3-2
SR, Sicherheitstechnische Richtlinien für Aufzüge: siehe Tafel 3-1
Landesbauordnung für Baden-Württemberg (LBO) 17. Dezember 1990 und Allgemeine Ausführungsverordnung des Innenministeriums zur Landesbauordnung (LBOAVO) 2. April 1984. Stuttgart: W. Kohlhammer Verlag 1993 (ähnlich lautende Landesbauordnungen sind von allen Bundesländern erlassen)

Sicherheitsregeln für hochziehbare Personenaufnahmemittel (PAM). ZH1/461, Süddeutsche Eisen- und Stahl- Berufsgenossenschaft, Mainz Oktober 1989

DIN EN 81 Sicherheitsregeln für die Konstruktion und den Einbau von Personen- und Lastenaufzügen sowie Kleingüteraufzügen
Teil 1 Elektrisch betriebene Aufzüge, Oktober 1986
Teil 2 Hydraulisch betriebene Aufzüge, Juli 1989
DIN EN 627 Regeln für die Datenerfassung und Fernüberwachung von Aufzügen, Fahrtreppen und Fahrsteigen. September 1995
DIN 4102, Teil 5 Brandverhalten von Baustoffen und Bauteilen. Feuerschutzabschlüsse, Abschlüsse in Fahrschachtwänden. September 1977
DIN 4109 Teil 5 Schallschutz im Hochbau. November 1989
DIN 15020, Teil 2 Grundsätze für Seiltriebe, Überwachung im Gebrauch. April 1974
DIN 15306 Personenaufzüge für Wohngebäude. Baumaße, Fahrkorbmaße, Türmaße. Januar 1985
DIN 15309 Personenaufzüge für andere als Wohngebäude sowie Bettenaufzüge. Baumaße, Fahrkorbmaße, Türmaße. Dezember 1984
DIN 15311 Führungsschienen, T-Profile. Dezember 1986
DIN 15315 Aufzüge, Seilschlösser. März 1983
DIN 15325 Bedienungs-, Signalelemente und Zubehör. Dezember 1990
DIN 18024, Teil 2 Barrierefreies Bauen, Öffentlich zugängliche Gebäude und Arbeitsstätten, Planungsgrundlagen. November 1996
DIN 18025 Barrierefreie Wohnungen.
Teil 1 Wohnungen für Rollstuhlbenutzer, Planungsgrundlagen, Dezember 1992
Teil 2 Planungsgrundlagen, Dezember 1992
DIN 18091 Schacht-Schiebetüren für Fahrschächte mit Wänden der Feuerwiderstandsklasse F90. Juli 1993
DIN 18800 Stahlbauten,
Teil 2 Stabilitätsfälle, Knicken von Stäben und Stabwerken. November 1990
DIN 31001 Schutzeinrichtungen,
Teil 1 Begriffe, Sicherheitsabstände für Erwachsene und Kinder. April 1983

4 Flurförderzeuge

4.1. Abgrenzung und Gliederung

DIN-Normen

DIN 30781	Teil 1	(05.89) Transportkette; Grundbegriffe
	Teil 1	Beiblatt 1 (05.89) –; –; Erläuterungen
	Teil 2	(05.89) –; Systematik der Transportmittel und Transportwege
DIN 30786	Teil 1	(12.93) Transportbelastungen; Mechanisch-dynamische Belastungen; Grundlagen
	E Teil 2	(10.86) –; Mechanisch-dynamische Beanspruchungen; Schwingungen und Stoßbeanspruchungen beim Straßentransport
DIN ISO 5053		(08.94) Kraftbetriebene Flurförderzeuge; Begriffe

VBG-Vorschriften

VBG 36 (07.95)	UVV Flurförderzeuge
VBG 36 DA (07.95)	Durchführungsanweisung für UVV Flurförderzeuge

VDI-Richtlinien

VDI 2199 (06.86)	Empfehlungen für bauliche Planungen beim Einsatz von Flurförderzeugen
VDI 2391 (05.82)	Zeitrichtwerte für Arbeitsspiele und Grundbewegungen von Flurförderzeugen
VDI 2511 (05.93)	Regelmäßige Prüfung von Flurförderzeugen; Mindestanforderungen
E VDI 2514 (10.94)	Verantwortung und Risiko beim Einsatz von Flurförderzeugen
VDI 3586 (03.94)	Flurförderzeuge; Begriffe, Kurzzeichen
VDI 3641 (05.88)	Mobile Datenübertragungssysteme im innerbetrieblichen Transport

4.2 Hilfsmittel zur Ladungsbildung

DIN-Normen

DIN 15141	Teil 1	(01.86) Transportkette; Formen und Hauptmaße von Flachpaletten
	Teil 2	(04.90) –; Paletten; Prüfverfahren für Flachpaletten
	Teil 4	(11.85) –; –; Vierwege-Fensterpaletten aus Holz; Brauereipaletten 1000 mm x 1200 mm
	E Teil 5	(10.85) Displaypaletten; Maße
DIN 15142	Teil 1	(02.73) Flurfördergeräte; Boxpaletten, Rungenpaletten; Hauptmaße und Stapelvorrichtungen
DIN 15145 (04.87)		Transportkette; Paletten; Systematik und Begriffe für Paletten mit Einfuhröffnungen
DIN 15146	Teil 2	(11.86) Vierwege-Flachpaletten aus Holz; 800 mm x 1200 mm
	Teil 3	(01.86) –; 1000 mm x 1200 mm
	Teil 4	(12.91) –; 800 mm x 600 mm
DIN 15147 (07.85)		Flachpaletten aus Holz; Gütebedingungen
DIN 15148 (07.68)		Flurfördergeräte; Boxpaletten aus Holz; aus Flachpaletten mit zusammensteckbaren Aufsetzrahmen
DIN 15150 (10.63)		Flurfördergeräte; Ansteckbretter für Flachpaletten
DIN 15155 (12.86)		Paletten; Gitterboxpalette mit 2 Vorderwandklappen
DIN 15190	Teil 101	(04.91) Frachtbehälter; Binnencontainer; Hauptmaße, Eckbeschläge, Prüfungen
	Teil 102	(04.91) –; –; Geschlossene Bauart
DIN 30790 (11.91)		Rollbehälter; Rollplatte mit Aufsteckwänden; Maße und sicherheitstechnische Anforderungen
DIN 30820	Teil 1	(02.91) Transportkette mit Behältern für Kleinteile; Klein-Ladungs-Träger-System (KLT-System); Beschreibung der Systemelemente, Maße
	Teil 2	(02.91) –; –; Klein-Ladungs-Träger und Tablare; Anforderungen und Prüfung
DIN 53441 (01.84)		Prüfung von Kunststoffen; Spannungsrelaxationsversuch
DIN 53444 (01.90)		Prüfung von Kunststoffen; Zeitstand-Zugversuch
DIN 53455 (08.81)		Prüfung von Kunststoffen; Zugversuch
E DIN 53455		(06.88) Prüfung von Kunststoffen; Zugversuch
DIN 55535	Teil 1	(02.89) Packhilfsmittel; Umreifungsbänder aus Kunststoff für die Anwendung mit Handgeräten
	E Teil 1	(09.92) –; -
	Teil 2	(03.92) –; Umreifungsbänder aus Kunststoff für die Anwendung in Automaten
	E Teil 2	(09.92) –; -
DIN 68163 (01.82)		Befestigungselemente für die Herstellung von Paletten aus Holz; Nägel
DIN 70013	Teil 1	(05.82) Wechselbehälter für Lastkraftwagen und Anhänger; Anschlußmaße und Zentriereinrichtungen
DIN 70019 (05.86)		Verschlußeinrichtungen für Wechselbehälter und Binnencontainer; Mindestanforderungen
DIN EN 283 (08.91)		Wechselbehälter; Prüfung
DIN EN 284 (04.92)		Wechselbehälter; Wechselbehälter der Klasse C; Maße und allgemeine Anforderungen
DIN EN 452 (06.95)		Wechselbehälter; Wechselbehälter der Klasse A; Maße und allgemeine Anforderungen

Technische Regeln 445

DIN EN 10002 Teil 1 (04.91) Metallische Werkstoffe; Zugversuch; Prüfverfahren (bei Raumtemperatur)
DIN ISO 668 (10.88) ISO-Container der Reihe 1; Klassifikation, Maße, Gewichte
E DIN ISO 830 (06.83) Container; Terminologie E Beiblatt 1 (06.83) -.; -; Ergänzungsvorschlag zu ISO 830
DIN ISO 1161 (07.81) ISO-Container der Reihe 1; Eckbeschläge, Anforderungen
DIN ISO 1496 Teil 1 (02.87) ISO-Container; Spezifikation und Prüfung; Stückgut-Container
    E Teil 2 (02.81) –; Spezifikation und Prüfung von ISO-Containern der Reihe 1; Thermalcontainer
    Teil 3 (08.85) –; Spezifikation und Prüfung; Tank-Container für Flüssigkeiten und Gase
    Teil 5 (02.85) –; Spezifikation und Prüfung von ISO-Containern der Reihe 1; Plattformen
E DIN ISO 3874 (08.80) ISO-Container der Reihe 1; Handhabung und Befestigung
DIN ISO 6346 (08.85) ISO-Container; Kodierung, Identifizierung und Kennzeichnung
E DIN ISO 10374 (03.90) Container; Automatische Identifizierung

VDI-Richtlinien

VDI 2383 (05.64) Stapelbehälter mit Traggestell für Flüssigkeiten und zähflüssige Güter; Nenninhalt 800 bis 2600 l
VDI 2415 (06.62) Merkblatt; Behandlung von Paletten
E VDI 2415 (10.94) Merkblatt; Handhabung von Paletten mit Flurförderzeugen
VDI 2496 (10.69) Stahlpalette
VDI 3636/SSRG 304 (11.84) Hilfsmittel zur rationellen Lastenbewegung mit Flurförderzeugen
VDI 3638 (07.95) Palettiermaschinen
VDI 3655 (08.92) Anforderungen an Flachpaletten für den Einsatz in automatischen Förder- und Lagersystemen
VDI 3968 Blatt 1 (01.94) Sicherung von Ladeeinheiten; Anforderungsprofil
    Blatt 2 (05.94) –; Organisatorisch-technische Verfahren
    Blatt 3 (01.94) –; Umreifen
    Blatt 4 (01.94) –; Schrumpfen
    Blatt 5 (12.94) –; Stretchen
    Blatt 6 (01.94) –; Sonstige Verfahren

4.3 Baugruppen von Flurförderzeugen

DIN-Normen

DIN 7728 Teil 1 (01.88) Kunststoffe; Kennbuchstaben und Kurzzeichen für Polymere und ihre besonderen Eigenschaften
DIN 7793 Teil 1 (02.90) Reifen für Kraftfahrzeuge, Arbeitsmaschinen und Anhängefahrzeuge; MPT-Mehrzweckreifen in Diagonalbauart
    Teil 2 (02.90) –; MPT-Mehrzweckreifen in Radialbauart
DIN 7798 Teil 1 (01.88) Reifen für Erdbaumaschinen, Muldenfahrzeuge und Spezialfahrzeuge auf und abseits der Straße; Reifen in Diagonalbauart; Nennquerschnittsverhältnis > 90 %
    Teil 2 (01.88) –; Breitfelgen-Reifen in Diagonalbauart
    Teil 3 (01.88) –; Reifen in Radialbauart; Nennquerschnittsverhältnis > 90 %
    Teil 4 (01.88) –; Breitfelgen-Reifen in Radialbauart
DIN 7804 Teil 1 (10.81) Reifen für leichte Nutzkraftwagen und deren Anhängefahrzeuge (C-Reifen); Reifen in Diagonalbauart
    Teil 2 (03.83) –; Mittenabstände für Zwillingsbereifung und Freiräume
    Teil 3 (10.81) –; Reifen in Radialbauart
DIN 7805 Teil 1 (07.80) Reifen für Nutzkraftwagen und deren Anhängefahrzeuge; Reifen in Diagonalbauart
    Teil 2 (03.83) –; Mittenabstände und Freiräume für Schrägschulterfelgen und Halbtiefbettfelgen
    Teil 3 (11.88) –; Reifen in Radialbauart; Nennquerschnittsverhältnis > 95 %
    Teil 4 (11.88) -; Reifen in Radialbauart; Schlauchlose Reifen auf Steilschulterfelgen
    Teil 5 (03.83) –; Mittenabstände und Freiräume für Steilschulterfelgen
    Teil 6 (11.88) –; Tragfähigkeits/Geschwindigkeits-Zuordnung
DIN 7811 Teil 1 (07.94) Luftreifen für Flurförderzeuge (Industrie-Reifen); Reifen mit Normalquerschnitt in Diagonalbauart
    Teil 2 (07.94) –; Breitreifen in Diagonalbauart
DIN 7820 (10.92) Schrägschulterfelgen für Kraftfahrzeuge und Anhängefahrzeuge; Felgendurchmesserbezeichnung 15, 20 und 24
DIN 7821 (03.82) Felgen für Handkarren
DIN 7825 (08.83) Felgen für Flurförderzeuge
DIN 7826 (10.83) Halbtiefbettfelgen (SDC-Felgen) für Nutzkraftwagen und deren Anhängefahrzeuge; Felgendurchmesserbezeichnung 16, 20 und 24
DIN 7827 (01.84) Felgen für Arbeitskraftmaschinen, landwirtschaftliche Geräte, Ackerwagen, Mehrzweckfahrzeuge und Anhängefahrzeuge
DIN 7829 (12.86) Felgen und Räder; Kennzeichnung
DIN 7845 Teil 1 (01.87) Vollgummireifen; Maße und Tragfähigkeiten

	Teil 2	(05.77) –; Konstruktionsrichtlinien für konische Fußausführungen
DIN 7848	Teil 1	(09.89) Felgen für Erdbaumaschinen und Spezialfahrzeuge; Schrägschulterfelgen mit beidseitig abnehmbarem Horn
	Teil 2	(09.89) –; Schrägschulterfelgen mit einseitig abnehmbarem Horn
	Teil 3	(09.89) –; Tiefbettfelgen
DIN 7852	(11.94)	Vollgummireifen für mehrteilige Luftreifenfelgen
DIN 15134	(06.91)	Flurförderzeuge; Räder mit geteilter Radscheibe für Luftreifen; Sicherheitstechnische Anforderungen und Prüfung
DIN 15160	Teil 1	(02.89) Kraftbetriebene Flurförderzeuge; Sicherheitstechnische Anforderungen, Prüfung
DIN 40763	Teil 1	(01.88) Nickel-Cadmium-Akkumulatoren; Geschlossene Nickel-Cadmium-Zellen mit positiver und negativer Faserstrukturplatte; Zellen in Kunststoffgefäßen; Nennkapazitäten, Hauptmaße
DIN 40771	Teil 1	(12.81) Nickel-Cadmium-Akkumulatoren; Zellen mit Taschenplatten; Zellen in Stahl- und Kunststoffgefäßen; Nennkapazitäten, Hauptmaße
DIN 43531	(10.84)	Blei-Akkumulatoren; Antriebsbatterien 48 V für Flurförderzeuge; Maße, Gewichte, elektrische Daten
E DIN 43531		(08.90) Blei-Akkumulatoren; Antriebsbatterien 48 V für Flurförderzeuge mit Zellen in wartungsarmer Ausführung; Maße, Gewichte, elektrische Daten
DIN 43534	(11.83)	Blei-Akkumulatoren; Wartungsfreie, verschlossene Blei-Akkumulatoren mit Gitterplatten und festgelegtem Elektrolyt; Kapazitäten, Spannungen, Hauptmaße, konstruktive Merkmale, Anforderungen
DIN 43535	(06.82)	Blei-Akkumulatoren; Antriebsbatterien 24 V für Flurförderzeuge; Maße, Gewichte, elektrische Daten
E DIN 43535		(08.90) Blei-Akkumulatoren; Antriebsbatterien 24 V für Flurförderzeuge mit Zellen in wartungsarmer Ausführung; Maße, Gewichte, elektrische Daten
DIN 43536	(08.83)	Blei-Akkumulatoren; Antriebsbatterien 80 V für Flurförderzeuge; Maße, Gewichte, elektrische Daten
E DIN 43536		(08.90) Blei-Akkumulatoren; Antriebsbatterien 80 V für Flurförderzeuge mit Zellen in wartungsarmer Ausführung; Maße, Gewichte, elektrische Daten
DIN 43539	Teil 1	(05.85) Akkumulatoren; Prüfungen; Allgemeines und allgemeine Prüfungen
	Teil 3	(12.80) –; –; Fahrzeugantriebszellen und -batterien
	Teil 5	(08.84) Blei-Akkumulatoren; Prüfungen; Wartungsfreie verschlossene Blei-Akkumulatoren mit Gitterplatten und festgelegtem Elektrolyt
	Teil 20	(10.91) –; Prüfung von mehrzelligen Batteriegehäusen
DIN 43567	Teil 2	(06.77) Blei-Akkumulatoren; Panzerplattenzellen; Zellen für Land- und Wasserfahrzeuge; Nennkapazitäten, Hauptmaße
DIN 43572	Teil 1	(03.80) Blei-Akkumulatoren; Antriebsbatterien für Flurförderzeuge; Tröge für Flurförderzeuge; Tröge für 80 V - Batterien; Form CK; Maße
	Teil 2	(08.74) Gleislose Batteriefahrzeuge; Batterietröge; Form D für Elektrowagen
	Teil 5	(08.77) Flurförderzeuge mit elektromotorischem Antrieb; Tröge für 80 V - Batterien; Form F
E DIN 43595		(08.90) Blei-Akkumulatoren; Zelle mit positiver Panzerplatte für Fahrzeugantriebe, wartungsarme Ausführung; Nennkapazitäten, Hauptmaße, Gewichte
DIN 51622	(12.85)	Flüssiggas; Propan, Propen, Butan, Buten und deren Gemische; Anforderungen
DIN 53505	(06.87)	Prüfung von Kautschuk, Elastomeren und Kunststoffen; Härteprüfung nach Shore A und Shore D
DIN 53512	(12.83)	Prüfung von Kautschuk und Elastomeren; Bestimmung der Rückprall-Elastizität
DIN VDE 0117		(03.91) Flurförderzeuge mit batterieelektrischem Antrieb
DIN VDE 0165		(02.91) Errichten elektrischer Anlagen in explosionsgefährdeten Bereichen
DIN VDE 0525		(03.83) Umlaufende elektrische Maschinen für Flurförderzeuge mit elektromotorischem Antrieb
DIN EN 50014		(VDE 0170/0171 Teil 1) (03.94) Elektrische Betriebsmittel für explosionsgefährdete Bereiche; Allgemeine Bestimmungen
DIN EN 50018	Teil 5	(03.95) Elektrische Betriebsmittel für explosionsgefährdete Bereiche; Druckfeste Kapselung „d"
DIN EN 50019 (05.78)		Elektrische Betriebsmittel für explosionsgefährdete Bereiche; Erhöhte Sicherheit „e"

DIN EN 50020 (05.78) Elektrische Betriebsmittel für explosionsgefährdete Bereiche; Eigensicherheit „i"

DIN ISO 2039 Teil 1 (09.90) Kunststoffe; Bestimmung der Härte; Kugeldruckversuch

FEM-Regeln

FEM 4.007c (1980) Abmessungen der Antriebs-Batteriezellen

FEM 4.007e (06.82) Elektrische Maschinen für Flurförderzeuge mit batterieelektrischem Antrieb

FEM 4.007f Teil 1 (09.83) und Teil 2 (10.84) Vorschriften für die elektrische Ausrüstung von Flurförderzeugen mit Nennspannungen über 96 V

FEM TN 02 (09.83) Methode zur Spezifikation der statischen Bodenbelastung durch Räder und Reifen und oder Bodenkontaktfläche

VDI-Richtlinien

VDI 2196 (07.85) Bereifung von Flurförderzeugen

VDI 2406 (01.65) Lenksysteme und Fahrwerksanordnungen für Flurförderzeug-Anhänger

Technische Regeln für Gefahrstoffe

TRGS 102 (09.93) Technische Richtkonzentrationen (TRK) für gefährliche Stoffe

TRGS 402 (11.86) Ermittlung und Beurteilung der Konzentrationen gefährlicher Stoffe in der Luft in Arbeitsbereichen

TRGS 554 (09.93) Dieselmotorenemissionen (DME)

TRGS 900 (04.95) Grenzwerte in der Luft am Arbeitsplatz: Luftgrenzwerte – MAK- und TRK-Werte

EWG-Richtlinien

88/77/EWG (12.87) Richtlinie des Rates vom 3. Dezember 1987 zur Angleichung der Rechtsvorschriften der Mitgliedstaaten über Maßnahmen gegen die Emission gasförmiger Schadstoffe aus Dieselmotoren zum Antrieb von Fahrzeugen

91/441/EWG (06.91) Richtlinie des Rates vom 26. Juni 1991 zur Angleichung der Rechtsvorschriften der Mitgliedstaaten über Maßnahmen gegen die Verunreinigung der Luft durch Emissionen von Kraftfahrzeugen

91/542/EWG (10.91) Richtlinie des Rates vom 1. Oktober 1991 zur Änderung der Richtlinie 88/77/EWG zur Angleichung der Rechtsvorschriften der Mitgliedstaaten über Maßnahmen gegen Emissionen gasförmiger Schadstoffe aus Dieselmotoren zum Antrieb von Fahrzeugen

ECE-Regelungen

ECE 49 (03.92) Regelung Nr. 49: Einheitliche Vorschriften für die Genehmigung von Motoren mit Selbstzündung und der mit einem Motor mit Selbstzündung ausgestatteten Fahrzeuge hinsichtlich der Emission luftverunreinigender Gase aus dem Motor

ECE 54 (06.86) Regelung Nr. 54: Einheitliche Vorschriften für die Genehmigung der Luftreifen für Nutzfahrzeuge und ihre Anhänger

4.4 Handfahrgeräte

4.5 Schlepper und Schleppzüge

4.6 Wagen und Hubwagen

DIN-Normen

DIN 3019 (04.72) Flurförderzeuge; Trapezblockfedern für Laufachsen von Handwagen und Anhängern

DIN 4902 (11.72) Flurförderzeuge; Handfahrzeuge und Anhänger; Laufzeug, Symbole, Benennungen, Erklärungen

DIN 8452 (03.62) Flurförderzeuge; Lenkräder ohne Mittelzapfen für Handwagen und Anhänger

DIN 8454 (06.62) Flurförderzeuge; Deichseln für Anhänger; Hauptmaße

DIN 8455 (11.81) Räder für Handwagen und Anhänger; Hauptmaße

DIN 8457 (06.67) Flurförderzeuge; Plattformen für Handwagen und Anhänger; Hauptmaße

DIN 8488 (11.81) Flurförderzeuge; Bock- und Lenkrollen; Hauptmaße

DIN 15137 (07.82) Flurförderzeuge; Gabelhubwagen; Tragfähigkeiten, Hauptmaße

DIN 15170 (03.87) Flurförderzeuge; Anhängekupplungen

DIN 15172 (12.88) Kraftbetriebene Flurförderzeuge; Schlepper und schleppende Flurförderzeuge; Zugkraft, Anhängelast

FEM-Regeln

FEM 4.001b (1980) Hochhubwagen und Gabelhochhubwagen; Standsicherheitsversuche

VDI-Richtlinien

VDI 2197 (09.83) Typenblatt für Flurförderzeuge; Wagen und Schlepper

VDI 2401 (01.65) Übersichtsblätter Flurförderzeuge; Schlepper

VDI 2402 (01.65) Übersichtsblätter Flurförderzeuge; Wagen

VDI 2403	(05.83)	Übersichtsblätter Flurförderzeuge; Niederhubwagen und Hochhubwagen mit Gabeln oder Plattformen
VDI 3567	(03.71)	Übersichtsblätter Flurförderzeuge; Anhänger bis 5 t Tragfähigkeit
VDI 3585	(07.76)	Innerbetrieblicher Schwerlasttransport mit Fahrzeugen ohne eigene Lastaufnahmemittel
VDI 3973	(03.90)	Kraftbetriebene Flurförderzeuge; Schleppzüge mit ungebremsten Anhängern

4.7 Stapler

4.8 Flurfahrbare Containerumschlagmittel

DIN-Normen

DIN 15136	(10.57)	Flurförderzeuge; Anbaugeräte für Stapler und Lader; Benennungen
DIN 15138 Teil 1	(07.63)	Flurförderzeuge; Standsicherheit; Einführung, Allgemeine Grundsätze
Teil 2	(07.63)	–; –; für Stand- und Sitz-Gabelstapler mit neigbarem Hubgerüst
DIN 15173	(04.86)	Flurförderzeuge; Gabelträger und Anbaugeräte für Stapler; Anschlußmaße für ISO-Gabelträger
DIN 15174	(04.88)	Flurförderzeuge; Gabelzinke für Stapler mit ISO-Gabelträger; Hauptmaße
DIN 15178	(10.86)	Flurförderzeuge; Gabelzinken für Stapler mit ISO-Gabelträger; Gabelhaken, Gabelarretierung
DIN 33402 Teil 1	(01.78)	Körpermaße des Menschen; Begriffe, Meßverfahren
Teil 2	(10.86)	–; Werte
Beiblatt 1	(10.84)	–; –; Anwendung der Körpermaße in der Praxis
DIN 33408 Teil 1	(01.87)	Körperumrißschablone für Sitzplätze
Beiblatt 1	(01.87)	–; Anwendungsbeispiele
DIN 33411 Teil 1	(09.82)	Körperkräfte des Menschen; Begriffe, Zusammenhänge, Bestimmungsgrößen
E Teil 2	(06.84)	–; Zulässige Grenzwerte für Aktionskräfte der Arme
Teil 3	(12.86)	–; Maximal erreichbare statische Aktionsmomente männlicher Arbeitspersonen an Handrädern
Teil 4	(05.87)	–; Maximale statische Aktionskräfte (Isodynen)
DIN 45635 Teil 1	(04.84)	Geräuschmessung an Maschinen; Luftschallemissionen, Hüllflächenverfahren; Rahmenverfahren für 3 Genauigkeitsklassen
Teil 11	(01.87)	–; –; Verbrennungsmotoren
Teil 26	(07.79)	–; –; Hydropumpen
Teil 41	(04.86)	–; –; Hydroaggregate
DIN 45645 Teil 2	(08.80)	Einheitliche Ermittlung des Beurteilungspegels für Geräuschimmissionen; Geräuschimmissionen am Arbeitsplatz
E DIN 45645 Teil 2	(09.91)	Einheitliche Ermittlung des Beurteilungspegels für Geräuschimmissionen; Geräuschimmissionen am Arbeitsplatz
E DIN EN 1459	(08.94)	Sicherheit von Maschinen – Stapler mit veränderlicher Reichweite
E DIN EN 1551	(12.94)	Sicherheit von Maschinen – Flurförderzeuge – Kraftbetriebene Flurförderzeuge über 10000 kg Tragfähigkeit
DIN ISO 2331	(04.83)	Stapler, Gabelzinken mit Gabelhaken; Begriffe

FEM-Regeln

FEM 4.001	(04.85)	Gabelstapler; Standsicherheitsversuche
FEM 4.001a	(1980)	Schubstapler und Spreizenstapler; Standsicherheitsversuche
FEM 4.001c	(1980)	Stapler, die mit vorgeneigtem Hubgerüst betrieben werden; Standsicherheitsversuche
FEM 4.001e	(1981)	Quergabelstapler; Standsicherheitsversuche
FEM 4.001f	(1980)	Geländegängige Gabelstapler; Standsicherheitsversuche
FEM 4.001h	(1980)	Vierwegestapler und Mehrwegestapler; Standsicherheitsversuche
FEM 4.001k	(09.83)	Stapler, die mit einer vorgegebenen Außermittigkeit der Last betrieben werden; Standsicherheitsversuche
FEM 4.001m	(1981)	Stapler, die mit einer unbestimmten Außermittigkeit der Last betrieben werden; Standsicherheitsversuche
FEM 4.001n	(10.84)	Zusätzliche Standsicherheitsprüfungen für Gabelstapler für die Handhabung von Containern 20 Fuß Länge und mehr
FEM TN 01	(09.83)	Gänge für Stapelung bei 90°; Freitragende Stapler zur Förderung von Lasten großer Breite

VDI-Richtlinien

VDI 2057	(05.87)	Einwirkung mechanischer Schwingungen auf den Menschen
VDI 2198	(05.94)	Typenblätter für Flurförderzeuge; Gabelstapler
VDI 2398	(08.82)	Zulassung von Gabelstaplern zum öffentlichen Straßenverkehr
VDI 2407	(03.81)	Übersichtsblätter Flurförderzeuge; Quergabelstapler
VDI 2412	(11.67)	Übersichtsblätter Flurförderzeuge; Vierweg-Gabelstapler
VDI 2695	(11.94)	Ermittlung der Kosten für Flurförderzeuge; Gabelstapler
VDI 3569	(08.71)	Typenblatt für Portalstapler zum Containertransport

Technische Regeln

VDI 3578	(06.73)	Anbaugeräte für Gabelstapler
VDI 3589	(05.81)	Auswahlkriterien und Testmöglichkeiten für Flurförderzeuge (Gabelstapler und Schubgabelstapler)
VDI 3597	(04.74)	Typenblatt für Schubstapler (Flurförderzeuge)
VDI 3615	(07.78)	Hubgerüst-Konstruktionen (und Benennungen) für Gabelstapler
VDI 3642	(03.88)	Schnittstellen zwischen Gabelstapler und Anbaugerät

EWG-Richtlinien

86/663/EWG (12.86) Richtlinie des Rates vom 22. Dezember 1986 zur Angleichung der Rechtsvorschriften der Mitgliedstaaten über kraftbetriebene Flurförderzeuge

89/240/EWG (12.88) Richtlinie der Kommission vom 16. Dezember 1988 zur Anpassung an den technischen Fortschritt der Richtlinie 86/663/ EWG des Rates zur Angleichung der Rechtsvorschriften der Mitgliedstaaten über kraftbetriebene Flurförderzeuge

ISO-Standards

ISO 1074	(03.91)	Gabelstapler; Standsicherheitsversuche
ISO 2330	(08.74)	Gabelhubstapler; Gabelarme; technische Kennwerte und Prüfung
ISO/DIS 2330	(02.94)	Gabelstapler; Gabelzinken; Technische Bedingungen und Prüfung
ISO 2631-1	(05.85)	Bewertung der Einwirkung von Ganzkörperschwingungen auf den Menschen; Teil 1 Allgemeine Anforderungen
ISO/DIS 2631-1	(02.94)	Mechanische Schwingungen und Stöße; Bewertung der Einwirkung von Ganzkörperschwingungen auf den Menschen; Teil 1 Allgemeine Anforderungen
ISO 2631-3	(02.89)	Bewertung der Einwirkung von Ganzkörperschwingungen auf den Menschen; Teil 3 Bewertung der Einwirkung von vertikalen z-Achsen-Ganzkörperschwingungen im Frequenzbereich von 0,1 bis 0, 63 Hz
ISO/DIS 3184	(08.88)	Schubstapler und Spreizenstapler; Standsicherheitsversuche
ISO 5767	(09.92)	Flurförderzeuge, die unter besonderer Betriebsbedingung Stapeln mit vorgeneigtem Hubgerüst betrieben werden; Zusätzliche Standsicherheitsversuche
ISO/DIS 6055	(07.90)	Stapler; Schutzdächer; Einzelheiten und Prüfung
ISO/DIS 7997	(03.83)	Kraftbetriebene Flurförderzeuge; Sichtverhältnisse; Prüfverfahren und Anforderungen
ISO/DIS 8379	(02.94)	Geländegängige Gabelstapler; Standsicherheitsversuche
ISO/DIS 10525	(06.90)	Gabelstapler zur Handhabung von Containern mit einer Länge von $\geq$ 6 m (20 ft); Zusätzliche Standsicherheitsprüfungen

4.9 Fahrerlose Transportsysteme

DIN-Normen

DIN V 19250	(05.94) Leittechnik; Grundlegende Sicherheitsbetrachtungen für MSR-Schutzeinrichtungen
E DIN V 19251	(12.93) Leittechnik; MSR-Schutzeinrichtungen; Anforderungen und Maßnahmen zur gesicherten Funktion
E DIN EN 1525	(11.94) Sicherheit von Maschinen – Fahrerlose Flurförderzeuge und ihre Systeme
E DIN EN 1526	(11.94) Sicherheit von Maschinen – Automatische Funktionen für Flurförderzeuge

FEM-Regeln

FEM 4.009c (1979) Fahrerlose Flurförderzeuge; Sicherheitsbedingungen

VDI-Richtlinien

VDI 2510	(11.92)	Fahrerlose Transportsysteme (FTS)
VDI 2513	(08.95)	FTS-Checkliste: Eine Planungshilfe für Betreiber und Hersteller von Fahrerlosen Transportsystemen (FTS)
VDI 3562	(06.74)	Übersichtsblatt; Fahrerlose Flurförderzeuge
VDI 3640	(10.85)	Selbstfahrendes Werkstückträger-Transportsystem
VDI 3641	(05.88)	Mobile Datenübertragungssysteme im innerbetrieblichen Transport
VDI 4451 Blatt 1	(08.95)	Kompatibilität von Fahrerlosen Transportsystemen (FTS); Handsteuergerät
Blatt 3	E (03.95)	–; Fahr- und Lenkantrieb
Blatt 4	E (01.95)	–; Offene Steuerungsstruktur für Fahrerlose Transportfahrzeuge (FTF)
Blatt 5	E (12.94)	–; Schnittstelle zwischen Auftraggeber und FTS-Steuerung

5 Regalförderer

5.1 Allgemeines und Gliederung

FEM-Regeln

FEM 9.001	(02.82)	Terminologie; Wörterbuch, Regalbediengeräte
FEM 9.101	(07.79)	Terminologie; Regalbediengeräte-Definitionen

5.2. Flurförderzeuge für Regalbedienung

DIN-Normen

DIN 15185 Teil 1 (08.91) Lagersysteme mit leitliniengeführten Flurförderzeugen; Anforderungen an Boden, Regal und sonstige Anforderungen

DIN 18560 Teil 7 (05.92) Estriche im Bauwesen; hochbeanspruchbare Estriche (Industrieestriche)/gilt zusammen mit DIN 18560 Teil 1

FEM-Regeln

FEM 4.001d (1980) Stapler mit hebbarem Fahrerplatz mit mittlerem und hohem Hub (Kommissionier-Stapler); Standsicherheitsversuche

FEM 4.001g (1980) Seitenstapler und Dreiseitenstapler; Standsicherheitsversuche

VDI-Richtlinien

VDI 2361 Blatt 2 (05.80) Flurförderzeuge für die Regalbedienung

VDI 3645 E (04.92) Empfehlungen für Böden, Regale und Leitlinienführungen beim Einsatz von Flurförderzeugen für die Regalbedienung

5.3 Schienengebundene Regalförderzeuge

DIN-Normen

DIN 15350 (04.92) Regalbediengeräte; Grundsätze für Stahltragwerke; Berechnungen

FEM-Regeln

FEM 9.221 (10.81) Leistungsnachweis für Regalbediengeräte; Zuverlässigkeit, Verfügbarkeit

FEM 9.222 (06.89) Regeln über die Abnahme und Verfügbarkeit von Anlagen mit Regalbediengeräten und anderen Gewerken

FEM 9.311 (02.78) Berechnungsgrundlagen für Regalbediengeräte; Tragwerke

FFM 9.512 (02.78) Berechnungsgrundlagen für Regalbediengeräte; Triebwerke

FEM 9.831 (02.95) Berechnungsgrundlagen für Regalbediengeräte; Toleranzen, Verformungen und Freimaße im Hochregallager

FEM 9.832 (01.96) Berechnungsgrundlagen für Regalbediengeräte; Toleranzen, Verformungen und Freimaße im Kleinteillager

VDI-Richtlinien

VDI 2361 Blatt 1 (12.93) Regalförderzeuge (regalabhängig)

VDI 2697 (07.72) Hochregalanlagen mit regalabhängigen Förderzeugen; Planungsstufen

VDI 3580 (10.95) Grundlagen zur Erfassung von Störungen an Hochregalanlagen

VDI 3627 (03.85) Regalförderzeuge; Empfehlungen für den Angebotsvergleich

VDI 3658 (07.93) Regalgang-Wechseleinrichtungen für Regalförderzeuge

5.4 Sicherheitseinrichtungen

DIN-Normen

DIN 15184 (07.91) Kraftbetriebene Flurförderzeuge; Flurförderzeuge für die Regalbedienung; Sicherheitstechnische Anforderungen und Prüfung

DIN 15185 Teil 2 (03.93) Lagersysteme mit leitliniengeführten Flurförderzeugen; Personenschutz beim Einsatz von Flurförderzeugen in Schmalgängen; Sicherheitstechnische Anforderungen, Prüfung

DIN EN 528 (10.96) Regalbediengeräte; Sicherheit

FEM-Regeln

FEM 9.753 (05.88) Sicherheitsregeln für Regalbediengeräte

FEM 9.754 (1988) Sicherheitsregeln für automatische Klein-Regalbediengeräte

5.5 Spieldauer

FEM-Regeln

FEM 9.851 (08.78) Leistungsnachweis für Regalbediengeräte; Spielzeiten

VDI-Richtlinien

VDI 3561 (07.73) Testspiele zum Leistungsvergleich und zur Abnahme von Regalförderzeugen

VDI 3561 Blatt 2 E (06.95) Spielzeitermittlung von regal- unabhängigen Regalbediengeräten

Literaturverzeichnis

[0.1] Scheffler, M.: Grundlagen der Fördertechnik – Elemente und Triebwerke. Wiesbaden: Vieweg 1994.

1 Einführung

[1.1] Hannover, H.-O.: Die Entwicklungstrends bei Produktion der Kran- und Hebetetchnik. Fördern und Heben, Mainz 34 (1984) 1, S. 35-39.

[1.2] Bahke, E.: Die Fördertechnik hat bereits die Schwelle zum Jahr 2000 überschritten – Rückblick und Ausblick. Deutsche Hebe- und Fördertechnik, Ludwigsburg 30 (1984) 12, S. 399-404.

2 Hebezeuge

[2.1] Loos, W.: Spezielle Probleme der Berechnung von Lastaufnahmemitteln. Hebezeuge und Fördermittel, Berlin 14 (1974) 4, S. 105-109.

[2.2] Droscha, H.: Neuartige Lasthaken für Schiffsdrehkrane. Schiff und Hafen, Hamburg 30 (1978) 2, S. 133-134.

[2.3] Taschenbuch für den Maschinenbau/Dubbel. Hrsg. v. W. Beitz u. K.-H. Küttner. 17. Aufl. Berlin, Heidelberg, New York, London, Paris, Tokyo, Barcelona: Springer 1990.

[2.4] Hütte/Die Grundlagen der Ingenieurwissenschaften. Hrsg. v. H. Czichos. 29. Aufl. Berlin, Heidelberg, New York, London, Paris, Tokyo, Barcelona: Springer 1989.

[2.5] Taschenbuch Maschinenbau in 8 Bänden. Bd. 2: Werkstoffkunde und Werkstoffprüfung, Mechanik und Festigkeitslehre, Strömungstechnik, technische Thermodynamik. Hrsg. v. S. Fronius u. F. Holzweißig. Berlin: Technik 1985.

[2.6] Ernst, H.: Die Hebezeuge. Bd. 1: Bemessungsgrundlagen, Bauteile, Antriebe. 8. Aufl. Braunschweig: Vieweg 1973.

[2.7] Hoffmann, K.; Krenn, E.; Stanker, G.: Fördertechnik. Bd. 1 Bauelemente, ihre Konstruktion und Berechnung. Wien: R. Oldenbourg 1973.

[2.8] Pfeifer, H.: Grundlagen der Fördertechnik. Braunschweig: Vieweg 1977.

[2.9] Zillich, E.: Fördertechnik für Studium und Praxis. Bd. 1 Elemente, Lastaufnahmemittel, Winden und Krane. Düsseldorf: Werner 1971.

[2.10] Grundmann, W.; Scholich, S.: Berechnung von Lastaufnahmemitteln. 2. Aufl. Leipzig: Schwermaschinenbaukombinat Takraf 1985.

[2.11] Gollasch, J.: Arbeitsblätter Fördertechnik Nr. 3. 2.2 Spannungen im gekrümmten Träger. Hebezeuge und Fördermittel, Berlin 33 (1993) 9, S. 371-372.

[2.12] v. Basse, K.: Rationelle Berechnung stark gekrümmter Träger. Hebezeuge und Fördermittel, Berlin 26 (1986) 2, S. 39-42.

[2.13] Tolle, M. Ermittlung der Spannungen krummer Stäbe. Zeitschrift des VDI, Düsseldorf 47 (1903) 25, S. 884.

[2.14] Rötscher, F.: Einfache Verfahren zur Ermittlung des Schwerpunkts, des Rauminhalts und der Momente höherer Ordnung. Zeitschrift des VDI, Düsseldorf 80 (1936) 45, S. 1351-1354.

[2.15] Thiele, R.: Ermittlung der Schubspannungen an gekrümmten Trägern mit Rechteck- und Doppel-T-Querschnitt. Schweißtechnik, Berlin 17 (1967) 11, S. 503-505.

[2.16] Siebel, E.: Pfender, M.: Neue Erkenntnisse der Festigkeitsforschung. Die Technik, Berlin 2 (1947) 3, S. 117-121.

[2.17] Liebe, R.: Optimale Bauteilgestaltung durch Nutzung plastischer Werkstoffverformung, Konstruktion, Berlin 37 (1985) 1, S. 21-28.

[2.18] Wöllisch, W.: Festigkeitsberechnung und experimentelle Spannungsanalyse biegebeanspruchter, stark gekrümmter Träger. Deutsche Hebe- und Fördertechnik, Ludwigsburg 22 (1976) 11, S. 445-449.

[2.19] Loos, W.; Trotzky, P.; Schulz, G.: Bemessen gekürmmter Stäbe. Hebezeuge und Fördermittel, Berlin 17 (1977) 2, S. 46-49.

[2.20] Unold, G.: Die Berechnung des geschlossenen Lastbügels. Der praktische Maschinenkonstrukteur, München 59 (1926) 29/30, S. 317-318.

[2.21] Maduschka, L.: Beanspruchungsgerechte Form der Schraubenverbindungen an Kranhaken. Stahl und Eisen, Düsseldorf 79 (1959) 11, S. 797-802.

[2.22] Bendix, H.; Sommerfeld, H.-U.: Einfluß tiefer Temperaturen auf die Berechnung und konstruktive Ausführung der Elemente von Seilflaschen. Hebezeuge und Fördermittel, Berlin 19 (1979) 6, S. 169-173.

[2.23] Unterberg, H.-W.: Das Verdrillen der Seilstränge bei Kranen mit großen Hakenwegen. Fördern und Heben, Mainz 29 (1979) 2, S. 90-92.

[2.24] Becker, K; Lobert, H.: Sicherheitstechnische Anforderungen an Anschlagseile im Schwerlastbereich. Fördern und Heben, Mainz 41 (1991) 10, S. 833-837.

[2.25] Koch, M.; Schmidt, A.: Tragfähigkeitsversuche an kurzgliedrigen Rundstahlketten. Hebezeuge und Fördermittel, Berlin 18 (1978) 11, S. 324-326.

[2.26] Ritter, W.-D.: Über die Belastbarkeit von Anschlagseilen aus Stahl. Der Maschinenschaden, München 47 (1974) 2, S. 59-68.

[2.27] Paul, H.: Hebebänder aus synthetischen Fasern. Deutsche Hebe- und Fördertechnik, Ludwigsburg 23 (1977) 2, S. 75-77.

[2.28] Rohkrämer, H.; Ertel, G.; Larisch, B.: Kantenschutzeinrichtungen für Drahtseile. Hebezeuge und Fördermittel, Berlin 20 (1980) 5, S. 147-151.

[2.29] Loos, W.; Ranft, W.; Lüning, H.: Lastaufnahmemittel, Teil II. Hebezeuge und Fördermittel, Berlin 10 (1970) 7, S. 212-216.

[2.30] Plamper, P: Ermittlung der sich einstellenden Schieflagen von Lasten an Hebegeschirren. Hebezeuge und Fördermittel, Berlin 11 (1971) 8, S. 240-243.

[2.31] Freyer, E.: Biegemomentenverlauf an Lastbügeln. Fördern und Heben, Mainz 39 (1989) 12, S. 996-998.

[2.32] Kreyß, G.; Neuhaus, H.: Erfahrungen mit Zangen für Blechbunde. Stahl und Eisen, Düsseldorf 90 (1970) 8, S. 420-421.

[2.33] Leikert, F.: Selbstspannende Greifzangen (Statische Berechnung und Vergleich von vier Zangen). Fördertechnik, Wittenberg 35 (1942) 13/14, S. 97-105.

[2.34] Voge, K.: Lagesicherheit des Stückguts an einer Zange. Hebezeuge und Fördermittel, Berlin 32 (1992) 1, S. 12-15.

[2.35] Loos, W.; Schulz, G.; Rummel, P.: Erläuterungen zu einer neuen Berechnungsvorschrift für Lastaufnahmemittel. Hebezeuge und Fördermittel, Berlin 14 (1974) 9, S. 268-274.

[2.36] Fischer, P.; Kabisch, G.: Versuchsstände zur Untersuchung von Kraftschlußpaarungen. Hebezeuge und Fördermittel, Berlin 21 (1981) 5, S. 145-149.

[2.37] Fischer, P.; Kabisch, G.: Methoden zur experimentellen Bestimmung von Kraftschlußkoeffizienten für ausgewählte Kraftschlußpaarungen an Lastaufnahmemitteln. Dresden, Techn. Univ., Diss. v. 1980.

[2.38] Fischer, P.; Kabisch, G.: Kraftschlußkoeffizienten für Lastaufnahmemittel. Hebezeuge und Fördermittel, Berlin 23 (1983) 4, S. 112-115.

[2.39] Grundmann, W.; Transport von Blechen mit Klemmen. Hebezeuge und Fördermittel, Berlin 14 (1974) 1, S. 12-17.; 2, S. 53-55.

[2.40] Grundmann, W.; Scholich, S.: Kräfteverteilung an reibschlüssigen Lastaufnahmemitteln. Hebezeuge und Fördermittel, Berlin 15 (1975) 7, S. 203-209.

[2.41] Matthias, K.: Allgemeine Lösung zur Kraftwirkung in Exzenterklemmen. Hebezeuge und Fördermittel, Berlin 29 (1989) 10, S. 307-311.

[2.42] Grundmann, W.: Dimensionierung von Exzenterklemmen für den Horizontaltransport. Hebezeuge und Fördermittel, Berlin 16 (1976) 7, S. 198-201.

[2.43] Grundmann, W.; Scholich, S.: Kräfte an Exzenterklemmen zur Aufnahme von Blechen durch Hebezeuge. Deutsche Hebe- und Fördertechnik, Ludwigsburg 22 (1976) 6, S. 229-233.

[2.44] Ranft, W.: Probleme der Verriegelung von Zangen, Spreizen, Klemmen. Hebezeuge und Fördermittel, Berlin 14 (1974) 1, S. 18-21.

[2.45] Hänchen, R.: Die Lastaufnahmemittel der Krane. Teil III Fördergefäße für Schüttgüter. Maschinenbau, Berlin 3 (1923/24) 16, S. 567-570.

[2.46] Kammerer, A.: Versuche mit Selbstgreifern. Zeitschr. des Vereins Deutscher Ingenieure, Düsseldorf 56 (1912) 16, S. 617-622.

[2.47] Klingohr, R.: Einsatzmöglichkeiten eines Einseilgreifers. Hebezeuge und Fördermittel, Berlin 12 (1972) 10, S. 290-294.

[2.48] Naß, E.: Einseilgreifer im Stückguthafen. Hansa, Hamburg 87 (1950) 1/3, S. 124-128.

[2.49] Verhoeven, C.: Over Grijpers vor de Verhandling van Stortgoed (Über Greifer zum Umschlag von Schüttgut). Jubiläumsschrift Fa. A. Femont u. C. Verhoeven, Boom, Okt. 1949 (holl.).

[2.50] Zemmrich, G.: Einseil-, Motor- und Hydraulikgreifer. Fördern und Heben, Mainz 15 (1965) 3, S. 126-130.

[2.51] Heidger, M.: Verschiedene Greiferbauarten für Massengüter. Schiff und Hafen, Hamburg 21 (1961) 9, S. 747-750.

[2.52] Pfahl, G.: Kräfteverteilung und Greifen bei Selbstgreifern. Zeitschr. des Vereins Deutscher Ingenieure, Düsseldorf 56 (1912) 50, S. 2005-2011; 51, S. 2054-2060; 52, S. 2102-2105; 57 (1913) 30, S. 1182-1184.

[2.53] Tauber, B. A.: Grejfernye mechanizmy (Greifermechanismen). Moskva, Mašgis 1967 (russ.).

[2.54] Eckardt, E.; Wagner, M.; Hartung, R.: Zur Realisierung horizontaler Greifererschließkurven. Hebezeuge und Fördermittel, Berlin 30 (1990) 1, S. 12-14.

[2.55] Ernst, H.: Die Hebezeuge. Bd. 2: Winden und Krane. 5. Aufl. Braunschweig: Vieweg 1961.

[2.56] Conrad, S.: Über die Inhaltsbemessung von Selbstgreifern für Massengüter. Deutsche Hebe- und Fördertechnik, Ludwigsburg 15 (1969) 9, S. 615-617.

[2.57] Ninnelt, A.: Über Kraft- und Arbeitsverteilung an Greifern – besonders Motorgreifern. Wittenberg: Ziemsen 1924.

[2.58] Schuszter, M.: Verbesserte Motorgreifer. Dresden, Hochschule für Verkehrswesen, Diss. v. 1966.

[2.59] Niemann, G.: Neue Erkenntnisse im Greiferbau. Zeitschr. des Vereins Deutscher Ingenieure, Düsseldorf 79 (1935) 10, S. 325-328.

[2.60] Torke, H.-J.: Untersuchungen über den Füllvorgang von Greifern bei Versuchen im Sand. Deutsche Hebe- und Fördertechnik, Ludwigsburg 8 (1962) 8, S. 385-399.

[2.61] Wilkinson, H.N.: Research into the Design of Grabs by Tests on Models (Untersuchungen über den Entwurf von Greifern mittels Modellversuchen). Proceedings of the Institution of Mechanical Engineers, London 178 (1963/64) 31, S. 831-846 (engl.).

[2.62] Bauerschlag, D.: Untersuchungen zum Füllverhalten von Motorgreifern. Hannover, Univ., Diss. v. 1979.

[2.63] Dietrich, G.: Einfluß der Korngröße des Schüttguts auf die Füllmasse von Zweischalengreifern. Dresden, Techn. Univ., Diss. v. 1968.

[2.64] Dietrich, G.: Einfluß bestimmter Greifer- und Schüttgutparameter auf die Masse des gegriffenen Guts. Hebezeuge und Fördermittel, Berlin 11 (1971) 3, S. 75-77; 4, S. 105-107; 5, S. 137-141.

[2.65] Scheffler, M.: Neue Erkenntnisse über die Auslegung von Zweischalen-Schüttgutgreifern. Deutsche Hebe- und Fördertechnik, Ludwigsburg 18 (1972) 11, S. 677-680; 12, S. 731-734; 19 (1973) 1, S. 25-27; 2, S. 72-74.

[2.66] Gebhardt, R.: Eindringungswiderstände von Schneiden in grobkörnigem Schüttgut. Dresden, Techn. Univ., Diss. v. 1972.

[2.67] Gebhardt, R.: Untersuchung der Eindringwiderstände grobkörniger Haufwerke. Hebezeuge und Fördermittel, Berlin 12 (1972) 6, S. 241-247.

[2.68] Werth, H.: Neuentwicklung – Seilgreifer mit enormen Vorteilen. In: Peine- und Salzgitter-Berichte. Salzgitter, 1977, Nr. 1, S. 41-44.

[2.69] Werth, H.: Entwicklungsstand bei Seilgreifern für Massengüter. Fördern und Heben, Mainz 30 (1980) 3, S. 228-230.

[2.70] Conrad, S.: Neue Konzeption des Motor-Zweischalengreifers. Fördern und Heben, Mainz 21 (1971) 8, S. 431-433.

[2.71] Hellkötter, W.: Technische Fortschritte bei Motorgreifern. Deutsche Hebe- und Fördertechnik, Ludwigsburg 17 (1971) 10, S. 590-595.

[2.72] Alting, H.: Greifer mit verwindungssteifen Schalen. Fördern und Heben, Mainz 15 (1965) 8, S. 589-591.

[2.73] Lüttgerding, H.: Leistungssteigerung von Selbstgreifern durch Leichtbauweise. Fördern und Heben, Mainz 2 (1952) 2, S. 38-43.

[2.74] Conrad, S.: Gezielte Auswahl von Greifern für Schüttgutumschlag im Binnenhafen. Fördern und Heben, Mainz 12 (1962) 11, S. 773-776.

[2.75] Alting, A.: Greifer für neuere Massengutumschlaganlagen. Fördern und Heben, Mainz 17 (1967) 2, S. 87-91.

[2.76] South, R.T.: Preventing Leakage of Materials from Grabs (Verhütung von Streuverlusten aus Greifern). The Engineer, London 227 (1969) 5903, S. 404-406 (engl.).

[2.77] Hellkötter, W.: Zweischalengreifer neuer Bauart. Fördern und Heben, Mainz 25 (1975) 5, S. 370-372.

[2.78] Alicke, G.: Lagerbuchsen aus Polyamid für Greifer. Fördern und Heben, Mainz 23 (1973) 3, S. 138-140.

[2.79] Schummer, A.: Staubfreie Bunkerbeschickung mit Greiferkran. Fördern und Heben, Mainz 36 (1986) 10, S. 723-724.

[2.80] The expanding role of electromagnetic lifting (Die zunehmende Rolle des elektromagnetischen Hebens). Modern Materials Handling, Boston (1973) 9, S. 58-65 (engl.).

[2.81] Hellkötter, W.: Magnettraversen, Werkzeuge für den rationellen Stahlumschlag. Fördern und Heben, Mainz 25 (1975) 13, S. 1245-1252.

[2.82] Freitag, K.: Lasthebemagnete im Stahlhandel. Deutsche Hebe- und Fördertechnik, Ludwigsburg 33 (1986) 5, S. 42-45; 6, S. 27-32.

[2.83] Pfiffner, E.: Die Berechnung von Lasthebemagneten. Elektrotechnische Zeitschrift, Berlin 33 (1912) 2, S. 29-33; 3, S. 57-60.

[2.84] Brüninghaus, G.: Steuerungen für Lastmagnete. Fördern und Heben, Mainz 21 (1971) 12, S. 724-730.

[2.85] Klepzig, W.: Magnetgreifer – errechnete und gemessene Haltekräfte. Maschinenbautechnik, Berlin 33 (1984) 2, S. 61-63.

[2.86] Pease, J.: Increasing pick up of scrap with electromagnet by cone attachment (Größere Gutaufnahme von Schrott mit Elektromagnet durch kegelige Zusatzeinrichtung). Ironmaking and Steelmaking, London 8 (1981) 4, S. 182-185 (engl.).

[2.87] Cardone, R.; Gühring, H.: Material-Handling mit elektropermanenten Magneten. Deutsche Hebe- und Fördertechnik, Ludwigsburg 33 (1987) 9, S. 50-52.

[2.88] Schneider, H.-D.: Elektronische Steuerung für permanentmagnetisch erregte Lasthebemagnetsysteme. Deutsche Hebe- und Fördertechnik, Ludwigsburg 25 (1979) 4, S. 173-176.

[2.89] Barth, E.: Einsatz von permanent- und stromerregten Magneten. Deutsche Hebe- und Fördertechnik, Ludwigsburg 35 (1989) 6, S. 44-45.

[2.90] Warlitz, G.: Permanentmagnet mit Fingerpol bietet höhere Sicherheit. Fördern und Heben, Mainz 39 (1989) 5, S. 488-489.

[2.91] Morgenstern, L.: Mechanisierung des Transports durch Saugluft. Hebezeuge und Fördermittel, Berlin 3 (1963) 9, S. 262-266.

[2.92] Günther, R.: Vakuumlasthaftgeräte. Hebezeuge und Fördermittel, Berlin 5 (1965) 9, S. 257-263.

[2.93] Hilscher, G.: Vakuumheber in Hüttenwerken. Deutsche Hebe- und Fördertechnik, Ludwigsburg 11 (1965) 6, S. 338-340.

Literaturverzeichnis

[2.94] Steinert, K.: Flurförderzeuge heben und transportieren Lasten mit Vakuum. Fördern und Heben, Mainz 11 (1961) 6, S. 359-361.

[2.95] Grundmann, W.: Kräftegleichgewicht an der Palettengabel mit Gewichtsausgleich. Hebezeuge und Fördermittel, Berlin 31 (1991) 10, S. 431-432; 11, S. 479-480.

[2.96] Mechtold, F.: Alles über Spreader. Fördern und Heben, Mainz 37 (1987) 12, S. 889-892; 38 (1988) 1, S. 9-12.

[2.97] Knechtel, R.: Lastaufnahmemitttel für Containerumschlag – Drehspreader. Hebezeuge und Fördermittel, Berlin 23 (1983) 4, S. 116-117.

[2.98] Werth, H.: Schubgondel-Spreader für den Containerumschlag mit Ausleger-Drehkranen. Fördern und Heben, Mainz 28 (1978) 2, S. 90-93.

[2.99] Werth, H.: Dreh-Spreader mit eigener Energiequelle erleichtert den Container-Umschlag. Fördern und Heben, Mainz 30 (1980) 4, S. 332-333.

[2.100] Empfehlungen für den Bau von Spreadern für Containerkrane. Hansa, Hamburg 110 (1973) 21, S. 1857-1859.

[2.101] Spreader für Auslegerkrane. Fördern und Heben, Mainz 28 (1978) 2, S. 114.

[2.102] Dorsch, S.: Handhebezeuge und Fördergeräte, einfache, aber wichtige Rationalisierungsmittel. Deutsche Hebe- und Fördertechnik, Ludwigsburg 13 (1967) 4, S. 247-250.

[2.103] Hänchen, W.: Sperrwerke und Bremsen. Berlin: Julius Springer 1930.

[2.104] Bogdanov, J.S.: Petuchov, P.S.: Bremsvorrichtungen an Kranen. Berlin: Technik 1955.

[2.105] Bergmann, R.: Berechnung von Gewindelastdruckbremsen. Hebezeuge und Fördermittel, Berlin 8 (1968) 5, S. 136-141.

[2.106] Ziessling, K.: Pneumatische Hebezeuge und Fördermittel. Fördern und Heben, Mainz 17 (1967) 12, S. 707-711.

[2.107] Ricken, Th.: Der Elektrozug. Fördern und Heben, Mainz 20 (1970) 5, S. 263-268.; 7, S. 364-367.

[2.108] Neu konzipierte Hubwerkreihe erfüllt vielseitige Anforderungen. Fördern und Heben, Mainz 35 (1985) 5, S. 374-378.

[2.109] Schneidersmann, E.-O.: Serienhebezeuge für erhöhte Sicherheitsanforderungen. Fördern und Heben, Mainz 40 (1990) 7, S. 511-513.

[2.110] ISO 4301/1-1986 (E) Cranes and lifting appliances – Classification – Part 1: General (Krane und Hebezeuge – Klassifikation – Teil 1: Allgemeines). International Organization for Standardization 1986.

[2.111] Grote, H.: Die neuen Berechnungsregeln für Elektrozüge der Fédération Européenne de la Manutention. Fördern und Heben, Mainz 19 (1969) 5, S. 255-265.

[2.112] Wagner, G.: Neue FEM-Regel mit Sicherheitsstandard. Fördern und Heben, Mainz 43 (1993) 12, S. 882–884.

[2.113] Greiner, H.: Wahl der Explosionsschutzart bei Antrieben von Stetigförderern. Fördern und Heben, Mainz 20 (1970) 8, S. 447-449.

[2.114] Kemmel, P.: Hebetechnik in explosionsgefährdeten Bereichen. Fördern und Heben, Mainz 43 (1993) 11, S. 806-810.

[2.115] Fendt, E.: Druckluft in der Fördertechnik. Deutsche Hebe- und Fördertechnik, Ludwigsburg 12 (1966) 12, S. 763-765, 790.

[2.116] Hubtische für vielschichtige Einsatzmöglichkeiten. Deutsche Hebe- und Fördertechnik, Ludwigsburg 39 (1993) 12, S. 50.

[2.117] Kotte, G.: Einsatzfelder für Hubarbeitsbühnen. Fördern und Heben, Mainz 36 (1986) 11, S. 819-821.

[2.118] Genser, R.: Bewegliche Arbeitsbühnen für vielfältige Einsatzmöglichkeiten. Deutsche Hebe- und Fördertechnik, Ludwigsburg 41 (1996) 1/2, S. 34-36, 41-48.

[2.119] Blicke unter Brücken. Fördern und Heben, Mainz 40 (1990) 1, S. 42-44.

[2.120] Kärnä, T.: Kraftannahmen bei Hubarbeitsbühnen. Konstruktion, Berlin 32 (1980) 8, S. 307-310.

[2.121] Forth, W.: Sicherheitstechnische Probleme im Umgang mit der Unfallverhütungsvorschrift „Hebebühnen". Fördern und Heben, Mainz 35 (1985) 5, S. 384-387.

[2.122] Merkbuch für die Schienenfahrzeuge der Deutschen Bundesbahn – Güterwagen und Container DS 939/5, Ausg. 1984.

[2.123] Manson, H.-L.: Der neue Großraumsattelwagen (Fal/Tal). ETR – Eisenbahntechnische Rundschau, Darmstadt 43 (1994) 1-2, S. 91-96, 98-100.

[2.124] Mechtold, F.: Hubwerke für Waggonkipper. Fördern und Heben, Mainz 20 (1970) 11, S. 625-628.

[2.125] Dietl, W.: Attribute der Kranentwicklung. Hebezeuge und Fördermittel, Berlin 33 (1993) 5, S. 166-171.

[2.126] Leonhardt, T.: Kranmodernisierung – eine Chance für kleine Unternehmen. Hebezeuge und Fördermittel, Berlin 34 (1994) 6, S. 252-255.

[2.127] Schlemminger, K.: Analyse der Bewegungsparameter und maximaler Gutdurchsatz von Schiffsentladern mit Greiferbetrieb. Hebezeuge und Fördermittel, Berlin 13 (1973) 9, S. 278-281.

[2.128] Eickelkamp, W.: Was sind lange Katzen? Einsatzmöglichkeiten und Beispiele. Fördern und Heben, Mainz 22 (1972) 3, S. 118-122.

[2.129] Klöppel, K.; Lie, K.H.: Beanspruchung querbelasteter Trägerflansche. Der Stahlbau, Berlin 21 (1952) 11, S. 201-206.

[2.130] Mendel, G.: Berechnung der Trägerbeanspruchung mit Hilfe der Plattentheorie. Fördern und Heben, Mainz 22 (1972) 14, S. 835-842.

[2.131] Hannover, H.-O.; Reichwald, R.: Lokale Biegebeanspruchung von Träger-Unterflanschen. Fördern und Heben, Mainz 32 (1982) 6, S. 455-460; 8, S. 630-633.

[2.132] Becker, K.: Trägerflanschbiegung durch Laufkatzen. Fördern und Heben, Mainz 18 (1968) 4, S. 231-234.

[2.133] Warkenthin, W.: Hinweise zum Berechnen und Verstärken von Unterflansch-Katzträgern im Raddruckeinleitungsbereich. Hebezeuge und Fördermittel, Berlin 32 (1992) 6, S. 291-292; 8, S. 387-388.

[2.134] Kos, M.: Entwicklung der Lauf- und Portalkrane - Systematisierung und Kriterien. Deutsche Hebe- und Fördertechnik, Ludwigsburg 34 (1988) 10, S. 36, 38, 40, 42, 43.

[2.135] Kos, M.: Bewertung neuer Katzenbauarten der Einträgerbrücken- und Portalkrane. VDI-Zeitschrift, Düsseldorf 124 (1982) 4, S. 135-140.

[2.136] Kos, M.: Einträgerkrane mit Hüllkatzen. Fördern und Heben, Mainz 33 (1983) 9, S. 627-631.

[2.137] Kos, M.: Einträgerkrane mit Rohrkatze. Fördern und Heben, Mainz 34 (1984) 2, S. 92-94.

[2.138] Georgijevic, M.; Milisavljevic, B.: Pendeln des Containers bei der Katzbewegung von Portalkranen. Deutsche Hebe- und Fördertechnik, Ludwigsburg 40 (1994) 9, S. 41-44, 46.

[2.139] Heinl, H.-U.: Franzen, H.; Hochreiter, J.M.: Lastpendelgedämpfte Krane mit Fahrantriebsregelung und Pendelwinkelrückführung. Deutsche Hebe- und Fördertechnik, Ludwigsburg 37 (1991) 12, S. 43-47.

[2.140] Prins, G.: Dynamisches Verhalten großer Verladebrücken. Fördern und Heben, Mainz 29 (1979) 11, S. 996-1001; 12, S. 1111-1113.

[2.141] Severin, D.: Seilsysteme für Schiffsentlader mit fernbetriebenen Seilzugkatzen. Deutsche Hebe- und Fördertechnik, Ludwigsburg 15 (1969) 5, S. 366-370.

[2.142] 175 Jahre Innovationen in der Fördertechnik. Fördern und Heben, Mainz 44 (1994) 11, S. 843-844.

[2.143] Kos, M.: Vergleich und Optimierung neuer Laufkrane. Fördern und Heben, Mainz 38 (1988) 3, S. 148, 150, 153, 154.

[2.144] Böckenholt, V.: Funkfernsteuerungen sind sichere und zuverlässige Arbeitsmittel in allen Bereichen der Industrie. Hebezeuge und Fördermittel, Berlin 34 (1993) 3, S. 76, 79, 80.

[2.145] Ergonomie und Komfortansprüche im Mittelpunkt der Entwicklung einer neuen Krankabine. Deutsche Hebe- und Fördertechnik, Ludwigsburg 26 (1980) 9, S. 363-364.

[2.146] Kos, M.: Eigenfrequenzen der Krane aus der Sicht des Konstrukteurs. Deutsche Hebe- und Fördertechnik, Ludwigsburg 26 (1980) 9, S. 365-368.

[2.147] Kos, M.: Bemerkungen zur dynamischen Stabilität von Kranen. Fördern und Heben, Mainz 30 (1980) 11, S. 997-1000.

[2.148] Wagner, H.: Kranfahrwerke. Deutsche Hebe- und Fördertechnik, Ludwigsburg 10 (1964) 6, S. 238.

[2.149] Schlauderer, A.: Schwingungsdämpfung bei Brückenkranen. Fördern und Heben, Mainz 42 (1992) 4, S. 270-271.

[2.150] Franke, K.-P.: Feder-Dämpfungskoppelelemente in den Radaufhängungen von Brückenkranen. Deutsche Hebe- und Fördertechnik, Ludwigsburg 37 (1991) 9, S. 70, 72-74, 76, 77.

[2.151] Hannover, H.-O.; Mechtold, F.; Tasche, G.: Sicherheit bei Kranen. Erläuterungen zur Unfallverhütungsvorschrift. Düsseldorf: VDI 1989.

[2.152] Kreyß, G.; Müller, W.: Neue Wege im Kranbau für Hüttenwerke. Stahl und Eisen, Düsseldorf 102 (1982) 7, S. 351-358.

[2.153] Ludwig, H.G.: Vergleich elektromotorischer Antriebe für Kranfahrwerke unter Berücksichtigung des Fahrereinflusses durch Echtzeitsimulation. Darmstadt, Techn. Hochschule, Diss. v. 1985. Kurzfassung: Vergleich elektromotorischer Antriebe für Kranfahrwerke. Konstruktion, Berlin 40 (1988) 12, S. 487-496.

[2.154] Hydrostatische oder elektrische Antriebe für Krane. Fördern und Heben, Mainz 31 (1981) 7, S. 517-524.

[2.155] Auer, O.: Brückenkrane aus Leichtmetall. Fördern und Heben, Mainz 23 (1973) 15, S. 854-855.

[2.156] Goussinsky, D.; Pasternak, H.; Baars, H.: Hallen mit schienenlosen Brückenkranen. Bauingenieur, Berlin 65 (1990) 6, S. 247-253.

[2.157] König, W.: Formschlußfreies Kranfahren bei nichtidealem Rad-Schiene-System. Fördern und Heben, Mainz 35 (1985) 9, S. 672-675.

[2.158] Sanders, D.: Rechnerisches Modell und vergleichende experimentelle Untersuchung zur spurgeregelten Fahrt des Brückenkrans. Darmstadt, Techn. Hochschule, Diss. v. 1991. Kurzfassung: Theoretische und experimentelle Untersuchung zur spurgeregelten Fahrt des Brückenkrans. Stahlbau, Berlin 61 (1992) 6, S. 165-172.

[2.159] Stenkamp, W.: Hebezeuge in kerntechnischen Anlagen – Auslegung und Sicherheit. Fördern und Heben, Mainz 33 (1983) 1, S. 28-33; 2, S. 94-98; 3, S. 179-183.

[2.160] Frederich, F.: Beitrag zur Untersuchung der Kraftschlußbeanspruchung an schrägrollenden Schienenfahrzeugrädern. Braunschweig, Techn. Univ., Diss. v. 1969.

[2.161] Poll, G.: Der Einfluß der realen Systemeigenschaften auf die Kraftschlußgesetze bei wälzender Relativbewegung. Achen, Rheinisch-Westfälische Techn. Hochschule, Diss. v. 1983.

[2.162] Scheffler, M.; Marquardt, H.G.: Abhängigkeit der Seitenkräfte an Kranen von der Schrägstellung der Laufradachsen. Hebezeuge und Fördermittel, Berlin 9 (1969) 8, S. 239-242.

[2.163] Stein, R.: Einfluß von Beschaffenheit und Zustand der Schienen und Räder auf die Querkraft-Querschlupf-Funktion bei Kranen. Braunschweig, Techn. Univ., Diss. v. 1989. Kurzfassung: Thormann, D.; Stein, R.: Kräfte aus Schräglauf bei Kranen. Fördern und Heben, Mainz 39 (1989) 12, S. 989-994.

[2.164] Neugebauer, R.: Zur Fahrmechanik nichtidealer Brückenkrane (Erfahrung, Forschung, Normung). Der Stahlbau, Berlin 52 (1983) 6, S. 173-179.

[2.165] Marquardt, H.G.: Horizontalkräfte an Brückenkranen während der gleichmäßigen Fahrbewegung unter Beachtung des stochastischen Charakters einiger Einflußgrößen. Dresden, Techn. Univ., Diss. v. 1976. Kurzfassung: Einfluß der Fahrbewegung auf die Horizontalkräfte an Brückenkranen. Hebezeuge und Fördermittel, Berlin 17 (1977) 7, S. 196-203.

[2.166] Kraft, G.: Das Phänomen des elastischen Schlupfes und dessen Einfluß auf das Verhalten von drehzahlgekoppelten Laufrädern. Bochum, Ruhr-Univ., Diss. v. 1980.

[2.167] Hesse, W.: Verschleißverhalten des Laufrad-Schiene-Systems fördertechnischer Anlagen. Bochum, Ruhr-Univ., Diss. v. 1983.

[2.168] Sting, M.: Zu den Kraftschluß-Schlupf-Zusammenhängen von Kranrad-Schiene-Systemen mit Längs- und Querschlupf als Grundlage fahrmechanischer Modelle. Darmstadt, Techn. Hochschule, Diss. v. 1990.

[2.169] Hannover, H.-O.: Untersuchung des Fahrverhaltens der Brückenkrane unter Berücksichtigung von Störgrößen. Braunschweig, Techn. Univ., Diss. v. 1970. Kurzfassung: Fahrverhalten von Brückenkranen. Fördern und Heben, Mainz 21 (1971) 13, S. 767-778; 22 (1972) 5, S. 249-261.

[2.170] Muntel, B.C.: Querkraft-Schlupf-Funktionen einer realen Brückenkrananlage unter Variation der Parameter. Braunschweig, Techn. Univ., Diss. v. 1987.

[2.171] Thormann, D.: Querkraft-Schlupf-Funktionen an Kranlaufrädern. Fördern und Heben, Mainz 39 (1989) 1, S. 27-31.

[2.172] Heinrich, G.; Desoyer, K.: Rollreibung mit axialem Schub. Ingenieur Archiv, Berlin 36 (1967) 2, S. 48-72.

[2.173] Schmidt, P.: Ein einfaches Modell für die formschlüssige und die geregelte formschlußfreie Führung von Brückenkranen. Darmstadt, Techn. Hochschule, Diss. v. 1989. Kurzfassung: Formschlußfreie Führung von Kranen. Fördern und Heben, Mainz 41 (1991) 4, S. 313-315.

[2.174] Töpfer, B.: Die Fahrtrichtungskorrektur bei schräglaufenden Brückenkranen – ein Beitrag zur Ermittlung der Horizontalkräfte unter Berücksichtigung der Elastizitäten von Kran und Kranbahn. Stuttgart, Univ., Diss. v. 1973. Kurzfassung: Spurführungskräfte bei Brückenkranen mit Einzelmotoren- und Zentralantrieb. VDI-Zeitschr., Düsseldorf 116 (1974) 17, S. 1442-1446.

[2.175] Stosnach, K.: Spurführungskräfte an Schienenfahrwerken von Portalkranen – Überlegungen zur Ergänzung des genormten Berechnungsverfahrens. Braunschweig, Techn. Univ., Diss. v. 1980.

[2.176] Lipsius, J.M.: Untersuchungen über die Kraftschluß-Schlupf-Verhältnisse zwischen Rad und Schiene. Glasers Annalen, Berlin 87 (1963) 2, S. 53-62.

[2.177] Mertens, P.: Dynamische Seitenkräfte bei Brückenkranen. Fördern und Heben, Mainz 15 (1965) Messe-Sonderausgabe, S. 245-248.

[2.178] Sobolev, V.M.: Pelipenko, I.A.: Effektivnost' primenenija koničeskich chodovych koljes v mostovych kranach (Wirtschaftlichkeit der Anwendung kegliger Laufräder in Brückenkranen). Vestnik mašinostroenija, Moskva 48 (1968) 11, S. 18-20 (russ.).

[2.179] Diamond, E.L.; Frankau, M.A.: The Effect of Tapered Treads on the Motion of Overhead Travelling Cranes (Die Auswirkung kegliger Laufflächen auf die Bewegung der Brückenkrane). The Institution of Mechanical Engineering, London, Proceedings 1950, VI 162, Nr. 3, S. 313-326 (engl.).

[2.180] Hennies, K.: Beitrag zur Ermittlung der horizontalen Seitenkräfte in Brückenkrananlagen infolge Schräglaufs des Kranes. Braunschweig, Techn. Univ., Diss. v. 1968. Kurzfassung: Seitenkräfte in Brückenkrananlagen infolge Schräglaufs des Kranes. Stahl und Eisen, Düsseldorf 89 (1969) 8, S. 398-404.

[2.181] Bäsler: Die statischen Grundlagen des Minimumsatzes von Heumann. Die Lokomotive, Bielefeld 38 (1941) 11, S. 169-177.

[2.182] Hannover, H.-O.: Fahrverhalten von Kranen. Ein ABC der Spurführungsmechanik. Reihe Materialfluß im Betrieb. Bd. 21. Düsseldorf: VDI 1974.

[2.183] Hannover, H.-O.: Horizontalkräfte und Schrägstellungsverlauf an einem Brückenkran in der Beharrungsphase. Stahl und Eisen, Düsseldorf 90 (1970) 26, S. 1504-1510.

[2.184] Pajer, G.: Bemerkungen zum Berechnungsverfahren der Kräfte aus Schräglauf der Brückenkrane nach DIN 15018 Blatt 1. Deutsche Hebe- und Fördertechnik, Ludwigsburg 22 (1976) 10, S. 406-412.

[2.185] Feldmann, J.: Bestimmung des horizontalen Kräftesystems am Brückenkran unter Berücksichtigung der Elastizität und der Fahrwiderstände. Braunschweig, Techn. Univ., Diss. v. 1972.

[2.186] Pajer, G.: Bemerkungen zu den Kräften aus Schräglauf der Brückenkrane nach TGL 13470 und TGL 13471 bei Rollenführung. Hebezeuge und Fördermittel, Berlin 19 (1979) 3, S. 73-77.

[2.187] Goesmann, H.: Untersuchungen des Kräftesystems am Brückenkran beim Durchfahren von horizontalen Schienenknicken. Braunschweig, Techn. Univ., Diss. v. 1975.

[2.188] Abel, F.: Lasergestützte Untersuchungen der Spurführungsdynamik von Brückenkranen zur Bestimmung von praxisgerechten Schräglaufkollektiven. Bochum, Ruhr-Univ., Diss. v. 1988.

[2.189] Wagner, G.: Ein Beitrag zur Berechnung des Kraft- und Verschiebezustands beliebiger fahrender Krane unter Berücksichtigung elastischer Tragwerke, Baugenauigkeiten und nichtlinearem Kraftschluß-Schlupf-Gesetz. Darmstadt, Techn. Hochschule, Diss. v. 1980.

[2.190] Ma, Dheng Zhe: Ein ebenes elastokinetisches Modell des nichtidealen Brückenkrans zur Berechnung der fahrmechanischen Größen beim Übergang vom ungeführten zum geführten instationären Kranlauf. Darmstadt, Techn. Hochschule

Diss. v. 1987. Kurzfassung: Zur Elastokinetik fahrender nichtidealer Brückenkrane. Stahlbau, Berlin 57 (1988) 2, S. 51-57.

[2.191] Schmidt, P.: Zur Abschätzung der Kräfte aus der Spurführung von Kranen. Stahlbau, Berlin 59 (1990) 7, S. 209-212.

[2.192] Sanders, D.: Spurführungskräfte von Brückenkranen, elektrische Kopplung der Fahrantriebe. Stahlbau, Berlin 63 (1994) 4, S. 105-111.

[2.193] Engel, A.: Ermittlung der Radlasten und Führungskräfte schwerer Hüttenwerkskrane und deren Einfluß auf die Beanspruchung der Kranbahnträger. München, Techn. Univ., Diss. v. 1971.

[2.194] Pajer, G.: Zum Einfluß waagerechter Kranbahnschienenknicke auf die Seitenführungskräfte von Brückenkranen. Hebezeuge und Fördermittel, Berlin 21 (1981) 10, S. 304-308.

[2.195] Janz, H.-P.; Maas, G.: Statistische Untersuchung der Horizontalkräfte an Kranbahnträgern. Stahl und Eisen, Düsseldorf 96 (1976) 1, S. 320-324.

[2.196] Pasternak, H.: Ein probabilistisches Modell der Seitenbelastung von Kranbahnen. Stahlbau, Berlin 56 (1987) 3, S. 70-78.

[2.197] Bodarski, Z.; Pasternak, H.: Zur Beurteilung des Kranbahnzustandes – Analyse und Prognose. Bauingenieur, Berlin 56 (1981) 1, S. 9-15.

[2.198] Scheffler, M.; Marquardt, H.G.: Horizontalkräfte an schienenfahrbaren Kranen. Deutsche Hebe- und Fördertechnik, Ludwigsburg 24 (1978) 2, S. 75-78; 3, S. 125-128.

[2.199] Berndt, G.; Hultzsch, E.; Weinhold, H.: Funktionstoleranz und Meßunsicherheit. Jenaer Rundschau, Berlin 13 (1968) 5, S. 243-250.

[2.200] Hannover, H.-O.: Vermessen von Krananlagen mit Hilfe von Lasermeßeinrichtungen. Veröffentlichungen des geodätischen Instituts der Rheinisch-Westfälischen Technischen Hochschule Aachen, Nr. 28, S. 35-54.

[2.201] Koch, P.: Untersuchungen zur Rationalisierung der Werksmontage von Brückenkranen unter besonderer Beachtung der im Montageprozeß beherrschbaren Fertigungsqualität. Dresden, Techn. Univ., Diss. v. 1990.

[2.202] Röder, A.: Montagefehler an Kranlaufrädern und Vorstellungen zu ihrer Beseitigung. Hebezeuge und Fördermittel, Berlin 16 (1976) 2, S. 35-38.

[2.203] Benning, W.; Theißen, R.: Polare Kranbahnvermessung im Automatsichen Datenfluß. Allgemeine Vermessungsnachrichten, Karlsruhe 93 (1986) 7, S. 274-280.

[2.204] Goesmann, H.: Ein verbessertes Vermessungsverfahren hoher Genauigkeit für Brückenkrane. Stahl und Eisen, Düsseldorf 95 (1975) 18, S. 832-836.

[2.205] Schuchart, F.: Hängekran-Anlagen, ein System zur Transportrationalisierung. Takraf-Informationen, Leipzig 5 (1970) 1, S. 2-13.

[2.206] Noche, B.; Tempel, N.: Ursprung, Entwicklung und Perspektiven der Elektrohängebahnen. Fördern und Heben, Mainz 36 (1986) 2, S. 88-92, 97.

[2.207] Elektro-Hängebahnsysteme im Fertigungsbereich. Fördern und Heben, Mainz 31 (1981) 9, S. 679-681.

[2.208] Eggenstein, F.; Pater, H.-G.; Wetzel, E.: Elektrohängebahnen, Technik und Entwicklung. Fördern und Heben, Mainz 32 (1982) 11, S. 863-866.

[2.209] Horn, R.: Untersuchungen zum Aufbau und Führungsverhalten der Laufwerke von Einschienen-Hängeförderern. Braunschweig, Techn. Univ., Diss. v. 1987. Kurzfassung: Laufwerke für Einschienen-Hängeförderer. Deutsche Hebe- und Fördertechnik, Ludwigsburg 34 (1988) 6, S. 36-38, 40.

[2.210] Balters, D.: Untersuchungen zum Fahrverhalten polyurethanbereifter Einschienenelektrohängebahnen. Forschungsbericht zur Industriellen Logistik, Bd. 39. Dortmund: Institut für Logistik der Deutschen Gesellschaft für Logistik, 1987. Kurzfassung: Untersuchungen zum Radschlupf bei Elektrohängebahnen. Fördern und Heben, Mainz 39 (1989) 3, S. 161-162, 167-168.

[2.211] Lück, J.: Overhead- und Skidförderer an Automatikarbeitsplätzen. Deutsche Hebe- und Fördertechnik, Ludwigsburg 37 (1991) 6, S. 48-50, 52-53; 7, S. 14-16, 18-19.

[2.212] Pajer, G., u.a.: Unstetigförderer 1, 5. Aufl. Berlin: Technik 1989.

[2.213] Schuchart, F.: Stapelkrane – Konstruktion und Einsatz. Hebezeuge und Fördermittel, Berlin 4 (1964) 12, S. 368-374.

[2.214] Zschau, U.: Der Stapelkran im Lagerbereich – eine technisch-wirtschaftliche Studie. Fördern und Heben, Mainz 15 (1965) 5, S. 354-362; 6, S. 400-408.

[2.215] Engelke, M.; Kuhr, H.: Projektierung von Rundlauf-Brückenkranen unter Berücksichtigung der Erdbebensicherheit. Hebezeuge und Fördermittel, Berlin 25 (1985) 1, S. 19-22; 2, S. 44-45.

[2.216] Vetter, H.; Kuhr, H.: Untersuchungen an einem Gießkran im technologischen Prozeß. Hebezeuge und Fördermittel, Berlin 21 (1981) 2, S. 44-47.

[2.217] Schmoll, K.; Wuthe, H.: Konstruktion und Transportaufgaben von Gießkranen. Deutsche Hebe- und Fördertechnik, Ludwigsburg 14 (1968) 6, S. 334-339.

[2.218] Vetter, H.; Kuhr, H.: Messungen der Temperatur an einem Gießkran. Hebezeuge und Fördermittel, Berlin 19 (1979) 9, S. 272-276.

[2.219] Wuthe, H.: Spezialkrane im Stranggießbereich. Fördern und Heben, Mainz 30 (1980) 9, S. 781-784.

[2.220] Noller, W.: Gießkrane großer Tragkraft in 6-Schienenbauweise. Fördern und Heben, Mainz 12 (1962) 11, S. 752-754.

[2.221] Vetter, H.; Kuhr, H.: Auswertung der elektrischen Spannungs-Dehnungsmessungen an den Fahrschwingen eines Gießkrans. Hebezeuge und Fördermittel, Berlin 24 (1984) 5, S. 138-143.

[2.222] HTG-Ausschuß für Hafenumschlagtechnik: Beziehungen zwischen Kranbahn und Kransystem. Hansa-Schiffahrt-Schiffbau-Hafen, Hamburg 122 (1985) 21, S. 2215-2218; 22, S. 2319-2324, 2337.

[2.223] Thormann, D.; Stosnach, K.: Näherungsverfahren zum Berechnen der Spurführungskräfte von Portalkranen. Fördern und Heben, Mainz 31 (1981) 10, S. 791-794.

[2.224] Scheffler, M.: Der Gleichlauf von Verladebrücken mit zentralem und getrenntem Brückenfahrantrieb. Wiss. Zeitschr. der TU Dresden 13 (1964) 2, S. 525-540.

[2.225] Abramovič, I.I.: Dynamische Horizontalkräfte an Portalkranen. Hebezeuge und Fördermittel, Berlin 8 (1968) 6, S. 181-184.

[2.226] Seebacher, G.: Schräglaufmessungen an einem Portalkran. Fördern und Heben, Mainz 27 (1977) 6, S. 581-584.

[2.227] Hochreiter, J.M.: Zweimotoren-Antrieb mit Momentenausgleichsverhalten im dynamischen Betriebsbereich für Lauf- und Bockkranbrücken. Deutsche Hebe- und Fördertechnik, Ludwigsburg 25 (1979) 2, S. 69-72; 3, S. 117-120.

[2.228] Mechtold, F.: Portalkran löst Lagerplatzproblem bei einem Kesselhersteller. Deutsche Hebe- und Fördertechnik, Ludwigsburg 15 (1969) 5, S. 397-399.

[2.229] Schneidersmann, E.O.: Konstruktive Maßnahmen zur Beeinflussung der Fahrverhältnisse von Portalkranen. Fördern und Heben, Mainz 17 (1967) 5, S. 263-267.

[2.230] Severin, D.: Entwicklungstendenzen bei der Konstruktion von Seeschiff-Entladern. Deutsche Hebe- und Fördertechnik, Ludwigsburg 15 (1969) Messesonderheft, S. I-V.

[2.231] Müller, W.: Neuartige Verladebrücke in Vollwandkonstruktion mit außermittig hängender Last für Greifer- und Stückgutbetrieb. Deutsche Hebe- und Fördertechnik, Ludwigsburg 14 (1968) 5, S. 285-287.

[2.232] Großportalkran schlägt Röhren um. Fördern und Heben, Mainz 35 (1985) 3, S. 203-204.

[2.233] Mechtold, F.: Richtiges Auslegen eines Krans zum Entladen von Schiffen. Deutsche Hebe- und Fördertechnik, Ludwigsburg 16 (1970) 9, S. 543-546.

[2.234] Umbreit, M.: Untersuchungen zur Steuerung der Anfahr- und Bremsvorgänge von Containerkranantrieben unter besonderer Beachtung elastischer Konstruktionen. Wismar, Techn. Hochschule, Diss. v. 1989. Kurzfassung: Umbreit, M.; Schöner, J.: Rechnergesteuerte Anfahr- und Bremsfunktionen für Antriebe von Containerkranen. Hebezeuge und Fördermittel, Berlin 31 (1991) 2, S. 52-53.

[2.235] Peters, H.: Automatisierte gummibereifte Portalkrane für den Container-Umschlag. Fördern und Heben, Mainz 34 (1984) 4, S. 294-298.

[2.236] Gremm, F.: Automatische Containerkrane: Integrierte Einheiten in rechnergesteuerten Häfen. Fördern und Heben, Mainz 33 (1983) 2, S. 76-78.

[2.237] Kuns, M.H.: Bockkrane, Produktionswerkzeuge im heutigen Großschiffbau. Deutsche Hebe- und Fördertechnik, Ludwigsburg 12 (1966) 12, S. 791-794.

[2.238] Macrander, K.: Hubwerke für höchste Tragkraft und große Hubhöhe. Deutsche Hebe- und Fördertechnik, Ludwigsburg 18 (1972) Sonderheft, S. 241-242.

[2.239] Lerchenmüller, P.: Vollhydraulische Antriebe nun auch für schwere Krane. Fördern und Heben, Mainz 22 (1972) 8, S. 424-431.

[2.240] Kunzendorf, H.-P.: Umbau der Leitungstrommel eines Portalkrans PDK 120 für größere Leitungslängen. Hebezeuge und Fördermittel, Berlin 23 (1983) 3, S. 74-76.

[2.241] Krage, H.: Spiralig wickelnde Leitungstrommeln. Fördern und Heben, Mainz 23 (1973) 6, S. 329-332.

[2.242] Schlemminger, K.: Untersuchung der Hauptparameter von Schiffsentladern. Hebezeuge und Fördermittel, Berlin 9 (1969) 2, S. 33-37.

[2.243] Müller, W.: Neukonstruktion eines Schiffsbe- und -entladers für Borax. Deutsche Hebe- und Fördertechnik, Ludwigsburg 16 (1970) 9, S. 539-543.

[2.244] Sedlmayer, F.: Neue Schiffsentlader mit Seilzugkatzen. Fördern und Heben, Mainz 18 (1968) 6, S. 360-363.

[2.245] Neugebauer, R.: Nahtstellen zwischen kontinuierlicher und diskontinuierlicher Förderung mineralischer Massenschüttgüter. Fördern und Heben, Mainz 17 (1967) 1, S. 29-38.

[2.246] Struna, A.: Neuer Greifer-Schiffsentlader für den wirtschaftlichen Kohleumschlag. Fördern und Heben, Mainz 36 (1986) 10, S. 720-722.

[2.247] Severin, D.: Über den Gutdurchsatz von Schiffsentladern. Deutsche Hebe- und Fördertechnik, Ludwigsburg 15 (1969) 2, S. 81-83.

[2.248] Schlemminger, K.: Angabe des Gutdurchsatzes von Schiffsentladern mit Greiferbetrieb. Hebezeuge und Fördermittel, Berlin 10 (1970) 11, S. 321-325, und Deutsche Hebe- und Fördertechnik, Ludwigsburg 17 (1971) 12, S. 725-728.

[2.249] Auernig, J.: Steuerstrategien für Laufkatzkrane zur Vermeidung des Lastpendelns im Zielpunkt. Anwendung bei Schiffsentladern. Wien, Techn. Univ., Diss. v. 1985. Kurzfassung: Wahl der Arbeitsgeschwindigkeiten von Greifer-Schiffsentladern. Fördern und Heben, Mainz 36 (1986) 10, S. 713-714, 717-719.

[2.250] Kontinuierlich arbeitende Schiffsentlader für Schüttgüter. Fördern und Heben, Mainz 27 (1977) 6, S. 585-586.

[2.251] Schneidersmann, E.O: Container-Schiffslader für den Umschlag aus Seeschiffen. Fördern und Heben, Mainz 17 (1967) 14, S. 813-815.

[2.252] Rothe, G.: Container-Hafenumschlaggerät aus dem VEB Schwermaschinenbaukombinat Takraf. Hebezeuge und Fördermittel, Berlin 20 (1980) 6, S. 181-183.

[2.253] Czichon, G.: Der Hafenkran als konstruktive Aufgabe. Deutsche Hebe- und Fördertechnik, Ludwigsburg 12 (1966) 5, S. 330-335, 344-345.

[2.254] Ernst, H.: Die Hebezeuge. Bd. 3 Sonderausführungen. Braunschweig: Vieweg 1959.

[2.255] Wehner, D.: Gesichtspunkte und Tendenzen bei der Konstruktion leichter Umschlagkrane. Hebezeuge und Fördermittel, Berlin 14 (1974) 11, S. 328-336.

[2.256] Kogan, J.: Aktive Struktursteuerung bei Kranen. Fördern und Heben, Mainz 43 (1993) 12, S. 885-888.

[2.257] Czichon, G.: Der Eckdruck vierbeiniger Kranportale auf ebener und unebener Bahn. Fördern und Heben, Mainz 12 (1962) 10, S. 707-714; 11, S. 785-793.

[2.258] Czichon, G.: Die Bestimmung der optimalen Gegengewichte fahrbarer Drehkrane. Fördern und Heben, Mainz 11 (1961) 2, S. 89-92.

[2.259] Becker, K.: Verformungsgrenzen bei Wand- und Säulenschwenkkranen. Fördern und Heben, Mainz 20 (1970) 1, S. 27-28.

[2.260] Wehner, D.: Neue Einfachlenkerkrane mit großen Tragfähigkeiten. Hebezeuge und Fördermittel, Berlin 21 (1981) 8, S. 233-235.

[2.261] Planert, G.: Auslegerkrane mit horizontaler Lastführung. In: Lenzkes, D.; u.a.: Hebezeugtechnik. Krane als Gesamtsysteme. Sindelfingen: expert 1985.

[2.262] Schmoll, K.: Greiferkrane mit Einfachlenkern. Fördern und Heben, Mainz 12 (1962) 12, S. 842-844.

[2.263] Empfehlungen und Berichte. Ausschuß für Hafenumschlagtechnik AHU, Hafenbautechnische Gesellschaft e.V., Hamburg 1990.

[2.264] Kurth, F.; u.a.: Ermittlung der Beanspruchungskollektive von Wippdrehkranen. Hebezeuge und Fördermittel, Berlin 12 (1972) 7, S. 194-199.

[2.265] Griesshaber, J.: Stück- und Schüttgutumschlag in modernen Häfen. Hebezeuge und Fördermittel, Berlin 23 (1983) 8, S. 234-236.

[2.266] Mayer, S.; Fischer, U.: Leistungsfähige Wippdrehkrane – zukunftssichere Ausrüstungen für Häfen und Werften. Hebezeuge und Fördermittel, Berlin 22 (1982) 3, S. 73-76.

[2.267] Matthias, K.: Automatische Zielsteuerung von Doppellenker-Wippdrehkranen. Hebezeuge und Fördermittel, Berlin 31 (1991) 5, S. 196-198.

[2.268] Leonhardt, Th.: Automatische Zielanfahrt von Doppellenker-Wippdrehkranen im Känguruh-Betrieb. Dresden, Techn. Univ., Diss. v. 1989. Kurzfassung: Automatischer Känguruh-Betrieb von Doppellenker-Wippdrehkranen. Hebezeuge und Fördermittel, Berlin 31 (1991) 9, S. 344-347.

[2.269] Gottschalk, H.-P.; Matthias, K.: Automatische Zielsteuerung von Doppellenker-Wippdrehkranen. Wiss. Zeitschr. der TU Dresden, Dresden 40 (1991) 4, S. 290-294, und Fördern und Heben, Mainz 41 (1991) 11, S. 925-927.

[2.270] Mayer, S.: Die Entwicklung von Hafen- und Werftkranen. Hebezeuge und Fördermittel, Berlin 21 (1981) 4, S. 102-104.

[2.271] Bengs, K.: Portalwippdrehkrane für Werften. Hebezeuge und Fördermittel, Berlin 23 (1983) 8, S. 231-233.

[2.272] Kempe, U.; Leonhardt, Th.; Matthias, K.: Balancekran mit Automatikfunktion. Hebezeuge und Fördermittel, Berlin 34 (1994) 6, S. 263-265.

[2.273] Marquardt, H.-G.: Der Balancekran mit Automatikfunktion. Gép, Budapest 56 (1994) 9, S. 21-24.

[2.274] Lechleitner, K.; Scheffels, G.: Umschlag mit Krananlagen. Fördern und Heben, Mainz 44 (1994) 1/2, S. 82-83.

[2.275] Konietschke, W.: Über Last- und Eigengewichtsausgleich an Wippkranen. Ingenieur-Archiv, Berlin 12 (1941) 3, S. 133-157.

[2.276] Lichtenheldt, W.; Luck, K.: Konstruktionslehre der Getriebe. Berlin: Akademie 1979.

[2.277] Gronowicz, A.; Koleśniak, E.: Mechanismen für den Lastausgleich bei Wippkranen. Geometrische Synthese der Lastausgleichssysteme. Fördern und Heben, Mainz 34 (1984) 2, S. 89-91.

[2.278] Malcher, K.; Miller, S.: Probleme der Strukturauswahl der Wippsysteme von Wippdrehkranen. Deutsche Hebe- und Fördertechnik, Ludwigsburg 35 (1989) 7/8, S. 39-43; 9, S. 45, 46, 49-52.

[2.279] Malcher, K.; Nogieć, T.: Optimierung der Lastausgleichssysteme mit fester Umlenkrolle und einem Seilflaschenzug als Seilspeicher. Fördern und Heben, Mainz 33 (1983) 10, S. 742-745.

[2.280] Malcher, K.; Nogieć, T.: Wippdrehkrane: Lastausgleich bei idealem Lastweg. Fördern und Heben, Mainz 36 (1986) 3, S. 150-152.

[2.281] Malcher, K.: Optimierung der Parameter der Eigenmassen-Ausgleichssysteme von Einfachlenker-Wippdrehkranen. Konstruktion, Berlin 33 (1981) 8, S. 317-321.

[2.282] Beyer, R.: Kinematische Getriebesynthese. Berlin, Göttingen, Heidelberg: Springer 1953.

[2.283] Kraus, R.: Gelenkvierecke für gegebene Koppelpunktslagen und Steggelenke. VDI-Zeitschrift, Düsseldorf 91 (1949) 22, S. 607-610.

[2.284] Lautner, H.: Zur optimalen Anpassung der Lenkergeometrie des Doppellenkerwippdrehkranes an die fördertechnische Aufgabe. Darmstadt, Techn. Hochschule, Diss. v. 1988.

[2.285] Shermunski, B.I.: Reale Punktbahnen an Doppellenkern von Portalkranen. Hebezeuge und Fördermittel, Berlin 12 (1972) 6, S. 170-172.

[2.286] Shermunski, B.I.: Ermittlung der Auslegerlängen von Portal-Doppellenker-Wippdrehkranen. Hebezeuge und Fördermittel, Berlin 13 (1973) 6, S. 176-177.

[2.287] Kościelny, R.: Optimierung des Ausgleichssystems von Wippausleger-Kranen. Fördern und Heben, Mainz 32 (1982) 11, S. 888-898.

[2.288] Guozheng, S.: Doppellenker-Wippwerk von Kranen konstruktiv optimieren. Fördern und Heben, Mainz 44 (1994) 5, S. 406-408.

[2.289] Schwergutkran für den Schiff- und Offshore-Einsatz. Fördern und Heben, Mainz 35 (1985) 5, S. 402-403.

[2.290] Pietrock, H.: Doppelschiffswippkran aus Schwerin. Hebezeuge und Fördermittel, Berlin 17 (1977) 1, S. 22-23.

[2.291] Kościelny, R.: Dynamische Belastung von Bord- und Schwimmkranen bei Ladearbeiten auf See. Fördern und Heben, Mainz 30 (1980) 9, S. 772-779.

[2.292] Kirstein, H.: Active und passive heave compensation system on board of vessels and offshore rigs (Aktives und passives System zur Kompensation von Wellen an Bord von Schiffen und Offshore-Plattformen). Firmenschrift der Mannesmann Rexroth GmbH, Lohr (engl.).

[2.293] Nürnberg, A.: Ermittlung und Reduzierung der Lastbewegungen bei Kranoperationen auf offener See. Fortschrittsberichte VDI, Reihe 13 Fördertechnik, Nr. 38. Düsseldorf: VDI 1991.

[2.294] Kotte, G.: Turmdrehkrane – Leistungskriterien und Auswahlaspekte. Baumaschinendienst, Bad Wörishofen 18 (1982) 11, S. 704-707.

[2.295] Hampe, K.-H.: Wirtschaftlicher Einsatz von Hebegeräten im Montage-Wohnungsbau. Fördern und Heben, Mainz 20 (1970) 15, S. 856-863.

[2.296] Kaden, R.: Neue Turmdrehkrane von BKT. Hebezeuge und Fördermittel, Berlin 34 (1994) 10, S. 416-418, 421.

[2.297] Kotte, G.: Verfügbarer Entwicklungsstand von Turmdrehkranen anhand eines Kranbauprogramms. Bauwirtschaftliche Informationen, Düsseldorf (1985) 7, S. 36, 38, 40, 45.

[2.298] Baukrane mit hydraulischem Antrieb. Fördern und Heben, Mainz 20 (1970) 8, S. 449-450.

[2.299] Walzer, W.: Der Kran von morgen. Baumaschinendienst, Bad Wörishofen 30 (1994) 3, S. 210-214, 217-224; 4, S. 352-354, 356, 359-360, 362-364, 366, 369.

[2.300] Kotte, G.: Gleisanlagen für fahrbare Turmdrehkrane. Baugewerke, Köln 64 (1984) 9, S. 54, 57-59; 10, S. 50, 52, 54-56.

[2.301] Hannover, H.-O.: Fahrverhalten und Kräfte aus Schräglauf bei Kranen mit dreieckiger Stützfläche. Fördern und Heben, Mainz 26 (1976) 4, S. 357-360.

[2.302] Thoss, R.: Zum Befahren von Gleiskurven mit Turmdrehkranen. Hebezeuge und Fördermittel, Berlin 21 (1981) 2, S. 52-53.

[2.303] Diemel, D.: Die Zeitfestigkeit von Turmdrehkranen. Baumaschine und Bautechnik, Walluf 29 (1982) 6, S. 320-324.

[2.304] Wüst, B.: Lebensdauer von Turmdrehkranen. Baumaschine und Bautechnik, Walluf 29 (1982) 5, S. 223, 224, 227-230.

[2.305] Wehner, D.: Kletterkrane – Konstruktionsprinzipien und Einsatz. Hebezeuge und Fördermittel, Berlin 6 (1966) 7, S. 206-212.

[2.306] Kotte, G.: Automatische Aufpasser. Baumaschinendienst, Bad Wörishofen 21 (1985) 11, S. 678-680, 682.

[2.307] Meyer, F.: Überlastsicherungen für Turmdrehkrane mit Laufkatz- und Wippausleger. Fördern und Heben, Mainz 34 (1984) 11, S. 847-851.

[2.308] Szuttor, N.; Sinay, J.: Bestimmen der Kriterien der Tragfähigkeitsbegrenzung von Turmdrehkranen unter Berücksichtigung der Hubdynamik. Hebezeuge und Fördermittel, Berlin 20 (1980) 12, S. 363-365.

[2.309] Kotte, G.: Standsicherheit der Turmdrehkrane – Lebensversicherung des Turmdrehkranführers. Hebezeuge und Fördermittel, Berlin 31 (1991) 5, S. 199-201.

[2.310] Hösler, K.: Über die dynamische Standsicherheit der Turmdrehkrane. München, Techn. Hochschule, Diss. v. 1970.

[2.311] Barat, I.J.; Plawinkski, W.: Kabelkrane. Berlin: Technik 1956.

[2.312] Wilke, G.: Kabelkrane beim Talsperrenbau. Fördern und Heben, Mainz 29 (1979) 4, S. 327-332.

[2.313] Franke, W.: Untersuchungen an ausgeführten Kabelkrananlagen mit Berücksichtigung der Theorie des elastischen Seiles. Dresden, Techn. Hochschule, Diss. v. 1923.

[2.314] Linke, W.: Modellierung des Schwingverhaltens von Kabelkranen unter Berücksichtigung von Steifigkeit und Masse der Stützen. Hebezeuge und Fördermittel, Berlin 14 (1974) 6, S. 163-165.

[2.315] Babin, N.: Dynamische Belastungen während der Arbeit des Kabelkrans. Deutsche Hebe- und Fördertechnik, Ludwigsburg 40 (1994) 11, S. 44, 46-47.

[2.316] Wilke, G.: Das Wasserkraftwerk Itaipu und seine Kabelkrane für die Betonförderung. Bauingenieur, Berlin 55 (1980) 2, S. 41-50.

[2.317] Franke, W.: Reiterlose Kabelkrane für hohe Fahrgeschwindigkeiten. VDI-Zeitschrift, Düsseldorf 97 (1955) 14, S. 427-428.

[2.318] Scheffler, M.: Seilkräfte im fest gespannten Fahrseil von Kabelkranen. Deutsche Hebe- und Fördertechnik, Ludwigsburg 13 (1967) 3, S. 129-132; 4, S. 174-181.

[2.319] Ding, S.: Technische und wirtschaftliche Gesichtspunkte bei Konstruktion und Anwendung von fahrbaren Kranen. VDI-Zeitschrift, Düsseldorf 101 (1959) 3, S. 88-96.

[2.320] Wolf, A.: Anforderungen an die hydraulische Steuerung von Teleskopkranen. Fördern und Heben, Mainz 45 (1995) 4, S. 255, 256, 258, 261.

[2.321] Kunze, G.: Die Entwicklung der Antriebe von Förder- und Baumaschinen. Hebezeuge und Fördermittel, Berlin 32 (1992) 4, S. 148-150.

[2.322] Kauffmann, E.: Hydraulische Steuerungen. 3. Aufl. Wiesbaden: Vieweg 1988.

[2.323] Will, D.; Ströhl, H.: Einführung in die Hydraulik und Pneumatik. 4. Aufl. Berlin: Technik 1988.

[2.324] Raabe, J.: Hydraulische Maschinen und Anlagen. 2. Aufl. Düsseldorf: VDI 1989.

[2.325] Krist, Th.: Hydraulik, Fluidtechnik. 7. Aufl. Würzburg: Vogel 1991.

[2.326] Matthies, H.-J.: Einführung in die Ölhydraulik. 2. Aufl. Stuttgart: Teubner 1991.

[2.327] Der Hydraulik-Trainer. Hrsg. Mannesmann Rexroth GmbH Lohr. Bd. 1: Schmitt, A.: Lehr- und Informationsbuch über die Hydraulik. 2. Aufl. 1980. Bd. 2: Schmitt, A.; u.a.: Proportional- und Servoventil-Technik. 3. Aufl. 1989. Bd. 3: Drexler, P.; u.a.: Projektierung und Konstruktion von Hydroanlagen. 1988. Bd. 4: Schmitt, A.: Technik der 2-Wege-Einbauventile. 1989. Bd. 5: Ebertshäuser, H.: Fluidtechnik von A bis Z. 1989. Bd. 6: Feuser, A.: Hydrostatische Antriebe mit Sekundärregelung. 1989.

[2.328] Feldmann, D.G.: Untersuchung des dynamischen Verhaltens hydrostatischer Antriebe. Konstruktion, Berlin 23 (1971) 11, S. 420-428.

[2.329] Rückgauer, N.: Hydraulische Antriebe im Kranbau. Fördern und Heben, Mainz 36 (1986) 4, S. 226, 228, 230, 235, 236, 238, 239.

[2.330] Martens, J.: Hydrostatische Antriebe in Straßen-Teleskopkranen. Ölhydraulik und Pneumatik, Mainz 26 (1982) 4, S. 260-262, 264, 266, 272, 274, 276.

[2.331] Kordak, R.: Neuartige Antriebskonzeption mit sekundär geregelten hydrostatischen Maschinen. Ölhydraulik und Pneumatik, Mainz 25 (1981) 5, S. 387-392.

[2.332] Nikolaus, H.W.: Hydrostatische Fahr- und Windenantriebe mit Energiespeicherung. Ölhydraulik und Pneumatik, Mainz 25 (1981) 3, S. 193-194.

[2.333] Harms, H.-H.: Energieausnutzung bei verschiedenen Systemen in der Mobilhydraulik. Ölhydraulik und Pneumatik, Mainz 25 (1981) 3, S. 189-191.

[2.334] Leidinger, G.: Load-Sensing-System für die Arbeitshydraulik des neuen Radladers L 45 – wegweisender Schritt in eine neue Technologie. Hebezeuge und Fördermittel, Berlin 33 (1993) 12, S. 516-521.

[2.335] Weschenfelder, E.: Load-Sensing-Ventile zur Optimierung hydraulischer Systeme. Fördern und Heben, Mainz 36 (1986) 4, S. 278, 280.

[2.336] Klimek, G.: Hydrostatische Hubwerke in Mehrkreissystemen von Fahrzeugkranen. Fördern und Heben, Mainz 29 (1979) 2, S. 123-126, 128.

[2.337] Leidinger, G.: Hydrotransmatic – ein neuartiger stufenloser, lastschaltfreier hydrostatischer Fahrantrieb. Hebezeuge und Fördermittel, Berlin 32 (1992) 7, S. 309-315.

[2.338] Otto, G.: Die Entwicklung des Telekrans. Deutsche Hebe- und Fördertechnik, Ludwigsburg 38 (1992) 6, S. 44-46, 48-49; 7/8, S. 34, 37.

[2.339] Wehefritz, W.: Wachablösung bei Teleskopkranen. Baumarkt, Düsseldorf-Oberkassel 87 (1988) 5, S. 208, 209, 212-214, 216.

[2.340] Strecker, N.; Moldenhauer, R.: Mit Vorsprung in die Sackgasse. Fördern und Heben, Mainz 44 (1994) 9, S. 729-731.

[2.341] Seemann, J.: Une analyse de rentabilité de la grue mobile (Eine Analyse der Wirtschaftlichkeit von mobilen Kranen). Travaux, Paris 67 (1983) 578, S. 39-43 (franz.).

[2.342] Otto, G.: Ein Teleskopmast für Gitterkrane – Großkrantechnik im Umbruch? Fördern und Heben, Mainz 36 (1986) 4, S. 272, 274.

[2.243] Gesetze der Bundesrepublik Deutschland, Strassenverkehrsrecht, bearbeitet von F. Steinkamp. 3. Aufl. Berlin, Bonn, Regensburg: Walhalla 1995.

[2.344] Wiederhold, P.: Baumaschinen. Eine Zusammenstellung verkehrsrechtlicher Vorschriften. Wiesbaden: Moravia 1994.

[2.345] Ostheimer, H.: Handbuch für das Genehmigungsverfahren im Transportbereich. Nürnberg: Lectura 1993.

[2.346] Kelp, V.: Konstruktionsprinzipien moderner Fahrzeugkrane. Techn. Überwachung, Düsseldorf 25 (1984) 2, S. 79-81.

[2.347] Kaspar, E.: Konzept des Fahrzeugkrans CT 2 mit hydrostatischem Fahrantrieb. Hebezeuge und Fördermittel, Berlin 34 (1994) 6, S. 266-268.

[2.348] Bequemes Teleskopieren am Fahrzeugkran CT 2. Hebezeuge und Fördermittel, Berlin 36 (1996) 3, S. 78.

[2.349] Fay, P.: Straßenschonende Fahrwerke für Autokrane. Fördern und Heben, Mainz 25 (1975) 8, S. 831-836.

[2.350] Weiskopf, H.: Studien zur Einzelradaufhängung bei Fahrzeugkranen, 1968/1985 (unveröffentlicht).

[2.351] Cohrs, H.H.: Einzelradaufhängung bei Fahrzeugkranen. Fördern und Heben, Mainz 38 (1988) 12, S. 973, 976-980.

[2.352] Getrennt marschieren – vereint tragen. Baumaschinendienst, Bad Wörishofen 24 (1988) 11, S. 768-770, 775, 776.

[2.353] Gerigk, P.; u.a.: Kraftfahrzeugtechnik. 2. Aufl. Berlin: Westermann 1991.

[2.354] Reimpell, J.: Fahrwerktechnik – Grundlagen. 2. Aufl. Wiesbaden: Vogel 1988.

[2.355] Zomotor, A.: Fahrwerktechnik – Fahrverhalten. 2. Aufl. Wiesbaden: Vogel 1991.

[2.356] Schlemminger, K.: Kraftlenkungen und Lenksysteme für selbstfahrende Arbeits- und Baumaschinen. Hebezeuge und Fördermittel, Berlin 5 (1965) 9, S. 275-279.

[2.357] Heider, H.: Kraftfahrzeuglenkungen. Berlin: Technik 1970.

[2.358] Stoll, H.: Fahrwerktechnik: Lenkanlagen und Hilfskraftlenkungen. Würzburg: Vogel 1992.

[2.359] Hydraulische Servolenkungen für Fahrzeugkrane. Fördern und Heben, Mainz 19 (1969) 15, S. 937-938.

[2.360] Duditza, F.; Alexandru, P.: Systematisierung der Lenkmechanismen der Radfahrzeuge. Konstruktion, Berlin 24 (1972) 2, S. 54-61.

[2.361] Zimmermann, E.: Zur Diskussion: Modifiziertes Abstützkonzept. Fördern und Heben, Mainz 41 (1991) 8, S. 645-646.

[2.362] Otto, G.: Gittermastkrane aus der Sicht des Stahlbaus. Fördern und Heben, Mainz 29 (1979) 10, S. 883-888.

[2.363] Lechleitner, K.: Zusatzausrüstungen erweitern den Einsatzbereich der Gittermastkrane. Fördern und Heben, Mainz 31 (1981) 10, S. 803-805.

[2.364] Kelp, D.: Gittermastkrane für den Kraftwerkbau. Fördern und Heben, Mainz 36 (1986) 7, S. 483-485.

[2.365] Cohrs, H.H.: Volkszählung bei Fahrzeugkranen. Fördern und Heben, Mainz 39 (1989) 10, S. 842, 844.

[2.366] Bachmann, O.: Neuentwicklungen bei Fahrzeugkranen und anderen Hebezeugen. Fördern und Heben, Mainz 39 (1989) 4, S. 301, 302, 304, 306, 308, 313, 314, 318-320.

[2.367] Lechleitner, K.: Die großen Teleskopkrane: Schwere Brocken für Technik und Markt. Fördern und Heben, Mainz 33 (1983) 7/8, S. 554-557.

[2.368] Geteilter Riese – Ein neuer 300-t-Teleskopkran. Fördern und Heben, Mainz 34 (1984) 2, S. 118-120.

[2.369] Teleskopkrane: Zweigeteilte Großgeräte bieten hohe Flexibilität. Fördern und Heben, Mainz 34 (1984) 2, S. 122, 123.

[2.370] Teleskopkran nimmt 800-t-Hürde. Deutsche Hebe- und Fördertechnik, Ludwigsburg 30 (1984) 9, S. 291, 292.

[2.371] Spitzenleistung bei Fahrzeugkranen – Ein 800-t-Teleskopkran im Bau. Fördern und Heben, Mainz 34 (1984) 10, S. 762-765.

[2.372] Schwere Teleskopkrane – Kampf der Giganten mit den Pfunden. Fördern und Heben, Mainz 35 (1985) 1, S. 37-40.

[2.373] Otto, G.: Teleskopkrane aus wirtschaftlicher und technischer Sicht. Fördern und Heben, Mainz 35 (1985) 1, S. 31-35.

[2.374] Gerster, P.: Anwendung der Feinkornbaustähle bei Autokranen. Düsseldorf: Dt. Verl. f. Schweißtechnik 1980. In: DVS-Berichte, Nr. 62, S. 95-101.

[2.375] Blase, H.: Neuere Entwicklungen im Fahrzeugkranbau. Techn. Mitteilungen Krupp, Essen 45 (1987) 1, S. 21-34.

[2.376] Barsuhn, P.: Mit neuem Auslegersystem höher hinaus. Fördern und Heben, Mainz 41 (1991) 5, S. 408, 410.

[2.377] Neuer Linearantrieb für superlange Teleskopausleger. Deutsche Hebe- und Fördertechnik, Ludwigsburg 37 (1991) 5, S. 18, 19.

[2.378] Neue Klappspitze für Teleskopkrane. Fördern und Heben, Mainz 42 (1992) 1/2, S. 88.

[2.379] Lechleitner, K.: Mobilkrane mit konstruktiven Besonderheiten. Fördern und Heben, Mainz 42 (1992) 6, S. 462, 463.

[2.380] Šteinberg, L.B.: Opredelenie davlenij na kolesa mnogoopornych pnevmokolesnych kranov (Bestimmung der Radkräfte mehrfach gestützter luftbereifter Krane). Stroitel'nye i dorožnye mašiny, Moskva 14 (1969) 10, S. 11-13 (russ.).

[2.381] Peltier, F.-L.: Mise en position et calage des grues mobiles (Positionieren und Abstützen von fahrbaren Kranen). Cahiers de notes documentaires Ints. nat. rech. secur. Nr. 102, 1er Trimestre 1981, S. 33-50 (franz.).

[2.382] Lutterodt, A: Bestimmung der Kernfläche. Inform. d. Inst. f. Stahlbau und Leichtmetallbau. Leizpig (1964) 3, S. 79, 80.

[2.383] Flach, W.: Die Standsicherheit der Fahrzeugkrane. Deutsche Hebe- und Fördertechnik, Ludwigsburg 11 (1965) 3, S. 111-116; 4, S. 157, 158.

[2.384] Schwarz, W.; Marx, F.W.: Hinweise zur Beurteilung der Standsicherheit gleisloser Fahrzeugkrane. Deutsche Hebe- und Fördertechnik, Ludwigsburg 17 (1971) 4, S. 171-174; Sonderheft, S. 226-228.

[2.385] Overlach, K.: Aktive Kippsicherung. Ein Beitrag zur Erhöhung der Kippsicherheit bei Fahrzeugkranen. Karlsruhe, Univ., Diss. v. 1974.

[2.386] Otto, G.: Der Einsatz von Computern beim Berechnen von Auslegerkonstruktionen für Fahrzeugkrane. Deutsche Hebe- und Fördertechnik, Ludwigsburg 17 (1971) 11, S. 673-677.

[2.387] Otto, G.: Betrachtung über das Berechnen von Teleskopauslegern. Deutsche Hebe- und Fördertechnik, Ludwigsburg 16 (1970) Sonderheft, S. 213-217.

[2.388] Günthner, W.: Statische Berechnung von Gittermast-Auslegerkranen mit Hilfe finiter Turmelemente unter Berücksichtigung der Elastizität des Kranwagens und von Messungen. München, Techn. Univ., Diss. v. 1985. Kurzfassung: Böttcher, S.; Günthner, W.: Besondere Einflußfaktoren bei der statischen Berechnung von Gittermast-Auslegerkranen. Fördern und Heben, Mainz 35 (1985) 11, S. 834, 837-839.

[2.389] Böttcher, S.; Günthner, W.; Stephani, M.: Verformungsmessungen an Gittermastkranen. Fördern und Heben, Mainz 33 (1983) 3, S. 166-170.

[2.390] Löw, H.R.E.: Automatisierung der Berechnung und Konstruktion des Stahlbaus von Fahrzeugkranen auf der Basis von FE- und CAD-Methoden. München, Techn. Univ., Diss. v. 1993. Kurzfassung: Böttcher, S.; Löw, H.R.E.: Aufwandsreduzierte FE-Modellierung für die Fahrzeugkran-Dimensionierung. Fördern und Heben, Mainz 44 (1994) 6, S. 488-490.

[2.391] Thoss, R.: Quersteifigkeit von Teleskopausleger-Systemen. Fördern und Heben, Mainz 40 (1990) 6, S. 406-408.

[2.392] Cohrs, H.H.: Raupenkrane – Gewichtsheber auf breiter Spur. Fördern und Heben, Mainz 39 (1989) 10, S. 829, 830.

[2.393] Datenservice Raupenkrane. Fördern und Heben, Mainz 39 (1989) 10, S. 834-841.

[2.394] Hubhöhe 226 m – Raupenkran für Japan. Hebezeuge und Fördermittel, Berlin 34 (1994) 11, S. 489-491.

[2.395] Kotte, G.: Aufbaukrane für LKW. Einsatzspektrum für LKW-Ladekrane. Baumarkt, Düsseldorf-Oberkassel 84 (1985) 4, S. 128, 130, 131.

[2.396] Kotte, G.: Aufbau-Ladekrane für Nutzfahrzeuge im Bauwesen. Hebzeuge und Fördermittel, Berlin 32 (1992) 3, S. 113-117.

[2.397] Kotte, G.: Aufbau-Ladekrane für LKW. Eine Betrachtung zur bauma '95. Hebezeuge und Fördermittel, Berlin 35 (1995) Special, S. 40-45.

[2.398] Schoepe, H.: Richtlinien für den Aufbau von Kranen mit Lastmomenten bis 4000 kpm. Maschinenmarkt, Würzburg 68 (1962) 36, S. 30-32.

[2.399] Schoepe, H.; Herre, W.: Berechnung von Fahrgestell-Rahmenverstärkungen in Verbindung mit Kranaufbauten. Maschinenmarkt, Würzburg 68 (1962) 95, S. 28-34.

[2.400] Bläsius, W.: Lastverteilung bei Fahrzeugen mit Ladekran. Fördern und Heben, Mainz 38 (1988) 9, S. 662, 664, 666, 667.

[2.401] Bläsius, W.: Fahrzeuge mit Ladekran optimal mit Lastverteilungsplan nutzen. Deutsche Hebe- und Fördertechnik, Ludwigsburg 35 (1989) 9, S. 27, 28, 31, 32.

[2.402] Marktübersicht LKW-Ladekrane: Trends und Fakten. Fördern und Heben, Mainz 42 (1992) 12, S. 987-990, 992-998.

[2.403] Gross, S.: Beitrag zur Dynamik hintereinandergekoppelter hydraulischer Hub- bzw. Verstellmechanismen am Beispiel eines Autoladekrans. Braunschweig, Techn. Hochschule, Diss. v. 1970.

[2.404] Lichtenheldt, W.: Konstruktionslehre der Getriebe. 5. Aufl. Berlin: Akademie 1979.

[2.405] Hagedorn, L.: Konstruktive Getriebelehre. 4. Aufl. Düsseldorf: VDI 1986.

[2.406] Lohse, P.: Getriebesynthese. Bewegungsabläufe ebener Koppelmechanismen. 4. Aufl. Berlin: Springer 1986.

[2.407] Meyer zur Capellen, W.; Dittrich, G.: Ermittlung von Kräften in ein-, zwei- und dreigliedrigen Lasthubeinrichtungen, Ölhydraulik und Pneumatik, Wiesbaden 6 (1962) 10, S. 355-361.

[2.408] Rusiński, E.: Simulationsuntersuchungen der Tragkonstruktion von Ladekranen. Deutsche Hebe- und Fördertechnik, Ludwigsburg 41 (1995) 6, S. 58-63.

[2.409] Rilbe, U.; Andersson, L.: Zur Dauerschwingfestigkeit von LKW-Ladekranen im Stückgutumschlag. Fördern und Heben, Mainz 28 (1978) 5/6, S. 367-370.

[2.410] Wachowiak, J.: Sicherheitstechnik für einen Ladekran. Deutsche Hebe- und Fördertechnik, Ludwigsburg 36 (1990) 11, S. 35, 36.

[2.411] Hydraulische Lastmomentbegrenzung für LKW-Ladekrane. Hebezeuge und Fördermittel, Berlin 34 (1994) 3, S. 90, 91.

[2.412] Deutsche Reichsbahn: Einsatzanweisung für Baumaschinen und -geräte. DV 808. Teilhefte Eisenbahndrehkrane.

[2.413] Bendix, H.: Experimentelle und theoretische Untersuchungen der dynamischen Eigenstandsicherheit von Eisenbahndrehkranen. Dresden, Hochschule für Verkehrswesen, Diss. v. 1970.

[2.414] Schichta, H.; u.a.: Selbstfahrender dieselelektrischer Schwimmkran. Hansa, Hamburg 108 (1971) 4, S. 334-352.

[2.415] Schuster, H.: Selbstfahrende 100-t-Schwerlast-Schwimmkräne „Sanam" und „Himreen". Hansa, Hamburg 114 (1977) 8, S. 705-711.

[2.416] Schwimmkran „Tog mor". Hansa, Hamburg 118 (1981) 10, S. 789.

[2.417] Bergungskräne „Enkaz I und II". Hansa, Hamburg 119 (1982) 24, S. 1628-1633.

[2.418] „Astrakran" – Ein Kranschiff für das Kaspische Meer. Hansa, Hamburg 113 (1976) 11, S. 970.

[2.419] Kranschute „Narwhal" mit 2000-t-Kran. Seewirtschaft, Berlin 10 (1978) 7, S. A 5.

[2.420] Stapellauf eines Kranschiffs bei O & K. Hansa, Hamburg 116 (1979) 21, S. 1640.

[2.421] Clauss, G.F.; Rickert, T.: Untersuchung der Einsatzgrenzen von Kranschiffen in Wellengruppen. In: Entwicklungen in der Schiffstechnik – Statusseminar 1989. Hrsg. Germanischer Lloyd. Köln: TÜV Rheinland 1989, S. 106-131.

[2.422] Nürnberg, A.: Ermittlung und Reduzierung der Lastbewegungen bei Kranoperationen auf offener See. Düsseldorf: VDI 1991. – In: Fortschritt-Berichte VDI, Reihe 13, Nr. 38, S. 1-146.

[2.423] Grösel, B.; Kieweg, H.: Stahlbau bei Schwimmkranen. Der Bauingenieur, Berlin 47 (1972) 4, S. 114-119.

[2.424] Geschweißer Ponton eines 100-t-Schwimmkrans. Schweißtechnik, Berlin 11 (1961) 1, S. 25-30.

[2.425] Germanischer Lloyd: Grundsätze für die Ausführung und Prüfung von Hebezeugen. Hamburg: Germanischer Lloyd 1992.

[2.426] Grösel, B.: Schwimmkranbau – Technische Probleme und Entwicklungstendenzen. Fördern und Heben, Mainz 21 (1971) 1, S. 1-10.

[2.427] Grösel, B.: Sicherheitssysteme bei Schwimmkranen. Fördern und Heben, Mainz 25 (1975) 13, S. 1253, 1254.

[2.428] Dejk, J.D.A. van; Struna, A.: Ein 32-t-Schwimmkran erhöht die Umschlagleistung bei Massengut. Fördern und Heben, Mainz 34 (1984) 2, S. 126.

[2.429] Elektro-Pneumatik für große Schwimmkräne. Hansa, Hamburg 114 (1977) 5, S. 394-396.

[2.430] Kreiner, H.: Die hydraulischen Grundlagen des Voith-Schneider-Antriebs. Werft, Reederei, Hafen, Berlin 12 (1931) 11, S. 185-191.

[2.431] Clerc, J.F.: Steuereinrichtung für einen Schwimmkran mit Voith-Schneider-Antrieb. Werft, Reederei, Hafen, Berlin 16 (1935) 7, S. 97, 98.

[2.432] Henschke, W.: Schiffsbautechnisches Handbuch. Bd. 1, 2. Aufl. Berlin: Technik 1967.

[2.433] Dudszus, A.; Danckwardt, E.: Schiffstechnik. Berlin: Technik 1982.

[2.434] Steinen, C. von den: Stabilitätsbeziehungen bei trapezförmigen Spanten. Schiffbau und Schiffahrt, Berlin 30 (1929) 22, S. 538-542; 23, S. 565-567.

[2.435] Herner, H.; Rusch, K.: Die Theorie des Schiffes. 6. Aufl. Leipzig: Fachbuch 1952.

[2.436] Albrecht, R.; Günther, H.-J.; König, G.: Experimentelle Untersuchung der Belastung und des Bewegungsverhaltens von Schiffswippkranen am geometrisch ähnlichen Modell. Schiff & Hafen/Seewirtschaft, Hamburg 44 (1992) 1, S. 31-34, 36.

[2.437] Grafoner, P.: Ballastautomatik für das größte Kranschiff der Welt. Schiff & Hafen/Kommandobrücke, Hamburg 41 (1989) 5, S. 50-53.

[2.438] Holzweißig, F.; Dresig, H.: Lehrbuch der Maschinendynamik. Leipzig; Köln: Fachbuchverlag, 1992.

[2.439] Krämer, E.: Maschinendynamik. Berlin; Heidelberg; New York: Springer, 1984.

[2.440] Hardtke, H.-J.; Heimann, B.; Sollmann, H.: Lehr- und Übungsbuch Technische Mechanik, Bd. 2. München, Wien: Fachbuchverlag Leipzig im Hanser-Verlag, 1997.

[2.441] Dresig, H.; Vul'fson, I. I.: Dynamik der Mechanismen. Berlin: Deutscher Verlag der Wissenschaften, 1989.

[2.442] Dresig, H.; u. a.: Arbeitsbuch Maschinendynamik/ Schwingungslehre. Leipzig: Fachbuchverlag, 1987.

[2.443] Dresig, H.; Rockhausen, L.: Aufgabensammlung Maschinendynamik. Leipzig; Köln: Fachbuchverlag, 1994.

[2.444] Volmer, J. (Herausg.): Getriebetechnik – Lehrbuch. Berlin: Verlag Technik, 1985.

[2.445] Luck, K.; Modler, K.-H.: Getriebetechnik. Berlin; Heidelberg; New York: Springer, 1995.

[2.446] Schönfeld, R.: Elektrische Antriebe. Berlin; Heidelberg; New York: Springer, 1995.

[2.447] Will, D.; Ströhl, H.: Einführung in die Hydraulik und Pneumatik. Berlin: Verlag Technik, 1990.

[2.448] Schiehlen, W.: Multibody Systems Handbook. Berlin; Heidelberg; New York: Springer, 1990.

[2.449] Maißer, P.: Analytische Dynamik von Mehrkörpersystemen. ZAMM, Berlin 68 (1988) 10, S. 463-481.

[2.450] Wolf, C.-D.; Hendel, K.; Härtel, T.: Dynamiksimulation von Kollisionsvorgängen zwischen einem PKW und einem Fahrradfahrer. VDI-Berichte, Düsseldorf (1994) 1153, S. 441-446.

[2.451] Modler, K.-H.: Lehre und Forschung in der Getriebetechnik. Wiss. Z. Techn. Univ. Dresden 43 (1994) 3, S. 17-19.

[2.452] Richter, J.: Steuerung offener Auslegerstrukturen mit linearen Antrieben. Wiss. Z. Techn. Univ. Dresden 43 (1994) 3, S. 22-28.

[2.453] Gottschalk, H.-P.: Optimierung drehzahl- und lagegeregelter Gleichstromantriebe unter Berücksichtigung charakteristischer mechanischer Eigenschaften der Regelstrecke. Dresden, Techn. Univ., Diss. v. 1983.

[2.454] Förster, M.; u. a.: A Design and Testing Environment for the Software of the VeCon Control Processor. Proceedings of the 28. International Conference on PCIM, Nürnberg 1996, S. 357-366.

[2.455] Weber, J.: Ein geräteorientiertes Modellierungskonzept mit Berücksichtigung der Fluideigenschaften. Dresden, Techn. Univ., Diss. v. 1990.

[2.456] Großmann, K.; Uhlig, A.: Von der Hydrauliksimulation zur Systembewertung. Ölhydraulik und Pneumatik, Mainz 40 (1996) 11/12, S. 766-770.

[2.457] Töpfer, H.; Besch, P.: Grundlagen der Automatisierungstechnik. Berlin: Verlag Technik 1987.

[2.458] Föllinger, O.: Regelungstechnik. Heidelberg: Hüthig, 1990.

[2.459] Palis, F.: Prozeßangepaßte Steuerung und Regelung von elektrischen Krananwendungen mit Mikrorechnern. Magdeburg, Techn. Univ., Diss. B v. 1990.

[2.460] Kahlert, J.: Fuzzy Control für Ingenieure. Braunschweig; Wiesbaden: Vieweg, 1995.

[2.461] Obretinow, R.: Belastungsannahmen nach der zukünftigen CEN-Krannorm. Hebezeuge und Fördermittel, Berlin 36 (1996) 10, S. 431-434; 11, S. 530-532.

[2.462] Scheffler, M.; Dresig, H.; Kurth, F.: Unstetigförderer 2. Berlin: Verlag Technik 1985.

[2.463] Boshenko, M.: Ein Beitrag zur dynamischen Untersuchung spielbehafteter Antriebssysteme bei verschiedenen Anfahr- und Bremskennlinien. Dresden, Techn. Univ., Diss. v. 1977.

[2.464] Gottschalk, H.-P.: Regelung von Doppellenker-Wippdrehkranen. Hebezeuge und Fördermittel, Berlin 31 (1991) 9, S. 348-350.

[2.465] Böttcher, S.; Günthner, W.; Stephani, M.: Verformungsmessungen an einem Gittermastkran. Fördern und Heben, Mainz 33 (1983) 3, S. 166-170.

[2.466] Jasan, V.; Kulcsar, B.: Principy tvorby dynamickych modelov zeriavovych mostov a urcovanie ich vlastnych parametrov kmitania (Prinzipien für die Erstellung von dynamischen Modellen für Kranbrücken und Bestimmung ihrer Eigenschwingungsparameter). Strojirenstvi, Praha 36 (1986) 10, S. 552-556 (tschech.).

[2.467] Sinay, J.: Steifigkeit der Lastaufhängung an Kranen mit Wippausleger. Fördern und Heben, Mainz 36 (1986) 12, S. 894-896.

[2.468] Rauh, J.: Ein Beitrag zur Modellierung elastischer Balkensysteme. Fortschr.-Ber. VDI, Reihe 18, Nr. 37. Düsseldorf: VDI, 1987.

[2.469] Jevtic, V.: Theoretische und experimentelle Analyse des Verhaltens von fördertechnischen Antriebssystemen unter dem Einfluß von Nichtlinearitäten. Bochum, Ruhr-Univ., Diss. v. 1982.

[2.470] Vöth, S.; Zablowski, R.: Simulation von spielbehafteten Antriebssystemen. Fördern und Heben, Mainz 43 (1993) 9, S. 622-624.

[2.471] Stenkamp, W.: Hebezeuge in kerntechnischen Anlagen. Fördern und Heben, Mainz 33 (1983) 1, S. 28-33; 2, S. 94-98; 3, S. 179-183.

[2.472] Engelke, M.; Kuhr, H.: Projektierung von Rundlauf-Brückenkranen unter Berücksichtigung der Erdbebensicherheit. Hebezeuge und Fördermittel, Berlin 25 (1985) 1, S. 19-22; 2, S. 44-45.

[2.473] Lautermann, A.: Elastokinetische Analyse eines Kranes mit Sicherheitshubwerk bei Getriebebruch. Darmstadt, Techn. Hochsch., Diss. v. 1992.

[2.474] Wünsch, D.; Käsler, R.; Matta, F.: Sonderlastfälle in Kranhubwerkantrieben und ihre schwingungstechnische Behandlung. VDI-Berichte, Düsseldorf (1995) 1220, S. 159-176.

[2.475] Matke, J.: Schwingungssimulation und Betriebsfestigkeitsprognose für leistungsverzweigende Antriebssysteme. Fördern und Heben, Mainz 33 (1983) 9, S. 645-653.

[2.476] Yang, Zhiwei: Schwingungen unterdrücken am Kranfahrwerk. Fördern und Heben, Mainz 38 (1988) 11, S. 872-874, 877-878.

[2.477] Kos, M.: Praxis der Antriebsanalyse für waagerechte Bewegungen. Fördern und Heben, Mainz 40 (1990) 4, S. 208-210, 215-217.

[2.478] Spizyna, D.N.; Bulanow, W.B.: Schwingungsdämpfung an Brückenkranen beim Hub mit Lastaufnahme. Hebezeuge und Fördermittel, Berlin 22 (1982) 12, S. 360-363.

[2.479] Frank, K.-P.: Feder-/Dämpferkoppelemente in den Radaufhängungen von Brückenkranen. Deutsche Hebe- und Fördertechnik, Ludwigsburg 37 (1991) 9, S. 70, 72-74, 76-77.

[2.480] Schlauderer, A.: Schwingungsdämpfung bei Brückenkranen. Fördern und Heben, Mainz 42 (1992) 4, S. 270-271.

[2.481] Wagner, G.: Ein Beitrag zur Berechnung des Kräfte- und Verschiebungszustandes beliebiger fahrender Krane unter Berücksichtigung elastischer Tragwerke, Bauungenauigkeiten und nichtlinearem Kraftschluß-Schlupf-Gesetz. Darmstadt, Techn. Hochsch., Diss. v. 1980.

[2.482] Ma, Deng Zhe: Ein ebenes elastokinetisches Modell des nichtlinearen Brückenkrans zur Berechnung der fahrmechanischen Größen beim Übergang vom ungeführten zum geführten instationären Kranlauf. Fortschr.-Ber. VDI, Reihe 13, Nr. 31. Düsseldorf: VDI, 1987.

[2.483] Niering, E.: Kinematik einer Verladebrücke für Container. Fördern und Heben, Mainz 31 (1981) 11, S. 900-907.

[2.484] Oser, J.; Kartnig, G.: Das Schwingungsverhalten eines zugmittelgeführten Leichtregalbediengerätes. Deutsche Hebe- und Fördertechnik, Ludwigsburg 40 (1994) 4, S. 66, 68, 70, 72-73.

[2.485] Vössner, S.; Reisinger, K. H.; Oser, J.: Untersuchung des Schwingungsverhaltens von zugmittelgeführten Regalbediengeräten mit Hilfe genetischer Optimierungsverfahren. Deutsche Hebe- und Fördertechnik, Ludwigsburg 41 (1995) 7/8, S. 32-34, 37-40.

[2.486] Arnold, D.; Schumacher, M.: Simulation der Dynamik von Regalbediengeräten. Fördern und Heben, Mainz 46 (1996) 4, S. 260, 262, 264-265.

[2.487] Dresig, H.; Ziller, S.: Einfluß der Schaltfolge auf die dynamische Beanspruchung des Drehwerkantriebs. Hebezeuge und Fördermittel, Berlin 24 (1984) 6, S. 170-175.

[2.488] Kwast, K.-H.: Dynamische Untersuchungen an Krandrehwerken – Möglichkeiten zum Erzielen schwingungsarmer Antriebsmomentenverläufe. Hebezeuge und Fördermittel, Berlin 25 (1985) 6, S. 164-167.

[2.489] Matthias, K.; Kirsten, N.: Dynamische Beanspruchungen im Dreh- und Wippwerk von Doppellenker-Wippdrehkranen. Hebezeuge und Fördermittel, Berlin 24 (1984) 9, S. 278-279; 10, S. 303-305.

[2.490] Georgijevic, M.: Einwirkung der konstruktiven Lösung und Antriebsregulierung auf die Dynamik von Hafenkranen. Deutsche Hebe- und Fördertechnik, Ludwigsburg 37 (1991) 6, S. 64-66, 68.

[2.491] Jovanovic, M.; Mijajlovic, R.: Einfluß der elastischen Verformungen auf die Widerstandskräfte im Wippwerk von Wipp-Drehkranen. Deutsche Hebe- und Fördertechnik, Ludwigsburg 38 (1992) 1/2, S. 43-47.

[2.492] Rusinski, E.: Simulationsuntersuchungen der Tragkonstruktionen von Ladekranen. Deutsche Hebe- und Fördertechnik, Ludwigsburg 41 (1995) 6, S. 58-63.

[2.493] Bürger, R.: Zur Dynamik ebener Auslegersysteme von Kranen unter Berücksichtigung geometrischer Nichtlinearität, beliebiger Gelenke und starrer Elemente nach einer Finit-Element-Methode. Darmstadt, Techn. Hochsch., Diss. v. 1978.

[2.494] Daum, D.: Zur dynamischen Berechnung eines Fahrzeugkranauslegers nach geometrisch nichtlinearer Theorie. Darmstadt, Techn. Hochsch., Diss. v. 1978.

[2.495] Lu, Nianli: Eine Methode zum Aufbau ebener, elastokinetischer Modelle für Lenkerkrane. Darmstadt, Techn. Hochsch., Diss. v. 1988.

[2.496] Sosna, E.; Wojciech, S.: Ein diskretes Modell zur Analyse der Mobilkran-Fahrgestell-Bewegung beim Anreißen und Heben der Last. Hebezeuge und Fördermittel, Berlin 24 (1984) 2, S. 36-40.

[2.497] Koscielny, R.: Dynamische Belastung von Bord- und Schwimmkranen bei Ladearbeiten auf See. Fördern und Heben, Mainz 30 (1980) 9, S. 772-779.

[2.498] Riekert, T.: Die Dynamik von Schwimmkranen mit hängender Last. Berlin, Techn. Univ., Diss. v. 1992.

[2.499] Reinartz, J.: Beitrag zur Berechnung des dynamischen Verhaltens von Zweihanger-Ladegeschirren. Rostock, Ing.-Hochsch. für Seefahrt Warnemünde/Wustrow, Diss. v. 1982.

[2.500] Sinay, J.; Bugar, T.; Bigos, P.: Dynamische Analyse des Systems Kabine-Brückenkran als Mittel zur Verwirklichung humaner Arbeitsbedingungen. Hebezeuge und Fördermittel, Berlin 28 (1988) 12, S. 366-369.

[2.501] Clausen, J.; Diepenhorst, J.M.; van der Ven, C.H.: Reduzieren der Schwingungs- und Lärmbelastung für Kranführer am Beispiel eines Entladers für Kohle und Erz. Fördern und Heben, Mainz 40 (1990) 2, S. 99-100.

[2.502] Szuttor, N.; Sinay, J.: Überlastsicherung an Kranen. Fördern und Heben, Mainz 32 (1982) 12, S. 965-971.

[2.503] Raaz, V.: Optimierung von Überlastsicherungen für Krane. Fördern und Heben, Mainz 44 (1994) 11, S. 895-896.

[2.504] Raaz, V.: Entwicklungsprobleme bei Überlastsicherungen für Krane. Deutsche Hebe- und Fördertechnik, Ludwigsburg 41 (1995) 9, S. 36, 39-42.

[2.505] Böttcher, S.; Schlauderer, A.: Zug- und Biegebeanspruchungen beweglicher Anschlußleitungen von Leitungswagen. Fördern und Heben, Mainz 41 (1991) 3, S. 180, 183-187.

[2.506] Koch, P.: Optimierung flexibler Stromzuführungen mit angetriebenen Leitungswagen. Deutsche Hebe- und Fördertechnik, Ludwigsburg 42 (1996) 6, S. 14-18.

[2.507] Rieger, W.: Auslenkung von leicht gespannten Zugmitteln unter einer Transversalbeschleunigung. Fördern und Heben, Mainz 44 (1994) 8, S. 618-620.

[2.508] Kwast, K.-H.: Dämpfungsmessungen an Zuglaschenbändern. Hebezeuge und Fördermittel, Berlin 24 (1984) 3, S. 68-72.

[2.509] Pelchen, C.: Zur Dynamik eindimensionaler biegeschlaffer, undehnbarer Kontinua. Karlsruhe, Univ., Diss. v. 1994.

[2.510] Winkler, G.: Rechenmodell zur Simulation der Statik und Dynamik von Tragseilen bei Großkabinen-Seilschwebebahnen. Fortschr.-Ber. VDI, Reihe 13, Nr. 43. Düsseldorf: VDI, 1994.

[2.511] Hajduk, J.: Einfluß der Biegesteifigkeit umschlingender Zugelemente auf den System-Wirkungsgrad. Deutsche Hebe- und Fördertechnik, Ludwigsburg 36 (1990) 1/2, S. 42-46; 5, S. 46, 49, 52-53, 55; 6, S. 36, 38, 41.

[2.512] Frequenzgeregelte Antriebstechnik für Leitungstrommeln. Fördern und Heben, Mainz 47 (1997) 1/2, S. 54.

[2.513] Schauer, W.: Stand und Entwicklungstendenzen zur Erhöhung der Effektivität im Umschlagprozeß. Elektrie, Berlin 28 (1974) 1, S. 47-48.

[2.514] Eckardt, G.: Zur automatisierten Steuerung von Fördergeräten. Hebezeuge und Fördermittel, Berlin 21 (1981) 6, S. 167-169.

[2.515] Wagner, G.: Automatische Krananlagen – Anforderungen und maßgebende Eigenschaften. Fördern und Heben, Mainz 37 (1987), 4, S. 230, 232, 234-235.

[2.516] Jünemann, R. (Herausg.): Neue Trends bei automatisierten Kranen. Begleitband zur gleichnamigen Fachtagung 1994 in Dortmund. Dortmund: Verlag Praxiswissen, 1994.

[2.517] Jünemann, R. (Herausg.): Neue Trends bei automatisierten Kranen. Begleitband zur gleichnamigen Fachtagung 1995 in Dresden. Dortmund: Verlag Praxiswissen, 1995.

[2.518] Ziems, D.; Palis, F. (Herausg.): Neue Trends bei automatisierten Kranen. Begleitband zur gleichnamigen Fachtagung 1996 in Magdeburg. Magdeburg: LOGISCH, 1996.

[2.519] Augustin, C.; Gessing, R.; Paulick, H.; Schneidler, M.: Elektronische Antriebstechnik in Hebezeugen. VDI-Berichte, Düsseldorf (1994) 1146, S. 221-231.

[2.520] Roth-Stielow, J.: Moderne Servoantriebssysteme in der Handhabungs- und Fördertechnik. VDI-Berichte, Düsseldorf (1994) 1146, S. 105-120.

[2.521] Mierke, W.: Einsatz von Frequenzumrichtern an Kranen und Hebezeugen. Hebezeuge und Fördermittel, Berlin 35 (1995) 5, S. 184, 187-188, 190.

[2.522] Rückgauer, N.: Hydraulische Antriebe im Kranbau. Ölhydraulik und Pneumatik, Mainz 30 (1986) 3, S. 150-151, 154, 159-160, 162-163.

[2.523] Vonnoe, R.: Optimierung hydrostatischer Antriebe durch elektronische Schaltungen. VDI-Berichte, Düsseldorf (1990) 800, S. 75-104.

[2.524] Klein, A.: Einsatz der Fuzzy-Logik zur Adaption der Positionsregelung fluidtechnischer Zylinderantriebe. Aachen, RW Techn. Hochsch., Diss. v. 1993.

[2.525] Horsch, T.: Planung kollisionsfreier Bahnen für Roboter mit einer hohen Zahl von Freiheitsgraden. Fortschr.-Berichte VDI, Reihe 8, Nr. 386. Düsseldorf: VDI, 1994.

[2.526] Hölzl, J.: Modellierung, Identifikation und Simulation der Dynamik von Industrierobotern. Fortschr.-Berichte VDI, Reihe 8, Nr. 372. Düsseldorf: VDI, 1994.

[2.527] Böhm, J.: Kraft- und Positionsregelung von Industrierobotern mit Hilfe von Motorsignalen. Fortschr.-Berichte VDI, Reihe 8, Nr. 405. Düsseldorf: VDI, 1994.

[2.528] Adongo Ochier, J.: Modellierung und Regelung von Industrierobotern mit Gelenkelastizitäten. Fortschr.-Berichte VDI, Reihe 8, Nr. 488. Düsseldorf: VDI, 1995.

[2.529] Auernig, J.W.: Einfache Steuerstrategien für Laufkatzkrane zur Vermeidung des Lastpendelns im Zielpunkt. Fördern und Heben, Mainz 36 (1986) 6, S. 413-414, 416-418, 420.

[2.530] Matthias, K.: Laufkatz-Zielsteuerung mit Lastpendel-Kompensation. Hebezeuge und Fördermittel, Berlin 36 (1996) 3, S. 70-73.

[2.531] Schauer, W.: Methoden zur Pendelwinkeldämpfung und Positionierung der Last bei Laufkatzen mit nichtstarrer Lastaufhängung. Hebezeuge und Fördermittel, Berlin 23 (1983) 7, S. 206-209.

[2.532] Gottschalk, H.-P.: Unterdrückung mechanischer Schwingungen in elektrischen Antrieben durch gewichtete Drehzahldifferenzaufschaltungen. Elektrie 39 (1985) 5, S. 171-175.

[2.533] Krause, P.: Regelstrategien für einen Brückenkran. Hamburg, Univ. der Bundeswehr, Diss. v. 1986.

[2.534] Georgijevic, M.: Mikroelektronik für die Überwachung der dynamischen Beanspruchung von Hebezeugen. Hebezeuge und Fördermittel, Berlin 26 (1986) 10, S. 304-307.

[2.535] Palis, F.: Steuerung und Regelung elektrischer Krananantriebe mit Mikrorechner. Elektrie, Berlin 43 (1989) 8, S. 291-293.

[2.536] Simon, K.: Elektrische Steuerung von Kranfahrmotoren verhindert Lastpendeln. Technica, Basel 35 (1986) 17, S. 26-27.

[2.537] Brassel, D.; Gottschalk, H.-P.: Lagegeregelte Bewegungen mehrerer Achsen durch einen Antriebsrechner. Hebezeuge und Fördermittel, Berlin 26 (1986) 11, S. 333-335.

[2.538] Dries, J.: Stapelroboter für Blechlager. Fördern und Heben, Mainz 40 (1990) 10, S. 728, 731.

[2.539] Heinl, H.-U.; Franzen, H.; Hochreiter, J.M.: Lastpendelgedämpfte Krane mit Fahrantriebsregelung und Pendelwinkelrückführung. Deutsche Hebe- und Fördertechnik, Ludwigsburg 37 (1991) 12, S. 43-47.

[2.540] Vähä, P.; Lamnasniemi, J.: Entlastung von Routinearbeit. Automatisches Steuern mit Ausgleich der Pendelbewegung erleichtert die Kranbedienung. Der Maschinenmarkt, Würzburg 95 (1989) 39, S. 82-84.

[2.541] Kleinschnittger, A.: Moderne Positionierung von Kranen – herkömmlich oder sensorgestützt? Hebezeuge und Fördermittel, Berlin 34 (1994) 6, S. 260-262.

[2.542] Beyer, A.; Thiemann, P.: Steuerung von Automatikkranen mit Bildsensoren. Fördertechnik, Zürich 64 (1995) 1, S. 11-14.

[2.543] Gehls, L.: Automatisierung eines Zweimotoren-Greiferhubwerks. Hebezeuge und Fördermittel, Berlin 31 (1991) 9, S. 351-353.

[2.544] Knappe, H.: Lastpendelgedämpfte Krane mit Fuzzy-Control. Fördern und Heben, Mainz 43 (1993) 10, S. 724-726.

[2.545] Gebhardt, J.; Franke, S.: Innovative Technik für die Kranregelung. Fördern und Heben, Mainz 44 (1994) 10, S. 806, 809-811.

[2.546] Kos, M.: Fernbetätigte und programmierte Lastaufnahmemittel an Hebezeugen. Deutsche Hebe- und Fördertechnik, Ludwigsburg 31 (1985) 4, S. 122-125.

[2.547] Gottschalk, H.-P.; Leonhardt, T.: Automatischer Lastaufnahmemittel-Wechsel. Hebezeuge und Fördermittel, Berlin 37 (1997) 5, S. 218-219; 10, S. 416-420.

[2.548] Leonhardt, T.: Kranmodernisierung – eine Chance für kleine Unternehmen. Hebezeuge und Fördermittel, Berlin 34 (1994) 6, S. 252-255.

[2.549] Gottschalk, H.-P.: Modernisierungsstrategien am Beispiel eines Brückenkrans. Hebezeuge und Fördermittel, Berlin 34 (1994) 6, S. 256-259.

[2.550] König, W.: Formschlußfreies Kranfahren bei nichtidealem Rad-Schiene-System. Fördern und Heben, Mainz 35 (1985) 9, S. 672-675.

[2.551] Kreuschmer, L.: Zur Entwicklung freiganggeführter Schienenfahrwerke für Brückenkrane. Magdeburg, Techn. Univ., Diss. v. 1988.

[2.552] Schmidt, P.: Formschlußfreie Führung von Kranen. Fördern und Heben, Mainz 41 (1991) 4, S. 313-315.

[2.553] Sanders, D.: Theoretische und experimentelle Untersuchung zur spurgeregelten Fahrt des Brückenkrans. Stahlbau, Berlin 61 (1992) 6, S. 165-172.

[2.554] Scherz, L.E.: Motor Control and Positioning Systems for automatic Crane Applications (Motorsteuerungs- und Positioniersysteme für automatisierte Krane). Iron and Steel Engineer, Pittsburgh 62 (1985) 12, S. 39-45 (engl.).

[2.555] Umbreit, M.; Schöner, J.: Rechnergesteuerte Anfahr- und Bremsfunktionen für Antriebe von Containerkranen. Hebezeuge und Fördermittel, Berlin 31 (1991) 2, S. 52-53.

[2.556] Georgijevic, M.; Milisavljevic, B.: Pendeln des Containers bei der Katzbewegung von Portalkranen. Deutsche Hebe- und Fördertechnik, Ludwigsburg 40 (1994) 9, S. 41-44, 46.

[2.557] Oziemski, S.; Jedlinski, W.: Analyse der Dynamik von schweren Fördergeräten als Voraussetzung ihrer automatischen Steuerung. Wiss. Zeitschr. der TU Dresden, Dresden 34 (1985) 2, S. 221-223.

[2.558] Kirsten, N.; Matthias, K.: Untersuchungen zur Automatisierung des Kranwippens. Wiss. Zeitschr. der TU Dresden, Dresden 34 (1985) 2, S. 206-209.

[2.559] Georgijevic, M.: Einfluß der Wippantrieb-Regulierung auf Lastpendel und Dynamik von Wippdrehkranen. Deutsche Hebe- und Fördertechnik, Ludwigsburg 38 (1992) 3, S. 74-76, 78-80.

[2.560] Nürnberg, A.: Ermittlung und Reduzierung der Lastbewegungen bei Kranoperationen auf offener See. Fortschr.-Berichte VDI, Reihe 13, Nr. 38. Düsseldorf: VDI, 1991.

[2.561] Kaspar, E.: Konzept des Fahrzeugkranes CT2 mit hydrostatischem Einzelradantrieb. Hebezeuge und Fördermittel, Berlin 34 (1994) 6, S. 266-268.

[2.562] Benckert, H.: Technik und Einsatzspektrum des hochflexiblen Handhabungsgerätes FH26 für das Bauwesen. VDI-Berichte, Düsseldorf (1990) 800, S. 177-205.

[2.563] Erhard, N.: Zum Aufbau eines hydraulisch angetriebenen Handhabungsgerätes mit biegeelastischer Mechanik und dessen Regelung, basierend auf Methoden der exakten Linearisierung. Erlangen-Nürnberg, Univ., Diss. v. 1995.

[2.564] Schenke, N.: Mikrorechnergesteuerter Hubkraftbegrenzer im Einsatz. Hebezeuge und Fördermittel, Berlin 24 (1984) 12, S. 364-367.

[2.565] Peters, H.: Neues Sicherheitssystem für Fahrzeugkrane auf digitaler Basis. Fördern und Heben, Mainz 36 (1986) 3, S. 154-156.

[2.566] Eckardt, G.; Hartung, R.: Überwachung der Standsicherheit durch Bordcomputer. Hebezeuge undFördermittel, Berlin 31 (1991) 9, S. 340-343.

[2.567] Sinay, J.: Sicherheitsaspekte bei der Kranautomatisierung. Fördern und Heben, Mainz 42 (1992) 4, S. 267-269.

[2.568] Sinay, J.: Beitrag zur Qualifizierung und Quantifizierung von Risiko-Faktoren in der Fördertechnik – dargestellt am Beispiel von Hebezeugen. Fortschr.-Berichte VDI, Reihe 13, Nr. 36. Düsseldorf: VDI, 1990.

[2.569] Sinay, J.; Bugar, T.: Festlegung der Eingangsziele – Voraussetzung für eine zuverlässige automatisierte Tätigkeit von Hebemaschinen. Wiss. Zeitschr. der TU Dresden, Dresden 34 (1985) 2, S. 216-220.

[2.570] Kessel, W.: Wägen am Kran. Hebezeuge und Fördermittel, Berlin 26 (1986) 11, S. 328-332.

[2.571] Kessel, W.: Dynamisches Wägen – Erklärungen zum Begriff. Hebezeuge und Fördermittel, Berlin 27 (1987) 12, S. 362-363.

[2.572] Unbehauen, H.; Metha, A.; Pura, R.: Zur Online-Ermittlung von Pendelwinkel und Winkelgeschwindigkeit eines Greiferkrans. Fördern und Heben, Mainz 37 (1987) 6, S. 399-400, 403.

3 Aufzüge

[3.1] Koch, H.P., Mühlen-Bremsfahrstühle. Lift Report 17 (1991) 2, S. 14-21

[3.2] Franzen, C.F., Englert, T.: Der Aufzugbau. Braunschweig: Friedr. Vieweg u. Sohn 1972

[3.3] Thiemann, H.: Aufzüge, Betrieb, Wartung, Revision, 6. Auflage. Berlin: VEB Verlag Technik 1982

[3.4] Küntscher, D.: Aufzuganlagen. Berlin VEB Verlag Technik 1989

[3.5] Donandt, H.: Aufzugtreibscheiben. VDI-Z. 83 (1939) 3, S. 75-82

[3.6] Feyrer, K.: Sicherheitszuwachs durch mehrere parallele Seile. Fördern u. Heben 41 (1991) 12, S. 1036-1040

[3.7] -: Reprint aus Neues Universum 1982: Hydraulische Aufzüge. Lift-Report 19 (1993) 5, S. 86-88

[3.8] Riehle, G.: Wasserrechtliche Vorschriften in bezug auf hydraulische Aufzüge. Lift-Report 19 (1993) 6, S. 33-39

[3.9] Streng, H.: Hydraulische Aufzüge: Auswirkungen des Wasserhaushaltsgesetzes auf Neuanlagen und Bestand. Lift-Report 20 (1994) 1, S. 84-87

[3.10] Schöllkopf, K. O.: Das neue Hochhaus der DG-Bank in Frankfurt. Lift-Report 20 (1994) 1, S. 68-73

[3.11] Jones, Bassett: The probable number of stops made by an elevator. GE Rev. 26 (1923) Nr. 8, pp 583-587

[3.12] Schröder, Joris: Über die Berechnung der Leistungsfähigkeit von Personenaufzügen. Dr.-Ing.-Diss. T. H. Berlin 1954

[3.13] Schröder, Joris: Personenaufzüge, Berechnung ihrer Förderleistung als Planungsgrundlage. Fördern und Heben 5 (1955) 1, S. 44-50

[3.14] Schröder, J.: Personenaufzüge, Planung und Bemessung in: Franzen, C. F. u. Englert, Th.: Der Aufzugbau. Braunschweig: Friedrich Vieweg & Sohn, 1972

[3.15] Mertens, R. u. Neureiter, J.: Zur Mathematik der Fahrstuhlverteilungen. Unternehmensforschung 2 (1958) 4, S. 176-184. Physica-Verlag, Würzburg.

[3.16] Tregenza, P. R.: The prediction of passenger lift performance. Architectural Science Review (1972) Sept., pp. 49-54

[3.17] Petigny, G.: Le calcul des ascenseurs. Transportation Res. Vol. 6, pp 19-28, Pergamon Press 1972, Great Britain

[3.18] Barney, G. C. and dos Santos, S. M.: Lift Traffic Analysis Design and Control. Stevenage, England 1977, Peter Pergrinus Ltd.

[3.19] Anleitung für die Planung von Aufzuganlagen (An Auf 77). Hrsg. Bundesminister für Raumordnung, Bauwesen und Städtebau, Bonn 1977

[3.20] Kaakinen, M. J.: Höhere Aufzuggeschwindigkeiten erhöhen die Aufzugsleistung – aber wie viel? Lift-Report 19 (1993) 6, S. 88-90

[3.21] Feyrer, K.: Zur Auslegung von Aufzügen in einfachen Sonderfällen. Lift-Report 15 (1989) 3, S. 6-10

[3.21] Molkow, M.: Über Drahtseile in Aufzügen. Lift-Report 19 (1993) 4, S. 18-32 und S. 82-87

[3.22] DAA: Verwendung von Gleichschlagseilen in Aufzügen. Lift-Report 18 (1992) 1, S. 37

[3.23] Janovsky, L.: Verteilung der Zugkräfte in Aufzugseilen. Lift-Report 11 (1985) 5/6, S. 35-39

[3.24] Holeschak, W.: Die Lebensdauer von Aufzugseilen und Treibscheiben im praktischen Betrieb. Dr.-Ing. Dissertation Universität Stuttgart 1987, Kurzfassung Lift-Report 14 (1988) 1, S. 6-9

[3.25] Aberkrom, P.: Seilzugkräfte in Treibscheibenaufzügen. Lift-Report 15 (1989) 2, S. 15-20

[3.26] Feyrer, K.: Sicherheitszuwachs durch zwei parallele Seile, Fördern und Heben 39 (1989) 10, S. 820-826 und Lift-Report 16 (1990) 1, S. 5-12, Engl.: Lift Report 16 (1990) 6, S. 21-30

Literaturverzeichnis

[3.27] Scheffler, M.: Grundlagen der Fördertechnik (Elemente und Triebwerke). Buchreihe Fördertechnik und Baumaschinen. Braunschweig/ Wiesbaden: Vieweg 1994, ISBN 3-528-06558-3

[3.28] Feyrer, K.: Drahtseile (Bemessung, Betrieb, Sicherheit) Berlin: Springer Verlag 1994, ISBN 3-540-57861-7

[3.29] Müller, H.: Drahtseile im Kranbau. VDI-Bericht 98, 1965. Nachdruck: dhf 12 (1966) 11, S. 714-716 und 12, S. 766-773

[3.30] Woernle, R.: Ein Beitrag zur Klärung der Drahtseilfrage. VDI-Z. 72 (1929) 13, S. 417-426

[3.31] Shitkow, D.G., Pospechow, I.T.: Drahtseile. VEB Verlag Technik, Berlin 1957

[3.32] Wolf, E.: Seilbedingte Einflüsse auf die Lebensdauer laufender Drahtseile. Dr.-Ing. Dissertation, Universität Stuttgart 1987

[3.33] Unterberg, H.-W.: Der Einfluß der Rillenform auf die Lebensdauer von laufenden Drahtseilen. Draht 42 (1991) 4, S. 233-234

[3.34] Neumann, P.: Untersuchungen zum Einfluß tribologischer Beanspruchungen auf die Seilschädigung. Dr.-Ing. Dissertation, TH Aachen 1987

[3.35] Woernle, R.: Drahtseilforschung. VDI-Z. 78 (1934) 52, S. 1492-1498

[3.36] Feyrer, K. u. Jahne, K.: Seillebensdauer bei Gegenbiegung. DRAHT 42 (1991) 6, S. 433-438

[3.37] Beck, W. u. Briem, U.: Vergleich zwischen berechneter und tatsächlicher Lebensdauer bei laufenden Drahtseilen. DRAHT 45 (1994) 10, S. 562-565

[3.38] Palmgren, A.: Die Lebensdauer von Kugellagern. VDI-Z. 68 (1924) S. 339-341

[3.39] Miner, M.A.: Cumulative damage in fatigue. J. of Appl. Mech. Trans. ASME 67 (1965) S. 159-165

[3.40] Rastetter, A.: Kolbenfangvorrichtung für hydraulische Aufzüge mit direktem Hubstempel. Fördern u. Heben 25 (1975) 1, S. 65-66

[3.41] Donandt, H.: Zur Konstruktion der Stempel hydraulischer Aufzüge. Techn. Überwachung 11 (1970) 2, S. 46-51

[3.42] Donandt, H.: Zur Berechnung der Stempel hydraulischer Aufzüge. Techn. Überwachung 12 (1971) 2, S. 60-64

[3.43] Berger, M.: Beitrag zur Berechnung der Stempel hydraulisch angetriebener Aufzüge. Teil I und II. Dissertation Universität Karlsruhe 1968

[3.44] Gräbner, P.: Keilrillen- und Seilverschleiß bei Treibscheiben mit Einseilförderung. Hebezeuge und Fördermittel 6 (1966) 7, S. 196-201

[3.45] Recknagel, G.: Untersuchungen an Aufzugstreibscheiben mit Sitzrillen unter Verwendung von Drahtseilen verschiedener Litzenzahl. Dr.-Ing. Diss. Universität Karlsruhe 1972

[3.46] Kuhn, H.: Untersuchung der Kraftwirkung und des Treibfähigkeitverhaltens unterschiedlicher Seilkonstruktionen beim Lauf über Treibscheiben mit unterschnittenen Rundrillen. Dr.-Ing. Diss. Hochschule für Verkehrswesen 1980

[3.47] Molkow, M.: Treibfähigkeit von gehärteten Treibscheiben mit Keilrillen. Dr.-Ing. Diss. Universität Stuttgart 1982, Kurzfassung: Deutsche Hebe- und Fördertechnik 29 (1983) 7/8, S. 209-217

[3.48] Babel, H.: Metallische und nichtmetallische Futterwerkstoffe für Aufzugstreibscheiben. Dr.-Ing. Diss. Universität Karlsruhe 1980

[3.49] Hajduk, J.: Der Reibungsschluß zwischen Drahtseil und gummigefütterter Antriebsscheibe. Internationale Seilbahn-Rundschau 2 (1995) Mai, S. 49-53

[3.50] Euler, L.: Remarque sur l'Éffet du Frottement dans l'Équilibre. Lu le 16, mars 1758. Mémoire de l'Académie Tom. XVIII. Gedruckt: Histoire de l'Académie Royale des Sciences et Belles-Lettres. Berlin Haude et Spener 1769, S. 265/78

[3.51] Eytelwein, J.A.: Handbuch der Statik fester Körper. Bd. 2, Berlin: Realschulbuchhandlung 1808

[3.52] Häberle, B.: Pressung zwischen Drahtseil und Seilscheibe. Dr.-Ing. Diss. Universität Stuttgart, 1995

[3.53] Donandt, H.: Über die Berechnung von Treibscheiben im Aufzugbau. Dr.-Ing. Diss. T.H. Karlsruhe 1927

[3.54] Hymans, F. u. Hellborn, A.: Der neuzeitliche Aufzug mit Treibscheibenantrieb. Berlin: Julius Springer 1927

[3.55] Feyrer, K.: Einfluß sicherheitstechnischer Forderungen auf die Konstruktion von Aufzügen. Tagungsheft des Seminars Errichtung und Betrieb von Aufzügen. Essen, VdTÜV 1970, S. 13-16

[3.56] Schmidt, K.: Die Treibfähigkeit bei Aufzügen. Berichtheft zum Fördertechnischen Industrieseminar 1976/77. Theorie und Praxis im Aufzugbau. Institut für Fördertechnik, Universität Karlsruhe, S. 139-153

[3.57] Grashof, F.: Theoretische Maschinenlehre. Bd. 2. Hamburg, Voss 1883

[3.58] Atrops, G.: Kraftverlauf und Dehnung im Umschlingungsbogen eines Treibseiles auf einer Treibscheibe und ihre Einpassung in den Verlauf nach der Eytelweinschen Gleichung. Dr.-Ing. Diss. TH Aachen 1960

[3.59] Meisinger, E.: Neue Entwicklung in der Antriebstechnik – ZF-Ecolift-Getriebe in Planetenbauweise. Lift-Report 20 (1994) 1, S. 6-12

[3.60] Streng, H.: Interlift 1994 – ein technischer Report. Lift-Report 21 (1995) 1, S. 6-13

[3.61] Stawinoga, R.: Neue mechanische Lösungen für Aufzugmaschinen mit hohem Wirkungsgrad. Lift-Report 20 (1994) 2, S. 6-11

[3.62] Müller-Schneider, B.-J.: Einsatz von Schneckengetrieben in Aufzuganlagen unter Ausnutzung aller Beanspruchungsgrenzen. Lift-Report 20 (1994) 5, S. 122-127

[3.63] Gelsdorf, S.: Akustik im Aufzugbau. Lift-Report 11 (1985) 5/6, S. 20-24

[3.64] Schörner, J.: Neue Generation von Aufzugmotoren in Modultechnik. Interlift 91 Dortmund: VFZ Verlag 1991 und The new generation of elevator motors. Elevator World (1995) Febr. pp 84-86

[3.65] Feyrer, K. und Dudde, F.: Schutzmaßnahmen gegen unkontrolliertes Fahren von Treibscheibenaufzügen. Schriftenreihe der Bundesanstalt für Arbeitsschutz Fb 706, Bremerhaven: Wirtschaftsverlag NW 1995, ISBN 3-89429-513-9 Kurzfassung: Lift-Report 20 (1994) 5, S. 6-14

[3.66] Kirchenmayer, G.: Öl- und Motorerwärmung bei hydraulischen Aufzuganlagen unter besonderer Berücksichtigung des Unteröltriebwerks. Deutsche Hebe- u. Fördertechnik 14 (1968) Sonderheft 212-216

[3.67] Dettinger, W.: Über die Zusammenhänge zwischen Fahreigenschaft, Fahrgeschwindigkeit und Wärmeentwicklung bei hydraulischen Aufzügen. Deutsche Hebe- u. Fördertechnik 24 (1978) 11, S. 488-491 und 12, S. 535-538 und 25 (1979) 1, S. 28-29

[3.68] Schneider, K.: Vergleich des Leistungsbedarfs von gebräuchlichen Antriebssystemen ölhydraulischer Aufzüge. Lift Report 11 (1985) 5/6, S. 7-19

[3.69] Schupp, R. u. v. Holzen, R.: Der moderne Ventilblock und seine Steuerung zur Optimierung der Fahrkurve. Lift-Report 19 (1993) 3, S. 6-10

[3.70] Deeble V.C.: Druckverhältnisse an den Wänden einer fahrenden Aufzugskabine. Lift-Report 20 (1994) 2, S. 93-95

[3.71] Feyrer, K.: Zur Konstruktion der Schnellaufzüge im Fernsehturm Moskau. Deutsche Hebe- und Fördertechnik 15 (1969) Sonderheft zur Hannover-Messe, S. V-IX

[3.72] Okada, Konji und andere: Untersuchungen von Horizontalbewegungen an Schnellaufzügen. Lift-Report 18 (1992) 5, S. 65-67

[3.73] Slonina, W. u.a.: Meßtechnische Untersuchungen über die dynamischen Beanspruchungen von Schachtführungseinrichtungen. Forschungsheft Kohle, EUR 5577 d, Kommission der Europäischen Gemeinschaft 1977. Generaldirektion Wissenschaftliche und Technische Information und Informationsmanagement Luxemburg

[3.74] Krass, W.: Experimentelle Untersuchungen von Türblättern aus Glas für Aufzugtüren. Lift-Report 12 (1986) 1, S. 6-11

[3.75] Foelix, H.D.: Erfahrungen aus der Prüfung von Schachtschiebetüren aus Glas. Lift-Report 17 (1991) 1, S. 12-17

[3.76] James, B. G.: Sicherheit von Glasaufzügen. Lift-Report 18 (1992) 5, S. 6-13

[3.77] Dedring, H.-J.: Berechnung der Führungsschienen von Aufzuganlagen. Techn. Überwachung 20 (1979) 7/8, S. 270-272

[3.78] Stumpf, E.: Führungsschienenberechnung. Heilbronner Aufzugtage. 8. und 9. März 1988. Technische Akademie Helbronn

[3.79] Mühlbach, H.: Verankerung von Führungsschienen mit Dübeln. Lift-Report 14 (1988) 4, S. 25-26

[3.80] Selg, J.: Automatische Türen bei Lastenaufzügen. Techn. Überwachung 22 (1981) 12, S. 480-482

[3.81] Gareis, C.: Fahrkorbtüren bei Lastenaufzügen. Techn. Überwachung 32 (1991) 3, S. 102-104

[3.82] Peters, V.: Bezeichnungen für verschiedene Bauarten von Aufzugstüren. Techn. Überwachung 14 (1973) 1, S. 8-10

[3.83] Busch, v. H.: Aufzugstürverschlüsse mit Fehlschließsicherung. Techn. Überwachung 6 (1965) 10, S. 351-361

[3.84] Truckenbrodt, P. und Peters, V.: Erfahrungen bei der Bauteilprüfung von Aufzugs-Türverschlüssen. Techn. Überwachung 10 (1969) 6, S. 320-324

[3.85] Rau, W.: Sperrmittelschalter an Aufzugstürverschlüssen. Lift-Report 17 (1991) 3, S. 42-46

[3.86] Nykänen, H.: Gesichtspunkte zur Sicherheit automatisch betätigter Türen. Lift-Report 11 (1985) 5/6, S. 53-60

[3.87] Kloß, G.: Messung und Beurteilung von Schließkräften an Kraftomnibustüren. BIA-Report 4/88 Berufsgenossenschaftliches Institut für Arbeitssicherheit BIA, Sankt Augustin ISSN 0173-0487

[3.88] Platt, T.C.: Fortschritte bei Sicherheitssystemen im Türbereich. Lift-Report 21 (1995) 1, S. 20-27

[3.89] Franzen, C.F.: Konstruktionsgrundsätze und Prüfverfahren neuzeitlicher Fangvorrichtungen für Aufzüge. Techn. Überwachung 1 (1960) 6, S. 233-240 und 7, S. 272-278

[3.90] Berger, H.: Sperrfangvorrichtung mit Dämpfungsglied. Hebezeuge und Fördermittel 10 (1970) 6, S. 184-187

[3.91] Kabisch, G.: Neuentwicklung einer Gleitfangvorrichtung mit minimierten Lösekräften für Aufzuganlagen bis 7,5 m/s. Lift-Report 16 (1990) 6, S.8-12

[3.92] Franzen, C.F.: Neuere Erfahrungen mit Bremsfangvorrichtungen für Aufzüge. Techn. Überwachung 3 (1962) 12, S. 454-459

[3.93] Feyrer, K.: Versuche mit einer Bremsfangvorrichtung für Aufzüge. Techn. Überwachung 8 (1967) 12, S. 415-422

[3.94] Ludwig, A.: Die Freifall-Versuchsstation für Bremsfangvorrichtungen. Techn. Überwachung 12 (1971) 5, S. 150

[3.95] Blokland, A.: Abbremsen eines Fahrkorbes durch eine Fangvorrichtung. Fördern u. Heben 12 (1962) 9, S. 661-666, Übersetzung aus De Ingenieur, Haag 72 (1960) 37, S. W 189

[3.96] Donandt, H.: Die Bremskraft der Fangvorrichtungen von Schnellaufzügen und das Springen der Gegengewichte beim Fangen. Techn. Überwachung 4 (1963) 10, S. 374-379

[3.97] Feyrer, K.: Der Fangvorgang bei Treibscheibenaufzügen. Fördern und Heben 27 (1977) 2, S. 129-135 und 3, S. 215-220

[3.98] Aberkrom, P.: Versuche mit Bauteilen von Aufzügen. Techn. Überwachung 12 (1971) 5, S. 154-158

[3.99] Feyrer, K.: Zur Fangprobe von Treibscheibenaufzügen mit Bremsfangvorrichtungen. Techn. Überwachung 36 (1995) 3, S. 79-84, Nachdruck Lift-Report 21 (1995) 4, S. 34-39

[3.100] Lenskens, A.J. und Nederbragt, J.: Schutzmaßnahmen gegen Geschwindigkeitsüberschreitung von Aufzugkabinen. Fördern und Heben 27 (1977) 5, S. 514-518

[3.101] Schiffner, G.: Sicherheitskonzepte und -einrichtungen zur Verhinderung unkontrollierter Fahrbewegungen bei Aufzügen mit Treibscheibenantrieb. Lift-Report 17 (1991) 5, S. 24-28

[3.102] Nederbragt, J.A.: Sicherheit gegen unkontrollierte Fahrbewegungen des Aufzuges. Lift-Report 16 (1990) 4, S. 14-18 und 5, S. 29-34

[3.103] Berger, H.: Wirkungsweise der Fangbremsen. Hebezeuge und Fördermittel 12 (1972) 10, S. 300-303

[3.104] Schulz-Forberg, Bernd: Beitrag zum Bremsverhalten energieumwandelnder Aufsetzpuffer in Aufzuganlagen. Forschungsbericht 105 der Bundesanstalt für Materialprüfung (BAM) Berlin: Wirtschaftsverlag NW Bremerhaven 1984

[3.105] Feyrer, K.: Einfache Berechnung der Federpuffer von Aufzügen. Lift-Report 7 (1981) 6, S. 16-19

[3.106] CEN/TK10/AG1 Interpretationsausschuß: Auslegung Nr. 112 vom 13.11.1984. Paris: Sekretariat Afnor

[3.107] CEN/TK10/AG1 Interpretationsausschuß: Auslegung Nr. 142 vom 08.02.1989. Paris: Sekretariat Afnor

[3.108] Stumpf, E.: Dimensionierung nichtlinearer Aufzugpuffer. Lift-Report 11 (1985) 4, S. 21-25

[3.109] Feyrer, K.: Zur Berechnung der Federpuffer von Treibscheibenaufzügen. Fördern u. Heben 23 (1973) 5, S. 233-238

[3.110] Dannenberg, W.: Die Berechnung von Pufferfedern für Treibscheibenaufzüge. BTÜ 3 (1958) Nr. 5, S. 114-116

[3.111] Dannenberg, W.: Die Prüfung von energiespeichernden Aufsetzpuffern an betriebsfertigen Aufzügen. Technische Überwachung 11 (1970) 7, S. 227-229

[3.112] Schiffner, G.: Auslegung von energiespeichernden Aufzugpuffern. Technische Überwachung 30 (1989) 12, S. 433-436

[3.113] Feyrer, K.: Die Kraft auf den Menschen im stark verzögerten Fahrkorb. Techn. Überwachung 18 (1977) 3, S. 75-79

[3.114] Dubbel: Taschenbuch für den Maschinenbau 17. Aufl. Seite B53, Berlin: Springer Verlag 1990

[3.115] Reuter, H.: Ölpuffer im Aufzugbau. Techn. Überwachung 3 (1962) 8, S. 300-304

[3.116] Schulz, B. u. H. Wagener: Probleme bei der Prüfung von Ölpuffern für Aufzuganlagen. Techn. Überwachung 10 (1969) 4, S. 109-113

[3.117] Vogel, W.: Zur Dimensionierung von hydraulischen Puffern für Treibscheibenaufzüge. Dr.-Ing. Diss. Universität Stuttgart 1996, Kurzfassung: Lift-Report 23 (1997) 4, S. 6-10

[3.118] Dannenberg, W.: Aufsetzpuffer in „Der Aufzugbau". C. F. Franzen und Th. Englert (Hrsg) Braunschweig: Vieweg Verlag 1972

[3.119] Bielmeier, O.G.J.: Ölpuffer mit Gasdruck-Rückstellung. Lift-Report 12 (1986) 6, S. 25-28

[3.120] Stemmler, G.: Sicherheitstechnische Mittel in: Aufzuganlagen, Küntscher, D. (Hrsg). Berlin: VEB Verlag Technik 1989

[3.121] Dörr, W.: Die Entwicklung elektronisch geregelter Aufzuganlagen. Lift-Report 22 (1996) 2, S. 92-95

[3.122] Selg, J.: Frequenzumrichterantriebe im Aufzugbau. Lift-Report 20 (1994) 4, S. 6-13

[3.123] Blieske, H.-U.: Aufzüge mit geregeltem Drehstromantrieb. Deutsche Hebe- und Fördertechnik 31 (1985) 10, S. 355-358

[3.124] Böhm, W., Lehnert, H. u. Schiffner E.: Der geregelte Drehstrom-Aufzugantrieb. Fördern u. Heben 27 (1977) 1, S. 38-42

[3.125] Belle, A.: Frequenzumrichter mit feldorientierter Regelung. Lift-Report 20 (1994) 1, S. 42-51

[3.126] Doolaard, D.A.: Energieverbrauch verschiedener Aufzugantriebe. Lift-Report 18 (1992) 6, S. 24-27

[3.127] Nübling, W.: Drehstrom-Aufzugs-Antrieb mit Frequenzumrichterspeisung für Seilaufzüge. Lift-Report 18 (1992) 6, S. 44-45

[3.128] Arnold, R.: Aufzugsantriebe mit Frequenz-Umrichter. Deutsche Hebe- und Fördertechnik 41 (1995) 3, S. 29-36

[3.129] Wimmer, J. u. Geislberger, G.: Anforderungen an einen modernen Aufzugumrichter: Lift-Report 22 (1996) 4, S. 30-40

[3.130] Fuhrmann, H.: Fahrkurvenrechner, ein neuer Sollwertgeber für die Antriebstechnik. AEG-Mitteilungen 57 (1967) 5, S. 260-264

[3.131] Schröder, J.: Die kinematischen Grundlagen des Aufzugbaus. Kapitel 1.4 in Franzen, C.F. und Englert Th. (Hrsg.): Der Aufzugbau. Braunschweig, Friedrich Vieweg & Sohn, 1972

[3.132] Motz, H. D.: Zur Kinematik idealer Aufzugbewegungen. Förder u. Heben 26 (1976) 1, S. 38-42

[3.133] Renn, W.: Struktur und Aufbau prozeßnaher Steuergeräte zur Verkettung in flexiblen Fertigungsgeräten. Dr.-Ing. Diss. Universität Stuttgart 1986. Berlin, Heidelberg, Springer 1986

[3.134] Orlowski, P. F.: Fahrkurvenrechner für die Antriebstechnik. Elektronik (1985) 2, S. 53-57

[3.135] Wallraff, G.: Vorstellung einer Schachtkopierung mit neuen Absolutgebern. Lift-Report 19 (1993) 4, S. 42-44

[3.136] Aps, O. und Behnisch, F.: Bauteilprüfung von elektronischen Sicherheitsschaltungen beim TÜV Rheinland. Lift-Report 8 (1982) 6, S. 16-17

[3.137] Streng, H.: Redundanz elektrischer Sicherheitsstromkreise. Lift-Report, 11 (1985) 4, S. 25-29

[3.138] Rosin, O.: Anforderungen an elektrische Sicherheitsschaltungen und an elektronische Bauelemente in den Neufassungen von EN 81-1/2 und EN 115. Lift-Report 19 (1993) 5, S. 6-12

[3.139] Jende, U.: Überlegungen zum Einsatz in elektrischen Steuerungen von Aufzügen. Lift-Report 19 (1993) 5, S. 20-22

[3.140] Weinberger, W.: Zur Auslegung von Gruppensteuersystemen für Aufzüge. Fördern und Heben 17(1967) 16, S.923-928, 18(1968) 2, S. 105-109, und 5, S. 319-322

[3.141] Chen, E. und Feyrer, K.: Vergleich der Standardsteuerungen von Einzelaufzügen. Deutsche Hebe- und Fördertechnik dhf 36(1990)5, S. 38-40 u. 45 u. 6, S. 26-29 u. 32., Berichtigung 6, S. 32 u. 9, S. 73

[3.142] Chénais, P. und Weinberger, K.: Neues Vorgehen bei der Entwicklung von Algorithmen für Aufzuggruppensteuerungen. Lift-Report 19 (1993)1, S. 34-38

[3.143] Siikonen, M. und Kaakinen, M.: Besserer Aufzugsbenutzer-Service mit künstlicher Intelligenz. Lift-Report 20(1994)2, S. 32-35

[3.144] Powell, B.A. und Sirag, D.J.: Fuzzi Logik als neuartiger Lösungsweg für komplexe Gruppensteuerungen von Aufzügen. Lift-Report 20(1994)5, S. 175-180

[3.145] Schröder, J.: Fortschrittliche Aufzugsgruppensteuerungen (Zielrufe + Sofortzuteilung der Kabine: M10). Lift-Report 16(1990)2, S. 9-12

[3.146] Powell, B.A.: Wichtige Betrachtungen zum Aufwärtsspitzenverkehr. Lift-Report 18(1992)6, S.6-13

[3.147] Schneeberger, K.: Trends und Direktions zukunftsweisender Aufzugtechnik. Veröffentlichung der Schindler AG Ebikon

[3.148] Thumm, G.: Trends und Entwicklungen in der Steuerungstechnik. Lift-Report 22(1996)4, S.6-12

4 Flurförderzeuge

[4.1] Mooren, J.G.L.: Palettenloser Transport kann Kostenvorteile bieten. Deutsche Hebe- und Fördertechnik, Ludwigsburg 26 (1980) 1, S. 12 – 15.

[4.2] Meyercordt, W.: Behälter und Paletten. 2. Aufl. Darmstadt: Hestra 1964.

[4.3] Meyercordt, W.: Paletten-Fibel. Mainz: Krausskopf 1972.

[4.4] Kesten, J.: Paletten im Lager- und Komissioniersystem. Eschborn: Rationalisierungs-Kuratorium der Deutschen Wirtschaft; Studiengesellschaft für den kombinierten Verkehr 1982.

[4.5] Zentgraf, C.: Rechnergestützte Konstruktion von Flachpaletten aus Holz. Frankfurt/M.: Deutscher Fachverlag 1991.

[4.6] Lempik, M.W.: Beitrag zur Weiterentwicklung von Kunststoffpaletten unter logistischen Aspekten. Dortmund, Univ., Diss. v. 1986.

[4.7] Röper, C.: Palettenpool. Organisation und wirtschaftliche Bedeutung. Düsseldorf: VDI 1962.

[4.8] Krenkel, G.: 15 Jahre europäischer Paletten-Pool. Fördern und Heben, Mainz 26 (1976) 1, S. 31-33.

[4.9] Roswag, M.; Bakakis, N.: Ladungsträger als schwächstes Glied im Materialfluß. Fördern und Heben, Mainz 42 (1992) 10, S. 745-747.

[4.10] Böckmann, H.: Ist der Wurm in der Holzpalette? Aktuelle Standortbestimmung der Euro-Pool-Palette. Materialfluß, München (1984) 3, S. 14-15.

[4.11] Böckmann, H.: Gehört die Holzpalette schon zum alten Eisen? Kunststoff-, Stahl- und Alupalette sägen an der Marktstellung der Holzpalette. Materialfluß, München (1984) 5, S. 18-20, 69.

[4.12] Jansen, R.: Lempik, M.: Großer Kunststoffpaletten-Test. Materialfluß, München (1983) 9, S. 65-68.

[4.13] Jansen, R.; Lempik, M.: Kunststoff-Flachpaletten; Gestaltung und Berechnung. Packung und Transport, Düsseldorf. Teil 1: Experimentelle Untersuchungen (1984) 11, S. 22-28. Teil 2: Verformungsanalyse (1984) 12, S. 30-33, 38. Teil 3: Berechnung des Biegeverhaltens im Regal und Ermittlung des Bewegungsverhaltens auf Stetigfördersystemen (1985) 1, S. 32-36, 49.

[4.14] Lempik, M.: Entwicklung von Ladungsträgern, dargestellt am Beispiel der Kunstoffpalette. Zeitschrift für Logistik, Zürich 6 (1985) 12, S. 52-57.

[4.15] Heckt, H.; Pätz, D.: Bildung seewärtiger Transportketten. DDR-Verkehr, Berlin 14 (1981) 2, S. 52-54.

[4.16] Liebert, H.J.: Probleme um die Einweg-Palette. Fördern und Heben, Mainz 17 (1967) 1, S. 46, 47.

[4.17] Bläsius, W.: Palettierte Ladeeinheiten künftig rationeller sichern und transportieren. Deutsche Hebe- und Fördertechnik, Ludwigsburg 40 (1994) 5, S. 65-68.

[4.18] Kesten, J.: Sicherung der Ladung auf Paletten. Eschborn: Rationalisierungs-Kuratorium der deutschen Wirtschaft; Studiengesellschaft für den kombinierten Verkehr 1982.

[4.19] Schüßler, W.: Ladungssicherung durch Stretchen und Schrumpfen – Entwicklung eines Entscheidungsmodells zur Auswahl anforderungsgerechter Ladungssicherungsmaßnahmen. Frankfurt/M.: Deutscher Fachverlag 1989.

[4.20] Herrmann, H.: Umweltbelastende Techniken zur Ladeeinheiten- und Ladungssicherung. Fachbroschüre Verpackungstechnik. Bd. 29/91, S. 124-150. Berlin: Technik und Kommunikation 1991.

[4.21] Misselhorn, W.: VDI und VDA erarbeiten ein Modulsystem für Großladungsträger. Logistik im Unternehmen, Düsseldorf 4 (1990) 11/12, S. 46-48.

[4.22] Adner, W.: Mittel- und Großbehälterverkehr in der DDR; wichtigste Forschungs- und Entwicklungsergebnisse. Hebezeuge und Fördermitttel, Berlin 5 (1965) 1. S. 1-4.

[4.23] Baumgarten, H.; Buchmann, B.; Röper, C.: Erfahrungen mit dem Container. Fachbericht Institut für Maschinenwesen, TU Berlin. Berlin, Köln, Frankfurt: Beuth 1972.

[4.24] Meyercordt, W.: Container-Fibel. Mainz: Krausskopf 1974.

[4.25] Handbuch Container-Transportsysteme. 2. Aufl. Berlin: Transpress 1974.

[4.26] Baumgarten, H.: Einsatz von Großbehältern in Industriebetrieben. Berlin, Köln, Frankfurt: Beuth 1975.

[4.27] Chancen des Kühlcontainers. VDI Nachrichten, Düsseldorf 27 (1973) 13, S. 4.

[4.28] Rausch, S.: Kühlcontainer: neue Möglichkeiten im Güterverkehr. Düsseldorf: Verkehrs-Verlag Fischer 1976.

[4.29] Meyer, W.: Aluminium als Konstruktionswerkstoff für den Containerbau. Aluminium, Düsseldorf 44 (1968) 10, S. 606-613.

[4.30] Container-Technik: Markt-Übersicht. Düsseldorf: Verkehrs-Verlag Fischer 1980.

[4.31] Haferkamp, H.; Heimburg, H.v.: Kunststoffe im Containerbau. Konstruktion, Berlin 22 (1970) 2, S. 55-59.

[4.32] Wippler, H.: Kühlcontainer für die DR. Schienenfahrzeuge, Berlin 13 (1969) 11, S. 383, 384.

[4.33] Jakubaschke, O.: Kühlen mit Flüssig-Stickstoff beim Transport. Deutsche Hebe- und Fördertechnik, Ludwigsburg 16 (1970) 6, S. 382 383.

[4.34] Twenty-one ways to wreck a freight container (21 Wege zur Beschädigung eines Frachtbehälters). Mechanical Handling, London 57 (1970) 1, S. 31-35 (engl.).

[4.35] de Jong, E.: Reparatur und Wartung von Containern. Fördern und Heben, Mainz 31 (1981) 4, S. 292, 293.

[4.36] Interview: Die Batterietechnik nutzen. Fördern und Heben, Mainz 45 (1995) 3, S. 121, 122.

[4.37] Wiesener, K.; Garche, J.; Schneider, W.: Elektrochemische Stromquellen. Berlin: Akademie 1981.

[4.38] Euler, K.-J.: Batterien und Brennstoffzellen: Aufbau, Verwendung, Chemie. Berlin, Heidelberg, New York: Springer 1982.

[4.39] Beck, F.; Euler, K.-J.: Elektrochemische Energiespeicher. Bd. 1. Berlin, Offenbach: VDE 1984.

[4.40] Kiehne, H.A., u.a.: Batterien – Grundlagen und Theorie, aktueller Stand und Entwicklungstendenzen. Ehingen: expert 1987.

[4.41] Friese, H.: Wirtschaftlichkeit von Batteriesystemen. Fördern und Heben, Mainz 40 (1990) 12, S. 924-926.

[4.42] Wartungsfreie Batterien für Flurförderer. Deutsche Hebe- und Fördertechnik, Ludwigsburg 37 (1991) 12, S. 28-30.

[4.43] Kirchner, K.H.: Wartungsfreie, verschlossene Antriebsbatterien. Deutsche Hebe- und Fördertechnik, Ludwigsburg 36 (1990) 12, S. 28, 30, 31.

[4.44] Rusch, H.-J.: Technische Realisierung der Elektrolytumwälzung. Fördern und Heben, Mainz 43 (1993) 6, S. 413, 414, 416, 417.

[4.45] Schleuter, W.: Untersuchungen an Bleiakkumulatoren mit erzwungener Elektrolytumwälzung. ETZ Archiv, Berlin 4 (1982) 4, S. 177-184.

[4.46] Kirchner, K.H.: Kostensenkung durch Batteriekühlung. Deutsche Hebe- und Fördertechnik, Ludwigsburg 35 (1989) 12, S. 16, 18, 19.

[4.47] Schulte, P.W.: Gebrauchsdauer von Traktionsbatterien. Fördern und Heben, Mainz 43 (1993) 10, S. 682-684.

[4.48] Antriebsbatterien mit neuer Technik. Fördern und Heben, Mainz 38 (1988) 11, S. 900.

[4.49] Kuss, M.: Non-stop-Betrieb für fahrerlose Transportsysteme. Deutsche Hebe- und Fördertechnik, Ludwigsburg 34 (1988) 12, S. 32, 34, 36.

[4.50] Koch, Th.: Automatischer Wechsel der Fahrzeugbatterien und sein Einfluß auf die Wirtschaftlichkeit von Fahrerlosen Transportsystemen. Hebezeuge und Fördermittel, Berlin 34 (1994) 9, S. 374-376.

[4.51] Intelligente Ladesysteme für NiCd- und NiMHD-Akkumulatoren (Novatronic). Deutsche Hebe- und Fördertechnik, Ludwigsburg 40 (1994) 1/2, S. 40, 41.

[4.52] Neue Industriebatterien für Flurförderzeuge und Fahrerlose Transportsysteme. Fördern und Heben, Mainz 37 (1987) 8, S. 538-544.

[4.53] Kümmel, F.: Elektrische Antriebstechnik. Teil 1: Maschinen. Teil 2: Leistungsstellglieder. Berlin, Offenbach: VDE 1986.

[4.54] Schönfeld, R.; Habiger, E.: Automatisierte Elektroantriebe. 2. Aufl. Heidelberg: Hüthig 1986.

[4.55] Böhm, W.: Elektrische Antriebe. 3. Aufl. Würzburg: Vogel 1989.

[4.56] Lämmerhirdt, E.-H.: Elektrische Maschinen und Antriebe. München: Hanser 1989.

[4.57] Vogel, J., u.a.: Elektrische Antriebstechnik. Heidelberg: Hüthig 1991.

[4.58] Kröhling, E.: Der elektromotorische Antrieb von Flurförderzeugen aus der Sicht des Konstrukteurs. VDI-Zeitschrift, Düsseldorf 116 (1974) 8, S. 645-651.

[4.59] Mohr, H.: Neuartige Anfahrschaltung für Elektro-Flurförderer. Fördern und Heben, Mainz 18 (1968) 11, S. 697-700.

[4.60] Morton, J.: Stevens, K.D.: Nutzbremssystem für Elektrofahrzeuge. Fördern und Heben, Mainz 29 (1979) 9, S. 825, 826.

[4.61] Hinrichsen, C.: Effizienz der Energierückspeisung. Fördern und Heben, Mainz 45 (1995) 1/2, S. 20, 25-27.

[4.62] Bastam, H.-D.; Ehle, G.: Antriebssysteme für Elektro-Flurförderzeuge – Stand und Entwicklung. Fördern und Heben, Mainz 29 (1979) 12, S. 1115-1117.

[4.63] Drehstromantriebe für Flurförderzeuge – wie funktioniert das? Hebezeuge und Fördermittel, Berlin 35 (1995) 9, S. 352.

[4.64] Dietrich, B.: Berechnung und grundsätzliche Bestimmung der elektrischen Ausrüstung von gleislosen Batteriefahrzeugen. Deutsche Hebe- und Fördertechnik, Ludwigsburg 6 (1960) 4, S. 56-58; 6, S. 122-126.

[4.65] Maas, H.: Gestaltung und Hauptabmessungen von Verbrennungskraftmaschinen. Berlin u.a.: Springer 1979.

[4.66] Krämer, O.; Jungbluth, G.: Bau und Berechnung von Verbrennungsmotoren. 5. Aufl. Berlin u.a.: Springer 1983.

[4.67] Sperber, R.: Technisches Handbuch Dieselmotoren. 5. Aufl. Berlin: Technik 1990.

[4.68] Küntscher, V., u.a.: Kraftfahrzeugmotoren. Auslegung und Konstruktion. 3. Aufl. Berlin: Technik 1995.

[4.69] Grohe, H.: Otto- und Dieselmotoren. 11. Aufl. Würzburg: Vogel 1995.

[4.70] Gundlach, R.: Treibgasantrieb für Gabelstapler. Fördern und Heben, Mainz 31 (1981) 11, S. 878-881.

[4.71] Elling, F.; Neugebauer, D.: Treibgasstapler – Bei den Vorteilen wird oft tiefgestapelt. Deutsche Hebe- und Fördertechnik, Ludwigsburg 35 (1989) 5, S. 27-29.

[4.72] Pippert, H.: Antriebstechnik. Strömungsmaschinen für Fahrzeuge: Strömungswandler und Strömungskupplungen, Gasturbinen, Strömungsbremsen, Abgasturbolader. Würzburg: Vogel 1974.

[4.73] Voith: Hydrodynamik in der Antriebstechnik: Wandler, Wandlergetriebe, Kupplungen, Bremsen. Mainz: Vereinigte Fachverlage 1987.

[4.74] Preuschkat, A.: Fahrwerktechnik: Antriebsarten. 2. Aufl. Würzburg: Vogel 1988.

[4.75] Förster, H.J.: Automatische Fahrzeuggetriebe: Grundlagen, Bauformen, Eigenschaften, Besonderheiten. Berlin u.a.: Springer 1991.

[4.76] Leidinger, G.: Hydrotransmatic – ein neuartiger stufenloser, lastschaltfreier hydrostatischer Fahrantrieb. Hebezeuge und Fördermitel, Berlin 32 (1992) 7, S. 309-315.

[4.77] Mundkowski, R.: Spezielle Probleme bei der Auslegung hydrostatischer Fahrantriebe. Deutsche Hebe- und Fördertechnik, Ludwigsburg 13 (1967) 1, S. 24-28.

[4.78] Hofmann, K.: Auslegung hydrostatischer Fahrantriebe. Agrartechnik, Berlin 24 (1974) 4, S. 185-188.

[4.79] Bährle, W.: Hydrostatikantriebe: Grenzlast- und Sekundärregelung. Fluid, München 7 (1973) 4, S. 71-81.

[4.80] Nikolaus, H.: Hydrostatischer Fahrantrieb. Ölhydraulik und Pneumatik, Wiesbaden 21 (1977) 4, S. 280-282.

[4.81] Riedhammer, J.: Regelsysteme in Hydraulikantrieben. Deutsche Hebe- und Fördertechnik, Ludwigsburg 18 (1972) 8, S. 455-458; 10, S. 597-599.

[4.82] Heyel, W.: Hydrostatische Antriebe in Großserie. Ölhydraulik und Pneumatik, Mainz 38 (1994) 8, S. 457-466.

[4.83] Gabelstapler fahren hydraulisch. Fluid, München 6 (1972) 10, S. 74-76.

[4.84] Nikolaus, H.: Beschleunigungs- und Bremsvermögen hydrostatischer Fahrantriebe. Ölhydraulik und Pneumatik, Wiesbaden 21 (1977) 7, S. 499-501.

[4.85] Heller, W.: Bremswirkung von hydrostatischen Antrieben in Fahrzeugen. Ölhydraulik und Pneumatik, Wiesbaden 20 (1976) 1, S. 15-18.

[4.86] Hansen, R.: Hydrostatische und hydrodynamische Getriebe. In: VDI-Berichte Nr. 376, S. 15-20. Düsseldorf: VDI 1980.

[4.87] Findeisen, D.: Gleichförmig übersetzende Getriebe stufenloser Übersetzungsänderung; Gegenüberstellung von mechanischer und fluidtechnischer Energieübertragung. Konstruktion, Berlin 32 (1980) 12, S. 461-471; 33 (1981) 1, S. 15-24.

[4.88] Heidemann, W.: Gummi als Konstruktionselement. In: Kautschukhandbuch. 4. Aufl. Hrsg.: S. Boström, S. 90-107. Stuttgart: Berliner Union 1961.

[4.89] Schnetger, J.: Lexikon der Kautschuktechnik. 2. Aufl. Heidelberg: Hürthig 1991.

[4.90] Tietz, J.: Laufräder aus Polyamid für Krane und Einschienenbahnen. Fördern und Heben, Mainz 19 (1969) 4, S. 216-218.

[4.91] Kunststoff-Handbuch. Bd. 6 Polyamide. Hrsg.: R. Vieweg und A. Müller. München: Hanser 1966.

[4.92] Kunststoff-Handbuch. Bd. 7 Polyurethane. Hrsg.: G. Oertel. München, Wien: Hanser 1993.

[4.93] Hellerich, W.; Harsch, G.; Haenle, S.: Werkstofführer Kunststoffe. 6. Aufl. München, Wien: Hanser 1992.

[4.94] Saechtling, H.: Kunststoff-Taschenbuch. 25. Ausg. München, Wien: Hanser 1992.

[4.95] Domininghaus, H.: Die Kunststoffe und ihre Eigenschaften. 4. Aufl. Düsseldorf: VDI 1992.

[4.96] Maldaner, J.: Stabilitätsverhalten von Flurförderzeugen bei Verwendung von Gürtelreifen. Fördern und Heben, Mainz 16 (1966) 11, S. 904-906.

[4.97] Kühn, H.: Richtige Bereifung verbessert die Leistung von Flurförderzeugen. Deutsche Hebe- und Fördertechnik, Ludwigsburg 33 (1987) 4, S. 48, 50, 51.

[4.98] Reimpell, J.; Sponagel, P.: Fahrwerktechnik: Reifen und Räder. 2. Aufl. Würzburg: Vogel 1988.

[4.99] Backfisch, K.P.; Heinz, D.S.: Das Reifenbuch. Stuttgart: Motorbuch 1992.

[4.100] Beisteiner, F.; Maisch, E.: Die mechanische Beanspruchung von Industrie-Estrichböden durch Flurförderzeuge. Fördern und Heben, Mainz 26 (1976) 13, S. 1347-1352.

[4.101] Kunze, G.: Beanspruchung von Laufrollen und Laufrädern mit Vollgummibandage. Hebezeuge und Fördermittel, Berlin 16 (1976) 1, S. 3-8.

[4.102] Erhard, G.; Strickle, E.: Maschinenelemente aus thermoplastischen Kunststoffen. Bd. 2: Lager- und Antriebselemente. Düsseldorf: VDI 1978.

[4.103] Kos, M.: Beanspruchung und Berechnung der Kunststofflaufräder auf Stahlfahrbahnen. Deutsche Hebe- und Fördertechnik, Ludwigsburg 33 (1986) 4, S. 38-42, 44.

[4.104] Kunze, G.: Rollpaarung Plast-Stahl; Empfehlung zur Dimensionierung. Plaste und Kautschuk, Leipzig 25 (1978) 9, S. 527-532.

[4.105] Severin, D.; Kühlken, B.: Tragfähigkeit von Kunststoffrädern unter Berücksichtigung der Eigenerwärmung. Konstruktion, Berlin 43 (1991) 2, S. 65-71; 4, S. 153-160.

[4.106] Schmidt, H.: Räder aus Hostaform-Verformungsverhalten und Versagenskriterien. Konstruktion, Berlin 25 (1973) 6, S. 211-219.

[4.107] Kluge, H.; Haas, E.: Rollwiderstand von Luftreifen (Deutsche Kraftfahrtforschung, H. 26). Berlin: VDI 1939.

[4.108] Kühn, H.: Rollwiderstand und Energiebedarf der Reifen für Flurförderzeuge. Deutsche Hebe- und Fördertechnik, Ludwigsburg 28 (1981) 11, S. 402-406.

[4.109] Engels, H.: Untersuchungen über das Fahrverhalten von gleislosen Flurförderzeugen auf Fahrbahnen mit unterschiedlicher Fahrdeckenausbildung unter besonderer Berücksichtigung der Vollgummibereifung. Aachen, Techn. Hochschule, Diss. v. 1967. Kurzfassung: Radkräfte und Fahrwiderstände beim Einsatz eines vollgummibereiften Flurförderzeugs. Industrieanzeiger, Leinfelden 91 (1969) 84, S. 2030-2035.

[4.110] Knothe, K.; Wang, G.: Zur Theorie der Rollreibung zylindrischer Kunststoffräder. Konstruktion, Berlin 41 (1989) 6, S. 193-200.

[4.111] Kunze, G.: Rollreibung Plast-Stahl. Dresden, Techn. Univ., Diss. v. 1978.

[4.112] Severin, D.; Lütkebohle, H.: Wälzreibung zylindrischer Räder aus Kunststoff. Konstruktion, Berlin 38 (1986) 5, S. 173-179.

[4.113] Moussiopoulos, N.; Oehler, W.; Zellner, K.: Kraftfahrzeugemissionen und Ozonbildung. 2. Aufl. Berlin u.a.: Springer 1993.

[4.114] Lenz, H.P.: Emissionen, Immissionen und Wirkung von Abgaskomponenten. Düsseldorf: VDI 1993.

[4.115] Fritz, W.; Kern, H.: Reinigung von Abgasen: Gesetzgebung zum Emissionsschutz, Maßnahmen zur Verhütung von Emissionen. 3. Aufl. Würzburg: Vogel 1992.

[4.116] Sorbe, G.: Internationale MAK-Werte; MAL-, TLV-, PDK-Stoffliste; Grenzwerte in der Luft am Arbeitsplatz (MAK und TRK); biologische Arbeitsplatztoleranzwerte (BAT); Verzeichnis krebserzeugender, erbgutverändernder und fortpflanzungsgefährdender Stoffe; Meßstellenverzeichnis. Landsberg/Lech: Ecomed 1995.

[4.117] Schwarzbach, E.; Müller, M.: Diesel-Flurförderzeuge in geschlossenen Betriebsräumen. Fördern und Heben, Mainz 31 (1981) 3, S. 156-160.

[4.118] Dietrich, W.; Reibold, G.: Dürfen dieselmotorische Flurförderzeuge geschlossene Hallen befahren? Fördern und Heben, Mainz 31 (1981) 11, S. 881-886.

[4.119] Dietrich, W.; Reibold, G.: Verwendung eines Dieselmotors bei Betrieb in geschlossenen Räumen. Deutsche Hebe- und Fördertechnik, Ludwigsburg 27 (1981) 12, S. 430-437.

[4.120] Garthe, H.: Abgas-Reinigung bei Diesel-Gabelstaplern und Abgas-Minderung. In: VDI-Berichte Nr. 956, S. 281-298. Düsseldorf: VDI 1992.

[4.121] Fortnagel, M.: Umweltschutz beim Gabelstapler. Der Dieselmotor im Flurförderzeug und seine Emissionen. Techn. Überwachung, Düsseldorf 31 (1990) 7/8, S. 333-341.

[4.122] Foster, D.B.: Neues zur Entwicklung von Diesel- und Treibgasmotoren. In: VDI-Berichte Nr. 956, S. 265-279. Düsseldorf: VDI 1992.

[4.123] Gabelstapler auf Wunsch auch mit Rußfiltersystem. Deutsche Hebe- und Fördertechnik, Ludwigsburg 36 (1990) 9, S. 18.

[4.124] Saubere Luft beim Staplereinsatz. Hebezeuge und Fördermittel, Berlin 32 (1992) 1, S. 38, 39.

[4.125] Andreae, T.: Partikelfilter für den Gabelstaplerbetrieb in geschlossenen Räumen. Hebezeuge und Fördermittel, Berlin 33 (1993) 1/2, S. 14, 15.

[4.126] Einsatz von Diesel-Gabelstaplern in ganz oder teilweise geschlossenen Räumen. Linde AG, Werksgruppe Flurförderzeuge und Hydraulik, Aschaffenburg.

[4.127] Hammitzsch, H.: Lufthygienische Betrachtung beim Einsatz von Dieselgabelstaplern in Hallen. Hebezeuge und Fördermittel, Berlin 8 (1968) 1, S. 15-18.

[4.128] Wiehl, J.; Heinze, H.-R.: Dieseln in Hallen ohne Husten. Fördern und Heben, Mainz 39 (1989) 4, S. 372, 374, 375.

[4.129] Explosionsschutz-Richtlinien (EX-RL). Hauptverband der gewerblichen Berufsgenossenschaften. Köln: Heymann 1988.

[4.130] ElexV Verordnung über elektrische Anlagen in explosionsgefährdeten Räumen (27.08.80; BGBl I, S. 214).

[4.131] Pester, J.; Büngener, H.: Explosionsschutz. 2. Aufl. Leipzig: Grundstoffindustrie 1971.

[4.132] Birkhahn, W.: Explosionsschutz. München: Ecomed-Verlagsgesellschaft 1979.

[4.133] Olenik, H.; Rentzsch, H.; Wettstein, W.: Handbuch für den Explosionsschutz. 2. Aufl. Essen: Girardet 1984.

[4.134] Schacke, W.: Explosionsgefahr. Ursachen und Maßnahmen. Ehingen: expert 1992.

[4.135] Nabert, K.; Schön, G.: Sicherheitstechnische Kennzahlen brennbarer Gase und Dämpfe. 2. Aufl. Braunschweig: Deutscher Eichverlag 1978.

[4.136] Falk, K.: Explosionsgeschützte Elektromotoren (Erläuterungen zu DIN VDE 0165, 0170/1 und 0530). Berlin, Offenbach: VDE 1994.

[4.137] Nabert, K.; Degener, C.-H.: Explosionsschutzmaßnahmen an Dieselmotoren und -fahrzeugen. Mitteilungen der Physikalisch-Technischen Bundesanstalt, Wiesbaden 75 (1965) 3, S. 247-249.

[4.138] Heidelmeyer, M.: Explosivstoffgeschützte Gabelstapler. Verbrennungsmotorischer und batterieelektrischer Antrieb. Industrie-Anzeiger, Essen 89 (1967) 45, S. 937-939.

[4.139] Bartknecht, W.: Staubexplosionen. Ablauf und Schutzmaßnahmen. Berlin u.a.: Springer 1987.

[4.140] Bosse, W.: Anforderungen an explosionsgeschützte Flurförderzeuge. Fördern und Heben, Mainz 41 (1991) 4, S. 292-294.

[4.141] Flurförderzeuge in explosionsgefährdeten Bereichen. Fördern und Heben, Mainz 38 (1988) 5, S. 317-320.

[4.142] Wagner, M.: Gabelstapler: Wo ist welcher Antrieb richtig? Fördern und Heben, Mainz 22 (1972) 7, S. 347-353.

[4.143] Preuß, P.: Kostenvergleich für Flurförderzeug-Antriebe. Fördern und Heben, Mainz 34 (1984) 1, S. 44-46.

[4.144] Oberkinkhaus, H.O.: Staplerantriebssysteme im Vergleich. Fördern und Heben, Mainz 45 (1995) 3, S. 124-126, 128.

[4.145] Sind große Räder beim Gabelstapler besser als kleine? Deutsche Hebe- und Fördertechnik, Ludwigsburg 20 (1974) 8, S. 282.

[4.146] Fink, E.: Transportfahrzeuge für den innerbetrieblichen Verkehr – Vergleich der Lenksysteme. Fördern und Heben, Mainz 27 (1977) 6, S. 573-576.

[4.147] Schlaefke, K.: Grundlagen für den Entwurf von Achsschenkel-Lenkungen. Zeitschrift des Vereins deutscher Ingenieure, Düsseldorf 79 (1935) 50, S. 1493, 1494.

[4.148] Forkel, D.: Ein Beitrag zur Auslegung von Fahrzeuglenkungen (Deutsche Kraftfahrtforschung und Straßenverkehrstechnik, H. 145). Düsseldorf: VDI 1961.

[4.149] Ochner, P.: Der Einfluß von Nachlauf, Spreizung, Sturz und Vorspur auf die Kinematik von Achsschenkellenkungen (Deutsche Kraftfahrtforschung und Straßenverkehrstechnik, H. 123). Düsseldorf: VDI 1959.

[4.150] Hammer, W.: Verbesserung des Lenkverhaltens von Gabelstaplern. Schriftenreihe der Bundesanstalt für Arbeitsschutz–Forschung – Fb 566. Bremerhaven: Wirtschaftsverlag NW 1989.

[4.151] Elektromechanische Lenkhilfe für Elektrostapler spart Strom und schont den Fahrer. Deutsche Hebe- und Fördertechnik, Ludwigsburg 24 (1978) 7/8, S. 344.

[4.152] Hydraulische Servolenkungen für Fahrzeuge. Fördern und Heben, Mainz 19 (1969) 15, S. 937, 938.

[4.153] Wirbitzky, G.: Hydrostatische Lenkungen in Staplern. Ingenieur digest, Frankfurt/M. 16 (1977) 6, S. 71-74.

[4.154] Mohr, H.: Prüfung von Einzelteilen für Flurförderzeuge ohne eigenen Antrieb. Fördern und Heben, Mainz 20 (1970) 7, S. 367-372.

[4.155] Riege, W.: Handbewegliche Fördermittel. Wiesbaden: Krausskopf 1959.

[4.156] Handfahrzeuge ohne und mit Hubeinrichtung. Fördern und Heben, Mainz 17 (1967) 2, S. 80-85.

[4.157] Laumann, H.-J.: Bremsvorrichtungen an handbewegten Flurförderzeugen. Fördern und Heben, Mainz 18 (1968) 6, S. 350-351.

[4.158] Buschmann, H.; Koeßler, P.: Handbuch der Kraftfahrzeugtechnik. Bd. 1 u. 2. 8. Aufl. München: W. Heyne 1973.

[4.159] Bussien, R.: Automobiltechnisches Handbuch. Bd. 1. 18. Aufl. Berlin: Cram 1965.

[4.160] Mohr, H.: Verkehr von Schleppzügen auf Schrägrampen. Fördern und Heben, Mainz 19 (1969) 6, S. 329-334.

[4.161] Zweig, O.: Auflaufbremsen. Technische Überwachung, Düsseldorf 2 (1961) 10, S. 367-373.

[4.162] Merz, H.: Untersuchungen an deichselkraftgeregelten Bremsen von Kraftfahrzeuganhängern (Deutsche Kraftfahrtforschung und Straßenverkehrstechnik, H. 108). Düsseldorf: VDI 1957.

[4.163] Jante, A.: Zur Theorie des Kraftwagens. Bd. 1 u. 2. Berlin: Akademie 1974 und 1977/78.

[4.164] Gerbert, G.: Bewegungen zwangsgeführter Flurförderzeuge. Fördern und Heben, Mainz 22 (1972) 5, S. 237-242.

[4.165] Dienhardt, U.; Eggenstein, F.: Funktionsgerechte Transportflächengestaltung bei der Fabrikplanung. Fördern und Heben, Mainz 34 (1984) 1, S. 28-32.

[4.166] Greathouse, C.K.; Brown, M.L.: How to know they'll trail (Wie man feststellt, wie sie fahren werden). Modern Materials Handling, Boston 26 (1971) 1, S. 48-51 (engl.).

[4.167] Bowman, D.; Tow Cart Systems, Part II – Tow Tractors (Schleppzüge, Teil II – Schlepper). Plant Engineering, Chicago (1968) 6, S. 92-94 (engl.).

[4.168] Springer, H.: Dieselhubwagen. Hebezeuge und Fördermittel, Berlin 6 (1966) 2, S. 42-45.

[4.169] Transport schwerer Lasten mit Portalhubwagen. Deutsche Hebe- und Fördertechnik, Ludwigsburg 16 (1970) 12, S. 723-728.

[4.170] Lindemann, G.: Über den Einsatz von Portalhubwagen in der Industrie – heute und in naher Zukunft. Fördern und Heben, Mainz 19 (1969) 8, S. 454-459.

[4.171] ABC des Gabelstaplers. Hrsg. VDI-Gesellschaft Materialfluß und Fördertechnik. 4. Aufl. Düsseldorf: VDI 1987.

[4.172] Kindervater, R.: Statische und dynamische Radlasten gleisloser Flurfördergeräte. Fordern und Heben, Mainz 6 (1956) 6, S. 496, 497.

[4.173] Kindervater, R.: Experimentelle Ermittlung der statischen und dynamischen Radlasten gleisloser Flurfördergeräte. Fördern und Heben, Mainz 6 (1956) 8, S. 809-811.

[4.174] Kostov, K.: Äquivalente Beanspruchungen von Gabelstaplern. Hebezeuge und Fördermittel, Berlin 31 (1991) 10, S. 406, 407.

[4.175] Beisteiner, F.; u.a.: Stapler – Beanspruchungen, Betriebsverhalten und Einsatz. Renningen-Malmsheim: Expert 1994.

[4.176] Goertz, J.: Entwicklungstendenzen im Dreiradstaplerbau. Deutsche Hebe- und Fördertechnik, Ludwigsburg 11 (1965) 12, S. 679-681.

[4.177] Kaufmann, M.: Vorder- und Hinterradantrieb beim Elektro-Dreiradstapler. Industrieanzeiger, Essen 99 (1977) 45, S. 800, 801.

[4.178] Oehmann, H.: Wie sicher sind Gabelstapler? Fördern und Heben, Mainz 45 (1995) 9, S. 612-615.

[4.179] Preiser, H.: Verletzungsursache Fahrerschutzdach. Fördern und Heben, Mainz 45 (1995) 3, S. 129-131.

[4.180] Freie Sicht und automatische Positionierung; neues Zubehör für Gabelstapler. Fördern und Heben, Mainz 27 (1977) 4, S. 413, 414.

[4.181] Wöhr, B.: Automatische Hubhöhenvorwahl für Gabelstapler. Deutsche Hebe- und Fördertechnik, Ludwigsburg 27 (1981) 2, S. 55-57.

[4.182] Hartmann, C.; Frank, W.: Hubmastführung und Kettenumlenkrollen. Fördern und Heben, Mainz 42 (1992) 7, S. 522-525.

[4.183] Kemme, J.: Zur Beanspruchung von Hubgerüsten an Gabelstaplern. Hannover, Univ., Diss. v. 1974.

[4.184] Sichtverhältnisse bei Gabelstapler-Hubgerüsten. Deutsche Hebe- und Fördertechnik, Ludwigsburg 22 (1976) 11, S. 459, 460.

[4.185] Wöhr, B.: Prüfung und Beurteilung der Sichtverhältnisse an Gabelstaplern. Deutsche Hebe- und Fördertechnik, Ludwigsburg 25 (1979) 2, S. 64-66.

[4.186] Rittmann, U.: Gabelstapler: Mehr Sicherheit durch freie Sicht. Fördern und Heben, Mainz 33 (1983) 11, S. 840, 841.

[4.187] Pfaff, H.: Bewertungsgrundsätze für die Sicht der Fahrer von Frontgabelstaplern. Hebezeuge und Fördermittel, Berlin 21 (1981) 7, S. 206-208.

[4.188] Looking forward and backward (Sicht nach vorn und hinten). Mechanical Handling, London (1976) 2, S. 22-25 (engl.).

[4.189] Kostov, K.; Slawtschev, Z.: Probleme der Festigkeitsrechnung der Gabelplatte für Gabelstapler. Hebezeuge und Fördermittel, Berlin 14 (1974) 7, S. 206-210.

[4.190] Maisch, E.: Zur Beanspruchung des Hubgerüsts von Gabelstaplern – Ein Beitrag unter Berücksichtigung der Wölbkrafttorsion. Stuttgart, Univ., Diss. v. 1980. Kurzfassung: Beisteiner, F.; Maisch, E.: Die Beanspruchung in Gabelstapler-Hubgerüsten. Fördern und Heben, Mainz 31 (1981) 6, S. 432-439.

[4.191] Mendel, G.: Berechnung der Trägerflanschbeanspruchung mit Hilfe der Plattentheorie. Fördern und Heben, Mainz 22 (1972) 14, S. 805-814; 15, S. 835-842.

[4.192] Beisteiner, F.; Beha, E.F.: Dynamische Beanspruchungen der Hubgerüste und Fahrzeugrahmen von Gabelstaplern. Fördern und Heben, Mainz 37 (1987) 5, S. 334, 336, 338, 340, 343.

[4.193] Beha, E.F.: Dynamische Beanspruchung und Bewegungsverhalten von Gabelstaplern – Untersuchung des Einflusses konstruktiver Parameter und Ermittlung von Schwingbeiwerten mit Hilfe der Rechnersimulation. Stuttgart, Univ., Diss. v. 1989. Kurzfassung: Simulation unterstützt Ermittlung von Schwingbeiwerten an Gabelstaplern. Fördern und Heben, Mainz 40 (1990) 5, S. 293, 294, 297, 298, 300, 301.

[4.194] Beisteiner, F.; Beha, E.F.: Messung dynamischer Beanspruchung an Flurförderzeugen in „Feldversuchen". Fördern und Heben, Mainz 40 (1990) 9, S. 600, 607, 608.

[4.195] Huang, Y.: Deformation und Beanspruchung von Stapler-Hubgerüsten unter Berücksichtigung von Imperfektionen. Stuttgart, Univ., Diss. v. 1990. Kurzfassung: Beisteiner, F.; Huang, Y.: Einfluß von Fertigungstoleranzen auf die Bemessung von FFZ-Hubgerüsten. Fördern und Heben, Mainz 41 (1991) 3, S. 162-164, 166-168, 173.

[4.196] Messerschmidt, D.: Stapler: Beanspruchung, Betriebsverhalten und Einsatz. Fördern und Heben, Mainz 42 (1992) 8, S. 596-599.

[4.197] Beisteiner, F.; Messerschmidt, D.; Hesse, M.: Staplerhubgerüste mit CAD und FEM berechnen. Fördern und Heben, Mainz 43 (1993) 7/8, S. 492, 494, 495.

[4.198] Zanew, Z.; Kostow, K.; Slawtschew, Z.: Durchbiegung des Hubgerüsts bei Gabelstaplern. Hebezeuge und Fördermittel, Berlin 10 (1970) 9, S. 268-270.

[4.199] Buhl, J.: Sind geschmiedete Gabelzinken besser als gestauchte? Fördern und Heben, Mainz 29 (1979) 1, S. 56, 57.

[4.200] Raschewski, G.: Festigkeits- und Deformationsberechnungen für Gabelzinken für Stapler. Hebezeuge und Fördermittel, Berlin 30 (1990) 9, S. 270, 271.

[4.201] Stich, H.: Extrembelastung von Gabelzinken. Fördern und Heben, Mainz 40 (1990) 12, S. 931, 932.

[4.202] Neuentwicklungen bei Gabelzinken für Gabelstapler. Fördern und Heben, Mainz 36 (1986) 12, S. 914, 915.

[4.203] Buhl, J.: Neuentwicklung bei Gabelzinken für Stapler. Deutsche Hebe- und Fördertechnik, Ludwigsburg 33 (1987) 12, S. 21, 22.

[4.204] Honecker, G.: Integrierte Seitenschieber für Gabelstapler. Fördern und Heben, Mainz 31 (1981) 7, S. 550, 551.

[4.205] Buhl, W.: Richtlinien für die Prüfung und Reparatur von Gabelzinken. Deutsche Hebe- und Fördertechnik, Ludwigsburg 40 (1994) 9, S. 36-39.

[4.206] Döweling, J.: Anbaugeräte für Gabelstapler – unbegrenzte Möglichkeiten. Deutsche Hebe- und Fördertechnik, Ludwigsburg 15 (1969) 7, S. 495, 496, 505, 506; 8, S. 570-572; 11, S. 773-776; 12, S. 811-814; 16 (1970) 6, S. 379-381; 7, S. 443, 444.

[4.207] Gabelstapler – Resttragfähigkeit bei Verwendung von Anbaugeräten. Deutsche Hebe- und Fördertechnik, Ludwigsburg 21 (1975) 11, S. 362, 368.

[4.208] Hackmann, F.: Gabelstapler – mit humaneren Arbeitsbedingungen für den Fahrer sind leistungsfähiger denn je. Glasers Annalen, Berlin 101 (1977) 7, S. 251-256.

[4.209] Trzaska, W.: Bleiben uns die Konstrukteure den körpergerechten Stapler schuldig? Materialfluß, München (1978) 9, S. 36-38.

Ergonomische Gestaltung – mehr als ein Schlagwort. Materialfluß, München (1978) 10, S. 42-44.

Machen die Stapler unsere Fahrer krank? Materialfluß, München (1978) 11, S. 30-32.

Haben die Konstrukteure nur das Brett vor dem Kopf? Materialfluß, München (1978) 12, S. 22-24.
[4.210] Kirchner, J.-H.; Uckermann, R.: Ergonomische Merkmale für die Gestaltung und den Einsatz von Gabelstaplern. Forschungsbericht Nr. 188 der Bundesanstalt für Arbeitsschutz. Dortmund: Wirtschaftsverlag 1977.
[4.211] Kirchner, J.-H.; u.a.: Ergonomie und sicherheitstechnische Gestaltung von Gabelstaplern. Forschungsbericht Nr. 217 der Bundesanstalt für Arbeitsschutz. Dortmund: Wirtschaftsverlag 1979.
[4.212] Groll, F.W.: Ergonomische Gestaltung von Flurförderzeugen für Lagerbereiche. Hebezeuge und Fördermittel, Berlin 35 (1995) 6, S. 260-262.
[4.213] Ergonomie: Priorität bei der Staplerentwicklung. Fördern und Heben, Mainz 40 (1990) 12, S. 921-923.
[4.214] Das Tergo-Projekt – ergonomisch gestaltete Schubmaststapler aus Schweden. Hebezeuge und Fördermittel, Berlin 34 (1994) 12, S. 526-528.
[4.215] Probst, W.: Ermittlung von Schwingungseinwirkungen bei Gabelstaplern. Fördern und Heben, Mainz 40 (1990) 1, S. 18, 21-25.
[4.216] Gesünderes Sitzen auf Gabelstaplern. Fördern und Heben, Mainz 44 (1994) 6, S. 442-444.
[4.217] Götz, B.: Wie laut sind Gabelstapler? Fördern und Heben, Mainz 27 (1977) 3, S. 241-243.
[4.218] Beisteiner, F.; Töpfer, B.: Arbeitszeitmessungen an Gabelstaplern mit verschiebbarem Hubgerüst. Fördern und Heben, Mainz 19 (1969) 1, S. 23-29.
[4.219] Neue Schubmaststapler mit hohem Bedienkomfort. Hebezeuge und Fördermittel, Berlin 35 (1995) 9, S. 354-356.
[4.220] Rosenbach, K.-D.; Krause, A.: Optimierung der Funktionen eines Schubmaststaplers. Hebezeuge und Fördermittel, Berlin 35 (1995) 10, S. 418-421.
[4.221] Vielseitige Umschlag-Satelliten. Hebezeuge und Fördermittel, Berlin 36 (1996) 1/2, S. 22, 23.
[4.222] Rödig, W.: Flurförderzeuge zum Langgutumschlag; Marktübersicht über Quergabelstapler und Vierwegestapler. Hebezeuge und Fördermittel, Berlin 35 (1995) 4, S. 150-153.
[4.223] Bruns, R.: Vergleichende Untersuchung von Lenk-Antriebs-Konzepten für Mehrwegestapler. Fördern und Heben, Mainz 40 (1990) 9, S. 595-599.
[4.224] Bonefeld, X.: Mehr Sicherheit und Wirtschaftlichkeit durch ein neues Gabelstaplerkonzept. Fördern und Heben, Mainz 33 (1983) 4, S. 271-275.
[4.225] Aufnehmen – drehen – fahren. Fördern und Heben, Mainz 37 (1987) 12, S. 928.
[4.226] Ostermeyer, H.-J.; Lohrer, V.: Neues Gabelstaplerkonzept realisiert fällige Basisinnovationen bei Staplern. Deutsche Hebe- und Fördertechnik, Ludwigsburg 36 (1990) 4, S. 68, 70, 72; 5, S. 34, 36, 37.
[4.227] Gabelstapler in Konkurrenz mit Baukran. Deutsche Hebe- und Fördertechnik, Ludwigsburg 31 (1985) 10, S. 349.
[4.228] New forklift frontloader will aid materials handling on building sites (Neuer Gabel-Frontlader wird die Materialbewegung auf dem Bau unterstützen). Mechanical Handling, London 56 (1969) 6, S. 108 (engl.).
[4.229] Cohrs, H.H.: Immer mehr Teleskopstapler. Fördern und Heben, Mainz 39 (1989) 6, S. 574, 577.
[4.230] Teleskopstapler: Der Mast rutscht in die Mitte. Fördern und Heben, Mainz 39 (1989) 11, S. 930, 931.
[4.231] Fabry, C.: Die Stabilität der Flurförderzeuge und DIN 15138. Fördern und Heben, Mainz 18 (1968) 8, S. 493-503.
[4.232] Bonefeld, X.: Bestimmung der Quer-Kippstabilität von Flurförderzeugen. Fördern und Heben, Mainz 31 (1981) 6, S. 442-446.
[4.233] Shibli, F.: Kippstabilität von Gabelstaplern. Fördern und Heben, Mainz 36 (1986) 5, S. 346, 349-353.
[4.234] Elbracht, D.; Koepcke, T.: Schwerpunktverhalten von Gabelstaplern. Fördern und Heben, Mainz 44 (1994) 12, S. 936, 938-941.
[4.235] Bläsius, W.: Mehr Sicherheit beim Güterumschlag mit Flurförderzeugen. Deutsche Hebe- und Fördertechnik, Ludwigsburg 34 (1988) 12, S. 42, 44, 45, 48.
[4.236] Zur Standsicherheit von Gabelstaplern. Deutsche Hebe- und Fördertechnik, Ludwigsburg 18 (1972) 5, S. 313, 317.

[4.237] Cohrs, H.H.: Teleskopstapler für den Containerumschlag. Fördern und Heben, Mainz 38 (1988) 8, S. 587-591.
[4.238] Niemeyer, D.: Prototypuntersuchung eines Portalstaplers. Fördern und Heben, Mainz 35 (1985) 9, S. 682, 683.
[4.239] Neue Portalhubwagen zum vierfachen Stapeln von Containern. Fördern und Heben, Mainz 30 (1980) 6, S. 530.
[4.240] Draewe, H.; Wöstenberg, H.: Entwicklungstendenzen beim Portalstapler. Hansa – Schiffahrt – Schiffbau – Hafen, Hamburg 123 (1986) 1/2, S. 117, 118, 120, 121.
[4.241] Cohrs, H.H: Gummibereifte Container-Umschlaggeräte. Fördern und Heben, Mainz 40 (1990) 10, S. 732, 734.
[4.242] Schultz, R.: Container-Umschlag: Ein Systemvergleich lohnt sich. Fördern und Heben, Mainz 44 (1994) 10, S. 796, 798.
[4.243] Elbracht, D.; Häring, R.; Wenzlawiak, N.: Funktionsgerechte Fahrwerkgestaltung Fahrerloser Transportfahrzeuge. Fördern und Heben, Mainz 41 (1991) 1/2, S. 36-40, 43.
[4.244] Drunk, G.: Sensor- und Steuerungssystem für die leitlinienlose Führung automatischer Flurförderzeuge. Berlin u.a.: Springer 1990.
[4.245] Wloka, D.W.: Robotersysteme. Berlin u.a.: Springer 1992.
[4.246] Kreuzer, E.: Industrieroboter – Technik, Berechnung und anwendungsorientierte Auslegung. Berlin u.a.: Springer 1994.
[4.247] Volmer, J.: Industrieroboter – Funktion und Gestaltung. Berlin: Technik 1992.
[4.248] Jantzer, M.: Bahnverhalten und Regelung fahrerloser Transportsysteme ohne Spurbindung. JSW Forschung und Praxis. Bd. 82. Berlin u.a.: Springer 1990.
[4.249] Müller, T.: Vergleichende Untersuchung über die Eigenschaften und Einsatzmöglichkeiten von Fahrerlosen Transportsystemen. Berlin, Techn. Univ., Diss. v. 1982.
[4.250] Laumann, H.-J.: Sicherheit bei Flurförderzeugen und Ausrüstung – Bau und Ausrüstung, Prüfung und Betrieb. Düsseldorf: VDI 1987.
[4.251] Koch, T.: Low cost – FTS – Rückbesinnung auf die Wurzeln der FTS-Technik. Deutsche Hebe- und Fördertechnik, Ludwigsburg 40 (1994) 10, S. 17, 18.
[4.252] Meinberg, U.: Steuerung von fahrerlosen Transportsystemen – Regelwerk zum rechnergestützten Entwurf. Köln: TÜV Rheinland 1989.
[4.253] Schulze, L.: FTS-Praxis. Fahrerlose Transportsysteme, Planung – Realisierung – Betrieb. Gräfeling: Resch 1985.
[4.254] Schulze, L.: Mit moderner Fahrzeugführung neue Anwendungspotentiale erschließen. Fördern und Heben, Mainz 43 (1993) 9, S. 601, 602, 604, 605.
[4.255] Schick, J.: Die Lenkregelung von Flurförderzeugen im Leitwegsystem. Elektronik, München 18 (1969) 12, S. 365-368.
[4.256] Gunsser, P.: Die Steuerung fahrerloser Transportsysteme. Der Elektroniker, Stuttgart (1973) 10, S. EL 1-7.
[4.257] Brock, H.-W.; Brinkmann, H.-G.: Fahrerlose Transportsysteme werden flexibler – Stand und Entwicklung der Steuerungstechnik bei Fahrerlosen Transport-Systemen. Fördern und Heben, Mainz 36 (1986) 2, S. 74, 77-81.
[4.258] Hinrichsen, C.: Modellbildung und Regelung induktiv geführter Kommissionierfahrzeuge. Hamburg, Univ. der Bundeswehr, Diss. v. 1994. Kurzfassung: Dynamischer Schräglauf von Flurförderzeugen. Fördern und Heben, Mainz 45 (1995) 12, S. 846, 848, 849.
[4.259] Egge, H.: Historie der Fahrzeugführung. Fördern und Heben, Mainz 45 (1995) 6, S. 385-387.
[4.260] Hipp, J.F.: FTS – Der Anwender programmiert den Fahrkurs. Fördern und Heben, Mainz 41 (1991) 8, S. 622, 623.
[4.261] Golombek, G.-U.: Der schnell fahrende Industrieroboter. Duisburg, Univ.-Gesamthochschule, Diss. v. 1993.
[4.262] Dietmayer, K.: Messung der translatorischen und rotatorischen Geschwindigkeitskomponenten ebener Bewegungen mit CCD-Bildsensoren. Hamburg, Univ. der Bundeswehr, Diss. v. 1994.
[4.263] Kampmann, P.; Schmidt, G.: Topologisch strukturierte Geometriewissensbasis und globale Bewegungsplanung für den autonomen, mobilen Roboter Macrobe. Robotersysteme, München 5 (1989) 3, S. 149-160.
[4.264] Klein, W.: Ein System zur leitlinienlosen Steuerung von autonomen Industriefahrzeugen. Berlin, Techn. Univ., Diss.

v. 1987. Kurzfassung: Severin, D.; Klein, W.: Konzept für rechnergesteuerte Flurförderzeuge auf virtuellen Leitlinien. Deutsche Hebe- und Fördertechnik, Ludwigsburg 31 (1985) 12, S. 420-424.

[4.265] Pritschow, G.; Heller, J.: FTS – Flexibel navigieren ohne Leitdraht. Fördern und Heben, Mainz 40 (1990) 11, S. 776,778.

[4.266] Kwan, T.J.; Wüstenberg, D.: Verbessertes Spurverhalten. Fördern und Heben, Mainz 44 (1994) 12, S. 944-947.

[4.267] Günthner, W.A.; Klein, W.: Leistungs- und Energiebedarf von Fahrerlosen Transportsystemen. Fördern und Heben, Mainz 42 (1992) 6, S. 436-438.

[4.268] Schwimming, S.: Mobile Roboter auf der Basis Automatischer Flurförderzeuge – Technische Gestaltung. Köln: TÜV Rheinland 1990.

[4.269] Bachmann, O.: Neue Entwicklungen bei Fahrerlosen Transportsystemen. Fördern und Heben, Mainz 39 (1989) 6, S. 548, 551-553, 556, 557.

[4.270] Dalacker, M.: FTS mit hoher Beweglichkeit – Fahrwerkvariante mit kinematikunabhängiger Steuerung. Materialfluß, Landsberg 21 (1990) 9, S. 58-60.

[4.271] Janke, K.; u.a.: Laseroptischer Kollisionsschutzsensor. Fördern und Heben, Mainz 40 (1990) 11, S. 781, 782, 784.

[4.272] Reinert, D.; Bömer, T.; Borowski, T.: Berührungslos wirkender Auffahrschutz an FTS. Fördern und Heben, Mainz 44 (1994) 7, S. 544-546.

[4.273] Apitz, O.; Hoffrichter, W.: Kollisionsschutz per Lasertechnologie. Fördern und Heben, Mainz 45 (1995) 9, S. 602, 603.

[4.274] Malow, T.; Steinkamp, I.: FTS mit freier Navigation. Fördern und Heben, Mainz 44 (1994) 4, S. 228, 230.

[4.275] Wehking, K.-H.; Kopp, G.: Schwerlast-Outdoor-FTS. Fördern und Heben, Mainz 40 (1990) 4, S. 244, 245.

[4.276] Schwager, J.: Die stationäre Steuerung von FTS – Aufgaben und Varianten. Deutsche Hebe- und Fördertechnik, Ludwigsburg 40 (1994) 5, S. 61-64.

[4.277] Bode, W.: Logistikoptimierung mit Infrarotübertragung. Köln: TÜV Rheinland 1989. Kurzfassung: Einsatz drahtloser Übertragungstechniken in Logistik- und Lagersystemen. Deutsche Hebe- und Fördertechnik, Ludwigsburg 32 (1986) 12, S. 19, 20, 22-26.

5 Regalförderer

[5.1] Schaab, W.: Automatisierte Hochregalanlagen. Düsseldorf: VDI 1969.

[5.2] Jünemann, R.: Wirtschaftlichkeitsvergleich verschiedener Lagersysteme. Düsseldorf: VDI 1970.

[5.3] Haussmann, G.: Automatisierte Läger. Mainz: Krausskopf 1972.

[5.4] Weimar, H.: Hochregallager. Mainz: Krausskopf 1973.

[5.5] Braun, C.: Wirtschaftlichkeit im Hochregallager: Stapler oder Regalförderzeug? Fördern und Heben, Mainz 44 (1994) 3, S. 139, 140.

[5.6] Gronau, P.: Hochregalstapler oder Regalförderzeuge? Deutsche Hebe- und Fördertechnik, Ludwigsburg 36 (1990) 5, S. 26-29.

[5.7] Daum, M.: Mobile Roboter im Lager – Rationale Kommissionierung. Köln: TÜV Rheinland 1990.

[5.8] Die Sache mit dem Knick. Fördern und Heben, Mainz 38 (1988) 10, S. 819.

[5.9] Hochregalstapler mit Stromschiene: Richtungsweisende Systemlösung bei der Hartig Elektronik GmbH. Hebezeuge und Fördermittel, Berlin 32 (1992) 7, S. 300, 301.

[5.10] Lange, V.: Satellitenlager – eine gute Alternative. In: Jahrbuch der Logistik 1990, S. 269, 270. Düsseldorf, Frankfurt: Handelsblatt 1990.

[5.11] Schienengeführtes Autonomes Lagerfahrzeug (ALF) mit Satellitentechnik erstmals im Hochregallager eingesetzt. Hebezeuge und Fördermittel, Berlin 32 (1992) 2, S. 72, 73.

[5.12] Zimmermann, M.: Slide-In-Transportkettensystem. Hebezeuge und Fördermittel, Berlin 36 (1995) 10, S. 408-410.

[5.13] Gudehus, T.: Regalförderzeuge für mehrere Ladeeinheiten. Fördern und Heben, Mainz 22 (1972) 11, S. 607-609.

[5.14] Frania, J.: Mechanisierte und automatisierte Bedienungseinrichtungen für das Lagern und Verteilen von Langgut. Deutsche Hebe- und Fördertechnik, Ludwigsburg 18 (1972) 11, S. 656-661.

[5.15] Pesce, P.: Alti traslatori funzionanti in ambiente od in cella frigorifera con temperature sino a -40°C (Regalförderer im Einsatz unter normalen Umweltbedingungen oder in Kältezonen bei Temperaturen bis -40°C). Trasporti industriali, Milano (1972) 161, S. 31-34 (ital.).

[5.16] Schlauderer, A.; Franke, K.-P.: Konzept einer Schnellumschlaganlage für den Kombinierten Verkehr. Hebezeuge und Fördermittel, Berlin 34 (1994) 5, S. 195-197.

[5.17] Peters, H.; Bitsch, H.: Einheitliche Berechnungsgrundlagen für Triebwerke von Regalbediengeräten. Fördern und Heben, Mainz 28 (1978) 10, S. 695-698; 13, S. 929-931.

[5.18] Oser, J.; Kartnig, G.: Das Schwingungsverhalten eines zugmittelgeführten Leichtregalbediengerätes. Deutsche Hebe- und Fördertechnik, Ludwigsburg 40 (1994) 4, S. 66, 68, 70, 72, 73.

[5.19] Vössner, S.; Reisinger, K.H.; Oser, J.: Anwendung genetischer Optimierungsverfahren. Untersuchung des Schwingungsverhaltens zugmittelgeführter Regalbediengeräte mit Hilfe genetischer Optimierungsverfahren. Deutsche Hebe- und Fördertechnik, Ludwigsburg 41 (1995) 7/8, S. 32-34, 37-40.

[5.20] Trends bei Regalförderzeugen. Fördern und Heben, Mainz 40 (1990) 2, S. 102-104.

[5.21] Fritschi, M.: Kurvengänger contra Querversatzlösung. Deutsche Hebe- und Fördertechnik, Ludwigsburg 41 (1995) 5, S. 44-46.

[5.22] Kurvenfahrbares Regalbediengerät mit Spurwechseleinrichtung. Hebezeuge und Fördermittel, Berlin 34 (1994) 12, S. 534, 535.

[5.23] Heptner, K.: Die Prüfung von Paletten und ihrer Ladung im automatischen Lagerbetrieb. Fördern und Heben, Mainz 19 (1969) 6, S. 334-337.

[5.24] Preiser, H.: Sicherheit in Schmalgang-Regallagern nach der neuen DIN 15185. Hebezeuge und Fördermittel, Berlin 33 (1993) 12, S. 490-492.

[5.25] Zwick, H.: Sicherheitssysteme im Schmalganglager – Begegnung unerwünscht. Hebezeuge und Fördermittel, Berlin 35 (1995) 11, S. 498, 499.

[5.26] Hufen, J.: Arbeitssicherheit kritisch betrachtet. Fördern und Heben, Mainz 44 (1994) 10, S. 781, 782.

[5.27] Zurstrassen, H.; Heil, H.-G.: Regelbediengeräte und Sicherheit. Fördern und Heben, Mainz 46 (1996) 3, S. 124, 126.

[5.28] Zschau, U.: Technisch-wirtschaftliche Studie über die Anwendbarkeit von Stapelkranen im Lagerbetrieb. Berlin, Techn. Univ., Diss. v. 1964.

[5.29] Schaab, W.: Technisch-wirtschaftliche Studie über die optimalen Abmessungen automatischer Hochregallager unter besonderer Berücksichtigung der Regalförderzeuge. Berlin, Techn. Univ., Diss. v. 1968.

[5.30] Fischer, W.: Planung von Transportsystemen für Stückgüter. Stuttgart, Univ., Diss. v. 1981. Kurzfassung: Spieldauer-Berechnung für Unstetigförderer. Fördern und Heben, Mainz 34 (1984) 5, S. 390-394; 6, S. 470-474.

[5.31] Gudehus, T.: Auswahlregeln für Geschwindigkeiten von Regalförderzeugen. Fördern und Heben, Mainz 22 (1972) 1, S. 33-35.

[5.32] Gudehus, T.: Grundlagen der Spielzeitberechnung für automatisierte Hochregalläger. Deutsche Hebe- und Fördertechnik, Ludwigsburg 18 (1972) Sonderheft, S. 210-215.

[5.33] Gudehus, T.: Analyse des Schnelläufereffektes in Hochregallagern. Fördern und Heben, Mainz 22 (1972) 2, S. 65-67.

[5.34] Mertens, P.H.: Regalförderzeuge – Untersuchung über die Spielzeiten in Hochregallagern. Fördern und Heben, Mainz 23 (1973) 15, S. 816-820.

[5.35] Knepper, L.: Einsatz und Auslegung von Hochregalsystemen für Container, dargestellt am Beispiel einer Seehafenumschlaganlage. Aachen, Techn. Univ., Diss. v. 1978. Kurzfassung: Leistungsverbesserung in Hochregallagern durch optimale Anordnung der Ein- und Auslager-Bereitstellplätze. Fördern und Heben, Mainz 30 (1980) 12, S. 1096-1099.

Literaturverzeichnis

[5.36] Halada, K.: Einheitliche Methode zur Berechnung der Spielzeiten von Regalbediengeräten. Fördern und Heben, Mainz 30 (1980) 12, S. 1093-1096.

[5.37] Vössner, S.: Spielzeitberechnung von Regalförderzeugen. Graz, Techn. Univ., Diss. v. 1994.

[5.38] Gudehus, T.: Fahrwegoptimierung in automatisierten Hochregallagern. Fördern und Heben, Mainz 22 (1972) 3, S. 123, 124.

[5.39] Munzerbrock, A.; Persico, G.: Regalbediengeräte: Optimierung der Antriebssteuerung. Fördern und Heben, Mainz 44 (1994) 10, S. 784-787.

[5.40] Bruns, R.: Diagonalfahrteinschränkung von Schmalgangstaplern. Fördern und Heben, Mainz 40 (1990) 2, S. 82, 89-92.

[5.41] Borchert, U.: Spielzeitermittlung für Flurförderzeuge zur Regalbedienung mit von der Hubhöhe abhängiger Fahrgeschwindigkeit. Stuttgart, Univ., Diss. v. 1994. Kurzfassung: Spielzeitberechnung für Flurförderzeuge. Fördern und Heben, Mainz 45 (1995) 7, S. 466, 469, 470, 472, 473.

MB Kröger Greifertechnik GmbH
Steinheideweg 1-9 · D-47665 Sonsbeck
Telefon 0 28 38/37-0 · Telefax 0 28 38/37 39

Vertrieb: Schlachthofstraße 15 · D-56073 Koblenz
Telefon 02 61/4 29 39 · Telefax 02 61/4 51 65

Vertrieb: Büro Bad Liebenwerda · D-04931 Kosilenzien
Telefon 03 53 41/91 32 · Funk 01 61/7 21 32 37

Sachwortverzeichnis

Abgas 353
Abmessungen, Aufzug 261
Abschieber 394
Abstützung, Straßenkran 184
Abtriebssicherheit 122
Achslenkung 359
Achsschenkellenkung 359
Anbaugerät 391
Anfahrgenauigkeit 116
Anfahrspiel 246
Anhängekupplung 367
Anhänger 367
Ankunftrate, Fahrgäste 315
Anpreßkraft 275
Anschlagart 12
Anschlagkette 11
Anschlagseil 10
Antrieb
– Beschleunigen 243
– Bremsen 249
– Schnittreaktionen 224, 243
– Stoppbremsung 250
Antriebsarten, Vergleich 352
Antriebskraftverlauf 221, 235, 241
Antriebsleistung, Aufzug 259
Arbeitsbühne 70, 394
Arbeitsgeschwindigkeiten
– Kran 77
– Regalförderzeug 434
Arbeitsplatzgestaltung 395
Arbeitsseile 169
Arbeitsvakuum 47
AT-Kran 178
Auflaufbremse 367
Aufzugarten 257
Aufzuggruppen, Steuerung 317
Aufzugverordnung 257
Ausgleichsgewicht 260
Ausgleichskraft 124
Auslegerkran 76, 134
Auslegersystem 134, 235
Auslegerverlängerung 193
Auslegung, Aufzug 261
Außenruf-Zuteilung, Aufzug 317
Autokran 178
Automatisierung 254
Auto-Turmdrehkran 196

Bahnkurve 165
Balancekran 144
Bandschutz 12
Batterie-Lasthebemagnet 40
Bauart, Aufzug 259
Bauaufzug, Definition 258, 260
Baumaschine 1
Beanspruchung, dynamische 221, 224
Beanspruchungselemente, Seil 268
Bedienungsart 90
Bedienzeit, Aufzug 317
Befestigung, Führungsschiene 287
Begrenzungskurve, Exzenter 20
Begrenzungsprofil 209
Behälter 325
Behälteraufzug, Definition 258
Bemessung, Aufzug 261
Berechnung
– Hubarbeitsbühne 73
– Seillebensdauer 268

– Serienhebezeug 66
Berechnungsmodell 220, 224, 228, 231, 235, 238, 255
Bergungskran 208, 213
Besetztmeldeeinrichtung 284, 314, 318
Betriebsbremse, Aufzug 280
Bewegungsgleichung 228, 241, 253
Bewegungsvorgang, komplett 224
Bewegungs-Zustandsgrößen 223
Blechgreifer 21
Bleibatterie 331
Bockkran 121, 127
Bodenpressung 199, 203
Bogenlänge, Seil 167
Bordkran 147
Boxpalette 322
Bremse, Aufzug 279
Bremsfangvorrichtung 294
Bremsverzögerung, Schleppzug 371
Bremszeitpunkt 250
Brückenhängekran 90, 112
Brückenkran 76, 90
Brückenträger 94
Bumper 420

Common-Mode-Ausfälle 313
Container 49, 325
Containergeschirr 49
Container-Kraneinrichtung 409
Container-Portalkran 127
Container-Stapler 406

Datenübertragung FTS 421
Dehnungsschlupf, Seil 276
Derrickkran 139
Doppelbordkran 148
Doppelhaken 4
Doppellenker 141, 146
Doppelruflöschung 314
Dorn 393
Drahtbrüche 273
Drahtseil 267
Drallfänger 14
Drehgerät 393
Drehkran 76, 134
Drehlaufkatze 85, 117
Drehmaststapler 401
Drehschemellenkung 359
Drehspreader 54
Drehstrommotor, spannungsgestellt 308
Drehzapfen 52
Dreiradfahrwerk 338
Dreiradstapler 377, 380
Druckkolben 260, 271
Druckkoppelung 174
Druckluftkettenzug 61
Druckluft-Zylinderhebezeug 59
Durchbiegung, Hubgerüst 388
Durchsatz, Kran 77

Eckbeschlag 331
Eigenfrequenz 242, 250, 253
Eigenmassenausgleich 141
Einfachbordkran 148
Einfachhaken 4
Einfachlenker 141, 144
Einfrequenzsystem 413
Einkreissystem 172

Einschienenhängebahn 112
Einschienenlaufkatze 78
Einseilgreifer 24
Ein- und Ausstiegszeit, Aufzug 263
Einziehausleger 135, 138
Eisenbahnkran 208
Elastikreifen 347
Elastizitätsmodul 351
Elastomer 346
Elektrische Welle 125
Elektroantrieb, Aufzug 306
Elektrokettenzug 61
Elektro-Lasthebemagnet 39
Elektrolytumwälzung 334
Elektroseilzug 62
Elektrowagen 373
Elektrowinde 63
Ersatzträgheitsmoment 226
Explosionsgruppe 356
Explosionsschutz
– Flurförderzeug 355
– Serienhebezeug 67
Exzenterklemme 19

Fahrantrieb
– elektrischer 335
– Fahrzeug, FTS 418
– Flurförderzeug 338, 341
– hydrodynamischer 340
– hydrostatischer 171, 343
– Regalförderzeug 429
– Straßenkran 180
– verbrennungsmotorischer 340
– Vergleich 345, 358
Fahrbahn 113
Fahrdiagramm 340, 342
Fahrerloses Transportsystem 411
Fahrgangbreite 372
Fahrkorb 258, 261, 283
Fahrkorbabmessungen 261
Fahrkorbgrundfläche 258
Fahrkorbnutzfläche 283
Fahrkorbtür 261, 288
Fahrmechanik
– Brückenkran 96
– Portalkran 124
– Schleppzug 369
Fahrwerkkräfte, dynamische 233
Fahrwiderstand 350
Fahrzeugbatterie 331
Fahrzeug FTS 416
Fahrzeugführung 412
Fahrzustand 101
Fangprobe 296
Fangrahmen 285
Fangvorgang 295
Fangvorrichtung 260, 293
Fassadenaufzug, Definition 258
Federkennlinie
– allgemeine 241
– dynamische 241
– Luftreifen 349
Federpuffer 299
Fehlschließsicherung, Aufzug 290
Ferndiagnose 318
Festspreader 50
Feuerschutz 290
Feuerwehraufzug 262

Flachpalette 320
Flüssiggasantrieb 340
Förderablauf, Aufzug 262, 314
Förderstrom, Aufzug 262, 314
Formbeiwert 5
Formfaktor, Regalanlage 433
Formschwerpunkt, Ponton 217
Formzahl 7
Freiheitsgrade, mehrere 238, 251
Freihub 383
Freisichthubgerüst 385
Frequenzumrichter 308
Frontladekran 205
Führerhaus 91
Führung
– induktiv 413
– optisch 414
Führungselement 285
Führungskraft 101, 105
Führungsschiene 286
Führungsverfahren FTS 415
Führungsverhältnis 96, 124
Füllungsgrad 263
Füllverkehr, Aufzug 262, 314
Füllvolumen, Greifer 31

Gabelhubwagen 364, 374
Gabelstapler 378, 406
Gabelträger 387
Gabelzinke 389
Gangsicherung 432
Gangwechsel 430
Gefahrstoff 353
Gegenmasse 146
Gegengewicht 285
Gehänge 13
Gehgabelstapler 380
Geländestapler 381
Gelenkausleger 196, 207
Gelenkbordkran 148
Gerätesicherheitsgesetz 257
Geschwindigkeit, Aufzug 258, 260, 277, 310
Geschwindigkeitsbegrenzer 298
Getriebelose Winde 279
Gießkran 119
Gitterauslegerkran 178, 184
Gleichlauf 124, 162
Gleichlaufeinrichtung 271
Gleichlaufregelung 254
Gleisbaukran 208
Gleitführungsschuh 285
Gleitschlupf, Seil 277
Grabkurve 26
Greiferdrehvorrichtung 132
Greiferfüllmasse 33
Greifzange 53
Grenzfahrzeit, Fahrgast 265
Grenzwert 78
Großbehälter 325
Grummet 10
Gruppen-Sammelsteuerung 317
Güteraufzug, Definition 258

Hängebahn 112
Hängekran 112
Hafenmobilkran 196
Haftgerät 39
Hakengewinde 4
Hakenriegel, Aufzug 290
Hakenvorläufer 8
Halbportalkran 120
Haltebremse, Aufzug 280
Handfahrgerät 362
Haupttendenzen 2

Havariekran 208
Hebeband 11
Hebebühne 67
Hebelzug 59
Hebevorrichtung 410
Hebezeug 2
Heckladekran 205
Hertzsche Gleichungen 349
Hochbaukran 154
Hochhubwagen 376, 417
Hochregalstapler 424
Hochziehbare Personenaufnahmemittel 258
Horizontalkräfte
– Brückenkran 101, 107
– Kabelkranseile 168
– Portalkran 124
Horizontalkommissionierer 425
Hubarbeitsbühne 70
Hubgerüst 382
Hubladebühne 69
Hubrahmen 388
Hubtisch 68
Hubwagen 374, 417
Hubwegausgleich 141
Hubzylinder 386
Hüttenwerkskran 118
Huygenssche Traktix 372
Hydraulikaufzug 259
Hydraulikheber 58, 271
Hydraulikstempel 271
Hydraulischer Puffer 299, 302
Hydraulisches Triebwerk, Aufzug 281
Hydropneumatische Federung 181

Imperfektionen, Kran 109
Impulssteuerung 336
Industrieanhänger 367
Industriekran 178

Kabelkran 76, 159
Kantenschutzeinrichtung 12
Katalysator 355
Kettengehänge 14
Kettenwinde 61
Kettenzug 59
Kinematik, Seilgreifer 26
Kipparbeit 123, 200
Kippkanten
– Portalkran 122
– Raupenkran 203
– Stapler 402
– Straßenkran 199
Kippmodell 123, 200
Kipptest, Stapler 406
Klammer 393
Klappreiter 162
Klappspitze 195
Klassifizierung 3
Kleinbehälter 325
Kleingüteraufzug, Definition 258
Klettervorrichtung 157
Knicklenkung 359
Knickung, Hydraulikkolben 260, 271
Koffergreifer 25
Kommissionierer 425
Kommissionierstapler 426
Kontensteuerung, Aufzug 317
Kopierung, Aufzug 310
Kornform 32
Korngröße 32
Krängung 216
Kraftfahrzeugemissionen 353
Kraftschluß
– Exzenterklemme 17

– Rad-Schiene 96
– Zange 16
Kraftschlußbeiwert
– Kunststofflaufrad 115
– Luftreifen 351
– Rad-Schiene 98
– Zange 17
Kraftschlußfunktion 96
Krananlage 32
Kranfahrantrieb 95
Krangabel 48
Krankabine 91
Kranschiff 213
Kranschwingungen 92
Kreiselkipper 75
Kreisfahrt 115
Kübel 22
Kunststoffpalette 321
Kurbelschleife 207
Kurvenfahrt
– allgemein 231
– Schleppzug 372
– Stapler 404

Ladekran 204
Ladungsbildung 319
Ladungssicherung 323
Längsschlupf 352
Längsstabilität, Stapler 402
Lamellenhaken 5
Lastaufnahmemittel 3, 407
Lastaufnahmemittel, Pendelung 86, 254
Lastenaufzug, Definition 262
Lasthaken 3
Lasthebemagnet 39
Lastmeßeinrichtung 284, 318
Leichtpalette 321
Leistungsverzweigung 343
Leitblech 52
Leitlinie, reell 413
Leitlinie, virtuell 415
Leitungsbruchventil, Aufzug 282
Lenkfehler 360
Lenkgetriebe 360
Lenksystem 359
Lenkung
– hydrostatische 184, 361
– mechanische 359
– Straßenkran 183
Load-Sensing-Steuerung 174
Luftgrenzwert 353
Luftreifen 347
Luftwechselzahl 354

Magnettraverse 42
Massenreduktion 226
Mechatronik 254
Mehrfachlenkung 184
Mehrfrequenzsystem 414
Mehrkreissystem 174
Mehrschalengreifer 26, 35, 39
Mehrwegstapler 400
Meßverfahren
– Brückenkran 111
– Portalkran 125
Metazentrum 216
Mitnehmstapler 398
Mobilhydraulik 171
Motorgreifer 25, 36
Motorseilzug 63

Nenngeschwindigkeit, Aufzug 258, 260, 262, 277
Nennleistung, Fahrmotor 338
Niederhubwagen 374

Sachwortverzeichnis

Nickel-Cadmium-Batterie 334

Obendreher 154
Öffnungsmoment, Trimmgreifer 31
Omnidrive-Antrieb 419

Palette 320
Palettenpool 320
Partikelfilter 354
Pendeldämpfung 132
Pendelkompensation 254
Periodendauer 243
Permanent-Lasthebemagnet 42
Personenaufzug, Definition 258
Planung, Aufzug 261
Plattformhubwagen 375
Polumschaltbarer Motor 307, 310
Ponton 214
Portal 122, 135
Portalhubwagen 376
Portalkran 76, 120, 125
Portalstapler 408
Portalwippdrehkran 142
Pratze für Führungsschiene 288
Pressung
– Seilrille
– spezifische 276
Prüfbelastung 123, 200
Prüfrichtlinie
– Aufzug 258
– Aufzugsbauteile 258
Prüfung, ISO-Container 329
Puffer 299

Querkraftschluß 98
Querstapler 399, 407

Radaufhängung 183
Radkraft
– Stapler 379
– Straßenkran 197
Rahmengreifer 23
Raupenkran 202
Redundante Anordnung 267, 280, 312
Regalförderer 423
Regalförderzeug 427
Regalstapler 424
Regelung 254
Reifenbezeichnungen 348
Reifen, Flurförderzeug 346, 358
Reifenwerkstoffe 346
Reiter 162
Restschwingung 248
Resttragfähigkeit 394
Richtkraft 102
Rillenreibungszahl 274
Ringauswahl-Steuerung 317
Rolle 364
Rollenführung 285
Rollenraum, Aufzug
Rufquittung, Aufzug 318
Rundlaufkran 118
Rutschsicherheit 403

Säulenschwenkkran 138
Sanftanlauf 222, 254
Satellitenfahrzeug 425
Saugplatte 43
Schachtabmessungen 261
Schachtgrube 261
Schachtkopf 261
Schäkel 3
Schaltzeitpunkt 247
Scherengreifer 24, 36
Scherenhebebühne 67

Schiffsentlader 130
Schiffskran 147
Schiffslader 133
Schlankheitsgrad 272
Schlepper 365
Schleppkurve 373
Schließdauer, Seilgreifer 28
Schließkurve, Seilgreifer 26
Schließweg, Seilgreifer 27
Schlupf 96, 276
Schmalgangstapler 424
Schneidenkraft 28
Schnelläuferzone 436
Schnelleinsatzkran 151
Schrägstellungswinkel 98, 107
Schraubenwinde 57
Schraubklemme 21
Schrumpffolie 324
Schubgabelstapler 398
Schubgondelspreader 54
Schubkarre 362
Schubmaststapler 397, 424
Schüttgutgreifer 21
Schutzart 356
Schutzdach 380
Schutzraum, Aufzug 261
Schwebeballast 186
Schwellenstapel 211
Schwenkkran 137
Schwenkschubgabel 424
Schwergutstapler 381
Schwerpunktausgleicher 55
Schwert, Aufzug 291
Schwingungsdauer 243
Schwingungssystem 220, 239
Schwimmkran 212
Seegangfolgeeinrichtung 149
Seilablegereife 267
Seilausfallrate 268
Seilausfallwahrscheinlichkeit 267
Seilendverbindung 267
Seilflaschenzug 144
Seilgehänge 14
Seilgeschirr 50
Seilklemme 267
Seilkraft 166
Seilkraftverhältnis, Aufzug 274
Seilprüfung, magnetisch 273
Seilpyramide 86
Seilreibungszahl 277
Seilscheibe 274
Seilschloß 267
Seilschlupf 277
Seilsicherheit, Aufzug 267
Seilstatik 162
Seilverguß 267
Seilwinde 62
Seilzuggerät 59
Seilzugkatze 87, 130
Seitenkipper 74
Seitenlaufkatze 83
Seitenschieber 393
Seitenstabilität, Stapler 404
Seitenstapler 399
Serienhebezeug 57
Servolenkung 183, 361
Sicherheitseinrichtungen
– fahrerloses Flurförderzeug 420
– Ladekran 207
– Regalförderzeug 430
– Turmdrehkran 158
Sicherheitshubwerk 177
Sicherheitslasthaken 14
Sicherheitsschalter 313
Sicherheitsschaltung 314

Sicherheitsstromkreis 312
Sicherheitstechnische Richtlinien 258
Sicherungsrahmen 323
Sicht, Stapler 385
Sonderfreihub 383
Spannungen, zulässige
– Lasthaken 7
– Unterflansch 81
Sperrfangvorrichtung 296
Spiel 239
Spieldauer
– Kran 77
– Regalförderzeug 435
Spieldurchlauf 243
Spreader 49, 407
Spreizenstapler 397
Spurführungsmodell 101
Spurhaltung 370
Standardsteuerung, Aufzug 314
Standortanzeige, Aufzug 318
Standsicherheit
– Drehkran 136
– dynamische 228
– Fahrzeugkran 197
– Portalkran 122
– Raupenkran 202
– Regalförderzeug 432
– Schwimmkran 216
– Turmdrehkran 159
Standsicherheitsbeiwert 201
Stangengreifer 22, 25, 28, 33
Stapler
– allgemein 378
– für Containerumschlag 406
– für Regalbedienung 424
– ohne Gegenmasse 397
Station 116
Staubexplosion 357
Stechkarre 363
Steuerung
– dezentral, Aufzug 318
– Einzelaufzug 314
– Fahrerlose Transportsysteme 421
Stirnkipper 74
Störgröße 102
Straßenkran 177
Stretchfolie 324
Stromkoppelung 173
Stückgutcontainer 327
Stützbatterie 40
Stützkraft 197, 211
Stützrolle 384
Stufensteuerung 335
Superlift 186

Takler 56
Taschengreifer 25
Teleskopausleger 189
Teleskopauslegerkran 178, 187
Teleskopheber 257
Teleskopiersystem 192
Teleskopspreader 51
Teleskopstapler 407
Temperaturklasse 356
Thermalcontainer 327
Thermoplast 346
Tochter-Mutter-Spreader 51
Toleranzen
– Brückenkran 109
– Portalkran 124
Träger, stark gekrümmt 5
Trägheitsradius 272
Tragfähigkeit
– Anschlagmittel 12
– Aufzug 258, 261

- Drehkran 136
- Eisenbahnkran 21
- Fahrzeugkran 197
- Gabelstapler 380, 394, 403
- Klemme 19
- Krangabel 49
- Ladekran 207
- Lasthebemagnet 41
- Reifen 348
- Serienhubwerk 65
- Teleskopauslegerkran 194
- Vakuumheber 43, 48
- Zange 16

Tragfähigkeitsfunktion 136, 201, 211
Tragmittel 259, 267
Tragrahmen 285
Tragseil 168
Transportbehälter 49
Traverse 14
Treibfähigkeit 274
Treibrillenprofil 270, 273
Treibscheibe 273
Treibscheibenaufzug 259
Treibscheibenwinde 277
Triebwerke, Fahrzeugkran 170
Triebwerkgruppe 65
Triebwerkraum, Aufzug 261
Trilokwandler 341
Trimm 216
Trimmgreifer 24, 29, 35
Trommelaufzug 259
Türarten, Aufzug 261
Türkantensicherung 292
Türschließkraft 292
Türverschluß 290

Türzeit, Aufzug 263
Turmdrehkran 150, 154

Überfahrt, Aufzug 261
Überlastung 228, 255
Umlagerungsstoß bei Seilbruch 267
Umlaufzeit, Aufzug 262
Umreifungsband 323
Untendreher 150
Unterfahrschlepper 418
Unterflanschfahrt 80
Unterflasche 8, 156
Unterwassergreifer 38

Vakuumerzeuger 44
Vakuumheber 43
Vakuumtraverse 46
Verkehrsfläche, Stapler 381
Verladebrücke 121, 125
Verschiebeweiche 116
Verstellpropeller 215
Vertikalführung 86
Vertikalkommissionierer 425
Vierbeinportal 136
Vierradfahrwerk 338
Vierradstapler 379
Vierseilgreifer 23
Voith-Schneider-Antrieb 216
Vollportalkran 121
Vollreifen 347
Vollseillinie 164
Vorschriften 220

Wahrscheinlichkeit
- Anhalteverlustzeit 264
- Haltezahl 264
- Umkehrstockwerk 264

Wagen
- handfahrbar 363
- mit Fahrantrieb 373

Waggonkipper 73
Wandschwenkkran 137
Wartezeit, Aufzug 262, 315
Wechselspreader 51
Weglänge, Regalförderzeug 435
Weiterfahrtanzeige, Aufzug 318
Werftkran 127
Winkellaufkatze 83
Wippausleger 135
Wippdrehkran 141
Wippsystem 144
Wirkungsgrad, Hydraulik 172

Zahnstangenaufzug 260
Zahnstangenkraft 237
Zahnstangengewinde 57
Zange 15
Zielsteuerung
- Aufzug 318
- automatische 254

Zinkenverstellgerät 393
Zündfähiger Stoff 356
Zündquelle 355
Zugkolben 260, 271
Zugkraft, Schlepper 366
Zugwirkungswinkel 166
Zulassungsbestimmungen 179
Zwangsschlupf, Seil 277
Zweischienenlaufkatze 81
Zweiseilgreifer 23

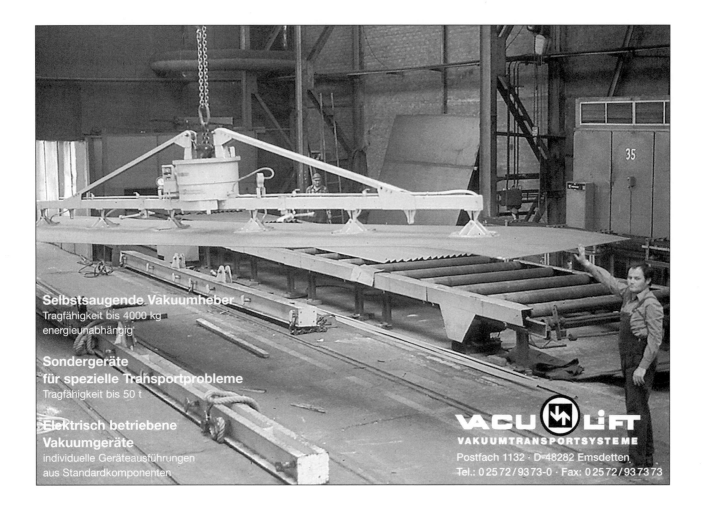

KRANE UND KOMPONENTEN VON R. STAHL

Die R. STAHL FÖRDERTECHNIK GMBH ist international ein bedeutender Hersteller von Komponenten und Systemen für den flurfreien Transport. Dies sind Seilzüge, Kettenzüge, Steuerungen, Kopfträger, Fahrantriebe und elektronische Systeme zur Last- und Wegmessung, sowie komplette Krane und Krananlagen. Wichtige Dienstleistungen sind Service und Wartung der gelieferten Anlagen. Anwendungsgebiete sind alle Bereiche der gewerblichen und industriellen Wirtschaft, in denen Lasten zwischen 250 kg und 100 000 kg flurfrei zu bewegen sind.

R.STAHL FÖRDERTECHNIK GMBH
Daimlerstr. 6 · 74653 Künzelsau
Telefon 0 79 40 / 1 28 -0
Telefax 0 79 40 / 5 56 65

Starkes Engagement für Erleichterungen

Seit der Gründung im Jahre 1965 verfolgt ABUS als Entwickler und Hersteller von Kranen und Kransystemen das Ziel, den Menschen die Arbeit mit Lasten so leicht wie möglich zu machen. Dieser Gedanke wird durch ein konsequent aufgebautes Produkt-Programm von Standardkranen und -hebezeugen mit Tragkräften von 80 kg bis 80 t verwirklicht:

Laufkrane, Schwenkkrane, Hängebahnen, Seil- und Kettenzüge. Durch die Entwicklung von elektronischer Zusatzausrüstung hat sich ABUS auf die Zukunft moderner Fördermitteltechnik eingestellt.

ABUS Kransysteme und Komponenten:

Laufkrane | Schwenkkrane | HB-System | Elektro-Seilzüge | Elektro-Kettenzüge | Elektronische Steuerungen | Hochleistungs-Komponenten

Kransysteme

ABUS Kransysteme GmbH · Postfach 10 01 62 · D-51601 Gummersbach · Telefon (0 22 61) 37-0 · Fax (0 22 61) 37-129

Wir bewegen etwas

Scheffler, Martin

Grundlagen der Fördertechnik – Elemente und Triebwerke

1994. VIII, 340 S. mit 457 Abb. und 73 Tabellen (Fördertechnik und Baumaschinen) Gebunden DM 98,–
ISBN 3-528-06558-3

Inhalt: Einführung – Grundlagen der Betriebsfestigkeit – Elemente der mechanischen Ausrüstung – Drahtseile – Elemente von Seiltrieben – Ketten und Elemente von Kettentrieben – Mechanische Bremsen – Laufräder und Schienen – Wellenkupplungen und Wandler – Zahnradgetriebe: Antriebe, Aufbau und Arbeitsweise – Motoren und Steuerungen – Grundauslegung von Antrieben – Belastungskollektive von Antrieben – Sicherheitseinrichtungen

Grundlagen der Fördertechnik stellt die wissenschaftlichen Ansätze für die Ausbildung und Dimensionierung der maschinellen Bauteile dar, die für Förder- und Baumaschinen gleichermaßen Bedeutung haben.

Die allgemeinen Gesetzmäßigkeiten der Wirkungsweise und Auslegung von Triebwerken sowie die charakteristischen Hauptgruppen fördertechnischer Antriebe werden erläutert. Dem Stoff vorangestellt ist ein einführendes Kapitel zu den Grundlagen der Betriebsfestigkeit. Die wesentliche Literatur wird erfaßt und ausgewertet. Dies schließt die Behandlung der einschlägigen Technischen Regeln im gebotenen Umfang mit ein.

Verlag Vieweg · Postfach 1546 · 65005 Wiesbaden

Schwenken Sie um auf mehr Produktivität und weniger Stillstandszeiten.

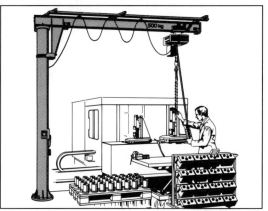

SCHWENKKRANE · Tragfähigkeiten von 80 kg bis 10.000 kg und Ausladungen von 2 m bis 20 m.

Sperrige Teile drehen und wenden. Schneller, leichter, sicherer!

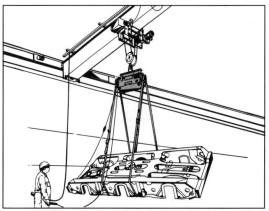

Lastwendegerät ROTOMAX® · Verschiedene Baugrößen mit Tragfähigkeiten von 3.000 kg bis 60.000 kg.

Siegtalstrasse 22-24 · 57080 Siegen-Eiserfeld
Tel. (0271) 3502-0 · Fax (0271) 350286

stabau Anbaugeräte für Gabelstapler

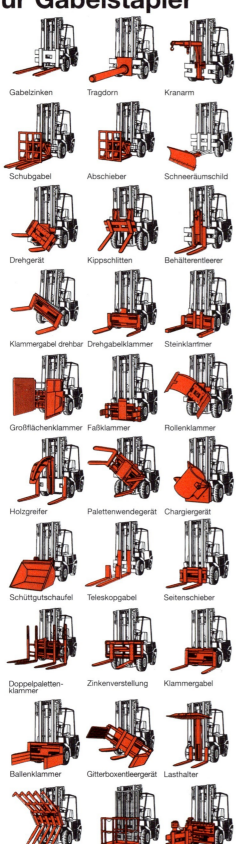

Gabelzinken	Tragdorn	Kranarm
Schubgabel	Abschieber	Schneeräumschild
Drehgerät	Kippschlitten	Behälterentleerer
Klammergabel drehbar	Drehgabelklammer	Steinklammer
Großflächenklammer	Faßklammer	Rollenklammer
Holzgreifer	Palettenwendegerät	Chargiergerät
Schüttgutschaufel	Teleskopgabel	Seitenschieber
Doppelpalettenklammer	Zinkenverstellung	Klammergabel
Ballenklammer	Gitterboxentleergerät	Lasthalter
Schrottgreifer	Montagebühne	Seitenschubschwenkgerät

Schulte-Henke GmbH
Industriegebiet Enste
Postfach 1630
D-59856 Meschede
Telefon 0291/207-0
Telefax 0291/207-150

Meistgekauft in Europa
-die Qualitätsanbaugeräte von

Freisicht inklusive
Zinkenverstellgerät mit Seitenschub
integrierter Einbau T 161 IZ
Tragfähigkeit bis 8000Kg/600 mm

Drehgerät in Fischerei-Ausführung
mit verzinktem Gabelträger und
seewasserfester Lackierung Typ T 351 EF

Ballenklammer
mit Spannarmen aus einem Stück
Tragfähigkeit 8000 kg/600 mm

KAUP GmbH & Co KG
Braunstrasse 17
63741 Aschaffenburg
Tel.: 06021/865-0
Fax: 06021/865213

Innovationsschub durch Technologiesprung.

Jungheinrich setzt auf Innovation.
Ein richtungweisendes Beispiel des Pioniers der Lagertechnik: der Schubmaststapler Retrak® (links im Bild) mit Multi-Pilot und Energierückgewinnungssystem.
Damit begann eine neue Ära in der Steuerungstechnik. Zahlreiche weitere Innovationen haben ebenfalls einen beträchtlichen Technologiesprung und damit erhöhten Kundennutzen zur Folge.
Das neueste Beispiel für die Umsetzung innovativer Technologien in marktgerechte Produktkonzepte: Die neuen Diesel- und Treibgasstapler (rechts im Bild) erstmals mit hydrostatischem oder hydrokinetischem Getriebe. Auch bei Ergonomie und Styling setzt die neue Verbrenner-Generation Maßstäbe – zum Nutzen der Kunden.
Jungheinrich ist einer der führenden Gabelstapler- und Lagertechnik-Hersteller der Welt und mit der Tochtergesellschaft Wap auch im Wachstumsmarkt Reinigungstechnik engagiert.

Jungheinrich Aktiengesellschaft · Friedrich-Ebert-Damm 129 · 22047 Hamburg · Telefon (040) 69 48-15 50 · Telefax (040) 69 48-15 99

Demag-Hubwerk DH
Ein perfektes Stück Technik

Wenn Sie mehr wollen als klassischen Hakenbetrieb – Demag-Hubwerke DH bieten perfekte Technik zum Heben, Ziehen, Halten, Positionieren und Reversieren. Manuell oder automatisch gesteuert. Mit Hakenwegen bis 100 m und Hubgeschwindigkeiten zwischen 0,5 und 50 m/min.

Zahlreiche Typen für Traglasten bis 100.000 kg, austauschbare Baugruppen, wie Motoren und Getriebe, sowie integrierte Elektrik mit Schnittstellen für Zusatzfunktionen lassen keine Wünsche offen. Nicht zuletzt: Die kompakte, rechteckige Bauform und der nahezu richtungsunabhängige Seilablauf sorgen für problemlosen Einbau. Und selbstverständlich ist der Wartungsaufwand minimal.

Lassen Sie sich informieren – Anruf, Postkarte oder Fax, Kennwort „DH".

Mannesmann Dematic AG
Postfach 67 · 58286 Wetter
Telefon (0 23 35) 92 77 45
Telefax (0 23 35) 92 24 06
Internet http://www.dematic.com

dhf-KENNZIFFER **2**